JN346126
교재가격으로 강의와 교재 모두잡자
'오직! 에듀파이어'에서만
힘들고 불편하게 교재만으로 혼자 독학하기 ×
이제 에듀파이어에서 한방에 끝내자!
한방에 끝내는 소방자격 온라인교육
에듀파이어
강의
교재
내일배움카드(국비환급과정)로 수강시
강의+교재+복습6개월!
Edufire
365_sobang
Good:)
국비과정 신청시
교재를 무료로
제공한다고?!
NICE :)
이벤트 증정 기간에 한함
6개월 복습기간 추가 제공!
문의환영
www.edufire.kr
Liked by user_name and 365sobang
365sobang #edufire #교재 #강의 #내일배움카드
070-4416-1190
www.edufire.kr

국비지원 과정 수강신청 절차

01
www.hrd.go.kr
회원가입 및 카드/수강신청

02
www.edufire.kr 회원가입

03
국민내일배움카드 자비부담 결제

04
www.edufire.kr 수강하기

온라인 국비지원 과정 혜택!

온라인 국비정규과정 +α 6개월 복습기간 추가!

교육상담
www.edufire.kr
070-4416-1190

한방에 끝내는 소방자격 온라인교육
에듀파이어

make soon
Make something out of nothing – 주식회사 메이크 순

(주)메이크 순
혁신기술개발 / 지식재산권 / 신기술 교육

교육사업부
에듀파이어
온 · 오프라인 교육전문기관
[Off-line] 국가 시행 교육 커리큘럼 적용
National Compatency Standard
[On-line] e-Learning
에듀파이어 원격평생교육원

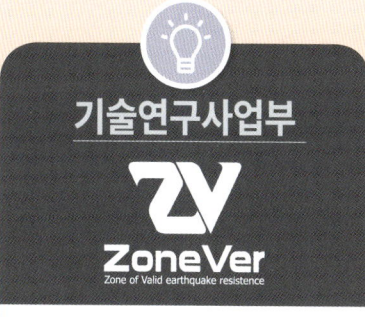

기술연구사업부
ZoneVer
Zone of Valid earthquake resistence
특허 출원 기술 사업
R & D + Technological innovation +
Intellectual Property

출판사업부
한방에 끝내는
소방시리즈
소방 관련 도서 전문출판
On-line & Off-line
한방에 끝내는 소방시리즈
신기술 수록 전파

make soon의 모든 제품은 특허 제품입니다.

www.makesoon.co.kr

make soon

Make something out of nothing – 주식회사 메이크 순

소방설계, 공사, 감리, 점검 등
필드에서 작업하던 엔지니어들이 모여 만들었습니다.

Make Something Out Of Nothing

무에서 유를 만들겠습니다.

NeT 신기술인증 NEW EXCELLENT TECHNOLOGY

"수직·수평배관 4방향 버팀대에 의한 배관 지지기술"
행정안전부장관 재난안전신기술 지정 제2022-28-1호

녹색인증 Green Certification

"미래창조 과학부장관상" 수상
슬리브형 수직배관 4방향 버팀대

제13회 소방산업대상 "소방청장상" 수상
ZoneVer-S4, L4, VS, VL 선 설치 앵커볼트 (ZoneVer-Easy)

대한민국발명특허대전 "특허청장상" 수상
선 설치 앵커볼트 (ZoneVer-Easy)

서울국제발명전시회 "대 상" 수상
ZoneVer-S4, L4

서울국제발명전시회 "은 상" 수상
선 설치 앵커볼트 (ZoneVer-Easy)

HL D&I Halla "최우수상" 수상
4방향 버팀대 (ZoneVer-S4, L4, VS, VL)

대한민국안전기술대상 "행정안전부장관상" 수상
수직·수평 4방향 버팀대 (ZoneVer-S4, L4, VS, VL)

make soon.CO.LTD

두 개를 하나로 줄여드립니다
횡방향 버팀대 1개 + 종방향 버팀대 1개 = 1개의 4방향 버팀대
Zone Ver (Zone of Valid earthquake resistance)
수직 · 수평배관 4방향 흔들림 방지버팀대
NeT
신기술인증
NEW EXCELLENT TECHNOLOGY
소방청 중앙소방기술심의 결과
"제품 사용 승인 채택"
행정안전부장관 지정
방재신기술(NET) 제2022-28호
공사비와 인건비 절감을
약속합니다.
견적 및 기술검토
Tel : 051)816-5007
(대리점 모집중)
make soon
Make something out of nothing - 주식회사 메이크 순

두 개를 하나로 줄여드립니다

21

횡방향 버팀대 1개 + 종방향 버팀대 1개 = 1개의 4방향 버팀대

Zone Ver (Zone of Valid earthquake resistance)

수직 · 수평배관 4방향 흔들림 방지버팀대

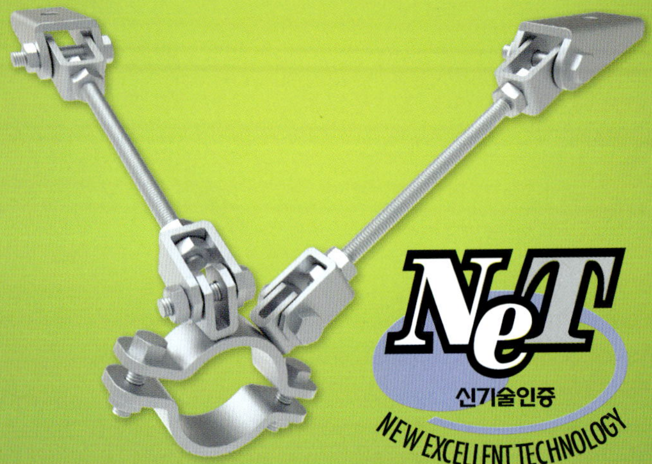

소방청 중앙소방기술심의 결과

"제품 사용 승인 채택"

행정안전부장관 지정

방재신기술(NET) 제2022-28호

NeT 신기술인증 NEW EXCELLENT TECHNOLOGY

공사비와 인건비 절감을 약속합니다.

견적 및 기술검토

Tel : **051)816-5007**

(대리점 모집중)

make soon

Make something out of nothing – 주식회사 메이크 순

한방에 끝내는

소방설비기사 산업기사

실기 합격노트 - 기계편

벼락치기 최적화!

2주 완성!

합격! 끝.판.왕.

알짜배기 합격노트!

소방기계시설의 계산 "알짜배기" 정리

- 수계 소화설비 편 -

소화기구

소화기 · 자동확산소화기 · 간이소화용구

- 소화기 개수 : 능력단위 선정 주의!! (용도 → 구조 → 실내마감재료) ★★★
  - ABC급 소화기
  - K급 소화기 (주방용!!)
  - 숙박시설, 내화구조, 불연재료 (기준면적 = 200 m²)

$$능력단위 = \frac{바닥면적}{기준면적} = ▨ 단위$$

→ 1단위 소화기 ▨ 개 설치!

- 소형소화기 보행거리 20m
- cf) 대형(보행거리 30m)

- ★★ 부속용도 (전기실, 주차장, 보일러실, 음식점 등) :

$$소화기 개수 = \frac{부속용도\ 바닥면적}{25m^2} = ▨ 개 설치!!$$

cf) 자동확산소화기 = 바닥면적 $10m^2$ 이하 1개, $10m^2$ 초과 2개 설치!

우주선 모양!

옥내소화전설비

계통도로 이해하자!!

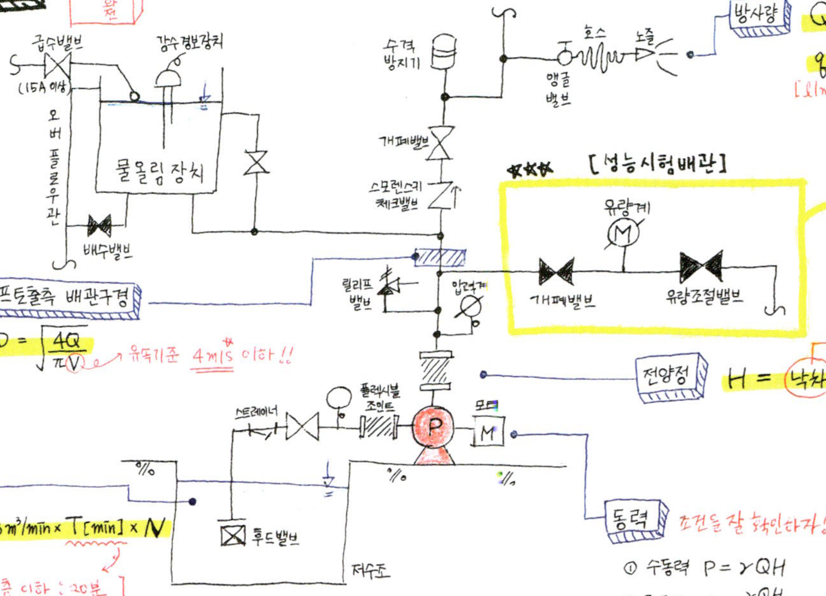

방사량 $Q = 130\ l/min \times N$ (N : 최대 2개 ★★)

$q = 2.086\,d^2\sqrt{P}$ (단위주의!!) [l/min] [mm] [MPa]

펌프토출측 배관구경

$D = \sqrt{\frac{4Q}{\pi V}}$ → 유속기준 4m/s 이하!! ★

전양정 $H = 낙차 + 마찰손실 + 법정토출압력$

- 흡입양정 + 토출양정
- 법정토출압력 → 0.17MPa
- 마찰손실 →
  - ① 하젠-윌리엄의 식 $\Delta P = 6.053 \times 10^4 \times \frac{Q^{1.85}}{C^{1.85} \times d^{4.87}} \times L$
  - ② 달시-웨버의 식 $H = f \times \frac{L}{D} \times \frac{V^2}{2g}$
  - ③ 총 배관 및 관부속품의 등가길이 × ▨ m당 마찰손실

펌프의 성능곡선

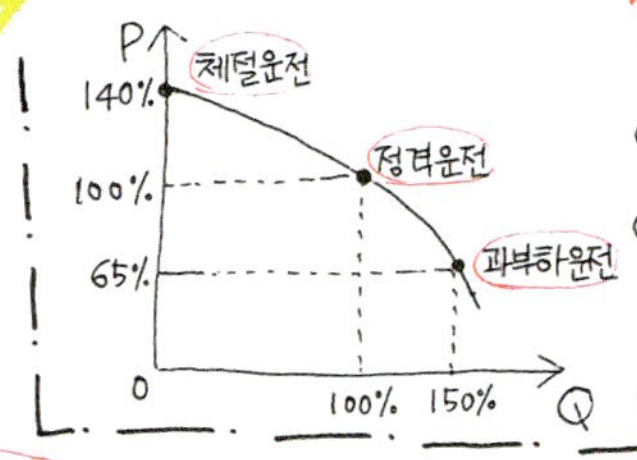

★ 공식정리!

① 체절압력 = 펌프의 정격토출압력 × 1.4

② 과부하운전 (최대부하) = 펌프의 정격토출압력 × 0.65

③ 성능시험배관 구경

$$d = \sqrt{\frac{1.5Q}{2.086\sqrt{0.65P}}}$$

④ 유량측정장치 최대유량 = 정격토출량 × 1.75

저수량

$V = 0.13 m^3/min \times T[min] \times N$

- 29층 이하 : 20분
- 30 ~ 49층 : 40분
- 50층 이상 : 60분

동력 조건을 잘 확인하자!

① 수동력 $P = \gamma QH$

② 축동력 $P = \frac{\gamma QH}{\eta}$

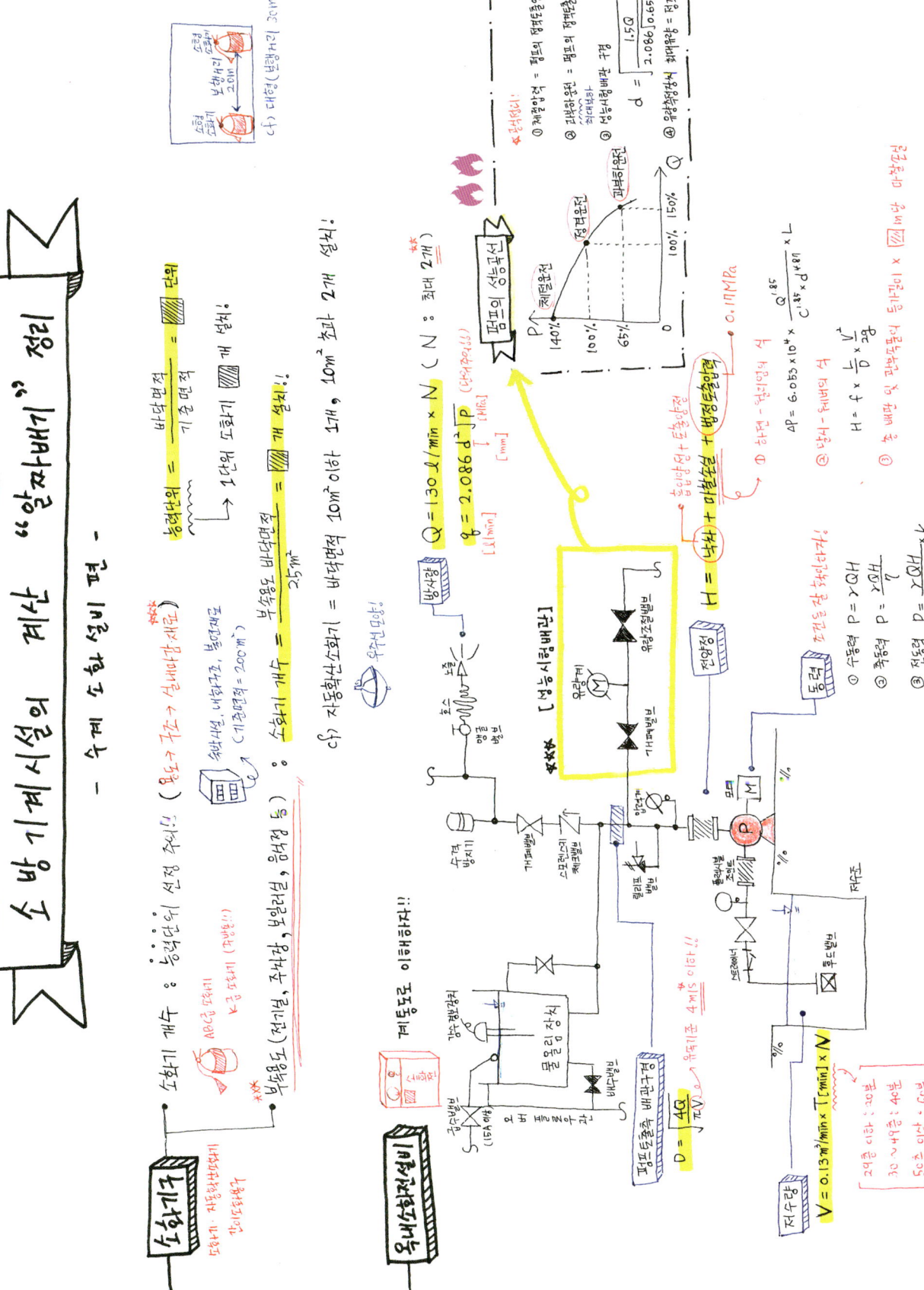

③ 전동력 $P = \frac{\gamma QH}{\eta} \times K$

스프링클러설비

펌프 기동점·정지점

Diff 조절나사 ⊕ ⊕ Range 조절나사

(1MPa, 0.9MPa, 0.2, 0.1, 동작확인침)

- 펌프의 정지점
  = Range = 0.9MPa
- 펌프의 기동점
  = Range − Diff
  = 0.9MPa − 0.2MPa = 0.7MPa

[압력챔버] ★

참고! 최근 전자식 기동용압력스위치 사용함!

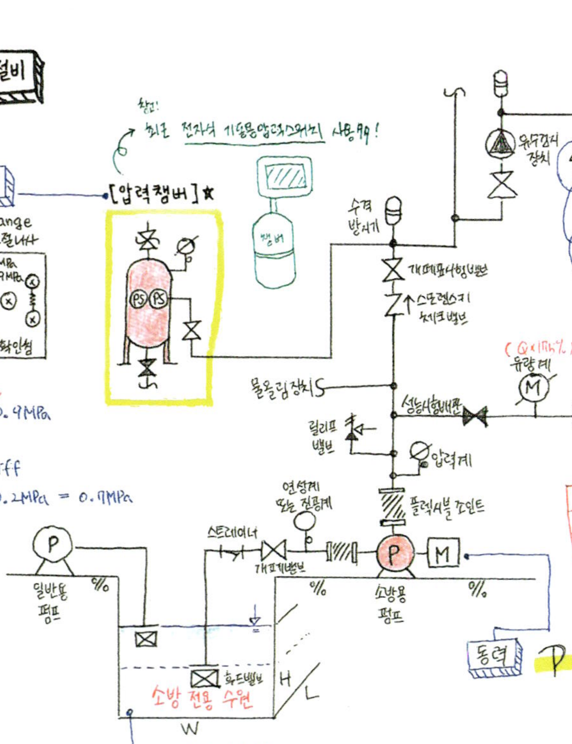

헤드간 거리

- 정방형 $S = L = 2r\cos 45°$
- 장방형 $S = \sqrt{4r^2 - L^2}$

$L = 2r\cos\theta$ ($\theta = 30° \sim 60°$)

수평거리 r:
- 무대부, 특수가연물(랙크식) = 1.7m
- 일반구조 = 2.1m
- 내화구조 = 2.3m
- 랙크식창고 = 2.5m
- 공동주택 = 3.2m

토출량

$Q = 80\ell/\min \times N$ (N = 기준개수)

- 10층 이하
  - 공장·(랙크식)창고 < 특수가연물(30) / 그 밖(20)
  - 근린생활·판매·운수·복합 < 판매·복합(30) / 그 밖(20)
  - 그 밖 < 헤드높이 8m 이상(20) / 헤드높이 8m 미만(10)
- 11층 이상, 지하가, 지하역사(30)
- 아파트(10)

동력

$P = \dfrac{\gamma Q H}{\eta} \times K$

P	γ
W	N/m³
kW	kN/m³

** 단위 주의!!

$\eta_{전효율} = \eta_{수력} \times \eta_{기계} \times \eta_{체적}$

저수량

유효수량! $V = 0.08\text{m}^3/\min \times T[\min] \times N$ (N = 기준개수)

- 29층 이하 = 20분
- 30 ~ 49층 = 40분
- 50층 이상 = 60분

옥상수조 $= V \times \frac{1}{3}$

전양정

Point!! 문제 조건들을 꼼꼼히 확인하자!

H = 낙차 + 마찰손실 + 법정토출압력 — 0.1MPa

- 마찰손실
  1. 하젠-윌리엄의 식
  2. 달시-웨버의 식
  3. 주손실 + 부차적손실
  4. 자연낙차 × ▨ % ★★
- 낙차
  1. 흡입양정 + 토출양정
  2. 물이 위로 흐르는 경우 (+)
     물이 아래로 흐르는 경우 (−)

수리계산

중요도 ★★★ × 100 배!!!

펌프를 기준으로 가장 **먼 헤드부터 계산 시작!

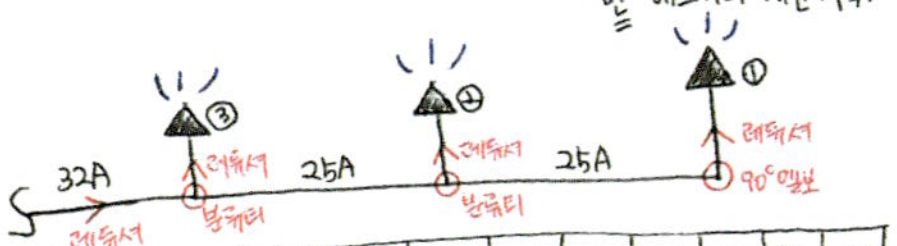

1. 관경 선정

관경	25	32	40	50	65	80	90	100
헤드수	2	3	5	10	30	60	80	100

2. 방수량 & 방수압력
   - $Q = K\sqrt{10P}$
   - $P_2 = P_1 + \Delta P_{1\sim2}$
3. 관부속품 물량 산출 실수가 가장 많은 부분!!
   90° 엘보 (1개), 분류티 (2개), 레듀셔 (25×15A, 3개)
   레듀셔 (32×25A, 1개)
4. 유속기준
   - 가지배관 6m/s 이하
   - 기타배관 10m/s 이하

하젠-윌리엄의 식

$$\Delta P = 6.053 \times 10^4 \times \frac{Q^{1.85}}{C^{1.85} \times d^{4.87}} \times L$$

- Q: 단위주의!! [ℓ/min]
- d: 배관의 안지름 [mm]
- C: 관의 거칠도 = 조도
  - 흑관·배관 — 습식·일제살수식(120) / 건식·준비작동식(100)
  - 동관·CPVC (150)
- L ★★: 주손실 + 부차적손실 = 배관길이 + 관부속품 등가길이

[MPa]일 경우	$6.053 \times 10^4 \times \sim$
[kgf/cm²]일 경우	$6.053 \times 10^5 \times \sim$

간이스프링클러설비

- 방사압력 0.1MPa 이상
- 방수량 50 l/min 이상 (주차장 80 l/min 이상)

수원의 양

① 상수도직결형 = 수돗물

② 수조를 사용하는 경우 (캐비닛형) = $V_{(가)} = 2개\ 헤드 \times 10분 \times Q$ (일반시설)

$V_{(나)} = 5개\ 헤드 \times 20분 \times Q$ (생복근 육천천)

(1) 생활형 숙박시설 = 바닥면적 600m² ↑
(2) 복합건축물 = 연면적 1,000m² ↑
(3) 근린생활시설 = 바닥면적 1,000m² ↑

Q: 방사량
- 간이헤드 (50 l/min)
- 표준헤드 (80 l/min) – 주차장

물분무소화설비

토출량

$Q = A \times Q_1$ (* 기준면적 특이사항 주의!!)

Q_1: 특수한 설계 차고 주차

- 특수가연물, 컨베이어·절연유 (10 l/min·m²)
- 케이블덕트 (12 l/min·m²)
- 차고·주차장 (20 l/min·m²)

× 방사시간 20분

저수량

$Q = A \times Q_1 \times 20min$

Point!!

cf) "헤드 1개당 토출량" (주의!!)

$$Q = \frac{A \times Q_1}{헤드의\ 개수}$$

미분무소화설비

- 저압 1.2MPa 이하
- 중압 1.2MPa ~ 3.5MPa
- 고압 3.5MPa 초과

수원의 양

$Q = N \times D \times T \times S + V$

N: 헤드의 개수, S: 안전율(1.2), V: 배관의 총 체적(m³)

최고주위온도

$T_a = 0.9T_m - 27.3°C$

T_a: 폐쇄형미분무헤드의 최고주위온도 [°C]
T_m: 헤드의 표시온도

포소화설비

포수용액

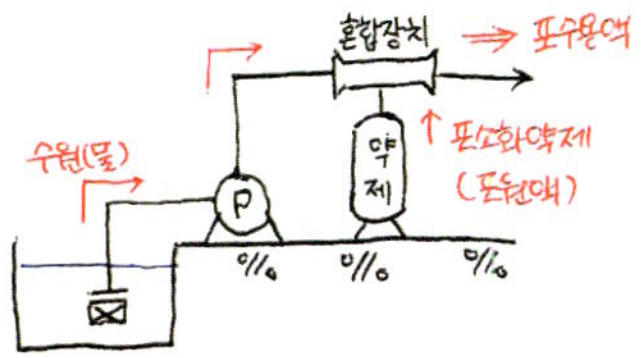

Basic!!

포수용액 = 포원액 + 수원(물)

포수용액 = 포소화약제 + 수원(물)

→ 포소화약제의 농도[%] = $\frac{\text{포원액의 양}[\ell]}{\text{포수용액의 양}[\ell]} \times 100 = \frac{\text{포원액의 양}[\ell]}{(\text{포원액}+\text{수원})\text{의 양}[\ell]} \times 100$

Ex) 포수용액 1,000ℓ (단백포 3%)

- 포원액 = 1,000ℓ × 0.03 = 300ℓ 포원액
- 수원(물) = 1,000ℓ × (1 − 0.03)
  = 1,000ℓ × 0.97
  = 970ℓ 수원

→ 합) 포수용액 1,000ℓ

팽창비

$= \frac{\text{방출 후 포의 체적}[\ell, m^3]}{\text{방출 전 포수용액의 양}[\ell, m^3]}$ (저발포 20 이하 / 고발포 80 이상 1,000 미만)

헤드의 개수

- 포워터스프링클러헤드 $N = \frac{\text{바닥면적 } A[m^2]}{8m^2/\text{개}}$
  - 헤드 내 흡입된 공기에 의해 포생성!
- 포헤드 $N = \frac{\text{바닥면적 } A[m^2]}{9m^2/\text{개}}$
  - 헤드그물망에 부딪힌 후 포생성!

— 압축공기포소화설비의 분사헤드
- 유류탱크 주위 $N = \frac{\text{바닥면적 } A[m^2]}{13.9m^2/\text{개}}$
- 특수가연물 저장소 $N = \frac{\text{바닥면적 } A[m^2]}{9.3m^2/\text{개}}$

포헤드의 방사량

① 특정소방대상물의 분류 & ② 포소화약제의 종류 확인!

소방대상물	포소화약제의 종류	방사량 Q
▣ 차고 · 주차장 ▣ 항공기격납고	수성막포	3.7 ℓ/min·m²
	단백포	6.5 ℓ/min·m²
	합성계면활성제포	8.0 ℓ/min·m²
▣ 특수가연물 저장·취급하는 소방대상물	수성막포	6.5 ℓ/min·m²
	단백포	
	합성계면활성제포	

→ 방사시간 = 10분

합성계면활성제포 → 고발포·저발포 사용 가능한 소화약제 (차고·주차장)

고정포방출구방식

$Q = Q_① + Q_② + Q_③$

- 송액관 → $Q_③ = A \times L \times S \times 1000\ell/m^3$ (S: 농도) Point!! ☆☆ (관의 내경 75mm 초과시 적용)
- 보조포소화전 → $Q_② = N \times 8{,}000 \times S$ (N : 최대 3개)
  - ↳ 400ℓ/min × 20min (방사량, 방사시간)
- 고정포방출구 → $Q_① = (A) \times Q_A \times T \times S$

①

$\frac{\pi}{4} \times D^2\ [m^2]$

②

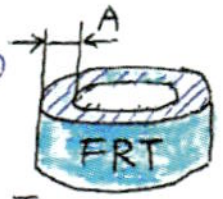

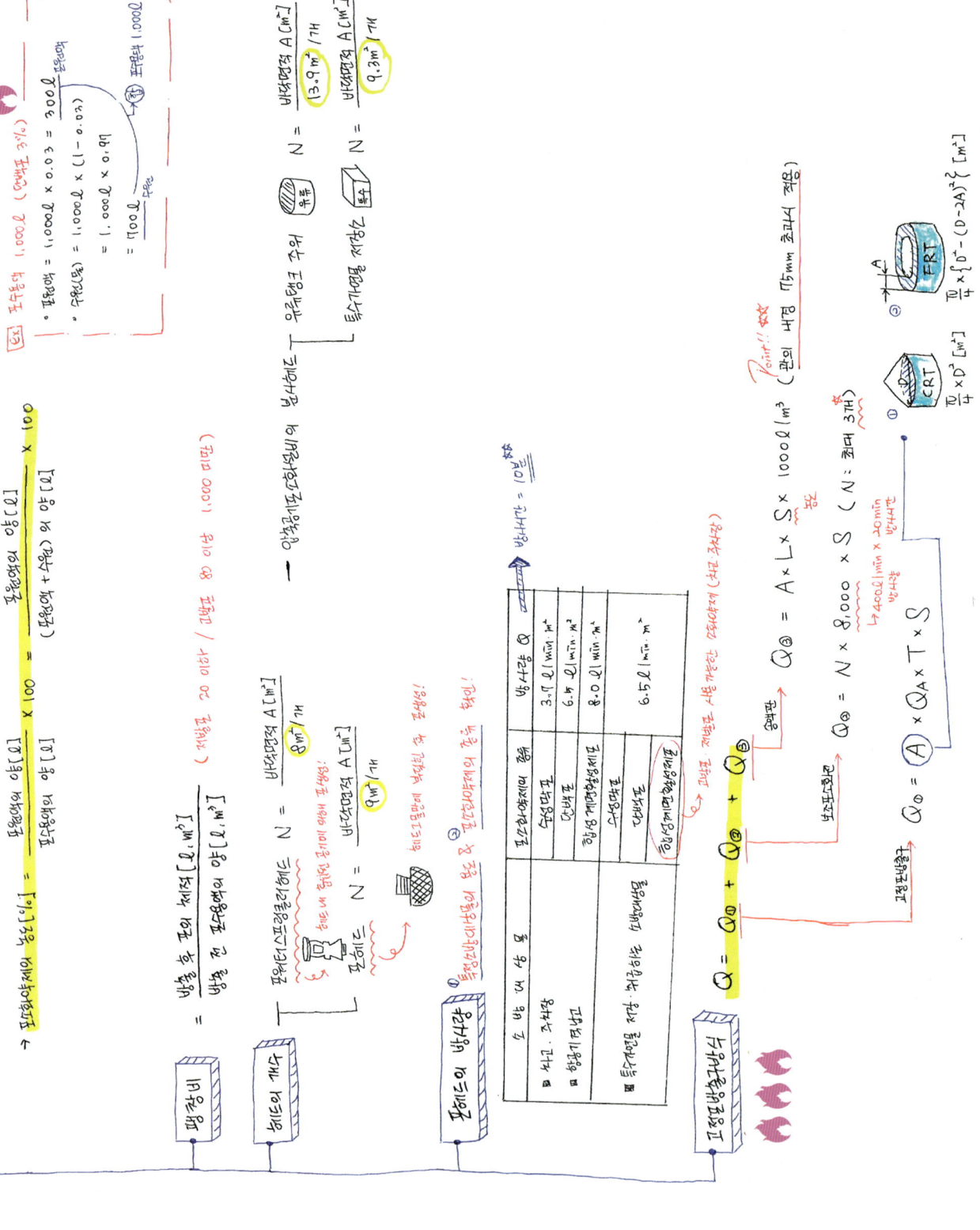

$\frac{\pi}{4} \times \{D^2 - (D-2A)^2\}\ [m^2]$

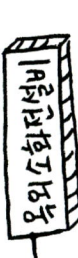

옥외소화전설비

65mm이상

방사압력

$P = 0.25 MPa$ 이상

방사량

$Q = 350 \ell/min \times N$ (N : 최대 2개)

→ 그림처럼 3개가 설치되어도!
$Q = 350 \ell/min \times 2 = 700 \ell/min$

cf) 노즐에서의 방수량 $q = 2.086 d^2 \sqrt{P}$

- q : 방수량 [ℓ/min]
- P : 방사압력 [MPa]
- d : 옥내 13mm , 옥외 19mm

소화전함

옥외소화전의 개수	옥외소화전함의 개수
10개 이하	옥외소화전마다 5m 이내의 장소에 1개 이상
11개 이상 30개 이하	11개 이상 소화전함 분산 설치
31개 이상	옥외소화전 3개마다 1개 이상

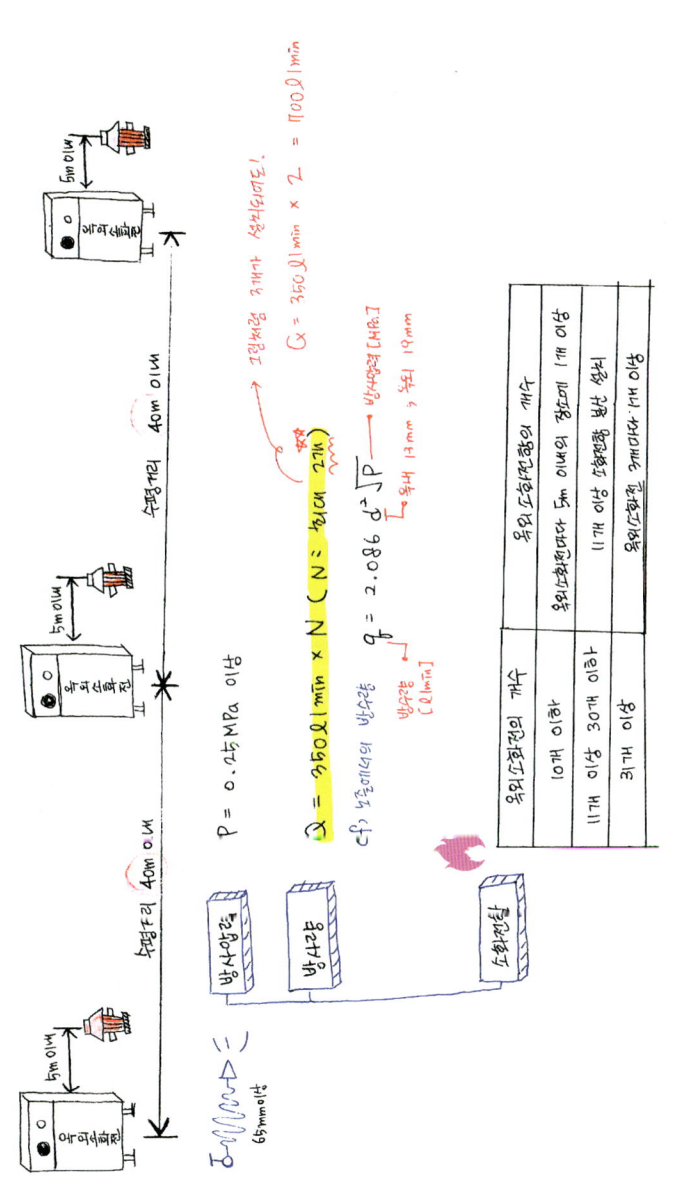

소방기계시설의 계산 "알짜배기" 정리

- 가스계 소화설비편 -

이산화탄소 소화설비

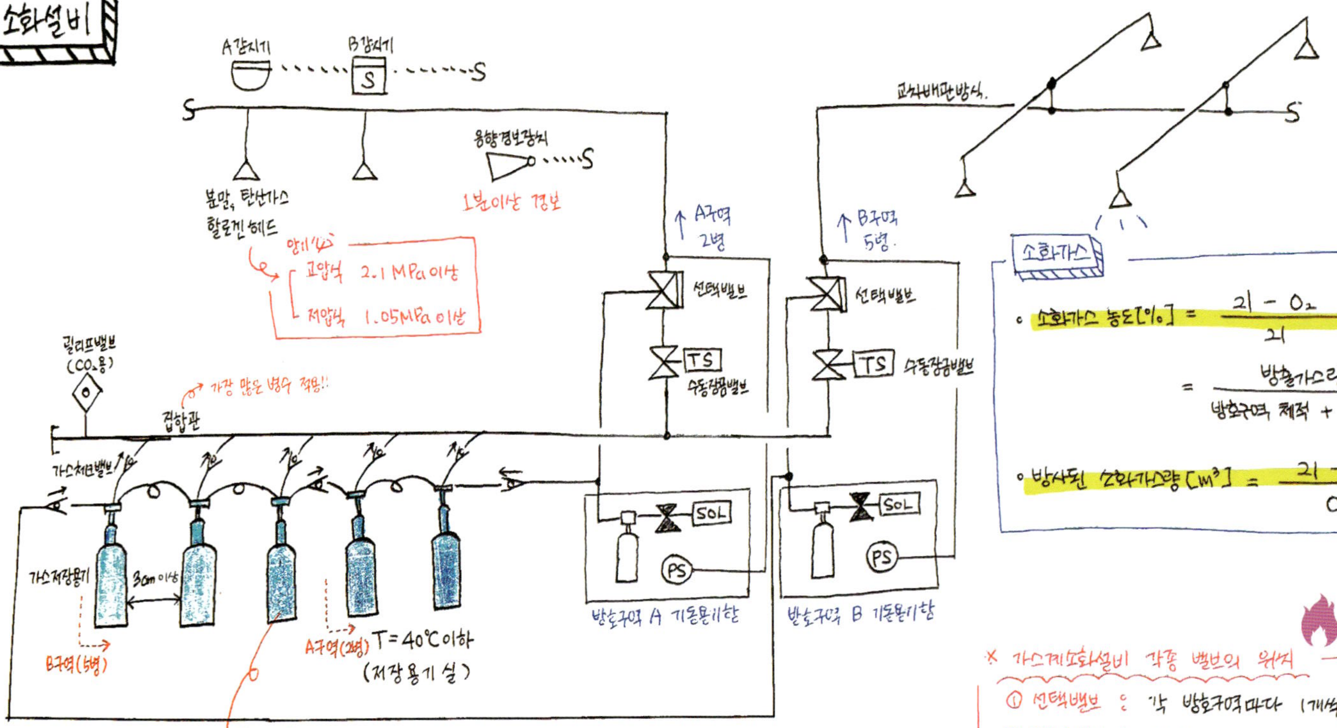

저장용기	충전비	저장압력	내압시험압력.
고압식	1.5이상 1.9이하	6MPa (상온)	25MPa 이상
저압식	1.1이상 1.4이하	2.1MPa (-18℃)	3.5MPa 이상

소화가스

- 소화가스 농도[%] $= \dfrac{21 - O_2}{21} \times 100$

  $= \dfrac{\text{방출가스량}}{\text{방호구역 체적} + \text{방출가스량}} \times 100$

- 방사된 소화가스량[m³] $= \dfrac{21 - O_2}{O_2} \times V\,[m^3]$

※ 가스계소화설비 각종 밸브의 위치

① 선택밸브 : 각 방호구역마다 1개씩 설치 ⊠

② 릴리프밸브 : 집합관에 1개 설치 ◇

③ 가스체크밸브

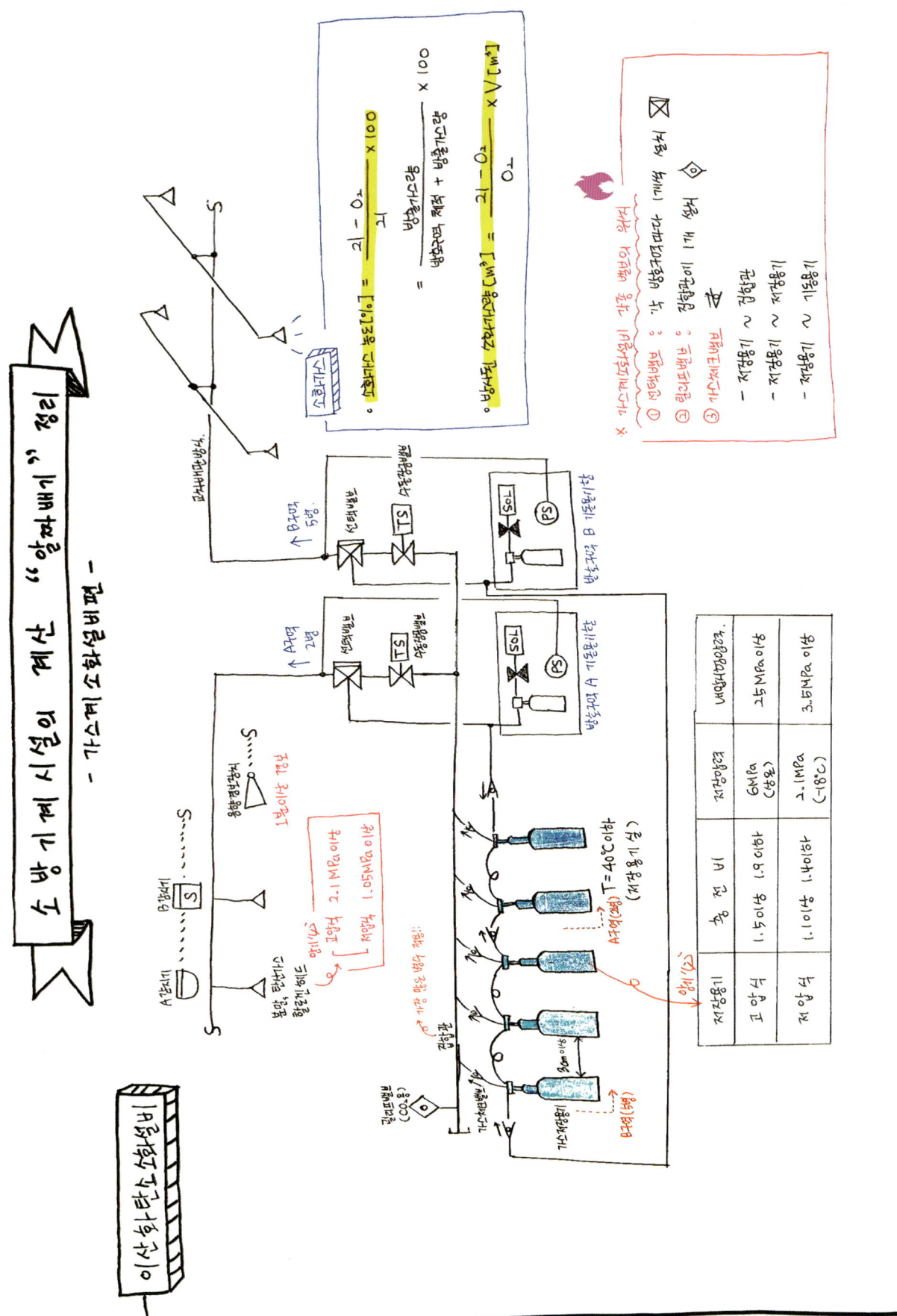

- 저장용기 ~ 집합관
- 저장용기 ~ 저장용기
- 저장용기 ~ 기동용기

전역방출방식

$$Q = K_1 V + K_2 A$$

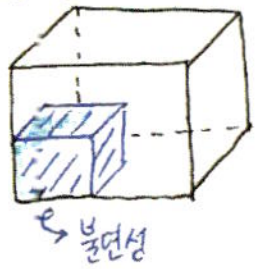

- 표면화재 (방사시간 = 1분 이내)

방호구역의 체적	방호구역 1m³에 대한 소화약제량	소화약제 저장량의 최저한도량
45m³ 미만	1kg	45kg
45m³ 이상 150m³ 미만	0.9kg	
150m³ 이상 1,450m³ 미만	0.8kg	135kg
1,450m³ 이상	0.75kg	1125kg

* 개구부가산량 = 5kg/m²

- 심부화재 (방사시간 = 7분 이내) → 설계농도가 2분 이내 30% 도달.

소 방 대 상 물	방호구역의 1m³에 대한 소화약제량
▫ 유압기기를 제외한 전기설비, 케이블실	1.3kg/m³
▫ 전기설비 (체적 55m³ 미만)	1.6kg/m³
▫ 목재가공품창고, 박물관, 서고, 전자제품창고	2.0kg/m³
▫ 고무류, 모피창고, 집진설비, 석탄창고, 면화류창고	2.7kg/m³

재물이(2.0) 고자
고모집 석면

* 개구부가산량 = 10kg/m²

국소방출방식

- 윗면이 개방된 용기에 저장하는 경우,
  연소면이 한정되고 가연물이 비산할 우려가 없는 경우.

  Q = 방호구역의 표면적 [m²] × 13kg/m² × K (할증)

  고압식 1.4
  저압식 1.1

- 기타의 경우

  Q = 방호구역의 체적 [m³] × $\left(8 - 6 \times \frac{a}{A}\right) \times K$ (할증)

  a : 방호대상물 주위에 설치된 벽면적 합계 [m²]
  A : 방호공간의 벽면적 합계 [m²] (벽이 없는 경우 있는 것으로 가정)

※ 방호공간 = 방호대상물의 각 부분으로부터 0.6m의 거리에 둘러싸인 공간

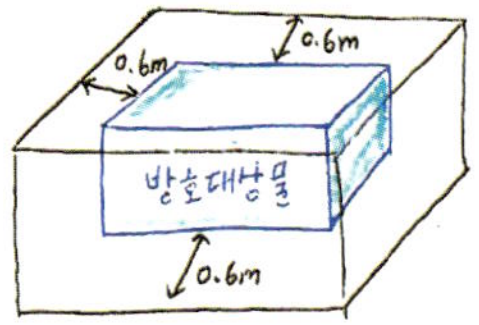

- 방호대상물 = 가로 W × 세로 L × 높이 H
- 방호공간
  - 가로 : W + 1.2m
  - 세로 = L + 1.2m
  - 높이 = H + 0.6m

이상기체상태방정식

$$PV = \frac{W}{M}RT$$

- P : 절대압 = 대기압 + 게기압
- T : 절대온도 [K = 273 + ℃]
- R : 이상기체상수 R = 8,313.85 N·m/kmol·K
- M : 분자량 (CO₂ = 44) [kg]

필수개념 — 순도고려

① 순도 X[%]를 고려한 소화약제의 양 $W = \frac{W[kg]}{X[\%]}$

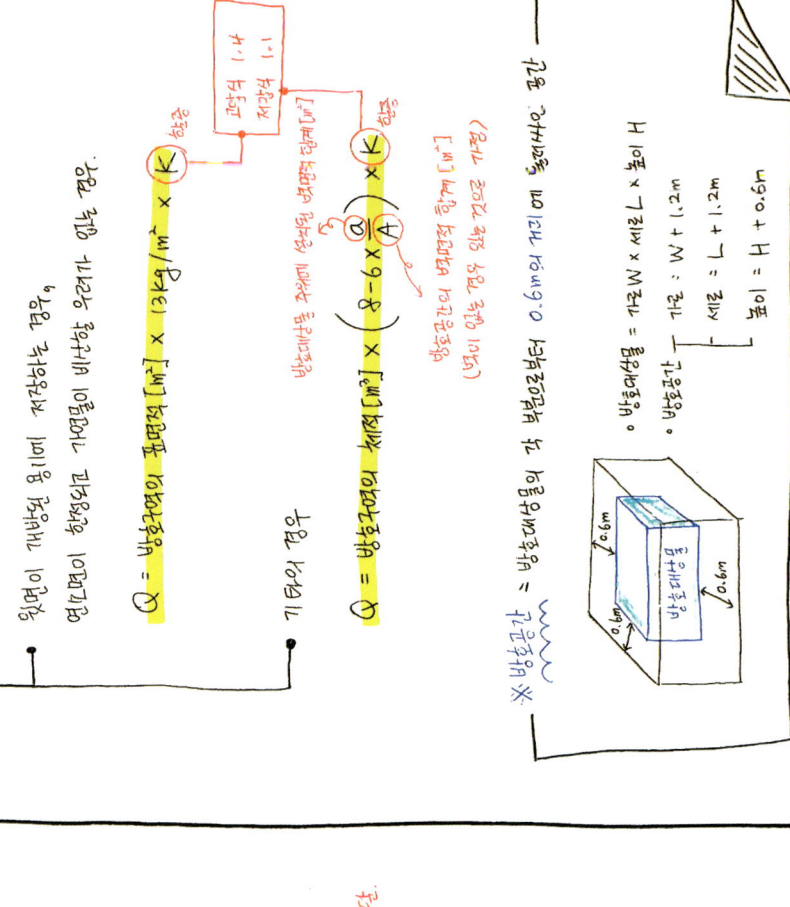

② 순도 X[%]를 고려한 소화약제의 부피 $v = V[m^3] \times X[\%]$

할론소화설비

전역방출방식

(방사시간 : 10초)

$$Q = K_1V + K_2A$$

소방대상물	소요약제량		개구부가산량
	설계농도 5%	설계농도 10%	
차고·주차장·전기실·통신기기실·전산실·합성수지류	0.32kg/m³	0.64kg/m³	2.4kg/m²
사류, 면화류, 볏짚류, 목재가공품, 대팻밥 등	0.52kg/m³	0.64kg/m³	3.9kg/m²

국소방출방식

(방사시간 : 10초)

윗면이 개방된 용기인 경우 / 연소면이 1면에 한정되고 가연물이 비산할 우려가 없는 경우

$$Q = \text{방호대상물 표면적}[m^2] \times \square \times h$$

- □ : 할론 1301 (6.8kg/m²), 할론 1211 (7.6kg/m²), 할론 2402 (8.8kg/m²)
- h : 할론 1301 (1.25), 할론 1211 및 할론 2402 (1.1)

기타의 경우

$$Q = \left(X - Y \times \frac{a}{A}\right) \times K$$

- a : 방호대상물의 주변에 설치된 벽면적[m²]
- A : 방호공간의 벽면적 합계[m²] (벽이 없는 경우, 벽이 있는 것으로 가정)
- K : 할론 1301 (1.25), 할론 1211 및 할론 2402 (1.1)

구분	X	Y
할론 1301	4.0	3.0
할론 1211	4.4	3.3
할론 2402	5.2	3.9

(Y = X × 0.75)

별도독립방식

$$\frac{\text{저장용기 1병당 저장량}[kg/병] \times \text{병수}[병]}{\text{소화약제의 밀도 } \rho\,[kg/m^3]} \times 1.5 \geq \text{배관의 내용적}[m^3] \text{ (집합관 포함)}$$

할로겐화합물 및 불활성기체 소화설비

(회색) → 약제량 손실 5% 초과, 압력손실 10% 초과 시, 재충전 · 교체할 것!

㈜ 불활성기체 소화약제의 저장용기의 경우, 압력손실 5% 초과 시, 재충전 · 교체할 것.

할로겐화합물 계열

HCFC BLEND A, HCFC-124 등

(약제방사시간 : 10초 이내)

약제량[kg]

$$W = \frac{V}{S} \times \frac{C}{100 - C}$$

- C : 소화약제의 설계농도[%] = 소화농도 × 안전계수 (A, C급화재 1.2, B급화재 1.3)
- S : "소화약제별 선형상수 [m³/kg]"
  - $K_1 + K_2 t = K_1 + K_1 \times \frac{t}{273}$
  - t → 방호구역의 최소예상온도 [℃] 단위주의!!

불활성기체 계열

IG-541, IG-01, IG-100, IG-55

(약제방사시간 : A, C급 화재 2분, B급화재 1분 이내)

약제체적[m³]

$$X = 2.303 \times \frac{V_s}{S} \times \log\left(\frac{100}{100 - C}\right) \times V$$

- V_s : 20℃에서의 소화약제 비체적 [m³/kg]
- V : 방호구역의 체적 [m³]

배관의 두께

두께[mm]

$$t = \frac{PD}{2SE} + A$$

- A : 허용값[mm]
  - 나사이음 (나사의 높이)
  - 절단홈이음 (홈의 깊이)
  - 용접이음 (0)
- SE : 최대허용응력 [kPa]
  - $SE = MIN\left(\text{인장강도} \times \frac{1}{4}, \text{항복점} \times \frac{2}{3}\right) \times \text{배관이음효율} \times 1.2$
  - 배관이음효율:
    - 이음매 없는 배관 (1.0)
    - 전기저항 용접배관 (0.85)
    - 가열맞대기 용접배관 (0.6)

분말소화설비

소화약제의 종류

제1종 분말 (탄산수소나트륨)	$NaHCO_3$	
제2종 분말 (탄산수소칼륨)	$KHCO_3$	
제3종 분말 (인산암모늄)	$NH_4H_2PO_4$	→ ABC급 화재, 차고 · 주차장
제4종 분말 (탄산수소칼륨 + 요소)	$KHCO_3 + (NH_2)_2CO$	

Tip!! 화학식 읽기!

- 화학식은 뒤에서부터 읽어간다!

$NaHCO_3 \rightarrow Na^+ + H^+ + CO_3^{2-}$

(나트륨, 수소, 탄산)

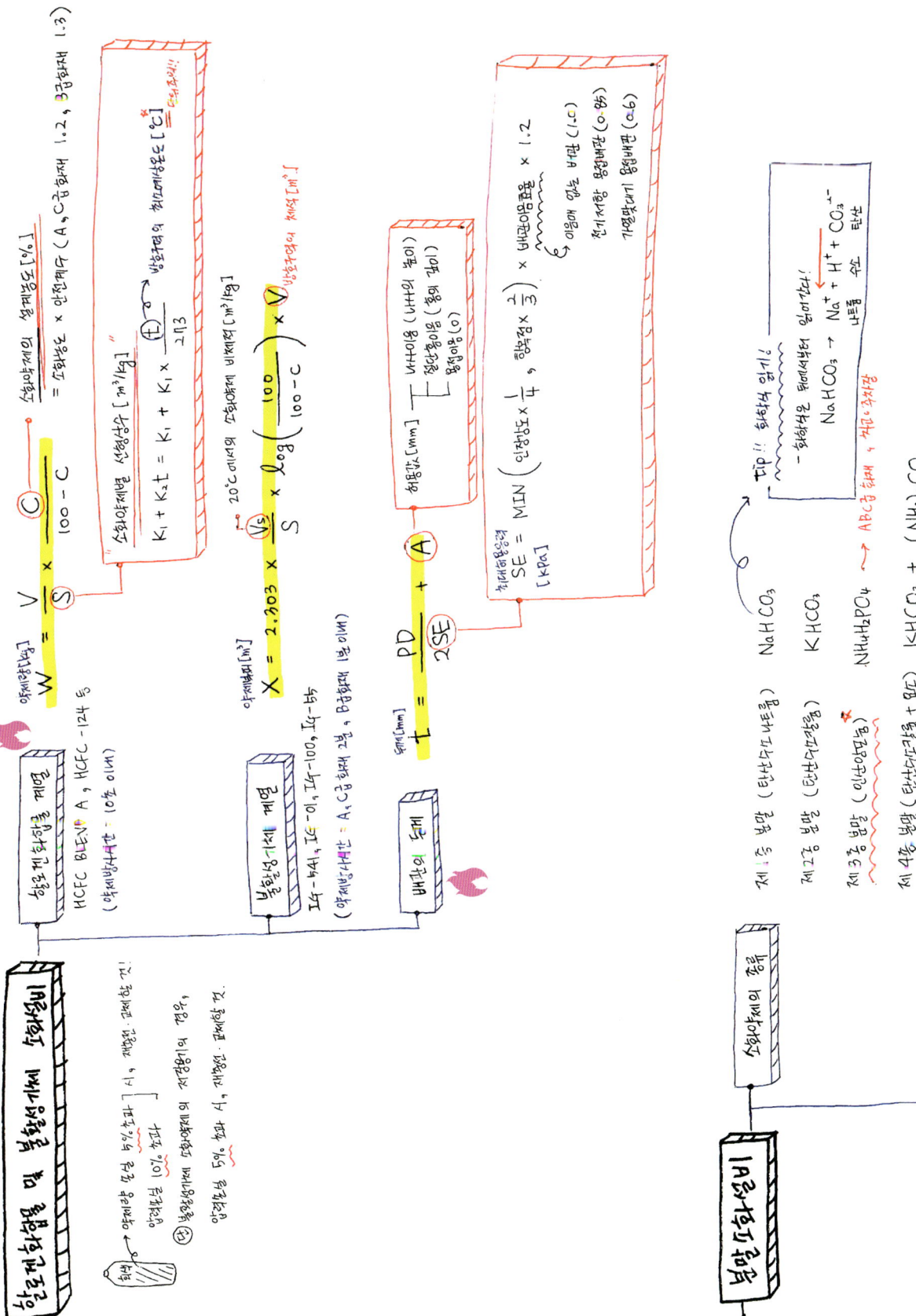

시스템 이해

자주 출제되는 부분은 중점적으로 공부하자!!

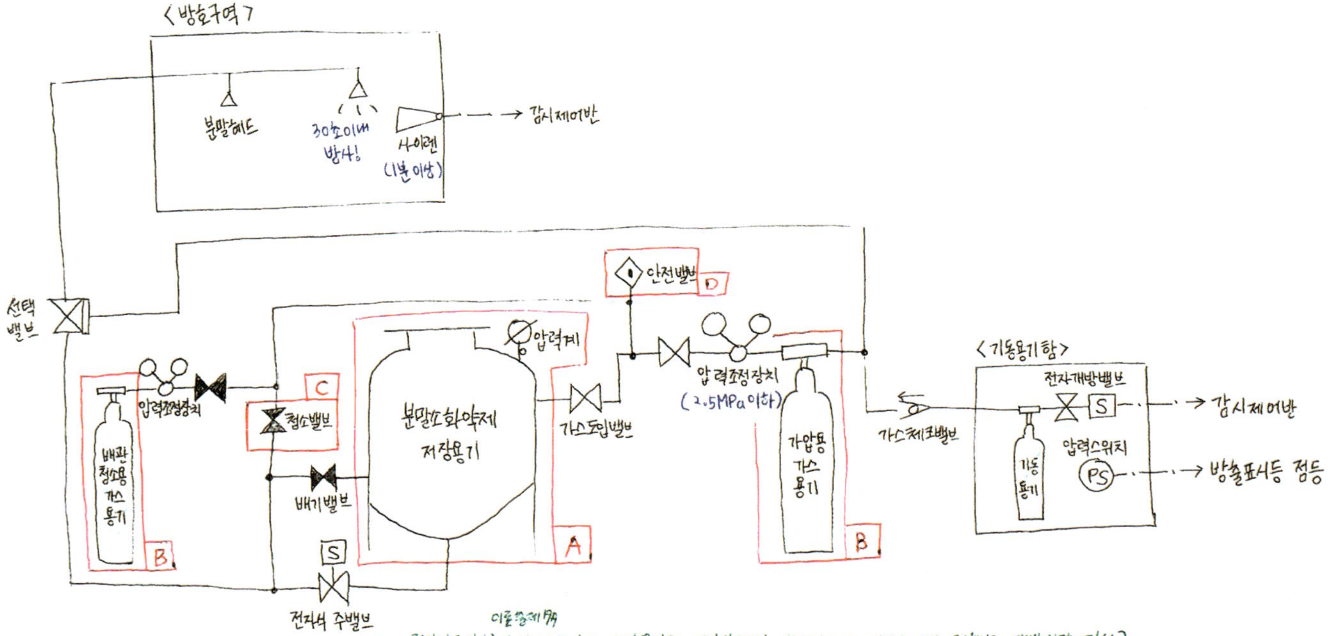

정압작동장치 (분말소화약제 저장용기의 내부압력이 설정압력으로 되었을 때 주밸브를 개방시키는 장치) 이론출제1회

◦종류 : 봉판식, 스프링식, 기계식, 압력스위치식, 전기식

A 소화약제의 저장량

[전역방출방식] (방사시간 = 30초 이내)

$$Q = K_1V + K_2A$$

Q : 약제량 [kg]

소화약제의 종별	K_1	K_2
제 1종 분말	0.6kg/m³	4.5kg/m²
제2종·제3종 분말	0.36kg/m³	2.7kg/m²
제 4종 분말	0.24kg/m³	1.8kg/m²

[국소방출방식] (방사시간 = 30초 이내)

① 윗면이 개방된 용기, 연소면이 1면에 한정되고 가연물이 비산할 우려가 없는 경우

$$Q = \text{방호대상물 표면적}[m^2] \times \square \times 1.1$$

Q : 약제량 [kg]

□ : 제 1종 분말 (8.8kg/m²), 제2종·제3종 분말 (5.2kg/m²), 제4종 분말 (3.6kg/m²)

② 기타

$$Q = \left(X - Y \times \frac{a}{A}\right) \times 1.1$$

Q : 약제량 [kg]

a : 방호대상물 주위에 설치된 벽면적 합계 [m²]

A : 방호공간의 벽면적 합계 [m²]

구분	X	Y
제 1종	5.2	3.9
제 2종·제3종	3.2	2.4
제4종	2.0	1.5

(×0.75)

B 가압용 가스용기

- 가압용 가스용기를 3병 이상 설치하는 경우에는 2개 이상의 용기에 전자개방밸브를 부착.
- 가압용 가스용기에는 2.5MPa 이하의 압력에서 조정이 가능한 압력조정기를 설치.

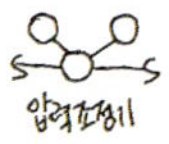

- 가압용가스 또는 축압용가스의 설치기준

구 분	질소(35℃, 1기압)	이산화탄소
가압용 가스	40 l/kg 이상	20g/kg + 배관청소에 필요한 양 이상
축압용 가스	10 l/kg 이상	20g/kg + 배관청소에 필요한 양 이상

→ 배관의 청소에 필요한 양의 가스를 별도의 용기에 저장할 것.

C 청소밸브

→ 분말소화약제 방출 후 남은 배관 내 잔류 분말소화약제를 배출시키기 위한 청소용 밸브

D 안전밸브

- 가압식 : 최고 사용압력의 1.8배 이하
- 축압식 : 내압시험압력의 0.8배 이하

소방기계시설의 계산 "알짜배기" 정리

— 소화활동설비편 —

제연설비

제연구역 암기 '○'

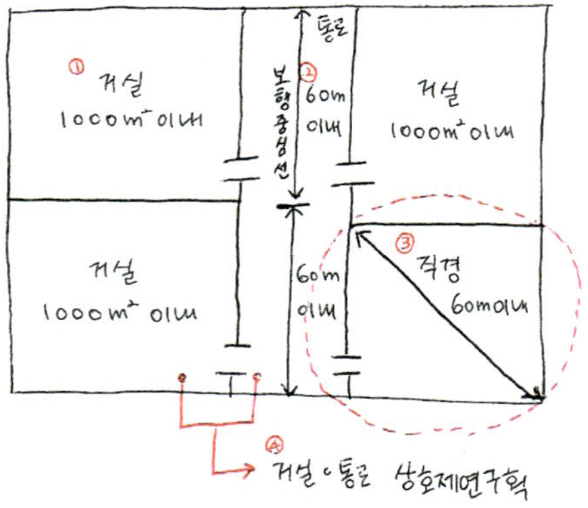

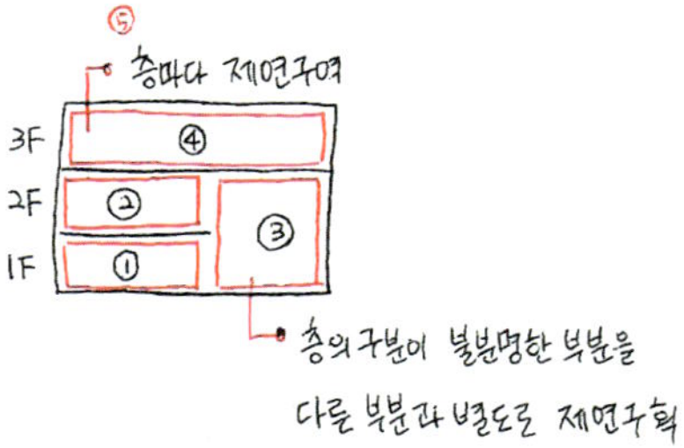

제연구역의 구획

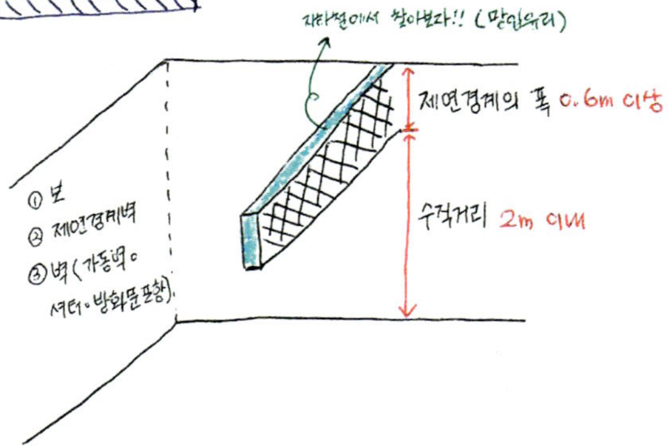

배출량 및 배출방식

① 거실바닥면적 400m² 미만 (최저 5,000 m³/h 이상)

일반 : 배출량 [m³/min] = 바닥면적 [m²] × 1m³/min·m²

② 거실바닥면적 400m² 이상 (예상제연구역이 제연경계로 구획된 경우)

수직거리	직경 40m 이하	직경 40m 초과 60m 이하
2m 이하	40,000m³/h	45,000m³/h
2m 초과 2.5m이하	45,000m³/h	50,000m³/h
2.5m 초과 3m 이하	50,000m³/h	55,000m³/h
3m 초과	60,000m³/h	65,000m³/h

(+5천, +5천, +1만)

"수직거리 및 직경을 확인하자!!"

Ex 가로 50m, 세로 10m 인 거실 (수직거리 3.2m)

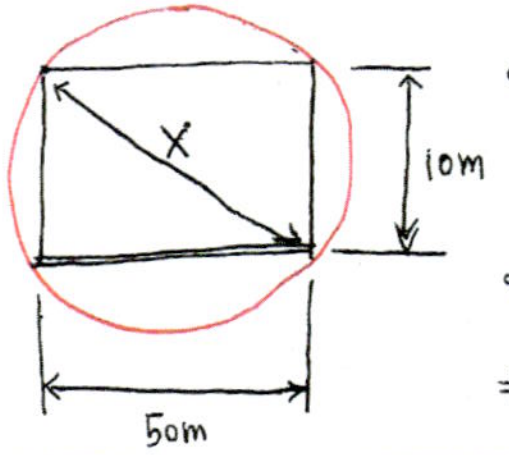

- 직경 $X = \sqrt{(50m)^2 + (10m)^2}$
  $= 50.99m$
  (직경 40m초과 60m 이하)
- 수직거리 3m 초과

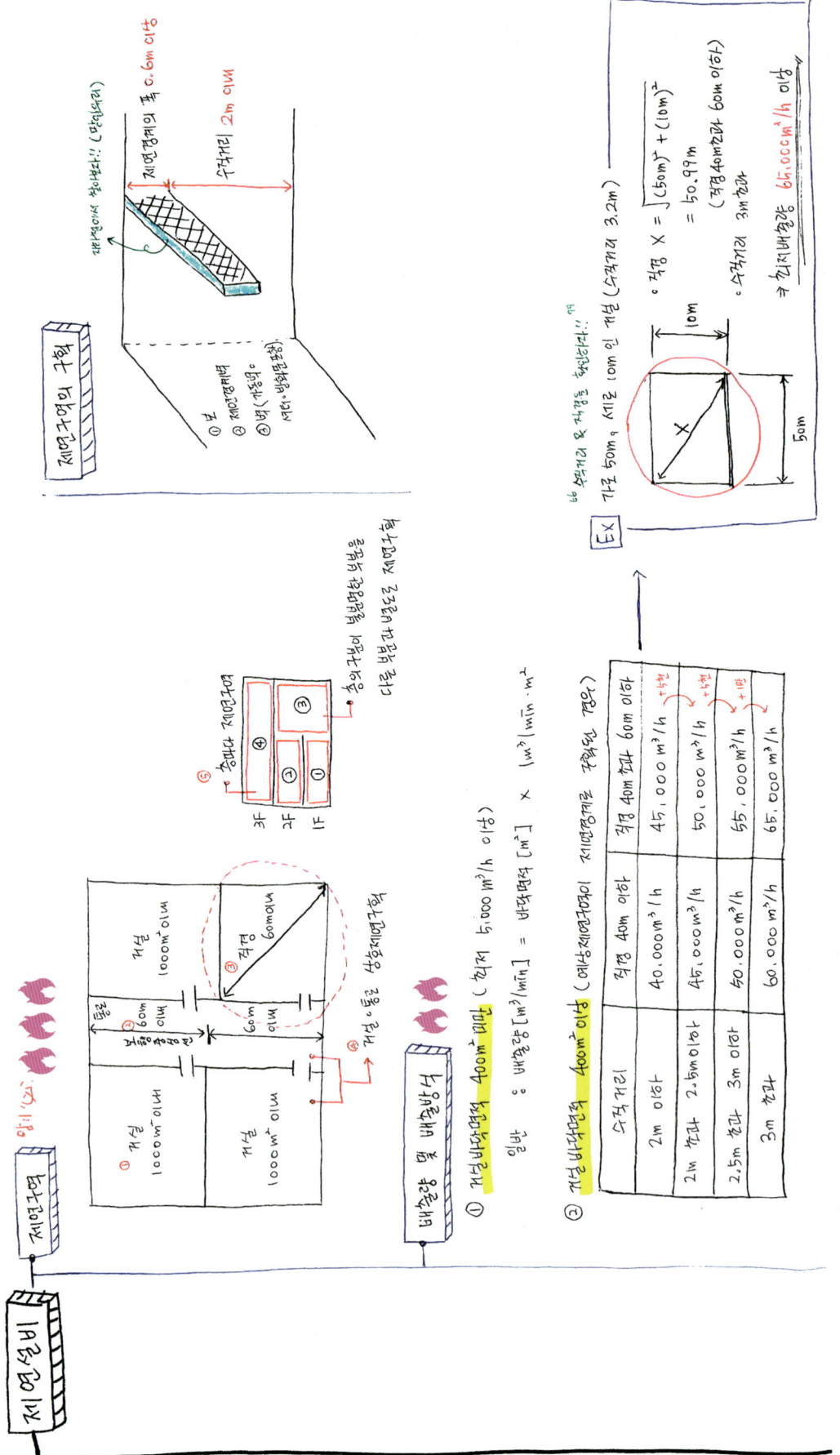

⇒ 최저배출량 65,000m³/h 이상

③ 통로 = 45,000 m³/h 이상

④ 공동예상제연구역의 배출량
- 2개 이상의 예상제연구역

"벽"으로 구획된 경우

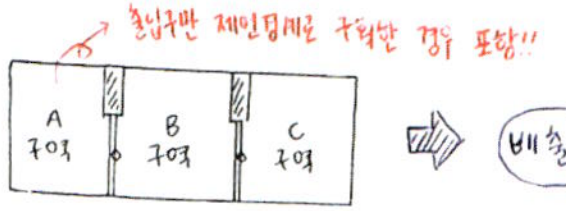

⇨ 배출량 = A + B + C (합산)

"제연경계"로 구획된 경우

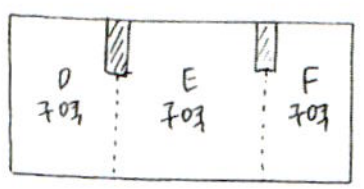

⇨ 배출량 = E (최대)

배연기의 동력

단위에 주의하자!!

공식

$$P = \frac{P_T \times Q}{102 \times 60 \times \eta} \times K = \frac{P_T \times Q}{6{,}120 \times \eta} \times K$$

P: 배연기동력 [kW], η: 전효율, K: 전달계수

전압 [mmAq = mmH₂O]

① 문제에서 주어진 경우
② 누설손실압력이 주어진 경우 = 풍압 + 누설손실압력
③ 각종 저항값이 주어진 경우 = 덕트저항 + 배기구저항 + 부속류저항 + 그릴저항

배출량 [m³/min]

① 문제에서 주어진 경우
② 제연구역
- 통로 (45,000 m³/h 이상)
- 거실 400m² 미만 (바닥면적[m²]당 1m³/min 배출)
- 거실 400m² 이상 (기준표 적용, 수직거리 & 직경 확인!)

③ 공동예상제연구역
- 벽 (합산)
- 제연구획 (최대)

상사의 법칙

매우 중요!!

주문처럼 암기하자!! 유양축 123325!!

유량 $\frac{Q_2}{Q_1} = \frac{N_2}{N_1}^{①} \times \left(\frac{D_2}{D_1}\right)^{③}$

양정 $\frac{H_2}{H_1} = \left(\frac{N_2}{N_1}\right)^{②} \times \left(\frac{D_2}{D_1}\right)^{②}$

축동력 $\frac{P_2}{P_1} = \left(\frac{N_2}{N_1}\right)^{③} \times \left(\frac{D_2}{D_1}\right)^{⑤} \times \left(\frac{\eta_1}{\eta_2}\right)$

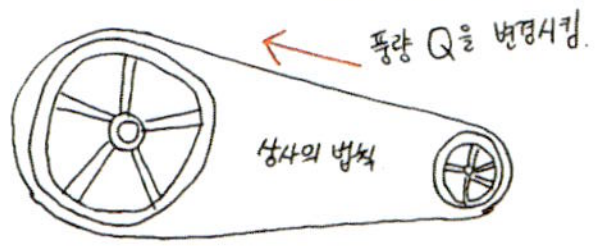

덕트의 최소 폭

$$W = \frac{Q}{V \times h}$$

W: 폭[m], Q: 풍량[m³/s], h: 높이[m]

유속 [m/s] Point!!

① 배출기

② 유입풍도

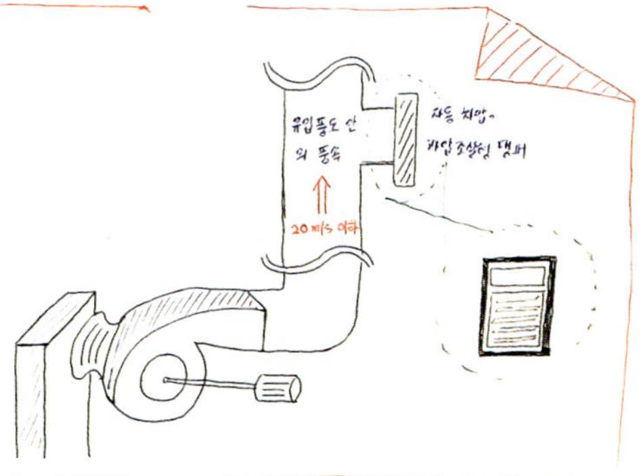

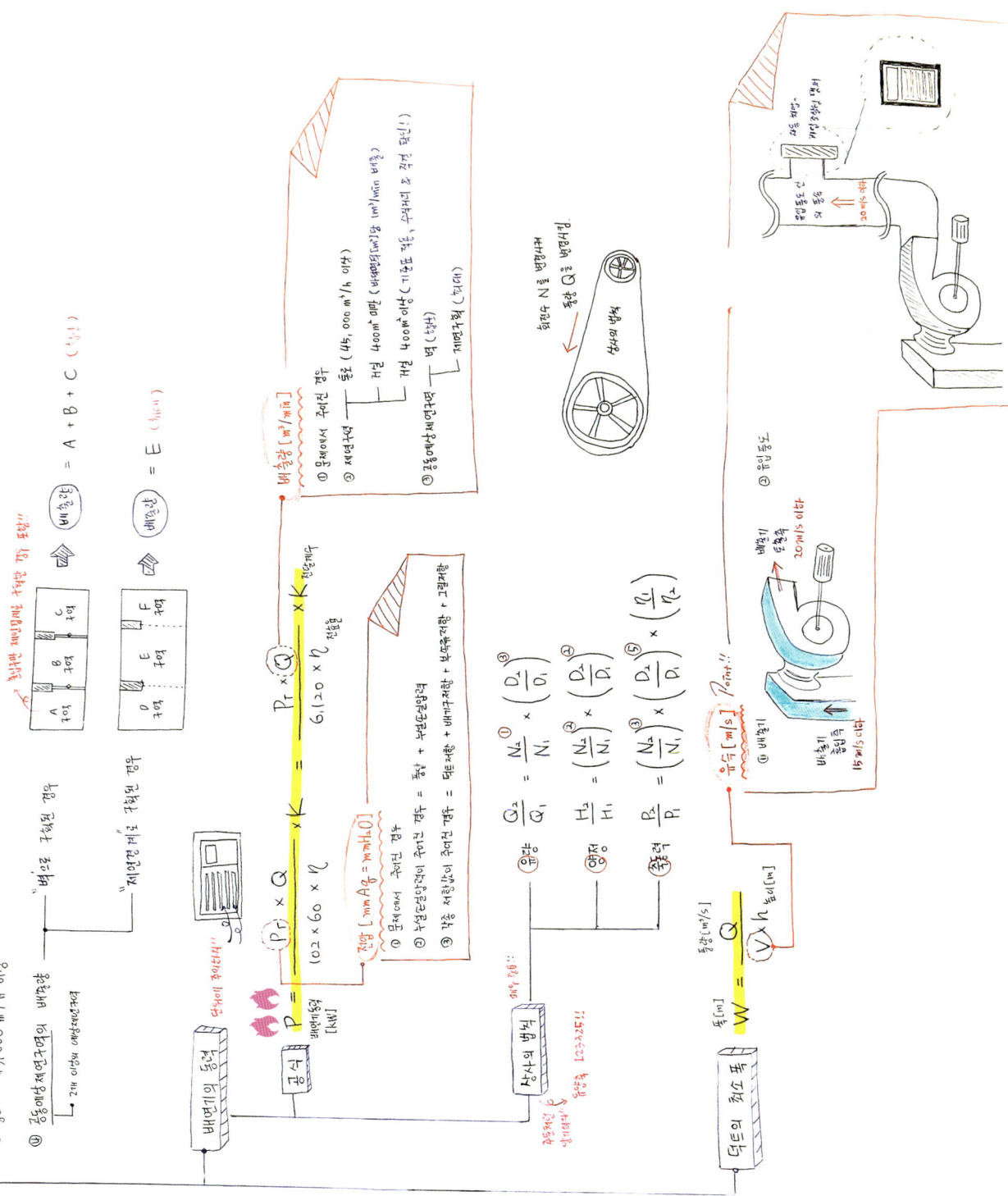

특별피난계단의 계단실 및 부속실 제연설비

제연구역 선정

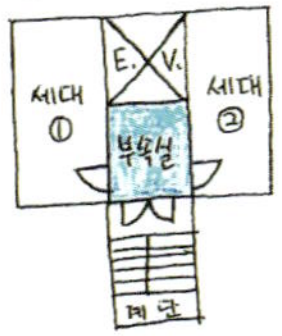

① 계단실 및 그 부속실을 동시에 제연하는 것.

② 부속실만 단독으로 제연하는 것

③ 계단실만 단독으로 제연하는 것

④ 비상용 승강기의 승강장만을 단독으로 제연하는 것.

차압 및 개방력

자주 출제된다!!

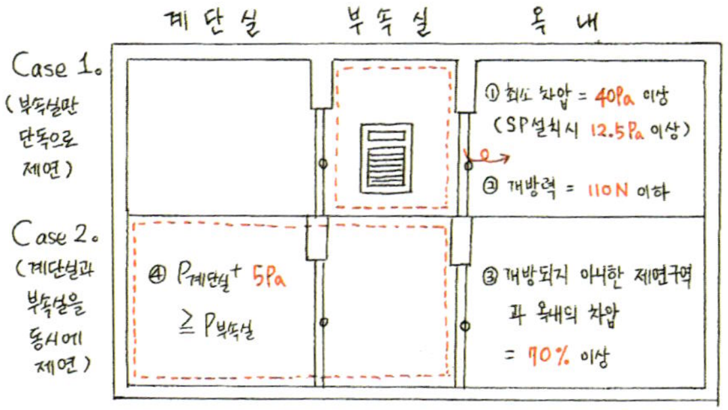

Tip!! 개방력

$$F = F_{dc} + F_p = F_{dc} + \frac{K_d \cdot W \cdot A \cdot \Delta P}{2(W-d)}$$

- F : 개방력[N]
- K_d : 상수
- ΔP : 비제연구역과의 차압[Pa]
- F_p : 차압에 의해 방화문에 미치는 힘[N]
- F_{dc} : 도어체크의 저항력[N]
- A : 방화문 면적 A [m²]

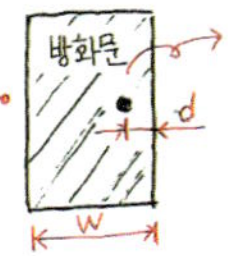

틈새면적

가장 멀리 있는 실의 출입문부터 계산시작!!

- 직렬연결

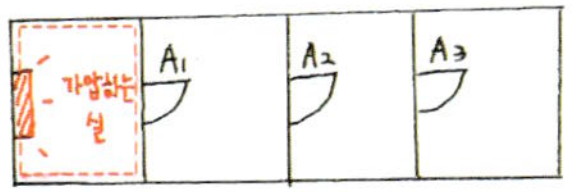

$$\rightarrow A_T = \frac{1}{\sqrt{\frac{1}{A_1^2} + \frac{1}{A_2^2} + \frac{1}{A_3^2} + \cdots}}$$

- 병렬연결

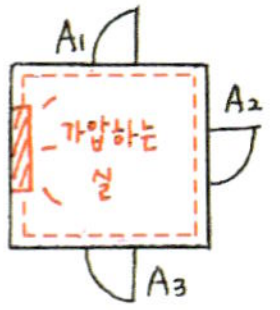

$$\rightarrow A_T = A_1 + A_2 + A_3 + \cdots$$

누설량

$$Q = 0.827 \times A \times \sqrt{\Delta P}$$

- Q : 누설량[m³/s]
- A : 틈새면적!!
- ΔP : 차압[Pa] ┬ 최소 차압 40Pa 이상
  └ SP 설치 시 12.5Pa 이상

기타 제연공식

연돌효과(굴뚝효과)에 따른 압력차

$$\Delta P = 3460 \times \left(\frac{1}{T_o} - \frac{1}{T_i} \right) \times h$$

- ΔP : 압력차[Pa]
- h : 중성대의 높이 [m]
- T_i : 실내공기의 절대온도 [K = 273 + t°C] (in)
- T_o : 외부공기의 절대온도 [K = 273 + t°C] (out)

[연돌효과]

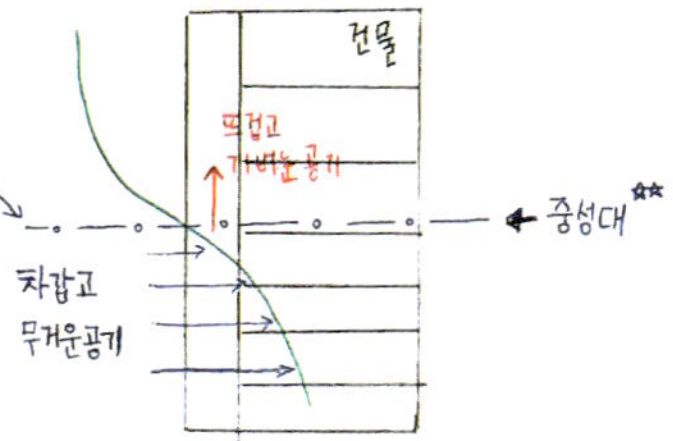

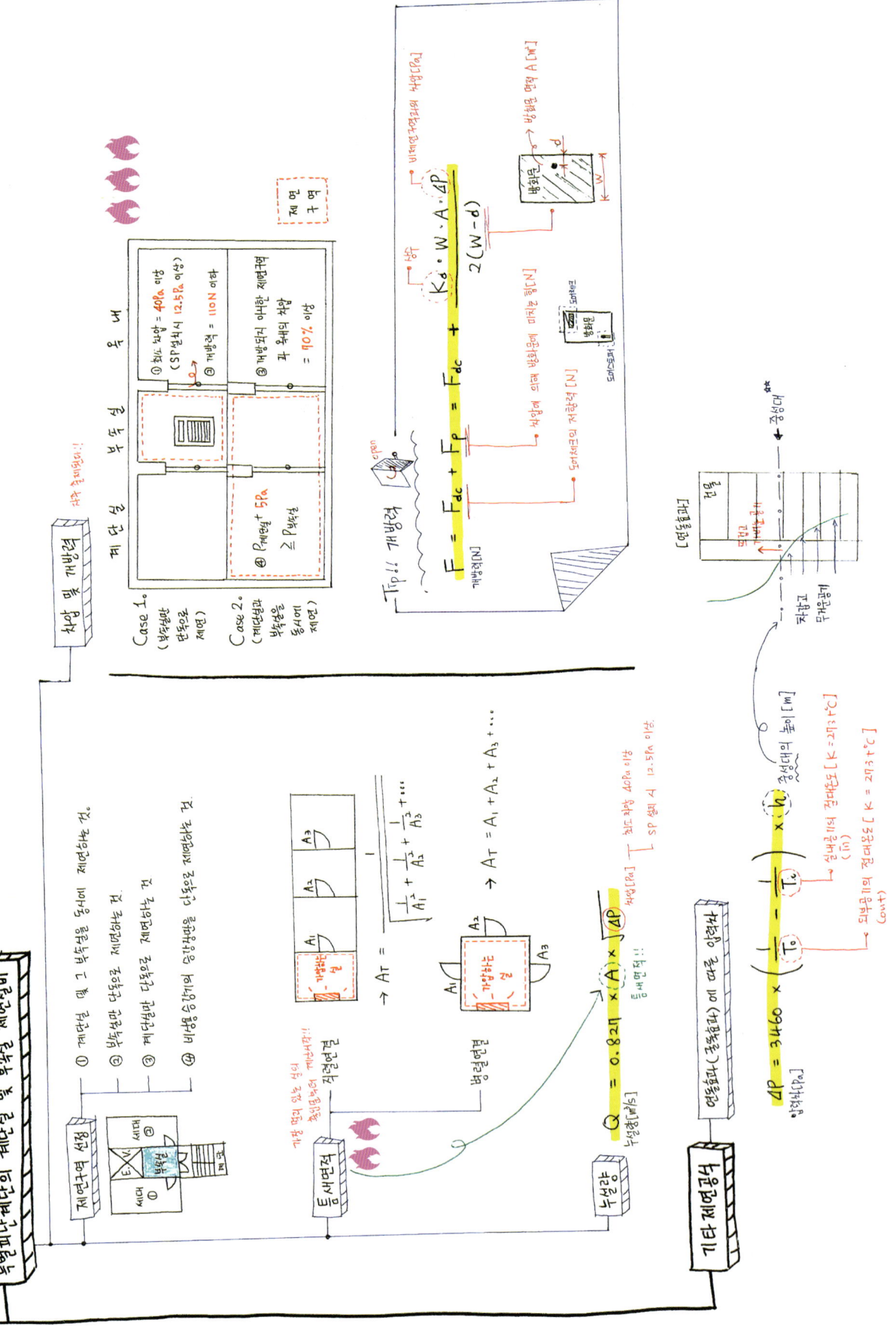

연결송수관설비

고층건축물 등에 설치!!

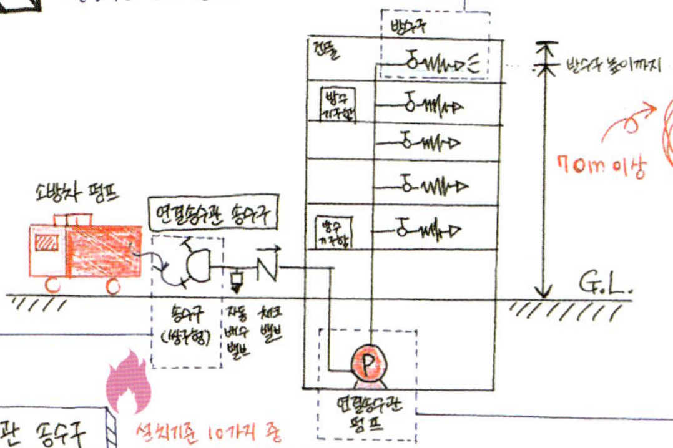

방수구

- 구경 = 65mm
- 설치높이 = 0.5m 이상 1m 이내
  - 뭐지 안되지? → 옥내소화전 방수구의 설치높이 (1.5m 이하)

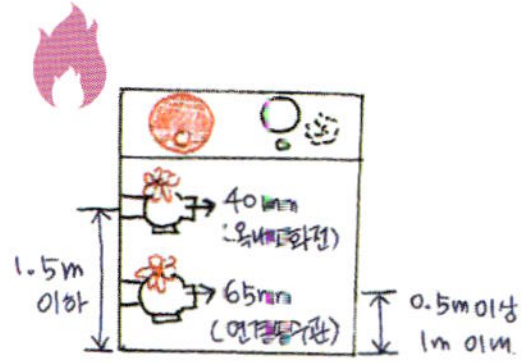

펌프의 방수량 Q

- 계단식 아파트: $Q_1 = 1{,}200 + 400(N-3)$ — 방수량 [l/min]
- 기 타: $Q_2 = 2{,}400 + 800(N-3)$ — 방수량 [l/min]
- N → 방수구의 개수 (최대 5개)

연결송수관 송수구

설치기준 10가지 중 자주 출제되는 것만 알기하자!!

① 지면으로부터 높이가 0.5m 이상 1m 이하의 위치에 설치.

② 구경 65mm 의 쌍구형 으로 할 것.

③ 송수구에는 그 가까운 곳의 보기 쉬운 곳에 송수압력범위 를 표시한 표지를 할 것.

④ 송수구는 연결배관의 수직배관마다 1개 이상 을 설치.
다만, 하나의 건축물에 설치된 각 수직배관이 중간에 개폐밸브 가 설치되지 아니한 배관으로 상호 연결되어 있는 경우에는 1개 씩 설치할 수 있다.

⑤ 송수구의 부근에는 자동배수밸브와 체크밸브를 다음 기준에 따라 설치.
(가) 습식 = 송수구 • 자동배수밸브 • 체크밸브 순으로 설치.
(나) 건식 = 송수구 • 자동배수밸브 • 체크밸브 • 자동배수밸브 순으로 설치.

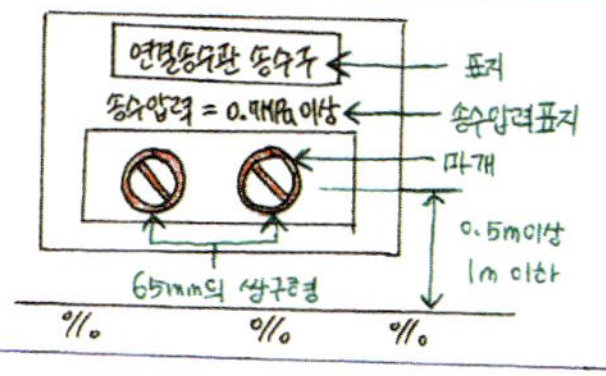

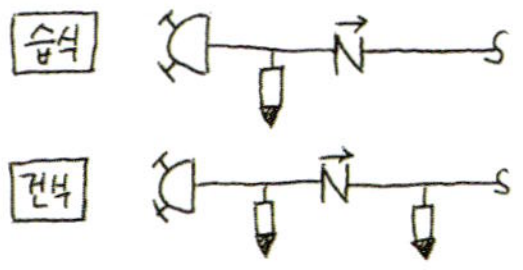

연결살수설비

지하가 • 지하층 등 설치!!

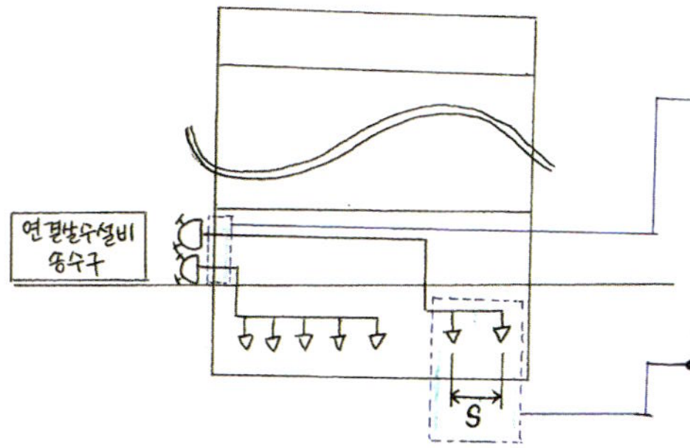

배관의 구경

하나의 배관에 부착하는 살수헤드의 수	1개	2개	3개	4개 또는 5개	6개 이상 10개 이하
배관의 구경 [mm]	32	40	50	65	80

비교!! → 연소방지설비 "6개 이상"

헤드 간 수평거리

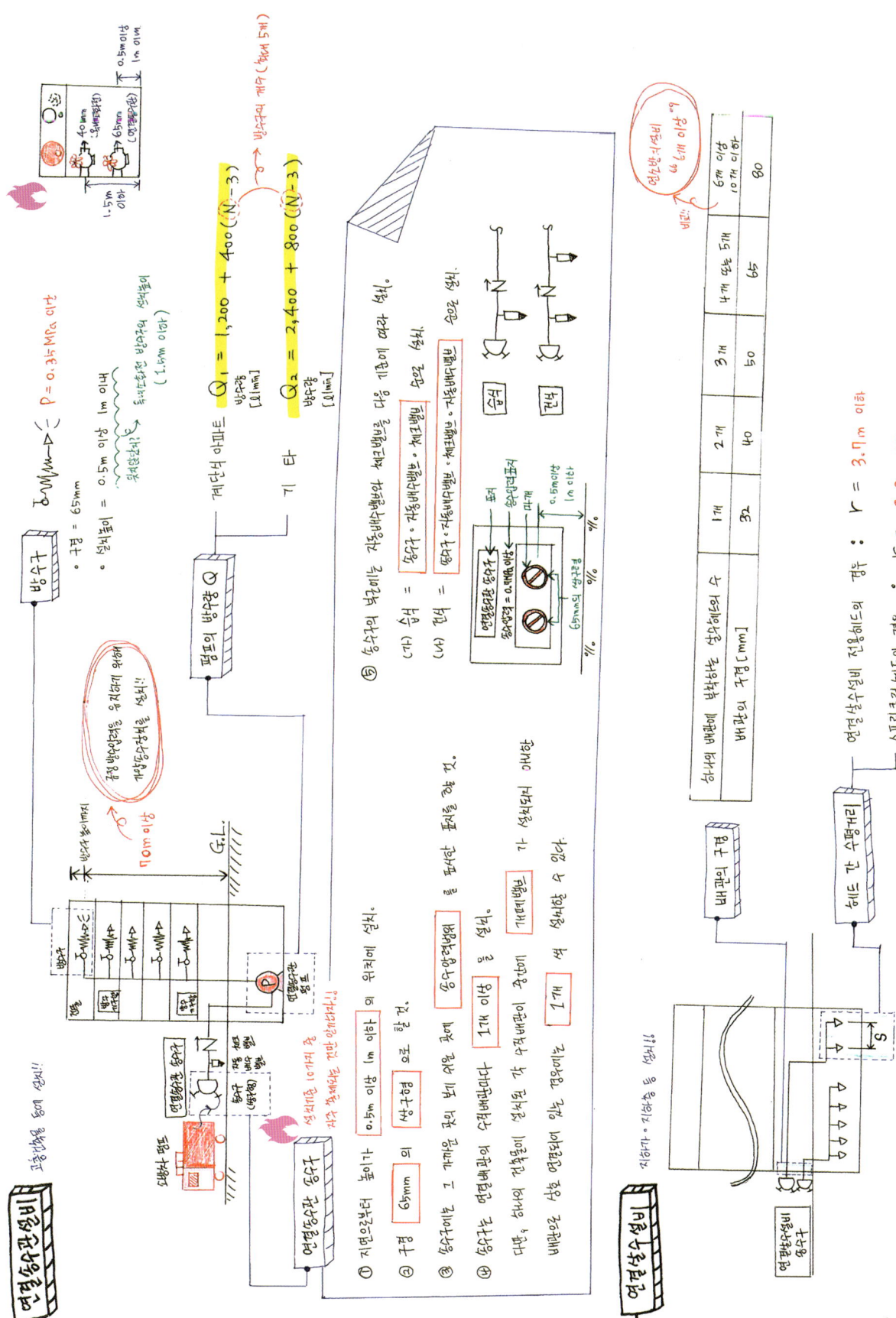

- 연결살수설비 전용헤드의 경우 : r = 3.7m 이하
- 스프링클러헤드의 경우 : r = 2.3m 이하

소방기계시설의 계산 "알짜배기" 정리

- 소화용수설비 편 -

소화수조 또는 저수조

상수도소화용수설비가 설치 불가능한 경우!!

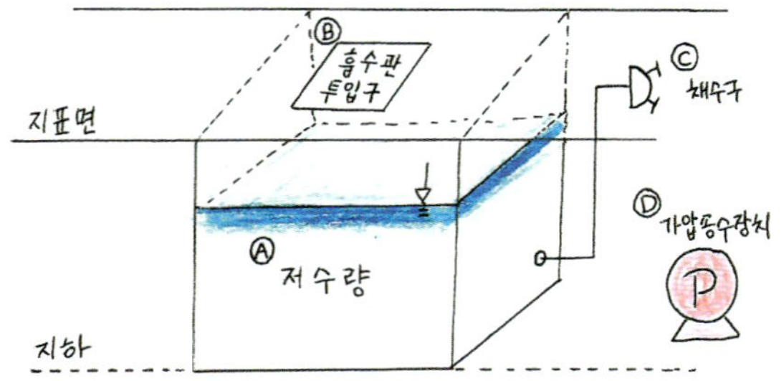

A 저수량

특정소방대상물의 구분	기준면적
1층 및 2층의 바닥면적의 합계가 15,000m² 이상인 특정소방대상물	7,500m²
그 밖의 특정소방대상물	12,500m²

⇒ 저수량[m³] = $\frac{\text{연면적}[m^2]}{\text{기준면적}[m^2]}$ (소수점 이하는 1로 봄) × 20m³

$\frac{21{,}000m^2}{7{,}500m^2} = 2.8 \rightarrow$ "3"

∴ 3 × 20m³ = 60m³

B 흡수관투입구

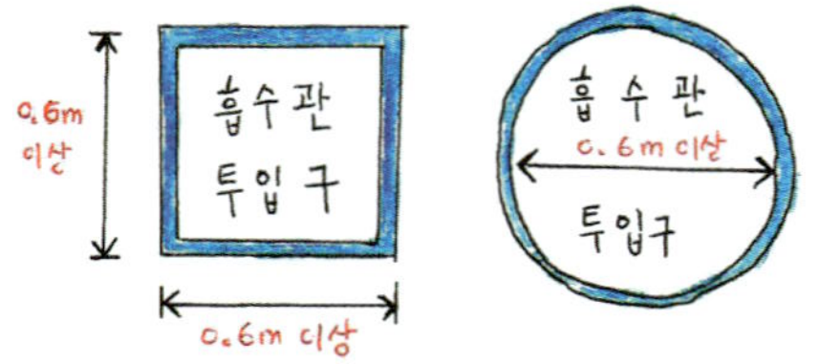

설치개수 ⇒

소요수량 80m³ 미만 = 1개 이상

소요수량 80m³ 이상 = 2개 이상

C 채수구

소요수량	20m³ 이상 40m³ 미만	40m³ 이상 100m³ 미만	100m³ 이상
채수구의 수[개]	1개	2개	3개

D 가압송수장치

→ 지표면으로부터 깊이가 4.5m 이상인 지하에 있는 경우

소요수량	20m³ 이상 40m³ 미만	40m³ 이상 100m³ 미만	100m³ 이상
토출량[l/min]	1,100 l/min 이상	2,200 l/min 이상	3,300 l/min 이상

암기 Tip!!
소요수량이 80m³이면,
흡수관투입구, 채수구 2개, 토출량 2,200 l/min!!! 둘둘둘!!

상수도소화용수설비

설치기준!!

① 호칭지름 75mm 이상인 수도배관에 호칭지름 100mm 이상의 소화전을 접속할 것.

② 소화전은 소방자동차 등의 진입이 쉬운 도로 또는 공지에 설치할 것.

③ 소화전은 특정소방대상물의 수평투영면의 각 부분으로부터 140m 이하가 되도록 설치할 것.

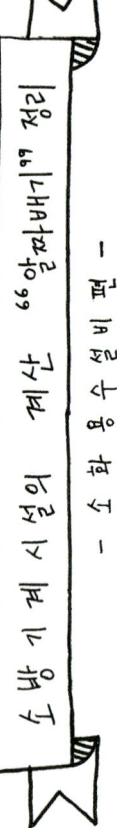

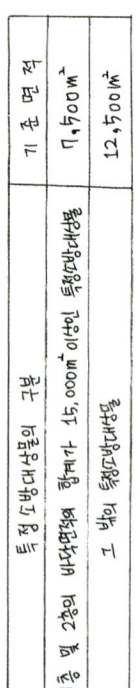

M·e·m·o

M·e·m·o

M·e·m·o

M·e·m·o

M·e·m·o

M·e·m·o

홈페이지 : www.edufire.kr

교육상담 070-4416-1190

※ 에듀파이어 홈페이지에 방문하시면 온라인 동영상 교육정보와 자격시험 정보를 확인하실 수 있습니다.

한방에 끝내는 소방자격 온라인교육

에듀파이어

2025 최신개정판

한방에 끝내는

소방설비기사 산업기사

실기 합격노트 - 기계편 이론서

한방에 끝내는 소방자격 온라인교육
에듀파이어

드리는 글

소방설계, 공사, 감리, 점검 등 오랜 기간 소방관련 업무에 전념하였던
사람들이 모였습니다.
제일 밑바닥부터 시작하여 소방설비산업기사, 기사, 관리사, 기술사가 된 사람들입니다.
이들이 최선을 다해 돕겠습니다.

여러분의 선택 하나면 충분합니다.

합격에 필요한 것만 담았습니다.

바쁘신 와중에 이 책을 감수하여 주신 여러 기술사, 관리사님께 진심으로 감사드립니다.

소방기술사 · 시설관리사　　이 항 준
소방설비기사 · 산업기사　　심 민 우　　공저

목 차

Chapter 1 소방유체역학

Chapter 2 수계 소화설비

목 차

Chapter 3 가스계 소화설비

목 차

Chapter 4 피난구조설비

Chapter 5 소화용수설비 및 소화활동설비

Chapter 6 기타 화재안전기준 등

한방에 끝내는 소방설비(산업)기사 실기 합격노트(기계)
온라인 **국비환급과정** 인터넷 강의

에듀파이어 원격평생교육원(www.edufire.net)과 함께하는
이항준 소방기술사/소방시설관리사 와 **3주 완성** 합격 커리큘럼~~~!!!

합격자와 저자들이 권하는 공부 계획과 목차 "^^"

일수	계획	차시	목차 (공부 범위)	page
1일	하루 4차시 (약 4시간) 인터넷 강의 (국비환급과정) 수강 개념잡기	1	Chapter 1. 소방유체역학	
			1 기본단위 및 기본성질(길이, 질량 등)	2
		2	1 기본단위 및 기본성질(힘, 에너지 등)	3
		3	1 기본단위 및 기본성질(밀도, 비중량 등)	4
		4	2 정수력학	7
			3 동수력학(연속의 방정식)	10
2일	1~4차시 빈출문제 복습하기(독학하시는분들은 이틀동안 진도 나가기)			
3일	하루 4차시 (약 4시간) 인터넷 강의 (국비환급과정) 수강 개념잡기	5	3 동수력학(베르누이 정리 등)	17
		6	3 동수력학(피토정압관 등)	18
		7	4 마찰손실수두(달시-웨버의 식 등)	35
		8	4 마찰손실수두(병렬관로)	38
			5 노즐의 반발력 및 플랜지볼트에 작용하는 힘	56
			6 이상기체상태방정식 등	63
4일	5~8차시 빈출문제 복습하기(독학하시는분들은 이틀동안 진도 나가기)			

잦은 소방 관련 법령 및 기준 개정, 저저와 대화 실시간 확인하기!
네이버 카페 "**소방 365**"(cafe.naver.com/365sobang)

유튜브 채널 "**에듀파이어**"에서 샘플영상 확인하기!

일수	계획	차시	목차 (공부 범위)	page
5일	하루 4차시 (약 4시간) 인터넷 강의 (국비환급과정) 수강 개념잡기	9	7 기타(물질의 상변화 등)	68
		10	2 소방펌프(유효흡입양정 등)	76
			2 소방펌프(상사법칙)	88
		11	2 소방펌프(원심펌프 등)	94
		12	2 소방펌프(펌프성능시험 등)	96
6일	9~12차시 빈출문제 복습하기(독학하시는분들은 이틀동안 진도 나가기)			
7일	하루 4차시 (약 4시간) 인터넷 강의 (국비환급과정) 수강 개념잡기	13	Chapter 2. 수계 소화설비	
			1 소화기구 및 자동소화장치	120
		14	2 옥내소화전설비(계통도 및 구성 등)	132
		15	2 옥내소화전설비(소화배관 등)	136
		16	2 옥내소화전설비(토출량, 저수량, 동력 등)	160
8일	13~16차시 빈출문제 복습하기(독학하시는분들은 이틀동안 진도 나가기)			
9일	하루 4차시 (약 4시간) 인터넷 강의 (국비환급과정) 수강 개념잡기	17	3 스프링클러설비(헤드 개수 산출하기 등)	225
		18	3 스프링클러설비(시스템의 이해 등)	241
		19	3 스프링클러설비(배관방식 등)	245
		20	3 스프링클러설비(충압펌프)	268
10일	17~20차시 빈출문제 복습하기(독학하시는분들은 이틀동안 진도 나가기)			

합격 커리큘럼

일수	계획	차시	목차 (공부 범위)	page
11일	하루 4차시 (약 4시간) 인터넷 강의 (국비환급과정) 수강 개념잡기	21	3 스프링클러설비(고가수조 및 압력수조)	313
		22	3 스프링클러설비(수리계산)	318
		23	3 스프링클러설비(수리계산)	321
		24	4 간이스프링클러설비	378
			5 물 · 미분무소화설비	381
12일	21~24차시 빈출문제 복습하기(독학하시는분들은 이틀동안 진도 나가기)			
13일	하루 4차시 (약 4시간) 인터넷 강의 (국비환급과정) 수강 개념잡기	25	6 포소화설비(농도 및 팽창비 등)	396
		26	6 포소화설비(고정포방출구 등)	414
		27	Chapter 3. 가스계 소화설비	
			1 이산화탄소소화설비(충전비 및 농도 등)	484
		28	1 이산화탄소소화설비(전역방출방식 등)	496
14일	25~28차시 빈출문제 복습하기(독학하시는분들은 이틀동안 진도 나가기)			
15일	하루 4차시 (약 4시간) 인터넷 강의 (국비환급과정) 수강 개념잡기	29	1 이산화탄소소화설비(소화약제 저장량 등)	499
		30	2 할론소화설비	547
		31	3 할로겐화합물 및 불활성기체소화설비	568
		32	4 분말소화설비	589
16일	29~32차시 빈출문제 복습하기(독학하시는분들은 이틀동안 진도 나가기)			
17일	하루 4차시 (약 4시간) 인터넷 강의 (국비환급과정) 수강 개념잡기	33	Chapter 4. 피난구조설비	
			1 피난기구 및 인명구조기구	612
		34	Chapter 5. 소화용수설비 및 소화활동설비	
			1 제연설비(배출량 및 배출방식 등)	622
		35	1 제연설비(동력 등)	628
		36	1 특별피난계단 및 부속실 제연설비	653
18일	33~36차시 빈출문제 복습하기(독학하시는분들은 이틀동안 진도 나가기)			

일수	계획	차시	목차 (공부 범위)	page
19일	하루 3차시 (약 3.5시간) 인터넷 강의 (국비환급과정) 수강 개념잡기	37	2 소화용수설비	686
		38	3 연결송수관설비	690
			4 연결살수설비	695
		39	5 지하구의 화재안전기술기준	698
			Chapter 6. 기타 화재안전기술기준 등	
			1 소방시설의 내진설계기준	708
			2 공동주택의 화재안전기술기준	710
			3 고체에어로졸소화설비	713
			4 전기저장시설	715
			5 창고시설	717
			6 배관 및 관부속류	720
20일	37~39차시 빈출문제 복습하기(독학하시는분들은 이틀동안 진도 나가기)			

▶ 독학하시는 독자 여러분께서도 동일한 커리큘럼 기간으로 진행하세요 … ^^

본 수험서의 특징

1 **총 20년 간의 기출문제를 분석**하였고 철저하게 기출문제를 바탕으로 자료를 정리하였으며, **최근 3년 간의 새로운 기출문제를 수록**하였습니다.

2 시험의 출제 빈도에 따라 🔥 표를 하여 중요도를 알 수 있도록 하였습니다.

• 보통 : 🔥 • 중요 : 🔥🔥 • 매우 중요 : 🔥🔥🔥

3 당락을 좌우하는 **높은 점수(10~20점)**를 배점하는 **복잡한 계산문제(소방 기계분야)** 및 **전선 가닥수(소방 전기분야)**는 기존의 책과는 구별되는 상세한 해설을 수록하여 **개념을 이해할 수 있도록 하였습니다.**

4 기존의 책에서는 제공되지 않았던 시험에 꼭 필요한 내용을 정리할 수 있는 **알짜배기 핵심 요약**을 **합격노트**로 제공하여 수험자가 내용을 쉽게 정리하고 한눈에 확인할 수 있도록 하였습니다.

5 '네이버 소방365(http://cafe.naver.com/365sobang)' 가입하면 저자와 실시간 일 대 일 질문을 통해 궁금증 해결이 가능합니다.

오늘 나는 또 다시 실패하려고 일어난다.(by 이항준)

서글프지만 내 인생에서 나는 이제까지 올바른 판단을 한적이 한 번도 없었음을 알고 있다.

실수하지 않으려 했지만, 항상 남들보다 늦었으며, 근시안적인 안목으로 대처하였음을 알고 있다.

야구선수 이승엽이 이야기하기를 "혼이 담긴 노력은 절대 배신하지 않는다" 옳은 말이다.

남들보다 늦더라도, 남들보다 못하더라도 내가 가져야 할 것은 "노력" 이라는 것을 충고하는 듯하다.

어제까지 실수와 실패 투성이 였음에도 불구하고 ......

오늘 나는 또 다시 실패하려고 일어난다.

소방설비기사 · 산업기사 취득방법

1 시행처 : 한국산업인력공단

원서접수는 공단 시험일정에 따라 한국산업공단 홈페이지 큐넷(www.q-net.or.kr)으로 인터넷 접수

2 관련학과 : 대학 및 전문대학의 소방학, 건축설비공학, 기계설비학, 가스냉동학, 공조냉동학 관련학과

3 필기 및 실기 시험의 구분

구 분		소방설비기사 기계분야	소방설비기사 전기분야
필기	시험과목	• 소방원론 • 소방유체역학 • 소방관계법규 • 소방기계시설의 구조 및 원리	• 소방원론 • 소방전기회로 • 소방관계법규 • 소방전기시설의 구조 및 원리
	검정방법	• 객관식 4지 택일형 과목당 20문항(과목당 30분)	
	합격기준	• 100점을 만점으로 하여 과목당 40점 이상, 전과목 평균 60점 이상	
실기	시험과목	• 소방기계시설 설계 및 시공실무	• 소방전기시설 설계 및 시공실무
	검정방법	• 필답형(3시간)	
	합격기준	• 100점을 만점으로 하여 60점 이상	

4 필기 가답안 공개 : 시험종료 익일(다음날)부터 7일간 인터넷(큐넷 : www.q-net.or.kr)으로 공개

5 실기 가답안 및 최종정답은 공개하지 않음

6 큐넷 대표전화 : 1644-8000

응시자격

등 급	응시자격
기사	1. 산업기사 등급 이상의 자격을 취득한 후 응시하려는 종목이 속하는 동일 및 유사 직무분야에서 1년 이상 실무에 종사한 사람 2. 기능사 자격을 취득한 후 응시하려는 종목이 속하는 동일 및 유사 직무분야에서 3년 이상 실무에 종사한 사람 3. 응시하려는 종목이 속하는 동일 및 유사 직무분야의 다른 종목의 기사 등급 이상의 자격을 취득한 사람 4. 관련학과의 대학졸업자 등 또는 그 졸업예정자 5. 3년제 전문대학 관련학과 졸업자 등으로서 졸업 후 응시하려는 종목이 속하는 동일 및 유사 직무분야에서 1년 이상 실무에 종사한 사람

등 급	응시자격
기사	6. 2년제 전문대학 관련학과 졸업자 등으로서 졸업 후 응시하려는 종목이 속하는 동일 및 유사 직무분야에서 2년 이상 실무에 종사한 사람 7. 동일 및 유사 직무분야의 기사 수준 기술훈련과정 이수자 또는 그 이수예정자 8. 동일 및 유사 직무분야의 산업기사 수준 기술훈련과정 이수자로서 이수 후 응시하려는 종목이 속하는 동일 및 유사 직무분야에서 2년 이상 실무에 종사한 사람 9. 응시하려는 종목이 속하는 동일 및 유사 직무분야에서 4년 이상 실무에 종사한 사람 10. 외국에서 동일한 종목에 해당하는 자격을 취득한 사람
산업기사	1. 기능사 등급 이상의 자격을 취득한 후 응시하려는 종목이 속하는 동일 및 유사 직무분야에 1년 이상 실무에 종사한 사람 2. 응시하려는 종목이 속하는 동일 및 유사 직무분야의 다른 종목의 산업기사 등급 이상의 자격을 취득한 사람 3. 관련학과의 2년제 또는 3년제 전문대학졸업자 등 또는 그 졸업예정자 4. 관련학과의 대학졸업자 등 또는 그 졸업예정자 5. 동일 및 유사 직무분야의 산업기사 수준 기술훈련과정 이수자 또는 그 이수예정자 6. 응시하려는 종목이 속하는 동일 및 유사 직무분야에서 2년 이상 실무에 종사한 사람 7. 고용노동부령으로 정하는 기능경기대회 입상자 8. 외국에서 동일한 종목에 해당하는 자격을 취득한 사람

기술사, 기사, 산업기사 응시자격 조건 체계

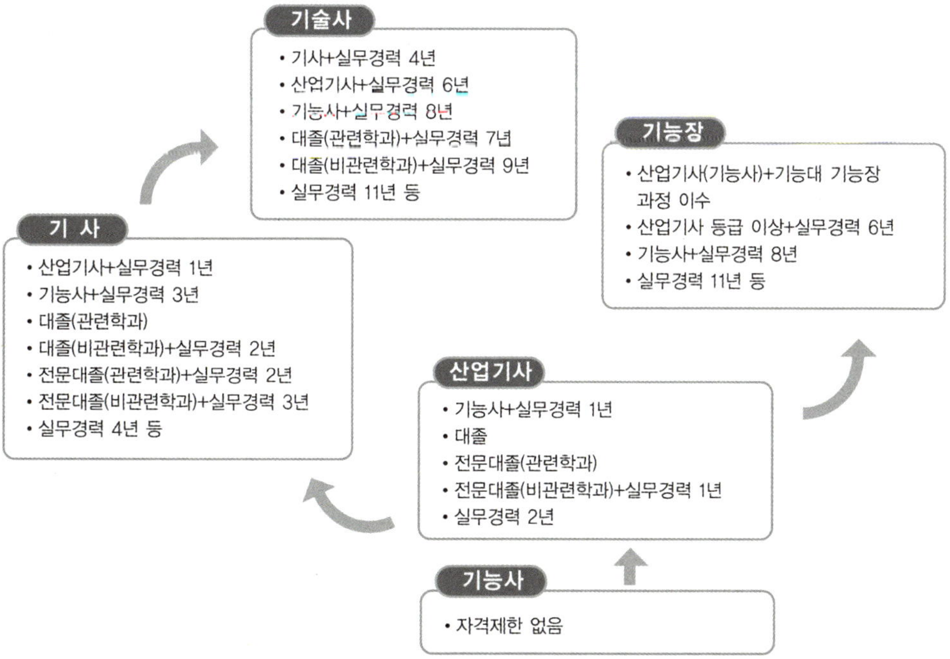
기술사
• 기사+실무경력 4년
• 산업기사+실무경력 6년
• 기능사+실무경력 8년
• 대졸(관련학과)+실무경력 7년
• 대졸(비관련학과)+실무경력 9년
• 실무경력 11년 등
기능장
• 산업기사(기능사)+기능대 기능장 과정 이수
• 산업기사 등급 이상+실무경력 6년
• 기능사+실무경력 8년
• 실무경력 11년 등
기 사
• 산업기사+실무경력 1년
• 기능사+실무경력 3년
• 대졸(관련학과)
• 대졸(비관련학과)+실무경력 2년
• 전문대졸(관련학과)+실무경력 2년
• 전문대졸(비관련학과)+실무경력 3년
• 실무경력 4년 등
산업기사
• 기능사+실무경력 1년
• 대졸
• 전문대졸(관련학과)
• 전문대졸(비관련학과)+실무경력 1년
• 실무경력 2년
기능사
• 자격제한 없음

산업인력공단 출제기준 및 한끝소 기사 실기 Chapter별 출제경향

소방설비기사 실기(기계분야)

직무 분야	안전관리	중직무 분야	안전관리	자격 종목	소방설비기사(기계분야)	적용 기간	2019. 1. 1~ 2022.12.31

- 직무내용 : 소방시설(기계)의 설계, 공사, 감리 및 점검업체 등에서 설계 도서류를 작성하거나 소방설비 도서류를 바탕으로 공사 관련 업무를 수행하고 완공된 소방설비의 점검 및 유지관리업무와 소방계획수립을 통해 소화, 화재통보 및 피난 등의 훈련을 실시하는 소방안전관리자로서의 주요사항을 수행하는 직무
- 수행준거 : 1. 소방기계시설의 구성요소에 대한 조작과 특성을 설명할 수 있다.
  2. 소방시설의 시스템을 설계할 수 있다.
  3. 소방시설의 배치계획 및 설계서류 작성 및 적산을 수행할 수 있다.
  4. 소방시설의 작동 및 유지관리 업무를 수행할 수 있다.
  5. 소방시설 시공 실무를 수행할 수 있다.

실기검정방법	필답형	시험시간	3시간

주요항목	세부항목	세세항목	Chapter별 출제경향
1. 소방기계시설설계	1. 작업분석하기	1) 현장여건, 요구사항 분석을 할 수 있다. 2) 기본계획 수립, 기본설계서, 실시설계서를 작성할 수 있다. 3) 공사시방서, 공사내역서, 운영관리지침서를 작성할 수 있다.	[Chapter별] Chapter 01 소방유체역학 : 11% Chapter 02 소화설비 : 70% (옥내소화전설비, 스프링클러설비) Chapter 03 피난구조설비 : 3% Chapter 04 소화활동설비 : 15% (제연설비) Chapter 05 소화용수설비 : 1% 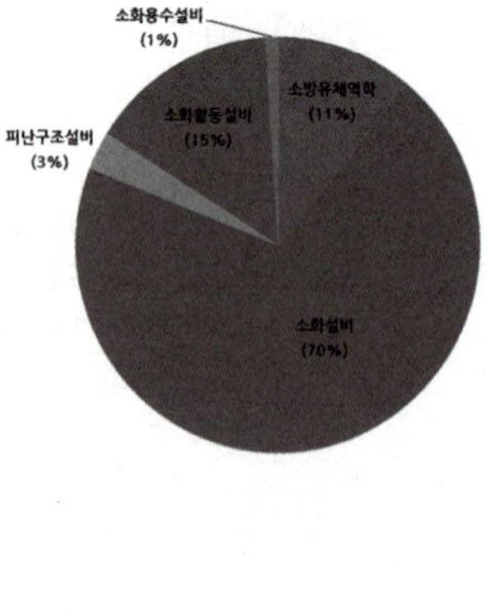
	2. 소방기계시설 구성하기	1) 재료의 상호 연관성에 대해 설명할 수 있다. 2) 소방기계시설의 기기 및 부품을 조작할 수 있다. 3) 소방기계시설의 기능 및 특성을 설명할 수 있다.	
	3. 소방시설의 시스템 설계하기	1) 소방기계시설을 구성하는 재료의 규격 및 크기를 산정할 수 있다. 2) 소방기계시설의 물량을 결정하기 위한 계산을 수행할 수 있다. 3) 소방기계시설 자료의 활용을 할 수 있다. 4) 도면작성 및 판독을 할 수 있다. 5) 시방서의 작성 등을 할 수 있다.	
	4. 소방시설의 배치계획 및 설계서류 작성하기	1) 계통도를 작성할 수 있다. 2) 평면도를 작성할 수 있다. 3) 상세도를 작성할 수 있다. 4) 소방기계시설의 설계 및 시공 관련 업무를 수행할 수 있다. 5) 소방기계설비의 적산 등을 할 수 있다.	

주요항목	세부항목	세세항목	Chapter별 출제경향
2. 소방 기계 시설 시공	1. 설계도서 검토하기	1) 설계도서상의 누락, 오류, 문제점을 검토하여 설계도서 검토서를 작성할 수 있다. 2) 설계도면, 시공상세도, 계산서를 검토하여 시공상의 문제점을 파악하고 조치할 수 있다.	[계산, 이론문제] ▪ 계산문제 : 69.2% ▪ 이론문제 : 30.8% 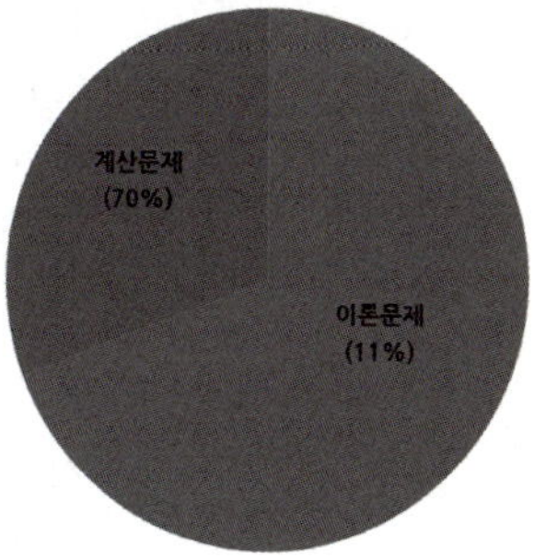
	2. 소방기계 시설 시공하기	1) 소화기구를 설치할 수 있다. 2) 옥내·외 소화전설비를 설치할 수 있다. 3) 스프링클러(간이스프링클러)설비를 설치할 수 있다. 4) 물분무소화설비를 설치할 수 있다. 5) 포소화설비를 설치할 수 있다. 6) 이산화탄소소화설비를 설치할 수 있다. 7) 할론소화설비를 설치할 수 있다. 8) 분말소화설비를 설치할 수 있다. 9) 할로겐화합물 및 불활성기체 소화설비를 설치할 수 있다. 10) 피난기구 및 인명구조기구를 설치할 수 있다. 11) 소화용수설비를 설치할 수 있다. 12) 거실제연 및 특별피난계단 및 비상용 승강기 승강장의 제연설비를 설치할 수 있다. 13) 연결송수관설비, 연결살수설비, 연소방지설비를 설치할 수 있다. 14) 기타 소방기계시설 관련 설비를 설치할 수 있다.	※ 필수적으로 공부해야 할 Chapter가 눈에 보일 것입니다. 그러나, 실제 시험 중 함정과 실수를 대비하여 준비해야 할 Chapter를 전략적으로 체크하시기 바랍니다.
	3. 공사 서류 작성하기	1) 시공된 시설을 검사하여 설계도서와 일치여부를 판단할 수 있다. 2) 시공된 시설을 검사하여 관련 서류를 작성할 수 있다. 3) 공정관리 일정을 계획하여 공사일지를 작성할 수 있다.	※ 2015년부터 점검항목이 한해에 1문제(4~5점)정도 출제되었습니다.
3. 소방 기계 시설 유지 관리	1. 소방시설의 작동 및 유지 관리하기	1) 소방시설의 기술공무 관리 및 실무 작업을 할 수 있다. 2) 기계시설의 점검 및 조작을 할 수 있다. 3) 계측 및 사고요인을 파악할 수 있다. 4) 재해방지 및 안전관리 업무를 수행할 수 있다. 5) 자재관리 업무를 수행할 수 있다.	
	2. 소방기계 시설의 유지 보수 및 시험 점검하기	1) 유지보수 관리 및 계획을 수립할 수 있다. 2) 시험 및 검사를 할 수 있다. 3) 기계기구 점검 및 보수작업을 할 수 있다. 4) 설치된 소방시설을 정상가동하고, 작동기능 점검사항을 기록할 수 있다. 5) 종합정밀 점검사항을 기록할 수 있다. 6) 소방시설 운영에 관한 업무일지를 작성할 수 있다. 7) 기록사항을 분석하여 보수·정비를 할 수 있다. 8) 보수에 필요한 부품 및 장비를 확보하고, 점검 기록부를 작성 보존할 수 있다.	

그리스 문자 읽는 법

$A\ \alpha$	$B\ \beta$	$\Gamma\ \gamma$	$\Delta\ \delta$	$E\ \varepsilon$	$Z\ \zeta$
알파	베타	감마	델타	엡실론	지타
$H\ \eta$	$\Theta\ \theta$	$I\ \iota$	$K\ \kappa$	$\Lambda\ \lambda$	$M\ \mu$
이타	시타	요타	카파	람다	뮤
$N\ \nu$	$\Xi\ \xi$	$O\ o$	$\Pi\ \pi$	$P\ \rho$	$\Sigma\ \sigma$
뉴	크사이	오미크론	파이	로	시그마
$T\ \tau$	$Y\ \upsilon$	$\Phi\ \phi$	$X\ \chi$	$\Psi\ \psi$	$\Omega\ \omega$
타우	입실론	파이	카이	프사이	오메가

단위환산

구 분	단위환산				
물의 비중량	$9{,}800\mathrm{N/m^3}$	=	$9{,}800\mathrm{kg/m^2 \cdot s^2}$	=	$1{,}000\mathrm{kg_f/m^3}$
물의 밀도	$1{,}000\mathrm{N \cdot s^2/m^4}$	=	$1{,}000\mathrm{kg/m^3}$	=	$102\ \mathrm{kg_f \cdot s^2/m^4}$
힘	1N	=	$1\mathrm{kg \cdot m/s^2}$	→	단위환산의 핵심
일	1N·m	=	1J	=	1W·s
동력	1kN·m/s	=	1kJ/s	=	1kW
	1HP[영국마력] = 744.8N·m/s ≒ 0.745kW 1PS[국제마력] = 735N·m/s = 0.735kW 1kW ≒ 1.34HP ≒ 1.36PS				
에너지, 열	1J	=	0.24cal		1BTU = 0.252kcal
점도	$0.1\mathrm{N \cdot s/m^2}$	=	0.1kg/m·s	=	1poise

전기 기본단위

물리량	기 호	단 위	단위의 명칭	물리량	기 호	단 위	단위의 명칭
전압 (전위, 전위차)	V, U	V	Volt	전속	Φ_E	C	Coulomb
기전력	E	V	Volt	전속밀도	D	C/m²	Coulomb/meter²
전류	I	A	Ampere	유전율	ε	F/m	Farad/meter
전력(유효전력)	P	W	Watt	전기량(전하)	Q	C	Coulomb
피상전력	Pa	VA	Voltampere	정전용량	C	F	Farad
무효전력	Pr	var	Var	인덕턴스	L	H	Henry
전력량(에너지)	W	J, W·s	Joule, Watt·second	상호인덕턴스	M	H	Henry
저항률	ρ	Ω·m	Ohmmeter	주기	T	sec	second
전기저항	R	Ω	Ohm	주파수	f	Hz	Hertz
전도율	σ	℧/m	mho	각속도	ω	rad/s	radian/second
자장의 세기	H	AT/m	Ampere-turn/meter	임피던스	Z	Ω	Ohm
자속	Φ	Wb	Weber	어드미턴스	Y	℧	mho
자속밀도	B	Wb/m²	Weber/meter²	리액턴스	X	Ω	Ohm
투자율	μ	H/m	Henry/meter	컨덕턴스	G	℧, S	mho, Siemens
자하	m	Wb	Weber	서셉턴스	B	℧	mho
자장의 세기	E	V/m	Volt/meter	열량	H	cal	Calorie
자하의 세기	J	G	Gauss, Weber/meter²	힘	F	N	Newton
기자력	F	AT	Ampere turn	토크(회전력)	T	Nm	Newton meter
자화력	M	Mx/m²	Maxwell/meter²	회전속도	N_s	rpm	revolution per minute
자기모멘트	m	Wb·m	Weber meter	마력	P	HP	Horse Power

단위에 대한 각종 접두사

T 테라	G 기가	M 메가	K 킬로	H 헥토	d 데시	c 센티	m 밀리	μ 마이크로	n 나노
10^{12}	10^{9}	10^{6}	10^{3}	10^{2}	10^{-1}	10^{-2}	10^{-3}	10^{-6}	10^{-9}

소방시설 도시기호 및 사진

분 류	명 칭		도시기호	사 진
배관	일반배관		————	
	옥내·외 소화전		—— H ——	
	스프링클러		—— SP ——	
	물분무		—— WS ——	
	포소화		—— F ——	
	배수관		—— D ——	
	전선관	입상		–
		입하		
		통과		
관이음쇠	후렌지		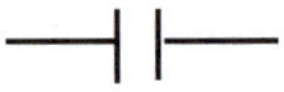	
	유니온		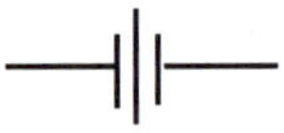	
	플러그			
	90° 엘보		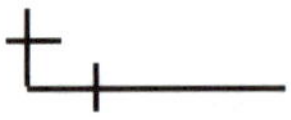	
	45° 엘보		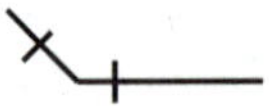	
	티		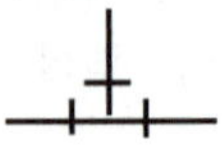	

분 류	명 칭	도시기호	사 진
관이음쇠	크로스		
	맹후렌지		
	캡		
헤드류	스프링클러헤드 폐쇄형 상향식(평면도)		
	스프링클러헤드 폐쇄형 상향식(계통도)		
	스프링클러헤드 폐쇄형 하향식(평면도)		
	스프링클러헤드 폐쇄형 하향식(입면도)		
	스프링클러헤드 개방형 상향식(평면도)		
	스프링클러헤드 상향형(입면도)		
	스프링클러헤드 개방형 하향식(평면도)	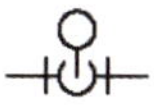	
	스프링클러헤드 하향형(입면도)		
	스프링클러헤드 폐쇄형 상・하향식(입면도)		-
	분말・탄산가스・할로겐헤드		

소방시설 도시기호 및 사진

분 류	명 칭	도시기호	사 진
헤드류	연결살수헤드		
	물분무헤드(평면도)		
	물분무헤드(입면도)		
	드렌처헤드(평면도)		
	드렌처헤드(입면도)		
	포헤드(입면도)		
	포헤드(평면도)		
	감지헤드(평면도)		〈스프링클러헤드 참고〉
	감지헤드(입면도)		
	청정소화약제방출헤드(평면도)		
	청정소화약제방출헤드(입면도)		
밸브류	체크밸브		
	가스체크밸브	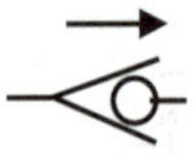	
	게이트밸브(상시 개방)		

분 류	명 칭	도시기호	사 진
밸브류	게이트밸브(상시 폐쇄)		
	선택밸브		
	조작밸브(일반)		-
	조작밸브(전자식)		
	조작밸브(가스식)		
	경보밸브(습식)		
	경보밸브(건식)		
	프리액션밸브		
	경보델류지밸브		
	프리액션밸브 수동조작함	SVP	
	플렉시블조인트		

소방시설 도시기호 및 사진

분 류	명 칭	도시기호	사 진
밸브류	솔레노이드밸브		
	모터밸브		
	릴리프밸브 (이산화탄소용)		
	릴리프밸브 (일반)		
	동체크밸브		
	앵글밸브	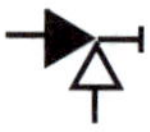	
	FOOT 밸브		
	볼밸브	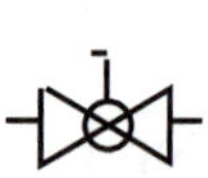	
	배수밸브		-
	자동배수밸브		
	여과망		

분 류	명 칭	도시기호	사 진
밸브류	자동밸브	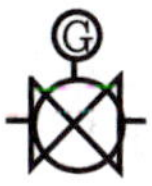	–
	감압밸브	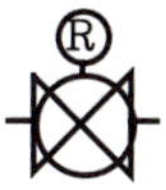	
	공기조절밸브		
계기류	압력계		
	연성계		
	유량계		
소화전	옥내소화전함		
	옥내소화전 방수용기구 병설		
	옥외소화전		

소방시설 도시기호 및 사진

분 류	명 칭	도시기호	사 진
소화전	포말소화전		
	송수구	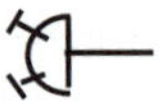	 
	방수구		
스트레이너	Y형		
	U형		
저장 탱크류	고가수조 (물올림장치)		
	압력챔버	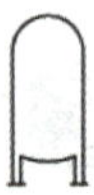	 
	포말원액탱크	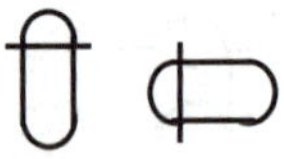 (수직) (수평)	 

분 류	명 칭	도시기호	사 진
레듀셔	편심레듀셔		
	원심레듀셔	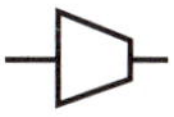	
혼합장치류	프레져프로포셔너	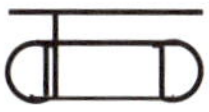	
	라인프로포셔너		
	프레져사이드 프로포셔너	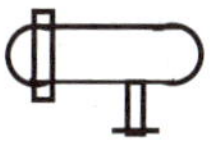	–
	기타	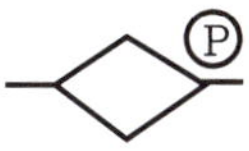	–
펌프류	일반펌프	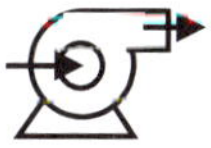	
	펌프모터(수평)		
	펌프모터(수직)		

소방시설 도시기호 및 사진

분 류	명 칭	도시기호	사 진
저장용기류	분말약제 저장용기		
	저장용기		
경보설비 기기류	차동식스포트형감지기		
	보상식스포트형감지기		-
	정온식스포트형감지기		
	연기감지기		
	감지선		
	공기관		
	열전대		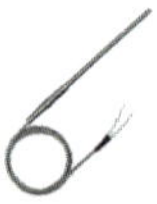
	열반도체		-
	차동식분포형 감지기의 검출기		
	발신기세트 단독형		
	발신기세트 옥내소화전 내장형		

분 류	명 칭	도시기호	사 진
경보설비 기기류	경계구역번호	△	–
	비상용누름버튼	(F)	–
	비상전화기	(ET)	
	비상벨	(B)	
	사이렌		
	모터사이렌		
	전자사이렌	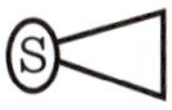	
	조작장치	E P	–
	증폭기	AMP	
	기동누름버튼	(E)	
	이온화식감지기 (스포트형)	S I	
	광전식연기감지기 (아날로그)	S A	
	광전식연기감지기 (스포트형)	S P	

소방시설 도시기호 및 사진

분 류	명 칭	도시기호	사 진
경보설비 기기류	감지기간선, HIV 1.2mm×4(22C)	— F ////—	
	감지기간선, HIV 1.2mm×8(22C)	— F ////—////—	
	유도등간선 HIV 2.0mm×3(22C)	—— EX ——	
	경보부저		
	제어반	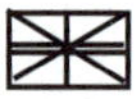	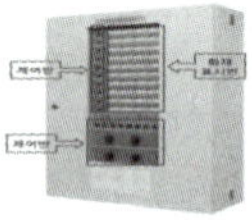 〈가스계일 경우〉
	표시반	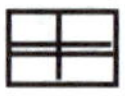	
	회로시험기		 〈디지털〉  〈아날로그〉
	화재경보벨		
	시각경보기 (스트로브)		
	수신기		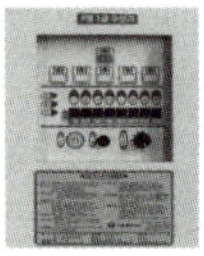 〈P형〉  〈R형〉
	부수신기		 〈R형 부수신기〉
	중계기		
	표시등		
	피난구유도등		

분 류	명 칭		도시기호	사 진
경보설비 기기류	통로유도등			 〈거실통로유도등〉  〈계단통로유도등〉
	표시판		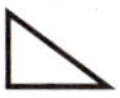	–
	보조전원		TR	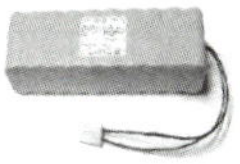
	종단저항		Ω	
제연설비	수동식제어		□	–
	천장용배풍기			
	벽부착용 배풍기			
	배풍기	일반배풍기		–
		관로배풍기		–
	댐퍼	화재댐퍼		–
		연기댐퍼		–
		화재/연기 댐퍼		–
스위치류	압력스위치		PS	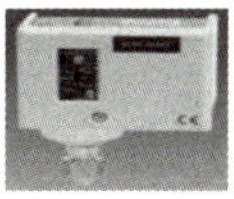 〈펌프 기동용〉  〈유수검지장치 경보용〉
	탬퍼스위치		TS	
방연 방화문	연기감지기(전용)		S	
	열감지기(전용)			

소방시설 도시기호 및 사진

분 류	명 칭	도시기호	사 진
방연 방화문	자동폐쇄장치	ER	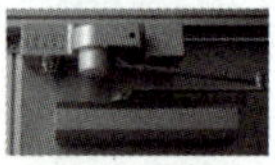
	연동제어기	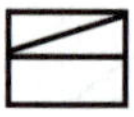	
	배연창기동 모터	M	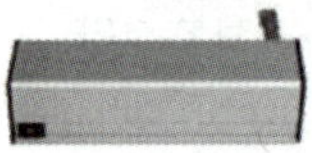 〈체인모터〉  〈슬라이딩모터〉
	배연창수동조작함		–
피뢰침	피뢰부(평면도)		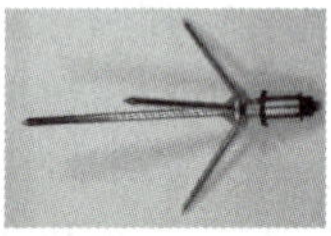
	피뢰부(입면도)		
	피뢰도선 및 지붕위 도체	——	
	접지		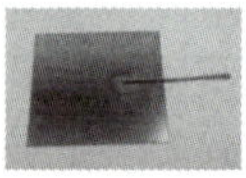 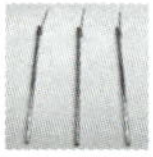
	접지저항 측정용단자		
소화기류	ABC 소화기	소	
	자동확산 소화장치	자	
	주거용 주방자동소화장치		
	이산화탄소 소화기	C	

분 류	명 칭	도시기호	사 진
소화기류	할로겐화합물 소화기		
기타	안테나		–
	스피커		
	연기방연벽		
	화재방화벽	────	
	화재 및 연기 방화벽		 〈방화셔터로 대체〉
	비상콘센트		
	비상분전반		–
	가스계소화설비의 수동조작함	RM	
	전동기구동	M	–
	엔진구동	E	–
	배관행거		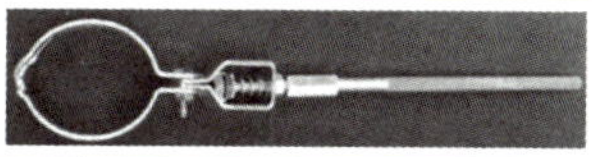
	기압계		–
	배기구	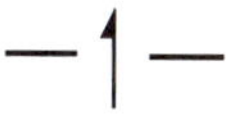	–
	바닥은폐선	– – – –	–
	노출배선	────	–
	소화가스 패키지	PAC	

소방시설의 종류

소방시설의 종류(소방시설 설치 및 관리에 관한 법률 시행령 [별표 1])

소화설비	**정의** : 물, 그 밖의 **소화약제**를 사용하여 소화하는 **기계·기구** 또는 **설비** 1. 소화기구 ① 소화기 ② 간이소화용구 : 에어로졸식 소화용구, 투척용 소화용구, 소공간용 소화용구 및 소화약제 외의 것을 이용한 간이소화용구 ③ 자동확산소화기 2. 자동소화장치 ① 주거용 주방자동소화장치 ② 상업용 주방자동소화장치 ③ 캐비닛형 자동소화장치 ④ 가스 자동소화장치 ⑤ 분말 자동소화장치 ⑥ 고체에어로졸 자동소화장치 3. 옥내소화전설비(호스릴 옥내소화전설비를 포함) 4. 스프링클러설비등 : 스프링클러설비, 간이스프링클러설비(캐비닛형 간이스프링클러설비를 포함), 화재조기진압용 스프링클러설비 5. 물분무등소화설비 : 물분무소화설비, 미분무소화설비, 포소화설비, 이산화탄소소화설비, 할론소화설비, 할로겐화합물 및 불활성기체 소화설비, 분말소화설비, 강화액소화설비, 고체에어로졸소화설비 6. 옥외소화전설비
경보설비	**정의** : 화재발생 사실을 **통보**하는 **기계·기구** 또는 **설비** 1. 비상경보설비(비상벨설비, 자동식 사이렌설비) 2. 화재알람설비 3. 단독경보형 감지기 4. 비상방송설비 5. 누전경보기 6. 자동화재탐지설비 7. 자동화재속보설비 8. 가스누설경보기 9. 통합감시시설 10. 시각경보기
피난구조설비	**정의** : 화재가 발생할 경우 **피난**하기 위하여 사용하는 **기구** 또는 **설비** 1. 피난기구 : 피난사다리, 구조대, 완강기, 그 밖에 화재안전기준으로 정하는 것 2. 인명구조기구(① 방열복, 방화복 ② 공기호흡기 ③ 인공소생기) 3. 유도등 : 피난유도선, 피난구유도등, 통로유도등, 객석유도등, 유도표지 4. 비상조명등 및 휴대용 비상조명등
소화용수설비	**정의** : 화재를 **진압**하는 데 필요한 **물**을 **공급**하거나 **저장**하는 **설비** 1. 상수도 소화용수설비 2. 소화수조, 저수조, 그 밖의 소화용수설비
소화활동설비	**정의** : 화재를 **진압**하거나 **인명구조 활동**을 위하여 사용하는 **설비** 1. 제연설비 2. 연결송수관설비 3. 연결살수설비 4. 비상콘센트설비 5. 무선통신보조설비 6. 연소방지설비

Chapter 01

소방유체역학

1 소방유체역학

1 기본단위 및 기본성질

(1) 기본단위

① 길이(L)	$1m = 100cm = 1{,}000mm$
② 질량(M)	$1kg = 1{,}000g$
③ 부피(V)	$1m^3 = 1{,}000L$, $1L = 1{,}000mL$
④ 시간 (T)	$1hr = 60min = 3{,}600s$
⑤ 온도(θ)	$0^\circ C = 273K$, $\frac{9}{5}{}^\circ C + 32 = {}^\circ F$

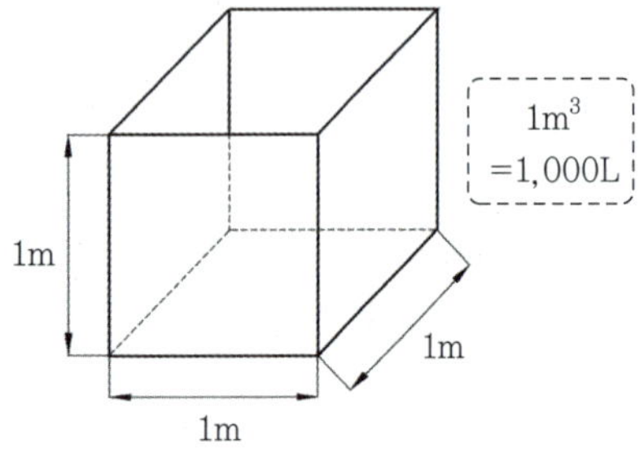

| 기본단위 - 부피 |

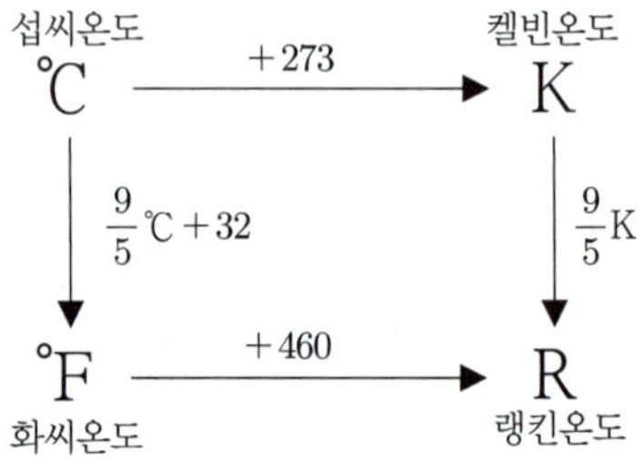

| 온도의 단위변환 |

실무적용

현장에서는 저수조 또는 옥상수조에 $1m^3 \times 1{,}000kg/m^3$(물)$= 1{,}000kg = 1ton$으로 표현하기도 한다.

(2) 기본단위 + α

구 분	단 위	단위유도
① 힘(무게)	N(뉴턴)	$F = ma$ (F : 힘[N], m : 질량[kg], a : 가속도[m/s^2]) ⇔ $N = kg \cdot m/s^2$ (단위변환의 핵심!)

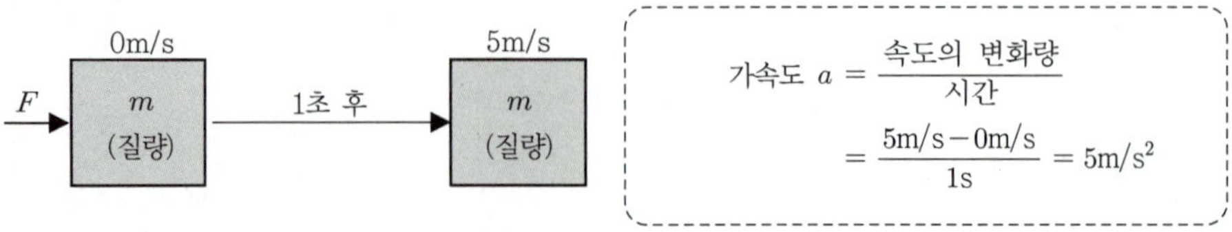

| $F = ma$ 이해하기 |

구 분	단 위	단위유도
② 에너지, 일, 열	J(줄)	$W=F\times L$ (W: 에너지, 일, 열[J], F: 힘[N], L: 거리[m]) ⬌ $J=N\cdot m=kg\cdot m/s^2\times m=kg\cdot m^2/s^2$

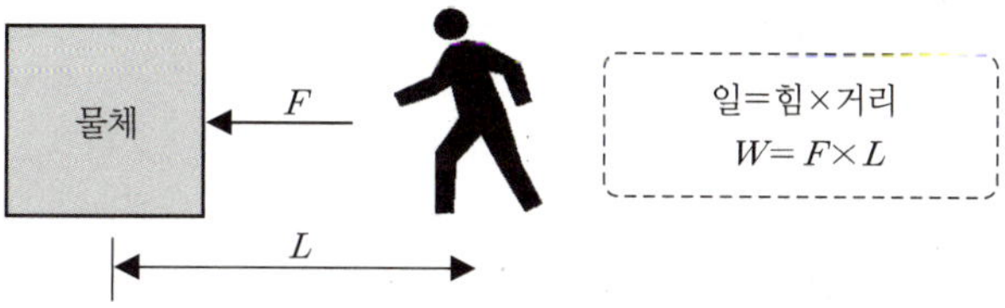

| $W=F\times L$ 이해하기 |

구 분	단 위	단위유도
③ 동력(일률)	W(와트)	$P=F\times v$ (P: 동력(일률)[W], F: 힘[N], v: 속도[m/s]) ⬌ $W=N\cdot m/s=J/s$ (단위시간당 한 일) ⬌ $W=J/s=\frac{kg\cdot m^2/s^2}{s}=kg\cdot m^2/s^3$

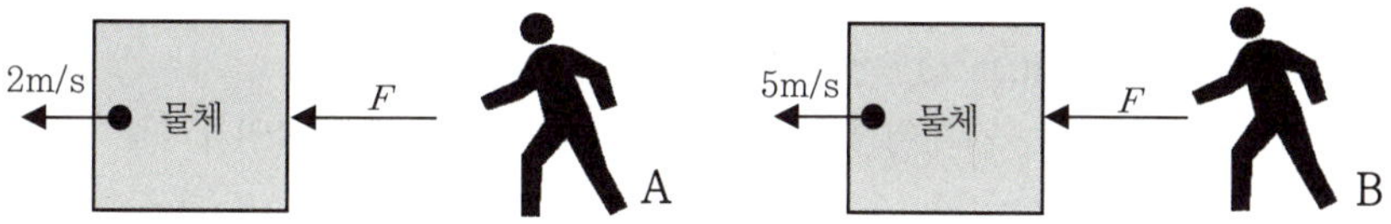

→ B가 A보다 일률이 더 좋다.

| $P=F\times v$ 이해하기 |

구 분	단 위	단위유도
④ 압력(응력)	Pa(파스칼)	$P=\frac{F}{A}$ (P: 압력(응력)[Pa], F: 힘[N], A: 단면적[m^2]) ⬌ $Pa=N/m^2$ (단위면적당 작용하는 힘)

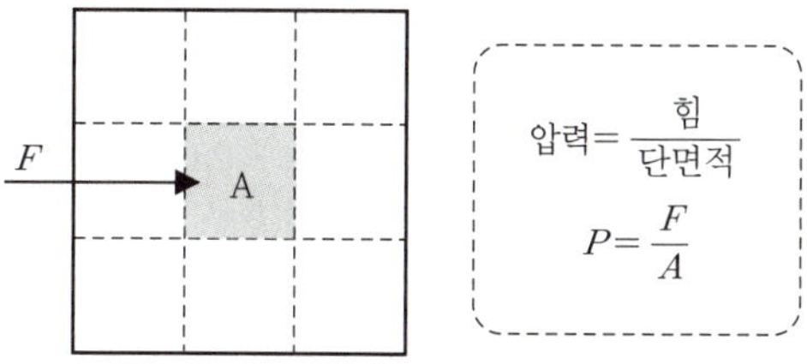

| $P=F/A$ 이해하기 |

구 분	단 위	단위유도
⑤ 표준대기압	atm	$1\text{atm} = 101{,}325\text{Pa} = 10.332\text{mH}_2\text{O} = 10.332\text{mAq}$ $= 760\text{mmHg} = 1.0332\text{kg}_f/\text{cm}^2 = 10{,}332\text{kg}_f/\text{m}^2$ $= 14.7\text{psi} = 1.013\text{bar}$

참고 단위에 대한 각종 접두사

T	G	M	K	H	d	c	m	μ	n
테라	기가	메가	킬로	헥토	데시	센티	밀리	마이크로	나노
10^{12}	10^{9}	10^{6}	10^{3}	10^{2}	10^{-1}	10^{-2}	10^{-3}	10^{-6}	10^{-9}

(3) 기본성질

① 밀도(ρ)

밀도 (Density)	ρ (로)	단위체적당 질량	kg/m³	$\rho = \frac{M}{V} = \frac{\text{kg}}{\text{m}^3}$

㉠ **물의 밀도** : $\rho_w = 1{,}000\text{kg/m}^3$(4℃일 때)

㉡ **공기의 밀도(ρ_{air})** : 공기는 기체이므로 이상기체상태방정식을 이용하여 1기압, 20℃일 때 공기의 밀도 ρ를 계산한다.

$\rho = \frac{PM}{RT}$	이상기체상태방정식(밀도)
P : 절대압력[Pa=N/m^2] (절대압=대기압+계기압)	→ $1\text{atm} = 101.325\text{kPa}$
M : 분자량[kg]	→ $(\text{N}_2\ 28\text{kg} \times 0.79) + (\text{O}_2\ 32\text{kg} \times 0.21) = 28.84\text{kg}$(공기)
R : 기체상수 [$8{,}313.85\text{N}\cdot\text{m/kmol}\cdot\text{K}$ $= 8{,}313.85\text{J/kmol}\cdot\text{K}$]	→ $8{,}313.85\text{N}\cdot\text{m/kmol}\cdot\text{K} = 8.314\text{kN}\cdot\text{m/kmol}\cdot\text{K}$
T : 절대온도[K] (K=273+℃)	→ $(273+20)\text{K}$
ρ : 밀도[kg/m^3]	→ $\rho = \frac{PM}{RT}$

→ **공기의 밀도** : $\rho_{air} = \frac{PM}{RT} = \frac{101.325\text{kPa} \times 28.84\text{kg}}{8.314\text{kN}\cdot\text{m/kmol}\cdot\text{K} \times (273+20)\text{K}} = 1.2\text{kg/m}^3$

② 비중량(γ)

비중량 (Specific weight)	γ (감마)	단위체적당 무게	N/m³	$\gamma = \rho g$ $= \frac{\text{kg}}{\text{m}^3} \times \frac{\text{m}}{\text{s}^2} = \frac{\text{kg} \times \text{m}}{\text{s}^2} \times \frac{1}{\text{m}^3} = \frac{\text{N}}{\text{m}^3}$

$$\gamma = \frac{W}{V} = \frac{mg}{V} = \frac{m}{V} \times g = \rho g$$

여기서, γ : 비중량[N/m³]　　m : 질량[kg]
W : 무게[N]　　g : 중력가속도[9.8m/s²]
V : 부피[m³]　　ρ : 밀도[kg/m³]

㉠ **물의 비중량(γ_w)**

$$\gamma_w = \rho_w \times g$$

$$= 1{,}000\text{kg/m}^3 \times 9.8\text{m/s}^2 = 9{,}800\frac{\text{kg}\cdot\text{m/s}^2}{\text{m}^3}(\text{N} = \text{kg}\cdot\text{m/s}^2) = 9{,}800\text{N/m}^3 = \mathbf{9.8kN/m^3}$$

㉡ **공기의 비중량(γ_{air})**

$$\gamma_{air} = \rho_{air} \times g$$

$$= 1.2\text{kg/m}^3 \times 9.8\text{m/s}^2 = 11.76\frac{\text{kg}\cdot\text{m/s}^2}{\text{m}^3}(\text{N} = \text{kg}\cdot\text{m/s}^2) = 11.76\text{N/m}^3$$

③ **비체적(ν)**

비체적 (Specific volume)	ν	단위질량당 체적	m³/kg	$\nu = \frac{1}{\rho}$

$\nu = \frac{1}{\rho}$ ⬌ **비체적 = 밀도의 역수**

㉠ **물의 비체적** : $\nu_w = \frac{1}{1{,}000\text{kg/m}^3} = 0.001\text{m}^3/\text{kg}$

④ **비중(S)**

비중 (Specific gravity)	S	상대밀도	무차원단위	$S = \frac{\rho}{\rho_w} = \frac{\rho g}{\rho_w g} = \frac{\gamma}{\gamma_w}$

$$S = \frac{\rho}{\rho_w} = \frac{\gamma}{\gamma_w}$$

여기서, S : 비중
ρ_w : 4℃ 물의 밀도[1,000kg/m³]　　ρ : 기타 액체의 밀도[kg/m³]
γ_w : 4℃ 물의 비중량[9,800N/m³]　　γ : 기타 액체의 비중량[N/m³]

Example

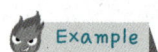

(1) 수은(Hg)의 비중 $S=13.6$일 때, 수은의 밀도 ρ_{Hg}를 구하여라.

$S=\dfrac{\rho_{Hg}}{\rho_w}$ 이므로, $\rho_{Hg}=S\times\rho_w$으로 표현된다.

→ 수은의 밀도 $\rho_{Hg}=S\times\rho_w=13.6\times1{,}000\text{kg/m}^3=\mathbf{13{,}600kg/m^3}$

(2) 수은(Hg)의 비중 $S=13.6$일 때, 수은의 비중량 γ_{Hg}를 구하여라.

$S=\dfrac{\gamma_{Hg}}{\gamma_w}$ 이므로, $\gamma_{Hg}=S\times\gamma_w=S\times\rho_w\times g$으로 표현된다.

→ 수은의 밀도 $\gamma_{Hg}=S\times\gamma_w=S\times\rho_w\times g=13.6\times1{,}000\text{kg/m}^3\times9.8\text{m/s}^2$
$=133{,}280\text{N/m}^3$

⑤ **점성계수(μ), 동점성계수(ν)**

점성계수	μ (뮤)	유체의 유동 시 흐름의 방향에 저항을 발생시키는 점성의 계수	kg/m · s	$\nu=\dfrac{\mu}{\rho}$
동점성계수	ν (뉴)	점성계수와 밀도의 비	m^2/s	

(4) 단위변환

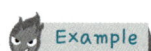

$\dfrac{\text{기존단위(수량)}}{\text{기존의기본단위}}\times$변환 기본단위=변환단위(수량)

Example

① 1,000atm → ▨kPa

→ $\dfrac{1{,}000\text{atm}}{1\text{atm}}\times101.325\text{kPa}=\mathbf{101{,}325kPa}$

② 50mmHg → ▨mH_2O

→ $\dfrac{50\text{mmHg}}{760\text{mmHg}}\times10.332\text{mH}_2\text{O}=0.679\text{mH}_2\text{O}\fallingdotseq\mathbf{0.68mH_2O}$

③ $250l$/min → ▨m^3/s

→ $\dfrac{250l}{\text{min}}\times\dfrac{1\text{m}^3}{1{,}000l}\times\dfrac{1\text{min}}{60\text{s}}=0.0041\text{m}^3/\text{s}\fallingdotseq\mathbf{0.004m^3/s}$

2 정수력학

(1) 유체의 정역학

유동하지 않는 유체에 의해 작용하는 힘에 대한 영역

$$P=\gamma H=\rho g H=\frac{F}{A}$$

여기서, P : 압력[Pa=N/m^2]
γ : 비중량[물 : 9,800N/m^3]
ρ : 밀도[물 : 1,000kg/m^3]
g : 중력가속도[9.8m/s^2]
H : 높이[m]
F : 힘[N]
A : 면적[m^2]

참고 유체의 압력

용기의 밑바닥에 작용하는 유체의 압력은 **용기의 크기나 모양에 관계없이 일정**하게 작용한다.
$(P_1=P_2=P_3=P_4)$

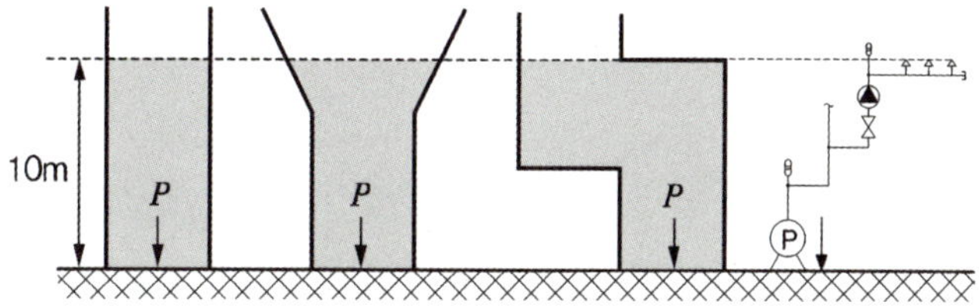

$P=0.098\text{MPa}(=1\text{kg}_f/\text{cm}^2)$

실무적용

펌프에서 헤드까지의 배관이 티, 엘보 등으로 분기되더라도 유체의 높이(수두)가 일정한 경우에는 압력이 동일하게 작용한다.

(2) 표준대기압과 절대압

① **표준대기압(Standard Atmospheric Pressure)**

1atm (표준대기압)	=	101,325Pa	=	101.325kPa	=	0.101325MPa
	=	10,332mmH$_2$O	=	10.332mH$_2$O	=	10.332mAq
	=	10,332kg$_f$/m^2	=	1.0332kg$_f$/cm^2	=	1.01325bar
	=	760mmHg	=	76cmHg	=	14.7psi

② **절대압, 계기압, 진공압** 🔥🔥🔥

㉠ **절대압이 대기압보다 높은 경우** : 절대압=대기압+계기압

㉡ **절대압이 대기압보다 낮은 경우** : 절대압=대기압−진공압

(진공압은 손실되는 마찰, 높이를 의미한다.)

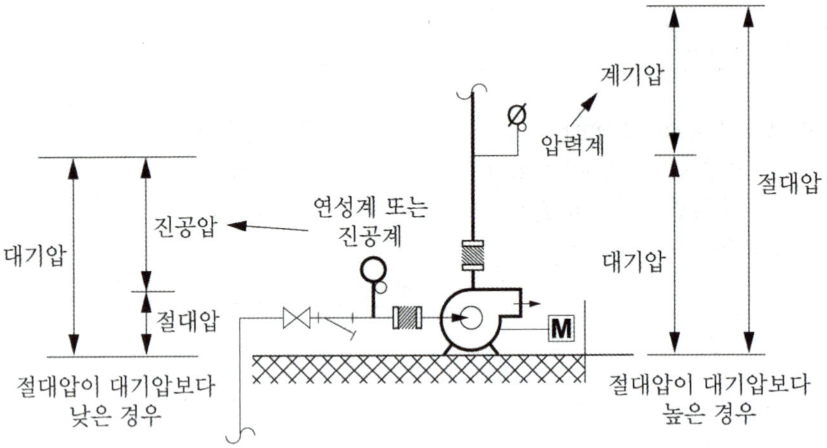

Mind - Control

긴장하는건 네가 이 날을 위해 최선을 다했다는 증거야
대충 적당히 한 녀석은 긴장 따위 안해
나도 시험 전에 늘 긴장이 되거든
그 전까지 연습을 필사적으로 했을 때는 더욱 그렇고…
그런데 실제상황이 시작되면
노력은 거짓말 하지 않아
그러니 걱정마,
넌 틀림없이 잘 해낼 수 있을거야.

\- 작자 미상 -

빈번한 기출문제

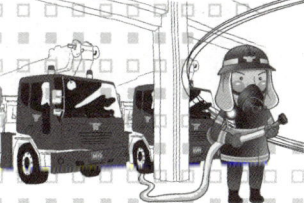

01 펌프의 흡입이론에서 볼 때 물을 흡수할 수 있는 이론적인 최대높이 [m]를 구하시오. (단, 대기압은 760mmHg, 수은의 비중량은 133,280N/m^3, 물의 비중량은 9,800N/m^{3}이다.) 배점 : 4 [09년] [14년]

• 실전모범답안

$P = \gamma_1 H_1 = \gamma_2 H_2$

→ $H_2 = \dfrac{\gamma_1}{\gamma_2} \times H_1 = \dfrac{133{,}280}{9{,}800} \times 0.76 = 10.336\text{m}$

• 답 : 10.34m

상세해설

$P = \gamma_1 H_1 = \gamma_2 H_2$	유체의 정역학
γ_1 : 수은의 비중량[N/m^3]	→ 133,280N/m^3
H_1 : 수은의 높이[m]	→ 760mmHg = 76cmHg = 0.76mHg
γ_2 : 물의 비중량[N/m^3]	→ 9,800N/m^3
H_2 : 물의 높이[m]	→ $H_2 = \dfrac{\gamma_1}{\gamma_2} \times H_1$

→ **최대높이 :** $H_2 = \dfrac{\gamma_1}{\gamma_2} \times H_1 = \dfrac{133{,}280\text{N/m}^3}{9{,}800\text{N/m}^3} \times 0.76\text{mHg} = 10.336\text{m} ≒ \mathbf{10.34m}$

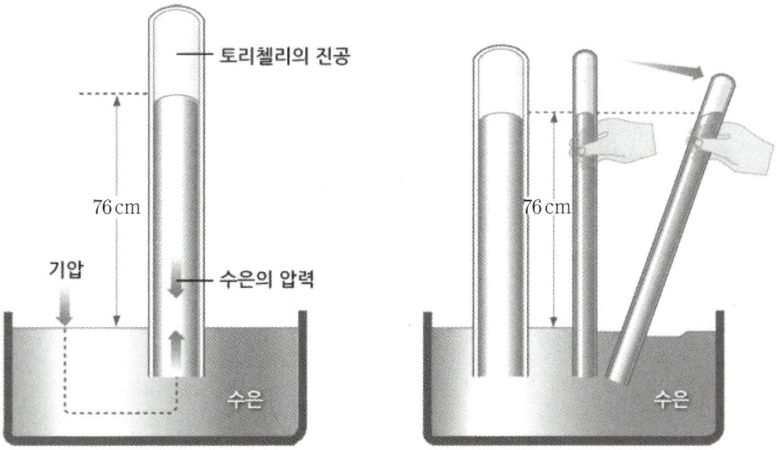

| 토리첼리의 실험(760mmHg = 76cmHg) |

3 동수력학

(1) 연속의 방정식

배관 및 덕트의 구경이 변하더라도 흐르는 유량은 일정하다.

$$Q = A_1 V_1 = A_2 V_2$$
$$\dot{m} = \rho A_1 V_1 = \rho A_2 V_2$$
$$G = \gamma A_1 V_1 = \gamma A_2 V_2$$

여기서, Q : 체적유량[$m^2 \times m/s = m^3/s$]
$\dot{m}$: 질량유량[$kg/m^3 \times m^2 \times m/s = m^3/s$]
G : 중량유량[$N/m^3 \times m^2 \times m/s = N/s$]
ρ : 밀도[물 : 1,000kg/m^3]
γ : 비중량[물 : 9,800N/m^3]
A_1, A_2 : 1지점 및 2지점의 배관단면적$\left(\frac{\pi}{4}D^2\,[m^2]\right)\left(V = \sqrt{2gH} = \sqrt{2g\frac{P}{\gamma}}\right)$
V_1, V_2 : 1지점 및 2지점의 유속[m/s]
D_1, D_2 : 1지점 및 2지점의 지름[m]

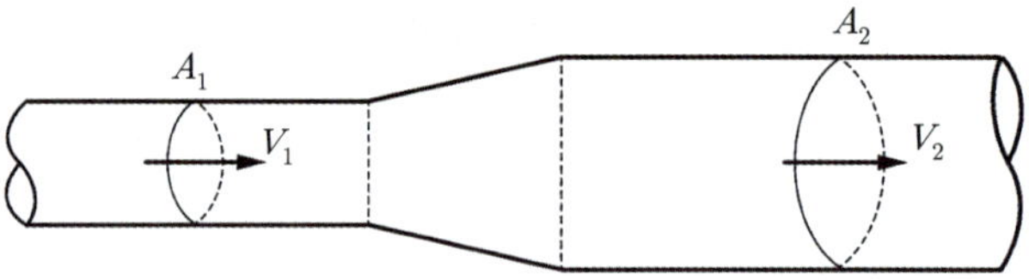

| 연속의 방정식 |

실무적용

배관(소화수, 소화가스) 및 덕트(공기, 열기)에 흐르는 유체의 종류에 따라 달라질 수 있다.

빈번한 기출문제

01 내경 80mm인 배관에 소화수가 390 l/min으로 흐를 때 다음 각 물음에 답하시오.

배점 : 9 [03년] [04년] [09년]

(1) 평균유속 [m/s]을 구하시오.
(2) 질량유량 [kg/s]을 구하시오.
(3) 중량유량 [N/s]을 구하시오.

• **실전모범답안**

(1) $V=\dfrac{Q}{A}=\dfrac{\dfrac{0.39}{60}}{\dfrac{\pi}{4}\times 0.08^2}=1.293\text{m/s}$

• **답 :** 1.29m/s

(2) $\dot{m}=\rho Q=1{,}000\times\dfrac{0.39}{60}=6.5\text{kg/s}$

• **답 :** 6.5kg/s

(3) $G=\gamma Q=9{,}800\times\dfrac{0.39}{60}=63.7\text{N/s}$

• **답 :** 63.7N/s

상세해설

(1) 평균유속[m/s]

$Q=AV$	연속의 방정식(체적유량)
Q : 체적유량[m³/s]	➜ $390l/\text{min}\times\dfrac{1\text{m}^3}{1{,}000l}\times\dfrac{1\text{min}}{60\text{s}}$
A : 배관단면적$\left(\dfrac{\pi}{4}D^2\,[\text{m}^2]\right)$	➜ $\dfrac{\pi}{4}\times 0.08^2\text{m}^2$
V : 유속[m/s]	➜ $V=Q/A$

➜ **평균유속** : $V=\dfrac{Q}{A}=\dfrac{390l/\text{min}\times\dfrac{1\text{m}^3}{1{,}000l}\times\dfrac{1\text{min}}{60\text{s}}}{\dfrac{\pi}{4}\times 0.08^2\text{m}^2}=1.293\text{m/s}\fallingdotseq\mathbf{1.29\text{m/s}}$

(2) 질량유량[kg/s]

$\dot{m}=\rho A V=\rho Q$	연속의 방정식(질량유량)
$\dot{m}$: 질량유량[kg/s]	➜ $\dot{m}=\rho A V=\rho Q$
ρ : 밀도[물 : 1,000kg/m³, $\rho=\frac{PM}{RT}$ kg/m³]	➜ $1{,}000\text{kg/m}^3$ **(소화수 방사)**
Q : 체적유량[m³/s]	➜ $390l/\text{min}=\frac{0.39}{60}\text{m}^3/\text{s}$

➜ **질량유량** : $\dot{m}=\rho Q=1{,}000\text{kg/m}^3\times\frac{0.39}{60}\text{m}^3/\text{s}=\mathbf{6.5kg/s}$

(3) 중량유량[N/s]

$G=\gamma A V=\gamma Q$	연속의 방정식(중량유량)
G : 중량유량[N/s]	➜ $G=\gamma A V=\gamma Q$
γ : 비중량[물 : 9,800N/m³]	➜ $9{,}800\text{N/m}^3$ **(소화수 방사)**
Q : 체적유량[m³/s]	➜ $390l/\text{min}=\frac{0.39}{60}\text{m}^3/\text{s}$

➜ **중량유량** : $G=\gamma Q=9{,}800\text{N/m}^3\times\frac{0.39}{60}\text{m}^3/\text{s}=\mathbf{63.7N/s}$

02 매 초당 3,000N의 물이 내경 300mm인 소화배관을 통하여 흐르고 있는 경우 다음 각 물음에 답하시오. 배점 : 5 [16년]

(1) 소화배관 내 물의 평균유속 [m/s]을 구하시오.
(2) 소화배관 내 물의 평균유속을 9.74m/s로 할 경우 소화배관의 관경 [m]을 구하시오.

• **실전모범답안**

(1) $V=\frac{G}{\gamma A}=\frac{3{,}000}{9{,}800\times\frac{\pi}{4}\times 0.3^2}=4.330\text{m/s}$

• **답** : 4.33m/s

(2) $D=\sqrt{\frac{4G}{\gamma\pi V}}=\sqrt{\frac{4\times 3{,}000}{9{,}800\times\pi\times 9.74}}=0.200\text{m}$

• **답** : 0.2m

상세해설

(1) 소화배관 내 물의 평균유속[m/s]

$G=\gamma AV=\gamma Q$	연속의 방정식(중량유량)
G : 중량유량[N/s]	→ 3,000N/s
γ : 비중량[물 : 9,800N/m³]	→ 9,800N/m³
A : 배관단면적$\left(\frac{\pi}{4}D^2\,[m^2]\right)$	→ $\frac{\pi}{4}\times 0.3^2 m^2$
V : 유속[m/s]	→ $V=G/\gamma A$

→ **소화배관 내 물의 평균유속 :** $V=\dfrac{G}{\gamma A}=\dfrac{3{,}000\text{N/s}}{9{,}800\text{N/m}^3\times\frac{\pi}{4}\times 0.3^2\text{m}^2}=4.330\text{m/s}\fallingdotseq \mathbf{4.33m/s}$

(2) 소화배관의 관경[m]

소화배관 내 물의 평균유속 $V=9.74\text{m/s}$일 경우, 소화배관의 관경 D[m]는,

→ **소화배관의 관경 :** $D=\sqrt{\dfrac{4G}{\gamma\pi V}}=\sqrt{\dfrac{4\times 3{,}000\text{N/s}}{9{,}800\text{N/m}^3\times\pi\times 9.74\text{m/s}}}=0.200\text{m}\fallingdotseq \mathbf{0.2m}$

03 온도 20℃, 압력 0.2MPa인 공기가 내경이 200mm인 관로를 1.5kg/s로 유동하고 있다. 유동을 균일분포 유동으로 간주하여 유속 [m/s]을 구하시오. 배점 : 5 [15년]

• 실전모범답안

(1) $\rho=\dfrac{PM}{RT}=\dfrac{200\times 29}{8.314\times 293}=2.380\text{kg/m}^3$

• 답 : 2.38kg/m³

(2) $V=\dfrac{\dot{m}}{\rho A}=\dfrac{1.5}{2.38\times\frac{\pi}{4}\times 0.2^2}=20.061\text{m/s}$

• 답 : 20.06m/s

상세해설

$\dot{m}=\rho AV=\rho Q$	연속의 방정식(질량유량)
$\dot{m}$: 질량유량[kg/s]	→ 1.5kg/s
ρ : 밀도[물 : 1,000kg/m³]	→ $\rho_{air}=\dfrac{PM}{RT}$ [풀이(1)]
A : 배관단면적$\left(\frac{\pi}{4}D^2[m^2]\right)$	→ $\frac{\pi}{4}\times 0.2^2 m^2$
V : 유속[m/s]	→ $V=\dot{m}/\rho A$ [풀이(2)]

(1) 공기의 밀도(ρ_{air}[kg/m^3])

$PV=\frac{W}{M}RT$	이상기체상태방정식(밀도 관계식)
ρ : 밀도[kg/m^3]	➜ $\rho=\frac{PM}{RT}$
P : 절대압력[Pa=N/m^2](절대압=대기압+계기압)	➜ 0.2MPa=200kPa
M : 분자량[kg]	➜ 29kg **(공기의 분자량)**
R : 기체상수[8,313.85N·m/kmol·K =8,313.85N·m/K]	➜ 8,313.85N·m/K=8.314kN·m/K
T : 절대온도[K=273+℃]	➜ (273+20)K

➜ 공기의 밀도 : $\rho_{air}=\frac{PM}{RT}=\frac{200\text{kPa}\times 29\text{kg}}{8.314\text{kN·m/K}\times(273+20)\text{K}}=2.380\text{kg/m}^3 \fallingdotseq \mathbf{2.38kg/m^3}$

(2) 공기의 유속(V [m/s])

➜ 공기의 유속 : $V=\frac{\dot{m}}{\rho A}=\frac{1.5\text{kg/s}}{2.38\text{kg/m}^3\times\frac{\pi}{4}\times 0.2^2\text{m}^2}=20.061\text{m/s}\fallingdotseq\mathbf{20.06m/s}$

04 그림과 같이 배관을 통하여 할론 1301의 정상흐름이 일어나고 있다. 이 흐름이 1차원 유동이라고 할 때 ②지점에서의 할론 1301의 밀도 [g/cm^3]를 구하시오. (단, ①, ②지점에서의 내부단면의 직경은 각각 50mm, 20mm이다.)

배점 : 4 [09년]

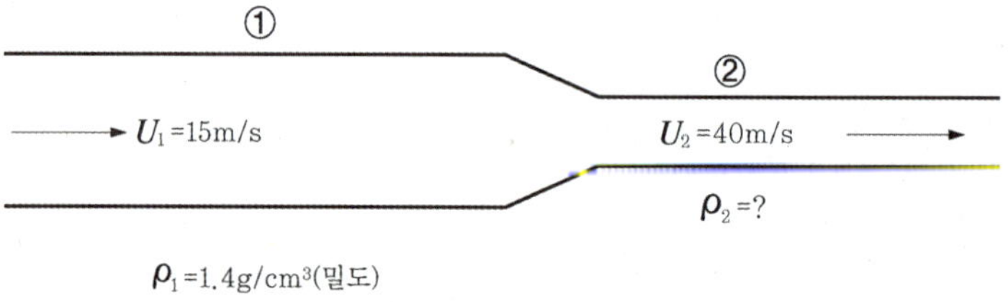

• **실전모범답안**

➜ $\rho_2=\rho_1\times\frac{D_1^{\ 2}}{D_2^{\ 2}}\times\frac{V_1}{V_2}=1.4\times\frac{0.05^2}{0.02^2}\times\frac{15}{40}=3.281\text{g/cm}^3$

• **답 :** 3.28g/cm^3

상세해설

$\dot{m} = \rho_1 A_1 V_1 = \rho_2 A_2 V_2$	연속의 방정식(질량유량)
$\dot{m}$: 질량유량[kg/s]	→ 질량유량이 같음을 이용하여 할론 1301의 밀도를 계산!
ρ_1 : 1지점의 밀도[kg/m^3, g/cm^3]	→ 1.4g/cm^3
ρ_2 : 2지점의 밀도[kg/m^3, g/cm^3]	→ $\rho_2 = \rho_1 \times \dfrac{D_1^{\,2}}{D_2^{\,2}} \times \dfrac{V_1}{V_2}$ (단면적의 비에서 $\dfrac{\pi}{4}$는 약분되어 $\dfrac{A_1}{A_2} = \dfrac{D_1^{\,2}}{D_2^{\,2}}$이 성립한다.)
A_1 : 1지점의 배관단면적$\left(\dfrac{\pi}{4}D_1^2[\text{m}^2]\right)$	→ $\dfrac{\pi}{4} \times 0.05^2\text{m}^2$
A_2 : 2지점의 배관단면적$\left(\dfrac{\pi}{4}D_2^2\,[\text{m}^2]\right)$	→ $\dfrac{\pi}{4} \times 0.02^2\text{m}^2$
V_1 : 1지점의 유속[m/s]	→ 15m/s
V_2 : 2지점의 유속[m/s]	→ 40m/s

→ **②지점에서의 할론 1301의 밀도 :** $\rho_2 = \rho_1 \times \dfrac{D_1^{\,2}}{D_2^{\,2}} \times \dfrac{V_1}{V_2} = 1.4\text{g/cm}^3 \times \dfrac{0.05^2\text{m}^2}{0.02^2\text{m}^2} \times \dfrac{15\text{m/s}}{40\text{m/s}} = 3.281\text{g/cm}^3$

$\fallingdotseq 3.28\text{g/cm}^3$

05 제연설비의 공기유입 덕트를 그림과 같이 설치하였다. 덕트 A, B, C를 통과하는 공기의 유량이 180m^3/min일 때 각 A, B, C를 통과하는 공기의 유속 [m/s]을 구하시오. 배점 : 4 [12년]

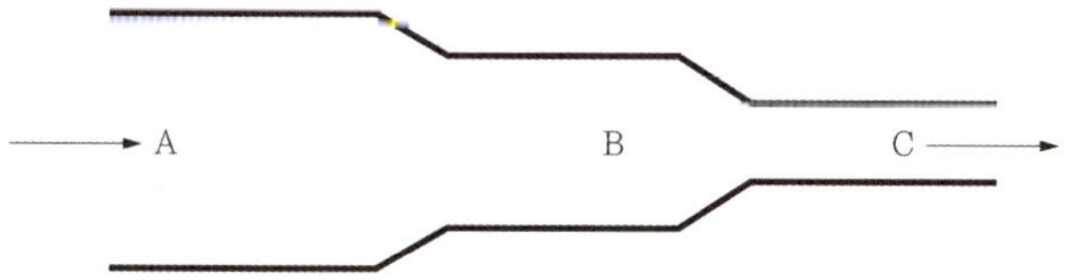

- 단면적 A = 120 × 72cm^2
- 단면적 B = 120 × 60cm^2
- 단면적 C = 120 × 50cm^2

• **실전모범답안**

(1) $V_A = \dfrac{Q}{A} = \dfrac{3}{120 \times 72 \times \dfrac{1}{10^4}}$ =3.472m/s

• **답 :** 3.47m/s

(2) $V_B = \dfrac{Q}{A} = \dfrac{3}{120 \times 60 \times \dfrac{1}{10^4}}$ =4.166m/s

• **답 :** 4.17m/s

(3) $V_C = \dfrac{Q}{A} = \dfrac{3}{120 \times 50 \times \dfrac{1}{10^4}}$ =5m/s

• **답 :** 5m/s

상세해설

$Q=AV$	연속의 방정식(체적유량)
Q : 체적유량[m^3/s]	→ $180m^3/min \times \frac{1min}{60s} = 3m^3/s$
A : 배관단면적$\left(\frac{\pi}{4}D^2[m^2]\right)$	→ $A_A = 120 \times 72cm^2 \times \frac{1m^2}{10^4cm^2}$ $A_B = 120 \times 60cm^2 \times \frac{1m^2}{10^4cm^2}$ $A_C = 120 \times 50cm^2 \times \frac{1m^2}{10^4cm^2}$
V : 유속[m/s]	→ $V = Q/A$

(1) A의 공기유속(V_A [m/s])

→ 평균유속 : $V_A = \frac{Q}{A} = \frac{3m^3/s}{120 \times 72cm^2 \times \frac{1m^2}{10^4cm^2}} = 3.472m/s ≒ \mathbf{3.47m/s}$

(2) B의 공기유속(V_B [m/s])

→ 평균유속 : $V_B = \frac{Q}{A} = \frac{3m^3/s}{120 \times 60cm^2 \times \frac{1m^2}{10^4cm^2}} = 4.166m/s ≒ \mathbf{4.17m/s}$

(3) C의 공기유속(V_C [m/s])

→ 평균유속 : $V_C = \frac{Q}{A} = \frac{3m^3/s}{120 \times 50cm^2 \times \frac{1m^2}{10^4cm^2}} = \mathbf{5m/s}$

Mind-Control

명석한 두뇌도,
뛰어난 체력도,
타고난 재능도,
끝없는 노력을 이길 순 없다.

- 한 줄 명언 -

(2) 베르누이 정리

① 베르누이 방정식(베르누이정리) 이해하기

$$H = \frac{P}{\gamma} + \frac{V^2}{2g} + Z$$

압력수두	단 위	속도수두	단 위	위치수두	단 위
$\frac{P}{\gamma}$	$\frac{N/m^2}{N/m^3} = m$	$\frac{V^2}{2g}$	$\frac{(m/s)^2}{m/s^2} = \frac{m^2/s^2}{m/s^2} = m$	Z	m

② 1지점 및 2지점에서의 베르누이방정식(베르누이정리)

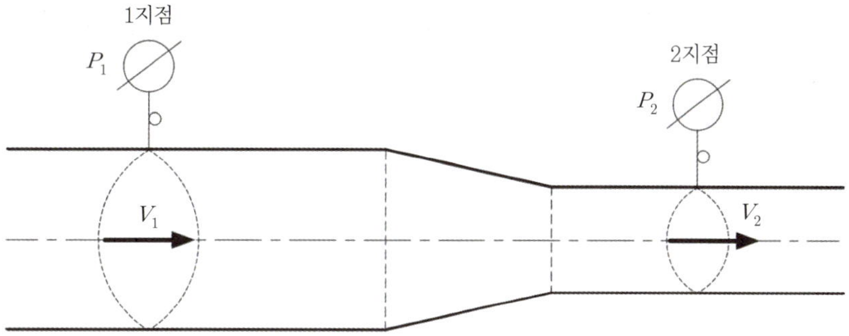

$$\frac{P_1}{\gamma} + \frac{V_1^2}{2g} + Z_1 = \frac{P_2}{\gamma} + \frac{V_2^2}{2g} + Z_2 + \Delta H$$

여기서, P_1, P_2 : 1지점 및 2지점에서의 압력[Pa]

V_1, V_2 : 1지점 및 2지점에서의 유속[m/s]

Z_1, Z_2 : 1지점 및 2지전에서의 위치수두[m]

γ : 비중량[물 : 9,800N/m³]

g : 중력가속도[9.8m/s²]

ΔH : 손실수두[m] **(마찰손실, 실제유체, 조도 등 실제유체의 조건에서만 적용)**

실무적용

유체에 작용하는 베르누이정리를 활용하여 펌프에 필요한 전양정 및 고가수조에서의 필요한 낙차를 구할 수 있다.

(3) 토리첼리 정리

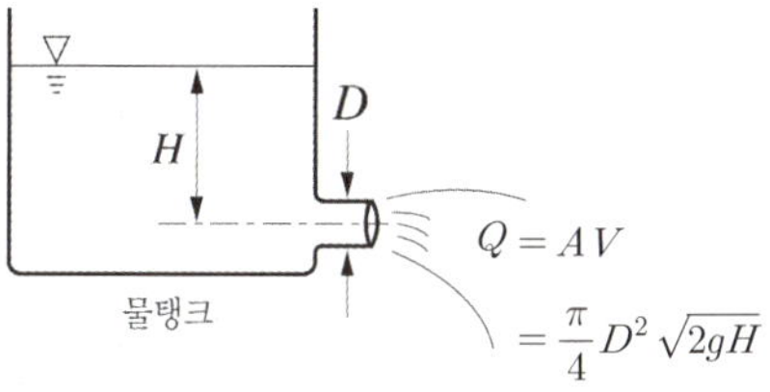

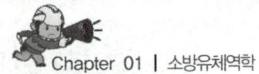

$$V = C\sqrt{2gH} = C\sqrt{2g\frac{P}{\gamma}} = C\sqrt{\frac{2}{\rho}P} \quad \left[H = \frac{P}{\gamma},\ \gamma = \rho g \text{ 이므로}\right]$$

여기서, V : 유속[m/s]
C : 속도계수(주어지지 않을 경우 $C=1$)
g : 중력가속도[9.8m/s^2]
H : 높이(수두)[m]
P : 압력[Pa=N/m^2]
γ : 비중량[물 : 9,800N/m^3]
ρ : 밀도[물 : 1,000kg/m^3]

참고 | 수두(Head)

물의 높이에 따라 가지는 기계적인 에너지의 크기, 즉 압력을 말한다. **수위=수압**을 의미하며, mH_2O 또는 m로 표기한다.(전위=전압)

(4) 피토정압관에 의한 유속

① **피토정압관** : 유속을 측정하는 장치 중 하나로 유체흐름의 총압과 정압의 차이를 이용하여 유속을 측정한다.

② **피토정압관에 의한 유속**

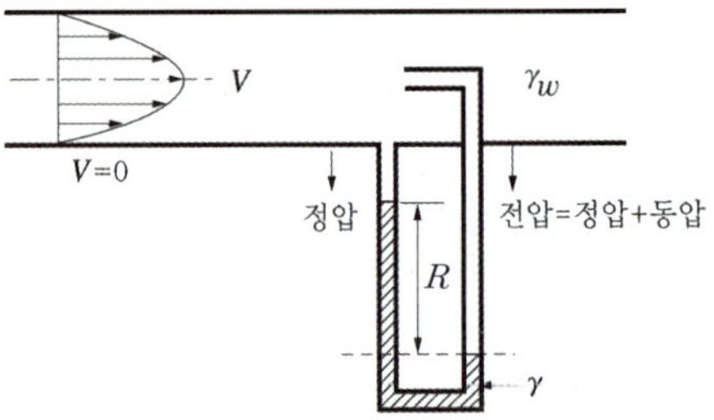

$P=\gamma H$ (동압=속도수두)

$$V = C\sqrt{2gR\left(\frac{\gamma-\gamma_w}{\gamma_w}\right)} = C\sqrt{2gR\left(\frac{\gamma}{\gamma_w}-1\right)} = C\sqrt{2gR\left(\frac{S}{S_w}-1\right)}$$

여기서, V : 유속[m/s]
C : 속도계수(주어지지 않을 경우 $C=1$)
g : 중력가속도[9.8m/s^2]
R : 속도수두(높이)[m]
γ : 피토관 내 액체의 비중량[N/m^3]
γ_w : 배관 내 유체의 비중량[물 : 9,800N/m^3]
S : 피토관 내 액체의 비중(무차원단위)
S_w : 배관 내 유체의 비중(무차원단위)

실무적용

피토정압관은 「특별피난계단의 계단실 및 부속실 제연설비의 화재안전기술기준」에 따라 제연설비의 TAB(시험, 측정, 조정)를 실시하고, 덕트 등에서 풍속을 측정하기 위해 주로 사용한다.

(5) 수조의 물이 배수되는데 걸리는 시간

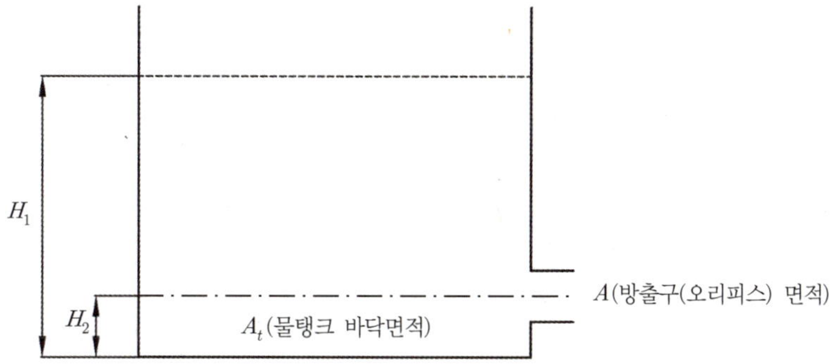

$$t = \frac{2A_t}{C_Q \cdot A\sqrt{2g}}(\sqrt{H_1} - \sqrt{H_2})$$

여기서, t : 토출시간[s]

A_t : 물탱크 바닥면적[m^2]

C_Q : 유량계수

Q : 유량[m^3/s]

g : 중력가속도[$9.8m/s^2$]

V : 유속[m/s]

A : 방출구 단면적$\left(\frac{\pi}{4}D^2[m^2]\right)$

H_1 : 수면에서 수조바닥까지의 높이[m]

H_2 : 수조바닥에서 방출구 중심까지의 높이[m]

참고

시간의 흐름에 따라 유체가 방출되어 체적 감소(−)를 감안한 유량을 구하면

$$Q = -\frac{dV}{dt} = -\frac{A_t \cdot dH}{dt} \quad [\because\ dV = A_t \cdot dH]$$

$$dt = -\frac{dV}{Q} = -\frac{A_t \cdot dH}{C_Q \cdot A\sqrt{2gH}} \quad [Q = C_Q \cdot AV = C_Q \cdot A\sqrt{2gH}\text{를 대입하면}]$$

$$dt = -\frac{A_t}{C_Q \cdot A\sqrt{2g}} \times \frac{dH}{\sqrt{H}}$$

양변을 적분하면

$$t = -\frac{A_t}{C_Q \cdot A\sqrt{2g}}\int_{H_1}^{H_2}\frac{1}{\sqrt{H}}dH \quad \left[\frac{1}{\sqrt{H}} = H^{-0.5}\text{이므로}\right]$$

$$= -\frac{A_t}{C_Q \cdot A\sqrt{2g}}\int_{H_1}^{H_2}H^{-0.5}dH \quad \left[\int x^n dx = \frac{1}{1+n}x^{n+1} + C\ (\text{적분상수 : 생략})\text{이므로}\right]$$

$$= -\frac{A_t}{C_Q \cdot A\sqrt{2g}}\left[H^{0.5}\right]_{H_1}^{H_2} \left[\int H^{-0.5}dt = \frac{1}{1-0.5}H^{-0.5+1} = 2H^{0.5} + C\ (\text{생략}) = 2\sqrt{H} + C(\text{생략})\text{이므로}\right]$$

$$= -\frac{2A_t}{C_Q \cdot A\sqrt{2g}}(\sqrt{H_2} - \sqrt{H_1})$$

$$= \frac{2A_t}{C_Q \cdot A\sqrt{2g}}(\sqrt{H_1} - \sqrt{H_2})$$

(6) 다지관의 유량

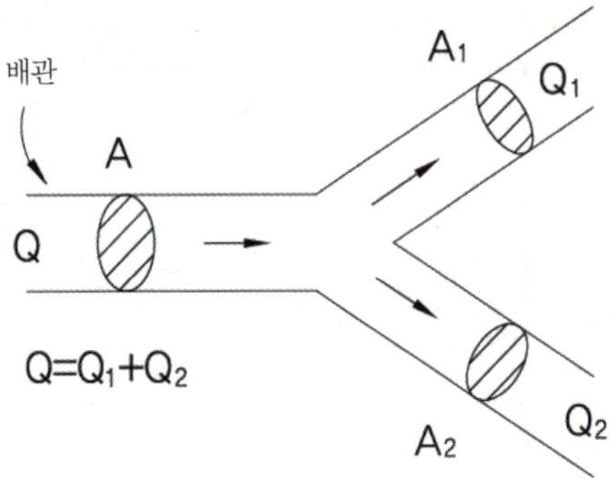

[식 I] 유량의 분기점 활용

$$Q_1 = Q_2 + Q_3$$

[식 II] 연속의 방정식 이용 ($Q = AV$)

$$\frac{\pi}{4}D_1^2 V_1 = \frac{\pi}{4}D_2^2 V_2 + \frac{\pi}{4}D_3^2 V_3$$

$$\Leftrightarrow D_1^2 V_1 = D_2^2 V_2 + D_3^2 V_3$$

실무적용

스프링클러설비의 배관에 복수의 가지배관에 설치된 헤드가 개방된 경우에 적용가능하다.

(7) 벤츄리미터 유량

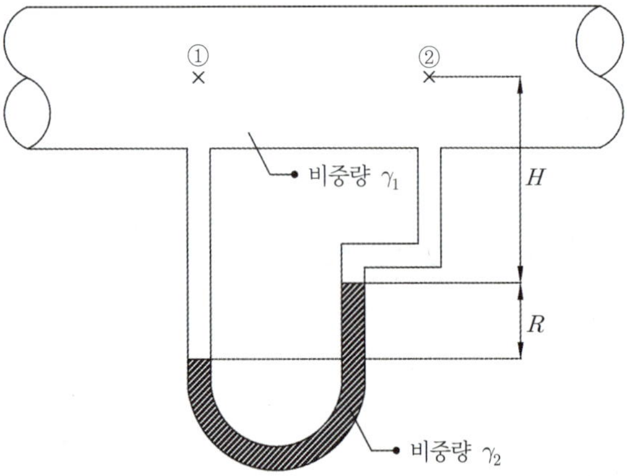

[계산 I] 압력 차 산출하기

$$P_1 + \gamma_1 H + \gamma_1 R = P_2 + \gamma_1 H + \gamma_2 R$$

$$\rightarrow P_1 + \gamma_1 R = P_2 + \gamma_2 R$$

$$\rightarrow P_1 - P_2 = \gamma_2 R - \gamma_1 R$$

$$\rightarrow \Delta P = P_1 - P_2 = (\gamma_2 - \gamma_1) R$$

[계산 II] 연속의 방정식($Q = A_1 V_1 = A_2 V_2$) 이용하기

$$A_1 V_1 = A_2 V_2$$

$$\rightarrow \frac{\pi}{4}D_1^2 V_1 = \frac{\pi}{4}D_2^2 V_2$$

$$\rightarrow V_1 = \frac{D_2^2}{D_1^2} V_2$$

① 유속 V_2 산출하기

①지점과 ②지점을 기준으로 손실은 무시($\Delta H = 0$)하고 베르누이방정식을 세운다.

$$\frac{P_1}{\gamma_1} + \frac{V_1^2}{2g} + Z_1 = \frac{P_2}{\gamma_1} + \frac{V_2^2}{2g} + Z_2$$

①지점과 ②지점은 위치수두가 동일($Z_1 = Z_2$)하므로, 다음과 같이 정리된다.

$$\frac{P_1 - P_2}{\gamma_1} = \frac{V_2^2 - V_1^2}{2g}$$

앞의 계산Ⅰ과 계산Ⅱ를 적용하여 다음과 같이 정리된다.

$$\frac{(\gamma_2 - \gamma_1)R}{\gamma_1} = \frac{V_2^2 - \left(\frac{D_2^2}{D_1^2} V_2\right)^2}{2g} \rightarrow V_2^2 - \frac{D_2^4}{D_1^4} V_2^2 = 2g \times \frac{(\gamma_2 - \gamma_1)R}{\gamma_1}$$

$$\rightarrow \left(1 - \frac{D_2^4}{D_1^4}\right) V_2^2 = 2gR \times \frac{(\gamma_2 - \gamma_1)}{\gamma_1}$$

$$\rightarrow V_2^2 = \frac{1}{1 - \frac{D_2^4}{D_1^4}} \times 2gR \times \frac{(\gamma_2 - \gamma_1)}{\gamma_1}$$

$$\rightarrow V_2 = \frac{1}{\sqrt{1 - \frac{D_2^4}{D_1^4}}} \times \sqrt{2gR \times \frac{(\gamma_2 - \gamma_1)}{\gamma_1}}$$

② **유량 Q 산출하기**

$$Q = CA_2 V_2 = C \times \frac{A_2}{\sqrt{1 - \frac{D_2^4}{D_1^4}}} \times \sqrt{2gR \frac{(\gamma_2 - \gamma_1)}{\gamma_1}}$$

여기서, Q : 유량[m³/s]

g : 중력가속도[9.8m/s²]

C : 유량계수(주어지지 않을 경우 $C = 1$)

γ_1, γ_2 : 1지점 및 2지점에 위치한 물질의 비중량[N/m³]

D_1, D_2 : 1지점 및 2지점의 배관구경[m]

A_2 : 배관의 단면적$\left(\frac{\pi}{4} D^2 [\text{m}^2]\right)$

R : 높이[m]

빈번한 기출문제

01 그림을 보고 다음 각 물음에 답하시오.

배점 : 8 [14년] [20년]

[조건]

① P_A=12.1kPa, P_B=11.5kPa, P_C=10.3kPa
② Q=5l/s

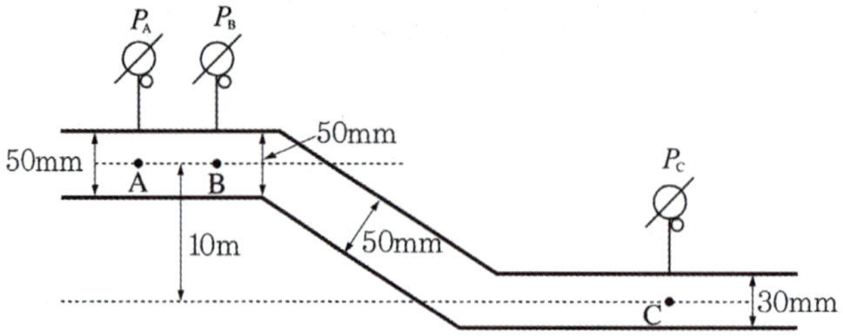

(1) A지점의 유속 [m/s]을 구하시오.
(2) C지점의 유속 [m/s]을 구하시오.
(3) A지점과 B지점간의 마찰손실 [m]을 구하시오.
(4) A지점과 C지점간의 마찰손실 [m]을 구하시오.

• **실전모범답안**

(1) A지점 유속 $V_A=\dfrac{Q}{A_A}=\dfrac{0.005}{\dfrac{\pi}{4}\times 0.05^2}$=2.546m/s

• **답 :** 2.55m/s

(2) C지점 유속 $V_C=\dfrac{Q}{A_C}=\dfrac{0.005}{\dfrac{\pi}{4}\times 0.03^2}$=7.073m/s

• **답 :** 7.07m/s

(3) A~B지점 마찰손실 $\Delta H_{A-B}=\dfrac{P_A-P_B}{\gamma}=\dfrac{12.1-11.5}{9.8}$=0.061m

• **답 :** 0.06m

(4) A~C지점 마찰손실 $\Delta H_{A-C}=\dfrac{P_A-P_C}{\gamma}+\dfrac{V_A^2-V_C^2}{2g}+(Z_A-Z_C)$

$=\dfrac{12.1-10.3}{9.8}+\dfrac{2.55^2-7.07^2}{2\times 9.8}+10$=7.965m

• **답 :** 7.97m

상세해설

(1) A지점의 유속[m/s]

$Q=AV$	연속의 방정식(체적유량)
Q : 체적유량[m^3/s]	➜ $5l/s \times \dfrac{1m^3}{1{,}000l} = 0.005m^3/s$
A : 배관단면적$\left(\dfrac{\pi}{4}D^2[m^2]\right)$	➜ $\dfrac{\pi}{4} \times 0.05^2 m^2$
V : 유속[m/s]	➜ $V=Q/A$

➜ **A지점의 유속 :** $V_A = \dfrac{Q}{A_A} = \dfrac{0.005m^3/s}{\dfrac{\pi}{4} \times 0.05^2 m^2} = 2.546m/s \fallingdotseq \mathbf{2.55m/s}$

(2) C지점의 유속[m/s]

C지점의 배관지름 $D_C = 30mm = 0.03m$이므로, C지점의 유속 V_C은,

➜ **C지점의 유속 :** $V_C = \dfrac{Q}{A_C} = \dfrac{0.005m^3/s}{\dfrac{\pi}{4} \times 0.03^2 m^2} = 7.073m/s \fallingdotseq \mathbf{7.07m/s}$

(3) A지점과 B지점간의 마찰손실[m]

$\dfrac{P_A}{\gamma} + \dfrac{V_A^2}{2g} + Z_A = \dfrac{P_B}{\gamma} + \dfrac{V_B^2}{2g} + Z_B + \triangle H_{AB}$	베르누이방정식(마찰손실 고려)
P_A, P_B : A지점 및 B지점에서의 압력[Pa]	➜ $P_A = 12.1kPa$, $P_B = 11.5kPa$
V_A, V_B : A지점 및 B지점에서의 유속[m/s]	➜ A지점과 B지점의 유속은 동일! ($V_A = V_B$)
Z_A, Z_B : A지점 및 B지점에서의 위치수두[m]	➜ A지점과 B지점의 위치수두는 동일! ($Z_A = Z_B$)
γ : 비중량[물 : 9,800N/m^3]	➜ $9{,}800N/m^3 = 9.8kN/m^3$
g : 중력가속도[9.8m/s^2]	➜ $9.8m/s^2$
$\triangle H_{AB}$: A지점과 B지점간의 마찰손실수두[m]	➜ $\triangle H_{AB} = \dfrac{P_A - P_B}{\gamma} + \dfrac{V_A^2 - V_B^2}{2g} + (Z_A - Z_B) = \dfrac{P_A - P_B}{\gamma}$

➜ **A지점과 B지점간의 마찰손실 :** $\triangle H_{AB} = \dfrac{P_A - P_B}{\gamma} = \dfrac{12.1kPa - 11.5kPa}{9.8kN/m^3} = 0.061m \fallingdotseq \mathbf{0.06m}$

참고 | A지점과 B지점의 유속은 동일하다?!

A지점과 B지점에 대해 연속의 방정식을 작성하면 다음과 같다.

$Q = A_A V_A = A_B V_B$

또한, A지점과 B지점의 배관직경이 동일($D_A = D_B$)하므로 배관의 단면적도 동일($A_A = A_B$)하다.

$\cancel{A_A} V_A = \cancel{A_B} V_B \Leftrightarrow V_A = V_B$

즉, A지점과 B지점의 유속이 동일함을 알 수 있다.

(4) A지점과 C지점간의 마찰손실[m]

$\frac{P_A}{\gamma}+\frac{V_A^2}{2g}+Z_A=\frac{P_C}{\gamma}+\frac{V_C^2}{2g}+Z_C+\Delta H_{AC}$	베르누이방정식(마찰손실 고려)
P_A, P_C : A지점 및 C지점에서의 압력[Pa]	➜ $P_A=12.1\text{kPa}$, $P_C=10.3\text{kPa}$
V_A, V_C : A지점 및 C지점에서의 유속[m/s]	➜ $V_A=2.55\text{m/s}$, $V_C=7.07\text{m/s}$
Z_A, Z_C : A지점 및 C지점에서의 위치수두[m]	➜ $Z_A-Z_C=10\text{m}$
γ : 비중량[물 : 9,800N/m³]	➜ $9{,}800\text{N/m}^3=9.8\text{kN/m}^3$
g : 중력가속도[9.8m/s²]	➜ 9.8m/s^2
ΔH_{AC} : A지점과 C지점간의 마찰손실수두[m]	➜ $\Delta H_{AC}=\frac{P_A-P_C}{\gamma}+\frac{V_A^2-V_C^2}{2g}+(Z_A-Z_C)$

➜ A지점과 C지점간의 마찰손실 : $\Delta H_{AC}=\frac{P_A-P_C}{\gamma}+\frac{V_A^2-V_C^2}{2g}+(Z_A-Z_C)$

$$=\frac{12.1\text{kPa}-10.3\text{kPa}}{9.8\text{kN/m}^3}+\frac{(2.55\text{m/s})^2-(7.07\text{m/s})^2}{2\times 9.8\text{m/s}^2}+10\text{m}$$

$$=7.965\text{m} \fallingdotseq \mathbf{7.97m}$$

02 그림과 같이 관에 유량이 980N/min로 40℃의 물이 흐르고 있다. ②점에서 공동현상이 일어나지 않을 ①점에서 최소압력 [kPa]을 구하시오. (단, 관의 손실은 무시하고 40℃ 물의 증기압은 55.324mmHg이며, 소수점 다섯째자리까지 나타내시오.)

배점 : 5 [07년] [10년] [16년] [23년]

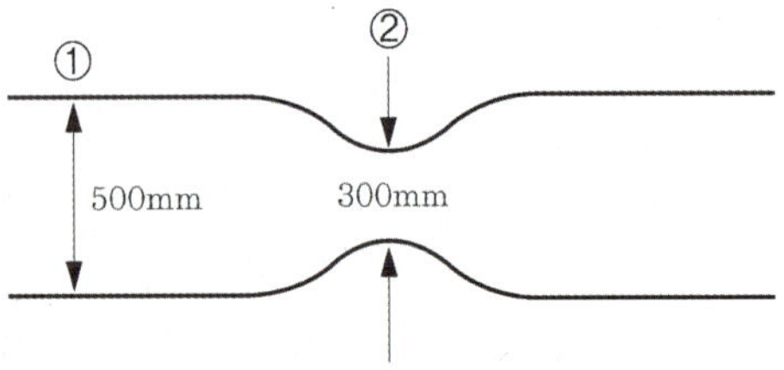

• **실전모범답안**

$$\frac{P_1}{\gamma}+\frac{V_1^2}{2g}+\cancel{Z_1}=\frac{P_2}{\gamma}+\frac{V_2^2}{2g}+\cancel{Z_2}+\cancel{\Delta H}$$

① 1지점 유속 : $V_1=\frac{4G}{\pi\gamma D_1^2}=\frac{4\times\frac{980}{60}}{\pi\times 9{,}800\times 0.5^2}=0.00848\text{m/s}$

② 2지점 유속 : $V_2=\frac{4G}{\pi\gamma D_2^2}=\frac{4\times\frac{980}{60}}{\pi\times 9{,}800\times 0.3^2}=0.02357\text{m/s}$

③ 2지점 압력 : $P_2=55.324\text{mmHg}=\frac{55.324}{760}\times 101.325=7.37592\text{kPa}$

➜ 1지점 최소압력 : $P_1=P_2+\gamma\times\frac{V_2^2-V_1^2}{2g}=7.37592+9.8\times\frac{0.02357^2-0.00848^2}{2\times 9.8}=7.37616\text{kPa}$

• **답 :** 7.37616kPa

상세해설

$\frac{P_1}{\gamma}+\frac{V_1^2}{2g}+Z_1=\frac{P_2}{\gamma}+\frac{V_2^2}{2g}+Z_2+\triangle H$	베르누이방정식(마찰손실 고려)
P_1 : 1지점에서의 압력[Pa]	➜ $P_1=P_2+\gamma\times\frac{V_2^2-V_1^2}{2g}$ [풀이(2)]
P_2 : 2지점에서의 압력[Pa]	➜ P_2= 55.324mmHg (공동현상이 일어나지 않을 최소압력 적용)
V_1, V_2 : 1지점 및 2지점에서의 유속[m/s]	➜ $V=\frac{4G}{\pi\gamma D^2}$ [풀이(1)]
Z_1, Z_2 : 1지점 및 2지점에서의 위치수두[m]	➜ 1지점과 2지점의 위치수두는 동일! ($Z_1=Z_2$)
γ : 비중량[물 : 9,800N/m³]	➜ 9,800N/m³ = 9.8kN/m³
g : 중력가속도[9.8m/s²]	➜ 9.8m/s²
$\triangle H$: 마찰손실수두[m]	➜ 문제의 단서조건에 따라 관의 손실은 무시! ($\triangle H=0$)

(1) 1지점 및 2지점에서의 유속(V_1, V_2[m/s])

$G=\gamma AV$	연속의 방정식(중량유량)
G : 중량유량[N/s]	➜ $980\text{N/min}=\frac{980}{60}\text{N/s}$
γ : 비중량[물 : 9,800N/m³]	➜ 9,800N/m³
A : 배관단면적$\left(\frac{\pi}{4}D^2[\text{m}^2]\right)$	➜ $A_1=\frac{\pi}{4}\times0.5^2\text{m}^2$, $A_2=\frac{\pi}{4}\times0.3^2\text{m}^2$
V : 유속[m/s]	➜ $V=\frac{4G}{\pi\gamma D^2}$

① **1지점에서의 유속 :** $V_1=\frac{4G}{\pi\gamma D_1^2}=\frac{4\times\frac{980}{60}\text{N/s}}{\pi\times9{,}800\text{N/m}^3\times0.5^2\text{m}^2}=$ **0.00848m/s**

② **2지점에서의 유속 :** $V_2=\frac{4G}{\pi\gamma D_2^2}=\frac{4\times\frac{980}{60}\text{N/s}}{\pi\times9{,}800\text{N/m}^3\times0.3^2\text{m}^2}=$ **0.02357m/s**

(2) ②점에서 공동현상이 일어나지 않을 ①점에서 최소압력(P_1[kPa])

문제의 조건에 따라 $P_2=\frac{55.324\text{mmHg}}{760\text{mmHg}}\times101.325\text{kPa}=7.37592\text{kPa}$이고, 그림에서 1지점과 2지점의 위치수두가 동일($Z_1=Z_2$)하며, 또한 단서의 조건에 따라 손실수두는 무시($\varDelta H=0$)한다.

➜ 1점에서의 최소압력 : $\boldsymbol{P_1}=P_2+\gamma\times\frac{V_2^2-V_1^2}{2g}$

$$=7.37592\text{kPa}+9.8\text{kN/m}^3\times\frac{(0.02357\text{m/s})^2-(0.00848\text{m/s})^2}{2\times9.8\text{m/s}^2}$$

$$=\mathbf{7.37616kPa}$$

참고 공동현상

공동현상은 배관의 내부에서 정압보다 유체의 증기압이 커지게 될 경우($P < P_{포화}$) 발생하므로 ②지점에서의 정압을 공동현상이 발생하는 한계치인 **유체의 증기압**을 기준으로 적용($P_2 = P_{포화} = 55.324\text{mmHg}$)하여 ①지점의 압력을 계산한다.

03 **옥내소화전 방수노즐에 피토관을 설치하여 압력을 측정하였더니 0.3MPa이었다. 이 노즐을 통하여 방사되는 물의 방사속도 [m/s]를 구하시오. (단, 노즐의 속도계수는 0.95이다.)**

배점 : 4 [08년] [10년] [12년] [15년]

- **실전모범답안**

→ **방사속도** : $V = C\sqrt{2gH} = 0.95 \times \sqrt{2 \times 9.8 \times \left(\frac{0.3}{0.101325} \times 10.332\right)} = 23.261\text{m/s}$

- **답** : 23.26m/s

상세해설

$V = C\sqrt{2gH} = C\sqrt{2g\frac{P}{\gamma}} = C\sqrt{\frac{2}{\rho}P}$	토리첼리의 정리
V : 유속[m/s]	→ $V = C\sqrt{2gH}$
C : 속도계수	→ 0.95
g : 중력가속도[9.8m/s²]	→ 9.8m/s^2
H : 속도수두[m]	→ $\frac{0.3\text{MPa}}{0.101325\text{MPa}} \times 10.332\text{m}$

→ **방사속도** : $V = C\sqrt{2gH} = 0.95 \times \sqrt{2 \times 9.8\text{m/s}^2 \times \left(\frac{0.3\text{MPa}}{0.101325\text{MPa}} \times 10.332\text{m}\right)} = 23.261\text{m/s}$

$\fallingdotseq 23.26\text{m/s}$

04 **내경이 25mm인 급수배관에 정상류가 분당 180 l로 흐를 때 속도수두 [m]를 구하시오. (단, 중력가속도는 $g = 9.8\text{m/s}^2$으로 한다.)**

배점 : 5 [06년] [13년]

- **실전모범답안**

$$V = \frac{Q}{A} = \frac{\frac{0.18}{60}}{\frac{\pi}{4} \times 0.025^2} = 6.111\text{m/s}$$

→ $H=\frac{V^2}{2g}=\frac{6.111^2}{2\times 9.8}=1.905\text{m}$

• 답 : 1.91m

상세해설

$H=\frac{V^2}{2g}$	속도수두
H : 속도수두[m]	→ $H=V^2/2g$ [풀이(2)]
V : 유속[m/s]	→ $V=Q/A$ [풀이(1)]
g : 중력가속도[9.8m/s²]	→ 9.8m/s^2

(1) 유속(V)

$Q=AV$	연속의 방정식(체적유량)
Q : 체적유량[m³/s]	→ $180l/\text{min}\times\frac{1\text{m}^3}{1{,}000l}\times\frac{1\text{min}}{60\text{s}}=0.003\text{m}^3/\text{s}$
A : 배관단면적$\left(\frac{\pi}{4}D^2[\text{m}^2]\right)$	→ $\frac{\pi}{4}\times 0.025^2\text{m}^2$
V : 유속[m/s]	→ $V=Q/A$

→ 유속 : $V=\frac{Q}{A}=\frac{0.003\text{m}^3/\text{s}}{\frac{\pi}{4}\times 0.025^2\text{m}^2}=6.111\text{m/s}$

(2) 속도수두(H)

$$H=\frac{V^2}{2g}=\frac{(6.111\text{m/s})^2}{2\times 9.8\text{m/s}^2}=1.905\text{m}\fallingdotseq\mathbf{1.91m}$$

참고 2013년 기출

만약 배관 내의 압력 P[kPa]를 구하라고 한다면,
속도수두 H를 계산하고 $10.332\text{m}=101.325\text{kPa}$ 이용하여 단위변환 후 답안을 작성한다.

→ $H=\frac{V^2}{2g}=1.91\text{m}=\frac{1.91\text{m}}{10.332\text{m}}\times 101.325\text{kPa}=18.731\text{kPa}\fallingdotseq\mathbf{18.73kPa}$

if 비중 또는 비중량이 주어진다면, $P=\gamma H$ 적용

05 소화노즐은 화재건물로부터 10m 떨어진 거리에 위치하고 있다. 유량이 1,000 l/min이라면 적정 소방수류가 도달될 최대높이 [m]를 구하시오. (단, $V=0.15\frac{H^2}{Q^{0.3}}$ 의 평균 적용 방정식을 사용하여 V는 적정소방수류의 최대연직범위이다.)

배점 : 4 [04년]

• **실전모범답안**

→ 최대높이 : $V=0.15\dfrac{H^2}{Q^{0.3}}=0.15\times\dfrac{10^2}{16.666^{0.3}}$=6.449m

• **답 :** 6.45m

상세해설

$V=0.15\dfrac{H^2}{Q^{0.3}}$	**적정소방수류가 도달된 최대높이**
V : 적정소방수류의 최대연직범위 (적정소방수류가 도달된 최대높이)[m]	→ $V=0.15H^2/Q^{0.3}$
H : 건물로부터 노즐까지의 거리[m]	→ 10m
Q : 유량[l/s]	→ $1{,}000l/\text{min}=\dfrac{1{,}000}{60}l/\text{s}=16.666l/\text{s}$

→ **적정소방수류의 최대연직범위 :** $V=0.15\dfrac{H^2}{Q^{0.3}}=0.15\times\dfrac{(10\text{m})^2}{(16.666l/\text{s})^{0.3}}=6.449\text{m}\fallingdotseq\mathbf{6.45m}$

06 **관로를 유동하는 물의 유속을 측정하고자 그림과 같은 장치를 설치하였다. U자관의 읽음이 20cm일 때 관 내 유속 [m/s]을 구하시오. (단, 수은의 비중은 13.6, 유량계수는 1이다.)** 배점 : 6 [10년] [16년]

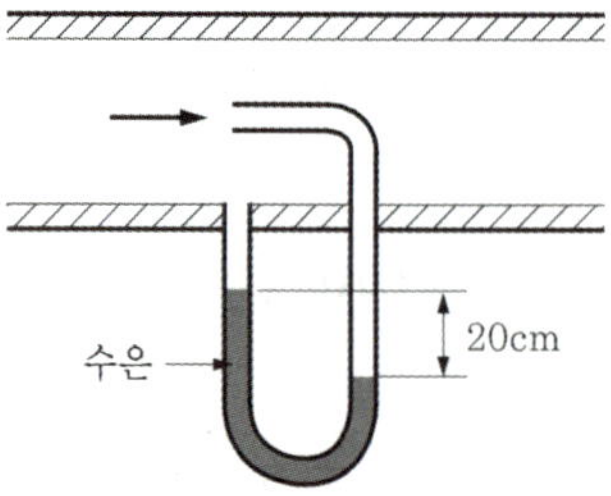

• **실전모범답안**

→ 유속 : $V=\sqrt{2gH\left(\dfrac{S}{S_w}-1\right)}=\sqrt{2\times9.8\times0.2\times\left(\dfrac{13.6}{1}-1\right)}$=7.027m/s

• **답 :** 7.03m/s

상세해설

$V=C\sqrt{2gH\left(\frac{\gamma-\gamma_w}{\gamma_w}\right)}=C\sqrt{2gH\left(\frac{S-S_w}{S_w}\right)}$	피토정압관의 유속
V : 유속[m/s]	→ $V=C\sqrt{2gH(\gamma-\gamma_w/\gamma_w)}=C\sqrt{2gH(S-S_w/S_w)}$
C : 속도계수 (주어지지 않을 경우 $C=1$)	→ 1
g : 중력가속도[9.8m/s²]	→ 9.8m/s^2
H : 속도수두[m]	→ 0.2m
γ : 피토관 내 액체의 비중량[N/m³]	→ $13.6\times 9{,}800\text{N/m}^3$
γ_w : 배관 내 유체의 비중량[N/m³]	→ $9{,}800\text{N/m}^3$
S : 피토관 내 액체의 비중(무차원단위)	→ 13.6 (수은)
S_w : 배관 내 유체의 비중(무차원단위)	→ 1 (물)

→ 유속 : $V=\sqrt{2gH\left(\frac{S}{S_w}-1\right)}=\sqrt{2\times 9.8\text{m/s}^2\times 0.2\text{m}\times\left(\frac{13.6}{1}-1\right)}=7.027\text{m/s}\fallingdotseq\mathbf{7.03m/s}$

07 **그림의 개방된 고가수조에서 배관을 통하여 물을 방수할 때 ②지점에서의 방출압력 [kPa]을 구하시오. (단, 대기는 표준대기압상태이고, 배관의 안지름은 100mm, 배관길이는 250m, 방출유량은 250 l/min, 총 마찰손실수두는 7m, 방출압력은 계기압력으로 구한다.)** 배점 : 5 [12년]

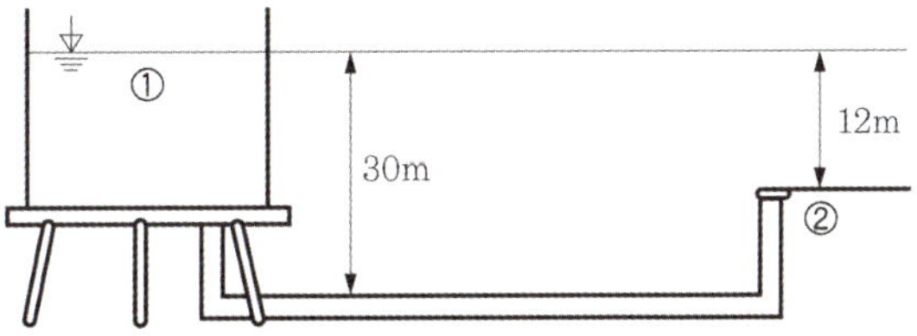

• 실전모범답안

$$\frac{P_1}{\gamma}+\frac{V_1^2}{2g}+Z_1=\frac{P_2}{\gamma}+\frac{V_2^2}{2g}+Z_2+\Delta H$$

$$\Leftrightarrow \frac{P_2}{\gamma}=(Z_1-Z_2)-\frac{V_2^2}{2g}-\Delta H$$

$$\Leftrightarrow P_2=\gamma\times\left((Z_1-Z_2)-\frac{V_2^2}{2g}-\Delta H\right)$$

$$=9.8\times\left(12-\frac{0.53^2}{2\times 9.8}-7\right)=48.859\text{kPa}$$

→ $V_2=\frac{Q}{A_2}=\frac{\frac{0.25}{60}}{\frac{\pi}{4}\times 0.1^2}=0.530\text{m/s}$

• 답 : 48.86kPa

상세해설

$\dfrac{P_1}{\gamma}+\dfrac{V_1^2}{2g}+Z_1=\dfrac{P_2}{\gamma}+\dfrac{V_2^2}{2g}+Z_2+\Delta H$	베르누이방정식(마찰손실 고려)
P_1, P_2 : 1, 2지점에서의 압력[Pa]	→ $P_1=0$(대기압) $P_2=$**구하고자 하는 값**
V_1, V_2 : 1, 2지점에서의 유속[m/s]	→ $V_1=0\text{m/s}$(수면 위) $V_2=Q/A_2$
Z_1, Z_2 : 1, 2지점에서의 위치수두[m]	→ $Z_1-Z_2=12\text{m}$
γ : 비중량[물 : 9,800N/m³]	→ $9{,}800\text{N/m}^3=9.8\text{kN/m}^3$
g : 중력가속도[9.8m/s²]	→ 9.8m/s^2
ΔH : 1, 2지점간의 마찰손실수두[m]	→ $\Delta H=7\text{m}$

(1) **2지점에서의 유속** : $V_2=\dfrac{Q}{A}=\dfrac{\frac{0.25}{60}\text{m}^3/\text{s}}{\frac{\pi}{4}\times0.1^2\text{m}^2}=0.530\text{m/s}$

(2) **2지점에서의 방사압력(P_2)**

$$\frac{P_1}{\gamma}+\frac{V_1^2}{2g}+Z_1=\frac{P_2}{\gamma}+\frac{V_2^2}{2g}+Z_2+\Delta H$$

$$\Leftrightarrow \frac{P_2}{\gamma}=(Z_1-Z_2)-\frac{V_2^2}{2g}-\Delta H$$

$$\Leftrightarrow P_2=\gamma\times\left((Z_1-Z_2)-\frac{V_2^2}{2g}-\Delta H\right)$$

$$=9.8\text{kN/m}^3\times\left(12\text{m}-\frac{(0.53\text{m/s})^2}{2\times9.8\text{m/s}^2}-7\text{m}\right)$$

$$=48.859\text{kPa}\fallingdotseq\mathbf{48.86kPa}$$

참고 **문제의 단서를 그림에 표기하여 실수를 줄이자!**

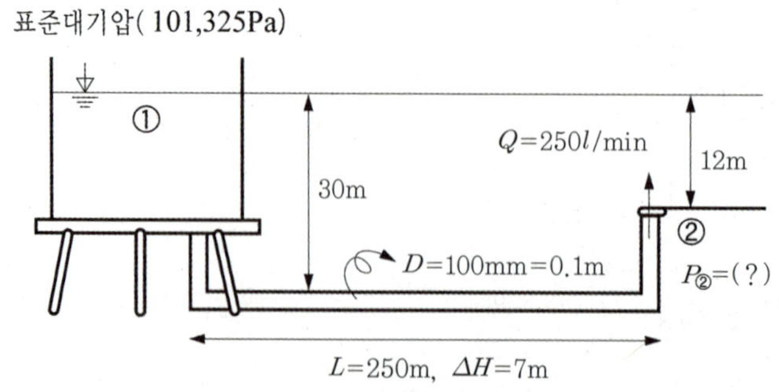

08 **수조의 물이 모두 배수되는데 소요되는 시간은 몇 분인지 구하시오. (단, 유량계수는 0.8이다.)**

배점 : 4 [19년] [20년]

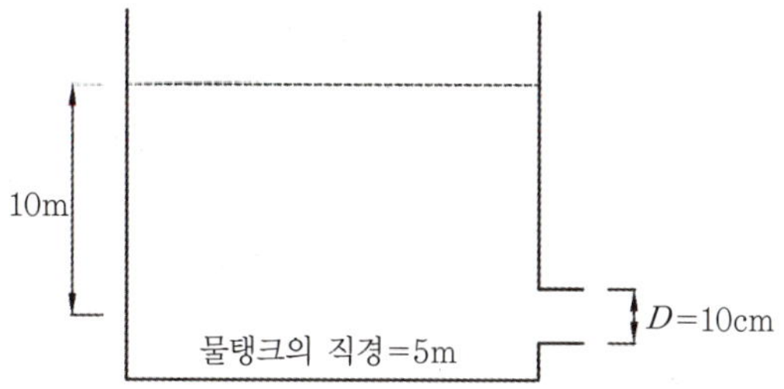

• **실전모범답안**

→ $t = \dfrac{2A_t}{C_Q \cdot A\sqrt{2g}}(\sqrt{H_1} - \sqrt{H_2})$

$= \dfrac{2 \times \dfrac{\pi}{4} \times 5^2}{0.8 \times \dfrac{\pi}{4} \times 0.1^2 \times \sqrt{2 \times 9.8}} \times (\sqrt{10} - \sqrt{0}) = 4{,}464.285\text{s} = 74.404\text{min}$

• **답 :** 74.4분

상세해설

$t = \dfrac{2A_t}{C_Q \cdot A\sqrt{2g}}(\sqrt{H_1} - \sqrt{H_2})$	수조의 물이 배수되는데 소요되는 시간
t : 토출시간[s]	→ $t = \dfrac{2A_t}{C_Q \cdot A\sqrt{2g}}(\sqrt{H_1} - \sqrt{H_2})$
C_Q : 유량계수	→ 0.8
g : 중력가속도[9.8m/s²]	→ 9.8m/s^2
A : 방출구 단면적$\left(\dfrac{\pi}{4}D^2\,[\text{m}^2]\right)$	→ $\dfrac{\pi}{4} \times 0.1^2\text{m}^2$
A_t : 물탱크 바닥면적[m²]	→ $\dfrac{\pi}{4} \times 5^2\text{m}^2$
H_1 : 수면에서 수조바닥까지의 높이[m]	→ 10m
H_2 : 수조바닥에서 방출구 중심까지의 높이[m]	→ 0m

→ **소요되는 시간** : $t = \dfrac{2A_t}{C_Q \cdot A\sqrt{2g}}(\sqrt{H_1} - \sqrt{H_2})$

$= \dfrac{2 \times \dfrac{\pi}{4} \times 5^2\text{m}^2}{0.8 \times \dfrac{\pi}{4} \times 0.1^2\text{m}^2 \times \sqrt{2 \times 9.8\text{m/s}^2}} \times (\sqrt{10\text{m}} - \sqrt{0\text{m}}) = 4{,}464.285\text{s} \times \dfrac{1\text{min}}{60\text{s}}$

$= 74.404\text{min} \fallingdotseq \mathbf{74.4min}$

Tip H_1, H_2 높이는 "방출구 중심"을 기준점으로 선정하며 계산한다.

09 다음과 같이 물이 흐르는 배관이 분기되는 경우 배관 ③에서의 유량 [m^3/s]을 구하시오.

배점 : 6 [04년] [10년] [16년]

[조건]

① 분기관 1지점 지름 D_1=200mm, 유속 V_1=2m/s이다.
② 분기관 2지점 지름 D_2=100mm, 유속 V_2=3m/s이다.
③ 분기관 3지점 지름 D_3=150mm이다.

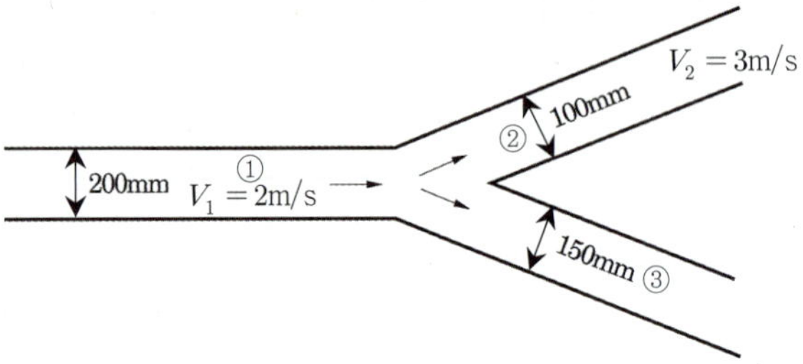

• 실전모범답안

→ $Q_3 = Q_1 - Q_2 = \left(\frac{\pi}{4} \times 0.2^2 \times 2\right) - \left(\frac{\pi}{4} \times 0.1^2 \times 3\right) = 0.039m^3/s$

• 답 : $0.04m^3/s$

상세해설

$Q_1 = Q_2 + Q_3$	연속의 방정식(체적유량)
Q : 체적유량[m^3/s]	→ $Q_1 = A_1 V_1$ [풀이(1)], $Q_2 = A_2 V_2$ [풀이(2)]
A : 배관단면적$\left(\frac{\pi}{4} D^2 [m^2]\right)$	→ $A_1 = \frac{\pi}{4} \times 0.2^2 m^2$, $A_2 = \frac{\pi}{4} \times 0.1^2 m^2$
V : 유속[m/s]	→ $V_1 = 2m/s$, $V_2 = 3m/s$

(1) **1지점의 유량** : $Q_1 = A_1 V_1 = \frac{\pi}{4} \times 0.2^2 m^2 \times 2m/s = 0.062m^3/s$

(2) **2지점의 유량** : $Q_2 = A_2 V_2 = \frac{\pi}{4} \times 0.1^2 m^2 \times 3m/s = 0.023m^3/s$

→ **3지점의 유량** : $Q_3 = Q_1 - Q_2 = 0.062m^3/s - 0.023m^3/s = 0.039m^3/s \fallingdotseq \mathbf{0.04m^3/s}$

참고 2016년 기출

만약 3지점의 유속 V_3을 구하라고 한다면,

→ 3지점의 유속 : $V_3 = \frac{Q_3}{A_3} = \frac{0.039m^3/s}{\frac{\pi}{4} \times 0.15^2 m^2} = 2.206m/s \fallingdotseq \mathbf{2.21m/s}$

10 스프링클러설비 가압송수장치의 성능시험을 위하여 오리피스로 시험한 결과 다음 그림과 같았다. 이 오리피스를 통과하는 유량 [m³/s]을 구하시오. (단, 수은의 비중은 13.6, 유량계수 C는 0.97, 중력가속도 $g=9.8\text{m/s}^2$이다.)

배점 : 5 [13년] [17년] [23년 1, 2회]

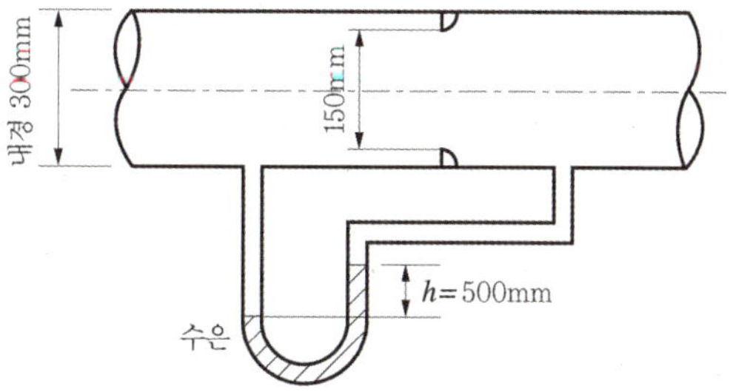

• **실전모범답안**

→ 유량 : $Q=C\dfrac{A_2}{\sqrt{1-\left(\dfrac{D_2}{D_1}\right)^4}}\sqrt{2gR\dfrac{(\gamma_2-\gamma_1)}{\gamma_1}}$

$$=0.97\times\frac{\frac{\pi}{4}\times0.15^2}{\sqrt{1-\left(\frac{0.15}{0.3}\right)^4}}\times\sqrt{2\times9.8\times0.5\times\frac{13.6\times9.8-9.8}{9.8}}=0.196\text{m}^3/\text{s}$$

• **답** : 0.2m³/s

상세해설

$Q=C\dfrac{A_2}{\sqrt{1-\left(\dfrac{D_2}{D_1}\right)^4}}\sqrt{2gR\dfrac{(\gamma_2-\gamma_1)}{\gamma_1}}$	벤츄리미터의 유량
Q : 유량[m³/s]	→ $Q=C\dfrac{A_2}{\sqrt{1-\left(\dfrac{D_2}{D_1}\right)^4}}\sqrt{2gR\dfrac{(\gamma_2-\gamma_1)}{\gamma_1}}$
C : 유량계수 (주어지지 않을 경우 $C=1$)	→ 0.97
D_1, D_2 : 1지점 및 2지점의 구경[m]	→ $D_1=300\text{mm}=0.3\text{m}$, $D_2=150\text{mm}=0.15\text{m}$
A_2 : 배관의 단면적$\left(\dfrac{\pi}{4}D^2[\text{m}^2]\right)$	→ $\dfrac{\pi}{4}\times0.15^2\text{m}^2$
g : 중력가속도[9.8m/s²]	→ 9.8m/s^2
γ_1 : 1지점에 위치한 물질의 비중량[N/m³]	→ $\gamma_1=9{,}800\text{N/m}^3=9.8\text{kN/m}^3$
γ_2 : 2지점에 위치한 물질의 비중량[N/m³]	→ $\gamma_2=S_{Hg}\cdot\gamma_w=13.6\times9{,}800\text{N/m}^3=13.6\times9.8\text{kN/m}^3$
R : 높이[m]	→ $500\text{mm}=0.5\text{m}$

→ **유량 :** $Q = C\dfrac{A_2}{\sqrt{1-\left(\dfrac{D_2}{D_1}\right)^4}}\sqrt{2gR\dfrac{(\gamma_2-\gamma_1)}{\gamma_1}}$

$$= 0.97 \times \frac{\frac{\pi}{4}\times 0.15^2\text{m}^2}{\sqrt{1-\left(\frac{0.15\text{m}}{0.3\text{m}}\right)^4}} \times \sqrt{2\times 9.8\text{m/s}^2 \times 0.5\text{m} \times \frac{13.6\times 9.8\text{kN/m}^3 - 9.8\text{kN/m}^3}{9.8\text{kN/m}^3}}$$

$$= 0.196\text{m}^3/\text{s} = \mathbf{0.2m^3/s}$$

참고 비중 S 활용하기

비중 $S = \dfrac{\rho}{\rho_w(=1{,}000\text{kg/m}^3)} = \dfrac{\gamma}{\gamma_w(=9{,}800\text{N/m}^3)}$

→ 비중과 밀도와의 관계 $\rho = S\times\rho_w$

→ 비중과 비중량과의 관계 $\gamma = S\times\gamma_w = S\times\rho_w\times g$

Mind - Control

걱정말아라.
너의 세상은 아주 강하게 널 감싸안고 있단다.
나는 안단다.
그대로인것 같아도 아주 조금씩 넌 나아가고 있단다.

- 스웨덴 세탁소, "두 손, 너에게(feat. 최백호)" -

4 마찰손실수두[달시－웨버의 식 / 하젠－윌리엄의 식]

(1) 배관의 총 마찰손실

배관의 총 마찰손실 = 주손실 + 부차적 손실	
① 주손실	=배관의 마찰에 의한 손실
② 부차적 손실	=관부속품에 의한 손실(배관의 확대, 축소 등)

$$L_e = \frac{KD}{f}$$

여기서, L_e : 관의 상당길이[m]　　f : 마찰손실계수
　　　K : 부차적 손실계수　　D : 지름[m]

참고 ▶ 상당길이

"상당길이"란, 부속류 또는 밸브류 등에 의한 마찰손실(부차적손실)을 수리계산에 반영하기 위해 **각 부속류 또는 밸브류 등을 동일한 구경의 배관길이**로 표현한 것을 말한다. **(상당길이=관의 상당길이=등가관장=직관장)**
실제 문제의 조건에서 관이음쇠 및 밸브의 등가길이 표로 각각의 구경에 따른 90° 엘보, 직류티, 분류티, 레듀셔 등의 등가길이가 주어진다.

(2) 달시－웨버의 식

① 레이놀즈 수

$$Re = \frac{\rho VD}{\mu} = \frac{VD}{\nu}$$

여기서, Re : 레이놀즈 수[무차원단위]
D : 내경[m]
ρ : 밀도[물 : 1,000kg/m^3]
μ : 점성계수[kg/m·s=N·s/m^2]
V : 유속[m/s] **(연속의 방정식 $Q=AV$와 연관)**
ν : 동점성계수[m^2/s]

구 분	Re
층류(질서 정연하게 흐르는 흐름)	$Re \le 2{,}100$
천이영역(임계영역)	$2{,}100 < Re < 4{,}000$
난류(불규칙하게 운동하면서 흐르는 흐름)	$Re \ge 4{,}000$

② **달시-웨버의 식**

$$H = f \times \frac{L}{D} \times \frac{V^2}{2g}$$

여기서, H : 마찰손실수두[m]
f : 마찰손실계수$\left(층류 : f = \frac{64}{Re}\right)$
L : 배관의 길이[m]
Re : 레이놀즈 수
D : 배관의 내경[m] **(단위주의!)**
V : 유속[m/s] **(연속의 방정식 $Q = AV$와 연관)**
g : 중력가속도[9.8m/s^2]

(3) 하젠-윌리엄의 식

① **하젠-윌리엄의 식**

$$\Delta P = 6.053 \times 10^4 \times \frac{Q^{1.85}}{C^{1.85} \times d^{4.87}} \times L$$

여기서, ΔP : 마찰손실압력[MPa]
C : 관의 거칠음계수=조도 **(표의 수치 적용)**
d : 배관의 내경[mm] **(단위주의!)**
Q : 유량[l/min]
L : 배관의 길이[m]

배관의 종류		조도(C)
흑관, 백관(아연도금강관)	건식·준비작동식	100
	습식·일제살수식	120
비라이닝 주철, 덕타일 주철		100
콘크리트, 시멘트 라이닝 주철관, 덕타일 주철관		140
동관, 황동관, 스테인리스강관, 합성수지관		150

② **변경 전, 후의 유량 및 마찰손실압력(증축, 펌프 교체 등)**

$\Delta P_{변경\ 전} : \Delta P_{변경\ 후} = 마찰손실_{변경\ 전} : 마찰손실_{변경\ 후}$

$$\Delta P_{변경\ 후} = \Delta P_{변경\ 전} \times \frac{마찰손실_{변경\ 후}}{마찰손실_{변경\ 전}} = \Delta P_{변경\ 전} \times \frac{6.053 \times 10^4 \times \frac{Q_{변경\ 후}^{1.85}}{C^{1.85} \times d^{4.87}} \times L}{6.053 \times 10^4 \times \frac{Q_{변경\ 전}^{1.85}}{C^{1.85} \times d^{4.87}} \times L} \quad [C,\ d,\ L\ 동일]$$

$$\Delta P_{변경\ 후} = \Delta P_{변경\ 전} \times \left(\frac{Q_{변경\ 후}}{Q_{변경\ 전}}\right)^{1.85}$$

참고 공식 활용하기!

① 문제의 조건에서 유량(Q)을 "$Q=K\sqrt{10P}$"로 주어진 경우

$$\Delta P_{변경\ 후}=\Delta P_{변경\ 전}\times\left(\frac{Q_{변경\ 후}}{Q_{변경\ 전}}\right)^{1.85}$$

$$=\Delta P_{변경\ 전}\times\left(\frac{K\sqrt{10P_{변경\ 후}}}{K\sqrt{10P_{변경\ 전}}}\right)^{1.85}=\Delta P_{변경\ 전}\times\left(\frac{\sqrt{P_{변경\ 후}}}{\sqrt{P_{변경\ 전}}}\right)^{1.85}$$

② 문제의 조건에서 유량(Q)을 "$q=2.086d^2\sqrt{P}$"로 주어진 경우

$$\Delta P_{변경\ 후}=\Delta P_{변경\ 전}\times\left(\frac{Q_{변경\ 후}}{Q_{변경\ 전}}\right)^{1.85}$$

$$=\Delta P_{변경\ 전}\times\left(\frac{2.086d^2\sqrt{P_{변경\ 후}}}{2.086d^2\sqrt{P_{변경\ 전}}}\right)^{1.85}=\Delta P_{변경\ 전}\times\left(\frac{\sqrt{P_{변경\ 후}}}{\sqrt{P_{변경\ 전}}}\right)^{1.85}$$

③ **"달시-웨버의 식"과 "하젠-윌리엄의 식"의 관계**

㉠ 배관직경의 단위가 다름에 주의한다.

- 달시-웨버의 식 : 배관직경 D[m], 하젠-윌리엄의 식 : 배관직경 d[mm]

㉡ 관계

$$P=\gamma\times H$$

하젠-윌리엄의 식과 연관! (P)

달시-웨버의 식과 연관! (H)

(4) 돌연확대관 및 돌연축소관의 손실

① **돌연확대관의 손실**

$$H=\frac{(V_1-V_2)^2}{2g}=K\frac{V_1^2}{2g}$$

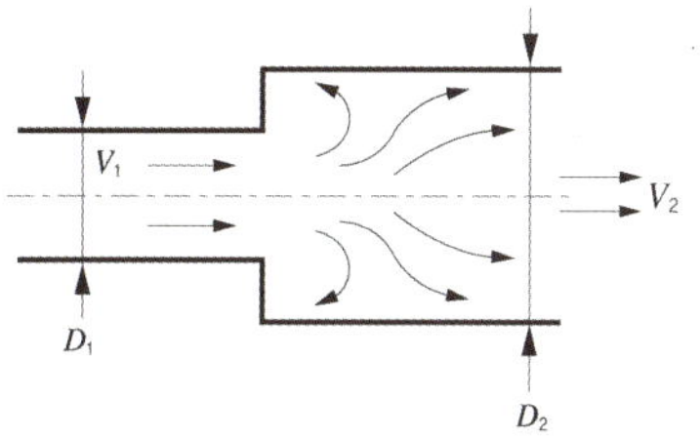

여기서, H : 돌연확대관의 손실수두[m]

V_1, V_2 : 유속[m/s]

g : 중력가속도[9.8m/s^2]

K : 돌연확대관의 손실계수 $\left(K=\left[1-\left(\frac{d_1}{d_2}\right)^2\right]^2\right)$

② **돌연축소관의 손실**

$$H=\frac{(V_0-V_2)^2}{2g}=K\frac{V_2^2}{2g}$$

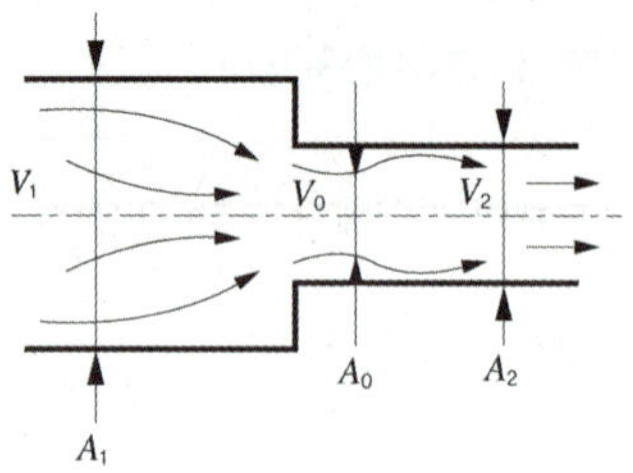

여기서, H : 돌연축소관의 손실수두[m]

V_0, V_2 : 유속[m/s]

g : 중력가속도[9.8m/s^2]

K : 돌연축소관의 손실계수

$$\left[K=\left(\frac{1}{C_c}-1\right)^2=\left(\frac{A_2}{A_0}-1\right)^2=\left(\frac{V_0}{V_2}-1\right)^2\right]$$

참고 **문제풀이 시 주의하자!**

돌연축소, 확대관 모두 빠른 유속이 분자의 제일 **좌측**에 위치한다.(구경이 작을수록 유속은 빠르다.)

(5) 병렬관로

① **병렬관로의 의미**

㉠ 하나의 배관에서 여러 개의 배관으로 **병렬**로 나누어진 후, 다시 **하나의 배관**으로 합쳐지는 관로

㉡ 베르누이의 정리에 따라 배관의 시작점에서의 에너지는 어떠한 경로로 흘러가더라도 배관의 끝부분에 전달된다. 또한, 실제유체이므로 **손실되는 에너지** 또한 동일하게 볼 수 있으므로 각 병렬관로에서의 마찰손실은 흐르는 유량의 비율에 따라 동일($\Delta P_1=\Delta P_2$)하다.

실무적용

「고층건축물의 화재안전기술기준」에 따라 초고층건축물의 스프링클러설비의 배관은 병렬관로(그리드배관방식)로 설치한다.

② 병렬관로 문제해결하기

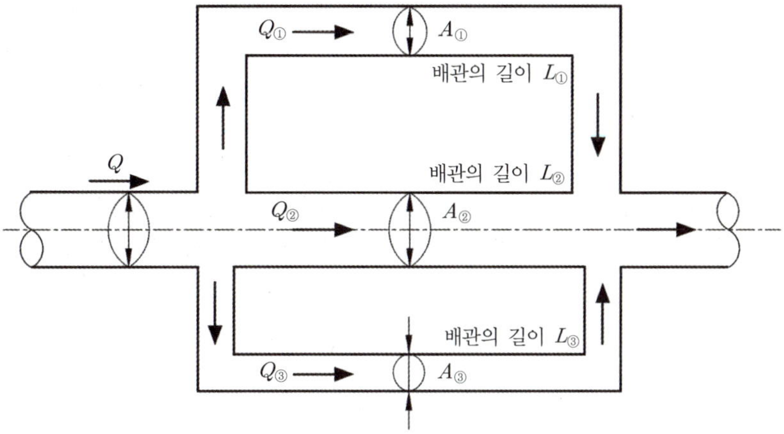

① 유량의 합	
$Q = Q_① + Q_② + Q_③$	
② 배관의 마찰손실 동일	
㉠ 달시-웨버의 식을 이용! $H_① = H_② = H_③$ ⓐ $f_① \times \dfrac{L_①}{D_①} \times \dfrac{V_①^{\ 2}}{2g} = f_② \times \dfrac{L_②}{D_②} \times \dfrac{V_②^{\ 2}}{2g} = f_③ \times \dfrac{L_③}{D_③} \times \dfrac{V_③^{\ 2}}{2g}$ ⓑ $Q = Q_① + Q_② + Q_③$ $AV = A_① V_① + A_② V_② + A_③ V_③$	㉡ 하젠-윌리엄의 식을 이용! $\Delta P_① = \Delta P_② = \Delta P_③$ ⓐ $6.053 \times 10^4 \times \dfrac{Q_①^{1.85}}{C^{1.85} \times d_①^{4.87}} \times L_①$ $= 6.053 \times 10^4 \times \dfrac{Q_②^{1.85}}{C^{1.85} \times d_②^{4.87}} \times L_②$ $= 6.053 \times 10^4 \times \dfrac{Q_③^{1.85}}{C^{1.85} \times d_③^{4.87}} \times L_③$ ⓑ $Q = Q_① + Q_② + Q_③$ $AV = A_① V_① + A_② V_② + A_③ V_③$

빈번한 기출문제

01 **파이프(배관) 시스템 설계 시 무디차트(Moody Chart)에서 배관길이의 마찰손실 이외의 소위 부차적 손실을 고려하게 된다. 부차적손실은 주로 어떠한 부분에서 발생하는지 3가지만 기술하시오.**

배점 : 3 [03년] [06년] [20년]

• 실전모범답안

총 마찰손실=주손실+부차적 손실	
(1) 주손실	=배관의 마찰에 의한 손실
(2) 부차적 손실	① 관부속품에 의한 손실 ② 배관의 급격한 확대에 의한 손실 ③ 배관의 급격한 축소에 의한 손실 등

$$L_e = \frac{KD}{f}$$

여기서, L_e : 관의 상당길이[m]
K : 부차적 손실계수
f : 마찰손실계수
D : 지름[m]

02 **등가길이 L_e와 상당직경 D_e의 정의에 대하여 간략하게 쓰시오.**

배점 : 5 [07년]

(1) L_e (2) D_e

• 실전모범답안

(1) 등가길이=상당관길이=직관장	(2) 상당직경
관부속품 등을 동일구경의 마찰손실을 가지는 배관의 길이로 환산한 값	각형 덕트 등을 동일한 마찰손실을 가지는 원형 덕트로 환산한 직경
$L_e = \frac{KD}{f}$ 여기서, L_e : 관의 상당길이[m] f : 마찰손실계수 K : 부차적 손실계수 D : 지름[m]	$D_e = \sqrt{\frac{4ab}{\pi}}$ 여기서, D_e : 상당직경[m] a, b : 장방형 덕트의 장변(단변)의 길이[m]

03 **수평으로 된 소방배관에 레이놀즈 수가 1,200으로 소화수가 흐르고 있다. 유량이 200 l/min, 배관의 길이 100m, 관지름이 40mm일 때 다음을 구하시오.** 배점 : 6 [07년] [20년] [23년]

(1) 배관의 마찰손실수두 [m]를 구하시오. (단, Darcy식을 사용할 것)

(2) 출발점의 압력이 784.55kPa이라면 끝점의 압력 [kPa]을 구하시오.

• **실전모범답안**

(1) 배관의 마찰손실수두 : $H=f\times\frac{L}{D}\times\frac{V^2}{2g}=\frac{64}{1,200}\times\frac{100}{0.04}\times\frac{2.652^2}{2\times9.8}$ =47.844m

→ 유속 : $V=\frac{Q}{A}=\frac{\frac{0.2}{60}}{\frac{\pi}{4}\times0.04^2}$ =2.652m/s

• **답 :** 47.84m

(2) 끝점의 압력 : $P=784.55-\left(\frac{47.84}{10.332}\times101.325\right)$ =315.387kPa

• **답 :** 315.39kPa

상세해설

(1) 배관의 마찰손실수두[m]

$H=f\times\frac{L}{D}\times\frac{V^2}{2g}$	마찰손실수두(달시-웨버의 식)
H : 마찰손실수두[m]	→ $H=f\times\frac{L}{D}\times\frac{V^2}{2g}$
f : 마찰손실계수$\left(f=\frac{64}{Re}\right)$	→ $f=\frac{64}{Re}=\frac{64}{1,200}$
L : 배관의 길이[m]	→ 100m
D : 배관의 직경[m]	→ 40mm = 0.04m
V : 유속[m/s]	→ $V=Q/A$ [풀이①]
g : 중력가속도[9.8m/s²]	→ 9.8m/s²

① **유속 :** $V=\frac{Q}{A}=\frac{200l/\text{min}}{\frac{\pi}{4}\times0.04^2\text{m}^2}=\frac{\frac{0.2}{60}\text{m}^3/\text{s}}{\frac{\pi}{4}\times0.04^2\text{m}^2}=2.652\text{m/s}$

→ **배관의 마찰손실수두 :** $H=f\times\frac{L}{D}\times\frac{V^2}{2g}=\frac{64}{1,200}\times\frac{100\text{m}}{0.04\text{m}}\times\frac{(2.652\text{m/s})^2}{2\times9.8\text{m/s}^2}=47.844\text{m}$ $\fallingdotseq$ **47.84m**

(2) 끝점의 압력[kPa]

배관의 끝점압력 = 배관의 출발점압력 − 마찰손실압력

→ **배관의 끝점압력 :** $P=784.55\text{kPa}-\left(\frac{47.84\text{m}}{10.332\text{m}}\times101.325\text{kPa}\right)=315.387\text{kPa}\fallingdotseq$ **315.39kPa**

04 **어떤 수계소화설비의 배관에 물이 흐르고 있다. 두 지점에 흐르는 물의 압력을 측정하여 보니 각각 0.5MPa, 0.42MPa이었다. 만약 유량을 2배로 송수하였을 경우 두 지점간의 압력차 [MPa]를 구하시오. (단, 배관의 마찰손실압력은 하젠-윌리엄의 식을 이용하시오.)** 배점 : 4 [04년] [05년] [08년] [12년] [15년]

- **실전모범답안**

→ 압력차 : $\Delta P_2 = \Delta P_{전} \times \left(\dfrac{Q_{후}}{Q_{전}}\right)^{1.85} = \Delta P_{전} \times \left(\dfrac{2Q_{전}}{Q_{전}}\right)^{1.85} = (0.5-0.42) \times 2^{1.85} = 0.288\text{MPa}$

- **답 :** 0.29MPa

상세해설

$$\Delta P = 6.053 \times 10^4 \times \frac{Q^{1.85}}{C^{1.85} \times d^{4.87}} \times L$$

여기서, ΔP : 마찰손실압력[MPa]

C : 관의 거칠음계수=조도 **(표의 수치 적용)**

d : 배관의 내경[mm]

Q : 유량[l/min]

L : 배관의 길이[m]

배관의 종류		조도(C)
흑관, 백관(아연도금강관)	건식·준비작동식	100
	습식·일제살수식	120
비라이닝 주철, 덕타일 주철		100
콘크리트, 시멘트 라이닝 주철관, 덕타일 주철관		140
동관, 황동관, 스테인리스강관, 합성수지관		150

배관의 마찰손실은 일정한 비율로 변하므로 다음과 같이 비례식을 세울 수 있다.

$\Delta P_{전} : \Delta P_{후} = 마찰손실_{전} : 마찰손실_{후}$

$$\Delta P_{후} = \Delta P_{전} \times \frac{마찰손실_{후}}{마찰손실_{전}} = \Delta P_{전} \times \frac{6.053 \times 10^4 \times \dfrac{Q_{후}^{1.85}}{C^{1.85} \times d^{4.87}} \times L}{6.053 \times 10^4 \times \dfrac{Q_{전}^{1.85}}{C^{1.85} \times d^{4.87}} \times L}$$

[C, d, L 동일, $2Q_{전} = Q_{후}$ 이므로]

$$\Delta P_{후} = \Delta P_{전} \times \left(\frac{Q_{후}}{Q_{전}}\right)^{1.85}$$ [$2Q_{전} = Q_{후}$ 이므로]

$$= \Delta P_{전} \times \left(\frac{2Q_{전}}{Q_{전}}\right)^{1.85} = (0.5\text{MPa} - 0.42\text{MPa}) \times 2^{1.85} = 0.288\text{MPa} \fallingdotseq \mathbf{0.29MPa}$$

참고 **문제의 내용 이해하기**

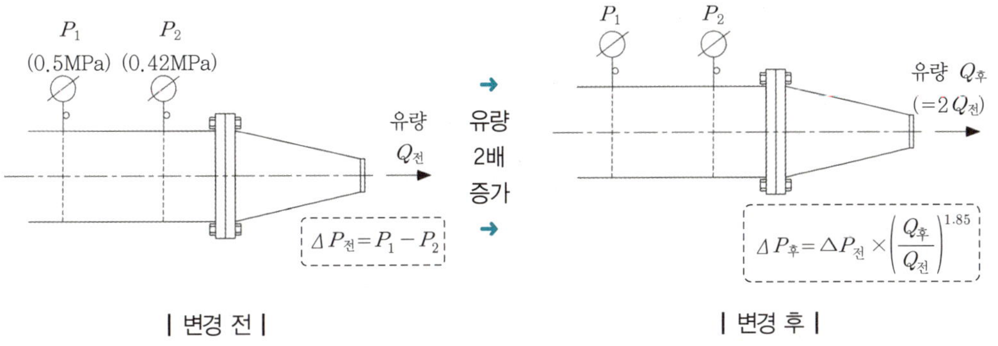

05 마찰계수가 0.016인 유체의 속도가 3m/s로 길이 1,000m, 내경 100mm인 배관을 지날 때의 조도 C를 구하시오. (단, 하젠-윌리엄의 공식과 달시-웨버의 공식을 이용하고, 답은 소수점을 절상하여 정수로 표기할 것) 배점 : 5 [09년]

- 실전모범답안

$$H = f \times \frac{L}{D} \times \frac{V^2}{2g} = 0.016 \times \frac{1,000}{0.1} \times \frac{3^2}{2 \times 9.8} = 73.469 ≒ 73.47\text{m}$$

$$P = \gamma H = 9.8 \times 73.47 = 720.0006\text{kPa} = 0.72\text{MPa}$$

$$Q = AV = \frac{\pi}{4} \times 0.1^2 \times 3 = 0.0235\text{m}^3/\text{s} = 23.5 \times \frac{60}{1} = 1,410 l/\text{min}$$

$$\rightarrow C = \left(6.053 \times 10^4 \times \frac{Q^{1.85}}{\Delta P \times d^{4.87}} \times L\right)^{\frac{1}{1.85}} = \left(6.053 \times 10^4 \times \frac{1,410^{1.85}}{0.72 \times 100^{4.87}} \times 1,000\right)^{\frac{1}{1.85}} = 147.211$$

- 답 : 148

상세해설

(1) 달시-웨버의 식

$H = f \times \frac{L}{D} \times \frac{V^2}{2g}$	마찰손실수두(달시-웨버의 식)
H : 마찰손실수두[m]	→ $H = fLV^2/2gD$
f : 마찰손실계수$\left(f = \frac{64}{Re}\right)$	→ 0.016
L : 배관의 길이[m]	→ 1,000m
D : 배관의 직경[m]	→ 100mm = 0.1m
V : 유속[m/s]	→ 3m/s
g : 중력가속도[9.8m/s²]	→ 9.8m/s²

→ **배관의 마찰손실수두 :** $H = f \times \frac{L}{D} \times \frac{V^2}{2g} = 0.016 \times \frac{1{,}000\text{m}}{0.1\text{m}} \times \frac{(3\text{m/s})^2}{2 \times 9.8\text{m/s}^2} = 73.469\text{m} \fallingdotseq \mathbf{73.47m}$

(2) 하젠-윌리엄의 식

$\Delta P = 6.053 \times 10^4 \times \frac{Q^{1.85}}{C^{1.85} \times d^{4.87}} \times L$	마찰손실압력(하젠-윌리엄의 식)
ΔP : 마찰손실압력[MPa]	→ $\Delta P = \gamma H$ [풀이②]
C : 관의 거칠음계수=조도	→ 구하고자 하는 값
d : 배관의 내경[mm] **(단위 d[mm]에 주의!)**	→ 100mm
Q : 유량[l/min]	→ $Q = AV = \frac{\pi}{4} D^2 V$ [풀이①]
L : 배관의 길이[m]	→ 1,000m

① **유량 :** $Q = AV = \frac{\pi}{4} D^2 V = \frac{\pi}{4} \times 0.1^2\text{m}^2 \times 3\text{m/s} = 0.0235\text{m}^3\text{/s} = 23.5l\text{/s} \times \frac{60\text{s}}{1\text{min}} = 1{,}410\,l\text{/min}$

② **마찰손실압력 :** $\Delta P = \gamma H = 9.8\text{kN/m}^3 \times 73.47\text{m} = 720.006\text{kN/m}^2 = 720.006\text{kPa} = 0.72\text{MPa}$

→ 조도 : $C = \left(6.053 \times 10^4 \times \frac{Q^{1.85}}{\Delta P \times d^{4.87}} \times L\right)^{\frac{1}{1.85}}$

$= \left(6.053 \times 10^4 \times \frac{(1{,}410l\text{/min})^{1.85}}{0.72\text{MPa} \times (100\text{mm})^{4.87}} \times 1{,}000\text{m}\right)^{\frac{1}{1.85}} = 147.211 \fallingdotseq \mathbf{148}$

Tip 문제의 단서 조건에 따라 답은 절상하여 정수로 작성할 것

06 일직선으로 된 소방노즐에서 300l/min의 유량이 방출되고 있다. 관의 지름은 2인치 노즐 끝의 지름은 1인치이다. 노즐 끝에 발생하는 국부손실 [kPa]을 계산하시오. (단, $d/D = 1/2 = 0.5$이고, $K = 5.5$이다.)

배점 : 5 [05년] [15년]

• 실전모범답안

$V = \frac{Q}{A} = \frac{\frac{0.3}{60}}{\frac{\pi}{4} \times 0.0254^2} = 9.867 \fallingdotseq 9.87\text{m/s}$

→ $H = K\frac{V_2^2}{2g} = 5.5 \times \frac{9.87^2}{2 \times 9.8} = \frac{27.336}{10.332} \times 101.325 = 268.081\text{kPa}$

• 답 : 268.08kPa

상세해설

$H=\dfrac{(V_0-V_2)^2}{2g}=K\dfrac{V_2^2}{2g}$	돌연축소관의 손실수두
H : 돌연축소관의 손실수두[m]	→ $H=K\times V_2^2/2g$ [풀이(2)]
V_0, V_2 : 유속[m/s]	→ $V=Q/A$ [풀이(1)]
g : 중력가속도[9.8m/s²]	→ 9.8m/s²
K : 돌연축소관의 손실계수 $\left[K=\left(\dfrac{1}{C_c}-1\right)^2=\left(\dfrac{A_2}{A_0}-1\right)^2=\left(\dfrac{V_0}{V_2}-1\right)^2\right]$	→ 5.5

(1) 유속(V_2)

$Q=AV$	연속의 방정식(체적유량)
Q : 체적유량[m³/s]	→ $300l/\text{min}\times\dfrac{1\text{m}^3}{1{,}000l}\times\dfrac{1\text{min}}{60\text{s}}=0.005\text{m}^3/\text{s}$
A : 배관단면적$\left(\dfrac{\pi}{4}D^2[\text{m}^2]\right)$	→ $\dfrac{\pi}{4}\times0.0254^2\text{m}^2$ ($D_2=1\text{inch}=2.54\text{cm}=0.0254\text{m}$)
V : 유속[m/s]	→ $V=Q/A$

→ 유속 : $V=\dfrac{Q}{A}=\dfrac{0.005\text{m}^3/\text{s}}{\dfrac{\pi}{4}\times0.0254^2\text{m}^2}=9.867\text{m/s}\fallingdotseq\mathbf{9.87m/s}$

(2) 돌연축소관의 손실수두(H)

→ $H=K\dfrac{V_2^2}{2g}=5.5\times\dfrac{(9.87\text{m/s})^2}{2\times9.8\text{m/s}^2}=\dfrac{27.336\text{m}}{10.332\text{m}}\times101.325\text{kPa}=268.081\text{kPa}\fallingdotseq\mathbf{268.08kPa}$

07 **안지름이 각각 300mm와 450mm의 원관이 직접연결되어 있다. 안지름이 작은 관에서 큰 관 방향으로 매초 230l의 물이 흐르고 있을 때 돌연확대부분에서의 손실 [m]을 구하시오. (단, 중력가속도는 9.8m/s²이다.)**

배점 : 5 [12년] [21년]

• 실전모범답안

$V_1=\dfrac{Q}{A}=\dfrac{0.23}{\dfrac{\pi}{4}\times0.3^2}=3.253\text{m/s}$

$V_2=\dfrac{Q}{A}=\dfrac{0.23}{\dfrac{\pi}{4}\times0.45^2}=1.446\text{m/s}$

→ $H=\dfrac{(V_1-V_2)^2}{2g}=\dfrac{(3.253-1.446)^2}{2\times9.8}=0.166\text{m}$

• 답 : 0.17m

상세해설

$H=\frac{(V_1-V_2)^2}{2g}=K\frac{V_1^2}{2g}$	돌연확대관의 손실수두
H : 돌연확대관의 손실수두[m]	→ $H=\frac{(V_1-V_2)^2}{2g}$ [풀이(2)]
V_1, V_2 : 유속[m/s]	→ $V=Q/A$ [풀이(1)]
g : 중력가속도[m/s²]	→ 9.8m/s^2
K : 돌연확대관의 손실계수 $\left(K=\left[1-\left(\frac{d_1}{d_2}\right)^2\right]^2\right)$	→ 손실계수는 고려하지 않음

(1) 유속(V_1, V_2)

$Q=A_1V_1=A_2V_2$	연속의 방정식(체적유량)
Q : 체적유량[m³/s]	→ $230l/\text{s}=0.23\text{m}^3/\text{s}$
A_1, A_2 : 배관의 단면적$\left(\frac{\pi}{4}D^2[\text{m}^2]\right)$	→ $A_1=\frac{\pi}{4}\times0.3^2\text{m}^2$, $A_2=\frac{\pi}{4}\times0.45^2\text{m}^2$
V_1, V_2 : 유속[m/s]	→ $V=Q/A$

→ 유속 : $V_1=\frac{Q}{A_1}=\frac{0.23\text{m}^3/\text{s}}{\frac{\pi}{4}\times0.3^2\text{m}^2}=3.253\text{m/s}$, $V_2=\frac{Q}{A_2}=\frac{0.23\text{m}^3/\text{s}}{\frac{\pi}{4}\times0.45^2\text{m}^2}=1.446\text{m/s}$

(2) 돌연확대관의 손실수두(H)

→ $H=\frac{(V_1-V_2)^2}{2g}=\frac{(3.253\text{m/s}-1.446\text{m/s})^2}{2\times9.8\text{m/s}^2}=0.166\text{m}≒\mathbf{0.17m}$

08 직경이 400cm인 소화배관에 $0.04\text{m}^3/\text{s}$의 유량이 흐르고 있다가 ①, ②의 분기관으로 나뉘어 흐르다 다시 합쳐져 있다. 각 분기관에서의 관마찰계수는 0.022라 할 때 ①, ②의 유량 [m³/s]을 구하시오. (단, 달시-웨버의 식을 이용한다.)

배점 : 6 [05년] [13년] [19년] [21년]

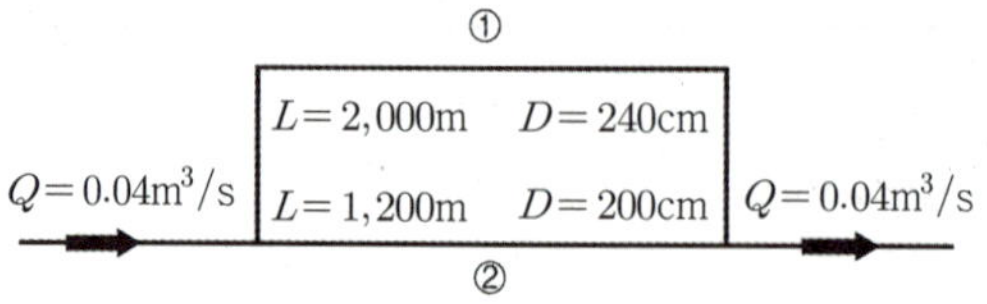

• 실전모범답안

$H_1=H_2$

$0.022\times\frac{2,000}{2.4}\times\frac{V_1^{\ 2}}{2\times9.8}=0.022\times\frac{1,200}{2}\times\frac{V_2^{\ 2}}{2\times9.8}$ ⇔ $0.935\,V_1^2=0.673\,V_2^2$

⇔ $V_2=\sqrt{\frac{0.935}{0.673}}\,V_1=1.178\,V_1$

$Q = Q_1 + Q_2$

$0.04 = \frac{\pi}{4} \times 2.4^2 \times V_1 + \frac{\pi}{4} \times 2^2 \times 1.178\, V_1$ ⬌ $0.04 = 8.224\, V_1$ ⬌ $V_1 = 0.004$m/s

→ $Q_1 = A_1 V_1 = \frac{\pi}{4} \times 2.4^2 \times 0.004 = 0.018 ≒ 0.02\text{m}^3/\text{s}$

→ $Q_2 = Q - Q_1 = 0.04 - 0.02 = 0.02\text{m}^3/\text{s}$

• **답 :** $Q_1 = 0.02\text{m}^3/\text{s}$, $Q_2 = 0.02\text{m}^3/\text{s}$

상세해설

$Q = A_1 V_1 = A_2 V_2$	연속의 방정식(체적유량)
Q : 체적유량[m^3/s]	→ $Q = AV$ [풀이(2)]
A_1, A_2 : 배관의 단면적$\left(\frac{\pi}{4}D^2[\text{m}^2]\right)$	→ $A_1 = \frac{\pi}{4} \times 2.4^2\text{m}^2$, $A_2 = \frac{\pi}{4} \times 2^2\text{m}^2$
V_1, V_2 : 유속[m/s]	→ $Q = Q_1 + Q_2$와 $H_1 = H_2$을 이용하여 유속 V을 계산! [풀이(1)]

(1) 1지점의 유속(V_1)

① $H_1 = H_2$

마찰손실수두가 동일하므로 달시-웨버의 식을 이용하여 유속 V_1, V_2 의 비율을 구할 수 있다.

$H_1 = H_2$ ⬌ $f \times \frac{L_1}{D_1} \times \frac{V_1^{\,2}}{2g} = f \times \frac{L_2}{D_2} \times \frac{V_2^{\,2}}{2g}$

⬌ $0.022 \times \frac{2{,}000\text{m}}{2.4\text{m}} \times \frac{V_1^{\,2}}{2 \times 9.8\text{m/s}^2} = 0.022 \times \frac{1{,}200\text{m}}{2\text{m}} \times \frac{V_2^{\,2}}{2 \times 9.8\text{m/s}^2}$

⬌ $0.935\, V_1^{\,2} = 0.673\, V_2^{\,2}$

⬌ $V_2 = \sqrt{\frac{0.935}{0.673}}\, V_1 = 1.203\, V_1$

② $Q = Q_1 + Q_2$

⬌ $0.04\text{m}^3/\text{s} = \frac{\pi}{4} \times 2.4^2\text{m}^2 \times V_1 + \frac{\pi}{4} \times 2^2\text{m}^2 \times V_2$

⬌ $0.04\text{m}^3/\text{s} = \frac{\pi}{4} \times 2.4^2\text{m}^2 \times V_1 + \frac{\pi}{4} \times 2^2\text{m}^2 \times 1.203\, V_1$ ($\mathbf{V_2 = 1.203\, V_1}$)

⬌ $0.04 = 8.224\, V_1$

⬌ $V_1 = \mathbf{0.004m/s}$

(2) 유량(Q)

① **1지점의 유량 :** $Q_1 = A_1 V_1 = \frac{\pi}{4} \times 2.4^2\text{m}^2 \times 0.004\text{m/s} = 0.018\text{m}^3/\text{s} ≒ \mathbf{0.02m^3/s}$

② **2지점의 유량 :** $Q_2 = Q - Q_1 = 0.04\text{m}^3/\text{s} - 0.02\text{m}^3/\text{s} = \mathbf{0.02m^3/s}$

09 A의 유량이 50l/s이고 C관의 마찰손실은 5m이며, B의 유량이 19l/s일 때, C의 유량 [l/min]과 직경 [mm]을 구하시오. (단, 하젠-윌리엄의 식을 적용하고 C(조도)는 200이다.)

배점 : 5 [11년] [13년] [22년]

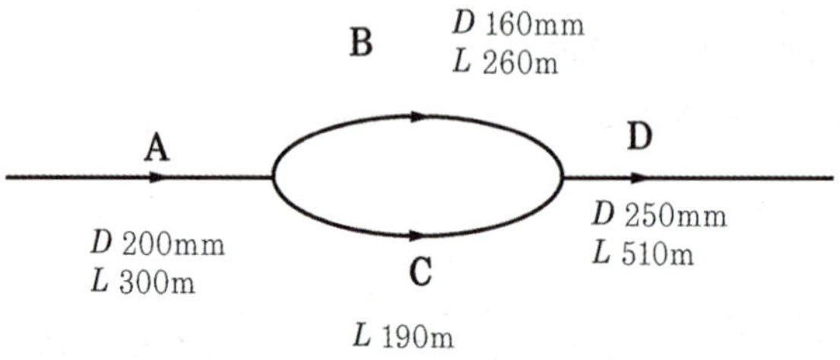

• 실전모범답안

(1) $Q_C = Q_A - Q_B = 50 - 19 = 31 \times \frac{60}{1} = 1{,}860l/\text{min}$

• 답 : 1,860l/min

(2) $d_C = \left(6.053 \times 10^4 \times \frac{Q_C^{1.85}}{C^{1.85} \times \Delta P_C} \times L_C\right)^{\frac{1}{4.87}}$

$= \left(6.053 \times 10^4 \times \frac{1{,}860^{1.85}}{200^{1.85} \times (0.0098 \times 5)} \times 190\right)^{\frac{1}{4.87}} = 122.095\text{mm}$

• 답 : 122.1mm

상세해설

$\Delta P_C = 6.053 \times 10^4 \times \frac{Q_C^{1.85}}{C^{1.85} \times d_C^{4.87}} \times L_C$	하젠-윌리엄의 식
ΔP_C : C지점의 마찰손실압력[MPa]	→ $\Delta P_C = \gamma H = 0.0098\text{MN/m}^3 \times 5\text{m} = 0.049\text{MPa}$
C : 관의 거칠음계수=조도	→ 200
d_C : C지점 배관의 내경[mm]	→ $d_c = \left(6.053 \times 10^4 \times \frac{Q_C^{1.85}}{C^{1.85} \times \Delta P_C} \times L_C\right)^{\frac{1}{4.87}}$ [풀이(2)]
Q_C : C지점 유량[l/min]	→ $Q_A = Q_B + Q_C$ [풀이(1)]
L_C : C지점 배관의 길이[m]	→ 190m

(1) C관의 유량(Q_C)

$Q_A = Q_B + Q_C$

→ $Q_C = Q_A - Q_B = 50l/\text{s} - 19l/\text{s} = 31l/\text{s} \times \frac{60\text{s}}{1\text{min}} = 1{,}860l/\text{min}$

(2) C관의 직경(d_C)

→ $d_C = \left(6.053\times10^4\times\dfrac{Q_C^{1.85}}{C^{1.85}\times\Delta P_C}\times L_C\right)^{\frac{1}{4.87}} = \left(6.053\times10^4\times\dfrac{(1{,}860l/\text{min})^{1.85}}{200^{1.85}\times0.049\text{MPa}}\times190\text{m}\right)^{\frac{1}{4.87}}$

$= 122.095\text{mm} \fallingdotseq \mathbf{122.1mm}$

참고

C지점의 마찰손실압력은 다음과 같이 계산하여도 유사한 결과를 나타낸다.

$\Delta P_C = \dfrac{5\text{m}}{10.332\text{m}}\times0.101325\text{MPa} = 0.049\text{MPa}$

10 그림과 같은 배관에 물이 흐를 경우 배관 ①, ②, ③에 흐르는 각각의 유량 [l/min]을 구하시오. (단, A, B 사이의 배관 ①, ②, ③의 마찰손실수두는 각각 10m로 동일하며 마찰손실계산은 하젠-윌리엄의 식을 사용한다. 계산결과는 소수점 이하를 반올림하여 반드시 정수로 나타내시오.)

배점 : 10 [15년] [22년]

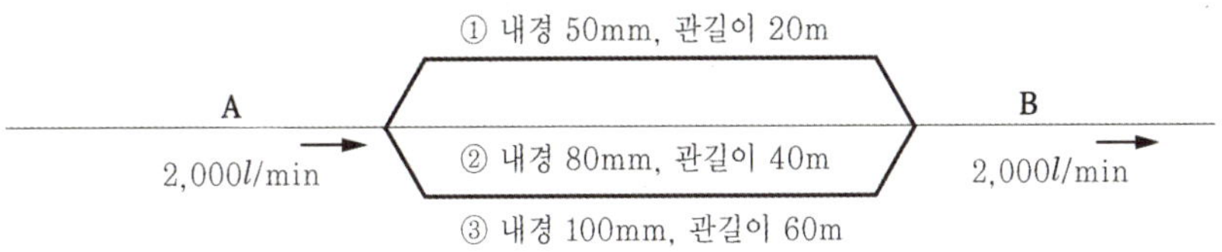

• 실전모범답안

(1) ①~③ 배관의 마찰손실압력 : $\Delta P = \gamma H = 0.0098\times10 = 0.098\text{MPa}$

(2) ①~③ 배관의 유량(Q)

$\Delta P = 6.053\times10^4\times\dfrac{Q^{1.85}}{C^{1.85}\times d^{4.87}}\times L$ → $Q = \left(\dfrac{d^{4.87}\times\Delta P\times C^{1.85}}{6.053\times10^4\times L}\right)^{\frac{1}{1.85}}$

$2{,}000 = Q_① + Q_② + Q_③$

$= \left(\dfrac{50^{4.87}\times0.098\times C^{1.85}}{6.053\times10^4\times20}\right)^{\frac{1}{1.85}} + \left(\dfrac{80^{4.87}\times0.098\times C^{1.85}}{6.053\times10^4\times40}\right)^{\frac{1}{1.85}} + \left(\dfrac{100^{4.87}\times0.098\times C^{1.85}}{6.053\times10^4\times60}\right)^{\frac{1}{1.85}}$

$= 4.355C + 10.319C + 14.913C = 29.587C \quad \therefore\ C = 67.597$

→ $Q_① = 4.355\times67.597 = 294.384l/\text{min}$

→ $Q_② = 10.319\times67.597 = 697.533l/\text{min}$

→ $Q_③ = 14.913\times67.597 = 1{,}008.074l/\text{min}$

• 답 : $Q_① = 294l/\text{min}$, $Q_② = 698l/\text{min}$, $Q_③ = 1{,}008l/\text{min}$

상세해설

(1) ①, ②, ③ 배관의 마찰손실압력(ΔP)

$\Delta P = 6.053 \times 10^4 \times \frac{Q^{1.85}}{C^{1.85} \times d^{4.87}} \times L$	하젠-윌리엄의 식
ΔP : 마찰손실압력[MPa]	→ $\Delta P = \gamma H = 0.0098\text{MN/m}^3 \times 10\text{m} = 0.098\text{MPa}$
C : 관의 거칠음계수=조도	→ C [풀이(2)]
d : 배관의 내경[mm]	→ $d_{①} = 50\text{mm}$, $d_{②} = 80\text{mm}$, $d_{③} = 100\text{mm}$
Q : 유량[l/min]	→ 구하고자 하는 값
L : 배관의 길이[m]	→ $L_{①} = 20\text{m}$, $L_{②} = 40\text{m}$, $L_{③} = 60\text{m}$

① $\Delta P_{①} = 6.053 \times 10^4 \times \frac{Q_{①}^{1.85}}{C^{1.85} \times (50\text{mm})^{4.87}} \times 20\text{m} = 0.098\text{MPa}$

② $\Delta P_{②} = 6.053 \times 10^4 \times \frac{Q_{②}^{1.85}}{C^{1.85} \times (80\text{mm})^{4.87}} \times 40\text{m} = 0.098\text{MPa}$

③ $\Delta P_{③} = 6.053 \times 10^4 \times \frac{Q_{③}^{1.85}}{C^{1.85} \times (100\text{mm})^{4.87}} \times 60\text{m} = 0.098\text{MPa}$

→ ①관의 유량 $Q_{①} = \left(\frac{(50\text{mm})^{4.87} \times 0.098\text{MPa} \times C^{1.85}}{6.053 \times 10^4 \times 20\text{m}}\right)^{\frac{1}{1.85}} = 4.355C$

②관의 유량 $Q_{②} = \left(\frac{(80\text{mm})^{4.87} \times 0.098\text{MPa} \times C^{1.85}}{6.053 \times 10^4 \times 40\text{m}}\right)^{\frac{1}{1.85}} = 10.319C$

③관의 유량 $Q_{③} = \left(\frac{(100\text{mm})^{4.87} \times 0.098\text{MPa} \times C^{1.85}}{6.053 \times 10^4 \times 60\text{m}}\right)^{\frac{1}{1.85}} = 14.913C$

(2) ①, ②, ③ 배관의 유량(Q)

$2{,}000l/\text{min} = Q_{①} + Q_{②} + Q_{③}$

⇔ $2{,}000l/\text{min} = 4.355C + 10.319C + 14.913C$

⇔ $2{,}000l/\text{min} = 29.587C$

⇔ $C = 67.597$

→ ①관의 유량 $Q_{①} = 4.355 \times 67.597 = 294.384l/\text{min} \fallingdotseq \mathbf{294}l/\text{min}$

②관의 유량 $Q_{②} = 10.319 \times 67.597 = 697.533l/\text{min} \fallingdotseq \mathbf{698}l/\text{min}$

③관의 유량 $Q_{③} = 14.913 \times 67.597 = 1{,}008.074l/\text{min} \fallingdotseq \mathbf{1{,}008}l/\text{min}$

Tip 문제의 단서 조건에 따라 계산결과는 소수점 이하에서 반올림하여 정수로 나타낸다.

11 그림과 같은 Loop 배관에 직렬로 된 호스노즐로부터 매분 210l의 물이 방사되고 있다. 소화노즐의 방향으로 흐르는 방사량 Q_1 및 Q_2 [l/min]을 구하시오. 배점 : 10 [03년] [08년] [12년]

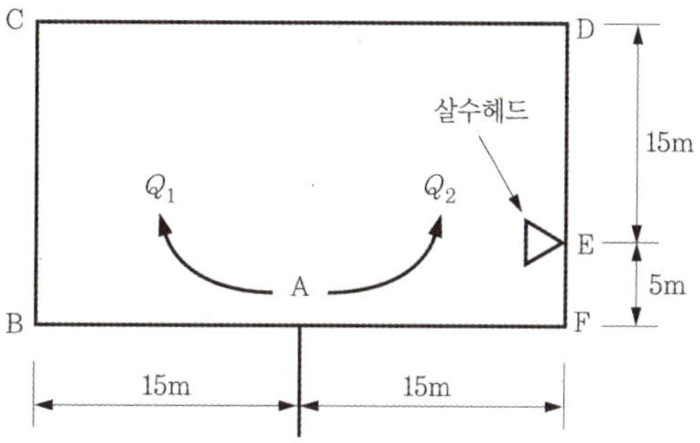

[조건]

① 하젠-윌리엄의 공식은 다음과 같다.

$$\Delta P = \frac{6 \times 10^4 \times Q^2}{120^2 \times d^5}$$

여기서, ΔP : 마찰손실압력[MPa/m], d : 배관의 내경[mm], Q : 유량[l/min]

② 배관의 안지름은 40mm이다.

③ 관부속품의 마찰손실은 무시한다.

• 실전모범답안

(1) $\Delta P_{ABCDE} = \Delta P_{AFE}$

$$\frac{6 \times 10^4 \times Q_1^2}{120^2 \times 40^5} \times (15+20+30+15) = \frac{6 \times 10^4 \times Q_2^2}{120^2 \times 40^5} \times (15+5) \qquad \therefore 2Q_1 = Q_2$$

(2) $Q_1 + Q_2 = 210$ ⬌ $Q_1 + 2Q_1 = 210$

⬌ $Q_1 = 70l/\text{min}$, $Q_2 = 210 - 70 = 140l/\text{min}$

• 답 : $Q_1 = 70l/\text{min}$, $Q_2 = 140l/\text{min}$

상세해설

$\Delta P = \frac{6 \times 10^4 \times Q^2}{120^2 \times d^5}$	하젠-윌리엄의 식(조건에서 주어진 식 적용)
ΔP : 마찰손실압력[MPa]	➜ $\Delta P_{ABCDE} = \Delta P_{AFE}$ [풀이(1)]
C : 관의 거칠음계수=조도	➜ 120
d : 배관의 내경[mm]	➜ 40mm (조건②)
Q : 유량[l/min]	➜ $Q_1 + Q_2 = 210l/\text{min}$ [풀이(2)]
L : 배관의 길이[m]	➜ $L_{ABCDE} = 15\text{m} + 20\text{m} + 30\text{m} + 15\text{m} = 80\text{m}$ (관부속품 무시) $L_{AFE} = 15\text{m} + 5\text{m} = 20\text{m}$ (관부속품 무시)

(1) **배관의 마찰손실수두(ΔP)**

$$\Delta P_{ABCDE} = \Delta P_{AFE} \Leftrightarrow \frac{6\times10^4\times Q_1^2}{120^2\times(40\text{mm})^5}\times 80\text{m} = \frac{6\times10^4\times Q_2^2}{120^2\times(40\text{mm})^5}\times 20\text{m}$$

$$\Leftrightarrow 80Q_1^2 = 20Q_2^2$$

$$\Leftrightarrow 4Q_1^2 = Q_2^2$$

$$\Leftrightarrow 2Q_1 = Q_2$$

(2) **유량(Q)**

$210l/\text{min} = Q_1 + Q_2$ 이므로 [풀이(1)]에서 구한 식을 대입하여 Q_1을 계산하면,

$210l/\text{min} = Q_1 + 2Q_1 \Leftrightarrow 210l/\text{min} = 3Q_1$

$\Leftrightarrow Q_1 = 70l/\text{min},\ Q_2 = 210l/\text{min} - 70l/\text{min} = 140l/\text{min}$

12 직사각형 주철 관로망 Ⓐ지점에서 $0.6\text{m}^3/\text{s}$ 유량으로 물이 들어와서 Ⓑ와 Ⓒ 지점에서 각각 $0.2\text{m}^3/\text{s}$와 $0.4\text{m}^3/\text{s}$의 유량으로 물이 나갈 때 관내에서 흐르는 물의 유량 Q_1, Q_2, $Q_3[\text{m}^3/\text{s}]$을 구하시오. (단, 달시-웨버의 방정식을 이용하며 d_2와 d_3 배관의 마찰손실수두는 동일하다.)

배점 : 8 [10년] [22년]

[조건]

① d_1, d_2관의 관마찰계수는 $f_1 = f_2 = 0.025$, d_3, d_4관의 관마찰계수는 $f_3 = f_4 = 0.028$이다.

② 관의 내경은 $d_1 = d_2 = 0.4\text{m}$, $d_3 = d_4 = 0.322\text{m}$이다.

③ 관마찰손실 이외의 손실은 무시한다.

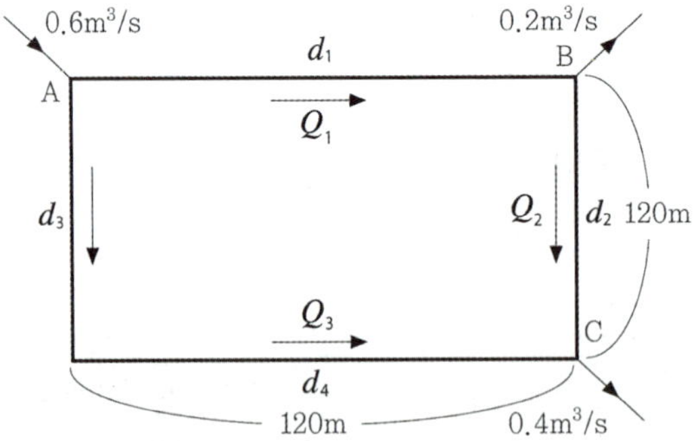

• **실전모범답안**

(1) $H_2 = H_3$

$$0.025\times\frac{120}{0.4}\times\frac{V_2^2}{2\times9.8} = 0.028\times\frac{120}{0.322}\times\frac{V_3^2}{2\times9.8} \quad \therefore V_2 = 1.18V_3$$

(2) $Q_2 + Q_3 = 0.4$, $Q_1 - Q_2 = 0.2$

$$\frac{\pi}{4}\times0.4^2\times1.18V_3 + \frac{\pi}{4}\times0.322^2\times V_3 = 0.4 \quad \therefore V_3 = 1.75\text{m/s}$$

$Q_3 = A_3 V_3 = \frac{\pi}{4} \times 0.322^2 \times 1.75 = 0.142 \fallingdotseq 0.14\text{m}^3/\text{s}$

$Q_2 = 0.4 - Q_3 = 0.4 - 0.14 = 0.26\text{m}^3/\text{s}$

$Q_1 = 0.2 + Q_2 = 0.2 + 0.26 = 0.46\text{m}^3/\text{s}$

• **답 :** $Q_1 = 0.46\text{m}^3/\text{s}$, $Q_2 = 0.26\text{m}^3/\text{s}$, $Q_3 = 0.14\text{m}^3/\text{s}$

상세해설

(1) **배관의 마찰손실수두(H)**

$H = f \times \frac{L}{D} \times \frac{V^2}{2g}$	달시-웨버의 식
H : 마찰손실수두[m]	➜ $H_2 = H_3$ [풀이(1)]
f : 마찰손실계수$\left(f = \frac{64}{Re}\right)$	➜ $f_2 = 0.025$, $f_3 = 0.028$
L : 배관의 길이[m]	➜ $L_2 = 120\text{m}$, $L_3 = 120\text{m}$
D : 배관의 직경[m]	➜ $D_2 = 0.4\text{m}$, $D_3 = 0.322\text{m}$
V : 유속[m/s]	➜ 유속의 비(V_2, V_3)를 계산!
g : 중력가속도[9.8m/s²]	➜ 9.8m/s^2

$H_2 = H_3 \Leftrightarrow 0.025 \times \frac{120\text{m}}{0.4\text{m}} \times \frac{{V_2}^2}{2 \times 9.8\text{m/s}^2} = 0.028 \times \frac{120\text{m}}{0.322\text{m}} \times \frac{{V_3}^2}{2 \times 9.8\text{m/s}^2}$

$\Leftrightarrow 0.382\,{V_2}^2 = 0.532\,{V_3}^2 \Leftrightarrow \mathbf{V_2 = 1.18\,V_3}$

(2) **유량(Q)**

① $Q_2 + Q_3 = 0.4\text{m}^3/\text{s}$

$\Leftrightarrow \frac{\pi}{4} \times 0.4^2\text{m}^2 \times V_2 + \frac{\pi}{4} \times 0.322^2\text{m}^2 \times V_3 = 0.4\text{m}^3/\text{s}$

$\Leftrightarrow \frac{\pi}{4} \times 0.4^2\text{m}^2 \times 1.18\,V_3 + \frac{\pi}{4} \times 0.322^2\text{m}^2 \times V_3 = 0.4\text{m}^3/\text{s}$ ($\mathbf{V_2 = 1.18\,V_3}$)

$\Leftrightarrow 0.229\,V_3 = 0.4$

$\Leftrightarrow V_3 = 1.746\text{m/s} \fallingdotseq \mathbf{1.75m/s}$, $V_2 = 1.18\,V_3 = 1.18 \times 1.75\text{m/s} = 2.065\text{m/s} \fallingdotseq \mathbf{2.07m/s}$

㉠ 유량 $\mathbf{Q_2} = A_2 V_2 = \frac{\pi}{4} \times 0.4^2\text{m}^2 \times 2.07\text{m/s} = 0.260\text{m}^3/\text{s} \fallingdotseq \mathbf{0.26m^3/s}$

㉡ 유량 $\mathbf{Q_3} = 0.4\text{m}^3/\text{s} - Q_2 = 0.4\text{m}^3/\text{s} - 0.26\text{m}^3/\text{s} = \mathbf{0.14m^3/s}$

② $Q_1 - Q_2 = 0.2\text{m}^3/\text{s}$

㉠ 유량 $\mathbf{Q_1} = 0.2\text{m}^3/\text{s} + Q_2 = 0.2\text{m}^3/\text{s} + 0.26\text{m}^3/\text{s} = \mathbf{0.46m^3/s}$

13 그림은 어느 배관의 평면도에서 화살표 방향으로 물이 흐르고 있다. 단, 주어진 조건을 참조하여 Q_1, Q_2 [l/min]의 유량을 각각 구하시오.

배점 : 10 [04년] [06년] [20년] [21년]

[조건]
① 호칭 25mm 배관의 안지름은 27mm이다.
② 호칭 25mm 엘보의 등가길이는 0.9m이며, A 및 D점에 있는 티의 마찰손실은 무시한다.
③ 배관은 아연도금강관으로 조도(C)는 120이다.
④ 루프 배관 BCDFEAB의 호칭구경은 25mm이다.

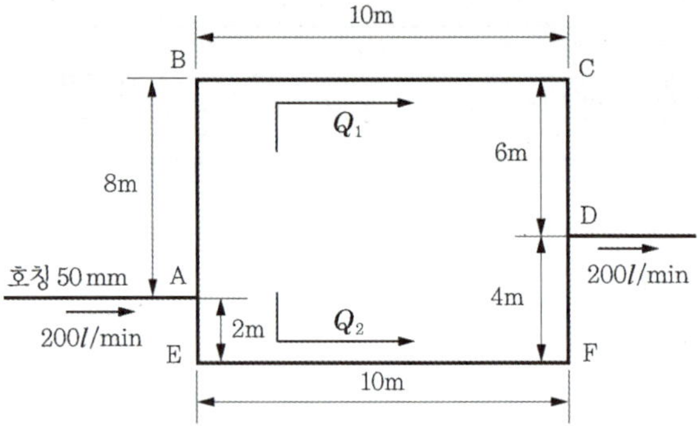

• **실전모범답안**

(1) $\Delta P_{ABCD} = \Delta P_{AEFD}$

$$6.053 \times 10^4 \times \frac{Q_1^{1.85}}{120^{1.85} \times 27^{4.87}} \times (8+10+6+0.9\times 2)$$

$$= 6.053 \times 10^4 \times \frac{Q_2^{1.85}}{120^{1.85} \times 27^{4.87}} \times (2+10+4+0.9\times 2) \rightarrow Q_1 = 0.818 Q_2$$

(2) $Q_1 + Q_2 = 200$

$0.818 Q_2 + Q_2 = 200$ $\quad \therefore Q_2 = 110.01 l/\text{min},\ Q_1 = 200 - 110.01 = 89.99 l/\text{min}$

• **답 :** $Q_1 = 89.99 l/\text{min}$, $Q_2 = 110.01 l/\text{min}$

상세해설

$\Delta P = 6.053 \times 10^4 \times \dfrac{Q^{1.85}}{C^{1.85} \times d^{4.87}} \times L$	하젠-윌리엄의 식
ΔP : 마찰손실압력[MPa]	→ $\Delta P_{ABCD} = \Delta P_{AEFD}$ [풀이(1)]
C : 관의 거칠음계수=조도	→ 120
d : 배관의 내경[mm]	→ 27mm (조건①)
Q : 유량[l/min]	→ $Q_1 + Q_2 = 200 l/\text{min}$ [풀이(2)]
L : 배관의 길이[m]	→ $L_{ABCD} = (8m + 10m + 6m) + (0.9m \times 2) = 25.8m$ (엘보 2개) $L_{AEFD} = (2m + 10m + 4m) + (0.9m \times 2) = 17.8m$ (엘보 2개)

(1) 마찰손실압력($\triangle P$)

$$\triangle P_{ABCD} = \triangle P_{AEFD}$$

⬌ $6.053\times10^4\times\dfrac{Q_1^{1.85}}{120^{1.85}\times(27mm)^{4.87}}\times25.8m = 6.053\times10^4\times\dfrac{Q_2^{1.85}}{120^{1.85}\times(27mm)^{4.87}}\times17.8m$

⬌ $25.8\,Q_1^{1.85} = 17.8\,Q_2^{1.85}$

⬌ $Q_1^{1.85} = \dfrac{17.8}{25.8}Q_2^{1.85}$

⬌ $Q_1 = \left(\dfrac{17.8}{25.8}\right)^{\frac{1}{1.85}}Q_2$

⬌ $\boldsymbol{Q_1 = 0.818\,Q_2}$

(2) 유량(Q_1, Q_2)

$$Q_1+Q_2 = 200l/\min$$

⬌ $0.818\,Q_2+Q_2 = 200l/\min$

⬌ $(0.818+1)\,Q_2 = 200l/\min$

⬌ $1.818\,Q_2 = 200l/\min$

⬌ $\boldsymbol{Q_2 = 110.011l/\min \fallingdotseq 110.01l/\min}$,

$\boldsymbol{Q_1 = 200l/\min - 110.01l/\min = 89.99l/\min}$

참고 플랜지볼트에 작용하는 힘 정리

다음과 같이 $\dfrac{\pi}{4}$를 약분하고 상수를 정리할 경우 실수할 확률은 줄어든다.

$$F = \frac{\gamma Q^2 A_1}{2g}\left(\frac{A_1-A_2}{A_1A_2}\right)^2 = \frac{9{,}800N/m^3\times Q^2\times\frac{\pi}{4}\times D_1^2}{2\times9.8m/s^2}\times\left(\frac{\frac{\pi}{4}\times D_1^2-\frac{\pi}{4}\times D_2^2}{\frac{\pi}{4}\times D_1^2\times\frac{\pi}{4}\times D_2^2}\right)^2$$

$$= \frac{2{,}000}{\pi}\times Q^2\times D_1^2\times\left(\frac{D_1^2-D_2^2}{D_1^2\times D_2^2}\right)^2$$

Mind - Control

남이 한 번 하면
나는 백 번 한다.
남이 열 번 하면
나는 천 번 한다.

- 공자 -

5 노즐의 반발력 및 플랜지볼트에 작용하는 힘

(1) 운동량에 관한 공식

유속의 차이에 의한 힘[N]	노즐, 플랜지볼트 등에 작용하는 힘[N] ①	노즐, 플랜지볼트 등에 작용하는 힘 ②
$F=\rho Q(V_2-V_1)$	$F=\dfrac{2{,}000}{\pi}\times Q^2\times D_1^2\times\left(\dfrac{D_1^2-D_2^2}{D_1^2\times D_2^2}\right)^2$	$F=P_1A_1-\rho Q(V_2-V_1)$

여기서, ρ : 밀도[물 : 1,000kg/m³]
γ : 비중량[물 : 9,800N/m³]
g : 중력가속도[9.8m/s²]
Q : 유량[m³/s]
P_1 : 1지점의 압력[Pa=N/m²]
A_1, A_2 : 배관의 단면적$\left(\dfrac{\pi}{4}D^2[\text{m}^2]\right)$
V_2-V_1 : 유속의 차[m/s] (ΔV)

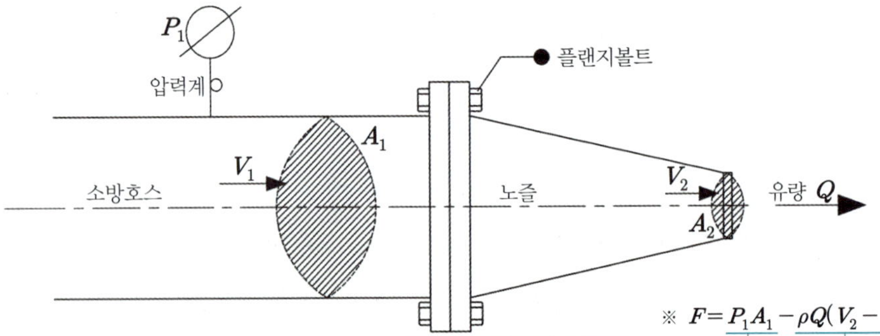

➜ 플랜지볼트에 작용하는 힘
$F=\dfrac{2{,}000}{\pi}\times Q^2\times D_1^2\times\left(\dfrac{D_1^2-D_2^2}{D_1^2\times D_2^2}\right)^2$

➜ 유속 차이에 의한 힘
(=운동량에 따른 반발력)
$F=\rho Q(V_2-V_1)$

※ $F=P_1A_1-\rho Q(V_2-V_1)$
- P_1A_1 : 평상 시 호스의 압력에 의한 힘
- $\rho Q(V_2-V_1)$: 물의 이동에 따른 유속 차이에 의한 힘

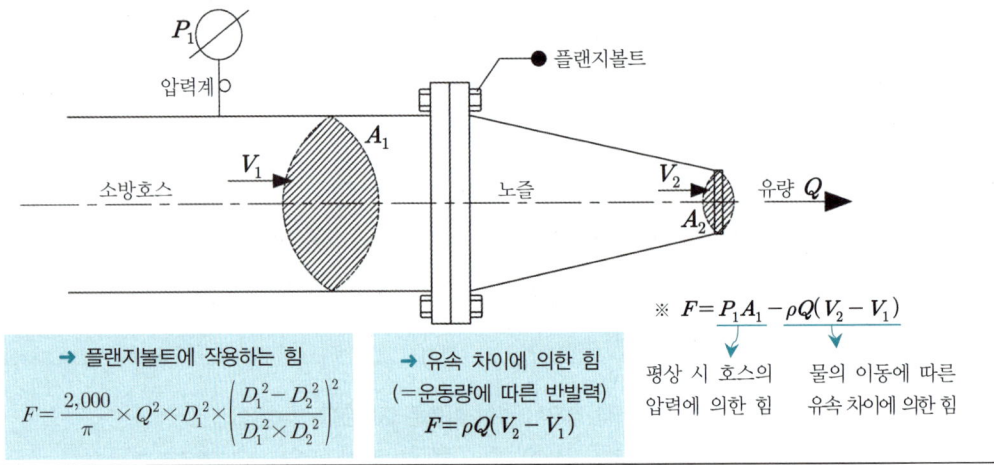

(2) 노즐에 걸리는 반발력(=플랜지볼트에 작용하는 힘) 적용하기

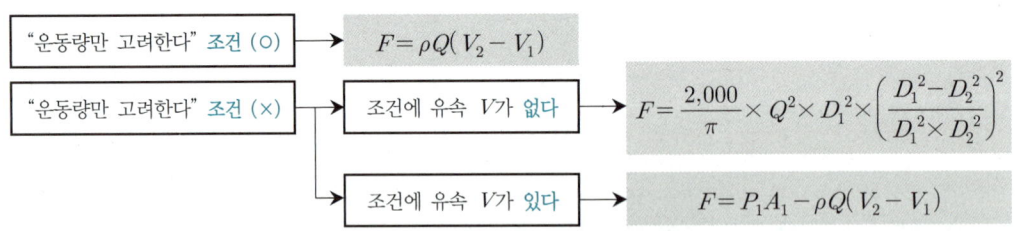

- "운동량만 고려한다" 조건 (○) → $F=\rho Q(V_2-V_1)$
- "운동량만 고려한다" 조건 (×)
  - → 조건에 유속 V가 없다 → $F=\dfrac{2{,}000}{\pi}\times Q^2\times D_1^2\times\left(\dfrac{D_1^2-D_2^2}{D_1^2\times D_2^2}\right)^2$
  - → 조건에 유속 V가 있다 → $F=P_1A_1-\rho Q(V_2-V_1)$

• "유량 Q"의 조건
(1) 직접 주어지는 경우
(2) "$Q=AV$"로 계산하는 경우
(3) 노즐의 유량 "$q=2.086d^2\sqrt{P}$"로 계산하는 경우

• "반발력(=반동력) R"?
$R=1.57PD^2$
여기서, R : 반발력=반동력[N]
P : 방수압력[MPa], D : 노즐구경[mm]

실무적용

「옥내소화전설비의 화재안전기술기준」 2.2.1.3에 따라 옥내소화전의 노즐선단에서의 반발력은 0.7MPa을 초과하지 아니하여야 한다.

빈번한 기출문제

01 옥외소화전 1개를 개방하여 피토게이지로 방수압을 측정한 결과 0.6MPa이었다. 호스구경 65mm, 노즐구경 20mm일 경우 노즐의 반발력 [N]을 구하시오.
배점 : 6 [08년] [09년] [14년] [22년]

• 실전모범답안

$Q=2.086d^2\sqrt{P}=2.086\times 20^2\times\sqrt{0.6}=646.323l/\text{min}=\dfrac{0.646}{60}\text{m}^3/\text{s}=0.01\text{m}^3/\text{s}$

→ $F=\dfrac{2,000}{\pi}\times Q^2\times D_1^2\times\left(\dfrac{D_1^2-D_2^2}{D_1^2\times D_2^2}\right)^2=\dfrac{2,000}{\pi}\times 0.01^2\times 0.065^2\times\left(\dfrac{0.065^2-0.02^2}{0.065^2\times 0.02^2}\right)^2=1,377.832\text{N}$

• 답 : 1,377.83N

상세해설

운동량 고려 조건 (X) → 조건에 유속 V 없음 → $F=\dfrac{2,000}{\pi}\times Q^2\times D_1^2\times\left(\dfrac{D_1^2-D_2^2}{D_1^2\times D_2^2}\right)^2$

$F=\dfrac{2,000}{\pi}\times Q^2\times D_1^2\times\left(\dfrac{D_1^2-D_2^2}{D_1^2\times D_2^2}\right)^2$	노즐의 반발력(운동량 고려 X)
F : 노즐, 플랜지볼트 등에 작용하는 힘(반발력)[N]	→ $F=\dfrac{2,000}{\pi}\times Q^2\times D_1^2\times\left(\dfrac{D_1^2-D_2^2}{D_1^2\times D_2^2}\right)^2$ [풀이(2)]
q : 유량[m³/s]	→ $q=2.086d^2\sqrt{P}$ [풀이 (1)]
D_1, D_2 : 배관 구경[m²]	→ $D_1=0.065\text{m}$, $D_2=0.02\text{m}$

(1) 방수량(q)

$q=2.086d^2\sqrt{P}$	노즐의 방수량
q : 유량[l/min]	→ $q=2.086d^2\sqrt{P}$
d : 노즐의 구경[mm]	→ 20mm
P : 방수압력[MPa]	→ 0.6MPa

→ **방수량** : $q=2.086d^2\sqrt{P}=2.086\times(20\text{mm})^2\times\sqrt{0.6\text{MPa}}=646.323l/\text{min}=\dfrac{0.646}{60}\text{m}^3/\text{s}$

$=0.01\text{m}^3/\text{s}$

(2) 노즐의 반발력(F)

→ $F=\frac{2,000}{\pi}\times Q^2\times D_1^2\times\left(\frac{D_1^2-D_2^2}{D_1^2\times D_2^2}\right)^2$

$=\frac{2,000}{\pi}\times 0.01^2\text{m}^3/\text{s}\times 0.065^2\text{m}^2\times\left(\frac{0.065^2\text{m}^2-0.02^2\text{m}^2}{0.065^2\text{m}^2\times 0.02^2\text{m}^2}\right)^2=1,377.832\text{N}$

$=1,377.832\text{N}\fallingdotseq\mathbf{1,377.83N}$

🔥🔥🔥

02 내경이 65mm인 소방호스에 36mm인 노즐이 부착되어 있다. 0.02m³/s의 방수량으로 대기 중에 방사할 경우 노즐에 걸리는 반발력 [N]을 계산하시오. 배점 : 6 [09년]

• 실전모범답안

→ $F=\frac{2,000}{\pi}\times Q^2\times D_1^2\times\left(\frac{D_1^2-D_2^2}{D_1^2\times D_2^2}\right)^2=\frac{2,000}{\pi}\times 0.02^2\times 0.065^2\times\left(\frac{0.065^2-0.036^2}{0.065^2\times 0.036^2}\right)^2=307.852\text{N}$

• 답 : 307.85N

상세해설

운동량 고려 조건 (X) → 조건에 유속 V 없음 → $F=\frac{2,000}{\pi}\times Q^2\times D_1^2\times\left(\frac{D_1^2-D_2^2}{D_1^2\times D_2^2}\right)^2$

$F=\frac{2,000}{\pi}\times Q^2\times D_1^2\times\left(\frac{D_1^2-D_2^2}{D_1^2\times D_2^2}\right)^2$	노즐의 반발력(운동량 고려 X)
F : 노즐, 플랜지볼트 등에 작용하는 힘(반발력)[N]	→ $F=\frac{2,000}{\pi}\times Q^2\times D_1^2\times\left(\frac{D_1^2-D_2^2}{D_1^2\times D_2^2}\right)^2$
Q : 유량[m³/s]	→ $0.02\text{m}^3/\text{s}$
D_1, D_2 : 배관 구경[m²]	→ $D_1=0.065\text{m}$, $D_2=0.036\text{m}$

→ $F=\frac{2,000}{\pi}\times Q^2\times D_1^2\times\left(\frac{D_1^2-D_2^2}{D_1^2\times D_2^2}\right)^2$

$=\frac{2,000}{\pi}\times 0.02^2\text{m}^3/\text{s}\times 0.065^2\text{m}^2\times\left(\frac{0.065^2\text{m}^2-0.036^2\text{m}^2}{0.065^2\text{m}^2\times 0.036^2\text{m}^2}\right)^2=307.852\text{N}$

$=307.85\text{N}\fallingdotseq\mathbf{307.85N}$

03 **지름 40mm인 소방호스 끝에 부착된 선단구경이 13mm인 노즐로부터 0.2m³/min로 방사될 때 다음 각 물음에 답하시오.** 배점 : 7 [13년]

(1) 소방호스에서의 평균유속 [m/s]을 구하시오.
(2) 노즐선단에서의 평균유속 [m/s]을 구하시오.
(3) 방사 시 노즐의 운동량에 따른 반발력 [N]을 구하시오.

• **실전모범답안**

(1) $V=\dfrac{Q}{A}=\dfrac{\frac{0.2}{60}}{\frac{\pi}{4}\times 0.04^2}=2.652\text{m/s}$

• **답 :** 2.65m/s

(2) $V=\dfrac{Q}{A}=\dfrac{\frac{0.2}{60}}{\frac{\pi}{4}\times 0.013^2}=25.113\text{m/s}$

• **답 :** 25.11m/s

(3) $F=\rho Q(V_2-V_1)=1{,}000\times\dfrac{0.2}{60}\times(25.11-2.65)=74.866\text{N}$

• **답 :** 74.87N

상세해설

운동량 고려 조건 (O) → 조건에 유속 V 있음 → $F=\rho Q(V_2-V_1)$

(1) 소방호스에서의 평균유속[m/s]

$Q=A_1V_1=A_2V_2$	연속의 방정식(체적유량)
Q : 체적유량[m³/s]	→ $0.2\text{m}^3/\text{min}=\dfrac{0.2}{60}\text{m}^3/\text{s}$
A_1, A_2 : 배관의 단면적$\left(\dfrac{\pi}{4}D^2[\text{m}^2]\right)$	→ $A_1=\dfrac{\pi}{4}\times 0.04^2\text{m}^2,\ A_2=\dfrac{\pi}{4}\times 0.013^2\text{m}^2$
V_1, V_2 : 유속[m/s]	→ $V=Q/A$

→ **소방호스의 평균유속 :** $V_1=\dfrac{Q}{A_1}=\dfrac{\frac{0.2}{60}\text{m}^3/\text{s}}{\frac{\pi}{4}\times 0.04^2\text{m}^2}=2.652\text{m/s}\fallingdotseq\mathbf{2.65m/s}$

(2) 노즐선단에서의 유속[m/s]

➜ 노즐선단의 평균유속 : $V_2 = \dfrac{Q}{A_2} = \dfrac{\frac{0.2}{60}\text{m}^3/\text{s}}{\frac{\pi}{4}\times 0.013^2\text{m}^2} = 25.113\text{m/s} \fallingdotseq \mathbf{25.11m/s}$

(3) 방사 시 노즐의 운동량에 따른 반발력[N]

$F=\rho Q(V_2-V_1)$	노즐의 운동량에 따른 반발력(운동량 고려 O)
F : 노즐, 플랜지볼트 등에 작용하는 힘(반발력)[N]	➜ $F=\rho Q(V_2-V_1)$
ρ : 밀도[물 : 1,000kg/m³]	➜ $1{,}000\text{kg/m}^3$
Q : 유량[m³/s]	➜ $\frac{0.2}{60}\text{m}^3/\text{s}$
V_2-V_1 : 유속의 차[m/s] (ΔV)	➜ $V_1=2.65\text{m/s}$, $V_2=25.11\text{m/s}$ [문제(1), (2)]

➜ 반발력 : $F=\rho Q(V_2-V_1) = 1{,}000\text{kg/m}^3 \times \frac{0.2}{60}\text{m}^3/\text{s} \times (25.11\text{m/s}-2.65\text{m/s}) = 74.866\text{N} \fallingdotseq \mathbf{74.87N}$

04 내경이 100mm인 소방용 호스에 내경이 30mm인 노즐이 부착되어 있다. 1.5m³/min의 방수량으로 대기 중에 방사할 경우 다음 조건에 따라 각 물음에 답하시오. (단, 마찰손실은 무시한다.)

배점 : 10 [04년] [08년] [09년] [11년] [16년]

(1) 소방용 호스의 평균유속 [m/s]을 구하시오.
(2) 소방용 호스에 부착된 노즐의 평균유속 [m/s]을 구하시오.
(3) 소방용 호스에 부착된 플랜지볼트에 작용하는 힘 [N]을 구하시오.

• 실전모범답안

(1) $V=\dfrac{Q}{A}=\dfrac{\frac{1.5}{60}}{\frac{\pi}{4}\times 0.1^2}=3.183\text{m/s}$

• 답 : 3.18m/s

(2) $V=\dfrac{Q}{A}=\dfrac{\frac{1.5}{60}}{\frac{\pi}{4}\times 0.03^2}=35.367\text{m/s}$

• 답 : 35.37m/s

(3) $F=P_1A_1-\rho Q(V_2-V_1)=620{,}462.25\times\frac{\pi}{4}\times 0.1^2-1{,}000\times\frac{1.5}{60}\times(35.37-3.18)=4{,}068.349\text{N}$

➜ $\dfrac{P_1}{\gamma}+\dfrac{V_1^2}{2g}+\cancel{Z_1}=\cancel{\dfrac{P_2}{\gamma}}+\dfrac{V_2^2}{2g}+\cancel{Z_2}+\cancel{\Delta H}$

$\dfrac{P_1}{\gamma}+\dfrac{V_1^2}{2g}=\dfrac{V_2^2}{2g}$ ⬌ $P_1=\gamma\times\dfrac{V_2^2-V_1^2}{2g}=9{,}800\times\dfrac{35.37^2-3.18^2}{2\times 9.8}=620{,}462.25\text{N/m}^2$

• 답 : 4,068.35N

상세해설

운동량 고려 조건 (X) → 조건에 유속 V 있음 → $F = P_1A_1 - \rho Q(V_2 - V_1)$

(1) 소방호스에서의 평균유속[m/s]

$Q = A_1V_1 = A_2V_2$	연속의 방정식(체적유량)
Q : 체적유량[m³/s]	→ $1.5\text{m}^3/\text{min} = \frac{1.5}{60}\text{m}^3/\text{s}$
A_1, A_2 : 배관의 단면적$\left(\frac{\pi}{4}D^2[\text{m}^2]\right)$	→ $A_1 = \frac{\pi}{4}\times 0.1^2\text{m}^2,\ A_2 = \frac{\pi}{4}\times 0.03^2\text{m}^2$
V_1, V_2 : 유속[m/s]	→ $V = Q/A$

→ **소방호스의 평균유속** : $V_1 = \frac{Q}{A_1} = \frac{\frac{1.5}{60}\text{m}^3/\text{s}}{\frac{\pi}{4}\times 0.1^2\text{m}^2} = 3.183\text{m/s} ≒ \mathbf{3.18m/s}$

(2) 노즐선단에서의 유속[m/s]

→ **노즐선단의 평균유속** : $V_2 = \frac{Q}{A_2} = \frac{\frac{1.5}{60}\text{m}^3/\text{s}}{\frac{\pi}{4}\times 0.03^2\text{m}^2} = 35.367\text{m/s} ≒ \mathbf{35.37m/s}$

(3) 플랜지볼트에 작용하는 힘[N]

$F = P_1A_1 - \rho Q(V_2 - V_1)$	플랜지볼트에 작용하는 힘(운동량 고려X)
F : 노즐, 플랜지볼트 등에 작용하는 힘(반발력)[N]	→ $F = P_1A_1 - \rho Q(V_2 - V_1)$ [풀이②]
P_1 : 압력[Pa=N/m²]	→ $\frac{P_1}{\gamma} + \frac{V_1^2}{2g} + Z_1 = \frac{P_2}{\gamma} + \frac{V_2^2}{2g} + Z_2 + \Delta H$ [풀이①]
A_1 : 배관의 단면적$\left(\frac{\pi}{4}D^2[\text{m}^2]\right)$	→ $\frac{\pi}{4}\times 0.1^2\text{m}^2$
ρ : 밀도[물 : 1,000kg/m³]	→ $1{,}000\text{kg/m}^3$
Q : 유량[m³/s]	→ $\frac{1.5}{60}\text{m}^3/\text{s}$
$V_2 - V_1$: 유속의 차[m/s] (ΔV)	→ $V_1 = 3.18\text{m/s},\ V_2 = 35.37\text{m/s}$ [문제(1), (2)]

① **배관 내부의 압력(P_1)**

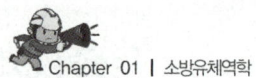

$\frac{P_1}{\gamma}+\frac{V_1^2}{2g}+Z_1=\frac{P_2}{\gamma}+\frac{V_2^2}{2g}+Z_2+\triangle H$	**베르누이방정식**
P_1, P_2 : 1지점 및 2지점에서의 압력[Pa]	→ P_1 =구하고자 하는 값, $P_2=0$
V_1, V_2 : 1지점 및 2지점에서의 유속[m/s]	→ $V_1=3.18\text{m/s}$, $V_2=35.37\text{m/s}$ **[문제(1), (2)]**
Z_1, Z_2 : 1지점 및 2지점에서의 위치수두[m]	→ $Z_1=Z_2$
γ : 비중량[물 : 9,800N/m^3]	→ $9{,}800\text{N/m}^3$
g : 중력가속도[9.8m/s^2]	→ 9.8m/s^2
$\triangle H$: 손실수두[m] **(실제유체 등에 적용)**	→ 각종 마찰손실은 무시

$$\frac{P_1}{\gamma}+\frac{V_1^2}{2g}=\frac{V_2^2}{2g} \Leftrightarrow P_1=\gamma\times\frac{V_2^2-V_1^2}{2g}$$

$$\Leftrightarrow P_1=9{,}800\text{N/m}^3\times\frac{(35.37\text{m/s})^2-(3.18\text{m/s})^2}{2\times9.8\text{m/s}^2}=\mathbf{620{,}462.25\text{N/m}^2(\text{Pa})}$$

② **플랜지볼트에 작용하는 힘(F)**

$$F=P_1A_1-\rho Q(V_2-V_1)$$

$$=620{,}462.25\text{N/m}^2\times\frac{\pi}{4}\times0.1^2\text{m}^2-1{,}000\text{kg/m}^3\times\frac{1.5}{60}\text{m}^3/\text{s}\times(35.37\text{m/s}-3.18\text{m/s})$$

$$=4{,}068.349\text{N}\fallingdotseq\mathbf{4{,}068.35\text{N}}$$

Mind-Control

다른 사람들로부터 인정을 받기 위해서는
부단한 연습 이외에 다른 방법이 없습니다.
타고난 재능이란 인간이 만들어낸 허구에 불과합니다.
나는 슬럼프에 빠지면 더 많은 연습을 통해 정상을 되찾곤 합니다.

- 타이거 우즈 -

6 이상기체상태방정식 등

(1) 보일-샤를의 법칙

① 보일의 법칙(온도 T 일정)	② 샤를의 법칙(압력 P 일정)	③ 보일-샤를의 법칙
$P_1V_1 = P_2V_2$	$\frac{V_1}{T_1} = \frac{V_2}{T_2}$	$\frac{P_1V_1}{T_1} = \frac{P_2V_2}{T_2}$
여기서, P_1, P_2 : 절대압력[Pa=N/m²] **(절대압=대기압+계기압=대기압-진공압)** V_1, V_2 : 부피[m³] T_1, T_2 : 절대온도[K] (K=273+℃)		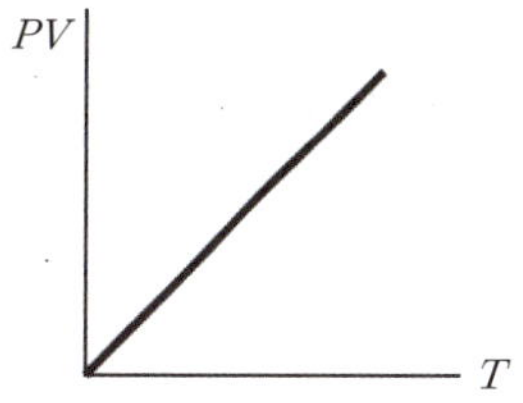

(2) 온도의 단위변환

① **섭씨온도 → 절대온도(켈빈온도)**

$K = 273 + ℃$

② **섭씨온도 → 화씨온도**

$°F = \frac{9}{5}℃ + 32$

③ **화씨온도 → 랭킨온도**

$R = °F + 460$

④ **켈빈온도 → 랭킨온도**

$R = \frac{9}{5}K$

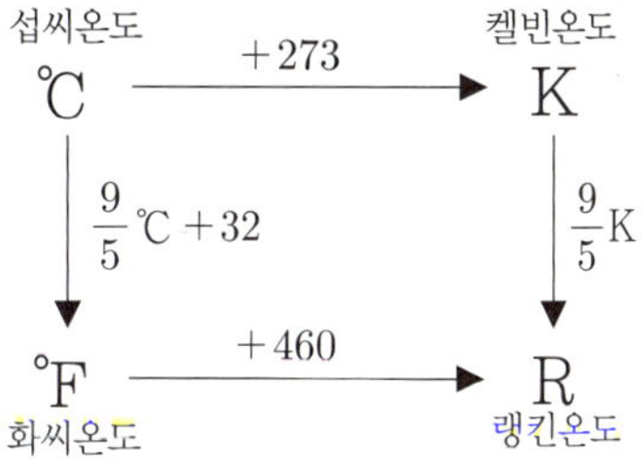

| 온도의 단위변환 |

(3) 이상기체상태방정식

$$PV = \frac{W}{M}RT = nRT$$

여기서, P : 절대압력[Pa=N/m²] **(절대압=대기압+계기압)**

n : 몰수[kmol]$\left(= \frac{W(\text{실제 질량})[kg]}{M(\text{분자량})[kg]}\right)$

V : 부피[m³]

R : 기체상수[8,313.85N·m/kmol·K]

W : 실제질량[kg]

T : 절대온도[K](K=273+℃)

M : 분자량[kg]

① **일반기체상수(R) (압력과 기체상수의 접두사를 맞추어야 한다!)**

$P=1\text{atm},\ V=22.4\text{m}^3$ $T=0℃=273\text{K}$ 의 **기체상수(R)**	$P=101{,}325\text{Pa}[=\text{N/m}^2],\ V=22.4\text{m}^3$ $T=0℃=273\text{K}$ 의 **기체상수(R)**
$R=\dfrac{PV}{nT}\left(=\dfrac{PVM}{WT}\right)$ $=\dfrac{1\text{atm}\times 22.4\text{m}^3}{1\text{kmol}\times 273\text{K}}$ $≒ 0.082\,\text{atm}\cdot\text{m}^3/\text{kmol}\cdot\text{K}$	$R=\dfrac{PV}{nT}\left(=\dfrac{PVM}{WT}\right)$ $=\dfrac{101{,}325\text{N/m}^2\times 22.4\text{m}^3}{1\text{kmol}\times 273\text{K}}$ $≒ 8{,}313.85\,\text{N}\cdot\text{m/kmol}\cdot\text{K}$

② **특정기체상수($\overline{R}$)** : 특정기체에 대한 기체상수로서 분자량을 포함한다.

$$\overline{R}=\frac{R}{M}[\text{N}\cdot\text{m/kg}\cdot\text{K}=\text{J/kg}\cdot\text{K}]$$

③ **밀도(ρ)**

㉠ **일반기체상수 적용** : $\rho=\dfrac{W}{V}=\dfrac{PM}{RT}$

㉡ **특정기체상수 적용** : $\rho=\dfrac{W}{V}=\dfrac{P}{\overline{R}T}$

④ **분자량(M)**

㉠ **원자량** : H(수소, 1), C(탄소, 12), N(질소, 14), O(산소, 16), F(플루오르, 19), Cl(염소, 35.5)

㉡ **예시**

- 이산화탄소(CO_2)$=12+(16\times2)=44$
- 물(H_2O)$=(1\times2)+16=18$

Mind-Control

행운은 100퍼센트 노력한 뒤에 남는 것이다.

- 작자 미상 -

빈번한 기출문제

01 온도 20℃, 압력 196.14kPa인 공기가 내경이 200mm인 관로를 1.5kg/s로 유동하고 있다. 유동을 균일분포 유동으로 간주하여 유속 [m/s]을 구하시오. (단, 공기의 기체상수 $\bar{R}$은 0.287kJ/kg·K로 한다.)

배점 : 4 [07년]

• **실전모범답안**

$$\rho=\frac{P}{\bar{R}T}=\frac{196.14}{0.287\times(273+20)}=2.332\text{kg/m}^3$$

$$\rightarrow V=\frac{\dot{m}}{\rho A}=\frac{1.5}{2.332\times\frac{\pi}{4}\times 0.2^2}=20.474\text{m/s}$$

• **답 :** 20.47m/s

상세해설

$\dot{m}=\rho A V$	연속의 방정식(질량유량)
$\dot{m}$: 질량유량[kg/s]	→ 1.5kg/s
ρ : 밀도[물 : 1,000kg/m^3]	→ $\rho=\frac{P}{\bar{R}T}$ [풀이(1)]
A : 배관의 단면적$\left(\frac{\pi}{4}D^2[\text{m}^2]\right)$	→ $\frac{\pi}{4}\times 0.2^2\text{m}^2$
V : 유속[m/s]	→ $V=\dot{m}/\rho A$ [풀이(2)]

(1) 공기의 밀도(ρ)

$\rho=\frac{P}{\bar{R}T}$	이상기체상태방정식(밀도, 특정기체상수 적용)
ρ : 밀도[kg/m^3]	→ $\rho=\frac{P}{\bar{R}T}$
P : 절대압력[Pa=N/m^2](절대압=대기압+계기압)	→ 196.14kPa
$\bar{R}$: 특정기체의 기체상수 [N·m/kg·K=J/kg·K]	→ 0.287kJ/kg·K = 0.287kN·m/kg·K
T : 절대온도[K](K=273+℃)	→ (273+20)K

→ 공기의 밀도 : $\rho=\frac{P}{\bar{R}T}=\frac{196.14\text{kPa}}{0.287\text{kJ/kg}\cdot\text{K}\times(20+273)\text{K}}=2.332\text{kg/m}^3$

(2) 공기의 유속(V)

→ 공기의 유속 : $V=\frac{\dot{m}}{\rho A}=\frac{1.5\text{kg/s}}{2.332\text{kg/m}^3\times\frac{\pi}{4}\times0.2^2\text{m}^2}=20.474\text{m/s}\fallingdotseq\mathbf{20.47m/s}$

참고 | 이상기체상태방정식 단위 확인하기

공기의 밀도 : $\rho=\frac{196.14\text{kPa}}{0.287\text{kJ/kg}\cdot\text{K}\times(20+273)\text{K}}=\frac{196.14\text{kN/m}^2}{0.287\text{kN}\cdot\text{m/kg}\cdot\text{K}\times(20+273)\text{K}}=2.332\text{kg/m}^3$

→ 단위만 확인하기 $=\frac{\frac{\cancel{\text{kN}}}{\text{m}^2}}{\frac{\cancel{\text{kN}}\cdot\text{m}}{\text{kg}\cdot\cancel{\text{K}}}\times\cancel{\text{K}}}=\frac{\frac{1}{\text{m}^2}}{\frac{\text{m}}{\text{kg}}}=\text{kg/m}^3$

02 표준대기압상태에서 압력이 일정할 때 15℃의 이산화탄소 100mol이 있다. 이 상태에서 온도가 30℃로 변화되었을 때의 이산화탄소의 부피 [m³]를 구하시오. 배점 : 4 [14년]

• 실전모범답안

$V_1=\frac{nRT_1}{P_1}=\frac{0.1\times0.082\times(273+15)}{1}=2.361\text{m}^3$

→ $V_2=V_1\times\frac{T_2}{T_1}=2.361\times\frac{(273+30)}{(273+15)}=2.483\text{m}^3$

• 답 : 2.48m^3

상세해설

$\frac{V_1}{T_1}=\frac{V_2}{T_2}$	샤를의 법칙
V_1, V_2 : 부피[m³]	→ $V_1=\frac{nRT_1}{P_1}$ [풀이(1)], $V_2=V_1\times\frac{T_2}{T_1}$ [풀이(2)]
T_1, T_2 : 절대온도[K]	→ $T_1=(273+15)\text{K}$, $T_2=(273+30)\text{K}$

(1) 15℃에서 이산화탄소의 부피(V_1)

$PV_1 = nRT_1$	이상기체상태방정식
P : 절대압력[Pa=N/m²](절대압=대기압+계기압)	→ 1atm
V_1 : 15℃에서의 이산화탄소 부피[m³]	→ $V_1 = \dfrac{nRT_1}{P_1}$
n : 몰수[kmol]	→ 100mol=0.1kmol
R : 일반기체상수[0.082atm·m³/kmol·K]	→ 0.082atm·m³/kmol·K
T : 절대온도[K](K=273+℃)	→ (273+15)K

→ 15℃의 이산화탄소의 부피 : $V_1 = \dfrac{nRT_1}{P_1} = \dfrac{0.1\text{kmol} \times 0.082\text{atm}\cdot\text{m}^3/\text{kmol}\cdot\text{K} \times (273+15)\text{K}}{1\text{atm}}$

$= \mathbf{2.361m^3}$

(2) 30℃에서 이산화탄소의 부피(V_2)

→ $V_2 = V_1 \times \dfrac{T_2}{T_1} = 2.361\text{m}^3 \times \dfrac{(273+30)\text{K}}{(273+15)\text{K}} = 2.483\text{m}^3$ ∴ $V_2 = \mathbf{2.48m^3}$

Mind - Control

목표를 달성하려면 전력으로 임하는 방법 밖에 없다.
거기에 지름길은 없다.

- 작자 미상 -

7 기타

(1) 물질의 상변화

① **물질의 상변화(고체 ↔ 액체 ↔ 기체)**

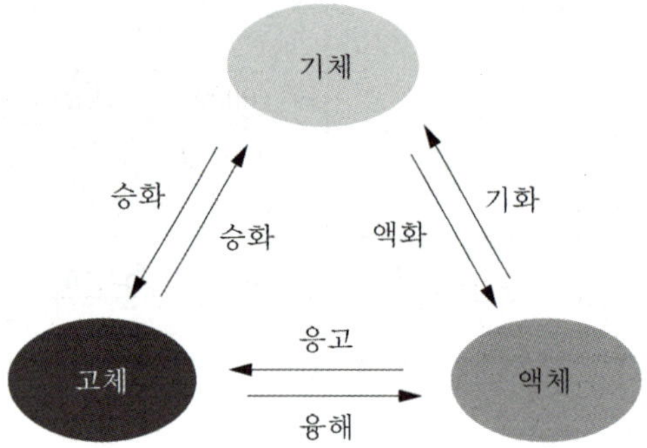

② **잠열** : 얼음이 녹거나 물이 증발하는 것과 같이 상변화하는데 사용되는 열

$Q = r \cdot m$

여기서, Q : 열량[kcal, kJ]
(1kcal=4.18kJ)
r : 융해열, 기화열
[물 : 융해열 79kcal/kg, 기화열 539kcal/kg]
m : 질량[kg]

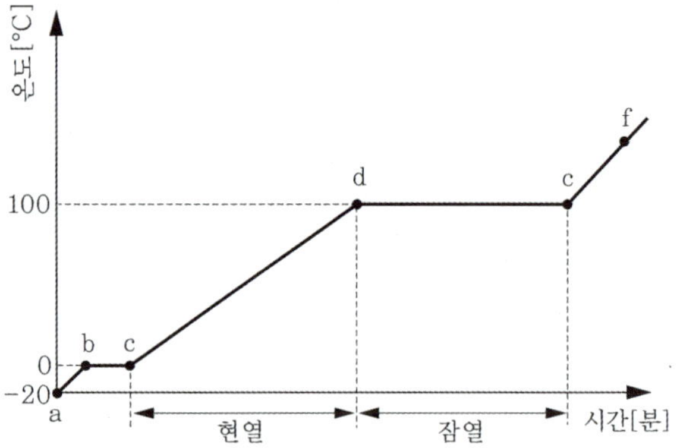

| -20℃ 얼음이 가열되는 동안의 온도변화 |

③ **현열** : 물질에 전달된 에너지가 물질의 온도를 높이는데 사용되는 열

$Q = cm\Delta T$ **암기법** 씨암탉!

여기서, Q : 열량[kcal, kJ] (1kcal=4.18kJ)
c : 비열[물 : 1kcal/kg·K=4.18kJ/kg·K]
m : 질량[kg]
ΔT : 온도의 변화(K=273+℃)[K]

참고 | 비열

비열(c)이란, 어떤 물질 1g을 온도 1℃ 높이는 데 필요한 열량[cal, J]을 말한다.

실무적용

수계소화설비에서 냉각에 의한 화재를 진압할 때 물(소화수)의 잠열 및 현열 등에 의해 소화된다.

(2) 스케줄 수

스케줄 수(Sch)(→ 배관의 두께로 생각)		종합 공식
스케줄 수	스케줄 수 $=\dfrac{\text{내부작업응력(최고사용압력)}}{\text{재료의 허용응력}}\times 1{,}000$	스케줄 수 $=\dfrac{\text{내부작업응력(최고사용압력)}\times\text{안전율}}{\text{인장강도}}\times 1{,}000$
안전율	안전율 $=\dfrac{\text{인장강도(극한강도)}}{\text{재료의 허용응력}}$	암기법 내부작업시 최고안전해야 1,000명의 사람(인)을 구할 수 있다.

실무적용

수계소화설비 배관의 사용압력이 1.2MPa 미만인 경우 KS D 3507 #(스케줄) 20, 1.2MPa 이상인 경우 KS D 3562 #(스케줄) 40인 배관을 사용한다.

(3) 혼합가스의 폭발상한계 또는 하한계(르 샤틀리에의 법칙)

$$\frac{100}{L}=\frac{V_1}{L_1}+\frac{V_2}{L_2}+\frac{V_3}{L_3}+\cdots$$

여기서, L : 혼합가스의 폭발상한계 또는 하한계[%]

$V_1, V_2, V_3, \cdots$: 폭발가스 성분의 체적비율[%]

$L_1, L_2, L_3, \cdots$: 각 가스의 폭발상한계 또는 하한계[%]

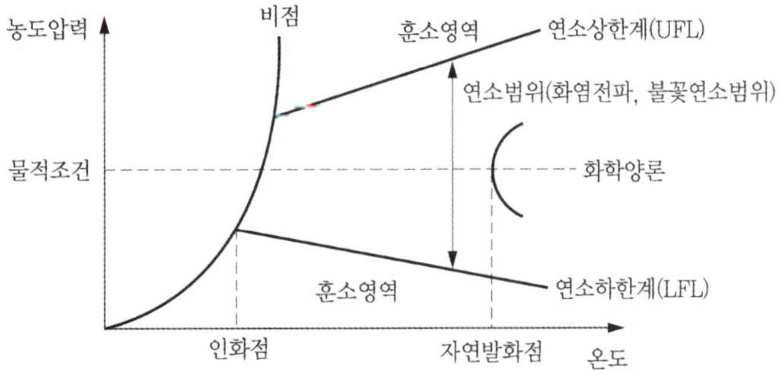

| 혼합가스의 연소범위 |

(4) 수관의 음속에 따른 상승압력

$$\Delta P=\frac{\gamma a V}{g}$$

여기서, ΔP : 상승압력[Pa]

γ : 비중량[물 : 9,800N/m^3]

a : 음속[m/s]

V : 유속[m/s]

g : 중력가속도[9.8m/s^2]

(5) 화재하중

① **정의** : 거실 내 단위면적당 가연물의 양을 말하며, 화재의 규모를 판단하는 척도이다.

② **화재하중 관계식**

$$Q = \frac{\Sigma(G_i \cdot H_i)}{HA} = \frac{\Sigma Q}{4,500A}$$

여기서, Q : 화재하중[kg/m²]
G_i : 가연물의 양[kg]
A : 화재실의 바닥면적[m²]
H : 목재의 단위중량당 발열량[4,500kcal/kg]
H_i : 가연물의 단위중량당 발열량[kcal/kg]
ΣQ : 화재실 내 가연물의 전체 발열량[kcal]

실무적용

화재하중은 가연물의 양에 따른 화재의 지속성을 의미하므로 소화수의 방사시간을 나타낼 수 있어 성능위주 소방설계 등에서 화재 시뮬레이션을 수행할 때 필요하다.

Mind – Control

천재란 노력을 계속할 수 있는 재능이다.

- 토머스 에디슨 -

빈번한 기출문제

01 20℃의 물 40g을 100℃에서 증발시킬 때 소모되는 열량 [kJ]을 구하시오. (단, 물의 비열은 4.186kJ/kg·K이고, 기화열은 2,256kJ/kg이다.) 배점 : 4 [14년]

• 실전모범답안

➜ $Q = cm\triangle T + r \cdot m = (4.186 \times 0.04 \times 80) + (2{,}256 \times 0.04) = 103.635$kJ

• 답 : 103.64kJ

상세해설

20℃ / 40g / 물 $\xrightarrow{Q_①}$ (온도상승) 100℃ / 40g / 물 $\xrightarrow{Q_②}$ (상태변화) 100℃ / 40g / 수증기

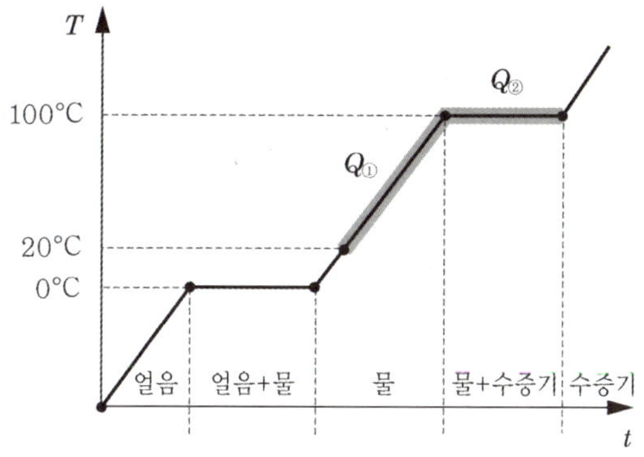

(1) 현열($Q_①$)

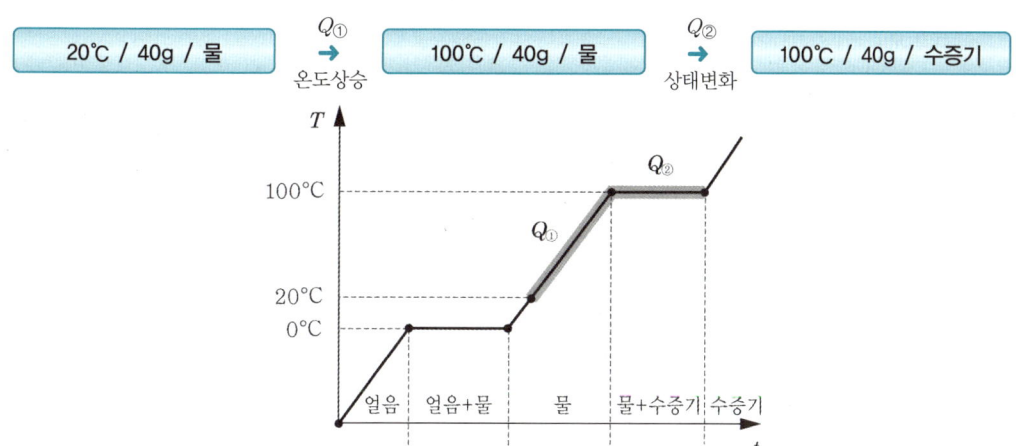

$Q = cm\triangle T$	열량(현열)
Q : 열량[kcal, kJ] (1kcal=4.18kJ)	➜ $Q = cm\triangle T$
c : 비열[물 : 1kcal/kg·K=4.18kJ/kg·K]	➜ 4.186kJ/kg·K
m : 질량[kg]	➜ 40g = 0.04kg
$\triangle T$: 온도의 변화(K=273+℃)[K]	➜ (273+100)K − (273+20)K = 80K

➜ 현열 $Q_① = cm\triangle T = 4.186\text{kJ/kg·K} \times 0.04\text{kg} \times 80\text{K} = \mathbf{13.395kJ}$

(2) 잠열($Q_②$)

$Q = r \cdot m$	열량(잠열)
Q : 열량[kcal, kJ] (1kcal=4.18kJ)	➜ $Q = r \cdot m$
r : 융해열, 기화열[kJ/kg][물 : 융해열 79kcal/kg, 기화열 539kcal/kg]	➜ 2,256kJ/kg
m : 질량[kg]	➜ 40g = 0.04kg

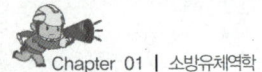

➜ 잠열 : $Q_② = r \cdot m = 2,256\text{kJ/kg} \times 0.04\text{kg} = \mathbf{90.24kJ}$

(3) 총 소모되는 열량(Q)

➜ $Q = Q_① + Q_② = 13.395\text{kJ} + 90.24\text{kJ} = 103.635\text{kJ} \fallingdotseq \mathbf{103.64kJ}$

02 어느 배관의 인장강도가 200MPa이고, 내부작업응력이 4MPa이다. 이 배관의 스케줄 수(Sch)를 구하시오. (단, 배관의 안전율은 4이다.) 배점 : 4 [08년-1회] [08년-2회]

• 실전모범답안

$$\text{스케줄 수} = \frac{\text{내부작업응력(최고사용압력)} \times \text{안전율}}{\text{인장강도}} \times 1,000$$

➜ $\text{스케줄 수} = \dfrac{4\text{MPa} \times 4}{200\text{MPa}} \times 1,000 = \mathbf{80}$

• 답 : 80

03 소화배관에 사용되는 강관의 인장강도는 200N/mm²이고, 최고사용압력은 4MPa이다. 이 배관의 스케줄 수(Sch)를 구하시오. (단, 안전율은 5이다.) 배점 : 4 [03년] [04년] [05년] [14년]

• 실전모범답안

$$\text{스케줄 수} = \frac{\text{내부작업응력(최고사용압력)} \times \text{안전율}}{\text{인장강도}} \times 1,000$$

$\text{인장강도} = 200\text{N/mm}^2 \times \dfrac{10^6\text{mm}^2}{1\text{m}^2} = 200 \times 10^6\text{N/m}^2 = 200 \times 10^6\text{Pa} = 200\text{MPa}$

➜ $\text{스케줄 수} = \dfrac{4\text{MPa} \times 5}{200\text{MPa}} \times 1,000 = \mathbf{100}$

• 답 : 100

04 가스계 소화배관의 최고사용압력이 6MPa이고 인장강도가 380MPa의 탄소강을 배관재료로 사용하였을 경우 이 압력배관용 탄소강관의 스케줄번호(Sch)를 선정하시오. (단, 안전율은 4이고, Sch No.는 10, 20, 30, 40, 60, 80에서 선정한다.) 배점 : 4 [07년]

• 실전모범답안

$$\text{스케줄 수} = \frac{\text{내부작업응력(최고사용압력)} \times \text{안전율}}{\text{인장강도}} \times 1,000$$

➜ $\text{스케줄 수} = \dfrac{6\text{MPa} \times 4}{380\text{MPa}} \times 1,000 = 63.157$ ➜ Sch 80 선정

• 답 : Sch 80 선정

05 다음은 각 가스의 연소상한계, 하한계 및 혼합가스의 조성농도를 나타낸 것이다. 다음 물음에 답하시오.

배점 : 8 [03년] [06년] [17년] [20년]

가스의 종류	연소범위		조성농도[%]
	LEL[%]	UFL[%]	
수소	4	75	10
메탄	5	15	5
에탄	3	12.4	10
프로판	2.1	9.5	5
공기			70

(1) 혼합가스의 연소상한계를 구하시오.
(2) 혼합가스의 연소하한계를 구하시오.
(3) 혼합가스의 연소가능여부를 설명하시오.

• **실전모범답안**

(1) $U=\dfrac{30}{\dfrac{V_1}{U_1}+\dfrac{V_2}{U_2}+\dfrac{V_3}{U_3}+\dfrac{V_4}{U_4}}=\dfrac{30}{\dfrac{10}{75}+\dfrac{5}{15}+\dfrac{10}{12.4}+\dfrac{5}{9.5}}=16.671\%$

• **답 :** 16.67%

(2) $L=\dfrac{30}{\dfrac{V_1}{L_1}+\dfrac{V_2}{L_2}+\dfrac{V_3}{L_3}+\dfrac{V_4}{L_4}}=\dfrac{30}{\dfrac{10}{4}+\dfrac{5}{5}+\dfrac{10}{3}+\dfrac{5}{2.1}}=3.255\%$

• **답 :** 3.26%

(3) 해당 가스의 농도=30%, 혼합가스의 연소범위=3.26~16.67%

• **답 :** 폭발하지 않는다.

상세해설

$\dfrac{100}{L}=\dfrac{V_1}{L_1}+\dfrac{V_2}{L_2}+\dfrac{V_3}{L_3}+\cdots$	르 샤틀리에의 법칙
L : 혼합가스의 폭발상한계 또는 하한계[%]	→ $\dfrac{100}{L}=\dfrac{V_1}{L_1}+\dfrac{V_2}{L_2}+\dfrac{V_3}{L_3}+\cdots$
$V_1, V_2, V_3, \cdots$: 폭발가스 성분의 체적비율[%]	→ $V_1=10\%$, $V_2=5\%$, $V_3=10\%$, $V_4=5\%$
$U_1, U_2, U_3, \cdots$: 각 가스의 폭발상한계[%]	→ $U_1=75\%$, $U_2=15\%$, $U_3=12.4\%$, $U_4=9.5\%$ **[문제(1)]**
$L_1, L_2, L_3, \cdots$: 각 가스의 폭발하한계[%]	→ $L_1=4\%$, $L_2=5\%$, $L_3=3\%$, $L_4=2.1\%$ **[문제(2)]**
100 : 혼합가스의 체적비율[%]	→ 30% (공기 70%를 제외한 체적비율)

(1) 혼합가스의 연소상한계(U)

→ $U=\dfrac{30}{\dfrac{V_1}{U_1}+\dfrac{V_2}{U_2}+\dfrac{V_3}{U_3}+\dfrac{V_4}{U_4}}=\dfrac{30}{\dfrac{10\%}{75\%}+\dfrac{5\%}{15\%}+\dfrac{10\%}{12.4\%}+\dfrac{5\%}{9.5\%}}=16.671\%\fallingdotseq\mathbf{16.67\%}$

(2) 혼합가스의 연소하한계(L)

→ $L=\dfrac{30}{\dfrac{V_1}{L_1}+\dfrac{V_2}{L_2}+\dfrac{V_3}{L_3}+\dfrac{V_4}{L_4}}=\dfrac{30}{\dfrac{10\%}{4\%}+\dfrac{5\%}{5\%}+\dfrac{10\%}{3\%}+\dfrac{5\%}{2.1\%}}=3.255\%\fallingdotseq\mathbf{3.26\%}$

(3) 혼합가스의 연소가능여부

해당 혼합가스의 농도는 **30%**로, 연소범위 **3.26~16.67%**의 밖에 있으므로 **폭발하지 않는다.**

06 길이 800m인 관로 속을 2.5m/s의 속도로 물이 흐르고 있을 때 출구의 밸브를 1.3초 사이에 폐쇄할 경우 상승하는 압력 [MPa]을 구하시오. (단, 수관의 음속 a=1,000m/s이다.) 배점 : 5 [16년]

- **실전모범답안**

→ $\Delta P=\dfrac{\gamma a V}{g}=\dfrac{9{,}800\times1{,}000\times2.5}{9.8}$=2,500,000Pa=2.5MPa

- **답 :** 2.5MPa

상세해설

$\Delta P=\dfrac{\gamma a V}{g}$	수관의 음속에 따른 상승압력
ΔP : 상승압력[Pa]	→ $\Delta P=\gamma a V/g$
γ : 비중량[물 : 9,800N/m³]	→ 9,800N/m³
a : 음속[m/s]	→ 1,000m/s
V : 유속[m/s]	→ 2.5m/s
g : 중력가속도[9.8m/s²]	→ 9.8m/s²

→ **상승압력** : $\Delta P=\dfrac{\gamma a V}{g}=\dfrac{9{,}800\text{N/m}^3\times1{,}000\text{m/s}\times2.5\text{m/s}}{9.8\text{m/s}^2}=2{,}500{,}000\text{Pa}=\mathbf{2.5MPa}$

07 화재하중의 정의를 설명하고, 그 관계식을 쓰시오. 배점 : 5 [12년]

- **실전모범답안**

(1) 화재하중의 정의

거실 내 단위면적당 가연물의 양을 말하며, 화재의 규모를 판단하는 척도이다.

(2) 화재하중 관계식

$$Q = \frac{\Sigma(G_i \cdot H_i)}{HA} = \frac{\Sigma Q}{4,500A}$$

여기서, Q : 화재하중[kg/m²]

G_i : 가연물의 양[kg]

H_i : 가연물의 단위중량당 발열량[kcal/kg]

H : 목재의 단위중량당 발열량[4,500kcal/kg]

A : 화재실의 바닥면적[m²]

ΣQ : 화재실 내 가연물의 전체발열량[kcal]

Mind-Control

"우연"은 기대하는 것이 아니라,
준비가 끝난 사람에게 오는 선물같은 거니까

- 미생 -

2 소방펌프

1 유효흡입양정

(1) 유효흡입수두(Available Net Positive Suction Head : NPSHav)

① **정의** : 펌프가 소화수를 흡입할 경우 대기압에서 낙차, 마찰손실, 포화증기압 등의 손실을 뺀 유효한 흡입양정(펌프 흡입측 절대압력 환산수두)

② **유효흡입수두(양정) 산정식**

$NPSH_{av} = H_a \pm H_h - H_f - H_v$	유효흡입수두
H_a : 대기압환산수두[m]	➜ • 특별한 언급이 없으면 표준대기압 10.332m(1atm) 적용
H_h : 낙차환산수두[m]	➜ • 펌프의 중심에서 수원까지의 낙차 • 흡입일 경우 " − ", 압입일 경우 " + " 적용
H_f : 마찰손실압환산수두[m]	➜ • 배관, 관부속품 등에서 발생하는 마찰손실 • 문제 조건에서 주어진 수치 적용
H_v : 포화증기압환산수두[m]	➜ • 문제 조건에서 주어진 온도에서의 증기압 적용

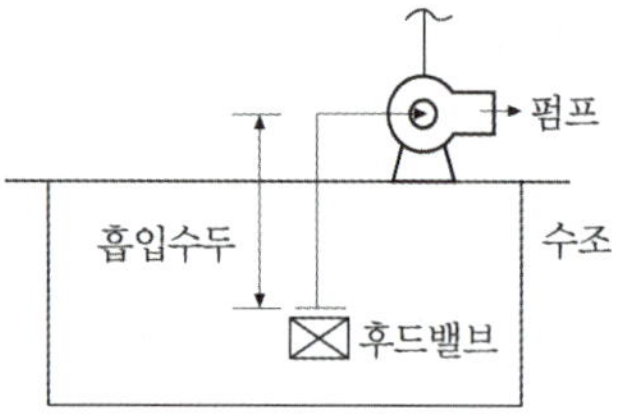

| 펌프의 흡입수두(−) |

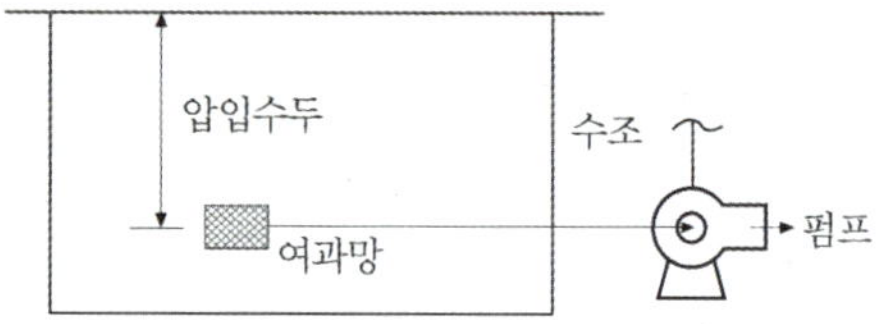

| 펌프의 압입수두(+) |

(2) 필요흡입수두(Required Net Positive Suction Head : NPSHre)

펌프의 제조 시 부여되는 진공을 만드는 능력을 말하며, 펌프의 제작업체에서 제공된다.

(3) 공동현상(캐비테이션, Cavitation)

① **정의** : 유체 내 압력이 포화증기압 이하로 떨어지면 기포가 발생하거나 액체가 비등하여 공동이 형성되고 붕괴되는 현상

② **공동현상 발생조건**

공동현상 발생(×)	$NPSH_{av} > NPSH_{re}$
공동현상 발생한계	$NPSH_{av} = NPSH_{re}$
공동현상 발생(○)	$NPSH_{av} < NPSH_{re}$

(4) 흡입수두 문제해결하기

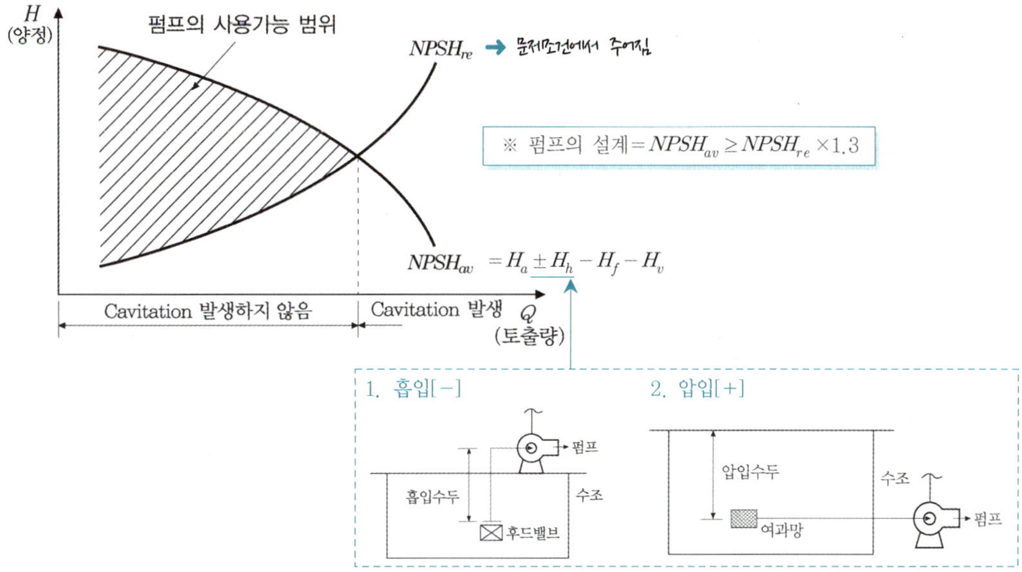

실무적용

유효흡입수두($NPSH_{av}$)가 커야 즉, 손실이 작아야 공동현상(Cavitation)이 발생하지 않으며, 펌프가 유효하게 소화수를 흡입할 수 있다. 따라서 펌프의 흡입측에서 발생하는 손실을 확인하기 위해 연성계 또는 진공계를 설치한다.

진공계는 부압(−압력)만을 측정하며, 연성계는 부압 및 정압(+압력)이 측정되며, 두 계측기의 사용목적은 펌프 흡입측에서 발생하는 손실(계산에 따를 경우 유효흡입수도)를 확인하여 펌프 사용 가능 여부를 확인하기 위함이다.

Mind-Control

할 수 있다고 생각하기 시작할 때
사람들은 실로 놀랄만한 면모를 드러낸다.
스스로 믿을 때, 비로소 성공의 첫 번째 비결을 갖게 되는 것이다.

- 노먼 빈센트 필 -

빈번한 기출문제

01 펌프의 흡입측 배관에 설치된 연성계가 320mmHg일 때 이론 유효흡입수두 [m]을 구하시오. (단, 대기압은 760mmHg이다.) 배점 : 3 [13년]

• **실전모범답안**

→ $NPSH_{av} = H_a - H_h - H_f - H_v = \left(\frac{760}{760} \times 10.332\right) - \left(\frac{320}{760} \times 10.332\right) - 0 - 0 = 5.982\text{m}$

• **답 :** 5.98m

상세해설

$NPSH_{av} = H_a \pm H_h - H_f - H_v$	유효흡입수두
$NPSH_{av}$: 유효흡입수두(양정)[m]	→ $NPSH_{av} = H_a \pm H_h - H_f - H_v$
H_a : 대기압환산수두[m]	→ $\frac{760\text{mmHg}}{760\text{mmHg}} \times 10.332\text{m}$
H_h : 낙차환산수두[m] **(흡입[−], 압입[+])**	→ $\frac{320\text{mmHg}}{760\text{mmHg}} \times 10.332\text{m}$ **(흡입)**
H_f : 마찰손실압환산수두[m]	→ 주어지지 않았으므로 무시
H_v : 포화증기압환산수두[m]	→ 주어지지 않았으므로 무시

→ **유효흡입수두** : $\boldsymbol{NPSH_{av}} = H_a \pm H_h - H_f - H_v = \left(\frac{760\text{mmHg}}{760\text{mmHg}} \times 10.332\text{m}\right) - \left(\frac{320\text{mmHg}}{760\text{mmHg}} \times 10.332\text{m}\right)$

$= 5.981\text{m} \fallingdotseq \mathbf{5.98m}$

02 다음 조건을 참조하여 펌프의 유효흡입양정(NPSH) [m]을 구하시오. 배점 : 4 [08년] [16년]

[조건]

① 소화수조의 수증기압은 0.0022MPa, 대기압은 0.1MPa, 흡입배관의 마찰손실수두는 2m이다.

② 흡상일 때 후드밸브에서 펌프까지 수직거리는 4m이다.

• **실전모범답안**

→ $NPSH_{av} = H_a - H_h - H_f - H_v = \left(\frac{0.1}{0.101325} \times 10.332\right) - 4 - 2 - \left(\frac{0.0022}{0.101325} \times 10.332\right)$

$= 3.972\text{m}$

• **답 :** 3.97m

상세해설

$NPSH_{av}=H_a \pm H_h - H_f - H_v$	유효흡입수두
$NPSH_{av}$: 유효흡입수두(양정)[m]	➜ $NPSH_{av}=H_a \pm H_h - H_f - H_v$
H_a : 대기압환산수두[m]	➜ $\frac{0.1\text{MPa}}{0.101325\text{MPa}}\times 10.332\text{m}$
H_h : 낙차환산수두[m] **(흡입[−], 압입[+])**	➜ 4m **(흡입)**
H_f : 마찰손실압환산수두[m]	➜ 2m
H_v : 포화증기압환산수두[m]	➜ $\frac{0.0022\text{MPa}}{0.101325\text{MPa}}\times 10.332\text{m}$

➜ **유효흡입수두 :** $NPSH_{av}=H_a \pm H_h - H_f - H_v$

$$=\left(\frac{0.1\text{MPa}}{0.101325\text{MPa}}\times 10.332\text{m}\right)-4\text{m}-2\text{m}-\left(\frac{0.0022\text{MPa}}{0.101325\text{MPa}}\times 10.332\text{m}\right)$$

$$=3.972\text{m} \fallingdotseq \mathbf{3.97m}$$

03 다음 그림과 조건을 참조하여 펌프의 유효흡입양정(NPSH) [m]을 구하시오. 배점 : 4 [05년] [11년]

[조건]

① 물의 온도는 20℃이며, 수증기압은 $0.024\text{kg}_f/\text{cm}^2$이다.
② 펌프의 흡입측 배관에서의 마찰손실수두는 2m이다.

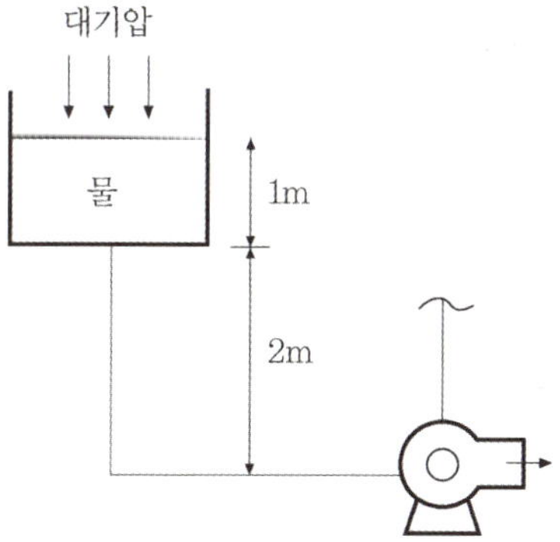

• **실전모범답안**

➜ $NPSH_{av}=H_a+H_h-H_f-H_v=10.332+(1+2)-2-\left(\frac{0.024}{1.0332}\times 10.332\right)=11.092\text{m}$

• **답 :** 11.09m

상세해설

$NPSH_{av} = H_a \pm H_h - H_f - H_v$	유효흡입수두
$NPSH_{av}$: 유효흡입수두[m]	→ $NPSH_{av} = H_a \pm H_h - H_f - H_v$
H_a : 대기압환산수두[m]	→ 10.332m
H_h : 낙차환산수두[m] **(흡입[−], 압입[+])**	→ 1m + 2m **(압입)**
H_f : 마찰손실압환산수두[m]	→ 2m
H_v : 포화증기압환산수두[m]	→ $\frac{0.024\text{kg}_f/\text{cm}^2}{1.0332\text{kg}_f/\text{cm}^2} \times 10.332\text{m}$

→ **유효흡입수두 :** $NPSH_{av} = H_a \pm H_h - H_f - H_v$

$$= 10.332\text{m} + (1\text{m} + 2\text{m}) - 2\text{m} - \left(\frac{0.024\text{kg}_f/\text{cm}^2}{1.0332\text{kg}_f/\text{cm}^2} \times 10.332\text{m}\right) = 11.092\text{m}$$

$$\fallingdotseq 11.09\text{m}$$

Tip 해당 문제의 그림 조건에 따라 압입수두이므로 [+]임에 주의하여 계산한다.

04 다음 조건을 참조하여 해발 1,000m에 설치된 펌프에 공동현상이 일어나는지 여부를 판정하시오.

배점 : 5 [14년] [23년]

[조건]
① 배관의 마찰손실수두=0.7m
② 해발 0m에서의 대기압=0.1033MPa
③ 해발 1,000m에서의 대기압=0.0901MPa
④ 물의 증기압=0.0023MPa
⑤ 필요흡입양정은 4.5m이다.

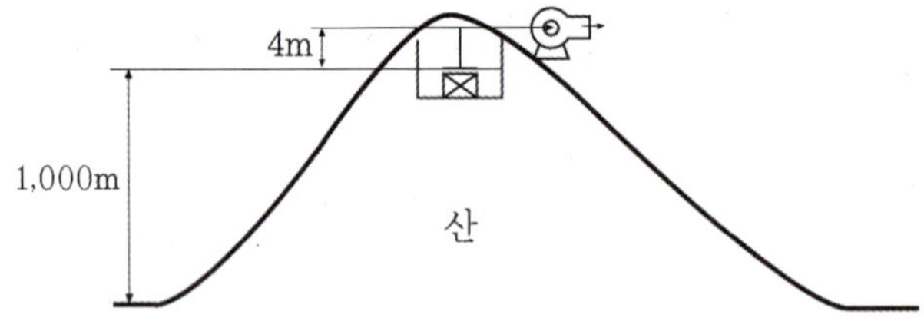

• **실전모범답안**

(1) $NPSH_{av} = H_a - H_h - H_f - H_v = \left(\frac{0.0901}{0.101325} \times 10.332\right) - 4 - 0.7 - \left(\frac{0.0023}{0.101325} \times 10.332\right) = 4.25\text{m}$

(2) $NPSH_{re} = 4.5\text{m}$

→ $NPSH_{av} < NPSH_{re}$ 이므로 공동현상이 발생한다.

• **답 :** 공동현상 발생

상세해설

(1) 유효흡입수두($NPSH_{av}$)

$NPSH_{av}=H_a \pm H_h - H_f - H_v$	유효흡입수두
$NPSH_{av}$: 유효흡입수두(양정)[m]	➜ $NPSH_{av}=H_a \pm H_h - H_f - H_v$
H_a : 대기압환산수두[m]	➜ $\dfrac{0.0901\text{MPa}}{0.101325\text{MPa}} \times 10.332\text{m}$
H_h : 낙차환산수두[m] **(흡입[−], 압입[+])**	➜ 4m **(흡입)**
H_f : 마찰손실압환산수두[m]	➜ 0.7m **(조건①)**
H_v : 포화증기압환산수두[m]	➜ $\dfrac{0.0023\text{MPa}}{0.101325\text{MPa}} \times 10.332\text{m}$

➜ **유효흡입수두 : $NPSH_{av}$** $= H_a \pm H_h - H_f - H_v$

$$=\left(\frac{0.0901\text{MPa}}{0.101325\text{MPa}}\times 10.332\text{m}\right)-4\text{m}-0.7\text{m}-\left(\frac{0.0023\text{MPa}}{0.101325\text{MPa}}\times 10.332\text{m}\right)$$

$= 4.252\text{m} \fallingdotseq \mathbf{4.25m}$

(2) 필요흡입수두 $NPSH_{re}$=4.5m (조건⑤)

(3) 공동현상 발생한계 조건

공동현상 발생(×)	$NPSH_{av} > NPSH_{re}$
공동현상 발생한계	$NPSH_{av} = NPSH_{re}$
공동현상 발생(○)	$NPSH_{av} < NPSH_{re}$

➜ $NPSH_{av}$(**4.25m**) < $NPSH_{re}$(**4.5m**) 이므로 **공동현상이 발생한다.**

05 흡입측 배관의 마찰손실수두가 2m일 때 공동현상이 일어나지 않을 수원의 수면으로부터 소화펌프까지의 설치높이는 몇 [m] 미만으로 하는지 구하시오. [단, 펌프의 필요흡입수두($NPSH_{re}$)는 7.5m, 흡입관의 속도수두는 무시하고 대기압은 표준대기압, 물의 온도는 20℃이고, 이 때의 포화수증기압은 2,340Pa, 비중량은 9,800N/m³이다.]

배점 : 5 [12년] [15년] [21년]

• 실전모범답안

(1) $NPSH_{av}=H_a-H_h-H_f-H_v=10.332-H_h-2-\dfrac{2,340}{9,800}=8.093\text{m}-H_h$

(2) $NPSH_{re}=7.5\text{m}$

➜ $8.093-H_h=7.5 \quad \therefore H_h=0.593\text{m}$

• 답 : 0.59m 미만

상세해설

(1) 유효흡입수두($NPSH_{av}$)

$NPSH_{av} = H_a \pm H_h - H_f - H_v$	유효흡입수두
$NPSH_{av}$: 유효흡입수두(양정)[m]	➜ $NPSH_{av} = H_a \pm H_h - H_f - H_v$
H_a : 대기압환산수두[m]	➜ 10.332m **(표준대기압)**
H_h : 낙차환산수두[m] **(흡입[−], 압입[+])**	➜ 구하고자 하는 값 **(흡입)**
H_f : 마찰손실압환산수두[m]	➜ 2m
H_v : 포화증기압환산수두[m]	➜ $\dfrac{2{,}340\text{Pa}(\text{N/m}^2)}{9{,}800\text{N/m}^3}$ $\left(H = \dfrac{P}{\gamma}\ 적용\right)$

➜ **유효흡입수두 :** $NPSH_{av} = 10.332\text{m} - H_h - 2\text{m} - \dfrac{2{,}340\text{Pa}}{9{,}800\text{N/m}^3}$

$= \mathbf{8.093m} - H_h$ (흡입이므로 [−]적용)

(2) 필요흡입수두 $NPSH_{re}$ =7.5m (문제의 단서조건)

(3) 공동현상 발생한계 조건

공동현상 발생(×)	$NPSH_{av} > NPSH_{re}$
공동현상 발생한계	$NPSH_{av} = NPSH_{re}$
공동현상 발생(○)	$NPSH_{av} < NPSH_{re}$

➜ 공동현상의 발생한계는 $NPSH_{av} = NPSH_{re}$ 이므로 수원의 수면으로부터 소화펌프까지의 설치높이는 다음의 식으로 산출할 수 있다.

$NPSH_{av} = NPSH_{re}$ ⬌ $8.093\text{m} - H_h = 7.5\text{m}$ ⬌ $H_h = 0.593\text{m} \fallingdotseq$ **0.59m 미만**

---

06 수면이 펌프보다 1m 낮은 지하수조에서 0.3m³/min의 물을 이송하는 원심펌프가 있다. 흡입관과 송출관의 구경이 각각 100mm, 송출구 압력계가 0.1MPa일 때 이 펌프에 공동현상이 발생하는지 여부를 판별하시오. (단, 흡입측의 손실수두는 0.5m이고, 흡입관의 속도수두는 무시하고 대기압은 표준대기압, 물의 온도는 20℃이고, 이때의 포화수증기압은 2,340Pa, 비중량은 9,789N/m³, 필요흡입양정은 11m이다.)

배점 : 5 [11년] [13년]

• 실전모범답안

(1) $NPSH_{av} = H_a - H_h - H_f - H_v = 10.332 - 1 - 0.5 - 0.239 = 8.593\text{m}$

• $H_v = \dfrac{P_v}{\gamma} = \dfrac{2{,}340}{9{,}789} = 0.239\text{m}$

(2) $NPSH_{re} = 11\text{m}$

➜ $NPSH_{av} < NPSH_{re}$ 이므로 공동현상이 발생한다.

• **답 :** 공동현상 발생

상세해설

(1) 유효흡입수두($NPSH_{av}$)

$NPSH_{av} = H_a \pm H_h - H_f - H_v$	유효흡입수두
$NPSH_{av}$: 유효흡입수두(양정)[m]	➜ $NPSH_{av} = H_a \pm H_h - H_f - H_v$ [풀이②]
H_a : 대기압환산수두[m]	➜ 10.332m (표준대기압)
H_h : 낙차환산수두[m] (흡입[−], 압입[+])	➜ 1m (흡입)
H_f : 마찰손실압환산수두[m]	➜ 0.5m
H_v : 포화증기압환산수두[m]	➜ $P = \gamma H$ [풀이①]

① 포화증기압환산수두(H_v)

$P = \gamma H$	유체의 정압력
P : 압력[N/m²](절대압력=대기압+계기압)	➜ 2,340Pa
γ : 비중량[물 : 9,800N/m³]	➜ 9,789N/m³ (단서 조건에 주어진 값 적용)
H : 전수두[m]	➜ $H = P/\gamma$

➜ 포화증기압환산수두 : $H_v = \dfrac{P_v}{\gamma} = \dfrac{2{,}340\text{Pa}(\text{N/m}^2)}{9{,}789\text{N/m}^3} = 0.239\text{m}$

② 유효흡입수두 $NPSH_{av} = 10.332\text{m} - 1\text{m} - 0.5\text{m} - 0.239\text{m} = \mathbf{8.593m}$

(2) 필요흡입수두 $NPSH_{re} = 11\text{m}$ (문제의 단서 조건)

(3) 공동현상 발생한계 조건

공동현상 발생(×)	$NPSH_{av} > NPSH_{re}$
공동현상 발생한계	$NPSH_{av} = NPSH_{re}$
공동현상 발생(○)	$NPSH_{av} < NPSH_{re}$

➜ $NPSH_{av}(8.593\text{m}) < NPSH_{re}(11\text{m})$이므로 **공동현상이 발생한다.**

Tip

① 해당 문제에서는 단서 조건에 비중량(γ)을 9.789N/m³으로 주었으므로, 포화수증기압환산수두 계산 시 단위환산으로 계산하면 문제의 의도를 벗어난다.

(틀린 풀이) 포화수증기압환산수두 $H_V = \dfrac{2{,}340\text{Pa}}{101{,}325\text{Pa}} \times 10.332\text{m} = 0.238\text{m}$

② 해당 문제는 흡입수두를 산출하는 것이므로 토출측에 관한 조건은 고려하지 않는다.

07 다음 그림과 조건을 참조하여 물음에 답하시오.

배점 : 6 [20년]

[조건]

① 펌프의 흡입배관과 관련하여 관부속품에 따른 상당길이는 15m이다.
② 대기압은 10.3m이며, 물의 포화수증기압은 0.2m이다.
③ 펌프의 유량 $144m^3/h$이고, 흡입배관의 구경은 125mm이다.
④ 배관의 마찰손실수두는 다음의 공식을 따라 계산하며, 속도수두는 무시한다.

$$\Delta H = 6 \times 10^6 \times \frac{Q^2}{120^2 \times d^5} \times L$$

여기서, ΔH : 배관마찰손실수두[m]
Q : 배관 내의 유량[l/min]
d : 관의 내경[mm]
L : 배관길이[m]

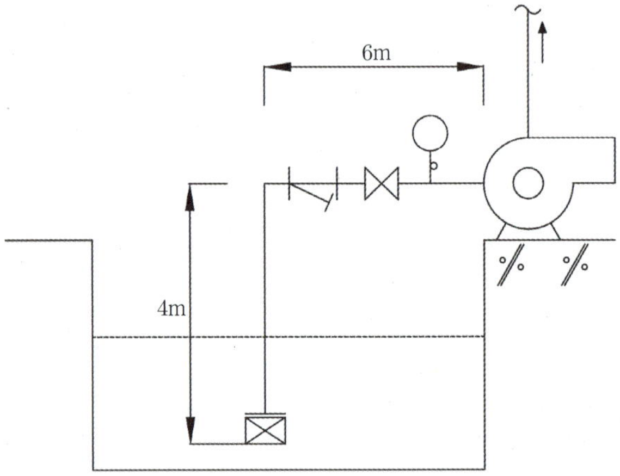

(1) 흡입배관의 마찰손실수두[m]를 구하시오.
(2) 유효흡입양정[m]을 구하시오.
(3) 펌프의 필요흡입수두가 4.5m인 경우, 펌프의 사용가능여부를 판정하시오.
(4) 펌프가 흡입이 안 될 경우 개선방법 2가지를 쓰시오.

• **실전모범답안**

(1) $\Delta H = 6 \times 10^6 \times \frac{Q^2}{120^2 \times d^5} \times L = 6 \times 10^6 \times \frac{2,400^2}{120^2 \times 125^5} \times 25 = 1.966 \fallingdotseq \mathbf{1.97m}$

• **답 :** 1.97m

(2) $NPSH_{av} = H_a \pm H_h - H_f - H_v = 10.3 - 4 - 1.97 - 0.2 = \mathbf{4.13m}$

• **답 :** 4.13m

(3) $NPSH_{av}(\mathbf{4.13m}) < NPSH_{re}(\mathbf{4.5m})$이므로 공동현상이 발생하므로, **펌프는 사용할 수 없다.**

• **답 :** 펌프 사용 불가

(4) • **답 :** ① 흡입측 배관의 흡입배관의 길이를 짧게 한다.
② 흡입측 배관의 유속을 줄인다.

상세해설

(1) 흡입배관의 마찰손실수두($\triangle H$)

$\triangle H = 6\times10^6\times\dfrac{Q^2}{120^2\times d^5}\times L$	마찰손실수두(하젠-윌리엄의 식 변형식, 조건④)
$\triangle H$: 배관의 마찰손실수두[m]	→ $\triangle H = 6\times10^6\times\dfrac{Q^2}{120^2\times d^5}\times L$
Q : 배관 내의 유량[l/min]	→ $144\text{m}^3/\text{h} = \dfrac{144{,}000l}{h}\times\dfrac{1\text{hr}}{60\text{min}} = 2{,}400l/\text{min}$ (조건③)
d : 관의 내경[mm]	→ 125mm
L : 배관의 길이[m]	→ 주손실 + 부차적손실(상당길이) $= (4\text{m}+6\text{m})$(그림)$+15\text{m}$(조건①)$= 25\text{m}$

→ **흡입배관의 마찰손실수두 :** $\triangle H = 6\times10^6\times\dfrac{Q^2}{120^2\times d^5}\times L$

$$= 6\times10^6\times\frac{(2{,}400l/\text{min})^2}{120^2\times(125\text{mm})^5}\times25\text{m} = 1.966 \fallingdotseq \mathbf{1.97m}$$

(2) 유효흡입양정($NPSH_{av}$)

$NPSH_{av} = H_a \pm H_h - H_f - H_v$	유효흡입수두
$NPSH_{av}$: 유효흡입수두[m]	→ $NPSH_{av} = H_a \pm H_h - H_f - H_v$
H_a : 대기압환산수두[m]	→ 10.3m
H_h : 낙차환산수두[m] (흡입[-], 압입[+])	→ 4m **(흡입, 그림)**
H_f : 마찰손실압환산수두[m]	→ 1.97m **(문제조건)**
H_v : 포화증기압환산수두[m]	→ 0.2m

→ **유효흡입양정 :** $\boldsymbol{NPSH_{av}} = H_a \pm H_h - H_f - H_v = 10.3\text{m} - 4\text{m} - 1.97\text{m} - 0.2\text{m} = \mathbf{4.13m}$

(3) 펌프의 사용가능여부

공동현상 발생 (×)	$NPSH_{av} > NPSH_{re}$
공동현상 발생한계	$NPSH_{av} = NPSH_{re}$
공동현상 발생 (○)	$NPSH_{av} < NPSH_{re}$

→ $NPSH_{av}$(**4.13m**) $<$ $NPSH_{re}$(**4.5m**)이므로 공동현상이 발생하므로, **펌프는 사용할 수 없다.**

(4) 펌프가 흡입이 안 될 경우 개선방법 2가지

① 흡입측 배관의 흡입배관의 길이를 짧게 한다.
② 흡입측 배관의 유속을 줄인다.
③ 펌프의 흡입관경을 크게 한다.

08 다음 조건과 그림을 보고 물음에 답하시오.

배점 : 5 [21년]

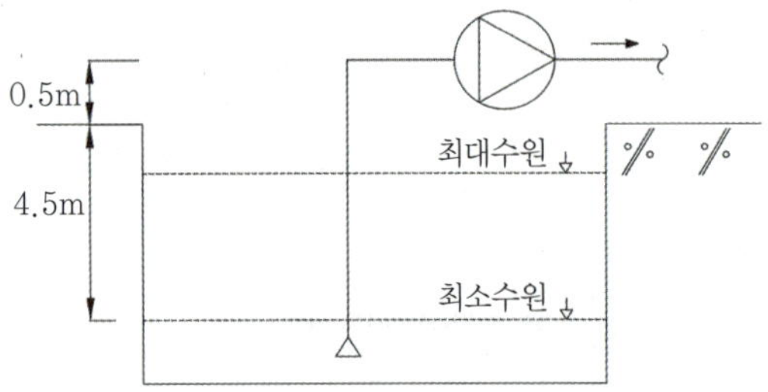

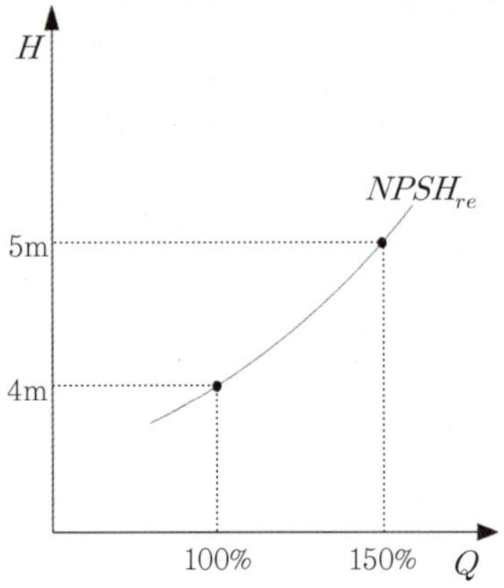

[조건]
① 대기압은 0.1MPa이다.
② 물의 온도는 20℃이고, 포화수증기압은 2.45kPa이다.
③ 물의 비중량은 9.8kN/m³을 적용하여야 한다.
④ 배관 내 마찰손실수두는 0.3m이다.

(1) 유효흡입수두(NPSH$_{av}$)[m]을 구하시오.

(2) 필요흡입수두(NPSH$_{re}$) 그래프를 보고 펌프의 사용가능 여부와 그 이유를 설명하시오.

• **실전모범답안**

(1) $NPSH_{av}=\left(\frac{0.1\text{MPa}}{0.101325\text{MPa}}\times 10.332\text{m}\right)-(4.5\text{m}+0.5\text{m})-0.3\text{m}-0.25\text{m}=4.646\text{m}\fallingdotseq\mathbf{4.65m}$

• **답 :** 4.65m

(2) • **답 :** 정격운전 시에는 공동현상이 발생하지 않으나 150% 운전 시에는 공동현상이 발생하여 펌프운전이 불가능하다.

상세해설

(1) 유효흡입수두($NPSH_{av}$)

$NPSH_{av}=H_a\pm H_h-H_f-H_v$	유효흡입수두
$NPSH_{av}$: 유효흡입수두(양정)[m]	➜ $NPSH_{av}=H_a\pm H_h-H_f-H_v$
H_a : 대기압환산수두[m]	➜ 0.1MPa
H_h : 낙차환산수두[m] **(흡입[−], 압입[+])**	➜ 4.5m + 0.5m **(최저수위~펌프 중심까지의 높이)**
H_f : 마찰손실압환산수두[m]	➜ 0.3m
H_v : 포화증기압환산수두[m]	➜ $P=\gamma H$ **[풀이①]**

① 포화증기압환산수두(H_v)

$P=\gamma H$	유체의 정압력
P : 압력[N/m²](절대압력=대기압+계기압)	➜ 2.45kPa
γ : 비중량[물 : 9,800N/m³]	➜ 9.8kN/m³ (조건③)
H : 전수두[m]	➜ $H=\dfrac{P}{\gamma}$

➜ 포화증기압환산수두 : $H_v=\dfrac{P_v}{\gamma}=\dfrac{2.45\text{kPa}(\text{kN/m}^2)}{9.8\text{kN/m}^3}=0.25\text{m}$

② 유효흡입수두 : $NPSH_{av}=\left(\dfrac{0.1\text{MPa}}{0.101325\text{MPa}}\times 10.332\text{m}\right)-(4.5\text{m}+0.5\text{m})-0.3\text{m}-0.25\text{m}=4.646\text{m}$

$\fallingdotseq$**4.65m**

(2) 필요흡입수두(NPSH$_{re}$) 그래프를 보고 펌프의 사용가능 여부와 그 이유 설명

① 100%(정격) 운전 시 : $NPSH_{av}(4.65\text{m}) > NPSH_{re}(4\text{m})$

② 150%(과부하) 운전 시 : $NPSH_{av}(4.65\text{m}) < NPSH_{re}(5\text{m})$

따라서, 정격운전 시에는 공동현상이 발생하지 않으나 150% 운전 시에는 공동현상이 발생하여 **펌프 운전이 불가능**하다.

Mind - Control

나 만이 내 인생을 바꿀 수 있다.
아무도 날 대신 해줄 수 없다.

\- 캐럴 버넷 -

2 상사 법칙

(1) 상사 법칙

회전수나 임펠러의 지름이 변할 때 토출량, 양정, 축동력은 일정한 비율로 변한다는 법칙

구 분		공 식	비 고
유량	Q	$\frac{Q_2}{Q_1}=\left(\frac{N_2}{N_1}\right)^1\times\left(\frac{D_2}{D_1}\right)^3$	여기서, Q_1, Q_2 : 변경 전, 후 유량[m^3/min] H_1, H_2 : 변경 전, 후 양정[m] P_1, P_2 : 변경 전, 후 축동력[kW] N_1, N_2 : 변경 전, 후 회전수[rpm] D_1, D_2 : 변경 전, 후 내경[m] η_1, η_2 : 변경 전, 후 효율 암기법 유양축 123 325
양정	H	$\frac{H_2}{H_1}=\left(\frac{N_2}{N_1}\right)^2\times\left(\frac{D_2}{D_1}\right)^2$	
축동력	P	$\frac{P_2}{P_1}=\left(\frac{N_2}{N_1}\right)^3\times\left(\frac{D_2}{D_1}\right)^5\times\left(\frac{\eta_1}{\eta_2}\right)$	

실무적용

펌프의 회전수 변경 등에 따라 달라지는 "유량 Q, 양정 H, 축동력 P"을 확인할 수 있다.

(2) 비교회전도(비속도)

여러 가지 펌프 및 팬의 특성을 비교하기 위하여 수치로 정량화한 수치

$$N_s = N\frac{Q^{\frac{1}{2}}}{\left(\frac{H}{n}\right)^{\frac{3}{4}}} = N\frac{Q^{0.5}}{\left(\frac{H}{n}\right)^{0.75}}$$

여기서, N_s : 비교회전도[rpm·$m^{0.75}$/$min^{0.5}$]
N : 회전수[rpm]
Q : 유량[m^3/min]
H : 양정[m]
n : 단수

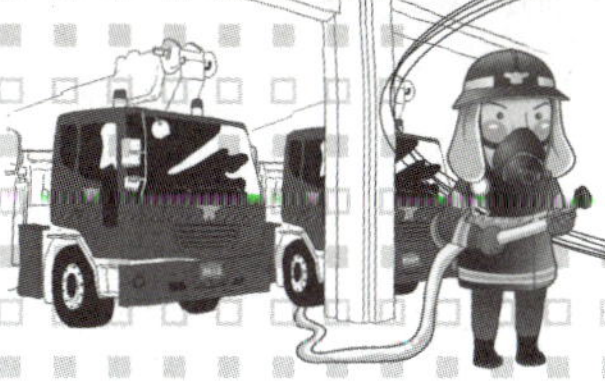

빈번한 기출문제

01 소화펌프의 양정이 50m, 양수량이 900l/min으로 운전하고 있는 펌프의 전력계가 17kW로 표시되었다. 이 때 펌프의 회전수가 1,800rpm이었다가 전압강하 때문에 펌프의 회전수가 1,500rpm으로 바뀌었다. 이 경우 펌프의 양수량 [l/min]을 구하시오. 배점 : 3 [12년]

• 실전모범답안

→ $Q_2 = Q_1 \times \left(\frac{N_2}{N_1}\right)^1 = 900 \times \left(\frac{1,500}{1,800}\right)^1 = 750l/\text{min}$

• 답 : 750l/min

상세해설

$\frac{Q_2}{Q_1} = \left(\frac{N_2}{N_1}\right)^1 \times \left(\frac{D_2}{D_1}\right)^3$	상사의 법칙(유량)
Q_1, Q_2 : 변경 전, 후 유량[l/min]	→ $Q_1 = 900l/\text{min}$, $Q_2 = Q_1 \times (N_2/N_1)^1$
N_1, N_2 : 변경 전, 후 회전수[rpm]	→ $N_1 = 1,800\text{rpm}$, $N_2 = 1,500\text{rpm}$
D_1, D_2 : 변경 전, 후 내경[m]	→ $D_1 = D_2$

→ 변경 후 유량 : $Q_2 = Q_1 \times \left(\frac{N_2}{N_1}\right)^1 = 900l/\text{min} \times \left(\frac{1,500\text{rpm}}{1,800\text{rpm}}\right)^1 = 750l/\text{min}$

02 소화펌프는 상사의 법칙에 의하면 펌프의 임펠러 회전속도에 따라 유량, 양정, 축동력이 변화한다. 어느 소화펌프의 전양정이 150m이고, 토출량이 30m^3/min으로 운전하다가 소화펌프의 회전수를 증가시켜 토출량이 40m^3/min으로 변화되었을 때의 전양정 [m]을 구하시오. 배점 : 5 [07년] [11년] [17년] [20년]

• 실전모범답안

→ $H_2 = H_1 \times \left(\frac{N_2}{N_1}\right)^2 = H_1 \times \left(\frac{Q_2}{Q_1}\right)^2 = 150 \times \left(\frac{40}{30}\right)^2 = 266.666\text{m}$

• 답 : 266.67m

상세해설

$\frac{H_2}{H_1}=\left(\frac{N_2}{N_1}\right)^2\times\left(\frac{D_2}{D_1}\right)^2$	상사의 법칙(양정)
H_1, H_2 : 변경 전, 후 양정[m]	➜ $H_1=150\text{m},\ H_2=H_1\times(N_2/N_1)^2=H_1\times(Q_2/Q_1)^2$
N_1, N_2 : 변경 전, 후 회전수[rpm]	➜ 주어진 조건 없음
Q_1, Q_2 : 변경 전, 후 유량[m^3/min]	➜ $Q_1=30\text{m}^3/\text{min},\ Q_2=40\text{m}^3/\text{min}$
D_1, D_2 : 변경 전, 후 내경[m]	➜ $D_1=D_2$

➜ 변경 후 양정 : $\boldsymbol{H_2}=H_1\times\left(\frac{N_2}{N_1}\right)^2=H_1\times\left(\frac{Q_2}{Q_1}\right)^2=150\text{m}\times\left(\frac{40\text{m}^3/\text{min}}{30\text{m}^3/\text{min}}\right)^2=266.666\text{m}\fallingdotseq\mathbf{266.67m}$

03 소화펌프가 임펠러 직경 150mm, 회전수 1,770rpm, 유량 4,000l/min, 양정 50m로 가압송수하고 있다. 이 펌프와 상사 법칙을 만족하는 펌프가 임펠러 직경 200mm, 회전수 1,170rpm으로 운전하면 유량 [l/min]과 양정 [m]을 각각 구하시오. 배점 : 5 [12년] [16년] [21년]

• 실전모범답안

(1) $Q_2=Q_1\times\left(\frac{N_2}{N_1}\right)^1\times\left(\frac{D_2}{D_1}\right)^3=4{,}000\times\left(\frac{1{,}170}{1{,}770}\right)^1\times\left(\frac{0.2}{0.15}\right)^3=6{,}267.419l/\text{min}$

• 답 : 6,267.42l/min

(2) $H_2=H_1\times\left(\frac{N_2}{N_1}\right)^2\times\left(\frac{D_2}{D_1}\right)^2=50\times\left(\frac{1{,}170}{1{,}770}\right)^2\times\left(\frac{0.2}{0.15}\right)^2=38.839\text{m}$

• 답 : 38.84m

상세해설

(1) 변경 후 유량(Q_2)

$\frac{Q_2}{Q_1}=\left(\frac{N_2}{N_1}\right)^1\times\left(\frac{D_2}{D_1}\right)^3$	상사의 법칙(유량)
Q_1, Q_2 : 변경 전, 후 유량[l/min]	➜ $Q_1=4{,}000l/\text{min},\ Q_2=Q_1\times(N_2/N_1)^1\times(D_2/D_1)^3$
N_1, N_2 : 변경 전, 후 회전수[rpm]	➜ $N_1=1{,}770\text{rpm},\ N_2=1{,}170\text{rpm}$
D_1, D_2 : 변경 전, 후 내경[m]	➜ $D_1=150\text{mm}=0.15\text{m},\ D_2=200\text{mm}=0.2\text{m}$

➜ 변경 후 유량 : $\boldsymbol{Q_2}=Q_1\times\left(\frac{N_2}{N_1}\right)^1\times\left(\frac{D_2}{D_1}\right)^3$

$=4{,}000l/\text{min}\times\left(\frac{1{,}170\text{rpm}}{1{,}770\text{rpm}}\right)^1\times\left(\frac{0.2\text{m}}{0.15\text{m}}\right)^3=6{,}267.419l/\text{min}\fallingdotseq\mathbf{6{,}267.42}l/\text{min}$

(2) 변경 후 양정(H_2)

$\frac{H_2}{H_1}=\left(\frac{N_2}{N_1}\right)^2\times\left(\frac{D_2}{D_1}\right)^2$	상사의 법칙(양정)
H_1, H_2 : 변경 전, 후 양정[m]	➜ $H_1 = 50\text{m},\ H_2 = H_1 \times (N_2/N_1)^2 \times (D_2/D_1)^2$
N_1, N_2 : 변경 전, 후 회전수[rpm]	➜ $N_1 = 1{,}770\text{rpm},\ N_2 = 1{,}170\text{rpm}$
D_1, D_2 : 변경 전, 후 내경[m]	➜ $D_1 = 150\text{mm} = 0.15\text{m},\ D_2 = 200\text{mm} = 0.2\text{m}$

➜ **변경 후 양정 :** $H_2 = H_1 \times \left(\frac{N_2}{N_1}\right)^2 \times \left(\frac{D_2}{D_1}\right)^2$

$$= 50\text{m} \times \left(\frac{1{,}170\text{rpm}}{1{,}770\text{rpm}}\right)^2 \times \left(\frac{0.2\text{m}}{0.15\text{m}}\right)^2 = 38.839\text{m} \fallingdotseq \mathbf{38.84m}$$

04 소화펌프가 1,800rpm인 상태에서 소화수를 전양정 30m, 유량 2,400 l/min으로 방출할 수 있다. 이때 펌프의 회전수를 3,600rpm으로 증가시키는 경우 다음 물음에 답하시오.

배점 : 5 [07년] [22년] [23년]

(1) 전양정 [m]을 구하시오.
(2) 축동력은 처음 펌프축동력의 몇 배가 되는지 구하시오.

• 실전모범답안

(1) $H_2 = H_1 \times \left(\frac{N_2}{N_1}\right)^2 = 30 \times \left(\frac{3{,}600}{1{,}800}\right)^2 = 120\text{m}$

• 답 : 120m

(2) $P_2 = P_1 \times \left(\frac{N_2}{N_1}\right)^3 = P_1 \times \left(\frac{3{,}600}{1{,}800}\right)^3 = 8P_1$

• 답 : 8배

상세해설

(1) 변경 후 양정(H_2)

$\frac{H_2}{H_1}=\left(\frac{N_2}{N_1}\right)^2\times\left(\frac{D_2}{D_1}\right)^2$	상사의 법칙(양정)
H_1, H_2 : 변경 전, 후 양정[m]	➜ $H_1 = 30\text{m},\ H_2 = H_1 \times (N_2/N_1)^2$
N_1, N_2 : 변경 전, 후 회전수[rpm]	➜ $N_1 = 1{,}800\text{rpm},\ N_2 = 3{,}600\text{rpm}$
D_1, D_2 : 변경 전, 후 내경[m]	➜ $D_1 = D_2$

➜ **변경 후 양정 :** $H_2 = H_1 \times \left(\frac{N_2}{N_1}\right)^2 = 30\text{m} \times \left(\frac{3{,}600\text{rpm}}{1{,}800\text{rpm}}\right)^2 = \mathbf{120m}$

(2) 변경 후 축동력(P_2)

$\frac{P_2}{P_1} = \left(\frac{N_2}{N_1}\right)^3 \times \left(\frac{D_2}{D_1}\right)^5 \times \left(\frac{\eta_1}{\eta_2}\right)$	상사의 법칙(축동력)
P_1, P_2 : 변경 전, 후 축동력[kW]	→ $P_2 = P_1 \times (N_2/N_1)^2$
N_1, N_2 : 변경 전, 후 회전수[rpm]	→ $N_1 = 1{,}800\text{rpm},\ N_2 = 3{,}600\text{rpm}$
D_1, D_2 : 변경 전, 후 내경[m]	→ $D_1 = D_2$
η_1, η_2 : 변경 전, 후 효율	→ $\eta_1 = \eta_2$

→ **변경 후 축동력**: $P_2 = P_1 \times \left(\frac{N_2}{N_1}\right)^3 = P_1 \times \left(\frac{3{,}600\text{rpm}}{1{,}800\text{rpm}}\right)^3 = 8P_1$ ∴ 8배

05 **원심펌프가 회전수 3,600rpm으로 회전할 때의 전양정은 120m이고, 1.228m^3/min의 유량을 가진다. 비속도가 200~260의 범위로 펌프를 설정할 때 몇 단 펌프가 되는지 구하시오.**

배점 : 6 [11년] [21년]

• **실전모범답안**

(1) N_s=200일 경우 : $n = 120 \times \left(\frac{200}{3{,}600 \times 1.228^{0.5}}\right)^{\frac{4}{3}}$ =2.218단

(2) N_s=260일 경우 : $n = 120 \times \left(\frac{260}{3{,}600 \times 1.228^{0.5}}\right)^{\frac{4}{3}}$ =3.147단

• **답** : 3단 펌프

상세해설

$N_s = N\frac{Q^{0.5}}{(H/n)^{0.75}}$	비속도
N_s : 비교회전도[rpm·m$^{0.75}$/min$^{0.5}$]	→ $N_{s,\ \text{MIN}} = 200,\ N_{s,\ \text{MAX}} = 260$
N : 회전수[rpm]	→ 3,600rpm
Q : 유량[m^3/min]	→ 1.228m^3/min
H : 양정[m]	→ 120m
n : 단수	→ $n = H \times (N_s/N \cdot Q^{0.5})^{4/3}$

$$N_s = N\frac{Q^{0.5}}{\left(\frac{H}{n}\right)^{0.75}} \Leftrightarrow \left(\frac{H}{n}\right)^{0.75} = N\frac{Q^{0.5}}{N_s} \Leftrightarrow \frac{H}{n} = \left(\frac{N \cdot Q^{0.5}}{N_s}\right)^{\frac{4}{3}} \Leftrightarrow \frac{n}{H} = \left(\frac{N_s}{N \cdot Q^{0.5}}\right)^{\frac{4}{3}}$$

$$\Leftrightarrow n = H \times \left(\frac{N_s}{N \cdot Q^{0.5}}\right)^{\frac{4}{3}}$$

(1) 최소비속도 $N_s = 200$일 경우

➜ $n_{\text{MIN}} = 120\text{m} \times \left(\dfrac{200\text{rpm} \cdot \text{m}^{0.75}/\text{min}^{0.5}}{3{,}600\text{rpm} \times (1.228\text{m}^3/\text{min})^{0.5}}\right)^{\frac{4}{3}} = \mathbf{2.218}$**단**

(2) 최대비속도 $N_s = 260$일 경우

➜ $n_{\text{MAX}} = 120\text{m} \times \left(\dfrac{260\text{rpm} \cdot \text{m}^{0.75}/\text{min}^{0.5}}{3{,}600\text{rpm} \times (1.228\text{m}^3/\text{min})^{0.5}}\right)^{\frac{4}{3}} = \mathbf{3.147}$**단**

(3) 펌프의 단수 선정

➜ 2.218~3.147단이므로 **3단 펌프**를 선정한다.

Mind - Control

살아 있다면 노력하라!

- 작자 미상 -

3 소방펌프

(1) 소방펌프(원심펌프) 원리

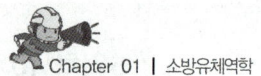

소방펌프로는 구조가 간단하고 취급이 용이한 원심펌프를 사용하며, 원심펌프의 원리는 다음과 같다.

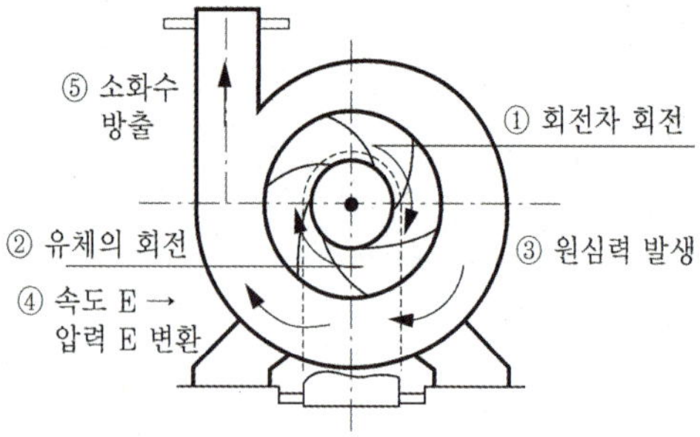

원심펌프의 작동흐름
① 소방펌프의 회전차 회전
↓
② 회전차의 회전으로 인한 유체의 회전
↓
③ 원심력 발생
↓
④ 속도에너지가 압력에너지로 변환
↓
⑤ 소화수 방출

(2) 원심펌프 종류 및 특성

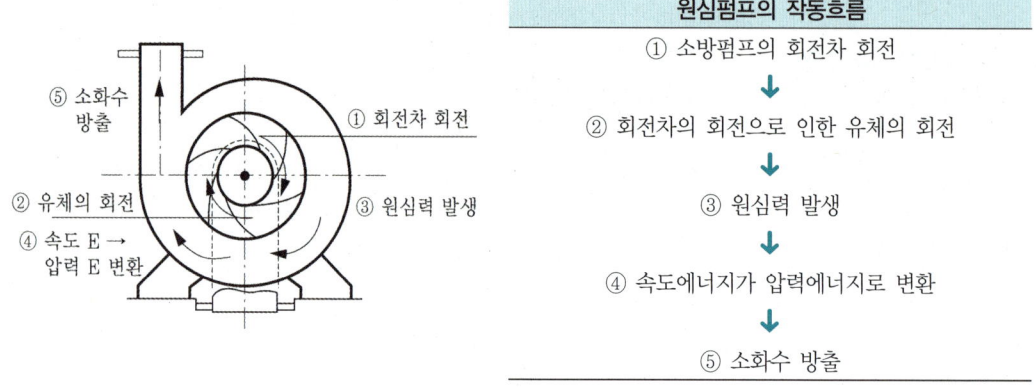

소방펌프		임펠러의 안내날개	송수압력(P)	송출유량(Q)	형 상
원심펌프	볼류트펌프	무	저	대	소형, 간단
	터빈펌프	유	고	소	대형, 복잡
	암기법 안PQ / 터유 고소 복잡해!				

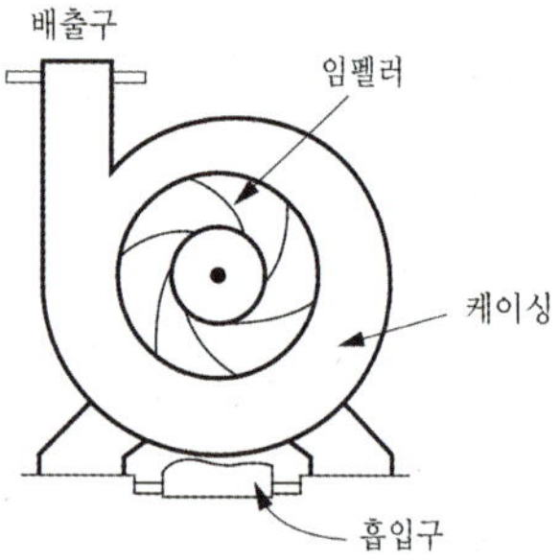

| 볼류트펌프 |

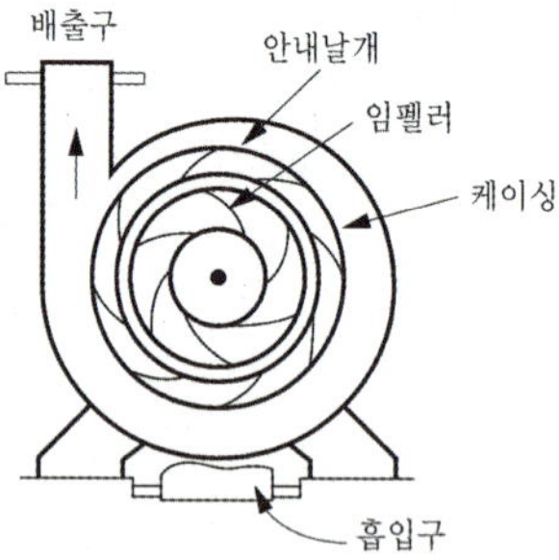

| 터빈펌프 |

| 소방펌프 예시 |

참고 가압송수장치의 부식

→ 가압송수장치는 부식 등으로 인한 펌프의 고착을 방지할 수 있도록 다음의 기준에 적합한 것으로 설치할 것. 다만, 충압펌프는 제외한다.
① 임펠러는 청동 또는 스테인리스 등 부식에 강한 재질을 사용할 것
② 펌프축은 스테인리스 등 부식에 강한 재질을 사용할 것

(3) 펌프 직렬연결 및 병렬연결

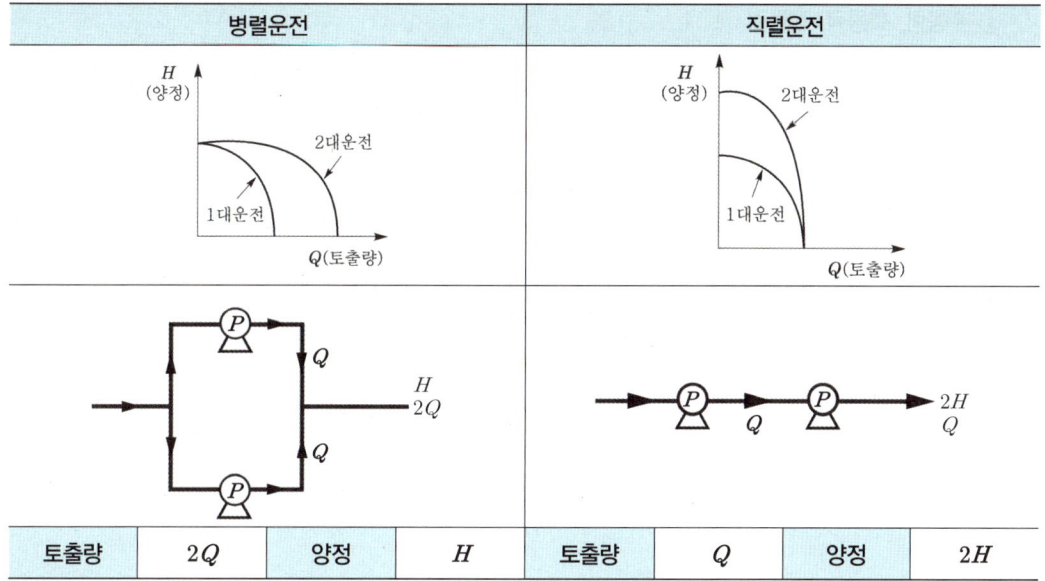

병렬운전

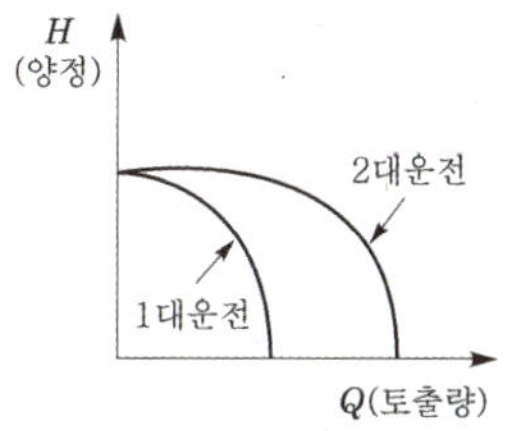

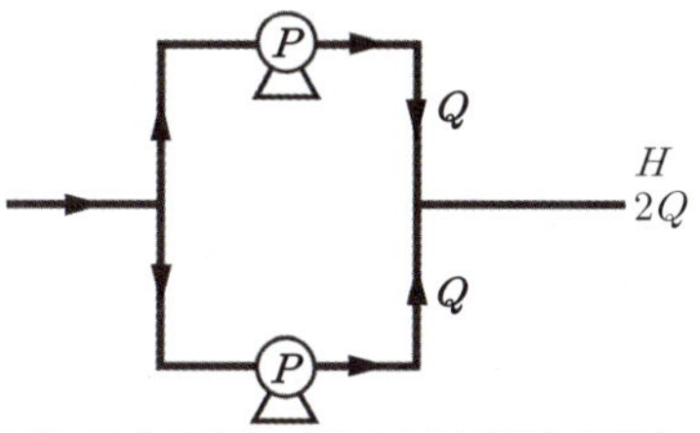

토출량	2Q	양정	H

직렬운전

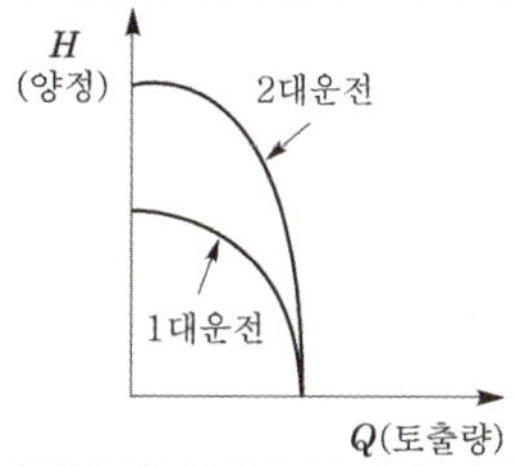

토출량	Q	양정	2H

이해必 펌프 직렬연결과 병렬연결 이해하기

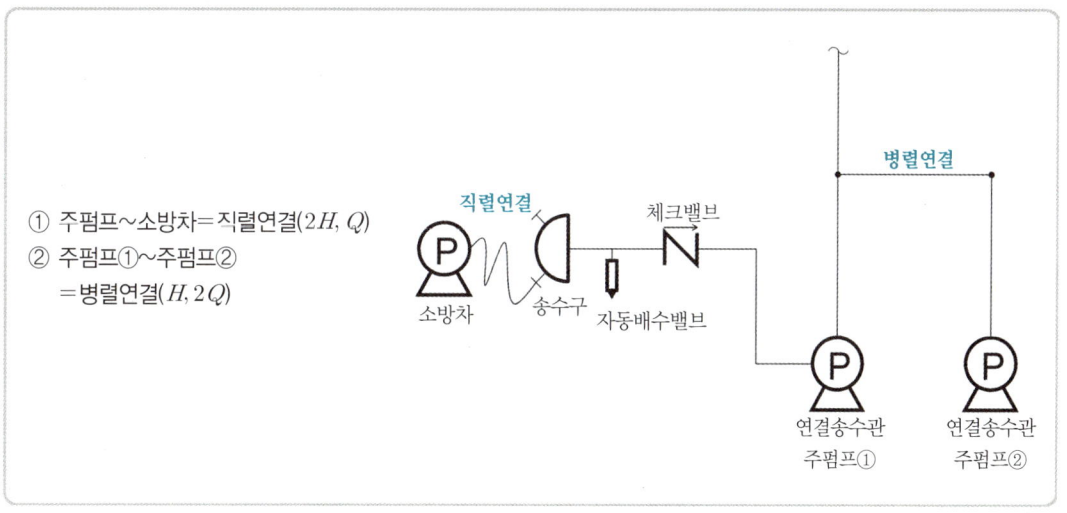

① 주펌프~소방차=직렬연결($2H$, Q)
② 주펌프①~주펌프②
=병렬연결(H, $2Q$)

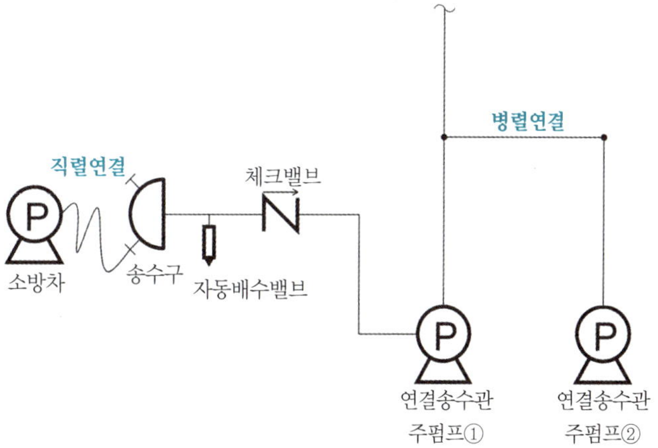

(4) 펌프 동력

① **수동력, 축동력, 전동력**

수동력	축동력	전동력(전동기동력, 모터동력)
$P_w = \gamma HQ$ 효율 η 고려	$P_s = \frac{P_w}{\eta} = \frac{\gamma HQ}{\eta}$ 전달계수 K 고려	$P = P_s \times K = \frac{\gamma HQ}{\eta} \times K$

여기서, P : 동력[W 또는 kW]
γ : 비중량[물 : 9,800N/m^3=9.8kN/m^3 : 9,800N/m^3 대입 → W, 9.8kN/m^3 대입 → kW]
H : 전양정[m](전수두=낙차수두+마찰손실수두+법정토출압환산수두)
Q : 토출량=방사량[m^3/s]
η : 전효율($\eta_{전효율} = \eta_{수력효율} \times \eta_{체적효율} \times \eta_{기계효율}$)
K : 전달계수

② **전양정(H)**

전양정=낙차수두(흡입+토출)+마찰손실수두(배관+호스)+법정토출수두

(5) 회전차(임펠러) 1개의 가압송수능력

$$회전차(임펠러)\ 1개의\ 가압송수능력 = \frac{P_2 - P_1}{\varepsilon}$$

여기서, P_1 : 흡입측 압력[MPa]
P_2 : 토출측 압력[MPa]
ε : 단수

(6) 펌프 성능시험

① **성능시험의 목적** : 소방펌프에 필요한 특성을 확인하기 위한 시험으로 별도의 성능시험배관을 설치하도록 규정하고 있다.(충압펌프 제외)

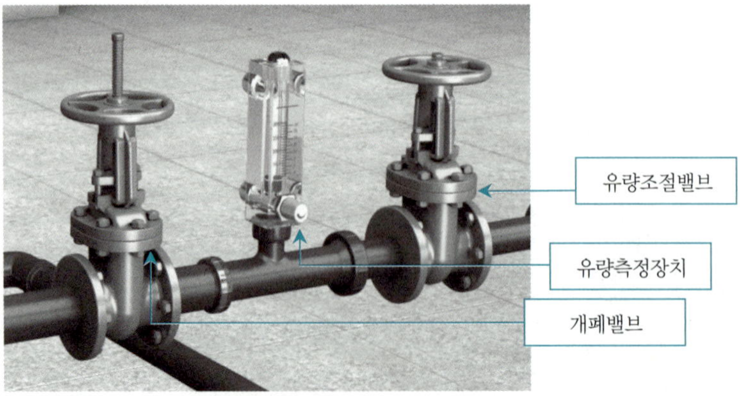

| 소방펌프의 성능시험배관 |

② 소방펌프의 성능시험배관 적합기준

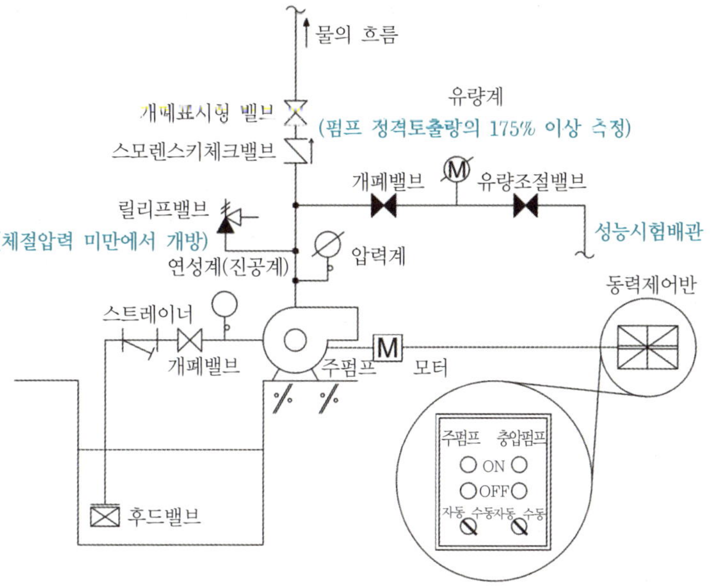

소방펌프의 성능기준 – 펌프의 성능곡선

ⓐ 성능시험배관은 펌프의 토출측에 설치된 **개폐밸브 이전**에서 분기할 것
ⓑ 유량측정장치를 기준으로 전단직관부에는 **개폐밸브**를 후단직관부에는 **유량조절밸브**를 설치할 것
ⓒ **유량측정장치**는 성능시험배관의 직관부에 설치하되, 펌프의 정격토출량의 175% 이상 측정할 수 있는 성능이 있을 것

펌프의 성능시험을 위한 유량측정장치의 최대측정량=펌프의 정격토출량×1.75

실무적용

펌프성능곡선은 소화펌프의 특성상 **체절점 부근**에서 운전(옥내소화전 1개 개방 또는 스프링클러헤드 1개 개방)될 확률이 높아 과도하게 압력이 높으면 좋지 않다. 또한, 기준개수의 1.5배 이상의 노즐 또는 헤드가 개방되더라도 일정압력(**정격토출압력의 65%**) 이상의 압력을 유지하여야 한다는 것을 의미이다.

Mind – Control

"제가 설국열차에서 제일 좋아하는 장면은 송강호씨가 옆을 가리키면서 '이게 너무 오랫동안 닫혀 있어서 벽인줄 알고 있지만 사실은 문이다.'라고 하는 대목입니다.
여러분께서도 내년 한 해 벽인줄 알고 있었던 여러분만의 문을 꼭 찾으시길 바랍니다."

– 박찬욱 감독님 소감 중 –

③ 소방펌프의 성능시험방법

㉠ 체절운전 및 릴리프밸브 개방압력 조정절차

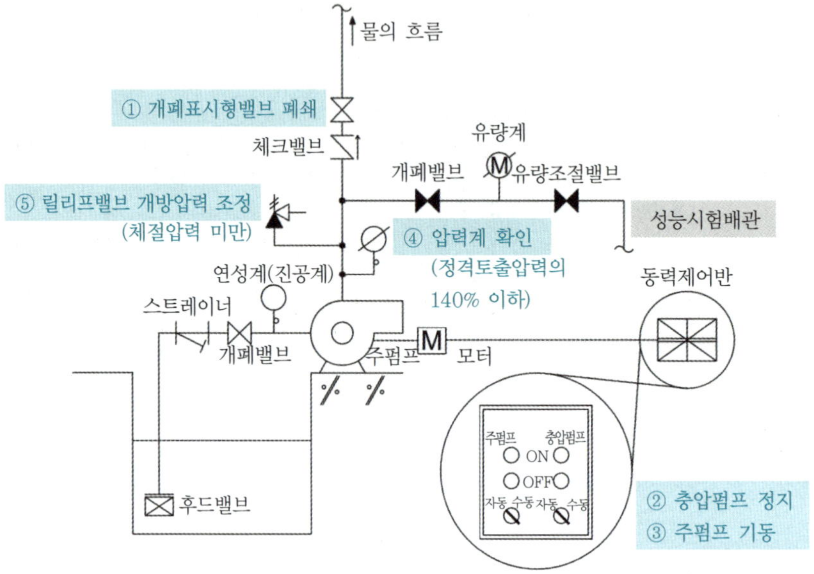

㉡ 정격운전 및 피크운전(과부하운전) 절차

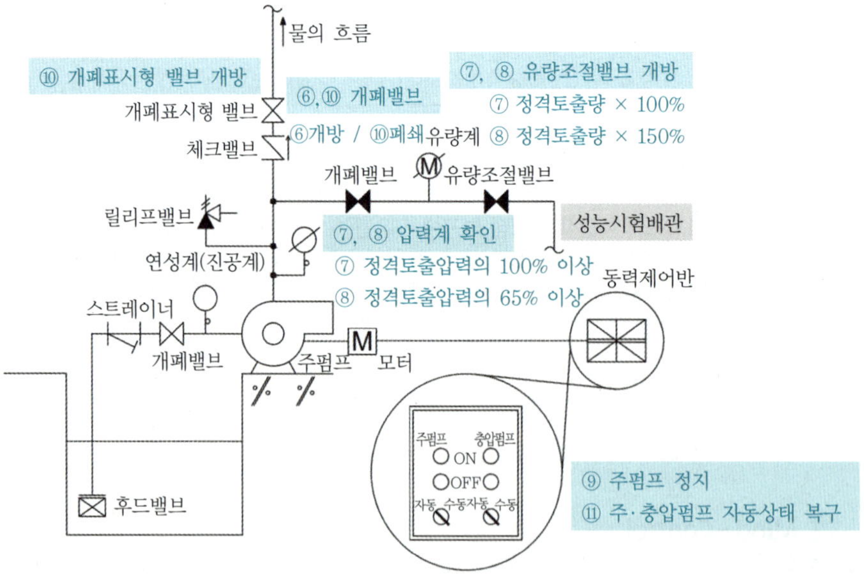

성능시험 전 준비사항		① 펌프토출측 주배관의 개폐밸브 폐쇄 ② 제어반에서 충압펌프 정지
성능시험	체절운전(무부하운전)	③ 주펌프 기동 (제어반에서 수동기동 또는 압력챔버의 배수밸브를 열어 자동기동) ④ 펌프 토출측의 압력계가 정격토출압력의 140% 이하인지 확인
	릴리프밸브	⑤ 릴리프밸브의 조정볼트를 돌려 체절압력 미만에서 개방되도록 조절
	정격운전	⑥ 성능시험배관의 개폐밸브를 완전 개방 ⑦ 성능시험배관의 유량조절밸브를 서서히 개방하여 유량계에서 펌프의 정격토출량이 되도록 하여, 펌프 토출측 압력계가 펌프 정격토출압력 이상인지 확인
	피크운전(과부하운전)	⑧ 성능시험배관의 유량조절밸브를 더 개방하여 유량계에서 펌프 정격토출량의 150%가 되도록 하여, 펌프 토출측 압력계가 펌프 정격토출압력의 65% 이상인지 확인 ⑨ 주펌프 정지
성능시험 후 복구사항		⑩ 성능시험배관의 개폐밸브, 유량조절밸브 폐쇄 및 펌프 토출측 주배관의 개폐밸브 개방 ⑪ 제어반에서 주펌프 및 충압펌프 자동

④ **소방펌프의 성능곡선**

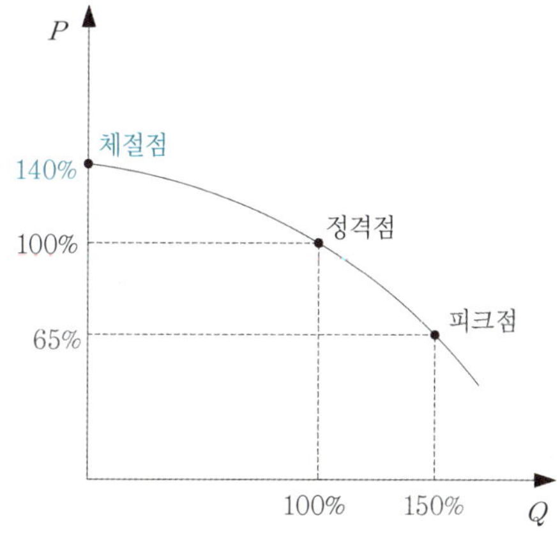

〈소방펌프의 성능기준 – 펌프의 성능곡선〉

ⓐ 체절운전(=체절점=무부하운전)
정격토출압력의 140%를 초과하지 아니할 것
체절압력=정격토출압력×1.4

ⓑ 정격점
정격토출량의 100%로 운전 시 정격토출압력의 100%로 운전하는 지점

ⓒ 피크점(=과부하운전)
정격토출량의 150%로 운전 시 정격토출압력의 65% 이상일 것
피크점에서의 토출량=정격토출량×1.5
피크점에서의 압력=정격토출압력×0.65

(7) 펌프의 이상현상

① **공동현상(캐비테이션 : Cavitation)**

㉠ **정의** : 흡입측 배관의 손실이 커져 배관 내의 압력이 물의 포화수증기압보다 낮아져 기포가 발생하는 현상(배관 내 압력<물의 포화수증기압)

㉡ **공동현상의 발생원인 및 방지대책**

발생원인	방지대책
ⓐ $NPSH_{av} < NPSH_{re}$ 일 경우 발생 ⓑ 펌프의 흡입마찰손실이 큰 경우 발생 ⓒ 흡입측 배관의 흡입배관 길이가 긴 경우 발생 ⓓ 흡입측 배관의 유속이 빠른 경우 발생 ⓔ 펌프의 흡입관경이 작은 경우 발생	ⓐ $NPSH_{av} > NPSH_{re}$ 가 되도록 한다. ⓑ 펌프의 흡입마찰손실을 작게 한다. ⓒ 흡입측 배관의 흡입배관 길이를 짧게 한다. ⓓ 흡입측 배관의 유속을 느리게 한다. ⓔ 펌프의 흡입관경을 크게 한다.

② **수격현상(워터해머 : Water Hammer)**

㉠ **정의** : 펌프의 기동, 정지 밸브 등의 급격한 개폐 등에 의해 유속차가 발생하여 압력으로 전환되어 충격파로 전달되는 현상

㉡ **수격현상의 발생원인 및 방지대책**

발생원인	방지대책
ⓐ 관로의 관경이 좁은 경우 ⓑ 밸브를 급격하게 개폐한 경우 ⓒ 펌프를 급격하게 기동한 경우 ⓓ 펌프의 유량이 많은 경우	ⓐ 관로의 관경을 크게 하면 유속을 낮게 한다. ⓑ 유량을 감소하여 유속을 낮춘다. ⓒ 펌프의 송출구 가까이 밸브를 설치하고 개폐속도를 낮춘다. ⓓ 펌프에 플라이휠(Fly Wheel)을 설치하여 속도가 급격히 변하는 것을 막는다. ⓔ 수격방지기(Water Hammer Cushion) 또는 에어챔버(Air Chamber)을 사용하여 완충작용으로 수격을 방지한다.

③ **맥동현상(서징 : Surging)**

㉠ **정의** : 주기적으로 진동과 소음 등이 발생하며, 압력계 및 진공계의 지침이 흔들리는 현상

㉡ **맥동현상의 발생원인 및 방지대책**

발생원인	방지대책
ⓐ 펌프의 성능곡선이 산형곡선(우상향)일 경우 운전점이 그 정상부 부근일 경우 ⓑ 배관 중에 수조가 있거나 기체상태의 부분이 있을 경우 ⓒ 유량조절밸브가 배관 중 수조의 위치 후단에 있을 경우	ⓐ 펌프의 성능곡선이 산형곡선(우상향)을 가지지 않는 완만한 펌프를 선정 ⓑ 배관 중 수조 및 기체상태의 부분 등을 없앰 ⓒ 배관 중 수조의 위치 후단에 있는 유량조절밸브를 없앰

④ **에어바인딩(Air Binding)** : 원심펌프에서 자주 발생하는 현상으로 **펌프 내 채워진 공기**로 인하여 **소화수가 송수되지 않는 현상**을 말하며, 펌프를 작동하기 전에 프라이밍컵을 통하여 공기를 배출하고 물을 채워 방지할 수 있다.

빈번한 기출문제

01 소방시설의 가압송수장치에서 주로 사용하는 펌프로 터빈펌프와 볼류트펌프가 있다. 이들 펌프의 특징을 비교하여 다음 표의 빈 칸을 작성하시오. 배점 : 6 [10년] [17년]

구 분	볼류트펌프	터빈펌프
임펠러의 안내날개(유, 무)		
송출유량(대, 소)		
송수압력(고, 저)		

• 실전모범답안

구 분	볼류트펌프	터빈펌프
임펠러의 안내날개(유, 무)	무	유
송출유량(대, 소)	대	소
송수압력(고, 저)	저	고

02 동일성능의 소화펌프 2대를 병렬로 연결하여 운전하였을 경우 펌프운전 특성곡선을 1대의 특성곡선과 비교하여 그래프로 나타내시오. 배점 : 5 [12년]

• 실전모범답안

병렬 운전	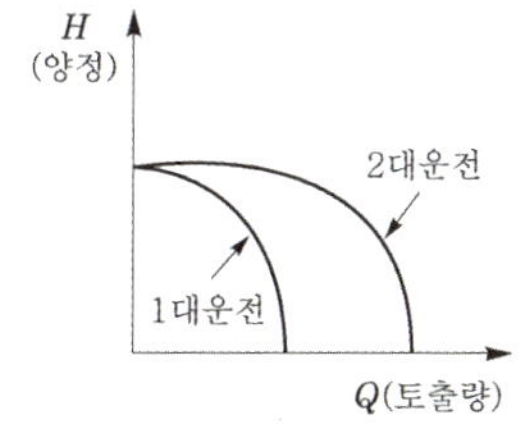	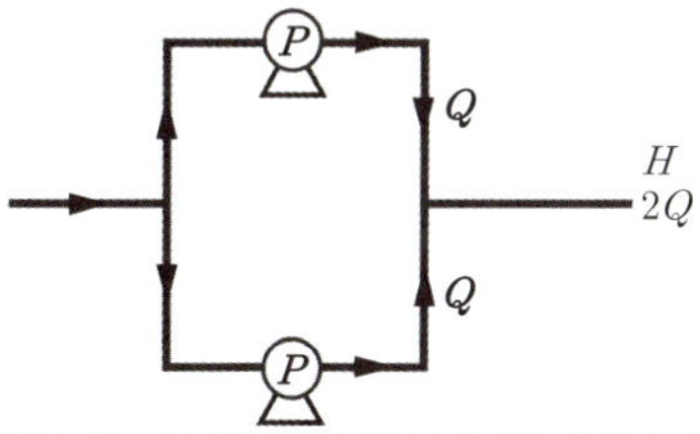	토출량	$2Q$
			양정	H

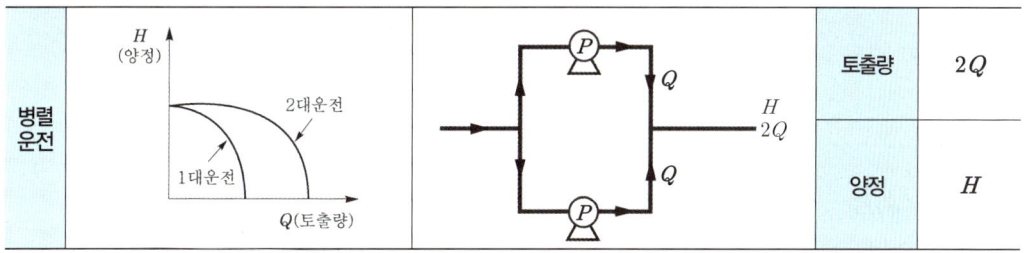

03 어떤 수평배관 속에 물이 2.8m/s의 속도와 $0.46\text{kg}_f/\text{cm}^2$의 압력으로 흐르고 있다. 물의 유량이 $0.95\text{m}^3/\text{s}$일 때 수동력 [PS]을 구하시오. 배점 : 3 [03년]

• 실전모범답안

→ $P = \gamma HQ = 9.8 \times 5 \times 0.95 = 46.55\text{kW} = 63.333\text{PS}$

$$\rightarrow H=\frac{P}{\gamma}+\frac{V^2}{2g}+Z=\frac{\frac{0.46}{1.0332}\times 101.325}{9.8}+\frac{2.8^2}{2\times 9.8}+0=5.003$$

• **답 :** 63.33PS

상세해설

$P=\gamma HQ$	수동력
P : 수동력[W] (1PS=0.735kW, 1HP=0.745kW)	→ $P=\gamma HQ$ [풀이(2)]
γ : 비중량[물 : 9,800N/m³]	→ $9{,}800\text{N/m}^3=9.8\text{kN/m}^3$
Q : 토출량=방사량[m³/s]	→ $0.95\text{m}^3/\text{s}$
H : 전양정[m]	→ $H=\frac{P}{\gamma}+\frac{V^2}{2g}+Z$ [풀이(1)]

(1) **전양정(H)**

$H=\frac{P}{\gamma}+\frac{V^2}{2g}+Z$	베르누이정리
H : 전수두[m]	→ $H=\frac{P}{\gamma}+\frac{V^2}{2g}+Z$
P : 압력[Pa=N/m²]	→ $0.46\text{kg}_f/\text{cm}^2$
γ : 비중량[물 : 9,800N/m³]	→ $9{,}800\text{N/m}^3=9.8\text{kN/m}^3$
V : 유속[m/s]	→ 2.8m/s
g : 중력가속도[9.8m/s²]	→ 9.8m/s^2
Z : 위치수두[m]	→ 0m (수평배관)

→ **전양정 :** $H=\frac{P}{\gamma}+\frac{V^2}{2g}+Z$

$$=\frac{\frac{0.46\text{kg}_f/\text{cm}^2}{1.0332\text{kg}_f/\text{cm}^2}\times 101.325\text{kPa}}{9.8\text{kN/m}^3}+\frac{(2.8\text{m/s})^2}{2\times 9.8\text{m/s}^2}+0\text{m}$$

$$=5.003\text{m} \fallingdotseq 5\text{m}$$

(2) **수동력(P)**

→ **수동력 :** $P=\gamma HQ=9.8\text{kN/m}^3\times 5\text{m}\times 0.95\text{m}^3/\text{s}$

$$=46.55\text{kW}\times\frac{1\text{PS}}{0.735\text{kW}}=63.333\text{PS} \fallingdotseq \mathbf{63.33PS}$$

04 운전 중인 펌프의 압력계를 측정하였더니 흡입측 진공계의 눈금이 150mmHg, 토출측 압력계는 0.294MPa이었다. 펌프의 전양정 [m]을 구하시오. (단, 토출측 압력계는 흡입측 진공계보다 50cm 높은 곳에 있고, 직경은 동일하다.) 배점 : 3 [10년]

• 실전모범답안

→ $H = 0.5 + \left(\dfrac{150}{760} \times 10.332\right) + \left(\dfrac{0.294}{0.101325} \times 10.332\right) = 32.518\text{m}$

• 답 : 32.52m

상세해설

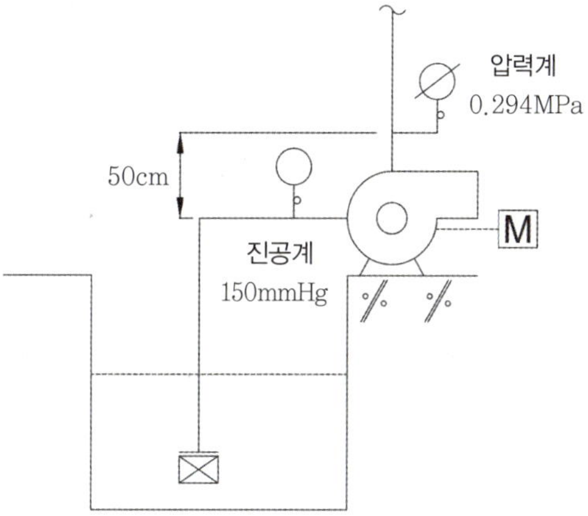

$H = h_1 + h_2 + h_3$	전양정
H : 전양정[m]	→ $H = h_1 + h_2 + h_3$
h_1 : 낙차수두[m]	→ 50cm = 0.5m
h_2 : 마찰손실수두[m] h_3 : 법정토출압력환산수두[m]	→ $h_2 + h_3$ (마찰손실수두와 법정토출수두를 모두 고려한 수두) =흡입측 진공계의 압력+토출측 압력계의 압력 $= \left(\dfrac{150\text{mmHg}}{760\text{mmHg}} \times 10.332\text{m}\right) + \left(\dfrac{0.294\text{MPa}}{0.101325\text{MPa}} \times 10.332\text{m}\right)$

→ **전양정** : $H = 0.5\text{m} + \left(\dfrac{150\text{mmHg}}{760\text{mmHg}} \times 10.332\text{m}\right) + \left(\dfrac{0.294\text{MPa}}{0.101325\text{MPa}} \times 10.332\text{m}\right) = 32.518\text{m} \fallingdotseq \mathbf{32.52m}$

05 소화설비용 수평배관 내의 평균유속이 2.5m/s, 압력이 45.1kPa, 유량이 $0.75m^3/s$, 손실수두를 무시할 경우 필요한 소화펌프의 동력 [kW]을 구하시오. (단, 펌프효율, 전달계수는 무시한다.)

배점 : 6 [10년]

• 실전모범답안

$$H=\frac{P}{\gamma}+\frac{V^2}{2g}+Z=\frac{45.1}{9.8}+\frac{2.5^2}{2\times 9.8}+0=4.92\text{m}$$

→ $P=\gamma QH=9.8\times 0.75\times 4.92=36.162\text{kW}$

• 답 : 36.16kW

상세해설

$P=\gamma QH$	수동력
P : 수동력[W]	→ $P=\gamma HQ$ [풀이(2)]
γ : 비중량[물 : $9,800N/m^3$]	→ $9,800N/m^3=9.8kN/m^3$
Q : 토출량=방사량[m^3/s]	→ $0.75m^3/s$
H : 전양정[m]	→ $H=P/\gamma+V^2/2g+Z$ [풀이(1)]

(1) 전양정(H)

$H=\frac{P}{\gamma}+\frac{V^2}{2g}+Z$	베르누이정리
H : 전수두[m]	→ $H=P/\gamma+V^2/2g+Z$
P : 압력[$Pa=N/m^2$]	→ 45.1kPa
γ : 비중량[물 : $9,800N/m^3$]	→ $9,800N/m^3=9.8kN/m^3$
V : 유속[m/s]	→ 2.5m/s
g : 중력가속도[$9.8m/s^2$]	→ $9.8m/s^2$
Z : 위치수두[m]	→ 0m (수평배관)

→ 전양정 : $H=\frac{P}{\gamma}+\frac{V^2}{2g}+Z=\frac{45.1\text{kPa}}{9.8\text{kN/m}^3}+\frac{(2.5\text{m/s})^2}{2\times 9.8\text{m/s}^2}+0\text{m}=4.92\text{m}$

(2) 수동력(P)

→ 수동력 : $P=\gamma HQ=9.8\text{kN/m}^3\times 4.92\text{m}\times 0.75\text{m}^3/\text{s}=36.162\text{kW}\fallingdotseq \mathbf{36.16kW}$

06 수평회전축 소화펌프를 운전할 경우 흡입구로 들어가는 물의 수압은 0.05MPa이고, 토출측 수압은 1.05MPa이다. 이때 펌프의 몸체 내에 있는 하나의 회전차의 가압송수능력 [MPa]을 구하시오. (단, 소화펌프의 단수는 5이다.) 배점 : 5 [09년]

• 실전모범답안

→ 가압송수능력$=\frac{P_2-P_1}{\varepsilon}=\frac{1.05-0.05}{5}=$0.2MPa

• 답 : 0.2MPa

상세해설

회전차(임펠러) 1개의 가압송수능력$=\frac{P_2-P_1}{\varepsilon}$	회전차(임펠러) 1개의 가압송수능력
P_1 : 흡입측 압력[MPa]	→ 0.05MPa
P_2 : 토출측 압력[MPa]	→ 1.05MPa
ε : 단수	→ 5단

→ 회전차(임펠러) 1개의 가압송수능력$=\frac{P_2-P_1}{\varepsilon}=\frac{1.05\text{MPa}-0.05\text{MPa}}{5}=0.2\text{MPa}$

07 소화펌프의 성능기준을 유량과 양정에 대하여 기술하시오. 배점 : 5 [03년] [05년]

• 실전모범답안

(1) 체절운전 시 정격토출압력의 140%를 초과하지 않을 것

(2) 정격토출량의 150%로 운전 시 정격토출압력의 65% 이상일 것

08 가압송수장치의 체절운전이란 무엇인지 간단히 설명하시오. 배점 : 5 [05년] [11년-2회] [11년-4회] [15회]

• 실전모범답안

→ 체절운전=펌프의 토출측 밸브를 잠그고 펌프를 가동시키는 무부하 운전상태
(체절운전 시 정격토출압력의 140%를 초과하지 아니할 것)

09 **수계소화설비의 가압송수펌프 정격유량이 800 l/min, 정격양정이 80m일 때, 펌프의 성능특성 곡선을 그리고 체절운전점, 100% 운전점(설계점), 150% 운전점을 명시하시오.** 배점 : 5 [16년] [20년] [22년]

• **실전모범답안**

(1) 체절압력 = 정격토출압력 × 1.4 = 80m × 1.4 = **112m**

(2) 피크점에서의 토출량 = 정격토출량 × 1.5 = 800l/min × 1.5 = **1,200l/min**

(3) 피크점에서의 압력 = 정격토출압력 × 0.65 = 80m × 0.65 = **52m**

상세해설

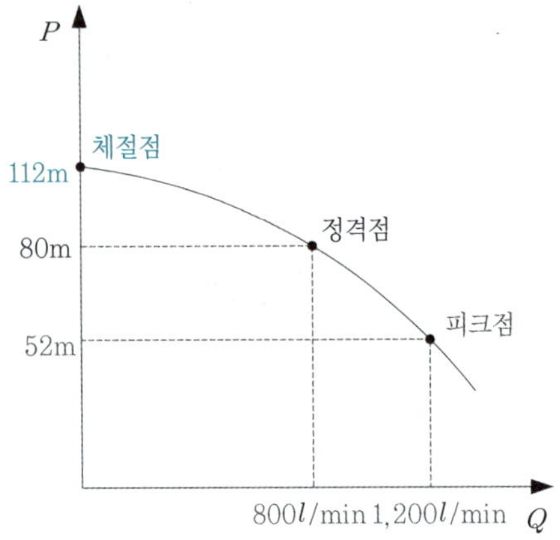

〈소방펌프의 성능기준 – 펌프의 성능곡선〉

① **체절운전(= 체절점 = 무부하운전)**
정격토출압력의 140%를 초과하지 아니할 것

체절압력 = 정격토출압력 × 1.4

② **정격점**
정격토출량의 100%로 운전 시 정격토출압력의 100%로 운전하는 지점

③ **피크점(= 과부하운전)**
정격토출량의 150%로 운전 시 정격토출압력의 65% 이상일 것

피크점에서의 토출량 = 정격토출량 × 1.5

피크점에서의 압력 = 정격토출압력 × 0.65

10 **건식스프링클러설비 가압송수장치(펌프방식)의 성능시험을 실시하고자 한다. 다음 주어진 도면을 참조하여 성능시험 순서 및 시험결과 판정기준을 쓰시오.** 배점 : 5 [07년] [14년-2회] [14년-4회] [17년] [18년]

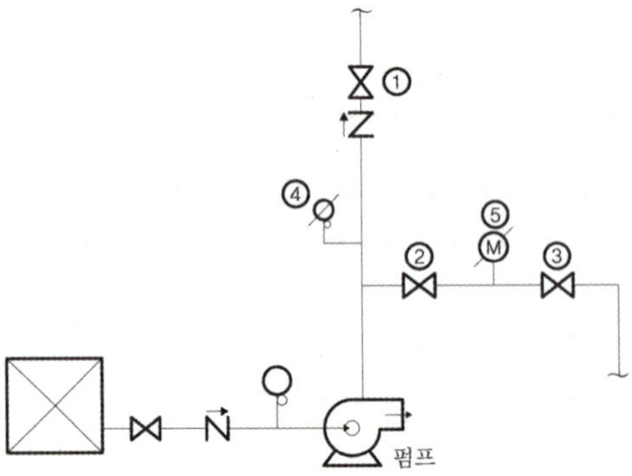

(1) 성능시험 순서

(2) 판정 기준

• 실전모범답안

(1) 성능시험순서

① 체절운전 및 릴리프밸브 개방압력 조정절차

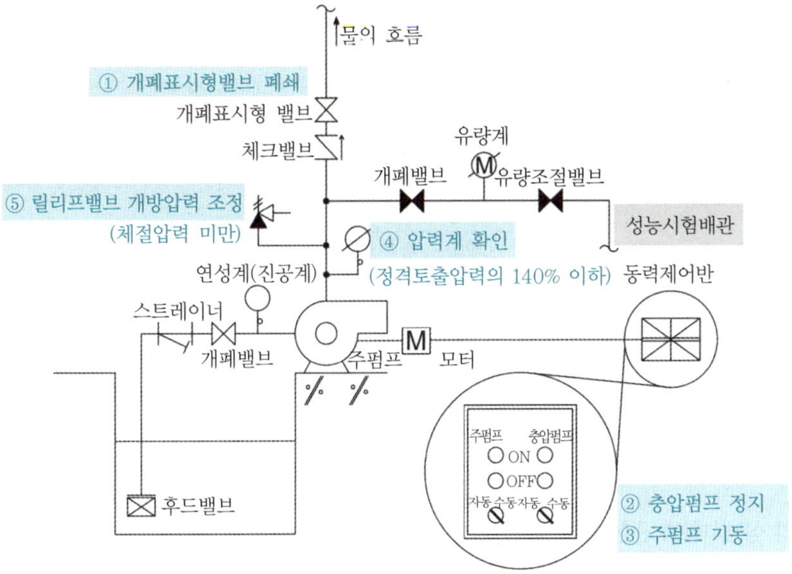

② 정격운전 및 피크운전(과부하운전) 절차

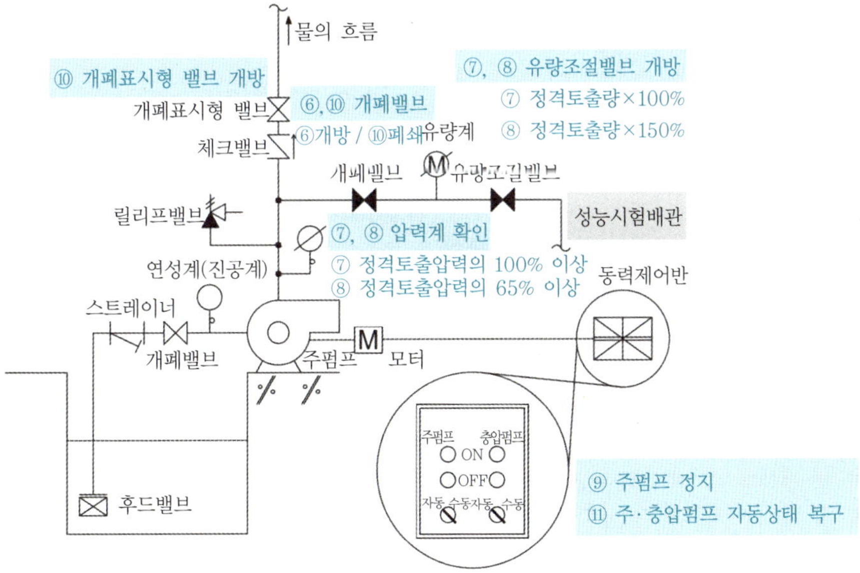

구분		내용
성능시험 전 준비사항		① 펌프토출측 주배관의 개폐밸브 폐쇄 ② 제어반에서 충압펌프 정지
성능 시험	체절운전 (무부하운전)	③ 주펌프 기동(제어반에서 수동기동 또는 압력챔버의 배수밸브를 열어 자동기동) ④ 펌프 토출측의 압력계가 정격토출압력의 140% 이하인지 확인
	릴리프밸브	⑤ 릴리프밸브의 조정볼트를 돌려 체절압력 미만에서 개방되도록 조절
	정격운전	⑥ 성능시험배관의 개폐밸브를 완전 개방 ⑦ 성능시험배관의 유량조절밸브를 서서히 개방하여 유량계에서 펌프의 정격토출량이 되도록 하여, 펌프 토출측 압력계가 펌프 정격토출압력 이상인지 확인
	피크운전 (과부하운전)	⑧ 성능시험배관의 유량조절밸브를 더 개방하여 유량계에서 펌프 정격토출량의 150%가 되도록 하여, 펌프 토출측 압력계가 펌프 정격토출압력의 65% 이상인지 확인 ⑨ 주펌프 정지
성능시험 후 복구사항		⑩ 성능시험배관의 개폐밸브, 유량조절밸브 폐쇄 및 펌프 토출측 주배관의 개폐밸브 개방 ⑪ 제어반에서 주펌프 및 충압펌프 자동

(2) 판정기준

① 체절운전 시 정격토출압력의 140%를 초과하지 않을 것
② 정격토출량의 150%로 운전 시 정격토출압력의 65% 이상일 것

---

11 소방펌프의 성능시험에 관한 다음의 각 물음에 답하시오. 배점 : 5 [03년] [18년]

(1) 수계소화설비에서 소화펌프의 성능시험배관(유량계 설치방식)을 펌프와 관련시켜 도시하시오.
(2) 성능시험의 목적을 쓰시오.
(3) 펌프의 성능시험방법을 순서대로 쓰시오.

• **실전모범답안**

(1), (3) 성능시험배관의 계통도, 성능시험방법

① 체절운전 및 릴리프밸브 개방압력 조정절차

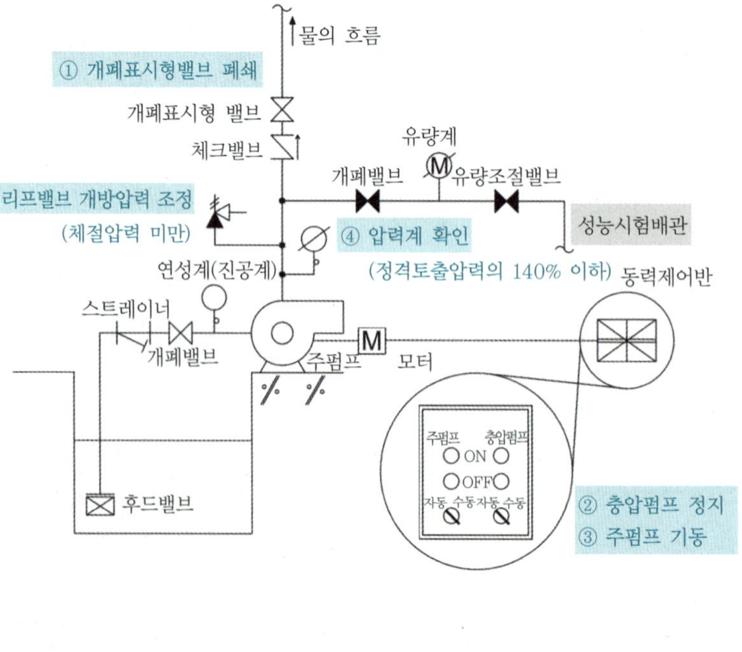

② 정격운전 및 피크운전(과부하운전) 절차

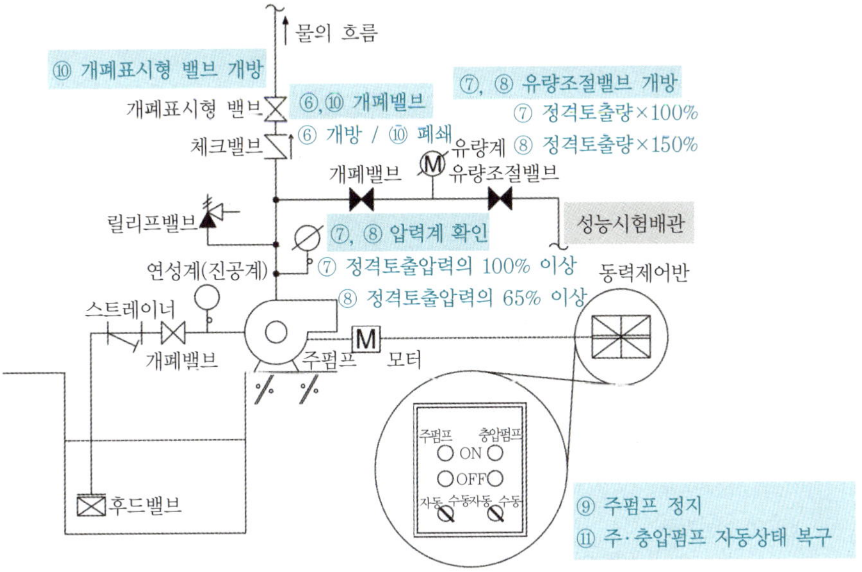

구분		내용
성능시험 전 준비사항		① 펌프토출측 주배관의 개폐밸브 폐쇄 ② 제어반에서 충압펌프 정지
성능 시험	체절운전 (무부하운전)	③ 주펌프 기동(제어반에서 수동기동 또는 압력챔버의 배수밸브를 열어 자동기동) ④ 펌프 토출측의 압력계가 정격토출압력의 140% 이하인지 확인
	릴리프밸브	⑤ 릴리프밸브의 조정볼트를 돌려 체절압력 미만에서 개방되도록 조절
	정격운전	⑥ 성능시험배관의 개폐밸브를 완전 개방 ⑦ 성능시험배관의 유량조절밸브를 서서히 개방하여 유량계에서 펌프의 정격토출량이 되도록 하여, 펌프 토출측 압력계가 펌프 정격토출압력 이상인지 확인
	피크운전 (과부하운전)	⑧ 성능시험배관의 유량조절밸브를 더 개방하여 유량계에서 펌프 정격토출량의 150%가 되도록 하여, 펌프 토출측 압력계가 펌프 정격토출압력의 65% 이상인지 확인 ⑨ 주펌프 정지
성능시험 후 복구사항		⑩ 성능시험배관의 개폐밸브, 유량조절밸브 폐쇄 및 펌프 토출측 주배관의 개폐밸브 개방 ⑪ 제어반에서 주펌프 및 충압펌프 자동

(2) 성능시험의 목적

소방펌프가 다음의 특성기준을 만족하는지 확인하기 위하여 성능시험을 실시한다.

① 체절운전 시 정격토출압력의 140%를 초과하지 않을 것

② 정격토출량의 150%로 운전 시 정격토출압력의 65% 이상일 것

---

12 소방펌프의 성능시험에 관한 다음의 각 물음에 답하시오. 배점 : 5 [19년]

(1) 펌프의 성능곡선을 그리고, 성능기준 2가지를 쓰시오.

(2) 펌프의 성능시험배관의 설치기준을 쓰시오.

• 실전모범답안

(1) 펌프의 성능곡선, 성능기준

① 펌프의 성능곡선

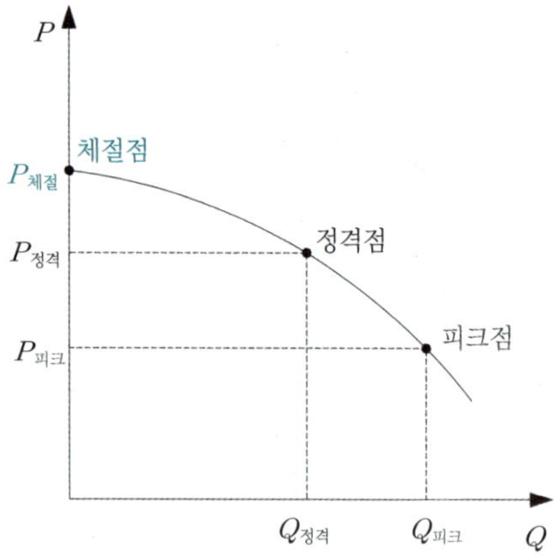

② 펌프의 성능기준

㉠ 체절운전 시 정격토출압력의 140%를 초과하지 않을 것

㉡ 정격토출량의 150%로 운전 시 정격토출압력의 65% 이상일 것

(2) 펌프의 성능시험배관의 설치기준

① 성능시험배관은 펌프의 토출측에 설치된 **개폐밸브 이전**에서 분기할 것

② 유량측정장치를 기준으로 전단직관부에는 **개폐밸브**를 후단직관부에는 **유량조절밸브**를 설치할 것

③ **유량측정장치**는 성능시험배관의 직관부에 설치하되, 펌프의 정격토출량의 175% 이상 측정할 수 있는 성능이 있을 것

13 펌프방식의 가압송수장치에서 소화펌프의 토출측 배관의 체크밸브와 소화펌프 사이에 설치하는 릴리프밸브의 작동압력은 몇 MPa 미만으로 설정하여야 하는지 구하시오. (단, 펌프의 성능곡선은 다음과 같다.)

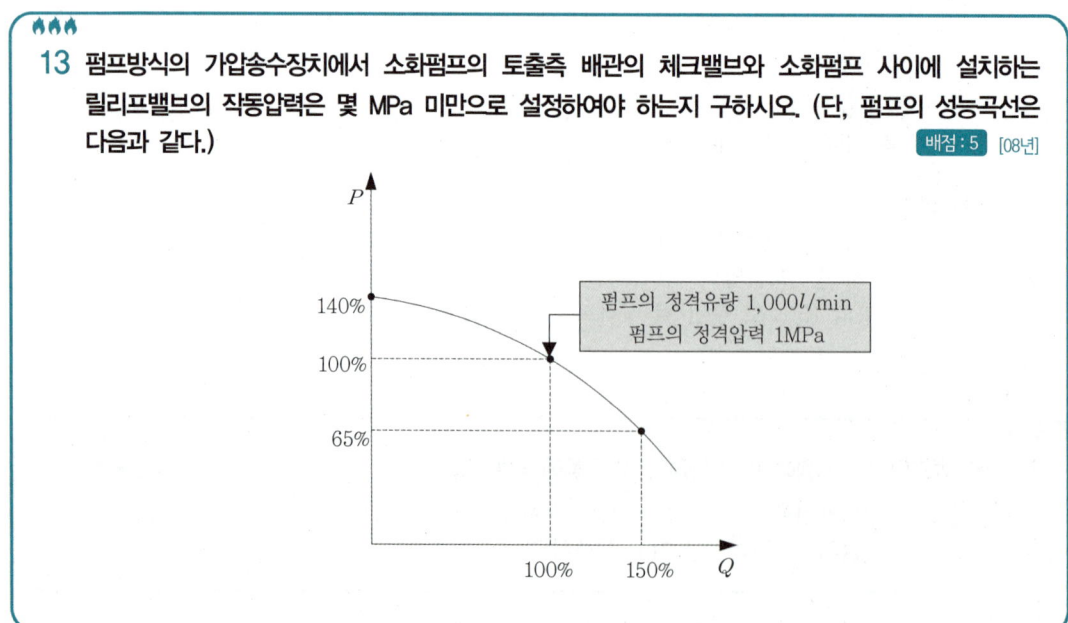

배점 : 5 [08년]

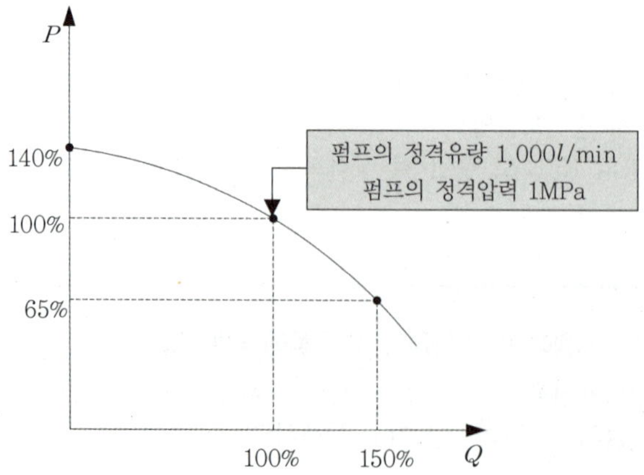

• 실전모범답안

릴리프밸브는 **체절압력 미만**에서 개방되어 가압송수장치의 체절운전 시 수온의 상승을 방지하는 밸브이므로 체절압력을 계산하면,

체절압력 = 정격토출압력 × 1.4

= 1MPa × 1.4 = 1.4MPa

→ 릴리프밸브의 작동압력 = 1.4MPa 미만

14 옥내소화전설비의 순환배관에 설치된 릴리프밸브의 작동점은 얼마인지 쓰시오. 배점 : 3 [09년]

• 실전모범답안

체절압력 미만

15 배관 내 유체가 흐를 때 발생하는 캐비테이션(공동현상)의 발생원인 및 방지대책을 각각 4가지만 쓰시오. 배점 : 4 [04년] [10년] [14년] [18년]

• 실전모범답안

(1) 발생원인

① 펌프의 흡입마찰손실이 큰 경우 발생
② 흡입측 배관의 흡입배관의 길이가 긴 경우 발생
③ 흡입측 배관의 유속이 빠른 경우 발생
④ 펌프의 흡입관경이 작은 경우 발생

(2) 방지대책

① 펌프의 흡입마찰손실을 작게 한다.
② 흡입측 배관의 흡입배관의 길이를 짧게 한다.
③ 흡입측 배관의 유속을 느리게 한다.
④ 펌프의 흡입관경을 크게 한다.

16 소화설비에 사용하는 펌프의 운전 중 발생하는 공동현상(Cavitation)을 방지하는 대책을 다음 표로 정리하였다. (　　) 안에 크게, 작게, 빠르게 또는 느리게로 구분하여 답하시오. 배점 : 3 [09년]

유효흡입수두($NPSH_{av}$)를	(　　　　)
펌프흡입압력을 유체압력보다	(　　　　)
펌프의 회전수를	(　　　　)

• 실전모범답안

유효흡입수두($NPSH_{av}$)를	(크게)
펌프흡입압력을 유체압력보다	(크게)
펌프의 회전수를	(느리게)

17 소화펌프 기동 시 일어날 수 있는 맥동현상(surging)의 방지대책을 3가지 쓰시오.

배점 : 5 [15년] [23년]

• 실전모범답안

(1) 맥동현상(Surging)

주기적으로 진동과 소음 등이 발생하여, 압력계 및 진공계의 지침이 흔들리는 현상

(2) 방지대책

① 펌프의 성능곡선이 산형곡선(우상향)을 가지지 않는 완만한 펌프를 선정한다.
② 배관 중 수조 및 기체상태의 부분 등을 제거한다.
③ 배관 중 수조의 위치 후단에 있는 유량조절밸브를 제거한다.

18 펌프운전 시 발생하는 에어바인딩(air binding)에 대하여 간단히 쓰시오.

배점 : 4 [04년]

• 실전모범답안

에어바인딩(Air Binding)이란, 원심펌프에서 자주 발생하는 현상으로 **펌프 내 채워진 공기**로 인하여 **소화수가 송수되지 않는 현상**을 말하며, 펌프를 작동하기 전에 프라이밍컵을 통하여 공기를 배출하고 물을 채워 방지할 수 있다.

| 에어바인딩의 방지대책 |

에듀파이어기술학원 이항준 원장 합격수기

소방시설관리사, 소방기술사가 되기까지 …

도움이 될지는 모르겠지만 소방기술사가 되기까지 제 이야기를 몇 자 적어 봅니다. 아무쪼록 도움이 되셨으면 합니다.

저는 전문대학에서 기계과를 전공하여(그 시절 술로 거의 대부분을 탕진하고 공부와는 담을 쌓고 있었습니다.) 겨우겨우 소방설비 기계분야 산업기사를 취득한 후 다른 분야에서 경력을 1년 쌓아 기계분야, 전기분야 기사 자격을 취득하게 되었습니다. 사실 본격적으로 소방업에 종사한 것은 기사를 따고 나서라고 할 수 있습니다. 그런데 공사업체 취직을 하고 첫 월급을 받았는데 72만원을 받았습니다. 당시 IMF의 폭풍이 불고 있었으니 일자리가 있다는 것만으로도 만족을 해야 했습니다. 그나마 다행인 것은 제가 근무하는 회사의 사장님께서 소방시설관리사를 취득하고 있던지라(당시에는 소방시설관리사 취득이 상당히 어려웠습니다. 물론 지금도 쉽지는 않습니다만) 이름도 생소했던 소방점검과 공사를 동시에 하게 되었습니다.

지금도 그때를 생각해보면 그때 그렇게 많은 설비를 동시에 보았기에 남들보다 조금은 빨리 배울 수 있었지 않았나 합니다. 그러나 다들 아시다 시피 소방업계의 현실은 너무나도 영세한 업체가 많이 때문에 누구보다도 열심히 하였지만 어느 정도 선 이상은 올라갈 수 없다는 것에 좌절을 하게 되었습니다. 방법도 모르고 어떻게 해야 하는 것이 현명한지 몰라 고민을 많이 하였습니다.

그러던 중 지인의 권유로 7회 소방시설관리사 시험을 보게 되었으며 1차 합격을 하고 8회 소방시설관리사에 최종합격을 하게 되었습니다. 그 당시 소방시설관리사는 제 인생의 모든 것이었습니다.

지방이라는 열악한 환경과 학원을 가려 해도 갈 수 없는 현실(시간, 경제적 여건 등) 너무나도 지금의 현실을 벗어나고 싶었기에 또 보다 당당하게 살고 싶었기에 … 어떤 이들은 목표를 달성하기 위해 목숨을 거는 사람들도 있다는데 위안을 하며 저와의 싸움은 그렇게 시작을 하였습니다.

너무나도 벗어나고 싶은 마음 때문에 새벽 4시 30분에 회사에 출근을 하였습니다. 조금이라도 일찍 나와 첫 버스를 놓치지 않기 위해 전날 머리를 감고 면도를 하여 아침에는 세수만하고 출근을 하였습니다.

세수를 하고 집밖으로 나오는 순간부터 나 스스로와의 전쟁은 시작되었습니다.(그 당시에는 전쟁이라는 표현이 적합할 것 같습니다.) 집에서 나서면서부터 제 손에는 책이 들려져 있었고 버스를 타도 걸어 다녀도 마찬가지였습니다. 회사 도착 시간은 5시 반가량, 8시 반까지는 거의 나만의 시간이었으므로 걸어오면서 + 버스 안 + 회사에서의 시간을 합하면 3~4시간 가량을 이때 공부할 수 있었습니다. 본격적인 업무가 시작되어도 공부시간을 만들기 위해 업무를 한 치의 실수도 없이 하려고 하였고 이에 따라 회사 트럭 운전을 하면서도 공책을 옆에 놓고 노래 부르듯이 화재안전기준을 암기하다보니 기억이 나지 않으면 운전 중 신호가 걸리기를 바라며 운전한 적도 너무 많았습니다.(너무 위험하겠지요… ^^;) 거의 모든 자투리 시간을 낭비하지 않도록 노력하니 일과 중 많으면 3~4시간, 작으면 2~3시간 정도의 시간을 만들 수 있었고 퇴근을 하여 집에서 2~3시간정도 공부를 하니 많으면 10시간 내지 작으면 8시간을 공부할 수 있더군요. 지금 생각해 봐도 정말 피 말리는 시간이었습니다.

그렇게 몇 달을 공부하던 중 오른쪽 눈이 이상해서 안과에 갔었는데 시신경의 2/3가 죽었고 계속해서 그렇게 무리를 하면 오른쪽 눈이 실명할 수도 있다고 하는 청천벽력 같은 소리를 들었습니다. 그런데 저는 너무나도 어리석게도 오른쪽 눈을 포기할 각오를 하고 공부를 하였는데 지금은 다행이도 더 이상 나빠지지 않았습니다. 여러분은 이런 어리석은 행동을 하지 마시기 바랍니다. 제일 중요한 것은 건강입니다.

관리사 시험 전에 집사람과의 결혼을 미룰 수 없는 처지라서 시험 2주전에 결혼식을 올렸는데 신혼여행 중에 집사람보다 화재안전기준을 껴안고 보내다보니 아직도 집사람에게 좋은 소리를 듣지는 못하고 있습니다.

이후 결과는 좋아 소방시설관리사를 취득하게 되었고 합격자 발표 후 바로 소방기술사에 도전을 하여 그 다음해에 소방기술사까지 취득을 하게 되었습니다.

제가 생각하는 시험의 본질은 자기 자신과의 싸움이라 생각합니다. 경쟁자는 옆에서 공부하는 사람이 아니라 자기 자신이라는 것을 말씀드리고 싶습니다. 저의 경우 흔들리지 않는 마음을 가지기 위해 2~3개월 정도 투자 아닌 투자를 했습니다. 다른 사람은 되고 나는 왜 안 될까라는 화두를 안고 나이가 많으신 인생의 선배들을 만나 술 먹으며 이야기도 많이 듣고 책도 많이 읽었습니다. 이때 읽은 책 중에서 제가 힘들 때마다 찾아보며 위안을 삼아 수십번 읽은 책도 있습니다. 그 때의 시간들이 많이 도움이 되었습니다.

합격기간을 일부 줄이고 좀 쉽게 가기 위한 방법으로 보통 학원내지는 아는 기술사 등을 찾게 되는데 학원에서 줄 수 있는 부분은 말 그대로 도움일 뿐입니다. 진짜 핵심은 자기 자신이 직접하는 것만이 진실이라는 사실입니다. 이렇듯 마음의 준비가 되었을 때 좋은 교재와 좋은 공부방법을 통해 최상의 효과를 발휘하지 않을까 합니다.

가끔가다 받는 질문 중에 하나가 "화재안전기준 다 외워야 됩니까?", "○○교재 다 외워야 됩니까?"라는 질문을 받은데 이 질문의 배경은 "외우기 싫고 보기 싫다"라는 뉘앙스가 들어 있지는 않은지 한번 생각해 봐야 할 문제입니다. 대다수의 합격자들이 다 외우고 이해하려고 노력하는데 하기 싫어서 보지 않으면 합격할 수가 없겠지요.

소방시설관리사의 경우 기술사 공부를 병행하시는 분들의 합격률이 상대적으로 높을 수밖에 없는 것이 현실입니다. 왜냐하면 화재안전기준을 이해하고 적는 것과 암기하고 적는 것과의 차이는 채점자(대부분이 기술사입니다.)의 입장에서 봤을 때 기술사적 관점으로 적는 것이 당연히 유리하겠지요.

소방기술사의 경우 어떠한 문제가 나와도 응용하며 기술할 수 있도록 다독과 이해가 필수가 되겠지요. 문제를 찍어서 하는 것은 너무 위험합니다.

자기자신의 인생을 바꿀 수 있는 것은 오로지 자기 자신 뿐입니다.

사실 합격수기를 적어보는 것은 처음이라 두서없이 적었습니다. 모자란 것이 너무 많은 미약한 한 인간의 이야기였습니다. 개인적으로는 과거를 돌아보는 좋은 계기가 되었습니다.

저 역시 올바르게 소방이 발전하기를 기원하는 한 사람의 기술자일 뿐입니다.

자기 자신의 인생을 바꿀 수 있는 것은 오로지 자기 자신 밖에 없습니다.
어떤 선택이든지 간에 항상 목표를 정하여 도전한다면 이룰 것입니다.
지금 우리에게 필요한 것은 인내라는 것을…
그리고 그 뒤에 찾아올 영광을 위하여…

이항준 씀

M·e·m·o

M·e·m·o

M·e·m·o

Chapter 02

수계 소화설비

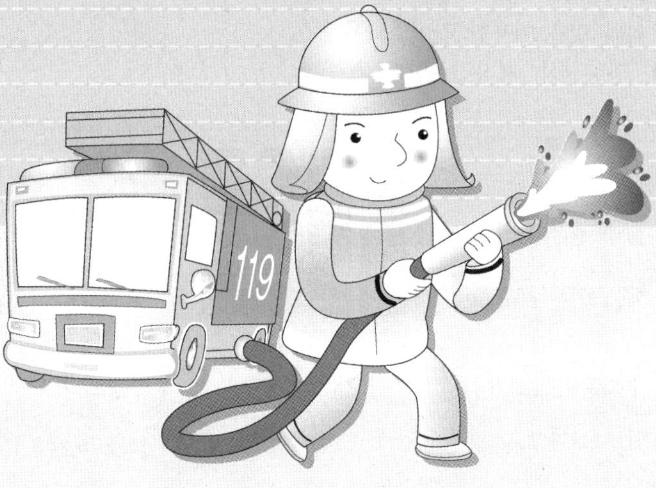

1 소화기구 및 자동소화장치

1 소화기구의 능력단위 및 개수

(1) 소화기구 및 자동소화장치

① **소화기구의 종류**
- ㉠ 소화기
- ㉡ 자동확산소화기
  - 일반화재용
  - 주방화재용
  - 전기설비용
- ㉢ 간이소화용구
  - 에어로졸식 소화용구
  - 투척용 소화용구
  - 소공간용 소화용구
  - 소화약제 외의 것을 이용한 간이소화용구 (마른모래, 팽창질석, 팽창진주암)

② **자동소화장치의 종류**
- ㉠ 주거용 주방자동소화장치
- ㉡ 상업용 주방자동소화장치
- ㉢ 캐비닛형 자동소화장치
- ㉣ 가스 자동소화장치
- ㉤ 분말 자동소화장치
- ㉥ 고체에어로졸 자동소화장치

| 소형소화기 |

| 자동확산소화기 |

| 간이소화용구 |

| 대형소화기 |

| 자동소화장치 |

(2) 소형소화기 vs 대형소화기

구 분	소화능력단위	설치거리
소형소화기	1단위 이상	보행거리 20m 이내
대형소화기	A급 10단위 이상 B급 20단위 이상	보행거리 30m 이내

(3) 대형소화기 / 간이소화용구의 정의 및 충전량

① **대형소화기** : 화재 시 사람이 운반할 수 있도록 운반대와 바퀴가 설치되어 있고, 능력단위가 **A급 10단위 이상, B급 20단위 이상**인 소화기

구 분	충전량	구 분	충전량
포	20l 이상	분말	20kg 이상
강화액	60l 이상	할로겐화합물	30kg 이상
물	80l 이상	이산화탄소	50kg 이상

암기법 포강물 분할이 268 235

② **간이소화용구** : 에어로졸식 소화용구, 투척용 소화용구, 소공간용 소화용구 및 소화약제 외의 것을 이용한 소화용구

간이소화용구	용 량	능력단위
마른모래	삽을 상비한 50l 이상의 것 1포	0.5단위
팽창질석 또는 팽창진주암	삽을 상비한 80l 이상의 것 1포	

CHAPTER 02

(4) 소화기의 능력단위

① 표 2.1.1.2 특정소방대상물별 소화기구의 능력단위기준

특정소방대상물	소화기구의 능력단위	내화구조&(불연 or 준불연 or 난연재료)인 경우
• 위락시설	30m^2/단위	60m^2/단위
• 공연장 • 집회장 • 관람장 • 문화재 • 장례식장 • 의료시설 암기법 위 공집관문장의 근그3512	50m^2/단위	100m^2/단위
• 근린생활시설 • 방송통신시설 • 공장 • 운수시설 • 전시장 • 판매시설 • 관광휴게시설 • 창고시설 • 노유자시설 • 숙박시설 • 항공기 및 자동차 관련시설 • 공동주택 • 업무시설 암기법 근방 공장 운전으로 판 관창으로 노숙에서 항공업	100m^2/단위	200m^2/단위
• 그 밖의 것	200m^2/단위	400m^2/단위

→ **공동주택의 종류** : 아파트등, 연립주택, 다세대주택 및 기숙사

참고 간이소화용구의 능력단위

능력단위가 2단위 이상이 되도록 소화기를 설치하여야 할 특정소방대상물 또는 그 부분에 있어서는 간이소화용구의 능력단위가 전체 능력단위의 $\frac{1}{2}$을 초과하지 아니하게 할 것. 다만, 노유자시설의 경우에는 그렇지 않다.

② **능력단위 산출하기**

특정소방대상물의 **용도** 확인 → 특정소방대상물의 **구조** 확인 → **실내마감재료** 확인

i) 내화구조 & 불연재료
ii) 내화구조 & 준불연재료
iii) 내화구조 & 난연재료

↓ "기준면적의 2배"

$\frac{\text{바닥면적}}{\text{기준면적×2배}}$ = ▨ 단위

iv) 기타
(언급 ×, 일반구조 & 불연재료 등)

↓ "기준면적"

$\frac{\text{바닥면적}}{\text{기준면적}}$ = ▨ 단위

③ **소화기의 개수 산출하기**

특정소방대상물의 용도 확인 → 특정소방대상물의 구조 확인 → 실내마감재료 확인

i) 내화구조 & 불연재료
ii) 내화구조 & 준불연재료
iii) 내화구조 & 난연재료

↓ "기준면적의 2배"

$\frac{\text{바닥면적}}{\text{기준면적×2배}}$ = ▨ 단위

↓

iv) 기타
(언급 ×, 일반구조 & 불연재료 등)

↓ "기준면적"

$\frac{\text{바닥면적}}{\text{기준면적}}$ = ▨ 단위

↓

소화기의 소요개수 = $\frac{\text{소요능력단위}}{\text{설치하여야 할 소화기의 능력단위}}$ = ▨ 개

if) 정수가 아니라면?

[예시] $\frac{15\ \text{단위}}{2\ \text{단위}}$ = 7.5개 → 8개

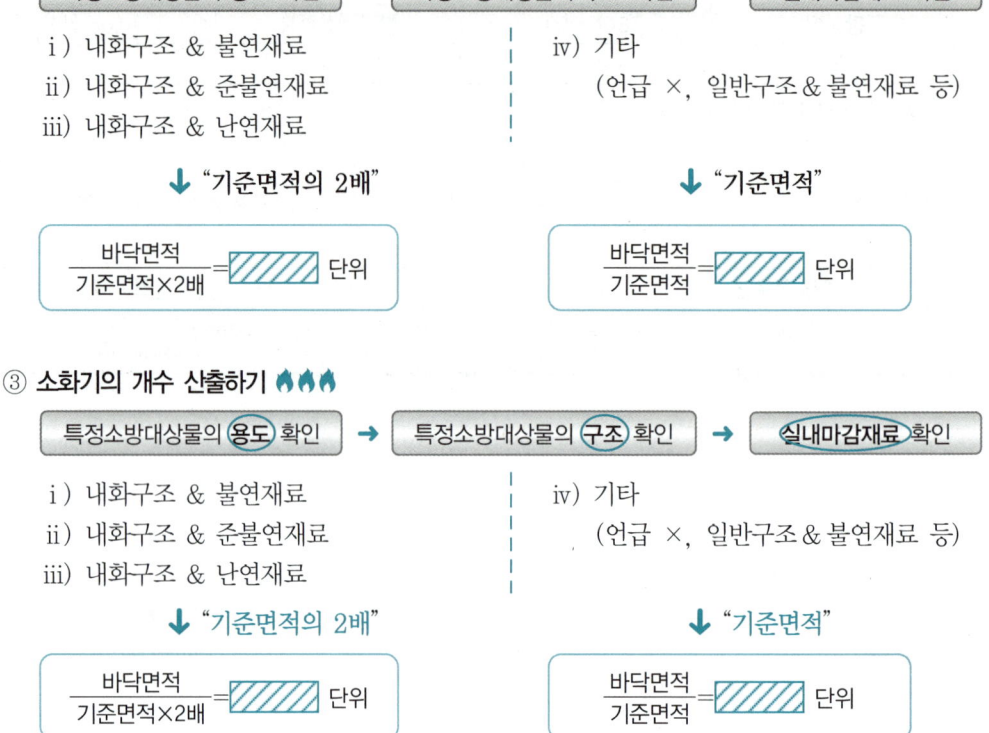

(5) 가스용 주방자동소화장치를 사용하는 경우 탐지부의 설치기준

구 분	종 류	구 성	설치위치
공기보다 가벼운 가스	LNG(액화천연가스)	메탄(CH_4)	천장면으로부터 30cm 이하
공기보다 무거운 가스	LPG(액화석유가스)	프로판(C_3H_8), 부탄(C_4H_{10})	바닥면으로부터 30cm 이하

빈번한 기출문제

01 아파트의 각 세대별로 주방에 설치하는 자동소화장치의 설치기준에 대한 (　　) 안에 알맞은 답을 쓰시오. 배점 : 6 [04년] [08년] [12년] [13년] [18년]

주거용 주방자동소화장치 중 가스용 주방자동소화장치를 사용하는 경우 탐지부는 수신부와 분리하여 설치하되 공기보다 가벼운 가스를 사용하는 경우에는 천장면으로부터 (　①　)의 위치에 설치하고 공기보다 무거운 가스를 사용하는 장소에는 바닥면으로부터 (　②　)의 위치에 설치할 것

• 실전모범답안

① 30cm 이하

② 30cm 이하

주의 必 공동주택 화재안전성능기준

※ **소화기구** : 아파트등의 경우 각 세대 및 공용부(승강장, 복도 등)마다 설치할 것

02 화재안전기준에서 규정한 소화기구 중 다음 기구에 대한 정의를 쓰시오. 배점 : 6 [09년]

(1) 대형소화기

(2) 간이소화용구

• 실전모범답안

(1) **대형소화기** : 화재 시 사람이 운반할 수 있도록 운반대와 바퀴가 설치되어 있고, 능력단위가 A급 10단위 이상, B급 20단위 이상인 소화기

(2) **간이소화용구** : 에어로졸식 소화용구, 투척용 소화용구, 소공간용 소화용구 및 소화약제 외의 것을 이용한 소화용구

03 소화약제에 따른 간이소화용구의 종류 4가지를 쓰시오. 배점 : 4 [07년]

• 실전모범답안

(1) 에어로졸식 소화용구

(2) 투척용 소화용구

(3) 소공간용 소화용구

(4) 소화약제 외의 것을 이용한 소화용구
① 마른모래
② 팽창질석
③ 팽창진주암

04 특정소방대상물에 따른 소화기구의 능력단위 선정에 있어서 숙박시설의 바닥면적이 500m²인 장소에 소화기구를 설치할 때 소화기구의 최소능력단위를 구하시오. 배점 : 3 [13년]

• **실전모범답안**

→ 능력단위 $= \frac{\text{바닥면적}}{\text{기준면적}} = \frac{500}{100} = 5$단위

• **답 :** 5단위

상세해설

용도		구조		실내마감재료		능력단위
숙박시설	▶	언급 (×)	▶	언급 (×)	▶	$100m^2$/단위

소화기구의 최소능력단위 $= \frac{A}{B}$	소화기구의 최소능력단위
A : 바닥면적[m^2]	→ $500m^2$
B : 기준면적[m^2]	→ $100m^2$/단위 **(숙박시설)**

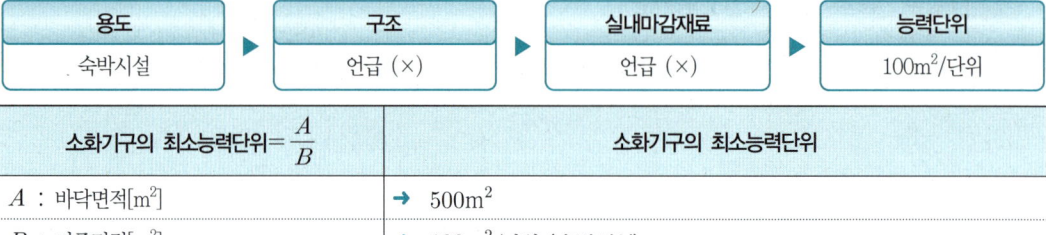

→ 소화기구의 최소능력단위 $= \frac{500m^2}{100m^2/\text{단위}} = 5$단위

표 2.1.1.2 특정소방대상물별 소화기구의 능력단위기준

특정소방대상물		소화기구의 능력단위	내화구조 & (불연 or 준불연 or 난연재료)인 경우
• 근린생활시설 • 방송통신시설 • 공장 • 운수시설 • 전시장 • 판매시설 • 관광휴게시설	• 창고시설 • 노유자시설 • 숙박시설 • 항공기 및 자동차 관련시설 • 공동주택 • 업무시설	$100m^2$/단위	$200m^2$/단위
암기법 근방 공장 운전으로 판 관창으로 노숙에서 항공업			

→ **공동주택의 종류** : 아파트등, 연립주택, 다세대주택 및 기숙사

05 **바닥면적이 30m×20m인 다음의 장소에 분말소화기를 설치할 경우 각각의 장소에 필요한 분말소화기의 소화능력단위를 구하시오.** 배점 : 6 [13년]

(1) 위락시설

(2) 판매시설

(3) 공연장(단, 건축물의 주요구조부가 내화구조이고, 벽 및 반자의 실내에 면하는 부분이 불연재료로 되어있다.)

• **실전모범답안**

(1) 능력단위$=\dfrac{\text{바닥면적}}{\text{기준면적}}=\dfrac{30\times 20}{30}=$20단위

• **답 :** 20단위

(2) 능력단위$=\dfrac{\text{바닥면적}}{\text{기준면적}}=\dfrac{30\times 20}{100}=$6단위

• **답 :** 6단위

(3) 능력단위$=\dfrac{\text{바닥면적}}{\text{기준면적}}=\dfrac{30\times 20}{100}=$6단위

• **답 :** 6단위

상세해설

소화기구의 최소능력단위$=\dfrac{A}{B}$	소화기구의 최소능력단위
A : 바닥면적[m^2]	→ $(30\times 20)m^2$
B : 기준면적[m^2]	→ $30m^2$/단위 **(위락시설)**, $100m^2$/단위 **(판매시설)**, $100m^2$/단위 **(공연장, 내화구조)**

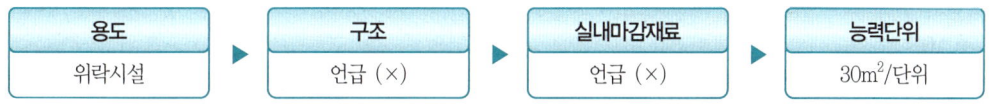

(1) 위락시설

용도	구조	실내마감재료	능력단위
위락시설	언급 (×)	언급 (×)	$30m^2$/단위

∴ 소화기구의 최소능력단위$=\dfrac{\text{바닥면적}}{\text{기준면적}}=\dfrac{(30\times 20)m^2}{30m^2/\text{단위}}=$20단위

(2) 판매시설

용도	구조	실내마감재료	능력단위
판매시설	언급 (×)	언급 (×)	$100m^2$/단위

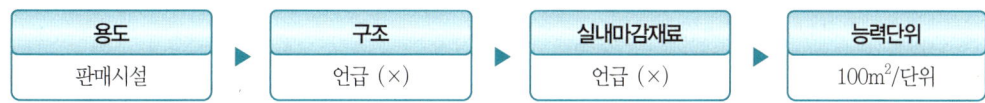

∴ 소화기구의 최소능력단위$=\dfrac{\text{바닥면적}}{\text{기준면적}}=\dfrac{(30\times 20)m^2}{100m^2/\text{단위}}=$6단위

(3) 공연장

용도		구조		실내마감재료		능력단위
공연장	▶	내화구조	▶	불연재료	▶	$100m^2$/단위

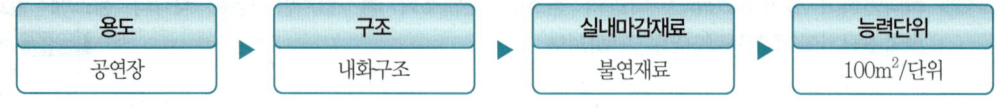

∴ 소화기구의 최소능력단위$=\dfrac{\text{바닥면적}}{\text{기준면적}}=\dfrac{(30\times 20)m^2}{100m^2/\text{단위}}=$6단위

표 2.1.1.2 특정소방대상물별 소화기구의 능력단위기준

특정소방대상물	소화기구의 능력단위	내화구조 & (불연 or 준불연 or 난연재료)인 경우
• 위락시설	$30m^2$/단위	$60m^2$/단위
• 공연장 • 관람장 • 장례식장 • 집회장 • 문화재 • 의료시설 암기법 위 공집관문장의 근23512	$50m^2$/단위	$100m^2$/단위
• 근린생활시설 • 방송통신시설 • 공장 • 운수시설 • 전시장 • 판매시설 • 관광휴게시설 • 창고시설 • 노유자시설 • 숙박시설 • 항공기 및 자동차 관련시설 • 공동주택 • 업무시설 암기법 근방 공장 운전으로 판 관창으로 노숙에서 항공업	$100m^2$/단위	$200m^2$/단위

➜ 공동주택의 종류 : 아파트등, 연립주택, 다세대주택 및 기숙사

06 지하 1층의 판매시설로서 해당 용도로 사용하는 바닥면적은 $3,000m^2$이다. 판매시설에 능력단위가 A급 3단위인 분말소화기를 설치할 경우 소화기의 최소 개수를 구하시오.

배점 : 6 [09년] [11년] [17년] [21년]

• 실전모범답안

능력단위$=\dfrac{\text{바닥면적}}{\text{기준면적}}=\dfrac{3,000}{100}=$30단위

➜ 소화기 최소 개수$=\dfrac{30}{3}=$10개

• 답 : 10개

상세해설

용도	구조	실내마감재료	능력단위
판매시설	언급 (×)	언급 (×)	$100m^2$/단위

소화기구의 최소능력단위 $=\frac{A}{B}$	소화기구의 최소능력단위
A : 바닥면적[m^2]	→ $3,000m^2$
B : 기준면적[m^2]	→ $100m^2$/단위 **(판매시설)**

∴ 소화기구의 능력단위 $=\frac{\text{바닥면적}}{\text{기준면적}}=\frac{3,000m^2}{100m^2/\text{단위}}=30\text{단위}$

→ **소화기의 최소 개수** $=\frac{30\text{단위}}{3\text{단위}}=10$**개**

표 2.1.1.2 특정소방대상물별 소화기구의 능력단위기준

특정소방대상물	소화기구의 능력단위	내화구조 & (불연 or 준불연 or 난연재료)인 경우
• 근린생활시설 • 방송통신시설 • 공장 • 운수시설 • 전시장 • 판매시설 • 관광휴게시설 • 창고시설 • 노유자시설 • 숙박시설 • 항공기 및 자동차 관련시설 • 공동주택 • 업무시설 **암기법** 근방 공장 운전으로 판 관창으로 노숙에서 항공업	$100m^2$/단위	$200m^2$/단위

→ **공동주택의 종류** : 아파트등, 연립주택, 다세대주택 및 기숙사

07 다음 물음에 답하시오.

배점 : 6

(1) 금속화재의 정의를 쓰시오.

(2) 금속화재에 적응성 있는 소화약제를 쓰시오.

(3) 마그네슘 합금 칩을 저장 또는 취급하는 장소에 설치하여야 하는 소화기구의 능력단위를 쓰시오.

• **실전모범답안**

(1) **금속화재의 정의 :** "금속화재(D급 화재)란" 마그네슘 합금 등 가연성 금속에서 일어나는 화재를 말한다. 금속화재에 대한 소화기의 적응 화재별 표시는 'D'로 표시한다.

(2) **금속화재에 적응성 있는 소화약제 :** 마른모래, 팽창질석 및 팽창진주암

(3) **마그네슘 합금 칩을 저장 또는 취급하는 장소에 설치하여야 하는 소화기구의 능력단위 :** 해당 소화기를 2개 이상 비치 금속화재용 소화기(D급) 1개 이상을 금속재료로부터 보행거리 20m 이내로 설치할 것

2 부속용도별 추가하여야 할 소화기구

(1) 표 2.1.1.3 부속용도별로 추가하여야 할 소화기구

① 표 2.1.1.3 부속용도별로 추가하여야 할 소화기구

<table>
<tr><th>용도별</th><th>소화기구의 개수</th></tr>
<tr><td>㉠ 보일러실, 건조실, 세탁소, 대량화기취급소
㉡ 관리자의 출입이 곤란한 전기설비(변전실, 송전실, 변압기실, 배전반실) : 불연재료로 상자 안에 장치된 것 제외
암기법 보건세대 전기관리</td><td rowspan="2">㉮ 능력단위 1단위 이상의 소화기
$= \frac{\text{해당 용도의 바닥면적}}{25m^2}$
㉢의 주방에 설치되는 소화기 중 1개 이상은 K급 소화기 설치
㉯ 자동확산소화기의 개수
<table><tr><th>바닥면적</th><th>자동확산소화기</th></tr><tr><td>$10m^2$ 이하</td><td>1개</td></tr><tr><td>$10m^2$ 초과</td><td>2개</td></tr></table>→ 보일러, 조리기구, 변전설비 등 방호대상이 유효하게 분사될 수 있는 수량 설치
㉰ 소화기구 개수=㉮+㉯
(용도 ㉢의 경우 소화기 중 1개 이상을 주방화재용 소화기(K급)로 설치)</td></tr>
<tr><td>㉢ 다중이용업소·음식점(지하가의 음식점 포함)·호텔·기숙사·노유자시설·장례식장·교육연구시설·교정 및 군사시설·공장·의료시설 및 업무시설의 주방
다만, 공장·의료시설 및 업무시설의 주방은 공동취사를 위한 것에 한함.
암기법 다음 호기로운 노장은 육군 교교씨 + 공장의 업무</td></tr>
<tr><td>㉣ "㉡"에 해당하지 않는 전기설비
(발전실·변전실·송전실·변압기실·배전반실·통신기기실·전산기기실·기타 이와 유사한 시설이 있는 장소)</td><td>㉱ 적응성 있는 소화기
$= \frac{\text{해당 용도의 바닥면적}}{50m^2}$</td></tr>
</table>

② 상대적으로 위험한 공간에 추가적으로 비치하여야 할 소화기구의 개수 산출하기

설치하여야 할 소화기의 총 개수 = 기본소화기 설치 개수 + 부속용도별 추가할 소화기구

㉠ 보일러실, 건조실, 세탁실, 대량화기취급소 ㉡ 관리자의 출입이 곤란한 전기설비 ㉢ 음식점, 다중이용업소 등의 주방	i) **바닥면적이 $10m^2$ 이하인 경우** $\frac{\text{해당 바닥면적}}{25m^2}$+자동확산소화기 1개=▨개 ii) **바닥면적이 $10m^2$ 초과인 경우** $\frac{\text{해당 바닥면적}}{25m^2}$+자동확산소화기 2개=▨개 → "㉢"에 해당하는 경우, 해당 소화기 중 1개 이상 주방화재용(K급) 소화기를 설치
㉣ "㉡"에 해당하지 않는 전기설비	iii) **"㉣"에 해당하는 경우** $\frac{\text{해당 바닥면적}}{50m^2}$=▨개

빈번한 기출문제

01 다음의 조건에 따라 지하 2층, 지상 3층인 업무시설에 3단위 소화기를 설치하고자 한다. 건물의 각 층별로 설치하여야 할 최소 소화기의 개수를 구하시오. 배점 : 8 [16년] [19년]

[조건]

① 각 층의 바닥면적은 1,500m^2이다.
② 지하 1층과 지하 2층은 주차장이며, 지하 2층에는 보일러실 100m^2가 포함되어 있다.
③ 해당 특정소방대상물에는 소화설비가 없는 것으로 가정한다.

(1) 지상 1~3층
(2) 지하 1층
(3) 지하 2층

• **실전모범답안**

(1) 소화기의 개수 $=\frac{15}{3}\times 3=$ 15개

→ 능력단위 $=\frac{1,500}{100}=$ 15단위

• **답 :** 15개

(2) 소화기의 개수 $=\frac{15}{3}\times 1=$ 5개

→ 능력단위 $=\frac{1,500}{100}=$ 15단위

• **답 :** 5개

(3) 소화기의 개수 $=\frac{15}{3}\times 1+\frac{100}{25}=$ 9개

• 보일러실 100m^2 (10m^2 초과 자동확산소화기 2개)

→ 주차장의 능력단위 $=\frac{1,500}{100}=$ 15단위

• **답 :** 9개(자동확산소화기 2개 별도 추가)

상세해설

표 2.1.1.2 특정소방대상물별 소화기구의 능력단위기준

특정소방대상물	소화기구의 능력단위	내화구조 & (불연 or 준불연 or 난연재료)인 경우
• 근린생활시설 • 방송통신시설 • 공장 • 운수시설 • 전시장 • 판매시설 • 관광휴게시설 • 창고시설 • 노유자시설 • 숙박시설 • 항공기 및 자동차 관련시설 • 공동주택 • 업무시설 **암기법** 근방 공장 운전으로 판 관창으로 노숙에서 항공업	$100m^2$/단위	$200m^2$/단위

표 2.1.1.3 부속용도별로 추가하여야 할 소화기구

<table>
<tr><th>용도별</th><th>소화기구의 개수</th></tr>
<tr><td>① 보일러실, 건조실, 세탁소, 대량화기취급소</td><td rowspan="3">㉮ 능력단위 1단위 이상의 소화기
$= \frac{\text{해당 용도의 바닥면적}}{25m^2}$
㉢의 주방에 설치되는 소화기 중 1개 이상은 K급 소화기 설치
㉯ 자동확산소화기의 개수
<table><tr><th>바닥면적</th><th>자동확산소화기</th></tr><tr><td>$10m^2$ 이하</td><td>1개</td></tr><tr><td>$10m^2$ 초과</td><td>2개</td></tr></table>➜ 보일러, 조리기구, 변전설비 등 방호대상이 유효하게 분사될 수 있는 수량 설치
㉰ 소화기구 개수=㉮+㉯
(용도 ㉢의 경우 소화기 중 1개 이상을 주방화재용 소화기(K급)로 설치)</td></tr>
<tr><td>② 관리자의 출입이 곤란한 전기설비(변전실, 송전실, 변압기실, 배전반실) : 불연재료로 상자 안에 장치된 것 제외
암기법 보건세대 전기관리</td></tr>
<tr><td>③ 다중이용업소·음식점(지하가의 음식점 포함)·호텔·기숙사·노유자시설·장례식장·교육연구시설·교정 및 군사시설·공장·의료시설 및 업무시설의 주방. 다만, 공장·의료시설 및 업무시설의 주방은 공동취사를 위한 것에 한함
암기법 다음 호기로운 노장은 육군 교교씨. + 공장의 업무</td></tr>
</table>

Tip 해당 특정소방대상물은 옥내소화전설비의 설치대상에 해당되지만, 조건 ③에 따라 해당 특정소방대상물에는 소화설비가 설치되지 않는 것으로 가정한다.

(1) 지상 1~3층 업무시설 $1,500m^2$

용도	▶	구조	▶	실내마감재료	▶	능력단위
업무시설		언급 (×)		언급 (×)		$100m^2$/단위

소화기구의 최소능력단위$=\frac{A}{B}$	소화기구의 최소능력단위
A : 바닥면적[m^2]	➜ $1,500m^2$
B : 기준면적[m^2]	➜ $100m^2$/단위 **(업무시설)**

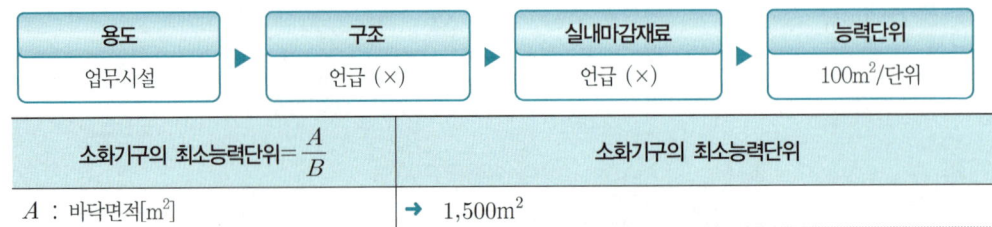

$$소화기구의\ 능력단위 = \frac{바닥면적}{기준면적} = \frac{1{,}500\text{m}^2}{100\text{m}^2/단위} = 15단위$$

$$\therefore\ 층별\ 소화기의\ 최소\ 개수 = \frac{15\,단위}{3\,단위} = 5개$$

➜ 지상 1~3층에 설치하여야 할 소화기의 최소 개수=5개×3개 층=**3단위 소화기 15개 설치**

(2) 지하 1층 주차장 1,500m²

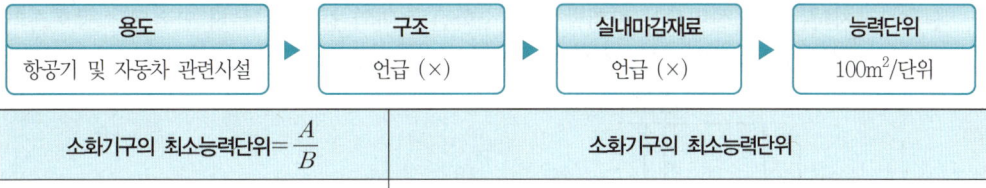

용도	구조	실내마감재료	능력단위
항공기 및 자동차 관련시설	언급 (×)	언급 (×)	100m^2/단위

소화기구의 최소능력단위 $= \dfrac{A}{B}$	소화기구의 최소능력단위
A : 바닥면적[m²]	➜ $1{,}500\text{m}^2$
B : 기준면적[m²]	➜ 100m^2/단위 **(항공기 및 자동차 관련시설)**

$$소화기구의\ 능력단위 = \frac{바닥면적}{기준면적} = \frac{1{,}500\text{m}^2}{100\text{m}^2/단위} = 15단위$$

➜ 지하 1층에 설치하여야 할 소화기의 최소 개수 $= \dfrac{15\,단위}{3\,단위}$ =**3단위 소화기 5개 설치**

(3) 지하 2층 주차장 및 보일러실

① **지하 2층 주차장 1,500m²**

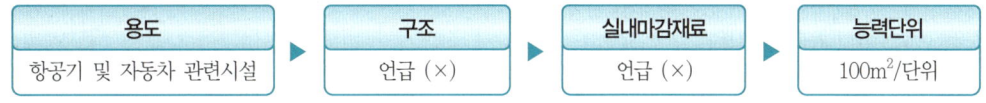

용도	구조	실내마감재료	능력단위
항공기 및 자동차 관련시설	언급 (×)	언급 (×)	100m^2/단위

소화기구의 최소능력단위 $= \dfrac{A}{B}$	소화기구의 최소능력단위
A : 바닥면적[m²]	➜ $1{,}500\text{m}^2$
B : 기준면적[m²]	➜ 100m^2/단위 **(항공기 및 자동차 관련시설)**

$$소화기구의\ 능력단위 = \frac{바닥면적}{기준면적} = \frac{1{,}500\text{m}^2}{100\text{m}^2/단위} = 15단위$$

$$\therefore\ 지하\ 2층\ 주차장에\ 설치하여야\ 할\ 소화기의\ 최소\ 개수 = \frac{15\,단위}{3\,단위} = 5개$$

② **지하 2층 보일러실 100m²**

표 2.1.1.3에 따라 보일러실은 **부속용도별로 추가하여야 할 소화기구**에 해당되므로,

㉠ 능력단위 1단위 이상의 소화기 $= \dfrac{100\text{m}^2}{25\text{m}^2} = 4$개

㉡ 자동확산소화기=2개 (바닥면적 10m^2 초과)

※ 지하 2층 보일러실에 추가하여야 할 소화기의 개수=4개(자동확산소화기 2개)

③ 지하 2층에 설치하여야 할 소화기의 총 개수

㉠ 5개(주차장)+4개(보일러실)=**3단위 소화기 9개**

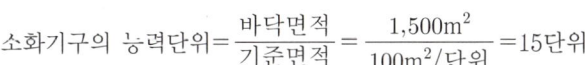

㉡ **자동확산소화기 2개**

2 옥내소화전설비

1 옥내소화전설비 계통도 및 구성 등

(1) 옥내소화전설비 계통도

옥내에 설치하는 소화설비로서 화재발생 시 소화전함 내의 방수구로부터 연결된 소방호스의 말단에 노즐을 연결하여 물을 방수하는 설비

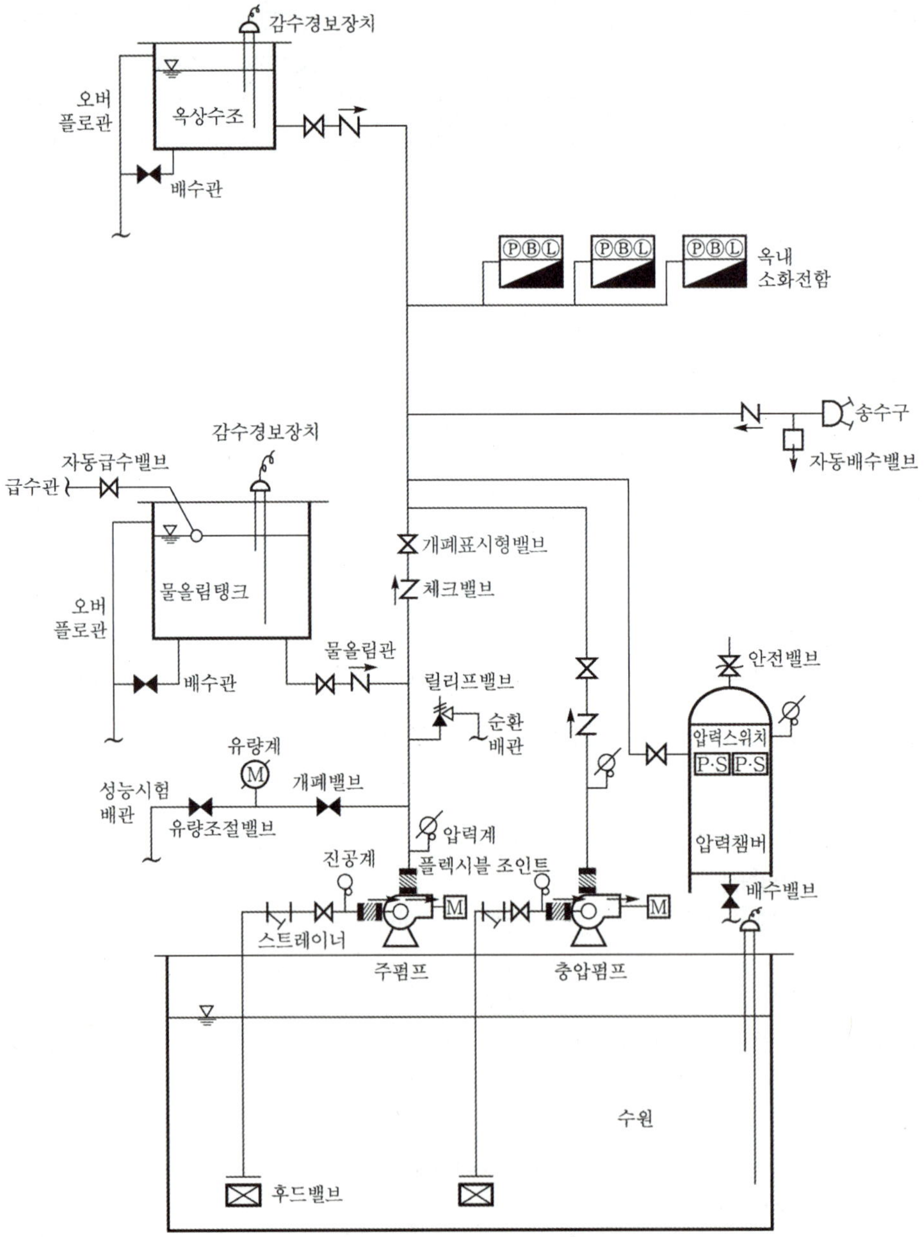

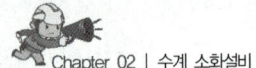

| 옥내소화전설비 계통도(펌프방식) |

(2) 옥내소화설비 계통도 이해하기

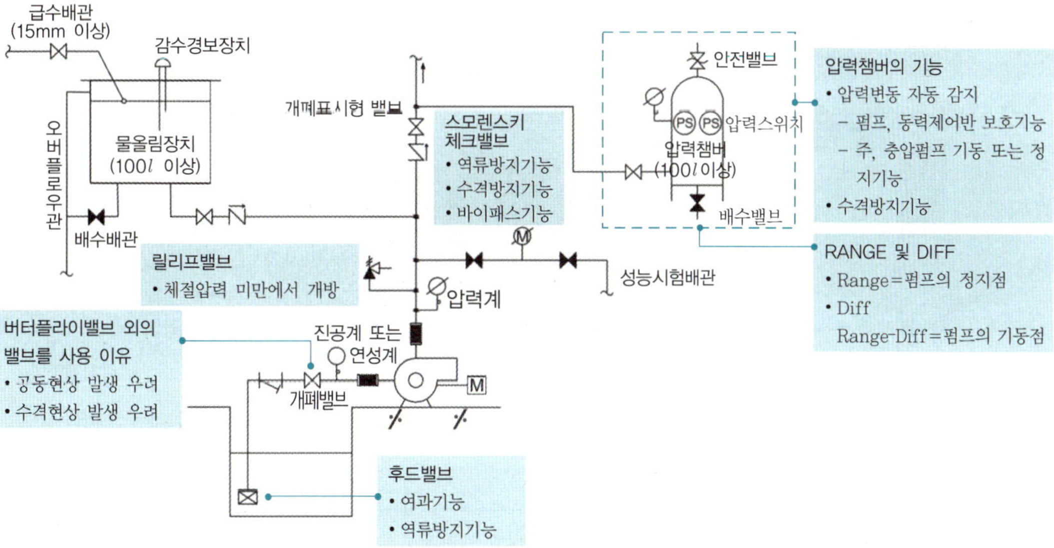

(3) 기동용 수압개폐장치(압력챔버)의 기능

① 배관 내의 압력변동을 자동으로 검지하여 소화 주·충압펌프를 기동 또는 정지(주펌프는 수동정지)
② 압력챔버 내 공기로 인한 수격방지기 역할
③ 순간적인 압력변화를 안정적으로 감지하여 펌프 및 동력제어반을 보호하는 역할

| 압력챔버 |

| 전자식 기동용압력스위치 |

| 부르돈관 압력스위치 |

(4) 펌프의 기동점과 정지점

① Range
㉠ 충압펌프의 정지점
㉡ 주펌프는 수동정지하므로 Range값 의미 없음

② Diff

㉠ "Difference(차이)의 약칭으로, Range값 − Diff값 = 펌프의 기동점"을 의미

㉡ 기동점은 "충압펌프 → 주펌프 → 예비펌프" 순으로 설정

| 압력스위치 외부 |

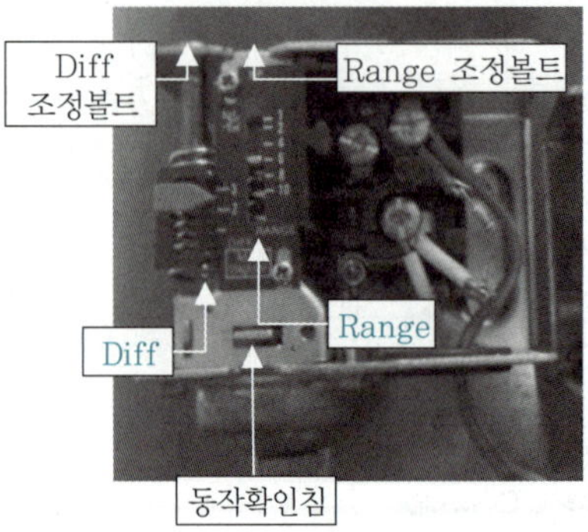

| 압력스위치 내부 |

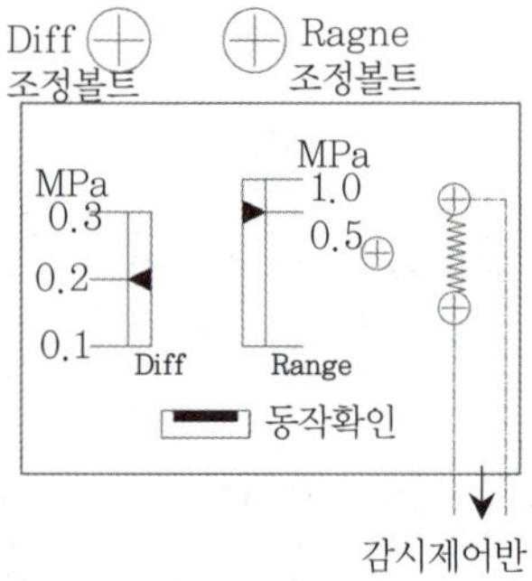

| 압력스위치 내부 도식화 |

실무적용

- 압력스위치의 동작 확인침은 평상 시 올라가 있다가 압력챔버의 압력이 낮아지면 압력스위치가 동작하여 동작 확인침은 떨어지고 펌프를 기동시킨다.
- Range=0.5MPa, Diff=0.2MPa인 펌프의 정지점과 기동점
  - 펌프의 정지점=0.5MPa (주펌프의 경우 수동정지)
  - 펌프의 기동점=0.5MPa−0.2MPa=0.3MPa

(5) 물올림장치의 설치기준

① **물올림장치** : 수원의 수위가 펌프보다 낮은 위치에 있는 경우 설치하여 펌프가 정상적으로 소화수의 흡입이 가능하도록 하는 장치

② **물올림장치의 설치기준**

㉠ 물올림장치는 전용의 탱크를 설치할 것

㉡ 탱크의 유효수량은 100l 이상으로 하되, 구경 15mm 이상의 급수배관에 따라 해당 탱크에 물이 계속 보급되도록 할 것

| 스모렌스키체크밸브 |

| 후드밸브 |

| 물올림장치 |

| 소방펌프실 전경 |

(6) 흡입측 배관의 설치기준

① **공기**고임이 생기지 아니하는 구조로 하고 **여과**장치를 설치할 것

② 수조가 펌프보다 낮게 설치된 경우에는 각 펌프(충압펌프 포함)마다 수조로부터 **별도**로 설치할 것

암기법 공기여과별도

(7) 개폐표시형 밸브

① OS & Y 밸브와 버터플라이밸브의 비교

개폐표시형 밸브	OS & Y 밸브	버터플라이밸브
밸브의 특성	• 개폐상태를 외부에서 식별할 수 있는 밸브 • 흡입측 배관에 설치가능 • 일명 "게이트밸브"	• 개폐상태를 외부에서 식별할 수 있는 밸브 • 흡입측 배관에 설치할 수 없음(원반형태의 디스크가 배관 내에 설치되어 있어 밸브의 개방상태에서도 물의 흐름을 방해하므로 유체저항이 매우 큼)
작동원리	밸브 디스크가 밸브봉의 나사에서 밸브 시트에 직각방향으로 개폐가 이루어짐	원통형의 몸체 내부에 밸브봉을 축으로 하여 원반형태의 디스크가 회전함으로서 배관의 유수를 개폐시키는 밸브
형태		

Tip *Outside Screwed & Yoke Type Gate Valve*(바깥나사식 게이트밸브)를 "OS & Y 밸브"라 한다.

② 흡입측 배관에 설치하는 개폐표시형 밸브

㉠ 흡입측 배관에 설치하는 개폐표시형 밸브=**버터플라이밸브 외의 개폐표시형 밸브**를 설치할 것

㉡ 이유

- 유체저항이 크므로 유효흡입양정(NPSH)이 감소하여 공동현상(Cavitation)이 발생할 우려가 있다.
- 순간적인 개폐조작으로 인하여 수격현상(Water Hammer)이 발생할 우려가 있다.

(8) 릴리프밸브와 안전밸브의 차이점

구 분	릴리프밸브	안전밸브
사용목적	압력의 과도한 상승을 방지하기 위하여 설치하는 밸브	
설치위치	펌프의 토출측 배관의 체크밸브 이전에 설치	압력챔버의 상부에 설치
사용범위	액체용(체절압력 미만)	기체용(호칭압력~호칭압력의 1.3배)
형태		

(9) 압력계와 연성계, 진공계

구 분	압력계	연성계	진공계
설치위치	펌프의 토출측 배관	펌프의 흡입측 배관	펌프의 흡입측 배관
측정범위	대기압 이상의 압력측정	대기압 이상, 이하의 압력측정	대기압 이하의 압력측정
도시기호			

(10) 소화배관

① 소화배관의 종류

㉠ 배관 내 사용압력에 따른 소화배관의 종류

배관 내 사용압력	사용배관의 종류	
1.2MPa 미만	• 덕타일 주철관(KS D 4311) • 이음매 없는 구리 및 구리합금관(KS D 5301) : 습식의 배관에 한함	• 배관용 탄소강관(KS D 3507) • 배관용 스테인리스강관(KS D 3576) 또는 일반배관용 스테인리스강관(KS D 3595)
1.2MPa 이상	• 압력배관용 탄소강관(KS D 3562) • 배관용 아크용접탄소강강관(KS D 3583)	

참고 배관용 스테인리스 강관(KS D 3576)

텅스텐 불활성 가스 아크 용접(Tungsten Inert Gas Arc Welding)

㉡ 소방용 합성수지배관(CPVC, 염소화 염화비닐수지) : PVC 재질의 단점인 내열성, 내후성, 내식성을 향상 및 보완한 것으로서 다음의 장소에 사용할 수 있다.

- 배관을 **지하**에 매설하는 경우
- 다른 부분과 **내화구조**로 구획된 덕트 또는 피트의 내부에 설치하는 경우
- 천장(상층이 있는 경우에는 상층 바닥의 하단을 포함)과 반자를 **불연재료 또는 준불연재료**로 설치하고, 소화배관 내부에 항상 **소화수**가 채워진 상태로 배관을 설치하는 경우

| 소방용 합성수지배관(CPVC) |

② **강관이음(접합)**

나사이음	용접이음	플랜지이음
• 관에 나사를 내어 연결 • 주로 호칭경 50A 이하의 배관에 적용	• 전기·가스용접을 이용하여 연결 • 주로 호칭경 65A 이상의 배관에 적용	• 용접·나사접합을 이용하여 플랜지로 연결 • 주로 용접접합을 사용
	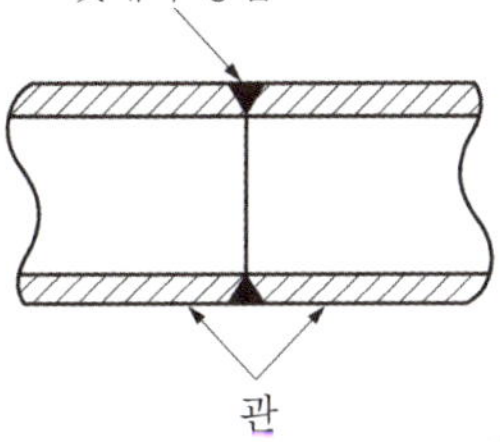	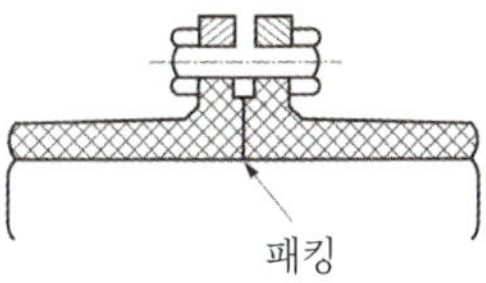

참고 **할로겐화합물 및 불활성기체 소화설비의 이음방법**

① **나사**이음 ② **용**접이음 ③ **플**랜지이음 ④ **압**축이음 ⑤ **접**합이음

암기법 나사용플 압접

③ **신축이음(접합)** : 온도변화에 따른 배관의 팽창, 수축으로 배관이 파손되는 것을 방지하기 위한 이음(접합)

㉠ **슬리브**형(Sleeve Type) : 이음 본체와 슬리브 파이프로 되어 있으며, 설치공간이 작다.

㉡ **볼**조인트형(Ball Joint Type) : 증기, 물 등 배관에서 평면 및 입체적인 변위까지 안전하게 흡수하는 최근 개발된 방식의 이음

㉢ **벨**로스형(Bellows Type) : 팩 레스(Pack less) 신축이음이라고도 하며, 자체응력 및 누설이 없는 신축이음

㉣ **루**프형(Loop Type) : 배관을 루프모양으로 구부려 그 구부림을 이용하여 배관의 신축을 흡수하는 이음

㉤ **스**위블형(Swivel Type) : 2개 이상의 엘보를 사용하여 이음부나사의 회전을 이용하여 신축을 흡수하는 이음

암기법 슬리브 볼벨루스

| 슬리브형 신축이음 |

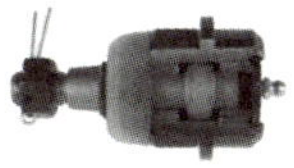

| 볼조인트형 신축이음 |

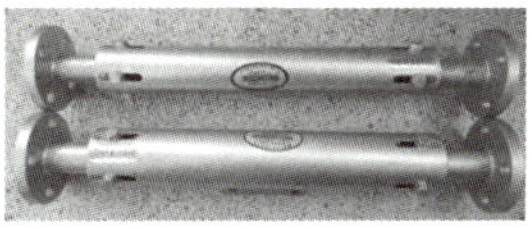

| 벨로스형 신축이음 |

| 루프형 신축이음(가스계소화설비) |

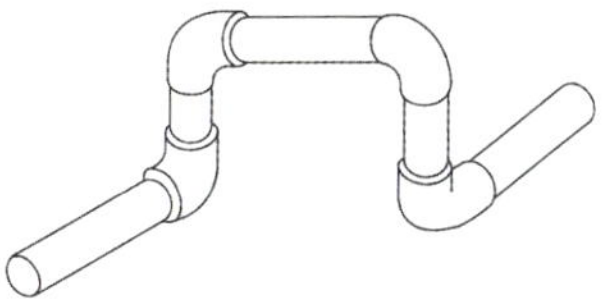

| 스위블형 신축이음 |

(11) 관부속품(관이음쇠)

① **2개의 배관연결** : 소켓, 니플, 플랜지, 유니온

관부속품	사용목적	사용배관의 특징	형 태
플랜지 (Flange)	배관의 분해, 교환, 증설, 수리를 용이하게 하기 위해 사용하는 것	• 호칭경 65A 이상의 용접이음 • 압력이 높은 경우	
유니온 (Union)		• 호칭경 50A 이하의 나사이음	

② **관의 방향 변경** : 엘보, 티

| 90° 엘보 |

| 티 |

| 이경티 |

③ **관의 직경 변경** : 레듀셔(원심, 편심), 부싱

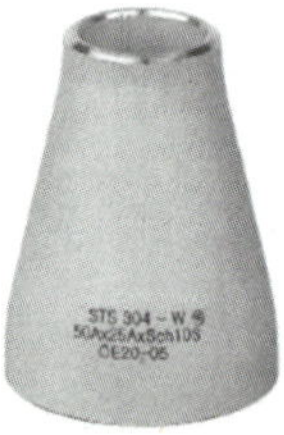

| 원심레듀셔 |

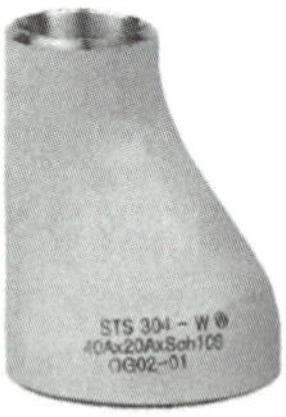

| 편심레듀셔 |

| 부싱 |

④ **유체 차단** : 캡, 플러그, 밸브

| 캡 |

| 플러그 |

| 밸브 |

빈번한 기출문제

01 도면은 소화펌프설비 계통도의 일부분이다. 도면을 참고하여 다음 각 물음에 답하시오.

배점 : 7 [11년] [23년]

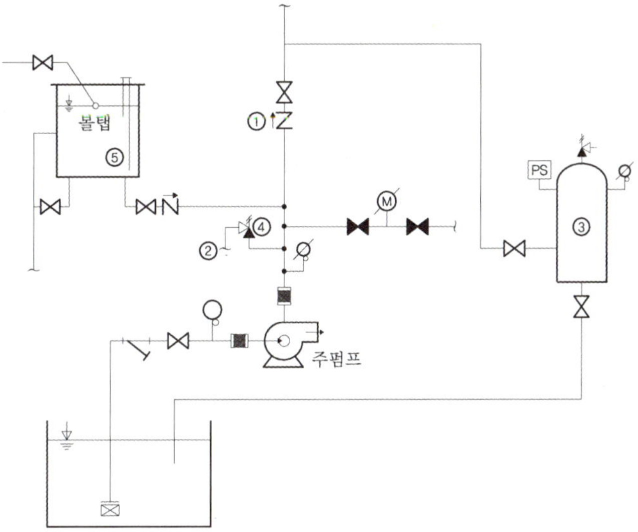

(1) 기호 ①은 체크밸브인데 이것의 원래 고유명칭을 쓰시오.
(2) 기호 ① 체크밸브의 주요기능 2가지를 쓰시오. (단, 역류방지기능은 제외한다.)
(3) 기호 ②의 배관의 명칭과 구경은 몇 mm 이상인지 쓰시오.
(4) 기호 ③은 기동용 수압개폐장치이다. 이것의 다른 명칭을 쓰시오.
(5) 기호 ③의 용적은 몇 l 이상이어야 하는지 쓰시오.
(6) 기호 ④의 명칭을 쓰시오.
(7) 기호 ⑤의 명칭 및 용량은 몇 l 이상이어야 하는지 쓰시오.

• **실전모범답안**

(1) 스모렌스키 체크밸브
(2) ① 바이패스기능 ② 수격방지기능
(3) 순환배관, 20mm 이상
(4) 압력챔버
(5) 100l 이상
(6) 릴리프밸브
(7) 물올림장치, 100l 이상

상세해설

(1) **스모렌스키 체크밸브**

리프트형 체크밸브 내에 디스크가 달려 충격을 완화시키는 작용을 하는 체크밸브

(2) **스모렌스키 체크밸브의 주요 기능**

① 역류방지 기능 ② 수격방지 기능 ③ 바이패스 기능

(3), (6) **순환배관, 구경 20mm 이상**

① 순환배관=가압송수장치의 체절운전 시 수온의 상승을 방지하기 위하여 체크밸브와 펌프 사이에서 분기하는 배관

② 순환배관의 구경=20mm 이상

③ 순환배관에는 체절압력 미만에서 개방되는 릴리프밸브를 설치

(4), (5) **기동용 수압개폐장치**

① 기동용 수압개폐장치(압력챔버)=소화설비의 배관 내 압력변동을 자동으로 검지하여 펌프를 기동 또는 정지시키는 장치

② 기동용 수압개폐장치(압력챔버)의 용적=100l 이상

③ 기동용 수압개폐장치(압력챔버)의 기능

㉠ 배관 내의 압력변동을 자동으로 검지하여 소화 주·충압펌프를 기동 또는 정지(주펌프는 수동정지)

㉡ 압력챔버 내 공기로 인한 수격방지기 역할

㉢ 순간적인 압력변화를 안정적으로 감지하여 펌프 및 동력제어반을 보호하는 역할

(7) **물올림장치**

① 수원의 수위가 펌프보다 낮은 위치에 있는 경우 설치하여 펌프가 정상적으로 소화수의 흡입이 가능하도록 하는 장치

② 물올림장치의 설치기준

㉠ 물올림장치는 전용의 탱크를 설치할 것

㉡ 탱크의 유효수량은 100l 이상으로 하되, 구경 15mm 이상의 급수배관에 따라 해당 탱크에 물이 계속 보급되도록 할 것

유사 必 2009년 기출

※ 다음과 같이 물을 경우 동일하게 답하면 된다!

[문] 수계소화설비에서 수조의 위치가 가압송수장치보다 낮은 곳에 설치된 경우 항상 펌프가 정상적으로 소화수의 흡입이 가능하도록 하기 위한 장치를 쓰시오.

| 답 | 물올림장치

02 그림은 옥내소화전설비의 일부 도면이다. 도면을 보고 잘못된 점을 5가지 지적하고 수정방법을 쓰시오.

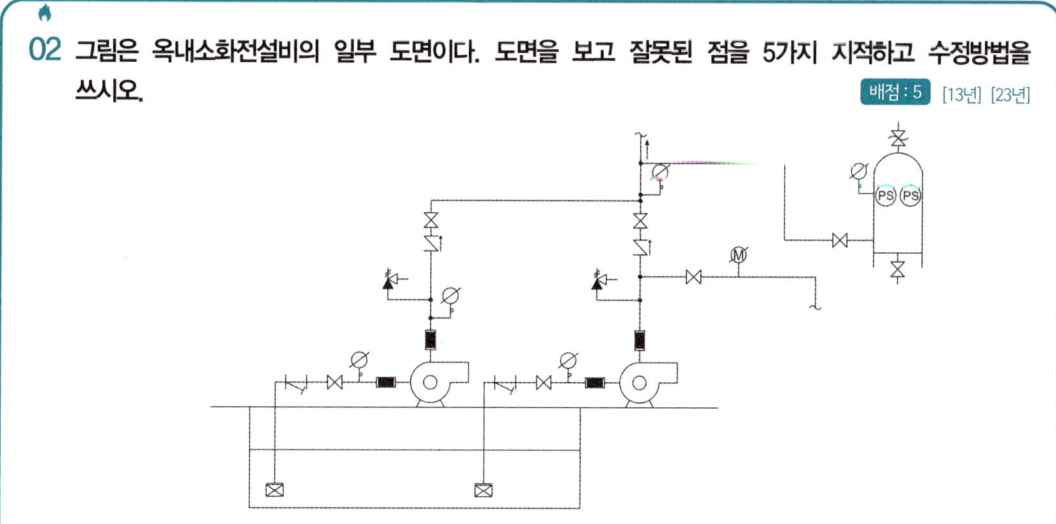

배점 : 5 [13년] [23년]

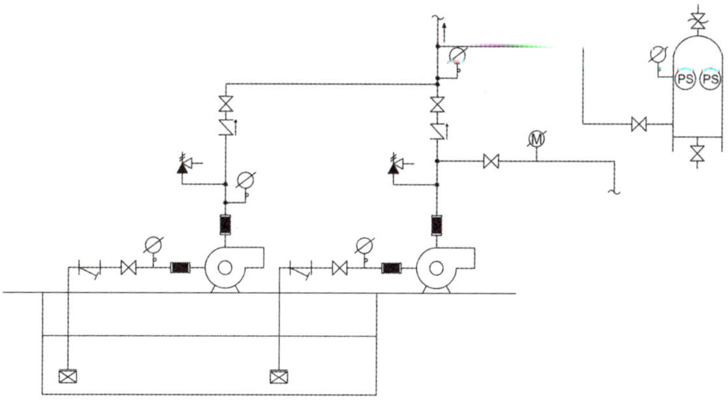

• 실전모범답안

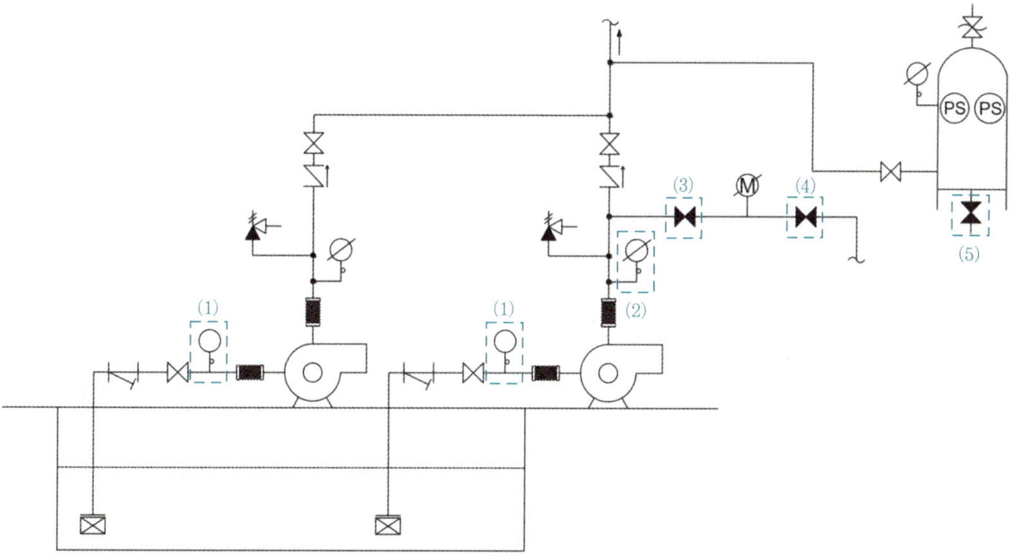

(1) 주펌프 및 충압펌프의 흡입측 배관에 압력계 설치
→ 주펌프 및 충압펌프의 흡입측 배관에 진공계(연성계)로 변경하여 설치

(2) 주펌프 토출측 배관의 압력계 설치위치
→ 주펌프 토출측 배관의 체크밸브 이전에 압력계 설치

(3) 성능시험배관의 개폐밸브 개방상태
→ 성능시험배관의 개폐밸브 폐쇄

(4) 성능시험배관의 유량조절밸브 미설치
→ 성능시험배관의 유량계를 기준으로 후단부에 유량조절밸브 설치

(5) 압력챔버의 배수밸브 개방상태
→ 압력챔버의 배수밸브 폐쇄

03 수계소화설비에서 수원의 수위가 펌프보다 낮은 위치에 있는 가압송수장치에는 물올림장치를 설치한다. 설치기준을 3가지만 쓰시오.

배점 : 5 [04년] [16년] [20년] [21년]

• 실전모범답안

(1) 물올림장치는 전용의 탱크를 설치할 것
(2) 탱크의 유효수량은 100l 이상으로 할 것
(3) 구경 15mm 이상의 급수배관에 따라 해당 탱크에 물이 계속 보급되도록 할 것

04 소화설비의 가압송수장치에 사용되는 물올림장치의 구성요소 5가지를 쓰시오.

배점 : 5 [03년]

• 실전모범답안

(1) 급수배관
(2) 볼탑
(3) 오버플로우관
(4) 배수밸브
(5) 감수경보장치

05 수원의 위치가 펌프보다 낮을 경우 꼭 필요한 설비 3가지를 쓰시오.

배점 : 3 [04년]

• 실전모범답안

(1) 후드밸브=수원의 수위가 펌프보다 낮은 위치에 있는 경우에 설치(여과기능 및 역류방지기능)
(2) 진공계 또는 연성계=대기압 이상 또는 이하의 압력을 측정하는 계측기
(3) 물올림장치=수원의 수위가 펌프보다 낮은 위치에 있는 경우 설치하여 펌프가 정상적으로 소화수의 흡입이 가능하도록 하는 장치

06 압력계, 연성계, 진공계의 설치위치 및 측정범위를 쓰시오.

배점 : 3 [19년] [22년]

• 실전모범답안

구 분	압력계	연성계	진공계
설치위치	펌프의 토출측 배관	펌프의 흡입측 배관	펌프의 흡입측 배관
측정범위	대기압 이상의 압력측정	대기압 이상, 이하의 압력측정	대기압 이하의 압력측정
도시기호			

07 수계소화설비 중 수평회전축 펌프를 사용하는 경우 화재안전기준상 흡입측 배관의 설치기준 2가지를 쓰시오. (단, 수조가 펌프보다 낮게 설치된 경우로 가정한다.) 배점 : 4 [09년]

• 실전모범답안
(1) 공기고임이 생기지 아니하는 구조로 하고 여과장치를 설치할 것
(2) 수조가 펌프보다 낮게 설치된 경우에는 각 펌프(충압펌프 포함)마다 수조로부터 별도로 설치할 것

08 소화설비의 급수배관에 사용하는 개폐표시형 밸브 중 버터플라이 외의 밸브를 꼭 사용하여야 하는 배관의 이름과 그 이유를 쓰시오. 배점 : 6 [05년] [09년] [12년] [17년] [18년]

• 실전모범답안
(1) 버터플라이 외의 밸브를 사용하여야 하는 배관
펌프의 흡입측 배관
(2) 이유
① 유체저항이 크므로 유효흡입양정(NPSH)이 감소하여 공동현상(Cavitation)이 발생할 우려가 있다.
② 순간적인 개폐조작으로 인하여 수격현상(Water Hammer)이 발생할 우려가 있다.

09 기동용 수압개폐장치의 구성요소 중 압력챔버의 기능과 압력챔버에 설치되는 안전밸브의 작동범위를 쓰시오. 배점 : 5 [04년] [09년] [12년-2회] [12년-4회] [16년]

• 실전모범답안
(1) 기동용 수압개폐장치(압력챔버)의 기능
① 배관 내의 압력변동을 자동으로 검지하여 소화 주·충압펌프를 기동 또는 정지(주펌프는 수동정지)
② 압력챔버 내 공기로 인한 수격방지기 역할
③ 순간적인 압력변화를 안정적으로 감지하여 펌프 및 동력제어반을 보호하는 역할
(2) 안전밸브의 작동범위
=호칭압력~호칭압력의 1.3배의 압력범위 내

10 기동용 수압개폐장치(압력챔버)에 설치되는 압력스위치에 표시되어 있는 DIFF와 RANGE가 의미하는 것을 쓰시오. 배점 : 4 [15년]

• 실전모범답안
(1) Range
• 충압펌프의 정지점

- 주펌프는 수동정지하므로 Range값 의미 없음

(2) Diff
- "Difference(차이)의 약칭으로, Range값－Diff값＝펌프의 기동점"을 의미
- 기동점은 "충압펌프 ➜ 주펌프 ➜ 예비펌프" 순으로 설정

11 **다음 그림은 펌프의 기동용 수압개폐장치(압력챔버)와 그 주변과의 연관성을 나타내는 그림이다. 기동용 압력챔버 공기를 재충전하려고 할 때의 조작순서를 요약하여 쓰시오. (단, V_1, V_2, V_3를 조작하여 교체하며 소화펌프를 정지한 상태로 가정한다.)** 배점 : 7 [03년] [15년]

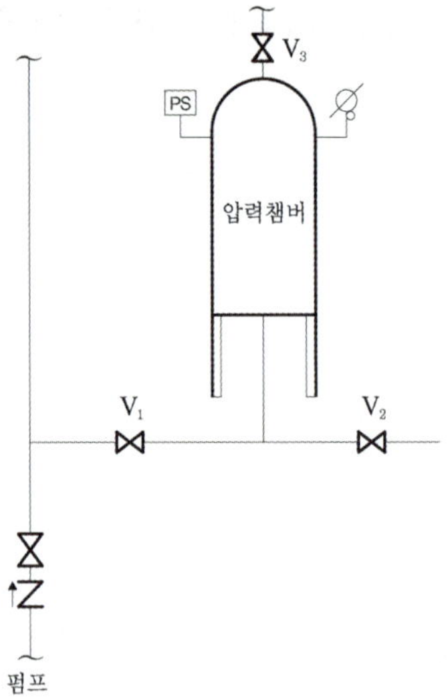

- **실전모범답안**

(1) 급수밸브(V_1) 폐쇄
(2) 배수밸브(V_2)와 안전밸브(V_3)를 개방하여 압력챔버 내의 물 배수
(3) 안전밸브(V_3)를 통해 신선한 공기가 유입되면 배수밸브(V_2)와 안전밸브(V_3) 폐쇄
(4) 급수밸브(V_1)를 개방 후 제어반에서 펌프의 셀렉터스위치를 자동으로 전환
(5) 펌프가 기동되면서 압력챔버 가압
(6) 압력챔버의 압력스위치에 의해 펌프 정지(주펌프 수동정지)

12 **수계소화설비로 기동장치를 기동용 수압개폐장치(압력챔버)에 설치하였다. 압력챔버의 내부가 물로 가득 차게 되면 어떤 현상이 발생할 수 있는지 쓰시오.** 배점 : 5 [04년]

- **실전모범답안**

(1) 수격현상(Water Hammer)이 발생할 수 있다.
(2) 배관 내의 미세한 압력변동에 압력스위치가 작동되어 펌프의 잦은 기동과 정지가 반복되는 현상이 발생할 수 있다.

13 옥내소화전설비에 설치하는 충압펌프가 수시로 기동 및 정지를 반복한다. 그 원인으로 생각되는 사항을 5가지를 쓰시오. 배점 : 5 [17년]

• 실전모범답안

(1) 주펌프 토출측 체크밸브에서의 누수
(2) 충압펌프 토출측 체크밸브에서의 누수
(3) 압력챔버 배수밸브에서의 누수
(4) 옥내소화전 방수구에서의 누수
(5) 소화배관에서의 누수

참고 계통도의 흐름을 생각하며 답하자!

➜ 상시 가압된 상태에서 각종 누수에 의해 압력이 저하되어 충압펌프 기동압력까지 내려갈 경우 충압펌프가 기동 및 정지를 반복한다.
➜ 계통도에서 표기되는 각종 밸브 및 관부속품을 생각하며 답안을 작성한다.

14 소화설비의 배관에 강관을 사용하지 않고 소방용 합성수지배관으로 설치할 수 있는 경우 3가지를 쓰시오. (단, 소방용 합성수지배관의 성능인증 및 제품검사의 기술기준에 적합한 것이다.) 배점 : 6 [14년] [16년] [21년]

• 실전모범답안

(1) 배관을 지하에 매설하는 경우
(2) 다른 부분과 내화구조로 구획된 덕트 또는 피트의 내부에 설치하는 경우
(3) 천장(상층이 있는 경우에는 상층 바닥의 하단을 포함)과 반자를 불연재료 또는 준불연재료로 설치하고, 소화배관 내부에 항상 소화수가 채워진 상태로 배관을 설치하는 경우

15 다음은 소화배관에 관한 내용이다. (　) 속에 적합한 답을 쓰시오. 배점 : 4 [03년] [04년]

(1) 소화배관에 사용하는 탄소강관 이음쇠 중에서 배관의 분해·수리·교체를 편리하게 하기 위하여 사용하는 것으로, 일반적으로 호칭경 65A 이상의 용접이음에는 (　①　)이(가) 사용되고 호칭경 50A 이하의 나사이음에는 (　②　)이(가) 주로 사용된다.
(2) 수계소화설비에 사용하는 탄소강관은 한국산업규격의 기준에 따라 일반적으로 사용압력이 (　③　)MPa을 기준으로 사용배관의 종류를 선정한다.

• 실전모범답안

① 플랜지
② 유니온
③ 1.2

16 **소방대상물에 수계소화설비 배관공사 시 강관을 사용할 경우에 배관의 이음방법 3가지를 쓰시오.**

배점 : 4 [03년] [10년]

• **실전모범답안**

(1) 나사이음
(2) 용접이음
(3) 플랜지이음

17 **배관 내의 유체온도 및 외부온도의 변화에 따라 배관이 팽창 또는 수축을 하므로 배관 또는 기구의 파손이나 굽힘을 방지하기 위하여 배관 도중에 사용되는 신축이음의 종류 5가지를 쓰시오.**

배점 : 5 [16년]

• **실전모범답안**

슬리브형, 볼조인트형, 벨로스형, 루프형, 스위블형

Mind - Control

오늘 걷지 않으면 내일 뛰어야 한다.

- 축구선수, 카를레스 푸욜 -

2 옥내소화전설비 배관의 구경 산출하기

(1) 옥내소화전설비 배관의 구경 및 토출측 주배관의 구경 유속기준

옥내소화전설비		수치기준
토출측 주배관의 구경		유속 4m/s 이하
호스릴방식	가지배관	구경 25mm 이상
	주배관	구경 32mm 이상
일반방식	가지배관	구경 40mm 이상
	주배관	구경 50mm 이상
연결송수관 겸용	가지배관	구경 65mm 이상
	주배관	구경 100mm 이상

| 옥내소화전 |

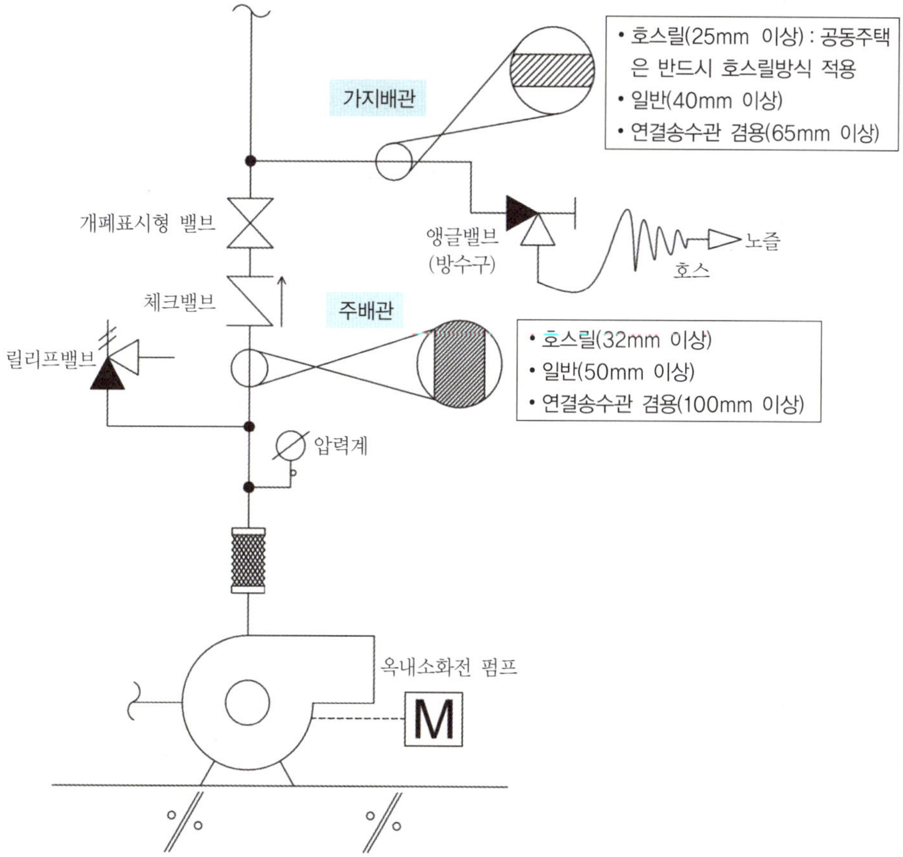

(2) 펌프의 토출측 주배관의 구경 산출하기

[연속의 방정식]

$$Q = AV = \frac{\pi}{4}D^2 V$$

[배관의 구경 D]

$$D = \sqrt{\frac{4Q}{\pi V}}$$

펌프 토출측 배관의 유속기준=4m/s 이하

옥내소화전의 토출량
$Q = 130l/\min \times N$ (N: 최대 2개)

① Q와 V를 고려한 D를 계산하기
② 산출된 배관의 구경이 최소 기준을 만족하는지 확인하자!
일반 50mm 이상 / 연결송수관 겸용 100mm 이상
③ 호칭경을 함께 답안에 작성하자!

(3) 노즐의 방수압력(P)

→ 노즐선단에서 **노즐구경(D)의 $\frac{1}{2}$ 떨어진 지점**에서 노즐선단과 수평이 되게 **방수압력측정계**(피토게이지)를 설치하여 게이지상의 눈금을 읽는다.

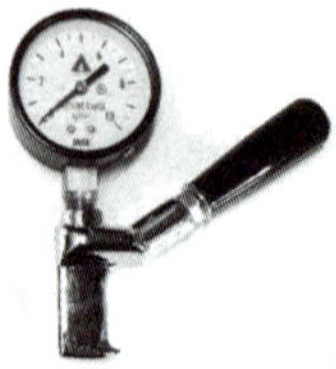

| 방수압력측정계(피토게이지) |

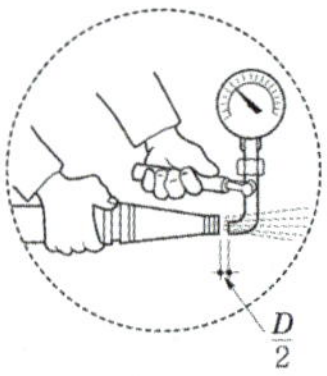

| 옥내소화전설비 방수압력측정방법 |

(4) 노즐의 방수량(Q)

$Q = AV$
여기서, Q : 유량[m^3/s]
A : 배관단면적$\left(\frac{\pi}{4}D^2[m^2]\right)$
V : 유속[m/s]

→

$q = 2.086 d^2 \sqrt{P}$
여기서, q : 유량[l/min]
d : 노즐의 구경[mm]
P : 방수압력[MPa]

$$Q = AV = \frac{\pi}{4}D^2 \times V$$
$$= \frac{\pi}{4}D^2 \times \sqrt{2gH} \quad (\because V = \sqrt{2gH})$$
$$= \frac{\pi}{4}D^2 \times \sqrt{2g \times \frac{p}{\gamma}} \quad (\because p = \gamma H) \cdots\cdots \text{식 Ⓐ}$$

① 각각의 단위를 환산하여 대입하기 위하여 비례관계로 정리하면 다음과 같다.
$1m^3 = 1{,}000l$, $1\min = 60s$, $1m = 1{,}000mm$, $1MPa = 1{,}000{,}000Pa$이므로

㉠ 유량 : $\dfrac{Q[\mathrm{m^3/s}]}{q[l/\mathrm{min}]} = \dfrac{1/60}{1{,}000/1}$ ➜ $Q[\mathrm{m^3/s}] = \dfrac{1}{60 \times 1{,}000} \times q[l/\mathrm{min}]$

㉡ 구경 : $\dfrac{D[\mathrm{m}]}{d[\mathrm{mm}]} = \dfrac{1}{1{,}000}$ ➜ $D[\mathrm{m}] = \dfrac{1}{1{,}000} \times d[\mathrm{mm}]$

㉢ 압력 : $\dfrac{p[\mathrm{Pa}]}{P[\mathrm{MPa}]} = \dfrac{1{,}000{,}000}{1}$ ➜ $p[\mathrm{Pa}] = 1{,}000{,}000 \times P[\mathrm{MPa}]$

② 비례관계를 "식 Ⓐ"에 대입하면 다음과 같다.

$$\frac{1}{60 \times 1{,}000} \times q = \frac{\pi}{4} \times \left(\frac{1}{1{,}000} \times d\right)^2 \times \sqrt{2 \times 9.8\mathrm{m/s^2} \times \frac{1}{9{,}800\mathrm{N/m^3}} \times 1{,}000{,}000 \times P}$$

➜ $q = \dfrac{\pi}{4} \times \dfrac{1}{1{,}000^2} \times 60 \times 1{,}000 \times d^2 \times \sqrt{2 \times 9.8\mathrm{m/s^2} \times \dfrac{1}{9{,}800\mathrm{N/m^3}} \times 1{,}000{,}000 \times P}$

➜ $q = 2.107 \times d^2 \times \sqrt{P}$ …… 식 Ⓑ

③ 유량계수 $C = 0.99$를 고려하여 "식 Ⓑ"에 대입하면 다음과 같다.

$q = C \times 2.107 \times d^2 \times \sqrt{P}$

➜ $q = 0.99 \times 2.107 \times d^2 \times \sqrt{P}$ $(C = 0.99)$

➜ $q = 2.086 \times d^2 \times \sqrt{P}$

참고 방사량과 방사압력의 관계

① **옥내·옥외소화전설비**

㉠ 유량계수(C)가 주어질 경우 : $q = C \times 2.107 d^2 \sqrt{P}$

㉡ 유량계수(C)가 주어지지 않을 경우 : $q = 2.086 d^2 \sqrt{P}$

여기서, q : 방사량[l/min], d : 노즐의 구경[mm], P : 방사압력[MPa], C : 유량계수

② **공통사항** : $Q = K\sqrt{10P}$

여기서, Q : 유량[l/min], K : 방출계수, P : 방사압력[MPa]

Mind-Control

시간은 돈으로도 권력으로도 살 수 없다
누구에게나 평등하게 주어진 시간을 부지런히 이용한 사람이 승자가 된다.

\- 필립 -

빈번한 기출문제

01 옥내소화전이 각 층당 1개씩 설치된 설비에서 펌프토출측 주배관의 구경 [mm]을 구하시오. (단, 유속은 4m/s, 연결송수관과 방수구는 연결되지 않았다고 가정한다.) 배점 : 6 [09년] [11년]

• 실전모범답안

→ $D=\sqrt{\dfrac{4Q}{\pi V}}=\sqrt{\dfrac{4\times\dfrac{0.13}{60}}{\pi\times 4}}$ =0.0262m=26.2mm

• 답 : 펌프토출측 주배관이므로 호칭경 50mm 선정

상세해설

$Q=AV=\dfrac{\pi}{4}D^2V$	연속의 방정식(체적유량)
Q : 유량[m³/s]	→ $130l/\text{min}=\dfrac{0.13}{60}\text{m}^3/\text{s}$ (옥내소화전 각 층당 1개씩 설치)
A : 배관단면적$\left(\dfrac{\pi}{4}D^2[\text{m}^2]\right)$	→ $D=\sqrt{\dfrac{4Q}{\pi V}}$
V : 유속[m/s]	→ 4m/s

→ 내경 : $D=\sqrt{\dfrac{4Q}{\pi V}}=\sqrt{\dfrac{4\times\dfrac{0.13}{60}\text{m}^3/\text{s}}{\pi\times 4\text{m/s}}}=0.0262\text{m}=26.2\text{mm}$ (호칭경 50mm 선정)

배관구경은 50mm 이상이므로 50mm로 설정

참고 관의 호칭경[A]과 내경[mm]

① 호칭경은 A로 표현하며 호칭경은 기준치수로서 스케줄(배관두께)에 따라 외경 등은 달라질 수 있으므로 이를 공통적으로 적용하기 위해 다음과 같이 사용한다.

② 내경은 일반적인 계산에 의해 구해지는 값으로 볼 수 있어 엄밀히 말해 호칭경은 내경이 아니지만 화재안전기술기준 등에서도 호칭경과 내경을 동일하는 보는 경향이 있으나 본래 KS D 3507 25A(호칭경)의 내경은 27.5mm이다.

참고 배관의 관경

- 특정한 조건이 없다면 배관의 구경은 호칭경으로 답한다.
- 해당 문제에서는 토출측 주배관의 유속이 4m/s로 주어졌으나, 주어지지 않는 경우도 있으므로 옥내소화전 설비에서는 다음 표의 수치를 필수 암기하여야 한다.

옥내소화전설비		수치기준	실무적용
토출측 주배관의 구경		유속 4m/s 이하	• 유속 또는 풍속을 ○○[m/s] 이하 또는 구경을 ◇◇[mm] 이상으로 제한하는 것은 배관의 구경을 크게 하여 발생하는 손실을 줄이기 위함이다. ($\because$ $Q=AV$) • 호칭경(Nominal Diameter)이란 배관의 구경을 표시하기 위한 "명목상의 구경"이므로 실제 배관의 구경과는 다르며, (A)로 표기되는 것은 [mm]로, (B)로 표기되는 것은 [inch]로 나타낸다.
호스릴방식	가지배관	구경 25mm 이상	
	주배관	구경 32mm 이상	
일반방식	가지배관	구경 40mm 이상	
	주배관	구경 50mm 이상	
연결송수관 겸용	가지배관	구경 65mm 이상	
	주배관	구경 100mm 이상	

02 유량이 1,500 l/min, 압력이 0.7MPa인 옥내소화전설비 주펌프가 설치되어 있다. 이 펌프의 토출측 주배관의 적당한 크기를 정하시오. (단, 배관의 내경은 다음 표에 의한다.)

배점 : 6 [06년] [10년]

호칭경	내경[mm]	호칭경	내경[mm]	호칭경	내경[mm]
25A	25	65A	65	150A	150
32A	32	80A	80	200A	200
40A	40	100A	100	250A	250
50A	50	125A	125	300A	300

- 실전모범답안

→ $D=\sqrt{\dfrac{4Q}{\pi V}}=\sqrt{\dfrac{4\times\dfrac{1.5}{60}}{\pi\times 4}}$ =0.0892m=89.2mm

- 답 : 호칭경 100A 선정

상세해설

$Q=AV=\dfrac{\pi}{4}D^2V$	연속의 방정식(체적유량)
Q : 유량[m³/s]	→ $1{,}500l/\text{min}=\dfrac{1.5}{60}\text{m}^3/\text{s}$
A : 배관단면적$\left(\dfrac{\pi}{4}D^2[\text{m}^2]\right)$	→ $D=\sqrt{\dfrac{4Q}{\pi V}}$
V : 유속[m/s]	→ 4m/s (옥내소화전 토출측 주배관의 구경 : "**유속 4m/s 이하**가 될 수 있는 크기 이상")

→ 내경 : $D=\sqrt{\dfrac{4Q}{\pi V}}=\sqrt{\dfrac{4\times\dfrac{1.5}{60}\text{m}^3/\text{s}}{\pi\times 4\text{m/s}}}=0.0892\text{m}=89.2\text{mm}$ (호칭경 100A 선정)

03 **유량 650l/min을 통과시키는 옥내소화전 배관의 한계유속이 4m/s일 경우 급수관의 구경을 다음 [보기]에서 선정하시오.** 배점 : 4 [03년] [15년]

[보기]

25mm, 32mm, 40mm, 50mm, 65mm, 80mm, 90mm, 100mm

• **실전모범답안**

→ $D=\sqrt{\frac{4Q}{\pi V}}=\sqrt{\frac{4\times\frac{0.65}{60}}{\pi\times 4}}$ =0.0587m=58.7mm

• **답** : 65mm 선정

상세해설

$Q=AV=\frac{\pi}{4}D^2V$	연속의 방정식(체적유량)
Q : 유량[m^3/s]	→ $650l/\text{min}=\frac{0.65}{60}m^3/s$
A : 배관단면적$\left(\frac{\pi}{4}D^2[m^2]\right)$	→ $D=\sqrt{\frac{4Q}{\pi V}}$
V : 유속[m/s]	→ 4m/s

→ 내경 : $D=\sqrt{\frac{4Q}{\pi V}}=\sqrt{\frac{4\times\frac{0.65}{60}m^3/s}{\pi\times 4m/s}}=0.0587m=58.7mm$ (65mm 선정)

04 **옥내소화전설비의 급수관의 유량이 1,000l/min이고, 유속이 4m/s일 때 급수관의 구경을 호칭경으로 구하시오.** 배점 : 4 [10년]

• **실전모범답안**

→ $D=\sqrt{\frac{4Q}{\pi V}}=\sqrt{\frac{4\times\frac{1}{60}}{\pi\times 4}}$ =0.0728m=72.8mm

• **답** : 호칭경 80A 선정

상세해설

$Q = AV = \frac{\pi}{4}D^2V$	연속의 방정식(체적유량)
Q : 유량[m³/s]	➜ $1{,}000l/\text{min} = \frac{1}{60}\text{m}^3/\text{s}$
A : 배관단면적$\left(\frac{\pi}{4}D^2[\text{m}^2]\right)$	➜ $D = \sqrt{\frac{4Q}{\pi V}}$
V : 유속[m/s]	➜ 4m/s

➜ 내경 : $D = \sqrt{\frac{4Q}{\pi V}} = \sqrt{\frac{4 \times \frac{1}{60}\text{m}^3/\text{s}}{\pi \times 4\text{m/s}}} = 0.0728\text{m} = 72.8\text{mm}$ (호칭경 80A 선정)

05 옥내소화전설비의 노즐을 통해서 물이 5분 동안 1,000l가 방수되었다면 이 노즐의 방사압력 [MPa]을 구하시오. (단, 방출계수 K는 100이라 가정한다.) 배점 : 5 [09년]

- 실전모범답안

➜ $P = \frac{Q^2}{10K^2} = \frac{200^2}{10 \times 100^2} = 0.4\text{MPa}$

- 답 : 0.4MPa

상세해설

$Q = K\sqrt{10P}$	방사량과 방사압력의 관계식
Q : 방수량=방사량=토출량=유량[l/min=$l$pm]	➜ $\frac{1{,}000l}{5\text{min}}$
K : 방출계수	➜ 100
P : 방수압=방사압=토출압[MPa=MN/m²]	➜ $P = Q^2/10K^2$

➜ 방사압력 : $P = \frac{Q^2}{10K^2} = \frac{\left(\frac{1{,}000l}{5\text{min}}\right)^2}{10 \times 100^2} = 0.4\text{MPa}$

06 방수량이 200l/min, 압력이 0.4MPa인 옥내소화전설비가 있다. 압력이 0.8MPa로 변경되었을 때 방수량 [l/min]을 구하시오. 배점 : 5 [14년]

• **실전모범답안**

$$K=\frac{Q_1}{\sqrt{10P_1}}=\frac{200}{\sqrt{10\times 0.4}}=100$$

→ $Q=K\sqrt{10P_2}=100\sqrt{10\times 0.8}=282.842l/\text{min}$

• **답 :** 282.84l/min

상세해설

$Q=K\sqrt{10P}$	방사량과 방사압력의 관계식
Q : 방수량=방사량=토출량=유량[l/min=$l$pm]	→ $Q_1=200l/\text{min}$, $Q_2=K\sqrt{10P}$ **[풀이(2)]**
K : 방출계수	→ $K=Q_1/\sqrt{10P_1}=Q_2/\sqrt{10P_2}$ **[풀이(1)]**
P : 방수압=방사압=토출압[MPa=MN/m²]	→ $P_1=0.4\text{MPa}$, $P_2=0.8\text{MPa}$

(1) **방출계수(K)**

→ **방출계수** : $K=\frac{Q_1}{\sqrt{10P_1}}=\frac{200l/\text{min}}{\sqrt{10\times 0.4\text{MPa}}}=100$

(2) **방사압력 0.8MPa일 경우 방수량(Q)**

→ **방수량** : $Q_2=K\sqrt{10P_2}=100\sqrt{10\times 0.8\text{MPa}}=282.842l/\text{min}\fallingdotseq \mathbf{282.84}l/\text{min}$

07 어떤 특정소방대상물에 옥내소화전 노즐의 방수압력이 0.25MPa이다. 이 때 옥내소화전 노즐의 방수량 [l/min]을 구하시오. 배점 : 3 [10년]

• **실전모범답안**

→ $q=2.086d^2\sqrt{P}=2.086\times 13^2\times\sqrt{0.25}=176.267l/\text{min}$

• **답 :** 176.27l/min

상세해설

$q=2.086d^2\sqrt{P}$	방사량과 방사압력의 관계식
q : 방수량=방사량=토출량=유량[l/min=$l$pm]	→ $q=2.086d^2\sqrt{P}$
d : 노즐구경[옥내소화전 : 노즐 13mm, 호스 40mm] [옥외소화전 : 노즐 19mm, 호스 65mm]	→ 13mm
P : 방수압=방사압=토출압[MPa=MN/m²]	→ 0.25MPa

→ **방수량** : $q=2.086d^2\sqrt{P}=2.086\times(13\text{mm})^2\times\sqrt{0.25\text{MPa}}=176.267l/\text{min}\fallingdotseq \mathbf{176.27}l/\text{min}$

08 옥내소화전설비의 봉상방수를 할 경우 노즐선단에서 방수압을 측정하려고 한다. 방수압 측정기구의 명칭과 측정방법을 간단히 설명하시오. 배점 : 6 [17년]

• 실전모범답안

(1) 방수압력의 측정

➜ 노즐선단에서 **노즐구경(D)의 $\frac{1}{2}$ 떨어진 지점**에서 노즐선단과 수평이 되게 **방수압력측정계**(피토게이지)를 설치하여 게이지상의 눈금을 읽는다.

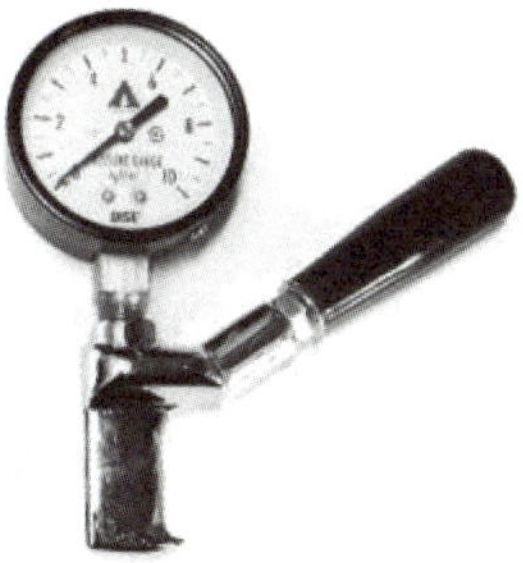

| 방수압력측정계(피토게이지) |

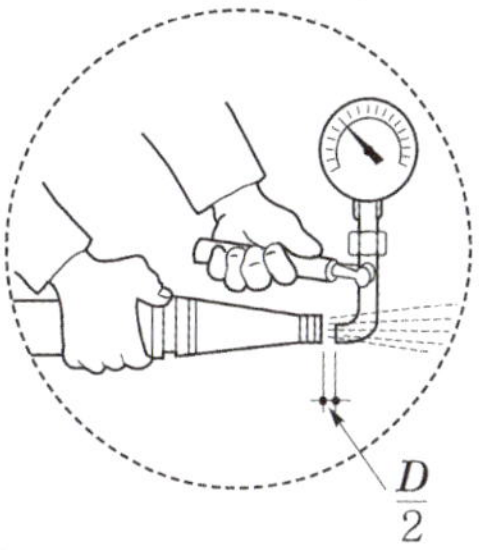

| 옥내소화전설비 방수압력측정방법 |

(2) 방수량의 측정

➜ 방수압력측정계(피토게이지) 게이지상의 눈금을 읽은 후 다음 공식에 대입하여 구한다.

$$q = 2.086\, d^2 \sqrt{P}$$

여기서, q : 방수량=방사량=토출량=유량[l/min=$l$pm]

d : 노즐구경[mm]

노즐 및 호스의 구경

구 분	노즐구경	호스구경
옥내소화전설비	13mm	40mm
옥외소화전설비	19mm	65mm

P : 방수압=방사압=토출압[MPa=MN/m^2]

3 가압송수장치

(1) 고가수조방식

특정소방대상물의 옥상 또는 높은 지점에 수조를 설치하여 자연낙차에 의해 각 설비의 방수구에서 규정방수압력 및 규정방수량을 얻는 방식

$$H = h_1 + h_2 + 17$$

여기서, H : 필요한 낙차[m]

h_1 : 소방용 호스 마찰손실수두[m]

h_2 : 배관의 마찰손실수두[m]

17 : 옥내소화전설비 규정방수압력의 환산수두[m]

$$\left(\frac{0.17\text{MPa}}{0.101325\text{MPa}} \times 10.332\text{m} = 17.334 \fallingdotseq 17\text{m}\right)$$

(2) 압력수조방식

탱크의 $\frac{1}{3}$은 자동식 공기압축기(에어컴프레셔)로 압축공기를, $\frac{2}{3}$는 급수펌프로 물을 가압시켜 각 설비의 방수구에서 규정방수압력 및 규정방수량을 얻는 방식

$$P = P_1 + P_2 + P_3 + 0.17$$

여기서, P : 필요한 압력[MPa]

P_1 : 소방호스의 마찰손실수두압력[MPa]

P_2 : 배관 및 관부속품의 마찰손실수두압력[MPa]

P_3 : 낙차의 환산수두압력[MPa]

0.17 : 옥내소화전설비의 규정방수압력[0.17MPa]

(3) 펌프방식 🔥🔥🔥

펌프의 가압에 의하여 각 설비의 방수구에서 규정방수압력 및 규정방수량을 얻는 방식

$$H = h_1 + h_2 + h_3 + 17$$

여기서, H : 전양정[m]

h_1 : 소방용 호스 마찰손실수두[m]

h_2 : 배관 및 관부속품의 마찰손실수두[m]

h_3 : 실양정[m] **(흡입양정+토출양정)**

17 : 옥내소화전설비 규정방수압력의 환산수두[m]

$$\left(\frac{0.17\text{MPa}}{0.101325\text{MPa}} \times 10.332\text{m} = 17.334 \fallingdotseq 17\text{m}\right)$$

(4) 가압수조방식

빈번한 기출문제

01 옥내소화전설비의 배관의 마찰손실압력이 0.078MPa, 소방용 호스의 마찰손실압력이 0.025MPa일 때 설치하여야 할 고가수조의 최소설치높이 [m]를 구하시오. 배점 : 3 [10년]

• 실전모범답안

➜ $H=h_1+h_2+17=\left(\dfrac{0.025}{0.101325}\times 10.332\right)+\left(\dfrac{0.078}{0.101325}\times 10.332\right)+17=27.502\text{m}$

• 답 : 27.5m

상세해설

$H=h_1+h_2+17$	고가수조방식
H : 필요한 낙차[m]	➜ $H=h_1+h_2+17$
h_1 : 소방용 호스 마찰손실수두[m]	➜ $\dfrac{0.025\text{MPa}}{0.101325\text{MPa}}\times 10.332\text{m}$
h_2 : 배관의 마찰손실수두[m]	➜ $\dfrac{0.078\text{MPa}}{0.101325\text{MPa}}\times 10.332\text{m}$
17 : 옥내소화전설비 규정방수압력의 환산수두[m]	➜ $\dfrac{0.17\text{MPa}}{0.101325\text{MPa}}\times 10.332\text{m} = 17.334 \fallingdotseq 17\text{m}$

➜ 고가수조의 최소설치높이 : $H=h_1+h_2+17$

$$=\left(\frac{0.025\text{MPa}}{0.101325\text{MPa}}\times 10.332\text{m}\right)+\left(\frac{0.078\text{MPa}}{0.101325\text{MPa}}\times 10.332\text{m}\right)+17\text{m}$$

$$=2.549\text{m}+7.953\text{m}+17\text{m}$$

$$=27.502\text{m}\fallingdotseq \mathbf{27.5m}$$

02 최상층에 설치된 옥내소화전의 노즐방수압을 피토게이지로 측정한 결과 $3\text{kg}_f/\text{cm}^2$이었다면 고가수조의 설치높이가 몇 m 이상이 되어야 하는지 구하시오. (단, 배관 및 호스 등에서 발생한 총 마찰손실수두는 5m이고, 가압송수장치는 고가수조방식이며 기타는 고려하지 않는다.) 배점 : 4 [06년]

• 실전모범답안

➜ $H=h_1+h_2+\left(\dfrac{3}{1.0332}\times 10.332\right)=5+\left(\dfrac{3}{1.0332}\times 10.332\right)=35\text{m}$

• 답 : 35m

상세해설

$H=h_1+h_2+h_3$		고가수조방식
H : 필요한 낙차[m]	➜	$H=h_1+h_2+h_3$
h_1 : 소방용 호스 마찰손실수두[m] h_2 : 배관의 마찰손실수두[m]	➜	$h_1+h_2=5\text{m}$
h_3 : 옥내소화전설비 방수압력의 환산수두[m]	➜	$\frac{3\text{kg/cm}^2}{1.0332\text{kg/cm}^2}\times 10.332\text{m}$ (최상층의 옥내소화전 방수압력)

➜ **고가수조의 최소설치높이** : $H=h_1+h_2+h_3=5\text{m}+\left(\frac{3\text{kg/cm}^2}{1.0332\text{kg/cm}^2}\times 10.332\text{m}\right)=35\text{m}$

03 다음은 옥내소화전설비의 가압송수방식 중 하나인 압력수조에 따른 설계도이다. 다음 각 물음에 답하시오. (단, 배관, 관부속품 및 호스의 마찰손실수두는 6.5m이다.) 배점 : 9 [09년] [21년]

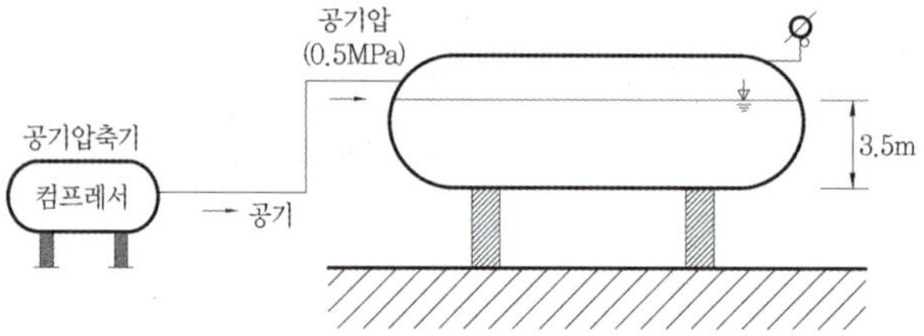

(1) 탱크의 바닥압력 [MPa]을 구하시오.
(2) 화재안전기준에 의한 규정방수압력에 적합하도록 설계할 수 있는 건축물의 높이 [m]를 구하시오.
(3) 자동식 공기압축기의 설치목적에 대하여 설명하시오.

• **실전모범답안**

(1) 탱크바닥압력=공기압+낙차 $=0.5+\left(\frac{3.5}{10.332}\times 0.101325\right)=0.534\text{MPa}$

• **답** : 0.53MPa

(2) 건축물의 높이 $=P-P_1-P_2-0.17=\left(\frac{0.53}{0.101325}\times 10.332\right)-6.5-\left(\frac{0.17}{0.101325}\times 10.332\right)=30.208\text{m}$

• **답** : 30.21m

(3) 압력수조 내 누설공기를 보충하기 위함

상세해설

(1) 탱크의 바닥압력[MPa]

압력수조탱크의 바닥압력=공기압+낙차

그림에 표기된 조건에 따라 공기압 0.5MPa, 낙차 3.5m를 고려하여 압력수조탱크의 바닥압력을 계산한다.

→ **압력수조탱크의 바닥압력** $=0.5\text{MPa}+\left(\dfrac{3.5\text{m}}{10.332\text{m}}\times 0.101325\text{MPa}\right)=0.534\text{MPa}\fallingdotseq\mathbf{0.53MPa}$

(2) 설계할 수 있는 건축물의 높이[m]

$P=P_1+P_2+P_3+0.17$	압력수조방식
P : 필요한 압력[MPa]	→ $\dfrac{0.53\text{MPa}}{0.101325\text{MPa}}\times 10.332\text{m}$
P_1 : 소방호스의 마찰손실수두압력[MPa]	→ $P_1+P_2=6.5\text{m}$
P_2 : 배관 및 관부속품의 마찰손실수두압력[MPa]	
P_3 : 낙차의 환산수두압력[MPa]	→ $P_3=P-P_1-P_2-0.17$ (건축물의 높이)
0.17 : 옥내소화전설비의 규정방수압력[0.17MPa]	→ $\dfrac{0.17\text{MPa}}{0.101325\text{MPa}}\times 10.332\text{m}$

→ **건축물의 높이** : $P_3=P-P_1-P_2-0.17$

$$=\left(\frac{0.53\text{MPa}}{0.101325\text{MPa}}\times 10.332\text{m}\right)-6.5\text{m}-\left(\frac{0.17\text{MPa}}{0.101325\text{MPa}}\times 10.332\text{m}\right)$$

$$=54.043\text{m}-6.5\text{m}-17.334\text{m}$$

$$=30.209\text{m}\fallingdotseq\mathbf{30.21m}$$

(3) 자동식 공기압축기(에어컴프레셔)의 설치목적

압력수조 내에서 **누설되는 공기를 보충**하여 항상 규정압력 이상을 유지하기 위하여 설치하는 장치(**에어컴프레셔**)

Mind - Control

꺼리낌없이 한 시간을 낭비하는 사람은 아직 삶의 가치를 발견하지 못한 사람이다.

- 찰스다윈 -

4 옥내소화전설비의 토출량, 저수량, 동력

(1) 옥내소화전설비의 토출량(Q), 저수량(V), 동력(P)

① 옥내소화전설비의 토출량(Q)

$$Q = 130l/\text{min} \times N$$

여기서, Q : 토출량=방사량[l/min]
N : 가장 많이 설치된 층의 소화전 개수**(최대 2개)**

② 옥내소화전설비의 저수량(수원의 양)(V)

$$V = 0.13\,\text{m}^3/\text{min} \times 20\text{min} \times \text{N} = 2.6\text{N}$$

여기서, V : 수원의 양[m^3]
0.13 : 옥내소화전 1개의 방수량($130l/\text{min} = 0.13\text{m}^3/\text{min}$)
20 : 옥내소화전이 방수되는 시간(20분)
N : 가장 많이 설치된 층의 소화전 개수**(최대 2개)**

㉠ 층수에 따른 저수량

층 수	방사시간	저수량(수원의 양)
29층 이하	20분	$V = 0.13\,\text{m}^3/\text{min} \times 20\text{min} \times \text{N}(\text{max} : 2) = 2.6\text{N}$
30층 이상 49층 이하 또는 높이가 120m 이상 200m 미만인 건축물	40분	$V = 0.13\,\text{m}^3/\text{min} \times 40\text{min} \times \text{N}(\text{max} : 5) = 5.2\text{N}$
50층 이상 또는 높이가 200m 이상인 건축물	60분	$V = 0.13\,\text{m}^3/\text{min} \times 60\text{min} \times \text{N}(\text{max} : 5) = 7.8\text{N}$
창고시설	40분	$V = 0.13\,\text{m}^3/\text{min} \times 40\text{min} \times \text{N}(\text{max} : 2) = 5.6\text{N}$

㉡ 옥상수원의 양

유효수량 외에 유효수량의 1/3 이상을 옥상에 설치하여야 한다.

층 수	방사시간	옥상수원의 양
29층 이하	20분	$V_{옥상} = 2.6\text{N}(\text{max} : 2) \times 1/3$
30층 이상 49층 이하 또는 높이가 120m 이상 200m 미만인 건축물	40분	$V_{옥상} = 5.2\text{N}(\text{max} : 5) \times 1/3$
50층 이상 또는 높이가 200m 이상인 건축물	60분	$V_{옥상} = 7.8\text{N}(\text{max} : 5) \times 1/3$
창고시설	40분	$V_{옥상} = 5.2\text{N}(\text{max} : 2) \times 1/3$

참고 「옥내소화전설비의 화재안전기술기준」 2.1.2 옥상수조 설치제외대상

- 지하층만 있는 건축물
- 건축물의 높이가 지표면으로부터 10m 이하인 경우
- 수원이 건축물의 최상층에 설치된 방수구보다 높은 위치에 설치된 경우
- 고가수조를 가압송수장치로 설치한 옥내소화전설비
- 가압수조를 가압송수장치로 설치한 옥내소화전설비
- 주펌프의 동등 이상의 성능이 있는 별도의 펌프로서 내연기관의 기동과 연동하여 작동되거나 비상전원을 연결하여 설치한 경우
- 기동장치로는 기동용수압개폐장치 또는 이와 동등 이상의 성능이 있는 것을 설치할 것. 다만, 학교, 공장, 창고시설(옥상수조를 설치한 대상 제외)로서 동결의 우려가 있는 장소에 있어서 기동스위치에 보호판을 부착하여 옥내소화전함 내에 설치한 경우

③ 수동력, 축동력, 전동력(P)

수동력	축동력	전동력(전동기동력, 모터동력)
$P_w = \gamma HQ$ (효율 η 고려 →)	$P_s = \dfrac{P_w}{\eta} = \dfrac{\gamma HQ}{\eta}$ (전달계수 K 고려 →)	$P = P_s \times K = \dfrac{\gamma HQ}{\eta} \times K$

여기서, P : 동력[W 또는 kW]

γ : 비중량[물 : 9,800N/m^3=9.8kN/m^3 : 9,800N/m^3 대입→W, 9.8kN/m^3 대입→kW]

H : 전양정[m](전수두=낙차수두+마찰손실수두+법정토출압환산수두)

Q : 토출량=방사량[m^3/s]

η : 전효율($\eta_{전효율} = \eta_{수력효율} \times \eta_{체적효율} \times \eta_{기계효율}$)

K : 전달계수

참고 유효수량

① 부압흡입방식

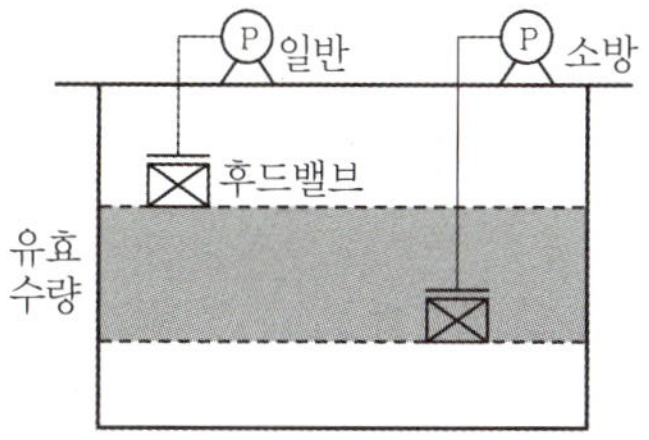

② 정압흡입방식

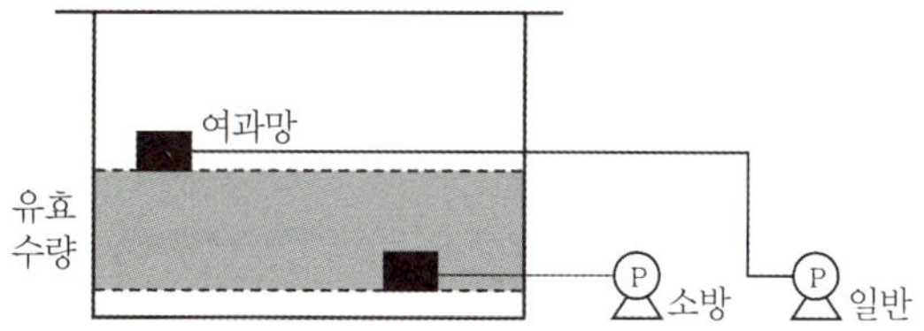

(2) 옥내소화전설비 vs 옥외소화전설비

구 분	옥내소화전설비	옥외소화전설비
노즐의 방수압력	0.17MPa 이상 (0.7MPa 초과 시 감압장치 설치)	0.25MPa 이상 (0.7MPa 초과 시 감압장치 설치)
노즐의 방수량	$130l/\text{min}$ 이상	$350l/\text{min}$ 이상
수원의 양	$Q_1[l] = 130l/\text{min} \times 20\text{min} \times N$ (N: 소화전 개수, 최대 2개)	$Q_2[l] = 350l/\text{min} \times 20\text{min} \times N$ (N: 소화전 개수, 최대 2개)
호스의 구경	40mm 이상 (호스릴 옥내소화전설비의 경우 25mm 이상)	65mm 이상
노즐의 구경	13mm 이상	19mm 이상
방수구, 호스접결구	• 바닥으로부터 높이 1.5m 이하 • 수평거리 25m 이하	• 높이 0.5m 이상 1m 이하 • 수평거리 40m 이내

(3) 옥내소화전설비의 방수구 설치제외장소

① **냉**장창고 중 온도가 영하인 냉장실 또는 냉동창고의 냉동실
② **고**온의 노가 설치된 장소 또는 물과 격렬하게 반응하는 물품의 저장 또는 취급장소
③ **발**전소·변전소 등으로서 전기시설이 설치된 장소
④ **야**외음악당·야외극장 또는 그 밖의 이와 비슷한 장소
⑤ **식**물원·수족관·목욕실·수영장(관람석 부분을 제외) 또는 그 밖의 이와 비슷한 장소

암기법 냉고발야식

(4) 옥내소화전설비의 감시제어반과 동력제어반을 구분하여 설치하지 않아도 되는 경우

① 다음의 어느 하나에 해당하지 아니하는 특정소방대상물에 설치되는 옥내소화전설비
㉠ 지하층을 제외한 층수가 7층 이상으로서 연면적이 2,000m^2 이상인 것
㉡ "㉠"에 해당하지 아니하는 특정소방대상물로서 지하층의 바닥면적의 합계가 3,000m^2 이상인 것
② 내연기관에 따른 가압송수장치를 사용하는 옥내소화전설비
③ 고가수조에 따른 가압송수장치를 사용하는 옥내소화전설비
④ 가압수조에 따른 가압송수장치를 사용하는 옥내소화전설비

| 옥내소화전 방수구 |

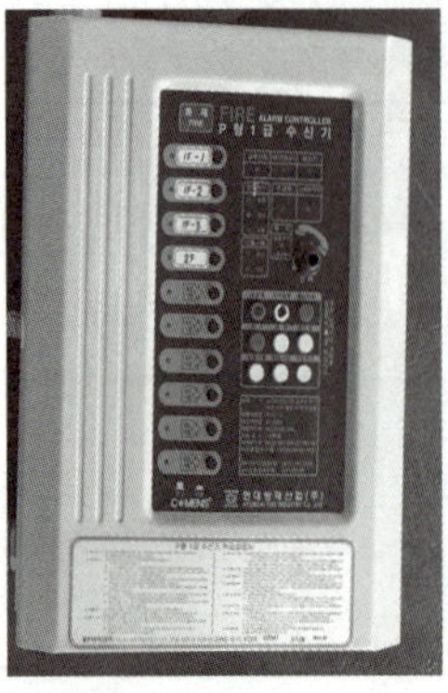
| 감시제어반(P형) |

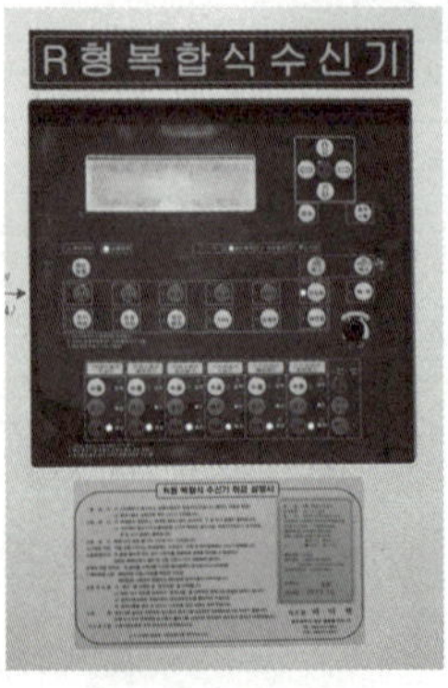

| 감시제어반(R형) |

| 동력제어반 |

(5) 옥내소화전설비의 감시제어반이 갖추어야 할 기능

① 각 펌프의 작동여부를 확인할 수 있는 표시등 및 음향경보기능
② 각 펌프를 자동 및 수동으로 작동시키거나 작동을 중단시킬 수 있는 기능
③ 비상전원을 설치한 경우에는 상용전원 및 비상전원의 공급여부를 확인할 수 있는 기능
④ 수조 또는 물올림탱크가 저수위로 될 때 표시등 및 음향경보기능
⑤ 예비전원이 확보되고 예비전원의 적합여부 시험기능
⑥ 각 확인회로(기동용 수압개폐장치의 압력스위치회로, 수조 또는 물올림탱크의 감시회로, 급수배관 개폐밸브 폐쇄상태 확인회로, 그 밖의 이와 비슷한 회로)마다 도통시험 및 작동시험을 할 수 있어야 할 것

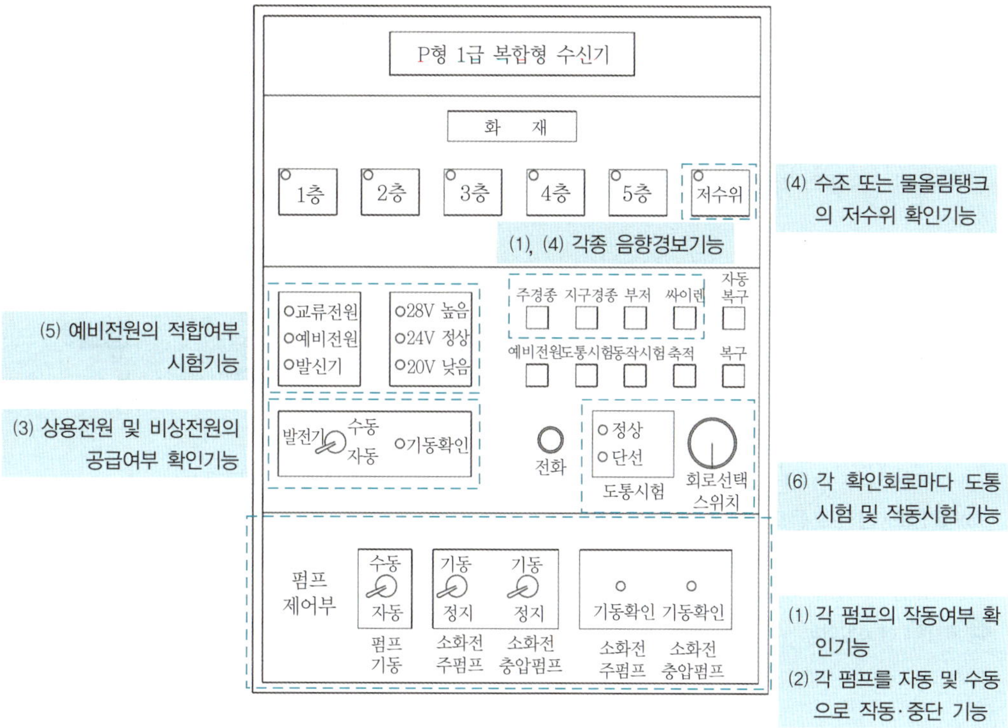

(6) 공동주택(아파트등, 연립주택, 다세대주택 및 기숙사)의 옥내소화전설비 설치기준

① **호스릴(hose reel) 방식으로 설치할 것**
② **복층형 구조인 경우에는 출입구가 없는 층에 방수구를 설치하지 아니할 수 있다.**
③ 감시제어반 전용실은 **피난층 또는 지하 1층에 설치할 것. 다만, 상시 사람이 근무하는 장소 또는 관계인이 쉽게 접근할 수 있고 관리가 용이한 장소에 감시제어반 전용실을 설치할 경우에는 지상 2층 또는 지하 2층에 설치할 수 있다.** [공동주택에 설치하는 스프링클러설비, 포소화설비 및 옥외소화전의 감시제어반 위치 또한 동일]

빈번한 기출문제

01 옥내소화전설비에서 유효수량의 $\frac{1}{3}$ 이상을 옥상에 설치하지 않아도 되는 경우를 5가지 쓰시오.

배점 : 5 [14년]

• 실전모범답안

(1) 지하층만 있는 건축물

(2) 고가수조를 가압송수장치로 설치한 옥내소화전설비

(3) 가압수조를 가압송수장치로 설치한 옥내소화전설비

(4) 건축물의 높이가 지표면으로부터 10m 이하인 경우

(5) 수원이 건축물의 최상에 설치된 방수구보다 높은 위치에 설치된 경우

02 옥내소화전설비의 방수구 설치제외장소를 5가지 쓰시오.

배점 : 5 [13년]

• 실전모범답안

(1) 냉장창고 중 온도가 영하인 냉장실 또는 냉동창고의 냉동실

(2) 고온의 노가 설치된 장소 또는 물과 격렬하게 반응하는 물품의 저장 또는 취급장소

(3) 발전소·변전소 등으로서 전기시설이 설치된 장소

(4) 야외음악당·야외극장 또는 그 밖의 이와 비슷한 장소

(5) 식물원·수족관·목욕실·수영장(관람석 부분을 제외) 또는 그 밖의 이와 비슷한 장소

암기법 냉고발야식

03 옥내소화전설비의 감시제어반이 갖추어야 할 기능 5가지를 쓰시오.

배점 : 5 [16년]

• 실전모범답안

(1) 각 펌프의 작동여부를 확인할 수 있는 표시등 및 음향경보기능

(2) 각 펌프를 자동 및 수동으로 작동시키거나 작동을 중단시킬 수 있는 기능

(3) 비상전원을 설치한 경우에는 상용전원 및 비상전원의 공급여부를 확인할 수 있는 기능

(4) 수조 또는 물올림탱크가 저수위로 될 때 표시등 및 음향경보기능

(5) 예비전원이 확보되고 예비전원의 적합여부 시험기능

(6) 각 확인회로(기동용 수압개폐장치의 압력스위치회로, 수조 또는 물올림탱크의 감시회로, 급수배관 개폐밸브 폐쇄상태 확인회로, 그 밖에 이와 비슷한 회로)마다 도통시험 및 작동시험을 할 수 있어야 할 것

04 **최상층의 옥내소화전 방수구까지의 수직높이가 85m인 건축물의 1층에 설치된 소화펌프의 정격토출압력은 1.2MPa이고, 옥내소화전설비의 말단 방수구 요구압력이 0.27MPa이며, 펌프의 기동점 설정압력은 0.8MPa이다. 마찰손실을 무시할 경우 다음 물음에 답하시오.** 배점 : 6 [16년]

(1) 펌프양정의 적합성 여부
(2) 펌프의 자동기동 여부

• **실전모범답안**

(1) 펌프에 필요한 압력(1.103MPa) < 펌프의 정격토출압력(1.2MPa)이므로 펌프양정 적합

$$H=h_1+h_2+h_3+17=\left(\frac{85}{10.332}\times 0.101325\right)+0.27=1.103\text{MPa}$$

• **답 : 펌프양정 적합**

(2) 낙차(0.833MPa) > 펌프의 기동점(0.8MPa)이므로 펌프 자동기동 불가

낙차 $H=\frac{85}{10.332}\times 0.101325=0.833\text{MPa}$

• **답 : 자동기동 불가**

상세해설

(1) 펌프양정의 적합성 여부

① **펌프의 필요한 압력(P_1)**

$H=h_1+h_2+h_3+h_4$	펌프방식
H : 필요한 압력[m]	➜ $H=h_1+h_2+h_3+h_4$
h_1 : 소방용 호스 마찰손실수두[m]	➜ 0m
h_2 : 배관 및 관부속품의 마찰손실수두[m]	➜ 0m
h_3 : 실양정[m]	➜ $\frac{85\text{m}}{10.332\text{m}}\times 0.101325\text{MPa}$
h_4 : 옥내소화전설비 방수압력의 환산수두[m]	➜ 0.27MPa (옥내소화전 말단 방수구의 요구압력)

➜ **펌프의 필요한 압력** : $P=h_1+h_2+h_3+h_4$

$$=\left(\frac{85\text{m}}{10.332\text{m}}\times 0.101325\text{MPa}\right)+0.27\text{MPa}=\mathbf{1.103\,MPa}$$

② **펌프의 정격토출압력** : $P_2=1.2\text{MPa}$

③ **펌프양정의 적합성 여부**

옥내소화전의 말단 방수구에서 요구압력을 방출하기 위해서 펌프에 필요한 압력은 1.103MPa이다. 이때, 해당 건축물 1층에 설치된 펌프의 정격토출압력은 1.2MPa이므로 소화펌프는 해당 옥내소화전의 말단 방수구의 요구압력을 만족하기에 적합하다.

➜ $P_1(1.103\text{MPa}) < P_2(1.2\text{MPa})$이므로 해당 소화펌프는 **적합**하다.

(2) 펌프의 자동기동여부

펌프는 낙차보다 기동점이 높아야 자동으로 기동할 수 있는데, 문제 조건에 따라 낙차와 기동점 설정압력을 비교하면 "낙차(0.83MPa) > 기동점(0.8MPa)"이므로 이 펌프는 자동으로 기동할 수

없다.

① **수직높이(낙차)**$=\dfrac{85m}{10.332m}\times 0.101325MPa = 0.833MPa \fallingdotseq$ **0.83MPa**

② **기동점(기동압력)**$=$**0.8MPa**

➜ **펌프의 자동기동 여부**="낙차(0.83MPa)>펌프의 기동점(0.8MPa)"이므로 **자동기동 불가**

참고 **펌프의 자동기동 가능범위**

옥상수조에서 펌프위치의 자연낙차압보다 펌프기동점이 작은 경우에는 압력챔버 위치에서는 항상 옥상수조에 의한 자연낙차압이 가해지므로 방수구 또는 헤드가 개방되어도 압력챔버 내의 압력이 건물의 자연낙차압 이하로 내려가지 않아 펌프의 자동기동이 불가능해진다.

05 어느 건물에 옥내소화전설비가 각 층당 2개씩 설치되어 있다. 다음의 옥내소화전 계통도의 일부분을 참고하여 각 물음에 답하시오. 배점 : 4 [19년]

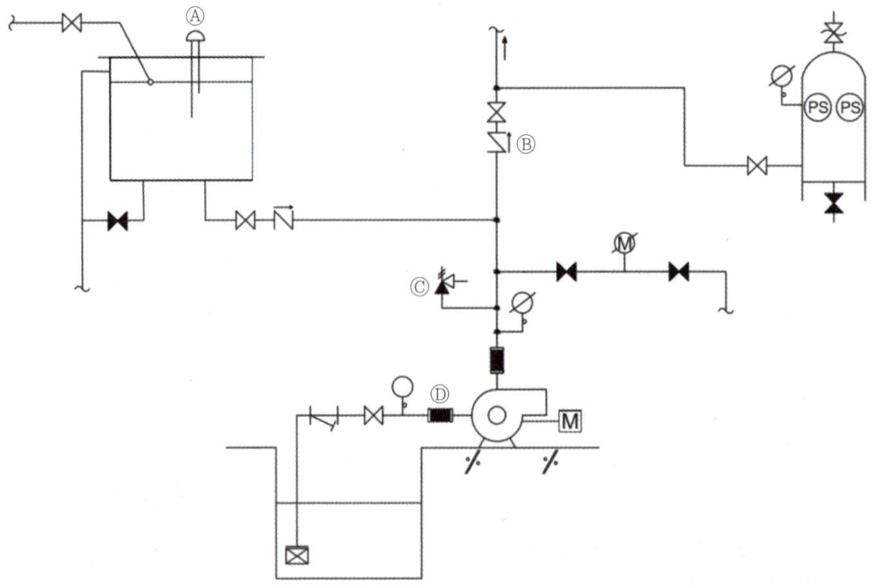

(1) 수원의 양 [m³]을 구하시오.
(2) 가압송수장치의 토출량 [l/min]을 구하시오.
(3) 기호 Ⓐ~Ⓓ의 명칭을 쓰시오.
(4) 기호 Ⓒ의 사용목적을 쓰시오.
(5) 기호 Ⓓ의 사용목적을 쓰시오.

• **실전모범답안**

(1) $V=2.6\times N=2.6\times 2=5.2\text{m}^3$

• **답** : 5.2m^3

(2) $Q=130\times N=130\times 2=260l/\text{min}$

• **답** : $260l/\text{min}$

(3) Ⓐ=감수경보장치, Ⓑ=스모렌스키체크밸브, Ⓒ=릴리프밸브, Ⓓ=플렉시블조인트

(4) 과도한 압력의 상승을 방지하기 위하여 설치하는 밸브

(5) 펌프의 기동, 정지 등에 의해 발생하는 진동을 흡수하기 위해 설치하는 조인트

상세해설

(1) 수원의 양[m³]

$V=0.13\text{m}^3/\text{min}\times 20\text{min}\times \text{N}=2.6\text{N}$	옥내소화전의 수원의 양
V : 수원의 양[m³]	➜ $V=2.6N$
$0.13\text{m}^3/\text{min}$: 옥내소화전 1개의 방수량	➜ $0.13\text{m}^3/\text{min}=130\text{l}/\text{min}$
20min : 옥내소화전이 방수되는 시간(20분)	➜ 20min
N : 가장 많이 설치된 층의 소화전 개수(**최대 2개**)	➜ 2개

➜ **수원의 최소 저수량** : $V=2.6\times N=2.6\times 2=\mathbf{5.2m^3}$

(2) 가압송수장치의 토출량[l/min]

$Q=130l/\text{min}\times N$	옥내소화전의 토출량
Q : 토출량=방사량[l/min]	➜ $Q=130l/\text{min}\times N$
N : 가장 많이 설치된 층의 소화전 개수(**최대 2개**)	➜ 2개

➜ **가압송수장치의 토출량** : $Q=130l/\text{min}\times N=130l/\text{min}\times 2=260l/\text{min}$ $\quad\therefore Q=260l/\text{min}$

(3) 기호 Ⓐ~Ⓓ의 명칭

기호 Ⓐ	기호 Ⓑ	기호 Ⓒ	기호 Ⓓ

❙ 감수경보장치 ❙	❙ 스모렌스키체크밸브 ❙	❙ 릴리프밸브 ❙	❙ 플렉시블조인트 ❙

(4) 기호 Ⓒ의 사용목적

① 기호 Ⓒ=릴리프밸브

② 사용목적=과도한 압력의 상승을 방지하기 위하여 설치하는 밸브

(5) 기호 Ⓓ의 사용목적

① 기호 Ⓓ=플렉시블조인트

② 사용목적=펌프의 기동, 정지 등에 의해 발생하는 진동을 흡수하기 위해 설치하는 조인트

06 **지상 4층 건물에 옥내소화전설비를 설치하려고 한다. 각 층당 옥내소화전을 3개씩 설치하며, 이 때 낙차는 24m, 배관의 손실수두는 8m이다. 또한, 호스의 마찰손실수두는 7.8m, 펌프의 효율은 55%, 전달계수가 1.1이고, 20분간 연속 방수되는 것으로 하였을 때 다음 각 물음에 답하시오. (단, 옥내소화전 1개의 방수량은 150l/min이며, 노즐선단의 방수압환산수두는 17m이다.)**

배점 : 9 [09년] [13년] [14년] [20년]

(1) 전양정 [m]을 산출하시오.
(2) 송수펌프의 최소 토출량 [m³/min]을 산출하시오.
(3) 수원의 최소저수량 [m³]을 산출하시오.
(4) 펌프의 동력 [kW]을 산출하시오.

• **실전모범답안**

(1) $H=h_1+h_2+h_3+17=7.8+8+24+17=56.8\text{m}$

• **답 :** 56.8m

(2) $Q=150\times N=150\times 2=300l/\text{min}=0.3\text{m}^3/\text{min}$

• **답 :** 0.3m³/min

(3) $V=3\times N=3\times 2=6\text{m}^3$

• **답 :** 6m³

(4) $P=\dfrac{\gamma HQ}{\eta}\times K=\dfrac{9.8\times 56.8\times \dfrac{0.3}{60}}{0.55}\times 1.1=5.566\text{kW}$

• **답 :** 5.57kW

상세해설

(1) 전양정[m]

$H=h_1+h_2+h_3+17$	펌프방식
H : 전양정[m]	➜ $H=h_1+h_2+h_3+17$
h_1 : 소방용 호스 마찰손실수두[m]	➜ 7.8m
h_2 : 배관 및 관부속품의 마찰손실수두[m]	➜ 8m
h_3 : 실양정[m]	➜ 24m
17 : 옥내소화전설비 규정방수압력의 환산수두[m]	➜ 17m

➜ **전양정** : $H=h_1+h_2+h_3+17=7.8\text{m}+8\text{m}+24\text{m}+17\text{m}=\mathbf{56.8m}$

유사 必 2014년, 2020년 기출

"전양정 [m]"을 "펌프의 토출압 [kPa]"으로 물어볼 수도 있다!
펌프의 토출압력 [kPa]으로 물어볼 경우, 다음의 식과 같이 단위환산만 하면 된다.

$\dfrac{56.8\text{m}}{10.332\text{m}}\times 101.325\text{kPa}=557.032\fallingdotseq 557.03\text{kPa}$ $\quad\therefore\ P=557.03\text{kPa}$

(2) 송수펌프의 최소토출량[m^3/min]

$Q=150l/min \times N$	옥내소화전의 토출량
Q : 도출량=방사량[l/min]	→ $Q=150l/min \times N$
N : 가장 많이 설치된 층의 소화전 개수(**최대 2개**)	→ 2개

→ **송수펌프의 최소토출량** : $Q=150l/min \times N=150l/min \times 2=300l/min=\mathbf{0.3m^3/min}$

주의 必 **옥내소화전 법정방수량(Q)**

화재안전기준에 따른 옥내소화전의 법정방수량은 130l/min이지만 문제 조건에 따라 옥내소화전 1개의 방수량을 150l/min으로 계산함에 주의한다.

(3) 수원의 최소저수량[m^3]

$V=0.15m^3/min \times 20min \times N=3N$	옥내소화전의 수원의 양
V : 수원의 양[m^3]	→ $V=3N$
$0.15m^3/min$: 옥내소화전 1개의 방수량	→ $0.15m^3/min=150l/min$
20min : 옥내소화전이 방수되는 시간(20분)	→ 20min
N : 가장 많이 설치된 층의 소화전 개수(**최대 2개**)	→ 2개

→ **수원의 최소저수량** : $V=3\times N=3\times 2=\mathbf{6m^3}$

(4) 펌프의 동력[kW]

$P=\dfrac{\gamma HQ}{\eta}\times K$	전동기의 용량
P : 전동력[W]	→ $P=\gamma HQ/\eta \times K$
γ : 비중량[물 : 9,800N/m^3=9.8kN/m^3]	→ $9,800N/m^3=9.8kN/m^3$
H : 전양정[m](전수두=낙차수두+마찰손실수두+법정토출압환산수두)	→ 56.8m **[문제(1)]**
Q : 토출량=방사량[m^3/s]	→ $300l/min=\dfrac{0.3}{60}m^3/s$ **[문제(2)]**
η : 전효율($\eta_{전효율}=\eta_{수력효율}\times\eta_{체적효율}\times\eta_{기계효율}$)	→ 0.55
K : 전달계수	→ 1.1

→ **펌프의 동력** : $P=\dfrac{\gamma HQ}{\eta}\times K=\dfrac{9.8kN/m^3\times 56.8m\times\dfrac{0.3}{60}m^3/s}{0.55}\times 1.1=5.566kW$

∴ $P=5.57kW$

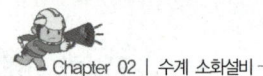

07 어떤 특정소방대상물에 옥내소화전을 각 층에 7개씩 설치하고 수원의 지하수조로 설치하는 경우 수원의 최소 유효저수량 [m^3]과 가압송수장치의 최소토출량 [l/min]을 구하시오.

배점 : 4 [10년] [14년]

• 실전모범답안

(1) $V=2.6\times N=2.6\times 2=5.2m^3$

• 답 : $5.2m^3$

(2) $Q=130\times N=130\times 2=260l/min$

• 답 : $260l/min$

상세해설

(1) 수원의 최소유효저수량[m^3]

$V=0.13m^3/min\times 20min\times N=2.6N$	옥내소화전의 수원의 양
V : 수원의 양[m^3]	→ $V=2.6N$
$0.13m^3/min$: 옥내소화전 1개의 방수량	→ $0.13m^3/min=130l/min$
20min : 옥내소화전이 방수되는 시간(20분)	→ 20min
N : 가장 많이 설치된 층의 소화전 개수(최대 2개)	→ 2개(최대 2개 적용)

→ 수원의 최소유효저수량 : $V=2.6\times N=2.6\times 2=5.2m^3$ ∴ $V=5.2m^3$

(2) 가압송수장치의 최소토출량[l/min]

$Q=130l/min\times N$	옥내소화전의 토출량
Q : 토출량=방사량[l/min]	→ $Q=130l/min\times N$
N : 가장 많이 설치된 층의 소화전 개수(최대 2개)	→ 2개(최대 2개 적용)

→ 가압송수장치의 최소토출량 : $Q=130l/min\times N=130l/min\times 2=260l/min$ ∴ $Q=260l/min$

08 지상 4층 건물에 옥내소화전설비를 설치하려고 한다. 각 층에 옥내소화전 3개씩 배치하며 이 때 실양정은 50m, 배관 및 관부속품의 손실압력수두는 실양정의 25%라고 본다. 또 호스의 마찰손실수두가 3.5m 펌프효율이 65%, 전달계수가 1.1이고, 20분간 연속 방수되는 것으로 하였을 때 다음 물음에 답하시오.

배점 : 8 [03년]

(1) 펌프의 최소토출량 [m^3/min]을 구하시오.

(2) 전양정 [m]을 구하시오.

(3) 펌프모터의 최소동력 [kW]을 구하시오.

(4) 수원의 최소저수량 [m^3]을 구하시오.

• 실전모범답안

(1) $Q=130\times N=130\times 2=260l/min=0.26m^3/min$

• 답 : $0.26m^3/min$

(2) $H = h_1 + h_2 + h_3 + 17 = 3.5 + (50 \times 0.25) + 50 + 17 = 83\text{m}$

• **답 :** 83m

(3) $P = \dfrac{\gamma HQ}{\eta} \times K = \dfrac{9.8 \times 83 \times \dfrac{0.26}{60}}{0.65} \times 1.1 = 5.964\text{kW}$

• **답 :** 5.96kW

(4) $V = 2.6 \times N = 2.6 \times 2 = 5.2\text{m}^3$

• **답 :** 5.2m^3

상세해설

(1) 펌프의 최소토출량[m^3/min]

$Q = 130l/\text{min} \times N$	옥내소화전의 토출량
Q : 토출량=방사량[l/min]	➜ $Q = 130l/\text{min} \times N$
N : 가장 많이 설치된 층의 소화전 개수(**최대 2개**)	➜ 2개

➜ **펌프의 최소토출량 :** $Q = 130l/\text{min} \times N = 130l/\text{min} \times 2 = 260l/\text{min} = 0.26\text{m}^3/\text{min}$

$\therefore\ Q = 0.26\text{m}^3/\text{min}$

(2) 전양정[m]

$H = h_1 + h_2 + h_3 + 17$	펌프방식
H : 전양정[m]	➜ $H = h_1 + h_2 + h_3 + 17$
h_1 : 소방용 호스 마찰손실수두[m]	➜ 3.5m
h_2 : 배관 및 관부속품의 마찰손실수두[m]	➜ $h_1 \times 25\% = (50 \times 0.25)\text{m}$ **(실양정의 25%)**
h_3 : 실양정[m]	➜ 50m
17 : 옥내소화전설비 규정방수압력의 환산수두[m]	➜ 17m

➜ **전양정 :** $H = h_1 + h_2 + h_3 + 17\text{m} = 3.5\text{m} + (50 \times 0.25)\text{m} + 50\text{m} + 17\text{m} = 83.0\text{m}$ $\therefore\ H = 83.0\text{m}$

(3) 펌프모터의 최소동력[kW]

$P = \dfrac{\gamma HQ}{\eta} \times K$	전동기의 용량
P : 전동력[W]	➜ $P = \gamma HQ/\eta \times K$
γ : 비중량[물 : 9,800N/m^3=9.8kN/m^3]	➜ $9{,}800\text{N/m}^3 = 9.8\text{kN/m}^3$
H : 전양정[m]	➜ 83m **[문제(2)]**
Q : 토출량=방사량[m^3/s]	➜ $260l/\text{min} = \dfrac{0.26}{60}\text{m}^3/\text{s}$ **[문제(1)]**
η : 전효율	➜ 0.65
K : 전달계수	➜ 1.1

➜ **펌프모터의 최소동력 :** $P = \dfrac{\gamma HQ}{\eta} \times K = \dfrac{9.8\text{kN/m}^3 \times 83\text{m} \times \dfrac{0.26}{60}\text{m}^3/\text{s}}{0.65} \times 1.1 = 5.964\text{kW}$

$\therefore\ P = 5.96\text{kW}$

(4) 수원의 최소저수량[m^3]

$V = 0.13\,m^3/min \times 20min \times N = 2.6N$	옥내소화전의 수원의 양
V: 수원의 양[m^3]	→ $V = 2.6N$
$0.13m^3/min$: 옥내소화전 1개의 방수량	→ $0.13m^3/min = 130l/min$
20min : 옥내소화전이 방수되는 시간(20분)	→ 20min
N: 가장 많이 설치된 층의 소화전 개수**(최대 2개)**	→ 2개

→ **수원의 최소저수량** : $V = 2.6 \times N = 2.6 \times 2 = 5.2m^3$ $\quad \therefore\ V = 5.2m^3$

09 **다음과 같이 옥내소화전을 설치하고자 한다. 소화전의 설치개수는 지하 1층 2개소, 1~3층까지 각 4개소씩, 5, 6층에 각 3개소, 옥상층에는 시험용 소화전을 설치하였다. 본 건축물의 높이는 28m(지하층 제외), 가압펌프의 흡입고 1.5m, 직관의 마찰손실 6m, 호스의 마찰손실 6.5m, 이음쇠 밸브류 등의 마찰손실 8m일 때 다음 물음에 답하시오. (단, 지하층의 층고는 3.5m로 하고, 기타 사항은 무시한다.)** 배점 : 10 [07년] [12년] [21년]

(1) 전용수원의 용량 [m^3]을 구하시오. (단, 전용수원은 15%를 가산한 양으로 한다.)
(2) 옥내소화전 가압송수장치의 펌프토출량 [m^3/min]을 구하시오. (단, 토출량은 안전율 15%를 가산한 양으로 한다.)
(3) 지상 1층에 가압송수장치를 설치할 경우 펌프의 양정 [m]을 구하시오.
(4) 가압송수장치의 전동기 용량 [kW]을 구하시오. (단, η=0.65, K=1.1이다.)

• **실전모범답안**

(1) $V=2.6\times N\times 1.15=2.6\times 2\times 1.15=5.98m^3$
• **답** : $5.98m^3$
(2) $Q=130\times N\times 1.15=130\times 2\times 1.15=299l/min=0.299m^3/min$
• **답** : $0.3m^3/min$
(3) $H=h_1+h_2+h_3+17=6.5+(6+8)+(1.5+28)+17=67m$
• **답** : 67m
(4) $P=\dfrac{\gamma HQ}{\eta}\times K=\dfrac{9.8\times 67\times \dfrac{0.3}{60}}{0.65}\times 1.1=5.555kW$
• **답** : 5.56kW

상세해설

(1) 전용수원의 용량[m^3]

$V = 0.13\,m^3/min \times 20min \times N = 2.6N$	옥내소화전의 수원의 양
V: 수원의 양[m^3]	→ $V = 2.6N \times 1.15$ **(15% 가산한 양)**
$0.13m^3/min$: 옥내소화전 1개의 방수량	→ $0.13m^3/min = 130l/min$
20min : 옥내소화전이 방수되는 시간(20분)	→ 20min
N: 가장 많이 설치된 층의 소화전 개수**(최대 2개)**	→ 2개

➜ **전용수원의 용량 :** $V = 2.6 \times N \times 1.15 = 2.6 \times 2 \times 1.15 = 5.98\text{m}^3$ ∴ $V = 5.98\text{m}^3$

(2) 가압송수장치의 펌프토출량[m^3/min]

$Q = 130l/\text{min} \times N$	옥내소화전의 토출량
Q : 토출량=방사량[l/min]	➜ $Q = 130l/\text{min} \times N \times 1.15$ (15% 가산한 양)
N : 가장 많이 설치된 층의 소화전 개수(최대 2개)	➜ 2개

➜ **펌프토출량 :** $Q = 130l/\text{min} \times N \times 1.15 = 130l/\text{min} \times 2 \times 1.15 = 299l/\text{min} = 0.299\text{m}^3/\text{min}$

∴ $Q = 0.3\text{m}^3/\text{min}$

(3) 지상 1층에 가압송수장치를 설치할 경우 펌프의 양정[m]

$H = h_1 + h_2 + h_3 + 17$	펌프방식
H : 전양정[m]	➜ $H = h_1 + h_2 + h_3 + 17$
h_1 : 소방용 호스 마찰손실수두[m]	➜ 6.5m
h_2 : 배관 및 관부속품의 마찰손실수두[m]	➜ 6m+8m
h_3 : 실양정[m] (=흡입양정+토출양정)	➜ 흡입양정+토출양정=1.5m+28m (가압송수장치는 지상 1층에 설치되어 있으므로 지하층의 층고는 고려하지 않음)
17 : 옥내소화전설비 규정방수압력의 환산수두[m]	➜ 17m

➜ **펌프의 양정 :** $H = h_1 + h_2 + h_3 + 17\text{m} = 6.5\text{m} + (6\text{m} + 8\text{m}) + (1.5\text{m} + 28\text{m}) + 17\text{m} = 67\text{m}$

∴ $H = 67\text{m}$

(4) 가압송수장치의 전동기 용량[kW]

$P = \frac{\gamma HQ}{\eta} \times K$	전동기의 용량
P : 전동력[W]	➜ $P = \frac{\gamma HQ}{\eta} \times K$
γ : 비중량[물 : 9,800N/m^3=9.8kN/m^3]	➜ $9{,}800\text{N/m}^3 = 9.8\text{kN/m}^3$
H : 전양정[m](전수두=낙차수두+마찰손실수두+법정토출압환산수두)	➜ 67m [문제(3)]
Q : 토출량=방사량[m^3/s]	➜ $0.3\text{m}^3/\text{min} = \frac{0.3}{60}\text{m}^3/\text{s}$ [문제(2)]
η : 전효율 ($\eta_{전효율} = \eta_{수력효율} \times \eta_{체적효율} \times \eta_{기계효율}$)	➜ 0.65
K : 전달계수	➜ 1.1

➜ **전동기 용량 :** $P = \frac{\gamma HQ}{\eta} \times K = \frac{9.8\text{kN/m}^3 \times 67\text{m} \times \frac{0.3}{60}\text{m}^3/\text{s}}{0.65} \times 1.1 = 5.555\text{kW}$ ∴ $P = 5.56\text{kW}$

10 어느 건물의 근린생활시설에 옥내소화전설비를 각 층에 4개씩 설치하였다. 다음 각 물음에 답하시오. (단, 유속은 4m/s이다.)

배점 : 13 [14년] [17년] [18년]

(1) 가압송수장치의 토출량 [l/min]을 구하시오.

(2) 토출측 주배관의 최소구경 [A]을 구하시오.

호칭구경	15A	20A	25A	32A	40A	50A	65A	80A	100A
내경[mm]	16.4	21.9	27.5	36.2	42.1	53.2	69	81	105.3

(3) 펌프의 성능시험을 위한 유량측정장치의 최대측정유량 [l/min]을 구하시오.

(4) 소방호스 및 배관의 마찰손실수두가 10m이고 실양정이 25m일 때 정격토출량의 150%로 운전할 경우 최소양정 [m]을 구하시오.

(5) 중력가속도가 9.8m/s^{2}일 때, 체절압력 [MPa]을 구하시오.

(6) 펌프의 성능시험배관상 전단직관부 및 후단직관부에 설치하는 밸브의 명칭을 쓰시오.

• **실전모범답안**

(1) $Q=130\times N=130\times 2=260l$/min

• **답 :** 260l/min

(2) $D=\sqrt{\dfrac{4Q}{\pi V}}=\sqrt{\dfrac{4\times\dfrac{0.26}{60}}{\pi\times 4}}$ =0.0371m=37.1mm

• **답 :** 50A 선정

(3) $Q=260\times 1.75=455l$/min

• **답 :** 455l/min

(4) $H=h_1+h_2+h_3+17=10+25+17=52$m

➜ H(과부하운전)=52×0.65=33.8m

• **답 :** 33.8m

(5) $P=1{,}000\times 9.8\times 52\times\dfrac{1}{10^6}\times 1.4=0.713$MPa

• **답 :** 0.71MPa

(6) 전단 직관부=개폐밸브, 후단 직관부=유량조절밸브

상세해설

(1) 가압송수장치의 토출량[l/min]

$Q=130l/\text{min}\times N$	옥내소화전의 토출량
Q : 토출량=방사량[l/min]	➜ $Q=130l/\text{min}\times N$
N : 가장 많이 설치된 층의 소화전 개수(**최대 2개**)	➜ 2개

➜ **가압송수장치의 토출량 :** $Q=130l/\text{min}\times N=130l/\text{min}\times 2=260l/\text{min}$ ∴ $Q=260l/\text{min}$

(2) 토출측 주배관의 최소구경[A]

$Q = AV = \frac{\pi}{4}D^2V$	연속의 방정식(체적유량)
Q : 유량[m^3/s]	➜ $260l/min = \frac{0.26}{60}m^3/s$ [문제(1)]
A : 배관단면적$\left(\frac{\pi}{4}D^2[m^2]\right)$	➜ $D = \sqrt{\frac{4Q}{\pi V}}$
V : 유속[m/s]	➜ 4m/s

➜ **토출측 주배관의 최소구경** : $D = \sqrt{\frac{4Q}{\pi V}} = \sqrt{\frac{4 \times \frac{0.26}{60}m^3/s}{\pi \times 4m/s}} = 0.0371m = $ **37.1mm**(호칭경 **50A** 선정)

Tip 주어진 표에 따른 최소구경은 40A이나, 화재안전기준에 따른 토출측 주배관의 구경은 50A 이상이어야 하므로, 최소구경은 50A를 선정해야 한다.

(3) 펌프의 성능시험을 위한 유량측정장치의 최대측정유량[l/min]

[펌프의 성능시험배관의 설치기준]

① 펌프의 성능은 체절운전 시 정격토출압력의 140%를 초과하지 아니하고, 정격토출량의 150%로 운전 시 정격토출압력의 65% 이상이 되어야 한다.
② 성능시험배관은 펌프의 토출측에 설치된 개폐밸브 이전에서 분기하여 설치하고, 유량측정장치를 기준으로 전단 직관부에는 개폐밸브를, 후단직관부에는 유량조절밸브를 설치할 것
③ 유량측정장치는 성능시험배관의 직관부에 설치하되, 펌프의 정격토출량의 175% 이상 측정할 수 있는 성능이 있을 것

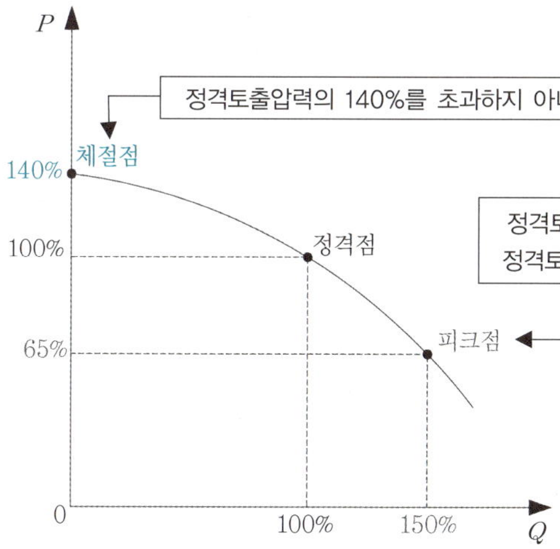

| 펌프의 성능시험곡선－체절점, 정격점, 피크점 |

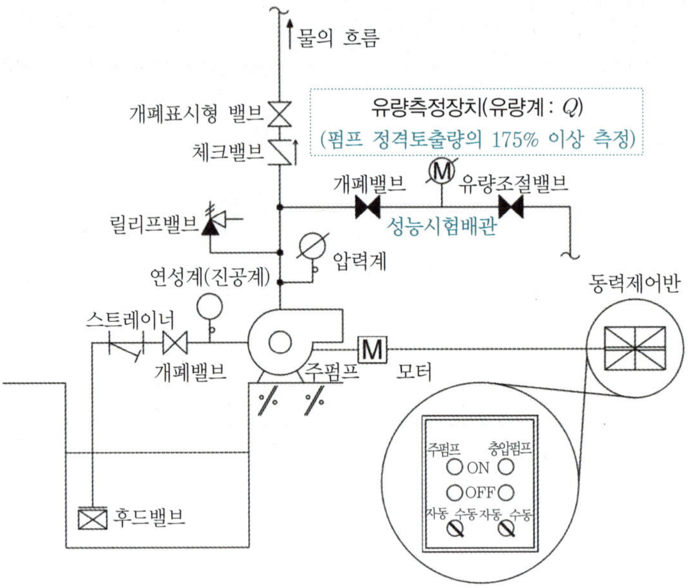

| 펌프의 성능시험배관 및 유량측정장치 |

유량측정장치의 최대측정유량[l/min]=펌프의 정격토출량[l/min]×1.75
([펌프의 성능시험배관의 설치기준] ③)

➜ **유량측정장치의 최대측정유량** : Q_{MAX} = 펌프의 정격토출량×1.75
$= 260l/\text{min} \times 1.75 = 455l/\text{min}$ ∴ $Q_{MAX} = \mathbf{455}l/\textbf{min}$

(4) 정격토출량의 150%로 운전할 경우 최소양정[m]

① **전양정**(H)

$H = h_1 + h_2 + h_3 + 17$	**펌프방식**
H : 전양정[m]	➜ $H = h_1 + h_2 + h_3 + 17$
h_1 : 소방용 호스 마찰손실수두[m]	➜ $h_1 + h_2 = 10\text{m}$
h_2 : 배관 및 관부속품의 마찰손실수두[m]	
h_3 : 실양정[m]	➜ 25m
17 : 옥내소화전설비 규정방수압력의 환산수두[m]	➜ 17m

➜ **전양정** : $\boldsymbol{H} = h_1 + h_2 + h_3 + 17 = 10\text{m} + 25\text{m} + 17\text{m} = \mathbf{52m}$

② **정격토출량의 150% 운전(과부하운전) 시 최소양정** (H)

[펌프의 성능시험배관의 설치기준]

① 펌프의 성능은 체절운전 시 정격토출압력의 140%를 초과하지 아니하고, 정격토출량의 150%로 운전 시 정격토출압력의 65% 이상이 되어야 한다.

② 성능시험배관은 펌프의 토출측에 설치된 개폐밸브 이전에서 분기하여 설치하고, 유량측정장치를 기준으로 전단직관부에는 개폐밸브를, 후단직관부에는 유량조절밸브를 설치할 것

③ 유량측정장치는 성능시험배관의 직관부에 설치하되, 펌프의 정격토출량의 175% 이상 측정할 수 있는 성능이 있을 것

> **정격토출량의 150%로 운전할 경우 최소양정[m]**＝전양정[m]×0.65
> ([펌프의 성능시험배관의 설치기준] ①)

→ **정격토출량의 150%로 운전할 경우 최소양정 :** H＝전양정×0.65＝52m×0.65＝33.8m

∴ $H_{과부하}$＝**33.8m**

(5) 체절압력[MPa]

$P=\gamma H=\rho g H$	유체의 정역학
P : 압력[Pa]	→ $P=\rho g H$
γ : 비중량(물 : 9,800N/m^3)	→ $\gamma=\rho g$
H : 양정[m]	→ 52m **[문제(4)]**
ρ : 밀도(물 : 1,000kg/m^3)	→ 1,000kg/m^3
g : 중력가속도(9.8m/s^2)	→ 9.8m/s^2 **(문제조건)**

→ **정격토출압력 :** $P=\rho g H$＝1,000kg/m^3×9.8m/s^2×52m＝509,600Pa

> **펌프의 체절압력[MPa]**＝펌프의 정격토출압력[MPa]×1.4
> ([펌프의 성능시험배관의 설치기준] ①)

→ **펌프의 체절압력 :** $P_{체절}$＝펌프의 정격토출압력×1.4

$$=509{,}600\text{Pa}\times1.4\times\frac{1\text{MPa}}{10^6\text{Pa}}=0.713\text{MPa}\qquad\therefore\ P_{체절}=\mathbf{0.71MPa}$$

(6) 펌프의 성능시험배관상 전단직관부 및 후단직관부에 설치하는 밸브의 명칭

① 전단직관부＝**개폐밸브** ([펌프의 성능시험배관의 설치기준] ②)

② 후단직관부＝**유량조절밸브** ([펌프의 성능시험배관의 설치기준] ②)

11 어느 건축물에 호스릴 옥내소화전설비가 설치되어 있다. 다음의 조건을 고려하여 각 물음에 답하시오.

배점 : 5 [19년]

[조건]
① 층당 호스릴 옥내소화전은 3개이다.
② 실양정은 30m, 배관의 마찰손실수두는 8m이며, 소방용 호스의 마찰손실수두는 2m이다.

(1) 가압송수장치의 토출량 [l/min], 토출압력 [MPa]을 구하시오.

(2) 호스릴 옥내소화전 주펌프의 과부하운전 성능시험을 실시한 결과 토출압력은 0.35MPa이었다. 이 경우, 펌프의 성능적합여부를 판별하시오.

• **실전모범답안**

(1) ① $Q=130\times N=130\times2=260l$/min

② $H=h_1+h_2+h_3+17=2+8+30+17=57\times\dfrac{0.101325}{10.332}=0.558$MPa

• **답 :** ① 260l/min ② 0.56MPa

(2) H(과부하운전)＝0.56×0.65＝0.364MPa(기준)＞0.35MPa(성능시험 결과)

• **답 :** 펌프성능 부적합

상세해설

(1) 가압송수장치의 토출량[l/min], 토출압력[MPa]

① 토출량(Q)

$Q=130l/\text{min}\times N$	옥내소화전(호스릴 옥내소화전 포함)의 토출량
Q : 토출량=방사량[l/min]	➜ $Q=130l/\text{min}\times N$
N : 가장 많이 설치된 층의 소화전 개수(**최대 2개**)	➜ 2개

➜ **가압송수장치의 토출량** : $Q=130l/\text{min}\times N=130l/\text{min}\times 2=260l/\text{min}$ ∴ $Q=260l/\text{min}$

② 토출압력(P)

$H=h_1+h_2+h_3+17$	펌프방식
H : 전양정[m]	➜ $H=h_1+h_2+h_3+17$
h_1 : 소방용 호스 마찰손실수두[m]	➜ 2m
h_2 : 배관 및 관부속품의 마찰손실수두[m]	➜ 8m
h_3 : 실양정[m]	➜ 30m
17 : 옥내소화전설비 규정방수압력의 환산수두[m]	➜ 17m

➜ **토출압력** : $P=h_1+h_2+h_3+17=2\text{m}+8\text{m}+30\text{m}+17\text{m}=\frac{57\text{m}}{10.332\text{m}}\times 0.101325\text{MPa}$

$=0.558\text{MPa}\fallingdotseq \mathbf{0.56MPa}$

(2) 펌프의 성능시험결과 양부판정(과부하운전)

펌프의 성능시험배관의 설치기준

① 펌프의 성능은 체절운전 시 정격토출압력의 140%를 초과하지 아니하고, 정격토출량의 150%로 운전 시 정격토출압력의 65% 이상이 되어야 한다.
② 성능시험배관은 펌프의 토출측에 설치된 개폐밸브 이전에서 분기하여 설치하고, 유량측정장치를 기준으로 전단직관부에는 개폐밸브를, 후단직관부에는 유량조절밸브를 설치할 것
③ 유량측정장치는 성능시험배관의 직관부에 설치하되, 펌프의 정격토출량의 175% 이상 측정할 수 있는 성능이 있을 것

정격토출량의 150%로 운전할 경우 최소양정[m]=전양정[m]×0.65
([펌프의 성능시험배관의 설치기준] ①)

∴ **정격토출량의 150%로 운전할 경우 최소양정** : H=전양정×0.65=0.56MPa×0.65=0.364MPa

➜ **펌프의 성능시험(과부하운전) 양부판정** : 기준치 **0.364MPa**>성능시험결과 **0.35MPa**이므로, 펌프의 성능은 **부적합**하다.

주의 必 **호스릴 옥내소화전설비**

※ 호스릴 옥내소화전설비도 동일하게 풀이하면 된다!! 당황하지 말자!

2.2.1.3

특정소방대상물의 어느 층에 있어서도 해당 층의 옥내소화전(2개 이상 설치된 경우에는 2개의 옥내소화전)을 동시에 사용할 경우 각 소화전의 노즐선단에서의 방수압력이 **0.17MPa**(호스릴 옥내소화전설비를 포함한다) 이상이고, 방수량이 **130l/min**(호스릴 옥내소화전설비를 포함한다) 이상이 되는 성능의 것으로 할 것. 다만, 하나의 옥내소화전을 사용하는 노즐선단에서의 방수압력이 0.7MPa을 초과할 경우에는 호스접결구의 인입측에 감압장치를 설치하여야 한다.

※ 공동주택(아파트등, 연립주택, 다세대주택 및 기숙사)의 경우 반드시 호스릴방식으로 설치

12 7층인 건축물에 연결송수관설비와 옥내소화전설비의 배관을 겸용으로 사용하고 있다. 다음 조건을 참조하여 물음에 답하시오.

배점 : 10 [17년] [23년]

[조건]

① 층당 소화전은 5개이다.
② 실양정은 20m이다.
③ 배관의 마찰손실은 실양정의 20%이다.
④ 관부속류의 마찰손실은 배관마찰손실의 50%이다.
⑤ 소방용 호스 마찰손실수두는 3.9m이다.

(1) 전양정 [m]을 구하시오.

(2) 성능시험배관의 구경을 구하여 다음 표에서 구하시오. (단, 배관 관경 산정기준은 정격토출량의 150%로 운전 시 정격토출압력의 65% 기준으로 계산한다.)

25A	32A	40A	50A	65A	80A

(3) 펌프의 성능시험을 위한 유량측정장치의 최대측정유량 [l/min]을 구하시오.

(4) 연결송수관설비와 옥내소화전설비의 배관을 겸용할 경우 주배관의 규격 [mm]은 얼마 이상으로 하여야 하는지 구하시오.

• **실전모범답안**

(1) $H = h_1 + h_2 + h_3 + 17 = 3.9 + 6 + 20 + 17 = 46.9\text{m}$

$h_2 = (20 \times 0.2) + (20 \times 0.2 \times 0.5) = 6\text{m}$

• **답 :** 46.9m

(2) $d = \sqrt{\dfrac{1.5Q}{2.086\sqrt{0.65P}}} = \sqrt{\dfrac{1.5 \times 130 \times 2}{2.086 \times \sqrt{0.65 \times \dfrac{46.9}{10.332} \times 0.101325}}} = 18.5\text{mm}$

• **답 :** 호칭경 25A 선정

(3) Q=펌프의 정격토출량×1.75=130×2×1.75=455l/min

• **답 :** 455l/min

(4) $D = \sqrt{\dfrac{4Q}{\pi V}} = \sqrt{\dfrac{4 \times \dfrac{130 \times 2}{1{,}000 \times 60}}{\pi \times 4}} = 0.037139\text{m} = 37.139\text{mm}$

• **답 :** 100mm 이상

상세해설

(1) 전양정[m]

$H=h_1+h_2+h_3+17$	펌프방식
H : 전양정[m]	➜ $H=h_1+h_2+h_3+17$
h_1 : 소방용 호스 마찰손실수두[m]	➜ 3.9m
h_2 : 배관 및 관부속품의 마찰손실수두[m]	➜ 실양정의 20%+배관마찰손실의 50% **(조건③, ④)** $=(20\text{m}\times0.2)+(20\text{m}\times0.2)\times0.5=6\text{m}$
h_3 : 실양정[m]	➜ 20m
17 : 옥내소화전설비 규정방수압력의 환산수두[m]	➜ 17m

➜ **전양정** : $H=h_1+h_2+h_3+17\text{m}=3.9\text{m}+6\text{m}+20\text{m}+17\text{m}=46.9\text{m}$ $\therefore$ $H=$ **46.9m**

(2) 성능시험배관의 구경[A]

$1.5Q=2.086d^2\sqrt{0.65P}$	성능시험배관의 구경
Q : 유량[l/min=lpm]	➜ $130l/\text{min}\times2$ **(최대 2개 적용)**
d : 구경[mm]	➜ $d=\sqrt{\dfrac{1.5Q}{2.086\sqrt{0.65P}}}$
P : 방수압[MPa=MN/m²]	➜ $\dfrac{46.9\text{m}}{10.332\text{m}}\times0.101325\text{MPa}=0.459\text{MPa}$

문제의 단서조건에 따라 펌프의 성능기준의 "정격토출량의 150%로 운전 시 정격토출압력의 65% 이상일 것"을 이용하여 성능시험배관의 구경 d[mm]을 계산한다.

➜ **성능시험배관의 구경** : $d=\sqrt{\dfrac{1.5Q}{2.086\sqrt{0.65P}}}=\sqrt{\dfrac{1.5\times(130l/\text{min}\times2)}{2.086\times\sqrt{0.65\times0.459\text{MPa}}}}$

$=18.5\text{mm}$ **(호칭경 25A 선정)**

25A	32A	40A	50A	65A	80A

참고 성능시험배관

① 식 $q=2.086d^2\sqrt{P}$은 노즐의 유량계수 $C=0.99$를 고려하여 유도된 공식이다. 즉, 위 문제를 정확히 풀이하기 위해서는 성능시험배관에 설치되는 오리피스의 유량계수가 주어져야 성능시험배관의 구경을 산출할 수 있다. 그에 따라 문제의 정확한 풀이를 위해서는 유량계수(C)가 문제조건에서 주어지고, 공식은 유량계수를 고려할 수 있는 식 $q=C\times2.107d^2\sqrt{P}$ 을 적용하여야 한다. (또한, 단위에 주의하여 연속의 방정식($Q=C\times AV$)을 적용하여 성능시험배관의 구경을 산출할 수 있다.)

➜ **성능시험배관의 구경**(성능조건 적용 : 정격토출량의 150%로 운전 시 정격토출압력의 65% 이상일 것)

㉠ $d[\text{mm}]=\sqrt{\dfrac{1.5Q[l/\text{min}]}{2.107C\times\sqrt{0.65P[\text{MPa}]}}}$

㉡ $D[\text{m}]=\sqrt{\dfrac{4\times1.5Q[\text{m}^3/\text{s}]}{C\times\pi\times\sqrt{2g\times\dfrac{0.65P[\text{Pa}]}{\gamma}}}}$

② 실무에서는 성능시험배관의 구경을 문제와 같이 산출하지 않고, 유량측정장치의 제조사에서 제시하는 구경에 따른다.

(3) 유량측정장치의 최대측정유량[l/min]

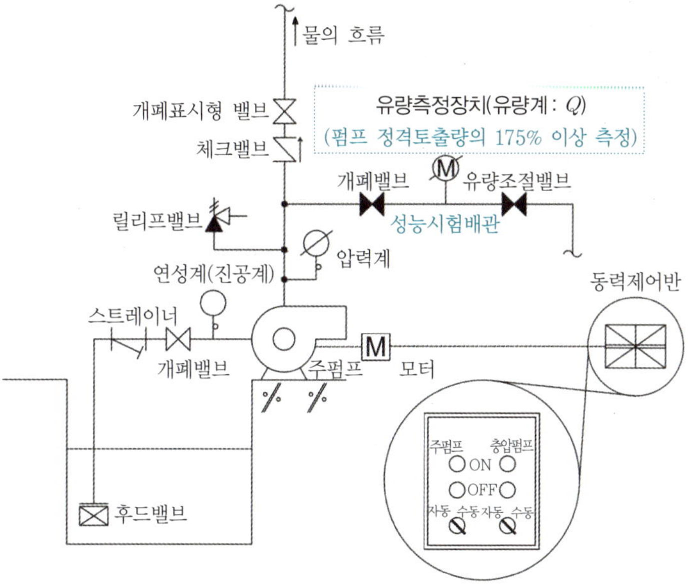

유량측정장치의 최대측정유량[l/min] = 펌프의 정격토출량[l/min] × 1.75

➜ **유량측정장치의 최대측정유량** : Q_{MAX} = 펌프의 정격토출량 × 1.75 = (130l/min × 2) × 1.75

= 455l/min

(4) 연결송수관설비와 옥내소화전설비의 배관을 겸용할 경우 주배관의 규격[mm]

$Q = AV = \frac{\pi}{4}D^2 \times V$	연속의 방정식(체적유량)
Q : 유량[m³/s]	➜ $130l/\text{min} \times 2 \times \frac{1\text{m}^3}{1{,}000l} \times \frac{1\text{min}}{60\text{s}}$
D : 배관의 직경[m]	➜ $D = \sqrt{\frac{4Q}{\pi V}}$
V : 유속[m/s]	➜ 4m/s (**토출측 주배관의 유속 : 4m/s 이하**)

➜ **주배관의 규격** : $D = \sqrt{\frac{4Q}{\pi V}} = \sqrt{\frac{4 \times \frac{130 \times 2}{1{,}000 \times 60}\text{m}^3/\text{s}}{\pi \times 4\text{m/s}}} = 0.037139\text{m} = 37.139\text{mm}$ (**100mm 이상**)

Tip 문제조건에 따라 옥내소화전설비의 배관과 연결송수관설비의 배관을 겸용한다고 하였으므로 최종답안에는 화재안전기준기술에 따른 최소구경 100mm 이상으로 작성함에 유의하자!

연결송수관설비와 옥내소화전설비의 배관을 겸용할 경우 주배관의 규격은 **100mm 이상**으로 하여야 한다.

옥내소화전설비		수치기준	※실무적용※
토출측 주배관의 구경		유속 4m/s 이하	• 유속 또는 풍속을 ○○[m/s] 이하 또는 구경을 ◇◇[mm] 이상으로 제한하는 것은 배관의 구경을 크게 하여 발생하는 손실을 줄이기 위함이다.($\because$ $Q=AV$) • 호칭경(Normal Diameter)이란 배관의 구경을 표시하기 위한 "명목상의 구경"이므로 실제 배관의 구경과는 다르며, (A)로 표기되는 것은 [mm]로, (B)로 표기되는 것은 [inch]로 나타낸다.
호스릴방식	가지배관	구경 25mm 이상	
	주배관	구경 32mm 이상	
일반방식	가지배관	구경 40mm 이상	
	주배관	구경 50mm 이상	
연결송수관 겸용	가지배관	구경 65mm 이상	
	주배관	구경 100mm 이상	

13 **특정소방대상물에 옥내소화전을 3층에 5개, 4층에 3개 설치하였다. 펌프의 실양정이 30m일 때, 펌프의 성능시험배관의 관경 [mm]을 구하시오. (단, 펌프의 정격토출압력은 0.4MPa이다.)** 배점 : 4 [15년]

[조건]

① 배관 관경산정기준은 정격토출량의 150%로 운전 시 정격토출압력의 65% 기준으로 계산한다.

② 배관은 25mm/32mm/40mm/50mm/65mm/80mm/90mm/100mm 중 하나를 선택한다.

• **실전모범답안**

→ $d=\sqrt{\dfrac{1.5Q}{2.086\sqrt{0.65P}}}=\sqrt{\dfrac{1.5\times(130\times2)}{2.086\times\sqrt{0.65\times0.4}}}=19.148\text{mm}$

• **답 :** 호칭경 25A 선정

상세해설

$1.5Q=2.086d^2\sqrt{0.65P}$	성능시험배관의 구경
Q : 유량[l/min $=l$pm]	→ $130l/\text{min}\times2$(최대 2개 적용)
d : 구경[mm]	→ $d=\sqrt{\dfrac{1.5Q}{2.086\sqrt{0.65P}}}$
P : 방수압[MPa $=$ MN/m^2]	→ 0.4MPa $=$ 0.459MPa

문제의 단서조건에 따라 펌프의 성능기준의 "정격토출량의 150%로 운전 시 정격토출압력의 65% 이상일 것"을 이용하여 성능시험배관의 구경 d[mm]을 계산한다.

→ **성능시험배관의 구경:** $d=\sqrt{\dfrac{1.5Q}{2.086\sqrt{0.65P}}}=\sqrt{\dfrac{1.5\times(130l/\text{min}\times2)}{2.086\times\sqrt{0.65\times0.4\text{MPa}}}}=19.148\text{mm}$ **(25A 선정)**

25A	32A	40A	50A	65A	80A

14 **옥내소화전에 관한 설계 시 다음 조건을 읽고 답하시오. (단, 소수점 이하는 반올림하여 정수만 나타내시오.)**

배점 : 15 [06년] [12년] [13년]

[조건]

① 건물규모=3층×각 층의 바닥면적 1,200m²

② 옥내소화전 수량=총 12개(각 층당 4개 설치)

③ 소화펌프에서 최상층 소화전 호스접결구까지의 수직거리=15m

④ 소방호스=40mm×15m(고무내장)

⑤ 호스의 마찰손실수두값(호스 100m당)

구 분	호스의 호칭구경[mm]					
	40		50		65	
유량[l/min]	아마 호스	고무내장 호스	아마 호스	고무내장 호스	아마 호스	고무내장 호스
130	26m	12m	7m	3m	–	–
350	–	–	–	–	10m	4m

⑥ 배관 및 관부속품의 마찰손실수두 합계=30m

⑦ 배관의 내경

호칭경	15A	20A	25A	32A	40A	50A	65A	80A	100A
내경[mm]	16.4	21.9	27.5	36.2	42.1	53.2	69	81	105.3

⑧ 펌프의 동력전달계수

동력전달 형식	전달계수
전동기	1.1
전동기 이외의 것	1.2

⑨ 펌프의 구경에 따른 효율(단, 펌프의 구경은 펌프의 토출측 주배관의 구경과 같다.)

펌프의 구경[mm]	40	50~65	80	100	125~150
펌프의 효율(E)	0.45	0.55	0.60	0.65	0.70

(1) 소화펌프의 정격유량 [l/min]과 정격양정 [m]을 구하시오. (단, 흡입양정은 무시한다.)

(2) 소방펌프 토출측 주배관의 최소관경을 [조건⑦]에서 선정하시오. (단, 유속은 최대유속을 적용한다.)

(3) 소화펌프를 디젤엔진으로 구동할 경우 디젤엔진의 동력 [PS]을 구하시오.

(4) 펌프의 최대체절압력 [MPa]을 구하시오.

(5) 만일 펌프에서 가장 가까운 거리에 있는 옥내소화전 노즐과 펌프에서 가장 먼 거리에 있는 옥내소화전 노즐의 방사압력의 차이가 0.4MPa이며 펌프로부터 가장 먼 거리에 있는 옥내소화전 노즐의 방수압력이 0.17MPa, 방수량이 130l/min인 경우 가장 가까운 소화전의 방수량 [l/min]을 구하시오.

(6) 옥상에 저장하여야 하는 소화수조의 용량 [m³]을 구하시오.

• **실전모범답안**

(1) $Q=130\times N=130\times 2=260l/\text{min}$, $H=h_1+h_2+h_3+17=\left(15\times\frac{12}{100}\right)+30+15+17=63.8\text{m}$

• **답 :** 260l/min, 64m

(2) $D=\sqrt{\frac{4Q}{\pi V}}=\sqrt{\frac{4\times\frac{0.26}{60}}{\pi\times 4}}=0.0371\text{m}=37.1\text{mm}$

• **답 :** 50A 선정

(3) $P=\frac{\gamma HQ}{\eta}\times K=\frac{9.8\times 64\times\frac{0.26}{60}}{0.55}\times 1.2=5.929\text{kW}\times\frac{1\text{PS}}{0.735\text{kW}}=8.066\text{PS}$

• **답 :** 8PS

(4) 체절압력=펌프의 정격토출압력×1.4=$\left(\frac{64}{10.332}\times 0.101325\right)\times 1.4=0.878\text{MPa}$

• **답 :** 1MPa

(5) $Q=K\sqrt{10P}=99.705\sqrt{10\times(0.17+0.4)}=238.042l/\text{min}$

$K=\frac{Q}{\sqrt{10P}}=\frac{130}{\sqrt{10\times 0.17}}=99.705$

• **답 :** 238l/min

(6) $V=2.6\times N\times\frac{1}{3}=2.6\times 2\times\frac{1}{3}=1.733\text{m}^3$

• **답 :** 2m³

상세해설

(1) 정격유량[l/min]과 정격양정[m]

① 정격유량[l/min]

$Q=130l/\text{min}\times N$	옥내소화전의 토출량
Q : 토출량=방사량[l/min]	➜ $Q=130l/\text{min}\times N$
N : 가장 많이 설치된 층의 소화전 개수(**최대 2개**)	➜ 2개 (**조건②**)

➜ **정격유량 :** $Q=130l/\text{min}\times N=130l/\text{min}\times 2=260l/\text{min}$ ∴ $Q=260l/\text{min}$

② 정격양정[m]

$H=h_1+h_2+h_3+17$	펌프방식
H : 전양정[m]	➜ $H=h_1+h_2+h_3+17$
h_1 : 소방용 호스 마찰손실수두[m]	➜ $15\text{m}\times\frac{12\text{m}}{100\text{m}}$ (**표적용**)
h_2 : 배관 및 관부속품의 마찰손실수두[m]	➜ 30m (**조건⑥**)
h_3 : 실양정[m] (=**흡입양정+토출양정**)	➜ 15m (**단서 조건, 흡입양정 무시**)
17 : 옥내소화전설비 규정방수압력의 환산수두[m]	➜ 17m

➜ **정격양정 :** $H=h_1+h_2+h_3+17\text{m}=\left(15\text{m}\times\frac{12\text{m}}{100\text{m}}\right)+30\text{m}+15\text{m}+17\text{m}=63.8\text{m}$

∴ $H=64\text{m}$

(2) 소방펌프 토출측 주배관의 최소관경[mm]

$Q=AV=\frac{\pi}{4}D^2V$	연속의 방정식(체적유량)
Q : 유량[m³/s]	→ $260l/\min=\frac{0.26}{60}\text{m}^3/\text{s}$
A : 배관단면적$\left(\frac{\pi}{4}D^2[\text{m}^2]\right)$	→ $D=\sqrt{\frac{4Q}{\pi V}}$
V : 유속[m/s]	→ 4m/s

→ **토출측 주배관의 최소구경 :** $D=\sqrt{\frac{4Q}{\pi V}}=\sqrt{\frac{4\times\frac{0.26}{60}\text{m}^3/\text{s}}{\pi\times 4\text{m/s}}}=0.0371\text{m}=37.1\text{mm}$ **(50A 선정)**

Tip 옥내소화전 일반방식의 경우 주배관의 최소구경은 50mm(50A) 이상이므로 최종 답안 작성 시 유의하여야 한다.

(3) 디젤엔진의 동력[PS]

$P=\frac{\gamma HQ}{\eta}\times K$	전동기의 동력
P : 전동력[W] **[1PS=0.735kW]**	→ $P=\gamma HQ/\eta\times K$
γ : 비중량[물 : 9,800N/m³=9.8kN/m³]	→ $9{,}800\text{N/m}^3=9.8\text{kN/m}^3$
H : 전양정[m](전수두=낙차수두+마찰손실수두+법정토출압환산수두)	→ 64m **[문제(1)]**
Q : 토출량=방사량[m³/s]	→ $260l/\min=\frac{0.26}{60}\text{m}^3/\text{s}$
η : 전효율 ($\eta_{전효율}=\eta_{수력효율}\times\eta_{체적효율}\times\eta_{기계효율}$)	→ 0.55 **(펌프의 구경 50~65mm 범위에 해당, 조건⑨)**
K : 전달계수	→ 1.2 **(디젤엔진이므로 "전동기 이외의 것"에 해당, 조건⑧)**

→ **디젤엔진의 동력 :** $P=\frac{\gamma HQ}{\eta}\times K=\frac{9.8\text{kN/m}^3\times 64\text{m}\times\frac{0.26}{60}\text{m}^3/\text{s}}{0.55}\times 1.2=5.929\text{kW}\times\frac{1\text{PS}}{0.735\text{kW}}$

$=8.066\text{PS}\qquad\therefore\ P=8\text{PS}$

(4) 펌프의 최대체절압력[MPa]

[펌프의 성능시험배관의 설치기준]

① 펌프의 성능은 체절운전 시 정격토출압력의 140%를 초과하지 아니하고, 정격토출량의 150%로 운전 시 정격토출압력의 65% 이상이 되어야 한다.
② 성능시험배관은 펌프의 토출측에 설치된 개폐밸브 이전에서 분기하여 설치하고, 유량측정장치를 기준으로 전단 직관부에는 개폐밸브를, 후단직관부에는 유량조절밸브를 설치할 것
③ 유량측정장치는 성능시험배관의 직관부에 설치하되, 펌프의 정격토출량의 175% 이상 측정할 수 있는 성능이 있을 것

펌프의 체절압력[MPa]=펌프의 정격토출압력[MPa]×1.4
([펌프의 성능시험배관의 설치기준] ①)

→ **펌프의 체절압력 :** $P_{체절}=$ 펌프의 정격토출압력 $\times 1.4=\left(\frac{64\text{m}}{10.332\text{m}}\times 0.101325\text{MPa}\right)\times 1.4=0.878\text{MPa}$

$\therefore\ P_{체절}=1\text{MPa}$

(5) 펌프에서 가장 가까운 거리에 있는 옥내소화전의 방수량[l/min]

$Q=K\sqrt{10P}$	방사량과 방사압력의 관계식
Q : 방수량=방사량=토출량=유량 [l/min=$l$pm]	➜ $Q_A=130l/\text{min}$, $Q_B=K\sqrt{10P_B}$ [풀이②]
K : 방출계수	➜ $K=\dfrac{Q_A}{\sqrt{10P_A}}=\dfrac{Q_B}{\sqrt{10P_B}}$ [풀이①]
P : 방수압=방사압=토출압[MPa=MN/m²]	➜ $P_1=0.17\text{MPa}$, $P_2=0.17\text{MPa}+0.4\text{MPa}=0.57\text{MPa}$

① **펌프에서 가장 먼 거리에 있는 옥내소화전(A)**

문제 조건에 따라 방수량 $Q_A=130l/\text{min}$, 방수압력 $P_A=0.17\text{MPa}$이므로 방출계수 K를 계산하면,

➜ **방출계수** : $K=\dfrac{Q}{\sqrt{10P}}=\dfrac{130l/\text{min}}{\sqrt{10\times0.17\text{MPa}}}=99.705$ $\therefore K=\mathbf{99.705}$

② **펌프에서 가장 가까운 거리에 있는 옥내소화전(B)**

㉠ 방수압력 : $P_B=0.17\text{MPa}+0.4\text{MPa}=0.57\text{MPa}$ (문제 조건에 따라 압력 차이 0.4MPa)

㉡ 방수량 : $Q_B=K\sqrt{10P_B}=99.705\sqrt{10\times0.57\text{MPa}}=238.042l/\text{min}$ $\therefore Q_B=\mathbf{238}l/\text{min}$

(6) 옥상수조의 용량[m³]

$V=0.13\text{m}^3/\text{min}\times20\text{min}\times\text{N}\times\dfrac{1}{3}=2.6\text{N}\times\dfrac{1}{3}$	옥내소화전의 옥상수조의 양
V : 옥상수조의 용량[m³]	➜ $V=2.6N\times\dfrac{1}{3}$
0.13 : 옥내소화전 1개의 방수량 (130l/min=0.13m³/min)	➜ $0.13\text{m}^3/\text{min}$
20 : 옥내소화전이 방수되는 시간(20분)	➜ 20min
N : 가장 많이 설치된 층의 소화전 개수 **(최대 2개)**	➜ 2개

➜ **옥상수조의 용량** : $V=2.6\times N\times\dfrac{1}{3}=2.6\times2\times\dfrac{1}{3}=1.733\text{m}^3$ $\therefore V=\mathbf{2m^3}$

Tip 해당 문제는 단서조건에 따라 소수점 이하는 반올림하여 정수로 나타낸다.

15 그림과 같은 옥내소화전설비를 다음 조건과 화재안전기준에 따라 설치하려고 한다. 다음 각 물음에 답하시오.

배점 : 15 [04년] [05년] [06년] [10년]

[조건]

① P_1=옥내소화전펌프
② P_2=일반용 펌프
③ 펌프의 후드밸브로부터 9층 옥내소화전함 호스접결구까지의 마찰손실 및 저항손실수두는 실양정의 30%로 한다.
④ 펌프의 효율은 65%이다.
⑤ 옥내소화전의 개수는 각 층당 2개씩이다.
⑥ 소방호스의 마찰손실수두는 7.8m이다.
⑦ 펌프 P_1의 후드밸브와 바닥면과의 간격은 0.2m이다.

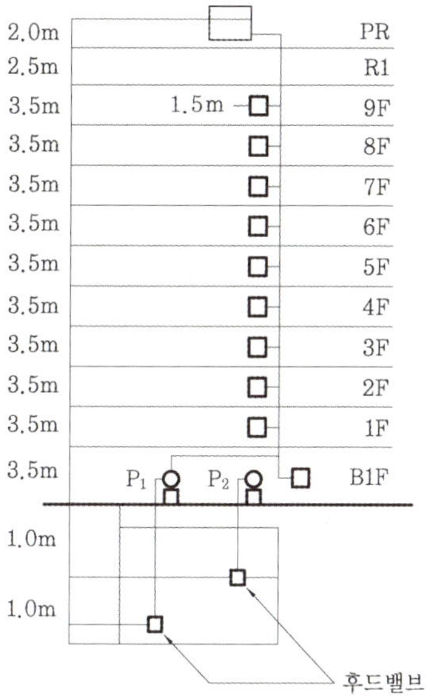

(1) 펌프의 최소유량 [l/min]을 구하시오.
(2) 수원의 최소유효저수량 [m^3]을 구하시오.
(3) 펌프의 양정 [m]을 구하시오.
(4) 펌프의 축동력 [kW]을 구하시오.
(5) 주배관용 입상관의 최소구경 [mm]을 구하시오. (단, 유속은 최대유속을 적용한다.)
(6) 체절운전 시 수온상승방지를 위한 순환배관의 최소구경 [mm]을 구하시오.
(7) 물올림탱크의 최소유효수량 [l]을 구하시오.

• **실전모범답안**

(1) $Q=130\times N=130\times 2=260l$/min

• **답 :** 260l/min

(2) $V=2.6\times N=2.6\times 2=5.2\text{m}^3$

• **답 :** 5.2m^3

(3) $H=h_1+h_2+h_3+17=7.8+(34.8\times 0.3)+34.8+17=70.04\text{m}$

$h_3=(1-0.2)+1+(3.5\times 9)+1.5=34.8\text{m}$

• **답 :** 70.04m

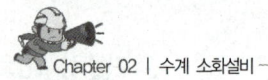

(4) $P=\dfrac{\gamma HQ}{\eta}=\dfrac{9.8\times 70.04\times\dfrac{0.26}{60}}{0.65}$=4.575kW

• **답 :** 4.58kW

(5) $D=\sqrt{\dfrac{4Q}{\pi V}}=\sqrt{\dfrac{4\times\dfrac{0.26}{60}}{\pi\times 4}}$=0.0371m=37.1mm (펌프토출측 주배관)

• **답 :** 37.1mm (호칭경 50A 선정)

(6) 20mm 이상

(7) 100l 이상

상세해설

(1) 펌프의 최소유량[l/min]

$Q=130l/\text{min}\times N$	옥내소화전의 토출량
Q : 토출량=방사량[l/min]	➜ $Q=130l/\text{min}\times N$
N : 가장 많이 설치된 층의 소화전 개수 **(최대 2개)**	➜ 2개 **(조건⑤)**

➜ **펌프의 최소유량 :** $Q=130l/\text{min}\times N=130l/\text{min}\times 2=260l/\text{min}$ ∴ $Q=260l/\text{min}$

(2) 수원의 최소유효저수량[m^3]

$V=0.13\text{m}^3/\text{min}\times 20\text{min}\times N=2.6N$	옥내소화전의 수원의 양
V : 수원의 양[m^3]	➜ $V=2.6\times N$
0.13 : 옥내소화전 1개의 방수량(130l/min=0.13m^3/min)	➜ 0.13m^3/min
20 : 옥내소화전이 방수되는 시간(20분)	➜ 20min
N : 가장 많이 설치된 층의 소화전 개수 **(최대 2개)**	➜ 2개 **(조건⑤)**

➜ **수원의 최소유효저수량 :** $V=2.6\times N=2.6\times 2=5.2\text{m}^3$ ∴ $V=5.2\text{m}^3$

(3) 펌프의 양정[m]

$H=h_1+h_2+h_3+17$	펌프방식
H : 전양정[m]	➜ $H=h_1+h_2+h_3+17$
h_1 : 소방용 호스 마찰손실수두[m]	➜ 7.8m **(조건⑥)**
h_2 : 배관 및 관부속품의 마찰손실수두[m]	➜ 34.8m×0.3 **(조건③, 실양정의 30%)**
h_3 : 실양정[m] **(흡입양정+토출양정)**	➜ (펌프 P_1~최상층 옥내소화전 호스접결구의 수직거리) +(펌프 P_1~후드밸브 사이의 수직거리) =(1m−0.2m)+1m+(3.5m×9)+1.5m =34.8m
17 : 옥내소화전설비 규정방수압력의 환산수두[m]	➜ 17m

➜ **펌프의 양정 :** $H=h_1+h_2+h_3+17=7.8\text{m}+(34.8\text{m}\times 0.3)+34.8\text{m}+17\text{m}=70.04\text{m}$

∴ $H=70.04\text{m}$

(4) 펌프의 축동력[kW]

$P=\frac{\gamma HQ}{\eta}$	축동력
P : 축동력[W]	→ $P=\gamma HQ/\eta$
γ : 비중량[물 : 9,800N/m³=9.8kN/m³]	→ $9{,}800\text{N/m}^3=9.8\text{kN/m}^3$
H : 전양정[m](전수두=낙차수두+마찰손실수두+법정토출압환산수두)	→ 70.04m [문제(2)]
Q : 토출량=방사량[m³/s]	→ $260l/\text{min}=\frac{0.26}{60}\text{m}^3/\text{s}$ [문제(1)]
η : 전효율 ($\eta_{전효율}=\eta_{수력효율}\times\eta_{체적효율}\times\eta_{기계효율}$)	→ 0.65 (조건④)

→ 축동력 : $P=\frac{\gamma HQ}{\eta}=\frac{9.8\text{kN/m}^3\times70.04\text{m}\times\frac{0.26}{60}\text{m}^3/\text{s}}{0.65}=4.575\text{kW}$ $\therefore P=4.58\text{kW}$

(5) 주배관용 입상관의 최소구경[mm]

$Q=AV=\frac{\pi}{4}D^2V$	연속의 방정식(체적유량)
Q : 유량[m³/s]	→ $260l/\text{min}=\frac{0.26}{60}\text{m}^3/\text{s}$ [문제(1)]
A : 배관단면적$\left(\frac{\pi}{4}D^2[\text{m}^2]\right)$	→ $D=\sqrt{\frac{4Q}{\pi V}}$
V : 유속[m/s]	→ 4m/s (최대유속 적용)

→ 주배관용 입상관의 구경 : $D=\sqrt{\frac{4Q}{\pi V}}=\sqrt{\frac{4\times\frac{0.26}{60}\text{m}^3/\text{s}}{\pi\times4\text{m/s}}}=0.0371\text{m}=37.1\text{mm}$ (호칭경 50A 선정)

Tip 내경이 37.1mm일 경우 배관의 호칭경은 40A를 선정하여야 하나, 펌프토출측 주배관의 구경은 최소 50mm(50A) 이상이므로 주배관용 입상관의 최소구경은 50A를 선정한다.

(6) 순환배관의 최소구경[mm]

20mm 이상

(7) 물올림탱크의 최소유효수량[l]

$100l$ 이상

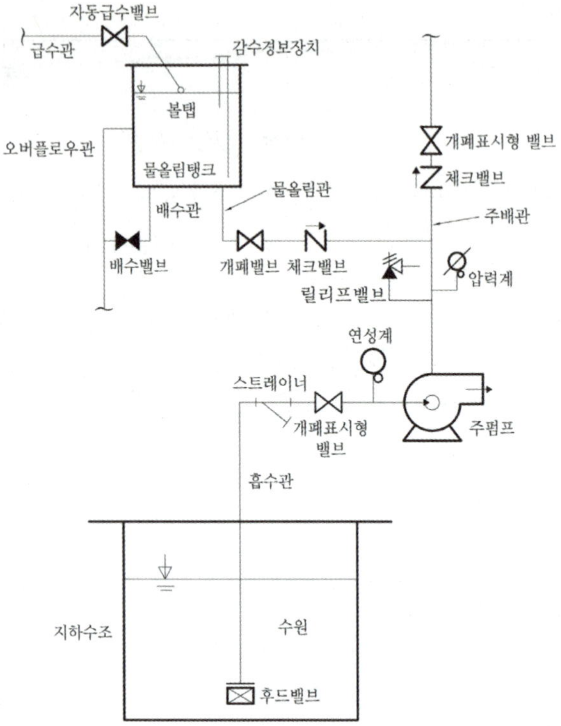

| 물올림장치 주위배관도 |

구 분	구 경	구 분	용 적
물올림장치 급수배관	15mm 이상	물올림탱크	100l 이상
순환배관	20mm 이상	압력챔버	100l 이상
오버플로우관	50mm 이상		

16 그림과 같은 옥내소화전설비를 다음 조건과 화재안전기준에 따라 설치하려고 한다. 다음 각 물음에 답하시오.

배점 : 15 [07년] [13년] [18년] [20년]

[조건]

① P_1=옥내소화전펌프
② P_2=일반용 펌프
③ 펌프의 후드밸브로부터 6층 옥내소화전함 호스접결구까지의 마찰손실 및 저항손실수두는 실양정의 30%로 한다.
④ 펌프의 체적효율은 0.95, 기계효율은 0.85, 수력효율은 0.8이다.
⑤ 옥내소화전의 개수는 각 층당 3개씩이다.
⑥ 소방호스의 마찰손실수두는 7m이다.
⑦ 전달계수는 1.2이다.

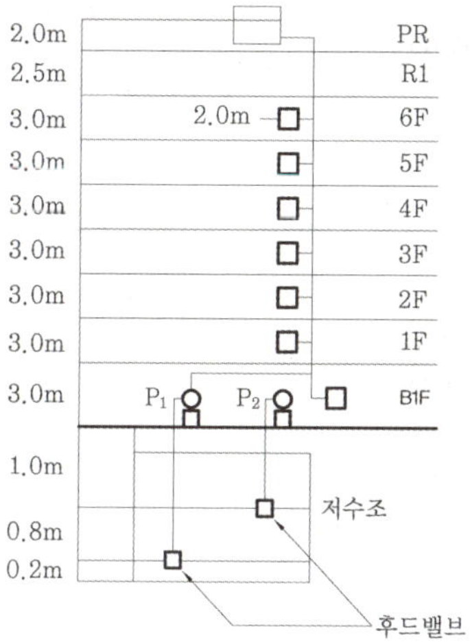

(1) 펌프의 최소유량 [l/min]을 구하시오.
(2) 수원의 최소유효저수량 [m^3]을 구하시오.
(3) 펌프의 양정 [m]을 구하시오.
(4) 펌프의 전효율 [%]을 구하시오.
(5) 펌프의 수동력, 축동력, 모터동력은 각각 몇 [kW]인지 구하시오.
(6) 6층의 옥내소화전에 지름이 40mm인 소방호스 끝에 구경 13mm인 노즐이 부착되어 있다. 이때 유량 130l/min을 대기 중에 방사할 경우 다음 물음에 답하시오.(단, 유동에는 마찰이 없다.)
  ① 소방호스의 평균유속 [m/s]을 구하시오.
  ② 소방호스에 부착된 방수노즐의 평균유속 [m/s]을 구하시오.
  ③ 운동량에 의해 생기는 반발력 [N]을 구하시오. (단, 운동량만 고려할 것)
(7) 만약 노즐에서 방수압력이 0.7MPa을 초과할 경우 감압하는 방법 3가지를 쓰시오.
(8) 봉상방수의 경우 노즐선단에서의 방수압 측정방법을 쓰시오.

• **실전모범답안**

(1) $Q=130\times N=130\times 2=260l/\text{min}$

• **답 :** 260l/min

(2) $V=2.6\times N=2.6\times 2=5.2\text{m}^3$

• **답 :** 5.2m^3

(3) $H=h_1+h_2+h_3+17=7+(21.8\times 0.3)+21.8+17=52.34\text{m}$

→ $h_3=0.8+1+(3\times 6)+2=21.8\text{m}$

• **답 :** 52.34m

(4) $\eta=\eta_{수력효율}\times\eta_{체적효율}\times\eta_{기계효율}=0.95\times 0.85\times 0.8=0.646$

• **답 :** 64.6%

(5) ① $P=\gamma HQ=9.8\times 52.34\times\dfrac{0.26}{60}=2.222\text{kW}$

② $P=\dfrac{\gamma HQ}{\eta}=\dfrac{9.8\times 52.34\times\dfrac{0.26}{60}}{0.646}=3.440\text{kW}$

③ $P=\frac{\gamma HQ}{\eta}\times K=\frac{9.8\times 52.34\times\frac{0.26}{60}}{0.646}\times 1.2=4.128\text{kW}$

• **답 :** ① 2.22kW ② 3.44kW ③ 4.13kW

(6) $F=\rho Q(V_2-V_1)=1{,}000\times\frac{0.13}{60}\times(16.323-1.724)=31.631\text{N}$

➜ $V_1=\frac{Q}{A_1}=\frac{4Q}{\pi D_1^2}=\frac{4\times\frac{0.13}{60}}{\pi\times 0.04^2}=1.724\text{m/s}$

➜ $V_2=\frac{Q}{A_2}=\frac{4Q}{\pi D_2^2}=\frac{4\times\frac{0.13}{60}}{\pi\times 0.013^2}=16.323\text{m/s}$

• **답 :** 31.63N

(7) 감압밸브방식, 고가수조방식, 전용배관방식

(8) 노즐 전면의 중심선에서 수평으로 노즐구경(d)의 $\frac{d}{2}$ 떨어진 위치에서 측정

상세해설

(1) 펌프의 최소유량[l/min]

$Q=130l/\text{min}\times N$	옥내소화전의 토출량
Q : 토출량=방사량[l/min]	➜ $Q=130l/\text{min}\times N$
N : 가장 많이 설치된 층의 소화전 개수**(최대 2개)**	➜ 2개 **(최대 2개 적용)**

➜ **펌프의 최소유량 :** $Q=130l/\text{min}\times N=130l/\text{min}\times 2=260l/\text{min}$ ∴ $Q=260l/\text{min}$

(2) 수원의 최소유효저수량[m^3]

$V=0.13\text{m}^3/\text{min}\times 20\text{min}\times N=2.6N$	옥내소화전의 수원의 양
V : 수원의 양[m^3]	➜ $V=2.6\times N$
0.13 : 옥내소화전 1개의 방수량(130l/min=0.13m^3/min)	➜ $0.13\text{m}^3/\text{min}$
20 : 옥내소화전이 방수되는 시간(20분)	➜ 20min
N : 가장 많이 설치된 층의 소화전 개수**(최대 2개)**	➜ 2개 **(최대 2개 적용)**

➜ **수원의 최소유효저수량 :** $V=2.6\times N=2.6\times 2=5.2\text{m}^3$ ∴ $V=5.2\text{m}^3$

(3) 펌프의 양정[m]

$H=h_1+h_2+h_3+17$	펌프방식
H : 전양정[m]	➜ $H=h_1+h_2+h_3+17$
h_1 : 소방용 호스 마찰손실수두[m]	➜ 7m **(조건⑥)**
h_2 : 배관 및 관부속품의 마찰손실수두[m]	➜ $21.8\text{m}\times 0.3$ **(조건③, 실양정의 30%)**
h_3 : 실양정[m] **(흡입양정+토출양정)**	➜ (펌프 P_1 후드밸브에서 최상층 옥내소화전 호스접결구까지의 수직거리) $=0.8\text{m}+1\text{m}+(3\text{m}\times 6)+2\text{m}=21.8\text{m}$
17 : 옥내소화전설비 규정방수압력의 환산수두[m]	➜ 17m

➜ **펌프의 양정 :** $H = h_1 + h_2 + h_3 + 17\text{m} = 7\text{m} + (21.8\text{m} \times 0.3) + 21.8\text{m} + 17\text{m} = 52.34\text{m}$

$\therefore\ H = \mathbf{52.34m}$

(4) 전효율

$\eta_{전효율} = \eta_{수력효율} \times \eta_{체적효율} \times \eta_{기계효율}$

➜ **펌프의 전효율 :** $\eta = \eta_{수력효율} \times \eta_{체적효율} \times \eta_{기계효율} = 0.95 \times 0.85 \times 0.8 = 0.646$ **(조건④)**

$\therefore\ \eta = \mathbf{64.6\%}$

(5) 펌프의 수동력[kW], 축동력[kW], 모터동력[kW]

수동력	축동력	전동력(전동기동력, 모터동력)
$P_w = \gamma HQ$	$P_s = \dfrac{P_w}{\eta} = \dfrac{\gamma HQ}{\eta}$	$P = P_s \times K = \dfrac{\gamma HQ}{\eta} \times K$

γ : 비중량[물 : 9,800N/m^3=9.8kN/m^3]	➜ $9{,}800\text{N/m}^3 = 9.8\text{kN/m}^3$
H : 전양정[m] (전수두=낙차수두+마찰손실수두+법정토출압력환산수두)	➜ 52.34m **[문제(3)]**
Q : 토출량=방사량[m^3/s]	➜ $260l/\text{min} = \dfrac{0.26}{60}\text{m}^3/\text{s}$ **[문제(1)]**
η : 전효율($\eta_{전효율} = \eta_{수력효율} \times \eta_{체적효율} \times \eta_{기계효율}$)	➜ 0.646 **[문제(4)]**
K : 전달계수	➜ 1.2

① **수동력**

$$P_w = \gamma HQ = 9.8\text{kN/m}^3 \times 52.34\text{m} \times \frac{0.26}{60}\text{m}^3/\text{s} = 2.222\text{kW} \qquad \therefore\ P_w = \mathbf{2.22kW}$$

② **축동력**

$$P_s = \frac{\gamma HQ}{\eta} = \frac{9.8\text{kN/m}^3 \times 52.34\text{m} \times \frac{0.26}{60}\text{m}^3/\text{s}}{0.646} = 3.440\text{kW} \qquad \therefore\ P_s = \mathbf{3.44kW}$$

③ **모터동력**

$$P = \frac{\gamma HQ}{\eta} \times K = \frac{9.8\text{kN/m}^3 \times 52.34\text{m} \times \frac{0.26}{60}\text{m}^3/\text{s}}{0.646} \times 1.2 = 4.128\text{kW} \qquad \therefore\ P = \mathbf{4.13kW}$$

(6) 운동량에 의해 생기는 반발력[N]

$F = \rho Q(V_2 - V_1)$	운동량에 의해 생기는 반발력
F : 유속차이에 의한 힘[N=kg·m/s^2]	➜ $F = \rho Q(V_2 - V_1)$ **[풀이②]**
ρ : 밀도[물 : 1,000kg/m^3]	➜ $1{,}000\text{kg/m}^3$
Q : 유량[m^3/s]	➜ $130l/\text{min} = \dfrac{0.13}{60}\text{m}^3/\text{s}$
V_1, V_2 : 유속[m/s] ($\Delta V = V_2 - V_1$ =유속차)	➜ $V = Q/A = 4Q/\pi D^2$ **[풀이①]**

① **소방호스 및 방수노즐의 평균유속**

$Q=A_1V_1=A_2V_2$	연속의 방정식(체적유량)
Q : 유량[m³/s]	→ $130l/\text{min}=\frac{0.13}{60}\text{m}^3/\text{s}$
A_1, A_2 : 배관단면적$\left(\frac{\pi}{4}D^2[\text{m}^2]\right)$	→ $A_1=\frac{\pi}{4}\times0.04^2\text{m}^2,\ A_2=\frac{\pi}{4}\times0.013^2\text{m}^2$ **(소방호스=1지점, 방수노즐=2지점)**
V_1, V_2 : 유속[m/s]	→ $V=Q/A=4Q/\pi D^2$

㉠ **소방호스의 평균유속** : $V_1=\frac{Q}{A_1}=\frac{4Q}{\pi D_1^2}=\frac{4\times\frac{0.13}{60}\text{m}^3/\text{s}}{\pi\times0.04^2\text{m}^2}=1.724\text{m/s}$

㉡ **방수노즐의 평균유속** : $V_2=\frac{Q}{A_2}=\frac{4Q}{\pi D_2^2}=\frac{4\times\frac{0.13}{60}\text{m}^3/\text{s}}{\pi\times0.013^2\text{m}^2}=16.323\text{m/s}$

② **운동량에 의해 생기는 반발력** : $F=\rho Q(V_2-V_1)$

$$=1{,}000\text{kg/m}^3\times\frac{0.13}{60}\text{m}^3/\text{s}\times(16.323-1.724)\text{m/s}$$

$$=31.631\,\text{kg}\cdot\text{m/s}^2$$

$$\fallingdotseq \mathbf{31.63N}\ \ (\text{N}=\text{kg}\cdot\text{m/s}^2)$$

(7) 방수압력이 0.7MPa을 초과할 경우 감압방법

① **감압밸브방식**

㉠ 앵글밸브용 감압밸브 : 호스접결구인 앵글밸브의 인입구측에 감압용 밸브를 설치하는 방식(보편적)

㉡ 배관용 감압밸브 : 배관에 2대의 감압밸브를 병렬로 설치하는 방식(초고층건축물)

| 앵글밸브용 감압밸브 |

| 배관용 감압밸브 |

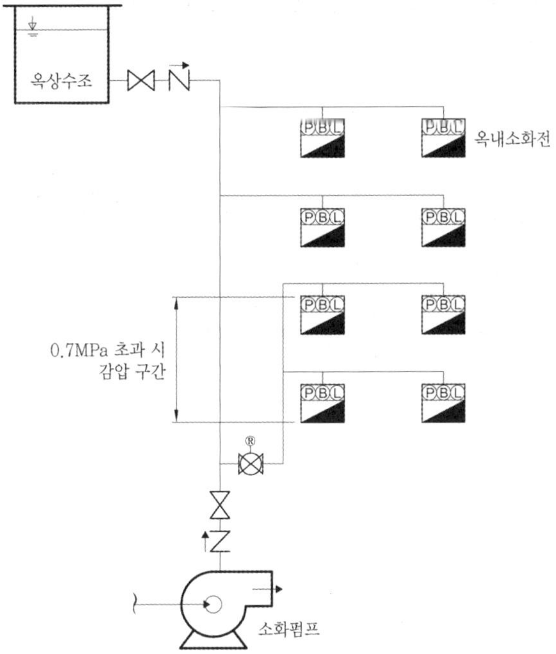

| 감압밸브방식 |

② **고가수조방식** : 고가수조를 건물 옥상에 설치하고 저층부에 대하여 0.7MPa를 초과하지 않는 범위 내에서 자연낙차를 이용하는 방식(초고층건축물)

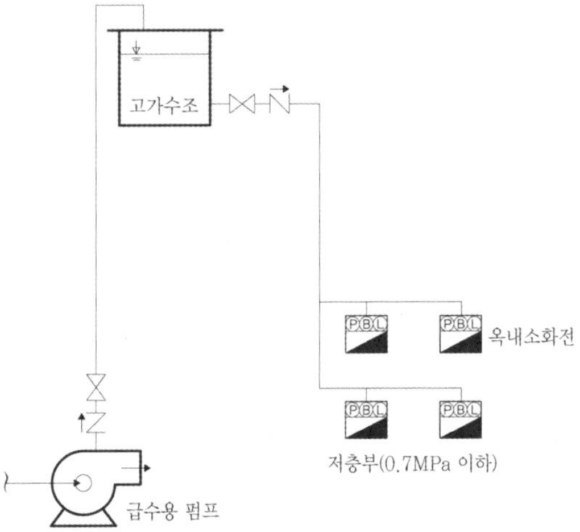

| 고가수조방식 |

③ **전용 배관방식** : 설비를 고층부와 저층부별로 입상배관, 펌프 등을 각각 별도로 구분하여 설치하는 방식

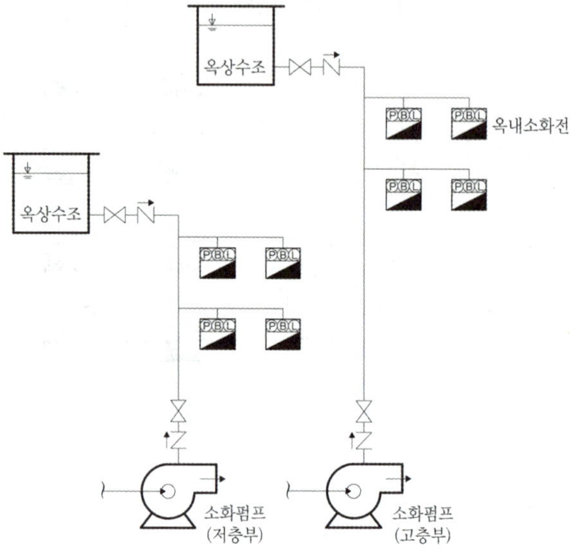

| 전용 배관방식 |

④ **중계펌프방식** : 건물의 중간층에 중계펌프(Booster Pump) 및 중간수조를 별도로 설치하는 방식(고층부)

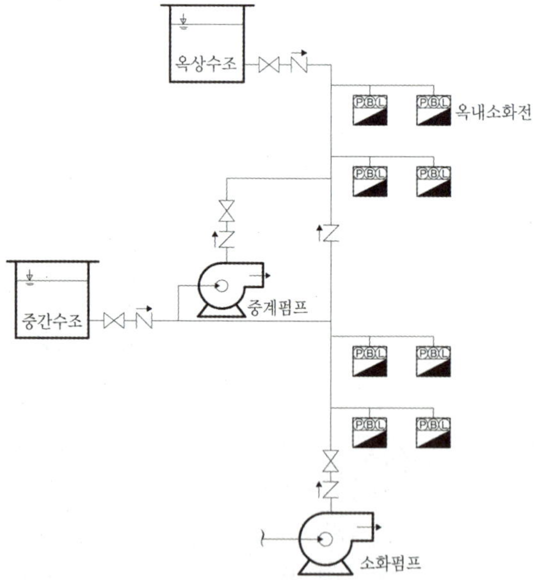

| 중계펌프방식 |

(8) 옥내소화전설비의 방수압 측정방법

방수압 측정기구	피토게이지(Pitot gauge)
방수압 측정위치	노즐 전면의 중심선에서 수평으로 노즐구경(d)의 $\frac{d}{2}$ 떨어진 위치에서 측정

| 방수압력측정계(피토게이지) |

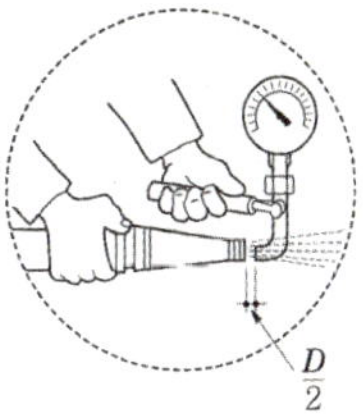

| 옥내소화전설비 방수압력 측정방법 |

참고 무상방수, 적상방수, 봉상방수

무상방수	적상방수	봉상방수
물입자 형태로 방수 (예 물분무소화설비)	물방울 형태로 방수 (예 스프링클러설비)	막대 형태로 방수 (예 옥내·외 소화전설비)

실무적용

배관 내부의 정압이 모두 동압(속도에 의한 압력)으로 변환되며 가장 유속이 빠른 위치에서 동압을 측정한다. 옥내·외 소화전은 모두 0.7MPa을 초과할 경우 반발력이 커지므로 이를 법적으로 제한한다.

17 다음은 10층 건물에 설치한 옥내소화전설비의 계통도이다. 각 물음에 답하시오.

배점 : 12 [03년] [04년] [09년] [14년] [17년] [22년]

[조건]
① 배관의 마찰손실수두는 40m(소방호스, 관부속품의 마찰손실수두 포함)이다.
② 펌프의 효율은 65%이다.
③ 펌프의 여유율은 10%를 적용한다.

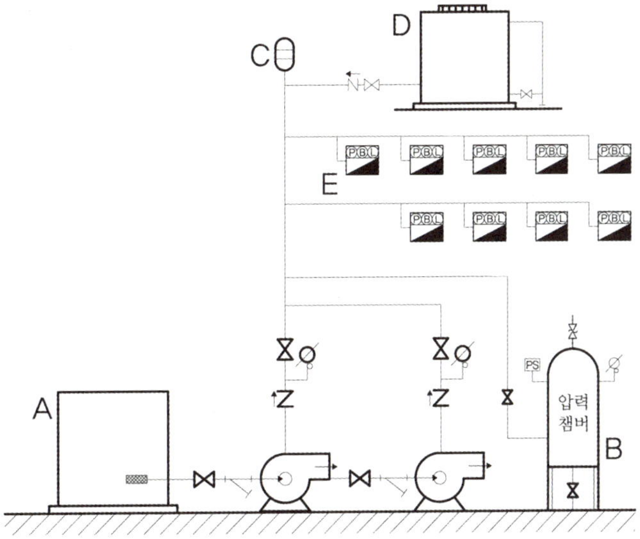

(1) Ⓐ~Ⓔ의 명칭을 쓰시오.
(2) Ⓓ에 보유하여야 할 최소유효저수량 [m^3]을 구하시오.
(3) Ⓑ의 주된 기능을 쓰시오.
(4) Ⓒ의 설치목적을 쓰시오.
(5) Ⓔ함의 문짝 면적은 몇 [m^2] 이상이어야 하는지 쓰시오.
(6) 펌프의 전동기 용량 [kW]을 구하시오.

• **실전모범답안**

(1) Ⓐ 소화수조, Ⓑ 기동용 수압개폐장치, Ⓒ 수격방지기, Ⓓ 옥상수조, Ⓔ 발신기세트 내장형 옥내소화전함

(2) $V = 2.6 \times N \times \frac{1}{3} = 2.6 \times 2 \times \frac{1}{3} = 1.733\text{m}^3$

• **답 :** 1.73m^3

(3) ① 배관 내의 압력저하를 감지하여 주펌프의 자동기동, 충압펌프의 자동기동 및 자동정지
② 배관 내의 순간적인 압력변동으로부터 안정적으로 압력감지
③ 배관 내의 수격작용을 방지

(4) 펌프가 기동 및 정지를 할 때 배관 내 물의 유속변화에 의해 발생할 수 있는 수격현상을 방지하는 기구

(5) 0.5m^2 이상(짧은 변의 길이가 500mm 이상)

(6) $P = \frac{\gamma HQ}{\eta} \times K = \frac{9.8 \times 57 \times \frac{0.26}{60}}{0.65} \times 1.1 = 4.096\text{kW}$

➜ $Q = 130 \times N = 130 \times 2 = 260l/\text{min}$

➜ $H = 40 + 17 = 57\text{m}$

• **답 :** 4.1kW

상세해설

(1) Ⓐ~Ⓔ의 명칭

Ⓐ 소화수조
Ⓑ 기동용 수압개폐장치
Ⓒ 수격방지기
Ⓓ 옥상수조
Ⓔ 발신기세트 내장형 옥내소화전함

(2) 옥상수조의 최소유효저수량[m^3]

$V = 0.13\text{m}^3/\text{min} \times 20\text{min} \times \text{N} \times \frac{1}{3} = 2.6\text{N} \times \frac{1}{3}$	옥내소화전의 옥상수조의 용량
V : 옥상수조의 용량[m^3]	➜ $V = 2.6N \times \frac{1}{3}$
0.13 : 옥내소화전 1개의 방수량($130l/\text{min} = 0.13\text{m}^3/\text{min}$)	➜ $0.13\text{m}^3/\text{min}$
20 : 옥내소화전이 방수되는 시간(20분)	➜ 20min
N : 가장 많이 설치된 층의 소화전 개수 **(최대 2개)**	➜ 2개

➜ **옥상수조의 최소유효저수량 :** $V = 2.6 \times N \times \frac{1}{3} = 2.6 \times 2 \times \frac{1}{3} = 1.733\text{m}^3 \quad \therefore V = 1.73\text{m}^3$

(3) 기동용 수압개폐장치의 주된 기능

① 배관 내의 압력저하를 감지하여 주펌프의 자동기동, 충압펌프의 자동기동 및 자동정지

② 배관 내의 순간적인 압력변동으로부터 안정적으로 압력감지

③ 배관 내의 수격작용을 방지

(4) 수격방지기의 설치목적

펌프가 기동 및 정지를 할 때 배관 내 물의 유속변화에 의해 발생할 수 있는 수격현상을 방지하는 기구

(5) 발신기세트 내장형 옥내소화전 문짝의 면적[m^2]

$0.5m^2$ 이상(짧은 변의 길이가 500mm 이상)

(6) 펌프의 전동기용량[kW]

$P=\dfrac{\gamma HQ}{\eta}\times K$	전동기용량
P : 전동기용량[W]	→ $P=\gamma HQ/\eta\times K$
γ : 비중량[물 : $9{,}800N/m^3=9.8kN/m^3$]	→ $9{,}800N/m^3=9.8kN/m^3$
H : 전양정[m] (전수두=낙차수두+마찰손실수두+법정토출압환산수두)	→ $40m+17m+0m=57m$
Q : 토출량=방사량[m^3/s]	→ $130l/min\times 2=260l/min=\dfrac{0.26}{60}m^3/s$
η : 전효율($\eta_{전효율}=\eta_{수력효율}\times\eta_{체적효율}\times\eta_{기계효율}$)	→ 0.65 (조건②)
K : 전달계수	→ 1.1 (조건③, 여유율 10%)

→ 전동기용량 : $P=\dfrac{\gamma HQ}{\eta}\times K=\dfrac{9.8kN/m^3\times 57m\times\dfrac{0.26}{60}m^3/s}{0.65}\times 1.1=4.096kW$

$\therefore\ P=4.1kW$

18 지상 10층의 백화점 건물에 옥내소화전설비를 화재안전기준 및 조건에 따라 설치되었을 때 다음 그림을 참조하여 각 물음에 답하시오. 배점 : 15 [05년]

[조건]

① 옥내소화전은 1층부터 5층까지는 각 층에 5개, 6층부터 10층까지는 각 층에 7개가 설치되었다.

② 펌프의 후드밸브에서 10층의 옥내소화전 방수구까지 수직거리는 40m이고 배관상 마찰손실(소방용 호스 제외)은 20m로 한다.

③ 소방용 호스의 마찰손실은 100m당 26m이고, 호스의 길이는 15m, 수량은 2개이다.

④ 주배관은 연결송수관설비의 배관과 겸용이다.

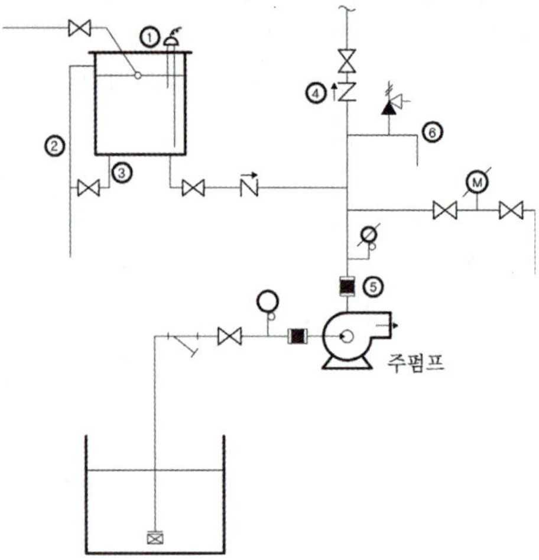

(1) 펌프의 최소토출량 [m^3/min]을 구하시오.
(2) 수원의 최소유효저수량 [m^3]을 구하시오.
(3) 옥상수조에 저장하여야 할 최소유효저수량 [m^3]을 구하시오.
(4) 펌프의 전양정 [m]을 구하시오.
(5) 펌프의 축동력 [kW]을 구하시오. (단, 펌프의 효율은 60%이다.)
(6) 소방용 호스 노즐의 방사압력을 측정한 결과 0.25MPa이었다. 10분 동안 방사할 경우 방사량 [l]을 구하시오.
(7) 펌프의 토출측 주배관의 관경 [mm]을 구하시오.
(8) 펌프의 성능시험배관의 최소관경 [mm]을 다음의 표에서 선정하시오.(단, 배관 관경 산정기준은 정격토출량의 150%로 운전 시 정격토출압력의 65% 기준으로 계산한다.)

25mm	32mm	40mm	50mm	65mm	80mm

(9) 그림에서 각 번호의 명칭을 쓰시오.
(10) 그림에서 ⑥번 배관의 설치이유를 간단히 쓰시오.

• **실전모범답안**

(1) $Q=130\times N=130\times 2=260l/\text{min}=0.26\text{m}^3/\text{min}$

• **답 :** 0.26m^3/min

(2) $V=2.6\times N=2.6\times 2=5.2\text{m}^3$

• **답 :** 5.2m^3

(3) $V=2.6\times N\times \frac{1}{3}=2.6\times 2\times \frac{1}{3}=1.733\text{m}^3$

• **답 :** 1.73m^3

(4) $H=h_1+h_2+h_3+17=\left(15\times \frac{26}{100}\times 2\right)+20+40+17=84.8\text{m}$

• **답 :** 84.8m

(5) $P=\frac{\gamma HQ}{\eta}=\frac{9.8\times 84.8\times \frac{0.26}{60}}{0.6}=6.001\text{kW}$

• **답 :** 6kW

(6) $Q=(2.086d^2\sqrt{P})\times t=(2.086\times 13^2\times\sqrt{0.25})\times 10=1{,}762.7l$

• **답 :** 1,762.7l

(7) $D=\sqrt{\frac{4Q}{\pi V}}=\sqrt{\frac{4\times\frac{0.26}{60}}{\pi\times 4}}=0.0371\text{mm}=37.1\text{mm}$

• **답 :** 호칭경 100A 선정

(8) $d=\sqrt{\frac{1.5Q}{2.086\sqrt{0.65P}}}=\sqrt{\frac{1.5\times 260}{2.086\times\sqrt{0.65\times 0.831}}}=15.949\text{mm}$

→ $P=\frac{84.8}{10.332}\times 0.101325=0.831\text{MPa}$

• **답 :** 호칭경 25A 선정

(9) ① 감수경보장치 ② 오버플로우관 ③ 배수관 ④ 체크밸브 ⑤ 플렉시블조인트 ⑥ 순환배관

(10) 체절운전 시 수온의 상승방지

상세해설

(1) 펌프의 최소토출량[m³/min]

$Q=130l/\text{min}\times N$	옥내소화전의 토출량
Q : 토출량=방사량[l/min]	→ $Q=130l/\text{min}\times N$
N : 가장 많이 설치된 층의 소화전 개수(**최대 2개**)	→ 2개 (**조건①**)

→ **펌프의 최소토출량 :** $Q=130l/\text{min}\times N=130l/\text{min}\times 2=260l/\text{min}=0.26\text{m}^3/\text{min}$

$\therefore\ Q=0.26\text{m}^3/\text{min}$

(2) 수원의 최소저수량[m³]

$V=0.13\text{m}^3/\text{min}\times 20\text{min}\times \text{N}=2.6\times\text{N}$	옥내소화전의 수원의 양
V : 수원의 양[m³]	→ $V=2.6\times N$
0.13 : 옥내소화전 1개의 방수량(130l/min=0.13m³/min)	→ 0.13m³/min
20 : 옥내소화전이 방수되는 시간(20분)	→ 20min
N : 가장 많이 설치된 층의 소화전 개수(**최대 2개**)	→ 2개 (**최대 2개 적용**)

→ **수원의 최소저수량 :** $V=2.6\times N=2.6\times 2=5.2\text{m}^3$ $\therefore\ V=5.2\text{m}^3$

(3) 옥상수원의 양[m³]

$V=0.13\text{m}^3/\text{min}\times 20\text{min}\times\text{N}\times\frac{1}{3}=2.6\text{N}\times\frac{1}{3}$	옥내소화전의 옥상수조의 용량
V : 옥상수조의 용량[m³]	→ $V=2.6N\times\frac{1}{3}$
0.13 : 옥내소화전 1개의 방수량(130l/min=0.13m³/min)	→ 0.13m³/min
20 : 옥내소화전이 방수되는 시간(20분)	→ 20min
N : 가장 많이 설치된 층의 소화전 개수(**최대 2개**)	→ 2개 (**최대 2개 적용**)

→ **옥상수원의 양 :** $V=2.6\times N\times\frac{1}{3}=2.6\times 2\times\frac{1}{3}=1.733\text{m}^3$ $\therefore\ V=1.73\text{m}^3$

(4) 펌프의 전양정[m]

$H=h_1+h_2+h_3+17$	펌프방식
H : 필요한 압력[m]	→ $H=h_1+h_2+h_3+17$
h_1 : 소방용 호스 마찰손실수두[m]	→ $15\text{m}\times\frac{26\text{m}}{100\text{m}}\times 2$개 **(조건③)**
h_2 : 배관 및 관부속품의 마찰손실수두[m]	→ 20m **(조건②)**
h_3 : 실양정[m] (=**흡입양정+토출양정**)	→ 40m **(조건②)**
17 : 옥내소화전설비 규정방수압력의 환산수두[m]	→ 17m

→ **펌프의 전양정** : $H=h_1+h_2+h_3+17=\left(15\text{m}\times\frac{26\text{m}}{100\text{m}}\times 2\text{개}\right)+20\text{m}+40\text{m}+17\text{m}=84.8\text{m}$

$\therefore$ $H=$ **84.8m**

(5) 펌프의 축동력[kW]

$P=\frac{\gamma HQ}{\eta}$	축동력
P : 축동력[W]	→ $P=\gamma HQ/\eta$
γ : 비중량[물 : 9,800N/m^3=9.8kN/m^3]	→ $9{,}800\text{N/m}^3=9.8\text{kN/m}^3$
H : 전양정[m] (전수두=낙차수두+마찰손실수두+법정토출압환산수두)	→ 84.8m **[문제(4)]**
Q : 토출량=방사량[m^3/s]	→ $260l/\text{min}=\frac{0.26}{60}\text{m}^3/\text{s}$ **[문제(1)]**
η : 전효율 ($\eta_{전효율}=\eta_{수력효율}\times\eta_{체적효율}\times\eta_{기계효율}$)	→ 0.6

→ **축동력** : $P=\frac{\gamma HQ}{\eta}=\frac{9.8\text{kN/m}^3\times 84.8\text{m}\times\frac{0.26}{60}\text{m}^3/\text{s}}{0.6}=6.001\text{kW}$ $\therefore$ $P=$ **6kW**

(6) 방사량[l]

$q=2.086\,d^2\sqrt{P}$	방사량과 방사압력의 관계식
q : 방수량=방사량=토출량=유량[l/min=$l$pm]	→ $q=2.086\,d^2\sqrt{P}$
d : 노즐구경[옥내소화전 : 노즐 13mm, 호스 40mm] [옥외소화전 : 노즐 19mm, 호스 65mm]	→ 13mm
P : 방수압=방사압=토출압[MPa=MN/m^2]	→ 0.25MPa

$\therefore$ 방수량 : $q=2.086d^2\sqrt{P}=2.086\times(13\text{mm})^2\times\sqrt{0.25\text{MPa}}=176.267l/\text{min}\fallingdotseq$ **176.27l/min**

→ 토출량(q) 176.27l/min으로 **10분 동안 방사**할 경우,

$\therefore$ **방사량** : $q[l]=Q[l/\text{min}]\times t[\text{min}]=176.27l/\text{min}\times 10\text{min}=$ **1,762.7l**

(7) 펌프의 토출측 주배관의 관경[mm]

$Q=AV=\frac{\pi}{4}D^2V$	연속의 방정식(체적유량)
Q : 유량[m^3/s]	➜ $260l/min=\frac{0.26}{60}m^3/s$ [문제(1)]
A : 배관단면적$\left(\frac{\pi}{4}D^2[m^2]\right)$	➜ $D=\sqrt{\frac{4Q}{\pi V}}$
V : 유속[m/s]	➜ 4m/s (최대유속 적용)

➜ **주배관의 구경** : $D=\sqrt{\frac{4Q}{\pi V}}=\sqrt{\frac{4\times\frac{0.26}{60}m^3/s}{\pi\times 4m/s}}=0.0371m=37.1mm$

(주배관의 관경, 최소구경 적용) **(호칭경 100A 선정)**

참고

내경이 37.1mm일 경우 주배관의 호칭경은 **50A를 선정**하여야 하나, 조건④에 따라 연결송수관설비의 배관과 겸용으로 사용하는 옥내소화전설비의 펌프토출측 주배관의 구경은 최소 100mm(100A) 이상이므로 주배관의 최소구경은 **100A를 선정**한다.

옥내소화전설비		수치기준
토출측 주배관의 구경		유속 4m/s 이하
호스릴방식	가지배관	구경 25mm 이상
	주배관	구경 32mm 이상
일반방식	가지배관	구경 40mm 이상
	주배관	구경 50mm 이상
연결송수관 겸용	가지배관	구경 65mm 이상
	주배관	구경 100mm 이상

(8) 펌프의 성능시험배관의 최소관경[mm]

$1.5Q=2.086d^2\sqrt{0.65P}$	성능시험배관의 구경
Q : 유량[$l/min=lpm$]	➜ $260l/min$ [문제(1)]
d : 구경[mm]	➜ $d=\sqrt{\frac{1.5Q}{2.086\sqrt{0.65P}}}$
P : 방수압[$MPa=MN/m^2$]	➜ $\frac{84.8m}{10.332m}\times 0.101325MPa=0.831MPa$ [문제(4)]

펌프의 성능기준의 "정격토출량의 150%로 운전 시 정격토출압력의 65% 이상일 것"을 이용하여 성능시험배관의 구경 d[mm]을 계산한다.

➜ **성능시험배관의 구경** : $d=\sqrt{\frac{1.5Q}{2.086\sqrt{0.65P}}}=\sqrt{\frac{1.5\times 260l/min}{2.086\times\sqrt{0.65\times 0.831MPa}}}$

$=15.949mm$ **(호칭경 25A 선정)**

25mm	32mm	40mm	50mm	65mm	80mm

참고 성능시험배관

① 식 $q=2.086d^2\sqrt{P}$은 노즐의 유량계수 $C=0.99$를 고려하여 유도된 공식이다. 즉, 위 문제를 정확히 풀이하기 위해서는 성능시험배관에 설치되는 오리피스의 유량계수가 주어져야 성능시험배관의 구경을 산출할 수 있다. 그에 따라 문제의 정확한 풀이를 위해서는 유량계수(C)가 문제조건에서 주어지고, 공식은 유량계수를 고려할 수 있는 식 $q=C\times 2.107d^2\sqrt{P}$ 을 적용하여야 한다. (또한, 단위에 주의하여 연속의 방정식($Q=C\times AV$)을 적용하여 성능시험배관의 구경을 산출할 수 있다.)

➜ **성능시험배관의 구경**(성능조건 적용 : 정격토출량의 150%로 운전 시 정격토출압력의 65% 이상일 것)

㉠ $d[\text{mm}]=\sqrt{\dfrac{1.5Q[l/\text{min}]}{2.107C\times\sqrt{0.65P[\text{MPa}]}}}$

㉡ $D[\text{m}]=\sqrt{\dfrac{4\times 1.5Q[\text{m}^3/\text{s}]}{C\times\pi\times\sqrt{2g\times\dfrac{0.65P[\text{Pa}]}{\gamma}}}}$

② 실무에서는 성능시험배관의 구경을 문제와 같이 산출하지 않고, 유량측정장치의 제조사에서 제시하는 구경에 따른다.

(9) 명칭

① 감수경보장치
② 오버플로우관
③ 배수관
④ 체크밸브
⑤ 플렉시블조인트
⑥ 순환배관

(10) ⑥번 배관의 설치이유

펌프가 체절운전을 할 경우 **수온의 상승을 방지**하기 위해 설치

Mind - Control

막연하게 다 잘될 거라는 말보다
그래도 조금만 더 견뎌보자는 말을 하게 되었다.
다 잘될 수는 없으니까,
그래도 조금만 더 견디다 보면 더 잘될 수도 있으니까.

- 견뎌 보자, 못말 -

19 11층의 연면적 15,000m^2 업무용 건축물에 옥내소화전설비를 국가화재안전기준에 따라 설치하려고 한다. 다음 조건을 참고하여 각 물음에 답하시오. 배점 : 10 [15년]

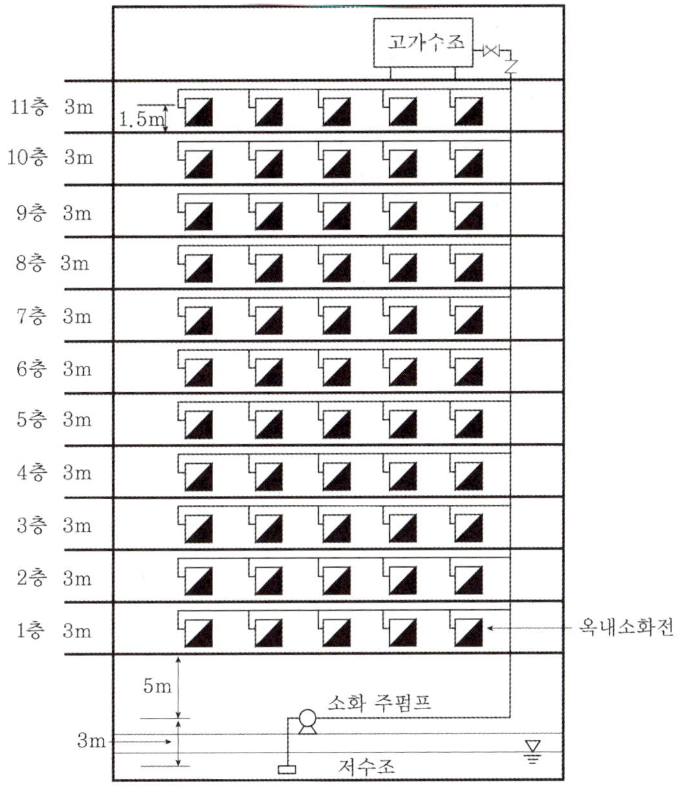

[조건]

① 펌프의 후드밸브로부터 11층 옥내소화전함 호스접결구까지의 마찰손실 및 저항손실수두는 실양정의 25%로 한다.
② 펌프의 효율은 68%이고, 전달계수 K=1.1이다.
③ 옥내소화전의 개수는 각 층당 5개씩이다.
④ 펌프의 체적효율(E_1)은 0.95, 기계효율(E_2)은 0.92, 수력효율(E_3)은 0.83이다.
⑤ 소방호스의 마찰손실수두는 7.8m이다.

(1) 펌프의 최소유량 [m^3/min]을 구하시오.
(2) 수원의 최소유효저수량 [m^3]을 구하시오.
(3) 옥상에 설치할 고가수조의 용량 [m^3]을 구하시오.
(4) 펌프의 총 양정 [m]을 구하시오.
(5) 펌프의 축동력 [kW]을 구하시오.
(6) 펌프의 모터동력 [kW]을 구하시오.
(7) 소방호스 노즐에서 방수압력 측정 시 측정기구 및 측정방법을 쓰시오.
(8) 소방호스 노즐의 방수압력이 0.7MPa 초과 시 감압방법 2가지를 쓰시오.

• **실전모범답안**

(1) $Q=130\times N=130\times 2=260l/\text{min}=0.26\text{m}^3/\text{min}$

• **답 :** $0.26\text{m}^3/\text{min}$

(2) $V=2.6\times N=2.6\times 2=5.2\text{m}^3$

• **답 :** 5.2m^3

(3) $V=2.6\times N\times \frac{1}{3}=2.6\times 2\times \frac{1}{3}=1.733\text{m}^3$

• **답 :** 1.73m^3

(4) $H=h_1+h_2+h_3+17=7.8+(39.5\times 0.25)+39.5+17=74.175\text{m}$

• **답 :** 74.18m

(5) $P=\frac{\gamma HQ}{\eta}=\frac{9.8\times 74.18\times \frac{0.26}{60}}{0.95\times 0.92\times 0.83}=4.342\text{kW}$

• **답 :** 4.34kW

(6) $P=\frac{\gamma HQ}{\eta}\times K=\frac{9.8\times 74.18\times \frac{0.26}{60}}{0.95\times 0.92\times 0.83}\times 1.1=4.776\text{kW}$

• **답 :** 4.78kW

(7) 피토게이지, 노즐전면의 중심선에서 수평으로 노즐구경(d)의 $\frac{d}{2}$ 떨어진 위치에서 측정

(8) 감압밸브방식, 고가수조방식

상세해설

(1) 펌프의 최소유량[l/min]

$Q=130l/\text{min}\times N$	옥내소화전의 토출량
Q : 토출량=방사량[l/min]	➜ $Q=130l/\text{min}\times N$
N : 가장 많이 설치된 층의 소화전 개수(**최대 2개**)	➜ 2개 (**최대 2개 적용**)

➜ **펌프의 최소토출량 :** $Q=130l/\text{min}\times N=130l/\text{min}\times 2=260l/\text{min}=0.26\text{m}^3/\text{min}$

$\therefore\ Q=0.26\text{m}^3/\text{min}$

(2) 수원의 최소유효저수량[m^3]

$V=0.13\text{m}^3/\text{min}\times 20\text{min}\times \text{N}=2.6\times \text{N}$	옥내소화전의 수원의 양
V : 수원의 양[m^3]	➜ $V=2.6\times N$
0.13 : 옥내소화전 1개의 방수량 ($130l/\text{min}=0.13\text{m}^3/\text{min}$)	➜ $0.13\text{m}^3/\text{min}$
20 : 옥내소화전이 방수되는 시간(20분)	➜ 20min
N : 가장 많이 설치된 층의 소화전 개수(**최대 2개**)	➜ 2개 (**최대 2개 적용**)

➜ **수원의 최소저수량 :** $V=2.6\times N=2.6\times 2=5.2\text{m}^3$ $\therefore\ V=5.2\text{m}^3$

(3) 옥상에 설치할 고가수조의 용량[m³]

$V = 0.13\text{m}^3/\text{min} \times 20\text{min} \times \text{N} \times \frac{1}{3} = 2.6\text{N} \times \frac{1}{3}$	옥내소화전의 옥상수조의 용량
V : 옥상수조의 용량[m³]	➜ $V = 2.6N \times \frac{1}{3}$
0.13 : 옥내소화전 1개의 방수량 (130l/min=0.13m³/min)	➜ $0.13\text{m}^3/\text{min}$
20 : 옥내소화전이 방수되는 시간(20분)	➜ 20min
N : 가장 많이 설치된 층의 소화전 개수(**최대 2개**)	➜ 2개 (**최대 2개 적용**)

➜ **옥상수원의 양** : $V = 2.6 \times N \times \frac{1}{3} = 2.6 \times 2 \times \frac{1}{3} = 1.733\text{m}^3$ $\quad \therefore\ V = 1.73\text{m}^3$

(4) 펌프의 양정[m]

$H = h_1 + h_2 + h_3 + 17$	펌프방식
H : 전양정[m]	➜ $H = h_1 + h_2 + h_3 + 17$
h_1 : 소방용 호스 마찰손실수두[m]	➜ 7.8m (**조건⑤**)
h_2 : 배관 및 관부속품의 마찰손실수두[m]	➜ $h_3 \times 0.25 = 39.5\text{m} \times 0.25$ (**조건①, 실양정의 25%**)
h_3 : 실양정[m] (=**흡입양정+토출양정**)	➜ $3\text{m} + 5\text{m} + (3\text{m} \times 10) + 1.5\text{m} = 39.5\text{m}$ (**그림참고**)
17 : 옥내소화전설비 규정방수압력의 환산수두[m]	➜ 17m

➜ **펌프의 전양정** : $H = h_1 + h_2 + h_3 + 17 = 7.8\text{m} + (39.5\text{m} \times 0.25) + 39.5\text{m} + 17\text{m} = 74.175\text{m}$

$\therefore\ H = 74.18\text{m}$

(5) 펌프의 축동력[kW]

$P = \frac{\gamma HQ}{\eta}$	펌프의 축동력
P : 축동력[W]	➜ $P = \gamma HQ/\eta$
γ : 비중량[물 : 9,800N/m³=9.8kN/m³]	➜ $9{,}800\text{N/m}^3 = 9.8\text{kN/m}^3$
H : 전양정[m](전수두=낙차수두+마찰손실수두+법정토출압환산수두)	➜ 74.18m [**문제(4)**]
Q : 토출량=방사량[m³/s]	➜ $260l/\text{min} = \frac{0.26}{60}\text{m}^3/\text{s}$ [**문제(1)**]
η : 전효율($\eta_{전효율} = \eta_{수력효율} \times \eta_{체적효율} \times \eta_{기계효율}$)	➜ $0.95 \times 0.92 \times 0.83$

➜ **축동력** : $P = \frac{\gamma HQ}{\eta} = \frac{9.8\text{kN/m}^3 \times 74.18\text{m} \times \frac{0.26}{60}\text{m}^3/\text{s}}{0.95 \times 0.92 \times 0.83} = 4.342\text{kW}$ $\quad \therefore\ P = 4.34\text{kW}$

Tip 조건 ②에서 주어진 효율은 펌프 제조사에서 제시한 효율이고, 조건 ④에서 주어진 효율은 펌프의 설치환경에 의한 각 효율을 의미한다. 즉, 효율이 2가지로 주어졌지만 조건 ②보다 조건 ④가 우선 적용됨에 주의한다.

(6) 펌프의 모터동력(전동기용량)[kW]

$P=\dfrac{\gamma HQ}{\eta}\times K$	펌프의 모터동력
P : 축동력[W]	➜ $P=\gamma QH/\eta\times K$
γ : 비중량[물 : 9,800N/m³=9.8kN/m³]	➜ $9{,}800\text{N/m}^3=9.8\text{kN/m}^3$
H : 전양정[m](전수두=낙차수두+마찰손실수두+법정토출압환산수두)	➜ 74.18m **[문제(4)]**
Q : 토출량=방사량[m³/s]	➜ $260l/\text{min}=\dfrac{0.26}{60}\text{m}^3/\text{s}$ **[문제(1)]**
η : 전효율 ($\eta_{전효율}=\eta_{수력효율}\times\eta_{체적효율}\times\eta_{기계효율}$)	➜ $0.95\times0.92\times0.83$
K : 전달계수	➜ 1.1

➜ **모터동력** : $P=\dfrac{\gamma HQ}{\eta}\times K=\dfrac{9.8\text{kN/m}^3\times74.18\text{m}\times\dfrac{0.26}{60}\text{m}^3/\text{s}}{0.95\times0.92\times0.83}\times1.1=4.776\text{kW}$

$\therefore$ $P=$ **4.78kW**

(7) 방수압력 측정 시 측정기구 및 측정방법

방수압 측정기구	피토게이지(Pitot gauge)
방수압 측정위치	노즐 전면의 중심선에서 수평으로 노즐구경(d)의 $\dfrac{d}{2}$ 떨어진 위치에서 측정

| 방수압력측정계(피토게이지) |

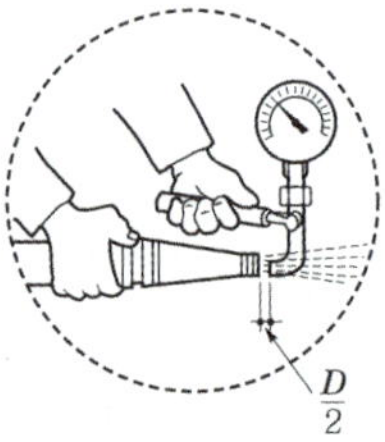

| 옥내소화전설비 방수압력 측정방법 |

(8) 방수압력이 0.7MPa 초과 시 감압방법

① **감압밸브방식**

㉠ 앵글밸브용 감압밸브 : 호스접결구인 앵글밸브의 인입구측에 감압용 밸브를 설치하는 방식(보편적)

㉡ 배관용 감압밸브 : 배관에 2대의 감압밸브를 병렬로 설치하는 방식(초고층건축물)

| 앵글밸브용 감압밸브 |

| 배관용 감압밸브 |

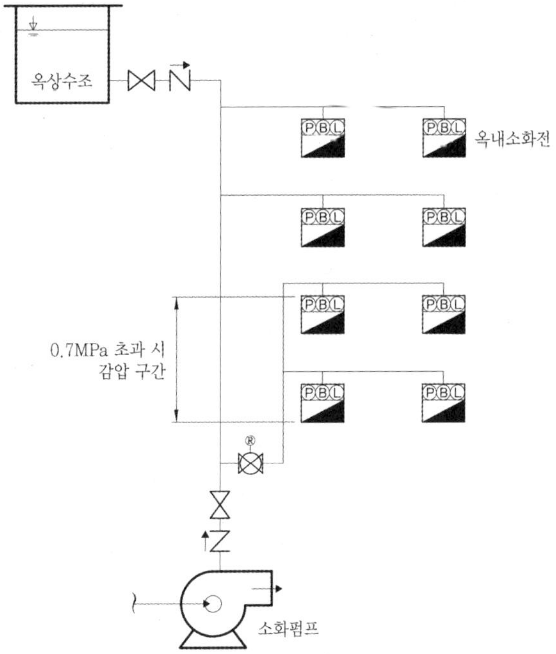

| 감압밸브방식 |

② **고가수조방식** : 고가수조를 건물 옥상에 설치하고 저층부에 대하여 0.7MPa를 초과하지 않는 범위 내에서 자연낙차를 이용하는 방식(초고층건축물)

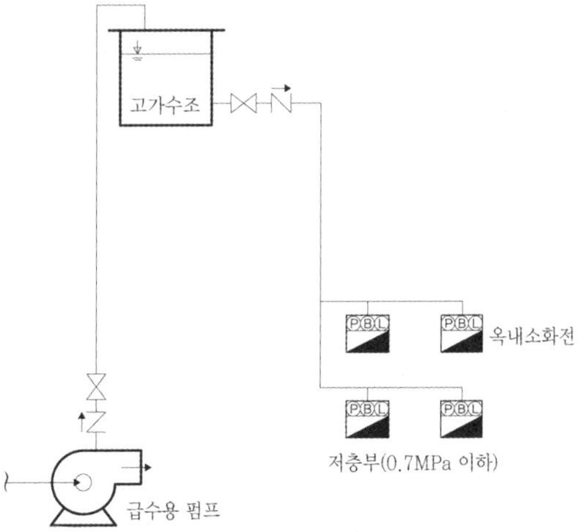

| 고가수조방식 |

③ **전용 배관방식** : 설비를 고층부와 저층부별로 입상배관, 펌프 등을 각각 별도로 구분하여 설치하는 방식

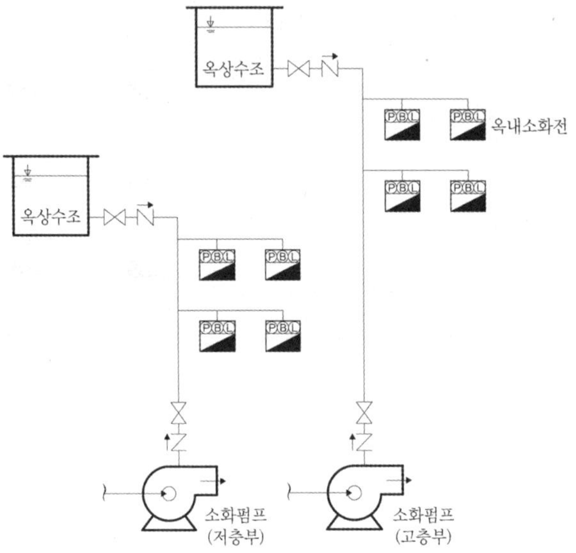

| 전용 배관방식 |

④ **중계펌프방식** : 건물의 중간층에 중계펌프(Booster Pump) 및 중간수조를 별도로 설치하는 방식(고층부)

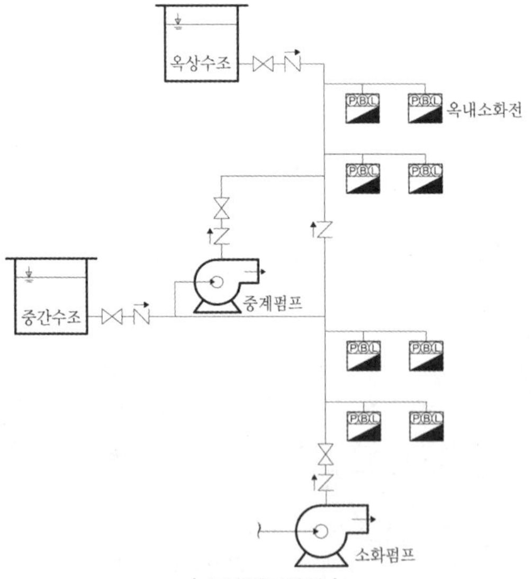

| 중계펌프방식 |

20 그림과 같이 6층 건물(철근콘크리트 건물)에 1층부터 6층까지 각 층에 1개씩 옥내소화전을 설치하고자 한다. 다음의 그림과 조건을 이용하여 각 물음에 답하시오. 배점 : 20 [15년]

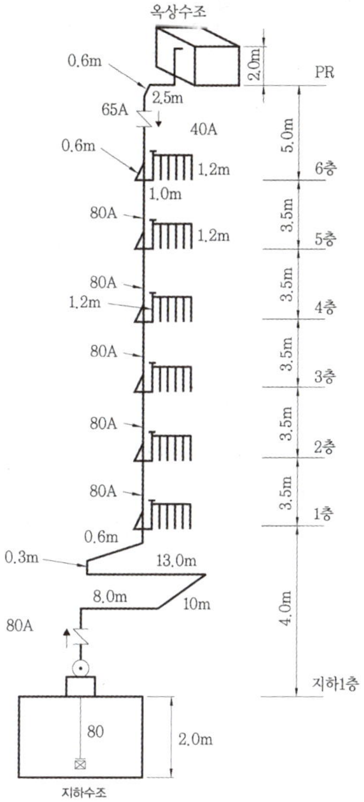

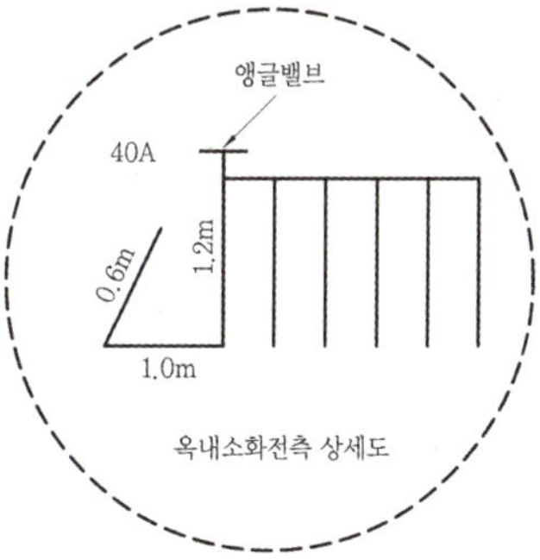

[조건]

① 노즐의 최소방수량=130l/min(40mm×13mm 노즐)
② 펌프의 송수량은 필요수량에 20% 여유를 둔다.
③ 수원의 용량은 소화전을 사용할 경우 20분간 계속 사용할 수 있는 양으로 한다.
④ 소화전 호스의 최소선단압력은 0.17MPa이다.
⑤ 직관의 마찰손실(100m당)은 다음 표를 참조하여 계산한다.

유량[l/min]	130	260	390	520
40mm	14.7m	–	–	–
50mm	5.1m	18.4m	–	–
65mm	1.72m	6.2m	13.2m	–
80mm	0.71m	2.57m	5.47m	9.2m

⑥ 관이음쇠 및 밸브 등의 등가길이는 다음 표를 이용하여 계산한다.

관이음쇠 및 밸브의 호칭경[mm]	90° (엘보)	45° (엘보)	90° T (분류)	커플링 90° T (직류)	게이트 밸브	글로브 밸브	앵글 밸브
	등가길이[m]						
40	1.5	0.9	2.1	0.45	0.30	13.5	6.5
50	2.1	1.2	3.0	0.60	0.39	16.5	8.4
65	2.4	1.5	3.6	0.75	0.48	19.5	10.2
80	3.0	1.8	4.5	0.90	0.60	24.0	12.0
100	4.2	2.4	6.3	1.20	0.81	37.5	16.5
125	5.1	3.0	7.5	1.50	0.99	42.0	21.0
150	6.0	3.6	9.0	1.80	1.20	49.5	24.0

※ 체크밸브와 후드밸브의 등가길이는 이 표의 앵글밸브에 준한다.

⑦ 호스의 마찰손실수두(호스 100m당)는 다음 표를 이용하여 계산한다.

구분 / 유량 [l/min]	호스의 호칭구경[mm]					
	40		50		65	
	아마 호스	고무내장 호스	아마 호스	고무내장 호스	아마 호스	고무내장 호스
130	26m	12m	7m	3m	–	–
350	–	–	–	–	10m	4m

⑧ 호스는 길이 15m, 구경 40mm의 아마호스 2개를 사용한다.

⑨ 펌프의 효율은 60%이며, 전동기의 전달효율은 100%로 계산한다.

(1) 소화펌프의 분당 송수량 [l/min]을 구하시오.

(2) 수원의 최소저수량 [m^3]을 구하시오.

(3) 소방용 호스의 마찰손실수두 [m]을 구하시오.

(4) 배관 및 관부속품의 마찰손실수두 [m]에 대한 다음의 표를 완성하시오.

호칭구경	유 량	직관 및 관부속품의 등가길이	마찰손실수두
40A	130l/min	직관 :	
	130l/min	관부속품 :	
80A	130l/min	직관 :	
	130l/min	관부속품 :	
마찰손실수두 합계			

(5) 펌프의 실양정 [m]을 구하시오.

(6) 펌프의 전양정을 구하는데 있어서 정격 방수압력환산수두 [m]를 구하시오.

(7) 펌프의 전양정 [m]을 구하시오.

(8) 전동기의 최소소요동력 [kW]을 구하시오.

• 실전모범답안

(1) $Q=130\times N=130\times1\times1.2=156l/\text{min}$

• 답 : $156l/\text{min}$

(2) $V=2.6\times N=2.6\times1\times1.2=3.12\text{m}^3$

• 답 : 3.12m^3

(3) $h_1=15\times\frac{26}{100}\times2=7.8\text{m}$

• 답 : 7.8m

(4)

호칭구경	유량 [l/min]	직관 및 관부속품의 등가길이	마찰손실수두
40A	130	직관 : 0.6+1+1.2=2.8m	$2.8\times\frac{14.7}{100}=0.411 ≒ \mathbf{0.41m}$
	130	관부속품 : 6.5+(1.5×2)=9.5m	$9.5\times\frac{14.7}{100}=1.396 ≒ \mathbf{1.4m}$
80A	130	직관 : (2+8+10+13+0.3+0.6)+(4−0.3)+(3.5×5) =55.1m	$55.1\times\frac{0.71}{100}=0.391 ≒ \mathbf{0.39m}$
	130	관부속품 : 12+12+(3×6)+4.5+(0.9×5)=51m	$51\times\frac{0.71}{100}=0.362 ≒ \mathbf{0.36m}$
마찰손실수두 합계			**2.56m**

(5) $h_3=2+4+(3.5\times5)+1.2=24.7\text{m}$

• 답 : 24.7m

(6) $\frac{0.17\text{MPa}}{0.101325\text{MPa}}\times10.332\text{m}=17.334\text{m}$

• 답 : 17.33m

(7) $H=h_1+h_2+h_3+17=7.8+2.56+24.7+17.33=52.39\text{m}$

• 답 : 52.39m

(8) $P=\frac{\gamma HQ}{\eta}\times K=\frac{9.8\times52.39\times\frac{0.156}{60}}{0.6}\times1=2.224\text{kW}$

• 답 : 2.22kW

상세해설

(1) 소화펌프의 분당 송수량[l/min]

$Q=130l/\text{min}\times N$	옥내소화전의 토출량
Q : 토출량=방사량[l/min]	➜ $Q=130l/\text{min}\times N\times1.2$ (조건②, 필요수량의 20%)
N : 가장 많이 설치된 층의 소화전 개수(최대 2개)	➜ 1개 (문제의 그림)

➜ **소화펌프의 분당 송수량** : $Q=130l/\text{min}\times N=130l/\text{min}\times1\times1.2=156l/\text{min}$ ∴ $Q=156l/\text{min}$

(2) 수원의 최소저수량[m³]

$V = 0.13\,m^3/min \times 20min \times N = 2.6 \times N$	옥내소화전의 수원의 양
V : 수원의 양[m³]	➜ $V = 2.6N \times 1.2$ **(조건②, 필요수량의 20%)**
0.13 : 옥내소화전 1개의 방수량 (130l/min=0.13m³/min)	➜ $0.13m^3/min$
20 : 옥내소화전이 방수되는 시간(20분)	➜ 20min
N : 가장 많이 설치된 층의 소화전 개수**(최대 2개)**	➜ 1개 **(문제의 그림, 옥내소화전이 가장 많이 설치된 층)**

➜ **수원의 최소유효저수량 :** $V = 2.6 \times N = 2.6 \times 1 \times 1.2 = 3.12m^3$ ∴ $V = \mathbf{3.12m^3}$

(3) 소방용 호스의 마찰손실수두[m]

구분 / 유량[l/min]	호스의 호칭구경[mm]					
	40		50		65	
	아마호스	고무내장호스	아마호스	고무내장호스	아마호스	고무내장호스
130	26m	12m	7m	3m	–	–
350	–	–	–	–	10m	4m

조건 ⑧에서 "**구경 40mm의 아마호스**"이므로 조건 ⑦에서 26m을 선정하여 계산하면,

➜ **소방용 호스의 마찰손실수두 :** $h_1 = 15m \times \frac{26m}{100m} \times 2개 = \mathbf{7.8m}$

(4) 배관 및 관부속품의 마찰손실수두[m]

호칭구경	유량[l/min]	직관 및 관부속품의 등가길이	마찰손실수두
40A	130	직관 : $0.6+1+1.2=2.8m$	$2.8m \times \frac{14.7m}{100m} = 0.411 ≒ \mathbf{0.41m}$
40A	130	**40A 관부속품** 앵글밸브 | 1개 | 6.5m | $1 \times 6.5m = 6.5m$ 90° 엘보 | 2개 | 1.5m | $2 \times 1.5m = 3m$ 합계 | 9.5m	$9.5m \times \frac{14.7m}{100m} = 1.396 ≒ \mathbf{1.4m}$
80A	130	직관: $(2+8+10+13+0.3+0.6)+(4-0.3)$ $+(3.5\times5)=55.1m$	$55.1m \times \frac{0.71m}{100m} = 0.391 ≒ \mathbf{0.39m}$
80A	130	**80A 관부속품** 후드밸브 | 1개 | 12m | $1 \times 12m = 12m$ 체크밸브 | 1개 | 12m | $1 \times 12m = 12m$ 90° 엘보 | 6개 | 3m | $6 \times 3m = 18m$ 90° T(분류) | 1개 | 4.5m | $1 \times 4.5m = 4.5m$ 90° T(직류) | 5개 | 0.9m | $5 \times 0.9m = 4.5m$ 합계 | 51m	$51m \times \frac{0.71m}{100m} = 0.362 ≒ \mathbf{0.36m}$
마찰손실수두 합계			**2.56m**

Tip 문제의 계통도에서 사선은 "수평배관"으로, 수직선은 "수직배관"으로 해석한다. 즉, 80A의 직관길이 산정 시 "(4−0.3)m" 부분은 앞서 수직배관의 길이 0.3m를 고려해 직관길이의 "+0.3m"을 더해주었으므로 4m에서 빼준 것이다.

① 40A(유량 130l/min) 직관 및 관부속품의 등가길이

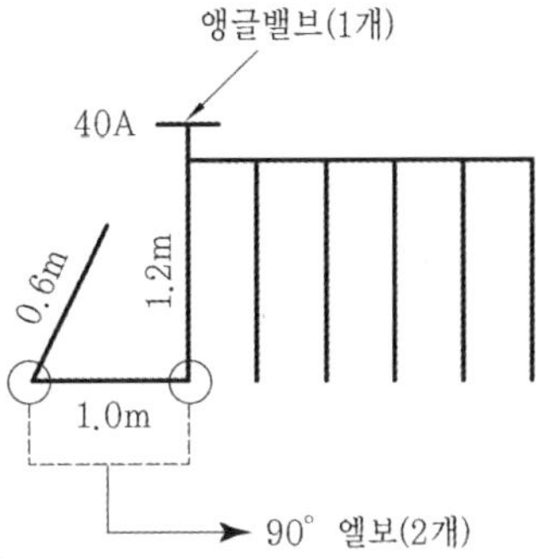

| 40A 직관 및 관부속품의 등가길이 |

② 80A(유량 130l/min) 직관 및 관부속품의 등가길이

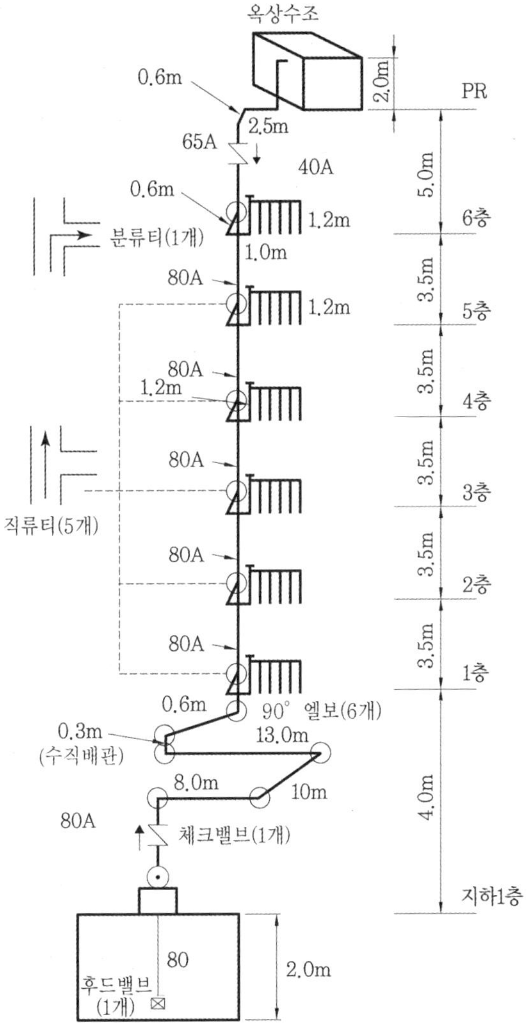

| 80A 직관 및 관부속품의 등가길이 |

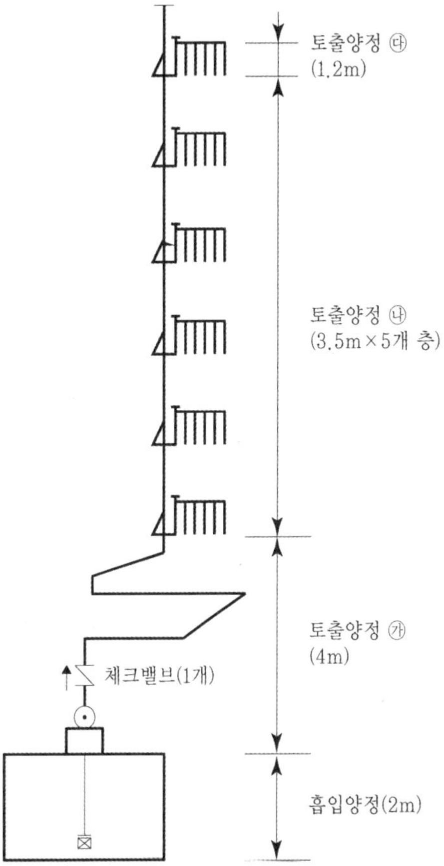

| 펌프의 실양정 |

(5) 펌프의 실양정[m]

① 흡입양정(지하수조의 높이) = 2m

② 토출양정

㉮(지하 1층의 층고) = 4m

③ 토출양정

㉯(지상 1층~지상 5층의 층고 합계) = 3.5m × 5

④ 토출양정

㉰(최상층 옥내소화전 호스접결구의 수직높이) = 1.2m

➜ **실양정** : $h_3 = 2\text{m} + 4\text{m} + (3.5\text{m} \times 5) + 1.2\text{m} = \mathbf{24.7m}$

(6) 정격 방수압력환산수두[m]

➜ **정격 방수압력환산수두** : $h_4 = \dfrac{0.17\text{MPa}}{0.101325\text{MPa}} \times 10.332\text{m} = 17.334\text{m}$ $\quad \therefore\ h_4 = \mathbf{17.33m}$

(7) 펌프의 전양정[m]

$H = h_1 + h_2 + h_3 + h_4$	**펌프방식**
H : 전양정[m]	➜ $H = h_1 + h_2 + h_3 + 17$
h_1 : 소방용 호스 마찰손실수두[m]	➜ 7.8m **[문제(3)]**
h_2 : 배관 및 관부속품의 마찰손실수두[m]	➜ 2.56m **[문제(2)]**
h_3 : 실양정[m] **(=흡입양정+토출양정)**	➜ 24.7m **[문제(5)]**
h_4 : 옥내소화전설비 규정방수압력의 환산수두[m]	➜ 17.33m **[문제(6)]**

➜ **펌프의 전양정** : $H = h_1 + h_2 + h_3 + h_4 = 7.8\text{m} + 2.56\text{m} + 24.7\text{m} + 17.33\text{m} = 52.39\text{m}$ $\quad \therefore\ H = \mathbf{52.39m}$

(8) 전동기의 최소소요동력[kW]

$P = \dfrac{\gamma HQ}{\eta} \times K$	**전동기동력**
P : 전동기동력[W]	➜ $P = \dfrac{\gamma HQ}{\eta} \times K$
γ : 비중량[물 : 9,800N/m^3=9.8kN/m^3]	➜ $9{,}800\text{N/m}^3 = 9.8\text{kN/m}^3$
H : 전양정[m](전수두=낙차수두+마찰손실수두+법정토출압환산수두)	➜ 52.39m **[문제(7)]**
Q : 토출량=방사량[m^3/s]	➜ $156l/\text{min} = \dfrac{0.156}{60}\text{m}^3/\text{s}$ **[문제(1)]**
η : 전효율 ($\eta_{전효율} = \eta_{수력효율} \times \eta_{체적효율} \times \eta_{기계효율}$)	➜ 0.6 **[조건⑨]**
K : 전달계수	➜ 1 **[조건⑨]**

➜ **전동기의 최소소요동력** : $P = \dfrac{\gamma HQ}{\eta} \times K = \dfrac{9.8\text{kN/m}^3 \times 52.39\text{m} \times \dfrac{0.156}{60}\text{m}^3/\text{s}}{0.6} \times 1 = 2.224\text{kW}$

$\therefore\ P = \mathbf{2.22kW}$

21 다음의 그림은 어느 옥내소화전설비의 계통을 나타내는 구조도이다. 이 옥내소화전설비에서 펌프의 소요 정격토출량은 200l/min이다. 주어진 조건을 참고로 하여 각 물음에 답하시오.

배점 : 18 [08년] [11년] [16년] [17년] [19년]

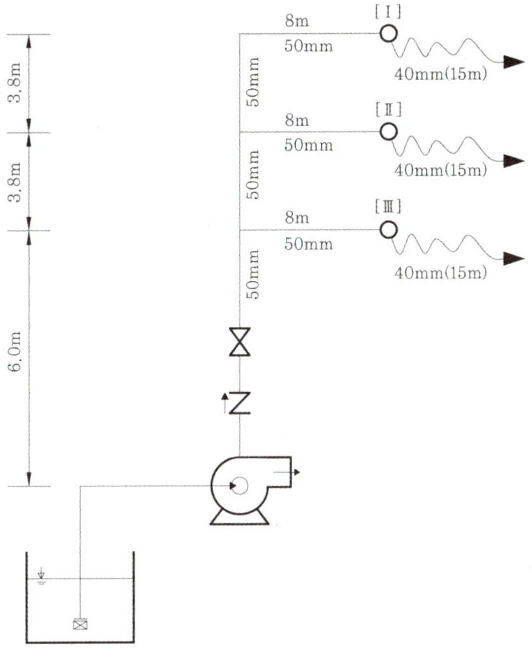

[조건]

① 옥내소화전[I]에서 관창선단의 방수압력과 방사량은 각각 0.17MPa, 130l/min이다.

② 호스의 길이 100m당 130l/min의 유량으로 마찰손실수두는 15m이고, 마찰손실의 크기는 유량의 제곱에 정비례한다.

③ 각 밸브 및 관부속품에 대한 등가길이는 다음 표와 같다.

관부속품	등가길이	관부속품	등가길이
옥내소화전 앵글밸브(40mm)	10m	90° 엘보(50mm)	1m
체크밸브(50mm)	5m	분류티(50mm)	4m
게이트밸브(50mm)	1m		

④ 배관의 마찰손실압력은 다음 식에 따른다고 가정한다.

$$\Delta P_m = 6.053 \times 10^4 \times \frac{Q^2}{C^2 \times d^5}$$

여기서, ΔP_m : 배관 1m당 마찰손실압력[MPa/m]

Q : 배관 내의 유량[l/min]

C : 관의 거칠음계수(120)

d : 관의 내경[mm] (50mm 배관의 경우 53mm, 40mm 배관의 경우 42mm)

⑤ 펌프의 양정은 토출량의 대소에 관계없이 일정하다고 가정한다.

⑥ 계산 시 펌프 흡입측의 마찰손실수두, 정압, 동압 등은 고려하지 않는다.

⑦ 조건에 없는 사항은 고려하지 않는다.

(1) 최고위 옥내소화전 앵글밸브의 호스접결구에서 관창선단까지의 마찰손실수두 [m]를 구하시오.
(2) 최고위 옥내소화전 앵글밸브에서의 마찰손실압력 [kPa]을 구하시오.
(3) 최고위 옥내소화전 앵글밸브 인입구로부터 펌프 토출구까지의 총 등가길이 [m]를 구하시오.
(4) 최고위 옥내소화전 앵글밸브 인입구로부터 펌프 토출구까지의 마찰손실압력 [kPa]을 구하시오.
(5) 펌프의 전동기 소요동력 [kW]을 구하시오. (단, 효율은 0.6이며, 축동력계수는 1.1이다.)
(6) 옥내소화전 [Ⅲ]을 조작하여 방수했을 때 방수량을 q[l/min]라고 할 경우, 다음의 물음에 답하시오.
① 해당 옥내소화전 앵글밸브의 호스접결구에서 관창선단까지의 마찰손실압력 [kPa]은 어떤 식으로 표현되는지 구하시오.
② 해당 옥내소화전 앵글밸브에서의 마찰손실압력 [kPa]은 어떤 식으로 표현되는지 구하시오.
③ 해당 옥내소화전 앵글밸브 인입구로부터 펌프 토출구까지의 마찰손실압력 [kPa]은 어떤 식으로 표현되는지 구하시오.
④ 해당 관창선단의 방수압 [MPa]과 방수량 [l/min]을 각각 구하시오.

• **실전모범답안**

(1) $h_1 = 15 \times \dfrac{15}{100} \times 1 = 2.25$m

• **답 :** 2.25m

(2) $\Delta P_m = 6.053 \times 10^4 \times \dfrac{Q^2}{C^2 \times d^5} \times L = 6.053 \times 10^4 \times \dfrac{130^2}{120^2 \times 42^5} \times 10 = 0.005435\text{MPa} = 5.435\text{kPa}$

• **답 :** 5.44kPa

(3) L=(6+3.8+3.8+8)+(5×1)[체크밸브 1개]+(1×1)[게이트밸브 1개]+(1×1)[90° 엘보 1개]=28.6m

• **답 :** 28.6m

(4) $\Delta P_m = 6.053 \times 10^4 \times \dfrac{Q^2}{C^2 \times d^5} \times L = 6.053 \times 10^4 \times \dfrac{130^2}{120^2 \times 53^5} \times 28.6 = 0.004858\text{MPa} = 4.858\text{kPa}$

• **답 :** 4.86kPa

(5) $P = \dfrac{\gamma HQ}{\eta} \times K = \dfrac{9.8 \times 33.9 \times \dfrac{0.2}{60}}{0.6} \times 1.1 = 2.03\text{kW}$

➜ $H = h_1 + h_2 + h_3 + 17 = 2.25 + \left\{\dfrac{(5.44+4.86)}{101.325} \times 10.332\right\} + (6+3.8+3.8) + 17 = 33.9\text{m}$

• **답 :** 2.03kW

(6) ① $\left(\dfrac{2.25}{10.332} \times 101.325\right) : 130^2 = P_{\text{Ⅲ}} : {q_{\text{Ⅲ}}}^2$

$P_{\text{Ⅲ}} = \dfrac{22.07\text{kPa}}{(130l/\text{min})^2} {q_{\text{Ⅲ}}}^2 = 1.31 \times 10^{-3} {q_{\text{Ⅲ}}}^2$

② $\Delta P_m = 6.053 \times 10^4 \times \dfrac{Q^2}{C^2 \times d^5} \times L = 6.053 \times 10^4 \times \dfrac{q^2}{120^2 \times 42^5} \times 10$

$= 3.216 \times 10^{-7} q^2 = 3.216 \times 10^{-4} q^2 \text{kPa}$

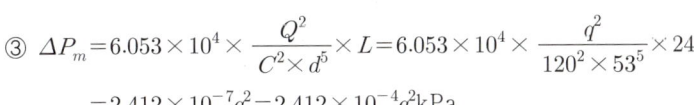

③ $\Delta P_m = 6.053 \times 10^4 \times \dfrac{Q^2}{C^2 \times d^5} \times L = 6.053 \times 10^4 \times \dfrac{q^2}{120^2 \times 53^5} \times 24$

$= 2.412 \times 10^{-7} q^2 = 2.412 \times 10^{-4} q^2 \text{kPa}$

➜ L=(6+8)+(5×1)[체크밸브 1개]+(1×1)[게이트밸브 1개]+(4×1) [분류디 1개]=24m

④ ㉠ 방수량 $q = 2.086 d^2 \sqrt{P} = 2.086 \times 13^2 \times \sqrt{0.274 - 1.873 \times 10^{-6} q^2}$

∴ q=166.253l/min

➜ 방수압력 : $P_4 = P - (P_1 + P_2 + P_3)$

$= \left(\dfrac{33.9 - 6}{10.332} \times 0.101325\right) - 1.31 \times 10^{-6} q^2 - 3.22 \times 10^{-7} q^2 - 2.41 \times 10^{-7} q^2$

$= 0.274 - 1.873 \times 10^{-6} q^2$ [MPa]

㉡ 방수압력 $P_4 = 0.274 - 1.873 \times 10^{-6} q^2 = 0.274 - 1.873 \times 10^{-6} \times 166.25^2 = 0.222$MPa

• **답 :** ① $1.31 \times 10^{-3} q^2$kPa ② $3.22 \times 10^{-4} q^2$kPa ③ $2.41 \times 10^{-4} q^2$kPa ④ ㉠ 166.25l/min ㉡ 0.22MPa

상세해설

(1) 최고위 옥내소화전 앵글밸브의 호스접결구에서 관창선단까지의 마찰손실수두[m](=호스의 마찰손실수두)

조건 ②에 의하여 호스의 길이 100m당 130l/min의 유량으로 마찰손실수두는 15m이므로,

➜ 소방용 호스의 마찰손실수두 : $h_1 = 15\text{m} \times \dfrac{15\text{m}}{100\text{m}} \times 1\text{개} = \mathbf{2.25m}$

(2) 최고위 옥내소화전 앵글밸브에서의 마찰손실압력[kPa]

$\Delta P_m = 6.053 \times 10^4 \times \dfrac{Q^2}{C^2 \times d^5} \times L$	하젠-윌리엄의 식(배관의 마찰손실압력)
ΔP_m : 배관 1m당 마찰손실압력[MPa]	➜ $\Delta P_m = 6.053 \times 10^4 \times \dfrac{Q^2}{120^2 \times d^5}$
Q : 배관 내의 유량[l/min]	➜ 130l/min (조건①)
C : 관의 거칠음계수=조도	➜ 120 (조건④)
d : 관의 내경[mm]	➜ 42mm (조건④, 40mm배관)
L : 배관의 길이[m]	➜ 10m (조건③, 옥내소화전 앵글밸브 40mm)

➜ 최고위 옥내소화전 앵글밸브에서의 마찰손실압력 : $\Delta P_m = 6.053 \times 10^4 \times \dfrac{Q^2}{C^2 \times d^5} \times L$

$= 6.053 \times 10^4 \times \dfrac{(130l/\text{min})^2}{120^2 \times (42\text{mm})^5} \times 10\text{m}$

$= 0.005435\text{MPa} = 5.435\text{kPa} ≒ \mathbf{5.44kPa}$

(3) 최고위 옥내소화전 앵글밸브 인입구로부터 펌프토출구까지의 총 등가길이[m]

호칭구경	유 량	직관 및 관부속품의 등가길이[m]			
50A	130l/min	직관 : 6m+3.8m+3.8m+8m=**21.6m**			
	130l/min	◉ 50A 관부속품			
		체크밸브	1개	5m	1×5m=5m
		게이트밸브	1개	1m	1×1m=1m
		90° 엘보	1개	1m	1×1m=1m
		합계			**7m**
총 등가길이					21.6m+7m=**28.6m**

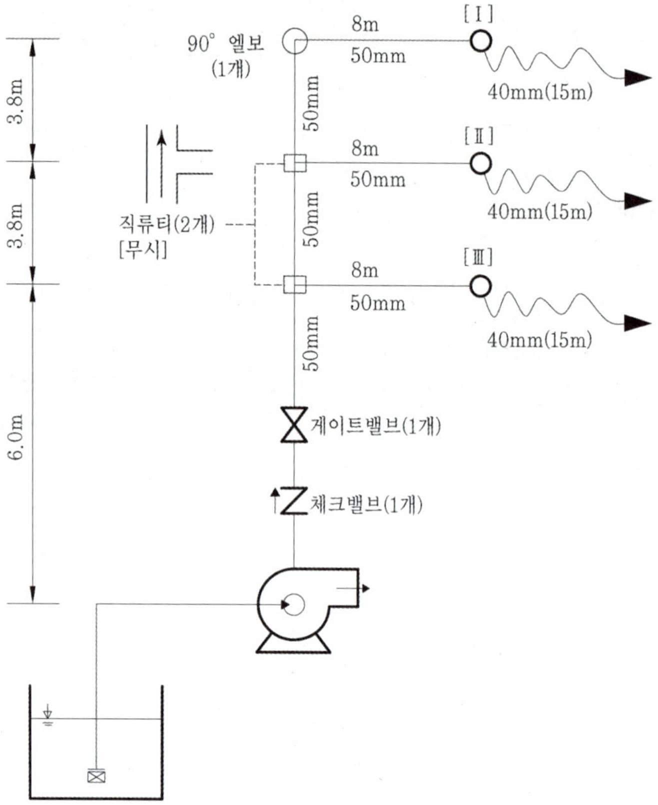

| 최고위 옥내소화전 앵글밸브 인입구~펌프 토출구까지의 등가길이 |

주의 必 문제풀이 시 주의사항

"해당 옥내소화전의 앵글밸브 인입구로부터~"이므로 **앵글밸브는 등가길이에 포함시키지 않음**에 주의하여야 한다.
조건⑦에 따라 조건에 없는 것은 무시한다고 하였으므로 조건③의 표에 없는 직류티는 고려하지 않는다.

(4) 최고위 옥내소화전 앵글밸브 인입구로부터 펌프토출구까지의 마찰손실압력[kPa]

$\Delta P_m = 6.053 \times 10^4 \times \dfrac{Q^2}{C^2 \times d^5} \times L$	**하젠-윌리엄의 식(배관의 마찰손실압력)**
ΔP_m : 배관 1m당 마찰손실압력[MPa]	➜ $\Delta P_m = 6.053 \times 10^4 \times \dfrac{Q^2}{C^2 \times d^5} \times L$
Q : 배관 내의 유량[l/min]	➜ 130l/min **(조건①)**
C : 관의 거칠음계수=조도	➜ 120 **(조건④)**
d : 관의 내경[mm]	➜ 53mm **(조건④, 50mm 배관)**
L : 배관의 길이[m]	➜ 28.6m **[문제(3)]**

➜ **최고위 옥내소화전 앵글밸브 인입구로부터 펌프토출구까지의 마찰손실압력**

$$\Delta P_m = 6.053\times10^4\times\frac{Q^2}{C^2\times d^5} = 6.053\times10^4\times\frac{(130l/\min)^2}{120^2\times(53\text{mm})^5}\times28.6\text{m}$$

$$= 0.004858\text{MPa} = 4.858\text{kPa} ≒ \mathbf{4.86kPa}$$

(5) **펌프의 전동기 소요동력[kW]**

$P=\frac{\gamma HQ}{\eta}\times K$	펌프의 모터동력
P : 전동기동력[W]	➜ $P=\gamma HQ/\eta\times K$ **[풀이②]**
γ : 비중량[물 : 9,800N/m³=9.8kN/m³]	➜ $9{,}800\text{N/m}^3 = 9.8\text{kN/m}^3$
H : 전양정[m](전수두=낙차수두+마찰손실수두+법정토출압환산수두)	➜ $H=h_1+h_2+h_3+17$ **[풀이①]**
Q : 토출량=방사량[m³/s]	➜ $200l/\min = \frac{0.2}{60}\text{m}^3/\text{s}$ **(펌프의 소요 정격토출량)**
η : 전효율 ($\eta_{전효율}=\eta_{수력효율}\times\eta_{체적효율}\times\eta_{기계효율}$)	➜ 0.6 **(문제의 단서조건)**
K : 전달계수	➜ 1.1 **(문제의 단서조건)**

① **전양정(H)**

$H=h_1+h_2+h_3+17$	전양정(펌프방식)
H : 전양정[m]	➜ $H=h_1+h_2+h_3+17$
h_1 : 소방용 호스 마찰손실수두[m]	➜ 2.25m **[문제(1)]**
h_2 : 배관 및 관부속품의 마찰손실수두[m]	➜ $\frac{(5.44+4.86)\text{kPa}}{101.325\text{kPa}}\times10.332\text{m}$ **[문제(2), 문제(4)]**
h_3 : 실양정[m] **(=흡입양정+토출양정)**	➜ 6m+3.8m+3.8m **(흡입양정은 주어지지 않았으므로 무시)**
17 : 옥내소화전설비 규정방수압력의 환산수두[m]	➜ 17m

➜ **펌프의 전양정 :** $H=h_1+h_2+h_3+17$

$$= 2.25\text{m}+\left\{\frac{(5.44+4.86)\text{kPa}}{101.325\text{kPa}}\times10.332\text{m}\right\}+(6\text{m}+3.8\text{m}+3.8\text{m})+17\text{m}$$

$$= 33.9\text{m} \quad \therefore\ H = \mathbf{33.9m}$$

② **전동기의 최소소요동력(P)**

➜ **전동기의 최소소요동력 :** $P=\frac{\gamma HQ}{\eta}\times K=\frac{9.8\text{kN/m}^3\times33.9\text{m}\times\frac{0.2}{60}\text{m}^3/\text{s}}{0.6}\times1.1=2.030\text{kW}$

$$\therefore\ P = \mathbf{2.03kW}$$

(6) ① **해당 옥내소화전[Ⅲ] 앵글밸브의 호스접결구에서 관창선단까지의 마찰손실압력[kPa]**

조건②의 "마찰손실의 크기는 유량의 제곱에 정비례한다."와 "옥내소화전[Ⅲ]을 조작하여 방수했을 때 방수량을 $q[l/\min]$라고 한다."의 조건을 이용하여 해당 옥내소화전[Ⅲ] 앵글밸브의 호스접결구에서 관창선단까지의 마찰손실압력[kPa]을 식으로 나타낸다.

① **조건②**

="마찰손실의 크기는 유량의 제곱에 정비례한다." ⬌ "$\Delta P_m \propto q^2$"

② **문제조건**

"옥내소화전[Ⅲ]을 조작하여 방수했을 때 방수량을 q[l/min]라고 한다."

⬌ **"옥내소화전[Ⅲ]에서의 방수량** q"

문제(1)에서 **최고위 옥내소화전[Ⅰ] 앵글밸브의 호스접결구에서 관창선단까지의 마찰손실압력**의 값은 $\frac{2.25\text{m}}{10.332\text{m}} \times 101.325\text{kPa} = 22.065\text{kPa} \fallingdotseq 22.07\text{kPa}$이 된다.

$$P_{\text{I}} : {q_{\text{I}}}^2 = P_{\text{III}} : {q_{\text{III}}}^2$$

⬌ $22.07\text{kPa} : (130l/\text{min})^2 = P_{\text{III}} : {q_{\text{III}}}^2$

⬌ $P_{\text{III}} = \frac{22.07\text{kPa}}{(130l/\text{min})^2}{q_{\text{III}}}^2 = 1.305 \times 10^{-3}{q_{\text{III}}}^2$

➜ **옥내소화전[Ⅲ] 앵글밸브의 호스접결구에서 관창선단까지의 마찰손실압력 :** $P = 1.31 \times 10^{-3}q^2\text{kPa}$

② 해당 옥내소화전[Ⅲ] 앵글밸브에서의 마찰손실압력[kPa]

$\Delta P_m = 6.053 \times 10^4 \times \frac{Q^2}{C^2 \times d^5} \times L$	**하젠-윌리엄의 식(배관의 마찰손실압력)**
ΔP_m : 배관 1m당 마찰손실압력[MPa]	➜ $\Delta P_m = 6.053 \times 10^4 \times \frac{Q^2}{C^2 \times d^5} \times L$
Q : 배관 내의 유량[l/min]	➜ q **(문제(6)의 단서조건)**
C : 관의 거칠음계수=조도	➜ 120 **(조건④)**
d : 관의 내경[mm]	➜ 42mm **(조건④, 40mm 배관)**
L : 배관의 길이[m]	➜ 10m **(조건③, 옥내소화전 앵글밸브 40mm)**

➜ **옥내소화전[Ⅲ] 앵글밸브에서의 마찰손실압력 :** $\Delta P_m = 6.053 \times 10^4 \times \frac{Q^2}{120^2 \times d^5} \times L$

$$= 6.053 \times 10^4 \times \frac{q^2}{120^2 \times (42\text{mm})^5} \times 10\text{m}$$

$$= 3.216 \times 10^{-7}q^2\text{MPa}$$

$$= 3.216 \times 10^{-4}q^2\text{kPa} \fallingdotseq \mathbf{3.22 \times 10^{-4}q^2}\text{kPa}$$

③ 해당 옥내소화전 앵글밸브 인입구로부터 펌프토출구까지의 마찰손실압력[kPa]

$\Delta P_m = 6.053 \times 10^4 \times \frac{Q^2}{C^2 \times d^5} \times L$	**하젠-윌리엄의 식(배관의 마찰손실압력)**
ΔP_m : 배관 1m당 마찰손실압력[MPa]	➜ $\Delta P_m = 6.053 \times 10^4 \times \frac{Q^2}{C^2 \times d^5} \times L$ **[풀이Ⓛ]**
Q : 배관 내의 유량[l/min]	➜ q **(문제(6)의 단서조건)**
C : 관의 거칠음계수=조도	➜ 120 **(조건④)**
d : 관의 내경[mm]	➜ 53mm **(조건④, 50mm 배관)**
L : 배관의 길이[m]	➜ 24m **[풀이㉠]**

㉠ 등가길이 $L = 24\text{m}$

호칭구경	유 량	직관 및 관부속품의 등가길이[m]			
50A	130l/min	직관 : 6m+8m=**14m**			
	130l/min	**50A 관부속품**			
		체크밸브	1개	5m	1×5m=5m
		게이트밸브	1개	1m	1×1m=1m
		분류티	1개	4m	1×4m=4m
		합계			**10m**
총 등가길이					14m+10m=**24m**

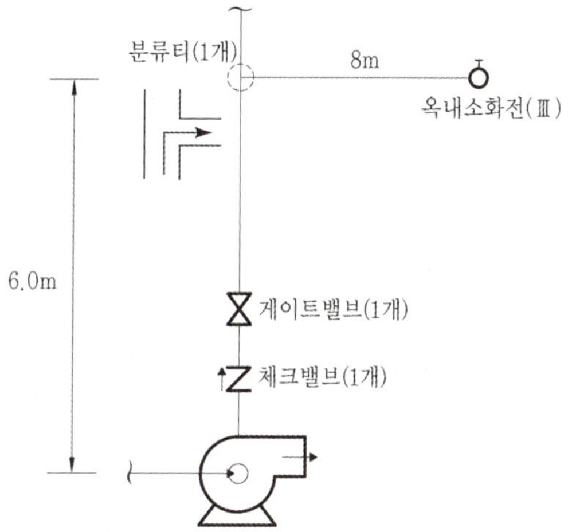

| 옥내소화전(Ⅲ)의 앵글밸브 인입구~펌프 토출구까지의 등가길이 |

㉡ **옥내소화전[Ⅲ] 앵글밸브 인입구로부터 펌프토출구까지의 마찰손실압력**($\triangle P_m$)

$$\triangle P_m = 6.053 \times 10^4 \times \frac{Q^2}{120^2 \times d^5} \times L = 6.053 \times 10^4 \times \frac{q^2}{120^2 \times (53\text{mm})^5} \times 24\text{m}$$

$$= 2.412 \times 10^{-7} q^2 \text{MPa}$$

$$= 2.412 \times 10^{-4} q^2 \text{kPa} \fallingdotseq \mathbf{2.41 \times 10^{-4} q^2 kPa}$$

주의 必 문제풀이 시 주의사항

"해당 옥내소화전의 앵글밸브 인입구로부터~"이므로 **앵글밸브는 등가길이에 포함시키지 않음**에 주의하여야 한다.

④ 해당 관창선단의 방수압[MPa], 방수량[l/min]

㉠ 방수량[l/min]

$q=2.086\,d^2\sqrt{P}$	방사량과 방사압력의 관계식
q : 방수량=방사량=토출량=유량[l/min=$l$pm]	➜ $q=2.086\,d^2\sqrt{P}$ [풀이Ⓑ]
d : 노즐구경[옥내소화전 : 노즐 13mm, 호스 40mm] [옥외소화전 : 노즐 19mm, 호스 65mm]	➜ 13mm
P : 방수압=방사압=토출압[MPa=MN/m²]	➜ $P=P_1+P_2+P_3+P_4$ [풀이Ⓐ]

Ⓐ 방수압력(P)

$P=P_1+P_2+P_3+P_4$	전양정(펌프방식)
P : 필요한 압력[MPa] **(펌프의 토출압력)**	➜ $\frac{33.9\text{m}}{10.332\text{m}}\times0.101325\text{MPa}=0.332\text{MPa}$ [문제(5)]
P_1 : 소방용 호스 마찰손실압력[MPa]	➜ $1.31\times10^{-6}q^2\text{MPa}$ [문제(6)-①]
P_2 : 배관 및 관부속품의 마찰손실압력[MPa]	➜ $(3.22\times10^{-4}q^2)\text{kPa}+(2.41\times10^{-4}q^2)\text{kPa}$ [문제(6)-②,③] $=5.63\times10^{-4}q^2\text{kPa}=5.63\times10^{-7}q^2\text{MPa}$
P_3 : 낙차의 압력[MPa] **(=흡입양정+토출양정)**	➜ $\frac{6\text{m}}{10.332\text{m}}\times0.101325\text{MPa}=0.058\text{MPa}$ **(문제의 그림참조)**
P_4 : 옥내소화전설비[Ⅲ] 방수압력[MPa]	➜ $P_4=P-(P_1+P_2+P_3)$

➜ **옥내소화전[Ⅲ]의 방수압**

$$\boldsymbol{P_4}=P-(P_1+P_2+P_3)$$

$$=0.332\text{MPa}-1.31\times10^{-6}q^2\text{MPa}-5.63\times10^{-7}q^2\text{MPa}-0.058\text{MPa}$$

$$=\mathbf{0.274MPa-1.873\times10^{-6}q^2MPa}$$

Ⓑ **방수량** $q=2.086\,d^2\sqrt{P}=2.086\times(13\text{mm})^2\times\sqrt{(0.274-1.873\times10^{-6}q^2)\text{MPa}}$

$$q^2=2.086^2\times(13\text{mm})^4\times(0.274-1.873\times10^{-6}q^2)\text{MPa}$$

$$q^2=34{,}052.78-0.232q^2\text{MPa}$$

$$(1+0.232)q^2=34{,}052.78$$

$$q=\sqrt{\frac{34{,}052.78}{1.232}}=166.253l/\text{min} \qquad \therefore\ q=\mathbf{166.25}l/\text{min}$$

㉡ 방수압[MPa]

$$P=0.274\text{MPa}-1.873\times10^{-6}q^2\text{MPa}$$

$$=0.274\text{MPa}-1.873\times10^{-6}\times(166.25l/\text{min})^2\text{MPa}$$

$$=0.222\text{MPa} \qquad \therefore\ P=\mathbf{0.22MPa}$$

3 스프링클러설비

1 스프링클러헤드 개수 산출하기

(1) 감열체의 유무에 따른 스프링클러헤드의 종류

<table>
<tr><th colspan="3">폐쇄형 헤드</th><th colspan="3">개방형 헤드</th></tr>
<tr><td colspan="3">감열부가 있다</td><td colspan="3">감열부가 없다</td></tr>
<tr><td colspan="3">정상상태에서 방수구를 막고 있는 감열체가 일정온도에서 자동적으로 파괴·용해 또는 이탈 됨으로써 방수구가 개방되는 스프링클러헤드</td><td colspan="3">감열체 없이 방수구가 항상 열려져 있는 스프링클러헤드</td></tr>
<tr><td colspan="3">• 아파트 • 근린생활시설
• 판매시설 • 복합건축물</td><td colspan="3">• 무대부 • 연소할 우려가 있는 개구부</td></tr>
<tr><td></td><td></td><td></td><td>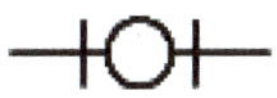</td><td></td><td></td></tr>
</table>

Tip 연소할 우려가 있는 개구부란 각 방화구획을 관통하는 컨베이어·에스컬레이터 또는 이와 유사한 시설의 주위로서 방화구획을 할 수 없는 부분을 말한다.

(2) 헤드의 감도별 분류

헤드의 구분	RTI
조기반응형 헤드(Fast Response type)	50 이하
특수반응형 헤드(Special Response type)	50 초과 80 이하
표준형 헤드(Standard Response type)	80 초과 350 이하

필수 반응시간지수 RTI, 조기반응형 스프링클러헤드

→ **반응시간지수(Response Time Index : RTI)**

=기류의 온도, 속도 및 작동시간에 대하여 스프링클러헤드의 반응을 예상한 지수

$$RTI = \tau\sqrt{u}$$

여기서, RTI : 반응시간지수[(m·s)$^{0.5}$]

τ : 감열체의 시간상수[s]

u : 기류속도[m/s]

→ **조기반응형 스프링클러헤드를 설치하여야 하는 경우**

① 오피스텔·숙박시설의 침실, 병원·의원의 입원실

② 공동주택·노유자시설의 거실

암기법 (손)오공 노숙병

※ 아파트등, 연립주택, 다세대주택 및 기숙사

(3) 스프링클러헤드의 설치기준

구 분	거리 및 공간기준	스프링클러헤드의 설치기준(그림암기)
벽과 스프링클러헤드간의 거리	10cm 이상	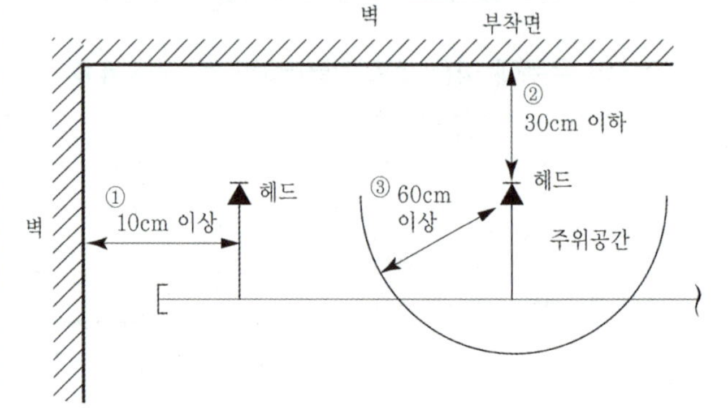
스프링클러헤드와 부착면과의 거리	30cm 이하	
스프링클러헤드 주위 공간보유	60cm 이상	

(4) 스프링클러헤드의 배치기준

① 장소별 스프링클러헤드의 수평거리기준

구 분	수평거리(r)
• 특수가연물을 저장하는 창고시설 • 무대부, 특수가연물을 저장·취급하는 장소	1.7m 이하
• 일반구조/특수가연물 제외 저장 일반구조 창고시설	2.1m 이하
• 내화구조/특수가연물 제외 저장 내화구조 창고시설	2.3m 이하
• 아파트등의 세대 내	2.6m 이하

※ 창고시설 : 라지드롭헤드 적용(방수압 0.1MPa에서 방수량 160l/min 이상)

필수 공동주택 외벽에 설치된 창문에 설치하는 스프링클러헤드 배치

→ **공동주택 외벽에 설치된 창문에 설치하는 헤드 배치** : 외벽 창문 0.6m 이내 배치 [배치된 헤드 수평거리 2.6m 이내에 창문 모두 포함]

→ **공동주택 외벽에 설치된 창문에 설치하는 헤드 제외**

① 창문에 드렌처 설비가 설치된 경우

② 창문과 창문 사이의 수직부분이 내화구조로 90cm 이상 이격되어 있거나, 방화판 또는 방화유리창을 설치한 경우

③ 발코니가 설치된 부분

암기법 드렌처 수직 내화 90 방화판 유리창 발코니 설치

참고 랙식창고의 헤드배치

• 창고시설의 화재안전기술기준 : 랙식창고의 경우 라지드롭형 헤드를 랙 높이 3m 이하마다 설치할 것. 이 경우 수평거리 15cm 이상의 송기공간(defines flue space : 랙 선반 사이 수직거리)이 있는 경우 스프링클러헤드를 송기공간에 설치 가능하다.

② **스프링클러헤드의 배치형태**

㉮ **정방형(정사각형)**

$S = L = 2r\cos 45°$

여기서, $S = L$: 헤드 또는 배관 상호간의 거리[m]
r : 수평거리[m]

㉯ **장방형(직사각형)**

$S = \sqrt{4r^2 - L^2}$, $L = 2r\cos\theta$

여기서, S : 헤드 상호간의 거리[m]
L : 배관 상호간의 거리[m]
r : 수평거리[m]
θ : 각도[°] **(보편적으로 30°~60° 사용)**

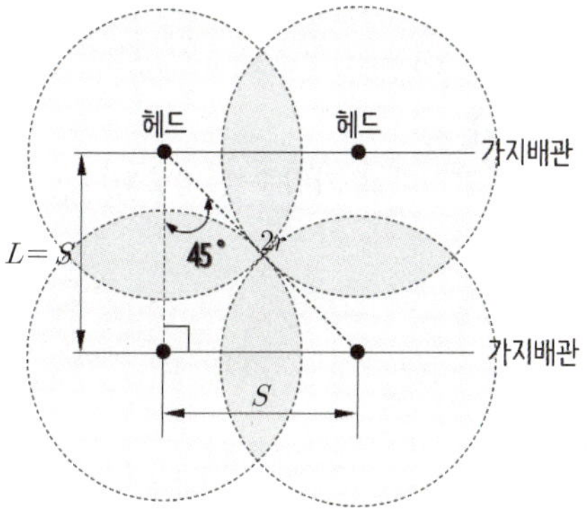

| 정방형(정사각형) 배치 |

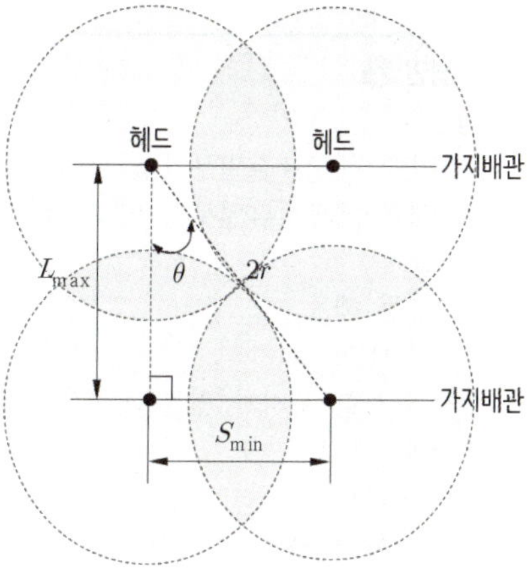

| 장방형(직사각형) 배치 |

㉰ **지그재그형(나란히꼴형)**

3개, 4개의 헤드로 마름모형으로 배치하는 것으로서 일반적으로 살수장애 등의 이유로 실무에 사용하지 않음

(5) 스프링클러헤드의 표시온도

① **표시온도** : 폐쇄형 스프링클러헤드에서 감열체가 작동하는 온도로서 미리 헤드에 표시한 온도

② **폐쇄형 스프링클러헤드의 표시온도**

설치장소의 최고주위온도	표시온도
39℃ 미만	79℃ 미만
39℃ 이상 64℃ 미만	79℃ 이상 121℃ 미만
64℃ 이상 106℃ 미만	121℃ 이상 162℃ 미만
106℃ 이상	162℃ 이상

암기법 삼구미 육사 일교육(106) / 친구(79) 일이일 일육이

③ **폐쇄형 스프링클러헤드의 작동시험**

구 분	작동온도범위
폐쇄형 헤드	헤드의 표시온도×(97~103%)
유리벌브를 사용한 폐쇄형 헤드	헤드의 표시온도×(95~115%)

빈번한 기출문제

01 스프링클러설비에 사용되는 개방형 헤드와 폐쇄형 헤드의 기능을 비교 설명하고, 각각의 설치장소를 각각 2가지씩 쓰시오.

배점 : 6 [15년] [17년] [23년]

• 실전모범답안

(1) 기능

① 개방형 헤드 = 감열부가 없으며, 가압수를 방출한다.

② 폐쇄형 헤드 = 감열부가 있고, 화재를 자동적으로 감지하고 가압수를 방출한다.

(2) 설치장소

① 개방형 헤드

㉠ 무대부

㉡ 연소할 우려가 있는 개구부

② 폐쇄형 헤드

㉠ 아파트

㉡ 복합건축물

02 스프링클러설비의 반응시간지수(Response Time Index)에 대하여 식을 포함해서 설명하시오.

배점 : 5 [05년] [11년] [14년] [21년]

• 실전모범답안

(1) 반응시간지수(Response Time Index : RTI)

= 기류의 온도, 속도 및 작동시간에 대하여 스프링클러헤드의 반응을 예상한 지수

(2) 식

$$RTI = \tau\sqrt{u}$$

여기서, RTI : 반응시간지수[$(\mathrm{m}\cdot\mathrm{s})^{0.5}$]

τ : 감열체의 시간상수[s]

u : 기류속도[m/s]

(3) 감도별 헤드의 구분

헤드의 구분	RTI
조기반응형 헤드(Fast Response type)	50 이하
특수반응형 헤드(Special Response type)	50 초과 80 이하
표준형 헤드(Standard Response type)	80 초과 350 이하

기출 必 2009년 기출

다음과 같이 물을 경우 위의 해설(3)과 동일하게 답안을 작성한다.
[문] 스프링클러헤드의 감도특성에 따른 분류 3가지를 쓰시오. (배점 : 3점)
| 답 |

헤드의 구분	RTI
조기반응형 헤드(Fast Response type)	50 이하
특수반응형 헤드(Special Response type)	50 초과 80 이하
표준형 헤드(Standard Response type)	80 초과 350 이하

03 스프링클러설비의 화재안전기준에서 조기반응형 스프링클러헤드를 설치하여야 하는 대상물을 쓰시오. 배점 : 5 [18년]

• 실전모범답안
(1) 공동주택·노유자시설의 거실
(2) 오피스텔·숙박시설의 침실, 병원·의원의 입원실

암기법 (손)오공 노숙병

※ **공동주택의 종류** : 아파트등, 연립주택, 다세대주택 및 기숙사

04 유리벌브형 스프링클러헤드의 주요 구성요소 3가지를 쓰시오. 배점 : 3 [09년] [12년]

• 실전모범답안
(1) 프레임
(2) 반사판
(3) 유리벌브

05 어느 특정소방대상물에 스프링클러헤드를 설치하려고 한다. 헤드를 정방형으로 설치할 경우 수평헤드 간격 [m]을 구하시오. (단, 헤드의 수평거리는 2.1m이다.) 배점 : 5 [06년] [14년]

• 실전모범답안
→ $S=2r\cos45°=2\times2.1\times\cos45°=2.969$m

• 답 : 2.97m

상세해설

$S = L = 2r\cos 45°$	헤드 상호간의 거리(정방형)
$S = L$: 헤드 또는 배관 상호간의 거리[m]	→ $S = L = 2r\cos 45°$
r : 수평거리[m]	→ 2.1m (일반구조)

→ **수평헤드 간격 :** $S = 2r\cos 45° = 2 \times 2.1\text{m} \times \cos 45° = 2.969\text{m}$ $\therefore$ S = **2.97m**

06 **가로 19m, 세로 9m인 무대부에 스프링클러헤드를 설치하려고 한다. 헤드를 정방형으로 설치할 때 헤드의 소요개수를 계산하시오.** 배점 : 5 [06년] [09년]

• **실전모범답안**

$S = 2r\cos 45° = 2 \times 1.7 \times \cos 45° = 2.404\text{m}$

가로 헤드$= \frac{19}{2.404} = 7.903 \fallingdotseq 8$개, 세로 헤드$= \frac{9}{2.404} = 3.743 \fallingdotseq 4$개

→ 무대부의 헤드 설치개수=8×4=32개

• **답 :** 32개

상세해설

$S = L = 2r\cos 45°$	헤드 상호간의 거리(정방형)
$S = L$: 헤드 또는 배관 상호간의 거리[m]	→ $S = L = 2r\cos 45°$[풀이(1)]
r : 수평거리[m]	→ 1.7m (무대부)

스프링클러헤드의 배치기준

구 분	수평거리(r)
• 무대부, 특수가연물 저장·취급 장소 • 특수가연물을 저장하는 창고시설	1.7m 이하

(1) 정방형 헤드의 간격[m]

$S = 2r\cos 45° = 2 \times 1.7\text{m} \times \cos 45° = 2.404\text{m}$

(2) 가로, 세로 헤드의 설치개수[개]

① **가로 헤드의 설치개수**

$\frac{19\text{m}}{2.404\text{m}} = 7.903 \fallingdotseq 8$개 (소수점 이하 절상)

② **세로 헤드의 설치개수**

$\frac{9\text{m}}{2.404\text{m}} = 3.743 \fallingdotseq 4$개 (소수점 이하 절상)

→ **무대부의 헤드 설치개수**=8개×4개=**32개**

07 **가로 30m, 세로 20m의 내화구조로 된 특정소방대상물의 스프링클러헤드를 설치하려고 한다. 헤드를 정사각형으로 설치할 때 헤드의 소요개수를 구하시오.** 배점 : 4 [10년]

• **실전모범답안**

$S=2r\cos45°=2\times2.3\times\cos45°=3.252\text{m}$

가로 헤드 $=\dfrac{30}{3.252}=9.225 ≒ 10$개, 세로 헤드 $=\dfrac{20}{3.252}=6.15 ≒ 7$개

→ 헤드 설치개수 $=10\times7=70$개

• **답 :** 70개

상세해설

$S=L=2r\cos45°$	헤드 상호간의 거리(정방형)
$S=L$: 헤드 또는 배관 상호간의 거리[m]	→ $S=L=2r\cos45°$ [풀이(1)]
r : 수평거리[m]	→ 2.3m (내화구조)

스프링클러헤드의 배치기준

구 분	수평거리(r)
내화구조/특수가연물 제외 저장 내화구조 창고시설	2.3m 이하

(1) 정방형 헤드의 간격[m]

$S=2r\cos45°=2\times2.3\text{m}\times\cos45°=3.252\text{m}$

(2) 가로, 세로 헤드의 설치개수[개]

① 가로 헤드의 설치개수

$\dfrac{30\text{m}}{3.252\text{m}}=9.225 ≒ 10$**개** (소수점 이하 절상)

② 세로 헤드의 설치개수

$\dfrac{20\text{m}}{3.252\text{m}}=6.15 ≒ 7$**개** (소수점 이하 절상)

→ 내화구조로 된 특정소방대상물의 헤드 설치개수 $=10$개 $\times 7$개 $=70$개

---

08 다음 그림은 가로 25m, 세로 15m인 직사각형 형태의 실의 평면도이다. 이 실의 내부에는 기둥이 없고 실내 상부는 반자로 고르게 마감되어 있다. 이 실내에 방호반경 2.3m로 스프링클러헤드를 직사각형 형태로 설치하고자 할 때 다음 각 물음에 답하시오. (단, 각도는 30°, 60°를 적용하고, 반자 속에는 헤드를 설치하지 아니하며, 전등 또는 공조용 디퓨저 등의 모듈은 무시하는 것으로 한다.)

배점 : 20 [03년] [08년]

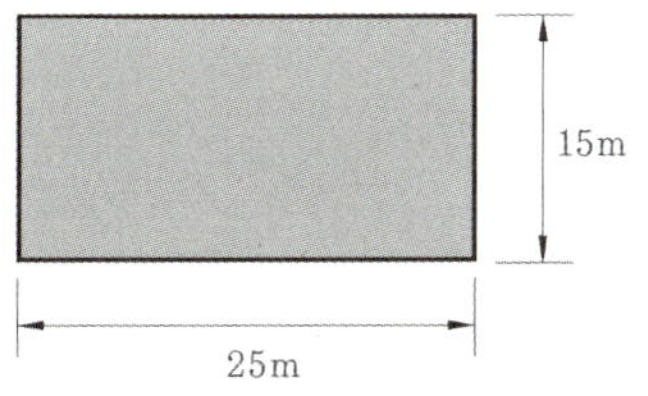

[산출과정 작성의 예시]

① 가로변의 최소개수－최대개수가 8~11개

② 세로변의 최소개수－최대개수가 7~9개이면,

세로변의 헤드수 \ 가로변의 헤드수	8	9	10	11
7	56	63	70	77
8	64	72	80	88
9	82	81	90	99

(1) ㉮ 설치가능한 헤드간의 최소거리
　㉯ 설치가능한 헤드간의 최대거리

(2) ㉮ 실에 설치가능한 헤드의 이론상 최소개수
　㉯ 실에 설치가능한 헤드의 이론상 최대개수

(3) 방호반경 2.3m의 경우로서 하나의 헤드가 담당할 수 있는 최대방호면적

(4) 방호반경 2.3m의 경우로서 하나의 헤드가 담당할 수 있는 최소방호면적

(5) ㉮ 실의 가로변 25m에 대하여 1열이 될 수 있는 이론상의 최소헤드수
　㉯ 실의 가로변 25m에 대하여 1열이 될 수 있는 이론상의 최대헤드수
　㉰ 실의 세로변 15m에 대하여 1열이 될 수 있는 이론상의 최소헤드수
　㉱ 실의 세로변 15m에 대하여 1열이 될 수 있는 이론상의 최대헤드수

(6) 산출과정 (5)의 결론을 도표로 작성하시오.

(7) 산출과정 (6)을 비교하면 본 실에 배열할 수 있는 헤드의 최소개수를 구하시오.

• **실전모범답안**

(1) ㉮ $S_{min} = \sqrt{4r^2 - L^2} = \sqrt{4 \times 2.3^2 - 3.983^2} = 2.301\text{m}$

$L_{min} = 2r\cos\theta = 2 \times 2.3\text{m} \times \cos 60° = 2.3\text{m}$

㉯ $S_{max} = \sqrt{4r^2 - L^2} = \sqrt{4 \times 2.3^2 - 2.3^2} = 3.983\text{m}$

$L_{max} = 2r\cos\theta = 2 \times 2.3 \times \cos 30° = 3.983\text{m}$

• **답 :** ㉮ 2.3m ㉯ 3.98m

(2) ㉮ • 가로변 헤드의 개수$= \dfrac{25}{2.3} = 10.869 ≒ 11$개

• 세로변 헤드의 개수$= \dfrac{15}{3.98} = 3.768 ≒ 4$개

➜ 최소개수=11×4=44개

㉯ • 가로변 헤드의 개수$= \dfrac{25}{3.98} = 6.281 ≒ 7$개

• 세로변 헤드의 개수$= \dfrac{15}{2.3} = 6.521 ≒ 7$개

➜ 최대개수=7×7=49개

• **답 :** ㉮ 44개 ㉯ 49개

(3) 최대방호면적$= \dfrac{25 \times 15}{44} = 8.522$

• **답 :** 8.52m^2

(4) 최소방호면적 $= \dfrac{25 \times 15}{49} = 7.653$

• **답 :** 7.65m^2

(5) ㉮ 7개 ㉯ 11개 ㉰ 4개 ㉱ 7개

(6) 도표

가로변의 헤드수 / 세로변의 헤드수	7	8	9	10	11
4	28개	32개	36개	40개	44개
5	35개	40개	45개	50개	55개
6	42개	48개	54개	60개	66개
7	49개	56개	63개	70개	77개

(7) 44개

상세해설

(1) 설치가능한 헤드간의 최소 / 최대 거리

$S=\sqrt{4r^2-L^2}$, $L=2r\cos\theta$	헤드 상호간의 거리(장방형)
S : 헤드 상호간의 거리[m]	→ $S=\sqrt{4r^2-L^2}$
L : 배관 상호간의 거리[m]	→ $L=2r\cos\theta$
r : 수평거리[m]	→ 2.3m **(문제의 조건)**
θ : 각도[°] **(문제의 단서조건)**	→ $\theta=30°$[풀이①], $\theta=60°$[풀이②]

① $\theta=30°$일 경우

$L_{max}=2r\cos\theta=2\times2.3\text{m}\times\cos30°=3.983\text{m}$

$S_{min}=\sqrt{4r^2-L^2}=\sqrt{4\times2.3^2-3.983^2}=2.301\text{m}$

② $\theta=60°$일 경우

$L_{min}=2r\cos\theta=2\times2.3\text{m}\times\cos60°=2.3\text{m}$

$S_{max}=\sqrt{4r^2-L^2}=\sqrt{4\times2.3^2-2.3^2}=3.983\text{m}$

㉠ 설치가능한 헤드간의 **최소**거리

• 가로 최소거리(S_{min}) = **2.3m**

• 세로 최소거리(L_{min}) = **2.3m**

㉡ 설치가능한 헤드간의 **최대**거리

• 가로 최대거리(S_{max}) = **3.98m**

• 세로 최대거리(L_{max}) = **3.98m**

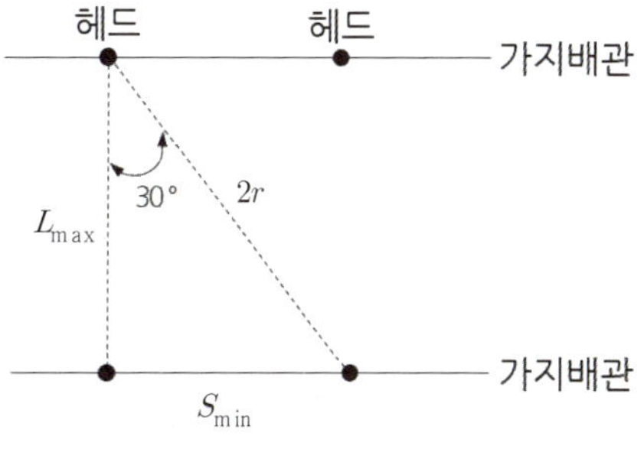

| θ=30°일 경우-S, 헤드수 최소/L 최대 |

(2) 실에 설치가능한 헤드의 이론상 최소 / 최대 개수

① $\theta=30°$일 경우

$L_{max}=3.98\text{m}$, $S_{min}=2.3\text{m}$ **[문제(1)]**

• 가로변 헤드의 개수 $= \dfrac{25\text{m}}{2.3\text{m}} = 10.869 ≒ 11$개

• 세로변 헤드의 개수$=\dfrac{15\text{m}}{3.98\text{m}}=3.768 ≒ 4$개

➜ **실에 설치가능한 헤드의 이론상 최소개수**

=11개×4개=**44개**

② $\theta=60°$일 경우

$L_{\min}=2.3\text{m}$, $S_{\max}=3.98\text{m}$

································[문제(1)]

• 가로변 헤드의 개수

$\dfrac{25\text{m}}{3.98\text{m}}=6.281 ≒ 7$개

• 세로변 헤드의 개수

$\dfrac{15\text{m}}{2.3\text{m}}=6.521 ≒ 7$개

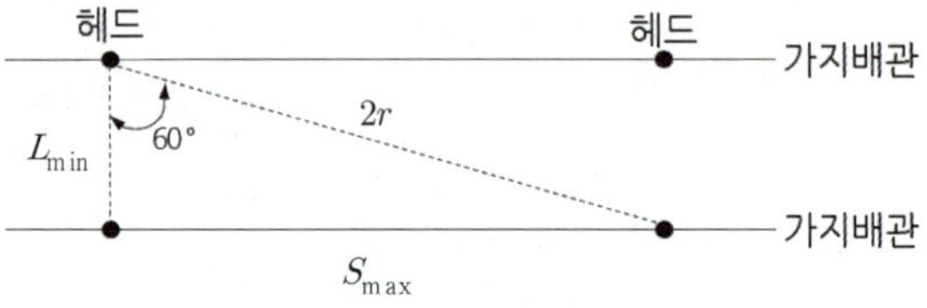

| $\theta=60°$일 경우–S, 헤드수 최대/L 최소 |

➜ **실에 설치가능한 헤드의 이론상 최대개수**=7개×7개=**49개**

(3) 방호반경 2.3m의 경우로서 하나의 헤드가 담당할 수 있는 최대방호면적

$$\text{최대방호면적}=\frac{\text{실의 바닥면적}}{\text{헤드의 최소개수}}$$

➜ **최대방호면적**$=\dfrac{25\text{m}\times15\text{m}}{44\text{개}}=8.522 ≒ \mathbf{8.52m^2}$

(4) 방호반경 2.3m의 경우로서 하나의 헤드가 담당할 수 있는 최소방호면적

$$\text{최소방호면적}=\frac{\text{실의 바닥면적}}{\text{헤드의 최대개수}}$$

➜ **최소방호면적**$=\dfrac{25\text{m}\times15\text{m}}{49\text{개}}=7.653 ≒ \mathbf{7.65m^2}$

(5) 실의 가로변의 최소/최대 헤드수, 실의 세로변의 최소/최대 헤드수

㉮ 실의 가로변 25m에 대하여 1열이 될 수 있는 이론상의 최소헤드수=**7개** (문제(2), $\theta=60°$)
㉯ 실의 가로변 25m에 대하여 1열이 될 수 있는 이론상의 최대헤드수=**11개** (문제(2), $\theta=30°$)
㉰ 실의 세로변 15m에 대하여 1열이 될 수 있는 이론상의 최소헤드수=**4개** (문제(2), $\theta=30°$)
㉱ 실의 세로변 15m에 대하여 1열이 될 수 있는 이론상의 최대헤드수=**7개** (문제(2), $\theta=60°$)

(6) 도표작성

가로변의 헤드수 / 세로변의 헤드수	7	8	9	10	11
4	28	32	36	40	44
5	35	40	45	50	55
6	42	48	54	60	66
7	49	56	63	70	77

(7) 본 실에 배열할 수 있는 헤드의 최소개수

문제(2)의 결과에 따라 본 실에 배열할 수 있는 헤드의 개수는 **44개~49개**이며, **최소개수는 44개이다.**

09 **어느 사무실(내화구조)의 크기가 가로 30m, 세로 20m 직사각형으로 내부에는 기둥이 없다. 스프링클러헤드를 직사각형으로 배치하고자 할 때, 가로 및 세로 변의 최대 및 최소 개수를 주어진 보기와 같이 작성하여 산출하시오. (단, 반자측에는 헤드를 설치하지 아니하며, 헤드설치 시 장애물은 모두 무시하고, 헤드 배치간격은 헤드 배치각도 (θ)를 30° 및 60° 2가지로 최대 / 최소 숫자를 결정하시오.)**

배점 : 10 [07년] [12년]

[보기]

① 가로변=최소 헤드수(6개), 최대 헤드수(9개)

② 세로변=최소 헤드수(3개), 최대 헤드수(5개)

세로 헤드수 \ 가로 헤드수	6	7	8	9
3	18	21	24	27
4	24	28	32	36
5	30	35	40	45

(1) 가로변 설치헤드 최대개수를 구하시오.

(2) 가로변 설치헤드 최소개수를 구하시오.

(3) 세로변 설치헤드 최대개수를 구하시오.

(4) 세로변 설치헤드 최소개수를 구하시오.

(5) 보기와 같이 헤드배치 수량표를 작성하시오.

(6) 만약 정사각형으로 배치할 경우 헤드의 설치간격을 구하시오.

(7) 정사각형으로 헤드를 배치할 경우 설치헤드의 개수를 구하시오.

(8) 헤드가 폐쇄형으로 표시온도가 79℃일 때 작동온도의 범위는 얼마인지 구하시오. (단, 유리벌브를 사용하지 아니한 헤드이다.)

• **실전모범답안**

(1) 가로변 최대개수$=\dfrac{30}{2.3}=13.043$

• **답 :** 14개

(2) 가로변 최소개수$=\dfrac{30}{3.98}=7.537$

• **답 :** 8개

(3) 세로변 최대개수$=\dfrac{20}{2.3}=8.695$

• **답 :** 9개

(4) 세로변 최소개수$=\dfrac{20}{3.98}=5.025$

• **답 :** 6개

(5) 도표

세로 헤드수 \ 가로 헤드수	8	9	10	11	12	13	14
6	48	54	60	66	72	78	84
7	56	63	70	77	84	91	98
8	64	72	80	88	96	104	112
9	72	81	90	99	108	117	126

(6) $S=2r\cos45°=2\times2.3\times\cos45°=3.252$m

• **답 :** 3.25m

(7) 가로변 헤드의 개수$=\dfrac{30}{3.25}=9.23≒10$개

세로변 헤드의 개수$=\dfrac{20}{3.25}=6.153≒7$개

→ 헤드개수$=10\times7=70$개

• **답 :** 70개

(8) 79℃×(97~103%)=76.63~81.37℃

• **답 :** 76.63~81.37℃

상세해설

(1)~(4) 가로변 및 세로변의 설치헤드의 최소/최대 개수

$S=\sqrt{4r^2-L^2}$, $L=2r\cos\theta$	헤드 상호간의 거리(장방형)
S : 헤드 상호간의 거리[m]	→ $S=\sqrt{4r^2-L^2}$
L : 배관 상호간의 거리[m]	→ $L=2r\cos\theta$
r : 수평거리[m]	→ 2.3m **(내화구조)**
θ : 각도[°] **(문제의 단서조건)**	→ $\theta=30°$[**풀이①**], $\theta=60°$[**풀이②**]

① $\theta=30°$**일 경우**

㉠ $L_{max}=2r\cos\theta=2\times2.3\text{m}\times\cos30°=3.983\text{m}$

㉡ $S_{min}=\sqrt{4r^2-L^2}=\sqrt{4\times2.3^2-3.983^2}$
$=2.301\text{m}$

• 가로변 헤드의 개수$=\dfrac{30\text{m}}{2.3\text{m}}=13.043≒$**14개**

• 세로변 헤드의 개수$=\dfrac{20\text{m}}{3.98\text{m}}=5.025≒$**6개**

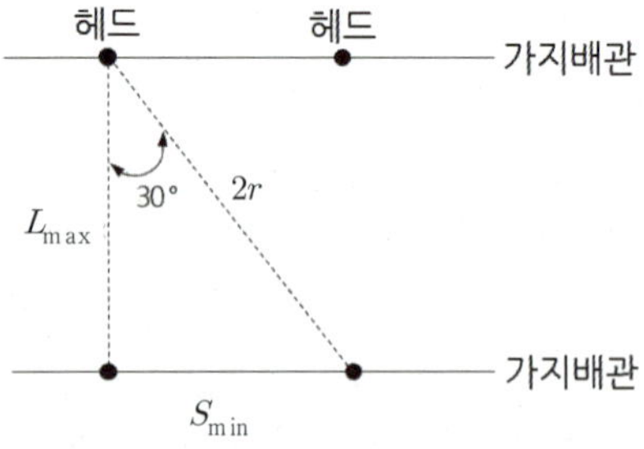

| $\theta=30°$일 경우-S, 헤드수 최대/L 최소 |

② $\theta=60°$**일 경우**

㉠ $L_{min}=2r\cos\theta=2\times2.3\text{m}\times\cos60°$
$=2.3\text{m}$

㉡ $S_{max}=\sqrt{4r^2-L^2}$
$=\sqrt{4\times2.3^2-2.3^2}=3.983\text{m}$

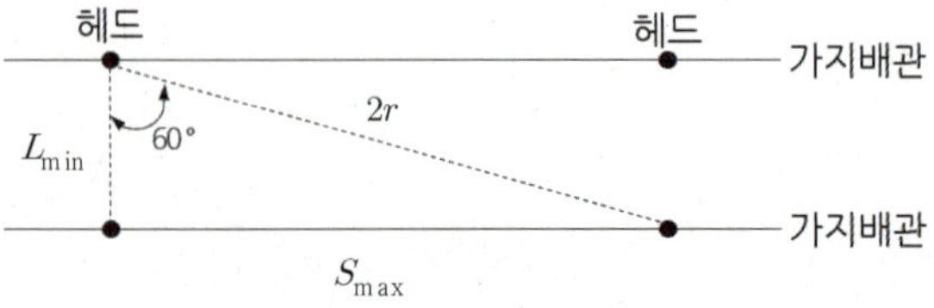

| $\theta=60°$일 경우-S, 헤드수 최대/L 최소 |

- 가로변 헤드의 개수 $= \frac{30\text{m}}{3.98\text{m}} = 7.537 ≒$ 8개

- 세로변 헤드의 개수 $= \frac{20\text{m}}{2.3\text{m}} = 8.695 ≒$ 9개

➜ (1), (2) 가로변 설치헤드 최소개수=8개, 최대개수=14개
➜ (3), (4) 세로변 설치헤드 최소개수=6개, 최대개수=9개

(5) 헤드배치 수량표

가로 헤드수 / 세로 헤드수	8	9	10	11	12	13	14
6	48	54	60	66	72	78	84
7	56	63	70	77	84	91	98
8	64	72	80	88	96	104	112
9	72	81	90	99	108	117	126

(6) 정방형(정사각형)으로 배치할 경우 헤드의 설치간격

$S = L = 2r\cos 45°$	헤드 상호간의 거리(정방형)
$S = L$: 헤드 또는 배관 상호간의 거리[m]	➜ $S = L = 2r\cos 45°$
r : 수평거리[m]	➜ 2.3m (내화구조)

➜ 헤드의 설치간격 : $S = 2r\cos 45° = 2 \times 2.3\text{m} \times \cos 45° = 3.252\text{m}$ ∴ S= 3.25m

(7) 정사각형으로 헤드를 배치할 경우 설치헤드의 개수

① 가로변 헤드의 개수 $= \frac{30\text{m}}{3.25\text{m}} = 9.23 ≒$ 10개 (소수점 이하 절상)

② 세로변 헤드의 개수 $= \frac{20\text{m}}{3.25\text{m}} = 6.153 ≒$ 7개 (소수점 이하 절상)

➜ 헤드의 설치개수=10개×7개=70개

(8) 폐쇄형 헤드의 표시온도가 79℃일 경우 작동온도의 범위

폐쇄형 헤드의 작동시험기준

구 분	작동온도범위
폐쇄형 헤드	헤드의 표시온도×(97~103%)
유리벌브를 사용한 폐쇄형 헤드	헤드의 표시온도×(95~115%)

조건에 따라 유리벌브를 사용하지 아니한 **폐쇄형 헤드**이므로 **표시온도가 79℃**일 경우 작동온도의 범위는,
➜ 헤드의 작동온도범위=79℃×(97~103%)
= 76.63~81.37℃

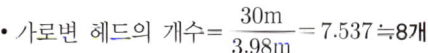

Tip "유리벌브"=감열체 중 유리구 안에 액체 등을 넣어 봉한 것

10 한 개의 방호구역으로 구성된 가로 15m, 세로 26m, 높이 7m인 랙식 창고에 특수가연물을 저장하고 있고 표준형 폐쇄형 스프링클러헤드를 정방형으로 설치하려고 한다. 해당 창고에 설치되는 스프링클러헤드의 총 개수를 구하시오. (단, 건축구조는 비내화구조이다.) 배점 : 5 [20년]

- **실전모범답안**
  - 헤드의 설치간격 $S=2r\cos45° = 2\times1.7\text{m}\times\cos45° = 2.404\text{m}$
  - 가로, 세로 헤드의 개수
    - 가로 헤드의 설치개수= $\dfrac{15}{2.404} = 6.239 ≒$ **7개**
    - 세로 헤드의 설치개수= $\dfrac{26}{2.404} = 10.815 ≒$ **11개**

  ➜ 전체 헤드의 설치개수=7×11×2=154개
  - **답 :** 154개

상세해설

(1) 정방형 헤드의 간격(S)

$S=L=2r\cos45°$	헤드 상호간의 거리(정방형)
$S=L$: 헤드 또는 배관 상호간의 거리[m]	➜ $S=L=2r\cos45°$
r : 수평거리[m]	➜ 1.7m **(특수가연물을 저장하는 장소)**

➜ **헤드의 설치간격** : $S=2r\cos45° = 2\times1.7\text{m}\times\cos45° = 2.404\text{m}$

(2) 가로, 세로 헤드의 설치개수

① 가로헤드의 설치개수= $\dfrac{15\text{m}}{2.404\text{m}} = 6.239 ≒$ **7개**

② 세로헤드의 설치개수= $\dfrac{26\text{m}}{2.404\text{m}} = 10.815 ≒$ **11개**

(3) 전체 헤드의 설치개수

랙크식 창고의 경우 랙높이 **3m 이하**마다, 스프링클러헤드를 설치하여야 한다. 즉, 해당 랙식 창고는 높이 7m이므로 3열로 설치하여야 한다.

➜ **전체 헤드의 설치개수**=7개×11개×3열
=**231개**

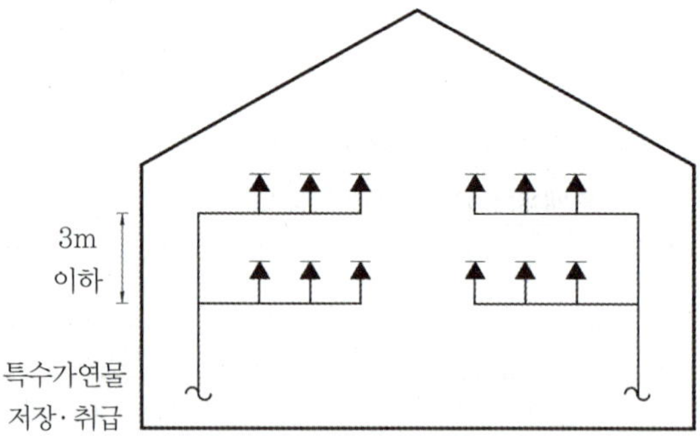

| 랙크식 창고의 헤드배치 |

참고 **랙식창고의 헤드배치**

- 창고시설의 화재안전기술기준 : 랙식창고의 경우 라지드롭형 헤드를 랙 높이 3m 이하마다 설치할 것. 이 경우 수평거리 15cm 이상의 송기공간(defines flue space : 랙 선반 사이 수직거리)이 있는 경우 스프링클러헤드를 송기공간에 설치 가능하다.

11 **다음 그림은 내화구조로 된 15층 업무시설의 1층 평면도이다. 이 건물의 1층에 정방형으로 습식 폐쇄형 스프링클러헤드를 설치하려고 한다. 다음 물음에 답하시오.** 배점 : 7 [21년]

(1) 스프링클러헤드의 최소 소요개수[개]를 구하시오.

(2) 다음의 도면에 헤드를 배치하시오. (단, 헤드 배치 시에는 배치의 위치를 치수로서 표시하여야 하며, 헤드간 거리는 최대로 배치하고, Ⓐ, Ⓑ간 거리는 최소치로 한쪽으로 치우치지 않게 그리시오.)

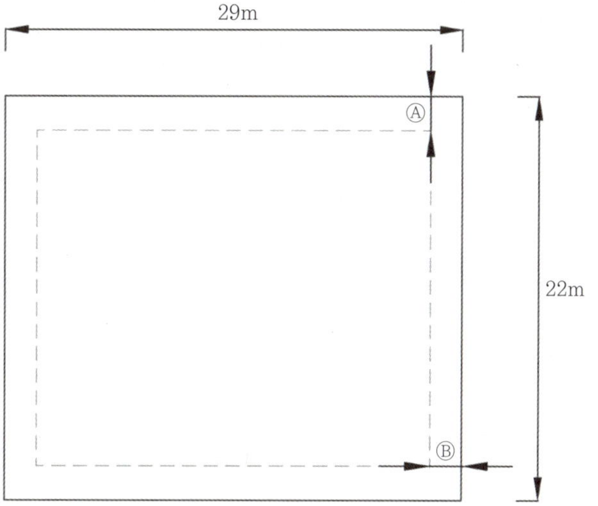

• 실전모범답안

(1) 헤드의 소요개수＝9개×7개＝63개

• 답 : 63개

(2) • 답 :

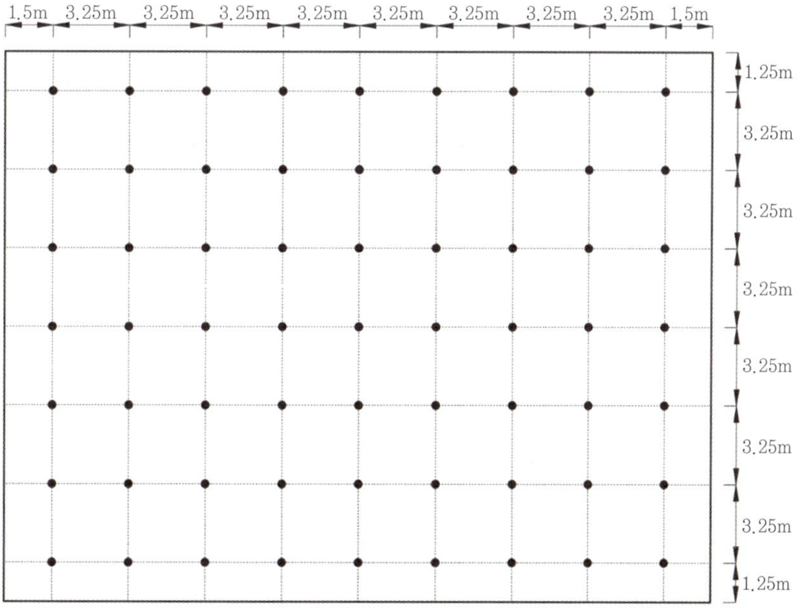

상세해설

스프링클러설비(정방형 헤드 배치)

$S=L=2r\cos45°$	헤드 상호간의 거리(정방형)
$S=L$: 헤드 또는 배관 상호간의 거리[m]	→ $S=L=2r\cos45°$ [풀이(1)]
r : 수평거리[m]	→ 2.3m (내화구조)

스프링클러헤드의 배치기준

구 분	수평거리(r)
내화구조	수평거리 2.3m 이하

(1) 스프링클러헤드의 최소 소요개수[개]

① **정방형 헤드의 간격[m]** : $S=2r\cos45°=2\times2.3\text{m}\times\cos45°=3.252\text{m}$

② **가로, 세로 헤드의 설치개수[개]**

㉠ 가로헤드의 설치개수 : $\dfrac{29\text{m}}{3.252\text{m}}=8.917 ≒ $ **9개** (소수점 이하 절상)

㉡ 세로헤드의 설치개수 : $\dfrac{22\text{m}}{3.252\text{m}}=6.765 ≒ $ **7개** (소수점 이하 절상)

→ **헤드의 소요개수**$=9$개$\times7$개$=$**63개**

(2) Ⓐ, Ⓑ의 최대길이[m], 평면도 표기

[조건] 헤드간 거리는 최대로 배치하고, Ⓐ, Ⓑ간 거리는 최소치로 한쪽으로 치우치지 않게 그리기
→ $S=3.25\text{m}$ (최종 답안이므로 소수점 셋째자리에서 반올림하여 둘째자리까지 표기)

① **가로의 헤드 배치 간격**

㉠ 헤드 간의 거리를 최대로 배치하면, $3.25\text{m}\times8=26\text{m}$가 된다.

㉡ 한쪽 끝 벽과 헤드까지의 거리(Ⓑ)$=\dfrac{29\text{m}-26\text{m}}{2}=1.5\text{m}$ (한쪽으로 치우치지 않도록 배치)

② **세로의 헤드 배치 간격**

㉠ 헤드 간의 거리를 최대로 배치하면, $3.25\text{m}\times6=19.5\text{m}$가 된다.

㉡ 한쪽 끝 벽과 헤드까지의 거리(Ⓐ)$=\dfrac{22\text{m}-19.5\text{m}}{2}=1.25\text{m}$ (한쪽으로 치우치지 않도록 배치)

② **헤드 배치도(● : 헤드)**

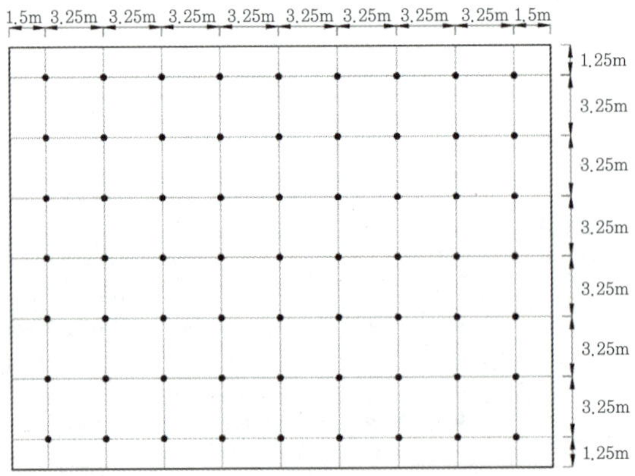

2 스프링클러설비 시스템의 이해

(1) 스프링클러헤드 수별 급수관의 구경

① 스프링클러헤드 수별 급수관의 구경

급수관의 구경	25	32	40	50	65	80	90	100	125	150
㉮	2	3	5	10	30	60	80	100	160	161 이상
㉯	2	4	7	15	30	60	65	100	160	161 이상
㉰	1	2	5	8	15	27	40	55	90	91 이상

㉮ : 폐쇄형 스프링클러헤드를 설치하는 경우
㉯ : 폐쇄형 스프링클러헤드를 설치하고 반자 아래의 헤드와 반자 속의 헤드를 동일 급수관의 가지관상에 병설하는 경우
㉰ : 무대부·특수가연물을 저장 또는 취급하는 장소의 경우로서 폐쇄형 스프링클러헤드를 설치하는 경우
: 개방형 스프링클러헤드를 설치하는 경우로서 하나의 방수구역이 담당하는 헤드의 개수가 30개 이하인 경우

② 수리계산에 따르는 경우

구 분	기 준	
수리계산에 따르는 경우	• 100개 이상의 폐쇄형 스프링클러헤드를 담당하는 급수배관의 구경을 100mm로 하는 경우 • 개방형 스프링클러헤드를 설치하는 경우로서 하나의 방수구역이 담당하는 헤드의 개수가 30개 초과인 경우	
유속	가지배관	6m/s 이하
	기타 배관	10m/s 이하

(2) 스프링클러설비 시스템의 이해

① 각종 배관의 명칭

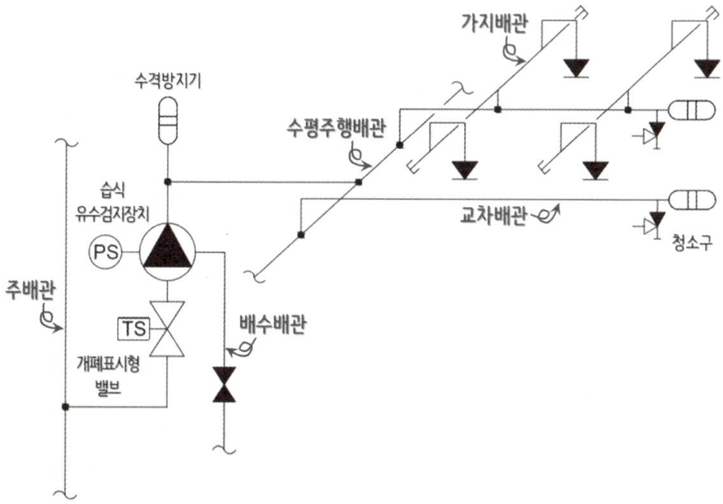

㉠ 급수배관 : 수원 및 옥외송수구로부터 스프링클러헤드에 급수하는 배관
㉡ 주배관 : 각 층을 수직으로 관통하는 수직배관
㉢ 교차배관 : 직접 또는 수직배관을 통하여 가지배관에 급수하는 배관
㉣ 수평주행배관 : 각 층에서 교차배관까지 물을 공급하는 배관
㉤ 가지배관 : 스프링클러헤드로 급수하는 배관
㉥ 신축배관 : 가지배관과 스프링클러헤드를 연결하는 구부림이 용이하고 유연성을 가진 배관

② **스프링클러설비의 종류**

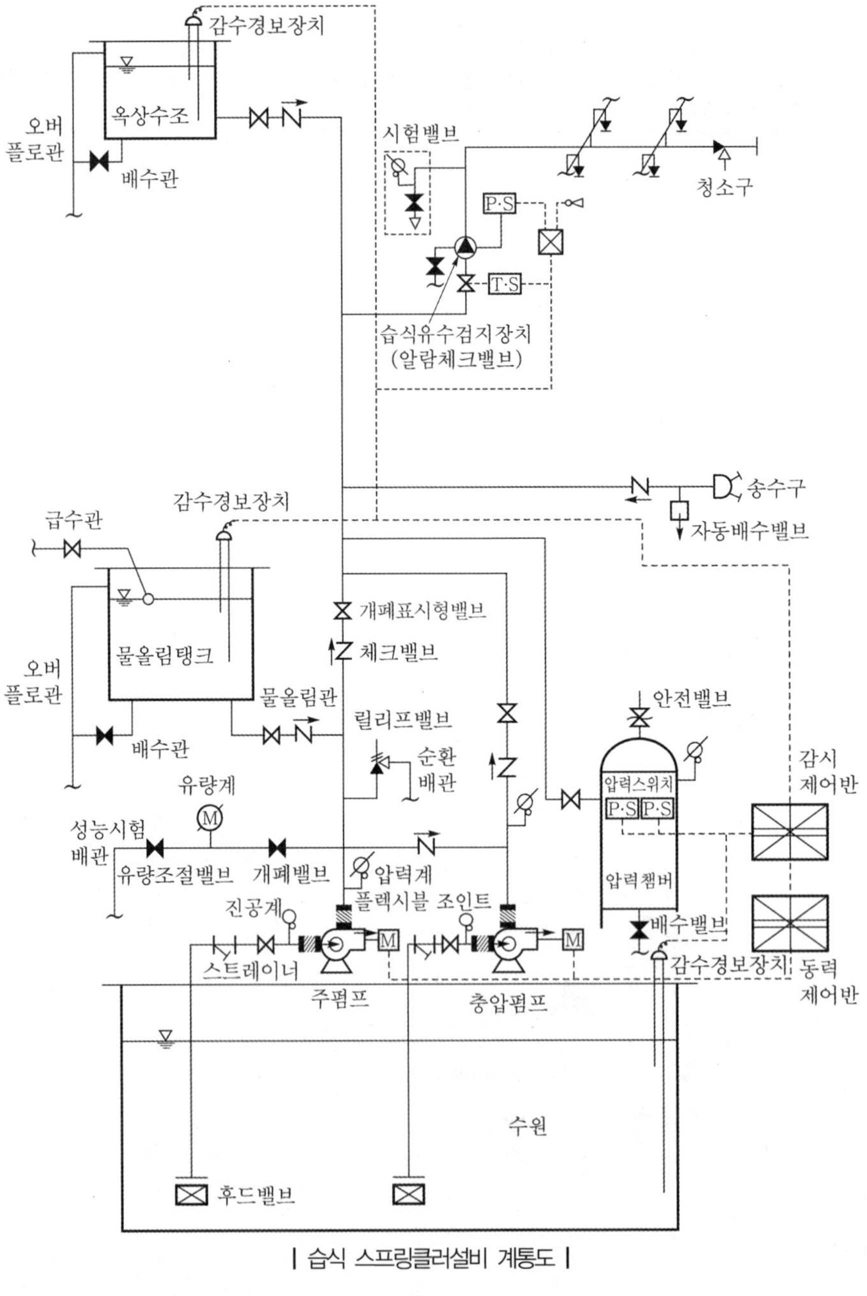

| 습식 스프링클러설비 계통도 |

스프링클러설비의 종류

구 분	습 식	건 식	준비작동식	일제살수식	부압식
밸브의 종류	습식 유수검지장치 (알람체크밸브)	건식 유수검지장치 (드라이밸브)	준비작동식 유수검지장치 (프리액션밸브)	일제개방밸브 (델류지밸브)	준비작동식 유수검지장치 (프리액션밸브)
밸브 1차측	가압수	가압수	가압수	가압수	가압수
밸브 2차측	가압수	압축공기 또는 질소	대기압	대기압	부압상태의 소화수
헤드의 종류	폐쇄형	폐쇄형	폐쇄형	개방형	폐쇄형
감지기 설치유무	미설치	미설치	설치	설치	설치
시험장치 설치유무	설치	설치	미설치	미설치	설치

③ 유수검지장치의 종류 및 기능

습식 유수검지장치

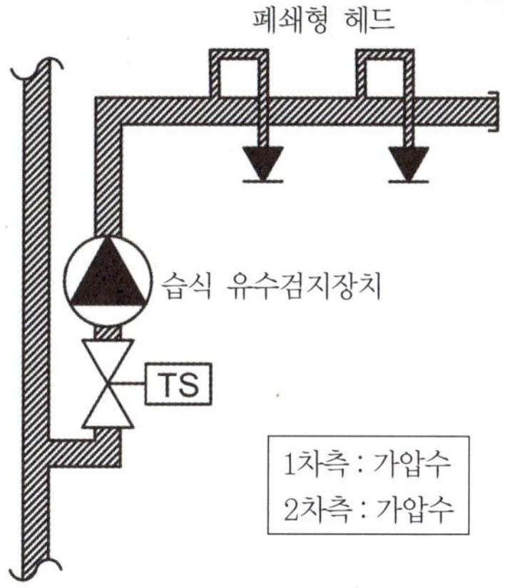

건식 유수검지장치

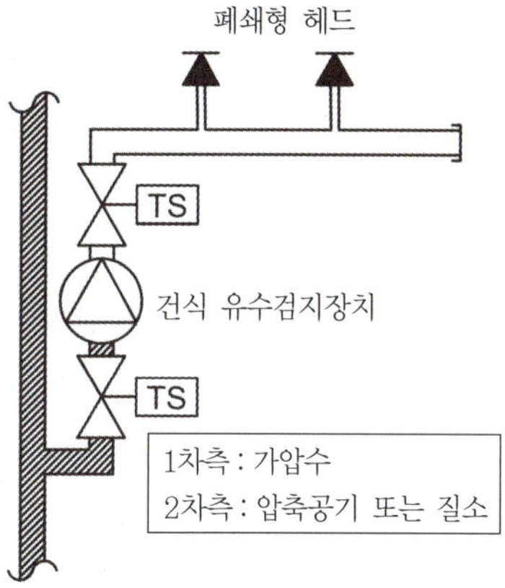

준비작동식 유수검지장치

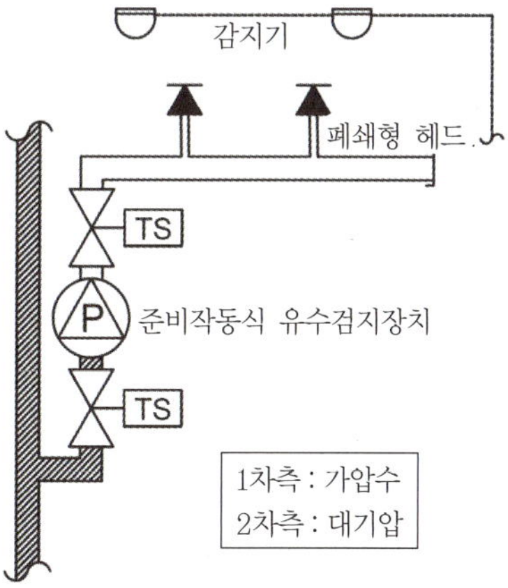

일제개방밸브

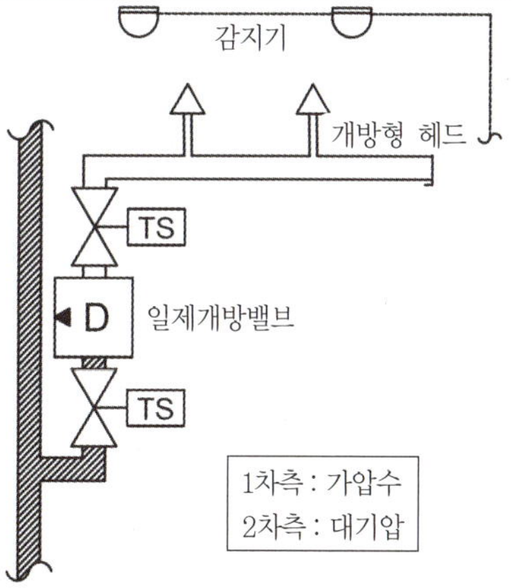

㉠ 유수검지장치

- **종류** : 습식 유수검지장치, 건식 유수검지장치, 준비작동식 유수검지장치
- **정의** : 본체 내의 유수현상을 자동적으로 검지하여 신호 또는 경보를 발하는 장치
- **기능** : 자동경보기능, 체크밸브기능

㉡ **일제개방밸브**

- **정의** : 개방형 스프링클러헤드를 사용하는 일제살수식 스프링클러설비에 설치하는 밸브
- **기능** : 화재발생 시 자동 또는 수동식 기동장치에 따라 밸브가 열려지는 것

④ **시험장치** [23년]

〈시험장치(=시험배관)〉	
유수검지장치 2차측 배관 또는 유수검지장치에서 가장 먼 거리에 위치한 가지배관의 끝으로부터 연결하여 유수검지장치의 성능을 시험하는 장치	
설치 대상	• 습식 스프링클러설비 • 건식 스프링클러설비 • 부압식 스프링클러설비
설치 기준	① 습식 및 부압식 스프링클러설비에 있어서는 **유수검지장치 2차측 배관**에 연결하여 설치하고, 건식 스프링클러설비의 경우 유수검지장치에서 **가장 먼 거리에 위치한 가지배관의 끝**으로부터 연결하여 설치할 것. 유수검지장치 2차측 설비의 내용적이 2,840l를 초과하는 건식 스프링클러설비의 경우 시험장치 개폐밸브를 완전 개방 후 1분 이내에 물이 방사되어야 한다. ② 시험장치 배관의 구경은 **25mm 이상**으로 하고, 그 끝에 **개폐밸브와 개방형 헤드 또는 스프링클러헤드**와 동등한 방수성능을 가진 오리피스를 설치할 것. 이 경우 개방형 헤드는 **반사판 및 프레임을 제거한 오리피스**만으로 설치할 것 ③ 시험장치의 끝에는 **물받이통** 및 **배수관**을 설치하여 시험 중 방사된 물이 바닥에 흘러내리지 아니하도록 할 것(목욕실, 화장실 또는 그 밖의 곳으로서 배수처리가 쉬운 장소에 시험배관을 설치한 경우는 제외)
설치 목적	• 유수검지장치의 기능 확인 • 스프링클러설비의 규정 방수량 및 방수압력 확인 • 음향경보장치의 작동 확인 • 제어반의 화재표시등 및 밸브의 개방표시등 점등 확인 • 펌프의 자동기동확인

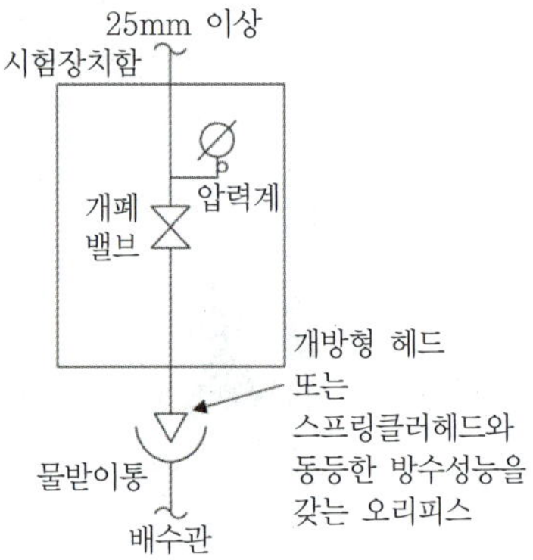

| 시험장치 |

⑤ **습식 및 부압식 스프링클러설비 이외의 경우 하향식 스프링클러헤드로 설치가능한 경우**

㉠ **드라이**팬던트 스프링클러헤드를 사용하는 경우

㉡ 스프링클러헤드의 설치장소가 **동**파의 우려가 없는 곳인 경우

㉢ **개**방형 스프링클러헤드를 사용하는 경우

암기법 드라이 개똥(동)

⑥ **습식 및 부압식 스프링클러설비 이외의 경우 하향식 스프링클러헤드로 설치가능한 경우 창고시설 : 라지 드랍형 스프링클러헤드를 습식 적용. 다만, 다음의 경우 건식스프링클러설비 적용 가능**

㉠ 냉동창고 또는 영하의 온도로 저장하는 냉장창고

㉡ 창고시설 내에 상시 근무자가 없어 난방을 하지 않는 창고시설

(3) 스프링클러설비의 배관방식

① **루프형 배관방식(Looped System)**

㉠ 작동중인 스프링클러헤드에 2 이상의 배관에서 소화수가 공급되도록 여러 개의 교차배관이 서로 접속되어 있는 배관방식

㉡ 가지배관은 서로 접속되어 있지 않음

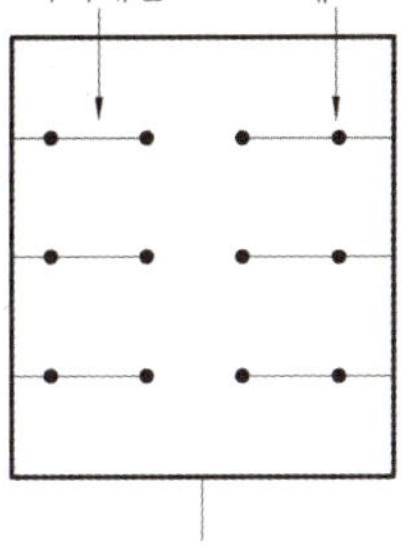

| 루프형 배관방식 |

② **격자형 배관방식(Gridded System)**

㉠ 평행한 교차배관 사이에 많은 가지배관을 연결한 배관방식

㉡ 미작동 가지배관은 교차배관 사이의 물 이송을 보조

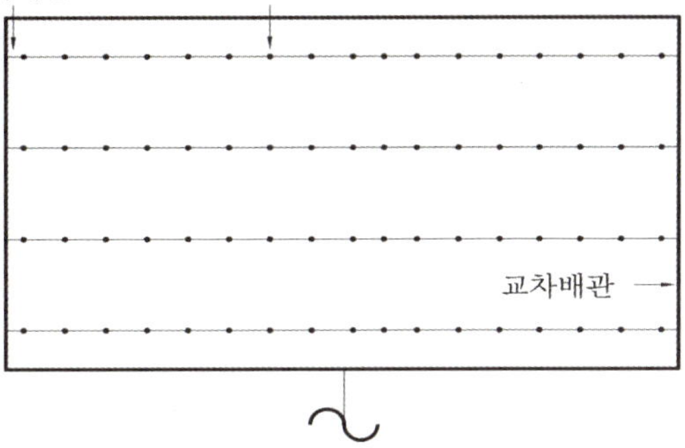

| 격자형 배관방식 |

배관방식	장 점	단 점
루프형 배관방식 (Looped System)	• 격자형 배관방식에 비해 수리계산이 쉽다. • 릴리프밸브 설치규정이 없다.	• 헤드별로 동일한 압력분포를 가지지 못한다.
격자형 배관방식 (Gridded System)	• 헤드별로 고른 압력분포를 가진다. • 유수의 흐름이 분산되어 압력손실이 적다.	• 수리계산이 복잡하여 컴퓨터 프로그램으로 설계를 하여야 한다. • 배관 내 공기를 배출하기 위하여 릴리프밸브를 설치하여야 한다.

(4) 가지배관의 설치기준

① **토너먼트방식**이 아닐 것. 다만, 헤드선단 정격토출압력이 0.1MPa 이상 1.2MPa 이하의 방수압력(0.1MPa 방수압력 기준으로 80L/min 이상의 방수성능)을 가질 경우는 제외함.

② 교차배관에서 분기되는 지점을 기점으로 한쪽 가지배관에 설치되는 헤드의 개수는 **8개 이하**로 할 것. 단, 다음의 경우에는 제외한다.

㉠ 기존의 **방호구역 안**에서 칸막이 등으로 구획하여 **1개의 헤드를 증설**하는 경우

㉡ 습식 스프링클러설비 또는 부압식 스프링클러설비에 **격자형 배관방식**을 채택하는 때에는 펌프의 용량, 배관의 구경 등을 수리학적으로 계산한 결과 헤드의 방수압 및 방수량이 소화목적을 달성하는 데 충분하다고 인정되는 경우

③ 가지배관과 스프링클러헤드 사이의 배관을 **신축배관**으로 하는 경우에는 소방청장이 정하여 고시한 「스프링클러설비 신축배관 성능인증 및 제품검사의 기술기준」에 적합한 것으로 설치할 것. 이 경우 신축배관의 설치길이는 스프링클러헤드의 수평거리를 초과하지 아니할 것

→ **창고시설** : 교차배관에서 분기되는 지점을 기점으로 한쪽 가지배관에 설치되는 헤드의 개수는 4개 이하(반자 위, 아래 설치 시 반자 아래 헤드)

필수 **토너먼트배관방식**

(1) **토너먼트배관방식**=소화약제 방출 시 배관 내의 마찰손실을 일정하게 유지하기 위한 방식(균등 유량 방수)

(2) **토너먼트방식이 유리한 소화설비**

① 이산화탄소소화설비
② 할론소화설비
③ 할로겐화합물 및 불활성기체 소화설비
④ 분말소화설비
⑤ 압축공기포소화설비

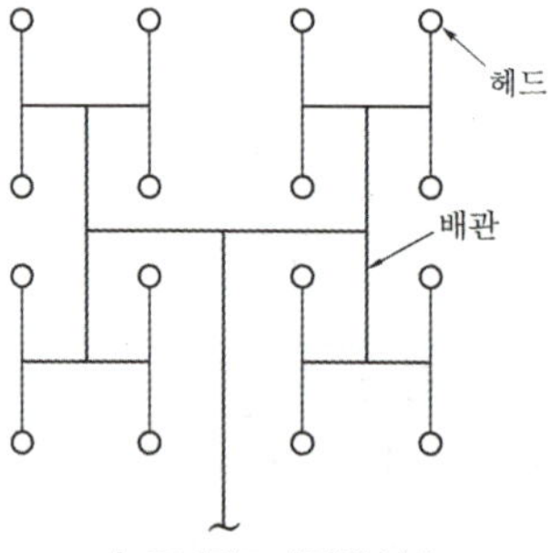

| 토너먼트배관방식 |

Mind-Control

노력한다고 해서 모두 성공할 순 없겠지.
하지만 성공한 사람은 모두 노력했다는 것을 기억해.

- 만화〈더 파이팅〉 -

빈번한 기출문제

01 스프링클러설비에서 유수검지장치의 종류를 3가지만 쓰시오. 배점 : 6 [05년]

- 실전모범답안
  (1) 습식 유수검지장치(알람체크밸브)
  (2) 건식 유수검지장치(드라이밸브)
  (3) 준비작동식 유수검지장치(프리액션밸브)

02 스프링클러설비에서 습식 유수검지장치의 기능 2가지를 쓰시오. 배점 : 4 [11년] [18년]

- 실전모범답안
  (1) 자동경보기능 : 화재 시 유수검지장치의 클래퍼가 개방되어 가압수가 압력스위치를 작동시켜 화재사실을 경보하는 기능
  (2) 체크밸브기능 : 클래퍼를 중심으로 2차측의 가압수가 1차측으로 유입되는 것을 방지하는 기능

03 주어진 도면은 스프링클러설비의 종류이다. 스프링클러설비방식과 사용되는 유수검지장치 또는 일제개방밸브의 종류를 쓰시오. 배점 : 6 [07년] [15년]

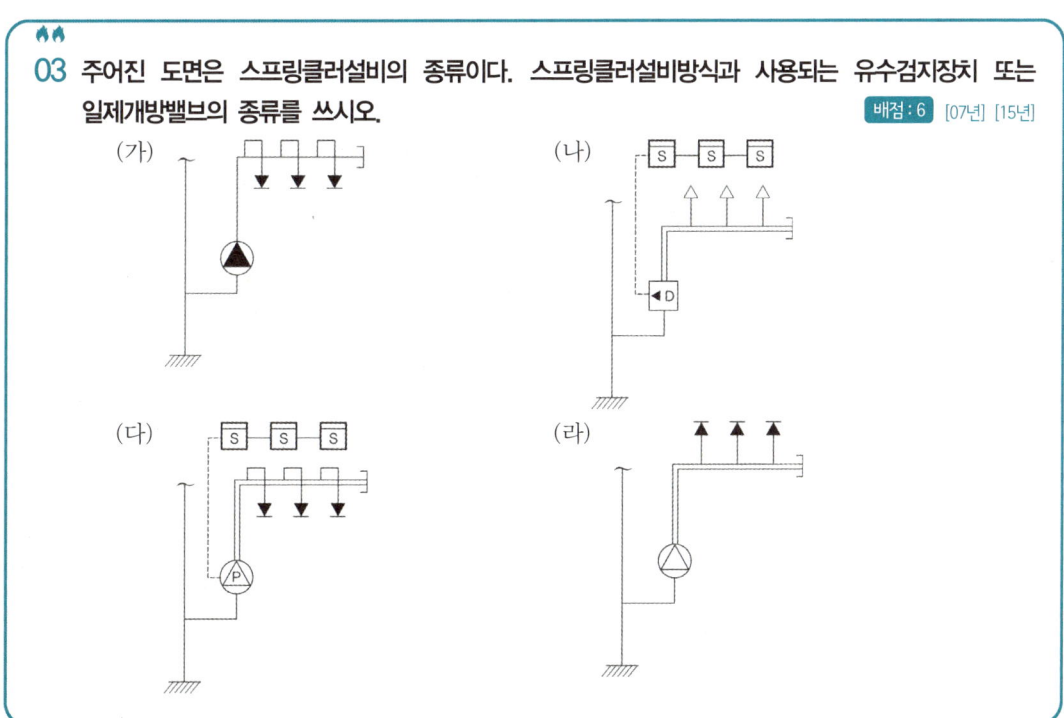

(가)

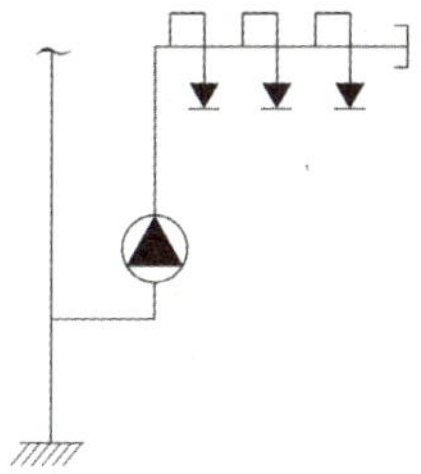

(나)

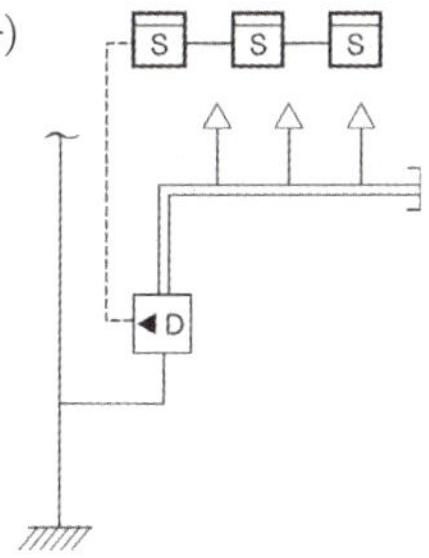

(다)

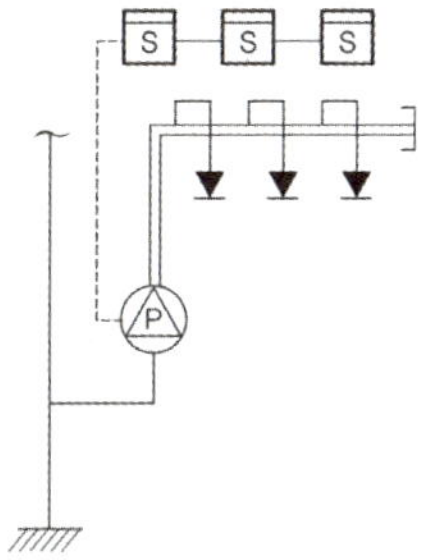

(라)

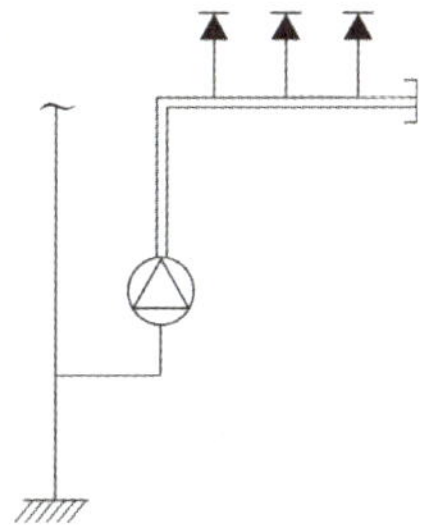

• 실전모범답안

(1) 습식 유수검지장치(알람체크밸브)
(2) 일제개방밸브(델류지밸브)
(3) 준비작동식 유수검지장치(프리액션밸브)
(4) 건식 유수검지장치(드라이밸브)

04 스프링클러설비 배관의 계통도이다. 다음에서 주어진 ㉠, ㉡, ㉢, ㉣의 배관 명칭을 쓰시오.

배점 : 4 [04년] [16년]

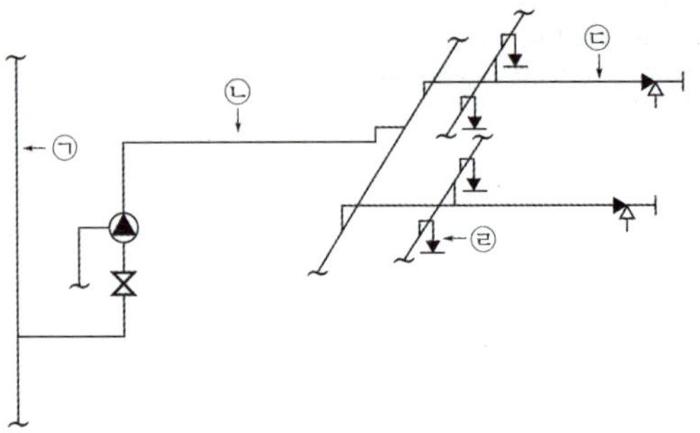

• 실전모범답안

㉠ 주배관
㉡ 수평주행배관
㉢ 교차배관
㉣ 가지배관

05 습식 및 부압식 스프링클러설비 외의 설비에는 헤드설치 시 상향식으로 설치하여야 한다. 그러나 하향식으로 설치가 가능한 경우를 3가지만 쓰시오.

배점 : 3 [04년]

• 실전모범답안

(1) 드라이팬던트 스프링클러헤드를 사용하는 경우
(2) 스프링클러헤드의 설치장소가 동파의 우려가 없는 곳인 경우
(3) 개방형 스프링클러헤드를 사용하는 경우

06 **건식 스프링클러설비에 하향식 헤드를 부착하는 경우 드라이팬던트헤드를 사용한다. 사용목적에 대해 간단히 쓰시오.**

배점 : 3 [10년] [18년]

• 실전모범답안

건식 스프링클러설비에 하향식 헤드를 사용하여야 하는 경우에는 헤드 본체에 질소가스가 채워져 있어, 배관 내에 물이 헤드 본체에 유입되지 않는 구조인 **드라이팬던트헤드**를 사용하여 **동파를 방지**하여야 한다.

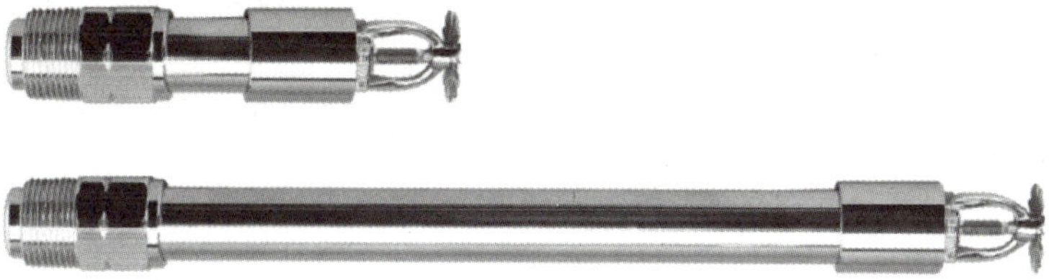

| 드라이팬던트헤드 |

07 **스프링클러설비의 배관방식 중 격자형 배관방식(Gridded System)과 루프형 배관방식(Looped System)을 간단히 설명하고 그림으로 나타내시오.**

배점 : 6 [05년] [09년] [17년]

• 실전모범답안

(1) 루프형 배관방식(Looped System)

① 작동중인 스프링클러헤드에 2 이상의 배관에서 소화수가 공급되도록 여러 개의 교차배관이 서로 접속되어 있는 배관방식

② 가지배관은 서로 접속되어 있지 않음

(2) 격자형 배관방식(Gridded System)

① 평행한 교차배관 사이에 많은 가지배관을 연결한 배관방식

② 미작동 가지배관은 교차배관 사이의 물 이송을 보조

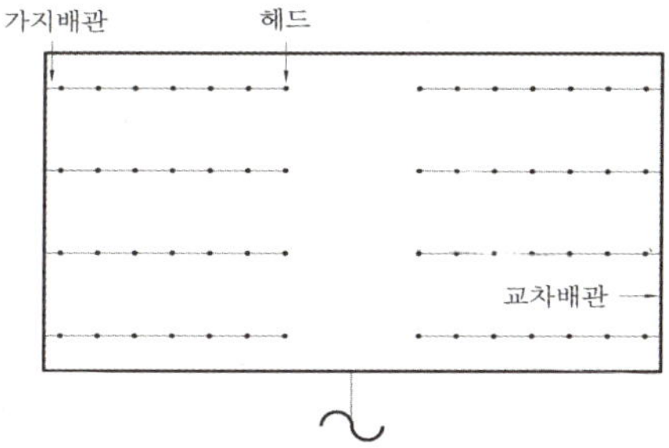

| 루프형 배관방식 |

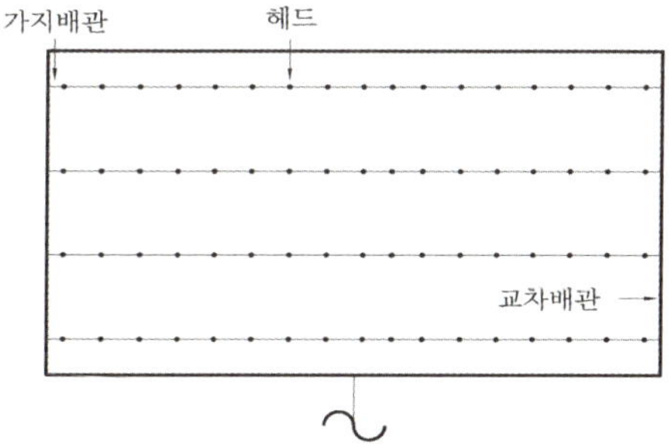

| 격자형 배관방식 |

08 스프링클러설비 가지배관의 배열에 대한 다음 각 물음에 답하시오. 배점 : 6 [11년] [14년] [16년]

(1) 토너먼트방식이 허용되지 않는 주된 이유 2가지를 쓰시오.
(2) 토너먼트방식이 적용되는 소화설비 4가지를 쓰시오.

• 실전모범답안

(1) 토너먼트방식이 허용되지 않는 주된 이유 2가지
① 유체의 마찰손실이 크기 때문에 규정방수량 및 방수압력을 유지하기가 곤란하므로
② 수격작용에 의한 배관 등의 파손을 방지하기 위하여

(2) 토너먼트방식이 적용되는 소화설비
① 이산화탄소소화설비
② 할론소화설비
③ 할로겐화합물 및 불활성기체 소화설비
④ 분말소화설비
⑤ 압축공기포소화설비

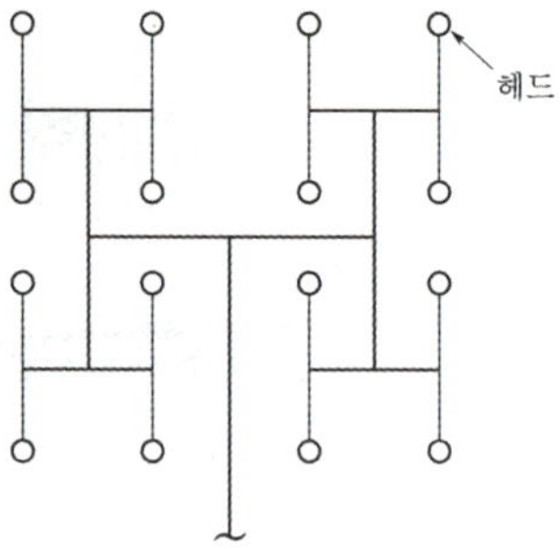

| 토너먼트배관방식 |

09 습식 스프링클러설비 배관의 동파를 방지하기 위하여 보온재를 피복할 때 보온재의 구비조건 4가지를 쓰시오. 배점 : 4 [07년]

• 실전모범답안

(1) 보온능력이 우수할 것
(2) 열전도율이 적을 것
(3) 장시간 사용온도에 견디고, 변질이 없을 것
(4) 흡습성 및 흡수성이 적을 것

10 스프링클러설비 중 준비작동식 스프링클러설비에서 사용되는 헤드의 종류 및 준비작동식 밸브를 기준으로 1차측, 2차측 배관 내의 상태를 쓰시오. 배점 : 4 [04년]

• 실전모범답안

(1) 사용헤드 : 폐쇄형 헤드
(2) 1차측 배관 내 상태 : 가압수상태
(3) 2차측 배관상태 : 대기압상태

11 **다음은 스프링클러설비의 폐쇄형 헤드와 개방형 헤드의 설명에 대하여 답하시오.** 배점 : 6 [18년] [23년]

구 분	폐쇄형 헤드	개방형 헤드
차이점		
적용설비		

• **실전모범답안**

구 분	폐쇄형 헤드	개방형 헤드
차이점	• 감열부가 있다.	• 감열부가 없다.
적용설비	• 습식 스프링클러설비 • 건식 스프링클러설비 • 준비작동식 스프링클러설비	• 일제살수식 스프링클러설비

12 **부압식 스프링클러설비 1차측과 2차측의 상태와 원리를 설명하시오.** 배점 : 4 [04년]

• **실전모범답안**

(1) 부압식 스프링클러설비의 1차측 배관상태=정압상태의 소화수

(2) 부압식 스프링클러설비의 2차측 배관상태=부압상태의 소화수

(3) 부압식 스프링클러설비의 작동원리 : 가압송수장치에서 준비작동식 유수검지장치의 1차측까지는 항상 정압의 물이 가압되고, 2차측 폐쇄형 스프링클러헤드까지는 소화수가 부압으로 되어 있다가 화재 시 감지기의 작동에 의해 정압으로 변하여 유수가 발생하면 작동하는 스프링클러설비

13 **다음 물음에 답하시오.** 배점 : 14 [07년]

(1) 습식 스프링클러시스템의 구성과 구조를 나타낼 수 있는 계통도를 그리시오.

(2) 시스템의 작동방식(작동순서 포함)을 설명하시오.

(3) 시스템의 유지관리를 위한 작동기능 점검사항으로서 필요한 것을 2가지만 선택하여 설명하시오.

• **실전모범답안**

(1) 습식 스프링클러시스템의 계통도

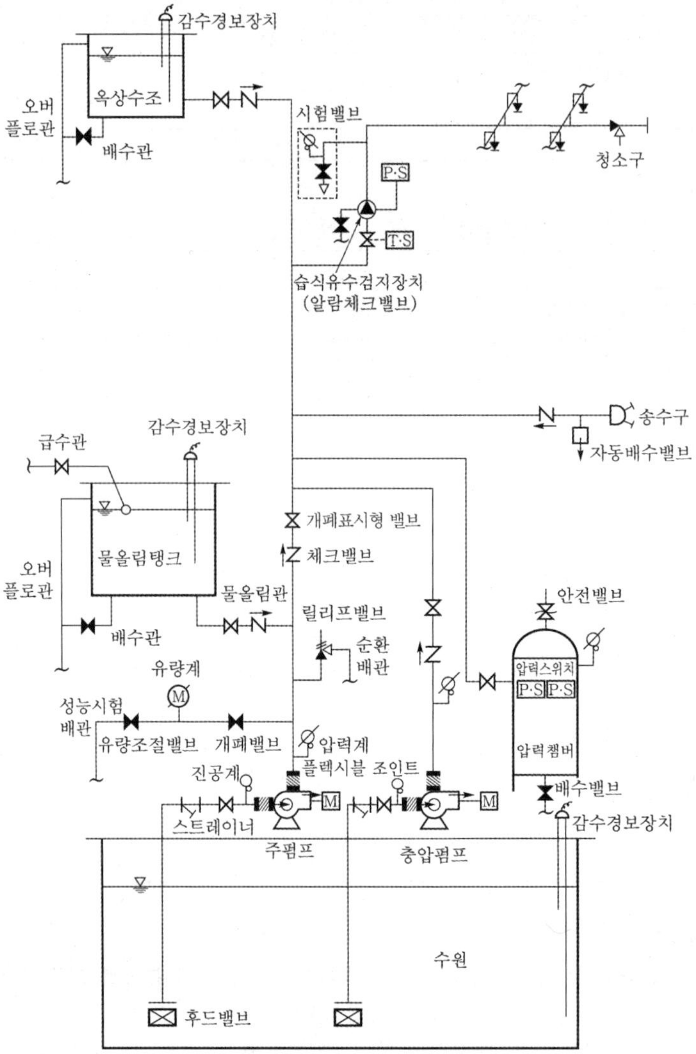

| 습식 스프링클러설비의 계통도 |

(2) 시스템의 작동순서

① 폐쇄형 헤드가 화재의 열에 의하여 개방

② 헤드의 개방으로 배관 내 압력 감소

③ 유수검지장치가 작동하여 화재경보발령 및 수신반 화재표시등 점등

④ 압력챔버의 압력스위치가 작동되어 제어반으로 신호

⑤ 제어반에서 펌프를 기동시켜 헤드까지 연속 방수

(3) 작동기능 점검사항

① 유수검지장치의 배수밸브를 개방하여 유수검지장치 작동여부 확인

② 시험밸브를 개방하여 경보발령여부 확인

14 유수검지장치의 시험밸브 개방 시 알람경보가 울리지 않는 원인 및 대책을 2가지 쓰시오.

배점 : 5 [17년]

• 실전모범답안

(1) 유수검지장치 고장으로 인한 배관 내 압력감소 감지 불가 → 유수검지장치 교체
(2) 유수검지장치의 압력스위치 불량으로 인한 신호 전달 불가 → 유수검지장치의 압력스위치 교체
(3) 유수검지장치의 압력스위치에서 수신기까지의 선로의 단선, 단락 → 선로 교체
(4) 수신기에서 사이렌 사이의 선로의 단선, 단락 → 선로 교체
(5) 사이렌 자체 불량 → 사이렌 교체

Tip 위 5가지 중 2가지를 작성한다.

15 습식 스프링클러설비의 시험밸브의 시험작동 시 확인될 수 있는 사항 5가지를 쓰시오.

배점 : 5 [16년]

• 실전모범답안

(1) 습식 유수검지장치의 작동유무 확인
(2) 습식 유수검지장치의 작동으로 인한 사이렌 작동유무 확인
(3) 압력챔버의 압력저하 감지유무 확인
(4) 소화펌프의 작동유무 확인
(5) 규정방수량 및 방수압력 확인

16 방호구역 내에 스프링클러를 개방형 또는 폐쇄형을 설치하는 경우가 있다. 이 때 폐쇄형 헤드를 설치했다면 헤드의 방수상태 확인을 위해 꼭 설치하여야 하는 설비의 명칭 및 구성요소를 쓰고, 개방형 헤드에 비해 그 장치를 꼭 설치하도록 하는 이유를 간략하게 쓰시오.

배점 : 6 [08년] [21년]

• 실전모범답안

(1) 폐쇄형 헤드의 방수상태 확인을 위해 설치하여야 하는 설비의 명칭
=시험장치
(2) 구성요소
① 개폐밸브
② 반사판 및 프레임이 제거된 개방형 헤드 또는 스프링클러헤드와 동일한 방수성능을 가진 오리피스
(3) 시험장치의 설치이유
① 유수검지장치의 작동확인
② 규정방수량 및 방수압력 확인

| 시험밸브함 외부 |

| 시험밸브함 내부 |

17 스프링클러설비에서 리타팅챔버의 용도와 기능에 대하여 간단히 쓰시오.

배점 : 5 [06년]

• **실전모범답안**

(1) 리타팅챔버의 용도

① 습식 유수검지장치의 오동작방지

② 안전장치의 기능

③ 배관 및 압력스위치 소손방지

(2) 리타팅챔버의 기능

① **오동작인 경우** : 수격현상 등으로 인한 순간압력으로 유입된 물은 오리피스를 통해 자동으로 배수시켜 오작동으로 인한 압력스위치의 작동을 방지

② **화재가 발생한 경우** : 화재 시 클래퍼가 개방되어 유입된 물은 챔버 내에 가압수가 충만하여 상부에 설치된 압력스위치를 작동

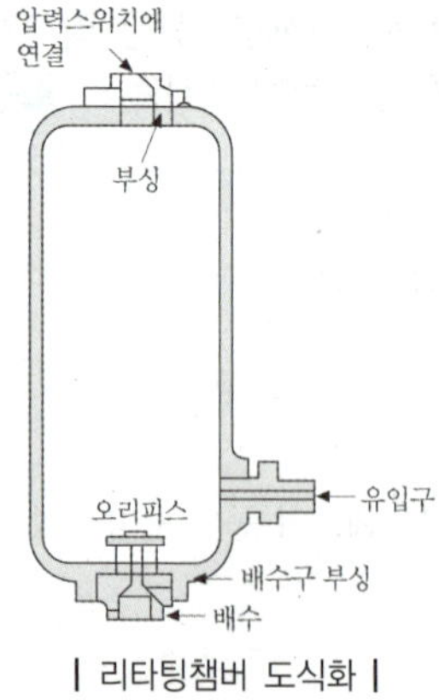

| 리타팅챔버 도식화 |

| 리타팅챔버 |

18 **알람체크밸브가 설치된 습식 스프링클러설비에서 비화재 시에도 수시로 오동작이 발생할 경우 그 원인을 찾기 위하여 점검하여야 할 사항 3가지를 쓰시오. (단, 알람체크밸브에는 리타팅챔버가 설치되어 있는 것으로 한다.)** 배점 : 6 [11년]

- 실전모범답안

(1) 리타팅챔버 상단의 압력스위치 점검
(2) 리타팅챔버 상단의 압력스위치 배선의 누전상태 점검
(3) 리타팅챔버 하단의 오리피스 점검

실무적용

최근에는 리타팅챔버를 별도로 설치하지 않고, 오동작방지기능이 내장된 압력스위치를 설치한다.

19 **스프링클러설비에서 자동경보장치의 구성부품 중 6가지만 쓰시오.** 배점 : 6 [11년]

- 실전모범답안

(1) 알람체크밸브(자동경보밸브)
(2) 압력스위치
(3) 1차측 및 2차측 압력계
(4) 배수밸브
(5) 리타팅챔버(최근 압력스위치 내장 가능)
(6) 개폐표시형 밸브
(7) 시험배관
(8) 경보시험밸브
(9) 오리피스

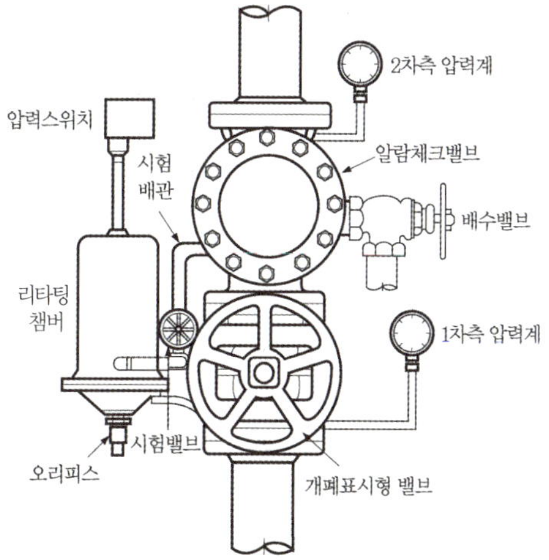

| 자동경보장치의 구성 |

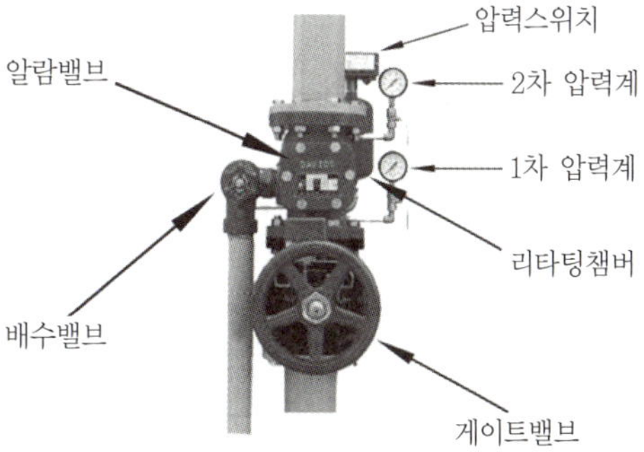

| 자동경보장치의 구성 |

20 스프링클러설비 급수배관의 개폐밸브에 설치하는 탬퍼스위치(Tamper Switch)의 설치목적과 실제 설치위치 4개소를 적으시오.
배점 : 6 [11년] [16년]

• 실전모범답안

(1) 설치목적

밸브의 개폐상태 감시

(2) 설치위치

① 주펌프, 충압펌프의 흡입측에 설치된 개폐밸브
② 주펌프, 충압펌프의 토출측에 설치된 개폐밸브
③ 유수검지장치, 일제개방밸브의 1차측 개폐밸브
④ 유수검지장치, 일제개방밸브의 2차측 개폐밸브

21 건식 스프링클러설비는 건식밸브 2차측에 압축공기나 압축질소가스가 채워져 있어 설비작동 시 습식 스프링클러설비보다 물을 방수하는데 시간이 걸린다. 이를 방지하기 위해 설치하는 기구 명칭을 2가지 쓰시오.
배점 : 4 [04년] [06년] [15년] [23년]

• 실전모범답안

건식 스프링클러설비에서 화재 시 신속한 밸브의 개방을 위하여 긴급개방장치(Quick Opening Device)를 설치한다.

(1) 엑셀레이터(Accelerator) : 가속기

(2) 익져스터(Exhauster) : 공기배출기

22 다음은 건식 스프링클러설비의 압축공기 공급장치의 배관도를 나타낸 것으로 다음 각 물음에 답하시오.
배점 : 7 [08년]

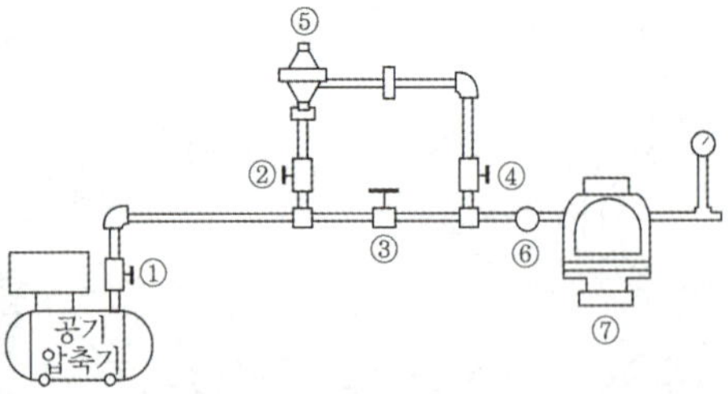

(1) 평상 시 닫혀 있는 개폐밸브의 번호를 기입하시오.

(2) ⑤, ⑥, ⑦번의 장치명을 기입하시오.

• 실전모범답안

(1) 평상 시 닫혀 있는 개폐밸브

③번 개폐밸브

(2) 장치명

⑤ 공기조절기(에어레귤레이터) ⑥ 체크밸브 ⑦ 건식 유수검지장치(드라이밸브)

23 준비작동식 스프링클러설비 구성품 중 P.O.R.V(Pressure-Operated Relief Valve)의 기능을 쓰시오.

배점 : 5 [09년] [14년]

• 실전모범답안

프리액션밸브의 작동 후 다이어프램실로 1차측 가압수가 들어가 밸브가 폐쇄되는 것을 방지하기 위해 2차측 가압수 압력으로 1차측과 다이어프램을 연결하는 배관을 차단하는 밸브

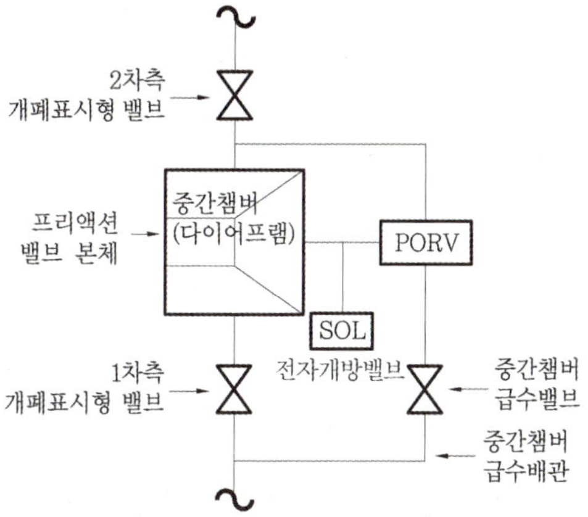

| P.O.R.V 주위 배관도 |

24 다음 도면은 준비작동식 스프링클러설비의 계통을 나타낸 것이다. 화재가 발생하였을 때 화재감지기, 소화설비 수신반의 표시부, 전자밸브 및 압력스위치 간의 작동 연계성을 요약 설명하시오.

배점 : 5 [06년] [16년]

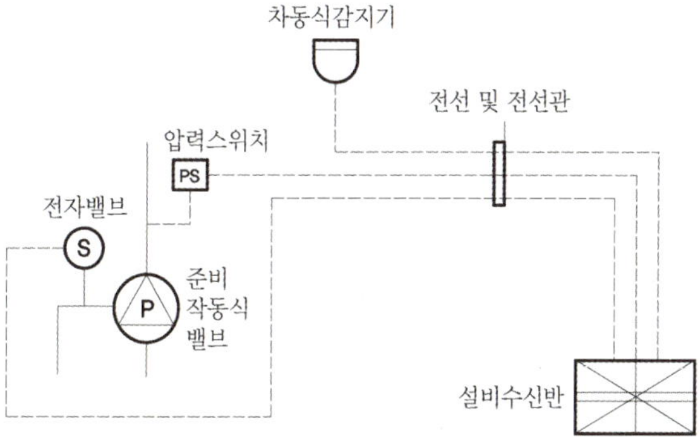

• 실전모범답안

(1) 감지기 A, B 작동
(2) 수신반에 화재표시등 및 지구표시등 점등, 음향경보
(3) 전자밸브(솔레노이드밸브) 작동
(4) 준비작동밸브(프리액션밸브) 개방
(5) 압력스위치 작동
(6) 수신반에 밸브의 개방표시등 점등

25 일제살수식 스프링클러설비의 델류지밸브(Deludge Valve) 작동방식의 종류 2가지를 쓰고 간단히 설명하시오.

배점 : 5 [12년] [23년]

• 실전모범답안

(1) 일제개방밸브

가압송수장치에서 일제개방밸브 **1차측**까지 배관 내에 항상 **물**이 가압되어 있고 **2차측**에서 개방형 스프링클러헤드까지 **대기압**으로 있다가 화재발생 시 자동감지장치 또는 수동식 기동장치의 작동으로 일제개방밸브가 개방되면 스프링클러헤드까지 소화용수가 송수되는 방식

(2) 델류지밸브(Deludge Valve)의 작동방식

<table>
<tr><th colspan="2">가압개방식</th><th colspan="2">감압개방식</th></tr>
<tr><td colspan="2">화재감지 또는 수동스위치를 조작하여 전자개방밸브를 개방시키거나 수동개방밸브를 개방하면 가압수가 중간챔버를 가압하여 델류지밸브가 개방하는 방식</td><td colspan="2">화재감지 또는 수동스위치를 조작하여 전자개방밸브를 개방시키거나 수동개방밸브를 개방하면 가압수가 중간챔버를 감압하여 델류지밸브가 개방하는 방식</td></tr>
<tr><td>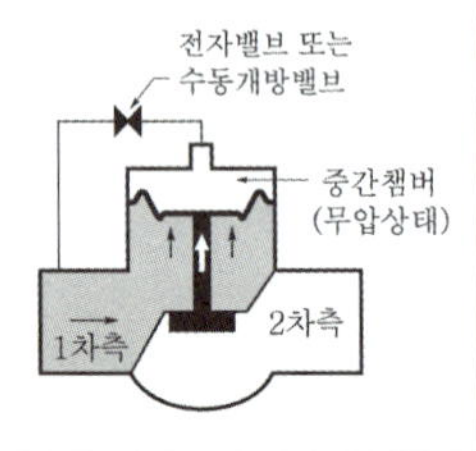</td><td>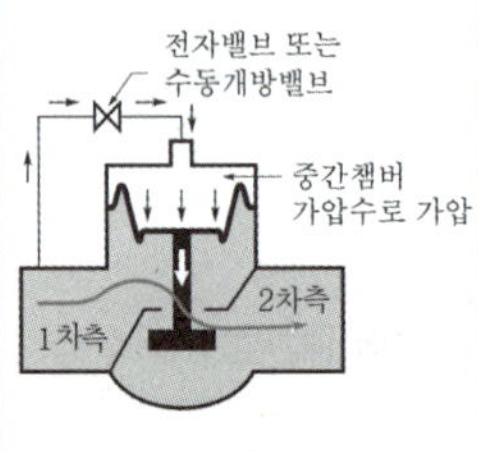</td><td>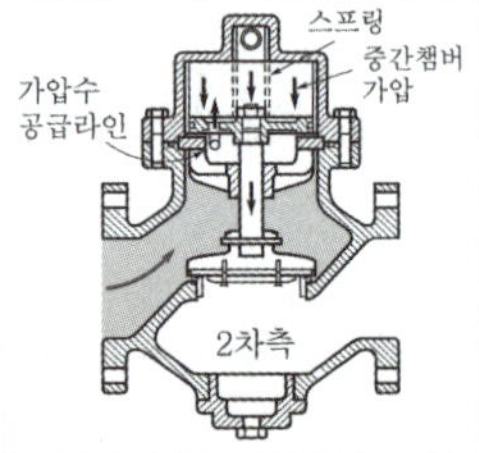</td><td>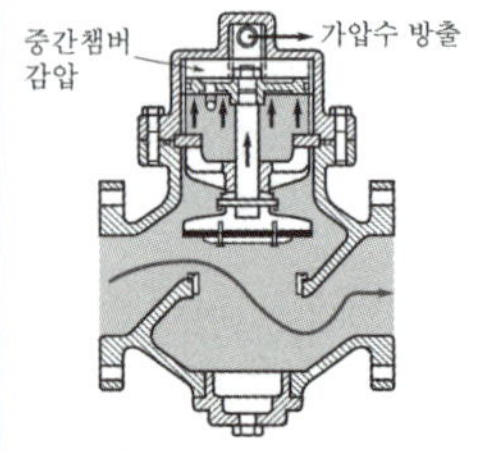</td></tr>
<tr><td>작동 전</td><td>작동 후</td><td>작동 전</td><td>작동 후</td></tr>
</table>

26 스프링클러설비에는 소방대 연결송수관설비를 함께 갖추도록 하는 이유를 2가지만 설명하시오.

배점 : 4 [05년] [11년]

• 실전모범답안

(1) 특정소방대상물의 자체 수원의 저수량이 부족할 때 소방차에서 물을 공급받기 위하여

(2) 가압송수장치 등의 고장 시 소방차에서 물을 공급받기 위하여

27 스프링클러설비용 펌프에 사용되는 전원의 종류 3가지를 쓰시오.

배점 : 3 [11년]

• 실전모범답안

(1) 상용전원 : 평상시 주전원으로 사용되는 전원

(2) 비상전원 : 상용전원의 정전시에 사용되는 전원

(3) 예비전원 : 상용전원의 고장 또는 용량 부족 시 최소한의 기능을 유지하기 위한 전원

28 다음 그림은 어느 습식 스프링클러설비에서 배관의 일부를 나타내는 평면도이다. 각 A, B, C, D 내에 필요한 관부속품의 개수를 답란의 빈 칸에 기입하시오. 배점 : 10 [05년] [08년] [18년]

[조건]

① 다음의 표에 주어진 관이음쇠만 산출한다.
② 크로스 티는 사용할 수 없다.
③ 관부속품은 니플로만 연결하되, 장니플, 단니플 구분없이 1개소에 1개로 산출한다.

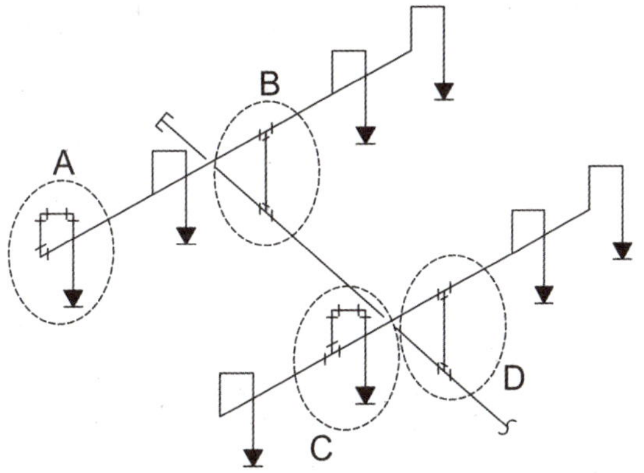

지 점	품 명	규 격	수 량	지 점	품 명	규 격	수 량
A	엘보	25A	(　)	B	티	40A×40A×40A	(　)
	레듀셔	25A×15A	(　)		레듀셔	40A×25A	(　)
	니플	25A	(　)		니플	40A	(　)
					니플	25A	(　)
C	티	25A×25A×25A	(　)	D	티	50A×50A×40A	(　)
	엘보	25A	(　)		티	40A×40A×40A	(　)
	레듀셔	25A×15A	(　)		레듀셔	50A×40A	(　)
	니플	25A	(　)		레듀셔	40A×25A	(　)
					니플	40A	(　)
					니플	25A	(　)

• **실전모범답안**

지 점	품 명	규 격	수 량	지 점	품 명	규 격	수 량
A	엘보	25A	(3)	B	티	40A×40A×40A	(2)
	레듀셔	25A×15A	(1)		레듀셔	40A×25A	(2)
	니플	25A	(3)		니플	40A	(3)
					니플	25A	(0)
C	티	25A×25A×25A	(1)	D	티	50A×50A×40A	(1)
	엘보	25A	(2)		티	40A×40A×40A	(1)
	레듀셔	25A×15A	(1)		레듀셔	50A×40A	(1)
	니플	25A	(3)		레듀셔	40A×25A	(2)
					니플	40A	(3)
					니플	25A	(0)

상세해설

스프링클러헤드 수별 급수관의 구경

급수관의 구경	25	32	40	50	65	80	90	100	125	150
㉮	2	3	5	10	30	60	80	100	160	161 이상
㉯	2	4	7	15	30	60	65	100	160	161 이상
㉰	1	2	5	8	15	27	40	55	90	91 이상

㉮ : 폐쇄형 스프링클러헤드를 설치하는 경우
㉯ : 폐쇄형 스프링클러헤드를 설치하고 반자 아래의 헤드와 반자 속의 헤드를 동일 급수관의 가지관상에 병설하는 경우
㉰ : 무대부·특수가연물을 저장 또는 취급하는 장소의 경우로서 폐쇄형 스프링클러헤드를 설치하는 경우
: 개방형 스프링클러헤드를 설치하는 경우로서 하나의 방수구역이 담당하는 헤드의 개수가 30개 이하인 경우

문제의 그림에서 **폐쇄형 스프링클러헤드를 사용**하므로 ㉮에 따라 급수관의 구경을 정하고, 관부속품의 개수를 산출한 결과는 다음과 같다.

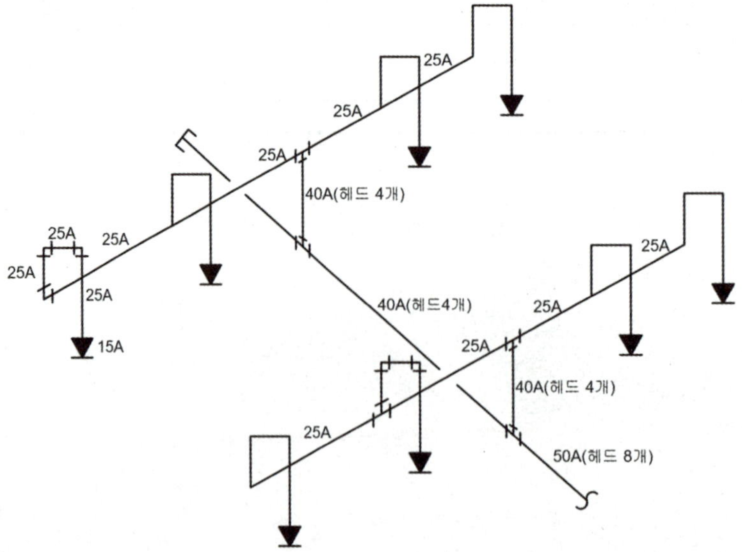

지 점	문제그림	실제그림	관부속품의 개수		
			품 명	규 격	수 량
A	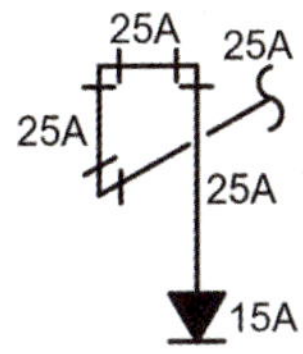	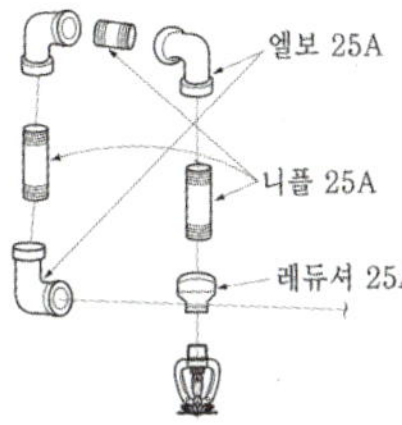	엘보	25A	(3)
			레듀셔	25A×15A	(1)
			니플	25A	(3)
B	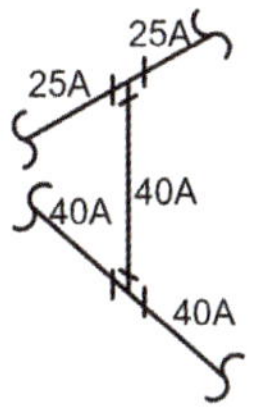	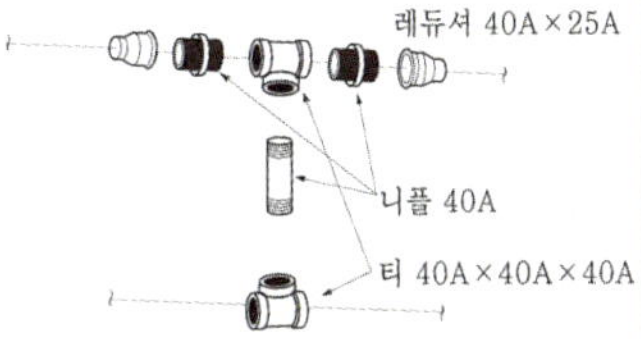	티	40A×40A×40A	(2)
			레듀셔	40A×25A	(2)
			니플	40A	(3)
			니플	25A	(0)
C	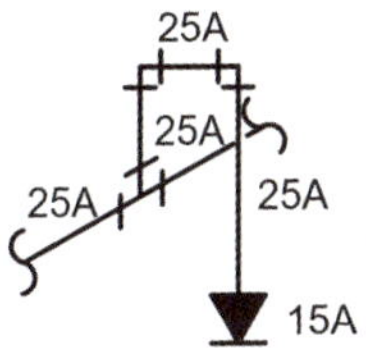	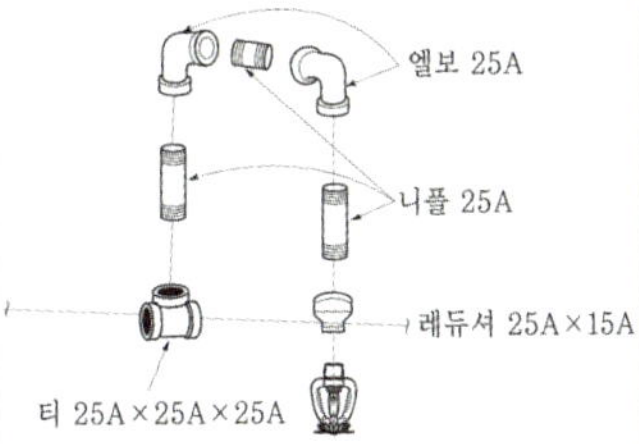	티	25A×25A×25A	(1)
			엘보	25A	(2)
			레듀셔	25A×15A	(1)
			니플	25A	(3)
D	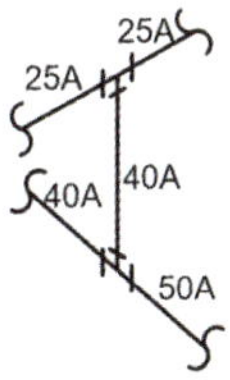	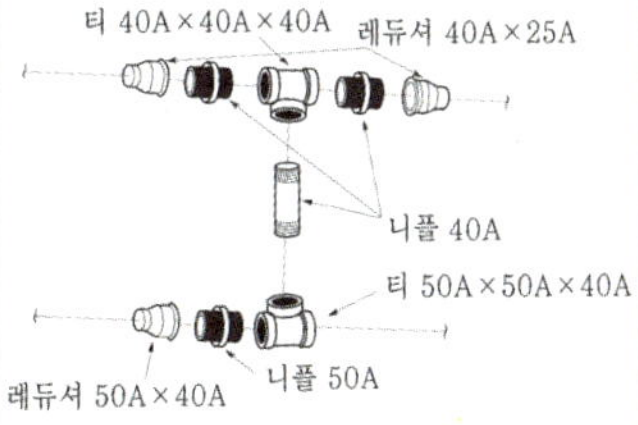	티	50A×50A×40A	(1)
			티	40A×40A×40A	(1)
			레듀셔	50A×40A	(1)
			레듀셔	40A×25A	(2)
			니플	40A	(3)
			니플	25A	(0)

29 **그림의 스프링클러설비 가지배관에서의 구성부품과 규격 및 수량을 산출하여 다음 답란을 완성하시오.**

배점 : 6 [15년] [21년]

[조건]

① 티는 모두 동일구경을 사용하고 배관이 축소되는 부분은 반드시 레듀셔를 사용한다.
② 교차배관은 제외한다.
③ 구경에 따른 헤드개수는 다음과 같다.

25mm	32mm	40mm	50mm
2개	3개	5개	10개

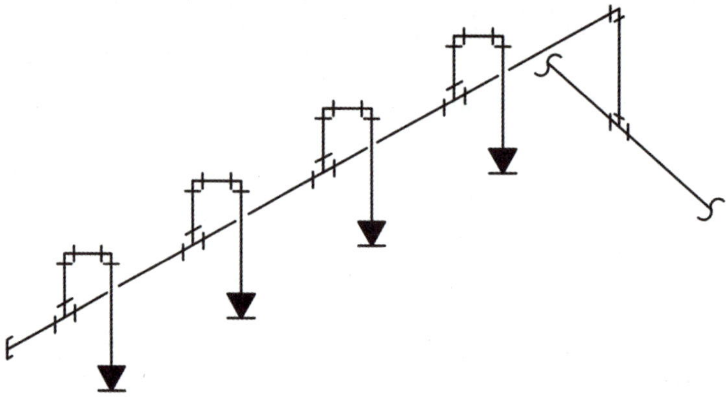

구성부품	규격 및 수량
헤드	15mm 4개
캡	
티	
90° 엘보	
레듀셔	

• **실전모범답안**

구성부품	규격 및 수량
헤드	15mm 4개
캡	25mm 1개
티	25mm×25mm×25mm 2개, 32mm×32mm×32mm 1개, 40mm×40mm×40mm 1개
90° 엘보	25mm 8개, 40mm 1개
레듀셔	25mm×15mm 4개, 32mm×25mm 2개, 40mm×32mm 1개, 40mm×25mm 1개

상세해설

조건③을 적용하여 헤드수별 배관의 구경은 산출한 결과는 다음과 같다.

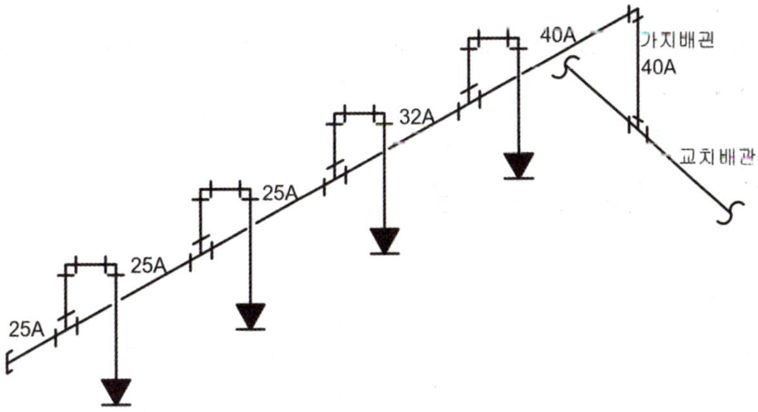

(1) 캡

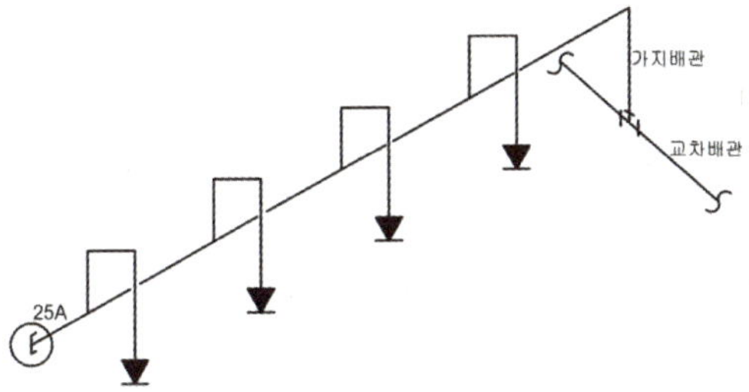

규 격	수 량
25mm	1개

(2) 티

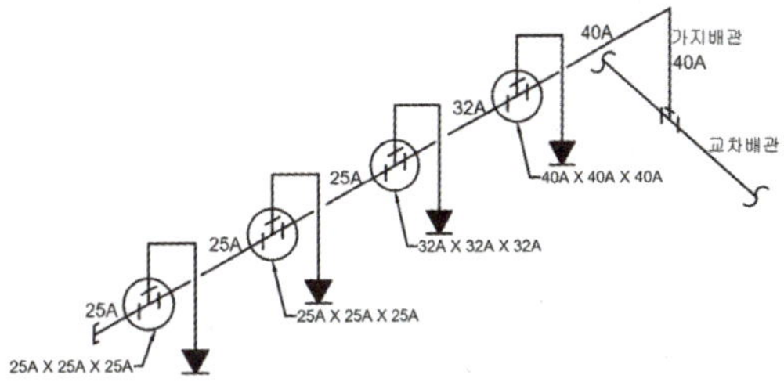

규 격	수 량
25mm×25mm×25mm	2개
32mm×32mm×32mm	1개
40mm×40mm×40mm	1개

(3) 90° 엘보

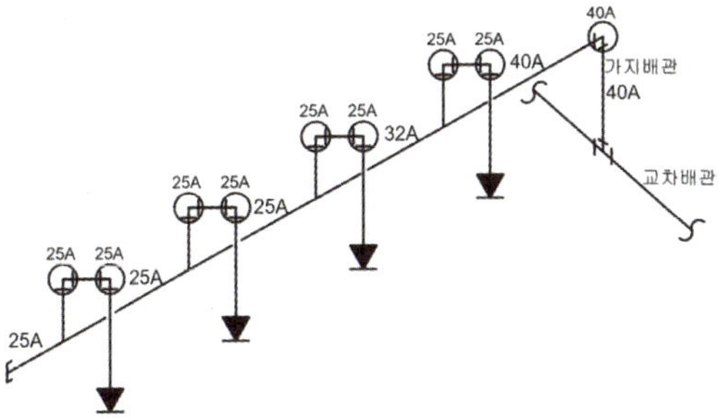

규 격	수 량
25mm	8개
40mm	1개

(4) 레듀셔(도면에 별도로 표기되지 않음에 주의!)

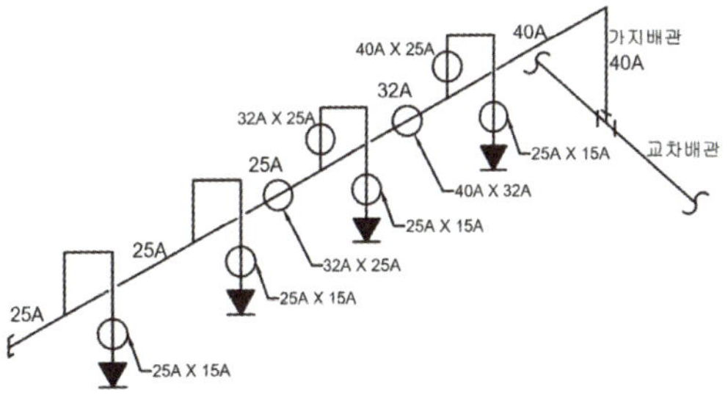

규 격	수 량
25mm×15mm	4개
32mm×25mm	2개
40mm×25mm	1개
40mm×32mm	1개

Tip 조건②에 따라 교차배관은 제외하고 관부속품의 규격 및 수량을 산출함에 주의한다.

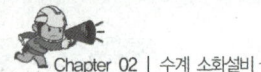

30 스프링클러설비에 헤드를 부착할 때 가지배관과 헤드를 연결하는 관부속품의 이름과 규격(예시 : 40A-25A)을 쓰시오.

배점 : 6 [09년]

• 실전모범답안

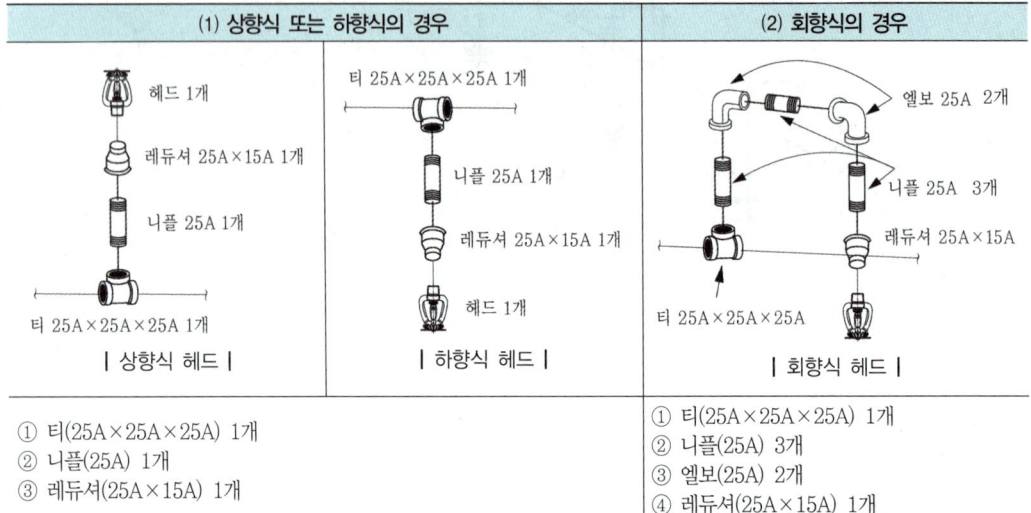

<table>
<tr><th colspan="2">(1) 상향식 또는 하향식의 경우</th><th>(2) 회향식의 경우</th></tr>
<tr><td>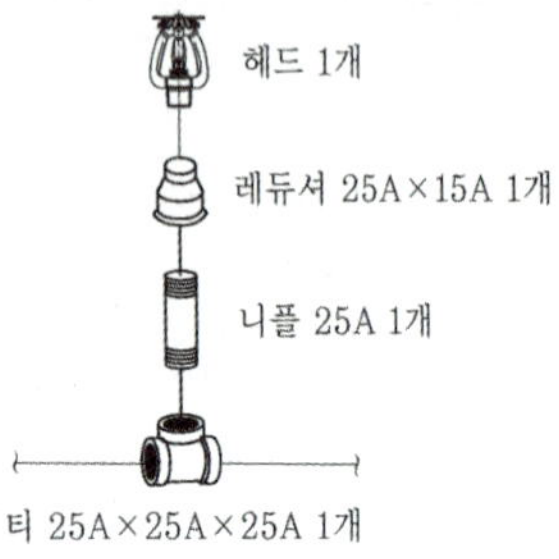

| 상향식 헤드 |</td><td>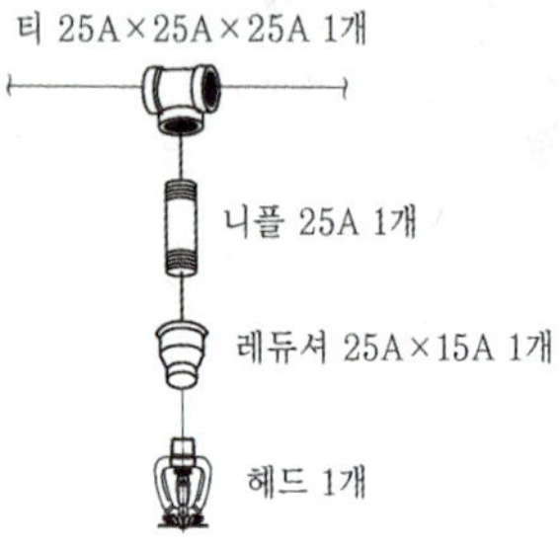

| 하향식 헤드 |</td><td>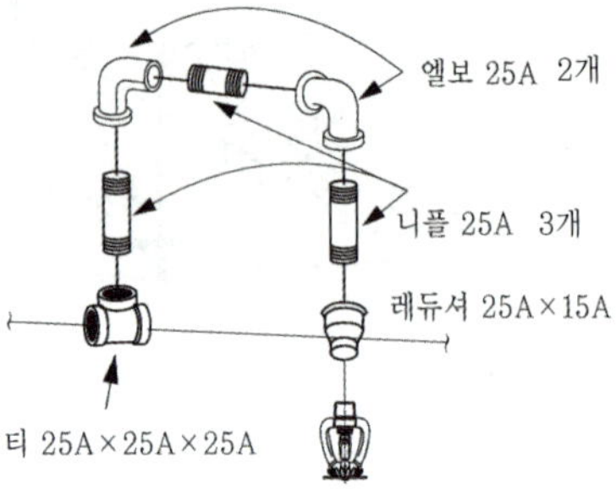

| 회향식 헤드 |</td></tr>
<tr><td colspan="2">① 티(25A×25A×25A) 1개
② 니플(25A) 1개
③ 레듀셔(25A×15A) 1개</td><td>① 티(25A×25A×25A) 1개
② 니플(25A) 3개
③ 엘보(25A) 2개
④ 레듀셔(25A×15A) 1개</td></tr>
</table>

3 스프링클러설비의 토출량·지수량·양정·동력

(1) 스프링클러설비의 토출량(Q), 저수량(V)

① 스프링클러설비의 토출량(Q)

$$Q = 80l/\text{min} \times N$$

여기서, Q : 토출량=방사량[l/min]

N : 기준개수[개]

㉠ 특정소방대상물의 종류에 따른 기준개수

스프링클러설비 설치장소			기준개수
지하층을 제외한 층수가 **10층 이하**인 소방대상물	공장	특수가연물을 저장·취급하는 것	30
		그 밖의 것	20
	근린생활시설, 판매시설, 운수시설, 복합건축물 암기법 근판운복	판매시설 또는 복합건축물(판매시설이 설치되는 복합건축물)	30
		그 밖의 것	20
	그 밖의 것	헤드의 부착높이 8m 이상	20
		헤드의 부착높이 8m 미만	10
아파트등(아파트 각 동이 주차장과 연결된 경우 주차장 부분)			10(30)
• 지하층을 제외한 층수가 **11층 이상**인 특정소방대상물, **지하가**, **지하역사** • 창고시설(라지드롭헤드가 30개 이상 설치된 경우)			30

Tip 기준개수란 건물에 설치된 모든 헤드 중 화재 시 동시에 개방되는 헤드의 개수를 의미한다.

㉡ 도면에서 주어진 스프링클러헤드의 설치개수와 기준개수가 다를 경우

기준개수>각 층의 스프링클러헤드의 설치개수	N=설치개수
기준개수≤각 층의 스프링클러헤드의 설치개수	N=기준개수

필수 방사량과 방사압력의 관계식

$$Q = K\sqrt{10P}$$

여기서, Q : 방수량=방사량=토출량=유량[l/min=$l$pm]

K : 방출계수

P : 방수압=방사압=토출압[MPa=MN/m^2]

② 스프링클러설비의 저수량(수원의 양)(V)

$$V = 0.08\,m^3/\text{min} \times 20\text{min} \times N = 1.6N$$

여기서, V : 수원의 양[m^3]

0.08 : 스프링클러헤드 1개의 방수량(80l/min=0.08m^3/min)

20 : 스프링클러설비가 방수되는 시간(20분)

N : 기준개수

㉠ **층수에 따른 저수량**

층 수	방사시간	저수량(수원의 양)
29층 이하	20분	$V=0.08\,m^3/min \times 20min \times N = 1.6N$
30층 이상 49층 이하 또는 높이가 120m 이상 200m 미만인 건축물	40분	$V=0.08\,m^3/min \times 40min \times N = 3.2N$
50층 이상 또는 높이가 200m 이상인 건축물	60분	$V=0.08\,m^3/min \times 60min \times N = 4.8N$
라지드롭헤드 적용 창고시설	20분	$V=0.16\,m^3/min \times 20min \times N = 3.2N$
라지드롭헤드 적용 랙식창고	60분	$V=0.16\,m^3/min \times 60min \times N = 9.6N$

㉡ **옥상수원의 양** : 유효수량 외에 유효수량의 $\frac{1}{3}$ 이상을 옥상에 설치하여야 한다.

층 수	방사시간	옥상수원의 양
29층 이하	20분	$V_{옥상} = 1.6N \times 1/3$
30층 이상 49층 이하 또는 높이가 120m 이상 200m 미만인 건축물	40분	$V_{옥상} = 3.2N \times 1/3$
50층 이상 또는 높이가 200m 이상인 건축물	60분	$V_{옥상} = 4.8N \times 1/3$
라지드롭헤드 적용 창고시설	20분	$V_{옥상} = 3.2N \times 1/3$
라지드롭헤드 적용 랙식창고	60분	$V_{옥상} = 9.6N \times 1/3$

참고 **옥상수조 설치제외대상**

① 지하층만 있는 건축물
② 건축물의 높이가 지표면으로부터 10m 이하인 경우
③ 수원이 건축물의 최상층에 설치된 스프링클러헤드보다 높은 위치에 설치된 경우
④ 고가수조를 가압송수장치로 설치한 스프링클러설비
⑤ 가압수조를 가압송수장치로 설치한 스프링클러설비
⑥ 주펌프의 동등 이상의 성능이 있는 별도의 펌프로서 내연기관의 기동과 연동하여 작동되거나 비상전원을 연결하여 설치한 경우

Tip 옥내소화전설비의 옥상수조 설치제외대상과 공통되는 항목은 정리해두자!

(2) 스프링클러설비의 전양정(H)

① **고가수조방식** : 특정소방대상물의 옥상 또는 높은 지점에 수조를 설치하여 스프링클러헤드에서 규정방수압력 및 규정방수량을 얻는 방식

$$H = h_1 + 10$$

여기서, H : 필요한 낙차[m]

h_1 : 배관 및 관부속품의 마찰손실수두[m]

10 : 스프링클러설비 규정방수압력의 환산수두[m]

$\left(\frac{0.1\text{MPa}}{0.101325\text{MPa}} \times 10.332\text{m} = 10.196 \fallingdotseq 10\text{m}\right)$

② **압력수조방식** : 탱크의 $\frac{1}{3}$은 자동식 공기압축기로 압축공기를, $\frac{2}{3}$는 급수펌프로 물을 가압시켜 스프링클러헤드에서 규정방수압력 및 규정방수량을 얻는 방식

$$P = P_1 + P_2 + 0.1$$

여기서, P : 필요한 압력[MPa]

P_1 : 배관 및 관부속품의 마찰손실수두압력[MPa]

P_2 : 낙차의 환산수두압력[MPa]

0.1 : 스프링클러설비의 규정방수압력[0.1MPa]

③ **펌프방식** : 펌프의 가압에 의하여 스프링클러헤드에서 규정방수압력 및 규정방수량을 얻는 방식

$$H = h_1 + h_2 + 10$$

여기서, H : 전양정[m]

h_1 : 배관 및 관부속품의 마찰손실수두[m]

h_2 : 실양정**(흡입양정+토출양정)**[m]

10 : 스프링클러설비 규정방수압력의 환산수두[m]

$\left(\frac{0.1\text{MPa}}{0.101325\text{MPa}} \times 10.332\text{m} = 10.196 \fallingdotseq 10\text{m}\right)$

(3) 스프링클러설비의 동력(P)

수동력	축동력	전동력(전동기동력, 모터동력)
$P_w = \gamma HQ$	$P_s = \frac{P_w}{\eta} = \frac{\gamma HQ}{\eta}$	$P = P_s \times K = \frac{\gamma HQ}{\eta} \times K$

여기서, P : 동력[W 또는 kW]

γ : 비중량[물 : 9,800N/m^3=9.8kN/m^3 : 9,800N/m^3 대입→W, 9.8kN/m^3 대입→kW]

H : 전양정[m](전수두=낙차수두+마찰손실수두+법정토출압환산수두)

Q : 토출량=방사량[m^3/s]

η : 전효율($\eta_{전효율} = \eta_{수력효율} \times \eta_{체적효율} \times \eta_{기계효율}$)

K : 전달계수

참고 또다른 동력 공식

→ 단위 및 조건에 주의하면 다음 공식을 사용할 수 있다.(단, 소화수(물)일 경우에만 적용할 수 있다.)

$$P = \frac{0.163HQ}{\eta} \times K$$

여기서, P : 동력[kW], H : 양정[m], Q : 토출량[m^3/min], η : 전효율, K : 전달계수

(4) 조건해석을 통한 토출량, 전양정, 동력 산출하기

토출량(Q)

$Q = 80l/\text{min} \times N$

- 기준개수>각 층에 설치된 헤드의 설치개수 → N=설치개수
- 기준개수≦각 층에 설치된 헤드의 설치개수 → N=기준개수

↓

전양정(H)

$H = h_1 + h_2 + 10$ # 주어지지 않은 조건은 무시한다!

- 10: 문제조건에 별도로 방사압력이 주어질 경우 변경하여 적용!
- h_2: 실양정=흡입양정+토출양정
- h_1: ① 자연낙차×▨%
  ② 주손실+부차적 손실
  - 가. 하젠-윌리엄스 식
  - 나. 달시-웨버 식

↓

동력(P)

$P = \gamma HQ$ → (효율(η) 고려) → $P = \dfrac{\gamma HQ}{\eta}$ → (전달계수(K) 고려) → $P = \dfrac{\gamma HQ}{\eta} \times K$

(5) 충압펌프

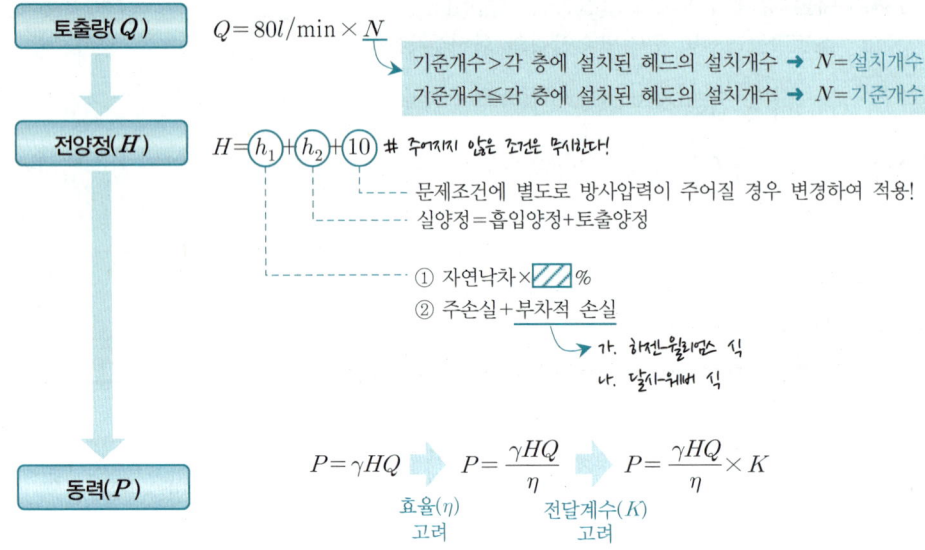

① **충압펌프의 정의** : 배관 내 압력손실에 따른 주펌프의 빈번한 기동을 방지하기 위하여 충압역할을 하는 펌프

② **충압펌프의 설치기준**

㉠ 펌프의 토출압력은 그 설비의 최고위 살수장치(일제개방밸브의 경우에는 그 밸브)의 자연압보다 적어도 **0.2MPa이 더 크도록** 하거나 **가압송수장치의 정격토출압력과 같게** 할 것

㉡ 펌프의 정격토출량은 정상적인 누설량보다 적어서는 아니되며 스프링클러설비가 자동적으로 작동할 수 있도록 충분한 토출량을 유지할 것

③ **충압펌프의 토출압력**

㉠ 최고위 살수장치(일제개방밸브의 경우에는 그 밸브)의 자연압+0.2MPa

㉡ 가압송수장치의 정격토출압력

→ 충압펌프의 토출압력은 두 가지 방식으로 계산되며 그에 따른 동력을 산출할 경우 **두 가지의 결과치가 산출**된다.

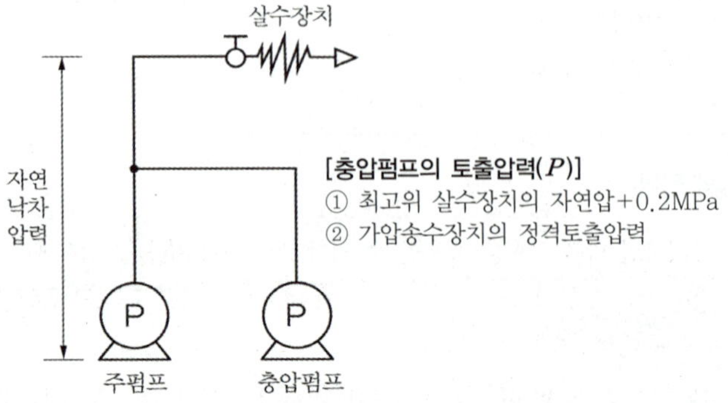

빈번한 기출문제

01 스프링클러설비에서 헤드 선단의 압력이 0.3MPa이라면 표준헤드를 설치하였을 경우 헤드에서의 방사량 [l/min]을 구하시오. 배점 : 5 [08년]

• 실전모범답안

$Q = K\sqrt{10P} = 80 \times \sqrt{10 \times 0.3} = 138.564 l/\text{min}$

• 답 : 138.56l/min

상세해설

$Q = K\sqrt{10P}$	방수압력과 방수량의 관계
Q : 방수량=방사량=토출량=유량[l/min=$l$pm]	→ $Q = K\sqrt{10P}$
K : 방출계수	→ 80
P : 방수압=방사압=토출압[MPa=MN/m^2]	→ 0.3MPa

→ 헤드의 방사량 : $Q = K\sqrt{10P} = 80 \times \sqrt{10 \times 0.3\text{MPa}} = 138.564 l/\text{min}$ $\quad \therefore\ Q = 138.56 l/\text{min}$

02 펌프에서 가까운 스프링클러헤드의 방사압력이 0.4MPa일 때 방수량이 140l/min이었다. 펌프에서 먼 스프링클러헤드의 방사압력이 0.3MPa일 때 방수량 [l/min]은 얼마인지 구하시오. 배점 : 5 [11년]

• 실전모범답안

$$K = \frac{Q_1}{\sqrt{10P_1}} = \frac{140}{\sqrt{10 \times 0.4}} = 70$$

$Q = K\sqrt{10P} = 70\sqrt{10 \times 0.3} = 121.243 l/\text{min}$

• 답 : 121.24l/min

상세해설

$Q = K\sqrt{10P}$	방수압력과 방수량의 관계
Q : 방수량=방사량=토출량=유량[l/min=$l$pm]	→ $Q = K\sqrt{10P}$ [풀이(2)]
K : 방출계수	→ $K = Q/\sqrt{10P}$ [풀이(1)]
P : 방수압=방사압=토출압[MPa=MN/m^2]	→ $P_1 = 0.4\text{MPa}$, $P_2 = 0.3\text{MPa}$

(1) **펌프에서 가까운 스프링클러헤드(①)의 방출계수(K)**

① 펌프에서 가까운 스프링클러헤드의 방수압 $P_1 = 0.4\text{MPa}$

② 펌프에서 가까운 스프링클러헤드의 방수량 $Q_1 = 140l/\text{min}$

➜ **방출계수** : $K = \dfrac{Q_1}{\sqrt{10P_1}} = \dfrac{140l/\text{min}}{\sqrt{10 \times 0.4\text{MPa}}} = 70$ $\therefore$ $K = \mathbf{70}$

(2) **펌프에서 먼 스프링클러헤드(②)의 방수량(Q_2)**

① 펌프에서 먼 스프링클러헤드의 방수압 $P_2 = 0.3\text{MPa}$

② 스프링클러헤드의 방출계수 $K = 70$

➜ **방수량** : $Q_2 = K\sqrt{10P_2} = 70\sqrt{10 \times 0.3\text{MPa}} = 121.243l/\text{min}$ $\therefore$ $Q = \mathbf{121.24}l/\text{min}$

03 스프링클러설비의 스프링클러헤드에서 방사되는 방수량 [l/min]을 최소방수량과 최대방수량으로 구분하여 계산하시오. (단, 방출계수 K=80으로 하고 속도수두는 계산에 포함하지 아니한다.)

배점 : 4 [12년]

• **실전모범답안**

➜ 최소방수량$= K\sqrt{10P} = 80\sqrt{10 \times 0.1} = 80l/\text{min}$

➜ 최대방수량$= K\sqrt{10P} = 80\sqrt{10 \times 1.2} = 277.128l/\text{min}$

• **답** : 최소방수량 80l/min, 최대방수량 277.13l/min

상세해설

$Q = K\sqrt{10P}$	방수압력과 방수량의 관계
Q : 방수량=방사량=토출량=유량[l/min=$l$pm]	➜ $Q = K\sqrt{10P}$
K : 방출계수	➜ 80
P : 방수압=방사압=토출압[MPa=MN/m^2]	➜ 0.1MPa ~ 1.2MPa **(스프링클러설비의 방수압력범위)**

(1) **최소방수량** : $Q_{MIN} = 80\sqrt{10 \times 0.1\text{MPa}} = 80l/\text{min}$ $\therefore$ $Q_{MIN} = \mathbf{80}l/\text{min}$

(2) **최대방수량** : $Q_{MAX} = 80\sqrt{10 \times 1.2\text{MPa}} = 277.128l/\text{min}$ $\therefore$ $Q_{MAX} = \mathbf{277.13}l/\text{min}$

04 스프링클러설비에 관한 다음 각 물음에 답하시오.

배점 : 8 [10년]

(1) 표준형 헤드를 사용할 경우 방출계수(K)는 얼마인지 구하시오.
(2) 표준형 헤드를 사용할 경우 표준방수압 [MPa]은 얼마인지 구하시오.
(3) 속동형 스프링클러헤드의 방수량이 380l/min이고 K가 203일 때 방수압 [MPa]은 얼마인지 구하시오.
(4) 속동형 스프링클러헤드의 방수압이 0.52MPa이고 K가 203일 때 방수량 [l/min]은 얼마인지 구하시오.

• 실전모범답안

(1) 80
(2) 0.1MPa 이상 1.2MPa 이하
(3) $P=\dfrac{\left(\dfrac{Q}{K}\right)^2}{10}=\dfrac{\left(\dfrac{380}{203}\right)^2}{10}=0.35\text{MPa}$

• 답 : 0.35MPa

(4) $Q=K\sqrt{10P}=203\sqrt{10\times0.52}=462.911\,l/\text{min}$

• 답 : 462.91l/min

상세해설

(1) 표준형 헤드를 사용할 경우 방출계수 : K=80

(2) 표준형 헤드를 사용할 경우 표준방수압 : P=0.1MPa 이상 1.2MPa 이하

(3) 방수압(P)

$Q=K\sqrt{10P}$	방수압력과 방수량의 관계
Q : 방수량=방사량=토출량=유량[l/min=$l$pm]	→ 380l/min
K : 방출계수	→ 203
P : 방수압=방사압=토출압[MPa=MN/m^2]	→ $P=(Q/K)^2/10$

→ 방수압 : $P=\dfrac{\left(\dfrac{Q}{K}\right)^2}{10}=\dfrac{\left(\dfrac{380\,l/\text{min}}{203}\right)^2}{10}=0.35\text{MPa}$　∴ $P=0.35\text{MPa}$

(4) 방수량(Q)

$Q=K\sqrt{10P}$	방수압력과 방수량의 관계
Q : 방수량=방사량=토출량=유량[l/min=$l$pm]	→ $Q=K\sqrt{10P}$
K : 방출계수	→ 203
P : 방수압=방사압=토출압[MPa=MN/m^2]	→ 0.52MPa

→ 방수량 : $Q=K\sqrt{10P}=203\sqrt{10\times0.52\text{MPa}}=462.911\,l/\text{min}$　∴ $Q=462.91\,l/\text{min}$

05 **습식 스프링클러설비를 다음의 조건을 이용하여 그림과 같이 8층의 백화점 건물에 시공할 경우 다음 물음에 답하시오.**

배점 : 18 [03년] [14년] [22년]

[조건]

① 펌프에서 최고위 말단헤드까지의 배관 및 부속류의 총 마찰손실은 실양정의 40%이다.
② 펌프의 진공계 눈금은 500mmHg이다.
③ 펌프의 체적효율은 95%, 기계효율은 85%, 수력효율은 75%이다.
④ 전동기 전달계수 K=1.2이다.

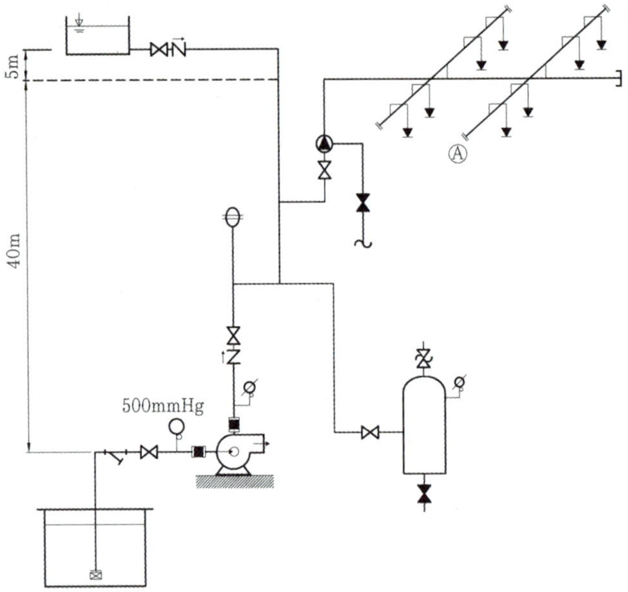

(1) 주펌프의 양정 [m]을 구하시오. (단, 소수점 둘째자리에서 반올림할 것)
(2) 주펌프의 토출량 [l/min]을 구하시오.
(3) 주펌프의 전효율 [%]을 구하시오.
(4) 주펌프의 수동력 [kW], 축동력 [kW], 모터동력 [kW]을 구하시오.
(5) 그림에서 Ⓐ부분에 시험장치를 설치하려고 한다. 설치방법을 그림으로 나타내시오.
(6) 폐쇄형 스프링클러헤드의 선정은 설치장소의 최고주위온도와 선정된 헤드의 표시온도를 고려하여야 한다. 다음의 표를 완성하시오.

설치장소의 최고주위온도	표시온도
39℃ 미만	79℃ 미만
39℃ 이상 64℃ 미만	①
64℃ 이상 106℃ 미만	②
106℃ 이상	162℃ 이상

(7) 관 속의 유체온도 및 외부온도의 변화에 따라 관이 팽창 또는 수축을 하므로 배관이 파손되는 것을 방지하기 위해 신축이음을 사용한다. 신축이음의 종류 5가지를 쓰시오.
(8) 수원의 유효수량 중 1/3 이상을 옥상에 설치하여야 한다. 이 때 예외사항 5가지를 쓰시오.

• **실전모범답안**

(1) $H=h_1+h_2+10=(46.797\times0.4)+46.797+10=75.515$m

→ $h_2=\left(\frac{500}{760}\times10.332\right)+40=46.797$m

• **답 :** 75.5m

(2) $Q=80\times N=80\times8=640l$/min

• **답 :** $640l$/min

(3) $\eta=\eta_{수력}\times\eta_{체적}\times\eta_{기계}=0.95\times0.85\times0.75=0.605$

• **답 :** 60.5%

(4) $P_W=\gamma HQ=9.8\times75.5\times\frac{0.64}{60}=7.892$kW

$$P_S=\frac{\gamma HQ}{\eta}=\frac{9.8\times75.5\times\frac{0.64}{60}}{0.605}=13.045\text{kW}$$

$$P=\frac{\gamma HQ}{\eta}\times K=\frac{9.8\times75.5\times\frac{0.64}{60}}{0.605}\times1.2=15.654\text{kW}$$

• **답 :** 7.89kW, 13.05kW, 15.65kW

(5)

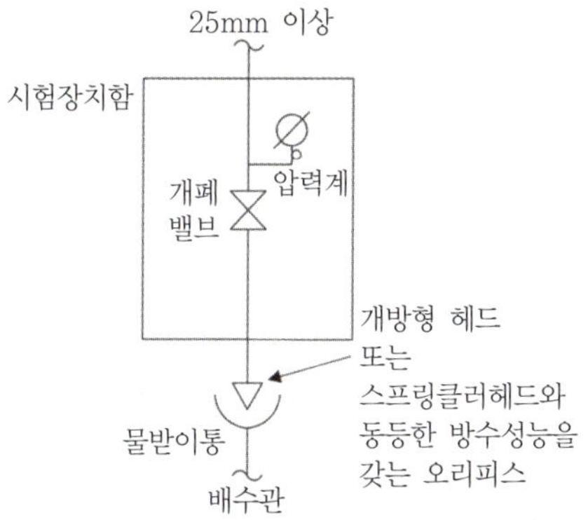

| 시험장치 |

(6) ① 79℃ 이상 121℃ 미만 ② 121℃ 이상 162℃ 미만

(7) 슬리브형, 볼조인트형, 벨로스형, 루프형, 스위블형

(8) ① 지하층만 있는 건축물
② 건축물의 높이가 지표면으로부터 10m 이하인 경우
③ 고가수조를 가압송수장치로 설치한 스프링클러설비
④ 가압수조를 가압송수장치로 설치한 스프링클러설비
⑤ 수원이 건축물의 최상층에 설치된 헤드보다 높은 위치에 설치된 경우

상세해설

(1) 주펌프의 양정[m]

$H=h_1+h_2+10$	전양정(펌프방식)
H : 전양정[m]	➜ $H=h_1+h_2+10$
h_1 : 배관 및 관부속품의 마찰손실수두[m]	➜ $h_2 \times 0.4 = 46.797\text{m} \times 0.4$ **(조건①)**
h_2 : 실양정[m] **(=흡입양정+토출양정)**	➜ $\left(\dfrac{500\text{mmHg}}{760\text{mmHg}} \times 10.332\text{m}\right) + 40\text{m} = 46.797\text{m}$
10 : 스프링클러설비의 규정방수압력의 환산수두	➜ 10m

➜ **전양정** : $H=h_1+h_2+10=(46.797\text{m}\times 0.4)+46.797\text{m}+10\text{m}=75.515\text{m}$ ∴ $H=$ **75.5m**

Tip 문제조건에 따라 소수점 둘째자리에서 반올림 해야 함에 주의한다.

(2) 주펌프의 토출량[l/min]

$Q=80l/\text{min}\times N$	스프링클러설비의 토출량
Q : 토출량[l/min]	➜ $Q=80l/\text{min}\times N$
N : 기준개수	➜ 8개 **(8층의 판매시설)**

➜ **토출량** : $Q=80l/\text{min}\times N=80l/\text{min}\times 8=640l/\text{min}$ ∴ $Q=$ **640l/min**

참고 스프링클러설비의 기준개수

스프링클러설비 설치장소			기준개수
10층 이하 (지하층 제외)	공장	특수가연물을 저장·취급하는 것	30
		그 밖의 것	20
	근린생활시설, 판매시설, 운수시설, 복합건축물	**판매시설** 또는 복합건축물 (판매시설이 설치되는 복합건축물)	**30**
		그 밖의 것	20
	그 밖의 것	헤드의 부착높이 8m 이상	20
		헤드의 부착높이 8m 미만	10
아파트등(아파트 각 동이 주차장과 연결된 경우 주차장 부분)			10(30)
• 지하층을 제외한 층수가 **11층 이상**인 특정소방대상물, **지하가, 지하역사** • 창고시설(라지드롭헤드가 30개 이상 설치된 경우)			30

➜ 해당 문제의 조건에 따라 **"8층의 백화점"**이므로 기준개수는 **30개**이며, 그림에 표시된 **스프링클러헤드의 설치개수**는 **8개**이다. 따라서 설치개수가 기준개수보다 적으므로 설치개수 8개를 적용하여 토출량을 산정한다.("기준개수≫각 층의 설치개수"일 경우 N=**설치개수**)

(3) 주펌프의 전효율[%]

$$\eta_{전효율}=\eta_{수력효율}\times\eta_{체적효율}\times\eta_{기계효율}$$

➜ **전효율** : $\eta_{전효율}=\eta_{수력효율}\times\eta_{체적효율}\times\eta_{기계효율}=0.95\times 0.85\times 0.75=0.605$**(조건③)** ∴ $\eta=$ **60.5%**

Tip 단위 [%]에 주의하여 답안을 작성하여야 한다.

(4) 주펌프의 수동력[kW], 축동력[kW], 모터동력[kW]

수동력	축동력	전동력(전동기동력, 모터동력)
$P_w = \gamma HQ$	$P_s = \dfrac{P_w}{\eta} = \dfrac{\gamma HQ}{\eta}$	$P = P_s \times K = \dfrac{\gamma HQ}{\eta} \times K$

γ : 비중량[물 : 9,800N/m³=9.8kN/m³]	➜ $9{,}800\text{N/m}^3 = 9.8\text{kN/m}^3$
H : 전양정[m](전수두=낙차수두+마찰손실수두+법정토출압환산수두)	➜ 75.5m [문제(1)]
Q : 토출량=방사량[m³/s]	➜ $\dfrac{0.64}{60}\text{m}^3/\text{s}$ [문제(2)]
η : 전효율($\eta_{전효율} = \eta_{수력효율} \times \eta_{체적효율} \times \eta_{기계효율}$)	➜ 0.61 [문제(3)]
K : 전달계수	➜ 1.2 (조건④)

① **수동력[kW]**

$$P_w = \gamma HQ = 9.8\text{kN/m}^3 \times 75.5\text{m} \times \frac{0.64}{60}\text{m}^3/\text{s} = 7.892\text{kW} \qquad \therefore\ P_w = \mathbf{7.89kW}$$

② **축동력[kW]**

$$P_s = \frac{\gamma HQ}{\eta} = \frac{9.8\text{kN/m}^3 \times 75.5\text{m} \times \frac{0.64}{60}\text{m}^3/\text{s}}{0.605} = 13.045\text{kW} \qquad \therefore\ P_s = \mathbf{13.05kW}$$

③ **모터동력(전동력)[kW]**

$$P = \frac{\gamma HQ}{\eta} \times K = \frac{9.8\text{kN/m}^3 \times 75.5\text{m} \times \frac{0.64}{60}\text{m}^3/\text{s}}{0.605} \times 1.2 = 15.654\text{kW} \qquad \therefore\ P = \mathbf{15.65kW}$$

(5) 시험장치의 설치방법

설치 기준	① 습식 및 부압식 스프링클러설비에 있어서는 **유수검지장치 2차측 배관**에 연결하여 설치하고, 건식 스프링클러설비의 경우 유수검지장치에서 **가장 먼 거리에 위치한 가지배관의 끝**으로부터 연결하여 설치할 것. 유수검지장치 2차측 설비의 내용적이 2,840l를 초과하는 건식스프링클러설비의 경우 시험장치 개폐밸브를 완전 개방 후 1분 이내에 물이 방사될 것 ② 시험장치 배관의 구경은 **25mm 이상**으로 하고, 그 끝에 **개폐밸브**와 **개방형 헤드 또는 스프링클러헤드**와 동등한 방수성능을 가진 오리피스를 설치할 것. 이 경우 개방형 헤드는 **반사판 및 프레임을 제거한 오리피스**만으로 설치할 것 ③ 시험장치의 끝에는 **물받이통** 및 **배수관**을 설치하여 시험 중 방사된 물이 바닥에 흘러내리지 아니하도록 할 것(목욕실, 화장실 또는 그 밖의 곳으로서 배수처리가 쉬운 장소에 시험배관을 설치한 경우는 제외)	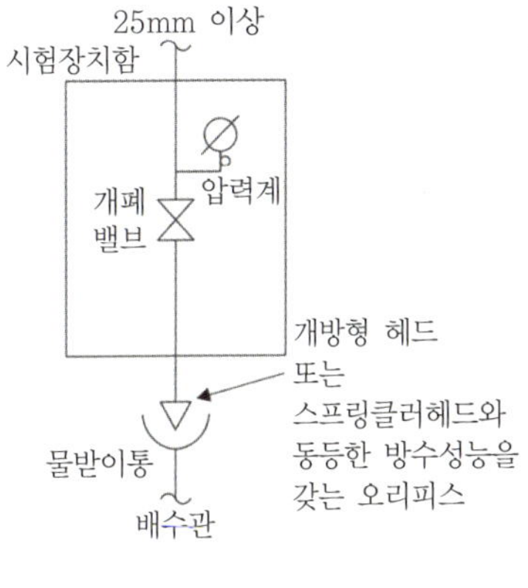 ❙ 시험장치 ❙

(6) 폐쇄형 스프링클러헤드의 표시온도

설치장소의 최고주위온도	표시온도
39℃ 미만	79℃ 미만
39℃ 이상 64℃ 미만	① 79℃ 이상 121℃ 미만
64℃ 이상 106℃ 미만	② 121℃ 이상 162℃ 미만
106℃ 이상	162℃ 이상

암기법 삼구미 육사 일교육(106) / 친구(79) 일이일 일육이

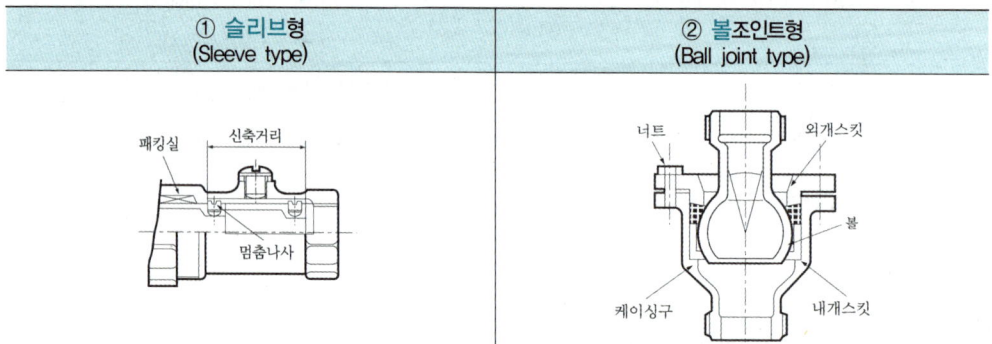

(7) 신축이음의 종류(5가지)

① 슬리브형 (Sleeve type)	② 볼조인트형 (Ball joint type)
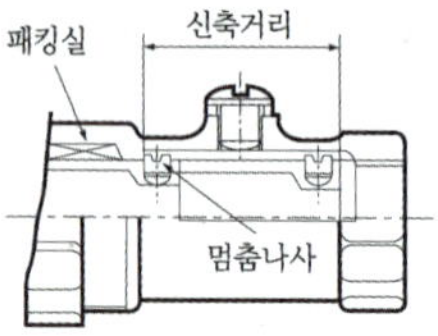 	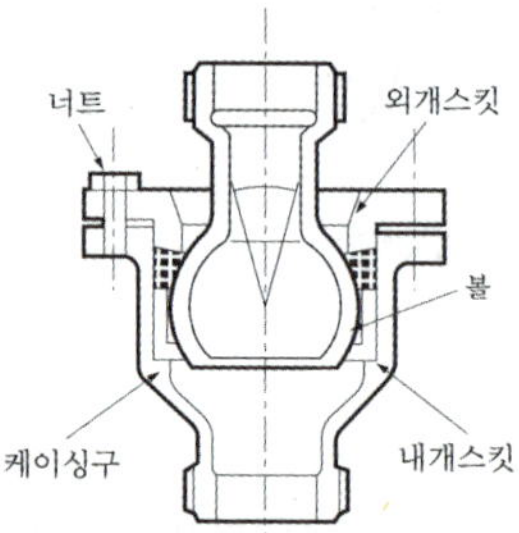

③ 벨로스형 (Bellows type)	④ 루프형 (Loop type)	⑤ 스위블형 (Swivel type)
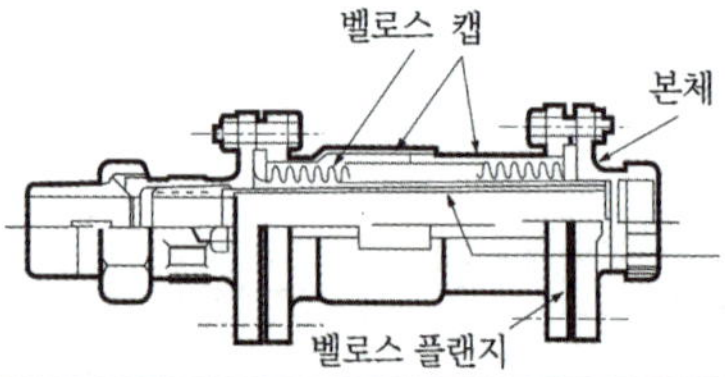 	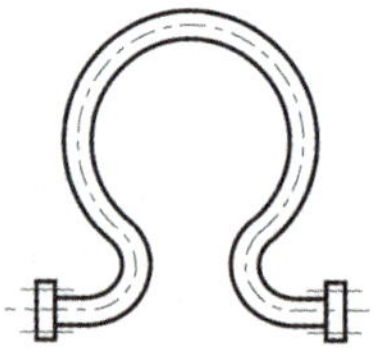	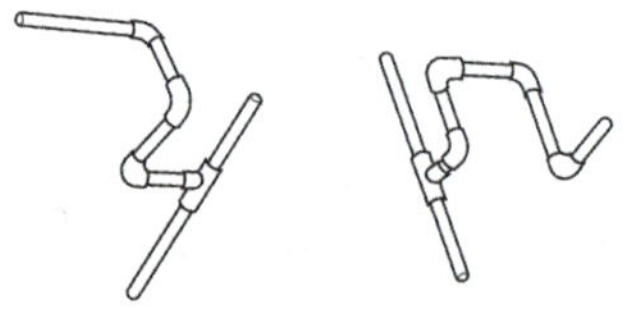

암기법 슬리브 볼벨루스

(8) 스프링클러설비의 옥상수조 설치제외대상

① 지하층만 있는 건축물
② 건축물의 높이가 지표면으로부터 10m 이하인 경우
③ 고가수조를 가압송수장치로 설치한 스프링클러설비
④ 가압수조를 가압송수장치로 설치한 스프링클러설비
⑤ 수원이 건축물의 최상층에 설치된 헤드보다 높은 위치에 설치된 경우
⑥ 주펌프와 동등 이상의 성능이 있는 별도의 펌프로서 내연기관의 기동과 연동하여 작동되거나 비상전원을 연결하여 설치한 경우

06 **습식 스프링클러설비를 다음 조건을 이용하여 그림과 같이 9층의 백화점 건물에 시공할 경우 다음 물음에 답하시오.**

배점 : 10 [03년] [06년] [13년]

[조건]

① 펌프에서 최고위 말단헤드까지의 배관 및 부속류의 총 마찰손실은 펌프의 자연낙차압력의 40%이다.

② 펌프의 진공계 눈금은 $-0.51\text{kg}_f/\text{cm}^2$이다.

③ 펌프의 체적효율은 95%, 기계효율은 90%, 수력효율은 80%이다.

④ 전동기 전달계수 K=1.2이다.

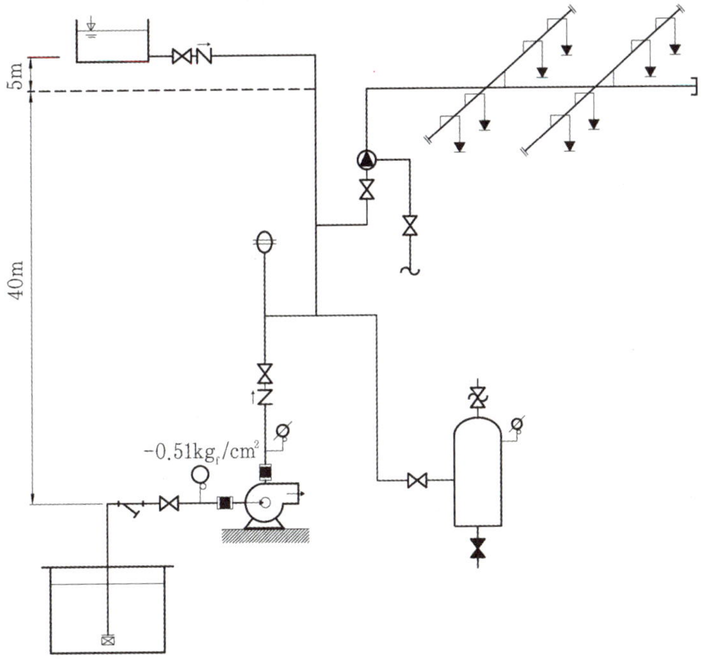

(1) 주펌프의 양정 [m]을 구하시오.

(2) 주펌프의 토출량 [l/min]을 구하시오. (단, 헤드의 기준개수는 최대치를 적용한다.)

(3) 주펌프의 전효율 [%]을 구하시오.

(4) 주펌프의 모터동력 [kW]을 구하시오.

- **실전모범답안**

(1) $H = h_1 + h_2 + 10 = (45\times0.4) + 45.1 + 10 = 73.1\text{m}$

→ $h_2 = \left(\dfrac{0.51}{1.0332}\times10.332\right) + 40 = 45.1\text{m}$

- **답 :** 73.1m

(2) $Q = 80\times N = 80\times30 = 2{,}400l/\text{min}$

- **답 :** 2,400l/min

(3) $\eta = \eta_{수력}\times\eta_{체적}\times\eta_{기계} = 0.95\times0.9\times0.8 = 0.684$

- **답 :** 68.4%

(4) $P=\dfrac{\gamma HQ}{\eta}\times K=\dfrac{9.8\times73.1\times\dfrac{2.4}{60}}{0.684}\times1.2=50.272\text{kW}$

• **답 :** 50.27kW

상세해설

(1) 주펌프의 양정[m]

$H=h_1+h_2+10$	**전양정(펌프방식)**
H : 전양정[m]	➜ $H=h_1+h_2+10$
h_1 : 배관 및 관부속품의 마찰손실수두[m]	➜ 펌프 자연낙차× $40\%=45\text{m}\times0.4$ **(조건①)**
h_2 : 실양정[m] **(=흡입양정+토출양정)**	➜ $\left(\dfrac{0.51\text{kg}_f/\text{cm}^2}{1.0332\text{kg}_f/\text{cm}^2}\times10.332\text{m}\right)+40\text{m}=45.1\text{m}$
10 : 스프링클러설비의 규정방수압력의 환산수두	➜ 10m

➜ **전양정 :** $H=h_1+h_2+10=(45\text{m}\times0.4)+45.1\text{m}+10\text{m}=73.1\text{m}$ $\therefore$ $H=$ **73.1m**

(2) 주펌프의 토출량[l/min]

$Q=80l/\text{min}\times N$	**스프링클러설비의 토출량**
Q : 토출량[l/min]	➜ $Q=80l/\text{min}\times N$
N : 기준개수	➜ 30개 **(9층의 백화점)**

➜ **토출량 :** $Q=80l/\text{min}\times N=80l/\text{min}\times30=2{,}400l/\text{min}$ $\therefore Q=$ **2,400l/min**

참고 스프링클러설비의 기준개수

<table>
<tr><th colspan="3">스프링클러설비 설치장소</th><th>기준개수</th></tr>
<tr><td rowspan="6">10층 이하
(지하층 제외)</td><td rowspan="2">공장</td><td>특수가연물을 저장·취급하는 것</td><td>30</td></tr>
<tr><td>그 밖의 것</td><td>20</td></tr>
<tr><td rowspan="2">근린생활시설, 판매시설, 운수시설, 복합건축물</td><td>판매시설 또는 복합건축물
(판매시설이 설치되는 복합건축물)</td><td>30</td></tr>
<tr><td>그 밖의 것</td><td>20</td></tr>
<tr><td rowspan="2">그 밖의 것</td><td>헤드의 부착높이 8m 이상</td><td>20</td></tr>
<tr><td>헤드의 부착높이 8m 미만</td><td>10</td></tr>
<tr><td colspan="3">아파트등(아파트 각 동이 주차장과 연결된 경우 주차장 부분)</td><td>10(30)</td></tr>
<tr><td colspan="3">• 지하층을 제외한 층수가 11층 이상인 특정소방대상물, 지하가, 지하역사
• 창고시설(라지드롭헤드가 30개 이상 설치된 경우)</td><td>30</td></tr>
</table>

➜ 문제조건에 따라 **"9층의 백화점"**이므로 기준개수는 **30개**이고, 그림에 **스프링클러헤드의 설치개수는 8개**이다. 설치개수가 기준개수보다 적으므로 설치개수 8개를 적용하여 토출량을 산정하여야 하나, **"헤드의 기준개수는 최대치를 적용한다."**의 단서조건에 따라 기준개수는 **30개를 적용**한다. (대표문제 5번과 비교)

(3) 주펌프의 전효율[%]

$\eta_{전효율} = \eta_{수력효율} \times \eta_{체적효율} \times \eta_{기계효율}$

➜ **전효율** : $\eta_{전효율} = \eta_{수력효율} \times \eta_{체적효율} \times \eta_{기계효율} = 0.95 \times 0.9 \times 0.8 = 0.684$(조건③)

$\therefore\ \eta = 0.684 = $ **68.4%**

(4) 주펌프의 모터동력[kW]

$P = \dfrac{\gamma HQ}{\eta} \times K$	모터동력
P : 전동력[W]	➜ $P = \gamma HQ / \eta \times K$
γ : 비중량[N/m³] (물 : $\gamma_w = 9{,}800\text{N/m}^3 = 9.8\text{kN/m}^3$)	➜ $9{,}800\text{N/m}^3 = 9.8\text{kN/m}^3$
H : 전양정[m](전수두=낙차수두+마찰손실수두+법정토출압환산수두)	➜ 73.1m [문제(1)]
Q : 토출량=방사량[m³/s]	➜ $2{,}400l/\text{min} = \dfrac{2.4}{60}\text{m}^3/\text{s}$ [문제(2)]
η : 전효율 ($\eta_{전효율} = \eta_{수력효율} \times \eta_{체적효율} \times \eta_{기계효율}$)	➜ 0.684 [문제(3)]
K : 전달계수	➜ 1.2 (조건④)

➜ **모터동력** : $P = \dfrac{\gamma HQ}{\eta} \times K = \dfrac{9.8\text{kN/m}^3 \times 73.1\text{m} \times \dfrac{2.4}{60}\text{m}^3/\text{s}}{0.684} \times 1.2 = 50.272\text{kW}$ $\quad \therefore\ P = $ **50.27kW**

07 **8층의 백화점 건물에 습식 스프링클러설비를 설치하고자 한다. 조건을 참조하여 다음 각 물음에 답하시오.**

배점 : 25 [07년] [10년]

[조건]

① 펌프에서 최고위 말단헤드까지의 배관 및 부속류의 총 마찰손실은 펌프의 토출양정의 40%이다.
② 펌프의 진공계 눈금은 500mmHg이다.
③ 펌프의 체적효율(η_v)=0.95, 기계효율(η_m)=0.85, 수력효율(η_h)=0.75이다.
④ 전동기 전달계수 K=1.2이다.
⑤ 표준대기압상태이다.

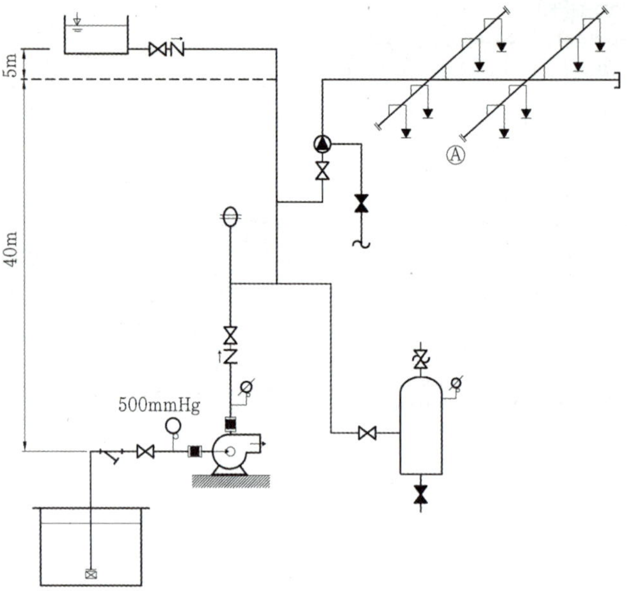

(1) 주펌프의 양정 [m]을 구하시오.
(2) 주펌프의 토출량 [l/min]을 구하시오.
(3) 주펌프의 전효율 [%]을 구하시오.
(4) 주펌프의 수동력 [kW], 축동력 [kW], 전동력 [kW]을 구하시오.
(5) Ⓐ의 시험장치 설치방법을 그림으로 그리고 명기하시오.
(6) 다음의 소방용 탄소강관의 명칭을 쓰시오.

관의 종류	배관명칭	KS 규격
SPP		KS D 3507
SPPS		KS D 3562
SPPH		KS D 3564
SPHT		KS D 3570

(7) 유량이 80l/s이고, ⓒ관의 마찰손실은 3m이며, ⓑ의 유량이 20l/s일 때, ⓒ의 유량 [l/s]과 직경 [mm]을 구하시오. (단, 하젠-윌리엄의 식을 적용하고 조도 C는 100이다.)

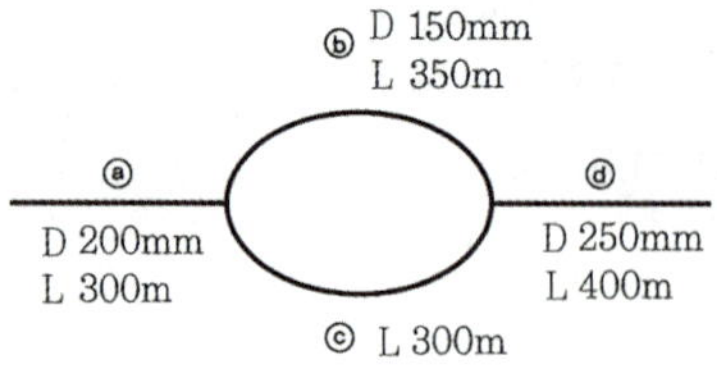

(8) 고가수조를 철거할 경우 필요한 설비를 쓰시오.

• **실전모범답안**

(1) $H=h_1+h_2+10=(40\times0.4)+46.797+10=72.797$m

→ $h_2=\left(\frac{500}{760}\times10.332\right)+40=46.797$m

• **답 :** 72.8m

(2) $Q=80\times N=80\times8=640l$/min

• **답 :** 640l/min

(3) $\eta=\eta_{수력}\times\eta_{체적}\times\eta_{기계}=0.95\times0.85\times0.75=0.605$

• **답 :** 60.5%

(4) $P_w=\gamma HQ=9.8\times72.8\times\frac{0.64}{60}=7.610$kW

$$P_s=\frac{\gamma HQ}{\eta}=\frac{9.8\times72.8\times\frac{0.64}{60}}{0.605}=12.578\text{kW}$$

$$P=\frac{\gamma HQ}{\eta}\times K=\frac{9.8\times72.8\times\frac{0.64}{60}}{0.605}\times1.2=15.094\text{kW}$$

• **답 :** 7.61kW, 12.58kW, 15.09kW

(5)

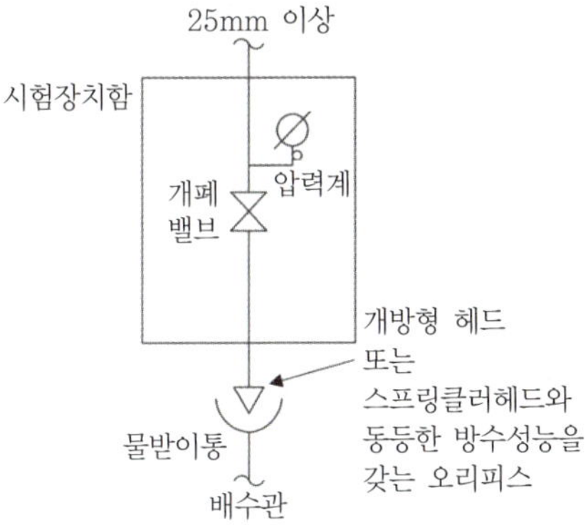

| 시험장치 |

(6)

관의 종류	배관명칭	KS 규격
SPP	배관용 탄소강관	KS D 3507
SPPS	압력배관용 탄소강관	KS D 3562
SPPH	고압배관용 탄소강관	KS D 3564
SPHT	고온배관용 탄소강관	KS D 3570

(7) ① $Q_C=Q_A-Q_B=80-20=60l$/s

② $\Delta P=\frac{3}{10.332}\times0.101325=0.0294$MPa

$$D_C=\sqrt[4.87]{6.053\times10^4\times\frac{3{,}600^{1.85}}{100^{1.85}\times0.0294}\times300}=249.048\text{mm}$$

• **답 :** ① 60l/s ② 249.05mm

(8) 내연기관, 전동기, 가압수조, 압력수조

상세해설

(1) 주펌프의 양정[m]

$H=h_1+h_2+10$	전양정(펌프방식)
H : 전양정[m]	→ $H=h_1+h_2+10$
h_1 : 배관 및 관부속품의 마찰손실수두[m]	→ 토출양정 × 40% = 40m × 0.4 **(조건①)**
h_2 : 실양정[m] **(=흡입양정+토출양정)**	→ $\left(\frac{500\text{mmHg}}{760\text{mmHg}}\times 10.332\text{m}\right)+40\text{m}=46.797\text{m}$
10 : 스프링클러설비의 규정방수압력의 환산수두	→ 10m

→ **전양정 :** $H=h_1+h_2+10=(40\text{m}\times 0.4)+46.797\text{m}+10\text{m}=72.797\text{m}$ ∴ $H=$ **72.8m**

(2) 주펌프의 토출량[l/min]

$Q=80l/\text{min}\times N$	스프링클러설비의 토출량
Q : 토출량[l/min]	→ $Q=80l/\text{min}\times N$
N : 기준개수	→ 8개 **(8층의 판매시설)**

→ **토출량 :** $Q=80l/\text{min}\times N=80l/\text{min}\times 8=640l/\text{min}$ ∴ $Q=$ **640l/min**

참고 **스프링클러설비의 기준개수**

<table>
<tr><th colspan="3">스프링클러설비 설치장소</th><th>기준개수</th></tr>
<tr><td rowspan="6">10층 이하
(지하층 제외)</td><td rowspan="2">공장</td><td>특수가연물을 저장·취급하는 것</td><td>30</td></tr>
<tr><td>그 밖의 것</td><td>20</td></tr>
<tr><td rowspan="2">근린생활시설, 판매시설, 운수시설, 복합건축물</td><td>판매시설 또는 복합건축물
(판매시설이 설치되는 복합건축물)</td><td>30</td></tr>
<tr><td>그 밖의 것</td><td>20</td></tr>
<tr><td rowspan="2">그 밖의 것</td><td>헤드의 부착높이 8m 이상</td><td>20</td></tr>
<tr><td>헤드의 부착높이 8m 미만</td><td>10</td></tr>
<tr><td colspan="3">아파트등(아파트 각 동이 주차장과 연결된 경우 주차장 부분)</td><td>10(30)</td></tr>
<tr><td colspan="3">• 지하층을 제외한 층수가 11층 이상인 특정소방대상물, 지하가, 지하역사
• 창고시설(라지드롭헤드가 30개 이상 설치된 경우)</td><td>30</td></tr>
</table>

→ 해당 문제의 조건에 따라 **"8층의 백화점"**이므로 기준개수는 **30개**이며, 그림에 표시된 **스프링클러헤드의 설치개수**는 **8개**이다. 따라서 설치개수가 기준개수보다 적으므로 설치개수 8개를 적용하여 토출량을 산정한다.("기준개수≫각 층의 설치개수"일 경우 N=**설치개수**)

(3) 주펌프의 전효율[%]

$$\eta_{전효율}=\eta_{수력효율}\times\eta_{체적효율}\times\eta_{기계효율}$$

→ **전효율 :** $\eta_{전효율}=\eta_{수력효율}\times\eta_{체적효율}\times\eta_{기계효율}=0.95\times 0.85\times 0.75=0.605$ **(조건③)** ∴ $\eta=$ **60.5%**

Tip 단위 [%]에 주의하여 답안을 작성하여야 한다.

(4) 주펌프의 수동력[kW], 축동력[kW], 모터동력[kW]

수동력	축동력	전동력(전동기동력, 모터동력)
$P_w = \gamma HQ$	$P_s = \dfrac{P_w}{\eta} = \dfrac{\gamma HQ}{\eta}$	$P = P_s \times K = \dfrac{\gamma HQ}{\eta} \times K$

γ : 비중량[물 : 9,800N/m^3=9.8kN/m^3]	➜ $9{,}800\text{N/m}^3 = 9.8\text{kN/m}^3$
H : 전양정[m](전수두=낙차수두+마찰손실수두+법정토출압환산수두)	➜ 74.8m [문제(1)]
Q : 토출량=방사량[m^3/s]	➜ $\dfrac{0.64}{60}\text{m}^3/\text{s}$ [문제(2)]
η : 전효율($\eta_{전효율} = \eta_{수력효율} \times \eta_{체적효율} \times \eta_{기계효율}$)	➜ 0.605 [문제(3)]
K : 전달계수	➜ 1.2 (조건④)

① **수동력[kW]**

$$P_w = \gamma HQ = 9.8\text{kN/m}^3 \times 72.8\text{m} \times \frac{0.64}{60}\text{m}^3/\text{s} = 7.610\text{kW} \qquad \therefore\ P_w = \mathbf{7.61kW}$$

② **축동력[kW]**

$$P_s = \frac{\gamma HQ}{\eta} = \frac{9.8\text{kN/m}^3 \times 72.8\text{m} \times \frac{0.64}{60}\text{m}^3/\text{s}}{0.605} = 12.578\text{kW} \qquad \therefore\ P_s = \mathbf{12.58kW}$$

③ **모터동력(전동력)[kW]**

$$P = \frac{\gamma HQ}{\eta} \times K = \frac{9.8\text{kN/m}^3 \times 72.8\text{m} \times \frac{0.64}{60}\text{m}^3/\text{s}}{0.605} \times 1.2 = 15.094\text{kW} \qquad \therefore\ P = \mathbf{15.09kW}$$

(5) 시험장치의 설치방법

설치기준	① 습식 및 부압식 스프링클러설비에 있어서는 **유수검지장치 2차측 배관**에 연결하여 설치하고, 건식 스프링클러설비의 경우 유수검지장치에서 **가장 먼 거리에 위치한 가지배관의 끝**으로부터 연결하여 설치할 것. 유수검지장치 2차측 설비의 내용적이 2,840l를 초과하는 건식스프링클러설비의 경우 시험장치 개폐밸브를 완전 개방 후 1분 이내에 물이 방사될 것 ② 시험장치 배관의 구경은 **25mm 이상**으로 하고, 그 끝에 **개폐밸브**와 **개방형 헤드 또는 스프링클러헤드**와 동등한 방수성능을 가진 오리피스를 설치할 것. 이 경우 개방형 헤드는 **반사판 및 프레임을 제거한 오리피스**만으로 설치할 것 ③ 시험장치의 끝에는 **물받이통** 및 **배수관**을 설치하여 시험 중 방사된 물이 바닥에 흘러내리지 아니하도록 할 것(목욕실, 화장실 또는 그 밖의 곳으로서 배수처리가 쉬운 장소에 시험배관을 설치한 경우는 제외)

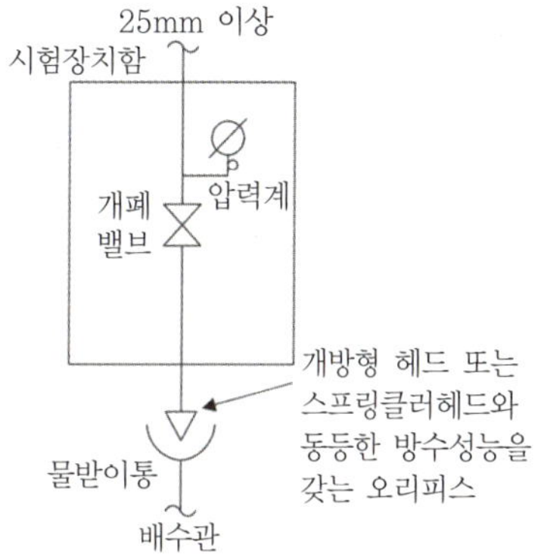

| 시험장치 |

(6) 소방용 탄소강관의 명칭

관의 종류	배관명칭	KS 규격
SPP	배관용 탄소강관	KS D 3507
SPPS	압력배관용 탄소강관	KS D 3562
SPPH	고압배관용 탄소강관	KS D 3564
SPHT	고온배관용 탄소강관	KS D 3570

(7) C의 유량[l/s]과 직경[mm]

① C의 유량[l/s]

$Q_A = Q_B + Q_C$이므로,

→ $Q_C = Q_A - Q_B = 80l/\text{s} - 20l/\text{s} = 60l/\text{s}$ ∴ $Q_C = 60l/\text{s}$

② C의 직경[mm]

$\Delta P = 6.053 \times 10^4 \times \dfrac{Q^{1.85}}{C^{1.85} \times D^{4.87}} \times L$	하젠-윌리엄의 식
ΔP : 배관 마찰손실압력[MPa]	→ $\dfrac{3\text{m}}{10.332\text{m}} \times 0.101325\text{MPa} = 0.0294\text{MPa}$ **(문제조건)**
Q : 유량[l/min]	→ $60l/\text{s} = \dfrac{60l}{\text{s}} \times \dfrac{60\text{s}}{1\text{min}} = 3{,}600l/\text{min}$ **[풀이①]**
C : 관의 거칠음계수=조도	→ 100 **(문제조건)**
D : 관의 내경[mm]	→ $D = \left(6.053 \times 10^4 \times \dfrac{Q^{1.85}}{C^{1.85} \times \Delta P} \times L\right)^{\frac{1}{4.87}}$
L : 배관의 길이[m]	→ 300m

→ **C관의 직경** : $D_C^{\ 4.87} = 6.053 \times 10^4 \times \dfrac{(3{,}600l/\text{min})^{1.85}}{100^{1.85} \times 0.0294\text{MPa}} \times 300\text{m}$

$$D_C = \sqrt[4.87]{6.053 \times 10^4 \times \frac{(3{,}600l/\text{min})^{1.85}}{100^{1.85} \times 0.0294\text{MPa}} \times 300\text{m}} = 249.048\text{mm}$$

∴ $D_C = 249.05\text{mm}$

Tip 마찰손실압력의 단위[MPa], 유량의 단위[l/min]에 주의하여 계산한다.

(8) 고가수조를 철거할 경우 필요한 설비

고가수조는 가압송수장치로서 반드시 필요한 설비이다. 따라서 고가수조를 철거할 경우 이를 대체할 수 있는 ① **내연기관** 또는 ② **전동기** 또는 ③ **가압수조** 또는 ④ **압력수조**를 가압송수장치로 설치하여야 한다.

08 지하 1층, 지상 9층의 백화점 건물에 화재안전기술기준에 따라 다음 조건과 같이 스프링클러설비를 설계하려고 한다. 다음 각 물음에 답하시오. 배점 : 10 [04년] [05년]

[조건]
① 펌프는 지하층에 설치되어 있고 펌프로부터 최상층 스프링클러헤드까지 수직거리는 50m이다.
② 배관 및 관부속 마찰손실수두는 자연낙차의 20%로 한다.
③ 펌프의 흡입측 배관에 설치된 연성계는 300mmHg를 지시하고 있다.
④ 각 층에 설치하는 헤드수는 80개이다.
⑤ 모든 규격치는 최소량을 적용한다.
⑥ 펌프의 체적효율은 95%, 기계효율은 90%, 수력효율은 80%이다.
⑦ 펌프의 전달계수 K=1.1이다.

(1) 전양정 [m]을 산출하시오.
(2) 펌프의 최소유량 [l/min]을 산출하시오.
(3) 펌프의 효율 [%]을 구하시오.
(4) 펌프의 축동력 [kW]을 구하시오.

• **실전모범답안**

(1) $H=h_1+h_2+10=(50\times0.2)+54.078+10=74.078$m

→ $h_3=\left(\frac{300}{760}\times10.332\right)+50=54.078$m

• **답 :** 74.08m

(2) $Q=80\times N=80\times30=2{,}400l$/min

• **답 :** 2,400l/min

(3) $\eta=\eta_{수력}\times\eta_{체적}\times\eta_{기계}=0.95\times0.9\times0.8=0.684$

• **답 :** 68.4%

(4) $P_w=\frac{\gamma HQ}{\eta}=\frac{9.8\times74.08\times\frac{2.4}{60}}{0.684}=42.455$kW

• **답 :** 42.46kW

상세해설

(1) 전양정[m]

$H=h_1+h_2+10$	전양정(펌프방식)
H : 전양정[m]	→ $H=h_1+h_2+10$
h_1 : 배관 및 관부속품의 마찰손실수두[m]	→ 자연낙차× 20% = 50m × 0.2 **(조건②)**
h_2 : 실양정[m] **(=흡입양정+토출양정)**	→ $\left(\frac{300mmHg}{760mmHg}\times10.332m\right)+50m=54.078m$
10 : 스프링클러설비의 규정방수압력의 환산수두	→ 10m

→ **전양정** : $H=h_1+h_2+10=(50m\times0.2)+54.078m+10m=74.078m$ ∴ $H=74.08m$

(2) 펌프의 최소유량[l/min]

$Q=80l/min\times N$	스프링클러설비의 토출량
Q : 토출량[l/min]	→ $Q=80l/min\times N$
N : 기준개수	→ 30개 **(지하 1층, 지상 9층의 백화점)**

→ **토출량** : $Q=80l/min\times N=80l/min\times30=2{,}400l/min$ ∴ $Q=2{,}400l/min$

참고 스프링클러설비의 기준개수

스프링클러설비 설치장소			기준개수
10층 이하 (지하층 제외)	공장	특수가연물을 저장·취급하는 것	30
		그 밖의 것	20
	근린생활시설, 판매시설, 운수시설, 복합건축물	**판매시설** 또는 복합건축물 (판매시설이 설치되는 복합건축물)	30
		그 밖의 것	20
	그 밖의 것	헤드의 부착높이 8m 이상	20
		헤드의 부착높이 8m 미만	10
아파트등(아파트 각 동이 주차장과 연결된 경우 주차장 부분)			10(30)
• 지하층을 제외한 층수가 **11층 이상**인 특정소방대상물, **지하가**, **지하역사** • 창고시설(라지드롭헤드가 30개 이상 설치된 경우)			30

➜ 지하 1층, 지상 9층의 백화점이므로 기준개수는 **30개**이고, 조건에 따라 **각 층에 설치된 스프링클러헤드의 개수는 80개**이다. 기준개수가 각 층에 설치된 헤드의 개수보다 적으므로 **기준개수 30개**를 적용하여 토출량을 산정한다.("기준개수≤각 층의 설치개수"일 경우 N=**기준개수**)

(3) **펌프의 효율[%]**

$$\eta_{전효율} = \eta_{수력효율} \times \eta_{체적효율} \times \eta_{기계효율}$$

➜ **전효율 :** $\eta_{전효율} = \eta_{수력효율} \times \eta_{체적효율} \times \eta_{기계효율} = 0.95 \times 0.9 \times 0.8 = 0.684$(**조건⑥**) $\therefore \ \eta = $ **68.4%**

Tip 단위 [%]에 주의하여 답안을 작성하여야 한다.

(4) **펌프의 축동력[kW]**

$P = \dfrac{\gamma H Q}{\eta}$	축동력
P : 축동력[W]	➜ $P = \dfrac{\gamma H Q}{\eta}$
γ : 비중량[N/m³] (물 : $\gamma_w = 9{,}800\text{N/m}^3 = 9.8\text{kN/m}^3$)	➜ $9{,}800\text{N/m}^3 = 9.8\text{kN/m}^3$
H : 전양정[m](전수두=낙차수두+마찰손실수두+법정토출압환산수두)	➜ 74.08m **[문제(1)]**
Q : 토출량=방사량[m³/s]	➜ $2{,}400l/\text{min} = \dfrac{2.4}{60}\text{m}^3/\text{s}$ **[문제(2)]**
η : 전효율 ($\eta_{전효율} = \eta_{수력효율} \times \eta_{체적효율} \times \eta_{기계효율}$)	➜ 0.684 **[문제(3)]**

➜ **축동력 :** $P = \dfrac{\gamma H Q}{\eta} = \dfrac{9.8\text{kN/m}^3 \times 74.08\text{m} \times \dfrac{2.4}{60}\text{m}^3/\text{s}}{0.684} = 42.455\text{kW}$ $\therefore \ P = $ **42.46kW**

Tip 축동력이므로 조건⑦의 전달계수는 고려하지 않음에 주의하여 답안을 작성하여야 한다.

09 **18층의 복도식 아파트 1동에 다음과 같은 조건으로 습식 스프링클러설비를 설치하고자 한다. 다음의 물음에 답하시오.**

배점 : 8 [04년] [08년] [10년] [18년] [21년]

[조건]

① 실양정=65m
② 배관 및 관부속품의 총 마찰손실수두=25m
③ 배관 내 유속=2m/s
④ 효율=60%, 전달계수=1.1

(1) 주펌프의 토출량 [l/min]을 구하시오. (단, 헤드의 수량은 최대기준개수를 적용한다.)
(2) 전용 수원의 확보량 [m^3]을 구하시오.
(3) 소화펌프의 축동력 [kW]을 구하시오.
(4) 고가수조를 철거할 경우 필요한 설비 2가지를 쓰시오.

- **실전모범답안**

(1) $Q=80\times N=80\times 10=800l$/min

- **답 :** $800l$/min

(2) $V=1.6\times N=1.6\times 10=16m^3$

- **답 :** $16m^3$

(3) $H=h_1+h_2+10=65+25+10=100$m

$$P=\frac{\gamma HQ}{\eta}=\frac{9.8\times 100\times \frac{0.8}{60}}{0.6}=21.777\text{kW}$$

- **답 :** 21.78kW

(4) 내연기관, 전동기, 가압수조, 압력수조

상세해설

(1) 주펌프의 토출량[l/min]

$Q=80l/\text{min}\times N$	스프링클러설비의 토출량
Q : 토출량[l/min]	➜ $Q=80l/\text{min}\times N$
N : 기준개수	➜ 10개 **(아파트)**

➜ **토출량 :** $Q=80l/\text{min}\times N=80l/\text{min}\times 10=800l/\text{min}$ ∴ $Q=800l/\text{min}$

(2) 전용 수원의 확보량[m^3]

$V=0.08m^3/\text{min}\times 20\text{min}\times N=1.6\times N$	전용 수원의 확보량
V : 수원의 양[m^3]	➜ $V=1.6\times N$
$0.08m^3/\text{min}$: 스프링클러헤드 1개의 방수량	➜ $0.08m^3/\text{min}=80l/\text{min}$
20min : 스프링클러헤드에서 방수되는 시간(20분)	➜ 20min
N : 기준개수	➜ 10개 (**아파트** : 아파트의 각 동이 주차장으로 연결된 경우는 30개 주의!)

→ 전용 수원의 확보량 : $V=1.6\times N=1.6\times 10=16\text{m}^3$ ∴ $V=16\text{m}^3$

(3) 소화펌프의 축동력[kW]

$P=\dfrac{\gamma HQ}{\eta}$	축동력
P : 축동력[W]	→ $P=\gamma HQ/\eta$ [풀이②]
γ : 비중량[N/m³] (물 : $\gamma_w=9{,}800\text{N/m}^3=9.8\text{kN/m}^3$)	→ $9{,}800\text{N/m}^3=9.8\text{kN/m}^3$
Q : 토출량=방사량[m³/s]	→ $\dfrac{0.8}{60}\text{m}^3/\text{s}$ [문제(1)]
H : 전양정[m](전수두=낙차수두+마찰손실수두+법정토출압환산수두)	→ $H=h_1+h_2+10$ [풀이①]
η : 전효율 ($\eta_{전효율}=\eta_{수력효율}\times\eta_{체적효율}\times\eta_{기계효율}$)	→ 0.6 (조건④)

① **전양정** : $H=h_1+h_2+10=65\text{m}+25\text{m}+10\text{m}=100\text{m}$

② **축동력** : $P=\dfrac{\gamma HQ}{\eta}=\dfrac{9.8\text{kN/m}^3\times 100\text{m}\times\dfrac{0.8}{60}\text{m}^3/\text{s}}{0.6}=21.777\text{kW}$ ∴ $P=21.78\text{kW}$

Tip 축동력이므로 조건④의 전달계수는 고려하지 않음에 주의하여 답안을 작성하여야 한다.

(4) 고가수조를 철거할 경우 필요한 설비

고가수조는 가압송수장치로서 반드시 필요한 설비이다. 따라서 고가수조를 철거할 경우 이를 대체할 수 있는 ① **내연기관** 또는 ② **전동기** 또는 ③ **가압수조** 또는 ④ **압력수조**를 가압송수장치로 설치하여야 한다.

10 **7층 건물의 전층에 스프링클러설비를 설치하고자 한다. 주어진 조건을 이용하여 화재안전기준에서 규정한 방수압력과 방수량을 만족할 수 있도록 하고자 할 때 다음을 구하시오.** 배점 : 6 [13년]

[조건]
① 펌프로부터 가장 멀리 떨어진 스프링클러헤드까지의 배관길이는 70m이다.
② 펌프는 전동기와 직결시켜 설치하며 동력의 전달계수는 1.1이다.
③ 펌프의 운전효율은 60%이다.
④ 배관의 마찰손실수두는 직관장길이의 30%로 가정한다.
⑤ 펌프의 실양정은 25m이다.
⑥ 화재 시 헤드가 10개 동시에 개방되는 것으로 한다.

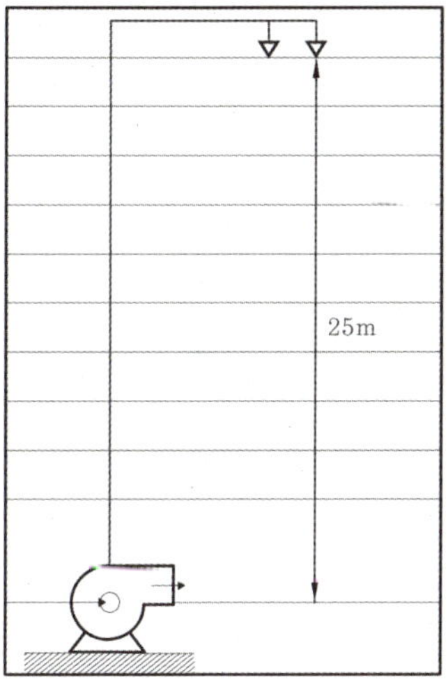

(1) 펌프의 최소토출량 [l/min]을 구하시오.
(2) 펌프의 소요양정 [m]을 구하시오.
(3) 펌프의 모터동력 [kW]을 구하시오.

• **실전모범답안**

(1) $Q=80\times N=80\times 10=800l$/min

• **답 :** 800l/min

(2) $H=h_1+h_2+10=(70\times 0.3)+25+10=56$m

• **답 :** 56m

(3) $P=\dfrac{\gamma HQ}{\eta}\times K=\dfrac{9.8\times 56\times \dfrac{0.8}{60}}{0.6}\times 1.1=13.415$kW

• **답 :** 13.42kW

상세해설

(1) 펌프의 최소토출량[l/min]

$Q=80l/\text{min}\times N$	스프링클러설비의 토출량
Q : 토출량[l/min]	➜ $Q=80l/\text{min}\times N$
N : 기준개수	➜ 10개 **(조건⑥)**

➜ **토출량 :** $Q=80l/\text{min}\times N=80l/\text{min}\times 10=800l/\text{min}$ $\therefore$ $Q=800l/\text{min}$

(2) 펌프의 소요양정[m]

$H=h_1+h_2+10$	전양정(펌프방식)
H : 전양정[m]	➜ $H=h_1+h_2+10$
h_1 : 배관 및 관부속품의 마찰손실수두[m]	➜ **직관장의 길이×30%**$=70\text{m}\times 0.3$ **(조건④)**
h_2 : 실양정[m] **(=흡입양정+토출양정)**	➜ 25m
10 : 스프링클러설비의 규정방수압력의 환산수두	➜ 10m

➜ **펌프의 소요양정 :** $H = h_1 + h_2 + 10 = (70\text{m} \times 0.3) + 25\text{m} + 10\text{m} = 56\text{m}$ $\quad \therefore H = 56\text{m}$

(3) 펌프의 모터동력[kW]

$P = \dfrac{\gamma HQ}{\eta} \times K$	모터동력
P : 전동력[W]	➜ $P = \gamma HQ/\eta \times K$
γ : 비중량[N/m³] (물 : $\gamma_w = 9{,}800\text{N/m}^3 = 9.8\text{kN/m}^3$)	➜ $9{,}800\text{N/m}^3 = 9.8\text{kN/m}^3$
H : 전양정[m](전수두=낙차수두+마찰손실수두+법정토출압환산수두)	➜ 56m **[문제(2)]**
Q : 토출량=방사량[m³/s]	➜ $800l/\text{min} = \dfrac{0.8}{60}\text{m}^3/\text{s}$ **[문제(1)]**
η : 전효율 ($\eta_{전효율} = \eta_{수력효율} \times \eta_{체적효율} \times \eta_{기계효율}$)	➜ 0.6 **(조건③)**
K : 전달계수	➜ 1.1 **(조건②)**

➜ **모터동력 :** $P = \dfrac{\gamma QH}{\eta} \times K = \dfrac{9.8\text{kN/m}^3 \times \dfrac{0.8}{60}\text{m}^3/\text{s} \times 56\text{m}}{0.6} \times 1.1 = 13.415\text{kW}$ $\quad \therefore P = 13.42\text{kW}$

---

11 **13층의 백화점건물에 습식 스프링클러설비를 설치하고자 한다. 설비의 전양정은 89m이고, 이 곳에 설치하는 소화펌프의 효율은 60%, 전달계수 K=1.1이다. 다음의 각 물음에 답하시오.**

배점 : 10 [06년]

(1) 소화펌프에 저장하여야 할 수원의 양 [m³]을 구하시오.
(2) 소화펌프의 최소토출량 [l/min]을 구하시오.
(3) 내연기관의 용량 [HP]을 구하시오.
(4) 최상단에 설치된 헤드의 방사압 1.5kg/cm², 방수량 150l/min일 때 방출계수 K를 계산하시오. (단, 소수점 이하는 반올림하여 정수로 나타내시오.)
(5) 스프링클러헤드의 규격방수압력과 규격방수량을 쓰시오.

• **실전모범답안**

(1) $V = 1.6 \times N = 1.6 \times 30 = 48\text{m}^3$
• **답 :** 48m³

(2) $Q = 80 \times N = 80 \times 30 = 2{,}400l/\text{min}$
• **답 :** 2,400l/min

(3) $P = \dfrac{\gamma HQ}{\eta} \times K = \dfrac{9.8 \times 89 \times \dfrac{2.4}{60}}{0.6} \times 1.1 = 63.961 = \dfrac{63.961}{0.746} = 85.738\text{HP}$
• **답 :** 85.74HP

(4) $K=\frac{Q}{\sqrt{10P}}=\frac{150}{\sqrt{10\times\left(\frac{1.5}{1.0332}\times 0.101325\right)}}=123.674$

• 답 : 124

(5) 0.1MPa 이상 1.2MPa 이하, 80l/min 이상

상세해설

(1) 수원의 양[m^3]

$V=0.08m^3/min\times 20min\times N=1.6\times N$	전용 수원의 확보량
V : 수원의 양[m^3]	→ $V=1.6\times N$
$0.08m^3/min$: 스프링클러헤드 1개의 방수량	→ $0.08m^3/min=80l/min$
20min : 스프링클러헤드에서 방수되는 시간(20분)	→ 20min
N : 기준개수	→ 30개 (13층 백화점건물, 11층 이상인 특정소방대상물 해당)

→ 전용 수원의 확보량 : $V=1.6\times N=1.6\times 30=48m^3$ ∴ $V=48m^3$

(2) 소화펌프의 최소토출량[l/min]

$Q=80l/min\times N$	스프링클러설비의 토출량
Q : 토출량[l/min]	→ $Q=80l/min\times N$
N : 기준개수	→ 30개 (13층 백화점건물, 11층 이상인 특정소방대상물 해당)

→ 토출량 : $Q=80l/min\times N=80l/min\times 30=2,400l/min$ ∴ $Q=2,400l/min$

(3) 내연기관의 용량[HP]

$P=\frac{\gamma HQ}{\eta}\times K$	내연기관의 용량
P : 전동력[W] (1HP=0.746kW)	→ $P=\gamma HQ/\eta\times K$
γ : 비중량[물 : $\gamma_w=9,800N/m^3=9.8kN/m^3$]	→ $9,800N/m^3=9.8kN/m^3$
H : 전양정[m](전수두=낙차수두+마찰손실수두+법정토출압환산수두)	→ 89m (문제조건)
Q : 토출량=방사량[m^3/s]	→ $\frac{2.4}{60}m^3/s$ [문제(2)]
η : 전효율($\eta_{전효율}=\eta_{수력효율}\times\eta_{체적효율}\times\eta_{기계효율}$)	→ 0.6 (문제조건)
K : 전달계수	→ 1.1 (문제조건)

→ 내연기관의 용량 : $P=\frac{\gamma HQ}{\eta}\times K=\frac{9.8kN/m^3\times 89m\times\frac{2.4}{60}m^3/s}{0.6}\times 1.1$

$=\frac{63.961kW}{0.746kW}\times 1HP$ (1HP = 0.746kW)

$=85.738HP$

∴ $P=85.74HP$

(4) 방출계수(K)

$Q=K\sqrt{10P}$	방수량과 방수압력 관계식
Q : 방수량=방사량=토출량=유량[l/min=$l$pm]	➜ $150l/\text{min}$ **(문제조건)**
K : 방출계수	➜ $K=Q/\sqrt{10P}$
P : 방수압=방사압=토출압[MPa=MN/m²]	➜ $\dfrac{1.5\text{kg/cm}^2}{1.0332\text{kg/cm}^2}\times 0.101325\text{MPa}$ **(문제조건)**

➜ **방출계수** : $K=\dfrac{Q}{\sqrt{10P}}=\dfrac{150l/\text{min}}{\sqrt{10\times\left(\dfrac{1.5\text{kg/cm}^2}{1.0332\text{kg/cm}^2}\times 0.101325\text{MPa}\right)}}=123.674 \quad \therefore K=124$

(5) 스프링클러헤드의 규격방수압력과 규격방수량

① 스프링클러헤드의 규격방수압력=0.1MPa 이상 1.2MPa 이하

② 스프링클러헤드의 규격방수량=80l/min 이상

12 **스프링클러설비가 설치된 건물에서 최고층 건물높이가 70m이고 헤드가 최고층까지 설치되었다. 다음 조건을 참조하여 충압펌프의 전동기용량 [kW]을 구하시오.** 배점 : 5 [07년]

[조건]
① 펌프의 토출량은 150l/min이다.
② 펌프의 효율은 55%이다.
③ 펌프와 전동기가 직렬로 연결되어 있고, 직결계수는 1.1이다.

• **실전모범답안**

➜ $P=\dfrac{\gamma HQ}{\eta}\times K=\dfrac{9.8\times 90.393\times\dfrac{0.15}{60}}{0.55}\times 1.1=4.429\text{kW}$

$\left(\because\ H=70+\left(\dfrac{0.2}{0.101325}\times 10.332\right)=90.393\text{m}\right)$

•**답** : 4.43kW

상세해설

$P=\dfrac{\gamma HQ}{\eta}\times K$	전동기용량
P : 전동력[W]	➜ $P=\gamma HQ/\eta\times K$
γ : 비중량 [물 : $\gamma_w=9{,}800\text{N/m}^3=9.8\text{kN/m}^3$]	➜ $9{,}800\text{N/m}^3=9.8\text{kN/m}^3$

$P = \frac{\gamma HQ}{\eta} \times K$	전동기용량
H : 전양정[m](전수두=낙차수두+마찰손실수두+법정토출압환산수두)	➜ ㉠ 최고위살수장치(일제개방밸브의 경우 그 밸브)의 자연압 +0.2MPa $H = 70\text{m} + \left(\frac{0.2\text{MPa}}{0.101325\text{MPa}} \times 10.332\text{m}\right)$ $= 90.393\text{m}$ ㉡ 가압송수장치의 정격토출압력 ➜ 주어지지 않았으므로 무시!
Q : 토출량=방사량[m^3/s]	➜ $150l/\text{min} = \frac{0.15}{60}\text{m}^3/\text{s}$ (조건①)
η : 전효율 ($\eta_{전효율} = \eta_{수력효율} \times \eta_{체적효율} \times \eta_{기계효율}$)	➜ 0.55 (조건②)
K : 전달계수	➜ 1.1 (조건③)

➜ **충압펌프의 전동기용량** : $P = \frac{\gamma HQ}{\eta} \times K$

$$= \frac{9.8\text{kN/m}^3 \times 90.393\text{m} \times \frac{0.15}{60}\text{m}^3/\text{s}}{0.55} \times 1.1$$

$$= 4.429\text{kW}$$

$$\therefore\ P = \mathbf{4.43kW}$$

13 **지하 2층, 지상 11층인 사무소 건축물에 다음과 같은 조건에서 스프링클러설비를 설계하고자 할 때 다음 각 물음에 답하시오.** 배점 : 8 [12년] [21년]

[조건]

① 건축물은 내화구조이며 기준층(1~11층)의 평면도는 다음과 같다.
② 펌프의 후드밸브로부터 최상단헤드까지의 실양정은 48m이고, 배관 및 관부속품에 대한 마찰손실은 12m이다.
③ 모든 규격치는 최소량을 적용한다.
④ 펌프의 효율은 65%이며, 동력전달계수의 여유율은 10%로 한다.
⑤ 연결송수관설비를 겸용한다.

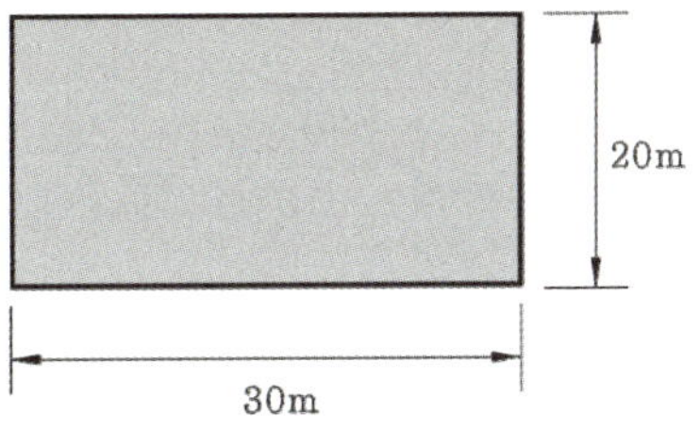

(1) 지상층에 설치된 스프링클러헤드 개수는 몇 개인지 구하시오. (단, 정방형으로 배치한다.)
(2) 소화수를 공급하는 입상배관의 구경을 호칭경 [mm]으로 구하시오. (단, 배관 내 유속은 4m/s 이하가 되도록 한다.)
(3) 펌프의 전양정 [m]를 구하시오.
(4) 송수펌프의 전동기용량 [kW]을 구하시오.

• **실전모범답안**

(1) $S=2r\cos45°=2\times2.3\times\cos45°=3.252\text{m}$

• 가로$=\dfrac{30}{3.252}=9.225≒10$개

• 세로$=\dfrac{20}{3.252}=6.15≒7$개

→ 지상층 헤드개수$=(10\times7)\times11=770$개

• **답 :** 770개

(2) $D=\sqrt{\dfrac{4Q}{\pi V}}=\sqrt{\dfrac{4\times\dfrac{2.4}{60}}{\pi\times4}}=112.83\text{mm}$

→ $Q=80\times N=80\times30=2{,}400l/\text{min}$

• **답 :** 호칭경 125A 선정

(3) $H=h_1+h_2+10=12+48+10=70\text{m}$

• **답 :** 70m

(4) $P=\dfrac{\gamma HQ}{\eta}\times K=\dfrac{9.8\times70\times\dfrac{2.4}{60}}{0.65}\times1.1=46.436\text{kW}$

• **답 :** 46.44kW

상세해설

(1) 지상층에 설치된 스프링클러헤드의 개수

① **헤드의 설치간격(S)**

$S=L=2r\cos45°$	헤드 상호간의 거리(정방형)
$S=L$: 헤드 또는 배관 상호간의 거리[m]	→ $S=L=2r\cos45°$
r : 수평거리[m]	→ 2.3m (내화구조)

→ **헤드의 설치간격 :** $S=2r\cos45°=2\times2.3\text{m}\times\cos45°=3.252\text{m}$ ∴ $S=$ **3.25m**

② **가로변/세로변의 스프링클러헤드 개수**

㉠ 가로변의 스프링클러헤드 개수$=\dfrac{30\text{m}}{3.252\text{m}}=9.225≒10$개 (소수점 이하 절상)

㉡ 세로변의 스프링클러헤드 개수$=\dfrac{20\text{m}}{3.252\text{m}}=6.15≒7$개 (소수점 이하 절상)

→ **지상층에 설치된 스프링클러헤드의 개수**=(10개×7개)×11개 층=**770개**

(2) 입상배관의 구경

$Q=AV=\dfrac{\pi}{4}D^2V$	연속의 방정식(체적유량)
Q : 유량[m^3/s]	→ $Q=80l/\text{min}\times N$ **[풀이①]**
A : 배관단면적$\left(\dfrac{\pi}{4}D^2[\text{m}^2]\right)$	→ $D=\sqrt{\dfrac{4Q}{\pi V}}$ **[풀이②]**
V : 유속[m/s]	→ 4m/s (**문제의 단서조건**)

① 유량(Q)

$Q=80l/\text{min}\times N$	스프링클러설비의 토출량
Q : 토출량[l/min]	➜ $Q=80l/\text{min}\times N$
N : 기준개수	➜ 30개 (지하 2층, 지상 11층 사무소, 11층 이상인 특정소방대상물 해당)

➜ **토출량** : $Q=80l/\text{min}\times N=80l/\text{min}\times 30=2{,}400l/\text{min}$ $\therefore$ $Q=2{,}400l/\text{min}$

② **입상배관의 내경** : $D=\sqrt{\dfrac{4Q}{\pi V}}=\sqrt{\dfrac{4\times\dfrac{2.4}{60}\text{m}^3/\text{s}}{\pi\times 4\text{m/s}}}=0.11283\text{m}=\mathbf{112.83mm}$

관의 호칭구경

관의 호칭경[A]	25	32	40	50	65	80	90	100	125	150	200

입상배관의 내경이 **112.83mm**이므로 위의 표에 의해 입상배관의 **호칭경은 125A를 선정**한다.

참고 "연결송수관설비를 겸용한다." 이해하기

① 연결송수관설비의 화재안전기준(NFSC 502) 제5조(배관 등)에서는 **"연결송수관설비의 배관은 주배관의 구경이 100mm 이상인 옥내소화전설비, 스프링클러설비 또는 물분무등소화설비의 배관과 겸용할 수 있다."**고 규정하고 있다.
② 또한, 30층 이상의 고층건축물에 설치하는 스프링클러설비는 연결송수관설비의 배관과 겸용할 수 없다.
③ 문제(2)에 의해 산출된 입상배관의 구경은 **125A**이므로 100mm 이상으로 **연결송수관설비와 겸용할 수 있음**을 알 수 있다.

(3) 펌프의 전양정[m]

$H=h_1+h_2+10$	전양정(펌프방식)
H : 전양정[m]	➜ $H=h_1+h_2+10$
h_1 : 배관 및 관부속품의 마찰손실수두[m]	➜ 12m **(조건②)**
h_2 : 실양정[m] **(=흡입양정+토출양정)**	➜ 48m **(조건②)**
10 : 스프링클러설비의 규정방수압력의 환산수두	➜ 10m

➜ **전양정** : $H=h_1+h_2+10=12\text{m}+48\text{m}+10\text{m}=70\text{m}$ $\therefore$ $H=\mathbf{70m}$

(4) 송수펌프의 전동기용량[kW]

$P=\dfrac{\gamma HQ}{\eta}\times K$	전동기용량
P : 전동력[W]	➜ $P=\dfrac{\gamma HQ}{\eta}\times K$
γ : 비중량[물 : $\gamma_w=9{,}800\text{N/m}^3=9.8\text{kN/m}^3$]	➜ $9{,}800\text{N/m}^3=9.8\text{kN/m}^3$
H : 전양정[m] (전수두=낙차수두+마찰손실수두+법정토출압환산수두)	➜ 70m **[문제(3)]**

$P=\dfrac{\gamma HQ}{\eta}\times K$	전동기용량
Q : 토출량=방사량[m^3/s]	→ $2{,}400l/min = \dfrac{2.4}{60}m^3/s$ [문제(2)]
η : 전효율 ($\eta_{전효율}=\eta_{수력효율}\times\eta_{체적효율}\times\eta_{기계효율}$)	→ 0.65 (조건④)
K : 전달계수	→ 1.1 (조건④)

→ **송수펌프의 전동기용량** : $P=\dfrac{\gamma HQ}{\eta}\times K=\dfrac{9.8kN/m^3\times 70m\times\dfrac{2.4}{60}m^3/s}{0.65}\times 1.1=46.436kW$

$\therefore\ P=\mathbf{46.44kW}$

14 **지하 2층, 지상 12층의 사무소 건물에 있어서 스프링클러설비를 설계하려고 한다. 해당 스프링클러설비를 화재안전기준과 다음 조건을 이용하여 각 물음에 답하시오.** 배점 : 15 [03년] [06년] [19년] [20년]

[조건]

① 11층 및 12층에 설치하는 폐쇄형 스프링클러헤드의 수량은 각각 80개이다.
② 입상배관의 내경은 150mm이고 배관길이는 40m이다.
③ 펌프의 후드밸브로부터 최상층 스프링클러헤드까지의 실양정은 60m이다.
④ 입상배관의 마찰손실수두를 제외한 펌프의 후드밸브로부터 최상층의 가장 먼 스프링클러헤드까지 마찰손실수두는 20m이다.
⑤ 모든 규격치는 최소량을 적용한다.
⑥ 펌프의 효율은 65%이다.

(1) 펌프가 가져야 할 정격송수량 [l/min]을 구하시오.
(2) 수원의 최소유효저수량 [m^3]을 구하시오.
(3) 입상관에서의 마찰손실수두 [m]를 구하시오. (단, 입상배관은 직관으로 간주하며, 달시-웨버식을 사용하고, 마찰손실계수는 0.02이다.)
(4) 펌프가 가져야 할 정격송출압 [kg/cm^2]을 구하시오.
(5) 펌프의 운전에 필요한 펌프의 축동력 [kW]을 구하시오.
(6) 내화구조인 건물의 불연재료로 된 천장에 헤드를 다음 그림과 같이 정방형으로 배치하려고 한다. A 및 B의 최대길이 [m]를 계산하시오. (단, 소수점 셋째자리까지 구하시오.)

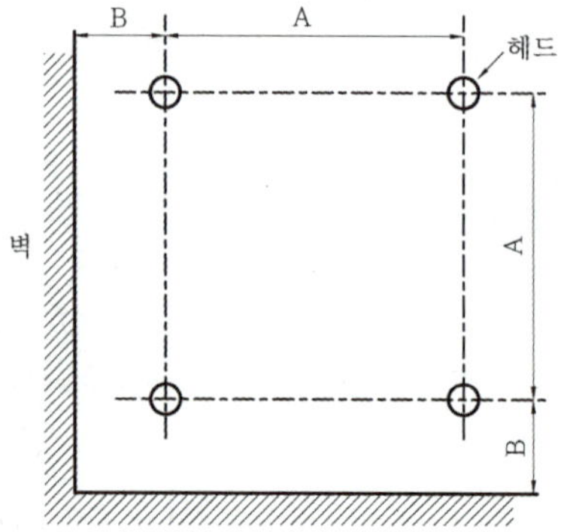

• **실전모범답안**

(1) $Q=80\times N=80\times 30=2{,}400l/\text{min}$

• **답 :** 2,400l/min

(2) $V=1.6\times N=1.6\times 30=48\text{m}^3$

• **답 :** 48m³

(3) $H=f\times \frac{L}{D}\times \frac{V^2}{2g}=0.02\times \frac{40}{0.15}\times \frac{2.263^2}{2\times 9.8}=1.393\text{m}$

➜ $V=\frac{4Q}{\pi D^2}=\frac{4\times \frac{2.4}{60}}{\pi\times 0.15^2}=2.263\text{m/s}$

• **답 :** 1.39m

(4) $H=h_1+h_2+10=21.39+60+10=91.39\text{m}=\frac{91.39}{10.332}\times 1.0332=9.139\text{kg/cm}^2$

• **답 :** 9.14kg/cm²

(5) $P=\frac{\gamma HQ}{\eta}=\frac{9.8\times 91.39\times \frac{2.4}{60}}{0.65}=55.115\text{kW}$

• **답 :** 55.12kW

(6) $S=2r\cos 45°=2\times 2.3\times \cos 45°=3.252\text{m}$

➜ A의 최대길이=3.252m

➜ B의 최대길이$=\frac{1}{2}S=\frac{1}{2}\times 3.252\text{m}=1.626\text{m}$

• **답 :** A=3.252m, B=1.626m

상세해설

(1) 펌프가 가져야 할 정격송수량[l/min]

$Q=80l/\text{min}\times N$	스프링클러설비의 토출량
Q : 토출량[l/min]	➜ $Q=80l/\text{min}\times N$
N : 기준개수	➜ 30개 **(지하 2층, 지상 12층 사무소, 11층 이상인 특정소방대상물 해당)**

➜ **토출량 :** $Q=80l/\text{min}\times N=80l/\text{min}\times 30=2{,}400l/\text{min}$ $\therefore Q=2{,}400l/\text{min}$

참고 스프링클러설비의 기준개수

스프링클러설비 설치장소	기준개수
지하층을 제외한 층수가 11층 **이상**인 특정소방대상물, 지하가, 지하역사	30

➜ 문제조건에 따라 **"지하 2층, 지상 12층의 사무소"**이므로 기준개수는 **30개**이고, 조건①에 따른 **스프링클러 헤드의 설치개수는 80개**이다. 기준개수가 설치개수보다 적으므로 N은 기준개수 **30개**를 적용한다.

(2) 수원의 최소유효저수량[m^3]

$V = 0.08m^3/min \times 20min \times N = 1.6 \times N$	전용 수원의 확보량
V: 수원의 양[m^3]	➜ $V = 1.6 \times N$
$0.08m^3/min$: 스프링클러헤드 1개의 방수량	➜ $0.08m^3/min = 80l/min$
20min : 스프링클러헤드에서 방수되는 시간 (20분)	➜ 20min
N: 기준개수	➜ 30개 (지하 2층, 지상 12층 사무소, 11층 이상인 특정소방대상물 해당)

➜ **수원의 유효저수량 :** $V = 1.6 \times N = 1.6 \times 30 = 48m^3$ ∴ $V = 48m^3$

(3) 입상배관의 마찰손실수두[m]

$H = f \times \dfrac{L}{D} \times \dfrac{V^2}{2g}$	달시-웨버의 식
H: 마찰손실수두[m]	➜ $H = fLV^2/2gD$
f : 마찰손실계수$\left(f = \dfrac{64}{Re}\right)$	➜ 0.02 (문제의 단서조건)
L : 배관의 길이[m]	➜ 40m (조건②, 문제의 단서조건)
D: 배관의 직경[m]	➜ 150mm = 0.15m (조건②)
V: 유속[m/s]	➜ $V = 4Q/\pi D^2$ [풀이①]
g : 중력가속도[$9.8m/s^2$]	➜ $9.8m/s^2$

① **유속**(V)

$Q = AV = \dfrac{\pi}{4}D^2 V$	연속의 방정식(체적유량)
Q: 유량[m^3/s]	➜ $\dfrac{2.4}{60}m^3/s$ [문제(1)]
A : 배관단면적$\left(\dfrac{\pi}{4}D^2[m^2]\right)$	➜ $\dfrac{\pi}{4} \times 0.15^2m^2$
V: 유속[m/s]	➜ $V = 4Q/\pi D^2$

➜ **유속 :** $V = \dfrac{4Q}{\pi D^2} = \dfrac{4 \times \dfrac{2.4}{60}m^3/s}{\pi \times 0.15^2m^2} = 2.263m/s$

② **입상배관의 마찰손실수두 :** $H = f \times \dfrac{L}{D} \times \dfrac{V^2}{2g} = 0.02 \times \dfrac{40m}{0.15m} \times \dfrac{(2.263m/s)^2}{2 \times 9.8} = 1.393m$

∴ $H = 1.39m$

(4) 펌프가 가져야 할 정격송출압[kg/cm²]

$H=h_1+h_2+10$	전양정(펌프방식)
H : 전양정[m]	➜ $H=h_1+h_2+10$
h_1 : 배관 및 관부속품의 마찰손실수두[m]	➜ 입상배관의 마찰손실수두+입상배관을 제외한 기타 마찰손실수두 $=1.39\text{m}+20\text{m}=21.39\text{m}$ [문제(3) + 조건④]
h_2 : 실양정[m] (=흡입양정+토출양정)	➜ 60m (조건③)
10 : 스프링클러설비의 규정방수압력의 환산수두	➜ 10m

➜ **전양정** : $H=h_1+h_2+10=21.39\text{m}+60\text{m}+10\text{m}=\dfrac{91.39\text{m}}{10.332\text{m}}\times 1.0332\text{kg/cm}^2=9.139\text{kg/cm}^2$

$\therefore\ H=\mathbf{9.14kg/cm^2}$

(5) 펌프의 축동력[kW]

$P=\dfrac{\gamma HQ}{\eta}$	축동력
P : 축동력[W]	➜ $P=\gamma HQ/\eta$
γ : 비중량 [물 : $\gamma_w=9{,}800\text{N/m}^3=9.8\text{kN/m}^3$]	➜ $9{,}800\text{N/m}^3=9.8\text{kN/m}^3$
H : 전양정[m](전수두=낙차수두+마찰손실수두+법정토출압환산수두)	➜ 91.39m [문제(4)]
Q : 토출량=방사량[m³/s]	➜ $2{,}400l/\text{min}=\dfrac{2.4}{60}\text{m}^3/\text{s}$ [문제(1)]
η : 전효율 ($\eta_{전효율}=\eta_{수력효율}\times\eta_{체적효율}\times\eta_{기계효율}$)	➜ 0.65 (조건⑥)

➜ **펌프의 축동력** : $P=\dfrac{\gamma HQ}{\eta}=\dfrac{9.8\text{kN/m}^3\times 91.39\text{m}\times\dfrac{2.4}{60}\text{m}^3/\text{s}}{0.65}=55.115\text{kW}$ $\quad\therefore\ P=\mathbf{55.12kW}$

(6) A의 최대길이[m], B의 최대길이[m]

$S=L=2r\cos 45°$	헤드 상호간의 거리(정방형)
$S=L$: 헤드 또는 배관 상호간의 거리[m]	➜ $S=L=2r\cos 45°$
r : 수평거리[m]	➜ 2.3m (내화구조)

➜ **헤드의 설치간격** : $S=2r\cos 45°=2\times 2.3\text{m}\times\cos 45°=3.252\text{m}$ $\quad\therefore\ S=\mathbf{3.252m}$

① A의 최대길이=**3.252m**

② B의 최대길이$=\dfrac{1}{2}S=\dfrac{1}{2}\times 3.25\text{m}=\mathbf{1.626m}$

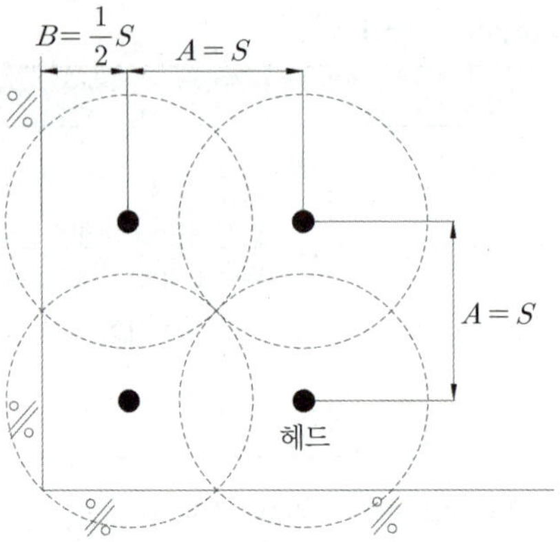

| 헤드 상호간의 거리, 헤드와 벽과의 거리 |

15 다음 그림을 보고 물음에 답하시오. (단, 0.1MPa=10m이다.) 배점 : 10 [12년] [19년]

[조건]

① 해당 건축물은 판매시설이 설치된 9층의 복합건축물이다.
② 배관의 마찰손실은 흡입 및 토출 실양정의 32%이다.
③ 진공계 지시압은 325mmHg이다.
④ 기계효율 95%, 수력효율 90%, 체적효율 80%이다.
⑤ 최고위헤드 방사압은 0.2MPa 이상이다.

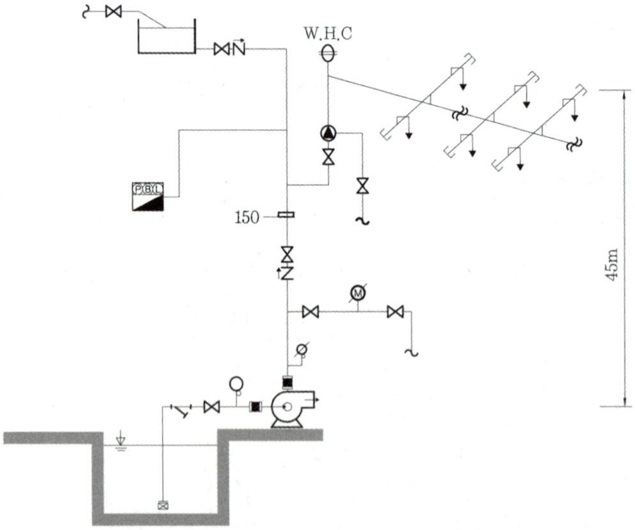

(1) 펌프의 전양정 [m]을 구하시오.
(2) 수원의 양 [m^3]을 구하시오. (단, 스프링클러헤드는 해당 층에 30개를 설치하는 것을 기준으로 하고, 옥내소화전은 각 층별로 1개를 설치하는 것을 기준으로 한다.)
(3) 펌프의 축동력 [kW]을 구하시오.
(4) 감시제어반과 동력제어반을 별도로 설치하지 않아도 되는 경우를 쓰시오.

• **실전모범답안**

(1) ① $H_{SP}=h_1+h_2+20=\left\{\left(\frac{325}{760}\times 10.332\right)+45\right\}\times 0.32+\left(\frac{325}{760}\times 10.332\right)+45+20=85.231\text{m}$

② $H_H=h_1+h_2+h_3+17=0+\left\{\left(\frac{325}{760}\times 10.332\right)+45\right\}\times 0.32+\left(\frac{325}{760}\times 10.332\right)+45+17=82.231\text{m}$

• **답 :** 85.23m

(2) ① $V_{SP}=1.6\times N=1.6\times 30=48\text{m}^3$

② $V_H=2.6\times N=2.6\times 1=2.6\text{m}^3$

→ $V=V_{SP}+V_H=48+2.6=50.6\text{m}^3$

• **답 :** 50.6m³

(3) $P=\frac{\gamma HQ}{\eta}=\frac{9.8\times 85.23\times\frac{50.6}{20\times 60}}{0.684}=51.491\text{kW}$

• **답 :** 51.49kW

(4) ① 다음의 어느 하나에 해당하지 아니하는 특정소방대상물에 설치되는 경우
  ㉠ 지하층을 제외한 층수가 7층 이상으로서 연면적이 2,000m² 이상인 것
  ㉡ "㉠"에 해당하지 아니하는 특정소방대상물로서 지하층의 바닥면적의 합계가 3,000m² 이상인 것
② 내연기관에 따른 가압송수장치를 사용하는 경우
③ 고가수조에 따른 가압송수장치를 사용하는 경우
④ 가압수조에 따른 가압송수장치를 사용하는 경우

상세해설

(1) 펌프의 전양정[m]

① **스프링클러설비의 전양정[m]**

$H=h_1+h_2+20$	전양정(펌프방식)
H : 전양정[m]	→ $H=h_1+h_2+20$
h_1 : 배관 및 관부속품의 마찰손실수두[m]	→ **(흡입양정+토출양정)×32%** $=49.418\text{m}\times 0.32=15.813\text{m}$ **(조건②)**
h_2 : 실양정[m] (=흡입양정+토출양정)	→ $\left(\frac{325\text{mmHg}}{760\text{mmHg}}\times 10.332\text{m}\right)+45\text{m}=49.418\text{m}$ **(조건③)**
20 : 스프링클러설비의 방수압력의 환산수두	→ $0.2\text{MPa}=20\text{m}$ **(조건⑤)**

→ **스프링클러설비의 전양정 :** $H_{SP}=h_1+h_2+20=(49.418\text{m}\times 0.32)+49.418\text{m}+20\text{m}=\mathbf{85.231m}$

② 옥내소화전설비의 전양정[m]

$H=h_1+h_2+h_3+17$	전양정(펌프방식)
H : 전양정[m]	➜ $H=h_1+h_2+h_3+17$
h_1 : 소방용 호스 마찰손실수두[m]	➜ 문제조건에서 주어지지 않았으므로 무시
h_2 : 배관 및 관부속품의 마찰손실수두[m]	➜ (흡입양정+토출양정)×32% $=49.418\text{m}\times0.32=15.813\text{m}$ (조건②)
h_3 : 실양정[m] (=흡입양정+토출양정)	➜ $\left(\frac{325\text{mmHg}}{760\text{mmHg}}\times10.332\text{m}\right)+45\text{m}=49.418\text{m}$ (조건③)
17 : 옥내소화전설비 규정방수압력의 환산수두[m]	➜ $0.17\text{MPa}=17\text{m}$

➜ **옥내소화전설비의 전양정 :** $H_H=h_1+h_2+h_3+17=0\text{m}+(49.418\text{m}\times0.32)+49.418\text{m}+17\text{m}$
$=82.231\text{m}$

③ 스프링클러설비와 옥내소화전설비 겸용 펌프의 전양정[m]

2 이상의 소화설비의 수원 및 가압송수장치의 펌프 등의 겸용

2 이상의 소화설비를 겸용하는 경우	적용 수치
수원의 **저수량** V	각 소화설비의 수원의 양을 **합한 양** 이상
펌프의 토출**량**(유량) Q	각 소화설비의 토출량을 **합한 양** 이상
펌프의 토출압력 P	각 소화설비의 토출압력 중 **최대값** 이상
펌프의 전양정 H	각 소화설비의 전양정 중 **최대값** 이상

암기법 합한 저수량 최대 PH

그림에서 스프링클러설비와 옥내소화전설비의 펌프를 겸용하고 있으므로 펌프의 전양정은 **각 소화설비의 전양정 중 최대값인 "스프링클러설비의 전양정** $H_{SP}=85.231\text{m}\fallingdotseq\mathbf{85.23m}$"을 적용한다.

(2) 수원의 양[m³]

① 스프링클러설비의 수원의 양[m³]

$V=0.08\text{m}^3/\text{min}\times20\text{min}\times\text{N}=1.6\text{N}$	전용 수원의 확보량 (스프링클러설비)
V : 수원의 양[m³]	➜ $V=1.6\times N$
$0.08\text{m}^3/\text{min}$: 스프링클러헤드 1개의 방수량	➜ $0.08\text{m}^3/\text{min}=80l/\text{min}$
20min : 스프링클러헤드에서 방수되는 시간(20분)	➜ 20min
N : 기준개수	➜ 30개 (문제의 단서조건)

➜ **스프링클러설비 수원의 양 :** $V_{SP}=1.6\times N=1.6\times30=48\text{m}^3$ $\quad\therefore\ V_{SP}=48\text{m}^3$

참고 스프링클러설비의 기준개수

단서조건에서 스프링클러의 기준개수가 주어지지 않더라도 "**9층의 판매시설이 설치된 복합건축물**"이므로 기준개수가 **30개**임을 알 수 있다. 또한, 도면에서는 교차배관의 말단이 캡으로 닫혀 있지 않고 **물결표기**로 도시되어, 교차배관의 말단을 확인할 수 없는 경우 **기준개수는 주어진 조건에 따라 30개를** 적용한다.

② **옥내소화전설비의 수원의 양[m³]**

$V=0.13\text{m}^3/\text{min} \times 20\text{min} \times N = 2.6 \times N$	전용 수원의 확보량 (옥내소화전설비)
V : 수원의 양[m³]	→ $V=2.6 \times N$
$0.13\text{m}^3/\text{min}$: 옥내소화전 1개의 방수량	→ $0.13\text{m}^3/\text{min} = 130\text{l}/\text{min}$
20min : 스프링클러헤드에서 방수되는 시간(20분)	→ 20min
N : 가장 많이 설치된 층의 소화전 개수(**최대 2개**)	→ 1개 **(문제의 단서조건)**

→ **옥내소화전설비 수원의 양** : $V_H = 2.6 \times N = 2.6 \times 1 = 2.6\text{m}^3$ ∴ $V_H = \mathbf{2.6m^3}$

③ **스프링클러설비와 옥내소화전설비 겸용 수원의 저수량[m³]**

2 이상의 소화설비의 수원 및 가압송수장치의 펌프 등의 겸용

2 이상의 소화설비를 겸용하는 경우	적용 수치
수원의 **저수량** V	각 소화설비의 수원의 양을 **합한 양** 이상
펌프의 토출**량**(유량) Q	각 소화설비의 토출량을 **합한 양** 이상
펌프의 토출압력 P	각 소화설비의 토출압력 중 **최대값** 이상
펌프의 전양정 H	각 소화설비의 전양정 중 **최대값** 이상

암기법 합한 저수량 최대 PH

그림에서 스프링클러설비와 옥내소화전설비의 **수원을 겸용으로 사용**하고 있으므로 수원의 저수량은 **각 소화설비의 수원의 양을 합하여 계산**한다.

→ **전체 수원의 양** : $V = V_{SP} + V_H = 48\text{m}^3 + 2.6\text{m}^3 = 50.6\text{m}^3$ ∴ $V = \mathbf{50.6m^3}$

(3) 펌프의 축동력[kW]

$P=\dfrac{\gamma HQ}{\eta}$	축동력
P : 축동력[W]	→ $P=\gamma HQ/\eta$
γ : 비중량[물 : $\gamma_w = 9{,}800\text{N/m}^3 = 9.8\text{kN/m}^3$]	→ $9{,}800\text{N/m}^3 = 9.8\text{kN/m}^3$
H : 전양정[m] (전수두=낙차수두+마찰손실수두+법정토출압환산수두)	→ 85.23m **[문제(1)]**
Q : 토출량=방사량[m³/s]	→ $\dfrac{50.6\text{m}^3}{20\text{min}} \times \dfrac{1\text{min}}{60\text{s}} = \dfrac{50.6}{20 \times 60}\text{m}^3/\text{s}$ **[문제(2)]**
η : 전효율($\eta_{전효율} = \eta_{수력효율} \times \eta_{체적효율} \times \eta_{기계효율}$)	→ $0.95 \times 0.9 \times 0.8 = 0.684$ **(조건④)**

→ **펌프의 축동력** : $P = \dfrac{\gamma HQ}{\eta} = \dfrac{9.8\text{kN/m}^3 \times 85.23\text{m} \times \dfrac{50.6}{20 \times 60}\text{m}^3/\text{s}}{0.684} = 51.491\text{kW}$ ∴ $P = \mathbf{51.49kW}$

(4) 감시제어반과 동력제어반을 별도로 설치하지 않아도 되는 경우

① 다음의 어느 하나에 해당하지 아니하는 특정소방대상물에 설치되는 경우
  ㉠ 지하층을 제외한 층수가 7층 이상으로서 연면적이 2,000m² 이상인 것
  ㉡ "㉠"에 해당하지 아니하는 특정소방대상물로서 지하층의 바닥면적의 합계가 3,000m² 이상인 것
② 내연기관에 따른 가압송수장치를 사용하는 경우
③ 고가수조에 따른 가압송수장치를 사용하는 경우
④ 가압수조에 따른 가압송수장치를 사용하는 경우

16 **지하 1층 지상 25층의 계단실형 APT에 옥내소화전과 스프링클러설비를 설치할 경우 조건을 참고하여 다음 각 물음에 답하시오. (단, 0.1MPa=10m이다.)** 배점 : 9 [08년]

[조건]

① 옥내소화전설비에 사용되는 관창의 방출계수는 114이며, 최고위 관창선단의 방사압력은 0.2MPa이다. 또한, 옥내소화전은 층당 1개씩 설치되어 있다.
② 스프링클러설비 헤드의 방출계수는 80이며, 최고위 헤드의 방사압력은 0.14MPa이다. 또한, 각 층의 폐쇄형 스프링클러헤드는 각각 30개씩 설치되어 있다.
③ 소화펌프는 옥내소화전설비와 스프링클러설비를 겸용으로 사용한다.
④ 소방호스의 마찰손실압력은 0.1MPa, 배관 및 관부속품의 마찰손실압력은 0.3MPa, 낙차의 환산수두압력은 0.12MPa이다.

(1) 옥내소화전설비의 방사량 [l/min]을 구하시오. (단, 소수점 발생 시 반올림하여 정수로 표시할 것)
(2) 스프링클러설비의 방사량 [l/min]을 구하시오. (단, 소수점 발생 시 반올림하여 정수로 표시할 것)
(3) 펌프의 토출량 [l/min]을 구하시오.
(4) 펌프의 토출압력 [MPa]을 구하시오.

• **실전모범답안**

(1) $Q=K\sqrt{10P}=114\times\sqrt{10\times0.2}=161.220l/\text{min}$
→ $Q_H=161.220l/\text{min}\times1=161.220l/\text{min}$

• **답 :** 161l/min

(2) $Q=K\sqrt{10P}=80\times\sqrt{10\times0.14}=94.657l/\text{min}$
→ $Q_{SP}=94.657\times N=94.657\times10=946.57l/\text{min}$

• **답 :** 947l/min

(3) $Q=Q_{SP}+Q_H=947+161=1{,}108l/\text{min}$

• **답 :** 1,108l/min

(4) ① $H_{SP}=h_1+h_2+14=30+12+14=56\text{m}$
② $H_H=h_1+h_2+h_3+20=10+30+12+20=72\text{m}$

• **답 :** 0.72MPa

상세해설

(1) 옥내소화전설비의 방사량[l/min]

① **최고위 옥내소화전의 방사량(Q)**

$Q=K\sqrt{10P}$	방수량과 방수압력 관계식
Q : 방수량=방사량=토출량=유량[l/min=$l$pm]	→ $Q=K\sqrt{10P}$
K : 방출계수	→ 114 (조건①)
P : 방수압=방사압=토출압[MPa=MN/m^2]	→ 0.2MPa (조건①)

→ **방사량 :** $Q=K\sqrt{10P}=114\times\sqrt{10\times0.2\text{MPa}}=161.220l/\text{min}$

② 옥내소화전설비의 방사량(Q_H)

$Q=161.22l/\text{min}\times N$	조건에 따른 옥내소화전설비의 토출량
Q : 토출량[l/min]	➜ $Q=161.22l/\text{min}\times N$
$161.22l/\text{min}$: 옥내소화전 1개의 방사량	➜ $161.22l/\text{min}$
N : 가장 많이 설치된 층의 소화전 개수(최대 2개)	➜ 1개 **(조건①)**

➜ **토출량 :** $Q_H=161.22l/\text{min}\times N=161.22l/\text{min}\times 1=161.22l/\text{min}$ $\therefore Q_H=161l/\text{min}$

(2) 스프링클러설비의 방사량[l/min]

① 최고위 스프링클러헤드의 방사량(Q)

$Q=K\sqrt{10P}$	방수량과 방수압력 관계식
Q : 방수량=방사량=토출량=유량[l/min=$l$pm]	➜ $Q=K\sqrt{10P}$
K : 방출계수	➜ 80 **(조건②)**
P : 방수압=방사압=토출압[MPa=MN/m^2]	➜ 0.14MPa **(조건②)**

➜ **방사량 :** $Q=K\sqrt{10P}=80\times\sqrt{10\times 0.14\text{MPa}}=94.657l/\text{min}$

② 스프링클러설비의 방사량(Q_{SP})

$Q=94.657l/\text{min}\times N$	조건에 따른 스프링클러설비의 토출량
Q : 토출량[l/min]	➜ $Q=94.657l/\text{min}\times N$
$94.66l/\text{min}$: 스프링클러헤드 1개의 방사량	➜ $94.657l/\text{min}$
N : 기준개수	➜ 10개 **(아파트 :** 아파트의 각 동이 주차장으로 연결된 경우는 30개 **주의!**)

➜ **토출량 :** $Q_{SP}=94.657l/\text{min}\times N=94.657l/\text{min}\times 10=946.57l/\text{min}$ $\therefore Q_{SP}=947l/\text{min}$

(3) 펌프의 토출량[l/min]

2 이상의 소화설비의 수원 및 가압송수장치의 펌프 등의 겸용

2 이상의 소화설비를 겸용하는 경우	적용 수치
수원의 **저수량** V	각 소화설비의 수원의 양을 **합한 양** 이상
펌프의 토출**량**(유량) Q	각 소화설비의 토출량을 **합한 양** 이상
펌프의 토출압력 P	각 소화설비의 토출압력 중 **최대값** 이상
펌프의 전양정 H	각 소화설비의 전양정 중 **최대값** 이상

암기법 합한 저수량 최대 PH

조건③에 따라 스프링클러설비와 옥내소화전설비의 펌프를 **겸용으로 사용**하고 있으므로 펌프의 토출량은 **각 소화설비의 토출량을 합하여 계산**한다.

➜ **펌프의 토출량 :** $Q=Q_{SP}+Q_H=947l/\text{min}+161l/\text{min}=1{,}108l/\text{min}$ $\therefore Q=1{,}108l/\text{min}$

(4) 펌프의 토출압력[MPa]

① **스프링클러설비의 전양정[m]**

$H = h_1 + h_2 + 14$	조건에 따른 스프링클러설비의 전양정(펌프방식)
H : 전양정[m]	→ $H = h_1 + h_2 + 14$
h_1 : 배관 및 관부속품의 마찰손실수두[m]	→ 0.3MPa = 30m **(조건④)**
h_2 : 실양정[m] (=흡입양정+토출양정)	→ 0.12MPa = 12m **(조건④)**
14 : 스프링클러설비의 최고위 방수압력의 환산수두	→ 0.14MPa = 14m **(조건②)**

→ **스프링클러설비의 전양정** : $H_{SP} = h_1 + h_2 + 14 = 30\text{m} + 12\text{m} + 14\text{m} = \mathbf{56m}$

② **옥내소화전설비의 전양정[m]**

$H = h_1 + h_2 + h_3 + 20$	조건에 따른 옥내소화전설비의 전양정(펌프방식)
H : 필요한 압력[m]	→ $H = h_1 + h_2 + 20$
h_1 : 소방용 호스 마찰손실수두[m]	→ 0.1MPa = 10m **(조건④)**
h_2 : 배관 및 관부속품의 마찰손실수두[m]	→ 0.3MPa = 30m **(조건④)**
h_3 : 실양정[m] (=흡입양정+토출양정)	→ 0.12MPa = 12m **(조건④)**
20 : 옥내소화전설비 규정방수압력의 환산수두[m]	→ 0.2MPa = 20m **(조건①)**

→ **옥내소화전설비의 전양정** : $H_H = h_1 + h_2 + h_3 + 20 = 10\text{m} + 30\text{m} + 12\text{m} + 20\text{m} = \mathbf{72m}$

③ **스프링클러설비와 옥내소화전설비 겸용 펌프의 전양정[m]**

2 이상의 소화설비의 수원 및 가압송수장치의 펌프 등의 겸용

2 이상의 소화설비를 겸용하는 경우	적용 수치
수원의 **저수량** V	각 소화설비의 수원의 양을 **합한 양** 이상
펌프의 토출**량**(유량) Q	각 소화설비의 토출량을 **합한 양** 이상
펌프의 토출압력 P	각 소화설비의 토출압력 중 **최대값** 이상
펌프의 전양정 H	각 소화설비의 전양정 중 **최대값** 이상

암기법 합한 저수량 최대 PH

조건③에 따라 스프링클러설비와 옥내소화전설비의 **펌프를 겸용으로 사용**하고 있으므로 펌프의 전양정은 **각 소화설비의 전양정 중 최대값 "옥내소화전설비의 전양정** $H_H = 72\text{m} = 0.72\text{MPa}$"을 적용한다.

17 지하 1층, 지상 9층의 백화점 건물에 스프링클러설비를 설계하려고 한다. 다음 조건을 참고하여 각 물음에 답하시오.

배점 : 8 [15년] [17년] [19년]

[조건]

① 각 층에 설치하는 스프링클러헤드의 개수는 각각 80개이다.
② 펌프의 흡입측 배관에 설치된 연성계는 350mmHg를 나타내고 있다.
③ 펌프는 지하에 설치되어 있고, 펌프로부터 최상층 헤드까지의 수직높이는 45m이다.
④ 배관 및 관부속의 마찰손실수두는 펌프로부터 자연낙차의 20%이다.
⑤ 펌프효율은 68%, 전달계수는 1.1이다.

(1) 펌프의 체절압력 [kPa]를 구하시오.
(2) 펌프의 축동력 [kW]를 구하시오.

• 실전모범답안

(1) $H=h_1+h_2+10=(45\times0.2)+\left(\dfrac{350}{760}\times10.332\right)+45+10=68.758\text{m}$

→ 체절압력$=\left(\dfrac{68.758}{10.332}\times101.325\right)\times1.4=944.024\text{kPa}$

• 답 : 944.02kPa

(2) $P=\dfrac{\gamma HQ}{\eta}=\dfrac{9.8\times68.758\times\dfrac{2.4}{60}}{0.68}=39.636\text{kW}$

→ $Q=80\times N=80\times30=2{,}400l/\text{min}$

• 답 : 39.64kW

상세해설

(1) 펌프의 체절압력[kPa]

① 펌프의 전양정(H)

$H=h_1+h_2+10$	전양정(펌프방식)
H : 전양정[m]	→ $H=h_1+h_2+10$
h_1 : 배관 및 관부속품의 마찰손실수두[m]	→ 펌프로부터의 자연낙차×20%$=45\text{m}\times0.2$ (조건④)
h_2 : 실양정[m] (=흡입양정+토출양정)	→ $\left(\dfrac{350\text{mmHg}}{760\text{mmHg}}\times10.332\text{m}\right)+45\text{m}$ (조건②, ③)
10 : 스프링클러설비의 최고위방수압력의 환산수두	→ 10m

→ 전양정 : $H=h_1+h_2+10=(45\text{m}\times0.2)+\left(\dfrac{350\text{mmHg}}{760\text{mmHg}}\times10.332\text{m}\right)+45\text{m}+10\text{m}=\mathbf{68.758\text{m}}$

② **펌프의 체절압력($P_{체절}$)**

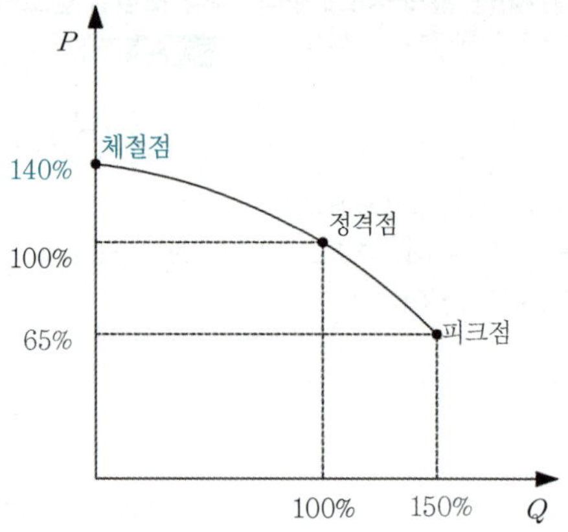

〈소방펌프의 성능기준－펌프의 성능곡선〉

① 체절운전(＝체절점, 무부하운전) : 정격토출압력의 140%를 초과하지 아니할 것
② 피크점(＝과부하운전) : 정격토출량의 150%로 운전 시 정격토출압력의 65% 이상일 것

→ 펌프의 체절압력＝정격토출압력×140%

$$=\left(\frac{68.758\text{m}}{10.332\text{m}}\times 101.325\text{kPa}\right)\times 1.4$$

$$=944.024\text{kPa} \fallingdotseq \mathbf{944.02kPa}$$

(2) 펌프의 축동력[kW]

$P=\dfrac{\gamma HQ}{\eta}$	축동력
P : 축동력[W]	→ $P=\gamma HQ/\eta$ **[풀이②]**
γ : 비중량[물 : $\gamma_w=9{,}800\text{N/m}^3=9.8\text{kN/m}^3$]	→ $9{,}800\text{N/m}^3=9.8\text{kN/m}^3$
H : 전양정[m] (전수두＝낙차수두＋마찰손실수두＋법정토출압환산수두)	→ 68.758m **[문제(1)]**
Q : 토출량＝방사량[m³/s]	→ $Q=80l/\text{min}\times N$ **[풀이①]**
η : 전효율($\eta_{전효율}=\eta_{수력효율}\times\eta_{체적효율}\times\eta_{기계효율}$)	→ 0.68 **(조건⑤)**

① **토출량(Q)**

$Q=80l/\text{min}\times N$	스프링클러설비의 토출량
Q : 토출량[l/min]	→ $Q=80l/\text{min}\times N$
N : 기준개수	→ 30개 **(지하 1층, 지상 9층 백화점)**

→ **토출량** : $Q=80l/\text{min}\times N=80l/\text{min}\times 30=2{,}400l/\text{min}$ $\therefore\ Q=\mathbf{2{,}400}l\mathbf{/min}$

② **축동력(P)**

→ **축동력** : $P=\dfrac{\gamma QH}{\eta}=\dfrac{9.8\text{kN/m}^3\times\dfrac{2.4}{60}\text{m}^3/\text{s}\times 68.758\text{m}}{0.68}=39.636\text{kW}$ $\therefore\ P=\mathbf{39.64kW}$

Tip 문제에서 펌프의 축동력을 구하라고 하였으므로 전달계수(K)는 고려하지 않음에 주의한다.

🔥🔥🔥

18 **교육연구시설(연구소)에 스프링클러설비를 설치하고자 한다. 조건을 참고하여 다음 각 물음에 답하시오.**

배점 : 12 [13년] [17년]

[조건]

① 건물의 층별높이는 다음과 같으며 지상층은 유창층이다.

구 분	지하 2층	지하 1층	지상 1층	지상 2층	지상 3층	지상 4층	지상 5층
층높이	5.5	4.5	4.5	4.5	4	4	4
반자높이[m]	5	4	4	4	3.5	3.5	3.5
바닥면적[m²]	2,500	2,500	2,000	2,000	2,000	1,800	900

② 지상 1층에 있는 국제회의실은 바닥으로부터 반자(헤드 부착면)까지의 높이가 8.5m이다.

③ 지하 2층 바닥아래에 설치된 부압흡입방식의 저수조는 바닥으로부터 3m 높이에 소방용 후드밸브가 위치해 있으며, 이 높이까지 항상 물이 차 있고, 저수조는 일반급수용과 소방용을 겸용하며 내부 크기는 가로 8m, 세로 5m, 높이 4m이다.

④ 스프링클러헤드 설치 시 반자(헤드 부착면) 높이는 위 표에 따른다.

⑤ 배관 및 관부속품의 마찰손실수두는 실양정의 30%이다.

⑥ 펌프의 효율은 60%, 전달계수는 1.1이다.

⑦ 산출량은 최소치를 적용한다.

⑧ 조건에 없는 사항은 소방관련법령 및 국가화재안전기준에 따른다.

(1) 이 건물에서 스프링클러설비를 설치하여야 하는 층을 모두 쓰시오.

(2) 일반급수펌프의 흡수구와 소화펌프의 흡수구 사이의 수직거리 [m]를 구하시오.

(3) 옥상수조를 설치할 경우 옥상수조에 보유하여야 할 저수량 [m³]을 구하시오.

(4) 소방펌프의 정격토출량 [l/min]을 구하시오.

(5) 소화펌프의 전양정 [m]을 구하시오.

(6) 소화펌프의 전동기동력 [kW]을 구하시오.

- **실전모범답안**

(1) 지하 1층, 지하 2층, 지상 4층(지하층, 무창층 또는 4층 이상인 층으로서 바닥면적이 1,000m² 이상인 층)

(2) $V=1.6\times N=1.6\times 10=16\text{m}^3$

→ $H=\dfrac{16}{8\times 5}=0.4\text{m}$

- **답 :** 0.4m 이상

(3) $V=\dfrac{1}{3}\times 1.6N=\dfrac{1}{3}\times 1.6\times 10=5.333\text{m}^3$

- **답 :** 5.33m³

(4) $Q=80\times N=80\times 10=800l/\text{min}$

- **답 :** 800l/min

(5) $H=h_1+h_2+10=(27.5\times 0.3)+27.5+10=45.75\text{m}$

→ $h_2=1+5.5+(4.5\times 3)+4+3.5=27.5\text{m}$

- **답 :** 45.75m

(6) $P=\dfrac{\gamma HQ}{\eta}\times K=\dfrac{9.8\times 45.75\times \dfrac{0.8}{60}}{0.6}\times 1.1=10.959\text{kW}$

- **답 :** 10.96kW

상세해설

(1) 이 건물에서 스프링클러설비를 설치하여야 하는 층

① **이유** : 지하층, 무창층 또는 4층 이상인 층으로서 바닥면적이 1,000m^2 이상인 층에만 스프링클러설비를 설치한다.

② 설치하여야 하는 층 : **지하 1층, 지하 2층, 지상 4층**

Tip 지상 5층 바닥면적이 900m^2이므로 스프링클러설비를 설치하지 않는다.

(2) 일반 급수펌프의 흡수구와 소화펌프의 흡수구 사이의 수직거리[m]

$V=0.08m^3/min \times 20min \times N = 1.6N$	전용 수원의 확보량
V : 수원의 양[m^3]	➜ $V=1.6\times N$
0.08 : 스프링클러헤드 1개의 방수량 (80l/min=0.08m^3/min)	➜ 0.08
20 : 스프링클러헤드에서 방수되는 시간(20분)	➜ 20
N : 기준개수	➜ 10개 **(헤드의 부착높이 8m 미만)**

➜ **유효수량** : $V=1.6\times N=1.6\times 10=16m^3$ ∴ $V=$ **$16m^3$**

Tip 지상 1층의 국제회의실의 경우에는 스프링클러설비를 설치하여야 하는 층에 해당하지 않으므로 **반자높이 8.5m는 기준개수의 선정과 무관하다.**

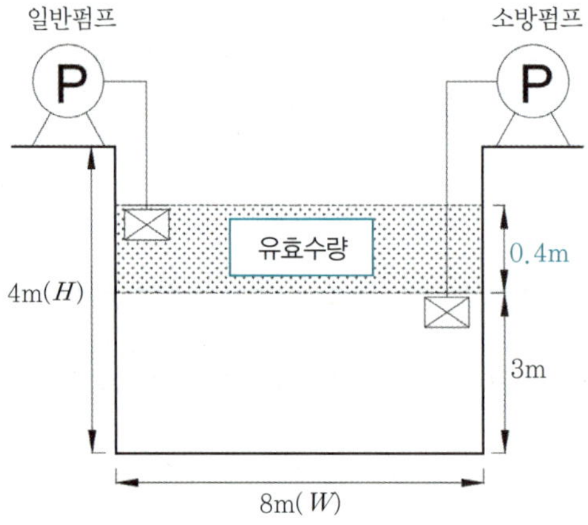

$$8m\times 5m\times H[m]=16m^3$$

$$\Leftrightarrow H=\frac{16m^3}{8m\times 5m}=0.4m$$

즉, 흡수구 사이의 거리는 **0.4m 이상 확보**하여야 한다.

(3) 옥상수조에 보유하여야 할 저수량[m^3]

$V=\frac{1}{3}\times 1.6N$	옥상수조의 저수량
V : 옥상수원의 양[m^3]	➜ $V=\frac{1}{3}\times 1.6N$
1/3 : 유효수량의 1/3 이상 확보	➜ 1/3
N : 기준개수	➜ 10개 **(헤드의 부착높이 8m 미만)**

➜ **옥상수조의 저수량** : $V=\frac{1}{3}\times 1.6N=\frac{1}{3}\times 1.6\times 10=5.333m^3$ ∴ $V=$ **$5.33m^3$**

(4) 소방펌프의 정격토출량[l/min]

$Q=80l/\text{min}\times N$	스프링클러설비의 토출량
Q : 토출량[l/min]	➜ $Q=80l/\text{min}\times N$
N : 기준개수	➜ 10개 (헤드의 부착높이 8m 미만)

➜ **소방펌프의 토출량** : $Q=80l/\text{min}\times N=80l/\text{min}\times 10=800l/\text{min}$ ∴ $Q=800l/\text{min}$

(5) 소화펌프의 전양정[m]

$H=h_1+h_2+10$	스프링클러설비의 전양정(펌프방식)
H : 전양정[m]	➜ $H=h_1+h_2+10$ [풀이②]
h_1 : 배관 및 관부속품의 마찰손실수두[m]	➜ 실양정×30%=27.5m×0.3 (조건⑤)
h_2 : 실양정[m] (=흡입양정+토출양정)	➜ 흡입양정(후드밸브의 설치위치~소화펌프의 설치위치) +토출양정(지하 2층~지상 4층 헤드가 설치된 반자높이) [풀이①]
10 : 스프링클러설비의 최고위 방수압력의 환산수두	➜ 10m

① 실양정(h_2)

구 분	지하 2층	지하 1층	지상 1층	지상 2층	지상 3층	지상 4층	지상 5층
층높이[m]	5.5	4.5	4.5	4.5	4	4	4
반자높이[m]	5	4	4	4	3.5	3.5	3.5

h_2 = 흡입양정(후드밸브의 설치위치~소화펌프의 설치위치)

+토출양정(지하 2층~지상 4층 헤드가 설치된 반자높이)

$=1\text{m}+5.5\text{m}+(4.5\text{m}\times 3\text{개 층})+4\text{m}+3.5\text{m}$

$=27.5\text{m}$

Mind - Control

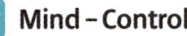

새로운 시작들이 기대만큼 빛나지 않았어도
하루하루 스스로를 믿고 빛을 품은 사람이 되기를

- 시작, 흔글 -

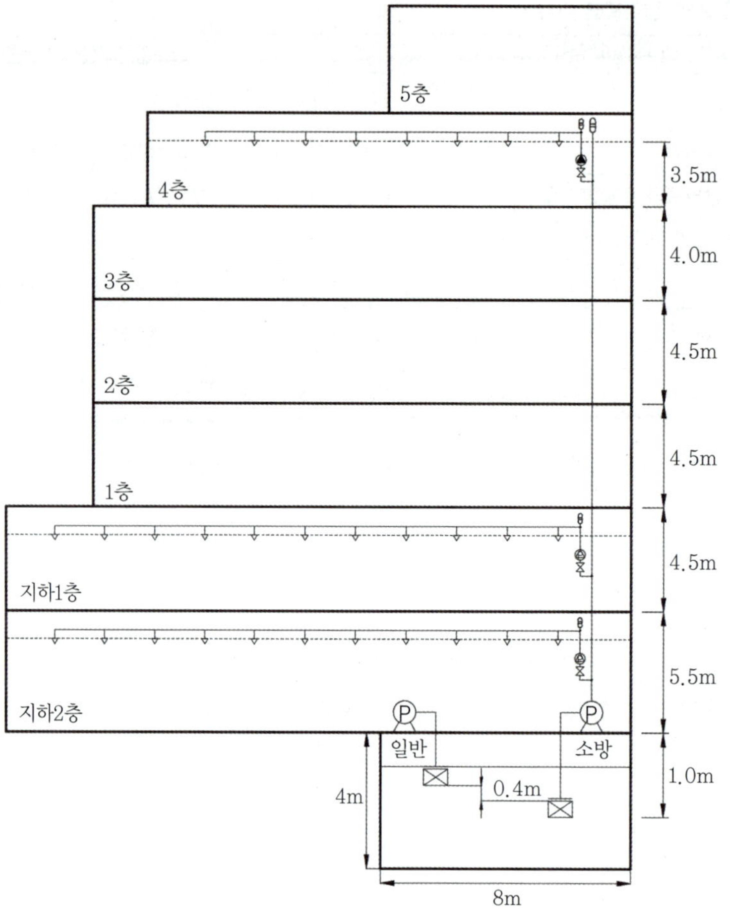

② **전양정(H)**

→ $H = h_1 + h_2 + 10 = (27.5\text{m} \times 0.3) + 27.5\text{m} + 10\text{m} = \mathbf{45.75m}$

(6) 소화펌프의 전동기동력[kW]

$P = \dfrac{\gamma HQ}{\eta} \times K$	전동기용량
P : 전동력[W]	→ $P = \gamma HQ/\eta \times K$
γ : 비중량[물 : $\gamma_w = 9{,}800\text{N/m}^3 = 9.8\text{kN/m}^3$]	→ $9{,}800\text{N/m}^3 = 9.8\text{kN/m}^3$
H : 전양정[m](전수두=낙차수두+마찰손실수두+법정토출압환산수두)	→ 45.75m **[문제(5)]**
Q : 토출량=방사량[m³/s]	→ $800l/\text{min} = \dfrac{0.8}{60}\text{m}^3/\text{s}$ **[문제(4)]**
η : 전효율($\eta_{전효율} = \eta_{수력효율} \times \eta_{체적효율} \times \eta_{기계효율}$)	→ 0.6 **(조건⑥)**
K : 전달계수	→ 1.1 **(조건⑥)**

→ **소화펌프의 전동기동력** : $P = \dfrac{\gamma HQ}{\eta} \times K = \dfrac{9.8\text{kN/m}^3 \times 45.75\text{m} \times \dfrac{0.8}{60}\text{m}^3/\text{s}}{0.6} \times 1.1 = 10.959\text{kW}$

$\therefore\ P = \mathbf{10.96kW}$

4 고가수조 및 압력수조

(1) 스프링클러설비의 전양정(H)

① **고가수조방식** : 특정소방대상물의 옥상 또는 높은 지점에 수조를 설치하여 스프링클러헤드에서 규정방수압력 및 규정방수량을 얻는 방식

$$H = h_1 + 10$$

여기서, H : 필요한 낙차[m]

h_1 : 배관 및 관부속품의 마찰손실수두[m]

10 : 스프링클러설비 규정방수압력의 환산수두[m]

$$\left(\frac{0.1\text{MPa}}{0.101325\text{MPa}} \times 10.332\,\text{m} = 10.196 \fallingdotseq 10\text{m}\right)$$

② **압력수조방식** : 탱크의 $\frac{1}{3}$은 자동식 공기압축기로 압축공기를, $\frac{2}{3}$는 급수펌프로 물을 가압시켜 스프링클러헤드에서 규정방수압력 및 규정방수량을 얻는 방식

$$P = P_1 + P_2 + 0.1$$

여기서, P : 필요한 압력[MPa]

P_1 : 배관 및 관부속품의 마찰손실수두압력[MPa]

P_2 : 낙차의 환산수두압력[MPa]

0.1 : 스프링클러설비의 규정방수압력[0.1MPa]

(2) 압력수조 내의 공기압력 산출하기

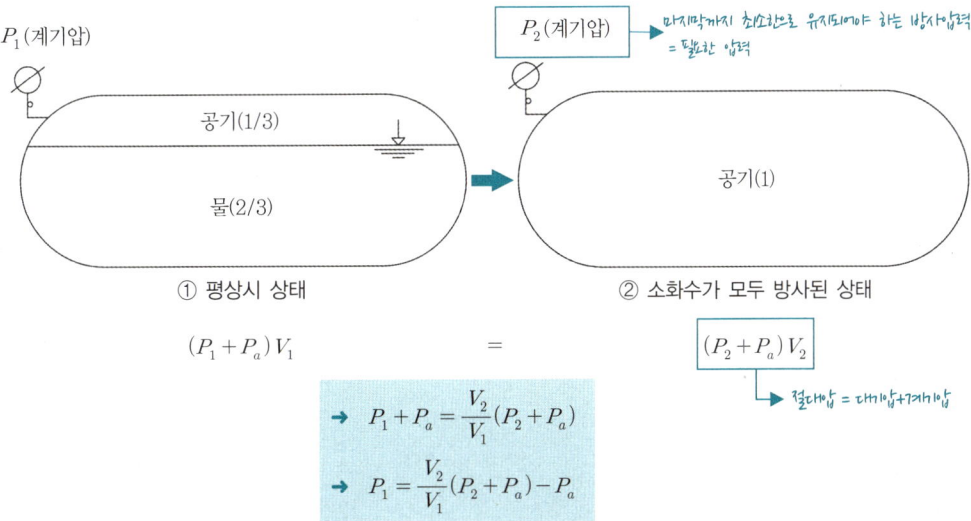

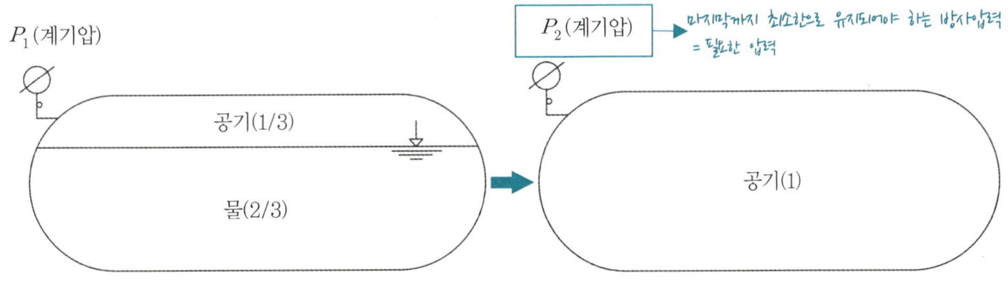

① 평상시 상태 ② 소화수가 모두 방사된 상태

$$(P_1 + P_a)V_1 = (P_2 + P_a)V_2$$

→ 절대압 = 대기압+계기압

$$\rightarrow P_1 + P_a = \frac{V_2}{V_1}(P_2 + P_a)$$

$$\rightarrow P_1 = \frac{V_2}{V_1}(P_2 + P_a) - P_a$$

$$P_1 = \frac{V_2}{V_1}(P_2 + P_a) - P_a$$

여기서, P_1 : 압력수조 내의 공기압력[MPa]

P_2 : 필요한 압력[MPa]

V_1 : 압력수조 내 공기의 체적[m^3]

V_2 : 압력수조의 체적[m^3]

P_a : 대기압[MPa]

Mind-Control

마음만을 가지고 있어서는 안 된다.
반드시 실천하여야 한다.

- 이소룡 -

빈번한 기출문제

01 다음 그림과 같이 스프링클러설비의 가압송수장치를 고가수조방식으로 할 경우 다음을 구하시오. (단, 0.1MPa=10m이다.)

배점 : 8 [06년] [11년] [15년] [18년]

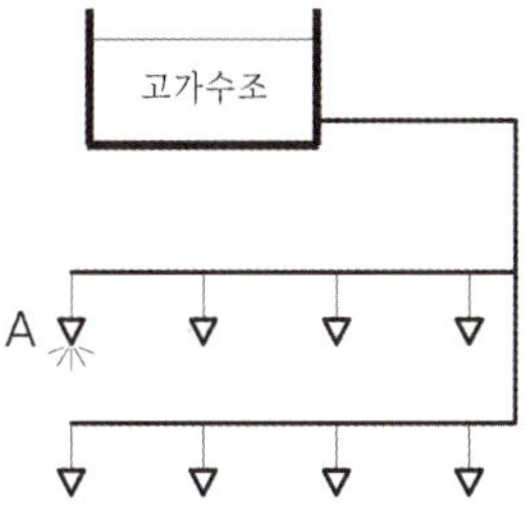

(1) 고가수조에서 최상부층 말단 스프링클러헤드 A까지의 낙차가 15m이고, 배관의 마찰손실압력이 0.04MPa일 때 최상부층 말단 스프링클러헤드 A 선단에서의 방수압력 [MPa]을 구하시오.

(2) (1)에서 A헤드 선단에서의 방수압력을 0.12MPa 이상으로 나오게 하려면 현재 위치에서 고가수조를 몇 [m] 더 높여야 하는지 구하시오.

• 실전모범답안

(1) $H=h_1+h_2=15-4=11$m=0.11MPa

• 답 : 0.11MPa

(2) $H=h_1+h_2=4+12=16$m

• 답 : 1m 더 높여야 한다.

상세해설

(1) 최상부층 말단 스프링클러헤드 A 선단에서의 방수압력[kPa]

$H=h_1+h_2$	전양정(고가수조방식)
H : 고가수조의 자연낙차수두[m]	→ 15m (수조의 하단으로부터 최고층에 설치된 헤드까지의 수직거리)
h_1 : 배관의 마찰손실수두[m]	→ 0.04MPa = 4m (문제의 단서조건)
h_2 : 스프링클러설비의 방수압력의 환산수두[m]	→ $h_2=H-h_1$

→ 스프링클러설비의 방수압력 : $P=H-h_1=15\text{m}-4\text{m}=11\text{m}$

$=0.11\text{MPa} \quad \therefore\ P=0.11\text{MPa}$

(2) 고가수조의 높이[m]

$H=h_1+12$	조건에 따른 전양정(고가수조방식)
H : 고가수조의 자연낙차수두[m]	➜ $H=h_1+12$
h_1 : 배관의 마찰손실수두[m]	➜ 0.04MPa = 4m [문제(1)]
12 : 스프링클러설비의 방수압력의 환산수두[m]	➜ 0.12MPa = 12m (문제조건)

➜ **고가수조의 자연낙차수두 : H = 4m + 12m = 16m**

즉, 고가수조를 1m 이상 높이면 스프링클러설비의 방수압력이 0.12MPa 이상으로 나온다.

02 **15층 건물에 압력수조를 이용한 가압송수방식의 스프링클러설비가 설치되어 있다. 압력수조와 최상층 말단헤드의 수직높이는 40m, 압력수조의 내용적의 2/3가 물로 채워져 있을 때 수조 내 요구되는 공기압력(게이지압력)은 몇 [MPa]인지 구하시오. (단, 압력수조의 내용적은 100m³이고, 최상층 말단헤드의 방수압력은 0.11MPa, 대기압은 0.1MPa로 하고, 배관의 마찰손실은 무시한다.)**

배점 : 5 [12년]

• 실전모범답안

$$P=p_1+p_2+0.11=\left(\frac{40}{10.332}\times 0.101325\right)+0+0.11=0.502\text{MPa}$$

$$\rightarrow P_1=\frac{V_2}{V_1}(P_2+P_a)-P_a=\frac{100}{100\times\frac{1}{3}}(0.502+0.1)-0.1=1.706\text{MPa}$$

• 답 : 1.71MPa

상세해설

$P_1=\frac{V_2}{V_1}(P_2+P_a)-P_a$	압력수조 내의 공기압력
P_1 : 압력수조 내의 공기압력[MPa]	➜ $P_1=V_2/V_1\times(P_2+P_a)-P_a$ [풀이(2)]
P_2 : 필요한 압력[MPa]	➜ $P=p_1+p_2+0.11$ [풀이(1)]
V_1 : 압력수조 내 공기의 체적[m³]	➜ $100\text{m}^3\times\frac{1}{3}$ (압력수조 내용적=2/3 물, 1/3 공기)
V_2 : 압력수조의 체적[m³]	➜ 100m^3
P_a : 대기압[MPa]	➜ 0.1MPa

(1) 필요한 압력(P_2)

$P=p_1+p_2+0.11$	조건에 따른 전양정(압력수조방식)
P : 필요한 압력[MPa]	➜ $P=p_1+p_2+0.11$
p_1 : 낙차의 환산수두압[MPa]	➜ $\frac{40\text{m}}{10.332\text{m}}\times 0.101325\text{MPa}$
p_2 : 배관의 마찰손실수두압[MPa]	➜ 0MPa (단서조건, 마찰손실 무시)
0.11 : 스프링클러설비의 규정방수압력의 환산수두	➜ 0.11MPa (문제조건, 최상층 말단헤드의 방수압력)

➜ 필요한 압력 : $P=p_1+p_2+0.11=\left(\frac{40\text{m}}{10.332\text{m}}\times 0.101325\text{MPa}\right)+0\text{MPa}+0.11\text{MPa}=0.502\text{MPa}$

(2) 압력수조 내 공기압력(P_1)

➜ $P_1=\frac{V_2}{V_1}(P_2+P_a)-P_a=\frac{100\text{m}^3}{100\text{m}^3\times\frac{1}{3}}(0.502\text{MPa}+0.1\text{MPa})-0.1\text{MPa}=1.706\text{MPa}$

∴ $P_1=1.71\text{MPa}$

Mind-Control

지금 잠을 자면 꿈을 꾸지만,
노력하면 꿈을 이룹니다.

- 워렌 버핏 -

5 스프링클러설비의 수리계산

(1) 수리계산

수계소화설비의 작동을 위해 필요한 소화수가 제대로 공급될 수 있도록 소방수리학 원리에 입각하여 필요한 배관경, 유량, 압력을 계산하는 방법

(2) 스프링클러설비 배관의 유속 및 구경기준

스프링클러설비 배관의 유속 및 구경기준		
수리계산 시 유속기준(V) [m/s]	가지배관	6m/s 이하
	기타 배관	10m/s 이하
배관별 최소구경(d) [mm]	교차배관, 청소구	40mm 이상
	수직배수배관	50mm 이상

(3) 스프링클러설비의 수리계산

① 하젠-윌리엄의 식 활용하기

$$\Delta P = 6.053 \times 10^4 \times \frac{Q^{1.85}}{C^{1.85} \times d^{4.87}} \times L$$

여기서, ΔP : 배관의 마찰손실압력[MPa]

Q : 유량[l/min] (단위주의!)

C : 조도(관의 거칠도)

d : 관의 내경[mm] (단위주의!)

L : 길이[m] (주손실+부차적손실)

참고 주손실과 부차적손실

① **주손실** : 물의 흐름에 따른 **배관**에서 발생하는 손실

② **부차적손실** : 물의 흐름에 따른 엘보, 티, 레듀셔, 밸브 등 **각종 관부속품**에서 발생하는 손실

㉠ 도면을 보고 각 부분의 관부속품을 체크하며 구경별 관부속품의 개수를 파악한다.

㉡ 조건에서 주어진 마찰손실수두에 상당하는 직관길이 표를 보고 총 직관길이를 계산한다.

㉢ 레듀셔(25A×32A)는 구경이 작은 배관쪽(25A)에 설치되나, 수리계산 시에는 구경이 큰 배관쪽(32A)에 합산하여 계산한다.

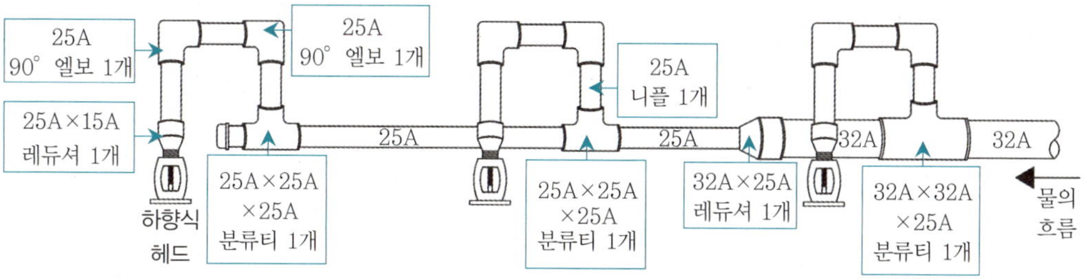

Tip 수리계산을 하는 과정에서 가장 실수가 발생하는 구간이므로 주의하여 계산하여야 한다.

참고 **상당길이**

"상당길이"란, 부속류 또는 밸브류 등에 의한 마찰손실(부차적손실)을 수리계산에 반영하기 위해 **각 부속류 또는 밸브류 등을 같은 크기의 마찰손실을 가진 배관길이**로 표현한 것을 말한다.

② 헤드의 높이 등 낙차가 주어지지 않는 경우

(양정=낙차+마찰손실+법정토출압력=마찰손실+법정토출압력)

㉠ 각 지점의 방수량 및 방수압력 산출하기

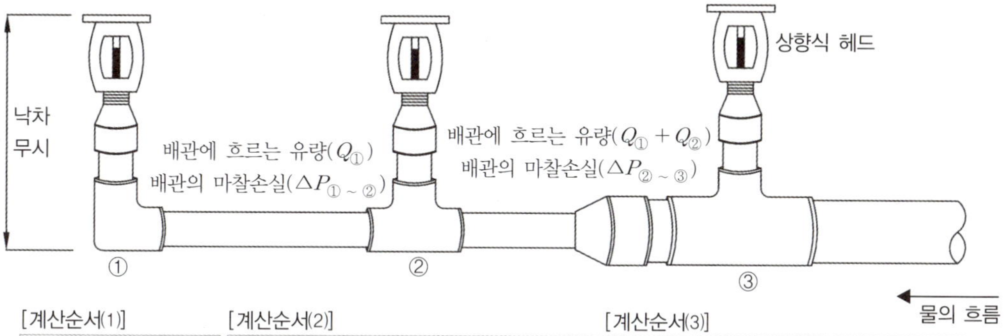

[계산순서(1)]

$P_①$, $Q_①$, K
모두 알아내기

$Q_① = K\sqrt{10P_①}$
#계산은 항상
먼 곳에서 시작한다!

[계산순서(2)]

방수압력 $P_② = P_① + \Delta P_{①\sim②}$
앞부분의 필요압력　앞부분의 마찰손실압

방수량 $Q_② = K\sqrt{10P_②}$
$Q_② = K\sqrt{10(P_① + \Delta P_{①\sim②})}$

[계산순서(3)]

방수압력 $P_③ = P_② + \Delta P_{②\sim③}$
앞부분의 필요압력　앞부분의 마찰손실압

방수량 $Q_③ = K\sqrt{10P_③}$
$Q_③ = K\sqrt{10(P_② + \Delta P_{②\sim③})}$

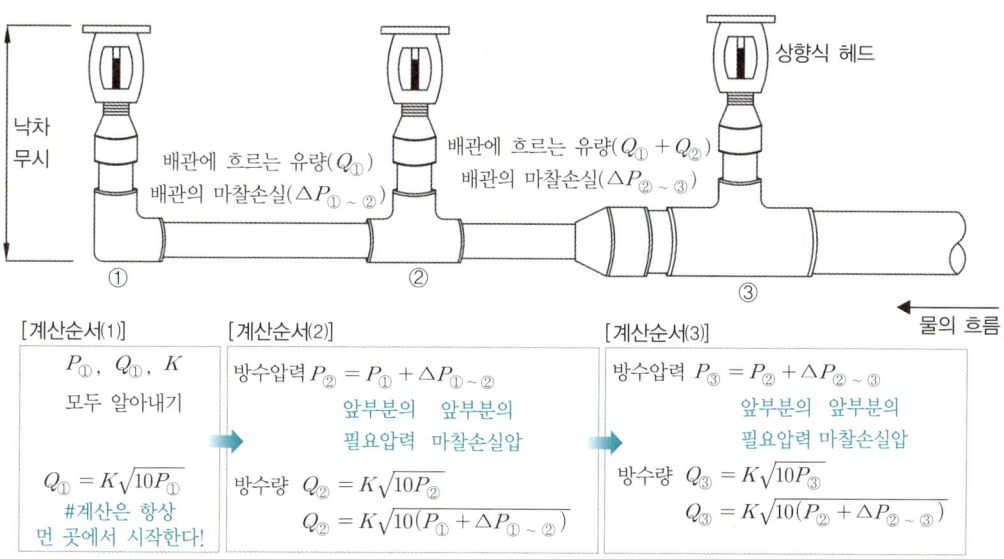

㉡ 마찰손실압력($\triangle P$) 계산하기

- 조건에서 주어진 직관길이별 손실표를 활용하기

$$(\text{주손실} + \text{부차적 손실})\text{의 총 길이 } L \times \frac{\bigcirc \text{m}}{100\text{m}}$$

③ **낙차를 고려하는 경우**(양정=낙차+마찰손실+법정토출압력)

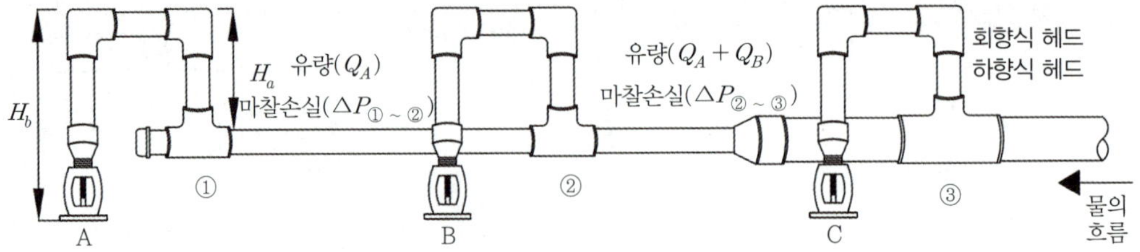

[계산순서(1)]

전압(전양정)=낙차압력+마찰손실압력+법정토출압력

①지점의 필요압력 $P_{①}=(H_a-H_b)+\Delta P_{A\sim①}+P_A$

[계산순서(2)]

②지점의 필요압력 $P_{②}=P_{①}+\Delta P_{①\sim②}$

②지점의 방사량 $Q_{②}=K\sqrt{10(P_{①}+\Delta P_{①\sim②})}$

[계산 + α]

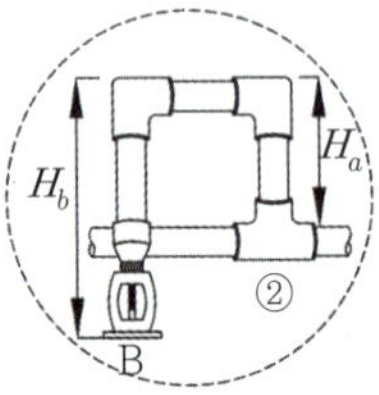

전압(전양정)=낙차압력+마찰손실압력+법정토출압력

- 물이 위로 흐르는 경우 : "+"
- 물이 아래로 흐르는 경우 : "−"

②지점의 필요압력 $P_{②}=(H_a-H_b)+\Delta P_{B\sim②}+P_B$

B헤드의 필요압력 $P_B=P_{②}-(H_a-H_b)-\Delta P_{B\sim②}$

Mind-Control

대부분의 사람들은 첫 호흡을 할 때 멀리 달리지 못하다가 어느새 두 번째 호흡을 하고 있음을 발견한다.
자신이 가지고 있는 모든 것을 꿈을 실현하는 데 쏟아부어라.
그러면 자신에게서 얼마나 놀라운 힘이 나오는지 알게 될 것이다.

- 윌리엄 제임스 -

빈번한 기출문제

01 **스프링클러설비 배관의 안지름을 수리계산에 의하여 선정하고자 한다. 그림에서 B~C 구간의 유량을 165l/min, E~F 구간의 유량을 330l/min라고 가정할 때 다음을 구하시오. (단, 화재안전기술기준에서 정하는 유속기준을 만족하도록 하여야 한다.)** 배점 : 6 [14년] [16년] [21년]

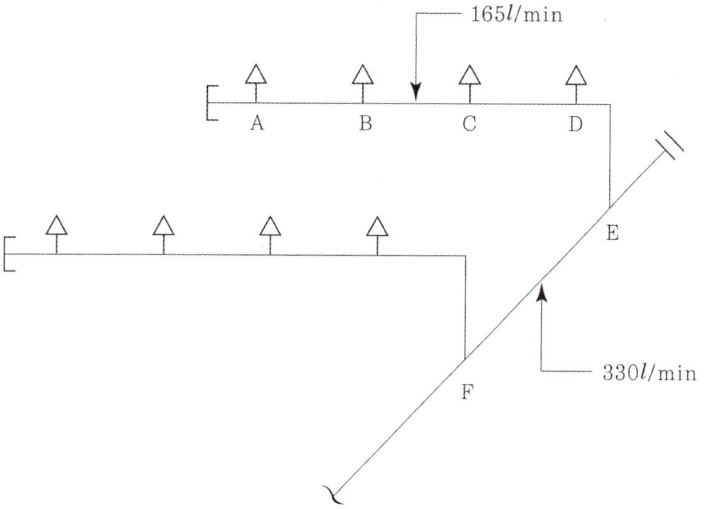

(1) B~C 구간의 배관안지름 [mm]의 최소값을 구하시오.
(2) E~F 구간의 배관안지름 [mm]의 최소값을 구하시오.

• **실전모범답안**

(1) $D=\sqrt{\frac{4Q}{\pi V}}=\sqrt{\frac{4\times\frac{0.165}{60}}{\pi\times 6}}$ =0.024157=24.157mm

• **답 :** 24.16mm (호칭경 25A 선정)

(2) $D=\sqrt{\frac{4Q}{\pi V}}=\sqrt{\frac{4\times\frac{0.33}{60}}{\pi\times 10}}$ =0.026462=26.462mm

• **답 :** 26.46mm (호칭경 40A 선정)

상세해설

$Q=AV=\frac{\pi}{4}D^2V$	연속의 방정식(체적유량)
Q : 유량[m³/s]	➜ $Q_{B-C}=165l/\min=\frac{0.165}{60}\text{m}^3/\text{s}$, $Q_{E-F}=330l/\min=\frac{0.33}{60}\text{m}^3/\text{s}$
A : 배관단면적$\left(\frac{\pi}{4}D^2[\text{m}^2]\right)$	➜ $D=\sqrt{\frac{4Q}{\pi V}}$
V : 유속[m/s]	➜ $V_{B-C}=6\text{m/s}$(가지배관), $V_{E-F}=10\text{m/s}$(기타 배관)

스프링클러설비		
수리계산 시 유속기준(V) [m/s]	가지배관	6m/s 이하
	기타 배관	10m/s 이하
배관별 최소구경(d) [mm]	교차배관, 청소구	40mm 이상
	수직배수배관	50mm 이상

(1) B~C 구간의 배관 안지름[mm]의 최소값 : $D=\sqrt{\frac{4Q}{\pi V}}=\sqrt{\frac{4\times\frac{0.165}{60}\text{m}^3/\text{s}}{\pi\times 6\text{m/s}}}=0.024157\text{m}=24.157\text{mm}$

(호칭경 25A 선정)

(2) E~F 구간의 배관안지름[mm]의 최소값 : $D=\sqrt{\frac{4Q}{\pi V}}=\sqrt{\frac{4\times\frac{0.33}{60}\text{m}^3/\text{s}}{\pi\times 10\text{m/s}}}=0.029134\text{m}=29.134\text{mm}$

(호칭경 40A 선정)

Tip 교차배관의 최소구경인 40mm를 선정한다.
E~F 구간의 배관은 교차배관으로 「스프링클러설비의 화재안전기술기준」에 따라 최소구경 40 mm를 선정함에 주의하자!

02 다음 그림은 일제개방형 스프링클러설비 계통도의 일부를 나타낸 것이다. 주어진 조건을 참조하여 구간별 유량 [l/min] 및 압력 [MPa]을 계산하시오. 배점 : 10 [04년] [06년]

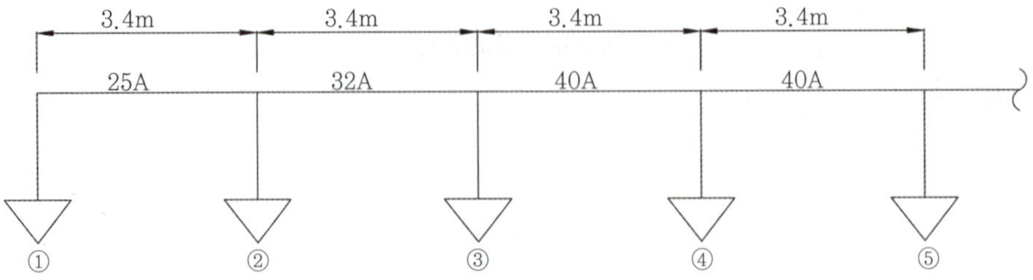

[조건]

① 배관의 마찰손실압력은 하젠-윌리엄의 식에 따르되 계산의 편의상 다음 식과 같다고 가정한다.

$$\Delta P=\frac{6\times10^4\times Q^2}{120^2\times d^5}$$

여기서, ΔP : 배관 1m당 마찰손실압력[MPa/m]

Q : 배관 내의 유량[l/min]

d : 배관의 안지름[mm]

② 헤드는 개방형 헤드이며, 각 헤드의 방출계수 K는 동일하며, 방수압력변화와 관계없이 그 값은 K=80이다.

③ 가지관과 헤드 간의 마찰손실과 관부속품의 마찰손실은 무시한다.

④ 배관 내경은 호칭경과 같다고 가정한다.

⑤ 헤드번호 ①의 방수압은 0.1MPa이다.

지 점	압력[MPa]	유량[l/min]
①	0.1MPa	
②		
③		
④		
⑤		

• 실전모범답안

구 간	압력[MPa]	유량[l/min]
①	$P_{①}=0.1$MPa	$Q_{①}=K\sqrt{10P_{①}}=80\sqrt{10\times0.1}$ $=80l$/min
②	$P_{②}=P_{①}+\Delta P_{①\sim②}=0.1+\frac{6\times10^4\times80^2}{120^2\times25^5}\times3.4$ $=0.109≒0.11$MPa	$Q_{②}=K\sqrt{10P_{②}}=80\sqrt{10\times0.11}$ $=83.904$ $≒83.9l$/min
③	$P_{③}=P_{②}+\Delta P_{②\sim③}=0.11+\frac{6\times10^4\times(80+83.9)^2}{120^2\times32^5}\times3.4$ $=0.121≒0.12$MPa	$Q_{③}=K\sqrt{10P_{③}}=80\sqrt{10\times0.12}$ $=87.635$ $≒87.64l$/min
④	$P_{④}=P_{③}+\Delta P_{③\sim④}$ $=0.12+\frac{6\times10^4\times(163.9+87.64)^2}{120^2\times40^5}\times3.4$ $=0.128≒0.13$MPa	$Q_{④}=K\sqrt{10P_{④}}=80\sqrt{10\times0.13}$ $=91.214$ $≒91.21l$/min
⑤	$P_{⑤}=P_{④}+\Delta P_{④\sim⑤}$ $=0.13+\frac{6\times10^4\times(251.54+91.21)^2}{120^2\times40^5}\times3.4$ $=0.146≒0.15$MPa	$Q_{⑤}=K\sqrt{10P_{⑤}}=80\sqrt{10\times0.15}$ $=97.979$ $≒97.98l$/min

상세해설

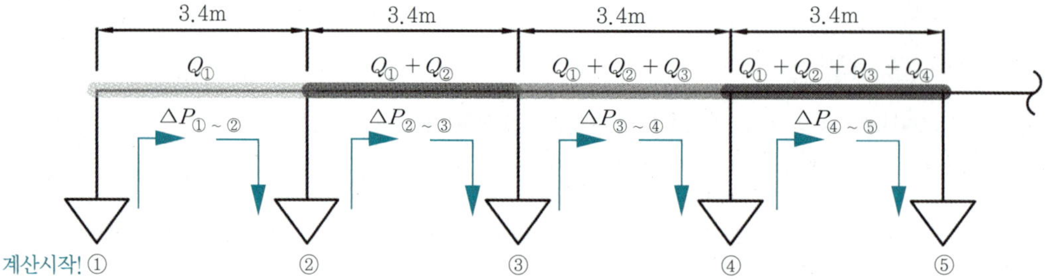

①	②	③	④	⑤
$P_① = 0.1\text{MPa}$	$P_② = P_① + \Delta P_{①\sim②}$	$P_③ = P_② + \Delta P_{②\sim③}$	$P_④ = P_③ + \Delta P_{③\sim④}$	$P_⑤ = P_④ + \Delta P_{④\sim⑤}$
$Q_① = K\sqrt{10P_①}$	$Q_② = K\sqrt{10P_②}$	$Q_③ = K\sqrt{10P_③}$	$Q_④ = K\sqrt{10P_④}$	$Q_⑤ = K\sqrt{10P_⑤}$

$\Delta P = \dfrac{6\times10^4 \times Q^2}{120^2 \times d^5} \times L$	하젠-윌리엄의 식(마찰손실압력)				
	구간	①~②	②~③	③~④	④~⑤
ΔP : 배관의 마찰손실압력[MPa]	➜	계산Ⓐ	계산Ⓒ	계산Ⓔ	계산Ⓖ
Q : 배관 내의 유량[l/min]	➜	80l/min	계산Ⓑ	계산Ⓓ	계산Ⓕ
d : 배관의 안지름[mm]	➜	25mm	32mm	40mm	40mm
L : 배관의 길이[m]	➜	3.4m	3.4m	3.4m	3.4m

구 간	방사압력[MPa]	방사량[l/min]
①	$P_① = 0.1\text{MPa}$ (조건⑤)	$Q_① = K\sqrt{10P_①} = 80\sqrt{10\times0.1\text{MPa}}$ $= 80l/\text{min}$
①~②	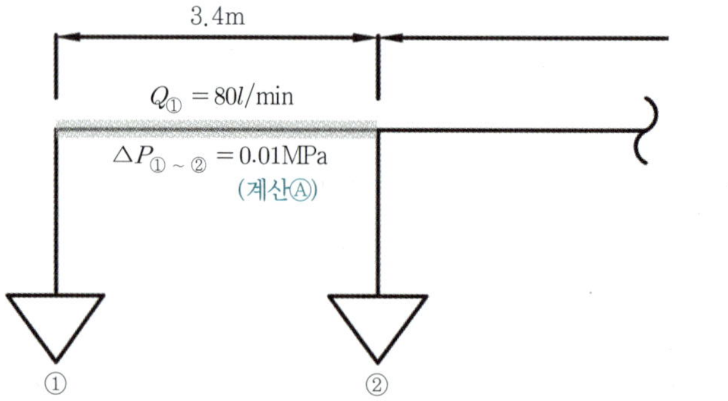 $P_① = 0.1\text{MPa}$ $Q_① = K\sqrt{10P_①}$ $= 80l/\text{min}$	$P_② = P_① + \Delta P_{①\sim②} = 0.11\text{MPa}$ $Q_② = K\sqrt{10P_②} = 83.9l/\text{min}$ (계산Ⓑ)
	$P_② = P_① + \Delta P_{①\sim②}$ $= 0.1\text{MPa} + 0.01\text{MPa} = \mathbf{0.11MPa}$ 계산Ⓐ : $\Delta P_{①\sim②}$ $= \dfrac{6\times10^4 \times (80l/\text{min})^2}{120^2 \times (25\text{mm})^5} \times 3.4\text{m}$ $= 0.009\text{MPa} \fallingdotseq \mathbf{0.01MPa}$	$Q_② = K\sqrt{10P_②}$ 계산Ⓑ : $Q_② = 80\sqrt{10\times0.11\text{MPa}}$ $= 83.904l/\text{min}$ $\fallingdotseq \mathbf{83.9}l\mathbf{/min}$

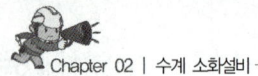

구 간	방사압력[MPa]	방사량[l/min]
②~③	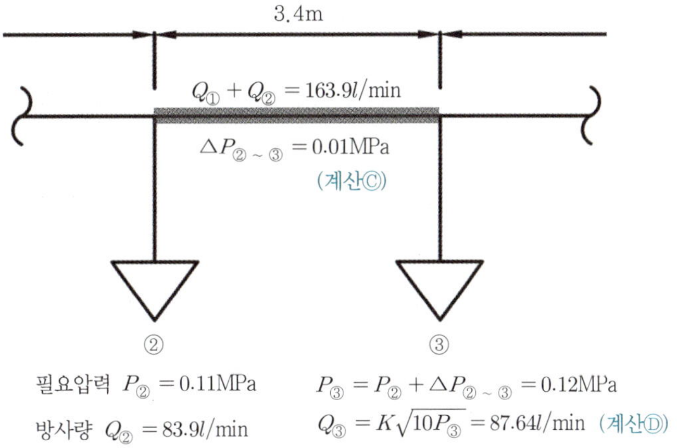	
	$P_{③}=P_{②}+\triangle P_{②\sim③}$ $=0.11\text{MPa}+0.01\text{MPa}=\mathbf{0.12MPa}$ 계산Ⓒ : $\triangle P_{②\sim③}$ $=\dfrac{6\times10^4\times(80+83.9)^2 l/\text{min}}{120^2\times(32\text{mm})^5}\times3.4\text{m}$ $=0.011\text{MPa}\fallingdotseq\mathbf{0.01MPa}$	$Q_{③}=K\sqrt{10P_{③}}$ 계산Ⓓ : $Q_{③}=80\sqrt{10\times0.12\text{MPa}}$ $=87.635l/\text{min}$ $\fallingdotseq$ **87.64l/min**
③~④	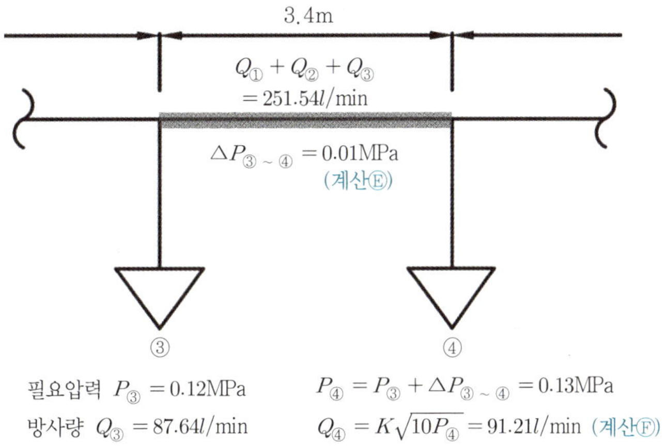	
	$P_{④}=P_{③}+\triangle P_{③\sim④}$ $=0.12\text{MPa}+0.01\text{MPa}=\mathbf{0.13MPa}$ 계산Ⓔ : $\triangle P_{③\sim④}$ $=\dfrac{6\times10^4\times(163.9+87.64)^2 l/\text{min}}{120^2\times(40\text{mm})^5}$ $\times3.4\text{m}$ $=0.008\text{MPa}\fallingdotseq\mathbf{0.01MPa}$	$Q_{④}=K\sqrt{10P_{④}}$ 계산Ⓕ : $Q_{④}=80\sqrt{10\times0.13\text{MPa}}$ $=91.214l/\text{min}$ $\fallingdotseq$**91.21l/min**

<table>
<tr><th>구 간</th><th>방사압력[MPa]</th><th>방사량[l/min]</th></tr>
<tr><td rowspan="2">④~⑤</td><td colspan="2">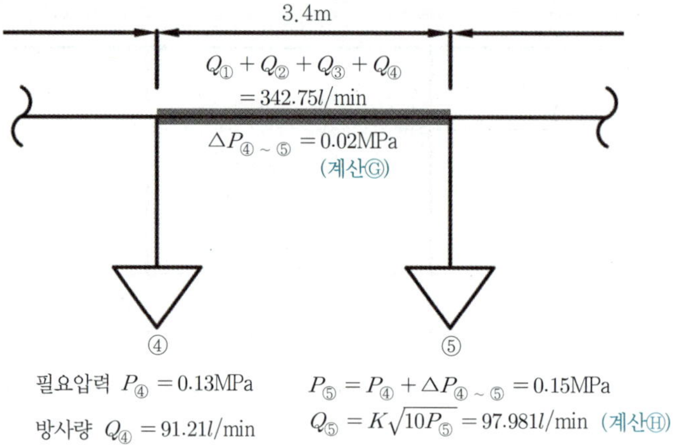
</td></tr>
<tr><td>$P_⑤ = P_④ + \Delta P_{④\sim⑤}$
$= 0.13\text{MPa} + 0.02\text{MPa} = \mathbf{0.15MPa}$
계산Ⓖ : $\Delta P_{④\sim⑤}$
$= \dfrac{6 \times 10^4 \times (251.54 + 91.21)^2 l/\text{min}}{120^2 \times (40\text{mm})^5}$
$\times 3.4\text{m}$
$= 0.016\text{MPa} ≒ \mathbf{0.02MPa}$</td><td>$Q_⑤ = K\sqrt{10P_⑤}$
계산Ⓗ : $Q_⑤ = 80\sqrt{10 \times 0.15\text{MPa}}$
$= 97.979l/\text{min}$
$≒ \mathbf{97.98}\,\boldsymbol{l}\mathbf{/min}$</td></tr>
</table>

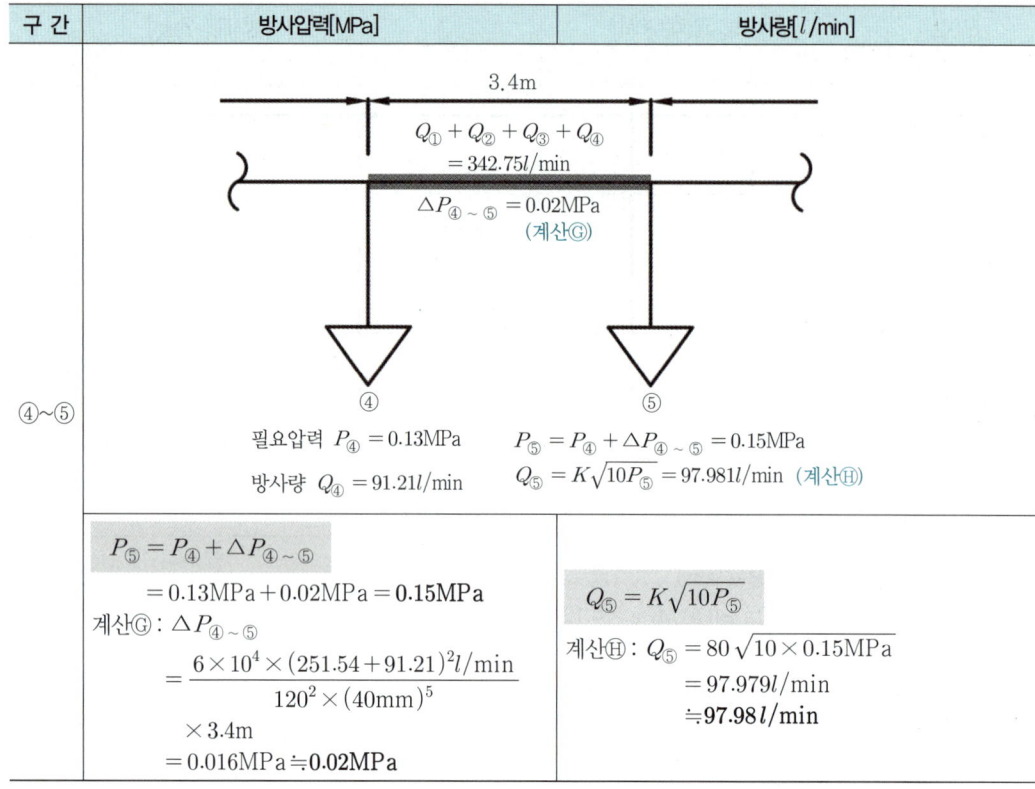

03 **다음 그림은 일제개방형 스프링클러설비 계통도의 일부를 나타낸 것이다. 주어진 조건을 참조하여 구간별 유량 [l/min] 및 압력 [MPa]을 계산하시오.** 배점 : 10 [06년] [17년] [23년]

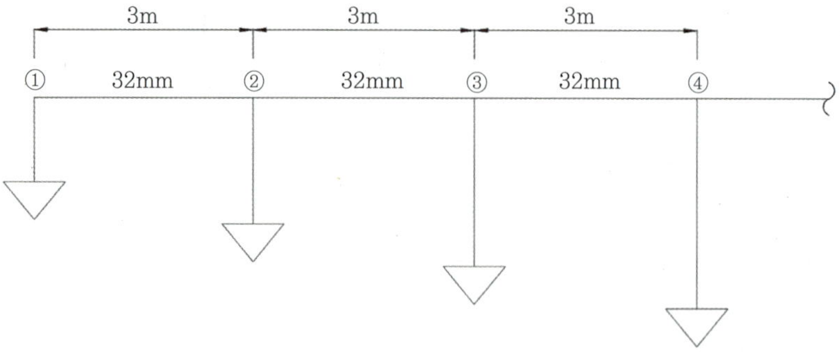

[조건]

① 배관의 마찰손실압력은 하젠-윌리엄의 식에 따르되, 계산의 편의상 다음 식과 같다고 가정한다.

$$\Delta P = \frac{6\times10^4\times Q^2}{100^2\times d^5}$$

여기서, ΔP : 배관 1m당 마찰손실압력[MPa/m]

Q : 유량[l/min]

d : 관의 내경[mm]

② 헤드는 개방형 헤드이고 각 헤드의 방출계수(K)는 동일하며, 방수압력변화와 관계없이 일정하고 그 값은 K=100이다.

③ 가지배관과 헤드 간의 마찰손실은 무시한다.

④ 각 헤드의 방수량은 서로 다르다.

⑤ 배관 내경은 32mm로 일정하다.

⑥ 구간별 배관의 등가길이는 3m로 일정하다.

⑦ 살수 시 최저방수압이 되는 헤드에서의 방수압은 0.1MPa이다.

• 실전모범답안

구 간	방사압력[MPa]	방사량[l/min]
①	$P_{①}=0.1\text{MPa}$	$Q_{①}=K\sqrt{10P_{①}}=100\sqrt{10\times0.1}$ $=100l/\text{min}$
②	$P_{②}=P_{①}+\Delta P_{①\sim②}=0.1+\dfrac{6\times10^4\times100^2}{100^2\times32^5}\times3$ $=0.105\fallingdotseq0.11\text{MPa}$	$Q_{②}=K\sqrt{10P_{②}}=100\sqrt{10\times0.11}$ $=104.880\fallingdotseq104.88l/\text{min}$
③	$P_{③}=P_{②}+\Delta P_{②\sim③}$ $=0.11+\dfrac{6\times10^4\times(100+104.88)^2}{100^2\times32^5}\times3$ $=0.132\fallingdotseq0.13\text{MPa}$	$Q_{③}=K\sqrt{10P_{③}}=100\sqrt{10\times0.13}$ $=114.017\fallingdotseq114.02l/\text{min}$
④	$P_{④}=P_{③}+\Delta P_{③\sim④}$ $=0.13+\dfrac{6\times10^4\times(204.88+114.02)^2}{100^2\times32^5}\times3$ $=0.184\fallingdotseq0.18\text{MPa}$	$Q_{④}=K\sqrt{10P_{④}}=100\sqrt{10\times0.18}$ $=134.164\fallingdotseq134.16l/\text{min}$

상세해설

$\Delta P=\dfrac{6\times10^4\times Q^2}{100^2\times d^5}\times L$	하젠-윌리엄의 식(마찰손실압력)			
	구간	①~②	②~③	③~④
ΔP : 배관의 마찰손실압력[MPa]	➜	계산Ⓐ	계산Ⓒ	계산Ⓔ
Q : 배관 내의 유량[l/min]	➜	100l/min	계산Ⓑ	계산Ⓓ
d : 배관의 안지름[mm]	➜	32mm	32mm	32mm
L : 배관의 길이[m]	➜	3m	3m	3m

<table>
<tr><th>구 간</th><th>방사압력[MPa]</th><th>방사량[l/min]</th></tr>
<tr><td>①</td><td>$P_{①}=0.1\text{MPa}$</td><td>$Q_{①}=K\sqrt{10P_{①}}$
$=100\sqrt{10\times0.1\text{MPa}}=100l/\text{min}$</td></tr>
<tr><td rowspan="2">②</td><td colspan="2">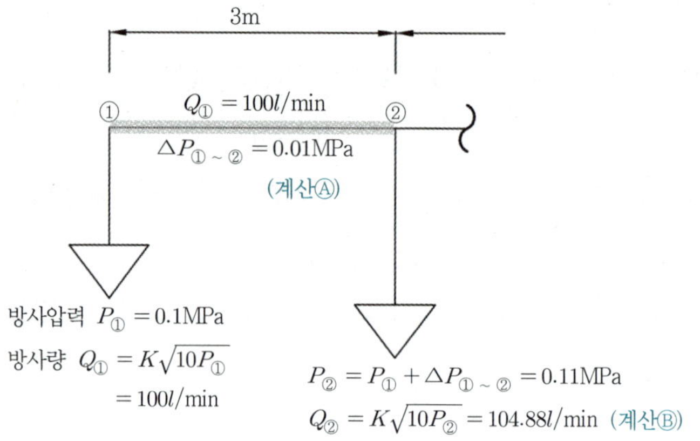
</td></tr>
<tr><td>$P_{②}=P_{①}+\Delta P_{①\sim②}$
$=0.1\text{MPa}+0.01\text{MPa}=\mathbf{0.11MPa}$
계산Ⓐ : $\Delta P_{①\sim②}$
$=\dfrac{6\times10^4\times(100l/\text{min})^2}{100^2\times(32\text{mm})^5}\times3\text{m}$
$=0.005\text{MPa}\fallingdotseq\mathbf{0.01MPa}$</td><td>$Q_{②}=K\sqrt{10P_{②}}$
계산Ⓑ : $Q_{②}=100\sqrt{10\times0.11\text{MPa}}$
$=104.880l/\text{min}$
$\fallingdotseq\mathbf{104.88}\,l/\text{min}$</td></tr>
<tr><td rowspan="2">③</td><td colspan="2">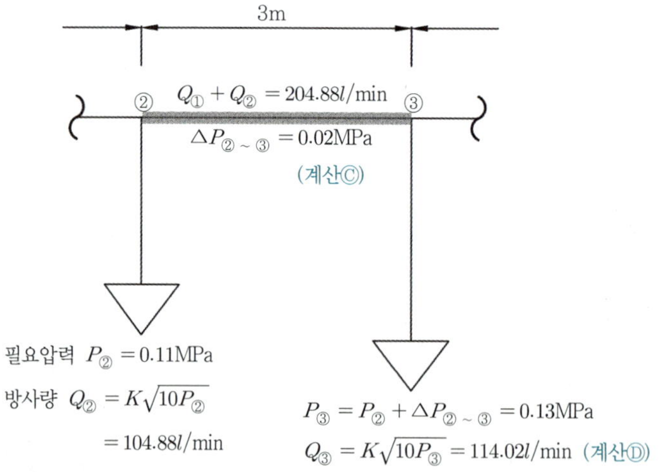
</td></tr>
<tr><td>$P_{③}=P_{②}+\Delta P_{②\sim③}$
$=0.11\text{MPa}+0.02\text{MPa}=\mathbf{0.13MPa}$
계산Ⓒ : $\Delta P_{②\sim③}$
$=\dfrac{6\times10^4\times(100l/\text{min}+104.88l/\text{min})^2}{100^2\times(32\text{mm})^5}\times3\text{m}$
$=0.022\text{MPa}\fallingdotseq\mathbf{0.02MPa}$</td><td>$Q_{③}=K\sqrt{10P_{③}}$
계산Ⓓ : $Q_{③}=100\sqrt{10\times0.13\text{MPa}}$
$=114.017l/\text{min}$
$\fallingdotseq\mathbf{114.02}\,l/\text{min}$</td></tr>
</table>

<table>
<tr><th>구간</th><th>방사압력[MPa]</th><th>방사량[l/min]</th></tr>
<tr><td rowspan="2">④</td><td colspan="2">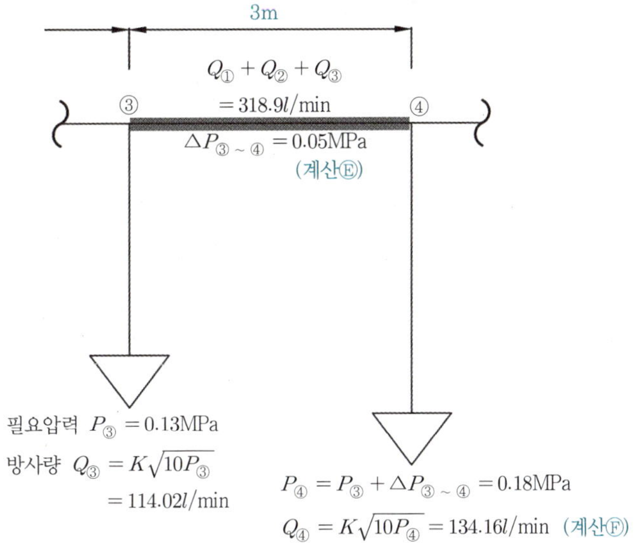
</td></tr>
<tr><td>$P_{④} = P_{③} + \Delta P_{③\sim④}$
$= 0.13\text{MPa} + 0.05\text{MPa} = \mathbf{0.18MPa}$
계산Ⓔ : $\Delta P_{③\sim④}$
$= \dfrac{6\times10^4\times(204.88l/\text{min}+114.02l/\text{min})^2}{100^2\times(32\text{mm})^5}\times3\text{m}$
$= 0.054\text{MPa} ≒ \mathbf{0.05MPa}$</td><td>$Q_{④} = K\sqrt{10P_{④}}$
계산Ⓕ : $Q_{④} = 100\sqrt{10\times0.18\text{MPa}}$
$= 134.164l/\text{min}$
$≒ \mathbf{134.16}\,l\mathbf{/min}$</td></tr>
</table>

04 그림은 어느 스프링클러설비의 배관 계통도이다. 이 도면과 주어진 조건을 참고하여 다음 각 물음에 답하시오.

배점 : 21 [04년] [09년]

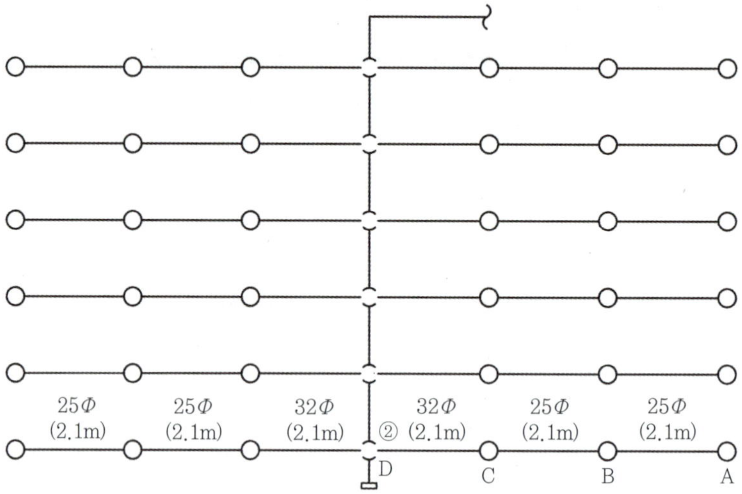

[조건]

① 배관의 마찰손실압력은 하젠-윌리엄의 공식을 따르되, 계산의 편의상 다음 식과 같다고 가정한다.

$$\triangle P = 6 \times 10^4 \times \frac{Q^2}{C^2 \times d^5} \times L$$

여기서, $\triangle P$: 배관의 마찰손실압력[MPa]
Q : 배관 내의 유량[l/min]
C : 조도
d : 관의 내경[mm]
L : 배관길이[m]

② 배관의 호칭구경과 내경은 같다고 보며, 관부속품의 마찰손실은 무시한다.
③ 헤드는 개방형이며, 조도 C는 120으로 한다.
④ 배관의 호칭구경은 15ϕ, 20ϕ, 25ϕ, 32ϕ, 40ϕ, 50ϕ, 65ϕ, 80ϕ, 100ϕ로 한다.
⑤ A헤드의 방수압은 0.1MPa, 방수량은 80l/min로 계산한다.

(1) A~B 사이의 마찰손실압 [kPa]을 구하시오.
(2) B헤드에서의 방수량 [l/min]을 구하시오.
(3) B~C 사이의 마찰손실압 [kPa]을 구하시오.
(4) C헤드에서의 방수량 [l/min]을 구하시오.
(5) D점에서의 방수압 [kPa]을 구하시오.
(6) ②지점의 방수량 [l/min]을 구하시오.
(7) ②지점의 배관 최소구경 [mm]을 선정하시오. (단, 화재안전기준에 의한다.)

• 실전모범답안

(1) $\Delta P_{A\sim B}=6\times10^4\times\dfrac{Q^2}{C^2\times d^5}\times L=6\times10^4\times\dfrac{80^2}{120^2\times25^5}\times2.1$=0.005734MPa=5.734kPa

• **답 :** 5.73kPa

(2) $Q_B=K\sqrt{10P_B}=80\sqrt{10\times0.10573}$=82.260$l$/min

→ $P_B=P_A+\Delta P_{A-B}$=0.1+0.005734=0.105734MPa

• **답 :** 82.26l/min

(3) $\Delta P_{B-C}=6\times10^4\times\dfrac{Q^2}{C^2\times d^5}\times L=6\times10^4\times\dfrac{(80+82.26)^2}{120^2\times25^5}\times2.1$=0.02359MPa=23.59kPa

• **답 :** 23.59kPa

(4) $Q_C=K\sqrt{10P_C}=80\sqrt{10\times0.12932}$=90.975$l$/min

→ $P_C=P_B+\Delta P_{B-C}$=0.105734+0.02359=0.12932MPa

• **답 :** 90.98l/min

(5) $P_D=P_C+\Delta P_{C-D}$=0.12932+0.01672=0.14604MPa=146.04kPa

→ $P_{C-D}=6\times10^4\times\dfrac{Q^2}{C^2\times d^5}\times L=6\times10^4\times\dfrac{(162.26+90.98)^2}{120^2\times32^5}\times2.1$=0.01672MPa

• **답 :** 146.04kPa

(6) $Q_{②}$=2×($Q_A+Q_B+Q_C$)=2×(80+82.26+90.98)=506.48l/min

• **답 :** 506.48l/min

(7) $D_{②}=\sqrt{\dfrac{4Q}{\pi V}}=\sqrt{\dfrac{4\times\dfrac{0.50648}{60}}{\pi\times10}}$=0.03278m=32.78mm (교차배관의 최소구경)

• **답 :** 호칭경 40A 선정

상세해설

$\Delta P=6\times10^4\times\dfrac{Q^2}{C^2\times d^5}\times L$	하젠-윌리엄의 식(마찰손실압력)			
	구간	A~B	B~C	C~D
ΔP : 배관의 마찰손실압력[MPa]	→	계산(1)	계산(3)	계산(5)
Q : 배관 내의 유량[l/min]	→	80l/min	계산(2)	계산(4)
C : 조도 **(조건③)**	→	120	120	120
d : 배관의 안지름[mm]	→	25mm	25mm	32mm
L : 배관의 길이[m]	→	2.1m	2.1m	2.1m

(1)~(5) ΔP_{A-B}, Q_B, ΔP_{B-C}, Q_C, P_D

<table>
<tr><th>구 간</th><th>방사압력[MPa]</th><th>방수량[l/min]</th></tr>
<tr><td>A</td><td>$P_A = 0.1\text{MPa}$ (조건⑤)</td><td>$Q_A = 80l/\text{min}$
$\left(K = \frac{Q}{\sqrt{10P}} = \frac{80l/\text{min}}{\sqrt{10 \times 0.1\text{MPa}}} = 80\right)$</td></tr>
<tr><td rowspan="2">B</td><td colspan="2">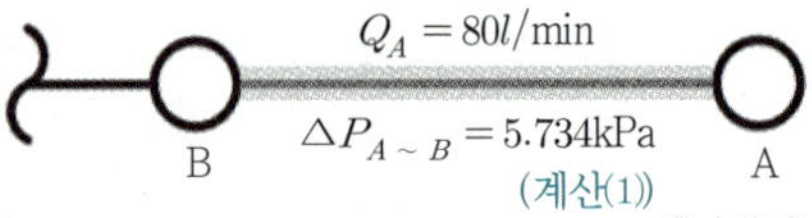

방사압력 $P_A = 0.1\text{MPa}$
방사량 $Q_A = 80l/\text{min}$
방출계수 $K = \frac{Q}{\sqrt{10P}} = \frac{80l/\text{min}}{\sqrt{10 \times 0.1\text{MPa}}} = 80$
필요압력 $P_B = P_A + \triangle P_{A\sim B} = 0.10573\text{MPa}$
방사량 $Q_B = K\sqrt{10P_B} = 82.26l/\text{min}$ (계산(2))</td></tr>
<tr><td>$P_B = P_A + \triangle P_{A\sim B}$
$= 0.1\text{MPa} + 0.00573\text{MPa}$
$= \mathbf{0.10573MPa}$
계산(1) :
$\triangle P_{A\sim B} = 6 \times 10^4 \times \frac{(80l/\text{min})^2}{120^2 \times (25\text{mm})^5} \times 2.1\text{m}$
$= 0.005734\text{MPa} = \mathbf{5.734kPa}$</td><td>$Q_B = K\sqrt{10P_B}$
계산(2) : $Q_B = 80\sqrt{10 \times 0.10573\text{MPa}}$
$= 82.260l/\text{min}$
$\fallingdotseq \mathbf{82.26}\,l/\text{min}$</td></tr>
<tr><td rowspan="2">C</td><td colspan="2">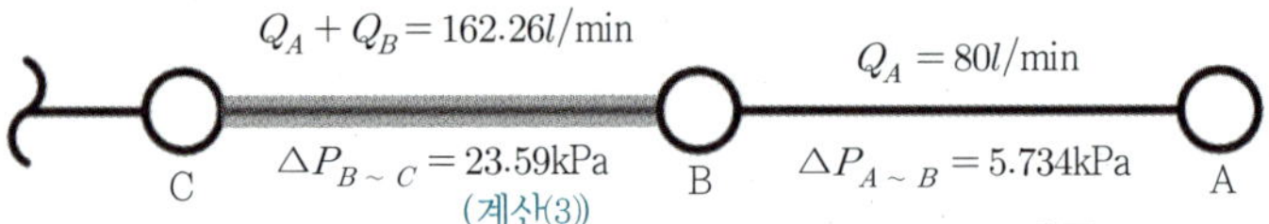

필요압력 $P_C = P_B + \triangle P_{B\sim C} = 0.12932\text{MPa}$
방사량 $Q_C = K\sqrt{10P_C} = 90.98l/\text{min}$ (계산(4))
$P_B = 0.10573\text{MPa}$
$Q_B = 82.26l/\text{min}$</td></tr>
<tr><td>$P_C = P_B + \triangle P_{B\sim C}$
$= 0.10573\text{MPa} + 0.02359\text{MPa}$
$= \mathbf{0.12932MPa}$
계산(3) :
$\triangle P_{B\sim C}$
$= 6 \times 10^4 \times \frac{(80 + 82.26l/\text{min})^2}{120^2 \times (25\text{mm})^5} \times 2.1\text{m}$
$= 0.02359\text{MPa} = \mathbf{23.59kPa}$</td><td>$Q_C = K\sqrt{10P_C}$
계산(4) : $Q_C = 80\sqrt{10 \times 0.12932\text{MPa}}$
$= 90.975l/\text{min}$
$\fallingdotseq \mathbf{90.98}\,l/\text{min}$</td></tr>
</table>

<table>
<tr><th>구 간</th><th>방사압력[MPa]</th><th>방수량[l/min]</th></tr>
<tr><td rowspan="2">D</td><td colspan="2">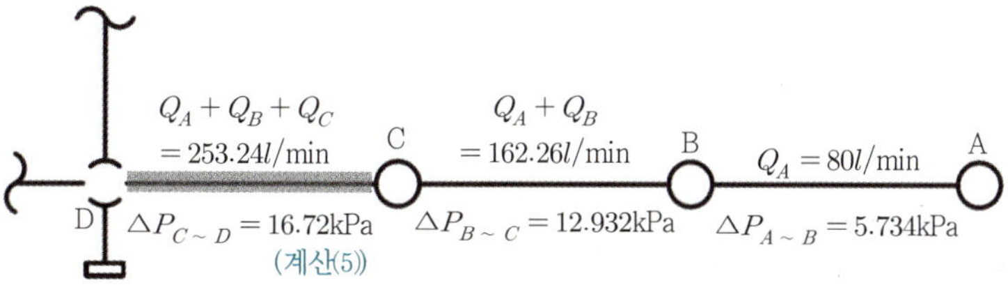

필요압력 $P_D=P_C+\Delta P_{C\sim D}=0.14604\text{MPa}$
방사량 $Q_D=2\times(Q_A+Q_B+Q_C)=506.48l/\text{min}$ (계산(6))</td></tr>
<tr><td>$P_D=P_C+\Delta P_{C\sim D}$
$=0.12932\text{MPa}+0.01672\text{MPa}$
$=0.14604\text{MPa}=$ 146.04kPa
계산(5) :
$\Delta P_{C\sim D}$
$=6\times10^4\times\dfrac{(162.26+90.98l/\text{min})^2}{120^2\times(32\text{mm})^5}\times2.1\text{m}$
$=0.01672\text{MPa}=$ 16.72kPa</td><td>$Q_D=Q_{②}=2\times(Q_A+Q_B+Q_C)$
계산(6) : $Q_D=2\times(80+82.26+90.98)l/\text{min}$
$=$ 506.48l/min</td></tr>
</table>

(6) ②지점의 방수량[l/min]

교차배관의 ②지점을 기준으로 좌우측의 가지배관이 동일하므로 ②지점의 방수량은 위 문제 (1)~(5)에 의해 **산출된 유량의 2배**이다.

②지점의 방수량 : $Q_{②}=2\times(Q_A+Q_B+Q_C)$

→ **②지점의 방수량 :** $Q_{②}=2\times(80+82.26+90.98)l/\text{min}$ $=$ **506.48l/min**

(7) ②지점의 배관 최소구경[mm]

$Q=AV=\dfrac{\pi}{4}D^2V$	연속의 방정식(체적유량)
Q : 유량[m³/s]	→ $Q_{②}=506.48l/\text{min}=\dfrac{0.50648}{60}\text{m}^3/\text{s}$
A : 배관단면적$\left(\dfrac{\pi}{4}D^2[\text{m}^2]\right)$	→ $D=\sqrt{\dfrac{4Q}{\pi V}}$
V : 유속[m/s]	→ $V=10\text{m/s}$ **(교차배관 : 기타 배관)**

스프링클러설비 배관의 유속 및 구경기준		
수리계산 시 유속기준(V) [m/s]	가지배관	6m/s 이하
	기타 배관	10m/s 이하
배관별 최소구경(d) [mm]	교차배관, 청소구	40mm 이상
	수직배수배관	50mm 이상

→ **배관최소구경 :** $D=\sqrt{\dfrac{4Q}{\pi V}}=\sqrt{\dfrac{4\times\dfrac{0.50648}{60}\text{m}^3/\text{s}}{\pi\times10\text{m/s}}}=0.03278\text{m}=32.78\text{mm}$(교차배관 최소구경)

(호칭경 40A 선정)

Tip 문제의 스프링클러설비는 개방형 헤드를 사용하고 도면에 표시된 헤드의 개수가 36개로 30를 초과하므로 수리계산에 따라 배관의 관경을 선정한다.

05 **다음 그림은 어느 일제개방형 스프링클러설비의 계통도이다. 주어진 조건을 참조하여 이 설비가 작동되었을 경우 방수압, 방수량 등을 답란의 요구순서대로 수리계산하여 산출하시오.**

배점 : 22 [10년] [13년] [16년]

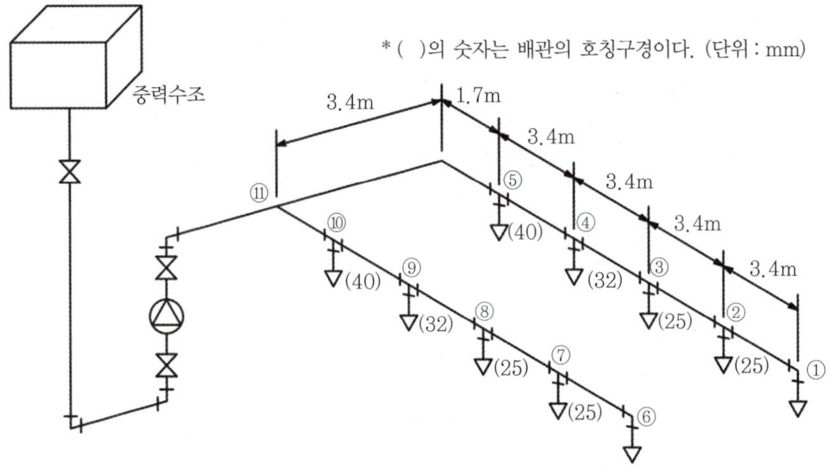

[조건]

① 설치된 개방형 헤드의 방출계수(K)는 80이다.

② 살수 시 최저방수압이 걸리는 헤드에서의 방수압은 0.1MPa이다.

③ 사용배관은 KS D 3507로 배관용 탄소강관이다.

④ 가지배관으로부터 헤드까지의 마찰손실은 무시한다.

⑤ 배관 내의 유수에 따른 마찰손실압력은 하젠-윌리엄의 공식을 적용하되, 계산의 편의상 공식은 다음과 같다고 가정한다.

$$\triangle P = \frac{6 \times 10^4 \times Q^2}{120^2 \times d^5}$$

여기서, $\triangle P$: 배관 1m당 마찰손실압력[MPa/m]

Q : 배관 내의 유량[l/min]

d : 배관의 안지름[mm]

⑥ 배관의 내경은 호칭구경별로 다음과 같다고 가정한다.

호칭구경[mm]	25	32	40	50	65	80	100
내경[mm]	27	36	42	53	69	81	105

⑦ 배관부속 및 밸브류의 마찰손실은 무시한다.

⑧ 수리계산 시 속도수두는 무시한다.

(1) 스프링클러헤드의 방수압 및 방수량을 계산하여 다음의 표를 완성하시오.

헤드 번호	방수압[MPa]	방수량[l/min]
①	$P_{①}=0.1\text{MPa}$	$q_{①}=K\sqrt{10P}=80\times\sqrt{0.1\times10}=80l/\text{min}$
②	계산 : ①노즐방사압 + ①·②간 관로손실압	계산 : $q_{②}=K\sqrt{10P}$
③	계산 : ②노즐방사압 + ②·③간 관로손실압	계산 : $q_{③}=K\sqrt{10P}$
④	계산 : ③노즐방사압 + ③·④간 관로손실압	계산 : $q_{④}=K\sqrt{10P}$
⑤	계산 : ④노즐방사압 + ④·⑤간 관로손실압	계산 : $q_{⑤}=K\sqrt{10P}$

(2) 도면의 배관구간 ⑤~⑪의 매분 유수량 q_A[l/min]를 구하시오. (단, 구간의 배관 호칭구경은 40mm로 한다.)

• **실전모범답안**

(1) 구간 ①~⑤의 방수압 및 방수량

헤드 번호	방수압[MPa]	방수량[l/min]
①	$P_{①}=0.1\text{MPa}$	$q_{①}=K\sqrt{10P}=80\times\sqrt{0.1\times10}$ $=80l/\text{min}$
②	$P_{②}=P_{①}+\Delta P_{①\sim②}$ $=0.1+\dfrac{6\times10^4\times80^2}{120^2\times27^5}\times3.4=0.11\text{MPa}$	$q_{②}=80\sqrt{10\times0.11}=83.904$ $\fallingdotseq$ **83.9l/min**
③	$P_{③}=P_{②}+\Delta P_{②\sim③}$ $=0.11+\dfrac{6\times10^4\times(80+83.9)^2}{120^2\times27^5}\times3.4$ $=0.14\text{MPa}$	$q_{③}=80\sqrt{10\times0.14}=94.657$ $\fallingdotseq$ **94.66l/min**
④	$P_{④}=P_{③}+\Delta P_{③\sim④}$ $=0.14+\dfrac{6\times10^4\times(163.9+94.66)^2}{120^2\times36^5}\times3.4$ $=0.16\text{MPa}$	$q_{④}=80\sqrt{10\times0.16}=101.192$ $\fallingdotseq$ **101.19l/min**
⑤	$P_{⑤}=P_{④}+\Delta P_{④\sim⑤}$ $=0.16+\dfrac{6\times10^4\times(258.56+101.19)^2}{120^2\times42^5}\times3.4$ $=0.17\text{MPa}$	$q_{⑤}=80\sqrt{10\times0.17}=104.307$ $\fallingdotseq$ **104.31l/min**

(2) $q_A=q_{①}+q_{②}+q_{③}+q_{④}+q_{⑤}$ =80+83.9+94.66+101.19+104.31=464.06l/min

• **답 :** 464.06l/min

상세해설

$\Delta P = 6 \times 10^4 \times \dfrac{Q^2}{120^2 \times d^5} \times L$	하젠–윌리엄의 식(마찰손실압력)				
	구간	①~②	②~③	③~④	④~⑤
ΔP : 배관의 마찰손실압력[MPa]	➜	계산Ⓐ	계산Ⓒ	계산Ⓔ	계산Ⓖ
Q : 배관 내의 유량[l/min]	➜	80l/min	계산Ⓑ	계산Ⓓ	계산Ⓕ
d : 배관의 안지름[mm]**(내경, 조건⑥)**	➜	27mm	27mm	36mm	42mm
L : 배관의 길이[m]	➜	3.4m	3.4m	3.4m	3.4m

(1) 스프링클러헤드의 방수압 및 방수량

<table>
<tr><th>헤드번호</th><th>방수압[MPa]</th><th>방수량[l/min]</th></tr>
<tr><td>①</td><td>$P_① = 0.1\,\text{MPa}$ (조건②)</td><td>$q_① = K\sqrt{10P} = 80 \times \sqrt{0.1 \times 10}$
$= 80l/\text{min}$</td></tr>
<tr><td rowspan="2">②</td><td colspan="2">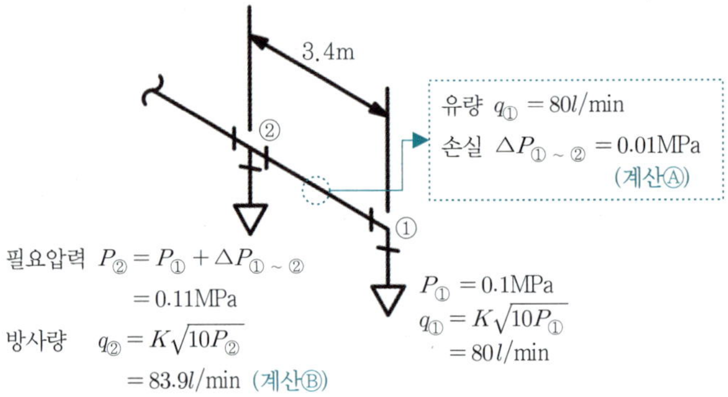
</td></tr>
<tr><td>계산=①노즐방사압+①·②간 관로손실압
$P_② = P_① + \Delta P_{①\sim②} = 0.1\text{MPa} + 0.01\text{MPa} = \mathbf{0.11MPa}$
계산 Ⓐ : $\Delta P_{①\sim②}$
$= \dfrac{6 \times 10^4 \times (80l/\text{min})^2}{120^2 \times (27\text{mm})^5} \times 3.4\text{m}$
$= 0.006\text{MPa} \fallingdotseq 0.01\text{MPa}$</td><td>$q_② = K\sqrt{10P_②}$
계산 Ⓑ : $q_② = 80\sqrt{10 \times 0.11\text{MPa}}$
$= 83.904l/\text{min}$
$\fallingdotseq \mathbf{83.9}\,l/\text{min}$</td></tr>
</table>

<table>
<tr><th>헤드
번호</th><th colspan="2">방수압[MPa]</th><th>방수량[l/min]</th></tr>
<tr><td rowspan="2">③</td><td colspan="3">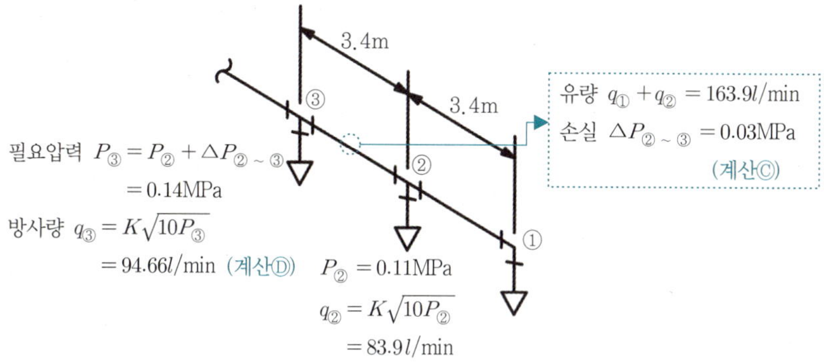
</td></tr>
<tr><td colspan="2">계산=②노즐방사압+②·③간 관로손실압
$P_{③}=P_{②}+\triangle P_{②\sim③}=0.11\text{MPa}+0.03\text{MPa}$
$=\mathbf{0.14MPa}$
계산 Ⓒ : $\triangle P_{②\sim③}$
$=\dfrac{6\times10^4\times(80+83.9l/\text{min})^2}{120^2\times(27\text{mm})^5}\times3.4\text{m}$
$=0.026\text{MPa}\fallingdotseq0.03\text{MPa}$</td><td>$q_{③}=K\sqrt{10P_{③}}$
계산 Ⓓ : $q_{③}=80\sqrt{10\times0.14\text{MPa}}$
$=94.657l/\text{min}$
$\fallingdotseq\mathbf{94.66}\boldsymbol{l}\mathbf{/min}$</td></tr>
<tr><td rowspan="2">④</td><td colspan="3">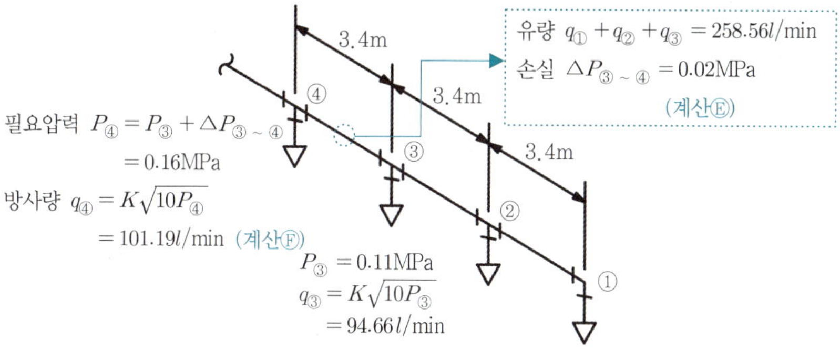
</td></tr>
<tr><td colspan="2">계산=③노즐방사압+③·④간 관로손실압
$P_{④}=P_{③}+\triangle P_{③\sim④}=0.14\text{MPa}+0.02\text{MPa}=\mathbf{0.16MPa}$
계산 Ⓔ : $\triangle P_{③\sim④}$
$=\dfrac{6\times10^4\times(163.9+94.66l/\text{min})^2}{120^2\times(36\text{mm})^5}\times3.4\text{m}$
$=0.015\text{MPa}\fallingdotseq0.02\text{MPa}$</td><td>$q_{④}=K\sqrt{10P_{④}}$
계산 Ⓕ :
$q_{④}=80\sqrt{10\times0.16\text{MPa}}$
$=101.192l/\text{min}$
$\fallingdotseq\mathbf{101.19}\boldsymbol{l}\mathbf{/min}$</td></tr>
</table>

헤드 번호	방수압[MPa]	방수량[l/min]
⑤	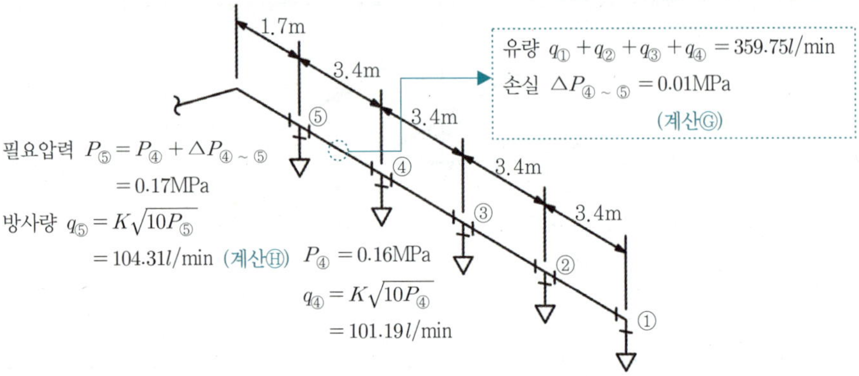	
	계산=④노즐방사압+④·⑤간 관로손실압 $P_{⑤}=P_{④}+\Delta P_{④\sim⑤}=0.16\text{MPa}+0.01\text{MPa}=\mathbf{0.17MPa}$ 계산 Ⓖ: $\Delta P_{④\sim⑤}=\dfrac{6\times10^4\times(258.56+101.19l/\min)^2}{120^2\times(42\text{mm})^5}\times3.4\text{m}$ $=0.014\text{MPa}\fallingdotseq0.01\text{MPa}$	$q_{⑤}=K\sqrt{10P_{⑤}}$ 계산 Ⓗ: $q_{⑤}=80\sqrt{10\times0.17\text{MPa}}$ $=104.307l/\min$ $\fallingdotseq\mathbf{104.31}\,l/\min$

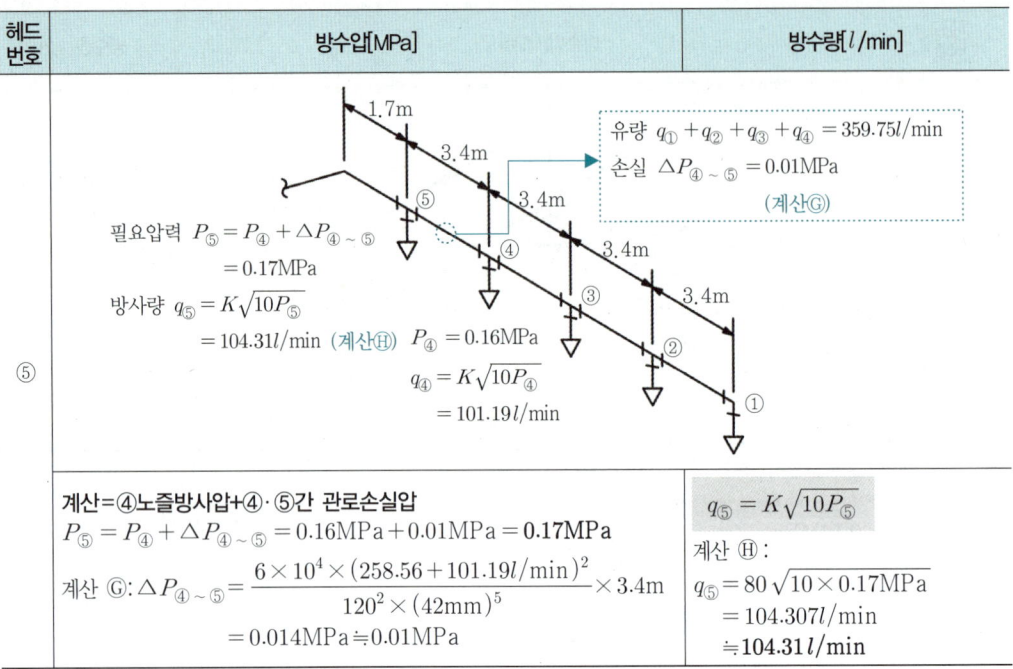

Tip 조건④에 따라 가지배관으로부터 헤드까지의 마찰손실은 무시하여 계산한다. 만약 조건④가 주어지지 않았을 경우, 가지배관으로부터 헤드까지의 마찰손실과 낙차를 모두 고려하여 계산하여야 한다.

(2) 배관구간 ⑤~⑪의 유수량 q_A[l/min]

배관구간 ⑤~⑪의 유수량 $q_{⑤\sim⑪}$는 헤드①부터 헤드⑤까지의 방사량의 합과 같다.

$$q_A=q_{⑤\sim⑪}=q_{①}+q_{②}+q_{③}+q_{④}+q_{⑤}$$

$$=80l/\min+83.9l/\min+94.66l/\min+101.19l/\min+104.31l/\min$$

$$=\mathbf{464.06}\,l/\min$$

06 **다음의 설치 도면은 폐쇄형 습식 스프링클러설비에 대한 가지배관의 최고말단부분을 나타낸 것이다. 다음 물음에 답하시오.**

배점 : 18 [10년] [19년]

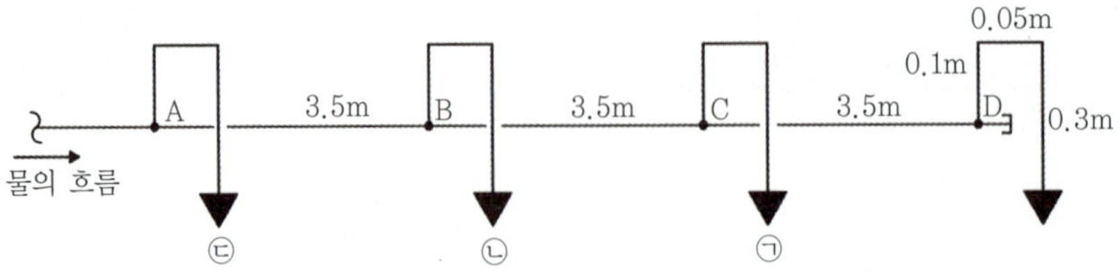

[조건]

① 배관에 설치된 관부속품의 등가길이[m]는 다음의 표와 같다.

호칭경	90° 엘보	분류 T	직류 T	레듀셔
50A	2.1	3.0	0.6	(50A×40A) 1.20
40A	1.5	2.1	0.45	(40A×32A) 0.90
32A	1.2	1.8	0.36	(32A×25A) 0.72
25A	0.9	1.5	0.27	(25A×15A) 0.54

② 호칭경에 따른 내경[mm]은 다음의 표와 같다.

호칭구경	25A	32A	40A	50A
내경[mm]	28	36	42	53

③ 최종헤드의 방사압력은 0.1MPa이다.

④ 배관 내의 유수에 따른 마찰손실압력은 하젠-윌리엄의 공식을 적용하되, 계산의 편의상 공식은 다음과 같다고 가정한다.

$$\triangle P = \frac{6\times10^4\times Q^2}{120^2\times d^5}$$

여기서, $\triangle P$: 배관 1m당 마찰손실압력[MPa/m]

Q : 배관 내의 유량[l/min]

d : 배관의 안지름[mm]

⑤ 회향식 배관의 마찰손실압력은 모두 같다고 가정한다.

⑥ 헤드는 모두 개방상태라고 가정한다.

⑦ 소수점 넷째자리에서 반올림하여 소수점 셋째자리까지 구하시오.

(1) 각 구간별(A→B, B→C, C→D, D→최종헤드) 배관의 마찰손실 [MPa]을 구하시오.

(2) A점에서 최종헤드까지의 총 손실압력 [MPa]을 구하시오.

(3) D, C, B, A점에서의 압력 [MPa]을 구하시오.

(4) ㉠, ㉡, ㉢ 헤드에서의 방사압력 [MPa]을 구하시오.

• **실전모범답안**

(1) ① D→최종헤드의 마찰손실 : $\triangle P_{D\sim 최종헤드} = \dfrac{6\times10^4\times80^2}{120^2\times28^5}\times\{(0.1+0.05+0.3+(0.9\times2)+0.54)\}$

=0.0043MPa

② C→D 배관의 마찰손실 : $\triangle P_{C\sim D} = \dfrac{6\times10^4\times80^2}{120^2\times28^5}\times(3.5+1.5)$=0.0077MPa

③ B→C 배관의 마찰손실 : $\triangle P_{B\sim C} = \dfrac{6\times10^4\times(80+83.138)^2}{120^2\times28^5}\times(3.5+1.5)$=0.0322MPa

→ ㉠헤드의 방수량($Q_㉠$)$=K\sqrt{10P_㉠}=80\sqrt{10\times(0.11-(-0.002)-0.004)}$=83.138$l$/min

④ A→B 배관의 마찰손실 : $\triangle P_{A\sim B} = \dfrac{6\times10^4\times(163.138+94.657)^2}{120^2\times36^5}\times(3.5+1.8+0.72)$=0.0275MPa

→ ㉡헤드의 방수량($Q_㉡$)$=K\sqrt{10P_㉡}=80\sqrt{10\times(0.142-(-0.002)-0.004)}$

=94.657l/min

• **답 :** ① $\Delta P_{D\sim 최종헤드}$=0.004MPa ② $\Delta P_{C\sim D}$=0.008MPa ③ $\Delta P_{B\sim C}$=0.032MPa,

④ ΔP_{A-B}=0.028MPa

(2) $\Delta P_{A-최종헤드}$=0.028+0.032+0.008+0.004−0.002=0.07MPa

→ 낙차 환산수두압력=0.1−0.3=$-0.2\times\frac{0.101325}{10.332}$=−0.002MPa

• **답 :** 0.07MPa

(3) ① P_D=0.1+0.004−0.002=0.102MPa

② P_C=0.102+0.008=0.11MPa

③ P_B=0.11+0.032=0.142MPa

④ P_A=0.142+0.028=0.17MPa

• **답 :** ① P_D=0.102MPa ② P_C=0.11MPa ③ P_B=0.142MPa ④ P_A=0.17MPa

(4) ① $P_{㉠}$=0.11−0.004−(−0.002)=0.108MPa

② $P_{㉡}$=0.142−0.004−(−0.002)=0.14MPa

③ $P_{㉢}$=0.17−0.004−(−0.002)=0.168MPa

• **답 :** ① $P_{㉠}$=0.108MPa ② $P_{㉡}$=0.14MPa ③ $P_{㉢}$=0.168MPa

상세해설

(1)~(4) 각 구간별 배관의 마찰손실[MPa], A점~최종헤드의 총 손실압력[MPa], D~A점에서의 압력[MPa], ㉠~㉢헤드의 방사압력[MPa]

$\Delta P=6\times10^4\times\frac{Q^2}{120^2\times d^5}\times L$	하젠-윌리엄의 식(마찰손실압력)				
	구간	D → 최종헤드	C → D	B→ C	A → B
ΔP : 배관의 마찰손실압력[MPa]	→	계산(2)	계산(4)	계산(7)	계산(10)
Q : 배관 내의 유량[l/min]	→	80l/min	80l/min	계산(5)	계산(8)
d : 배관의 안지름[mm](**내경, 조건②**)	→	28mm	28mm	28mm	36mm
L : 배관의 길이[m] (**주손실+부차적손실**)	→	계산(1)	계산(3)	계산(6)	계산(9)

구간	방수압력[MPa]	방수량[l/min]
말단헤드	$P_{말단헤드}=0.1\,\text{MPa}$ (**조건③**)	$Q_{헤드}=K\sqrt{10P}=80\times\sqrt{10\times0.1}=80l/\text{min}$

말단헤드 ↓ D

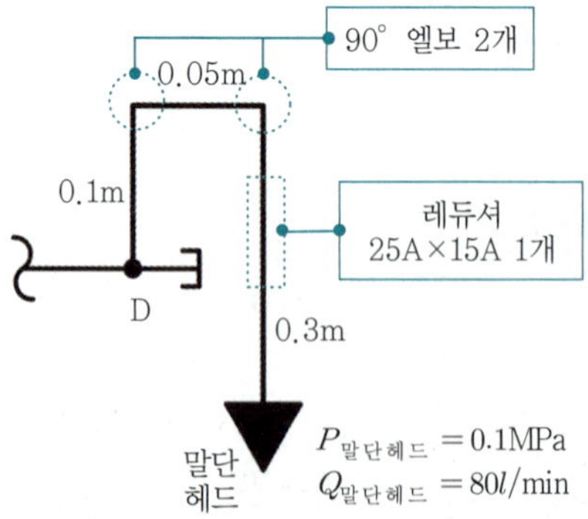

계산 (1) : L=주손실+부차적손실 (**90° 엘보 2개, 레듀셔 25A×15A 1개**)

$=(0.1+0.05+0.3)\text{m}+(0.9\text{m}\times2)+0.54\text{m}=\mathbf{2.79m}$

계산 (2) : $\Delta P_{D\sim 말단헤드}=\frac{6\times10^4\times(80l/\text{min})^2}{120^2\times(28\text{mm})^5}\times2.79\text{m}=0.0043\text{MPa}\fallingdotseq\mathbf{0.004MPa}$ **[문제(1)]**

<table>
<tr><th>구간</th><th>방수압력[MPa]</th><th>방수량[l/min]</th></tr>
<tr><td rowspan="2">D</td><td colspan="2">

$\Delta P_{D\sim 말단헤드}$
$= 0.004\text{MPa}$
(계산(2))

• 낙차 환산수두압력($P_{낙차}$) $= 0.1\text{m} - 0.3\text{m}$
$= -0.002\text{MPa}$

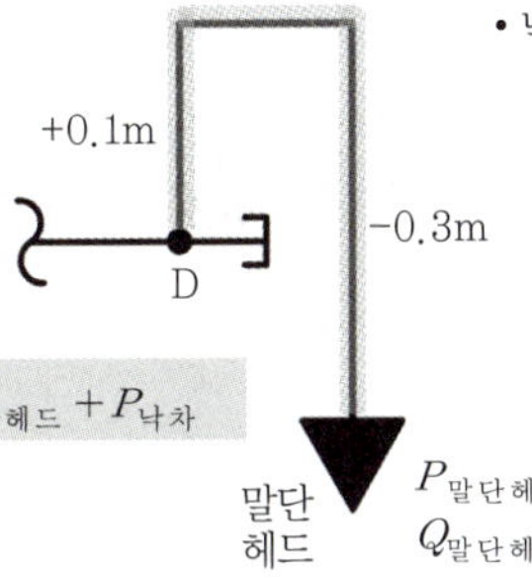

[D점의 압력]

$P_D = P_{말단헤드} + \Delta P_{D\sim 말단헤드} + P_{낙차}$
$= 0.102\text{MPa}$ (계산㉮)

$P_{말단헤드} = 0.1\text{MPa}$
$Q_{말단헤드} = 80l/\text{min}$

</td></tr>
<tr><td>

계산 ㉮ : $P_D = P_{말단헤드} + \Delta P_{D\sim 말단헤드} + P_{낙차}$ **[문제(3)]**

$= 0.1\text{MPa} + 0.004\text{MPa} - 0.002\text{MPa}$
$= \mathbf{0.102MPa}$

• 낙차 환산수두압력($P_{낙차}$) $= 0.1\text{m} - 0.3\text{m}$

$= \dfrac{-0.2\text{m}}{10.332\text{m}} \times 0.101325\text{MPa}$

$= -0.0019\text{MPa} \fallingdotseq \mathbf{-0.002MPa}$

</td><td>

$Q_D = Q_{말단헤드} = 80l/\text{min}$

</td></tr>
<tr><td rowspan="2">D
↓
C</td><td colspan="2">

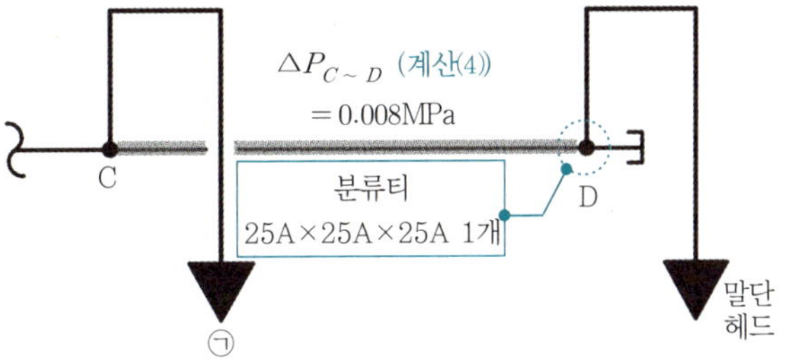

</td></tr>
<tr><td colspan="2">

계산 (3) : L = 주손실+부차적손실 **(분류티 25A×25A×25A 1개)**

$= 3.5\text{m} + 1.5\text{m} = \mathbf{5.0m}$

계산 (4) : $\Delta P_{C\sim D} = \dfrac{6 \times 10^4 \times (80l/\text{min})^2}{120^2 \times (28\text{mm})^5} \times 5.0\text{m} = 0.0077\text{MPa} \fallingdotseq \mathbf{0.008MPa}$

</td></tr>
</table>

구간	방수압력[MPa]	방수량[l/min]
C	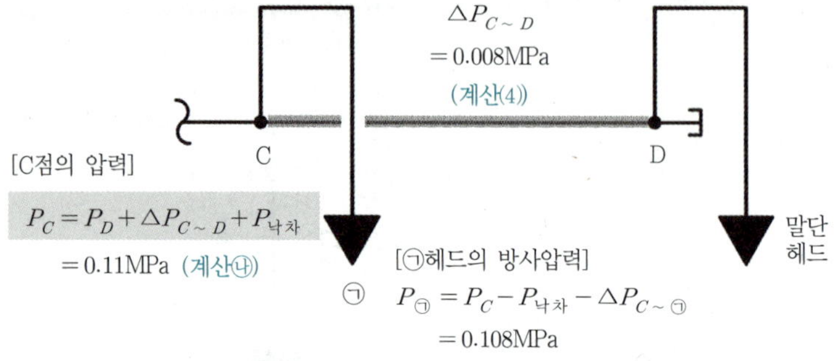	
	계산 ㉯: $P_C=P_D+\Delta P_{C\sim D}+P_{낙차}$ $=0.102\text{MPa}+0.008\text{MPa}+0\text{MPa}$ $=$**0.11MPa** • **㉠헤드의 방수압력($P_㉠$)** $=P_C-P_{낙차}-\Delta P_{C\sim ㉠}$ $=0.11\text{MPa}-(-0.002\text{MPa})-0.004\text{MPa}$ $=0.108\text{MPa}$	$Q_{C-D}=Q_D=Q_{말단헤드}=80l/\text{min}$ • **㉠헤드의 방수량($Q_㉠$)** $=K\sqrt{10P_㉠}$ $=80\sqrt{10\times0.108\text{MPa}}$ $=83.1384l/\text{min}$ ≒ **83.138l/min**
C ↓ B	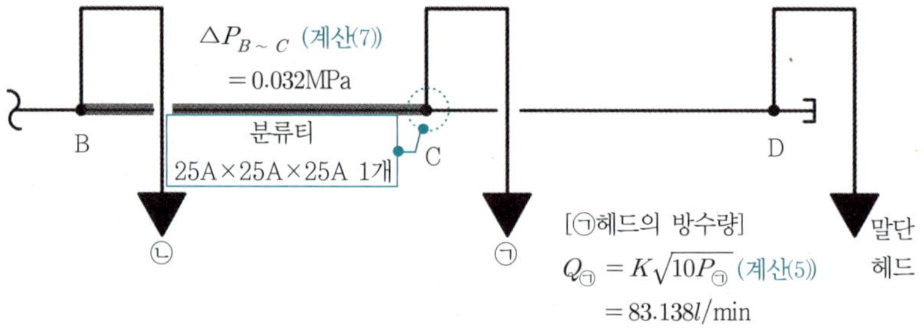	
	계산 (6): L=주손실+부차적손실 **(분류티 25A×25A×25A 1개)** $=3.5\text{m}+1.5\text{m}=$**5.0m** 계산 (7): $\Delta P_{B\sim C}$ $=\dfrac{6\times10^4\times(80+83.138l/\text{min})^2}{120^2\times(28\text{mm})^5}\times5.0\text{m}$ $=0.0322\text{MPa}≒$**0.032MPa**	$Q_{B\sim C}=Q_{말단헤드}+Q_㉠$ 계산 (5): $Q_{B\sim C}=(80+83.138)l/\text{min}$ $=$ **163.138l/min**

참고 **㉠헤드의 방수압력**

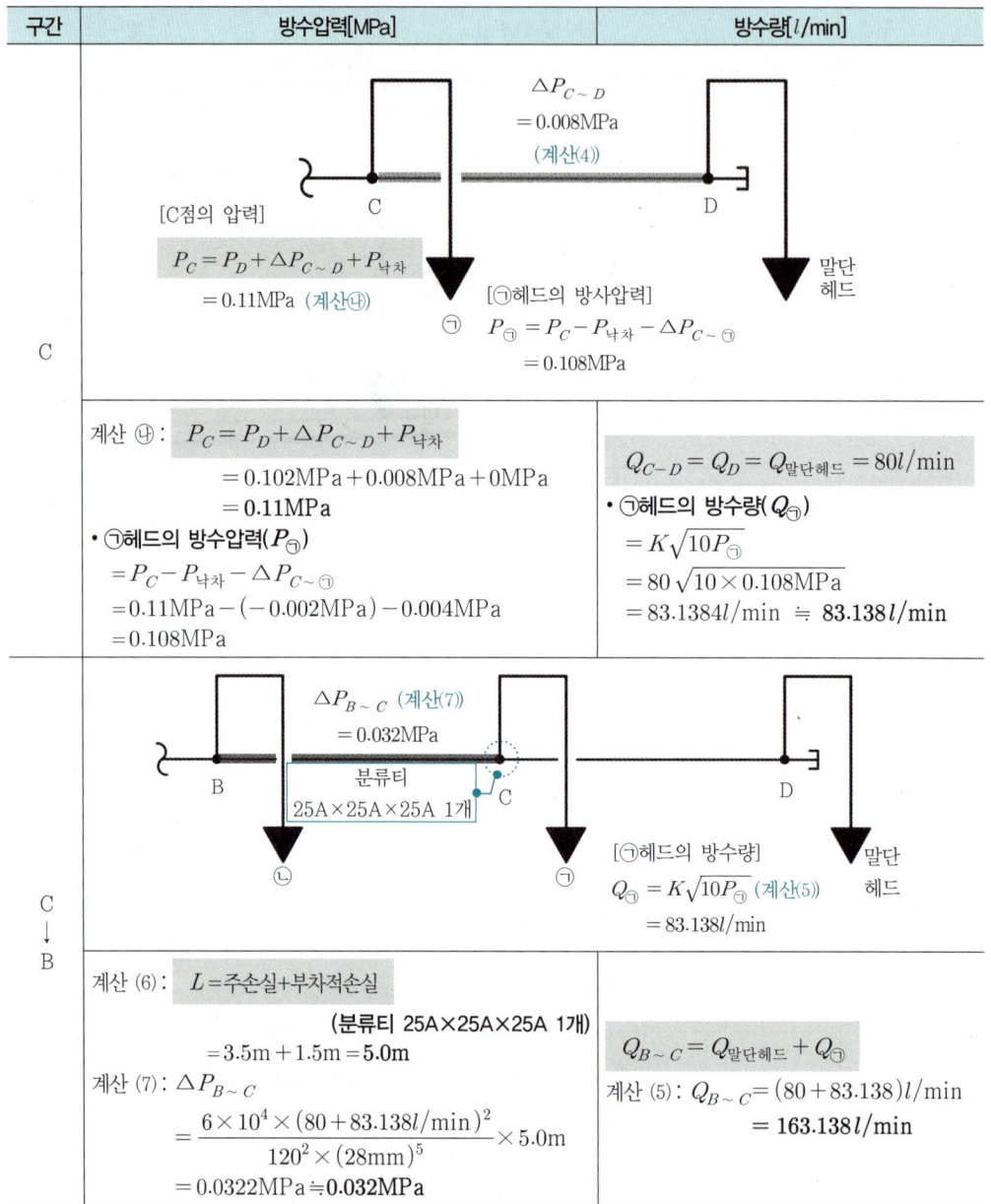

→ C지점에서 ㉠헤드 방향으로 "전양정=낙차+마찰손실+법정방수압력" 식을 작성한다.

$P_C=P_{낙차}+P_{마찰손실}+P_{방수압력}=P_{낙차}+\Delta P_{C\sim ㉠}+P_㉠$

∴ $P_㉠=P_C-P_{낙차}-\Delta P_{C\sim ㉠}$

$=P_C-P_{낙차}-\Delta P_{D\sim 말단헤드}$ **(조건⑤)**

Tip ㉠, ㉡, ㉢헤드에 모두 적용하여 계산해 보자! 낙, 마, 방!

<table>
<tr><th>구간</th><th>방수압력[MPa]</th><th>방수량[l/min]</th></tr>
<tr><td rowspan="2">B</td><td colspan="2">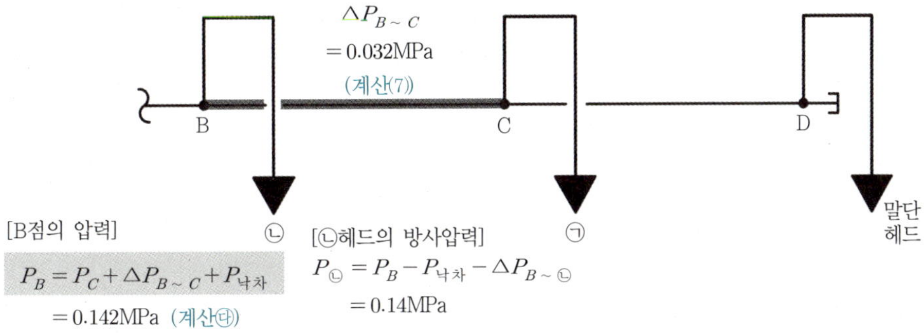
</td></tr>
<tr><td>계산 ㉰ : $P_B = P_C + \Delta P_{B\sim C} + P_{낙차}$
$=0.11\text{MPa} + 0.032\text{MPa} + 0\text{MPa}$
$=\mathbf{0.142MPa}$
• ㉡헤드의 방수압력($P_㉡$)
$=P_B - P_{낙차} - \Delta P_{B\sim ㉡}$
$=0.142\text{MPa} - (-0.002\text{MPa}) - 0.004\text{MPa}$
$=0.14$MPa</td><td>$Q_㉡ = K\sqrt{10P_㉡}$
$=80\sqrt{10\times 0.14\text{MPa}}$
$=94.6572l/\text{min}$
$\fallingdotseq \mathbf{94.657}\,l/\text{min}$</td></tr>
<tr><td rowspan="2">B
↓
A</td><td colspan="2">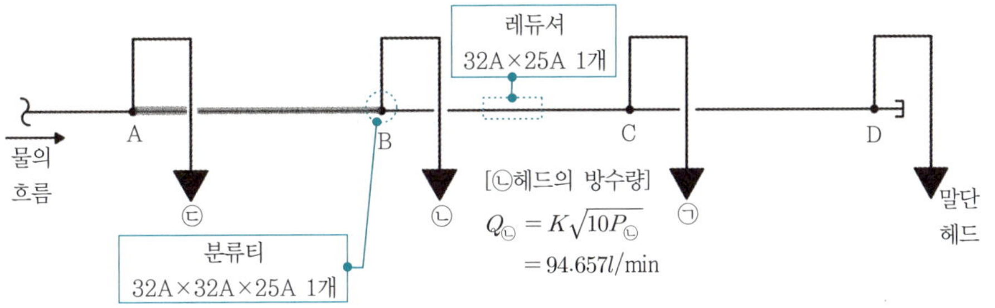
</td></tr>
<tr><td>계산 (9) : L=주손실+부차적손실
(레듀셔 32A×25A 1개, 분류티 32A×25A×25A 1개)
$=3.5\text{m}+0.72\text{m}+1.8\text{m}=\mathbf{6.02m}$
계산 (10) :
$\Delta P_{A\sim B} = \dfrac{6\times 10^4 \times (163.138+94.657l/\text{min})^2}{120^2\times(36\text{mm})^5}\times 6.02\text{m}$
$=0.0275\text{MPa} \fallingdotseq \mathbf{0.028MPa}$</td><td>$Q_{A\sim B} = Q_{말단헤드} + Q_㉠ + Q_㉡$
계산 (8) :
$Q_{A\sim B}$
$=(80+83.138+94.657)\,l/\text{min}$
$=\mathbf{257.795}\,l/\text{min}$</td></tr>
</table>

참고 **분류티와 직류티는 물의 흐름방향으로 구분한다!**

① **직류티** : 물의 진행방향 180°
② **분류티** : 물의 진행방향 90°

→ 마찰손실은 분류티가 직류티보다 크다.

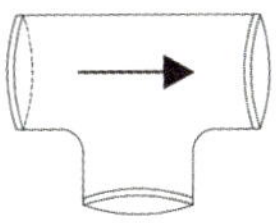

| 직류티 |

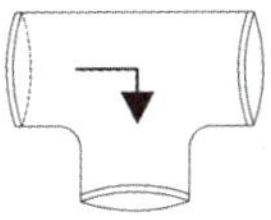

| 분류티 |

구간	방수압력[MPa]	방수량[l/min]
A	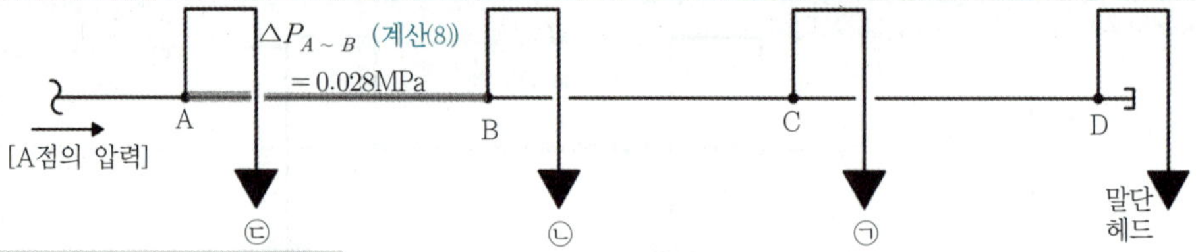 $P_A = P_B + \Delta P_{A\sim B} + P_{낙차}$ $= 0.17$MPa (계산㉣) [㉢헤드의 방사압력] $P_㉢ = P_A - P_{낙차} - \Delta P_{A\sim ㉢}$ $= 0.168$MPa	
	계산 ㉣ : $P_A = P_B + \Delta P_{A\sim B} + P_{낙차}$ $= 0.142\text{MPa} + 0.028\text{MPa} + 0\text{MPa}$ $= \mathbf{0.17MPa}$ • **㉢헤드의 방수압력($P_㉢$)** $= P_A - P_{낙차} - \Delta P_{A\sim ㉢}$ $= 0.17\text{MPa} - (-0.002\text{MPa}) - 0.004\text{MPa}$ $= 0.168$MPa	$Q_㉢ = K\sqrt{10P_㉢}$ $= 80\sqrt{10\times 0.168\text{MPa}}$ $= 103.6918l/\text{min}$ $\fallingdotseq \mathbf{103.692}l/\text{min}$

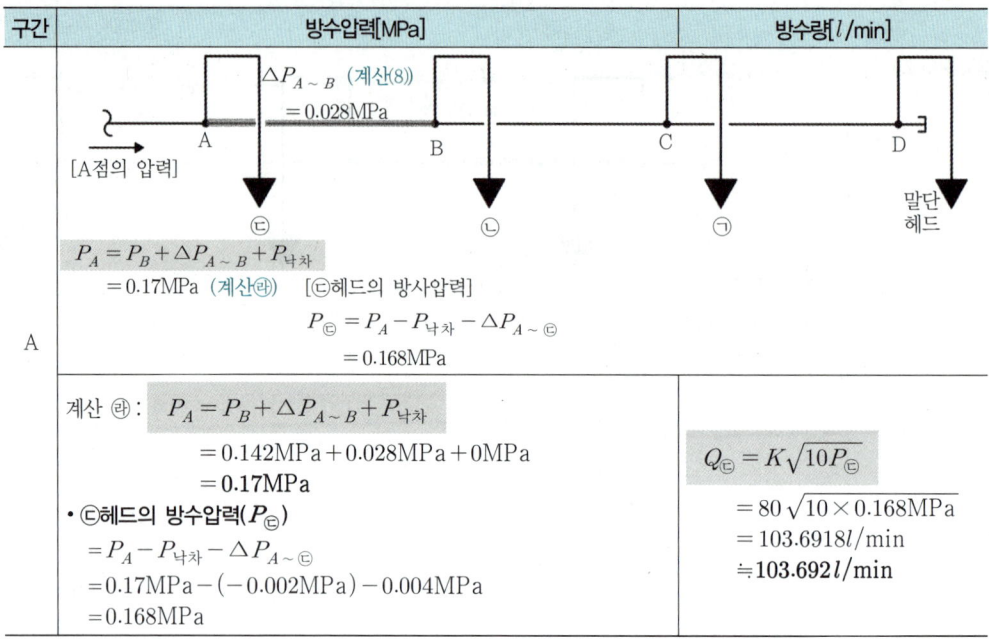

Tip 조건⑦에 의해 소수점 넷째자리에서 반올림하여 소수점 셋째자리까지 구하여야 한다.

07 다음 도면과 도표를 참조하여 다음 각 물음에 답하시오.

배점 : 20 [05년] [23년]

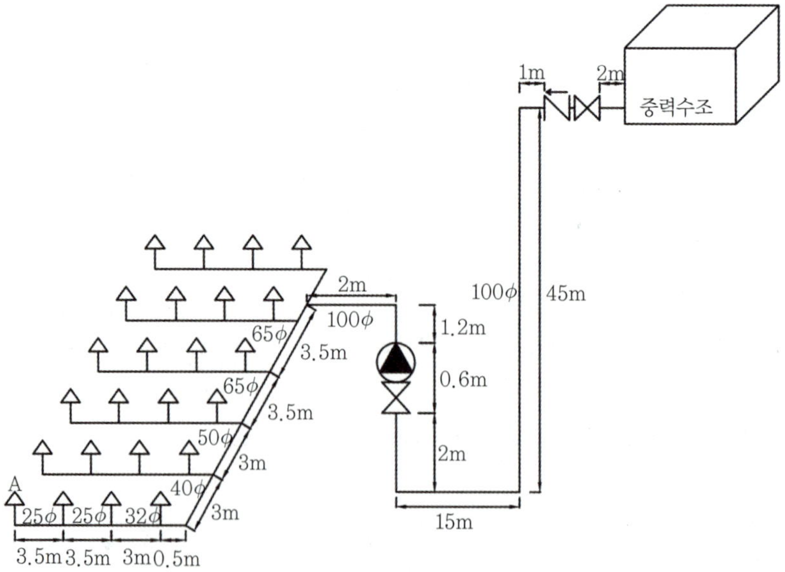

[조건]

① 주어지지 않은 조건과 직류티 및 레듀셔는 무시하여 계산한다.

② 헤드A만 개방된 것으로 가정한다.

③ 배관의 마찰손실압력은 다음의 하젠-윌리엄의 식을 이용한다.

$$\Delta P = \frac{6\times10^5\times Q^2}{C^2\times d^5}$$

여기서, ΔP : 배관 1m당 마찰손실압력[kg/cm²]

Q : 배관 내의 유량[l/min]

C : 조도(120)

d : 배관의 안지름[mm]

④ 배관의 호칭구경별 안지름[mm]

호칭구경[mm]	25	32	40	50	65	80	100
내경[mm]	28	36	42	53	66	79	103

⑤ 관이음쇠·밸브류 등의 마찰손실수두에 상당하는 직관길이[m]

관이음쇠의 호칭경[mm]	90° 엘보	분류티	알람체크밸브	게이트밸브	체크밸브
ϕ25	0.90	1.50	4.5	0.18	4.5
ϕ32	1.20	1.80	5.4	0.24	5.4
ϕ40	1.5	2.1	6.5	0.30	6.5
ϕ50	2.1	3.0	8.4	0.39	8.4
ϕ65	2.4	3.6	10.2	0.48	10.2
ϕ100	4.2	6.3	16.5	0.81	16.5

(1) 각 배관의 관경에 따라 다음 빈 칸을 채우시오.

호칭구경[mm]	산출근거	상당관 및 직관길이[m]
25		
32		
40		
50		
65		
100		

(2) 다음 ( ) 안을 채우시오.

관경[mm]	배관의 마찰손실압[kg/cm²]
25	(①)$\times10^{-5}Q^2$
32	(②)$\times10^{-6}Q^2$
40	(③)$\times10^{-6}Q^2$
50	(④)$\times10^{-7}Q^2$
65	(⑤)$\times10^{-7}Q^2$
100	(⑥)$\times10^{-7}Q^2$

(3) A점 헤드에서 고가수조까지 낙차 [m]를 구하시오.

(4) A점 헤드의 분당 방수량 [l/min]을 계산하시오. (단, 방출계수 K=80으로 한다.)

• **실전모범답안**

(1)

호칭구경[mm]	산출근거	상당관 및 직관길이[m]
25	3.5+3.5+0.9[90° 엘보 1개]=7.9m	7.9m
32	3m	3m
40	0.5+3+1.5[90° 엘보 1개]=5m	5m
50	3m	3m
65	3.5+3.5=7m	7m
100	2+1.2+2+15+45+1+2+(4.2×4) [90° 엘보 4개]+6.3[분류티 1개]+16.5[알람체크밸브 1개]+0.81×2[게이트밸브 2개]+16.5[체크밸브 1개]=125.92m	125.92m

(2)

관경[mm]	배관의 마찰손실압[kg/cm²]
25	$\triangle P_{25\phi}=\dfrac{6\times10^5\times Q^2}{120^2\times28^5}\times7.9=1.912\times10^{-5}Q^2=(\text{①}1.91)\times10^{-5}Q^2$
32	$\triangle P_{32\phi}=\dfrac{6\times10^5\times Q^2}{120^2\times36^5}\times3=2.067\times10^{-6}Q^2=(\text{②}2.07)\times10^{-6}Q^2$
40	$\triangle P_{40\phi}=\dfrac{6\times10^5\times Q^2}{120^2\times42^5}\times5=1.594\times10^{-6}Q^2=(\text{③}1.59)\times10^{-6}Q^2$
50	$\triangle P_{50\phi}=\dfrac{6\times10^5\times Q^2}{120^2\times53^5}\times3=2.989\times10^{-7}Q^2=(\text{④}2.99)\times10^{-7}Q^2$
65	$\triangle P_{65\phi}=\dfrac{6\times10^5\times Q^2}{120^2\times66^5}\times7=2.328\times10^{-7}Q^2=(\text{⑤}2.33)\times10^{-7}Q^2$
100	$\triangle P_{100\phi}=\dfrac{6\times10^5\times Q^2}{120^2\times103^5}\times125.92=4.525\times10^{-7}Q^2=(\text{⑥}4.53)\times10^{-7}Q^2$

(3) $H=45-2-0.6-1.2=41.2$m

• **답 :** 41.2m

(4) $Q_A=80\sqrt{10P_A}$

• 배관의 마찰손실압력

$$=(1.91\times10^{-5}Q^2)+(2.07\times10^{-6}Q^2)+(1.59\times10^{-6}Q^2)+(2.99\times10^{-7}Q^2)+(2.33\times10^{-7}Q^2)+(4.53\times10^{-7}Q^2)$$

$$=2.374\times10^{-5}Q^2\text{kg/cm}^2=2.328\times10^{-6}Q^2\text{MPa}$$

$$Q_A=80\sqrt{10P_A}=80\sqrt{10\times\left\{\left(\frac{41.2}{10.332}\times0.101325\right)-(2.328\times10^{-6}{Q_A}^2)\right\}}$$

$$Q_A^2=80^2\times(4.04-2.328\times10^{-5}Q_A^2)$$

$$1.148Q_A^2=25{,}856$$

$$Q_A=\sqrt{\frac{25{,}856}{1.148}}=150.075l/\text{min}$$

• **답 :** 150.08l/min

상세해설

(1) 상당관 및 직관길이[m]

상당관 및 직관길이[m] = 주손실(직관) + 부차적손실(관부속품)

호칭구경[mm]	산출근거				상당관 및 직관길이[m]
25	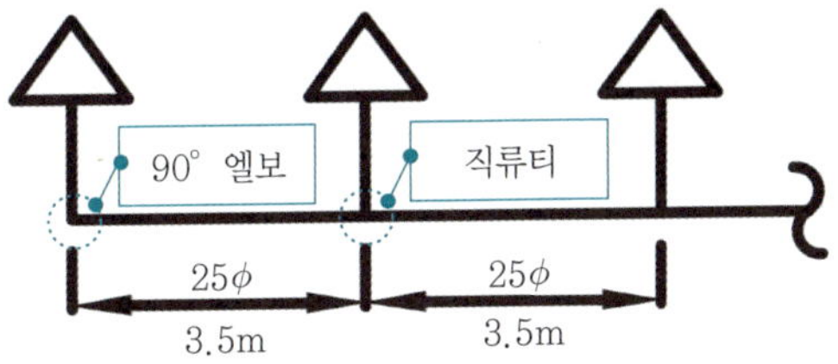				–
	직관	3.5 + 3.5 = 7m			7m + 0.9m = 7.9m
	관부속품	90° 엘보	1개	0.9m	
		직류티	1개	무시	
		합계	0.9m		
32	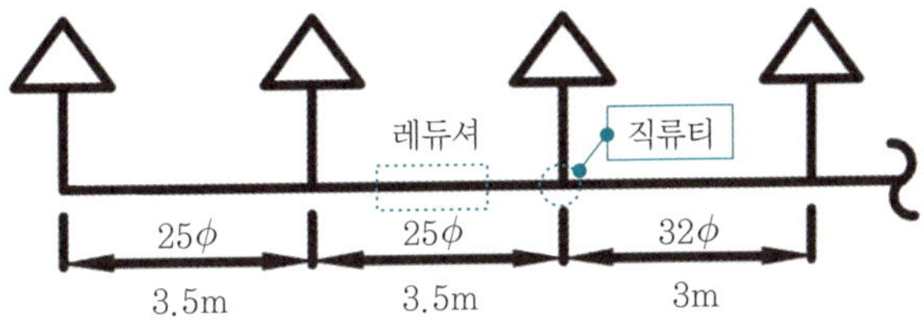				–
	직관	3m			3m
	관부속품	직류티	1개	무시	
		레듀셔	1개	무시	
		합계	0m		

<table>
<tr><th>호칭구경 [mm]</th><th colspan="4">산출근거</th><th>상당관 및 직관길이[m]</th></tr>
<tr><td rowspan="6">40</td><td colspan="4">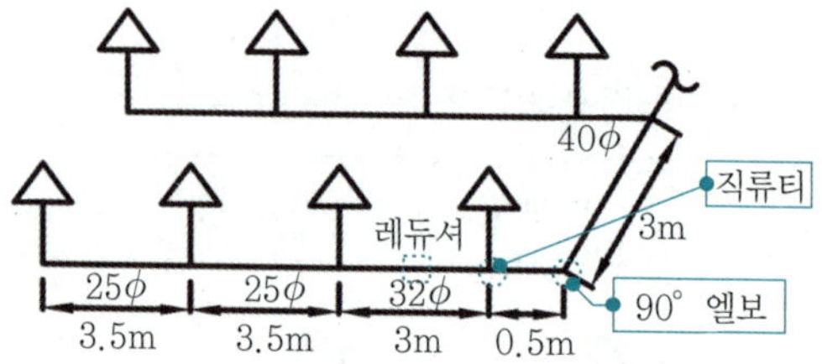
</td><td>–</td></tr>
<tr><td>직관</td><td colspan="3">0.5＋3＝3.5m</td><td rowspan="5">3.5m＋1.5m
＝5m</td></tr>
<tr><td rowspan="4">관부속품</td><td>90° 엘보</td><td>1개</td><td>1.5m</td></tr>
<tr><td>직류티</td><td>1개</td><td>무시</td></tr>
<tr><td>레듀셔</td><td>1개</td><td>무시</td></tr>
<tr><td>합계</td><td colspan="2">1.5m</td></tr>
<tr><td rowspan="5">50</td><td colspan="4">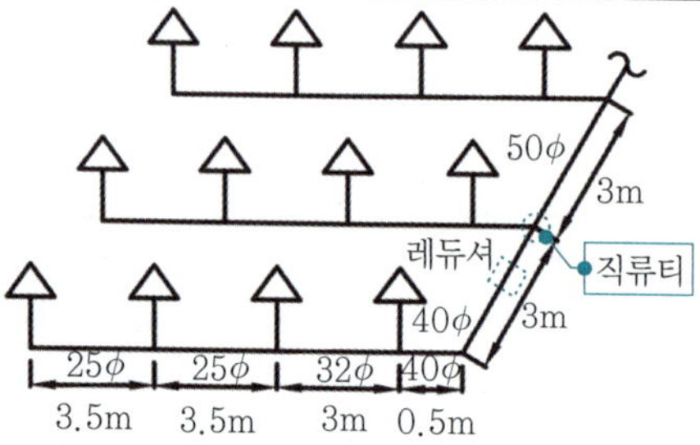
</td><td>–</td></tr>
<tr><td>직관</td><td colspan="3">3m</td><td rowspan="4">3m</td></tr>
<tr><td rowspan="3">관부속품</td><td>직류티</td><td>1개</td><td>무시</td></tr>
<tr><td>레듀셔</td><td>1개</td><td>무시</td></tr>
<tr><td>합계</td><td colspan="2">0m</td></tr>
<tr><td rowspan="5">65</td><td colspan="4">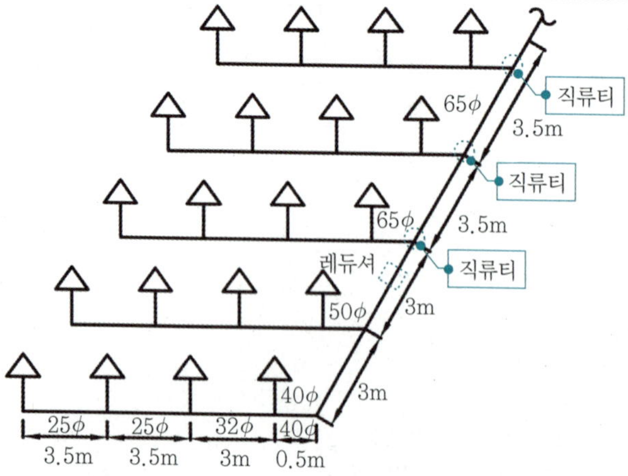
</td><td>–</td></tr>
<tr><td>직관</td><td colspan="3">3.5＋3.5＝7m</td><td rowspan="4">7m</td></tr>
<tr><td rowspan="3">관부속품</td><td>직류티</td><td>3개</td><td>무시</td></tr>
<tr><td>레듀셔</td><td>1개</td><td>무시</td></tr>
<tr><td>합계</td><td colspan="2">0m</td></tr>
</table>

호칭구경 [mm]	산출근거				상당관 및 직관길이[m]
100	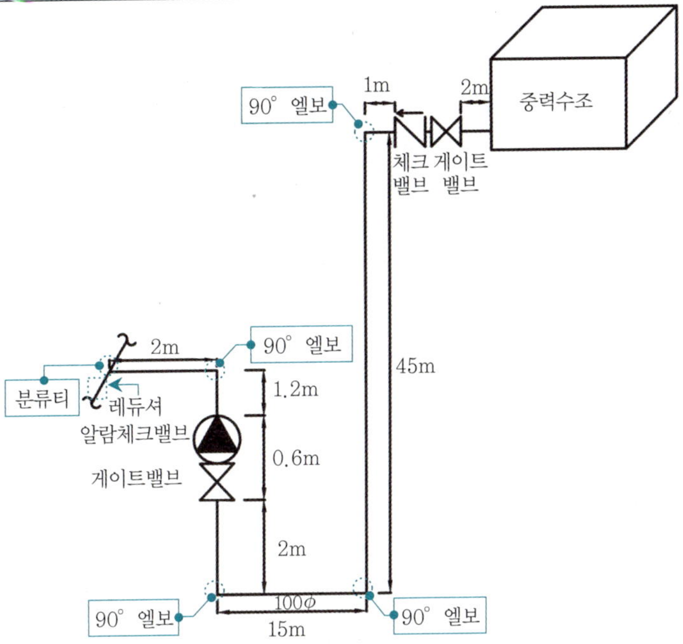				–
	직관	2+1.2+2+15+45+1+2=68.2m			68.2m+57.72m =125.92m
	관부속품	90° 엘보	4개	4.2m	
		분류티	1개	6.3m	
		레듀셔	1개	무시	
		알람체크밸브	1개	16.5m	
		게이트밸브	2개	0.81m	
		체크밸브	1개	16.5m	
		합계	57.72m		

Tip 직관길이를 산출할 때 밸브류의 길이는 적용하지 않는다.

(2) 호칭구경별 배관 마찰손실압[kg/cm²]

$\Delta P = \frac{6 \times 10^5 \times Q^2}{C^2 \times d^5} \times L$	하젠–윌리엄의 식(마찰손실압력)						
	구간	25φ	32φ	40φ	50φ	65φ	100φ
ΔP : 배관의 마찰손실압력[kg/cm²]	➜	계산Ⓐ	계산Ⓑ	계산Ⓒ	계산Ⓓ	계산Ⓔ	계산Ⓕ
Q : 배관 내의 유량[l/min]	➜	Q	Q	Q	Q	Q	Q
C : 조도 **(120)**	➜	120	120	120	120	120	120
d : 배관의 안지름[mm] **(조건④)**	➜	28mm	36mm	42mm	53mm	66mm	103mm
L : 배관의 길이[m] **[문제(1)]**	➜	7.9m	3m	5m	3m	7m	125.92m

호칭구경[mm]	배관의 마찰손실압[kg/cm²]
25	계산Ⓐ : $\Delta P_{25\phi} = \dfrac{6\times10^5\times Q^2}{120^2\times(28\text{mm})^5}\times7.9\text{m} = 1.912\times10^{-5}Q^2 = (①1.91)\times10^{-5}Q^2$
32	계산Ⓑ : $\Delta P_{32\phi} = \dfrac{6\times10^5\times Q^2}{120^2\times(36\text{mm})^5}\times3\text{m} = 2.067\times10^{-6}Q^2 = (②2.07)\times10^{-6}Q^2$
40	계산Ⓒ : $\Delta P_{40\phi} = \dfrac{6\times10^5\times Q^2}{120^2\times(42\text{mm})^5}\times5\text{m} = 1.594\times10^{-6}Q^2 = (③1.59)\times10^{-6}Q^2$
50	계산Ⓓ : $\Delta P_{50\phi} = \dfrac{6\times10^5\times Q^2}{120^2\times(53\text{mm})^5}\times3\text{m} = 2.989\times10^{-7}Q^2 = (④2.99)\times10^{-7}Q^2$
65	계산Ⓔ : $\Delta P_{65\phi} = \dfrac{6\times10^5\times Q^2}{120^2\times(66\text{mm})^5}\times7\text{m} = 2.328\times10^{-7}Q^2 = (⑤2.33)\times10^{-7}Q^2$
100	계산Ⓕ : $\Delta P_{100\phi} = \dfrac{6\times10^5\times Q^2}{120^2\times(103\text{mm})^5}\times125.92\text{m}$ $= 4.525\times10^{-7}Q^2 = (⑥4.53)\times10^{-7}Q^2$

(3) A점 헤드에서 고가수조까지 낙차[m]

낙차는 수직배관만 고려하여 계산하며, 고가수조방식이므로 물이 아래로 흐를 때에는 +, 위로 흐를 때에는 −이다.

➜ **A점 헤드에서 고가수조까지 낙차[m]** $= 45\text{m} - 2\text{m} - 0.6\text{m} - 1.2\text{m} = \mathbf{41.2m}$

(4) A점 헤드의 분당 방수량[l/min]

$Q_A = K\sqrt{10P_A}$	방사량과 방사압력의 관계식
Q_A : A점 헤드의 분당 방수량[l/min $= l$pm]	➜ $Q_A = K\sqrt{10P_A}$ **[풀이②]**
K : 방출계수	➜ 80(**문제의 단서조건**)
P_A : A점 헤드의 방수압력[MPa=MN/m²]	➜ $P_A = P_h - P_f$ **[풀이①]**

① **A점 헤드의 방수압력(P_A)**

고가수조방식이므로 A점 헤드의 방수압력은 다음과 같이 계산된다.

낙차의 환산수두압력(P_h) = 배관의 마찰손실압력(P_f) + A점 헤드의 방수압력(P_A)

㉠ 낙차의 환산수두압력 $= \dfrac{41.2\text{m}}{10.332\text{m}}\times0.101325\text{MPa} = \mathbf{0.404MPa}$ **(문제(3) 적용)**

㉡ 배관의 마찰손실압력 **(문제(2) 적용)**

$= (1.91\times10^{-5}Q^2) + (2.07\times10^{-6}Q^2) + (1.59\times10^{-6}Q^2) + (2.99\times10^{-7}Q^2) + (2.33\times10^{-7}Q^2)$
$+ (4.53\times10^{-7}Q^2)$

$= 2.374\times10^{-5}Q^2\,\text{kg/cm}^2$

$= \dfrac{2.374\times10^{-5}Q^2\,\text{kg/cm}^2}{1.0332\,\text{kg/cm}^2}\times0.101325\text{MPa}$

$= \mathbf{2.328\times10^{-6}Q^2}\,\text{MPa}$

➜ **A점 헤드의 방수압력** : $P_A = P_h - P_f = \mathbf{0.404 - 2.328\times10^{-6}Q^2}$ [MPa]

② A점 헤드의 방수량(Q_A)

$$Q_A = 80\sqrt{10P_A}$$

$\rightarrow Q = 80\sqrt{10 \times (0.404 - 2.328 \times 10^{-6} Q^2)}$

$\rightarrow Q^2 = 80^2 \times (4.04 - 2.328 \times 10^{-5} Q^2)$

$\rightarrow Q^2 = 25{,}856 - 0.148Q^2$

$\rightarrow 1.148Q^2 = 25{,}856$

$\rightarrow Q = \sqrt{\dfrac{25{,}856}{1.148}} = 150.075 l/\mathrm{min}$ $\quad\therefore\ Q_A = \mathbf{150.08}\,l/\mathrm{min}$

08 폐쇄형 헤드를 사용한 스프링클러설비에서 나타난 스프링클러헤드 중 A점에 설치된 헤드 1개만이 개방되었을 때 다음 각 물음에 답하시오. (단, 주어진 조건을 적용하여 계산하고, 설비 도면의 길이 단위는 mm이다.)

배점 : 15 [07년] [12년] [16년]

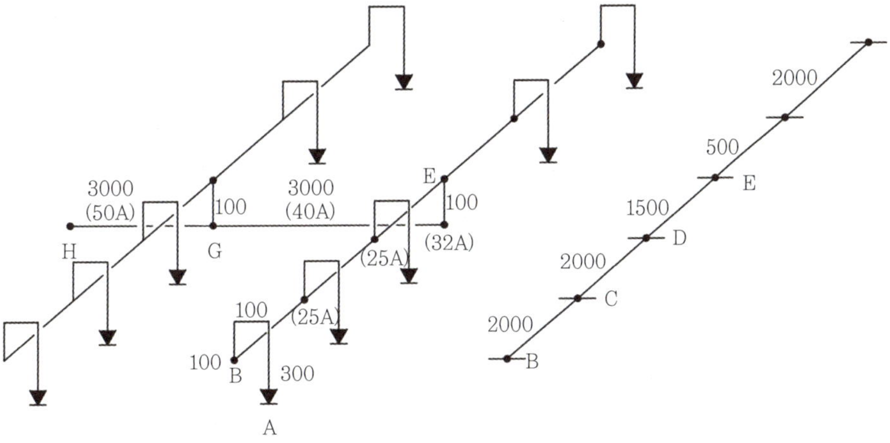

[조건]

① 급수관 중 H점에서의 압력은 0.15MPa로 계산한다.
② 직경이 다른 티 및 엘보는 사용하지 않는다.
③ 스프링클러헤드는 15A용 헤드가 설치된 것으로 한다.
④ 직관마찰손실(100m당)

유 량	25A	32A	40A	50A
80l/min	39.82m	11.38m	5.40m	1.68m

⑤ 관이음쇠마찰손실에 해당하는 직관길이

구 분	25A	32A	40A	50A
엘보(90°)	0.9m	1.2m	1.5m	2.1m
레듀셔	(25A×15A) 0.54m	(32A×25A) 0.72	(40A×32A) 0.90	(50A×40A) 1.20
티(직류)	0.27m	0.36m	0.45m	0.6m
티(분류)	1.5m	1.8m	2.1m	3.0m

⑥ 방사압력산정에 필요한 계산과정을 상세히 명시하고, 방사압력을 소수점 4자리까지 구하시오. (단, 소수점 4자리 미만은 삭제)

(1) A~H까지의 전체 배관마찰손실수두 [m]를 구하시오. (단, 직관 및 관이음쇠를 모두 고려하여 구한다.)

(2) H와 A 사이의 위치수두차 [m]를 구하시오.

(3) A점 헤드에서의 방사압력 [kPa]를 구하시오.

• **실전모범답안**

(1) 25A : 0.3+0.1+0.1+2+2+(0.9×3)[90° 엘보 3개]+0.54[레듀셔 1개]+0.27[직류티 1개]=8.01m

32A : 1.5+0.72[레듀셔 1개]+0.36[직류티 1개]=2.58m

40A : 0.1+3+1.5[90° 엘보 1개]+0.9[레듀셔 1개]+2.1[분류티 1개]=7.6m

50A : 3+1.2[레듀셔 1개]+0.6[직류티 1개]=4.8m

→ $\left(8.01\times\frac{39.82}{100}\right)+\left(2.58\times\frac{11.38}{100}\right)+\left(7.6\times\frac{5.4}{100}\right)+\left(4.8\times\frac{1.68}{100}\right)$=3.9742m

• **답 :** 3.9742m

(2) H=0.1+0.1−0.3=−0.1m

• **답 :** −0.1m

(3) $P_A=0.15-\left(\frac{-0.1}{10.332}\times0.101325\right)-\left(\frac{3.9742}{10.332}\times0.101325\right)$=0.112MPa=112.0kPa

• **답 :** 112.0kPa

상세해설

(1) A~H까지의 전체 배관마찰손실수두[m](직관 및 관이음쇠 모두 고려)

상당관 및 직관길이[m]=주손실(직관)+부차적손실(관부속품)

구 간	관경 및 유량	산출근거				상당관 및 직관길이[m]
A~D	25A, 80l/min	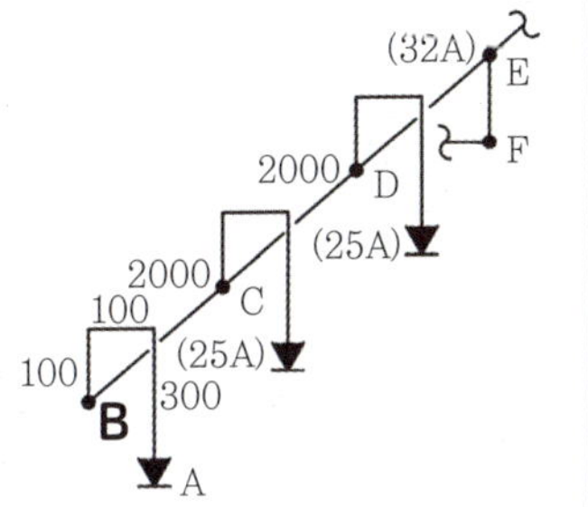	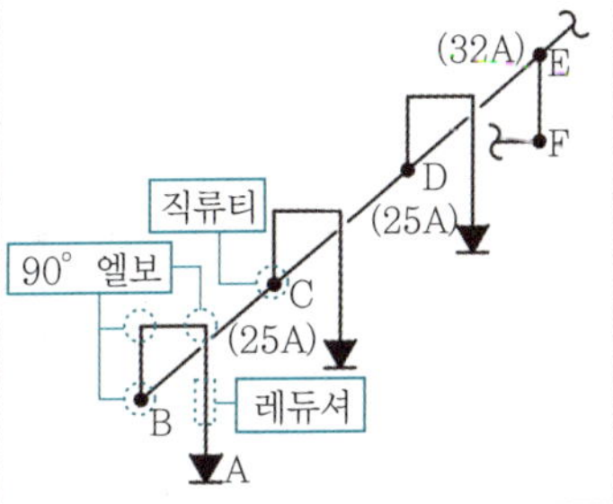			–
		직관	0.3+0.1+0.1+2+2=4.5m			4.5m+3.51m =8.01m
		관부속품	90° 엘보	3개	0.9m	
			레듀셔	1개	0.54m	
			직류티	1개	0.27m	
			합계	3.51m		
D~E	32A, 80l/min	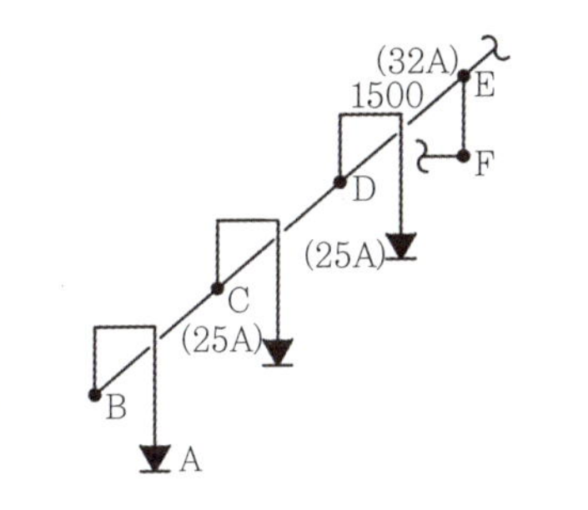	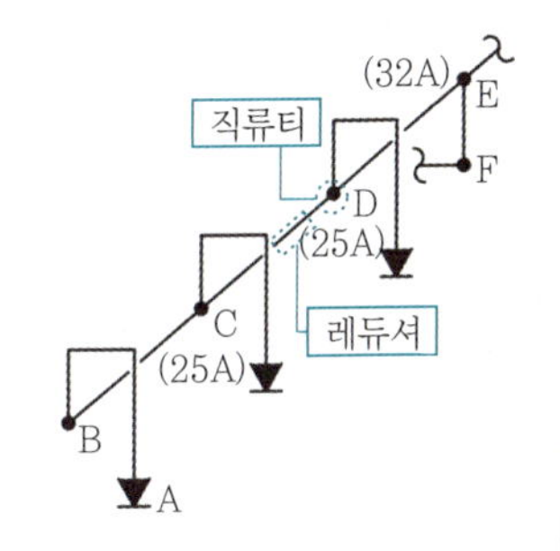			–
		직관	1.5m			1.5m+1.08m =2.58m
		관부속품	레듀셔	1개	0.72m	
			직류티	1개	0.36m	
			합계	1.08m		
E~G	40A, 80l/min	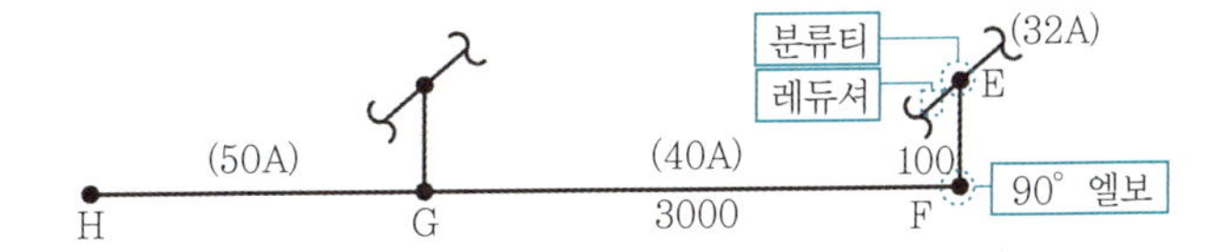				–
		직관	0.1+3=3.1m			3.1m+4.5m =7.6m
		관부속품	90° 엘보	1개	1.5m	
			레듀셔	1개	0.9m	
			분류티	1개	2.1m	
			합계	4.5m		

<table>
<tr><th>구 간</th><th>관경 및 유량</th><th colspan="4">산출근거</th><th>상당관 및 직관길이[m]</th></tr>
<tr><td rowspan="6">G~H</td><td rowspan="6">50A, 80l/min</td><td colspan="4">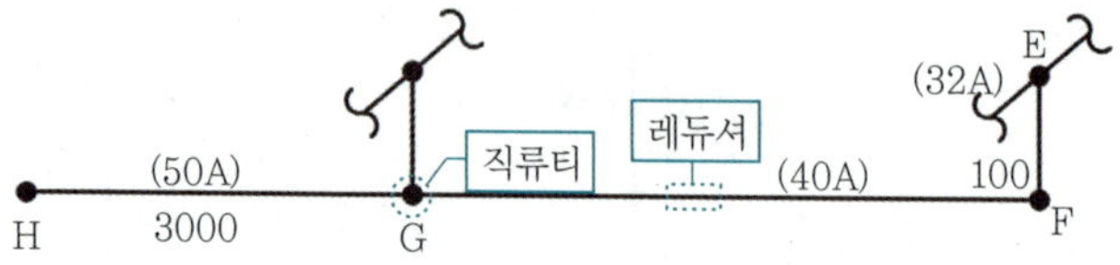
</td><td>–</td></tr>
<tr><td>직관</td><td colspan="3">3m</td><td rowspan="5">3m + 1.8m
= 4.8m</td></tr>
<tr><td rowspan="4">관부속품</td><td>레듀셔</td><td>1개</td><td>1.2m</td></tr>
<tr><td>직류티</td><td>1개</td><td>0.6m</td></tr>
<tr><td></td><td></td><td></td></tr>
<tr><td>합계</td><td colspan="2">1.8m</td></tr>
</table>

→ **A~H까지의 전체 배관마찰손실수두[m]**

$$=\left(8.01\text{m}\times\frac{39.82\text{m}}{100\text{m}}\right)+\left(2.58\text{m}\times\frac{11.38\text{m}}{100\text{m}}\right)+\left(7.6\text{m}\times\frac{5.4\text{m}}{100\text{m}}\right)+\left(4.8\text{m}\times\frac{1.68\text{m}}{100\text{m}}\right)$$

$= \mathbf{3.9742m}$

Tip 조건⑥에 따라 소수점 4자리 미만은 삭제하고, 소수점 4자리까지만 산출한다.

(2) H와 A 사이의 위치수두차[m]

위치수두는 **수직배관**만 고려하며, 펌프방식이므로 물이 위로 흐를 때에는 "+", 아래로 흐를 때에는 "−"를 적용한다.

→ **H와 A 사이의 위치수두차[m]** $= 0.1\text{m} + 0.1\text{m} - 0.3\text{m} = \mathbf{-0.1m}$

(3) A점 헤드에서의 방사압력[kPa]

펌프방식이므로 A에서의 방사압력[kPa]은 다음과 같이 계산된다.

> H점에서의 압력 = A~H구간 낙차의 환산수두압력 + A~H구간 배관의 마찰손실수두압력 + A점 헤드의 방사압력(P_A)

① **H점에서의 압력** : $P_H = 0.15\text{MPa}$ **(조건①)**

② **A~H 구간 낙차의 환산수두압력** $= \dfrac{-0.1\text{m}}{10.332\text{m}} \times 0.101325\text{MPa} = -0.0009\text{MPa}$ **(문제(2) 적용)**

③ **A~H 구간 배관의 마찰손실수두압력** $= \dfrac{3.9742\text{m}}{10.332\text{m}} \times 0.101325\text{MPa} = 0.0389\text{MPa}$ **(문제(1) 적용)**

→ **A점 헤드의 방사압력** : P_A = H점에서의 압력 − 낙차의 환산수두압력 − 배관의 마찰손실수두압력

$= 0.15\text{MPa} - (-0.0009\text{MPa}) - 0.0389\text{MPa}$

$= 0.112\text{MPa}$

$= \mathbf{112.0kPa}$

09 다음의 조건을 이용하여 폐쇄형 헤드를 사용한 스프링클러설비의 말단배관 중 K점에 필요한 압력수의 수압을 산정하시오.

배점 : 16 [08년] [13년] [16년] [22년]

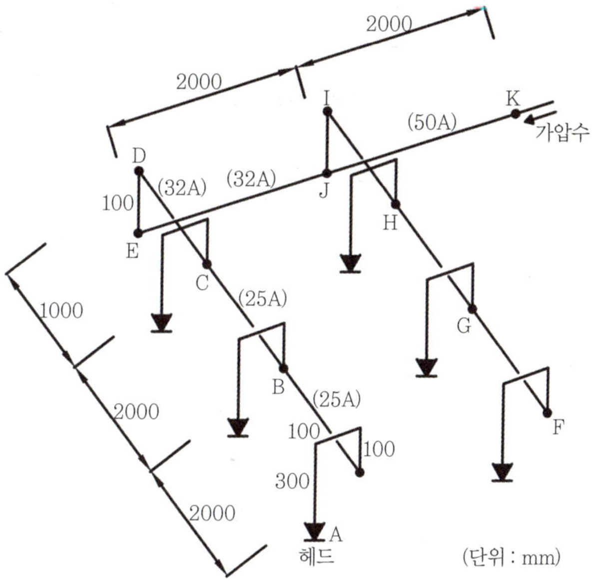

[조건]

① 직관마찰손실수두(100m당)

개 수	유 량	25A	32A	40A	50A
1	80l/min	39.82m	11.38m	5.4m	1.68m
2	160l/min	150.42m	42.84m	20.29m	6.32m
3	240l/min	307.77m	87.66m	41.51m	12.93m
4	320l/min	521.92m	148.66m	70.4m	21.93m
5	400l/min	789.04m	224.75m	106.31m	32.99m
6	480l/min	−	321.55m	152.26m	47.43m

② 관이음쇠 및 마찰손실에 해당하는 직관길이[m]

구 분	25A	32A	40A	50A
엘보(90°)	0.9	1.20	1.50	2.10
레듀셔	0.54	0.72	0.90	1.20
티(직류)	0.27	0.36	0.45	0.60
티(분류)	1.50	1.80	2.10	3.00

※ 티는 직류만 사용한다.

③ 관이음쇠 및 마찰손실에 해당하는 직관길이 산출 시 호칭구경이 큰 쪽에 따른다.

④ 헤드나사는 PT 1/2(15A)를 기준으로 한다.

⑤ 헤드방사압은 0.1MPa을 기준으로 한다.

(1) 배관 및 관부속품의 마찰손실수두 [m]를 구하시오.
(2) 위치수두 [m]를 구하시오.
(3) 방사요구 압력수두 [m]를 구하시오.
(4) 총 소요수두 [m]와 K점에 필요한 방수압 [MPa]을 구하시오.

• **실전모범답안**

(1) A–B (25A) : 0.3+0.1+0.1+2+(0.9×3)[90° 엘보 3개]+0.54[레듀셔 1개]=5.74m
B–C (25A) : 2+0.27[직류티 1개]=2.27m
C–J (32A) : 1+0.1+2+(1.2×2)[90° 엘보 2개]+0.72[레듀셔 1개]+0.36[직류티 1개]=6.58m
J–K (50A) : 2+1.2[레듀셔 1개]+0.6[직류티 1개]=3.8m

$$\rightarrow \left(5.74\times\frac{39.82}{100}\right)+\left(2.27\times\frac{150.42}{100}\right)+\left(6.58\times\frac{87.66}{100}\right)+\left(3.8\times\frac{47.43}{100}\right)=13.27\text{m}$$

• **답 :** 13.27m

(2) $H=0.1+0.1-0.3=-0.1\text{m}$

• **답 :** −0.1m

(3) $\frac{0.1}{0.101325}\times 10.332=10.196\text{m}$

• **답 :** 10.2m

(4) $H=h_1+h_2+10.2=13.27-0.1+10.2=23.37\text{m}$

$$P_K=\frac{(13.27-0.1+10.2)}{10.332}\times 0.101325=0.229\text{MPa}$$

• **답 :** 23.37m, 0.23MPa

상세해설

(1) 배관 및 관부속품의 마찰손실수두[m]

상당관 및 직관길이[m]=주손실(직관)+부차적손실(관부속품)

<table>
<tr><th>구 간</th><th>관경 및 유량</th><th colspan="4">산출근거</th><th>상당관 및 직관길이[m]</th></tr>
<tr><td rowspan="6">A~B</td><td rowspan="6">25A, 80l/min (헤드 1개)</td><td colspan="2">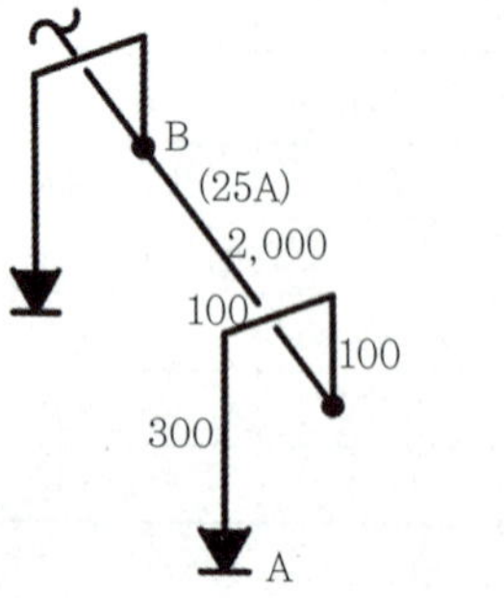
</td><td colspan="2">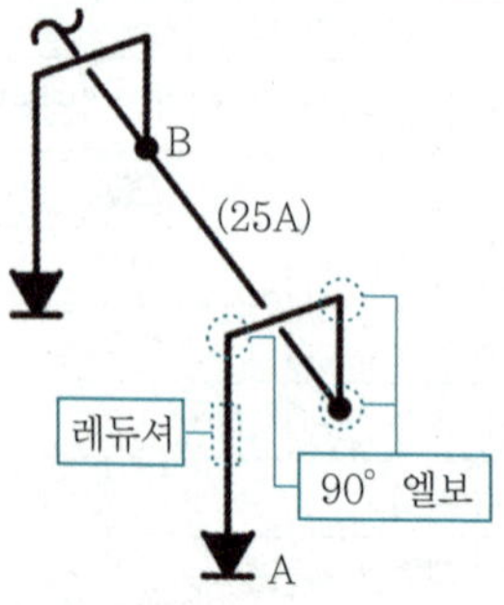
</td><td>–</td></tr>
<tr><td>직관</td><td colspan="3">0.3+0.1+0.1+2=2.5m</td><td rowspan="5">2.5m+3.24m =5.74m</td></tr>
<tr><td rowspan="4">관부속품</td><td>90° 엘보</td><td>3개</td><td>0.9m</td></tr>
<tr><td>레듀셔</td><td>1개</td><td>0.54m</td></tr>
<tr><td></td><td></td><td></td></tr>
<tr><td>합계</td><td colspan="2">3.24m</td></tr>
</table>

구 간	관경 및 유량	산출근거				상당관 및 직관길이[m]
B~C	25A, 160l/min (헤드 2개)	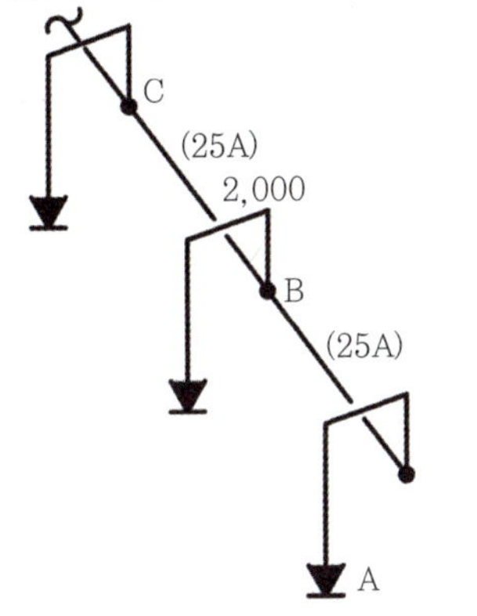	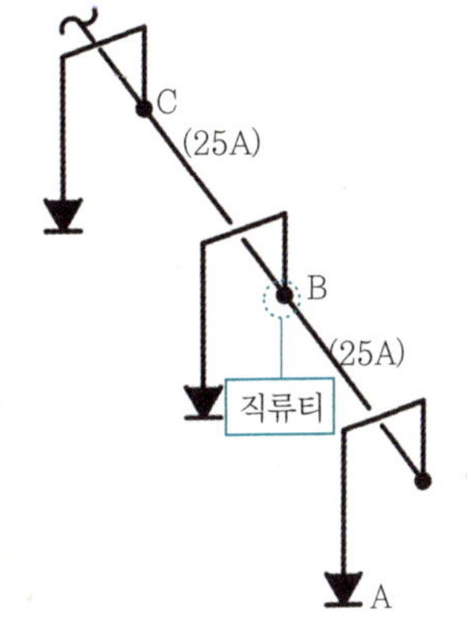			–
		직관	2m			2m+0.27m =2.27m
		관부속품	직류티	1개	0.27m	
			합계	0.27m		
C~J	32A, 240l/min (헤드 3개)	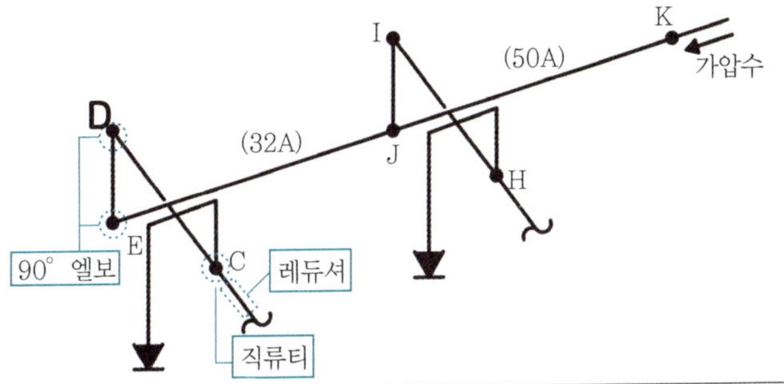				–
		직관	1+0.1+2=3.1m			3.1m+3.48m =6.58m
		관부속품	90° 엘보	2개	1.2m	
			레듀셔	1개	0.72m	
			직류티	1개	0.36m	
			합계	3.48m		
J~K	50A, 480l/min (헤드 6개)	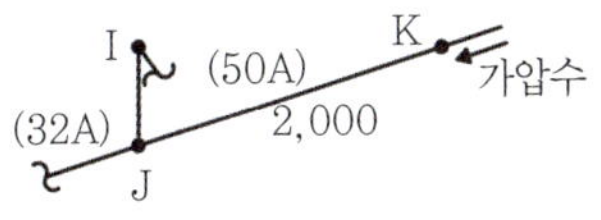	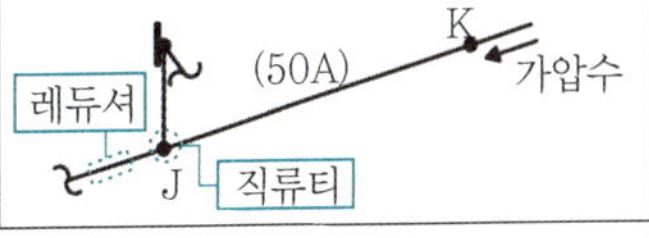			–
		직관	2m			2m+1.8m =3.8m
		관부속품	레듀셔	1개	1.2m	
			직류티	1개	0.6m	
			합계	1.8m		

➜ A~K 구간의 배관 및 관부속품의 마찰손실수두[m]

$$=\left(5.74\text{m}\times\frac{39.82\text{m}}{100\text{m}}\right)+\left(2.27\text{m}\times\frac{150.42\text{m}}{100\text{m}}\right)+\left(6.58\text{m}\times\frac{87.66\text{m}}{100\text{m}}\right)+\left(3.8\text{m}\times\frac{47.43\text{m}}{100\text{m}}\right)=\mathbf{13.27m}$$

(2) 위치수두[m]

위치수두는 **수직배관**만 고려하며, 펌프방식이므로 물이 위로 흐를 때에는 "+", 아래로 흐를 때에는 "−"를 적용한다.

➜ A~K 구간의 위치수두[m] $=0.1\text{m}+0.1\text{m}-0.3\text{m}=\mathbf{-0.1m}$

(3) 방사요구 압력수두[m]

조건⑤에 따라 스프링클러설비의 방수압력을 0.1MPa을 기준으로 하므로 방사요구 압력수두[m]는,

➜ 방사요구 압력수두[m] $=\dfrac{0.1\text{MPa}}{0.101325\text{MPa}}\times10.332\text{m}=10.196\text{m}\fallingdotseq\mathbf{10.2m}$

(4) 총 소요수두[m], K점에 필요한 방수압[MPa]

$H=h_1+h_2+10.2$	전양정(펌프방식)
H : 전양정[m]	➜ $H=h_1+h_2+10.2$
h_1 : 배관 및 관부속품의 마찰손실수두[m]	➜ 13.27m [문제(1)]
h_2 : 실양정[m]	➜ −0.1m [문제(2)]
10.2 : 스프링클러설비의 규정방수압력의 환산수두	➜ 10.2m [문제(3)]

① **총 소요수두** : $H=h_1+h_2+10.2=13.27\text{m}+(-0.1\text{m})+10.2\text{m}=23.37\text{m}$ ∴ $H=\mathbf{23.37m}$

② **K점에 필요한 방수압** : $P_K=\dfrac{23.37\text{m}}{10.332\text{m}}\times0.101325\text{MPa}=0.229\text{MPa}$ ∴ $P_K=\mathbf{0.23MPa}$

10 폐쇄형 헤드를 사용한 스프링클러설비의 말단배관 중 K점에 필요한 압력수의 수압을 주어진 조건을 이용하여 산정하시오.

배점 : 16 [08년] [13년] [16년]

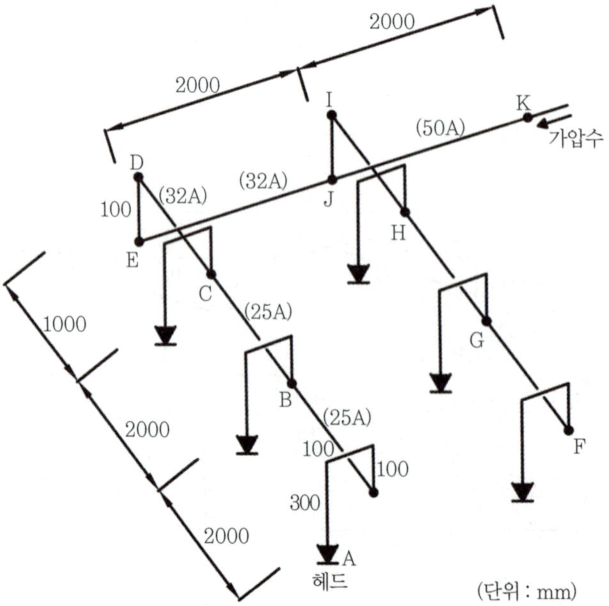

[조건]

① 직관마찰손실수두(100m당)

개 수	유 량	25A	32A	40A	50A
1	80l/min	39.82m	11.38m	5.4m	1.68m
2	160l/min	150.42m	42.84m	20.29m	6.32m
3	240l/min	307.77m	87.66m	41.51m	12.93m
4	320l/min	521.92m	148.66m	70.4m	21.93m
5	400l/min	789.04m	224.75m	106.31m	32.99m
6	480l/min	–	321.55m	152.26m	47.43m

② 관이음쇠 및 마찰손실에 해당하는 직관길이[m]

구 분	25A	32A	40A	50A
엘보(90°)	0.90	1.20	1.50	2.10
레듀셔	0.54	0.72	0.90	1.20
티(직류)	0.27	0.36	0.45	0.60
티(분류)	1.50	1.80	2.10	3.00

③ 관이음쇠 및 마찰손실에 해당하는 직관길이 산출 시 호칭구경이 큰 쪽에 따른다.
④ 헤드나사는 PT 1/2(15A)를 기준으로 한다.
⑤ 헤드방사압은 0.1MPa을 기준으로 한다.

(1) 배관 및 관부속품의 마찰손실수두 [m]를 구하시오.
(2) 위치수두 [m]를 구하시오.
(3) K점에 필요한 방수압 [MPa]를 구하시오. (단, 소수점 넷째자리에서 반올림하여 셋째자리까지 구하시오.)

• **실전모범답안**

(1) A–B (25A) : 0.3+0.1+0.1+2+(0.9×3)[90° 엘보 3개]+0.54[레듀셔 1개]=5.74m
B–C (25A) : 2+1.5[분류티 1개]=3.5m
C–J (32A) : 1+0.1+2+(1.2×2)[90° 엘보 2개]+0.72[레듀셔 1개]+1.8[분류티 1개]=8.02m
J–K (50A) : 2+1.2[레듀셔 1개]+3.0[분류티 1개]=6.2m
➜ $\left(5.74\times\frac{39.82}{100}\right)+\left(3.5\times\frac{150.42}{100}\right)+\left(8.02\times\frac{87.66}{100}\right)+\left(6.2\times\frac{47.43}{100}\right)=17.521\text{m}$

• **답 :** 17.52m

(2) 0.1+0.1−0.3=−0.1m

• **답 :** −0.1m

(3) $P_K=\frac{(17.52-0.1+10)}{10.332}\times 0.101325=0.2689\text{MPa}$

• **답 :** 0.269MPa

상세해설

(1) **배관 및 관부속품의 마찰손실수두[m]**

상당관 및 직관길이[m]=주손실(직관)+부차적손실(관부속품)

<table>
<tr><th>구 간</th><th>관경 및 유량</th><th colspan="3">산출근거</th><th>상당관 및 직관길이[m]</th></tr>
<tr><td rowspan="6">A~B</td><td rowspan="6">25A,
80l/min
(헤드 1개)</td><td colspan="2">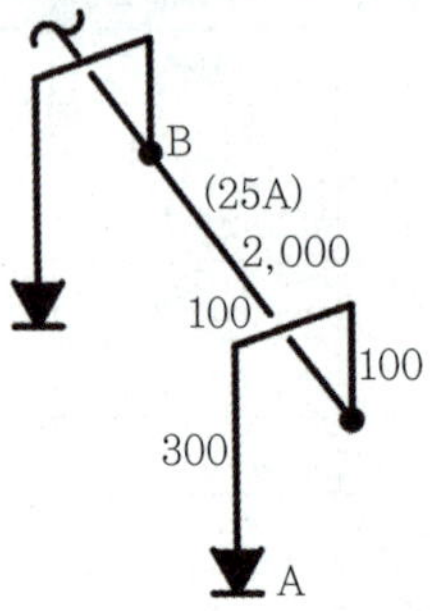
</td><td>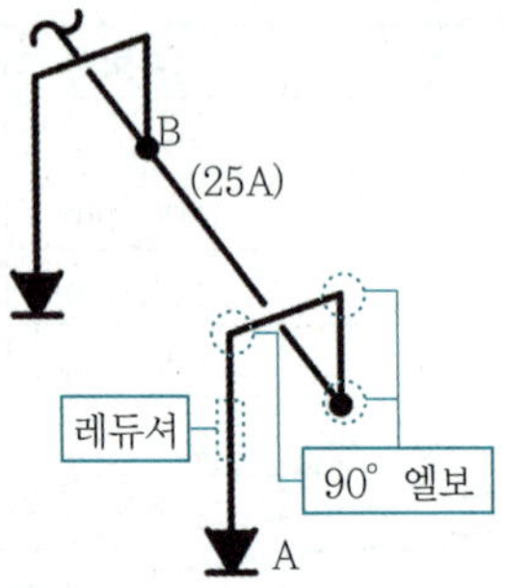
</td><td>–</td></tr>
<tr><td>직관</td><td colspan="2">0.3＋0.1＋0.1＋2＝2.5m</td><td rowspan="5">2.5m＋3.24m
＝5.74m</td></tr>
<tr><td rowspan="4">관부속품</td><td>90° 엘보</td><td>3개 | 0.9m</td></tr>
<tr><td>레듀셔</td><td>1개 | 0.54m</td></tr>
<tr><td></td><td></td></tr>
<tr><td>합계</td><td>3.24m</td></tr>
<tr><td rowspan="7">B~C</td><td rowspan="7">25A,
160l/min
(헤드 2개)</td><td colspan="2">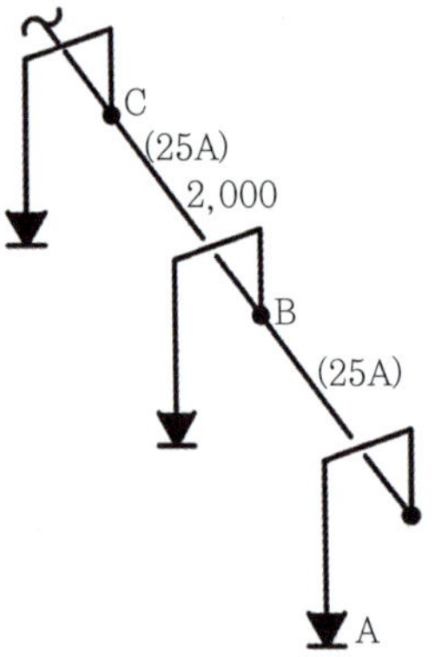
</td><td>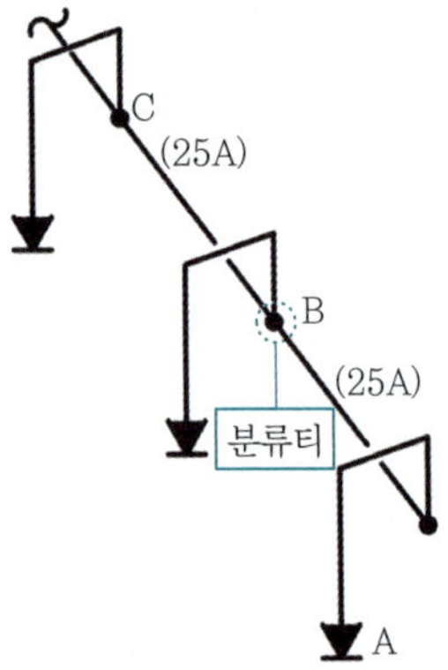
</td><td>-</td></tr>
<tr><td>직관</td><td colspan="2">2m</td><td rowspan="6">2m＋1.5m
＝3.5m</td></tr>
<tr><td rowspan="5">관부속품</td><td>분류티</td><td>1개 | 1.5m</td></tr>
<tr><td></td><td></td></tr>
<tr><td></td><td></td></tr>
<tr><td>합계</td><td>1.5m</td></tr>
</table>

<table>
<tr><th>구간</th><th>관경 및 유량</th><th colspan="4">산출근거</th><th>상당관 및 직관길이[m]</th></tr>
<tr><td rowspan="6">C~J</td><td rowspan="6">32A, 240l/min (헤드 3개)</td><td colspan="4">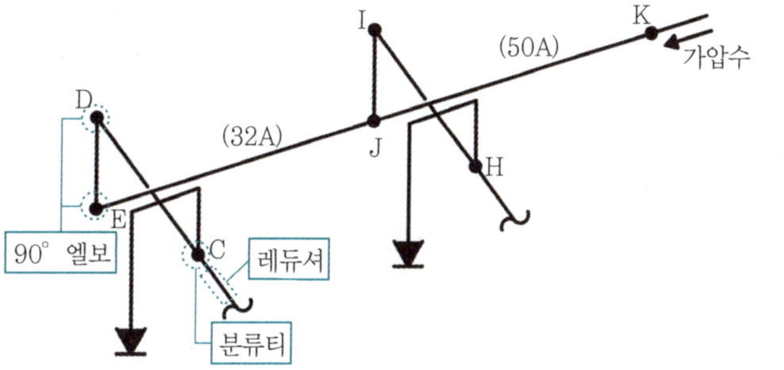
</td><td>–</td></tr>
<tr><td>직관</td><td colspan="3">1+0.1+2=3.1m</td><td rowspan="5">3.1m+4.92m
=8.02m</td></tr>
<tr><td rowspan="4">관부속품</td><td>90° 엘보</td><td>2개</td><td>1.2m</td></tr>
<tr><td>레듀셔</td><td>1개</td><td>0.72m</td></tr>
<tr><td>분류티</td><td>1개</td><td>1.8m</td></tr>
<tr><td>합계</td><td colspan="2">4.92m</td></tr>
<tr><td rowspan="7">J~K</td><td rowspan="7">50A, 480l/min (헤드 6개)</td><td colspan="2">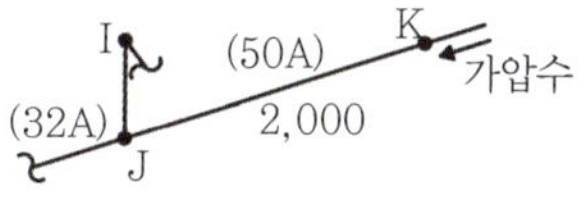
</td><td colspan="2">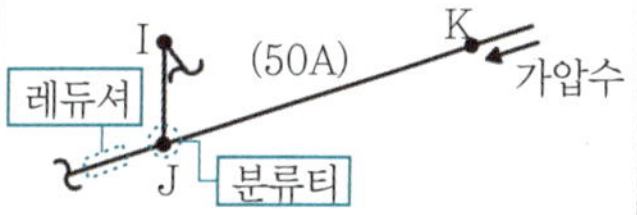
</td><td>–</td></tr>
<tr><td>직관</td><td colspan="3">2m</td><td rowspan="6">2m+4.2m
=6.2m</td></tr>
<tr><td rowspan="4">관부속품</td><td>레듀셔</td><td>1개</td><td>1.2m</td></tr>
<tr><td>분류티</td><td>1개</td><td>3.0m</td></tr>
<tr><td></td><td></td><td></td></tr>
<tr><td>합계</td><td colspan="2">4.2m</td></tr>
</table>

➜ **A~K 구간의 배관 및 관부속품의 마찰손실수두[m]**

$$=\left(5.74\text{m}\times\frac{39.82\text{m}}{100\text{m}}\right)+\left(3.5\text{m}\times\frac{150.42\text{m}}{100\text{m}}\right)+\left(8.02\text{m}\times\frac{87.66\text{m}}{100\text{m}}\right)+\left(6.2\text{m}\times\frac{47.43\text{m}}{100\text{m}}\right)$$

$=17.521\text{m} \fallingdotseq \mathbf{17.52m}$

(2) 위치수두[m]

위치수두는 **수직배관**만 고려하며, 펌프방식이므로 물이 위로 흐를 때에는 "+", 아래로 흐를 때에는 "−"를 적용한다.

➜ **A~K 구간의 위치수두[m]** $=0.1\text{m}+0.1\text{m}-0.3\text{m}=\mathbf{-0.1m}$

(3) K점에 필요한 방수압[MPa]

$H=h_1+h_2+10$	전양정(펌프방식)
H : 전양정[m]	➜ $H=h_1+h_2+10$
h_1 : 배관 및 관부속품의 마찰손실수두[m]	➜ 17.52m **[문제(1)]**
h_2 : 실양정[m]	➜ −0.1m **[문제(2)]**
10 : 스프링클러설비의 규정방수압력의 환산수두	➜ 10m

→ K점에 필요한 방수압 : $P_K = h_1 + h_2 + 10 = \dfrac{(17.52\text{m} - 0.1\text{m} + 10\text{m})}{10.332\text{m}} \times 0.101325\text{MPa} = 0.2689\text{MPa}$

$\fallingdotseq 0.269\text{MPa}$

Tip 문제 07-8번에서 주어진 조건을 비교하여 분류티와 직류티를 명확하게 구분한다.

11 **다음 그림은 어느 스프링클러설비의 계통도이다. 이 도면과 주어진 조건에 의하여 헤드 A만을 개방하였을 경우 실제 방수압과 방수량을 계산하시오.**

배점 : 18 [07년] [18년] [23년]

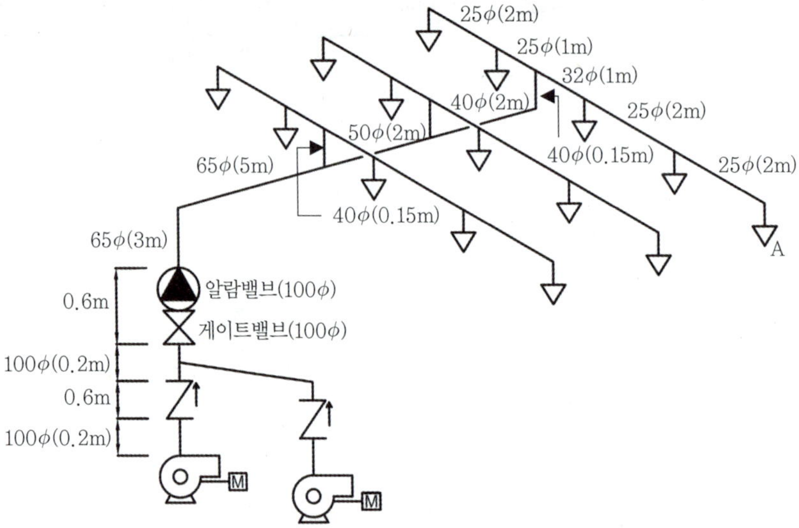

[조건]

① 펌프의 양정은 토출량에 관계없이 일정하다고 가정하며, 펌프의 토출압력은 0.3MPa이다.

② 헤드의 방출계수(K)는 90이다.

③ 배관의 마찰손실은 하젠-윌리엄의 공식을 따르되, 계산의 편의상 다음 식과 같다고 가정한다.

$$\triangle P = \frac{6 \times 10^4 \times Q^2}{120^2 \times d^5}$$

여기서, $\triangle P$: 배관 1m당 마찰손실압력[MPa/m]

Q : 배관 내의 유량[l/min]

d : 배관의 안지름[mm]

④ 배관의 호칭구경별 안지름은 다음과 같다.

호칭구경	25φ	32φ	40φ	50φ	65φ	80φ	100φ
내 경	28mm	37mm	43mm	54mm	69mm	81mm	107mm

⑤ 배관부속 및 밸브류의 등가길이[m]는 다음 표와 같으며, 이 표에 없는 부속 또는 밸브류의 등가길이는 무시한다.

호칭구경 / 배관부속	25ϕ	32ϕ	40ϕ	50ϕ	65ϕ	80ϕ	100ϕ
90° 엘보	0.8	1.1	1.3	1.6	2.0	2.4	3.2
티(측류)	1.7	2.2	2.5	3.2	4.1	4.9	6.3
게이트밸브	0.2	0.2	0.3	0.3	0.4	0.5	0.7
체크밸브	2.3	3.0	3.5	4.4	5.6	6.7	8.7
알람밸브	–	–	–	–	–	–	8.7

⑥ 소수점 넷째자리에서 반올림하여 셋째자리까지 구하시오.

(1) 다음 표에서 빈 칸을 채우시오.

호칭구경	배관의 마찰손실[MPa/m]	등가길이[m]	마찰손실압력[MPa]
25ϕ	$\triangle P = 2.421 \times 10^{-7} \times Q^2$	직관 : 2+2=4 90° 엘보 : 1개×0.8=0.8 계 : 4.8m	$1.162 \times 10^{-6} \times Q^2$
32ϕ			
40ϕ			
50ϕ			
65ϕ			
100ϕ			

(2) 배관의 총 마찰손실압력 [MPa]을 구하시오.

(3) 실층고의 환산수두 [m]를 구하시오.

(4) A점의 방수량 [l/min]을 구하시오.

(5) A점의 방수압 [MPa]을 구하시오.

• 실전모범답안

(1)

호칭구경	배관의 마찰손실 [MPa/m]	등가길이[m]	마찰손실압력 [MPa]
25ϕ	$\triangle P = 2.421 \times 10^{-7} \times Q^2$	직관 : 2+2=4 90° 엘보 : 1×0.8=0.8 계 : 4.8m	$1.162 \times 10^{-6} \times Q^2$
32ϕ	$\triangle P = \dfrac{6 \times 10^4 \times Q^2}{120^2 \times 37^5}$ $= 6.0086 \times 10^{-8} \times Q^2$ $\fallingdotseq 6.009 \times 10^{-8} \times Q^2$	직관 : 1 계 : 1m	$(6.009 \times 10^{-8} \times Q^2) \times 1$ $\fallingdotseq \mathbf{6.009 \times 10^{-8} Q^2}$
40ϕ	$\triangle P = \dfrac{6 \times 10^4 \times Q^2}{120^2 \times 43^5}$ $= 2.8343 \times 10^{-8} \times Q^2$ $\fallingdotseq 2.834 \times 10^{-8} \times Q^2$	직관 : 2+0.15=2.15 90° 엘보, 분류티 : 1.3+2.5=3.8 계 : 5.95m	$(2.834 \times 10^{-8} \times Q^2) \times 5.95$ $= 1.6862 \times 10^{-7} Q^2$ $\fallingdotseq \mathbf{1.686 \times 10^{-7} Q^2}$

호칭 구경	배관의 마찰손실 [MPa/m]	등가길이[m]	마찰손실압력 [MPa]
50φ	$\Delta P=\frac{6\times10^4\times Q^2}{120^2\times54^5}$ $=9.0744\times10^{-9}\times Q^2$ $≒9.074\times10^{-9}\times Q^2$	직관 : 2 계 : 2m	$(9.074\times10^{-9}\times Q^2)\times2$ $=1.8148\times10^{-8}Q^2$ $≒\mathbf{1.815\times10^{-8}Q^2}$
65φ	$\Delta P=\frac{6\times10^4\times Q^2}{120^2\times69^5}$ $=2.6640\times10^{-9}\times Q^2$ $≒2.664\times10^{-9}\times Q^2$	직관 : 3+5=8 90° 엘보 : 1×2=2 계 : 10m	$(2.664\times10^{-9}\times Q^2)\times10$ $=\mathbf{2.664\times10^{-8}Q^2}$
100φ	$\Delta P=\frac{6\times10^4\times Q^2}{120^2\times107^5}$ $=2.9707\times10^{-10}\times Q^2$ $≒2.971\times10^{-10}\times Q^2$	직관 : 0.2+0.2=0.4 알람밸브, 게이트밸브, 체크밸브 : 8.7+0.7+8.7=18.1 계 : 18.5m	$(2.971\times10^{-10}\times Q^2)\times18.5$ $=5.4963\times10^{-9}Q^2$ $≒\mathbf{5.496\times10^{-9}Q^2}$

(2) $\Delta P=(1.162\times10^{-6}Q^2)+(6.009\times10^{-8}Q^2)+(1.686\times10^{-7}Q^2)+(1.815\times10^{-8}Q^2)$
$+(2.664\times10^{-8}Q^2)+(5.496\times10^{-9}Q^2)=1.441\times10^{-6}Q^2$

• **답 :** $1.441\times10^{-6}Q^2$

(3) $H=0.2+0.6+0.2+0.6+3+0.15=4.75$m

• **답 :** 4.75m

(4) $Q_A=90\sqrt{10P_A}=90\sqrt{10\times\left\{0.3-\left(\frac{4.75}{10.332}\times0.101325\right)-(1.441\times10^{-6}Q_A{}^2)\right\}}$

$Q_A{}^2=90^2\times(2.535-1.441\times10^{-5}Q_A{}^2)$

$1.1167Q_A{}^2=20533.5$

$Q_A=\sqrt{\frac{20,533.5}{1.1167}}=135.6011l/\text{min}$

• **답 :** 135.601l/min

(5) $P_A=0.2535-1.441\times10^{-6}Q^2=0.2535-\{1.441\times10^{-6}\times(135.601)^2\}=0.227$MPa

• **답 :** 0.227MPa

상세해설

(1) 마찰손실압력[MPa]

$\Delta P=\frac{6\times10^4\times Q^2}{120^2\times d^5}\times L$	하젠-윌리엄의 식(마찰손실압력)						
	구간	25φ	32φ	40φ	50φ	65φ	100φ
ΔP : 배관 마찰손실압력[MPa]	➜	풀이Ⓐ	풀이Ⓑ	풀이Ⓒ	풀이Ⓓ	풀이Ⓔ	풀이Ⓕ
Q : 배관 내의 유량[l/min]	➜	Q	Q	Q	Q	Q	Q
d : 배관의 안지름[mm] **(조건④)**	➜	28mm	37mm	43mm	54mm	69mm	107mm
L : 배관의 길이[m]	➜	풀이㉮	풀이㉯	풀이㉰	풀이㉱	풀이㉲	풀이㉳

① **상당관 및 직관길이[m]**

> 상당관 및 직관길이[m]=주손실(직관)+부차적손실(관부속품)

<table>
<tr><th>관 경</th><th colspan="4">산출근거</th><th>상당관 및 직관길이[m]</th></tr>
<tr><td rowspan="7">25ϕ
(풀이Ⓐ)</td><td colspan="2">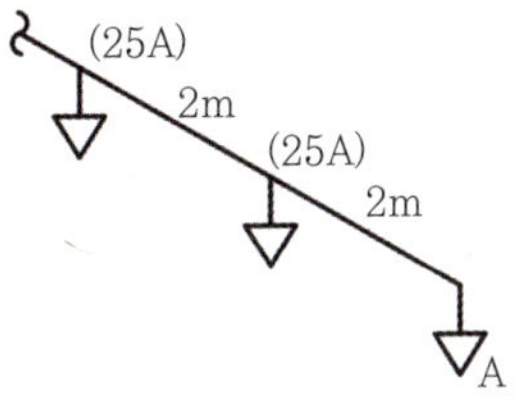</td><td colspan="2">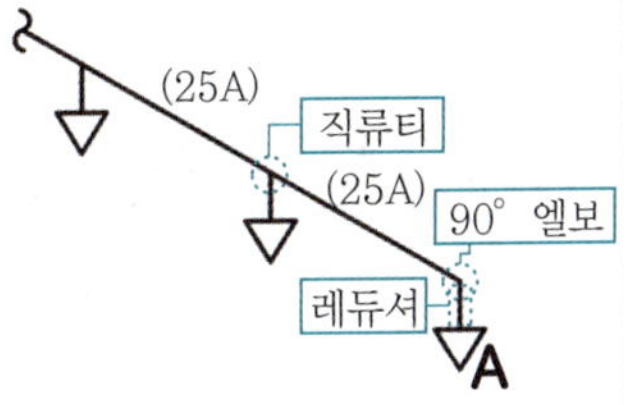</td><td>-</td></tr>
<tr><td>직관</td><td colspan="3">2+2=4m</td><td rowspan="6">4m+0.8m
=4.8m
(풀이㉮)</td></tr>
<tr><td rowspan="4">관부속품</td><td>90° 엘보</td><td>1개</td><td>0.8m</td></tr>
<tr><td>레듀셔</td><td>1개</td><td>무시</td></tr>
<tr><td>직류티</td><td>1개</td><td>무시</td></tr>
<tr><td>합계</td><td colspan="2">0.8m</td></tr>
<tr></tr>
<tr><td rowspan="6">32ϕ
(풀이Ⓑ)</td><td colspan="2">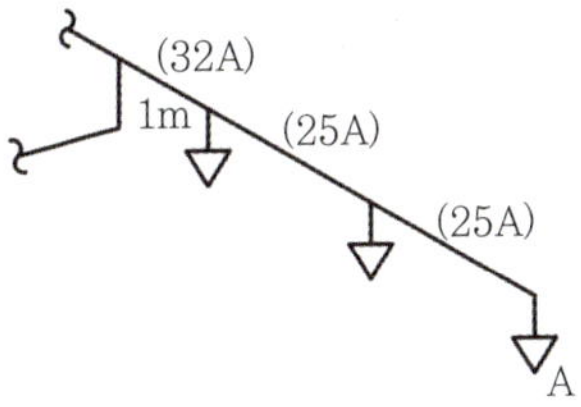</td><td colspan="2">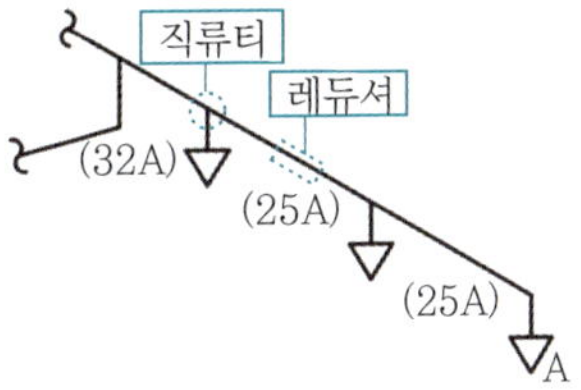</td><td>-</td></tr>
<tr><td>직관</td><td colspan="3">1m</td><td rowspan="5">1m
(풀이㉯)</td></tr>
<tr><td rowspan="4">관부속품</td><td>레듀셔</td><td>1개</td><td>무시</td></tr>
<tr><td>직류티</td><td>1개</td><td>무시</td></tr>
<tr><td></td><td></td><td></td></tr>
<tr><td>합계</td><td colspan="2">0m</td></tr>
<tr><td rowspan="6">40ϕ
(풀이Ⓒ)</td><td colspan="4">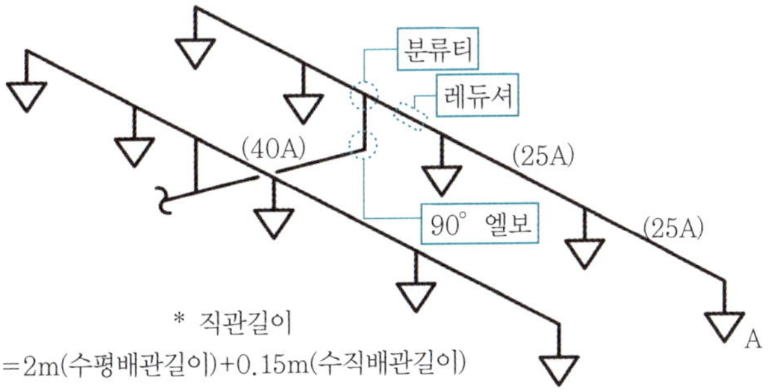
* 직관길이
=2m(수평배관길이)+0.15m(수직배관길이)</td><td>-</td></tr>
<tr><td>직관</td><td colspan="3">2+0.15=2.15m</td><td rowspan="5">2.15m+3.8m
=5.95m
(풀이㉰)</td></tr>
<tr><td rowspan="4">관부속품</td><td>90° 엘보</td><td>1개</td><td>1.3m</td></tr>
<tr><td>분류티</td><td>1개</td><td>2.5m</td></tr>
<tr><td>레듀셔</td><td>1개</td><td>무시</td></tr>
<tr><td>합계</td><td colspan="2">3.8m</td></tr>
</table>

<table>
<tr><th>관 경</th><th colspan="4">산출근거</th><th>상당관 및 직관길이[m]</th></tr>
<tr><td rowspan="6">50ϕ
(풀이Ⓓ)</td><td colspan="4">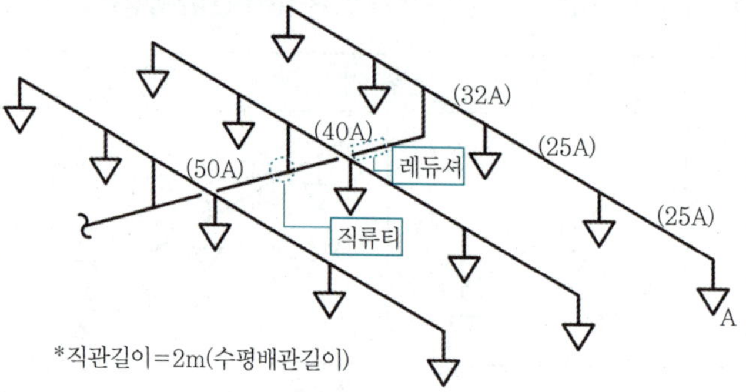
*직관길이=2m(수평배관길이)</td><td>–</td></tr>
<tr><td>직관</td><td colspan="3">2m</td><td rowspan="5">2m
(풀이㉣)</td></tr>
<tr><td rowspan="4">관부속품</td><td>레듀셔</td><td>1개</td><td>무시</td></tr>
<tr><td>직류티</td><td>1개</td><td>무시</td></tr>
<tr><td></td><td></td><td></td></tr>
<tr><td>합계</td><td colspan="2">0m</td></tr>
<tr><td rowspan="6">65ϕ
(풀이Ⓔ)</td><td colspan="4">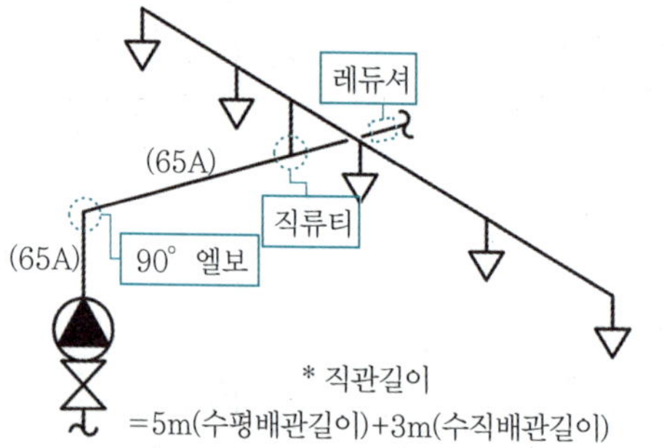
* 직관길이
=5m(수평배관길이)+3m(수직배관길이)</td><td>–</td></tr>
<tr><td>직관</td><td colspan="3">3+5=8m</td><td rowspan="5">8m+2m
=10m
(풀이㉤)</td></tr>
<tr><td rowspan="4">관부속품</td><td>90° 엘보</td><td>1개</td><td>2m</td></tr>
<tr><td>레듀셔</td><td>1개</td><td>무시</td></tr>
<tr><td>직류티</td><td>1개</td><td>무시</td></tr>
<tr><td>합계</td><td colspan="2">2m</td></tr>
</table>

관 경	산출근거				상당관 및 직관길이[m]
100ϕ (풀이Ⓕ)	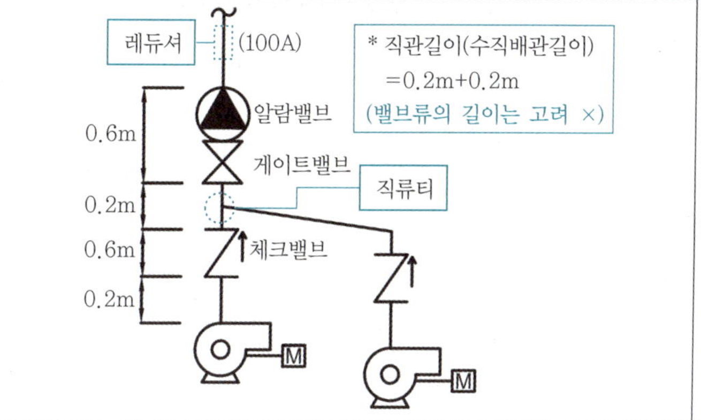				–
	직관	0.2+0.2=0.4m			
	관부속품	알람밸브	1개	8.7m	0.4m+18.1m =18.5m (풀이㉳)
		게이트밸브	1개	0.7m	
		체크밸브	1개	8.7m	
		레듀셔	1개	무시	
		직류티	1개	무시	
		합계	18.1m		

Tip 직관길이를 산출할 때 밸브류의 길이는 적용하지 않는다.

참고 **분류티와 직류티는 물의 흐름방향으로 구분한다!**

① **직류티** : 물의 진행방향 180°

② **분류티** : 물의 진행방향 90°

➜ 마찰손실은 분류티가 직류티보다 크다.

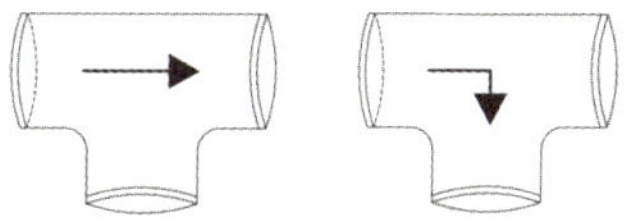

| 직류티 | | 분류티 |

② **마찰손실압력[MPa]**

호칭구경	마찰손실압력 계산과정 (배관의 마찰손실[MPa/m]×등가길이[m])	마찰손실압력 [MPa]
25ϕ (내경 28mm)	$\frac{6\times10^4\times Q^2}{120^2\times(28\text{mm})^5}\times4.8\text{m}$	$1.162\times10^{-6}\times Q^2$
32ϕ (내경 37mm)	$\frac{6\times10^4\times Q^2}{120^2\times(37\text{mm})^5}\times1\text{m}$	$6.0089\times10^{-8}Q^2$ $\fallingdotseq \mathbf{6.009\times10^{-8}Q^2}$
40ϕ (내경 43mm)	$\frac{6\times10^4\times Q^2}{120^2\times(43\text{mm})^5}\times5.95\text{m}$	$1.6864\times10^{-7}Q^2$ $\fallingdotseq \mathbf{1.686\times10^{-7}Q^2}$
50ϕ (내경 54mm)	$\frac{6\times10^4\times Q^2}{120^2\times(54\text{mm})^5}\times2\text{m}$	$1.8148\times10^{-8}Q^2$ $\fallingdotseq \mathbf{1.815\times10^{-8}Q^2}$

호칭구경	마찰손실압력 계산과정 (배관의 마찰손실[MPa/m]×등가길이[m])	마찰손실압력 [MPa]
65ϕ (내경 69mm)	$\frac{6\times10^4\times Q^2}{120^2\times(69\text{mm})^5}\times10\text{m}$	$2.6640\times10^{-8}Q^2$ $\fallingdotseq \mathbf{2.664\times10^{-8}Q^2}$
100ϕ (내경 107mm)	$\frac{6\times10^4\times Q^2}{120^2\times(107\text{mm})^5}\times18.5\text{m}$	$5.4959\times10^{-9}Q^2$ $\fallingdotseq \mathbf{5.496\times10^{-9}Q^2}$

(2) 배관의 총 마찰손실압력[MPa]

➜ **배관의 총 마찰손실압력[MPa]** $=(1.162\times10^{-6}Q^2)+(6.009\times10^{-8}Q^2)+(1.686\times10^{-7}Q^2)$
$+(1.815\times10^{-8}Q^2)+(2.664\times10^{-8}Q^2)+(5.496\times10^{-9}Q^2)$
$=1.4409\times10^{-6}Q^2\fallingdotseq\mathbf{1.441\times10^{-6}Q^2}$ [MPa]

(3) 실층고의 환산수두[m]

실층고의 수두는 **수직배관**만 고려하며, 펌프방식이므로 물이 위로 흐를 때에는 "+", 아래로 흐를 때에는 "−"를 적용한다.

➜ **실층고의 환산수두[m]** $=0.2\text{m}+0.6\text{m}+0.2\text{m}+0.6\text{m}+3\text{m}+0.15\text{m}=\mathbf{4.75m}$

(4) A점의 방수량[l/min]

$Q_A=K\sqrt{10P_A}$	방사량과 방사압력의 관계식
Q_A : A점 헤드의 분당 방수량[l/min$=l$pm]	➜ $Q_A=K\sqrt{10P_A}$ **[풀이②]**
K : 방출계수	➜ 90 **(조건②)**
P_A : A점 헤드의 방수압력[MPa=MN/m^2]	➜ $P_A=P_{펌프}-P_{낙차}-P_{마찰손실}$ **[풀이①]**

① **A점 헤드의 방수압력(P_A)**

펌프방식이므로 A점의 방수압력은 다음과 같이 계산된다.

> 펌프의 토출압력($P_{펌프}$)=실층고의 환산수두압력($P_{낙차}$)+배관의 총 마찰손실수두압력($P_{마찰손실}$)
> +A점의 방수압력(P_A)

① 펌프의 토출압력[MPa]=0.3MPa **(조건①)**

② 실층고의 환산수두압력[MPa]$=\frac{4.75\text{m}}{10.332\text{m}}\times0.101325\text{MPa}=0.0465\text{MPa}$ **(문제(3) 적용)**

③ 배관의 총 마찰손실수두압력[MPa]$=1.441\times10^{-6}Q^2$ **(문제(2) 적용)**

➜ **A점의 방수압력** P_A=펌프의 토출압력−실층고의 환산수두압력−배관의 총 마찰손실수두압력
$=0.3-0.0465-1.441\times10^{-6}Q^2$ [MPa]
$=\mathbf{0.2535-1.441\times10^{-6}Q^2}$ [MPa]

② **A점 헤드의 방수량(Q_A)**

> $Q_A=90\sqrt{10P_A}$

→ $Q=90\sqrt{10\times(0.2535-1.441\times10^{-6}Q^2)}$

→ $Q^2=90^2\times(2.535-1.441\times10^{-5}Q^2)$

→ $Q^2=20{,}533.5-0.1167Q^2$

$\rightarrow 1.1167Q^2 = 20,533.5$

$\rightarrow Q = \sqrt{\dfrac{20,533.5}{1.1167}} = 135.6011 l/\text{min} \quad \therefore\ Q_A = \mathbf{135.601} l/\text{min}$

(5) A점의 방수압[MPa]

→ A점의 방수압력 : $P_A = 0.2535 - 1.441 \times 10^{-6} Q^2 [\text{MPa}]$

$= 0.2535 - \{1.441 \times 10^{-6} \times (135.601 l/\text{min})^2\}\ [\text{MPa}]$

$= 0.22700\text{MPa} \fallingdotseq \mathbf{0.227MPa}$

12 다음 그림은 폐쇄형 스프링클러설비를 나타낸 것이다. 조건을 참조하여 각 물음에 답하시오.

배점 : 9 [15년] [17년-1회] [17년-4회] [18년]

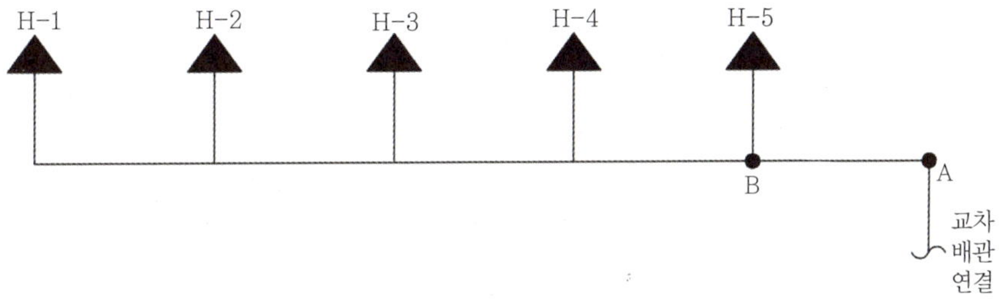

[조건]
① 스프링클러헤드 H-1에서 H-5까지의 각 헤드 사이의 압력손실은 0.02MPa이다.
② A~B구간의 마찰손실은 0.03MPa이다.
③ H-1에서의 방수압력은 0.1MPa, 방수량은 80l/min이다.

(1) A지점에서 필요한 최소압력 [MPa]을 구하시오.
(2) 각 헤드(H-1~H-5)에서의 방수량 [l/min]을 구하시오.
(3) A~B구간에서의 유량 [l/min]을 구하시오.
(4) A~B구간 배관의 최소내경 [mm]을 구하시오.

• **실전모범답안**

(1) $P_A = (0.02 \times 4) + 0.03 + 0.1 = 0.21\text{MPa}$

• **답 :** 0.21MPa

(2) $P_{H-1} = 0.1\text{MPa},\ Q_{H-1} = 80 l/\text{min},\ K = \dfrac{Q}{\sqrt{10P}} = \dfrac{80}{\sqrt{10 \times 0.1}} = 80$

$P_{H-2} = 0.1 + 0.02 = 0.12\text{MPa},\ Q_{H-2} = K\sqrt{10P_{H-2}} = 80\sqrt{10 \times 0.12} = 87.635 l/\text{min}$

$P_{H-3} = 0.12 + 0.02 = 0.14\text{MPa},\ Q_{H-3} = K\sqrt{10P_{H-3}} = 80\sqrt{10 \times 0.14} = 94.657 l/\text{min}$

$P_{H-4} = 0.14 + 0.02 = 0.16\text{MPa},\ Q_{H-4} = K\sqrt{10P_{H-4}} = 80\sqrt{10 \times 0.16} = 101.192 l/\text{min}$

$P_{H-5} = 0.16 + 0.02 = 0.18\text{MPa},\ Q_{H-5} = K\sqrt{10P_{H-5}} = 80\sqrt{10 \times 0.18} = 107.331 l/\text{min}$

• **답 :** $Q_{H-1} = 80 l/\text{min},\ Q_{H-2} = 87.64 l/\text{min},\ Q_{H-3} = 94.66 l/\text{min},\ Q_{H-4} = 101.19 l/\text{min},\ Q_{H-5} = 107.33 l/\text{min}$

(3) $Q_{A-B} = 80 + 87.64 + 94.66 + 101.19 + 107.33 = 470.82 l/\text{min}$

• **답 :** 470.82l/min

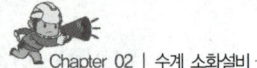

(4) $D=\sqrt{\frac{4Q}{\pi V}}=\sqrt{\frac{4\times\frac{0.47082}{60}}{\pi\times 6}}$ =0.040806m=40.806mm

• **답 :** 40.81mm (호칭경 50A 선정)

상세해설

(1) A지점에서 필요한 최소압력[MPa]

$P_A=P_{낙차}+P_{마찰손실}+P_{H-1헤드의 방수압력}$	A지점에서의 압력
P_A : A지점에서 필요한 최소압력	➜ $P_A=P_{낙차}+P_{마찰손실}+P_{H-1헤드의 방수압력}$
$P_{낙차}$: 낙차에 의한 방수압력	➜ 조건에서 주어지지 않았으므로 무시
$P_{마찰손실}$: 배관의 마찰손실수두압력	➜ $\Delta P_{1\sim2}+\Delta P_{2\sim3}+\Delta P_{3\sim4}+\Delta P_{4\sim5}+\Delta P_{A\sim B}$ $=(0.02\text{MPa}\times4)+0.03\text{MPa}$ **(조건①, ②)**
$P_{H-1헤드의 방수압력}$: H−1헤드의 방수압력	➜ 0.1MPa **(조건③)**

➜ **A지점에서의 필요 최소압력[MPa]**$=P_{낙차}+P_{마찰손실}+P_{H-1헤드의 방수압력}$

$=(0.02\text{MPa}\times4)+0.03\text{MPa}+0.1\text{MPa}=\mathbf{0.21MPa}$

(2) 각 헤드(H−1~H−5)에서의 방수량[l/min]

① **방출계수(K)**

$Q=K\sqrt{10P}$	방사량과 방사압력의 관계식
Q : 방수량=방사량=토출량=유량[l/min=$l$pm]	➜ $80l$/min
K : 방출계수	➜ $K=Q/\sqrt{10P}$
P : 방수압=방사압=토출압[MPa=MN/m²]	➜ 0.1MPa

➜ **방출계수 :** $K=\frac{Q}{\sqrt{10P}}=\frac{80l/\text{min}}{\sqrt{10\times0.1\text{MPa}}}=80$ $\quad\therefore K=\mathbf{80}$

② **문제의 조건**

조건① : $\Delta P_{1\sim2}=\Delta P_{2\sim3}=\Delta P_{3\sim4}=\Delta P_{4\sim5}=0.02\text{MPa}$

조건② : $\Delta P_{A\sim B}=0.03\text{MPa}$

구간	손실압력[MPa]	유량[l/min]
H−1	$P_{H-1}=0.1\text{MPa}$	$Q_{H-1}=80l/\text{min}$
H−1 ~ H−2	$P_{H-2}=P_{H-1}+\Delta P_{1\sim2}$ $=0.1\text{MPa}+0.02\text{MPa}=\mathbf{0.12MPa}$	$Q_{H-2}=K\sqrt{10P_{H-2}}$ $Q_{H-2}=80\sqrt{10\times0.12\text{MPa}}$ $=87.635l/\text{min}\fallingdotseq\mathbf{87.64}\,l/\text{min}$
H−2 ~ H−3	$P_{H-3}=P_{H-2}+\Delta P_{2\sim3}$ $=0.12\text{MPa}+0.02\text{MPa}=\mathbf{0.14MPa}$	$Q_{H-3}=K\sqrt{10P_{H-3}}$ $Q_{H-3}=80\sqrt{10\times0.14\text{MPa}}$ $=94.657l/\text{min}\fallingdotseq\mathbf{94.66}\,l/\text{min}$

구간	손실압력[MPa]	유량[l/min]
H-3 ~ H-4	$P_{H-4} = P_{H-3} + \triangle P_{3\sim4}$ $= 0.14\text{MPa} + 0.02\text{MPa} = \mathbf{0.16MPa}$	$Q_{H-4} = K\sqrt{10P_{H-4}}$ $Q_{H-4} = 80\sqrt{10 \times 0.16\text{MPa}}$ $= 101.192l/\text{min} \fallingdotseq \mathbf{101.19}l/\text{min}$
H-4 ~ H-5	$P_{H-5} = P_{H-4} + \triangle P_{4\sim5}$ $= 0.16\text{MPa} + 0.02\text{MPa} = \mathbf{0.18MPa}$	$Q_{H-5} = K\sqrt{10P_{H-5}}$ $Q_{H-5} = 80\sqrt{10 \times 0.18\text{MPa}}$ $= 107.331l/\text{min} \fallingdotseq \mathbf{107.33}l/\text{min}$

(3) A~B 구간에서의 유량[l/min]

A~B 구간에서의 유량[l/min]$= Q_{H-1} + Q_{H-2} + Q_{H-3} + Q_{H-4} + Q_{H-5}$

→ A~B 구간에서의 유량[l/min]$= 80l/\text{min} + 87.64l/\text{min} + 94.66l/\text{min} + 101.19l/\text{min} + 107.33l/\text{min}$
$= \mathbf{470.82}l/\text{min}$

(4) A~B 구간 배관의 최소내경[mm]

$Q = AV = \frac{\pi}{4}D^2V$	연속의 방정식(체적유량)
Q : 유량[m^3/s]	→ $470.82l/\text{min} = \frac{0.47082}{60}\text{m}^3/\text{s}$
A : 배관단면적$\left(\frac{\pi}{4}D^2[\text{m}^2]\right)$	→ $D = \sqrt{\frac{4Q}{\pi V}}$
V : 유속[m/s]	→ 6m/s (가지배관의 유속기준)

스프링클러설비		
수리계산 시 유속기준(V)[m/s]	가지배관	6m/s 이하
	기타 배관	10m/s 이하
배관별 최소구경(D)[mm]	교차배관, 청소구	40mm 이상
	수직배수배관	50mm 이상

→ 내경 : $D = \sqrt{\frac{4Q}{\pi V}} = \sqrt{\frac{4 \times \frac{0.47082}{60}\text{m}^3/\text{s}}{\pi \times 6\text{m/s}}} = 0.040806\text{m} = 40.806\text{mm} = \mathbf{40.81mm}$(호칭경 50A 선정)

13 **그림은 어느 일제개방형 스프링클러설비의 계통도이다. 주어진 조건을 참조하여 이 설비가 작동되었을 경우 표의 유량, 구간손실, 손실계 등을 답란의 요구순서대로 수리계산하여 산출하시오. (단, 0.1MPa=10m로 계산한다.)**

배점 : 12 [14년] [21년]

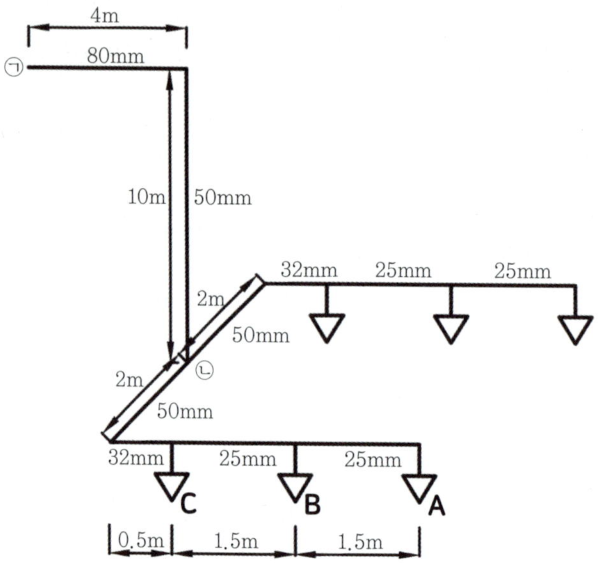

[조건]

① 설치된 개방형 헤드 A의 유량은 100l/min, 방수압은 0.25MPa이다.
② 배관 부속 및 밸브류의 마찰손실은 무시한다.
③ 수리계산 시 속도수두는 무시한다.
④ 필요한 압력은 노즐에서의 방사압과 배관 끝에서의 압력을 별도로 구한다.

구 간	유량[l/min]	길이[m]	1m당 마찰손실[MPa]	구간손실[MPa]	낙차[m]	손실계[MPa]
헤드 A	100	–	–	–	–	0.25
A~B	100	1.5	0.02	0.03	0	①
헤드 B	②	–	–	–	–	-
B~C	③	1.5	0.04	④	0	⑤
헤드 C	⑥	–	–	–	–	-
C~㉡	⑦	2.5	0.06	⑧	0	⑨
㉡~㉠	⑩	14	0.01	⑪	−10	⑫

• 실전모범답안

구 간	유량[l/min]	길이 [m]	1m당 마찰손실[MPa]	구간손실 [MPa]	낙차 [m]	손실계 [MPa]
헤드 A	100	–	–	–	–	0.25
A~B	100	1.5	0.02	0.03	0	① $P_B=0.25+0.03=0.28\text{MPa}$
헤드 B	② $Q_B=K\sqrt{10P}$ $=63.245\sqrt{10\times0.28}$ $=105.829l/\text{min}$ $\fallingdotseq105.83l/\text{min}$	–	–	–	–	–
B~C	③ $Q_{BC}=Q_A+Q_B$ $=100+105.83$ $=205.83l/\text{min}$	1.5	0.04	④ 0.04×1.5 $=0.06\text{MPa}$	0	⑤ $P_C=0.28+0.06=0.34\text{MPa}$
헤드 C	⑥ $Q_C=K\sqrt{10P}$ $=63.245\sqrt{10\times0.34}$ $=116.618l/\text{min}$ $\fallingdotseq116.62l/\text{min}$	–	–	–	–	–
C~ⓛ	⑦ $Q_{Cⓛ}=Q_A+Q_B+Q_C$ $=100+105.83+116.62$ $=322.45l/\text{min}$	2.5	0.06	⑧ 0.06×2.5 $=0.15\text{MPa}$	0	⑨ $P_ⓛ=0.34+0.15=0.49\text{MPa}$
ⓛ~ⓖ	⑩ $Q_{ⓛⓖ}=(Q_A+Q_B+Q_C)\times2$ $=322.45\times2$ $=644.9l/\text{min}$	14	0.01	⑪ 0.01×14 $=0.14\text{MPa}$	−10	⑫ $P_ⓖ=0.49+0.14-0.1$ $=0.53\text{MPa}$

상세해설

$Q=K\sqrt{10P}$	방사량과 방사압력의 관계식
Q : 방수량=방사량=토출량=유량[l/min=$l$pm]	➜ 100l/min
K : 방출계수	➜ $K=Q/\sqrt{10P}$
P : 방수압=방사압=토출압[MPa=MN/m²]	➜ 0.25MPa

➜ **방출계수** : $K=\dfrac{Q}{\sqrt{10P}}=\dfrac{100l/\text{min}}{\sqrt{10\times0.25\text{MPa}}}=63.245$ ∴ $K=$ **63.245**

<table>
<tr><th>구 간</th><th>유량
[l/min]</th><th>길이
[m]</th><th>1m당
마찰손실
[MPa]</th><th>구간손실[MPa]
(1m당 마찰손실×
배관길이)</th><th>낙차
[m]</th><th>손실계[MPa]
(손실계압+구간손실압
+낙차손실압)</th></tr>
<tr><td>헤드 A</td><td>100</td><td>–</td><td>–</td><td>–</td><td>–</td><td>0.25</td></tr>
<tr><td rowspan="2">A~B</td><td colspan="6">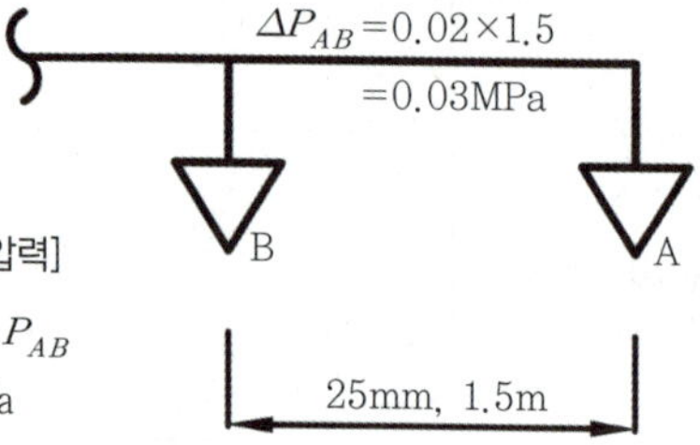

[B헤드 방수압력]
$P_B=P_A+\triangle P_{AB}$
$=0.28$MPa
[A헤드 P, Q]
$P_A(0.25)$
$Q_A(100)$</td></tr>
<tr><td>100</td><td>1.5</td><td>0.02</td><td>0.02MPa×1.5m
=0.03MPa</td><td>0</td><td>①P_B
$=P_A+\triangle P_{AB}$
$=0.25$MPa$+0.03$MPa
$=$ **0.28MPa**</td></tr>
<tr><td rowspan="2">헤드 B</td><td colspan="6">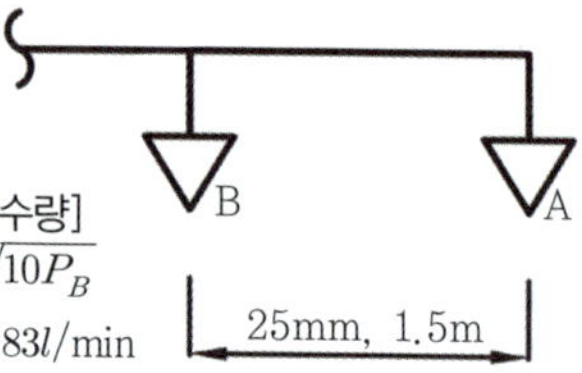

[B헤드 방수량]
$Q_B=K\sqrt{10P_B}$
$=105.83l$/min</td></tr>
<tr><td>②$Q_B=K\sqrt{10P_B}$
Q_B
$=63.245\sqrt{10\times0.28\text{MPa}}$
$=105.829$
≒**105.83l/min**</td><td>–</td><td>–</td><td>–</td><td>–</td><td>–</td></tr>
<tr><td rowspan="2">B~C</td><td colspan="6">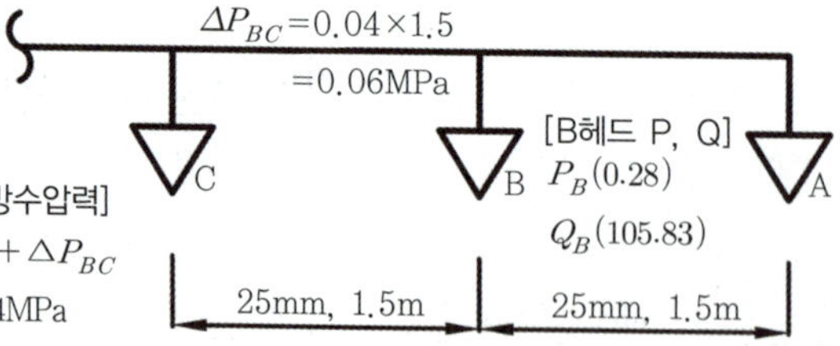

[C헤드 방수압력]
$P_C=P_B+\triangle P_{BC}$
$=0.34$MPa</td></tr>
<tr><td>③$Q_{BC}=Q_A+Q_B$
$Q_{BC}=100+105.83$
$=$ **205.83l/min**</td><td>1.5</td><td>0.04</td><td>④0.04MPa×1.5m
= **0.06MPa**</td><td>0</td><td>⑤$P_C=P_B+\triangle P_{BC}$
$=0.28$MPa$+0.06$MPa
$=$ **0.34MPa**</td></tr>
</table>

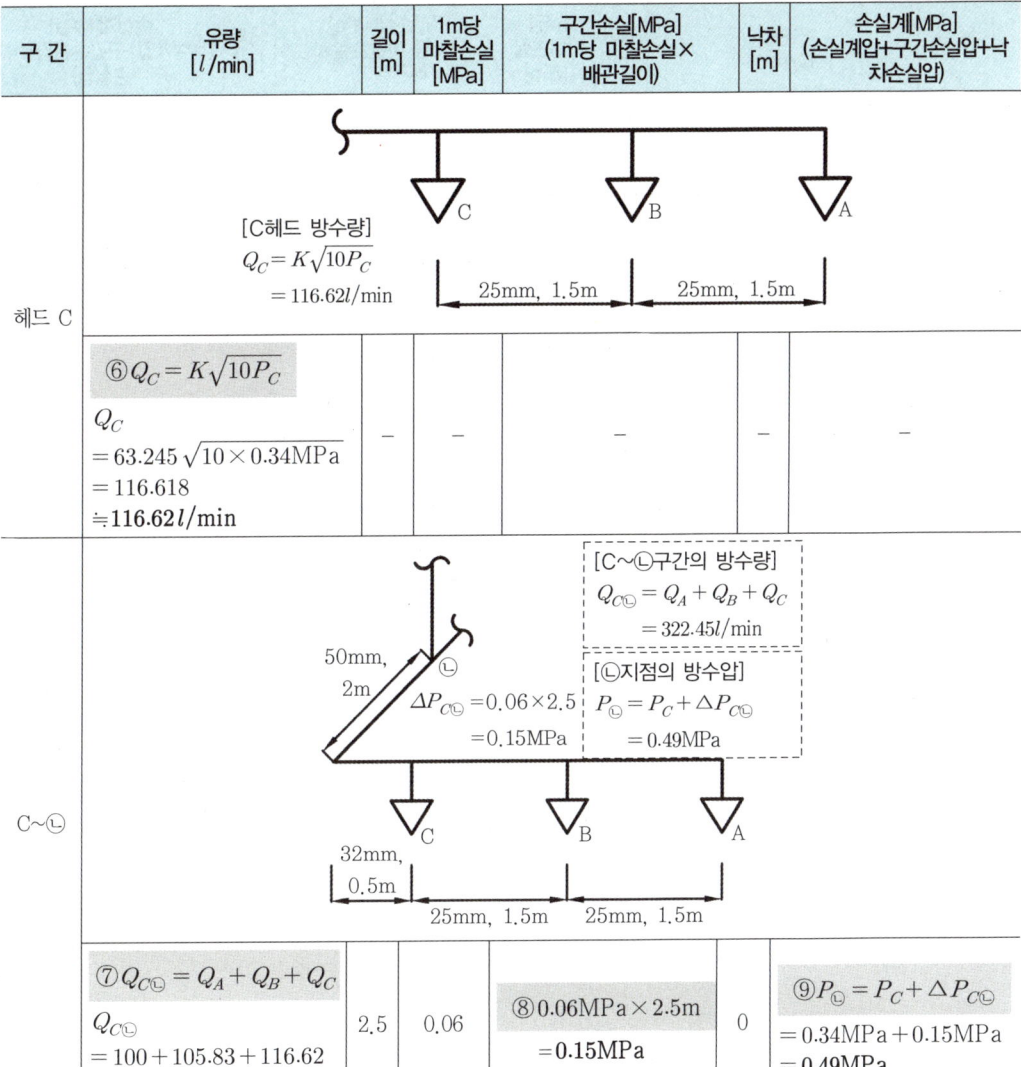

구 간	유량 [l/min]	길이 [m]	1m당 마찰손실 [MPa]	구간손실[MPa] (1m당 마찰손실× 배관길이)	낙차 [m]	손실계[MPa] (손실계압+구간손실압+낙차손실압)
헤드 C	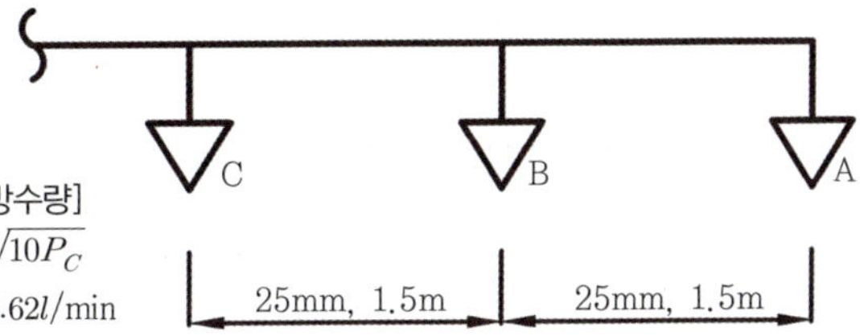					
	⑥ $Q_C = K\sqrt{10P_C}$ Q_C $= 63.245\sqrt{10 \times 0.34\text{MPa}}$ $= 116.618$ $\fallingdotseq$ **116.62l/min**	–	–	–	–	–
C~ㄴ	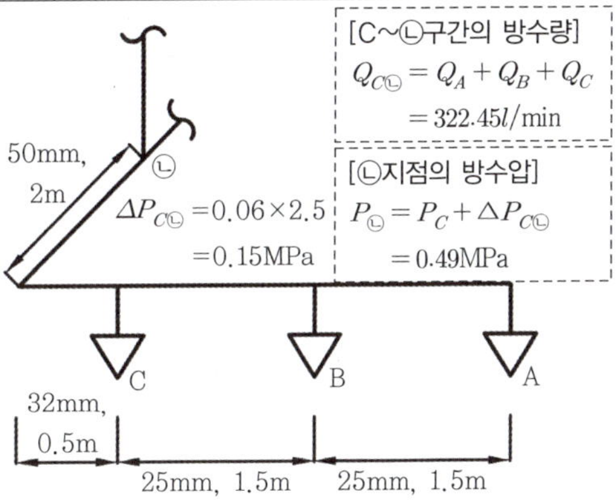					
	⑦ $Q_{Cㄴ} = Q_A + Q_B + Q_C$ $Q_{Cㄴ}$ $= 100 + 105.83 + 116.62$ $=$ **322.45l/min**	2.5	0.06	⑧ 0.06MPa × 2.5m = **0.15MPa**	0	⑨ $P_ㄴ = P_C + \Delta P_{Cㄴ}$ = 0.34MPa + 0.15MPa = **0.49MPa**

<table>
<tr><th>구 간</th><th>유량
[l/min]</th><th>길이
[m]</th><th>1m당
마찰손실
[MPa]</th><th>구간손실[MPa]
(1m당 마찰손실×
배관길이)</th><th>낙차
[m]</th><th>손실계[MPa]
(손실계압+구간손실압+낙차
손실압)</th></tr>
<tr><td rowspan="2">㉡~㉠</td><td colspan="6">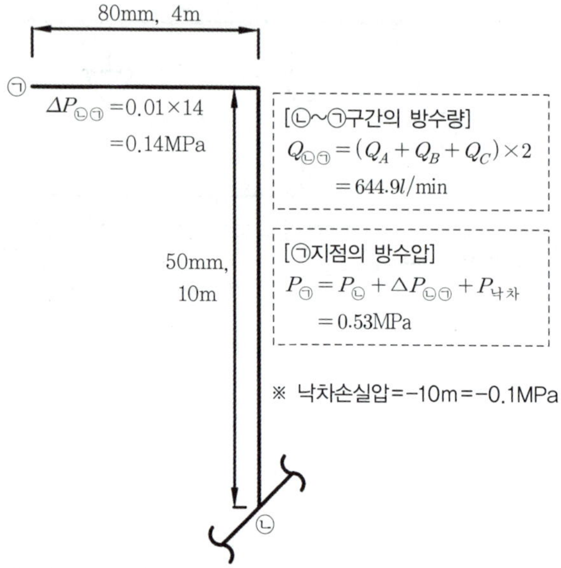
</td></tr>
<tr><td>⑩ $Q_{㉡㉠}$
$=(Q_A+Q_B+Q_C)\times 2$
$Q_{㉡㉠}=322.45l/\text{min}\times 2$
$=$ **644.9l/min**</td><td>14</td><td>0.01</td><td>⑪ 0.01MPa×14m
= **0.14MPa**</td><td>−10</td><td>⑫ $P_{㉠}$
$=P_{㉡}+\Delta P_{㉡㉠}+P_{낙차}$
=0.49MPa+0.14MPa
+(−0.1MPa)
= **0.53MPa**</td></tr>
</table>

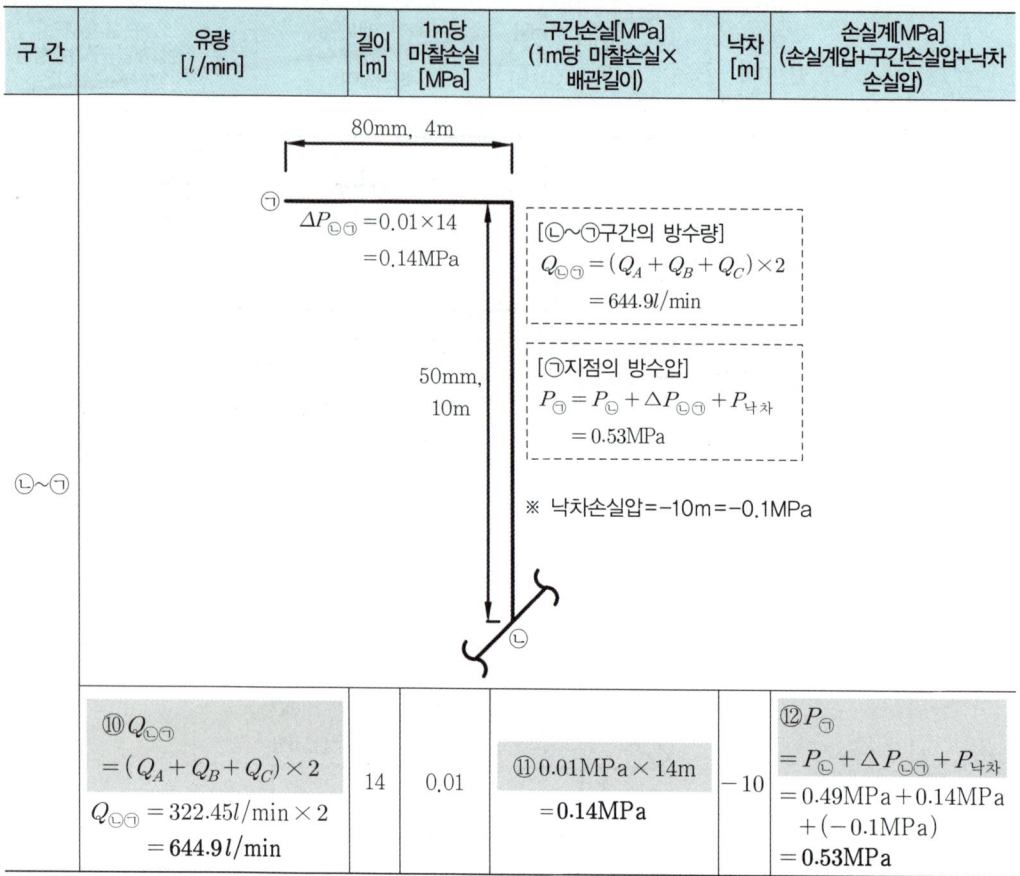

Tip 문제의 단서조건에 따라 낙차의 환산수두압[MPa]은 0.1MPa=10m로 환산하여 계산한다.

Mind - Control

노력을 이기는 재능은 없고
노력을 외면하는 결과도 없다.

- 이창호 9단 -

14 건식 스프링클러설비의 밸브에서 1차측 물의 압력이 0.7MPa이고, 1차측 단면직경이 50mm, 2차측 단면적이 79cm²일 때 2차측 공기압은 최소 얼마 이상 [MPa]이어야 밸브가 닫히는지 구하시오.

배점 : 5 [06년]

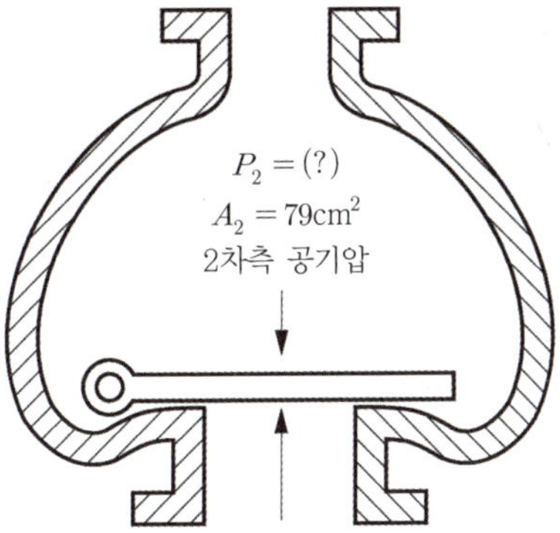

- 실전모범답안

→ $P_2=\dfrac{P_1A_1}{A_2}=\dfrac{0.7\times\dfrac{\pi}{4}\times 0.05^2}{79\times\dfrac{1}{10^4}}$ =0.173MPa

- 답 : 0.17MPa

상세해설

$F_1=F_2\ (P_1A_1=P_2A_2)$	힘의 평형
F_1 : 건식밸브 1차측에서 가하는 힘[N](= P_1A_1)	→ $P_1A_1=0.7\text{MPa}\times\dfrac{\pi}{4}\times 0.05^2\text{m}^2$
F_2 : 건식밸브 2차측에서 가하는 힘[N](= P_2A_2)	→ $P_2A_2=P_2\times 79\text{cm}^2\times\dfrac{1\text{m}^2}{10^4\text{cm}^2}$

→ 2차측에서의 압력 : $P_2=\dfrac{P_1A_1}{A_2}=\dfrac{0.7\text{MPa}\times\dfrac{\pi}{4}\times 0.05^2\text{m}^2}{79\text{cm}^2\times\dfrac{1\text{m}^2}{10^4\text{cm}^2}}=0.173\text{MPa}\fallingdotseq\mathbf{0.17MPa}$

4 간이스프링클러설비

1 간이스프링클러설비 구성 등

(1) 간이스프링클러설비의 정의 및 종류

다중이용업소, 근린생활시설 등의 인명안전을 위하여 도입된 설비로서 간이형태의 스프링클러설비

① **캐비닛형 간이스프링클러설비** : 가압송수장치, 수조 및 유수검지장치 등을 집적화하여 캐비닛형태로 구성된 간이형태의 스프링클러설비

② **상수도직결형 간이스프링클러설비** : 수조를 사용하지 아니하고, 상수도에 직접연결하여 항상 기준압력 및 방수량 이상을 확보할 수 있는 설비

(2) 간이스프링클러설비의 배관 및 밸브 순서기준

① **상수도직결형의 경우 기준** : 수도용 계량기 ➜ 급수차단장치 ➜ 개폐표시형밸브 ➜ 체크밸브 ➜ 압력계 ➜ 유수검지장치 ➜ 2개의 시험밸브

② **펌프 등의 가압송수장치를 이용하여 배관 및 밸브 등을 설치하는 경우 기준** : 수원 ➜ 연성계 또는 진공계 ➜ 펌프 또는 압력수조 ➜ 압력계 ➜ 체크밸브 ➜ 성능시험배관 ➜ 개폐표시형밸브 ➜ 유수검지장치 ➜ 시험밸브

③ **가압수조를 가압송수장치로 이용하여 배관 및 밸브 등을 설치하는 경우 기준** : 수원 ➜ 가압수조 ➜ 압력계 ➜ 체크밸브 ➜ 성능시험배관 ➜ 개폐표시형밸브 ➜ 유수검지장치 ➜ 2개의 시험밸브

④ **캐비닛형 가압송수장치에 배관 및 밸브 등을 설치하는 경우 기준** : 수원 ➜ 연성계 또는 진공계 ➜ 펌프 또는 압력수조 ➜ 체크밸브 ➜ 개폐표시형밸브 ➜ 2개의 시험밸브

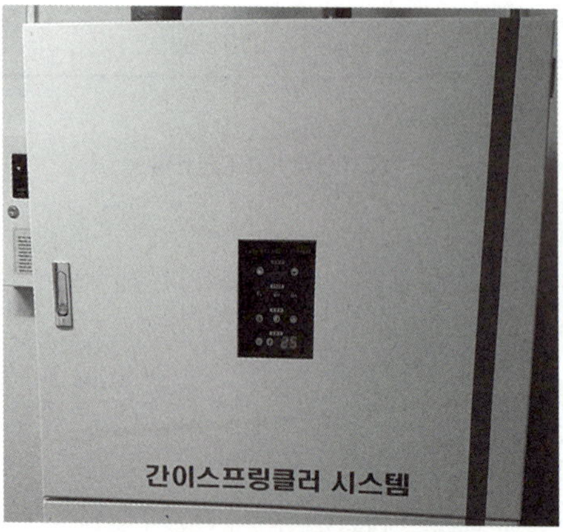

| 캐비닛형 간이스프링클러설비 외부 |

| 캐비닛형 간이스프링클러설비 내부 |

(3) 간이스프링클러설비에 관한 수치암기

구 분	수치기준	
방사압력(P)	0.1MPa 이상	
방사량(Q)	일반적인 경우	$50l$/min 이상
	㉮의 경우	$80l$/min 이상
방사시간(t)	일반적인 경우	10분 이상
	㉯의 경우	20분 이상
헤드의 수평거리(r)	수평거리 2.3m 이하	
방호면적(A)	$1,000m^2$ 이하	

※ "㉮의 경우" : 주차장에 표준반응형 스프링클러헤드를 사용하는 경우

"㉯의 경우"

① 근린생활시설로 사용하는 부분의 바닥면적의 합계가 $1,000m^2$ 이상인 것(근린생활시설 중 조산원 및 산후조리원은 연면적 $600m^2$ 미만 및 의원, 치과의원, 한의원으로 입원시설이 있는 것)은 모든 층

② 숙박시설로 사용하는 바닥면적의 합계가 $300m^2$ 이상 $600m^2$ 미만인 시설

③ 복합건축물(근린생활시설, 위락시설, 숙박시설, 판매시설, 업무시설 용도와 주택의 용도)로서 연면적 $1,000m^2$ 이상인 것은 모든 층

암기법 근천 숙박 삼육 근위숙판업주천

(4) 제4조(수원)

① 수조를 사용하는 경우(캐비닛형 포함) 수원의 양

사용하는 헤드의 종류	일반시설	숙박시설(바닥면적 $300m^2$ 이상 $600m^2$ 미만) 복합건축물(연면적 $1,000m^2$ 이상) 근린생활시설(바닥면적 $1,000m^2$ 이상)
간이헤드	$Q_1 = 2 \times 50l/\text{min} \times 10\text{min}$ $= 1,000l = \mathbf{1m^3}$	$Q_2 = 5 \times 50l/\text{min} \times 20\text{min}$ $= 5,000l = \mathbf{5m^3}$
표준반응형 스프링클러헤드	$Q_3 = 2 \times 80l/\text{min} \times 10\text{min}$ $= 1,600l = \mathbf{1.6m^3}$	$Q_4 = 5 \times 80l/\text{min} \times 20\text{min}$ $= 8,000l = \mathbf{8m^3}$

② 수원의 양 산정하기

㉠ 일반시설

수원의 양[l]=2개 헤드×10분×Q(방사량)

간이헤드 = 50 l/min
SP헤드 = 80 l/min

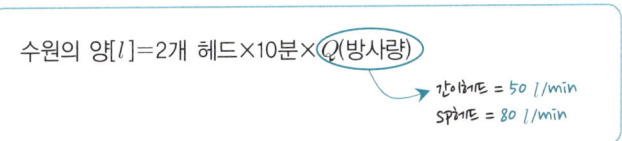

㉡ 숙박시설($600m^2$), 복합건축물($1,000m^2$), 근린생활시설($1,000m^2$)

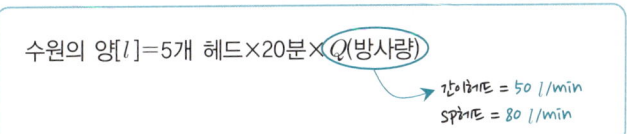

수원의 양[l]=5개 헤드×20분×Q(방사량)

간이헤드 = 50 l/min
SP헤드 = 80 l/min

빈번한 기출문제

01 근린생활시설로 사용하는 부분의 바닥면적의 합계가 1,500m^2인 건축물에 간이헤드를 사용하여 간이스프링클러설비를 설치하고자 할 때 전용 수조설치 시 수원의 양 [m^3]을 구하시오.

배점 : 5 [11년] [14년]

• 실전모범답안

간이스프링클러설비의 수원의 양 산정식

사용하는 헤드의 종류	일반시설	생활형 숙박시설(바닥면적 600m^2 이상)·복합건축물(연면적 1,000m^2 이상)·근린생활시설(바닥면적 1,000m^2 이상)
간이헤드	$Q_1[l] = 2 \times 50l/\min \times 10\min$	$Q_2[l] = 5 \times 50l/\min \times 20\min$
표준형 SP헤드	$Q_3[l] = 2 \times 80l/\min \times 10\min$	$Q_4[l] = 5 \times 80l/\min \times 20\min$

문제조건에 따라 해당 특정소방대상물의 용도는 근린생활시설로서 바닥면적의 합계가 1,000m^2 이상이며 간이헤드를 사용하므로 Q_2에 따라 계산한다.

➜ 수원의 양 : $Q_2 = 5 \times 50l/\min \times 20\min = 5{,}000l = 5m^3$ $\therefore$ $Q_2 = 5m^3$

02 상수도에 직접연결하여 폐쇄형 간이헤드를 사용하는 간이형 스프링클러설비의 소화수 공급순서 (게이지, 밸브 등)를 쓰시오.

배점 : 4 [03년]

• 실전모범답안

수도용 계량기 ➜ 급수차단장치 ➜ 개폐표시형밸브 ➜ 체크밸브 ➜ 압력계 ➜ 유수검지장치 ➜ 2개의 시험밸브

5 물·미분무소화설비

1 물분무소화설비

(1) 물분무등소화설비의 종류

① **물분무소화설비**
② **미분무소화설비**
③ 포소화설비
④ 이산화탄소소화설비
⑤ 할론소화설비
⑥ 할로겐화합물 및 불활성기체 소화설비
⑦ 분말소화설비
⑧ 강화액소화설비
⑨ 고체에어로졸소화설비

참고 **스프링클러설비 vs 물분무소화설비 vs 미분무소화설비**

① **공통점**=물을 이용하여 소화
② **차이점**
　㉠ 물의 입자크기 차이 발생(스프링클러설비 > 물분무소화설비 > 미분무소화설비)
　㉡ 물분무소화설비와 미분무소화설비는 스프링클러설비에 비해 물입자가 작아 상대적으로 표면적이 크므로 질식작용에 매우 효과적이다. 그에 따라 물분무소화설비와 미분무소화설비는 **ABC급 화재에 적응성**이 있다.

(2) 물분무소화설비의 적응장소별 수원의 양 산정하기

적응장소	가압송수장치 분당토출량(Q)	수원(V)	기준면적(A)
특수가연물 저장 또는 취급	$10l/\text{min}\cdot\text{m}^2$	$V=Q\times A\times 20\text{min}$ (방사시간 : 20분)	최소바닥면적 50m^2 (최대방수구역의 바닥면적 기준)
콘베이어 벨트	$10l/\text{min}\cdot\text{m}^2$		벨트부분의 바닥면적
절연유 봉입변압기	$10l/\text{min}\cdot\text{m}^2$		바닥면적을 제외한 표면적
케이블 트레이, 케이블 덕트	$12l/\text{min}\cdot\text{m}^2$		투영된 바닥면적
차고 또는 주차장	$20l/\text{min}\cdot\text{m}^2$		최소바닥면적 50m^2 (최대방수구역의 바닥면적 기준)

암기법 특수콘 절케 차고 10 12 20

(3) 물분무헤드-고압의 전기기기가 있는 장소

물분무소화설비를 설치한 장소에 고압의 전기기기가 있는 경우에는 전기의 절연을 위하여 전기기기와 물분무헤드 사이에 다음 표에 따른 거리를 두어야 한다.

전압[kV]	거리[cm]	전압[kV]	거리[cm]
66 이하	70 이상	154 초과 181 이하	180 이상
66 초과 77 이하	80 이상	181 초과 220 이하	210 이상
77 초과 110 이하	110 이상	220 초과 275 이하	260 이상
110 초과 154 이하	150 이상		

(4) 물분무소화설비를 설치하는 차고 또는 주차장에 설치하는 배수설비의 설치기준

① 차량이 주차하는 장소의 적당한 곳에 높이 **10cm 이상의 경계턱**으로 배수구를 설치할 것
② 배수구에는 새어나온 기름을 모아 소화할 수 있도록 **길이 40m 이하**마다 집수관, 소화핏트 등 **기름분리장치를 설치**할 것
③ 차량이 주차하는 바닥은 배수구를 향하여 **100분의 2 이상의 기울기**를 유지할 것
④ 배수설비는 **가압송수장치의 최대송수능력**의 수량을 유효하게 배수할 수 있는 크기 및 기울기로 할 것

Mind-Control

나의 유일한 경쟁자는 어제의 나다.
눈을 뜨면 어제 살았던 삶보다
더 가슴 벅차고 열정적인 하루를 살려고 노력한다.
연습실에 들어서며 어제 한 연습보다
더 강도 높은 연습을 한 번, 1분이라도 더 하기로 마음먹는다.
어제를 넘어선 오늘을 사는 것, 이것이 내 삶의 모토다.

- 강수진, "나는 내일을 기다리지 않는다." -

빈번한 기출문제

01 물분무소화설비를 설치하는 차고 또는 주차장에는 배수설비를 설치하여야 한다. 그 설치기준 4가지를 쓰시오. 배점 : 4 [03년] [10년] [11년] [20년] [23년]

• 실전모범답안

(1) 차량이 주차하는 장소의 적당한 곳에 **높이 10cm 이상의 경계턱**으로 배수구를 설치할 것
(2) 배수구에는 새어나온 기름을 모아 소화할 수 있도록 **길이 40m 이하**마다 집수관 등 **기름분리장치**를 설치할 것
(3) 차량이 주차하는 바닥은 배수구를 향하여 **2/100 이상의 기울기**를 유지할 것
(4) 배수설비는 가압송수장치의 **최대송수능력**의 수량을 유효하게 배수할 수 있는 크기 및 기울기로 할 것

02 주차장 건물에 물분무소화설비를 설치하려고 한다. 법정 수원용량 [m^3]은 얼마 이상이어야 하는지 구하시오. (단, 주차장 건물의 바닥면적은 100m^2이다.) 배점 : 3 [09년] [14년]

• 실전모범답안

→ $V = Q \times A \times 20 = 20 \times 100 \times 20 = 40{,}000l = 40m^3$

• 답 : $40m^3$

상세해설

$V = Q \times A \times 20\text{min}$	법정 수원의 양(물분무소화설비)
V : 법정수원의 양[m^3]	→ $V = Q \times A \times 20\text{min}$
Q : 가압송수장치의 분당 토출량[$l/\text{min} \cdot m^2$]	→ $20l/\text{min} \cdot m^2$ (차고 또는 주차장)
A : 기준면적[m^2]	→ $100m^2$ (최소바닥면적 $50m^2$ 기준 만족)
20min : 방사시간[20분]	→ 20min

→ 법정 수원의 양 : $V = Q \times A \times 20\text{min}$

$$= 20l/\text{min} \cdot m^2 \times 100m^2 \times 20\text{min} = 40{,}000l = 40m^3 \quad \therefore V = 40m^3$$

03 최대방수구역 바닥면적이 150m^2인 주차장에 물분무소화설비를 설치하려고 한다. 펌프의 분당 토출량 [m^3/min]과 수원의 저수량 [m^3]을 계산하시오. 배점 : 6 [06년]

• 실전모범답안

$Q = Q_1 \times A = 20 \times 150 = 3{,}000l/\text{min} = 3m^3/\text{min}$

$V = Q \times A \times 20 = 20 \times 150 \times 20 = 60{,}000l = 60m^3$

• 답 : $3m^3/\text{min}$, $60m^3$

상세해설

$V = Q \times A \times 20\text{min}$	법정 수원의 양(물분무소화설비)
V : 법정수원의 양[m^3]	➜ $V = Q \times A \times 20\text{min}$
Q : 가압송수장치의 분당 토출량[$l/\text{min} \cdot m^2$]	➜ $20l/\text{min} \cdot m^2$ (차고 또는 주차장)
A : 기준면적[m^2]	➜ $150m^2$ (최소바닥면적 $50m^2$ 기준 만족)
20min : 방사시간[20분]	➜ 20min

(1) 펌프의 분당 토출량[m^3/min]

➜ 펌프의 분당 토출량 : $Q = Q_1 \times A$

$= 20l/\text{min} \cdot m^2 \times 150m^2$

$= 3{,}000l/\text{min} = 3m^3/\text{min}$ $\quad \therefore Q = 3m^3/\text{min}$

(2) 수원의 저수량[m^3]

➜ 수원의 저수량 : $V = Q \times A \times 20\text{min}$

$= 20l/\text{min} \cdot m^2 \times 150m^2 \times 20\text{min}$

$= 60{,}000l = 60m^3$ $\quad \therefore V = 60m^3$

04 절연유 봉입변압기에 물분무소화설비를 그림과 같이 적용하고자 한다. 바닥부분을 제외한 변압기의 표면적을 $100m^2$라고 할 때 다음 각 물음에 답하시오. (단, 표준방사량은 $1m^2$당 $10l/\text{min}$으로 하며, 물분무헤드의 방사압력은 0.4MPa로 한다.)

배점 : 10 [07년] [08년] [11년] [16년]

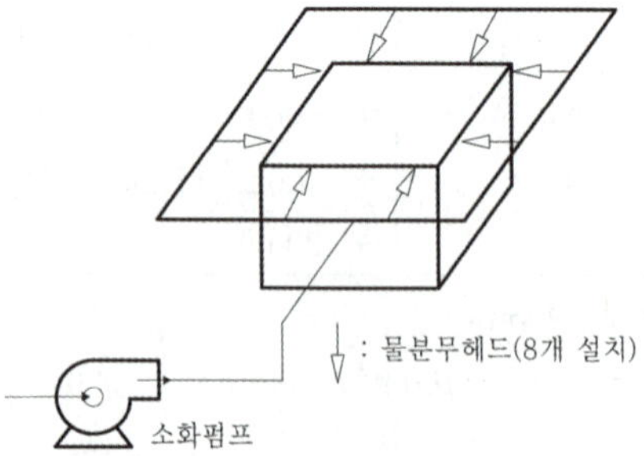

(1) 물분무헤드 1개당 분당 방사량 [l/min]을 구하시오.

(2) 방출계수 K를 구하시오.

(3) 총 저수량 [m^3]을 구하시오.

• 실전모범답안

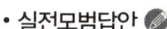

(1) $Q=\dfrac{Q_1 \times A}{\text{헤드의 개수}}=\dfrac{10\times 100}{8}=125l/\text{min}$

• 답 : $125l/\text{min}$

(2) $K=\dfrac{Q}{\sqrt{10P}}=\dfrac{125}{\sqrt{10\times 0.4}}=62.5$

• 답 : 62.5

(3) $V=Q\times A\times 20\text{min}=10\times 100\times 20=20{,}000l=20\text{m}^3$

• 답 : 20m^3

상세해설

(1) 물분무헤드 1개당 분당 방사량[l/min]

① 가압송수장치의 분당 토출량(Q)

$Q=Q_1\times A$	펌프의 분당 토출량(물분무소화설비)
Q : 펌프의 분당 토출량[l/min]	➜ $Q=Q_1\times A$
Q_1 : 가압송수장치의 분당 토출량[$l/\text{min}\cdot\text{m}^2$]	➜ $10l/\text{min}\cdot\text{m}^2$ (절연유 봉입변압기)
A : 기준면적[m^2]	➜ 100m^2 (바닥면적을 제외한 표면적)

➜ 펌프의 분당 토출량 : $Q=Q_1\times A=10l/\text{min}\cdot\text{m}^2\times 100\text{m}^2$

$=1{,}000l/\text{min}$

② 물분무헤드 1개당 분당 방사량

$$\text{물분무헤드 1개당 분당 방사량}[l/\text{min}]=\frac{\text{분당 토출량}[l/\text{min}]}{\text{헤드의 개수}}$$

➜ 물분무헤드 1개당 분당 방사량 $=\dfrac{1{,}000l/\text{min}}{8\text{개}}=125l/\text{min}$ (물분무헤드의 개수 8개)

(2) 방출계수(K)

$Q=K\sqrt{10P}$	방수량과 방수압력의 관계
Q : 방수량=방사량=토출량=유량[$l/\text{min}=l\text{pm}$]	➜ $125l/\text{min}$ [문제(1)]
K : 방출계수	➜ $K=Q/\sqrt{10P}$
P : 방수압=방사압=토출압[$\text{MPa}=\text{MN/m}^2$]	➜ 0.4MPa (문제의 단서조건)

➜ 방출계수 : $K=\dfrac{Q}{\sqrt{10P}}=\dfrac{125l/\text{min}}{\sqrt{10\times 0.4\text{MPa}}}=62.5$ $\quad\therefore K=62.5$

(3) 수원의 저수량[m^3]

$V=Q\times A\times 20min$	법정수원의 양(물분무소화설비)
V : 법정수원의 양[m^3]	→ $V=Q\times A\times 20min$
Q : 가압송수장치의 분당 토출량[$l/min\cdot m^2$]	→ $10l/min\cdot m^2$ (절연유 봉입변압기)
A : 기준면적[m^2]	→ $100m^2$ (바닥면적을 제외한 표면적)
20min : 방사시간[20분]	→ 20min

→ 수원의 저수량 : $V=Q\times A\times 20min$

$=10l/min\cdot m^2\times 100m^2\times 20min$

$=20{,}000l=20m^3$ ∴ $V=$ **$20m^3$**

05 그림과 같이 바닥면이 자갈로 되어 있는 절연유 봉입변압기에 물분무소화설비를 설치하고자 한다. 물분무소화설비의 화재안전기술기준을 참고하여 다음 각 물음에 답하시오.

배점 : 6 [13년] [17년] [18년] [19년] [22년]

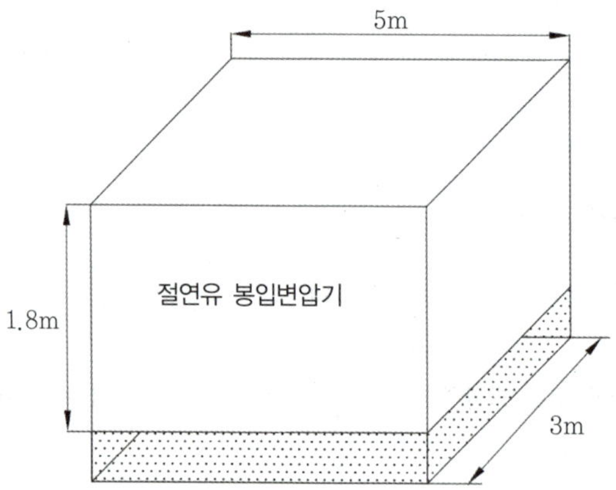

(1) 소화펌프의 최소토출량 [l/min]을 구하시오.
(2) 필요한 최소수원의 양 [m^3]을 구하시오.
(3) 고압의 전기기기가 있을 경우 물분무헤드와 전기기기의 이격기준인 다음의 표를 완성하시오.

전압[kV]	거리[cm]	전압[kV]	거리[cm]
66 이하	(①) 이상	154 초과 181 이하	180 이상
66 초과 77 이하	80 이상	181 초과 220 이하	(②) 이상
77 초과 110 이하	110 이상	220 초과 275 이하	260 이상
110 초과 154 이하	150 이상	–	–

• 실전모범답안

(1) $Q=Q_1\times A=10\times 43.8=438l/min$

→ $A=(3\times 5)+(1.8\times 5\times 2)+(1.8\times 3\times 2)=43.8m^2$

• 답 : $438l/min$

(2) $V = Q \times A \times 20\text{min} = 10 \times 43.8 \times 20 = 8{,}760l = 8.76\text{m}^3$

• **답 :** 8.76m^3

(3) ① 70 ② 210

상세해설

(1) 소화펌프의 최소토출량[l/min]

$Q = Q_1 \times A$	펌프의 분당 토출량(물분무소화설비)
Q : 펌프의 분당 토출량[l/min]	➜ $Q = Q_1 \times A$
Q_1 : 가압송수장치의 분당 토출량[$l/\text{min}\cdot\text{m}^2$]	➜ $10l/\text{min}\cdot\text{m}^2$ (절연유 봉입변압기)
A : 기준면적[m^2]	➜ $(3\text{m}\times5\text{m})+(1.8\text{m}\times5\text{m}\times2)+(1.8\text{m}\times3\text{m}\times2)$ $=43.8\text{m}^2$ (바닥면적을 제외한 표면적)

➜ 소화펌프의 최소토출량 [l/min]$= Q \times A$

$= 10l/\text{min}\cdot\text{m}^2 \times 43.8\text{m}^2$

$= \mathbf{438}\,l/\text{min}$

(2) 필요한 최소수원의 양[m^3]

➜ 수원의 저수량 : $V = Q \times A \times 20\text{min}$

$= 10l/\text{min}\cdot\text{m}^2 \times 43.8\text{m}^2 \times 20\text{min}$

$= 8{,}760l = 8.76\text{m}^3$ $\quad\therefore\ V = \mathbf{8.76}\text{m}^3$

(3) 물분무헤드와 전기기기의 이격기준

고압의 전기기기가 있는 장소에서의 물분무헤드와 전기기기의 이격거리

전압[kV]	거리[cm]	전압[kV]	거리[cm]
66 이하	① 70 이상	154 초과 181 이하	180 이상
66 초과 77 이하	80 이상	181 초과 220 이하	② 210 이상
77 초과 110 이하	110 이상	220 초과 275 이하	260 이상
110 초과 154 이하	150 이상		

Mind-Control

출발하게 만드는 힘이 "동기"라면
계속 나아가게 만드는 힘은 "습관"이다.

- 짐 라이언 -

06 수리계산으로 배관의 유량과 압력을 해석할 때 동일한 지점에서 서로 다른 2개의 유량과 압력이 산출될 수 있으며 이런 경우 유량과 압력을 보정해 주어야 한다. 그림과 같이 6개의 물분무헤드에서 소화수가 방사되고 있을 때 조건을 참고하여 다음 각 물음에 답하시오. 배점 : 10 [15년]

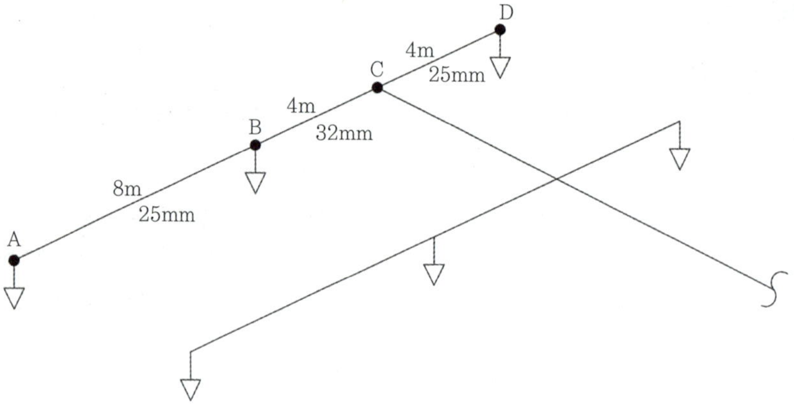

[조건]

① 각 헤드의 방출계수는 동일하다.
② A지점 헤드의 유량은 60l/min, 방수압은 350kPa이다.
③ 수리계산 시 동압은 무시한다.
④ 직관 이외의 관로상 마찰손실은 무시한다.
⑤ 직관에서의 마찰손실은 다음의 하젠-윌리엄의 식을 적용하고, 조도계수 C는 100으로 한다.

$$\triangle P = 6.053 \times 10^7 \times \frac{Q^{1.85}}{C^{1.85} \times d^{4.87}} \times L$$

여기서, $\triangle P$: 마찰손실압력[kPa]
Q : 유량[l/min]
C : 관의 조도계수
d : 관의 내경[mm]
L : 배관의 길이[m]

(1) A지점 헤드에서 시작하여 C지점까지의 경로로 계산하였을 때, 다음 물음에 답하시오.
① A~B 구간의 유량 [l/min]과 마찰손실압력 [kPa]을 구하시오.
② B지점 헤드의 압력 [kPa]과 유량 [l/min]을 구하시오.
③ B~C 구간의 유량 [l/min]과 마찰손실압력 [kPa]을 구하시오.
④ C지점의 압력 [kPa]과 유량 [l/min]을 구하시오.

(2) D지점 헤드의 유량과 압력이 A지점 헤드의 유량 및 압력과 동일하다고 가정하고, D지점 헤드에서 시작하여 C지점까지의 경로로 계산하였을 때, 다음 물음에 답하시오.
① D~C 구간의 유량 [l/min]과 마찰손실압력 [kPa]을 구하시오.
② C지점의 압력 [kPa]과 유량 [l/min]을 구하시오.

(3) A~C 경로에서의 C지점과 D~C 경로에서의 C지점에서는 유량과 압력이 서로 다르게 계산되므로 유량과 압력을 보정하여야 한다. 이 경우 D지점 헤드의 유량 [l/min]을 얼마로 보정하여야 하는지를 구하시오.

(4) D지점 헤드의 유량을 (3)에서 구한 유량으로 보정하였을 때 C지점의 유량 [l/min]과 압력 [kPa]을 구하시오.

- **실전모범답안**

(1) ① $Q_A = Q_{A-B}$=60l/min

$$\Delta P_{A\sim B} = 6.053\times10^7\times\frac{Q^{1.85}}{C^{1.85}\times d^{4.87}}\times L = 6.053\times10^7\times\frac{60^{1.85}}{100^{1.85}\times25^{4.87}}\times8 = 29.286\text{kPa}$$

- **답 :** 60l/min, 29.29kPa

② $P_B = P_A + \Delta P_{A\sim B}$=350+29.29=379.29kPa

$Q_B = K\sqrt{10P_B} = 32.071\sqrt{10\times0.37929}$=62.459$l$/min

→ $K = \dfrac{Q}{\sqrt{10P}} = \dfrac{60}{\sqrt{10\times0.35}}$=32.071

- **답 :** 379.29kPa, 62.46l/min

③ $Q_{B\sim C} = Q_A + Q_B$=60+62.46=122.46l/min

$$\Delta P_{B\sim C} = 6.053\times10^7\times\frac{Q^{1.85}}{C^{1.85}\times d^{4.87}}\times L = 6.053\times10^7\times\frac{(60+62.46)^{1.85}}{100^{1.85}\times32^{4.87}}\times4 = 16.471\text{kPa}$$

- **답 :** 122.46l/min, 16.47kPa

④ $P_C = P_B + \Delta P_{B\sim C}$ = 379.29+16.47 = 395.76kPa

$Q_C = Q_{B\sim C}$=122.46l/min

- **답 :** 395.76kPa, 122.46l/min

(2) ① $Q_{D\sim C}$ = 60l/min

→ $\Delta P_{D\sim C} = 6.053\times10^7\times\dfrac{Q^{1.85}}{C^{1.85}\times d^{4.87}}\times L = 6.053\times10^7\times\dfrac{60^{1.85}}{100^{1.85}\times25^{4.87}}\times4$ =14.643kPa

② $Q_C = Q_{D\sim C}$=60l/min

→ $P_C = P_D + \Delta P_{D\sim C}$=350+14.64=364.64kPa

- **답 :** ① 60l/min, 14.64kPa ② 60l/min, 364.64kPa

(3) $K'' = \dfrac{Q_{C(보정전)}}{\sqrt{10P_C}} = \dfrac{60}{\sqrt{10\times0.36464}}$=31.420

$Q_{C(보정후)} = K''\sqrt{10P_C} = 31.42\sqrt{10\times0.39576}$=62.506$l$/min

- **답 :** 62.51l/min

(4) $Q_{c(보정후)} = Q_{A\sim B\sim C} + Q_{D\sim C(보정후)}$=122.46+62.51=184.97$l$/min

P_c=395.76kPa

- **답 :** 184.97l/min, 395.76kPa

상세해설

$\Delta P = 6.053 \times 10^7 \times \dfrac{Q^{1.85}}{C^{1.85} \times d^{4.87}} \times L$	하젠-윌리엄의 식(마찰손실압력)			
	구간	A → B	B → C	D → C
ΔP : 배관의 마찰손실압력[kPa]	➜	계산㉮	계산㉰	계산㉲
Q : 배관 내의 유량[l/min]	➜	$60l/\text{min}$	계산㉯	계산㉱
d : 배관의 안지름[mm]	➜	25mm	32mm	25mm
L : 배관의 길이[m] **(주손실+부차적손실)**	➜	8m	4m	4m

(1) ①~④ A~C 구간의 유량[l/min]과 압력[kPa]

구 간	방수압력[MPa]	방수량[l/min]
A	$P_A = 0.35\,\text{MPa}$ **(조건②)**	$Q_A = 60l/\text{min}$ **(조건②)** • 방출계수 $K = \dfrac{Q}{\sqrt{10P}} = \dfrac{60l/\text{min}}{\sqrt{10 \times 0.35\text{MPa}}} = 32.071$
A ↓ B	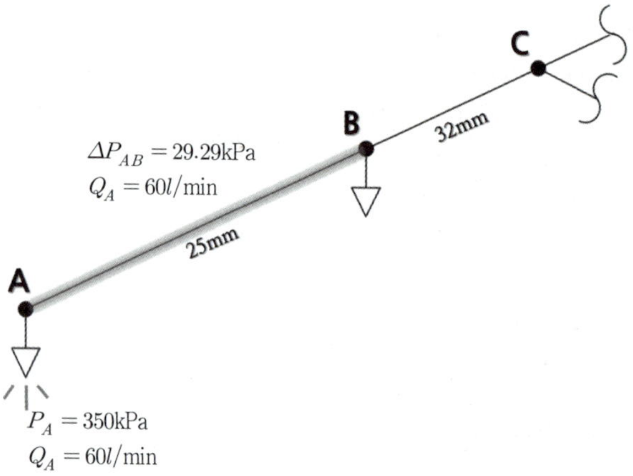 계산 ㉮ : $\Delta P_{A\sim B} = 6.053 \times 10^7 \times \dfrac{(60l/\text{min})^{1.85}}{100^{1.85} \times (25\text{mm})^{4.87}} \times 8\text{m} = 29.286\text{kPa} \fallingdotseq \mathbf{29.29kPa}$	
B	계산 ㉠ : $P_B = P_A + \Delta P_{A\sim B}$ $= 350\text{kPa} + 29.29\text{kPa}$ $= \mathbf{379.29kPa}$	계산 ㉯ : $Q_B = K\sqrt{10P_B}$ $= 32.071\sqrt{10 \times 0.37929\text{MPa}}$ $= 62.459l/\text{min} \fallingdotseq \mathbf{62.46}l/\text{min}$

<table>
<tr><th>구 간</th><th>방수압력[MPa]</th><th>방수량[l/min]</th></tr>
<tr><td>B
↓
C</td><td colspan="2">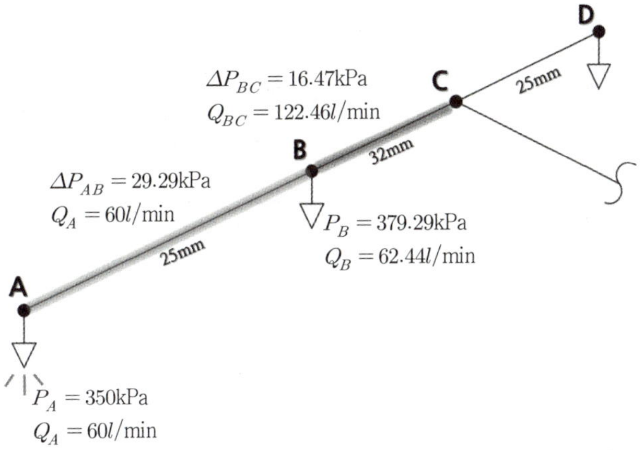

계산 ㉰ : $\Delta P_{B\sim C} = 6.053 \times 10^7 \times \frac{(122.46\,l/\text{min})^{1.85}}{100^{1.85} \times (32\text{mm})^{4.87}} \times 4\text{m} = 16.471\text{kPa} ≒ \mathbf{16.47kPa}$
• $Q_{B\sim C} = Q_A + Q_B = 60\,l/\text{min} + 62.46\,l/\text{min} = \mathbf{122.46\,l/min}$</td></tr>
<tr><td>C</td><td>계산 ㉡ :
$P_C = P_B + \Delta P_{B\sim C}$
$= 379.29\text{kPa} + 16.47\text{kPa}$
$= \mathbf{395.76kPa}$</td><td>계산 ㉢ : $Q_{C①} = Q_{B\sim C} = \mathbf{122.46\,l/min}$</td></tr>
</table>

(2) ①, ② D~C 구간의 유량[l/min]과 마찰손실압력[kPa], C지점의 압력[kPa]과 유량[l/min]

<table>
<tr><th>구 간</th><th>방수압력[MPa]</th><th>방수량[l/min]</th></tr>
<tr><td>D</td><td>$P_D = 0.35\text{MPa}$ (문제조건, $P_A = P_D$)</td><td>$Q_D = 60\,l/\text{min}$ (문제조건, $P_A = P_D$)</td></tr>
<tr><td>D
↓
C</td><td colspan="2">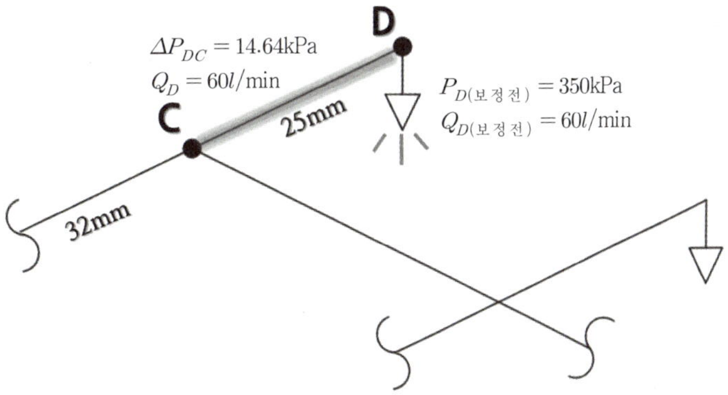

계산 ㉤ : $\Delta P_{D\sim C} = 6.053 \times 10^7 \times \frac{(60\,l/\text{min})^{1.85}}{100^{1.85} \times (25\text{mm})^{4.87}} \times 4\text{m} = 14.643\text{kPa} ≒ \mathbf{14.64kPa}$</td></tr>
<tr><td>C</td><td>계산 ㉣ : $P_C = P_D + \Delta P_{D\sim C}$
$= 350\text{kPa} + 14.64\text{kPa}$
$= \mathbf{364.64kPa}$</td><td>계산 ㉣ : $Q_C = Q_D = 60\,l/\text{min}$</td></tr>
</table>

(3) 보정된 D지점 헤드의 유량[l/min]

A~B~C 구간의 배관에서 계산한 C지점의 방수량과 방수압력을 $Q_{C①}$, $P_{C①}$이라 하고, D~C 구간의 배관에서 계산한 C지점의 방수량과 방수압력을 $Q_{C②}$, $P_{C②}$이라 하면 각각의 수치는 다음과 같다.

계산경로		C지점의 방수량[l/min]	C지점의 방수압력[kPa]
①	A~B~C	122.46	395.76
②	D~C	60	364.64

㉠ **새로운 방출계수(K'')**

마찰손실압력이 작은 D~C 구간의 새로운 방출계수 K''를 계산하여 D지점 헤드의 유량을 보정한다.

$$K''=\frac{Q_{C(보정전)}}{\sqrt{10P_{C②}}}=\frac{60l/\text{min}}{\sqrt{10\times0.36464\text{MPa}}}=31.420 \qquad \therefore\ K''=\mathbf{31.42}$$

Tip 배관 C~D 내 흐르는 유량이 달라지게 되면 배관 C~D와 헤드 D의 전체를 하나의 헤드로 보고 새로운 방출계수(K'')를 산출하여야 한다.

㉡ **D지점 헤드의 유량보정**

$$\text{보정된 D지점 헤드의 유량}: Q_{D(보정후)}=K''\sqrt{10P_{C①}}$$

$$=31.42\sqrt{10\times0.39576\text{MPa}}$$

$$=62.506l/\text{min}$$

$$\therefore\ Q_{D(보정후)}=\mathbf{62.51}\,l/\text{min}$$

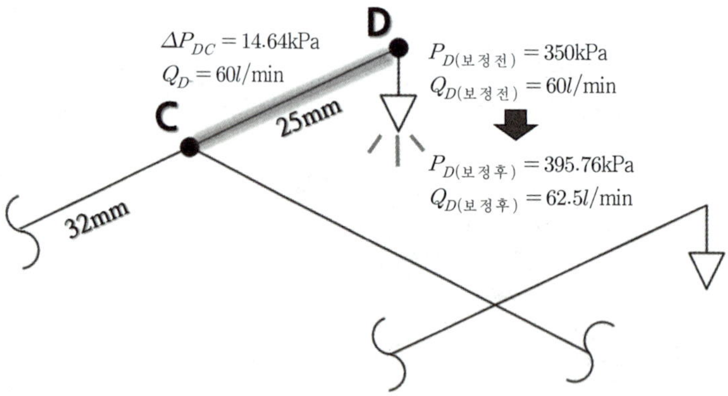

(4) 보정 후 C지점의 유량[l/min]과 압력[kPa]

① **보정 후 C지점의 유량[l/min]**

$$Q_{C(보정후)}=Q_{A\sim B\sim C}+Q_{D(보정후)}$$

$$=122.46l/\text{min}+62.51l/\text{min}$$

$$=\mathbf{184.97}l/\text{min}$$

② **보정 후 C지점의 압력[kPa]**

$Q_{C①}$(395.76kPa) > $Q_{C②}$(364.64kPa) 이므로 보정 후 C지점의 압력[kPa]은 **395.76kPa**이다.

계산경로		C지점의 방수량[l/min]	C지점의 방수압력[kPa]
①	A~B~C	122.46	395.76
②	D~C	60(보정 전) ▶ 62.51(보정 후)	364.64
최종	C지점	184.97	395.76

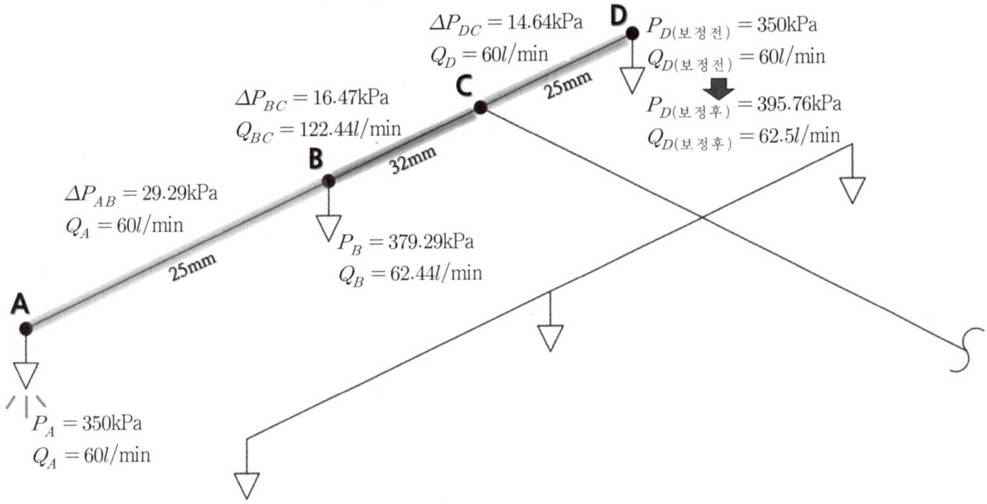

Tip 해당 문제 조건⑤에서 주어진 하젠-윌리엄의 식에 따른 마찰손실압력의 단위[kPa]은 기존의 일반적으로 알고 있는 마찰손실압력의 단위[MPa]가 다르므로 이에 주의하여 계산한다.

Mind-Control

모든 기회에는 어려움이 있으며
모든 어려움에는 기회가 있다.

- 작자 미상 -

2 미분무소화설비

(1) 미분무소화설비

가압된 물이 헤드 통과 후 미세한 입자로 분무됨으로써 소화성능을 가지는 설비를 말하며, 소화력을 증가시키기 위해 강화액 등을 첨가할 수 있다.

(2) 미분무

물만을 사용하여 소화하는 방식으로 최소설계압력에서 헤드로부터 방출되는 물입자 중 **99%의 누적체적분포가 400μm 이하**로 분무되고 A, B, C급 화재에 적응성을 갖는 것을 말한다.

Tip 400μm 크기의 입자가 99% 존재하는 것을 의미한다.

(3) 사용압력에 따른 미분무소화설비의 종류

저압 미분무소화설비	최고사용압력이 1.2MPa 이하인 미분무소화설비
중압 미분무소화설비	사용압력이 1.2MPa 초과하고 3.5MPa 이하인 미분무소화설비
고압 미분무소화설비	최저사용압력이 3.5MPa 초과하는 미분무소화설비

(4) 수원의 양

$$Q = N \times D \times T \times S + V$$

여기서, Q : 수원의 양[m^3]

N : 방호구역(방수구역) 내 헤드의 개수

D : 설계유량[m^3/min]

T : 설계방수시간[min]

S : 안전율(1.2 이상)

V : 배관의 총 체적[m^3]

(5) 폐쇄형 미분무헤드의 최고주위온도

$$T_a = 0.9\,T_m - 27.3℃$$

여기서, T_a : 최고주위온도[℃]

T_m : 헤드의 표시온도[℃]

빈번한 기출문제

01 다음 (   ) 안에 적당한 말을 쓰시오. 배점 : 4 [17년] [18년] [22년]

"미분무"란 물만을 사용하여 소화하는 방식으로 최소설계압력에서 헤드로부터 방출되는 물입자 중 (①)%의 누적체적분포가 (②)μm 이하로 분무되고 (③)화재에 적응성을 갖는 것을 말한다.

- **실전모범답안**

① 99 ② 400 ③ A급, B급, C급

Mind - Control

힘들고 지쳤다는 건 노력했다는 증거
슬럼프가 왔다는 건 열정적이었다는 증거
실패했다는 건 도전했다는 증거
긴장된다는 건 도전했다는 증거
그만둘까는 지금까지 희망을 버리지 않고 있다는 증거

- 트위터 -

6 포소화설비

1 농도 및 팽창비

(1) 포소화설비

물에 의한 소화방법으로는 소화효과가 작거나 화재가 확대될 위험성이 있는 가연성 액체 등의 화재에 사용하는 설비

(2) 포수용액, 포원액, 물의 관계

① 포수용액이란 소화수(물)에 포원액을 첨가하여 소화력을 증가시킨 것이다.

포수용액 = 포원액 + 물

② 포수용액과 포원액, 물의 관계는 다음과 같은 식으로 표현될 수 있다.

㉠ $포수용액[l] = \dfrac{포원액[l]}{농도[\%]}$

㉡ $포수용액[l] = \dfrac{물[l]}{1-농도[\%]}$

※ $물[l] = 포원액[l] \times \dfrac{1-농도[\%]}{농도[\%]}$

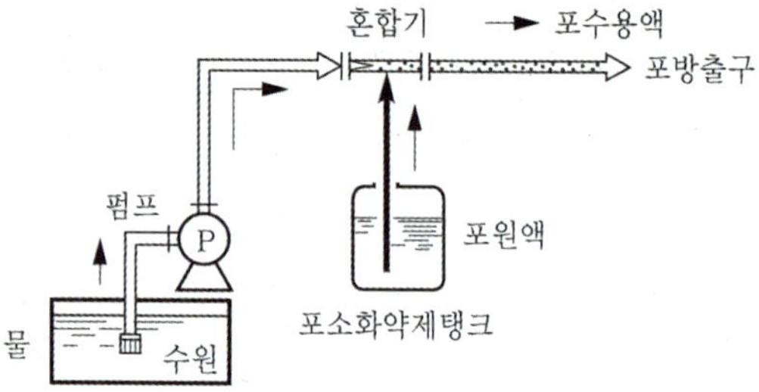

| 포수용액=포원액+물 |

(3) 포소화약제의 농도 및 팽창비

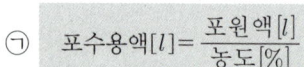

① **포소화약제의 농도[%]**

$$포소화약제의\ 농도[\%] = \frac{포원액의\ 양}{포수용액의\ 양} \times 100 = \frac{포원액의\ 양}{(포원액+물)의\ 양} \times 100$$

② **팽창비** : 최종 발생한 포의 체적을 원래 포수용액의 체적으로 나눈 값

$$팽창비(발포비율) = \frac{방출\ 후\ 포의\ 체적}{방출\ 전\ 포수용액의\ 체적}$$

(4) 팽창비율에 따른 포의 종류

팽창비율에 따른 포의 종류		포방출구의 종류
저발포	팽창비가 20 이하인 것	포헤드, 압축공기포헤드
고발포	팽창비가 80 이상 1,000 미만인 것	고발포용 고정포방출구

(5) 저발포용 소화약제, 고발포용 소화약제

저발포용 소화약제(3%, 6%형)	고발포용 소화약제(1%, 1.5%, 2%형)
단백포 소화약제 합성계면활성제포 소화약제 수성막포 소화약제 불화단백포 소화약제 내알코올포 소화약제 암기법 단합수 불내	합성계면활성제포소화약제

(6) 25% 환원시간

① **25% 환원시간** : 발포된 포중량의 25%가 원래의 포수용액으로 환원되는데 걸리는 시간

② **측정방법**

㉠ 25% 환원시간 시험은 포발포시험과 동시에 실시하며, 포를 유지하려는 능력의 정도, 포의 유동성을 측정한다.

㉡ 이 측정은 발포배율 측정의 시료로 하고 포시료의 중량을 4등분함으로써 포에 함유되어 있는 포수용액의 25%를 얻는다.

㉢ 포소화약제의 종류별로 시료용기의 바닥에 고인 액의 높이를 측정하여 기록한다.

③ **포소화약제의 종류에 따른 25% 환원시간**

포소화약제의 종류	25% 환원시간[분]
합성계면활성제 포소화약제	3분 이상
단백포 소화약제	1분 이상
수성막포 소화약제	1분 이상

| 포원액탱크(입형) |

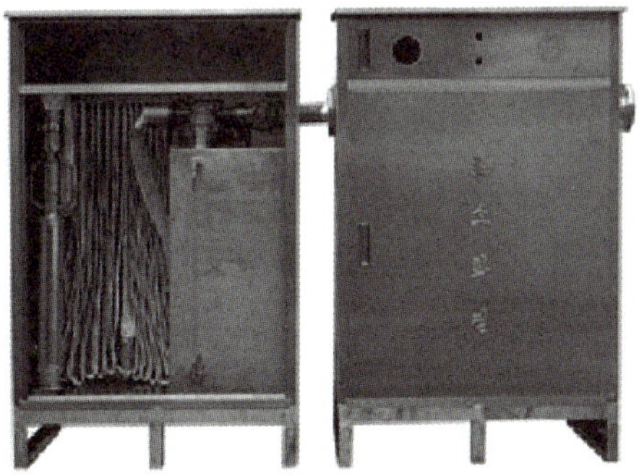

| 포소화전 |

빈번한 기출문제

01 포소화약제 6g의 원액과 물 100g을 섞었을 때 농도를 계산하시오. 배점 : 3 [03년]

• 실전모범답안

→ 농도$=\frac{6}{6+100}\times 100=5.660\%$

• 답 : 5.66%

상세해설

포소화약제의 농도[%]$=\frac{\text{포원액의 양(A)}}{\text{포수용액의 양(B)}}\times 100$	포소화약제의 농도
A : 포원액의 양[g]	→ 6g
B : 포수용액의 양[g] (=포원액+물)	→ 100g + 6g

→ 포소화약제의 농도[%]$=\frac{\text{포원액의 양}}{\text{(포원액+물)의 양}}\times 100=\frac{6g}{6g+100g}\times 100=5.660\%\fallingdotseq$**5.66%**

02 팽창비가 300인 포소화설비에서 3% 포원액 저장량이 100l일 경우 포를 방출한 후 포의 체적 [m³]을 구하시오. 배점 : 5 [06년]

• 실전모범답안

→ 방출 후 포의 체적$=300\times\frac{100}{0.03}=1{,}000{,}000l=1{,}000m^3$

• 답 : $1{,}000m^3$

상세해설

팽창비(A)$=\frac{\text{방출 후 포의 체적(B)}}{\text{방출 전 포수용액의 체적(C)}}$	팽창비(발포배율)
A : 팽창비	→ 300
B : 방출 후 포의 체적[l, m^3]	→ 방출 후 포의 체적=팽창비×방출 전 포수용액의 체적
C : 방출 전 포수용액의 체적[l, m^3]	→ 포수용액의 양$[m^3]=\frac{\text{포원액}[m^3]}{\text{농도}[\%]}=\frac{100l}{0.03}$

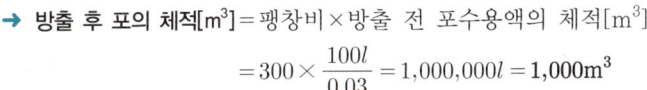

→ 방출 후 포의 체적[m^3] = 팽창비 × 방출 전 포수용액의 체적[m^3]

$$= 300 \times \frac{100l}{0.03} = 1{,}000{,}000l = \mathbf{1{,}000m^3}$$

03 **3%의 포원액을 사용하여 800 : 1의 발포배율로 고팽창포 1,600l 속에는 몇 [l]의 물이 함유되어 있는지 구하시오.** 배점 : 5 [09년]

• 실전모범답안

방출 전 포수용액의 양 $= \frac{1{,}600}{800} = 2l$

→ 물의 양 = 2×(1 − 0.03) = 1.94l

• 답 : 1.94l

상세해설

(1) 방출 전 포수용액의 양[l]

팽창비(A) $= \frac{\text{방출 후 포의 체적(B)}}{\text{방출 전 포수용액의 체적(C)}}$	팽창비(발포배율)
A : 팽창비	→ 800
B : 방출 후 포의 체적[l, m^3]	→ 1,600l
C : 방출 전 포수용액의 체적[l, m^3]	→ 방출 전 포수용액의 체적(C) $= \frac{\text{방출 후 포의 체적(B)}}{\text{팽창비(A)}}$

→ 방출 전 포수용액의 체적[l] $= \frac{\text{방출 후 포의 체적}[l]}{\text{팽창비(발포배율)}} = \frac{1{,}600l}{800} = 2l$

(2) 물의 양[l]

포수용액[l] × (1 − 농도[%]) = 물[l] 이므로,

① 농도 = 3%

② 포수용액의 체적 = 2l

→ 물의 양[l] = $2l \times (1 - 0.03) = \mathbf{1.94l}$

04 **합성계면활성제 포소화약제 1.5%형을 650 : 1로 방출하였더니 포의 체적이 16.25m^3이었다. 다음 각 물음에 답하시오.** 배점 : 6 [10년] [14년]

(1) 사용된 합성계면활성제포 1.5%형의 포수용액의 양 [l]을 구하시오.

(2) 사용된 수원의 양 [l]을 구하시오.

(3) (1)에서 방출된 합성계면활성제 포수용액을 이용하여 팽창비가 280이 되게 포를 방출한다면 방출된 포의 체적 [l]을 구하시오.

• **실전모범답안**

(1) 방출 전 포수용액의 양= $\frac{16,250}{650}$ =25l

• **답 :** 25l

(2) 수원의 양=25×(1−0.015)=24.625l

• **답 :** 24.63l

(3) 방출 후 포의 체적=280×25=7,000l

• **답 :** 7,000l

상세해설

(1) 합성계면활성제포 1.5%형의 포수용액의 양[l]

팽창비(A)= $\frac{\text{방출 후 포의 체적(B)}}{\text{방출 전 포수용액의 체적(C)}}$	팽창비(발포배율)
A : 팽창비	➜ 650
B : 방출 후 포의 체적[l, m^3]	➜ 16.25m^3 = 16,250l
C : 방출 전 포수용액의 체적[l, m^3]	➜ 방출 전 포수용액의 체적(C) = $\frac{\text{방출 후 포의 체적(B)}}{\text{팽창비(A)}}$

➜ **방출 전 포수용액의 체적**[l]= $\frac{\text{방출후포의체적}[l]}{\text{팽창비(발포배율)}}$ = $\frac{16,250l}{650}$ = **25l**

(2) 수원의 양[l]

포수용액[l]×(1−농도[%])=물[l] 이므로,

① 농도=1.5%

② 포수용액의 체적=25l

➜ **수원의 양[l]**=포수용액의 체적[l]×(1−농도[%])=25l ×(1−0.015) =24.625l ≒ **24.63l**

(3) 방출된 포의 체적[l]

팽창비(A)= $\frac{\text{방출 후 포의 체적(B)}}{\text{방출 전 포수용액의 체적(C)}}$	팽창비(발포배율)
A : 팽창비	➜ 280
B : 방출 후 포의 체적[l, m^3]	➜ 방출 후 포의 체적(B) =팽창비(A)×방출 전 포수용액의 체적(C)
C : 방출 전 포수용액의 체적[l, m^3]	➜ 25l

➜ **방출 후 포의 체적**[l]=팽창비×방출 전 포수용액의 체적=280×25l = **7,000l**

05 **6%형 단백포 소화약제의 원액 300l를 취해서 포를 방출시켰더니 발포율이 16배로 되었다. 다음 각 물음에 답하시오.** 배점 : 5 [12년]

(1) 방출된 포의 체적 [m^3]을 구하시오.

(2) 포의 팽창비율에 따른 다음 표를 완성하시오.

팽창비율에 따른 포의 종류	포방출구의 종류
팽창비가 (①) 이하인 것(저발포)	포헤드, 압축공기포헤드
팽창비가 (②) 이상 (③) 미만인 것(고발포)	고발포용 고정포방출구

• 실전모범답안

(1) 방출 후 포의 체적$=16\times\dfrac{300}{0.06}=80{,}000l=80m^3$

• 답 : $80m^3$

(2) ① 20 ② 80 ③ 1,000

상세해설

(1) 방출된 포의 체적[m^3]

팽창비(A)$=\dfrac{\text{방출 후 포의 체적(B)}}{\text{방출 전 포수용액의 체적(C)}}$	팽창비(발포배율)
A : 팽창비	→ 16
B : 방출 후 포의 체적[l, m^3]	→ 방출 후 포의 체적(B) =팽창비(A)×방출 전 포수용액의 체적(C)
C : 방출 전 포수용액의 체적[l, m^3]	→ 포수용액의 체적[l] $=\dfrac{\text{포원액}[l]}{\text{농도}[\%]}=\dfrac{300l}{0.06}$

→ **방출 후 포의 체적[m^3]**$=$팽창비$\times$방출 전 포수용액의 체적[m^3]

$$=16\times\frac{300l}{0.06}=80{,}000l=\mathbf{80m^3}$$

(2) 포의 팽창비율

팽창비율에 따른 포의 종류	포방출구의 종류
팽창비가 (① 20) 이하인 것(저발포)	포헤드, 압축공기포헤드
팽창비가 (② 80) 이상 (③ 1,000) 미만인 것(고발포)	고발포용 고정포방출구

06 다음 물음에 답하시오. 배점 : 8 [06년] [08년] [09년] [13년] [14년] [15년] [17년]

(1) 고발포와 저발포의 구분은 팽창비로 나타낸다. 다음 각 물음에 답하시오.
  ① 팽창비 구하는 식을 쓰시오.
  ② 고발포의 팽창비 범위를 쓰시오.
  ③ 저발포의 팽창비 범위를 쓰시오.

(2) 저발포 포소화약제 5가지를 쓰시오.

(3) 포소화약제의 25% 환원시간에 대하여 설명하시오.

• **실전모범답안**

(1) 고발포와 저발포

① $\text{팽창비(발포비율)} = \dfrac{\text{방출 후 포의 체적}}{\text{방출 전 포수용액의 체적}}$

② 고발포의 팽창비 범위 = 팽창비 80 이상 1,000 미만

③ 저발포의 팽창비 범위 = 팽창비 20 이하

(2) 저발포 포소화약제의 종류

① 단백포 ② 불화단백포 ③ 합성계면활성제포 ④ 수성막포 ⑤ 내알코올포

(3) 25% 환원시간

① 25% 환원시간 : 발포된 포중량의 25%가 원래의 포수용액으로 환원되는데 걸리는 시간

② 포소화약제의 종류에 따른 25% 환원시간

포소화약제의 종류	25% 환원시간[분]
합성계면활성제 포소화약제	3분 이상
단백포 소화약제	1분 이상
수성막포 소화약제	1분 이상

07 다음의 포소화약제의 시험방법에 관한 내용이다. (   ) 안에 알맞은 답을 쓰시오. 배점 : 4 [04년]

포소화약제의 (①)을 시험하는 간단한 방법으로 발포된 (②)의 (③)%가 수용액으로 되는데 걸리는 시간을 (④)으로 나타낸다. 이것을 (⑤)시험이라 하며 규정에는 단백포와 수성막포는 (⑥)초 이상, 합성계면활성제포는 (⑦)초 이상이다.

• **실전모범답안**

① 25% 환원시간 ② 포 ③ 25% ④ 분 ⑤ 25% 환원 ⑥ 60 ⑦ 180

2 포헤드의 개수 산출하기

(1) 포소화설비의 종류

① **포워터스프링클러설비** : 포워터스프링클러헤드를 사용하는 포소화설비
② **포헤드설비** : 포헤드를 사용하는 포소화설비
③ **고정포방출설비** : 고정포방출구를 사용하는 설비
④ **압축공기포소화설비** : 압축공기 또는 압축질소를 일정비율로 포수용액에 강제 주입 혼합하는 방식
⑤ **호스릴포소화설비** : 호스릴방수구, 호스릴 및 이동식 포노즐을 사용하는 설비
⑥ **포소화전설비** : 포소화전방수구, 호스 및 이동식 포노즐을 사용하는 설비

참고 | 발포기

① **발포기**=포를 발생시키는 장치
② **종류**
㉠ 포헤드 ㉡ 포워터스프링클러헤드 ㉢ 고정포방출구 ㉣ 이동식 포노즐 ㉤ 압축공기포헤드

(2) 특정소방대상물에 따른 포소화설비의 적응성

특정소방대상물	설 비	
• 차고, 주차장 • 특수가연물을 저장·취급하는 공장, 창고 • 항공기격납고	• 포워터스프링클러설비 • 포헤드설비	• 고정포방출설비 • 압축공기포소화설비
• 완전 개방된 옥상주차장 • 고가 밑의 주차장(주된 벽이 없고 기둥뿐인 것 등) • 지상 1층으로서 지붕이 없는 부분	• 호스릴포소화설비 • 포소화전설비	
• 발전기실, 엔진펌프실, 전기케이블실, 변압기, 유압설비	바닥면적의 합계가 300m^2 미만의 장소에는 고정식 압축공기포소화설비를 설치할 수 있다.	

(3) 가압송수장치 – 펌프방식

$$H = h_1 + h_2 + h_3 + h_4$$

여기서, H : 전양정[m]
h_1 : 방출구의 설계압력환산수두 또는 노즐선단의 방사압력환산수두[m]
h_2 : 배관 및 관부속품의 마찰손실수두[m]
h_3 : 낙차[m] **(=흡입양정+토출양정)**
h_4 : 소방호스의 마찰손실수두[m]

(4) 포소화설비의 헤드

① 포헤드의 개수

구 분		헤드 개수(올림정수)
포워터스프링클러헤드		$N = \dfrac{\text{바닥면적 } A\,[\text{m}^2]}{8\text{m}^2/\text{개}}$
포헤드		$N = \dfrac{\text{바닥면적 } A\,[\text{m}^2]}{9\text{m}^2/\text{개}}$
압축공기포소화설비의 분사헤드	유류탱크 주위	$N = \dfrac{\text{바닥면적 } A\,[\text{m}^2]}{13.9\text{m}^2/\text{개}}$
	특수가연물 저장소	$N = \dfrac{\text{바닥면적 } A\,[\text{m}^2]}{9.3\text{m}^2/\text{개}}$

② 포헤드의 상호간의 거리(정방형 배치)

$$S = 2r\cos 45°$$

여기서, S : 포헤드 상호간의 거리[m]
r : 유효반경(포헤드의 유효반경 $r = 2.1\text{m}$)

(5) 포워터스프링클러설비의 포수용액량

$$\text{포수용액량}[l] = N\text{개} \times 75l/\text{min}\cdot\text{개} \times 10\text{min}$$

(여기서, N : 헤드의 설치개수[개])

(6) 포헤드의 특정소방대상물별 및 포소화약제에 따른 방사량 등

소방대상물별 포소화약제의 종류별 방사량(Q_A)			구분(Q)	공식(암기법)
• 차고, 주차장 • 항공기격납고	수성막포	$3.7l/\text{min}\cdot\text{m}^2$ 이상	펌프 토출량[l/min]	$A \times Q_A$ (악어)
	단백포	$6.5l/\text{min}\cdot\text{m}^2$ 이상	포수용액량[l]	$A \times Q_A \times T$ (악어떼)
	합성계면활성제포	$8.0l/\text{min}\cdot\text{m}^2$ 이상	포원액량[l]	$A \times Q_A \times T \times S$ (악어떼들!)
• 특수가연물을 저장·취급하는 소방대상물	수성막포 단백포 합성계면활성제포	$6.5l/\text{min}\cdot\text{m}^2$ 이상	A : 바닥면적[m²] Q_A : 바닥면적 1m²에 따른 분당 방사량[$l/\text{min}\cdot\text{m}^2$] T : 방출시간[10min 이상] S : 농도[%]	

(7) 압축공기포소화설비의 방출량

방호대상물	방호면적 1m²에 대한 1분당 방출량
특수가연물	$2.3l/\text{min}\cdot\text{m}^2$
기타의 것	$1.63l/\text{min}\cdot\text{m}^2$

빈번한 기출문제

01 **가로 20m, 세로 36m인 주차장에 포워터스프링클러설비를 설치하려고 한다. 포워터스프링클러헤드를 설치하여야 하는 최소개수를 구하시오.** 배점 : 3 [03년]

• 실전모범답안

→ 헤드의 개수$=\dfrac{20\times 36}{8}=$90개

• 답 : 90개

상세해설

포워터스프링클러헤드의 개수 : $N=\dfrac{\text{바닥면적 } A\,[\text{m}^2]}{8\text{m}^2/\text{개}}$

→ 포워터스프링클러헤드의 개수 : $N=\dfrac{20\text{m}\times 36\text{m}}{8\text{m}^2/\text{개}}=90$개

02 **다음 그림은 주차장의 일부이다. 이 곳에 포소화설비를 설치할 경우 다음 물음에 답하시오. (단, 방호구역은 2개이며, 기타 조건은 무시한다.)** 배점 : 10 [04년]

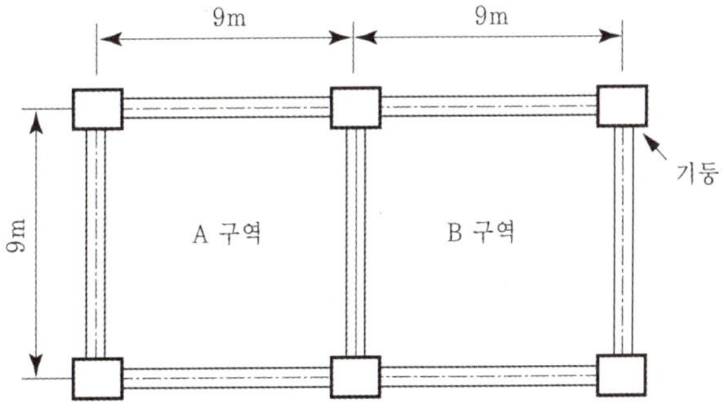

(1) 주차장에 설치할 수 있는 포소화설비의 종류 2가지를 명기하시오.

(2) 상기 면적에 설치해야 할 포헤드의 개수를 구하시오. (단, 헤드간 거리 산출 시 소수점은 반올림하고 정방형 배치방식으로 산출하시오.)

(3) 한 개의 방사구역에 대한 포소화약제별 분당 수용액의 최저방사량 [l/min]을 구하시오.

① 단백포 소화약제의 경우

② 합성계면활성제포 소화약제의 경우

③ 수성막포 소화약제의 경우

(4) 포헤드 및 일제개방밸브를 상기 도면에 정방형 배치방식으로 표시하시오. (단, 헤드간 거리, 기둥 중심선으로부터 포헤드 설치간격을 꼭 표시해야 한다.)

• **실전모범답안**

(1) 포워터스프링클러설비, 포헤드설비

(2) $S=2r\cos45°=2\times2.1\times\cos45°=2.969\text{m}\fallingdotseq3\text{m}$

• 가로$=\frac{9}{3}=3$개, 세로$=\frac{9}{3}=3$개

➜ 헤드 개수$=3\times3\times2=18$개

• **답 :** 18개

(3) ① $Q_1=A\times Q_1=9\times9\times6.5=526.5l/\text{min}$

② $Q_1=A\times Q_1=9\times9\times8.0=648l/\text{min}$

③ $Q_1=A\times Q_1=9\times9\times3.7=299.7l/\text{min}$

• **답 :** ① 526.5l/min ② 648l/min ③ 299.7l/min

(4)

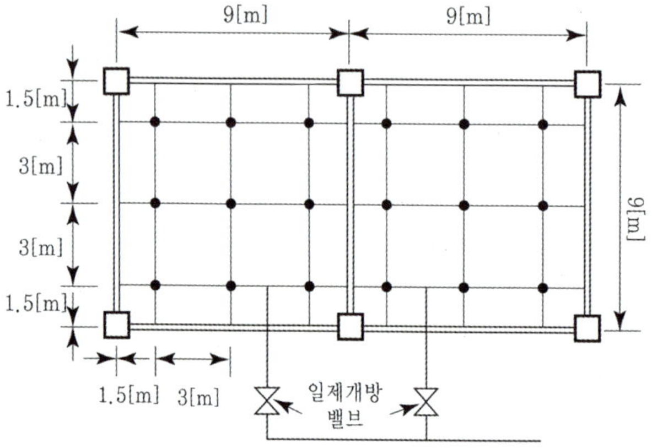

상세해설

(1) 주차장에 설치할 수 있는 포소화설비의 종류(①~④ 중 2가지만 명기)

① 포워터스프링클러설비
② 포헤드설비
③ 고정포방출설비
④ 압축공기포소화설비

(2) 포헤드의 개수

① **포헤드 상호간의 거리(S)**

$S=2r\cos45°$	포헤드 상호간의 거리
S : 포헤드 상호간의 거리[m]	➜ $S=2r\cos45°$
r : 유효반경 **(포헤드의 유효반경 $r=2.1\text{m}$)**	➜ 2.1m

∴ **포헤드 상호간의 거리 :** $S=2r\cos45°=2\times2.1\text{m}\times\cos45°=2.969\text{m}\fallingdotseq\mathbf{3m}$

(단서조건에 따라 소수점은 반올림하여 헤드 개수 산출)

② **가로변, 세로변의 헤드 개수**

㉠ 가로변에 설치하여야 할 헤드의 최소개수$=\frac{9\text{m}}{3\text{m}}=3$개

ⓛ 세로변에 설치하여야 할 헤드의 최소개수= $\frac{9m}{3m}$ =3개

∴ 1개의 방호구역에서 설치하여야 할 헤드의 최소개수=3개×3개=**9개/구역**

➜ **총 설치하여야 할 헤드의 최소개수**=9개/구역×2개구역=**18개**

(3) 포소화약제별 분당 수용액의 최저방사량[l/min]

$Q=A\times Q_1$(암기)	펌프의 분당 토출량(포소화설비)
Q : 펌프의 분당 토출량[l/min]	➜ $Q=A\times Q_1$
A : 기준면적[m^2]	➜ 9m×9m (1개의 방사구역)
Q_1 : 가압송수장치의 분당 토출량[$l/min\cdot m^2$]	➜ $6.5l/min\cdot m^2$(주차장, 단백포) $3.7l/min\cdot m^2$(주차장, 수성막포) $8.0l/min\cdot m^2$(주차장, 합성계면활성제포)

① **단백포 소화약제의 경우**

➜ $(9m\times 9m)\times 6.5l/min\cdot m^2=$ **526.5l/min**

② **합성계면활성제포 소화약제의 경우**

➜ $(9m\times 9m)\times 8.0l/min\cdot m^2=$ **648l/min**

③ **수성막포 소화약제의 경우**

➜ $(9m\times 9m)\times 3.7l/min\cdot m^2=$ **299.7l/min**

Tip 문제조건에 따라 1개의 방사구역에 대한 분당 방사량을 구해야 하므로, 바닥면적은 "$A=9m\times 9m$"임에 주의한다.

(4) 포헤드 및 일제개방밸브 도면표기(정방형 배치)

① 하나의 방사구역에 설치하여야 할 헤드의 개수=9개 (**문제(2)**)

② 포헤드와 벽과의 거리= $\frac{1}{2}S$ 이하 (화재안전기술기준)

③ 방사구역마다 일제개방밸브와 그 일제개방밸브의 작동여부를 발신하는 발신부를 설치(화재안전기준)

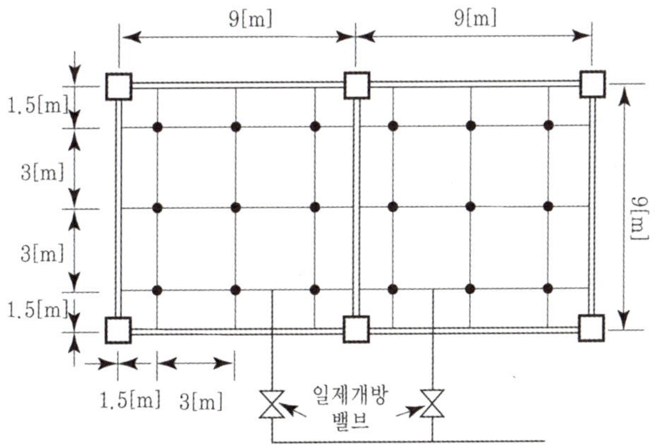

• 헤드간 거리 $S=3$[m]

• 기둥 중심점에서 헤드간 거리= $\frac{1}{2}S$ 이하= $\frac{1}{2}\times 3=1.5$[m]

포헤드의 특정소방대상물별 포소화약제에 따른 방사량 등

소방대상물별 포소화약제의 종류별 방사량(Q_A)			구분(Q)	공식(암기법)
• 차고, 주차장 • 항공기격납고	수성막포	$3.7l/\text{min}\cdot\text{m}^2$ 이상	펌프 토출량[l/min]	$A\times Q_A$ (악어)
	단백포	$6.5l/\text{min}\cdot\text{m}^2$ 이상	포수용액량[l]	$A\times Q_A\times T$ (악어떼)
	합성계면활성제포	$8.0l/\text{min}\cdot\text{m}^2$ 이상	포원액량[l]	$A\times Q_A\times T\times S$ (악어떼들!)
• 특수가연물을 저장·취급하는 소방대상물	수성막포 단백포 합성계면활성제포	$6.5l/\text{min}\cdot\text{m}^2$ 이상	A : 바닥면적[m^2] Q_A : 바닥면적 1m^2에 따른 분당 방사량[$l/\text{min}\cdot\text{m}^2$] T : 방출시간[10min 이상] S : 농도[%]	

03 다음 그림은 주차장에 설치된 포소화설비의 입체도이다. 그림과 주어진 조건을 이용하여 다음 각 물음에 답하시오.

배점 : 9 [04년] [05년] [07년] [10년]

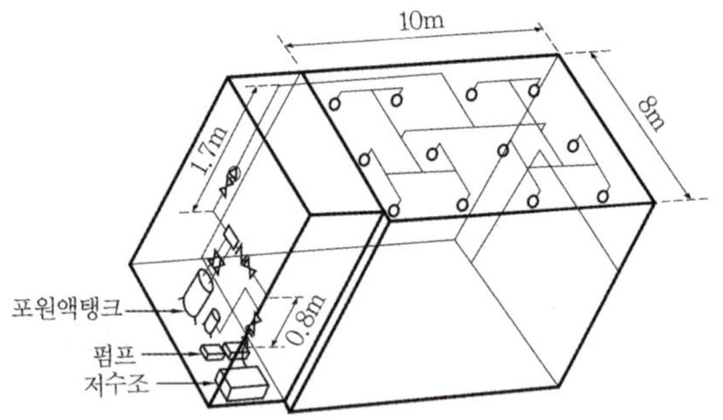

[조건]

① 사용하는 포원액은 단백포로서 3%용이다.
② 포혼합방식은 다이어프램식 원액탱크를 사용하는 프레셔프로포셔너방식이다.
③ 수용액 방출은 $6.5l/\text{min}\cdot\text{m}^2$이며, 시간은 10분으로 한다.

(1) 포원액의 최소소요량 [l]을 구하시오.

(2) 펌프의 최소양정 [m], 최소토출량 [l/min], 최소소요동력 [kW]을 구하시오. (단, 각 포헤드에서 방사압력은 245.17kPa, 펌프토출구로부터 포헤드까지 마찰손실압력은 137.3kPa이고, 포수용액의 비중은 물의 비중과 같다고 가정하며, 펌프의 효율은 0.6, 축동력 전달계수는 1.1이다.)

(3) 배관에 표시된 레듀셔로는 편심레듀셔를 사용하는 것이 가장 합리적이다. 그 이유를 간단하게 쓰시오.

• **실전모범답안**

(1) $Q=A\times Q_A\times T\times S=(10\times8)\times6.5\times10\times0.03=156l$

• **답 :** $156l$

(2) ① $H=h_1+h_2+h_3+h_4=\left(\dfrac{245.17}{101.325}\times10.332\right)+\left(\dfrac{137.3}{101.325}\times10.332\right)+(0.8+1.7)=41.500\text{m}$

② $Q=A\times Q_A=(10\times8)\times6.5=520l/\text{min}$

③ $P=\frac{\gamma HQ}{\eta}\times K=\frac{9.8\times 41.5\times \frac{0.52}{60}}{0.6}\times 1.1=6.462\text{kW}$

• **답 :** ① 41.5m ② 520l/min ③ 6.46kW

(3) 펌프의 흡입측 배관에 공기고임을 방지하기 위함

상세해설

(1) 포원액의 최소소요량[l]

$Q=A\times Q_A\times T\times S$(악어떼들)	포원액의 양
Q : 포원액의 양[l]	➜ $Q=A\times Q_A\times T\times S$
A : 바닥면적[m^2]	➜ $10\text{m}\times 8\text{m}$ **(그림참고)**
Q_A : 바닥면적 1m^2에 따른 분당 방사량[$l/\text{min}\cdot\text{m}^2$]	➜ $6.5l/\text{m}^2\cdot\text{min}$ **(조건②)**
T : 방출시간[min]	➜ 10min
S : 농도[%]	➜ $3\%=0.03$ **(조건①)**

➜ **포원액의 최소소요량[l]** $=A\times Q_A\times T\times S$

$$=(10\text{m}\times 8\text{m})\times 6.5l/\text{m}^2\cdot\text{min}\times 10\text{min}\times 0.03=\mathbf{156l}$$

(2) 펌프의 최소양정[m], 최소토출량[l/min], 최소소요동력[kW]

① **펌프의 최소양정[m]**

$H=h_1+h_2+h_3+h_4$	전양정(펌프방식)
H : 전양정[m]	➜ $H=h_1+h_2+h_3+h_4$
h_1 : 방출구 또는 노즐선단의 방사압력환산수두[m]	➜ $\frac{245.17\text{kPa}}{101.325\text{kPa}}\times 10.332\text{m}$ **(문제의 단서조건)**
h_2 : 배관 및 관부속품의 마찰손실수두[m]	➜ $\frac{137.3\text{kPa}}{101.325\text{kPa}}\times 10.332\text{m}$ **(문제의 단서조건)**
h_3 : 낙차[m] **(=흡입양정+토출양정)**	➜ $0.8\text{m}+1.7\text{m}$ **(그림참고)**
h_4 : 소방호스의 마찰손실수두[m]	➜ **포헤드방식이므로 적용하지 않음**

➜ **펌프의 최소양정 :** $H=h_1+h_2+h_3+h_4$

$$=\left(\frac{245.17\text{kPa}}{101.325\text{kPa}}\times 10.332\text{m}\right)+\left(\frac{137.3\text{kPa}}{101.325\text{kPa}}\times 10.332\text{m}\right)+(0.8\text{m}+1.7\text{m})$$

$$=41.500\text{m}=\mathbf{41.5m}$$

② **펌프의 최소토출량[l/min]**

$Q=A\times Q_A$(악어)	펌프의 토출량
Q : 펌프의 토출량[l/min]	➜ $Q=A\times Q_A$
A : 바닥면적[m^2]	➜ $10\text{m}\times 8\text{m}$ **(그림참고)**
Q_A : 바닥면적 1m^2에 따른 분당 방사량[l/min·m2]	➜ $6.5l/\text{m}^2\cdot\text{min}$ **(조건③)**

➜ **펌프의 최소토출량 :** $Q=A\times Q_A=(10\text{m}\times 8\text{m})\times 6.5l/\text{m}^2\cdot\text{min}=\mathbf{520}l/\text{min}$

③ **펌프의 최소소요동력[kW]**

$P=\frac{\gamma HQ}{\eta}\times K$	전동기동력(모터동력)
P : 전동력[W]	➜ $P=\gamma HQ/\eta\times K$
γ : 비중량 [물 : $\gamma_w=9{,}800\text{N/m}^3=9.8\text{kN/m}^3$]	➜ 9.8kN/m^3
H : 전양정[m](=흡입양정+토출양정)	➜ 41.5m **[문제(2)]**
Q : 토출량=방사량[m³/s]	➜ $520l/\text{min}=\frac{0.52}{60}\text{m}^3/\text{s}$ **[문제(2)]**
η : 전효율 ($\eta_{전효율}=\eta_{수력효율}\times\eta_{체적효율}\times\eta_{기계효율}$)	➜ 0.6 **(문제 단서조건)**
K : 전달계수	➜ 1.1 **(문제 단서조건)**

➜ **소요동력** : $P=\frac{\gamma HQ}{\eta}\times K=\frac{9.8\text{kN/m}^3\times 41.5\text{m}\times\frac{0.52}{60}\text{m}^3/\text{s}}{0.6}\times 1.1=6.462\text{kW}$

$\therefore\ P=\mathbf{6.46kW}$

(3) 편심레듀셔를 사용하는 이유

펌프 흡입측 배관의 **공기고임을 방지**하기 위하여 사용한다.

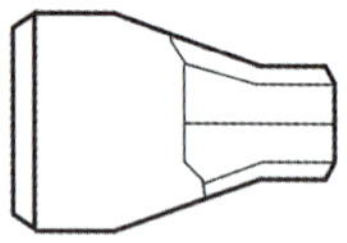	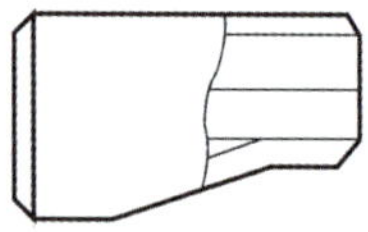
원심레듀셔	**편심레듀셔**

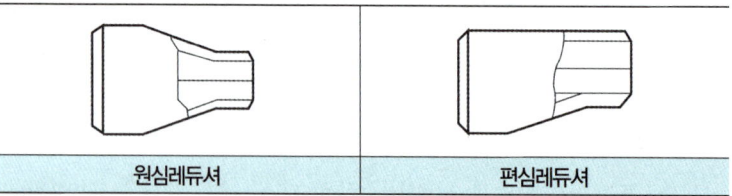

Tip 문제의 조건②와 조건③은 주어지지 않고 출제될 수 있으므로 다음 표를 반드시 암기하고 있어야 한다.

포헤드의 특정소방대상물별 포소화약제에 따른 방사량

소방대상물별 포소화약제의 종류별 방사량(Q_A)			구분(Q)	공식(암기법)
• 차고, 주차장 • 항공기격납고	수성막포	$3.7l/\text{min}\cdot\text{m}^2$ 이상	펌프 토출량[l/min]	$A\times Q_A$ (악어)
	단백포	$6.5l/\text{min}\cdot\text{m}^2$ 이상	포수용액량[l]	$A\times Q_A\times T$ (악어떼)
	합성계면활성제포	$8.0l/\text{min}\cdot\text{m}^2$ 이상	포원액량[l]	$A\times Q_A\times T\times S$ (악어떼들)
• 특수가연물을 저장·취급하는 소방대상물	수성막포 단백포 합성계면활성제포	$6.5l/\text{min}\cdot\text{m}^2$ 이상	A : 바닥면적[m²] Q_A : 바닥면적 1m²에 따른 분당 방사량[$l/\text{min}\cdot\text{m}^2$] T : 방출시간[10min 이상] S : 농도[%]	

04 가로 20m, 세로 10m의 특수가연물을 저장하는 창고에 포소화설비를 설치하고자 한다. 주어진 조건을 참고하여 다음 각 물음에 답하시오.
배점 : 12 [13년] [18년] [22년] [23년]

[조건]
① 포원액은 수성막포 3%를 사용하며, 포헤드를 설치한다.
② 펌프의 전양정은 35m이다.
③ 펌프의 효율은 65%이며, 전동기 전달계수는 1.1이다.

(1) 헤드를 정방형으로 배치할 때 포헤드의 설치개수를 구하시오.
(2) 수원의 저수량 [m^3]을 구하시오. (단, 포원액의 저수량은 제외한다.)
(3) 포원액의 최소소요량 [l]을 구하시오.
(4) 펌프의 토출량 [l/min]을 구하시오.
(5) 펌프의 최소소요동력 [kW]을 구하시오. (단, 포수용액의 비중은 물의 비중과 같다고 가정한다.)

- **실전모범답안**

(1) $S=2r\cos45°=2\times2.1\times\cos45°=2.969\text{m}≒2.97\text{m}$

가로$=\dfrac{20}{2.97}=6.73≒7$개, 세로$=\dfrac{10}{2.97}=3.36≒4$개

➜ 헤드 개수=7×4=28개

- **답 :** 28개

(2) $Q=A\times Q_A\times T\times(1-S)=(20\times10)\times6.5\times10\times(1-0.03)=12{,}610l=12.61\text{m}^3$

- **답 :** 12.61m^3

(3) $Q=A\times Q_A\times T\times S=(20\times10)\times6.5\times10\times0.03=390l$

- **답 :** $390l$

(4) $Q=A\times Q_A=(20\times10)\times6.5=1{,}300l/\text{min}$

- **답 :** $1{,}300l/\text{min}$

(5) $P=\dfrac{\gamma QH}{\eta}\times K=\dfrac{9.8\times35\times\dfrac{1.3}{60}}{0.65}\times1.1=12.576\text{kW}$

- **답 :** 12.58kW

상세해설

(1) 포헤드의 설치개수

① 포헤드 상호간의 거리(S)

$S=2r\cos45°$	포헤드 상호간의 거리
S : 포헤드 상호간의 거리[m]	➜ $S=2r\cos45°$
r : 유효반경 (**포헤드의 유효반경 $r=2.1\text{m}$**)	➜ 2.1m

∴ 포헤드 상호간의 거리 : $S=2r\cos45°=2\times2.1\text{m}\times\cos45°=2.969\text{m}≒\mathbf{2.97m}$

② **가로변, 세로변의 헤드 개수**

㉠ 가로변에 설치하여야 할 헤드의 최소개수 $=\frac{20\text{m}}{2.97\text{m}}=6.73$개 ≒7개 (소수점 이하 절상)

㉡ 세로변에 설치하여야 할 헤드의 최소개수 $=\frac{10\text{m}}{2.97\text{m}}=3.36$개 ≒4개 (소수점 이하 절상)

➜ **총 설치하여야 할 헤드의 최소개수** = 7개 × 4개 = **28개**

(2) 수원의 저수량[m³](포원액의 저수량 제외)

$Q=A\times Q_A\times T\times(1-S)$	수원의 양
Q : 수원의 양[l]	➜ $Q=A\times Q_A\times T\times(1-S)$
A : 바닥면적[m²]	➜ 20m × 10m **(문제조건)**
Q_A : 바닥면적 1m²에 따른 분당 방사량[l/min·m²]	➜ $6.5l/\text{m}^2\cdot\text{min}$ **(특수가연물, 수성막포)**
T : 방출시간[min]	➜ 10min
S : 농도[%]	➜ 3% = 0.03 **(조건①)**

➜ **수원의 저수량[m³]** $=A\times Q_A\times T\times(1-S)$

$=(20\text{m}\times10\text{m})\times6.5l/\text{m}^2\cdot\text{min}\times10\text{min}\times(1-0.03)=12{,}610\text{l}=\mathbf{12.61m^3}$

포헤드의 특정소방대상물별 포소화약제에 따른 방사량

소방대상물	포소화약제의 종류	방사량(Q_A)	방사시간(T)
• 특수가연물을 저장·취급하는 소방대상물	수성막포	6.5l/min·m² 이상	10min
	단백포		
	합성계면활성제포		

(3) 포원액의 최소소요량[l]

$Q=A\times Q_A\times T\times S$(악어떼들)	포원액의 양
Q : 포원액의 양[l]	➜ $Q=A\times Q_A\times T\times S$
A : 바닥면적[m²]	➜ 20m × 10m **(문제조건)**
Q_A : 바닥면적 1m²에 따른 분당 방사량[l/min·m²]	➜ $6.5l/\text{m}^2\cdot\text{min}$ **(특수가연물, 수성막포)**
T : 방출시간[min]	➜ 10min
S : 농도[%]	➜ 3% = 0.03 **(조건①)**

➜ **포원액의 최소소요량** : $Q=A\times Q_A\times T\times S=(20\text{m}\times10\text{m})\times6.5l/\text{m}^2\cdot\text{min}\times10\text{min}\times0.03=\mathbf{390}l$

(4) 펌프의 토출량[l/min]

$Q=A\times Q_A$(악어)	펌프의 토출량
Q : 펌프의 토출량[l/min]	➜ $Q=A\times Q_A$
A : 바닥면적[m²]	➜ 20m × 10m **(문제조건)**
Q_A : 바닥면적 1m²에 따른 분당 방사량[l/min·m²]	➜ $6.5l/\text{m}^2\cdot\text{min}$ **(특수가연물, 수성막포)**

➜ **펌프의 토출량** : $Q=A\times Q_A=(20\text{m}\times10\text{m})\times6.5l/\text{m}^2\cdot\text{min}=\mathbf{1{,}300}l/\text{min}$

(5) 펌프의 최소소요동력[kW]

$P=\frac{\gamma HQ}{\eta}\times K$	전동기동력(모터동력)
P : 전동력[W]	➜ $P=\gamma HQ/\eta\times K$
γ : 비중량[물 : $\gamma_w=9{,}800\text{N/m}^3=9.8\text{kN/m}^3$]	➜ 9.8kN/m^3 (포수용액의 비중=물의 비중)
H : 전양정[m](=흡입양정+토출양정)	➜ 35m (조건②)
Q : 토출량=방사량[m³/s]	➜ $1{,}300l/\text{min}=\frac{1.3}{60}\text{m}^3/\text{s}$ [문제(4)]
η : 전효율($\eta_{전효율}=\eta_{수력효율}\times\eta_{체적효율}\times\eta_{기계효율}$)	➜ 0.65 (조건③)
K : 전달계수	➜ 1.1 (조건③)

➜ **소요동력** : $P=\frac{\gamma HQ}{\eta}\times K=\frac{9.8\text{kN/m}^3\times35\text{m}\times\frac{1.3}{60}\text{m}^3/\text{s}}{0.65}\times1.1=12.576\text{kW}$ $\quad\therefore\ P=12.58\text{kW}$

Mind-Control

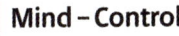

요행을 바라지 마라.
행운을 기대치 마라.
노력이 그나마 낫다.

\- 작자 미상 -

3 고정포방출구

(1) 고정포방출구방식의 포소화약제 저장량(Q)

$Q = Q_{①} + Q_{②} + Q_{③}$		
① 고정포방출구($Q_{①}$) $Q_{①} = A \times Q_A \times T \times S$ 여기서, $Q_{①}$: 포소화약제의 양[l] A : 탱크의 액표면적[m^2] Q_A : 바닥면적 $1m^2$에 따른 분당 방사량[$l/min \cdot m^2$] T : 방출시간[min] S : 포소화약제의 사용농도[%]	② 보조포소화전($Q_{②}$) $Q_{②} = N \times 8{,}000l \times S$ 여기서, $Q_{②}$: 포소화약제의 양[l] N : 호스접결구의 수(최대 3개) S : 포소화약제의 사용농도[%]	③ 송액관에 필요한 포소화약제의 양($Q_{③}$) → 관의 내경 75mm 초과 시 적용 $Q_{③} = A \times L \times S \times 1{,}000l/m^3$ 여기서, $Q_{③}$: 배관보정량[l] A : 배관의 단면적[m^2] L : 배관의 길이[m] S : 포소화약제의 사용농도[%]

참고 송액관 [17년]

① **송액관** : 수원으로부터 포헤드, 고정포방출구 또는 이동식 포노즐에 급수하는 배관

② **송액관의 설치기준**

㉠ 송액관은 포의 방출 종료 후 **배관 안의 액을 배출**하기 위하여 적당한 기울기를 유지하도록 하고, 그 낮은 부분에 배액밸브를 설치할 것

㉡ 송액관은 **전용**으로 할 것

다만, 포소화전의 기동장치의 조작과 동시에 다른 설비의 용도로 사용하는 배관의 송수를 차단할 수 있거나, 포소화설비의 성능에 지장이 없는 경우에는 다른 설비와 겸용할 수 있다.

(2) 탱크의 구조에 따른 종류

① **탱크의 종류**

㉠ **고정지붕구조(콘루프탱크, Cone Roof Tank : CRT)** : 평평한 저판, 원통형 측판 및 원추형의 고정된 지붕으로 구성된 탱크

㉡ **부상지붕구조(플로팅루프탱크, Floating Roof Tank : FRT)** : 저장하는 위험물이 휘발성분을 다량 함유하고 있을 때 그 증발손실 및 인화가능면적을 최소화하기 위하여 고안된 것으로, 고정식 지붕 대신 저장 위험물의 증감에 따라 상하로 움직이는 지붕을 갖는 탱크

② **탱크의 구조에 따른 포방출구의 종류**

탱크의 구조	포방출구
고정지붕구조(콘루프탱크, CRT)	Ⅰ형 방출구 Ⅱ형 방출구 Ⅲ형 방출구 Ⅳ형 방출구
부상덮개부착 고정지붕구조	Ⅱ형 방출구
부상지붕구조(플로팅루프탱크, FRT)	특형 방출구

(3) 포소화약제 혼합장치의 종류

펌프 프로포셔너방식(펌프혼합방식)

펌프의 토출관과 흡입관 사이의 배관 도중에 설치한 흡입기에 펌프에서 토출된 **물의 일부**를 보내고, **농도조절밸브**에서 조정된 포소화약제의 필요량을 포소화약제 탱크에서 펌프흡입측으로 보내어 이를 혼합하는 방식

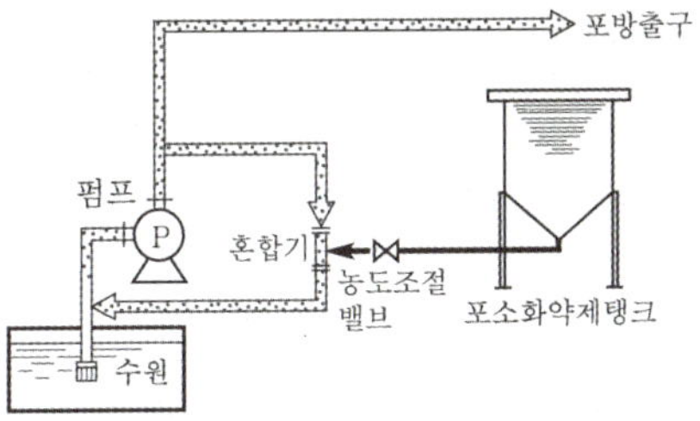

라인 프로포셔너방식(관로혼합방식)

펌프와 발포기의 중간에 설치된 **벤추리관의 벤추리작용**에 따라 포소화약제를 흡입·혼합하는 방식

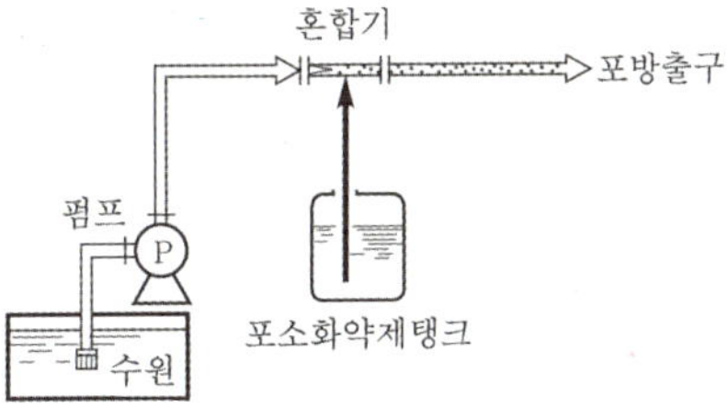

프레져 프로포셔너방식(차압혼합방식)

펌프와 발포기의 중간에 설치된 **벤추리관의 벤추리작용**과 **펌프 가압수**의 포소화약제 저장탱크에 대한 압력에 따라 포소화약제를 흡입·혼합하는 방식

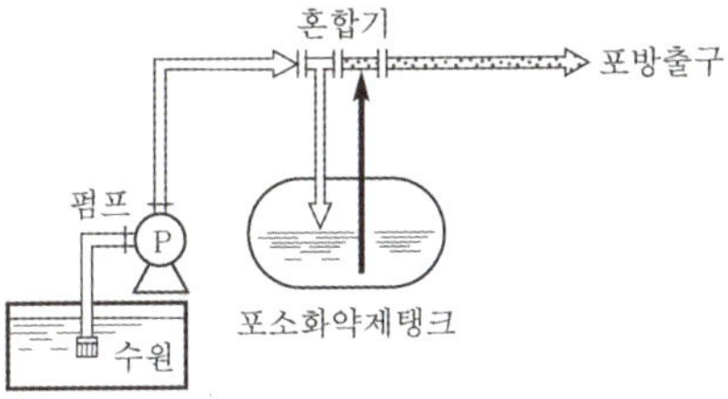

| 압입식 |

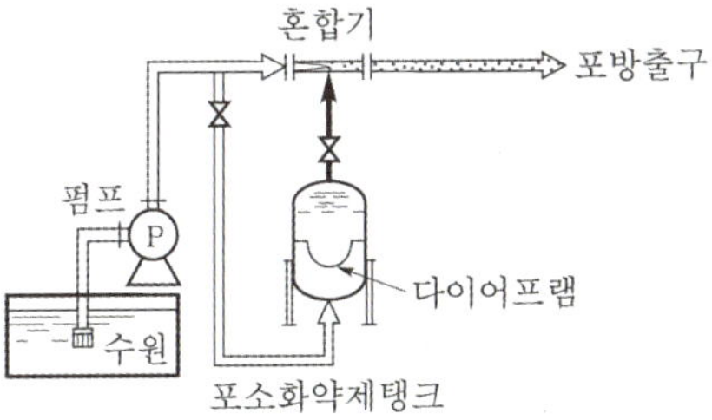

| 압송식 |

프레져사이드 프로포셔너방식(압입혼합방식)

펌프의 토출관에 압입기를 설치하여 **포소화약제 압입용 펌프**로 포소화약제를 압입시켜 소화하는 방식

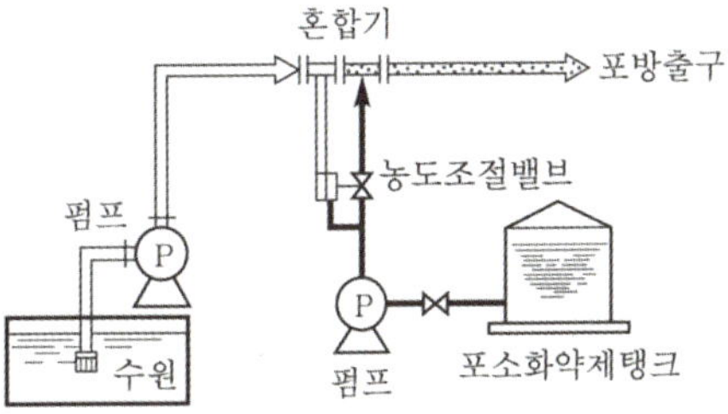

압축공기포 믹싱챔버방식(압축공기포혼합방식)

포수용액에 가압원으로 **압축된 공기 또는 질소**를 일정비율로 혼합하는 방식

4 기타

(1) 차고 · 주차장에 설치하는 호스릴포소화설비 또는 포소화전설비

① **포수용액량**

$$Q = 300l/\text{min}(230l/\text{min}) \times N$$

여기서, Q : 포소화전설비의 정격토출량[l/min]

$300l$/min : 포소화전 1개의 방수량(1개 층의 바닥면적이 200m^2 이하인 $230l$/min 경우 적용)

N : 가장 많이 설치된 층의 포소화전방수구 개수**(최대 5개)**

② **설치기준**

㉠ 포노즐 선단의 방사압력=0.35MPa 이상

㉡ 수평거리=호스릴포방수구의 경우 15m 이상, 포소화전방수구의 경우 25m 이상

㉢ 포소화약제=저발포소화약제 사용할 것

㉣ 호스릴함 또는 호스함

- 설치위치 : 호스릴 또는 방수구로부터 3m 이내의 거리에 설치할 것
- 설치높이 : 바닥으로부터 높이 1.5m 이하의 위치에 설치할 것
- 표지 및 표시등 : "포호스릴함(또는 포소화전함)"의 표지 및 적색의 위치표시등을 설치할 것

(2) 고발포용 포방출구

① **전역방출방식**

㉠ 관포체적($V_{관포}$) : 방호대상물 높이보다 0.5m 위까지의 체적

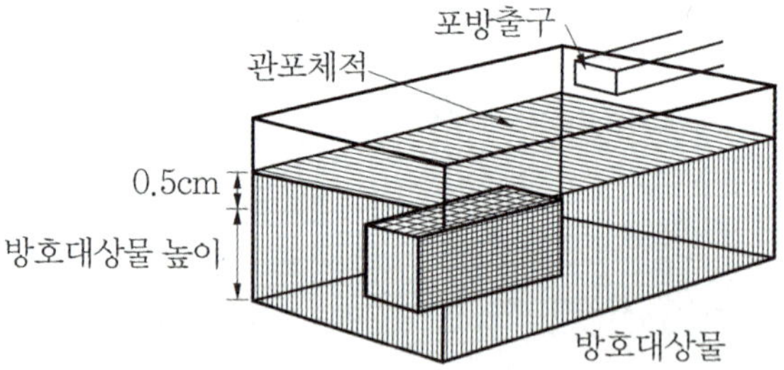

㉡ 포수용액량 : $Q = V_{관포} \times Q_A \times 10\text{min}$

포의 팽창비	방사량(Q_A)[l/min·m^2]		
	항공기격납고	차고 또는 주차장	특수가연물을 저장 또는 취급하는 소방대상물
팽창비 80 이상 250 미만의 것	2	1.1	1.25
팽창비 250 이상 500 미만의 것	0.5	0.28	0.31
팽창비 500 이상 1,000 미만의 것	0.29	0.16	0.18

㉢ 고정포방출구의 개수 : $\dfrac{\text{바닥면적 } A[\text{m}^2]}{500\text{m}^2/\text{개}}$

㉣ 고정포방출구의 설치위치 : 방호대상물의 최고부분보다 높은 위치에 설치할 것

② **국소방출방식**

㉠ 방호면적($A_{방호}$) : 방호대상물 높이의 3배(1m 미만인 경우 1m)의 거리를 수평으로 연장한 선으로 둘러쌓인 부분의 면적

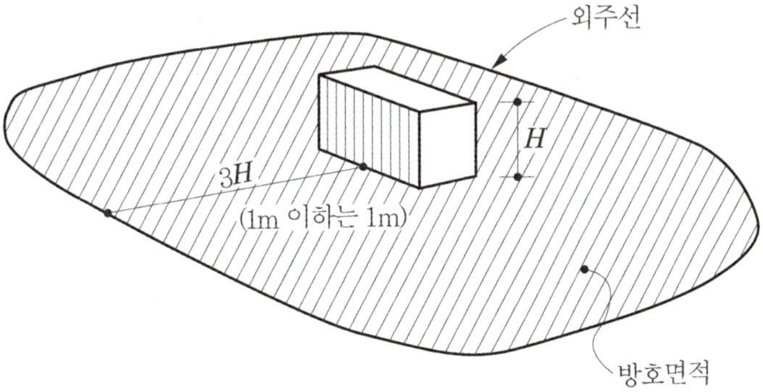

㉡ 포수용액량 : $Q = A_{방호} \times Q_A \times 10\text{min}$

방호대상물	방사량(Q_A)[l/min·m^2]
특수가연물	3
기타의 것	2

Mind-Control

나태함을 슬럼프로 착각하지 말자.

- 작자 미상 -

빈번한 기출문제

01 위험물의 옥외탱크에 Ⅰ형 고정포방출구로 포소화설비를 다음 조건과 같이 설치하고자 할 때 다음을 구하시오.

배점 : 8 [11년] [16년]

[조건]

① 탱크의 지름=12m
② 사용약제는 수성막포 6%로 단위 포소화수용액의 양은 2.27l/min·m^{2}이며, 방사시간은 30분이다.
③ 보조포소화전은 1개소 설치한다.
④ 배관의 길이는 20m(포원액탱크에서 포방출구까지), 관의 내경은 150mm이며 기타 조건은 무시한다.

(1) 포원액량 [l]을 구하시오.
(2) 전용 수원의 양 [m^3]을 구하시오.

• **실전모범답안**

(1) $Q=(A\times Q_A\times T\times S)+(N\times 8{,}000\times S)+(A\times L\times S\times 1{,}000)$

$=\left(\frac{\pi}{4}\times 12^2\times 2.27\times 30\times 0.06\right)+(1\times 8{,}000\times 0.06)+\left(\frac{\pi}{4}\times 0.15^2\times 20\times 0.06\times 1{,}000\right)$

$=963.32l$

• **답 :** 963.32l

(2) $Q=963.32\times\frac{1-0.06}{0.06}=15{,}092.013l=15{,}092\text{m}^3$

• **답 :** 15.09m^3

상세해설

(1) 포원액량[l]

$Q=Q_①+Q_②+Q_③$	포원액의 양(고정포방출구)
Q : 포원액의 양[l]	➜ $Q=Q_①+Q_②+Q_③$ **[풀이④]**
$Q_①$: 고정포방출구 포소화약제의 양[l]	➜ $Q_①=A\times Q_A\times T\times S$ **[풀이①]**
$Q_②$: 보조포소화전 포소화약제의 양[l]	➜ $Q_②=N\times 8{,}000l\times S$ **[풀이②]**
$Q_③$: 배관보정량[l] (송액관)	➜ $Q_③=A\times L\times S\times 1{,}000l/\text{m}^3$ **[풀이③]**

① **고정포방출구($Q_①$)**

$Q_① = A \times Q_A \times T \times S$(악어떼들)	**포소화약제의 양(고정포방출구)**
$Q_①$: 포소화약제의 양[l]	→ $Q_① = A \times Q_A \times T \times S$
A : 탱크의 액표면적$\left(\frac{\pi}{4}D^2[\mathrm{m}^2]\right)$	→ $\frac{\pi}{4} \times 12^2\mathrm{m}^2$ **(조건①)**
Q_A : 바닥면적 $1\mathrm{m}^2$에 따른 분당 방사량[$l/\mathrm{min} \cdot \mathrm{m}^2$]	→ $2.27 l/\mathrm{m}^2 \cdot \mathrm{min}$ **(조건②)**
T : 방출시간[min]	→ 30min **(조건②)**
S : 포소화약제의 사용농도[%]	→ 0.06 **(조건②)**

→ **고정포방출구 포소화약제의 양 :** $Q_① = A \times Q_A \times T \times S$

$$= \frac{\pi}{4} \times 12^2\mathrm{m}^2 \times 2.27 l/\mathrm{min} \cdot \mathrm{m}^2 \times 30\mathrm{min} \times 0.06 = \mathbf{462.115} l$$

② **보조포소화전($Q_②$)**

$Q_② = N \times 8{,}000 l \times S$	**포소화약제의 양(보조포소화전)**
$Q_②$: 포소화약제의 양[l]	→ $Q_② = N \times 8{,}000 l \times S$
N : 호스접결구의 수**(최대 3개)**	→ 1 **(조건③)**
S : 포소화약제의 사용농도[%]	→ 0.06 **(조건②)**

→ **보조포소화전 포소화약제의 양 :** $Q_② = N \times 8{,}000 \times S = 1 \times 8{,}000 \times 0.06 = \mathbf{480} l$

③ **송액관에 필요한 포소화약제의 양($Q_③$)**

$Q_③ = A \times L \times S \times 1{,}000 l/\mathrm{m}^3$	**배관보정량(송액관)**
$Q_③$: 배관보정량[l] **(75mm 초과 시 적용)**	→ $Q_③ = A \times L \times S \times 1{,}000 l/\mathrm{m}^3$
A : 배관의 단면적$\left(\frac{\pi}{4}D^2[\mathrm{m}^2]\right)$	→ $\frac{\pi}{4} \times 0.15^2\mathrm{m}^2$ **(조건④)**
L : 배관의 길이[m]	→ 20m **(조건④)**
S : 포소화약제의 사용농도[%]	→ 0.06 **(조건②)**

→ **송액관에 필요한 포소화약제의 양 :** $Q_③ = A \times L \times S \times 1{,}000 l/\mathrm{m}^3$

$$= \frac{\pi}{4} \times 0.15^2\mathrm{m}^2 \times 20\mathrm{m} \times 0.06 \times 1{,}000 l/\mathrm{m}^3 = \mathbf{21.205} l$$

④ **고정포방출설비 포소화약제의 저장량(Q)** $= Q_① + Q_② + Q_③$

$$= 462.115 l + 480 l + 21.205 l$$
$$= \mathbf{963.32} l$$

(2) 전용 수원의 양[m^3]

$$\text{포수용액}[l] = \frac{\text{포원액}[l]}{\text{농도}[\%]} = \frac{\text{물}[l]}{1-\text{농도}[\%]}$$ 이므로, $$\text{물}[l] = \text{포원액}[l] \times \frac{1-\text{농도}[\%]}{\text{농도}[\%]}$$

① **포소화약제의 저장량 :** $Q = 963.32 l$

② **농도 :** $S = 6\% = 0.06$

→ 전용 수원의 양[m³]$= 963.32l \times \frac{1-0.06}{0.06} = 15{,}092.013l = 15.092\text{m}^3 \fallingdotseq \mathbf{15.09m^3}$

참고 포수용액과 농도의 관계 이해하기

① 포수용액$[l]$ × 농도[%] = 포원액$[l]$

② 포수용액$[l]$ × (1−농도[%]) = 물$[l]$

①과 ②의 식을 포수용액에 관한 식으로 정리하면, 다음과 같이 표현된다.

① 포수용액$[l] = \frac{\text{포원액}[l]}{\text{농도}[\%]}$

② 포수용액$[l] = \frac{\text{물}[l]}{1-\text{농도}[\%]}$

→ 즉, 포수용액$[l] = \frac{\text{포원액}[l]}{\text{농도}[\%]} = \frac{\text{물}[l]}{1-\text{농도}[\%]}$ 이므로 물$[l]$ = 포원액$[l] \times \frac{1-\text{농도}[\%]}{\text{농도}[\%]}$

02 옥외 포소화전이 6개 설치되어 있을 때 저장하여야 할 소화약제의 양 [m³] 및 수원의 양 [m³]을 구하시오. (단, 3% 단백포를 사용하는 것으로 한다.) 배점 : 6 [05년]

• 실전모범답안

(1) $Q = N \times 8{,}000 \times S = 3 \times 8{,}000 \times 0.03 = 720l = 0.72\text{m}^3$

• 답 : 0.72m³

(2) $Q = 720 \times \frac{1-0.03}{0.03} = 23{,}280l = 23.28\text{m}^3$

• 답 : 23.28m³

상세해설

(1) 옥외포소화전 소화약제의 양[m³]

$Q = N \times 8{,}000l \times S$	포소화약제의 양(옥외포소화전)
Q : 포소화약제의 양$[l]$	→ $Q = N \times 8{,}000l \times S$
N : 호스접결구의 수(최대 3개)	→ 3 (최대 3개 적용)
S : 포소화약제의 사용농도[%]	→ 0.03 (문제의 단서조건)

→ 옥외포소화전 포소화약제의 양 : $Q = N \times 8{,}000 \times S = 3 \times 8{,}000 \times 0.03 = 720l = \mathbf{0.72m^3}$

(2) 수원의 양[m³]

포수용액$[l] = \frac{\text{포원액}[l]}{\text{농도}[\%]} = \frac{\text{물}[l]}{1-\text{농도}[\%]}$ 이므로, 물$[l]$ = 포원액$[l] \times \frac{1-\text{농도}[\%]}{\text{농도}[\%]}$ 임을 알 수 있다.

① **포소화약제의 저장량 :** $Q = 720l = 0.72\text{m}^3$ **[풀이(1)]**

② **농도 :** $S = 3\% = 0.03$

→ **수원의 양[m^3]** $= 0.72\text{m}^3 \times \dfrac{1-0.03}{0.03} = 23.28\text{m}^3$

03 **위험물을 저장하는 옥외탱크의 액표면적이 80m^2이고, 저장된 비수용성 위험물의 인화점이 21℃ 미만이고, 설치할 고정포방출구는 Ⅰ형일 때 필요한 포원액의 양 [l]을 구하시오. (단, 소화약제는 3%용 수성막포로서 $4l/\text{min}\cdot\text{m}^2$이고, 방사시간은 30분이다.)** 배점 : 3 [10년]

• 실전모범답안

→ $Q = A \times Q_A \times T \times S = 4 \times 80 \times 30 \times 0.03 = 288l$

• 답 : $288l$

상세해설

$Q = A \times Q_A \times T \times S$(악어떼들)	포원액의 양(고정포방출구)
Q : 포원액의 양[l]	→ $Q = A \times Q_A \times T \times S$
A : 탱크의 액표면적$\left(\frac{\pi}{4}D^2[\text{m}^2]\right)$	→ 80m^2
Q_A : 바닥면적 1m^2에 따른 분당 방사량[$l/\text{min}\cdot\text{m}^2$]	→ $4l/\text{m}^2\cdot\text{min}$
T : 방출시간[min]	→ 30min
S : 포소화약제의 사용농도[%]	→ 0.03

→ **고정포방출구 포원액의 양 :** $Q = A \times Q_A \times T \times S$

$= 80\text{m}^2 \times 4l/\text{min}\cdot\text{m}^2 \times 30\text{min} \times 0.03 = 288l$

Tip 문제조건에서 방출률 및 방사시간이 주어지지 않는 경우도 있으므로 다음의 표를 암기할 것!

고정포방출구의 방출률 및 방사시간

포방출구의 종류 / 위험물의 구분	Ⅰ형		Ⅱ형		특형		Ⅲ형		Ⅳ형	
	포수용액량 [l/m^2]	방출률 [$l/\text{min}\cdot\text{m}^2$]	포수용액량 [l/m^2]	방출률 [$l/\text{min}\cdot\text{m}^2$]	포수용액량 [l/m^2]	방출률 [$l/\text{min}\cdot\text{m}^2$]	포수용액량 [l/m^2]	방출률 [$l/\text{min}\cdot\text{m}^2$]	포수용액량 [l/m^2]	방출률 [$l/\text{min}\cdot\text{m}^2$]
제4류 위험물 중 인화점이 21℃ 미만인 것	120	4	220	4	240	8	220	4	220	4
제4류 위험물 중 인화점이 21℃ 이상 70℃ 미만인 것	80	4	120	4	160	8	120	4	120	4
제4류 위험물 중 인화점이 70℃ 이상인 것	60	4	100	4	120	8	100	4	100	4

04 경유를 저장하는 내부직경이 40m인 플루팅루프탱크에 포소화설비의 특형 방출구를 설치하여 방호하려고 할 때 다음 물음에 답하시오.

배점 : 15 [06년] [08년] [09년] [13년] [14년] [15년] [17년] [23년]

[조건]

① 소화약제는 3%용의 단백포를 사용하며, 수용액의 분당 방출량은 10l/min·m^{2}이고, 방사시간은 20분으로 한다.
② 탱크 내면과 굽도리판의 간격은 2m로 한다.
③ 펌프의 효율은 65%, 전동기 전달계수는 1.2로 한다.

(1) 탱크의 액표면적 [m^2]을 구하시오.
(2) 상기 탱크의 특형 방출구에 의하여 소화하는데 필요한 포수용액의 양 [m^3], 수원의 양 [m^3], 포원액의 양 [m^3]은 각각 얼마 이상이어야 하는지 구하시오.
(3) 가압송수장치의 분당 토출량 [l/min]은 얼마 이상이어야 하는지 구하시오.
(4) 펌프의 전양정이 120m라고 할 때 전동기의 동력 [kW]은 얼마 이상이어야 하는지 구하시오. (단, 포수용액의 비중은 물의 비중과 같다고 가정한다.)
(5) 고발포와 저발포의 구분은 팽창비로 나타낸다. 다음 각 물음에 답하시오.
① 팽창비를 구하는 식을 쓰시오.
② 고발포의 팽창비 범위를 쓰시오.
③ 저발포의 팽창비 범위를 쓰시오.
(6) 저발포 포소화약제 5가지를 쓰시오.
(7) 포소화약제의 25% 환원시간에 대하여 설명하시오.

• **실전모범답안**

(1) $A=\frac{\pi}{4}\times\{40^2-(40-4)^2\}=238.761\text{m}^2$

• **답 :** 238.76m^2

(2) ① $Q_{포수용액}=A\times Q_A\times T=238.76\times10\times20=47.75\text{m}^3$
② $Q_{수원}=47.75\times(1-0.03)=46.317\text{m}^3$
③ $Q_{포원액}=47.75\times0.03=1.432\text{m}^3$

• **답 :** ① 47.75m^3 ② 46.32m^3 ③ 1.43m^3

(3) $Q=\frac{47,750}{20}=2,387.5l/\text{min}$

• **답 :** 2,387.5l/min

(4) $P=\frac{\gamma HQ}{\eta}\times K=\frac{9.8\times120\times\frac{2.3875}{60}}{0.65}\times1.2=86.390\text{kW}$

• **답 :** 86.39kW

(5) ① 팽창비$=\frac{\text{방출 후 포의 체적}}{\text{방출 전 포수용액의 체적}}$ ② 팽창비 80 이상 1,000 미만 ③ 팽창비 20 이하

(6) 단백포 소화약제, 합성계면활성제포 소화약제, 수성막포 소화약제, 불화단백포 소화약제, 내알코올포 소화약제

(7) 발포된 포중량의 25%가 원래의 포수용액으로 환원되는데 걸리는 시간

포소화약제의 종류	25% 환원시간(초)
합성계면활성제 포소화약제	3분 이상
단백포 소화약제	1분 이상
수성막포 소화약제	1분 이상

상세해설

(1) 탱크의 액표면적[m^2]

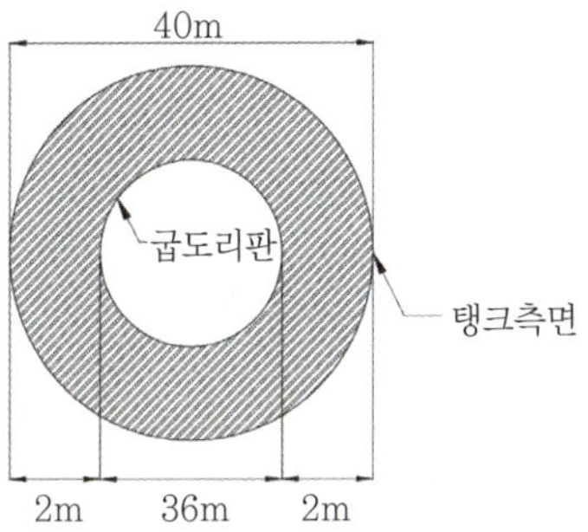

| 탱크의 액표면적 A |

플로팅루프탱크(부상지붕구조)의 경우 포소화약제가 탱크의 측판과 굽도리판 사이에만 방출되므로 그림의 음영부분 즉, 굽도리판 간격(2m)만 고려한다.

➜ **탱크의 액표면적** : $A = \frac{\pi}{4} \times \{40^2 - (40-4)^2\}\text{m}^2$

$= \frac{\pi}{4} \times (40^2 - 36^2)\text{m}^2$

$= 238.761\text{m}^2 ≒ \mathbf{238.76m^2}$

(2) 포수용액의 양[m^3], 수원의 양[m^3], 포원액의 양[m^3]

① 포수용액의 양[m^3]

$Q = A \times Q_A \times T$ (악어떼)	포수용액의 양(고정포방출구)
Q : 포수용액의 양[l]	➜ $Q = A \times Q_A \times T$
A : 탱크의 액표면적$\left(\frac{\pi}{4}D^2[\text{m}^2]\right)$	➜ 238.76m^2 [문제(1)]
Q_A : 바닥면적 1m^2에 따른 분당 방사량[$l/\text{min} \cdot \text{m}^2$]	➜ $10l/\text{min} \cdot \text{m}^2$ (조건①)
T : 방출시간[min]	➜ 20min (조건①)

➜ **고정포방출구 포수용액의 양** : $Q = A \times Q_A \times T$

$= 238.76\text{m}^2 \times 10l/\text{min} \cdot \text{m}^2 \times 20\text{min} = 47{,}752l = 47.752\text{m}^3$

$≒ \mathbf{47.75m^3}$

② 수원의 양[m^3]

포수용액[l]×(1−농도[%])=물[l] 이며, 농도 S는 3%이므로 전용 수원의 양은,

➜ **전용 수원의 양[m^3]**$= 47.75\text{m}^3 \times (1-0.03) = 46.317\text{m}^3 ≒ \mathbf{46.32\,m^3}$

③ 포원액의 양[m^3]

포수용액[l]×농도[%]=포원액[l] 이며, 농도 S는 3%이므로 포원액의 양은,

➜ **포원액의 양[m^3]**$= 47.75\text{m}^3 \times 0.03 = 1.432\text{m}^3 ≒ \mathbf{1.43m^3}$

CHAPTER 02

참고 **포수용액 = 포원액+물**

※ **다음과 같이 풀이하여도 동일한 결과를 얻을 수 있다!**

포수용액=포원액+물 이므로,

① 포수용액의 양=47.75m^3

② 수원의 양=46.32m^3

➜ **포원액의 양**=포수용액의 양−물의 양=47.75m^3−46.32m^3=**1.43m^3**

(3) 가압송수장치의 분당 토출량[l/min]

$$\text{가압송수장치의 분당 토출량}[l/\text{min}] = \frac{\text{배관보정량}(Q_{③})\text{을 제외한 포수용액의 양}[l]}{\text{방출시간}[\text{min}]}$$

➜ **가압송수장치의 분당 토출량**[l/min]$=\dfrac{47{,}750\,l}{20\text{min}}=$**2,387.5$l$/min**

(4) 전동기의 동력[kW]

$P=\dfrac{\gamma HQ}{\eta}\times K$	전동기동력(모터동력)
P : 전동력[W]	➜ $P=\gamma HQ/\eta\times K$
γ : 비중량[물 : $\gamma_w=9{,}800\text{N/m}^3=9.8\text{kN/m}^3$]	➜ 9.8kN/m^3 **(포수용액의 비중=물의 비중)**
H : 전양정[m](=흡입양정+토출양정)	➜ 120m **(문제조건)**
Q : 토출량=방사량[m^3/s]	➜ $2{,}387.5\,l/\text{min}=\dfrac{2.3875}{60}\text{m}^3/\text{s}$ **[문제(3)]**
η : 전효율($\eta_{전효율}=\eta_{수력효율}\times\eta_{체적효율}\times\eta_{기계효율}$)	➜ 0.65 **(조건③)**
K : 전달계수	➜ 1.2 **(조건③)**

➜ **전동기동력** : $P=\dfrac{\gamma HQ}{\eta}\times K=\dfrac{9.8\text{kN/m}^3\times 120\text{m}\times\dfrac{2.3875}{60}\text{m}^3/\text{s}}{0.65}\times 1.2=86.390\text{kW}$

$\therefore\ P=$ **86.39kW**

(5) 팽창비

① **팽창비 구하는 식** : $\text{팽창비(발포배율)}=\dfrac{\text{방출 후 포의 체적}}{\text{방출 전 포수용액의 체적}}$

② **고발포 및 저발포의 팽창비 범위**

팽창비율에 따른 포의 종류	포방출구의 종류
① 팽창비가 20 이하인 것(저발포)	포헤드, 압축공기포헤드
② 팽창비가 80 이상 1,000 미만인 것(고발포)	고발포용 고정포방출구

(6) 저발포 포소화약제

저발포용 소화약제(3%, 6%형)	고발포용 소화약제(1%, 1.5%, 2%형)
단백포 소화약제 합성계면활성제포 소화약제 수성막포 소화약제 불화단백포 소화약제 내알코올포 소화약제 암기법 단합수 불내	합성계면활성제포 소화약제

(7) 포소화약제의 25% 환원시간

① **25% 환원시간** : 발포된 포중량의 25%가 원래의 포수용액으로 환원되는데 걸리는 시간

② **측정방법**

㉠ 25% 환원시간시험은 포발포시험과 동시에 실시하며, 물을 유지하려는 능력의 정도, 포의 유동성을 측정한다.

㉡ 이 측정은 발포배율 측정의 시료로 하고 포시료의 중량을 4등분함으로써 포에 함유되어 있는 포수용액의 25%을 얻는다.

㉢ 포소화약제의 종류별로 시료 용기의 바닥에 고인 액의 높이를 측정하여 기록한다.

㉣ 포소화약제의 종류에 따른 25% 환원시간

포소화약제의 종류	25% 환원시간(초)
합성계면활성제포 소화약제	3분 이상
단백포 소화약제	1분 이상
수성막포 소화약제	1분 이상

05 포소화설비의 배관에 설치하는 배액밸브와 완충장치에 대한 다음 각 물음에 답하시오.

배점 : 8 [11년] [14년-2회] [14년-4회] [16년] [19년] [20년]

(1) 배액밸브의 설치목적
(2) 배액밸브의 설치위치
(3) 완충장치의 설치목적
(4) 완충장치의 설치위치

• **실전모범답안**

(1) 배액밸브의 설치목적
포소화약제 방출 후 배관 안의 액을 배출하기 위하여

(2) 배액밸브의 설치위치
송액관의 가장 낮은 부분에 설치

(3) 완충장치(=플렉시블조인트)의 설치목적
펌프 또는 배관의 진동을 흡수하기 위하여

(4) 완충장치(=플렉시블조인트)의 설치위치
펌프의 흡입측·토출측 부근

06 경유를 저장하는 직경 20m인 옥외저장탱크에 Ⅱ형 포방출구를 설치하였다. 필요한 포수용액의 양 [m³]을 구하시오. (단, 경유의 인화점은 35℃이다.) 배점 : 4 [10년]

포방출구의 종류 / 위험물의 구분	Ⅰ형		Ⅱ형		특형		Ⅲ형		Ⅳ형	
	포수용액량 [l/m^2]	방출률 [$l/min \cdot m^2$]	포수용액량 [l/m^2]	방출률 [$l/min \cdot m^2$]	포수용액량 [l/m^2]	방출률 [$l/min \cdot m^2$]	포수용액량 [l/m^2]	방출률 [$l/min \cdot m^2$]	포수용액량 [l/m^2]	방출률 [$l/min \cdot m^2$]
제4류 위험물 중 인화점이 21℃ 미만인 것	120	4	220	4	240	8	220	4	220	4
제4류 위험물 중 인화점이 21℃ 이상 70℃ 미만인 것	80	4	120	4	160	8	120	4	120	4
제4류 위험물 중 인화점이 70℃ 이상인 것	60	4	100	4	120	8	100	4	100	4

- **실전모범답안**

→ $Q = A \times Q_A \times T = \frac{\pi}{4} \times 20^2 \times 4 \times 30 = 37{,}699.11l = 37.699m^3$

- **답 :** $37.7m^3$

상세해설

$Q = A \times Q_A \times T$ (악어떼)	포수용액의 양(고정포방출구)
Q : 포수용액의 양[l]	→ $Q = A \times Q_A \times T$
A : 탱크의 액표면적$\left(\frac{\pi}{4}D^2[m^2]\right)$	→ $\frac{\pi}{4} \times 20^2 m^2$
Q_A : 바닥면적 $1m^2$에 따른 분당 방사량[$l/min \cdot m^2$]	→ $4l/m^2 \cdot min$ (표)
T : 방출시간[min]	→ 30min (표)

→ **고정포방출구 포수용액의 양 :** $Q = A \times Q_A \times T$

$$= \frac{\pi}{4} \times 20^2 m^2 \times 4l/min \cdot m^2 \times 30min = 37{,}699.11l = 37.699m^3$$

$$\fallingdotseq 37.7m^3$$

포방출구의 종류 / 위험물의 구분	Ⅰ형		Ⅱ형		특형		Ⅲ형		Ⅳ형	
	포수용액량 [l/m^2]	방출률 [$l/min \cdot m^2$]	포수용액량 [l/m^2]	방출률 [$l/min \cdot m^2$]	포수용액량 [l/m^2]	방출률 [$l/min \cdot m^2$]	포수용액량 [l/m^2]	방출률 [$l/min \cdot m^2$]	포수용액량 [l/m^2]	방출률 [$l/min \cdot m^2$]
제4류 위험물 중 인화점이 21℃ 미만인 것	120	4	220	4	240	8	220	4	220	4
제4류 위험물 중 인화점이 21℃ 이상 70℃ 미만인 것	80	4	120	4	160	8	120	4	120	4
제4류 위험물 중 인화점이 70℃ 이상인 것	60	4	100	4	120	8	100	4	100	4

07 포소화설비의 혼합방식 5가지를 쓰시오.

배점 : 3 [19년]

• 실전모범답안

(1) 펌프 프로포셔너방식
(2) 라인 프로포셔너방식
(3) 프레져 프로포셔너방식
(4) 프레져사이드 프로포셔너방식
(5) 압축공기포 믹싱챔버방식

08 경유를 저장하는 탱크의 내부직경 50m인 플루팅루프탱크(부상지붕구조)에 포소화설비를 설치하여 방호하려고 할 때 다음 물음에 답하시오.

배점 : 14 [08년] [19년] [20년] [22년]

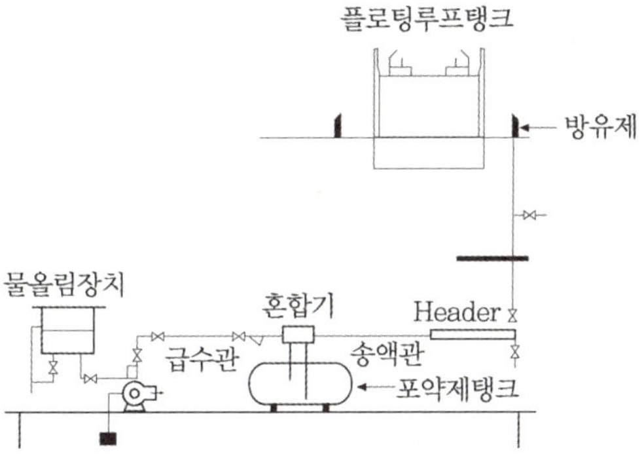

[조건]

① 소화약제는 6%용의 단백포를 사용하며, 수용액의 분당 방출량은 8l/min·m^2이고, 방사시간은 30분으로 한다.
② 탱크 내면과 굽도리판의 간격은 1.2m로 한다.
③ 고정포방출구의 보조포소화전은 5개 설치되어 있으며 방사량은 400l/min이다.
④ 송액관의 내경은 100mm이고, 배관의 길이는 200m이다.
⑤ 수원의 밀도는 1,000kg/m^3, 포소화약제의 밀도는 1,050kg/m^3이다.

(1) 고정포방출구의 종류는 무엇인지 쓰시오.
(2) 가압송수장치의 분당 토출량 [l/min]을 구하시오.
(3) 수원의 양 [m^3]을 구하시오.
(4) 포소화약제의 양 [l]을 구하시오.
(5) 수원의 질량유량 [kg/s] 및 포소화약제의 질량유량 [kg/s]을 구하시오.
(6) 포소화약제의 혼합방식의 종류 중 어떤 혼합방식인지 쓰시오.

• **실전모범답안**

(1) 특형 방출구

(2) $Q_{포수용액}=(A\times Q_A\times T)+(N\times 8{,}000)+(A\times L\times 1{,}000)$

$$=\left(\frac{\pi}{4}\times\{50^2-(50-2.4)^2\}\times 8\times 30\right)+(3\times 8{,}000)+\left(\frac{\pi}{4}\times 0.1^2\times 200\times 1{,}000\right)$$

$=69{,}724l$

→ $Q=\frac{44{,}153.2}{30}+\frac{24{,}000}{20}=2{,}671.773l/\text{min}$

• **답 :** 2,671.77l/min

(3) $Q=69{,}724l\times(1-0.06)=65{,}540.56l=65.540\text{m}^3$

• **답 :** 65.54m^3

(4) $Q=69{,}724l\times 0.06=4{,}183.44l$

• **답 :** 4,183.44l

(5) ① $m_{수원}=\rho Q=1{,}000\times\frac{2.67177}{60}\times(1-0.06)=41.857\text{kg/s}$

② $m_{포소화약제}=\rho Q=1{,}050\times\frac{2.67177}{60}\times 0.06=2.805\text{kg/s}$

• **답 :** ① 41.86kg/s ② 2.81kg/s

(6) 프레져 프로포셔너방식

상세해설

(1) 고정포방출구의 종류.

플로팅루프탱크(부상지붕구조, FRT)이므로 특형 방출구를 선정하여야 한다.

탱크의 구조	포방출구
고정지붕구조(콘루프탱크, CRT)	Ⅰ형 방출구 Ⅱ형 방출구 Ⅲ형 방출구 Ⅳ형 방출구
부상덮개부착 고정지붕구조	Ⅱ형 방출구
부상지붕구조(플로팅루프탱크, FRT)	특형 방출구

(2) 가압송수장치의 분당 토출량[l/min]

① **포수용액의 양[l]**

$Q=Q_{①}+Q_{②}+Q_{③}$	포수용액의 양(고정포방출구)
Q : 포원액의 양[l]	→ $Q=Q_{①}+Q_{②}+Q_{③}$ **[풀이㉣]**
$Q_{①}$: 고정포방출구 포수용액의 양[l]	→ $Q_{①}=A\times Q_A\times T$ **[풀이㉠]**
$Q_{②}$: 보조포소화전 포수용액의 양[l]	→ $Q_{②}=N\times 8{,}000l$ **[풀이㉡]**
$Q_{③}$: 배관보정량[l] (송액관)	→ $Q_{③}=A\times L\times 1{,}000l/\text{m}^3$ **[풀이㉢]**

㉠ **고정포방출구($Q_①$)**

$Q_① = A \times Q_A \times T$ (악어떼)	포수용액의 양(고정포방출구)
$Q_①$: 포소화약제의 양[l]	➜ $Q_① = A \times Q_A \times T$
A : 탱크의 액표면적$\left(\frac{\pi}{4}D^2[\text{m}^2]\right)$	➜ $\frac{\pi}{4} \times \{50^2-(50-2.4)^2\}\text{m}^2$ **(조건②)**
Q_A : 바닥면적 1m^2에 따른 분당 방사량[l/min·m^2]	➜ $8l/\text{m}^2 \cdot \text{min}$ **(조건①)**
T : 방출시간[min]	➜ 30min **(조건①)**

➜ **고정포방출구 포수용액의 양($Q_①$)**

$$= A \times Q_A \times T = \frac{\pi}{4} \times \{50^2-(50-2.4)^2\}\text{m}^2 \times 8l/\text{min} \cdot \text{m}^2 \times 30\text{min} = 44{,}153.199l$$

$\fallingdotseq$**44,153.2l**

㉡ **보조포소화전($Q_②$)**

$Q_② = N \times 8{,}000l$	포수용액의 양(보조포소화전)
$Q_②$: 포소화약제의 양[l]	➜ $Q_② = N \times 8{,}000l$
N : 호스접결구의 수**(최대 3개)**	➜ 3 **(조건③, 최대 3개 적용)**

➜ **보조포소화전 포수용액의 양 : $Q_②$** $= N \times 8{,}000 = 3 \times 8{,}000 =$ **24,000l**

㉢ **송액관에 필요한 포수용액의 양($Q_③$)**

$Q_③ = A \times L \times 1{,}000l/\text{m}^3$	배관보정량(송액관)
$Q_③$: 배관보정량[l] **(75mm 초과 시 적용)**	➜ $Q_③ = A \times L \times 1{,}000l/\text{m}^3$
A : 배관의 단면적$\left(\frac{\pi}{4}D^2[\text{m}^2]\right)$	➜ $\frac{\pi}{4} \times 0.1^2\text{m}^2$ **(조건④)**
L : 배관의 길이[m]	➜ 200m **(조건④)**

➜ **송액관에 필요한 포수용액의 양 : $Q_③$** $= A \times L \times 1{,}000l/\text{m}^3$

$$= \frac{\pi}{4} \times 0.1^2\text{m}^2 \times 200\text{m} \times 1{,}000l/\text{m}^3 = 1{,}570.796l$$

$\fallingdotseq$**1,570.8l**

㉣ **고정포방출설비 포수용액의 저장량 : $Q[l]$** $= Q_① + Q_② + Q_③$

$= 44{,}153.2l + 24{,}000l + 1{,}570.8l$

$=$**69,724.0l**

② **가압송수장치의 분당 토출량[l/min]**

$$\text{가압송수장치의 분당 토출량}[l/\text{min}] = \frac{\text{배관보정량}(Q_③)\text{을 제외한 포수용액의 양}[l]}{\text{방출시간}[\text{min}]}$$

➜ **가압송수장치의 분당 토출량**$[l/\text{min}] = \dfrac{Q_{①}[l]}{T[\text{min}]} + \dfrac{Q_{②}[l]}{T[\text{min}]}$

$= \dfrac{44{,}153.2l}{30\text{min}} + \dfrac{24{,}000l}{20\text{min}} = 2{,}671.773l/\text{min} \fallingdotseq \mathbf{2{,}671.77}l/\mathbf{min}$

(3) 수원의 양$[m^3]$

포수용액$[l]\times(1-$농도$[\%])=$물$[l]$ 이므로 전용 수원의 양은,

① 포수용액의 양 : $Q=69{,}724.0l$ **[문제(2)]**

② 농도 : $S=6\%=0.06$

➜ **전용 수원의 양**$[m^3]=69{,}724l\times(1-0.06)=65{,}540.56l=65.540m^3 \fallingdotseq \mathbf{65.54m^3}$

(4) 포소화약제의 양$[l]$

포수용액$[l]\times$농도$[\%]=$포원액$[l]$ 이며, 농도 S는 6%이므로 포소화약제의 양은,

➜ **포소화약제의 양**$[l]=69{,}724l\times0.06=\mathbf{4{,}183.44}l$

참고 **포수용액=포원액+물**

※ **다음과 같이 풀이하여도 유사한 결과를 얻을 수 있다!**

포수용액=포원액+물 이므로,

① 포수용액의 양=$69{,}723.6l$ ② 수원의 양=$65{,}540l$

➜ **포원액의 양**=포수용액의 양−물의 양=$69{,}723.6l-65{,}540l=\mathbf{4{,}183.6}l$

(5) 수원의 질량유량[kg/s] 및 포소화약제의 질량유량[kg/s]

$\dot{m}=\rho AV=\rho Q$	질량유량
$\dot{m}$: 질량유량[kg/s]	➜ $\dot{m}=\rho AV=\rho Q$
ρ : 밀도[물 : $\rho_w=1{,}000kg/m^3$]	➜ ① $\rho_w=1{,}000kg/m^3$ **(조건⑤)** ② $\rho=1{,}050kg/m^3$ **(조건⑤)**
A : 배관단면적$\left(\dfrac{\pi}{4}D^2[m^2]\right)$ V : 유속[m/s] Q : 유량$[m^3/s]$	➜ ① $Q_w=$ 가압송수장치의 토출량$[m^3/s]\times(1-$농도$[\%])$ ② $Q=$가압송수장치의 토출량$[m^3/s]\times$농도$[\%]$

① 수원의 질량유량 : $\dot{m}_{①}=\rho Q=1{,}000kg/m^3\times\dfrac{2.67177}{60}m^3/s\times(1-0.06)=41.857kg/s$

$\fallingdotseq \mathbf{41.86kg/s}$

② 포소화약제의 질량유량 : $\dot{m}_{②}=\rho Q=1{,}050kg/m^3\times\dfrac{2.67177}{60}m^3/s\times0.06=2.805kg/s$

$\fallingdotseq \mathbf{2.81kg/s}$

(6) 포소화약제의 혼합방식의 종류

해당 문제의 그림에서는 혼합기와 포소화약제의 탱크 사이에 배관이 2개 설치되어 있으므로, 펌프와 발포기의 중간에 설치된 **벤추리관의 벤추리작용**과 **펌프 가압수**의 포소화약제 저장탱크에 대한 압력에 따라 포소화약제를 흡입 또는 혼합하는 방식인 **"프레져 프로포셔너방식"**임을 알 수 있다.

포소화약제 혼합장치의 종류

<table>
<tr><th>펌프 프로포셔너방식(펌프혼합방식)</th><th>라인 프로포셔너방식(관로혼합방식)</th></tr>
<tr><td>펌프의 토출관과 흡입관 사이의 배관 도중에 설치한 흡입기에 펌프에서 토출된 물의 일부를 보내고, 농도조절밸브에서 조정된 포소화약제의 필요량을 포소화약제 탱크에서 펌프흡입측으로 보내어 이를 혼합하는 방식
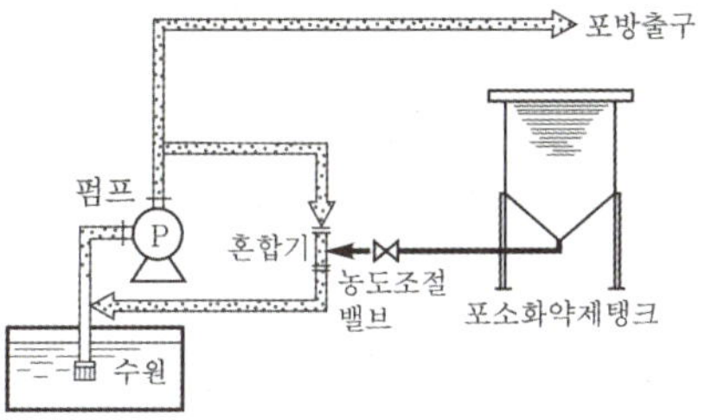
</td>
<td>펌프와 발포기의 중간에 설치된 벤추리관의 벤추리작용에 따라 포소화약제를 흡입·혼합하는 방식
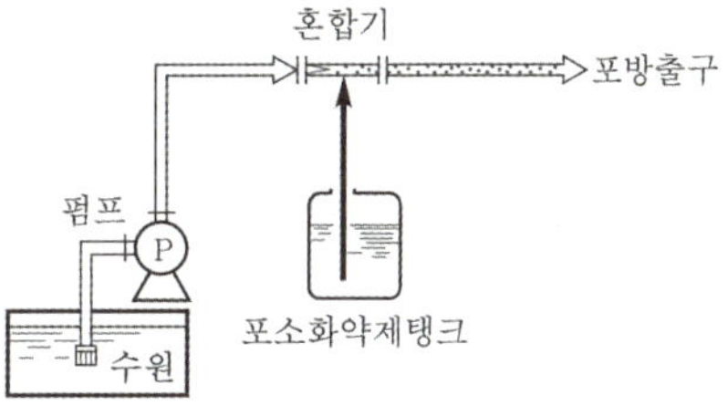
</td></tr>
<tr><th>프레져 프로포셔너방식(차압혼합방식)</th><th>프레져사이드 프로포셔너방식(압입혼합방식)</th></tr>
<tr><td>펌프와 발포기의 중간에 설치된 벤추리관의 벤추리작용과 펌프 가압수의 포소화약제 저장탱크에 대한 압력에 따라 포소화약제를 흡입·혼합하는 방식
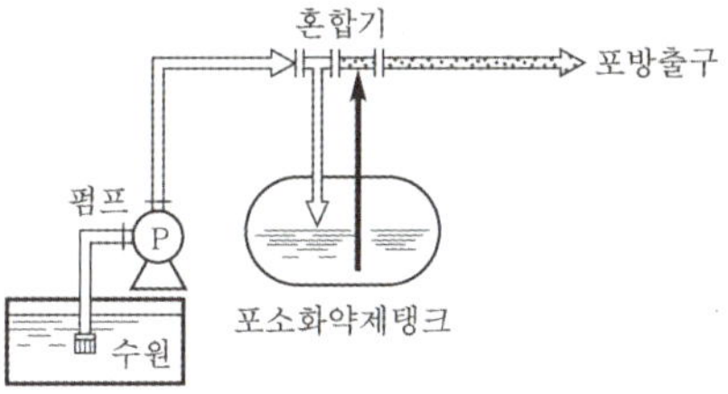

| 압입식 |
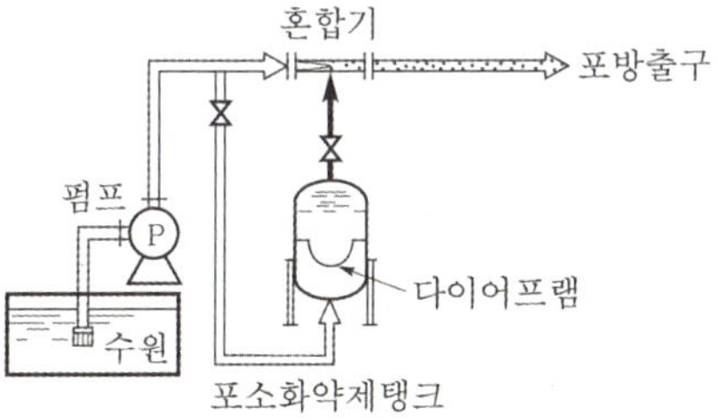

| 압송식 |</td>
<td>펌프의 토출관에 압입기를 설치하여 포소화약제 압입용 펌프로 포소화약제를 압입시켜 소화하는 방식
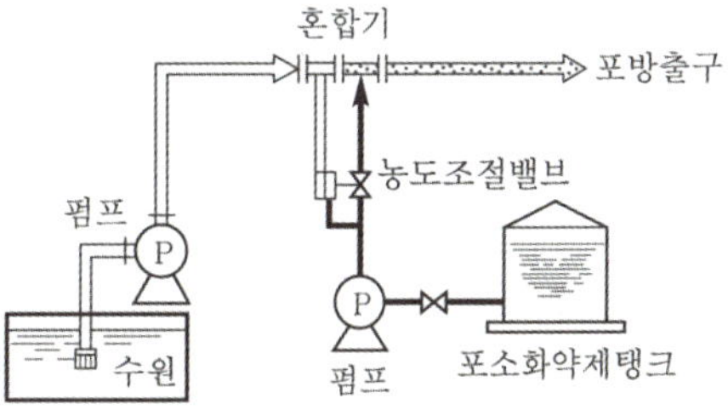
</td></tr>
<tr><th colspan="2">압축공기포 믹싱챔버방식(압축공기포혼합방식)</th></tr>
<tr><td colspan="2">포수용액에 가압원으로 압축된 공기 또는 질소를 일정비율로 혼합하는 방식</td></tr>
</table>

09 **경유를 저장하는 위험물 옥외저장탱크의 높이가 7m, 직경 10m인 콘루프탱크(Cone Roof Tank)에 Ⅱ형 포방출구 및 옥외 보조포소화전 2개가 설치되었다. 조건을 참고하여 다음 각 물음에 답하시오.**

배점 : 10 [03년] [15년] [18년-1회] [18년-2회] [21년]

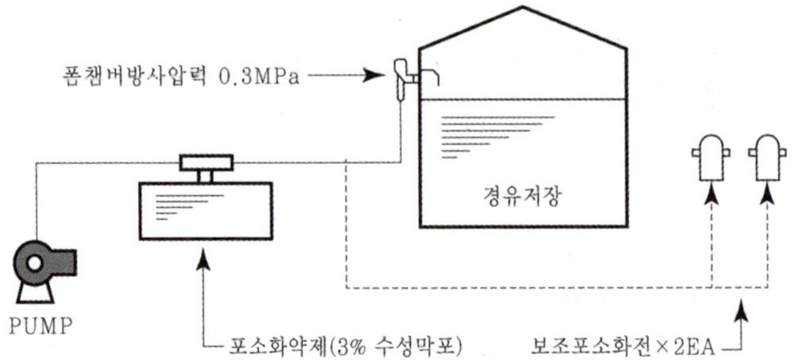

[조건]

① 배관의 낙차수두와 마찰손실수두의 합은 55m이다.
② 폼챔버의 압력수두로 양정을 계산한다. (그림 참조, 보조포소화전 압력수두는 무시)
③ 펌프의 효율은 65%(전동기와 펌프 직결)이고, 전달계수 K=1.1이다.
④ 포수용액의 비중이 물의 비중과 같다고 가정한다.
⑤ 배관의 송액량은 제외한다.
⑥ 고정포 방출구의 방출량 및 방사시간

위험물의 구분 \ 포방출구의 종류	Ⅰ형		Ⅱ형		특형	
	방출률 [l/min·m²]	방사시간 [분]	방출률 [l/min·m²]	방사시간 [분]	방출률 [l/min·m²]	방사시간 [분]
제4류 위험물(수용성의 것 제외) 중 인화점이 21℃ 미만인 것	4	30	4	55	12	30
제4류 위험물(수용성의 것 제외) 중 인화점이 21℃ 이상 70℃ 미만인 것	4	20	4	30	12	20
제4류 위험물(수용성의 것 제외) 중 인화점이 70℃ 이상인 것	4	15	4	25	12	15
제4류 위험물 중 수용성의 것	8	20	8	30	-	-

(1) 포소화약제량 [l]을 구하시오.
  ① 고정포방출구의 포소화약제량($Q_{①}$)
  ② 옥외 보조포소화전의 약제량($Q_{②}$)

(2) 펌프의 동력 [kW]을 구하시오.

• **실전모범답안**

(1) ① $Q = A \times Q_A \times T \times S$

$$= \frac{\pi}{4} \times 10^2 \times 4 \times 30 \times 0.03 = 282.743l$$

② $Q = N \times 8{,}000 \times S$

$= 3 \times 8{,}000 \times 0.03 = 720l$

• **답 :** ① 282.74l ② 720l

(2) $P=\frac{\gamma HQ}{\eta}\times K=\frac{9.8\times 85.59\times \frac{1.514159}{60}}{0.65}\times 1.1=35.821$kW

→ $Q=(A\times Q_A)+(N\times 400)=\left(\frac{\pi}{4}\times 10^2\times 4\right)+(3\times 400)=1{,}514.159l/\text{min}$

→ $H=h_1+h_2+h_3+h_4=\left(\frac{0.3}{0.101325}\times 10.332\right)+55=85.59$m

• **답 :** 35.82kW

상세해설

(1) 포소화약제량[l]

① 고정포방출구($Q_①$)

$Q_① = A\times Q_A\times T\times S$ (악어떼들)	포소화약제의 양(고정포방출구)
$Q_①$: 포소화약제의 양[l]	→ $Q_① = A\times Q_A\times T\times S$
A : 탱크의 액표면적$\left(\frac{\pi}{4}D^2[m^2]\right)$	→ $\frac{\pi}{4}\times 10^2 m^2$ (문제조건)
Q_A : 바닥면적 $1m^2$에 따른 분당 방사량 [l/min·m^2]	→ $4l/m^2\cdot min$ (경유, 제2석유류, 인화점 21℃ 이상 70℃ 미만, Ⅱ형 방출구)
T : 방출시간[min]	→ 30min (경유, 제2석유류, 인화점 21℃ 이상 70℃ 미만, Ⅱ형 방출구)
S : 포소화약제의 사용농도[%]	→ 0.03 (그림, 3% 수성막포)

→ **고정포방출구 포소화약제의 양 :** $Q_① = A\times Q_A\times T\times S$

$$=\frac{\pi}{4}\times 10^2m^2\times 4l/min\cdot m^2\times 30min\times 0.03$$

$$=282.743l \fallingdotseq \mathbf{282.74l}$$

위험물의 구분 \ 포방출구의 종류	Ⅰ형		Ⅱ형		특형	
	방출률 [l/min·m^2]	방사시간 [분]	방출률 [l/min·m^2]	방사시간 [분]	방출률 [l/min·m^2]	방사시간 [분]
제4류 위험물(수용성의 것 제외) 중 인화점이 21℃ 미만인 것	4	30	4	55	12	30
제4류 위험물(수용성의 것 제외) 중 인화점이 21℃ 이상 70℃ 미만인 것	4	20	4	30	12	20
제4류 위험물(수용성의 것 제외) 중 인화점이 70℃ 이상인 것	4	15	4	25	12	15
제4류 위험물 중 수용성의 것	8	20	8	30	-	-

참고 **제4류 위험물의 종류 中 일부 암기사항**

① **제1석유류**=휘발유(인화점 21℃ 미만)
② **제2석유류**=등유, 경유(인화점 21℃ 이상 70℃ 미만)
③ **제3석유류**=중유, 클레오소트류(인화점 70℃ 이상 200℃ 미만)
④ **제4석유류**=기어유, 실린더유(인화점 200℃ 이상 250℃ 미만)
⑤ **특수인화물, 동식물유류**

② **보조포소화전($Q_②$)**

$Q_② = N \times 8,000l \times S$	포소화약제의 양(보조포소화전)
$Q_②$: 포소화약제의 양[l]	→ $Q_② = N \times 8,000l \times S$
N : 호스접결구의 수(**최대 3개**)	→ 3 (**그림, 호스접결구 4개, 최대 3개 적용**)
S : 포소화약제의 사용농도[%]	→ 0.03 (**그림, 3% 수성막포**)

→ **보조포소화전 포소화약제의 양 :** $Q_② = N \times 8,000 \times S = 3 \times 8,000 \times 0.03 = 720l$

(2) 펌프의 동력[kW]

$P = \dfrac{\gamma HQ}{\eta} \times K$	전동기동력(모터동력)
P : 전동력[W]	→ $P = \gamma HQ/\eta \times K$ [풀이③]
γ : 비중량[물 : $\gamma_w = 9,800\text{N/m}^3 = 9.8\text{kN/m}^3$]	→ 9.8kN/m^3 (**포수용액의 비중=물의 비중**)
H : 전양정[m](=흡입양정+토출양정)	→ 85.59m [**풀이②**]
Q : 토출량=방사량[m^3/s]	→ $Q = Q_① + Q_②$ (**조건⑤, 배관송액량 제외하고 토출량 계산**) $= (Q_A \times A) + (N \times 400)$ [**풀이①**]
η : 전효율 ($\eta_{전효율} = \eta_{수력효율} \times \eta_{체적효율} \times \eta_{기계효율}$)	→ 0.65 (**조건③**)
K : 전달계수	→ 1.1 (**조건③**)

① **토출량(Q)**

$$Q = Q_1 + Q_2$$

여기서, Q : 가압송수장치의 분당 토출량[l/min]
Q_1 : 고정포방출구의 분당 토출량[l/min]
Q_2 : 보조포소화전의 분당 토출량[l/min]

→ **토출량 :** $Q = Q_① + Q_② = (A \times Q_A) + (N \times 400)$

$$= \left\{\frac{\pi}{4} \times 10^2\text{m}^2 \times 4l/\text{min} \cdot \text{m}^2\right\} + (3 \times 400l/\text{min})$$

$$= 1,514.159l/\text{min}$$

② 전양정(H)

$H=h_1+h_2+h_3+h_4$	전양정(펌프방식)
H : 전양정[m]	→ $H=h_1+h_2+h_3+h_4$
h_1 : 헤드의 방사압력환산수두[m]	→ $\frac{0.3\text{MPa}}{0.101325\text{MPa}}\times 10.332\text{m}$ (그림, 폼챔버 방사압력 0.3MPa)
h_2 : 배관 및 관부속품의 마찰손실수두[m] h_3 : 낙차[m] (=흡입양정+토출양정)	→ $h_2+h_3=55\text{m}$ (조건①)
h_4 : 소방호스의 마찰손실수두[m]	→ 주어지지 않았으므로 고려하지 않음

→ **펌프의 최소양정** : $H=h_1+h_2+h_3+h_4$

$$=\left(\frac{0.3\text{MPa}}{0.101325\text{MPa}}\times 10.332\text{m}\right)+55\text{m}$$

$$=85.590\text{m} \fallingdotseq \mathbf{85.59m}$$

③ **펌프의 동력** : $P=\frac{\gamma HQ}{\eta}\times K=\frac{9.8\text{kN/m}^3\times 85.59\text{m}\times \frac{1.514159}{60}\text{m}^3/\text{s}}{0.65}\times 1.1=35.821\text{kW}$

$\therefore\ P=\mathbf{35.82kW}$

🔥🔥🔥

10 옥외저장탱크에 포소화설비를 설치하려고 한다. 그림 및 조건을 참고하여 다음 각 물음에 답하시오.

배점 : 14 [12년]

[조건]

① 탱크 용량 및 형태
- 원유저장탱크=플루팅루프탱크(부상지붕구조)이며 탱크 내측면과 굽도리판 사이의 거리는 0.6m이다.
- 등유저장탱크=콘루프탱크

② 고정포방출구
- 원유저장탱크=특형이며, 방출구의 수는 2개이다.
- 등유저장탱크=Ⅰ형이며, 방출구의 수는 2개이다.

③ 포소화약제의 종류 : 단백포 3%

④ 보조포소화전=4개 설치

⑤ 고정포방출구의 방출량 및 방사시간

포방출구의 종류 / 방출량 및 방사시간	Ⅰ형	Ⅱ형	특형
방출량[l/min·m²]	4	4	8
방사시간[분]	30	55	30

⑥ 구간별 배관길이

배관번호	①	②	③	④	⑤	⑥
배관길이[m]	20	10	10	50	50	100

⑦ 송액관 내의 유속은 3m/s이다.

⑧ 탱크 2대에서의 동시 화재는 없는 것으로 간주한다.

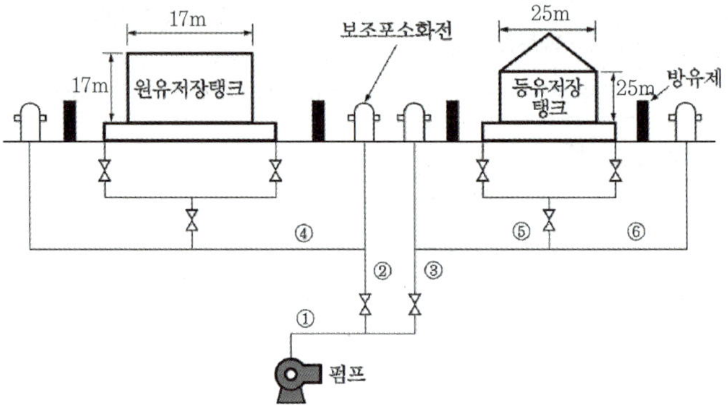

(1) 각 탱크에 필요한 포수용액의 양 [l/min]을 구하시오.

(2) 보조포소화전에 필요한 포수용액의 양 [l/min]을 구하시오.

(3) 각 탱크에 필요한 소화약제의 양 [l]을 구하시오.

(4) 보조포소화전에 필요한 소화약제의 양 [l]을 구하시오.

(5) 각 번호별 송액관의 구경 [mm]을 구하시오.

(6) 송액관에 필요한 포소화약제의 양 [l]을 구하시오.

(7) 포소화설비에 필요한 소화약제의 총량 [l]을 구하시오.

• **실전모범답안**

(1) ① 원유 : $Q = A \times Q_A = \frac{\pi}{4} \times \{17^2 - (17-1.2)^2 \times 8 = 247.306 l/\text{min}$

② 등유 : $Q = A \times Q_A = \frac{\pi}{4} \times 25^2 \times 4 = 1{,}963.495 l/\text{min}$

• **답** : ① 247.31l/min ② 1,963.5l/min

(2) $Q = N \times 400 = 3 \times 400 = 1{,}200 l/\text{min}$

• **답** : 1,200l/min

(3) ① 원유 : $Q = A \times Q_A \times T \times S = \frac{\pi}{4} \times \{17^2 - (17-1.2)^2\} \times 8 \times 30 \times 0.03 = 222.575 l$

② 등유 : $Q = A \times Q_A \times T \times S = \frac{\pi}{4} \times 25^2 \times 4 \times 30 \times 0.03 = 1{,}767.145 l$

• **답** : ① 222.58l ② 1,767.15l

(4) $Q = N \times 8{,}000 \times S = 3 \times 8{,}000 \times 0.03 = 720 l$

• **답** : 720l

(5) ① $d_{①} = \sqrt{\frac{4Q}{3\pi}} = \sqrt{\frac{4 \times 3.1635}{3\pi \times 60}} = 0.14959\text{m} = 149.59\text{mm}$

→ $Q = 1{,}963.5 + (400 \times 3) = 3{,}163.5 l/\text{min}$

② $d_② = \sqrt{\frac{4Q}{3\pi}} = \sqrt{\frac{4\times1.44731}{3\pi\times60}}$ =0.10118m=101.18mm

→ Q=247.31+(400×3)=1,447.31l/min

③ $d_③ = \sqrt{\frac{4Q}{3\pi}} = \sqrt{\frac{4\times3.1635}{3\pi\times60}}$ =0.14959m=149.59mm

→ Q=1,963.5+(400×3)=3,163.5l/min

④ $d_④ = \sqrt{\frac{4Q}{3\pi}} = \sqrt{\frac{4\times1.04731}{3\pi\times60}}$ =0.086070m=86.07mm

→ Q=247.31+(400×2)=1,047.31l/min

⑤ $d_⑤ = \sqrt{\frac{4Q}{3\pi}} = \sqrt{\frac{4\times2.7635}{3\pi\times60}}$ =0.139813m=139.813mm

→ Q=1,963.5+(400×2)=2,763.5l/min

⑥ $d_⑥ = \sqrt{\frac{4Q}{3\pi}} = \sqrt{\frac{4\times0.8}{3\pi\times60}}$ =0.075225m=75.225mm

→ Q=400×2=800l/min

• **답 :** ① 호칭구경 150mm 선정 ② 호칭구경 125mm 선정 ③ 호칭구경 150mm 선정
④ 호칭구경 90mm 선정 ⑤ 호칭구경 150mm 선정 ⑥ 호칭구경 80mm 선정

(6) $$Q_③ = \left\{\left(\frac{\pi}{4}\times0.15^2\times20\right)+\left(\frac{\pi}{4}\times0.125^2\times10\right)+\left(\frac{\pi}{4}\times0.15^2\times10\right)+\left(\frac{\pi}{4}\times0.09^2\times50\right)+\left(\frac{\pi}{4}\times0.15^2\times50\right)+\left(\frac{\pi}{4}\times0.08^2\times100\right)\right\}\times0.03\times1{,}000=70.715l$$

• **답 :** 70.72l

(7) $Q = Q_① + Q_② + Q_③$ =1,767.15+720+70.72=2,557.87l

• **답 :** 2,557.87l

상세해설

(1) 각 탱크에 필요한 포수용액의 양[l/min]

$Q_① = A\times Q_A$ (암어)	포수용액의 양(고정포방출구)
$Q_①$: 포수용액의 양[l/min]	→ $Q_① = A\times Q_A$
A : 탱크의 액표면적$\left(\frac{\pi}{4}D^2[\text{m}^2]\right)$	→ • 원유저장탱크 : $\frac{\pi}{4}\times\{17^2-(17-1.2)^2\}\text{m}^2$ • 등유저장탱크 : $\frac{\pi}{4}\times25^2\text{m}^2$
Q_A : 바닥면적 1m²에 따른 분당 방사량 [l/min·m²]	→ • 원유저장탱크 : $8l/\text{m}^2\cdot\text{min}$ (조건②, 특형 방출구) • 등유저장탱크 : $4l/\text{m}^2\cdot\text{min}$ (조건②, Ⅰ형 방출구)

포방출구의 종류 / 방출량 및 방사시간	Ⅰ형	Ⅱ형	특형
방출량[l/min·m²]	4	4	8
방사시간[분]	30	55	30

① **원유저장탱크의 고정포방출구 포수용액의 양($Q_①$)**

$= A \times Q_A = \frac{\pi}{4} \times \{17^2 - (17-1.2)^2\}\text{m}^2 \times 8l/\text{min}\cdot\text{m}^2$

$= 247.306l/\text{min} ≒ \mathbf{247.31}\,l/\text{min}$

② **등유저장탱크의 고정포방출구 포수용액의 양($Q_①$)**

$= A \times Q_A = \frac{\pi}{4} \times 25^2\text{m}^2 \times 4l/\text{min}\cdot\text{m}^2$

$= 1{,}963.495l/\text{min} ≒ \mathbf{1{,}963.5}\,l/\text{min}$

참고 플로팅루프탱크(FRT)의 액표면적

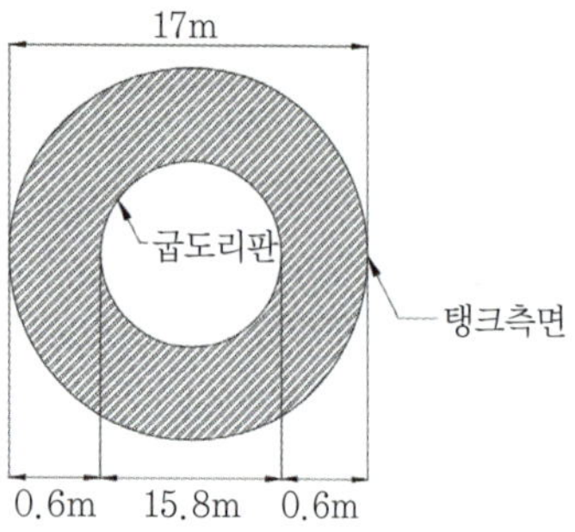

| 탱크의 액표면적 *A* |

플로팅루프탱크(부상지붕구조)의 경우 포소화약제가 탱크의 측판과 굽도리판 사이에만 방출되므로 그림의 음영부분 즉, 굽도리판 간격(0.6m)만 고려한다.

➜ **탱크의 액표면적** : $A = \frac{\pi}{4} \times \{17^2 - (17-1.2)^2\}\text{m}^2$

$= \frac{\pi}{4} \times (17^2 - 15.8^2)\text{m}^2$

$= 30.913\text{m}^2 ≒ \mathbf{30.91m^2}$

(2) 보조포소화전에 필요한 포수용액의 양[l/min]

$Q_② = N \times 400l/\text{min}$	포수용액의 양(보조포소화전)
$Q_②$: 포수용액의 양[l/min]	➜ $Q_② = N \times 400l/\text{min}$
N : 호스접결구의 수 **(최대 3개)**	➜ 3 **(조건④, 최대 3개 적용)**

➜ **보조포소화전 포수용액의 양** : $Q_② = N \times 400l/\text{min} = 3 \times 400l/\text{min} = \mathbf{1{,}200}\,l/\text{min}$

주의 必 호스접결구의 수

※ **쌍구형인지, 단구형인지 그림을 정확히 확인하자!**

- 조건④에 따라 보조포소화전이 4개 설치되어 있으며, 문제의 그림에서 보조포소화전이 **쌍구형**이므로 호스접결구의 수는 8개이다.
- 호스접결구의 수는 최대 3개이므로 $\mathbf{N=3}$이다.

(3) 각 탱크에 필요한 소화약제의 양[l]

$Q_{①} = A \times Q_A \times T \times S$ (악어떼들)	포소화약제의 양(고정포방출구)
$Q_{①}$: 포소화약제의 양[l]	→ $Q_{①} = A \times Q_A \times T \times S$
A : 탱크의 액표면적$\left(\frac{\pi}{4}D^2[\text{m}^2]\right)$	→ • 원유저장탱크 : $\frac{\pi}{4} \times \{17^2 - (17-1.2)^2\}\text{m}^2$ • 등유저장탱크 : $\frac{\pi}{4} \times 25^2\text{m}^2$
Q_A : 바닥면적 1m^2에 따른 분당 방사량 [$l/\text{min} \cdot \text{m}^2$]	→ • 원유저장탱크 : $8l/\text{m}^2 \cdot \text{min}$ (조건②, 특형 방출구) • 등유저장탱크 : $4l/\text{m}^2 \cdot \text{min}$ (조건②, Ⅰ형 방출구)
T : 방출시간[min]	→ • 원유저장탱크 : 30min • 등유저장탱크 : 30min
S : 포소화약제의 사용농도[%]	→ 0.03 (조건③, 3% 단백포)

① **원유저장탱크의 포소화약제의 양**$= A \times Q_A \times T \times S$

$$= \frac{\pi}{4} \times \{17^2 - (17-1.2)^2\}\text{m}^2 \times 8l/\text{min} \cdot \text{m}^2 \times 30\text{min} \times 0.03$$

$$= 222.575l \fallingdotseq \mathbf{222.58}l$$

② **등유저장탱크의 포소화약제의 양**$= A \times Q_A \times T \times S = \frac{\pi}{4} \times 25^2\text{m}^2 \times 4l/\text{min} \cdot \text{m}^2 \times 30\text{min} \times 0.03$

$$= 1{,}767.145l \fallingdotseq \mathbf{1{,}767.15}l$$

(4) 보조포소화전에 필요한 소화약제의 양[l]

$Q_{②} = N \times 8{,}000l \times S$	포소화약제의 양(보조포소화전)
$Q_{②}$: 포소화약제의 양[l]	→ $Q_{②} = N \times 8{,}000l \times S$
N : 호스접결구의 수 (최대 3개)	→ 3 (조건④, 최대 3개 적용)
S : 포소화약제의 사용농도[%]	→ 0.03 (조건③, 3% 단백포)

→ **보조포소화전 포소화약제의 양 :** $Q_{②} = N \times 8{,}000 \times S = 3 \times 8{,}000 \times 0.03 = \mathbf{720}l$

(5) 각 번호별 송액관의 구경[mm]

$Q = AV = \frac{\pi}{4}D^2V$	체적유량
Q : 유량[m^3/s]	→ 각 배관의 연결상태에 따른 최대 포수용액의 양
A : 배관단면적$\left(\frac{\pi}{4}D^2[\text{m}^2]\right)$	→ $D = \sqrt{\frac{4Q}{\pi \times 3\text{m/s}}} = \sqrt{\frac{4Q}{3\pi}}$
V : 유속[m/s]	→ 3m/s (조건⑦)

<table>
<tr><th>송액관의 연결상태</th><th>원유저장탱크 (247.31l/min)</th><th>등유저장탱크 (1,963.5l/min)</th><th>호스접결구의 개수 (400l/min, 최대 3개)</th></tr>
<tr><td rowspan="2">배관번호 ①</td><td>●(①→②→④)</td><td>●(①→③→⑤→⑥)</td><td>8개</td></tr>
<tr><td colspan="3">• 유량 $Q=1{,}963.5l/\text{min}+(400l/\text{min}\times 3)=\mathbf{3{,}163.5}\,\boldsymbol{l}\mathbf{/min}$ (각 탱크 중 큰 값 적용)
• 송액관의 구경($d_{①}$)
$d_{①}=\sqrt{\dfrac{4Q}{3\pi}}=\sqrt{\dfrac{4\times 3.1635\,\text{m}^3/\text{s}}{3\pi\times 60}}=0.14959\text{m}=149.59\text{mm}$ ∴ 호칭구경 **150mm** 선정</td></tr>
<tr><td rowspan="2">배관번호 ②</td><td>●(①→②→④)</td><td>○</td><td>4개</td></tr>
<tr><td colspan="3">• 유량 $Q=247.31l/\text{min}+(400l/\text{min}\times 3)=\mathbf{1{,}447.31}\,\boldsymbol{l}\mathbf{/min}$
• 송액관의 구경($d_{②}$)
$d_{②}=\sqrt{\dfrac{4Q}{3\pi}}=\sqrt{\dfrac{4\times 1.44731\,\text{m}^3/\text{s}}{3\pi\times 60}}=0.10118\text{m}=101.18\text{mm}$
∴ 호칭구경 **125mm** 선정</td></tr>
<tr><td rowspan="2">배관번호 ③</td><td>○</td><td>●(①→③→⑤→⑥)</td><td>4개</td></tr>
<tr><td colspan="3">• 유량 $Q=1{,}963.5l/\text{min}+(400l/\text{min}\times 3)=\mathbf{3{,}163.5}\,\boldsymbol{l}\mathbf{/min}$
• 송액관의 구경($d_{③}$)
$d_{③}=\sqrt{\dfrac{4Q}{3\pi}}=\sqrt{\dfrac{4\times 3.1635\,\text{m}^3/\text{s}}{3\pi\times 60}}=0.14959\text{m}=149.59\text{mm}$ ∴ 호칭구경 **150mm** 선정</td></tr>
<tr><td rowspan="2">배관번호 ④</td><td>●(①→②→④)</td><td>○</td><td>2개</td></tr>
<tr><td colspan="3">• 유량 $Q=247.31l/\text{min}+(400l/\text{min}\times 2)=\mathbf{1{,}047.31}\,\boldsymbol{l}\mathbf{/min}$
• 송액관의 구경($d_{④}$)
$d_{④}=\sqrt{\dfrac{4Q}{3\pi}}=\sqrt{\dfrac{4\times 1.04731\,\text{m}^3/\text{s}}{3\pi\times 60}}=0.086070\text{m}=86.07\text{mm}$ ∴ 호칭구경 **90mm** 선정</td></tr>
<tr><td rowspan="2">배관번호 ⑤</td><td>○</td><td>●(①→③→⑤→⑥)</td><td>2개</td></tr>
<tr><td colspan="3">• 유량 $Q=1{,}963.5l/\text{min}+(400l/\text{min}\times 2)=\mathbf{2{,}763.5}\,\boldsymbol{l}\mathbf{/min}$
• 송액관의 구경($d_{⑤}$)
$d_{⑤}=\sqrt{\dfrac{4Q}{3\pi}}=\sqrt{\dfrac{4\times 2.7635\,\text{m}^3/\text{s}}{3\pi\times 60}}=0.139813\text{m}=139.813\text{mm}$
∴ 호칭구경 **150mm** 선정</td></tr>
<tr><td rowspan="2">배관번호 ⑥</td><td>○</td><td>○</td><td>2개</td></tr>
<tr><td colspan="3">• 유량 $Q=400l/\text{min}\times 2=\mathbf{800}\,\boldsymbol{l}\mathbf{/min}$
• 송액관의 구경($d_{⑥}$)
$d_{⑥}=\sqrt{\dfrac{4Q}{3\pi}}=\sqrt{\dfrac{4\times 0.8\,\text{m}^3/\text{s}}{3\pi\times 60}}=0.075225\text{m}=75.225\text{mm}$ ∴ 호칭구경 **80mm** 선정</td></tr>
</table>

● = 연결상태 / ○ = 미연결상태

(6) **송액관에 필요한 포소화약제의 양[l] ➜ 배관의 내경 75mm 초과 시 적용**

> 송액관에 필요한 포소화약제의 양($Q_{③}$)
> = 송액관 배관번호 ①~⑥의 포소화약제량의 합
> $=(A_{①}L_{①}+A_{②}L_{②}+A_{③}L_{③}+A_{④}L_{④}+A_{⑤}L_{⑤}+A_{⑥}L_{⑥})\times S\times 1{,}000l/\text{m}^3$

송액관의 구경과 길이는 다음과 같으며, 또한 소화약제의 농도는 $S=0.03$이므로 송액관에 필요한 포소화약제의 양[l]은,

배관번호	①	②	③	④	⑤	⑥
송액관의 구경 d[m]	0.15	0.125	0.15	0.09	0.15	0.08
배관길이 l[m]	20	10	10	50	50	100

→ $Q_{③}=\left\{\left(\frac{\pi}{4}\times 0.15^2\text{m}^2\times 20\text{m}\right)+\left(\frac{\pi}{4}\times 0.125^2\text{m}^2\times 10\text{m}\right)+\left(\frac{\pi}{4}\times 0.15^2\text{m}^2\times 10\text{m}\right)\right.$

$\left.+\left(\frac{\pi}{4}\times 0.09^2\text{m}^2\times 50\text{m}\right)+\left(\frac{\pi}{4}\times 0.15^2\text{m}^2\times 50\text{m}\right)+\left(\frac{\pi}{4}\times 0.08^2\text{m}^2\times 100\text{m}\right)\right\}$

$\times 0.03\times 1{,}000\,l/\text{m}^3$

$=70.715\,l \fallingdotseq \mathbf{70.72}\,l$

(7) 포소화설비에 필요한 소화약제의 총량[l]

$Q=Q_{①}+Q_{②}+Q_{③}$	포소화약제의 총량
Q : 포소화약제의 총량[l]	→ $Q=Q_{①}+Q_{②}+Q_{③}$
$Q_{①}$: 고정포방출구의 포소화약제의 양[l]	→ 1,767.15l [문제(3), 큰 값, 등유저장탱크 적용]
$Q_{②}$: 보조포소화전의 포소화약제의 양[l]	→ 720l [문제(4)]
$Q_{③}$: 송액관의 포소화약제의 양[l]	→ 70.72l [문제(6)]

→ 소화약제의 총량 : $Q=Q_{①}+Q_{②}+Q_{③}=1{,}767.15\,l+720\,l+70.72\,l=\mathbf{2{,}557.87}\,l$

11 다음은 위험물 옥외저장탱크에 포소화설비를 설치한 도면이다. 도면 및 주어진 조건을 참조하여 각 물음에 답하시오.

배점 : 14 [17년] [18년]

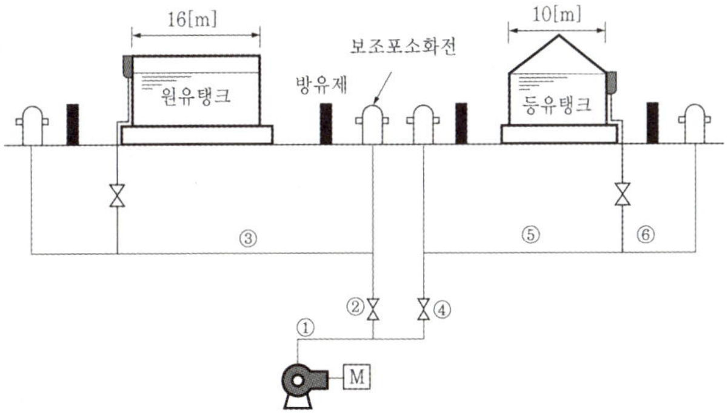

[조건]

① 원유저장탱크는 플루팅루프탱크이며 탱크 직경은 16m, 탱크 내 측면과 굽도리판 사이의 거리는 0.6m, 특형 방출구수는 2개이다.

② 등유저장탱크는 콘루프탱크이며 탱크 직경은 10m, Ⅱ형 방출구수는 2개이다.

③ 포소화약제는 3%형 단백포이다.

④ 각 탱크별 포수용액의 방수량 및 방사시간은 다음과 같다.

구 분	원유저장탱크	등유저장탱크
방수량	$8l/\text{min}\cdot\text{m}^2$	$4l/\text{min}\cdot\text{m}^2$
방사시간	30분	30분

⑤ 보조포소화전=4개
⑥ 구간별 배관의 길이는 다음과 같다.

배관번호	①	②	③	④	⑤	⑥
배관길이[m]	20	10	50	100	20	150

⑦ 송액관의 내경산출은 $D[\text{mm}] = 2.66\sqrt{Q[l/\text{min}]}$ 공식을 이용한다.
⑧ 송액관 내의 유속은 3m/s로 한다.
⑨ 화재는 저장탱크 2개에서 동시에 발생하는 경우는 없는 것으로 간주한다.

(1) 각 옥외저장탱크에 필요한 포수용액의 양 [l/min]을 구하시오.
(2) 각 옥외저장탱크에 필요한 포원액의 양 [l]을 구하시오.
(3) 보조포소화전에 필요한 포수용액의 양 [l/min]을 구하시오.
(4) 보조포소화전에 필요한 포원액의 양 [l]을 구하시오.
(5) 각 번호별 송액관의 구경 [mm]을 구하시오.
(6) 송액관에 필요한 포소화약제의 양 [l]을 구하시오.
(7) 포소화설비에 필요한 포소화약제의 양 [l]을 구하시오.

• **실전모범답안**

(1) ① 원유 : $Q = A \times Q_A = \frac{\pi}{4} \times \{16^2 - (16-1.2)^2\} \times 8 = 232.226l/\text{min}$

② 등유 : $Q = A \times Q_A = \frac{\pi}{4} \times 10^2 \times 4 = 314.159l/\text{min}$

• **답 :** ① 232.23l/min ② 314.16l/min

(2) ① 원유 : $Q = A \times Q_A \times T \times S = \frac{\pi}{4} \times \{16^2 - (16-1.2)^2\} \times 8 \times 30 \times 0.03 = 209.003l$

② 등유 : $Q = A \times Q_A \times T \times S = \frac{\pi}{4} \times 10^2 \times 4 \times 30 \times 0.03 = 282.743l$

• **답 :** ① 209l ② 282.74l

(3) $Q = N \times 400 = 3 \times 400 = 1{,}200l/\text{min}$

• **답 :** 1,200l/min

(4) $Q = N \times 8{,}000 \times S = 3 \times 8{,}000 \times 0.03 = 720l$

• **답 :** 720l

(5) ① $D_{①} = 2.66\sqrt{1{,}514.16} = 103.506\text{mm}$

② $D_{②} = 2.66\sqrt{1{,}432.23} = 100.667\text{mm}$

③ $D_{③} = 2.66\sqrt{1{,}032.23} = 85.461\text{mm}$

④ $D_{④} = 2.66\sqrt{1{,}514.16} = 103.506\text{mm}$

⑤ $D_{⑤} = 2.66\sqrt{1{,}114.16} = 88.788\text{mm}$

⑥ $D_{⑥} = 2.66\sqrt{800} = 75.236\text{mm}$

• **답 :** ① 호칭경 125mm 선정 ② 호칭경 125mm 선정 ③ 호칭경 90mm 선정
④ 호칭경 125mm 선정 ⑤ 호칭경 90mm 선정 ⑥ 호칭경 80mm 선정

(6) $Q_{③} = \left\{\left(\frac{\pi}{4} \times 0.125^2 \times 20\right) + \left(\frac{\pi}{4} \times 0.125^2 \times 10\right) + \left(\frac{\pi}{4} \times 0.09^2 \times 50\right) + \left(\frac{\pi}{4} \times 0.125^2 \times 100\right) + \left(\frac{\pi}{4} \times 0.09^2 \times 20\right) + \left(\frac{\pi}{4} \times 0.08^2 \times 150\right)\right\} \times 0.03 \times 1{,}000 = 83.839l$

• **답 :** 83.84l

(7) $Q = Q_{①} + Q_{②} + Q_{③} = 282.74 + 720 + 83.84 = 1,086.58l$

• **답 :** 1,086.58l

상세해설

(1) 각 옥외저장탱크에 필요한 포수용액의 양[l/min]

$Q_{①} = A \times Q_A$ (암어)		포수용액의 양(고정포방출구)
$Q_{①}$: 포수용액의 양[l]	→	$Q_{①} = A \times Q_A$
A : 탱크의 액표면적$\left(\frac{\pi}{4}D^2[\text{m}^2]\right)$	→	• 원유저장탱크 : $\frac{\pi}{4} \times \{16^2 - (16-1.2)^2\}\text{m}^2$ (조건①) • 등유저장탱크 : $\frac{\pi}{4} \times 10^2\text{m}^2$ (조건②)
Q_A : 바닥면적 1m²에 따른 분당 방사량 [l/min·m²]	→	• 원유저장탱크 : $8l/\text{m}^2 \cdot \text{min}$ (조건④, 특형 방출구) • 등유저장탱크 : $4l/\text{m}^2 \cdot \text{min}$ (조건④, Ⅱ형 방출구)

포방출구의 종류 / 방출량 및 방사시간	Ⅰ형	Ⅱ형	특형
방출량[l/min·m²]	4	4	8
방사시간[분]	30	55	30

① 원유저장탱크의 고정포방출구 포수용액의 양($Q_{①}$)

$$= A \times Q_A = \frac{\pi}{4} \times \{16^2 - (16-1.2)^2\}\text{m}^2 \times 8l/\text{min} \cdot \text{m}^2$$

$$= 232.226l/\text{min} \fallingdotseq \mathbf{232.23}\,l/\text{min}$$

② 등유저장탱크의 고정포방출구 포수용액의 양($Q_{①}$)

$$= A \times Q_A = \frac{\pi}{4} \times 10^2\text{m}^2 \times 4l/\text{min} \cdot \text{m}^2$$

$$= 314.159l/\text{min} \fallingdotseq \mathbf{314.16}\,l/\text{min}$$

참고 | 플로팅루프탱크(FRT)의 액표면적

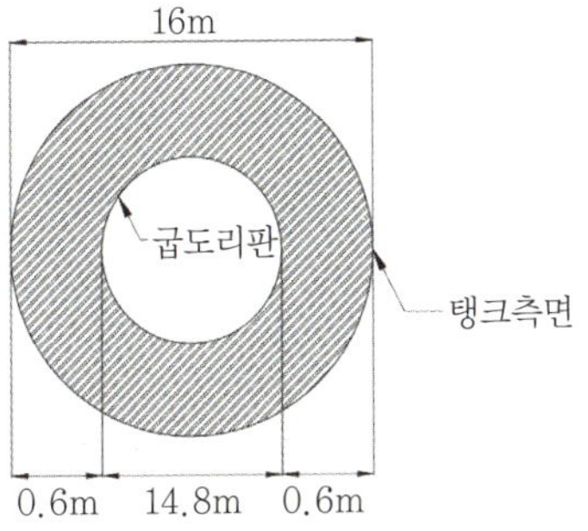

| 탱크의 액표면적 A |

플로팅루프탱크(부상지붕구조)의 경우 포소화약제가 탱크의 측판과 굽도리판 사이에만 방출되므로 그림의 음영부분 즉, 굽도리판 간격(0.6m)만 고려한다.

→ **탱크의 액표면적 :** $A = \frac{\pi}{4} \times \{16^2 - (16-1.2)^2\}\text{m}^2$

$$= \frac{\pi}{4} \times (16^2 - 14.8^2)\text{m}^2$$

$$= 29.028\text{m}^2 \fallingdotseq \mathbf{29.03}\text{m}^2$$

(2) 각 옥외저장탱크에 필요한 포원액의 양[l]

$Q_{①} = A \times Q_A \times T \times S$ (악어떼들)	포소화약제의 양(고정포방출구)
$Q_{①}$: 포소화약제의 양[l]	➜ $Q_{①} = A \times Q_A \times T \times S$
A : 탱크의 액표면적$\left(\frac{\pi}{4}D^2[\text{m}^2]\right)$	➜ • 원유저장탱크 : $\frac{\pi}{4} \times \{16^2 - (16-1.2)^2\}\text{m}^2$ (조건①) • 등유저장탱크 : $\frac{\pi}{4} \times 10^2\text{m}^2$ (조건②)
Q_A : 바닥면적 1m²에 따른 분당 방사량 [l/min·m²]	➜ • 원유저장탱크 : $8l/\text{m}^2 \cdot \text{min}$ (조건④, 특형 방출구) • 등유저장탱크 : $4l/\text{m}^2 \cdot \text{min}$ (조건④, Ⅱ형 방출구)
T : 방출시간[min]	➜ • 원유저장탱크 : 30min (조건④) • 등유저장탱크 : 30min (조건④)
S : 포소화약제의 사용농도[%]	➜ 0.03 (조건③, 3% 단백포)

① **원유저장탱크의 포소화약제의 양** $= A \times Q_A \times T \times S$

$$= \frac{\pi}{4} \times \{16^2 - (16-1.2)^2\}\text{m}^2 \times 8l/\text{min} \cdot \text{m}^2 \times 30\text{min} \times 0.03$$

$$= 209.003l \fallingdotseq \mathbf{209.00}l$$

② **등유저장탱크의 포소화약제의 양** $= A \times Q_A \times T \times S = \frac{\pi}{4} \times 10^2\text{m}^2 \times 4l/\text{min} \cdot \text{m}^2 \times 30\text{min} \times 0.03$

$$= 282.743l \fallingdotseq \mathbf{282.74}l$$

(3) 보조포소화전에 필요한 포수용액의 양[l/min]

$Q_{②} = N \times 400l/\text{min}$	포수용액의 양(보조포소화전)
$Q_{②}$: 포수용액의 양[l/min]	➜ $Q_{②} = N \times 400l/\text{min}$
N : 호스접결구의 수 (최대 3개)	➜ 3 (조건⑤, 최대 3개 적용)

➜ **보조포소화전 포수용액의 양** : $Q_{②} = N \times 400l/\text{min} = 3 \times 400l/\text{min} = \mathbf{1{,}200}l/\text{min}$

(4) 보조포소화전에 필요한 포원액의 양[l]

$Q_{②} = N \times 8{,}000l \times S$	포소화약제의 양(보조포소화전)
$Q_{②}$: 포소화약제의 양[l]	➜ $Q_{②} = N \times 8{,}000l \times S$
N : 호스접결구의 수(최대 3개)	➜ 3 (조건⑤, 최대 3개 적용)
S : 포소화약제의 사용농도[%]	➜ 0.03 (조건③, 3% 단백포)

➜ **보조포소화전 포소화약제의 양** : $Q_{②} = N \times 8{,}000 \times S = 3 \times 8{,}000 \times 0.03 = \mathbf{720}l$

(5) 각 번호별 송액관의 구경[mm]

$$D = 2.66\sqrt{Q}$$

여기서, D : 송액관의 구경[mm]
Q : 유량[l/min]

송액관의 연결상태	원유저장탱크 (232.23l/min)	등유저장탱크 (314.16l/min)	호스접결구의 개수 (400l/min, 최대 3개)
배관번호 ①	●(①→②→③)	●(①→④→⑤→⑥)	8개
	• 유량 : $Q=314.16l/\text{min}+(400l/\text{min}\times 3)=\mathbf{1{,}514.16}l/\text{min}$ (각 탱크 중 큰 값 적용) • 송액관의 구경 : $D_{①}=2.66\sqrt{1{,}514.16l/\text{min}}=103.506\text{mm}$ ∴ 호칭구경 **125mm** 선정		
배관번호 ②	●(①→②→③)	○	4개
	• 유량 : $Q=232.23l/\text{min}+(400l/\text{min}\times 3)=\mathbf{1{,}432.23}l/\text{min}$ • 송액관의 구경 : $D_{②}=2.66\sqrt{1{,}432.23l/\text{min}}=100.667\text{mm}$ ∴ 호칭구경 **125mm** 선정		
배관번호 ③	●(①→②→③)	○	2개
	• 유량 : $Q=232.23l/\text{min}+(400l/\text{min}\times 2)=\mathbf{1{,}032.23}l/\text{min}$ • 송액관의 구경 : $D_{③}=2.66\sqrt{1{,}032.23l/\text{min}}=85.461\text{mm}$ ∴ 호칭구경 **90mm** 선정		
배관번호 ④	○	●(①→④→⑤→⑥)	4개
	• 유량 : $Q=314.16l/\text{min}+(400l/\text{min}\times 3)=\mathbf{1{,}514.16}l/\text{min}$ • 송액관의 구경 : $D_{④}=2.66\sqrt{1{,}514.16l/\text{min}}=103.506\text{mm}$ ∴ 호칭구경 **125mm** 선정		
배관번호 ⑤	○	●(①→④→⑤→⑥)	2개
	• 유량 : $Q=314.16l/\text{min}+(400l/\text{min}\times 2)=\mathbf{1{,}114.16}l/\text{min}$ • 송액관의 구경 : $D_{⑤}=2.66\sqrt{1{,}114.16l/\text{min}}=88.788\text{mm}$ ∴ 호칭구경 **90mm** 선정		
배관번호 ⑥	○	○	2개
	• 유량 : $Q=400l/\text{min}\times 2=\mathbf{800}l/\text{min}$ • 송액관의 구경 : $D_{⑥}=2.66\sqrt{800l/\text{min}}=75.236\text{mm}$ ∴ 호칭구경 **80mm** 선정		

● = 연결상태 / ○ = 미연결상태

(6) 송액관에 필요한 포소화약제의 양[l] ➜ 배관의 내경 75mm 초과 시 적용

송액관에 필요한 포소화약제의 양

$Q_{③}$ = 송액관 배관번호①~⑥의 포소화약제량의 합

$$=(A_{①}L_{①}+A_{②}L_{②}+A_{③}L_{③}+A_{④}L_{④}+A_{⑤}L_{⑤}+A_{⑥}L_{⑥})\times S\times 1{,}000l/\text{m}^3$$

송액관의 구경과 길이는 다음과 같고, 소화약제의 농도는 $S=0.03$이므로 송액관에 필요한 포소화약제의 양[l]

배관번호	①	②	③	④	⑤	⑥
송액관의 구경 d[m]	0.125	0.125	0.09	0.125	0.09	0.08
배관길이 l[m]	20	10	50	100	20	150

$$\rightarrow Q_{③}=\left\{\left(\frac{\pi}{4}\times 0.125^2\text{m}^2\times 20\text{m}\right)+\left(\frac{\pi}{4}\times 0.125^2\text{m}^2\times 10\text{m}\right)+\left(\frac{\pi}{4}\times 0.09^2\text{m}^2\times 50\text{m}\right)+\left(\frac{\pi}{4}\times 0.125^2\text{m}^2\times 100\text{m}\right)+\left(\frac{\pi}{4}\times 0.09^2\text{m}^2\times 20\text{m}\right)+\left(\frac{\pi}{4}\times 0.08^2\text{m}^2\times 150\text{m}\right)\right\}\times 0.03\times 1{,}000l/\text{m}^3$$

$$=83.839l \fallingdotseq \mathbf{83.84}l$$

(7) 포소화설비에 필요한 소화약제의 총량[l]

$Q = Q_① + Q_② + Q_③$	포소화약제의 총량
Q : 포소화약제의 총량[l]	➜ $Q = Q_① + Q_② + Q_③$
$Q_①$: 고정포방출구의 포소화약제의 양[l]	➜ $282.74l$ [문제(2), 큰 값, 등유저장탱크 적용]
$Q_②$: 보조포소화전의 포소화약제의 양[l]	➜ $720l$ [문제(4)]
$Q_③$: 송액관의 포소화약제의 양[l]	➜ $83.84l$ [문제(6)]

➜ **소화약제의 총량 : $Q = Q_① + Q_② + Q_③ = 282.74l + 720l + 83.84l = 1{,}086.58l$**

12 **다음과 같이 휘발유탱크 1기와 경유탱크 1기를 1개를 방유제에 설치하는 옥외탱크저장소에 대하여 각 물음에 답하시오.**

배점 : 20 [10년] [22년] [23년]

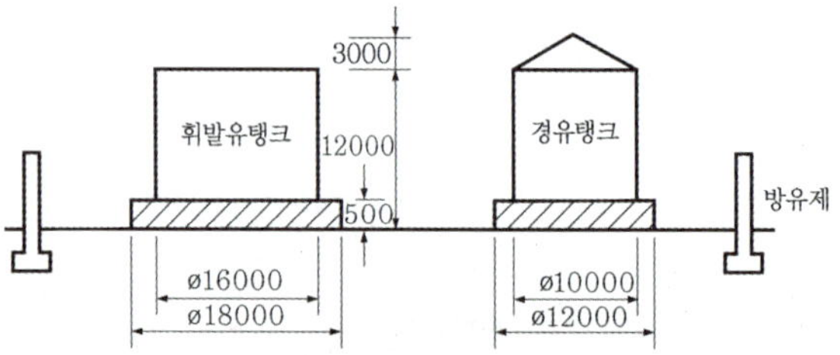

[조건]

① 탱크 용량 및 형태
- 휘발유탱크=2,000m^3(지정수량의 20,000배) 부상지붕구조의 플루팅루프탱크(탱크 내측면과 굽도리판 사이의 거리는 0.8m이다.)

② 고정포방출구
- 경유탱크=Ⅱ형, 휘발유탱크 : 설계자가 선정하도록 한다.

③ 포소화약제의 종류=수성막포 3%

④ 보조포소화전=쌍구형×2개 설치

⑤ 포소화약제의 저장탱크의 종류=700l, 750l, 800l, 900l, 1,000l, 1,200l(단, 포저장탱크의 용량은 포소화약제의 저장량을 말한다.)

⑥ 화재는 저장탱크 2개에서 동시에 발생하는 경우는 없는 것으로 간주한다.

⑦ 참고 법규

1) 옥외탱크저장소의 보유공지

저장 또는 취급하는 위험물의 최대수량	공지의 너비
지정수량의 500배 이하	3m 이상
지정수량의 501~1,000배 이하	5m 이상
지정수량의 1,001~2,000배 이하	9m 이상
지정수량의 2,001~3,000배 이하	12m 이상
지정수량의 3,001~4,000배 이하	15m 이상
지정수량의 4,000배 초과	해당 탱크의 수평단면의 최대지름(횡형인 경우에는 긴 변)과 높이 중 큰 것과 같은 거리 이상. 다만, 30m 초과의 경우에는 30m 이상으로 할 수 있고, 15m 미만의 경우에는 15m 이상으로 할 것

2) 고정포방출구의 방출량 및 방사시간

포방출구의 종류 / 위험물의 구분	Ⅰ형		Ⅱ형		특형		Ⅲ형		Ⅳ형	
	포수용액량 [l/m^2]	방출률 [$l/min \cdot m^2$]	포수용액량 [l/m^2]	방출률 [$l/min \cdot m^2$]	포수용액량 [l/m^2]	방출률 [$l/min \cdot m^2$]	포수용액량 [l/m^2]	방출률 [$l/min \cdot m^2$]	포수용액량 [l/m^2]	방출률 [$l/min \cdot m^2$]
제4류 위험물 중 인화점이 21℃ 미만인 것	120	4	220	4	240	8	220	4	220	4
제4류 위험물 중 인화점이 21℃ 이상 70℃ 미만인 것	80	4	120	4	160	8	120	4	120	4
제4류 위험물 중 인화점이 70℃ 이상인 것	60	4	100	4	120	8	100	4	100	4

(1) 다음 A, B, C 및 D의 법적으로 최소가능한 거리를 정하시오. (단, 탱크 측판두께의 보온두께는 무시한다.)

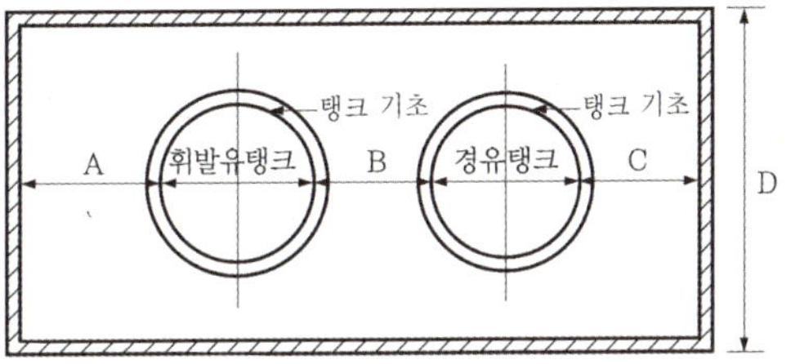

① A(휘발유탱크 측판과 방유제 내측거리[m])
② B(휘발유탱크 측판과 경유탱크 측판 사이 거리[m])
③ C(경유탱크 측판과 방유제 내측거리[m])
④ D(방유제 최소폭[m])

(2) 다음에서 요구하는 각 장비의 용량을 구하시오.
① 포저장탱크의 용량 [l]를 구하시오. (단, 75mm를 초과하는 배관길이는 50m이고, 배관크기는 100mm이다.)
② 소화설비의 수원(저수량[m^3])을 구하시오. (단, m^3 이하는 절상하여 정수로 표시한다.)
③ 가압송수장치(펌프)의 유량 [l/min]을 구하시오.
④ 포소화약제의 혼합장치 중 프레져프로포셔너방식을 사용할 경우의 최소유량 [l/min]과 최대유량 [l/min]의 범위를 정하시오.

• 실전모범답안

(1) ① $A = 12 \times \frac{1}{2} = 6m$

② B=16m
➜ 휘발유 : 16m 이상
➜ 경유 : 5m 이상

– 지정수량의 배수 $= \dfrac{\frac{\pi}{4} \times 10^2 \times (12-0.5)}{1{,}000} = 903.207 ≒ 903$배

③ $C = 12 \times \frac{1}{3} = 4m$　④ D=6+16+6=28m

• **답 :** A=6m, B=16m, C=4m, D=28m

(2) ① ㉠ 휘발유=$(A\times Q_A\times T\times S)+(N\times 8{,}000\times S)+(A\times L\times S\times 1{,}000)$

$$=\left(\frac{\pi}{4}\times\{16^2-(16-1.6)^2\}\times 8\times 30\times 0.03\right)+(3\times 8{,}000\times 0.03)+\left(\frac{\pi}{4}\times 0.1^2\times 50\times 0.03\times 1{,}000\right)$$

$= 1{,}006.83l$

㉡ 경유=$(A\times Q_A\times T\times S)+(N\times 8{,}000\times S)+(A\times L\times S\times 1{,}000)$

$$=\left(\frac{\pi}{4}\times 10^2\times 4\times 30\times 0.03\right)+(3\times 8{,}000\times 0.03)+\left(\frac{\pi}{4}\times 0.1^2\times 50\times 0.03\times 1{,}000\right)$$

$=1{,}014.52l$

② $Q=1{,}014.52l\times\dfrac{1-0.03}{0.03}=32{,}802.813l=32.802\text{m}^3$

③ $Q=\left(4\times\dfrac{\pi}{4}\times 10^2\right)+(3\times 400)=1{,}514.159l/\text{min}$

④ $Q_{MIN}=1{,}514.16\times 0.5=757.08l/\text{min}$, $Q_{MAX}=1{,}514.16\times 2=3{,}028.32l/\text{min}$

• **답 :** ① 1,200l 선정 ② 33m^3 ③ 1,514.16l/min ④ 757.08l/min~3,028.32l/min

상세해설

(1) A, B, C, D의 법적 최소가능거리

방유제와 탱크 측면의 이격거리

탱크지름	이격거리
15m 미만	탱크높이의 $\frac{1}{3}$ 이상
15m 이상	탱크높이의 $\frac{1}{2}$ 이상

옥외탱크저장소의 보유공지

저장 또는 취급하는 위험물의 최대수량	공지의 너비
지정수량의 500배 이하	3m 이상
지정수량의 501~1,000배 이하	5m 이상
지정수량의 1,001~2,000배 이하	9m 이상
지정수량의 2,001~3,000배 이하	12m 이상
지정수량의 3,001~4,000배 이하	15m 이상
지정수량의 4,000배 초과	해당 탱크의 수평단면의 최대지름(횡형인 경우에는 긴 변)과 높이 중 큰 것과 같은 거리 이상. 다만, 30m 초과의 경우에는 30m 이상으로 할 수 있고, 15m 미만의 경우에는 15m 이상으로 할 것

Tip 보유공지란 제조소 등의 주위에 확보해야 할 절대적인 공간을 의미한다.

① **A(휘발유탱크 측판과 방유제 내측거리[m])** : 휘발유탱크의 지름은 $\phi 16{,}000=16\text{m}$로 **15m 이상**이므로 탱크높이의 $\frac{1}{2}$ 이상을 적용한다.

→ **휘발유탱크 측판과 방유제 내측거리** : $A=12\text{m}\times\frac{1}{2}=6\text{m}$

주의 必 높이산정 시 주의사항

① 방유제와 탱크측면의 이격거리 및 보유공지 산정 시＝탱크의 기초높이 **포함**한 탱크의 높이
② 탱크의 용량 산정 시＝탱크의 기초높이를 **제외**한 탱크의 높이
③ 콘루프탱크(CRT)의 경우＝콘부분을 포함하지 **아니한** 탱크의 높이

② **B(휘발유탱크 측판과 경유탱크 측판 사이 거리[m])**

㉠ **휘발유탱크** : 조건①에 따라 휘발유탱크는 지정수량의 배수가 20,000배이므로 조건⑦(옥외탱크저장소의 보유공지)에서 주어진 표의 "**지정수량의 4,000배 초과**"를 적용한다.

→ **휘발유탱크의 공지의 너비** : "탱크의 수평단면의 최대지름(16m)＞탱크의 높이(12m)"이므로 큰 값인 **16m**와 같은 거리 이상이 된다.

㉡ **경유탱크**

$$\text{지정수량의 배수} = \frac{\text{탱크의 용량}}{\text{지정수량}}$$

• 탱크의 용량 : $V = \frac{\pi}{4} \times 10^2 \text{m}^2 \times (12\text{m} - 0.5\text{m}) = 903.207\text{m}^3 = 903{,}207l$

• 지정수량＝$1{,}000l$ (경유, 제2석유류의 비수용성)

$\therefore$ 지정수량의 배수$= \frac{903{,}207l}{1{,}000l} = 903.207 \fallingdotseq 903$배

→ **경유탱크의 공지의 너비＝5m 이상** (지정수량의 501~1,000배에 해당)

㉢ **휘발유탱크 측판과 경유탱크 측판 사이 거리 B[m] : 16m**(보유공지 긴 값 선정)

③ **C(경유탱크 측판과 방유제 내측거리[m])** : 경유탱크의 지름은 $\phi 10{,}000 = 10\text{m}$로 **15m 미만**이므로 탱크 높이의 $\frac{1}{3}$ 이상을 적용한다.

→ **경유탱크 측판과 방유제 내측거리** : $C = 12\text{m} \times \frac{1}{3} = 4\text{m}$

④ **D(방유제 최소폭[m])**

→ **방유제 최소폭** : D＝A＋휘발유탱크의 지름＋A＝6m＋16m＋6m＝**28m**

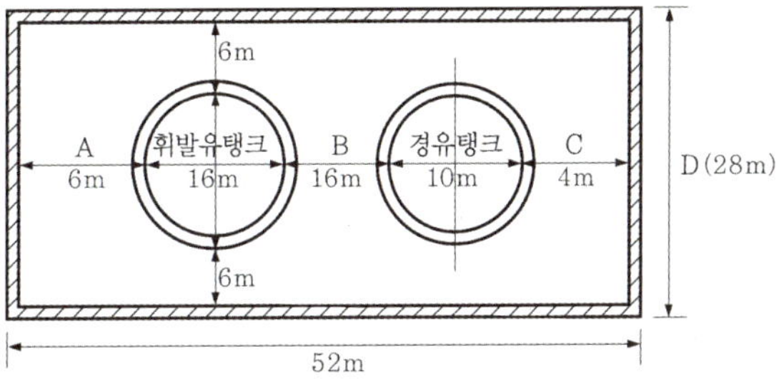

참고 물분무소화설비로 방호조치한 경우

→ 물분무소화설비로 방호조치한 경우에는 그 보유공지를 산출된 보유공지의 $\frac{1}{2}$ 이상의 너비(최소 3m 이상)로 할 수 있다.

(2) 각 장비의 용량

① **포저장탱크의 용량[l]** : 조건⑤에 따라 포저장탱크의 용량은 포소화약제의 저장량을 말하므로 포소화약제의 양을 산정하여야 한다.

포방출구의 종류 / 위험물의 구분	Ⅰ형		Ⅱ형		특형		Ⅲ형		Ⅳ형	
	포수용액량 [l/m^2]	방출률 [$l/min \cdot m^2$]	포수용액량 [l/m^2]	방출률 [$l/min \cdot m^2$]	포수용액량 [l/m^2]	방출률 [$l/min \cdot m^2$]	포수용액량 [l/m^2]	방출률 [$l/min \cdot m^2$]	포수용액량 [l/m^2]	방출률 [$l/min \cdot m^2$]
제4류 위험물 중 인화점이 21℃ 미만인 것(**제1석유류**)	120	4	220	4	240	8	220	4	220	4
제4류 위험물 중 인화점이 21℃ 이상 70℃ 미만인 것(**제2석유류**)	80	4	120	4	160	8	120	4	120	4
제4류 위험물 중 인화점이 70℃ 이상인 것(**제3석유류**)	60	4	100	4	120	8	100	4	100	4

휘발유탱크(제1석유류, 인화점 21℃ 미만)

$Q = Q_① + Q_② + Q_③$	휘발유탱크 - 포원액의 양(고정포방출구)
Q : 포원액의 양[l]	➜ $Q = Q_① + Q_② + Q_③$ **[풀이④]**
$Q_①$: 고정포방출구 포소화약제의 양[l]	➜ $Q_① = A \times Q_A \times T \times S$ **[풀이①]**
$Q_②$: 보조포소화전 포소화약제의 양[l]	➜ $Q_② = N \times 8{,}000 l \times S$ **[풀이②]**
$Q_③$: 배관보정량[l] (송액관)	➜ $Q_③ = A \times L \times S \times 1{,}000 l/m^3$ **[풀이③]**

㉠ **고정포방출구($Q_①$)**

$Q_① = A \times Q_A \times T \times S$ (악어떼들)	포소화약제의 양(고정포방출구)
$Q_①$: 포소화약제의 양[l]	➜ $Q_① = A \times Q_A \times T \times S$
A : 탱크의 액표면적$\left(\frac{\pi}{4}D^2[m^2]\right)$	➜ $\frac{\pi}{4} \times \{16^2 - (16-1.6)^2\} m^2$ **(조건①)**
Q_A : 바닥면적 $1m^2$에 따른 분당 방사량 [$l/min \cdot m^2$]	➜ $8 l/m^2 \cdot min$ **(인화점 21℃ 미만, 플루팅루프탱크, 특형 방출구)**
T : 방출시간[min]	➜ 30min **(조건⑥)**
S : 포소화약제의 사용농도[%]	➜ 0.03 **(조건③, 수성막포 3%)**

➜ **고정포방출구 포소화약제의 양** : $Q_① = A \times Q_A \times T \times S$

$$= \frac{\pi}{4} \times \{16^2 - (16-1.6)^2\} m^2 \times 8 l/min \cdot m^2 \times 30min \times 0.03$$

$$= 275.052 l \fallingdotseq \mathbf{275.05} l$$

참고 플로팅루프탱크(FRT)의 액표면적

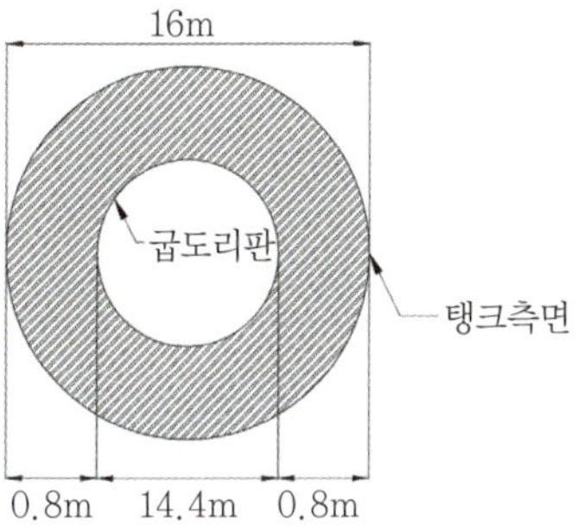

| 탱크의 액표면적 A |

플로팅루프탱크(부상지붕구조)의 경우 포소화약제가 탱크의 측판과 굽도리판 사이에만 방출되므로 그림의 음영부분 즉, 굽도리판 간격(0.8m)만 고려한다.

→ **탱크의 액표면적** : $A=\frac{\pi}{4}\times\{16^2-(16-1.6)^2\}\text{m}^2$

$=\frac{\pi}{4}\times(16^2-14.4^2)\text{m}^2$

$=38.201\text{m}^2 ≒ \mathbf{38.2m^2}$

㉡ **보조포소화전($Q_{②}$)**

$Q_{②}=N\times 8{,}000l\times S$	포소화약제의 양(보조포소화전)
$Q_{②}$: 포소화약제의 양[l]	→ $Q_{②}=N\times 8{,}000l\times S$
N : 호스접결구의 수 **(최대 3개)**	→ 3 **(조건④, 쌍구형 2개, 최대 3개 적용)**
S : 포소화약제의 사용농도[%]	→ 0.03 **(조건③, 수성막포 3%)**

→ **보조포소화전 포소화약제의 양** : $Q_{②}=N\times 8{,}000\times S=3\times 8{,}000\times 0.03=\mathbf{720}\,l$

㉢ **송액관에 필요한 포소화약제의 양($Q_{③}$)**

$Q_{③}=A\times L\times S\times 1{,}000l/\text{m}^3$	배관보정량(송액관)
$Q_{③}$: 배관보정량[l] (75mm 초과 시 적용)	→ $Q_{③}=A\times L\times S\times 1{,}000l/\text{m}^3$
A : 배관의 단면적$\left(\frac{\pi}{4}D^2[\text{m}^2]\right)$	→ $\frac{\pi}{4}\times 0.1^2\text{m}^2$ **(문제의 단서조건)**
L : 배관의 길이[m]	→ 50m **(문제의 단서조건)**
S : 포소화약제의 사용농도[%]	→ 0.03 **(조건③, 수성막포 3%)**

→ **송액관에 필요한 포소화약제의 양** : $Q_{③}=A\times L\times S\times 1{,}000l/\text{m}^3$

$=\frac{\pi}{4}\times 0.1^2\text{m}^2\times 50\text{m}\times 0.03\times 1{,}000\text{l}/\text{m}^3=\mathbf{11.78}\,l$

㉣ **고정포방출설비 포소화약제의 저장량($Q_{휘발유}$)**$=Q_{①}+Q_{②}+Q_{③}=275.05l+720l+11.78l=\mathbf{1{,}006.83}\,l$

CHAPTER 02

◉ **경유탱크(제2석유류, 인화점 21℃ 이상 70℃ 미만)**

$Q=Q_{①}+Q_{②}+Q_{③}$	경유탱크 - 포원액의 양(고정포방출구)
Q : 포원액의 양[l]	→ $Q=Q_{①}+Q_{②}+Q_{③}$ **[풀이④]**
$Q_{①}$: 고정포방출구 포소화약제의 양[l]	→ $Q_{①}=A\times Q_A\times T\times S$ **[풀이①]**
$Q_{②}$: 보조포소화전 포소화약제의 양[l]	→ $Q_{②}=N\times 8{,}000\,l\times S$ **[풀이②]**
$Q_{③}$: 배관보정량[l] (송액관)	→ $Q_{③}=A\times L\times S\times 1{,}000\,l/\mathrm{m}^3$ **[풀이③]**

㉠ **고정포방출구($Q_{①}$)**

$Q_{①}=A\times Q_A\times T\times S$	포소화약제의 양(고정포방출구)
$Q_{①}$: 포소화약제의 양[l]	→ $Q_{①}=A\times Q_A\times T\times S$
A : 탱크의 액표면적$\left(\frac{\pi}{4}D^2[\mathrm{m}^2]\right)$	→ $\frac{\pi}{4}\times 10^2\mathrm{m}^2$
Q_A : 바닥면적 $1\mathrm{m}^2$에 따른 분당 방사량 [$l/\mathrm{min}\cdot\mathrm{m}^2$]	→ $4\,l/\mathrm{m}^2\cdot\mathrm{min}$ **(제2석유류, 조건②, Ⅱ형 방출구)**
T : 방출시간[min]	→ 30min **(조건⑥)**
S : 포소화약제의 사용농도[%]	→ 0.03 **(조건③, 수성막포 3%)**

→ **고정포방출구 포소화약제의 양 :** $Q_{①}=A\times Q_A\times T\times S$

$$=\frac{\pi}{4}\times 10^2\mathrm{m}^2\times 4\,l/\mathrm{min}\cdot\mathrm{m}^2\times 30\mathrm{min}\times 0.03$$

$$=282.743\,l \fallingdotseq \mathbf{282.74\,l}$$

㉡ **보조포소화전($Q_{②}$)**

$Q_{②}=N\times 8{,}000\,l\times S$	포소화약제의 양(보조포소화전)
$Q_{②}$: 포소화약제의 양[l]	→ $Q_{②}=N\times 8{,}000\,l\times S$
N : 호스접결구의 수**(최대 3개)**	→ 3 **(조건④, 쌍구형 2개, 최대 3개 적용)**
S : 포소화약제의 사용농도[%]	→ 0.03 **(조건③, 수성막포 3%)**

→ **보조포소화전 포소화약제의 양 :** $Q_{②}=N\times 8{,}000\times S=3\times 8{,}000\times 0.03=\mathbf{720\,l}$

㉢ **송액관에 필요한 포소화약제의 양($Q_{③}$)**

$Q_{③}=A\times L\times S\times 1{,}000\,l/\mathrm{m}^3$	배관보정량(송액관)
$Q_{③}$: 배관보정량[l] **(75mm 초과 시 적용)**	→ $Q_{③}=A\times L\times S\times 1{,}000\,l/\mathrm{m}^3$
A : 배관의 단면적$\left(\frac{\pi}{4}D^2[\mathrm{m}^2]\right)$	→ $\frac{\pi}{4}\times 0.1^2\mathrm{m}^2$ **(문제의 단서조건)**
L : 배관의 길이[m]	→ 50m **(문제의 단서조건)**
S : 포소화약제의 사용농도[%]	→ 0.03 **(조건③, 수성막포 3%)**

→ **송액관에 필요한 포소화약제의 양 :** $Q_{③}=A\times L\times S\times 1{,}000\,l/\mathrm{m}^3$

$$=\frac{\pi}{4}\times 0.1^2\mathrm{m}^2\times 50\mathrm{m}\times 0.03\times 1{,}000\,l/\mathrm{m}^3=\mathbf{11.78\,l}$$

㉣ **고정포방출설비 포소화약제의 저장량($Q_{경유}$)** $= Q_① + Q_② + Q_③$

$= 282.74l + 720l + 11.78l = \mathbf{1{,}014.52l}$

최종 포소화약제의 저장량

구 분	포소화약제의 저장량
휘발유탱크	1,006.82l
경유탱크	1,014.52l
최종 포소화약제의 저장량 (큰 값의 포소화약제량 적용)	**1,014.52l** ➜ **조건⑤에 따라 1,200l의 포저장탱크를 선정**

② **소화설비의 수원(저수량[m^3])**

$$포수용액[m^3] = \frac{포원액[m^3]}{농도[\%]} = \frac{물[m^3]}{1-농도[\%]}$$ 이므로, $$물[m^3] = 포원액[m^3] \times \frac{1-농도[\%]}{농도[\%]}$$

임을 알 수 있다.

문제(2)의 ①에서 계산한 경유의 포소화약제의 저장량 1,014.52l과 농도 $S=0.03$을 이용하여 수원의 양[m^3]을 산출하면,

➜ **소화설비의 수원의 양[m^3]**$= 1{,}014.52l \times \dfrac{1-0.03}{0.03} = 32{,}802.813l = 32.802m^3 ≒ \mathbf{33m^3}$

Tip 문제의 단서조건을 적용하여 m^3 이하는 절상하여 정수로 표시함에 주의하여 답안을 작성한다.

③ **가압송수장치(펌프)의 유량[l/min]**

$$가압송수장치의\ 분당\ 토출량[l/min] = \frac{배관보정량(Q_③)을\ 제외한\ 포수용액의\ 양[l]}{방출시간[min]}$$

➜ **가압송수장치의 분당 토출량[l/min]**

$$= Q_①[l/min] + Q_②[l/min] = \left\{4l/min \cdot m^2 \times \frac{\pi}{4} \times 10^2 m^2\right\} + (3 \times 400l/min)$$

$$= 1{,}514.159l/min ≒ \mathbf{1{,}514.16l/min}$$

④ **프레져 프로포셔너방식을 사용할 경우의 최소유량[l/min]과 최대유량[l/min]의 범위** : 프레져 프로포셔너방식의 유량범위는 **50~200%**이므로, 최소유량은 50%, 최대유량은 200%가 된다.

㉠ **최소유량** : $Q_{MIN} = 1{,}514.16l/min \times 0.5 = \mathbf{757.08l/min}$

㉡ **최대유량** : $Q_{MAX} = 1{,}514.16l/min \times 2 = \mathbf{3{,}028.32l/min}$

13 조건에 따라 다음 물음에 답하시오.

배점 : 5 [21년]

[조건]

① 항공기격납고로서 전역방출방식의 고발포용 고정포방출구가 설치되어 있다.
② 격납고의 크기는 20m×10m×3m(높이)이다.
③ 개구부 등에는 자동폐쇄장치가 설치되어 있다.
④ 방호대상물의 높이는 1.8m이다.
⑤ 합성계면활성제포 3%를 사용한다.
⑥ 포의 팽창비는 500이며, 1m³에 대한 분당 포수용액 방출량은 0.29l이다.

(1) 고정포방출구의 개수 [개]를 산정하시오.
(2) 포수용액의 양 [m³]을 구하시오.
(3) 합성계면활성제 소화약제량 [l]을 구하시오.

• **실전모범답안**

(1) 고정포방출구의 개수 $= \dfrac{\text{바닥면적 } A[\text{m}^2]}{500\text{m}^2/\text{개}} = \dfrac{20\text{m}\times 10\text{m}}{500\text{m}^2/\text{개}} = 0.4 ≒ \mathbf{1}$**개**

• **답 :** 1개

(2) 포수용액의 양 : $Q = V_{관포} \times Q_A \times T = 460\text{m}^3 \times 0.29l/\text{m}^3\cdot\text{min} \times 10\text{min} = 1{,}334l = 1.334\text{m}^2 ≒ \mathbf{1.33m^3}$

• **답 :** 1.33m³

(3) 포소화약제량 : $Q = 1.33\text{m}^3 \times 0.03 = 0.0399\text{m}^3 = \mathbf{39.9}l$

• **답 :** 39.9l

상세해설

(1) 고정포방출구의 개수[개]

고정포방출구의 수는 **500m²마다 1개 이상** 설치하므로,

→ 고정포방출구의 개수 $= \dfrac{\text{바닥면적 } A[\text{m}^2]}{500\text{m}^2/\text{개}} = \dfrac{20\text{m}\times 10\text{m}}{500\text{m}^2/\text{개}} = 0.4 ≒ 1$개

(2) 포수용액의 양[m³]

$Q = V_{관포} \times Q_A \times T$	고발포용 고정포방출구의 포수용액
Q : 포수용액의 양[l]	→ $Q = V_{관포} \times Q_A \times T$
$V_{관포}$: 관포체적[m³]	→ **관포체적**이란, "방호대상물 높이보다 0.5m 위까지의 체적(불연성 물질이 있는 경우 제외)"을 말한다. $V_{관포} = 20\text{m}\times 10\text{m}\times(1.8\text{m}+0.5\text{m}) = 460\text{m}^3$
Q_A : 1m³에 대한 분당 포수용액 방출량[l/m³ · min]	→ $0.29l/\text{m}^3\cdot\text{min}$
T : 방사시간[min]	→ 10min

→ **포수용액의 양 :** $Q = V_{관포} \times Q_A \times T = 460\text{m}^3 \times 0.29l/\text{m}^3\cdot\text{min} \times 10\text{min} = 1{,}334l = 1.334\text{m}^2$
$≒ \mathbf{1.33m^3}$

참고 **고발포용 고정포방출구**

포수용액의 양 : $Q = V_{관포} \times Q_A \times T$

포의 팽창비	1m³에 대한 분당 포수용액의 방출량(Q_A) [l/min·m²]		
	항공기격납고	차고 또는 주차장	특수가연물을 저장 또는 취급하는 소방대상물
팽창비 80 이상 250 미만의 것	2.00l	1.11l	1.25l
팽창비 250 이상 500 미만의 것	0.5l	0.28l	0.31l
팽창비 500 이상 1,000 미만의 것	0.29l	0.16l	0.18l

(3) 합성계면활성제 소화약제량[l]

포수용액의 양[l, m³]×농도[%]=포소화약제량[l, m³]

→ 포소화약제량 : $Q = 1.33\text{m}^3 \times 0.03 = 0.0399\text{m}^3 = \mathbf{39.9}l$

14 다음은 수원 및 펌프가 중앙집결방식으로 설치된 A, B, C 구역에 대한 설명이다. 다음 조건을 보고 물음에 답하시오. 배점 : 8 [21년]

[A구역]
해당 구역에는 옥내소화전설비가 2개 설치되어 있고, 스프링클러설비는 헤드가 10개 설치되어 있다.

[B구역]
옥외소화전설비가 3개 설치되어 있고, 차고에 물분무소화설비가 설치되어 있으며 토출량은 20l/min · m²으로 하고, 최소 바닥면적은 50m²를 적용하도록 한다.

[C구역]
옥외에 완전 개방된 주차장에 설치하는 포소화전설비는 포소화전 방수구가 8개 설치되어 있다. 또한, 포원액의 농도는 무시하고 산출한다. 단, 포소화전설비를 설치한 1개 층의 바닥면적은 200m²를 초과한다.

[조건]
① 펌프 · 배관과 소화수 또는 소화약제를 최종 방출하는 방출구가 고정된 고정식 소화설비가 2개 설치되어 있다.
② 각 구역의 소화설비가 설치된 부분이 방화벽과 방화문으로 구획되어 있으며, 각 소화설비에 지장이 없다.
③ 옥상수조는 제외한다.

(1) 모터의 최소 정격토출량 [m³/min]을 구하시오.
(2) 최소 수원의 양 [m³]을 구하시오.

• **실전모범답안**

(1) A, B, C 구역에 필요한 정격토출량 중 최대의 것 $Q_{B구역} = 1.7\text{m}^3/\text{min}$ 적용

• **답 :** $1.7\text{m}^3/\text{min}$ 적용

(2) $Q_{C구역} = 1.7\text{m}^3/\text{min} \times 20\text{min} = \mathbf{34m^3}$

• **답 :** 34m^3

상세해설

(1) 모터의 최소 정격토출량[m^3/min]

「포소화설비의 화재안전기술기준(NFTC 105)」 2.13 수원 및 가압송수장치의 펌프 등의 겸용

2.13.1 포소화전설비의 수원을 옥내소화전설비·스프링클러설비·간이스프링클러설비·화재조기진압용 스프링클러설비·물분무소화설비 및 옥외소화전설비의 수원과 겸용하여 설치하는 경우의 저수량은 각 소화설비에 필요한 저수량을 합한 양 이상이 되도록 하여야 한다. **다만, 이들 소화설비 중 고정식 소화설비(펌프·배관과 소화수 또는 소화약제를 최종 방출하는 방출구가 고정된 설비를 말한다. 이하 같다)가 2 이상 설치되어 있고, 그 소화설비가 설치된 부분이 방화벽과 방화문으로 구획되어 있는 경우에는 각 고정식 소화설비에 필요한 저수량 중 최대의 것 이상으로 할 수 있다.**

2.13.2 포소화설비의 가압송수장치로 사용하는 펌프를 옥내소화전설비·스프링클러설비·간이스프링클러설비·화재조기진압용 스프링클러설비·물분무소화설비 및 옥외소화전설비의 가압송수장치와 겸용하여 설치하는 경우의 펌프의 토출량은 각 소화설비에 해당하는 토출량을 합한 양 이상이 되도록 하여야 한다. **다만, 이들 소화설비 중 고정식 소화설비가 2 이상 설치되어 있고, 그 소화설비가 설치된 부분이 방화벽과 방화문으로 구획되어 있으며 각 소화설비에 지장이 없는 경우에는 펌프의 토출량 중 최대의 것 이상으로 할 수 있다.**

① A구역

㉠ 옥내소화전설비의 정격토출량[m^3/min]

$Q = 130l/\text{min} \times N$	옥내소화전설비의 토출량
Q : 옥내소화전설비의 정격토출량[l/min]	➜ $Q = 130l/\text{min} \times N$
$130l/\text{min}$: 옥내소화전 1개의 방수량	➜ $130l/\text{min}$
N : 가장 많이 설치된 층의 소화전 개수(**최대 2개**)	➜ 2개

➜ **옥내소화전설비 정격토출량 :** $Q = 130l/\text{min} \times N = 130l/\text{min} \times 2 = 260l/\text{min}$

$\therefore Q_H = 0.26\text{m}^3/\text{min}$

㉡ 스프링클러설비의 정격토출량[m^3/min]

$Q = 80l/\text{min} \times N$	스프링클러설비의 토출량
V : 수원의 양[m^3]	➜ $V = 1.6 \times N$
$80l/\text{min}$: 스프링클러헤드 1개의 방수량	➜ $80l/\text{min}$
N : 기준개수	➜ 10개

➜ **스프링클러설비 수원의 양 :** $Q_{SP} = 80l/\text{min} \times N = 80l/\text{min} \times 10 = 800l/\text{min}$

$\therefore Q_{SP} = 0.8\text{m}^3/\text{min}$

㉢ 옥내소화전설비와 스프링클러설비 겸용의 정격토출량[m^3/min]

➜ **전체 정격토출량 :** $Q = Q_H + Q_{SP} = 0.26\text{m}^3/\text{min} + 0.8\text{m}^3/\text{min} = 1.06\text{m}^3/\text{min}$

$\therefore Q_{A구역} = 1.06\text{m}^3/\text{min}$

② B구역

㉠ 옥외소화전설비의 정격토출량[m^3/min]

$Q=350l/\min\times N$	옥외소화전설비의 토출량
Q : 옥외소화전설비의 정격토출량[l/min]	➜ $Q=350l/\min\times N$
$350l/\min$: 옥외소화전 1개의 방수량	➜ $350l/\min$
N : 가장 많이 설치된 층의 소화전 개수(**최대 2개**)	➜ 2개 (**최대개수 적용**)

➜ 옥외소화전설비 토출량 : $Q=350l/\min\times N=350l/\min\times 2=700l/\min$

$\therefore Q_H=\mathbf{0.7m^3/min}$

㉡ 물분무소화설비의 정격토출량[m^3/min]

$Q=A\times Q_A$	물분무소화설비의 토출량
Q : 물분무소화설비의 정격토출량[l/min]	➜ $Q=A\times Q_A$
A : 기준면적[m^2]	➜ $50m^2$
Q_A : 가압송수장치의 분당 토출량[$l/\min\cdot m^2$]	➜ $20l/\min\cdot m^2$ (**차고, 주차장**)

➜ 물분무소화설비 토출량 : $Q=A\times Q_A=50m^2\times 20l/\min\cdot m^2=1{,}000l/\min$

$\therefore Q_W=\mathbf{1m^3/min}$

㉢ 옥외소화전설비와 물분무소화설비 겸용 수원의 정격토출량[m^3/min]

➜ **전체 정격토출량 :** $Q=Q_H+Q_W=0.7m^3/\min+1m^3/\min=1.7m^3/\min$

$\therefore Q_{B구역}=\mathbf{1.7m^3/min}$

③ C구역(포소화전설비)

$Q=300l/\min(230l/\min)\times N$	포소화전설비의 토출량
Q : 포소화전설비의 정격토출량[l/min]	➜ $Q=300l/\min\times N$
$300l/\min$: 포소화전 1개의 방수량(1개 층의 바닥면적이 $200m^2$ 이하인 $230l/\min$ 경우 적용)	➜ $300l/\min$ (**바닥면적 $200m^2$ 초과**)
N : 가장 많이 설치된 층의 포소화전방수구 개수(**최대 5개**)	➜ 5개 (**최대개수 적용**)

➜ 포소화전설비 정격토출량 : $Q=300l/\min\times N=300l/\min\times 5=1{,}500l/\min$

$\therefore Q_{C구역}=\mathbf{1.5m^3/min}$

④ A, B, C 구역 모터의 최소 정격토출량[m^3/min]

➜ A, B, C 구역에 필요한 정격토출량 중 **최대**의 것 $Q_{B구역}=\mathbf{1.7m^3/min}$ 적용

(2) **최소 수원의 양[m^3] (옥상수조의 용량 제외)**

➜ 정격토출량의 방사시간 **20분**을 적용하고 정격토출량 중 가장 큰 토출량을 고려하면

$Q=1.7m^3/\min\times 20\min=\mathbf{34m^3}$

7 옥외소화전설비

1 옥외소화전설비의 구성

옥외에 설치하는 소화설비로서 소화전의 방수구와 주위에 설치된 소화전함 내의 소방호스 및 노즐을 연결하여 물을 방수하는 설비

| 옥외소화전 |

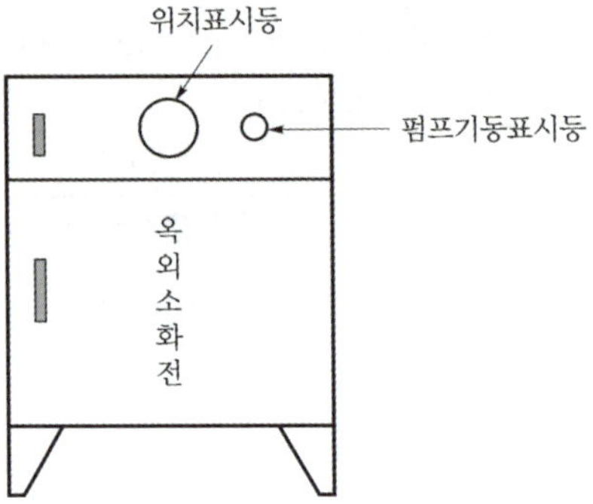

(2) 옥외소화전설비의 토출량(Q), 저수량(V), 전양정(H)

① **옥외소화전설비의 토출량**

$$Q = 350l/\text{min} \times N$$

여기서, Q : 토출량=방사량[l/min]

N : 가장 많이 설치된 층의 소화전 개수(**최대 2개**)

② **옥외소화전설비의 저수량(수원의 양)**

$$V = 0.35\,\text{m}^3/\text{min} \times 20\text{min} \times \text{N} = 7\text{N}$$

여기서, V : 수원의 양[m^3]

$0.35\text{m}^3/\text{min}$: 옥외소화전 1개의 방수량($350l/\text{min} = 0.35\text{m}^3/\text{min}$)

20min : 옥외소화전이 방수되는 시간(20분)

N : 가장 많이 설치된 층의 소화전 개수(**최대 2개**)

③ **전양정(펌프방식)**

$$H = h_1 + h_2 + h_3 + 25$$

여기서, H : 필요한 압력[m]

h_1 : 소방용 호스 마찰손실수두[m]

h_2 : 배관 및 관부속품의 마찰손실수두[m]

h_3 : 실양정[m] (=**흡입양정+토출양정**)

25 : 옥외소화전설비 규정방수압력의 환산수두[m]

(3) 옥내소화전설비 vs 옥외소화전설비

구 분	옥내소화전설비	옥외소화전설비
노즐의 방수압력	0.17MPa 이상 (0.7MPa 초과 시 감압장치 설치)	0.25MPa 이상 (0.7MPa 초과 시 감압장치 설치)
노즐의 방수량	130l/min 이상	350l/min 이상
수원의 양	$Q_1[l] = 130l/\text{min} \times 20\text{min} \times N$ (N : 소화전 개수, **최대 2개**)	$Q_2[l] = 350l/\text{min} \times 20\text{min} \times N$ (N : 소화전 개수, **최대 2개**)
호스의 구경	40mm 이상 (호스릴 옥내소화전설비의 경우 25mm 이상)	65mm 이상
노즐의 구경	13mm 이상	19mm 이상
방수구, 호스접결구	• 바닥으로부터 높이 1.5m 이하 • 수평거리 25m 이하	• 높이 0.5m 이상 1m 이하 • 수평거리 40m 이내

참고 옥외소화전의 설치개수

$$\text{설치개수} = \frac{\text{건물 둘레의 길이[m]}}{\text{수평거리(40m)} \times 2(\text{양쪽})}$$

(4) 옥외소화전설비의 소화전함

① **설치거리** : 옥외소화전으로부터 **5m 이내**의 장소에 소화전함을 설치할 것

② **옥외소화전의 설치개수**

옥외소화전의 개수	옥외소화전함의 개수
10개 이하	옥외소화전마다 5m 이내의 장소에 1개 이상
11개 이상 30개 이하	11개 이상 소화전함 분산 설치
31개 이상	옥외소화전 3개마다 1개 이상

(5) 증축 또는 펌프의 교체 전·후 마찰손실을 산출하는 공식 유도하기(하젠-윌리엄스 식)

$$\Delta P_{\text{변경 전}} : \Delta P_{\text{변경 후}} = \text{마찰손실}_{\text{변경 전}} : \text{마찰손실}_{\text{변경 후}}$$

$$\Leftrightarrow \quad \Delta P_{\text{변경 후}} = \Delta P_{\text{변경 전}} \times \frac{\text{마찰손실}_{\text{변경 후}}}{\text{마찰손실}_{\text{변경 전}}}$$

$$\Leftrightarrow \quad \Delta P_{\text{변경 후}} = \Delta P_{\text{변경 전}} \times \frac{6.053 \times 10^4 \times \dfrac{Q_{\text{변경 후}}^{1.85}}{C^{1.85} \times D^{4.87}}}{6.053 \times 10^4 \times \dfrac{Q_{\text{변경 전}}^{1.85}}{C^{1.85} \times D^{4.87}}}$$ (C와 D는 동일하므로 약분 가능)

$$\Leftrightarrow \quad \Delta P_{\text{변경 후}} = \Delta P_{\text{변경 전}} \times \left(\frac{Q_{\text{변경 후}}}{Q_{\text{변경 전}}}\right)^{1.85}$$

(6) 증축 또는 펌프의 교체 전·후 관련 문제 해결하기

(변경 전) $H_{변경\ 전} = (h_1 + h_2) + h_3 +$ **방수압력 환산수두**

($h_1 + h_2$: 마찰손실압, h_3: 낙차 (주어지지 않으면 "0"))

$$\Delta P_2 = \Delta P_1 \times \left(\frac{Q_2}{Q_1}\right)^{1.85}$$

<유량 Q 구하기>

(1) 문제조건에서 직접 주어지는 경우

(2) $Q=K\sqrt{10P}$ 식 이용하는 경우

(3) $q=2.086d^2\sqrt{P}$ 식 이용하는 경우

(변경 후) $H_{변경\ 후} = (h_1 + h_2) + h_3 +$ **방수압력 환산수두**

($h_1 + h_2$: 마찰손실압, h_3: 낙차 (주어지지 않으면 "0"))

Mind - Control

사람들은 말한다,
그 때 알았더라면,
그 때 잘 했더라면,
훗날엔 지금이 바로 그 때가 되는데
지금은 아무렇게나 보내면서
자꾸 그 때만을 찾는다.

\- 작자 미상 -

빈번한 기출문제

01 옥외소화전설비에서 노즐선단의 방수압력이 0.3MPa일 경우 방수량 [l/min]을 구하시오.

배점 : 3 [03년]

• 실전모범답안

→ $q=2.086d^2\sqrt{P}=2.086\times19^2\times\sqrt{0.3}=412.46l/\text{min}$

• 답 : 412.46l/min

상세해설

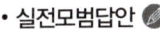

$q=2.086d^2\sqrt{P}$	방수량과 방수압력의 관계식
q : 방수량=방사량=토출량=유량[l/min=$l$pm]	→ $q=2.086d^2\sqrt{P}$
d : 노즐구경[옥내소화전 : 노즐 13mm, 호스 40mm] [옥외소화전 : 노즐 19mm, 호스 65mm]	→ 19mm (옥외소화전 노즐)
P : 방수압=방사압=토출압[MPa=MN/m^2]	→ 0.3MPa

→ **방수량** : $q=2.086d^2\sqrt{P}=2.086\times(19\text{mm})^2\times\sqrt{0.3\text{MPa}}=412.460l/\text{min}\fallingdotseq\mathbf{412.46}l/\text{min}$

02 어떤 특정소방대상물에 옥외소화전을 3개 설치하려고 한다. 다음의 조건을 참조하여 각 물음에 답하시오.

배점 : 6 [09년] [11년]

[조건]

① 옥외소화전은 지상용 A형을 사용한다.
② 펌프에서 옥외소화전까지의 직관길이는 150m, 관의 내경은 100mm이다.
③ 모든 규격치는 최소량을 적용한다.

(1) 수원의 저수량 [m^3]은 얼마 이상인지 구하시오.
(2) 가압송수장치의 토출량 [l/min]은 얼마 이상인지 구하시오.
(3) 직관 부분에서의 마찰손실수두 [m]는 얼마 이상인지 구하시오. (달시-웨버의 식을 사용하고, 마찰손실계수는 0.02이다.)

• 실전모범답안

(1) $V=7\times N=7\times2=14\text{m}^3$

• 답 : 14m^3

(2) $Q=350\times N=350\times2=700l/\text{min}$

• 답 : 700l/min

(3) $H = f \times \frac{L}{D} \times \frac{V^2}{2g} = 0.02 \times \frac{150}{0.1} \times \frac{1.485^2}{2 \times 9.8}$ =3.375m

→ $V = \frac{4Q}{\pi D^2} = \frac{4 \times \frac{0.7}{60}}{\pi \times 0.1^2}$ =1.485m/s

• **답 :** 3.38m

상세해설

(1) 수원의 저수량[m^3]

$V = 0.35\,m^3/min \times 20min \times N = 7N$	옥외소화전의 수원의 양
V : 수원의 양[m^3]	→ $V = 7 \times N$
$0.35m^3/min$: 옥외소화전 1개의 방수량	→ $0.35m^3/min = 350l/min$
20min : 옥외소화전이 방수되는 시간	→ 20min
N : 가장 많이 설치된 층의 소화전 개수**(최대 2개)**	→ 2개 **(최대 2개 적용)**

→ **수원의 저수량 :** $V = 7 \times N = 7 \times 2 = 14m^3$

(2) 가압송수장치의 토출량[l/min]

$Q = 350l/min \times N$	옥외소화전의 토출량
Q : 토출량=방사량[l/min]	→ $Q = 350l/min \times N$
N : 가장 많이 설치된 층의 소화전 개수**(최대 2개)**	→ 2개 **(최대 2개 적용)**

→ **가압송수장치의 토출량 :** $Q = 350l/min \times N = 350l/min \times 2 = 700l/min$

(3) 직관부분의 마찰손실수두[m]

$H = f \times \frac{L}{D} \times \frac{V^2}{2g}$	마찰손실수두(달시-웨버의 식)
H : 마찰손실수두[m]	→ $H = fLV^2/2gD$ **[풀이②]**
f : 마찰손실계수$\left(f = \frac{64}{Re}\right)$	→ 0.02
L : 배관의 길이[m]	→ 150m **(조건②)**
D : 배관직경[m]	→ 100mm = 0.1m **(조건②)**
V : 유속[m/s]	→ $V = 4Q/\pi D^2$ **[풀이①]**
g : 중력가속도[$9.8m/s^2$]	→ $9.8m/s^2$

① 유속(V)

$Q=AV=\frac{\pi}{4}D^2V$	연속의 방정식(체적유량)
Q : 유량[m³/s]	➜ $700l/\min=\frac{0.7}{60}\text{m}^3/\text{s}$ [문제(2)]
A : 배관단면적$\left(\frac{\pi}{4}D^2[\text{m}^2]\right)$	➜ $\frac{\pi}{4}\times 0.1^2\text{m}^2$
V : 유속[m/s]	➜ $V=4Q/\pi D^2$

➜ **유속** : $V=\frac{4Q}{\pi D^2}=\frac{4\times\frac{0.7}{60}\text{m}^3/\text{s}}{\pi\times 0.1^2\text{m}^2}=\mathbf{1.485m/s}$

② **직관부분의 마찰손실수두** : $H=f\times\frac{L}{D}\times\frac{V^2}{2g}=0.02\times\frac{150\text{m}}{0.1\text{m}}\times\frac{(1.485\text{m/s})^2}{2\times 9.8\text{m/s}^2}=3.375\text{m}$

$\therefore\ H=\mathbf{3.38m}$

03 어떤 특정소방대상물에 옥외소화전을 1개 설치하려고 한다. 다음의 물음에 답하시오. 배점 : 6 [19년]

(1) 수원의 저수량 [m³]은 얼마 이상인지 구하시오.

(2) 가압송수장치의 토출량 [l/min]은 얼마 이상인지 구하시오.

(3) 다음은 옥외소화전의 화재안전기술기준의 일부이다. 다음 빈 칸을 채우시오.
호스접결구는 지면으로부터 높이가 (　　　) 이상 (　　　) 이하의 위치에 설치하고 특정소방대상물의 각 부분으로부터 하나의 호스접결구까지의 수평거리가 (　　　) 이하가 되도록 설치하여야 한다.

• **실전모범답안**

(1) $V=7\times N=7\times 1=7\text{m}^3$

• **답** : 7m³

(2) $Q=350\times N=350\times 1=350l/\min$

• **답** : 350l/min

(3) 0.5m, 1m, 40m

상세해설

(1) 수원의 저수량[m³]

$V=0.35\text{m}^3/\min\times 20\min\times\text{N}=7\text{N}$	옥외소화전의 수원의 양
V : 수원의 양[m³]	➜ $V=7\times N$
0.35m³/min : 옥외소화전 1개의 방수량	➜ 0.35m³/min = 350l/min
20min : 옥외소화전이 방수되는 시간	➜ 20min
N : 가장 많이 설치된 층의 소화전 개수(**최대 2개**)	➜ 1개

➜ **수원의 저수량** : $V=7\times N=7\times 1=\mathbf{7m^3}$

(2) 가압송수장치의 토출량[l/min]

$Q=350l/\text{min}\times N$	옥외소화전의 토출량
Q : 토출량=방사량[l/min]	→ $Q=350l/\text{min}\times N$
N : 가장 많이 설치된 층의 소화전 개수(최대 2개)	→ 1개

→ **가압송수장치의 토출량 :** $Q=350l/\text{min}\times N=350l/\text{min}\times 1=350l/\text{min}$

(3) 옥외소화전의 화재안전기술기준

호스접결구는 지면으로부터 높이가 (0.5m) 이상 (1m) 이하의 위치에 설치하고 특정소방대상물의 각 부분으로부터 하나의 호스접결구까지의 수평거리가 (40m) 이하가 되도록 설치하여야 한다.

04 옥외소화전설비에서 펌프의 소요양정이 50m이고 말단 방수노즐의 방수압력이 0.15MPa이었다. 관련법에 맞게 방수압력을 0.25MPa로 증가시키고자 할 때 조건을 참고하여 토출측 유량 [l/min]과 펌프의 양정 [m]을 구하시오. 배점 : 10 [08년] [15년] [22년]

[조건]
① 유량 $Q=K\sqrt{10P}$를 적용하며, 이때 $K=100$이다.
여기서, Q : 유량[l/min], K : 방출계수, P : 방수압력[MPa]
② 10m=0.1MPa이며, 배관의 마찰손실은 하젠-윌리엄의 식을 적용한다.

• 실전모범답안

(1) $Q=K\sqrt{10P}=100\sqrt{10\times 0.25}=158.113l/\text{min}$

• 답 : 158.11l/min

(2) $H=(h_1+h_2)_{변경\ 후}+h_3+15=56.141+0+25=81.141\text{m}$

→ $Q_1=K\sqrt{10P_1}=100\sqrt{10\times 0.15}=122.474l/\text{min}$

→ $\Delta P_1=50-15=35\text{m}$

→ $\Delta P_2=\Delta P_1\times\dfrac{Q_2^{1.85}}{Q_1^{1.85}}=35\times\dfrac{158.11^{1.85}}{122.47^{1.85}}=56.141\text{m}$

• 답 : 81.14m

상세해설

(1) 방수압력 증가 후 토출측 유량[l/min]

$Q_2=K\sqrt{10P_2}$	방수량과 방수압력의 관계식 (방수압력 증가 후)
Q : 방수량=방사량=토출량=유량[l/min=$l$pm]	→ $Q=K\sqrt{10P}$
K : 방출계수	→ 100 (조건①)
P : 방수압=방사압=토출압[MPa=MN/m^2]	→ 0.25MPa

→ **방수압력 증가 후 토출측 유량 :** $Q = K\sqrt{10P} = 100\sqrt{10 \times 0.25\text{MPa}} = 158.113l/\text{min}$

$\therefore\ Q = 158.11l/\text{min}$

(2) 방수압력 증가 후 펌프의 양정[m]

$\triangle P_2 = \triangle P_1 \times \dfrac{Q_2^{\ 1.85}}{Q_1^{\ 1.85}}$	**변경 전, 후의 마찰손실압**
$\triangle P_1$: 변경 전 마찰손실압[MPa]	→ $H = h_1 + h_2 + h_3 + 15$ **[풀이①]**
$\triangle P_2$: 변경 후 마찰손실압[MPa]	→ $\triangle P_2 = \triangle P_1 \times Q_2^{\ 1.85}/Q_1^{\ 1.85}$
Q_1 : 변경 전 유량[l/min]	→ $Q = K\sqrt{10P}$ **[풀이②]**
Q_2 : 변경 후 유량[l/min]	→ $158.11l/\text{min}$ **[문제(1)]**

① **변경 전 마찰손실압($\triangle P_1$)**

$H = h_1 + h_2 + h_3 + 15$	**전양정(펌프방식)**
H : 필요한 압력[m]	→ 50m **(펌프의 소요양정)**
h_1 : 소방용 호스 마찰손실수두[m]	→ $\triangle P_1 = h_1 + h_2 = H - (h_3 + 15)$
h_2 : 배관 및 관부속품의 마찰손실수두[m]	
h_3 : 낙차[m] (**=흡입양정+토출양정**)	→ 0 **(문제에서 주어진 조건이 없으므로 무시)**
15 : 옥외소화전설비 방수압력의 환산수두[m]	→ 0.15MPa = 15m **(조건②)**

→ $\triangle P_1 = (h_1 + h_2)_{\text{변경 전}} = 50\text{m} - 15\text{m} = 35\text{m}$ $\quad \therefore\ \triangle P_1 = 35\text{m}$

② **변경 전 유량(Q_1)**

$Q_1 = K\sqrt{10P_1}$	**방수량과 방수압력의 관계식 (방수압력 증가 전)**
Q : 방수량=방사량=토출량=유량[l/min=$l$pm]	→ $Q = K\sqrt{10P}$
K : 방출계수	→ 100 **(조건①)**
P : 방수압=방사압=토출압[MPa=MN/m^2]	→ 0.15MPa

→ **방수압력 증가 전 토출측 유량 :** $Q_1 = K\sqrt{10P_1} = 100\sqrt{10 \times 0.15\text{MPa}} = 122.474l/\text{min}$

$\therefore\ Q = 122.47l/\text{min}$

③ **변경 후 마찰손실압 :** $\triangle P_2 = 35\text{m} \times \dfrac{(158.11l/\text{min})^{1.85}}{(122.47l/\text{min})^{1.85}} = 56.141\text{m}$

④ **방수압력 증가 후 펌프의 소요양정 :** $H = (h_1 + h_2)_{\text{변경 후}} + h_3 + 25\ (0.25\text{MPa} = 25\text{m})$

$= 56.141\text{m} + 0\text{m} + 25\text{m}$

$= 81.141\text{m}$

$\therefore\ H = 81.14\text{m}$

동일 必 2008년 기출

※ **옥외소화전의 법정방수압력(0.25MPa)이 조건으로 주어지지 않는 경우**

옥외소화전설비에서 펌프의 소요양정이 45m이고 말단 방수노즐의 방수압력이 0.15MPa이었다. 관련법에 맞게 펌프를 교체하려면 펌프의 소요양정을 몇 m로 하여야 하는지 구하시오. (단, 옥외소화전은 1개를 기준으로 하고, 펌프의 토출압력과 방수압력과의 차이는 마찰손실에 기인하다고 가정하며, 방수구의 방출계수(K)는 222, 배관마찰손실은 하젠-윌리엄의 식을 이용한다.)

참고 **문제 그림으로 이해하기**

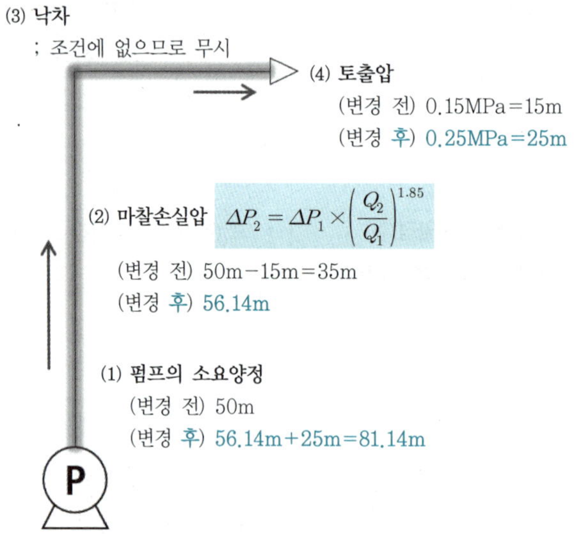

05 어느 특정소방대상물에 옥외소화전을 2개 설치하려고 한다. 다음 물음에 답하시오. 배점 : 8 [20년]

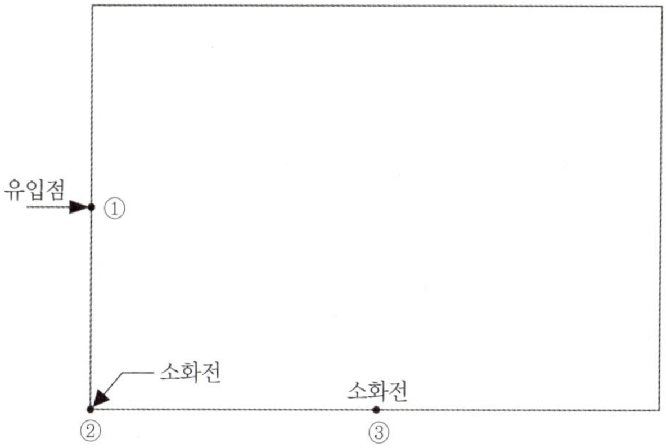

[조건]

① 배관 ①~②번 구간의 길이는 100m이며, 관경은 120mm이다.
② 배관 ②~③번 구간의 길이는 200m이며, 관경은 85mm이다.
③ 호스 및 관부속품에 의한 마찰손실은 무시하며, 방수구는 유입배관보다 1m 위에 설치되어 있다.
④ 배관의 마찰손실압력은 다음의 하젠-윌리엄의 공식을 따른다.

$$\triangle P = 6.053 \times 10^4 \times \frac{Q^{1.85}}{C^{1.85} \times d^{4.87}}$$

여기서, $\triangle P$: 배관의 마찰손실압력[MPa/m]
Q : 배관 내의 유량[l/min]
C : 조도(120)
d : 관의 내경[mm]

(1) ①~②번 구간 배관의 마찰손실수두[m]을 구하시오.
(2) ②~③번 구간 배관의 마찰손실수두[m]을 구하시오.
(3) 펌프의 토출압력[kPa]을 구하시오.
(4) 방수량이 350l/min이고 방수압력이 0.25MPa인 옥외소화전설비가 있다. 이 때, 방수량이 500l/min로 변경되었을 때 방수압력[kPa]을 구하시오.

• **실전모범답안**

(1) $\triangle P_{①\sim②} = 6.053 \times 10^4 \times \frac{Q^{1.85}}{120^{1.85} \times d^{4.87}} \times L$

$= 6.053 \times 10^4 \times \frac{700^{1.85}}{120^{1.85} \times 120^{4.87}} \times 100 = 0.011 \times \frac{10.332}{0.101325} = 1.121\text{m}$

• **답 :** 1.12m

(2) $\triangle P_{②\sim③} = 6.053 \times 10^4 \times \frac{Q^{1.85}}{120^{1.85} \times d^{4.87}} \times L$

$= 6.053 \times 10^4 \times \frac{350^{1.85}}{120^{1.85} \times 85^{4.87}} \times 200 = 0.035 \times \frac{10.332}{0.101325} = 3.568\text{m}$

• **답 :** 3.57m

(3) $H = h_1 + h_2 + h_3 + 25 = 0 + 4.69 + 1 + 25 = 30.69 \times \dfrac{101.325}{10.332} = 300.974\text{kPa}$

• **답 :** 300.97kPa

(4) $P_2 = \dfrac{Q_2^{\ 2}}{10K^2} = \dfrac{500^2}{10 \times 221.359^2} = 0.510\text{MPa} = 510\text{kPa}$

→ $K = \dfrac{Q_1}{\sqrt{10P_1}} = \dfrac{350}{\sqrt{10 \times 0.25}} - 221.359$

• **답 :** 510kPa

상세해설

(1) ①~②번 구간 배관의 마찰손실수두(H)

$\triangle P = 6.053 \times 10^4 \times \dfrac{Q^{1.85}}{120^{1.85} \times d^{4.87}} \times L$	**하젠-윌리엄의 식**
$\triangle P$: 배관의 마찰손실압력[MPa]	→ $\triangle P = 6.053 \times 10^4 \times \dfrac{Q^{1.85}}{120^{1.85} \times d^{4.87}} \times L$
Q : 유량[l/min]	→ $700l/\text{min}$ **(옥외소화전 2개)**
d : 배관의 내경[mm]	→ 120mm **(조건①)**
L : 배관의 길이[m]	→ 100m **(조건①)**

→ **마찰손실수두 :** $\triangle P = 6.053 \times 10^4 \times \dfrac{Q^{1.85}}{120^{1.85} \times d^{4.87}} \times L$

$= 6.053 \times 10^4 \times \dfrac{(700l/\text{min})^{1.85}}{120^{1.85} \times (120\text{mm})^{4.87}} \times 100\text{m}$

$= 0.011\text{MPa} \times \dfrac{10.332\text{m}}{0.101325\text{MPa}} = 1.121\text{m}$ $\quad \therefore \ H_{①\sim②} = \mathbf{1.12m}$

(2) ②~③번 구간 배관의 마찰손실수두(H)

$\triangle P = 6.053 \times 10^4 \times \dfrac{Q^{1.85}}{120^{1.85} \times d^{4.87}} \times L$	**하젠-윌리엄의 식**
$\triangle P$: 배관의 마찰손실압력[MPa]	→ $\triangle P = 6.053 \times 10^4 \times \dfrac{Q^{1.85}}{120^{1.85} \times d^{4.87}} \times L$
Q : 유량[l/min]	→ $350l/\text{min}$ **(옥외소화전 1개)**
d : 배관의 내경[mm]	→ 85mm **(조건②)**
L : 배관의 길이[m]	→ 200m **(조건②)**

→ **마찰손실수두 :** $\triangle P = 6.053 \times 10^4 \times \dfrac{Q^{1.85}}{120^{1.85} \times d^{4.87}} \times L$

$= 6.053 \times 10^4 \times \dfrac{(350l/\text{min})^{1.85}}{120^{1.85} \times (85\text{mm})^{4.87}} \times 200\text{m}$

$= 0.035\text{MPa} \times \dfrac{10.332\text{m}}{0.101325\text{MPa}} = 3.568\text{m}$ $\quad \therefore \ H_{②\sim③} = \mathbf{3.57m}$

(3) **펌프의 토출압력(P)**

$H=h_1+h_2+h_3+25$	전양정(펌프방식)
H : 필요한 압력[m]	➜ $H=h_1+h_2+h_3+25$
h_1 : 소방용호스 마찰손실수두[m]	➜ 0m (조건③)
h_2 : 배관 및 관부속품의 마찰손실수두[m]	➜ $H_{①\sim②}+H_{②\sim③}$ $=1.12\text{m}+3.57\text{m}=4.69\text{m}$ [문제(1), (2)]
h_3 : 낙차[m] (=흡입양정+토출양정)	➜ 1m (조건③)
25 : 옥외소화전설비 방수압력의 환산수두[m]	➜ 25m

➜ **토출압력** : $H=h_1+h_2+h_3+25$

$$=0\text{m}+4.69\text{m}+1\text{m}+25\text{m}$$

$$=30.69\text{m}\times\frac{101.325\text{kPa}}{10.332\text{m}}=300.974\text{kPa} \qquad \therefore\ P=\mathbf{300.97kPa}$$

(4) **변경 후 방수압력(P)**

$Q=K\sqrt{10P}$	방사량과 방사압력의 관계식
Q : 방수량=방사량=토출량=유량[l/min=lpm]	➜ $Q_1=350l/\text{min}$, $Q_2=500l/\text{min}$
K : 방출계수	➜ $K=\dfrac{Q_1}{\sqrt{10P_1}}=\dfrac{350l/\text{min}}{\sqrt{10\times0.25\text{MPa}}}=221.359$
P : 방수압=방사압=토출압[MPa=MN/m²]	➜ $P_1=0.25\text{MPa}$, $Q_2=K\sqrt{10P_2}$

➜ **변경 후 방수압력** : $P_2=\dfrac{Q_2^{\,2}}{10K^2}=\dfrac{(500l/\text{min})^2}{10\times221.359^2}=0.510\text{MPa} \qquad \therefore\ P_2=\mathbf{510kPa}$

06 다음 그림 도면을 보고 물음에 답하시오. 배점 : 6 [21년]

[조건]

① 다음은 가로 120m, 세로 50m인 어느 특정소방대상물의 평면도이다.

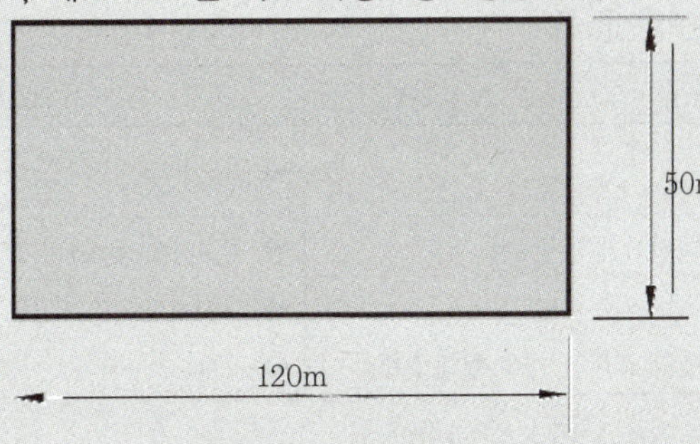

② 해당 특정소방대상물은 2층의 건축물이며, 바닥면적은 6,000m²이고, 연면적은 12,000m²이다.

(1) 특정소방대상물의 각 부분으로부터 하나의 호스접결구까지의 수평거리는 몇 [m] 이하인지 쓰시오.
(2) 해당 특정소방대상물에 설치하여야 할 옥외소화전의 수량[개]을 산출하시오.
(3) 옥외소화전설비의 토출량[l/min]을 구하시오.
(4) 옥외소화전설비의 수원의 양[m^3]을 구하시오.

• **실전모범답안**

(1) • **답 :** 40m

(2) 개수$=\dfrac{\text{건물 둘레의 길이[m]}}{\text{수평거리[m]}\times 2(\text{양쪽})}=\dfrac{120\text{m}\times 2+50\text{m}\times 2}{40\text{m}\times 2}=4.25 ≒ \mathbf{5}$**개**

• **답 :** 5개

(3) $\boldsymbol{Q}=350l/\text{min}\times N=350l/\text{min}\times 2=\mathbf{700}\boldsymbol{l}\mathbf{/min}$

• **답 :** 700l/min

(4) **수원의 저수량 :** $V=7\times N=7\times 2=\mathbf{14m^3}$

• **답 :** 14m^3

상세해설

(1) 특정소방대상물의 각 부분으로부터 하나의 호스접결구까지의 수평거리

➜ 40m

(2) 해당 특정소방대상물에 설치하여야 할 옥외소화전의 수량[개]

➜ 개수$=\dfrac{\text{건물 둘레의 길이[m]}}{\text{수평거리[m]}\times 2(\text{양쪽})}=\dfrac{120\text{m}\times 2+50\text{m}\times 2}{40\text{m}\times 2}=4.25 ≒ \mathbf{5}$**개**

(3) 옥외소화전설비의 토출량[l/min]

$Q=350l/\text{min}\times N$	옥외소화전의 토출량
Q : 토출량=방사량[l/min]	➜ $Q=350l/\text{min}\times N$
N : 가장 많이 설치된 층의 소화전 개수(**최대 2개**)	➜ 2개

➜ **가압송수장치의 토출량 :** $\boldsymbol{Q}=350l/\text{min}\times N=350l/\text{min}\times 2=\mathbf{700}\boldsymbol{l}\mathbf{/min}$

(4) 옥외소화전설비의 수원의 양[m^3]

$V=0.35\text{m}^3/\text{min}\times 20\text{min}\times N=7N$	옥외소화전의 수원의 양
V : 수원의 양[m^3]	➜ $V=7\times N$
$0.35\text{m}^3/\text{min}$: 옥외소화전 1개의 방수량	➜ $0.35\text{m}^3/\text{min}=350l/\text{min}$
20min : 옥외소화전이 방수되는 시간	➜ 20min
N : 가장 많이 설치된 층의 소화전 개수(**최대 2개**)	➜ 2개

➜ **수원의 저수량 :** $V=7\times N=7\times 2=\mathbf{14m^3}$

07 옥외소화전설비의 소화전함 설치기준에 대한 다음 각 물음에 답하시오. 배점 : 3 [15년]

(1) 옥외소화전이 7개 설치되었을 때 5m 이내의 장소에 설치하여야 할 소화전함은 몇 개 이상이어야 하는지 구하시오.

(2) 옥외소화전이 17개 설치되었을 때 소화전함은 몇 개 이상 설치하여야 하는지 구하시오.

(3) 옥외소화전이 37개 설치되었을 때 소화전함은 몇 개 이상 설치하여야 하는지 구하시오.

• **실전모범답안**

(1) 7개 이상

(2) 11개 이상 분산 설치

(3) $\dfrac{37\text{개}}{3\text{개 마다 } 1\text{개 이상}} = 12.333 \fallingdotseq 13\text{개}$

• **답 :** 13개 이상

상세해설

(1) 옥외소화전 설치개수 = 7개

옥외소화전의 설치개수가 7개이므로 옥외소화전마다 "5m 이내의 장소에 1개 이상"의 소화전함을 설치하여야 한다.

(2) 옥외소화전 설치개수 = 17개

옥외소화전의 설치개수가 17개이므로 "11개 이상 소화전함을 분산 설치"하여야 한다.

(3) 옥외소화전 설치개수 = 37개

옥외소화전의 설치개수가 37개이므로 "소화전 3개마다 1개 이상"의 소화전함을 설치하여야 한다.

옥외소화전함 설치개수

옥외소화전의 개수	옥외소화전함의 개수
10개 이하 **[문제 (1)]**	옥외소화전마다 5m 이내의 장소에 1개 이상
11개 이상 30개 이하 **[문제 (2)]**	11개 이상 소화전함 분산 설치
31개 이상 **[문제 (3)]**	옥외소화전 3개마다 1개 이상

Mind - Control

성공은 매일 부단하게 반복된 작은 노력의 합산이다.

\- 괴테 -

08 **다음 그림은 어느 공장에 설치된 지하매설 소화용 배관도이다. "가 ~ 마"까지 각각의 옥외소화전의 측정수압이 다음 표와 같을 때 다음 각 물음에 답하시오. (단, 소수점 넷째자리에서 반올림하여 소수점 셋째자리까지 나타내시오.)**

배점 : 14 [03년] [10년] [17년] [20년]

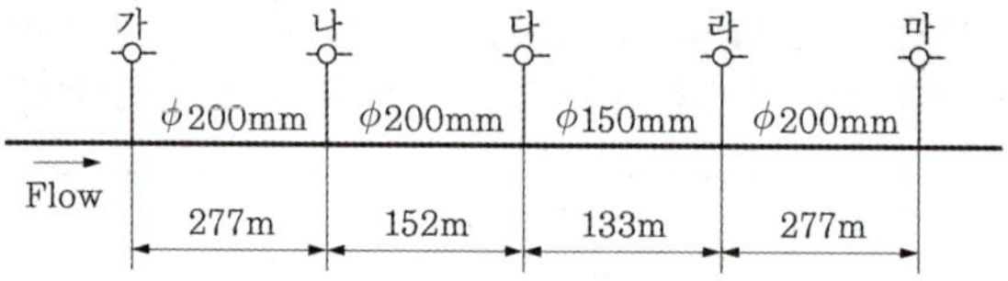

위 치 / 압 력	가	나	다	라	마
정압	0.557	0.517	0.572	0.586	0.552
방사압력	0.49	0.379	0.296	0.172	0.069

※ 방사압력은 소화전의 노즐캡을 열고 소화전 본체 직근에서 측정한 Residual Pressure를 말한다.

(1) 다음은 동수경사선(Hydraulic gradient line)을 작성하기 위한 과정이다. 주어진 자료를 활용하여 표의 빈 곳을 채우시오. (단, 계산과정을 나타낼 것)

항 목 / 소화전	구경 [mm]	실관장 [m]	측정압력[MPa]		펌프로부터 각 소화전까지 전마찰손실[MPa]	소화전간의 배관마찰손실 [MPa]	gauge elevation [MPa]	경사선의 elevation [MPa]
			정압	방사압력				
가	–	–	0.557	0.49	①	–	0.029	0.519
나	200	277	0.517	0.379	②	⑤	0.069	⑩
다	200	152	0.572	0.296	③	0.138	⑧	0.31
라	150	133	0.586	0.172	0.414	⑥	0	⑪
마	200	277	0.552	0.069	④	⑦	⑨	⑫

(단, 기준 elevation으로부터의 정압은 0.586MPa로 본다.)

(2) 상기 (1)항에서 완성된 표를 자료로 하여 답안지의 동수경사선과 Pipe profile을 완성하시오.

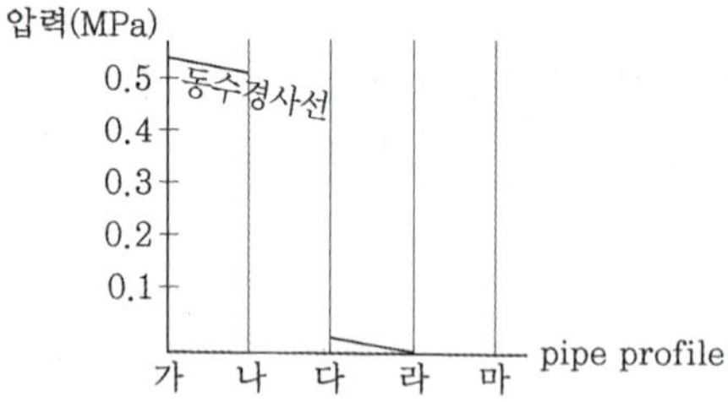

• 실전모범답안

(1)

항목 \ 소화전	구경 [mm]	실관장 [m]	측정압력 [MPa]		펌프로부터 각 소화전까지 전마찰손실[MPa]	소화전간의 배관마찰손실 [MPa]	gauge elevation [MPa]	경사선의 elevation [MPa]
			정압	방사압력				
가	–	–	0.557	0.49	① 0.557−0.49 =0.067	–	0.029	0.519
나	200	277	0.517	0.379	② 0.517−0.379 =0.138	⑤ 0.138−0.067 =0.071	0.069	⑩ 0.379+0.069 =0.448
다	200	152	0.572	0.296	③ 0.572−0.296 = 0.276	0.138	⑧ 0.586−0.572 =0.014	0.31
라	150	133	0.586	0.172	0.414	⑥ 0.414−0.276 =0.138	0	⑪ 0.172+0 =0.172
마	200	277	0.552	0.069	④ 0.552−0.069 =0.483	⑦ 0.483−0.414 =0.069	⑨ 0.586−0.552 =0.034	⑫ 0.069+0.034 =0.103

(2) 동수경사선

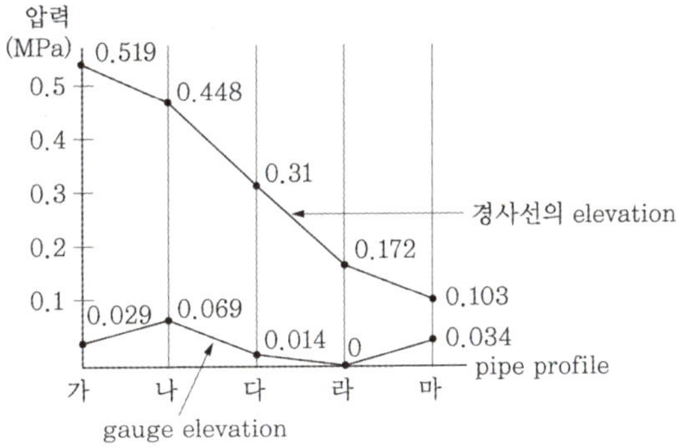

상세해설

(1) 동수경사선 작성 표

항목 \ 소화전	구경 [mm]	실관장 [m]	측정압력 [MPa]		펌프로부터 각 소화전까지 전마찰손실[MPa] (정압−방사압력)	소화전간의 배관마찰손실 [MPa] (펌프로부터 각 소화전까지 마찰손실의 차)	gauge elevation[MPa] (기준 elevation −정압)	경사선의 elevation[MPa] (방사압력+gauge elevation)
			정압	방사압력				
가	–	–	0.557	0.49	① 0.557−0.49 =**0.067**	–	0.029	0.519
나	200	277	0.517	0.379	② 0.517−0.379 =**0.138**	⑤ 0.138−0.067 =**0.071**	0.069	⑩ 0.379+0.069 =**0.448**
다	200	152	0.572	0.296	③ 0.572−0.296 =**0.276**	0.138	⑧ 0.586−0.572 =**0.014**	0.31
라	150	133	0.586	0.172	0.414	⑥ 0.414−0.276 =**0.138**	0	⑪ 0.172+0 =**0.172**
마	200	277	0.552	0.069	④ 0.552−0.069 =**0.483**	⑦ 0.483−0.414 =**0.069**	⑨ 0.586−0.552 =**0.034**	⑫ 0.069+0.034 =**0.103**

(2) 동수경사선

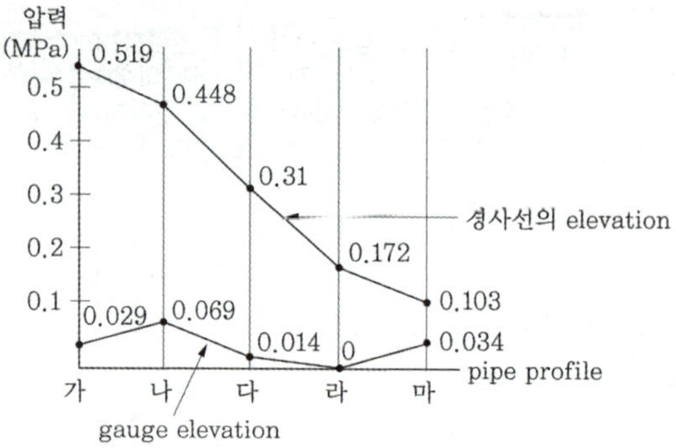

참고 동수경사선

※ **동수경사선(=수두경사선, 압력선)**

수로를 따라 각 지점의 위치수두와 압력수두의 합을 수평기준면에서 연직으로 나타낸 점을 연결한 선으로서, 유체의 흐름에 대한 정보를 제공한다.

Mind-Control

99도까지 온도를 올려놓아도 마지막 1도를 넘기지 못하면
영원히 물은 끓지 않는다.
물을 끓이는 건 마지막 1도,
포기하고 싶은 바로 그 1분을 참아내는 것이다.

- 피겨스케이팅 김연아 -

09 옥외소화전 방수 시의 그림에서 안지름이 65mm인 옥외소화전 방수구의 높이(y)가 800mm, 방수된 물이 지면에 도달하는 거리(x)가 16m일 때 방수량은 몇 [m³/s]이고, 동일 안지름의 방수구를 개방하였을 때, 화재안전기준에 따른 방수량을 만족하려면 방출된 물이 지면에 도달하는 거리(x)가 최소 몇 [m] 이상이어야 하는지 구하시오. (단, 그림에서 y는 지면에서 방수구의 중심간 거리이고, x는 방수구에서 물이 도달하는 부분의 중심간의 거리이다.) 배점 : 8 [12년] [20년]

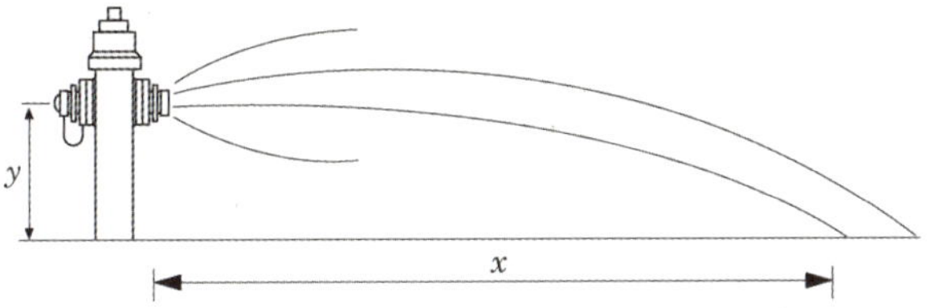

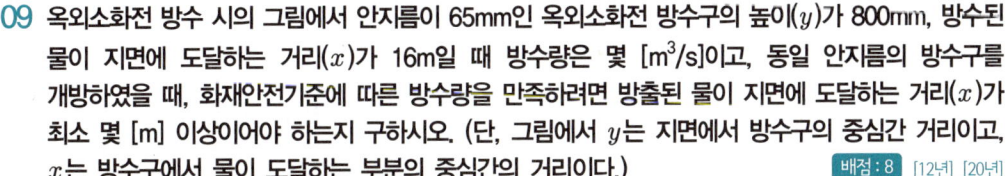

(1) 방수된 물이 지면에 도달하는 거리(x)가 16m일 때 방수량 Q [m³/s]를 구하시오.

(2) 방수구에 화재안전기준의 방수량을 만족하기 위해서는 방출된 물이 지면에 도달하는 거리(x)가 몇 [m] 이상이어야 하는지 구하시오.

• 실전모범답안

(1) $Q=\frac{\pi}{4}D^2V=\frac{\pi}{4}\times 0.065^2\times 39.597=0.131\text{m}^3/\text{s}$

→ $V=\frac{S}{t}=\frac{S}{\sqrt{\frac{2h}{g}}}=\frac{16}{\sqrt{\frac{2\times 0.8}{9.8}}}=39.597\text{m/s}$

• 답 : 0.13m³/s

(2) $x=V\times t=V\times\sqrt{\frac{2h}{g}}=1.757\times\sqrt{\frac{2\times 0.8}{9.8}}=0.709\text{m}$

→ $V=\frac{Q}{A}=\frac{\frac{0.35}{60}}{\frac{\pi}{4}\times 0.065^2}=1.757\text{m/s}$

• 답 : 0.71m

Mind - Control

불가능은 노력하지 않는 자의 변명이다.

- 한 줄 명언 -

상세해설

(1) 옥외소화전에서의 유량(Q)

$Q=AV=\frac{\pi}{4}D^2V$	연속의 방정식(체적유량)
Q : 유량[m^3/s]	➜ $Q=AV=\pi D^2V/4$ [풀이②]
A : 배관단면적$\left(\frac{\pi}{4}D^2[m^2]\right)$	➜ $\frac{\pi}{4}\times 0.065^2 m^2$
V : 유속[m/s]	➜ $V=S/t$ [풀이①]

① 유속(V)

$V=\frac{S}{t}$	속도=거리 / 시간
V : 유속[m/s]	➜ $V=S/t$
S : 유체의 x방향 이동거리[m]	➜ 16m
t : y방향으로의 중력가속도에 따른 낙하시간[s]	➜ $g=\frac{\Delta V}{dt}$ [풀이㉠]

㉠ 중력가속도(g)

$$g=\frac{\Delta V}{dt}=\frac{V_2-V_1}{dt}=\frac{V_2}{dt}$$

$$g\cdot dt=V_2$$

V_2에 낙하시간(t)을 곱해주면 수직낙하거리(h)가 되므로 양변에 낙하시간(t)을 곱해주고 시간에 대해 적분하면,

$g\cdot tdt=V_2\cdot t=h$ (속도 $=\frac{\text{거리}}{\text{시간}}$ 이므로, $h=V_2\cdot t$임을 알 수 있다.)

$$\int g\cdot tdt=\int h$$

$$g\times\frac{1}{2}t^2=h$$

$$h=\frac{1}{2}gt^2 \Leftrightarrow t=\sqrt{\frac{2h}{g}}$$

➜ 유속 : $V=\dfrac{S}{\sqrt{\dfrac{2h}{g}}}=\dfrac{16m}{\sqrt{\dfrac{2\times 0.8m}{9.8m/s^2}}}=$ **39.597m/s**

② **옥외소화전에서의 유량** : $Q=\frac{\pi}{4}D^2V=\frac{\pi}{4}\times 0.065^2m^2\times 39.597m/s=0.131m^3/s$

$\therefore$ $Q=$ **0.13m³/s**

(2) 규정방수량으로 방수될 경우의 x거리

① 규정방수량으로 방수될 경우 유속(V)

$Q = AV = \frac{\pi}{4}D^2V$	연속의 방정식(체적유량)
Q : 유량[m³/s]	➜ $350l/\text{min} = \frac{0.35}{60}\text{m}^3/\text{s}$ (옥외소화전의 규정방수량 350l/min)
A : 배관단면적$\left(\frac{\pi}{4}D^2[\text{m}^2]\right)$	➜ $\frac{\pi}{4} \times 0.065^2\text{m}^2$ (옥외소화전 배관의 구경 65mm)
V : 유속[m/s]	➜ $V = Q/A$

➜ 유속 : $V = \frac{Q}{A} = \frac{\frac{0.35}{60}\text{m}^3/\text{s}}{\frac{\pi}{4} \times 0.065^2\text{m}^2} = 1.757\text{m/s}$ $\therefore$ $V = 1.757\text{m/s}$

② 규정방수량으로 방수될 경우의 x거리

➜ x거리 $= V \times \sqrt{\frac{2h}{g}} = 1.757\text{m/s} \times \sqrt{\frac{2 \times 0.8\text{m}}{9.8\text{m/s}^2}} = 0.709\text{m}$ $\therefore$ $x = 0.71\text{m}$

Mind - Control

최선을 다하지 않으면서
최고를 바라지 마라.

- 작자 미상 -

수계 소화설비의 계산에서 주의하여야 할 사항

(1) 소화기구 및 자동소화장치

① 소화기의 개수 산정 : 능력단위 선정 주의!
(특정소방대상물의 용도 → 구조 → 실내마감재료 확인!!)

② 보일러실, 지하구, 전기실, 다중이용업소, 음식점 등 : "[별표 4] 부속용도별로 추가하여야 할 소화기구" **이해 心!!**

(2) 옥내소화전설비

① 펌프의 토출측 주배관의 구경 산출 : $D=\sqrt{\frac{4Q}{\pi V}}$ (유속 $V=4$m/s, 최소구경 일반 50mm, 연결송수관 겸용 100mm 기준 확인!)

② 토출량
㉠ 노즐에서의 방수량 : $q=2.086\,d^2\sqrt{P}$
㉡ $Q=130l/\text{min}\times N$ (N : 최대 <u>2개</u>)
(※ 층당 기준, 층당 1개씩 설치되어 총 10개가 설치된 경우 $N=1$)

③ 수원의 양 : $V=0.13\text{m}^3/\text{min}\times \text{T[min]}\times \text{N}$ (옥상수조=수원의 양×1/3)

④ 양정 : H = 낙차수두 + 마찰손실수두 + 법정토출압력
- 낙차수두 : 흡입양정 + 토출양정
- 마찰손실수두 : ⓐ 총 배관 및 관부속품의 등가길이×▨m당 마찰손실

ⓑ $\Delta P=6.053\times 10^4\times \frac{Q^{1.85}}{C^{1.85}\times d^{4.87}}\times L$

ⓒ $H=f\times \frac{L}{D}\times \frac{V^2}{2g}$

- 법정토출압력 환산수두

옥내소화전설비 : $\frac{0.17\text{MPa}}{0.101325\,\text{MPa}}\times 10.332\text{m} = 17.334 \fallingdotseq 17\text{m}$

(3) 스프링클러설비

① 헤드 상호간의 거리 : 정방형 $S=L=2r\cos 45°$

장방향 $S=\sqrt{4r^2-L^2}$, $L=2r\cos\theta$ ($\theta=30\sim 60°$)

② 토출량 : $Q=80l/\text{min}\times N$ (N : 기준개수, <u>기준표</u> **암기 必!!**)
- 기준개수>각 층의 설치개수 → <u>N=설치개수</u>
- 기준개수≤각 층의 설치개수 → <u>N=기준개수</u>

③ 수원의 양 : $V=0.08\text{m}^3/\text{min}\times \text{T[min]}\times \text{N}$ (옥상수조=수원의 양×1/3)

④ 양정 : H=낙차수두+마찰손실수두+법정토출압력
- 낙차수두 : ⓐ 흡입양정 + 토출양정
ⓑ 물이 위로 흐르는 경우(+), 물이 아래로 흐르는 경우(−)
- 마찰손실수두 : ⓐ 자연낙차×▨%, ⓑ 주손실+부차적손실

ⓒ $\Delta P=6.053\times 10^4\times \frac{Q^{1.85}}{C^{1.85}\times d^{4.87}}\times L$, ⓓ $H=f\times \frac{L}{D}\times \frac{V^2}{2g}$

• 법정토출압력 환산수두

스프링클러설비 : $\frac{0.1\text{MPa}}{0.101325\,\text{MPa}} \times 10.332\text{m} = 10.196 ≒ 10\text{m}$

⑤ 압력수조 내 공기압력 : $P_1 = \frac{V_2}{V_1}(P_2 + P_a) - P_a$

(4) 간이스프링클러설비

① 방사량 : 간이헤드의 경우 $Q = 50l/\text{min}$

표준반응형 스프링클러헤드의 경우 $Q = 80l/\text{min}$

② 방사시간 : 일반시설 10분, 숙박시설(600m^2 이상), 복합건축물(1,000m^2 이상), 근린생활시설(1,000m^2 이상) 20분

(5) 물·미분무소화설비

① 물분무 수원의 양 : 특수가연물, 콘베이어, 절연유 $10l/\text{min}\cdot\text{m}^2$, 케이블 덕트 $12l/\text{min}\cdot\text{m}^2$, 차고 또는 주차장 $20l/\text{min}\cdot\text{m}^2$(방사시간 20분)

② 미분무 수원의 양 : $Q = N \times D \times T \times S + V$ (안전율 1.2)

(6) 포소화설비

① 포수용액, 포원액, 수원의 양 관계식

• 포수용액[l]×농도[%]=포원액[l] , 포수용액[l]×(1−농도[%])=물[l]

• $\text{포소화약제의 농도[\%]} = \frac{\text{포원액의 양}}{\text{포수용액의 양}} \times 100 = \frac{\text{포원액의 양}}{\text{(포원액+물)의 양}} \times 100$

• $\text{팽창비(발포비율)} = \frac{\text{방출 후 포의 체적}}{\text{방출 전 포수용액의 체적}}$

(저발포 20 이하, 고발포 80 이상 1,000 미만)

② 포헤드의 개수

• 포워터스프링클러헤드 : $N = \frac{\text{바닥면적 } A\,[\text{m}^2]}{8\text{m}^2/\text{개}}$

• 포헤드 : $N = \frac{\text{바닥면적 } A\,[\text{m}^2]}{9\text{m}^2/\text{개}}$

• 압축공기포소화설비의 분사헤드 : 유류탱크 주위 $N = \frac{\text{바닥면적 } A\,[\text{m}^2]}{13.9\text{m}^2/\text{개}}$

특수가연물 저장소 $N = \frac{\text{바닥면적 } A\,[\text{m}^2]}{9.3\text{m}^2/\text{개}}$

③ 포헤드의 특정소방대상물별 포소화약제에 따른 방사량(방사시간 : 10분)

• 차고, 주차장, 항공기격납고 : 수성막포 $3.7l/\text{min}\cdot\text{m}^2$, 단백포 $6.5l/\text{min}\cdot\text{m}^2$

합성계면활성제포 $8.0l/\text{min}\cdot\text{m}^2$

• 특수가연물 저장, 취급 : 수성막포, 단백포, 합성계면활성제포 $6.5l/\text{min}\cdot\text{m}^2$

④ 고정포방출구방식의 포소화약제 저장량 : $Q = Q_{①} + Q_{②} + Q_{③}$

- 고정포방출구 : $Q_{①} = A \times Q_A \times T \times S$
- 보조포소화전 : $Q_{②} = N \times 8{,}000l \times S$ (N : 보조포소화전의 개수, 최대 3개)
- 송액관에 필요한 포소화약제의 양(관의 내경 75mm 초과 시 적용)
  $Q_{③} = A \times L \times S \times 1{,}000 l/m^3$

(7) 옥외소화전설비

① 토출량 : 노즐에서의 방수량 $q = 2.086 d^2 \sqrt{P}$, $Q = 350l/\min \times N$ (N : 최대 2개)

② 수원의 양 : $V = 0.35 m^3/\min \times T[\min] \times N$ (옥상수조=수원의 양×1/3)

③ 양정 : H=낙차수두+마찰손실수두+법정토출압력
- 낙차수두 : 흡입양정+토출양정
- 마찰손실수두 : ⓐ 총 배관 및 관부속품의 등가길이×▨m당 마찰손실
  ⓑ $\Delta P = 6.053 \times 10^4 \times \dfrac{Q^{1.85}}{C^{1.85} \times d^{4.87}} \times L$
  ⓒ $H = f \times \dfrac{L}{D} \times \dfrac{V^2}{2g}$
- 법정토출압력 환산수두
  옥외소화전설비 : $\dfrac{0.25 MPa}{0.101325 MPa} \times 10.332m = 25.492 \fallingdotseq 25m$

(8) 수계소화설비 공통사항

① 층수에 따른 방사시간 $T[\min]$: 29층 이하 20분, 30층 이상 49층 이하 40분
50층 이상 60분 이상

② 펌프의 성능시험 관련 계산식
- 체절압력 : $P_{체절}$ =펌프의 정격토출압력×1.4
- 과부하운전 시 최소양정 : $H_{과부하}$ =펌프의 정격토출압력×0.65
- 성능시험배관의 구경 : $d = \sqrt{\dfrac{1.5Q}{2.086\sqrt{0.65P}}}$
- 성능시험을 위한 유량측정장치의 최대측정유량 :
  $Q_{유량측정장치,\ MAX}$ =펌프의 정격토출량×1.75

③ 펌프의 동력(P) (수동력, 축동력, 전동력 구분하여 계산 必)
- 비중량(γ) : 물 9,800N/m³=9.8kN/m³
  → 9,800N/m³ 대입→W, 9.8kN/m³ 대입→kW
- 전효율(η) : $\eta_{전효율} = \eta_{수력효율} \times \eta_{체적효율} \times \eta_{기계효율}$ (수동력은 고려하지 않음!!)
- 전달계수(K) : 전동력 산정 시에만 고려!!

(9) 수리계산 시 주의사항

① 펌프를 기준으로 가장 먼 가지배관의 말단헤드에서부터 계산을 시작한다!

② 방사량과 방사압력의 관계식 : $Q = K\sqrt{10P}$

③ 관부속품 산정 시 실수 多!!!!
- 반드시 도면에 표시하며 물량을 산출하고, 특히 도면에 표기되지 않는 "레듀셔"의 개수에 주의한다!!

- 관부속품의 등가길이는 관경이 큰 쪽을 기준으로 산정함에 주의한다!!
  (예 25A×32A 레듀셔 : 32A 배관의 등가길이 산정 시 합산!)

④ 유속기준 : 가지배관 6m/s 이하, 기타 배관 10m/s 이하,
관경기준 : 교차배관 40mm 이상, 수직배수배관 50mm 이상

⑤ 하젠-윌리엄의 식 : $\Delta P = 6.053 \times 10^4 \times \dfrac{Q^{1.85}}{C^{1.85} \times d^{4.87}} \times L$

- ΔP : 배관의 마찰손실압력
  [MPa일 경우 $\Delta P = 6.053 \times 10^4 \times \sim$, kPa일 경우 $\Delta P = 6.053 \times 10^7 \times \sim$,
  kg_f/cm^2일 경우 $\Delta P = 6.053 \times 10^5 \times \sim$]
- Q : 유량[l/min] (단위주의!)
- C : 관의 거칠도=조도
  [흑관, 백관(습식·일제살수식 C=120, 건식·준비작동식 100), 동관,
  CPVC C=150]
- d : 관의 내경[mm] (단위주의!!, 내경(안지름)이 주어질 경우 내경(안지름) 적용!)
- L : 길이[m](주손실+부차적손실=배관의 길이+관부속품의 등가길이)

M·e·m·o

CHAPTER 02

M·e·m·o

Chapter 03

가스계 소화설비

1 이산화탄소소화설비

1 충전비 및 농도

(1) 이산화탄소소화설비

이산화탄소의 주된 소화효과인 질식소화를 목적으로 이산화탄소소화약제를 방출하여 산소의 농도를 저하시켜 소화하는 설비

참고 | 가스계 소화설비의 종류

① 이산화탄소소화설비
② 할론소화설비
③ 할로겐화합물 및 불활성기체 소화설비
④ 분말소화설비

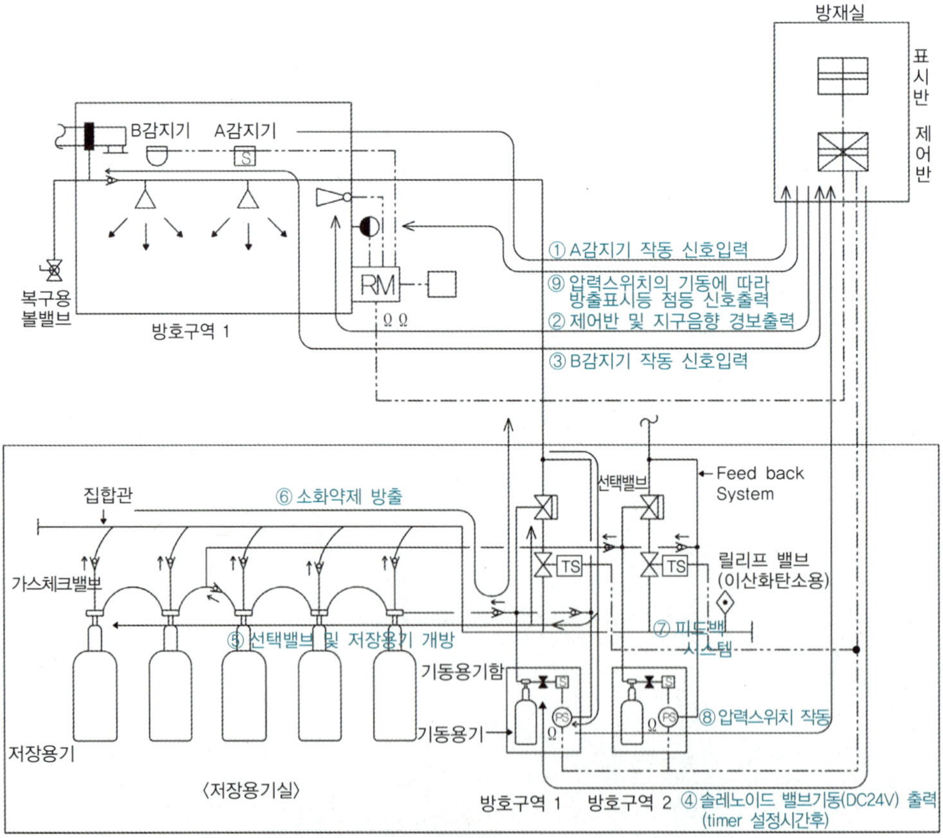

※ 이산화탄소소화설비의 경우 선택밸브 1차측에 수동잠금밸브 설치

| 연동 개념도 |

(2) 이산화탄소의 특성

구 분	이산화탄소
화학식	CO_2
대기압 및 상온에서의 상태	기체
분자량	C(12)+O(16)×2=**44kg**
증기밀도	$\frac{\text{어떤 물질의 분자량}}{\text{공기의 평균 분자량}} = \frac{44\text{kg}}{(32\text{kg}\times 0.21)+(28\text{kg}\times 0.79)} =$ **1.52** ➜ 공기보다 **약 1.5배** 무겁다
임계온도	31.35℃
임계압력	72.75atm
주된 소화효과	질식효과

- 임계온도=압력에 관계없이 기체상태로 존재하는 최저온도
- 임계압력=임계온도에서 액화하는데 필요한 최소압력

(3) 충전비

용기의 용적과 소화약제의 중량과의 비율

$$C=\frac{V}{G}$$

여기서, C : 충전비[l/kg](고압식 : 1.5 이상 1.9 이하, 저압식 : 1.1 이상 1.4 이하)
V : 내용적[l]
G : 저장용기 1병당 저장량[kg]

Tip 같은 크기(부피)의 저장용기라도 충전비에 따라 저장되는 약제량(질량)이 달라진다!

(4) 이산화탄소의 농도

$$CO_2[\%]=\frac{21-O_2}{21}\times 100=\frac{\text{방출가스량}[\text{m}^3]}{\text{방호구역의 체적}[\text{m}^3]+\text{방출가스량}[\text{m}^3]}\times 100$$

여기서, CO_2 : 이산화탄소의 농도[%]
O_2 : 산소의 농도[%]

Mind-Control

목표를 낮추지 말고 노력을 높여라.

- 작자 미상 -

빈번한 기출문제

01 이산화탄소소화약제 저장용기의 내용적이 68.3l 이고 그 용기에 소화약제가 44kg 들어있다면 충전비 [l/kg]를 구하시오.

배점 : 4 [03년]

• 실전모범답안

→ $C=\dfrac{V}{G}=\dfrac{68.3}{44}=1.552l/\text{kg}$

• 답 : 1.55l/kg

상세해설

$C=\dfrac{V}{G}$	충전비
C : 충전비[l/kg]	→ $C=V/G$
V : 내용적[l]	→ 68.3l
G : 저장용기 1병의 저장량[kg]	→ 44kg

→ 충전비 : $C=\dfrac{V}{G}=\dfrac{68.3l}{44\text{kg}}=1.552l/\text{kg} \fallingdotseq \mathbf{1.55}\boldsymbol{l}\mathbf{/kg}$

02 액화이산화탄소 45kg을 20℃ 대기 중(표준대기압)에 방출하였을 경우 각 물음에 답하시오.

배점 : 10 [06년] [09년] [18년]

(1) 이산화탄소의 부피 [m^3]를 구하시오.

(2) 방호구역 공간의 체적이 90m^3인 곳에 약제를 방출하였을 경우 CO_2의 농도 [%]를 구하시오.

• 실전모범답안

(1) $V=\dfrac{WRT}{PM}=\dfrac{45\times 8.314\times(273+20)}{101.325\times 44}=24.587\text{m}^3$

• 답 : 24.59m^3

(2) CO_2의 농도$=\dfrac{24.59}{90+24.59}\times 100=21.459\%$

• 답 : 21.46%

상세해설

(1) 이산화탄소의 부피[m^3]

$PV=\frac{W}{M}RT$	이상기체상태방정식
P : 절대압=대기압+계기압[Pa=N/m^2]	➜ 101,325Pa = 101.325kPa
V : 부피[m^3]	➜ $V=WRT/PM$
W : 실제질량[kg]	➜ 45kg
M : 분자량[kg]	➜ 44kg
R : 기체상수 [8,313.85N·m/kmol·K=8,313.85J/kmol·K]	➜ 8,313.85N·m/kmol·K = 8.314kN·m/kmol·K
T : 절대온도[K=273+℃]	➜ (20℃ +273)K

➜ 이산화탄소의 부피 : $V=\frac{WRT}{PM}=\frac{45\text{kg}\times 8.314\text{kN}\cdot\text{m/kmol}\cdot\text{K}\times(20+273)\text{K}}{101.325\text{kPa}\times 44\text{kg}}=24.587\text{m}^3$

$\fallingdotseq$ **24.59m³**

(2) 이산화탄소의 농도[%]

$$CO_2\text{의 농도}[\%]=\frac{\text{방출가스량}[\text{m}^3]}{\text{방호구역의 체적}[\text{m}^3]+\text{방출가스량}[\text{m}^3]}\times 100$$

➜ 이산화탄소의 농도[%] $=\frac{24.59\text{m}^3}{90\text{m}^3+24.59\text{m}^3}\times 100=21.459\%\fallingdotseq$ **21.46%**

---

03 방호구역의 체적이 400m³인 전기실에 이산화탄소소화설비를 설치하였다. 이 곳에 이산화탄소 80kg을 방사하였을 때 이산화탄소의 농도 [%]를 구하시오. (단, 실내기압은 1.2atm이고, 온도는 22℃이다.)

배점 : 4 [09년-2회] [09년-4회] [16년]

• 실전모범답안

(1) $V=\frac{WRT}{PM}=\frac{80\times 8.314\times(22+273)}{\left(\frac{1.2}{1}\times 101.325\right)\times 44}=36.675\text{m}^3$

• 답 : 36.68m³

(2) CO_2의 농도$=\frac{36.68}{400+36.68}\times 100=8.399\%$

• 답 : 8.4%

상세해설

(1) 이산화탄소의 부피[m³]

$PV = \frac{W}{M}RT$	이상기체상태방정식
P : 절대압=대기압+계기압[Pa=N/m²]	→ $\frac{1.2\text{atm}}{1\text{atm}} \times 101.325\text{kPa}$ **(단서조건)**
V : 부피[m³]	→ $V = WRT/PM$
W : 실제질량[kg]	→ 80kg
M : 분자량[kg]	→ 44kg
R : 기체상수 [8,313.85N·m/kmol·K=8,313.85J/kmol·K]	→ 8,313.85N·m/kmol·K = 8.314kN·m/kmol·K
T : 절대온도[K=273+℃]	→ (273+20)K **(단서조건)**

→ **이산화탄소의 부피 :** $V = \frac{WRT}{PM} = \frac{80\text{kg} \times 8.314\text{kN·m/kmol·K} \times (22+273)\text{K}}{\frac{1.2\text{atm}}{1\text{atm}} \times 101.325\text{kPa} \times 44\text{kg}} = 36.675\text{m}^3$

$\fallingdotseq \mathbf{36.68m^3}$

Tip 압력(P)에 1.2atm을 넣고, 기체상수(R)에 0.082 넣어서도 계산 가능해!

(2) 이산화탄소의 농도[%]

$$CO_2\text{의 농도}[\%] = \frac{\text{방출가스량}[\text{m}^3]}{\text{방호구역의 체적}[\text{m}^3] + \text{방출가스량}[\text{m}^3]} \times 100$$

→ **이산화탄소의 농도[%]** $= \frac{36.68\text{m}^3}{400\text{m}^3 + 36.68\text{m}^3} \times 100 = 8.399\% \fallingdotseq \mathbf{8.4\%}$

04 CO_2의 설계농도가 34%로 방호구역에 방사될 경우 산소의 농도 [%]를 구하시오. 배점 : 4 [11년]

• **실전모범답안**

→ O_2의 농도 $= 21 \times \left(1 - \frac{CO_2}{100}\right) = 21 \times \left(1 - \frac{34}{100}\right) = 13.86\%$

• **답 :** 13.86%

상세해설

$CO_2 = \frac{21 - O_2}{21} \times 100$	이산화탄소의 농도
CO_2 : 이산화탄소의 농도[%]	→ 34%
O_2 : 산소의 농도[%]	→ $O_2 = 21 \times (1 - CO_2/100)$

→ **산소의 농도[%]** $= 21 \times \left(1 - \frac{CO_2}{100}\right) = 21 \times \left(1 - \frac{34}{100}\right) = \mathbf{13.86\%}$

05 **180kg의 액화이산화탄소가 20℃의 표준대기압상태에서 방호구역 체적 250m³인 공간에 방출되었을 때 다음 각 물음에 답하시오.** 배점 : 5 [12년]

(1) 이산화탄소의 농도 [%]를 구하시오.

(2) 산소의 농도 [%]를 구하시오.

• **실전모범답안**

(1) CO_2의 농도 $= \dfrac{98.351}{250+98.351} \times 100 = 28.233\%$

→ $V = \dfrac{WRT}{PM} = \dfrac{180 \times 8.314 \times 293}{101.325 \times 44} = 98.351\text{m}^3$

• **답 :** 28.23%

(2) O_2의 농도 $= 21 \times \left(1 - \dfrac{CO_2}{100}\right) = 21 \times \left(1 - \dfrac{28.33}{100}\right) = 15.071\%$

• **답 :** 15.07%

상세해설

(1) 이산화탄소의 농도[%]

① **이산화탄소의 부피[m³]**

$PV = \dfrac{W}{M}RT$	이상기체상태방정식
P : 절대압=대기압+계기압[Pa=N/m²]	→ 101,325Pa = 101.325kPa **(표준대기압)**
V : 부피[m³]	→ $V = WRT/PM$
W : 실제질량[kg]	→ 180kg
M : 분자량[kg]	→ 44kg
R : 기체상수 [8,313.85N·m/kmol·K=8,313.85J/kmol·K]	→ 8,313.85N·m/kmol·K = 8.314kN·m/kmol·K
T : 절대온도[K=273+℃]	→ (273+20)K

→ **이산화탄소의 부피 :** $V = \dfrac{WRT}{PM} = \dfrac{180\text{kg} \times 8.314\text{kN}\cdot\text{m/kmol}\cdot\text{K} \times (20+273)\text{K}}{101.325\text{kPa} \times 44\text{kg}} = \mathbf{98.351m^3}$

② **이산화탄소의 농도[%]**

$$CO_2\text{의 농도}[\%] = \frac{\text{방출가스량}[\text{m}^3]}{\text{방호구역의 체적}[\text{m}^3] + \text{방출가스량}[\text{m}^3]} \times 100$$

→ **이산화탄소의 농도[%]** $= \dfrac{98.351\text{m}^3}{250\text{m}^3 + 98.351\text{m}^3} \times 100 = 28.233\% \fallingdotseq \mathbf{28.23\%}$

CHAPTER 03

(2) 산소의 농도[%]

$CO_2 = \frac{21 - O_2}{21} \times 100$	이산화탄소의 농도
CO_2 : 이산화탄소의 농도[%]	→ 28.23% **[풀이(1)]**
O_2 : 산소의 농도[%]	→ $O_2 = 21 \times (1 - CO_2/100)$

→ **산소의 농도[%]** $= 21 \times \left(1 - \frac{CO_2}{100}\right) = 21 \times \left(1 - \frac{28.23}{100}\right) = 15.071\% \fallingdotseq$ **15.07%**

06 액화이산화탄소가 20℃의 표준대기압상태에서 방호구역의 체적 500m³인 공간에 방출되었을 때 이산화탄소의 양 [kg]을 구하시오. (단, 산소의 농도는 10%이다.) 배점 : 4 [04년] [13년]

• **실전모범답안**

$\frac{21 - 10}{21} \times 100 = \frac{X}{500\text{m}^3 + X} \times 100$ $\quad \therefore X = 550\text{m}^3$

→ $W = \frac{PVM}{RT} = \frac{101.325 \times 550 \times 44}{8.314 \times (20 + 273)} = 1{,}006.594\text{kg}$

• **답 :** 1,006.59kg

상세해설

$PV = \frac{W}{M} RT$	이상기체상태방정식
P : 절대압=대기압+계기압[Pa=N/m²]	→ 101,325Pa = 101.325kPa **(표준대기압)**
V : 부피[m³]	→ $CO_2[\%] = \frac{\text{방출가스량}[m^3]}{\text{방호구역의 체적}[m^3] + \text{방출가스량}[m^3]} \times 100$ **[풀이(1)]**
W : 실제질량[kg]	→ $W = PVM/RT$ **[풀이(2)]**
M : 분자량[kg]	→ 44kg
R : 기체상수[8,313.85N·m/kmol·K =8,313.85J/kmol·K]	→ 8,313.85N·m/kmol·K = 8.314kN·m/kmol·K
T : 절대온도[K=273+℃]	→ (273 + 20)K

(1) 이산화탄소의 부피[m³]

$$CO_2[\%] = \frac{21 - O_2}{21} \times 100 = \frac{\text{방출가스량}[m^3]}{\text{방호구역의 체적}[m^3] + \text{방출가스량}[m^3]} \times 100$$

여기서, CO_2 : 이산화탄소의 농도[%]

O_2 : 산소의 농도[%]

→ $\frac{21-10}{21}\times 100 = \frac{X}{500m^3+X}\times 100$ ∴ X(이산화탄소의 부피) $=550m^3$

(2) 이산화탄소의 양[kg]

→ 이산화탄소의 양 : $W=\frac{PVM}{RT}=\frac{101.325kPa\times 550m^3\times 44kg}{8.314kN\cdot m/kmol\cdot K\times(20+273)K}=1,006.594kg \fallingdotseq \mathbf{1,006.59kg}$

07 **이산화탄소 100kg이 완전 기화하여 0℃, 101.325kPa일 때, 기체의 부피 [m³]을 구하시오. (단, 약제의 순도는 99.5%이다.)** 배점 : 5 [08년]

• 실전모범답안

$V=\frac{WRT}{PM}=\frac{100\times 8.314\times 273}{101.325\times 44}=50.910m^3$

→ $V=50.910\times 0.995=50.655m^3$

• 답 : $50.66m^3$

상세해설

(1) 이산화탄소의 부피[m³]

$PV=\frac{W}{M}RT$	이상기체상태방정식
P : 절대압=대기압+계기압[Pa=N/m²]	→ 101,325Pa = 101.325kPa (표준대기압)
V : 부피[m³]	→ $V=WRT/PM$
W : 실제질량[kg]	→ 100kg
M : 분자량[kg]	→ 44kg
R : 기체상수[8,313.85N·m/kmol·K =8,313.85J/kmol·K]	→ 8,313.85N·m/kmol·K = 8.314kN·m/kmol·K
T : 절대온도[K=273+℃]	→ (273+0)K

→ CO_2의 부피 : $V=\frac{WRT}{PM}=\frac{100kg\times 8.314kN\cdot m/kmol\cdot K\times 273K}{101.325kPa\times 44kg}=\mathbf{50.910m^3}$

(2) 순도를 고려한 이산화탄소가스의 부피[m³]

순도를 고려한 이산화탄소가스의 부피 V[m³]= $V\times$소화약제의 순도[%]

→ 순도를 고려한 이산화탄소소화약제의 부피 : $V=50.910m^3\times 0.995=50.655m^3 \fallingdotseq \mathbf{50.66m^3}$

CHAPTER 03

08 **방호공간의 체적이 $100m^3$에 대하여 표준상태에서 이산화탄소소화약제를 방출하여 방호공간의 이산화탄소가스 부피농도가 36%로 되었다면 방사된 이산화탄소소화약제의 양 [kg]을 구하시오. (단, 방출된 이산화탄소가스의 순도는 99.5wt%이며 계산은 이상기체 조건을 기준으로 하고 기타 조건은 무시한다.)**

배점 : 6 [12년]

• 실전모범답안

$$36=\frac{X}{100+X}\times 100 \qquad \therefore\ X=56.25m^3$$

$$W=\frac{PVM}{RT}=\frac{101.325\times 56.25\times 44}{8.314\times 273}=110.489 ≒ 110.49kg$$

$$\rightarrow\ W=\frac{110.49}{0.995}=111.045kg$$

• 답 : 111.05kg

상세해설

$PV=\frac{W}{M}RT$	이상기체상태방정식
P : 절대압=대기압+계기압[Pa=N/m²]	→ 101,325Pa = 101.325kPa **(표준대기압)**
V : 부피[m³]	→ $CO_2[\%]=\frac{\text{방출가스량}[m^3]}{\text{방호구역의 체적}[m^3]+\text{방출가스량}[m^3]}\times 100$ **[풀이(1)]**
W : 실제질량[kg]	→ $W=PVM/RT$ **[풀이(2)]**
M : 분자량[kg]	→ $44kg$
R : 기체상수[8,313.85N·m/kmol·K =8,313.85J/kmol·K]	→ 8,313.85N·m/kmol·K = 8.314kN·m/kmol·K
T : 절대온도[K=273+℃]	→ (0℃ + 273)K

(1) 이산화탄소의 부피[m³]

$$CO_2[\%]=\frac{\text{방출가스량}[m^3]}{\text{방호구역의 체적}[m^3]+\text{방출가스량}[m^3]}\times 100$$

여기서, CO_2 : 이산화탄소의 농도[%]

O_2 : 산소의 농도[%]

→ $36\%=\frac{X}{100m^3+X}\times 100$ $\quad\therefore$ **X(이산화탄소의 부피) = $56.25m^3$**

(2) 이산화탄소의 양[kg]

→ **이산화탄소의 양** : $W=\frac{PVM}{RT}=\frac{101.325kPa\times 56.25m^3\times 44kg}{8.314kN\cdot m/kmol\cdot K\times(0+273)K}=110.489kg ≒ \mathbf{110.49kg}$

참고 **표준상태(STP)**

→ 표준상태(STP)란, Standard Temperature Pressure로 **"0℃, 1기압"**을 의미한다.

(3) 순도를 고려한 이산화탄소가스의 양[kg]

$$\text{순도를 고려한 이산화탄소의 양[kg]} = \frac{\text{이산화탄소가스의 양[kg]}}{\text{소화약제의 순도[\%]}}$$

→ 순도를 고려한 이산화탄소소화약제의 양 : $W = \frac{110.49\text{kg}}{0.995} = 111.045\text{kg} \fallingdotseq \mathbf{111.05kg}$

참고 **순도를 고려한 이산화탄소소화약제의 부피**

※ 구해야 하는 값이 질량인지, 부피인지 정확하게 확인하자!

$V \times \text{소화약제의 순도[\%]}$

→ 순도를 고려한 이산화탄소소화약제의 부피 : $V = 56.25\text{m}^3 \times 0.995 = 55.968\text{m}^3 \fallingdotseq \mathbf{55.97m^3}$

09 **가로 10m, 세로 15m, 높이 4m인 전기실에 이산화탄소소화설비가 작동하여 화재가 진압되었다. 개구부에 자동폐쇄장치가 되어있는 경우 다음 조건을 이용하여 물음에 답하시오.**

배점 : 11 [08년] [20년] [21년]

[조건]
① 공기 중 산소의 부피농도는 21%이다.
② 대기압은 760mmHg이고, 이산화탄소소화약제의 방출 후 실내기압은 770mmHg이다.
③ 실내온도는 20℃이다.
④ R은 0.082로 계산한다.

(1) 이산화탄소 방출 후 산소농도를 측정하니 14vol%이었다. CO_2 농도 [%]를 구하시오.
(2) 방출 후 전기실 내의 CO_2의 양 [kg]을 구하시오.
(3) 용기 내에서 부피가 68.3l이고, 약제충전비가 1.7인 CO_2 실린더의 병수 [병]를 구하시오.
(4) 다음은 이산화탄소소화설비의 분사헤드를 설치해서는 안 되는 장소이다. (　　) 안에 알맞은 말을 쓰시오.
① 방재실, 제어실 등 사람이 (　　)하는 장소
② 니트로셀룰로오스, 셀룰로이드 제품 등 (　　)을 저장·취급하는 장소
③ 나트륨, 칼륨, 칼슘 등 (　　)을 저장·취급하는 장소

• **실전모범답안**

(1) $CO_2\text{의 농도} = \frac{21 - O_2}{21} \times 100 = \frac{21 - 14}{21} \times 100 = 33.333\%$

• **답 :** 33.33%

(2) $W=\dfrac{PVM}{RT}=\dfrac{\left(\dfrac{770}{760}\times 1\right)\times 299.955\times 44}{0.082\times(273+20)}$=556.550kg

➜ $33.33\% = \dfrac{X}{(10\times 15\times 4)\text{m}^3+X}\times 100$ $\therefore\ X=299.955\text{m}^3$

• **답 :** 556.55kg

(3) 병수$=\dfrac{556.55}{40.176}$=13.85병

➜ $G=\dfrac{V}{C}=\dfrac{68.3}{1.7}$=40.176kg/병

• **답 :** 14병

(4) ① 상시 근무 ② 자기연소성 물질 ③ 활성 금속물질

상세해설

(1) 이산화탄소의 농도[%]

$CO_2=\dfrac{21-O_2}{21}\times 100$	이산화탄소의 농도
CO_2 : 이산화탄소의 농도[%]	➜ $CO_2=(21-O_2)/21\times 100$
O_2 : 산소의 농도[%]	➜ 14%

➜ **이산화탄소의 농도[%]**$=\dfrac{21-O_2}{21}\times 100=\dfrac{21-14}{21}\times 100=33.333\% \fallingdotseq$ **33.33%**

(2) 이산화탄소의 양[kg]

$PV=\dfrac{W}{M}RT$	이상기체상태방정식
P : 절대압=대기압+계기압[Pa=N/m^2]	➜ $\dfrac{770\text{mmHg}}{760\text{mmHg}}\times 1\text{atm}$ **(조건②)**
V : 부피[m^3]	➜ $CO_2[\%]=\dfrac{\text{방출가스량}[\text{m}^3]}{\text{방호구역의 체적}[\text{m}^3]+\text{방출가스량}[\text{m}^3]}\times 100$ **[풀이①]**
W : 실제질량[kg]	➜ $W=PVM/RT$ **[풀이②]**
M : 분자량[kg]	➜ 44kg
R : 기체상수[8,313.85N·m/kmol·K =8,313.85J/kmol·K]	➜ 0.082atm·m^3/K **(조건④)**
T : 절대온도[K=273+℃]	➜ (273+20)K **(조건③)**

① 이산화탄소의 부피[m^3]

$$CO_2[\%] = \frac{방출가스량[m^3]}{방호구역의\ 체적[m^3] + 방출가스량[m^3]} \times 100$$

여기서, CO_2 : 이산화탄소의 농도[%]

O_2 : 산소의 농도[%]

→ $33.33\% = \dfrac{X}{(10 \times 15 \times 4)\text{m}^3 + \text{X}} \times 100$

∴ X(이산화탄소의 부피) $= 299.955\text{m}^3 \fallingdotseq$ **299.96m^3**

② 이산화탄소의 양[kg]

→ 이산화탄소의 양 : $W = \dfrac{PVM}{RT} = \dfrac{\left(\dfrac{770\text{mmHg}}{760\text{mmHg}} \times 1\text{atm}\right) \times 299.955\text{m}^3 \times 44\text{kg}}{0.082\text{atm}\cdot\text{m}^3/\text{K} \times (20+273)\text{K}} = 556.550\text{kg}$

$\fallingdotseq$ **556.55kg**

(3) 이산화탄소소화약제 실린더의 병수[병]

① 저장용기 1병당 저장량[kg/병]

$C = \dfrac{V}{G}$	충전비
C : 충전비[l/kg]	→ 1.7l/kg
V : 내용적[l]	→ 68.3l
G : 저장용기 1병당 저장량[kg]	→ $G = V/C$

→ 저장용기 1병당 저장량 : $G = \dfrac{V}{C} = \dfrac{68.3l}{1.7l/\text{kg}} = 40.176\text{kg/병}$

② 이산화탄소소화약제 실린더의 병수[병]

$$소화약제\ 저장용기의\ 개수[병] = \frac{소화약제의\ 저장량[kg]}{저장용기\ 1병의\ 저장량[kg/병]}$$

→ 이산화탄소소화약제 실린더의 병수[병] $= \dfrac{556.55\text{kg}}{40.176\text{kg/병}} = 13.85병 \fallingdotseq$ **14병**

(4) 이산화탄소소화설비의 분사헤드 설치제외장소

① 방재실·제어실 등 사람이 상시 근무하는 장소
② 니트로셀룰로오스·셀룰로이드제품 등 자기연소성 물질을 저장·취급하는 장소
③ 나트륨·칼륨·칼슘 등 활성 금속물질을 저장·취급하는 장소
④ 전시장 등의 관람을 위하여 다수인이 출입·통행하는 통로 및 전시실 등

암기법 상근 자연 활성 관람

2 이산화탄소소화설비의 전역방출방식

(1) 이산화탄소소화설비의 저장용기의 설치기준

① **저장용기 설치장소의 적합기준**

㉠ 온도가 **40℃** 이하이고, 온도변화가 적은 곳에 설치할 것

㉡ **직사광선** 및 **빗물**이 침투할 우려가 없는 곳에 설치할 것

㉢ **방화문**으로 구획된 실에 설치할 것

㉣ 용기간 간격은 점검에 지장이 없도록 **3cm 이상**의 간격을 유지할 것

㉤ 용기의 설치장소에는 해당 용기가 설치된 곳임을 표시하는 **표지**를 할 것

㉥ 방호구역 **외**의 장소에 설치할 것. 다만, 방호구역 내에 설치할 경우에는 피난 및 조작이 용이하도록 피난구 부근에 설치할 것

㉦ 저장용기와 집합관을 연결하는 연결배관에는 **체크밸브**를 설치할 것. 다만, 저장용기가 하나의 방호구역만을 담당하는 경우에는 그렇지 않음

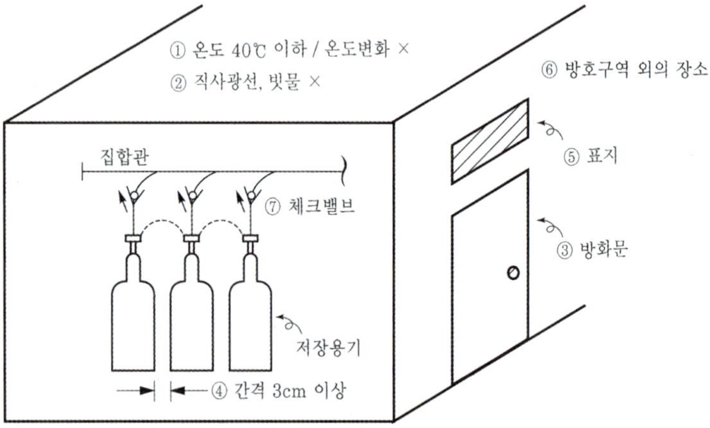

→ 가스계 소화설비의 저장용기 설치장소의 온도

CO_2, 할론, 분말소화설비	40℃
할로겐화합물 및 불활성기체 소화설비	55℃

② **저장용기에 대한 수치 암기**

저장용기	충전비	저장압력	내압시험 압력(A)	저장용기와 선택밸브 또는 개폐밸브 사이의 안전장치 작동압력	저압식 저장용기의 특이사항
고압식	1.5 이상 1.9 이하	6MPa (상온)	25MPa 이상	A의 0.8배 (20MPa)	-
저압식	1.1 이상 1.4 이하	2.1MPa (−18℃ 이하)	3.5MPa 이상	A의 0.8배 (2.8MPa)	① 안전밸브=A의 0.64~0.8배 ② 봉판=A의 0.8~1배 ③ 압력경보장치 =2.3MPa 이상 1.9MPa 이하

③ **저장용기의 개방밸브의 종류**

㉠ 전기식 ㉡ 기계식 ㉢ 가스압력식

(2) 이산화탄소소화설비의 수동식 기동장치

① 전역방출방식은 **방호구역**마다 국소방출방식은 **방호대상물**마다 설치할 것
② 해당 방호구역의 출입구 부분 등 조작자가 **피난할 수 있는 장소**에 설치할 것
③ 기동장치 조작부는 바닥으로부터 높이 **0.8m 이상 1.5m 이하**의 위치에 설치하고 보호판 등에 따른 보호장치를 할 것
④ 기동장치에는 가까운 곳의 보기쉬운 곳에 "**이산화탄소소화설비 기동장치**"라고 표시한 표지를 할 것
⑤ 전기를 사용하는 기동장치에는 **전원표시등**을 설치할 것
⑥ 기동장치의 방출용 스위치는 **음향경보장치**와 연동하여 조작될 수 있는 것으로 할 것
⑦ 기동장치에는 보호장치를 설치해야 하며, 보호장치를 개방하는 경우 기동장치에 설치된 부저 또는 벨 등에 의하여 경고음을 발할 것
⑧ 기동장치를 옥외에 설치하는 경우 빗물 또는 외부 충격의 영향을 받지 아니하도록 설치할 것

(3) 이산화탄소소화설비의 자동식 기동장치

① **자**동식 기동장치=수동으로도 기동할 수 있는 구조로 할 것
② **전**기식 기동장치=**7병 이상**의 저장용기를 동시에 개방하는 설비는 **2병 이상**의 저장용기에 전자개방밸브를 부착할 것
③ **기**계식 기동장치=저장용기를 쉽게 개방할 수 있는 구조로 할 것
④ **가**스압력식 기동장치

가스압력식 기동장치의 기동용 가스용기	
㉠ 밸브=25MPa 이상 견딜 것 ㉡ 안전장치 작동압력=**내압시험압력의 0.8~1배**	㉢ 용적=5L 이상, **비활성기체**(N_2)의 충전압력=6MPa 이상(21℃ 기준) ㉣ 충전여부 확인용 **압력게이지** 설치

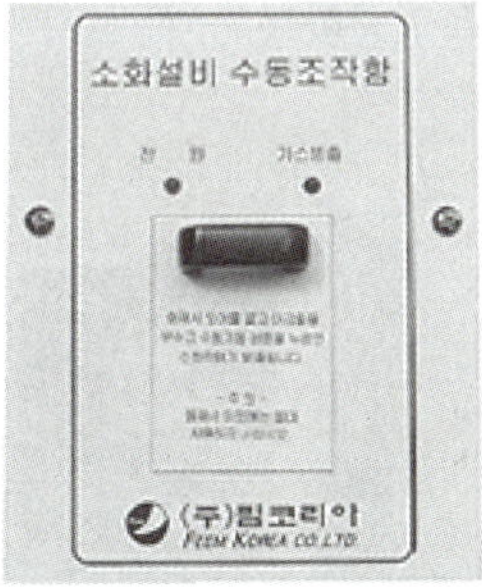

| 수동조작함 |

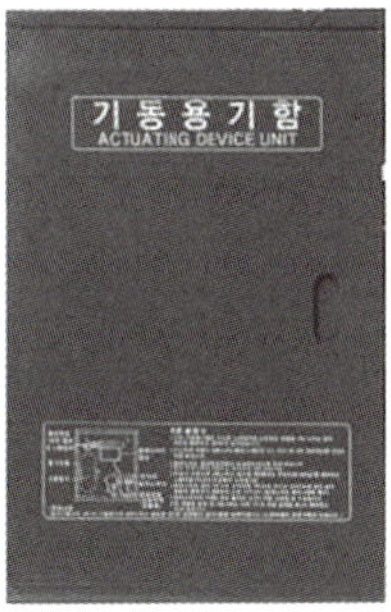

| 기동용기함-외부 |

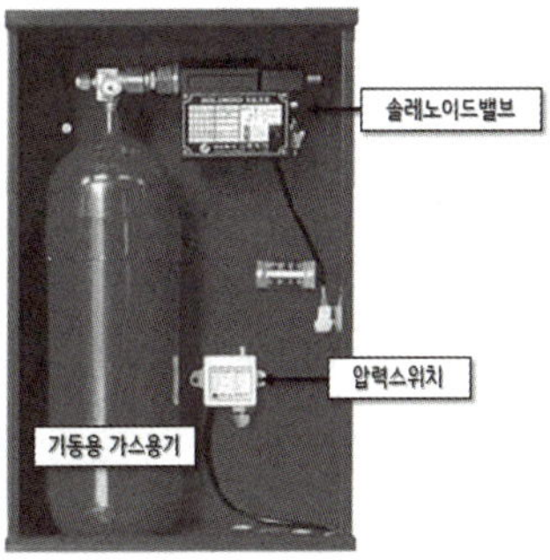

| 기동용기함-내부 |

(4) 가스계 소화설비의 선택밸브

2 이상의 방호구역 또는 방호대상물일 경우
① 방호구역 또는 방호대상물마다 설치할 것
② 각 선택밸브에는 그 담당 방호구역 또는 방호대상물을 표시할 것

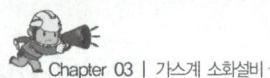

참고 이산화탄소소화설비의 수동잠금밸브

※ 가스계 소화설비 중 이산화탄소소화설비에만 해당되는 내용이므로 확인하고 넘어가자!
소화약제의 저장용기와 선택밸브 사이의 집합배관에는 수동잠금밸브를 설치하되 선택밸브 직전에 설치할 것
다만, 선택밸브가 없는 설비의 경우에는 저장용기실 내에 설치하되 조작 및 점검이 쉬운 위치에 설치할 것

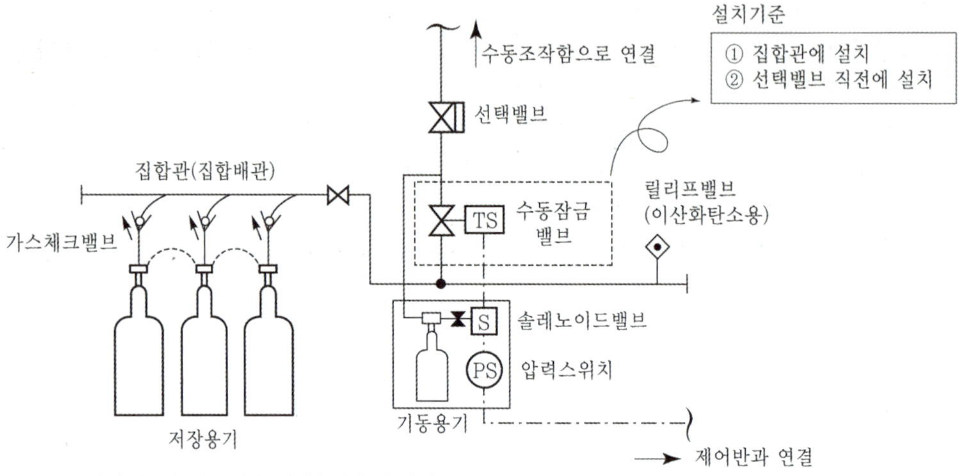

(5) 이산화탄소소화설비의 과압배출구 설치기준

이산화탄소소화설비의 방호구역에는 소화약제 방출 시 발생하는 과(부)압으로 인한 구조물 등의 손상을 방지하기 위해 ① **방호구역 누설면적**, ② **방호구역의 최대허용압력**, ③ **소화약제 방출 시의 최고압력**, ④ **소화농도 유지시간**까지의 내용을 검토하여 과압배출구를 설치해야 한다. 다만, 과(부)압이 발생해도 구조물 등에 손상이 생길 우려가 없음을 시험 또는 공학적인 자료로 입증하는 경우 설치하지 않을 수 있다.

| 과압배출구 |

(6) 이산화탄소소화설비의 분사헤드의 설치기준

① **분사헤드의 방사압력**

구 분	고압식	저압식
분사헤드의 방사압력	2.1MPa 이상	1.05MPa 이상

② **분사헤드의 설치제외장소**

㉠ 방재실, 제어실 등 사람이 **상**시 **근**무하는 장소
㉡ 니트로셀룰로오스, 셀룰로이드제품 등 **자**기**연**소성 물질을 저장·취급하는 장소
㉢ 나트륨, 칼륨, 칼슘 등 **활성** 금속물질을 저장·취급하는 장소
㉣ 전시장 등의 **관람**을 위하여 다수인이 출입·통행하는 통로 및 전시실 등

암기법 상근 자연 활성 관람

③ **분사헤드 오리피스의 면적**

분사헤드 오리피스의 면적≤배관구경면적의 70%

→ 분사헤드 오리피스의 면적은 분사헤드가 연결되는 **배관구경면적의 70%**를 초과하지 아니할 것

(7) 이산화탄소소화설비의 배관의 설치기준

CO_2의 배관	강관 (압력배관용 탄소강관)	동관(이음이 없는 동 및 동합금관)	개폐밸브 또는 선택밸브 배관부속의 호칭압력	
고압식	스케줄 80 이상 (호칭구경 20mm 이하 : 스케줄 40 이상)	16.5MPa 이상	1차측	9MPa 이상
			2차측	4.5MPa 이상
저압식	스케줄 40 이상	3.75MPa 이상	4.5MPa 이상	

(8) 가스계 소화설비의 음향경보장치의 경보시간

→ 소화약제의 방사 개시 후 **1분 이상** 경보를 계속할 수 있을 것

(9) 안전시설

① 소화약제 방출 시 방호구역 내와 부근에 가스 방출 시 영향을 미칠 수 있는 장소에 **시각경보장치**를 설치하여 소화약제가 방출되었음을 알도록 할 것
② 방호구역의 출입구 부근 잘 보이는 장소에 약제방출에 따른 **위험경고표지**를 부착할 것

(10) 부취발생기

방호구역 내에 이산화탄소 소화약제가 방출되는 경우 후각을 통해 이를 인지할 수 있도록 부취발생기를 다음의 어느 하나에 해당하는 방식으로 설치해야 한다.

① 부취발생기를 소화약제 저장용기실 내의 소화배관에 설치하여 소화약제의 방출에 따라 부취제가 혼합되도록 하는 방식

㉠ 소화약제 저장용기실 내의 소화배관에 설치할 것

㉡ 점검 및 관리가 쉬운 위치에 설치할 것

㉢ 방호구역별로 선택밸브 직후 2차측 배관에 설치할 것. 다만, 선택밸브가 없는 경우에는 집합배관에 설치할 수 있다.

② 방호구역 내에 부취발생기를 설치하여 이산화탄소소화설비의 기동에 따라 소화약제 방출 전에 부취제가 방출되도록 하는 방식

(11) 이산화탄소소화설비 전역방출방식의 소화약제 저장량[kg]

$$Q = K_1 V + K_2 A$$

여기서, Q : 소화약제의 저장량[kg]

K_1 : 방호구역 1m^{3}당 소요약제량[kg/m^3]

V : 방호구역의 체적[m^3]

K_2 : 개구부가산량[kg/m^2]

A : 개구부의 면적[m^2]

참고 약제량 계산 시 주의사항

① 방호구역의 체적(V)=불연재료나 내열성의 재료로 밀폐된 구조물의 체적은 제외

② 개구부의 면적(A)=자동폐쇄장치가 설치된 개구부 면적은 제외

③ 최저한도량=기본약제량($K_1 V$) 산정 후 최저한도량과 비교하여 큰 값을 적용

→ 예 기본약제량($K_1 V = 0.8\text{kg/m}^3 \times 150\text{m}^3 = 120\text{kg}$), 최저한도량(135kg)인 경우

: 최저한도량 135kg 적용

① **전역방출방식 – 표면화재**

㉠ **방호구역의 체적에 따른 이산화탄소소화설비의 소화약제량**

<table>
<tr><th>방호구역의 체적</th><th>방호구역의 1m^{3}에 대한 소화약제의 양(K_1)</th><th>소화약제 저장량의 최저한도의 양</th><th>개구부가산량(K_2)</th></tr>
<tr><td>45m^3 미만</td><td>1kg/m^3</td><td rowspan="2">45kg</td><td rowspan="4">5kg/m^2</td></tr>
<tr><td>45m^3 이상 150m^3 미만</td><td>0.9kg/m^3</td></tr>
<tr><td>150m^3 이상 1,450m^3 미만</td><td>0.8kg/m^3</td><td>135kg</td></tr>
<tr><td>1,450m^3 이상</td><td>0.75kg/m^3</td><td>1,125kg</td></tr>
</table>

㉡ **소화약제의 방사시간 = 1분 이내**

참고 표면화재의 보정계수(C)

→ 설계농도가 34% 이상인 방호대상물에 적용(에탄, 메탄, 부탄 등)

$$Q = C \times K_1 V + K_2 A$$

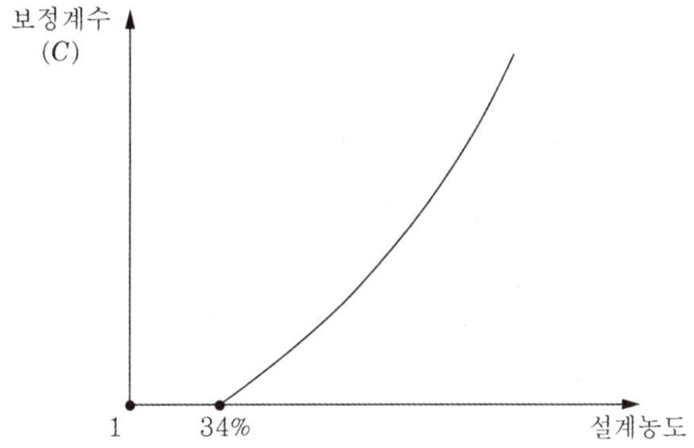

② **전역방출방식 – 심부화재**

㉠ **소방대상물에 따른 이산화탄소소화설비의 소화약제량**

소방대상물	방호구역의 1m³에 대한 소화약제의 양(K_1)	설계 농도[%]	개구부 가산량(K_2)
• 유압기기를 제외한 전기설비, 케이블실	1.3kg/m³	50	10kg/m²
• 전기설비(체적 55m³ 미만)	1.6kg/m³	50	
• 목재가공품창고, 박물관, 서고, 전자제품창고, **암기법** 재물이(2.0) 고자	2.0kg/m³	65	
• 고무류, 모피창고, 집진설비, 석탄 창고, 면화류창고 **암기법** 고모집 석면	2.7kg/m³	75	

㉡ 소화약제의 방사시간=**7분** 이내(설계농도가 2분 이내 30% 도달)

Mind – Control

성공한 자본가와 예술가들의 업적은 모두 자신만의 강력한 신념안에서 판단하고 실천한 결과이다.

– 미상 –

빈번한 기출문제

01 **이산화탄소소화설비의 전역방출방식에 있어서 표면화재 방호대상물의 소화약제 저장량에 대한 표를 나타낸 것이다. 빈 칸에 적당한 수치를 채우시오.** 배점 : 7 [12년] [20년]

방호구역의 체적	방호구역의 1m³에 대한 소화약제의 양	소화약제 저장량의 최저한도의 양
45m³ 미만	(①)kg	(⑤)kg
45m³ 이상 150m³ 미만	(②)kg	
150m³ 이상 1,450m³ 미만	(③)kg	(⑥)kg
1,450m³ 이상	(④)kg	(⑦)kg

• 실전모범답안

방호구역의 체적	방호구역의 1m³에 대한 소화약제의 양	소화약제 저장량의 최저한도의 양
45m³ 미만	(① 1)kg	(⑤ 45)kg
45m³ 이상 150m³ 미만	(② 0.9)kg	
150m³ 이상 1,450m³ 미만	(③ 0.8)kg	(⑥ 135)kg
1,450m³ 이상	(④ 0.75)kg	(⑦ 1,125)kg

02 **다음의 물음에 답하시오.** 배점 : 3 [06년-1회] [06년-4회] [13년]

(1) 저장용기는 고압식은 (①)MPa 이상, 저압식은 (②)MPa 이상의 내압시험압력에 합격한 것으로 할 것

(2) 저압식 저장용기에는 내압시험압력의 (③)배부터 (④)배의 압력에서 작동하는 안전밸브와 내압시험압력의 (⑤)배부터 (⑥)에서 작동하는 봉판을 설치할 것

(3) 음향경보장치는 소화약제의 방사 개시 후 (⑦)분 이상 경보를 계속할 수 있는 것으로 할 것

• 실전모범답안

(1) 저장용기는 고압식은 (① 25)MPa 이상, 저압식은 (② 3.5)MPa 이상의 내압시험압력에 합격한 것으로 할 것

(2) 저압식 저장용기에는 내압시험압력의 (③ 0.64)배부터 (④ 0.8)배의 압력에서 작동하는 안전밸브와 내압시험압력의 (⑤ 0.8)배부터 (⑥ 1)에서 작동하는 봉판을 설치할 것

(3) 음향경보장치는 소화약제의 방사 개시 후 (⑦ 1)분 이상 경보를 계속할 수 있는 것으로 할 것

03 이산화탄소소화설비 저장용기의 설치장소의 설치기준을 5가지만 쓰시오.

배점 : 5 [03년] [23년]

• 실전모범답안

(1) 온도가 40℃ 이하이고, 온도변화가 적은 곳에 설치할 것
(2) **직사광선** 및 **빗물**이 모두 침투할 우려가 없는 곳에 설치할 것
(3) **방화문**으로 구획된 실에 설치할 것
(4) 용기간 간격은 점검에 지장이 없도록 **3cm 이상**의 간격을 유지할 것
(5) 용기의 설치장소에는 해당 용기가 설치된 곳임을 표시하는 **표지**를 할 것
(6) 방호구역 **외**의 장소에 설치할 것. 다만, 방호구역 내에 설치할 경우에는 피난 및 조작이 용이하도록 피난구 부근에 설치할 것
(7) 저장용기와 집합관을 연결하는 연결배관에는 **체크밸브**를 설치할 것. 다만, 저장용기가 하나의 방호구역만을 담당하는 경우에는 그렇지 않음.

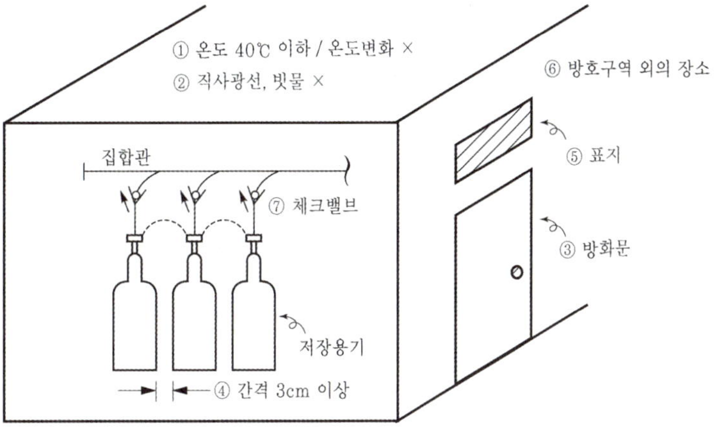

참고 기타 가스계 소화설비의 저장용기 설치장소의 온도

→ 가스계 소화설비의 저장용기 설치장소의 온도

CO_2, 할론, 분말소화설비	40℃
할로겐화합물 및 불활성기체 소화설비	55℃

04 다음은 이산화탄소소화설비의 수동식 기동장치의 설치기준이다. (   ) 안에 알맞은 답을 쓰시오.

배점 : 6 [04년-1회] [04년-4회]

(1) 전역방출방식은 (①)마다 국소방출방식은 (②)마다 설치할 것
(2) 당해 방호구역의 출입구 부분 등 조작자가 (③)에 설치할 것
(3) 기동장치 조작부는 바닥으로부터 높이 (④) 이상 (⑤) 이하의 위치에 설치하고 보호장치를 할 것
(4) 기동장치에는 가까운 곳의 보기쉬운 곳에 (⑥)라고 표시한 표지를 할 것
(5) 전기를 사용하는 기동장치에는 (⑦)을 설치할 것
(6) 기동장치의 방출용 스위치는 (⑧)와 연동하여 조작될 수 있는 것으로 할 것

• 실전모범답안

(1) 전역방출방식은 (① **방호구역**)마다 국소방출방식은 (② **방호대상물**)마다 설치할 것
(2) 당해 방호구역의 출입구 부분 등 조작자가 (③ **피난할 수 있는 위치**)에 설치할 것
(3) 기동장치 조작부는 바닥으로부터 높이 (④ **0.8m**) 이상 (⑤ **1.5m**) 이하의 위치에 설치하고 보호장치를 할 것
(4) 기동장치에는 가까운 곳의 보기쉬운 곳에 (⑥ **"이산화탄소소화설비 기동장치"**)라고 표시한 표지를 할 것
(5) 전기를 사용하는 기동장치에는 (⑦ **전원표시등**)을 설치할 것
(6) 기동장치의 방출용 스위치는 (⑧ **음향경보장치**)와 연동하여 조작될 수 있는 것으로 할 것
(7) 기동장치에는 보호장치를 설치해야 하며, 보호장치를 개방하는 경우 기동장치에 설치된 부저 또는 벨 등에 의하여 경고음을 발할 것
(8) 기동장치를 옥외에 설치하는 경우 빗물 또는 외부 충격의 영향을 받지 아니하도록 설치할 것

05 이산화탄소소화설비의 분사헤드의 설치제외장소에 대한 ( ) 안에 알맞은 말을 쓰시오.

배점 : 4 [04년] [08년-] [14년]

(1) 방재실, 제어실 등 사람이 (①)하는 장소
(2) 니트로셀룰로오스, 셀룰로이드 제품 등 (②)을 저장·취급하는 장소
(3) 나트륨, 칼륨, 칼슘 등 (③)을 저장·취급하는 장소
(4) 전시장 등의 관람을 위하여 다수인이 (④)하는 통로 및 전시실 등

• 실전모범답안

(1) 방재실, 제어실 등 사람이 (① **상시 근무**)하는 장소
(2) 니트로셀룰로오스, 셀룰로이드 제품 등 (② **자기연소성 물질**)을 저장·취급하는 장소
(3) 나트륨, 칼륨, 칼슘 등 (③ **활성 금속물질**)을 저장·취급하는 장소
(4) 전시장 등의 관람을 위하여 다수인이 (④ **출입·통행**)하는 통로 및 전시실 등

06 이산화탄소소화설비의 배관의 설치기준이다. ( ) 안을 채우시오.

배점 : 4 [07년] [10년] [12년]

(1) 강관을 사용하는 경우의 배관은 (①) 중 (②) 이상의 것 또는 이와 동등 상의 강도를 가진 것으로 (③) 등으로 (④)된 것을 사용할 것
(2) 동관을 사용하는 경우의 배관은 (⑤)으로서 고압식은 (⑥)MPa 이상, 저압식은 (⑦)MPa 이상의 압력에 견딜 수 있는 것을 사용할 것

• 실전모범답안

(1) 이산화탄소소화설비의 배관 – 강관
강관을 사용하는 경우의 배관은 (① **압력배관용 탄소강관**) 중 (② **스케줄 80**) 이상의 것 또는 이와 동등 이상의 강도를 가진 것으로 (③ **아연도금**) 등으로 (④ **방식처리**)된 것을 사용할 것
(2) 이산화탄소소화설비의 배관 – 동관
동관을 사용하는 경우의 배관은 (⑤ **이음이 없는 동 및 동합금관**)으로서 고압식은 (⑥ **16.5**)MPa 이상, 저압식은 (⑦ **3.75**)MPa 이상의 압력에 견딜 수 있는 것을 사용할 것

상세해설

◉ 이산화탄소소화설비의 배관의 설치기준

CO_2의 배관	강관(압력배관용 탄소강관)	동관(이음이 없는 동 및 동합금관)	개폐밸브 또는 선택밸브 배관부속의 호칭압력	
고압식	스케줄 80 이상 (호칭구경 20mm 이하 : 스케줄 40 이상)	16.5MPa 이상	1차측	9MPa 이상
			2차측	4.5MPa 이상
저압식	스케줄 40 이상	3.75MPa 이상	4.5MPa 이상	

07 **체적이 150m³인 밀폐된 전기실에 이산화탄소소화설비를 전역방출방식으로 적용하고자 한다. 설계농도를 50%로 할 경우 방출계수는 1.33kg/m³이며, 저장용기는 고압식을 사용한다. 충전비는 1.8l/kg으로 할 경우 필요한 저장용기의 개수 [병]를 구하시오. (단, 저장용기의 내용적은 68l이다.)**

배점 : 5 [12년] [21년]

• 실전모범답안

① $Q=K_1V+K_2A=1.33\times150=199.5$kg

② $G=\dfrac{V}{C}=\dfrac{68}{1.8}=37.777\fallingdotseq37.78$kg

→ 용기수 $=\dfrac{199.5}{37.78}=5.28\fallingdotseq6$병

• 답 : 6병

상세해설

(1) 이산화탄소소화약제의 저장량[kg]

$Q=K_1V+K_2A$	소화약제의 저장량(전역방출방식)
Q : 소화약제의 저장량[kg]	→ $Q=K_1V+K_2A$
K_1 : 방호구역 1m³당 소요약제량[kg/m³]	→ 1.33kg/m^3
V : 방호구역의 체적[m³]	→ 150m^3
K_2 : 개구부가산량[kg/m²]	→ 개구부에 대한 언급이 없으므로 무시
A : 개구부의 면적[m²]	

→ 이산화탄소소화약제의 저장량 : $Q=K_1V+K_2A=1.33\text{kg/m}^3\times150\text{m}^3=199.5\text{kg}$

(2) 충전비[l/kg]

$C=\dfrac{V}{G}$	충전비
C : 충전비[l/kg]	→ $1.8l/\text{kg}$
V : 내용적[l]	→ $68l$
G : 저장용기 1병당 저장량[kg]	→ $G=V/C$

➜ 저장용기 1병당 저장량 : $G=\dfrac{V}{C}=\dfrac{68\,l}{1.8\,l/\text{kg}}=37.777\text{kg}\fallingdotseq\mathbf{37.78kg}$

(3) 소화약제 저장용기의 개수[병]

$$소화약제\ 저장용기의\ 개수[병]=\frac{소화약제의\ 저장량[\text{kg}]}{저장용기\ 1병의\ 저장량[\text{kg}/병]}$$

➜ 소화약제 저장용기의 개수 $=\dfrac{199.5\text{kg}}{37.78\text{kg}/병}=5.28병\fallingdotseq\mathbf{6병}$

08 사무소 건물의 지하층에 있는 발전기실에 화재안전기술기준과 다음 조건에 따라 전역방출방식의 이산화탄소소화설비를 설치하려고 한다. 다음 각 물음에 답하시오.

배점 : 10 [04년] [05년] [15년] [19년] [21년] [22년] [23년]

[조건]
① 소화설비는 고압식으로 한다.
② 발전기실의 크기 = 가로 7m×세로 10m×높이 5m
③ 발전기실의 개구부의 크기 : 1.8m×3m×2개소(자동폐쇄장치 있음)
④ 가스용기 1병당 충전량 = 45kg
⑤ 소화약제의 양은 0.8kg/m^3, 개구부 가산량은 5kg/m^{2}으로 계산한다.

(1) 필요한 가스용기의 병수 [병]를 구하시오.
(2) 선택밸브 개폐 직후의 유량 [kg/s]을 구하시오.
(3) 음향경보장치는 약제방사 개시 후 경보를 계속할 수 있는 시간 [분]을 쓰시오.
(4) 작동방식에 따라 분류되는 가스용기의 개방밸브 3가지의 명칭을 쓰시오.

• **실전모범답안**

(1) $Q=K_1V+K_2A=0.8\times(7\times10\times5)=280\text{kg}$

➜ 용기수 $=\dfrac{280}{45}=6.22$병

• **답 :** 7병

(2) $Q=\dfrac{45\times7}{60}=5.25\text{kg/s}$

• **답 :** 5.25kg/s

(3) 1분 이상

(4) 전기식, 기계식, 가스압력식

상세해설

(1) 필요한 가스용기의 병수[병]

① **이산화탄소소화약제의 저장량[kg]**

$Q=K_1V+K_2A$	소화약제의 저장량(전역방출방식)
Q : 소화약제의 저장량[kg]	➜ $Q=K_1V+K_2A$
K_1 : 방호구역 $1m^3$당 소요약제량[kg/m^3]	➜ $0.8kg/m^3$
V : 방호구역의 체적[m^3]	➜ $7m \times 10m \times 5m$
K_2 : 개구부가산량[kg/m^2]	➜ 개구부에 자동폐쇄장치가 설치되어 있으므로 무시(조건③)
A : 개구부의 면적[m^2]	

➜ **이산화탄소소화약제의 저장량 :** $Q=K_1V+K_2A=0.8kg/m^3 \times (7m \times 10m \times 5m)=280kg$

② **필요한 가스용기의 병수[병]**

$$\text{소화약제 저장용기의 개수[병]} = \frac{\text{소화약제의 저장량[kg]}}{\text{저장용기 1병의 저장량[kg/병]}}$$

㉠ 저장용기 1병의 저장량=45kg **(조건④)**

➜ **소화약제 저장용기의 개수**$=\dfrac{280kg}{45kg/병}=6.22병 \fallingdotseq$ **7병**

(2) 선택밸브 개폐 직후의 유량[kg/s]

$$\text{선택밸브 직후의 유량[kg/s]} = \frac{\text{저장용기 1병의 저장량[kg]} \times \text{병수[병]}}{\text{방출시간[s]}}$$

가스계 소화설비별 특정소방대상물의 소화약제 방사시간

구 분	할로겐화합물 및 불활성기체 소화설비			할론 소화설비	분말 소화설비	이산화탄소소화설비	
	할로겐화합물	불활성기체				표면화재	심부화재
전역방출 방식	10초 이내	A·C급 화재	2분 이내	10초 이내	30초 이내	1분 이내	7분 이내 (설계농도가 2분 이내 30% 도달)
		B급 화재	1분 이내				
	➜ 설계농도의 95% 이상 방사						
국소방출 방식	–	–		10초 이내	30초 이내	30초 이내	30초 이내

① 저장용기 1병의 저장량=45kg **(조건④)**

② 방출시간=1min=60s (전역방출방식의 표면화재)

➜ **선택밸브 개폐 직후의 유량[kg/s]**$=\dfrac{45kg \times 7병}{60s}=5.25kg/s$

(3) 음향경보장치의 약제방사 개시 후 경보 유지시간[분]

➜ 이산화탄소, 할론, 할로겐화합물 및 불활성기체, 분말소화설비의 음향경보장치
=소화약제의 방사 개시 후 **1분 이상** 경보를 계속할 수 있는 것으로 할 것

(4) 가스용기의 개방밸브 3가지

① 전기식

② 기계식

③ 가스압력식

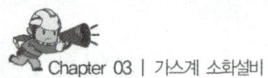

참고 **이산화탄소소화설비의 자동식 기동장치**

① **자**동식 기동장치=수동으로도 기동할 수 있는 구조로 할 것
② **전**기식 기동장치=7병 이상의 저장용기를 동시에 개방하는 설비는 2병 이상의 저장용기에 전자개방밸브를 부착할 것
③ **기**계식 기동장치=저장용기를 쉽게 개방할 수 있는 구조로 할 것
④ 가스압력식 기동장치

가스압력식 기동장치의 기동용 가스용기	
㉠ 밸브=25MPa 이상 견딜 것 ㉡ 안전장치 작동압력=**내압시험압력의 0.8~1배**	㉢ 용적=5L 이상 **비활성기체**(N_2)의 충전압력=6MPa 이상(21℃ 기준) ㉣ 충전여부 확인용 **압력게이지** 설치

09 어떤 사무소 건물의 지하층에 있는 발전기실 및 축전지실에 전역방출방식의 이산화탄소소화설비를 설치려고 한다. 화재안전기준과 주어진 조건에 의하여 다음 각 물음에 답하시오.

배점 : 21 [06년-1회] [06년-4회] [13년]

[조건]
① 소화설비는 고압식으로 한다.
② 발전기실의 크기=가로 6m×세로 10m×높이 5m
③ 발전기실의 개구부의 크기=1.8m×3m×2개소(자동폐쇄장치 있음)
④ 축전지실의 크기=가로 5m×세로 6m×높이 3m
⑤ 축전지실의 개구부의 크기=0.9m×2m×1개소(자동폐쇄장치 없음)
⑥ 가스용기 1본당 충전량=50kg
⑦ 가스저장용기는 공용으로 한다.
⑧ 가스량은 다음 표를 이용하여 산출한다.

방호구역의 체적[m^3]	소화약제의 양[kg/m^3]	소화약제 저장량의 최저한도[kg]
$45m^3$ 이상~$150m^3$ 미만	0.9	50
$150m^3$ 이상~$1,500m^3$ 미만	0.8	135

※ 개구부 가산량은 $5kg/m^2$으로 계산한다.

(1) 각 방호구역별 필요한 가스용기의 본수 [본]를 구하시오.
(2) 집합장치에 필요한 가스용기의 본수 [본]를 구하시오.
(3) 각 방호구역별 선택밸브 개폐 직후의 유량 [kg/s]를 구하시오.
(4) 저장용기의 내압시험압력 [MPa]은 얼마인지 쓰시오.
(5) 저장용기와 선택밸브 또는 개폐밸브 사이의 안전장치의 작동압력 [MPa]은 얼마인지 쓰시오.
(6) 분사헤드의 방출압력은 21℃에서 몇 MPa 이상이어야 하는지 쓰시오.
(7) 음향경보장치는 약제방사 개시 후 몇 분 동안 경보를 계속할 수 있어야 하는지 쓰시오.
(8) 가스용기의 개방밸브는 작동방식에 따라 3가지로 분류되는데 그 각각의 명칭은 무엇인지 쓰시오.

• **실전모범답안**

(1) ① 발전기실 : $Q=K_1V+K_2A$=0.8×(6×10×5)=240kg

→ 용기수= $\frac{240}{50}$ =4.8본

② 축전지실 : $Q=K_1V+K_2A$={0.9×(5×6×3)}+(5×0.9×2×1)=90kg

→ 용기수= $\frac{90}{50}$ =1.8본

• **답 :** ① 5본 ② 2본

(2) 5본

(3) ① 발전기실 : $Q=\frac{50\times 5}{60}$ =4.166kg/s

② 축전지실 : $Q=\frac{50\times 2}{60}$ = 1.666kg/s

• **답 :** ① 4.17kg/s ② 1.67kg/s

(4) 25MPa 이상

(5) 20MPa 이상

(6) 2.1MPa 이상

(7) 1분 이상

(8) 전기식, 기계식, 가스압력식

상세해설

(1) 각 방호구역별 필요한 가스용기의 본수[본]

① **발전기실**

㉠ 소화약제의 저장량[kg]

$Q=K_1V+K_2A$	소화약제의 저장량(전역방출방식)
Q : 소화약제의 저장량[kg]	→ $Q=K_1V+K_2A$
K_1 : 방호구역 $1m^3$당 소요약제량[kg/m^3]	→ $0.8kg/m^3$ (방호구역의 체적 $150m^3$ 이상 $1,500m^3$ 미만 해당)
V : 방호구역의 체적[m^3]	→ $6m\times 10m\times 5m=300m^3$
K_2 : 개구부가산량[kg/m^2]	→ 개구부에 자동폐쇄장치 설치(조건③)
A : 개구부의 면적[m^2]	

→ **발전기실의 이산화탄소소화약제의 양 :** $Q=K_1V+K_2A=0.8kg/m^3\times(6m\times 10m\times 5m)$

$=240kg$

㉡ 저장용기의 개수[본]

$$\text{소화약제 저장용기의 개수[본]}=\frac{\text{소화약제의 저장량[kg]}}{\text{저장용기 1병의 저장량[kg/본]}}$$

• 저장용기 1본의 저장량=50kg **(조건⑥)**

→ **소화약제 저장용기의 개수[본]**$=\frac{240kg}{50kg/본}$=4.8본 ≒**5본**

② **축전지실**

㉠ 소화약제의 저장량[kg]

$Q=K_1V+K_2A$	소화약제의 저장량(전역방출방식)
Q : 소화약제의 저장량[kg]	➜ $Q=K_1V+K_2A$
K_1 : 방호구역 $1m^3$당 소요약제량[kg/m^3]	➜ $0.9kg/m^3$ **(방호구역의 체적 $45m^3$ 이상 $150m^3$ 미만 해당)**
V : 방호구역의 체적[m^3]	➜ $5m \times 6m \times 3m = 90m^3$
K_2 : 개구부가산량[kg/m^2]	➜ $5kg/m^2$ **(조건⑧)**
A : 개구부의 면적[m^2]	➜ $0.9m \times 2m \times 1$개소 **(자동폐쇄장치 미설치)**

➜ **축전지실의 이산화탄소소화약제의 양(Q)**

$=K_1V+K_2A$

$=(0.9kg/m^3 \times 5m \times 6m \times 3m)+(5kg/m^2 \times 0.9m \times 2m \times 1\text{개소})=$**90kg**

㉡ 저장용기의 개수[본]

$$\text{소화약제 저장용기의 개수[본]} = \frac{\text{소화약제의 저장량[kg]}}{\text{저장용기 1병당 저장량[kg/본]}}$$

• 저장용기 1본당 저장량=50kg **(조건⑥)**

➜ **소화약제 저장용기의 개수[본]** $=\dfrac{90kg}{50kg/\text{본}}=1.8\text{본} \fallingdotseq$ **2본**

(2) 집합장치에 필요한 가스용기의 병수[본]

각 방호구역의 가스용기의 병수 중 **가장 많은 병수**를 집합장치에 필요한 가스용기의 병수로 선정한다.

➜ **집합장치의 필요한 가스용기의 병수[본]=5본** (발전기실)

(3) 각 방호구역별 선택밸브 개폐 직후의 유량[kg/s]

$$\text{선택밸브 직후의 유량[kg/s]} = \frac{\text{저장용기 1병의 저장량[kg]} \times \text{병수[병]}}{\text{방출시간[s]}}$$

가스계 소화설비별 특정소방대상물의 소화약제 방사시간

구 분	할로겐화합물 및 불활성기체 소화설비			할론 소화설비	분말 소화설비	이산화탄소소화설비	
	할로겐화합물	불활성기체				표면화재	심부화재
전역방출 방식	10초 이내	A·C급 화재	2분 이내	10초 이내	30초 이내	1분 이내	7분 이내 (설계농도가 2분 이내 30% 도달)
		B급 화재	1분 이내				
	➜ 설계농도의 95% 이상 방사						
국소방출 방식	–	–		10초 이내	30초 이내	30초 이내	30초 이내

① **발전기실**

➜ **선택밸브 개폐 직후의 유량[kg/s]** $=\dfrac{50kg \times 5\text{본}}{60s}=4.166kg/s \fallingdotseq$ **4.17kg/s**

② **축전지실**

➜ **선택밸브 개폐 직후의 유량[kg/s]** $=\dfrac{50kg \times 2\text{본}}{60s}=1.666kg/s \fallingdotseq$ **1.67kg/s**

(4) 저장용기의 내압시험압력[MPa], (5) 저장용기와 선택밸브 또는 개폐밸브 사이의 안전장치 작동압력[MPa]

이산화탄소소화설비의 저장용기에 대한 수치암기

저장용기	충전비	저장 압력	내압시험압력 (A)	저장용기와 선택밸브 또는 개폐밸브 사이의 안전장치 작동압력	저압식 저장용기의 특이사항
고압식	1.5 이상 1.9 이하	6MPa (상온)	25MPa 이상	A의 0.8배 (20MPa)	–
저압식	1.1 이상 1.4 이하	2.1MPa (−18℃ 이하)	3.5MPa 이상	A의 0.8배 (2.8MPa)	① 안전밸브=A의 0.64~0.8배 ② 봉판=A의 0.8~1배 ③ 압력경보장치 =2.3MPa 이상, 1.9MPa 이하

(6) 이산화탄소소화설비의 분사헤드의 방사압력[MPa]

구 분	고압식	저압식
분사헤드의 방사압력	2.1MPa 이상	1.05MPa 이상

(7) 음향경보장치의 약제방사 개시 후 경보 유지시간[분]

→ 이산화탄소, 할론, 할로겐화합물 및 불활성기체, 분말소화설비의 음향경보장치
=소화약제의 방사개시 후 **1분 이상** 경보를 계속할 수 있는 것으로 할 것

(8) 가스용기의 개방밸브 3가지

① 전기식
② 기계식
③ 가스압력식

참고 이산화탄소소화설비의 자동식 기동장치

① **자동식** 기동장치=수동으로도 기동할 수 있는 구조로 할 것
② **전기식** 기동장치=7병 이상의 저장용기를 동시에 개방하는 설비는 2병 이상의 저장용기에 전자개방밸브를 부착할 것
③ **기계식** 기동장치=저장용기를 쉽게 개방할 수 있는 구조로 할 것
④ **가스압력식** 기동장치

가스압력식 기동장치의 기동용 가스용기	
㉠ 밸브=25MPa 이상 견딜 것 ㉡ 안전장치 작동압력=**내압시험압력의 0.8~1배**	㉢ 용적=5L 이상 **비활성기체**(N_2)의 충전압력=6MPa 이상(21℃ 기준) ㉣ 충전여부 확인용 **압력게이지** 설치

10 보일러실, 변전실, 발전실 및 축전지실에 다음과 같은 조건으로 표면화재 전역방출방식의 고압식 이산화탄소소화설비를 설치하였을 경우에 다음 물음에 답하시오. 배점 : 20 [05년] [13년]

[조건]

① 방호구역의 조건은 다음과 같다.

방호구역	크 기		개구부 면적[m^2]	개구부상태	분사헤드 설치개수[개]
	면 적	높 이			
보일러실	17m×18m	5m	6.3	자동폐쇄 불가	45
변전실	10m×18m	6m	4.2	자동폐쇄 가능	35
발전기실	5m×8m	4m	4.2	자동폐쇄 불가	7
축전지실	5m×3m	4m	2.1	자동폐쇄 가능	2

② 각 실에 설치된 분사헤드의 방사율은 1개당 1.16kg/mm²·min으로 하며 CO_2 방출시간은 1분을 기준으로 한다.

③ CO_2 저장용기는 내용적 68l, 충전량 45kg용의 것을 사용하는 것으로 한다.

(1) 각 방호구역별로 필요한 소화약제의 양 [kg]을 구하시오.

(2) 각 실에 필요한 소화약제의 용기수 [병]를 구하시오.

(3) 저장용기실에 저장하여야 할 소화약제의 용기수 [병]를 구하시오.

(4) 분사헤드의 방사압력 [MPa]은 얼마 이상이어야 하는지 쓰시오.

(5) 각 방호구역별로 설치된 분사헤드의 분출구 면적 [mm²]을 구하시오. (단, 보일러실, 변전실, 발전기실 및 축전지실은 표면화재 방호대상물로 본다.)

(6) 각 방호구역별로 선택밸브 개방 직후의 유량 [kg/s]을 구하시오.

• **실전모범답안**

(1) ① 보일러실 : $Q=K_1V+K_2A=\{0.75\times(17\times18\times5)\}+(5\times6.3)=1{,}179$kg

② 변전실 : $Q=K_1V+K_2A=0.8\times(10\times18\times6)=864$kg

③ 발전기실 : $Q=K_1V+K_2A=\{0.8\times(5\times8\times4)\}+(5\times4.2)=128$kg[최저 135kg 적용]$+(5\times4.2)=156$kg

④ 축전지실 : $Q=K_1V+K_2A=0.9\times(5\times3\times4)=54$kg

• **답 :** ① 1,179kg ② 864kg ③ 156kg ④ 54kg

(2) ① 보일러실 : $\dfrac{1{,}179}{45}=26.2$병 ② 변전실 : $\dfrac{864}{45}=19.2$병

③ 발전기실 : $\dfrac{156}{45}=3.4$병 ④ 축전지실 : $\dfrac{54}{45}=1.2$병

• **답 :** ① 27병 ② 20병 ③ 4병 ④ 2병

(3) 27병

(4) 2.1MPa 이상

(5) ① 보일러실 : $\dfrac{45\times27}{1.16\times1\times45}=23.275$mm² ② 변전실 : $\dfrac{45\times20}{1.16\times1\times35}=22.167$mm²

③ 발전기실 : $\dfrac{45\times4}{1.16\times1\times7}=22.167$mm² ④ 축전지실 : $\dfrac{45\times2}{1.16\times1\times2}=38.793$mm²

• **답 :** ① 23.28mm² ② 22.17mm² ③ 22.17mm² ④ 38.79mm²

(6) ① 보일러실 : $\frac{45\times27}{60}$=20.25kg/s

② 변전실 : $\frac{45\times20}{60}$=15kg/s

③ 발전기실 : $\frac{45\times4}{60}$=3kg/s

④ 축전지실 : $\frac{45\times2}{60}$=1.5kg/s

• **답 :** ① 20.25kg/s ② 15kg/s ③ 3kg/s ④ 1.5kg/s

상세해설

(1) 각 방호구역별로 필요한 소화약제의 양[kg]

① 보일러실

$Q=K_1V+K_2A$	소화약제의 저장량(전역방출방식)
Q : 소화약제의 저장량[kg]	→ $Q=K_1V+K_2A$
K_1 : 방호구역 $1m^3$당 소요약제량[kg/m^3]	→ $0.75kg/m^3$ (방호구역의 체적 $1,450m^3$ 이상 해당)
V : 방호구역의 체적[m^3]	→ $17m\times18m\times5m=1,530m^3$
K_2 : 개구부가산량[kg/m^2]	→ $5kg/m^2$ (전역방출방식, 표면화재)
A : 개구부의 면적[m^2]	→ $6.3m^2$ (조건①)

→ 보일러실의 이산화탄소소화약제의 양(Q)

$=K_1V+K_2A=0.75kg/m^3\times1,530m^3+(5kg/m^2\times6.3m^2)=\mathbf{1,179kg}$

② 변전실

$Q=K_1V+K_2A$	소화약제의 저장량(전역방출방식)
Q : 소화약제의 저장량[kg]	→ $Q=K_1V+K_2A$
K_1 : 방호구역 $1m^3$당 소요약제량[kg/m^3]	→ $0.8kg/m^3$ (방호구역의 체적 $150m^3$ 이상 $1,450m^3$ 미만 해당)
V : 방호구역의 체적[m^3]	→ $10m\times18m\times6m=1,080m^3$
K_2 : 개구부가산량[kg/m^2]	→ 개구부의 자동폐쇄가 가능하므로 개구부 가산량 무시 (조건①)
A : 개구부의 면적[m^2]	

→ 변전실의 이산화탄소소화약제의 양 : $Q=K_1V+K_2A$

$=0.8kg/m^3\times1,080m^3=\mathbf{864kg}$

③ 발전기실

$Q=K_1V+K_2A$	소화약제의 저장량(전역방출방식)
Q : 소화약제의 저장량[kg]	→ $Q=K_1V+K_2A$
K_1 : 방호구역 $1m^3$당 소요약제량[kg/m^3]	→ $0.8kg/m^3$ (방호구역의 체적 $150m^3$ 이상 $1,450m^3$ 미만 해당)
V : 방호구역의 체적[m^3]	→ $5m\times8m\times4m=160m^3$
K_2 : 개구부가산량[kg/m^2]	→ $5kg/m^2$ (전역방출방식, 표면화재)
A : 개구부의 면적[m^2]	→ $4.2m^2$ (조건①)

→ **발전기실의 이산화탄소소화약제의 양** : $Q = K_1 V + K_2 A$

$= 0.8\text{kg/m}^3 \times 160\text{m}^3 + (5\text{kg/m}^2 \times 4.2\text{m}^2)$

$= 128\text{kg}$ [최저한도량 135kg 적용] $+ (5\text{kg/m}^2 \times 4.2\text{m}^2)$

$= \mathbf{156kg}$

참고 최저한도량

→ 소화약제량 산정 시 기본약제량($K_1 V$) 산정 후 최저한도량과 비교하여 큰 값을 적용한다.

④ **축전지실**

$Q = K_1 V + K_2 A$	소화약제의 저장량(전역방출방식)
Q : 소화약제의 저장량[kg]	→ $Q = K_1 V + K_2 A$
K_1 : 방호구역 1m^3당 소요약제량[kg/m^3]	→ 0.9kg/m^3 (방호구역의 체적 45m^3 이상 150m^3 미만 해당)
V : 방호구역의 체적[m^3]	→ $5\text{m} \times 3\text{m} \times 4\text{m} = 60\text{m}^3$
K_2 : 개구부가산량[kg/m^2]	→ 개구부의 자동폐쇄가 가능하므로 개구부 가산량 무시 (조건①)
A : 개구부의 면적[m^2]	

→ **축전지실의 이산화탄소소화약제의 양** : $Q = K_1 V + K_2 A$

$= 0.9\text{kg/m}^3 \times 60\text{m}^3 = \mathbf{54kg}$

이산화탄소소화설비 – 전역방출방식의 표면화재

방호구역의 체적	방호구역의 1m^3에 대한 소화약제의 양(K_1)	소화약제 저장량의 최저한도의 양	개구부가산량(K_2)
45m^3 미만	1kg/m^3	45kg	5kg/m^2
45m^3 이상 150m^3 미만	0.9kg/m^3		
150m^3 이상 $1,450\text{m}^3$ 미만	0.8kg/m^3	135kg	
$1,450\text{m}^3$ 이상	0.75kg/m^3	1,125kg	

(2) **각 실에 필요한 소화약제의 용기수[병]**

$$\text{소화약제 저장용기의 개수[병]} = \frac{\text{소화약제의 저장량[kg]}}{\text{저장용기 1병당 저장량[kg/병]}}$$

조건③에 따라 저장용기 1개당 저장량은 45kg이며, 문제(1)에 의해 산출된 각 방호구역별 소화약제의 양[kg]를 적용한다.

방호구역	계산과정	각 실에 필요한 소화약제의 용기수[병]
① 보일러실	$\frac{1,179\text{kg}}{45\text{kg/병}} = 26.2\text{병}$	**27병**
② 변전실	$\frac{864\text{kg}}{45\text{kg/병}} = 19.2\text{병}$	**20병**
③ 발전기실	$\frac{156\text{kg}}{45\text{kg/병}} = 3.4\text{병}$	**4병**
④ 축전지실	$\frac{54\text{kg}}{45\text{kg/병}} = 1.2\text{병}$	**2병**

(3) **저장용기실에 저장하여야 할 소화약제의 용기수[병]**

각 방호구역의 가스용기의 병수 중 **가장 많은 병수**를 저장용기실에 저장하여야 할 소화약제의 용기수로 선정한다.

➜ **저장용기실에 저장하여야 할 소화약제의 용기수[병]=27병** (보일러실)

(4) **분사헤드의 방사압력[MPa]**

구 분	고압식	저압식
분사헤드의 방사압력	2.1MPa 이상	1.05MPa 이상

(5) **각 방호구역별로 설치된 분사헤드의 분출구 면적[mm^2]**

$$\text{분사헤드의 분출구 면적}[mm^2] = \frac{\text{저장용기 1병의 저장량}[kg/\text{병}] \times \text{병수}[\text{병}]}{\text{방사율}[kg/mm^2 \cdot min] \times \text{방출시간}[min] \times \text{헤드의 개수}[\text{개}]}$$

① 저장용기 1병의 저장량=45kg/병 **(조건③)**
② 방사율=$1.16kg/mm^2 \cdot min$ **(조건②)**
③ 방출시간=1min **(조건②)**

방호구역	소화약제의 용기수[병]	분사헤드의 설치개수[개]	계산과정	분출구의 면적[mm^2]
㉠ 보일러실	27병	45개	$\frac{45kg/\text{병} \times 27\text{병}}{1.16kg/mm^2 \cdot min \times 1min \times 45\text{개}} = 23.275mm^2$	$23.28mm^2$
㉡ 변전실	20병	35개	$\frac{45kg/\text{병} \times 20\text{병}}{1.16kg/mm^2 \cdot min \times 1min \times 35\text{개}} = 22.167mm^2$	$22.17mm^2$
㉢ 발전기실	4병	7개	$\frac{45kg/\text{병} \times 4\text{병}}{1.16kg/mm^2 \cdot min \times 1min \times 7\text{개}} = 22.167mm^2$	$22.17mm^2$
㉣ 축전지실	2병	2개	$\frac{45kg/\text{병} \times 2\text{병}}{1.16kg/mm^2 \cdot min \times 1min \times 2\text{개}} = 38.793mm^2$	$38.79mm^2$

(6) **각 방호구역별로 선택밸브 개방 직후의 유량[kg/s]**

$$\text{선택밸브 직후의 유량}[kg/s] = \frac{\text{저장용기 1병의 저장량}[kg] \times \text{병수}[\text{병}]}{\text{방출시간}[s]}$$

방호구역	소화약제의 용기수[병]	계산과정	선택밸브 개방 직후의 유량[kg/s]
① 보일러실	27병	$\frac{45kg/\text{병} \times 27\text{병}}{60s} = 20.25kg/s$	20.25kg/s
② 변전실	20병	$\frac{45kg/\text{병} \times 20\text{병}}{60s} = 15kg/s$	15kg/s
③ 발전기실	4병	$\frac{45kg/\text{병} \times 4\text{병}}{60s} = 3kg/s$	3kg/s
④ 축전지실	2병	$\frac{45kg/\text{병} \times 2\text{병}}{60s} = 1.5kg/s$	1.5kg/s

Mind-Control

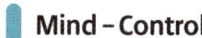

시작하라! 그 자체가 천재성이며, 힘이고, 마력이다.

- 괴테 -

11 어떤 실에 이산화탄소소화설비를 설치하고자 한다. 조건을 참고하여 다음 각 물음에 답하시오.

배점 : 13 [15년] [22년]

[조건]

① 방호구역은 가로 10m, 세로 20m, 높이 5m이고 개구부의 상태는 다음과 같다.

구 분	가로×세로	비 고
개구부 1	0.8m×1m	자동폐쇄장치 미설치
개구부 2	1m×1.2m	자동폐쇄장치 설치

② 개구부 가산량은 $5kg/m^2$이다.
③ 표면화재를 기준으로 하며, 보정계수는 1을 적용한다.
④ 저장용기는 45kg이다.
⑤ 분사헤드의 방사율은 $1.06kg/mm^2 \cdot$분이다.
⑥ 분사헤드의 분구면적은 $0.52cm^2$이다.

(1) 방호구역에 필요한 소화약제의 양 [kg]을 구하시오.
(2) 저장용기의 개수 [병]를 구하시오.
(3) 소화약제의 유량속도 [kg/s]를 구하시오.
(4) 헤드의 개수 [개]를 구하시오.

• **실전모범답안**

(1) $Q=CK_1V+K_2A=\{0.8\times(10\times20\times5)\}+(5\times0.8\times1)=804kg$

• **답 :** 804kg

(2) 병수$=\dfrac{804}{45}=17.866$병

• **답 :** 18병

(3) $Q=\dfrac{45\times18}{60}=13.5kg/s$

• **답 :** 13.5kg/s

(4) 헤드의 개수$=\dfrac{45\times18}{1.06\times1\times52}=14.695$개

• **답 :** 15개

상세해설

(1) 방호구역에 필요한 소화약제의 양[kg]

$Q=C\cdot K_1V+K_2A$	소화약제의 저장량(전역방출방식)
Q : 소화약제의 저장량[kg]	→ $Q=C\cdot K_1V+K_2A$
K_1 : 방호구역 $1m^3$당 소요약제량$[kg/m^3]$	→ $0.8kg/m^3$(방호구역의 체적 $150m^3$ 이상 $1,450m^3$ 미만 해당)
V : 방호구역의 체적$[m^3]$	→ $10m\times20m\times5m=1,000m^3$
C : 보정계수	→ 1
K_2 : 개구부가산량$[kg/m^2]$	→ $5kg/m^2$
A : 개구부의 면적$[m^2]$	→ $0.8m\times1m$ (조건①, 개구부 1)

➜ 이산화탄소소화약제의 양 : $Q = C \cdot K_1 V + K_2 A$

$= 0.8\text{kg/m}^3 \times (10\text{m} \times 20\text{m} \times 5\text{m}) + (5\text{kg/m}^2 \times 0.8\text{m} \times 1\text{m}) =$ **804kg**

이산화탄소소화설비 – 전역방출방식의 표면화재

방호구역의 체적	방호구역의 1m^3에 대한 소화약제의 양(K_1)	소화약제 저장량의 최저한도의 양	개구부가산량(K_2)
45m^3 미만	1kg/m^3	45kg	5kg/m^2
45m^3 이상 150m^3 미만	0.9kg/m^3		
150m^3 이상 $1,450\text{m}^3$ 미만	0.8kg/m^3	135kg	
$1,450\text{m}^3$ 이상	0.75kg/m^3	1,125kg	

(2) 저장용기의 개수[병]

$$\text{소화약제 저장용기의 개수[병]} = \frac{\text{소화약제의 저장량[kg]}}{\text{저장용기 1병당 저장량[kg/병]}}$$

① 저장용기 1개의 저장량 = 45kg **(조건④)**

➜ **소화약제 저장용기의 개수[병]** $= \dfrac{804\text{kg}}{45\text{kg/병}} = 17.866\text{병} \fallingdotseq$ **18병**

(3) 소화약제의 유량속도[kg/s]

$$\text{선택밸브 직후의 유량[kg/s]} = \frac{\text{저장용기 1병의 저장량[kg]} \times \text{병수[병]}}{\text{방출시간[s]}}$$

가스계 소화설비별 특정소방대상물의 소화약제 방사시간

<table>
<tr><th rowspan="2">구 분</th><th colspan="3">할로겐화합물 및 불활성기체 소화설비</th><th rowspan="2">할론 소화설비</th><th rowspan="2">분말 소화설비</th><th colspan="2">이산화탄소소화설비</th></tr>
<tr><th>할로겐화합물</th><th colspan="2">불활성기체</th><th>표면화재</th><th>심부화재</th></tr>
<tr><td rowspan="3">전역방출 방식</td><td rowspan="2">10초 이내</td><td>A·C급 화재</td><td>2분 이내</td><td rowspan="3">10초 이내</td><td rowspan="3">30초 이내</td><td rowspan="3">1분 이내</td><td rowspan="3">7분 이내
(설계농도가 2분 이내 30% 도달)</td></tr>
<tr><td>B급 화재</td><td>1분 이내</td></tr>
<tr><td colspan="3">➜ 설계농도의 95% 이상 방사</td></tr>
<tr><td>국소방출 방식</td><td>–</td><td colspan="2">–</td><td>10초 이내</td><td>30초 이내</td><td>30초 이내</td><td>30초 이내</td></tr>
</table>

➜ **소화약제의 유량속도[kg/s]** $= \dfrac{45\text{kg} \times 18\text{병}}{60\text{s}} =$ **13.5kg/s**

(4) 헤드의 개수[개]

$$\text{헤드의 개수[개]} = \frac{\text{저장용기 1병의 저장량[kg/병]} \times \text{병수[병]}}{\text{방사율[kg/mm}^2\cdot\text{min]} \times \text{방출시간[min]} \times \text{분사헤드의 분출구 면적[mm}^2]}$$

① 저장용기 1병의 저장량 = 45kg/병 **(조건④)**
② 방사율 = $1.06\text{kg/mm}^2 \cdot \text{min}$ **(조건⑤)**
③ 방출시간 = 1min (전역방출방식의 표면화재)
④ 분사헤드의 분출구 면적 = $0.52\text{cm}^2 = 52\text{mm}^2$ **(조건⑥)**

➜ **헤드의 개수[개]** $= \dfrac{45\text{kg/병} \times 18\text{병}}{1.06\text{kg/mm}^2 \cdot \text{min} \times 1\text{min} \times 52\text{mm}^2} = 14.695\text{개} =$ **15개**

12 **체적이 $200m^3$인 밀폐된 전기실에 이산화탄소소화설비를 전역방출방식으로 적용할 경우 필요한 저장용기의 병수 [병]를 주어진 조건을 이용하여 구하시오.** 배점 : 5 [15년] [22년]

[조건]
① 저장용기의 내용적=68l ② CO_2의 방출계수=1.6kg/m^3 ③ CO_2의 충전비=1.9

• **실전모범답안**

① $Q=K_1V+K_2A=1.6\times200=320$kg

② $G=\frac{V}{C}=\frac{68}{1.9}=35.789≒35.79$kg

→ 병수$=\frac{320}{35.79}=8.941$병

• **답 :** 9병

상세해설

(1) 이산화탄소소화약제의 양[kg]

$Q=K_1V+K_2A$	소화약제의 저장량(전역방출방식)
Q : 소화약제의 저장량[kg]	→ $Q=K_1V+K_2A$
K_1 : 방호구역 $1m^3$당 소요약제량[kg/m^3]	→ 1.6kg/m^3 **(조건②)**
V : 방호구역의 체적[m^3]	→ $200m^3$
K_2 : 개구부가산량[kg/m^2]	→ **개구부에 대한 언급이 없으므로 개구부 가산량 무시**
A : 개구부의 면적[m^2]	

→ **이산화탄소소화약제의 양 :** $Q=K_1V+K_2A=1.6\text{kg/m}^3\times200\text{m}^3=$**320kg**

(2) 충전비

$C=\frac{V}{G}$	충전비
C : 충전비[l/kg]	→ 1.9l/kg **(조건③)**
V : 내용적[l]	→ 68l **(조건①)**
G : 저장용기 1병당 저장량[kg]	→ $G=\frac{V}{C}$

→ **저장용기 1병당 저장량 :** $G=\frac{V}{C}=\frac{68l}{1.9l/\text{kg}}=35.789\text{kg}≒$**35.79kg**

(3) 필요한 소화약제 저장용기의 개수[병]

$$\text{소화약제 저장용기의 개수[병]}=\frac{\text{소화약제의 저장량[kg]}}{\text{저장용기 1병당 저장량[kg/병]}}$$

→ **소화약제 저장용기의 개수**$=\frac{320\text{kg}}{35.79\text{kg/병}}=8.941\text{병}≒$**9병**

13 가로 5m, 세로 6m, 높이 4m인 집진설비에 전역방출방식의 이산화탄소소화설비를 설치하고자 한다. 용기저장실에 저장하여야 할 용기는 몇 병인지 구하시오. (단, 저장용기의 충전비는 1.5이고, 충전량은 45kg이다.)
배점 : 6 [14년] [18년]

• 실전모범답안

$Q=K_1V+K_2A=2.7\times(5\times6\times4)=324\text{kg}$

→ 병수 $=\frac{324}{45}=7.2$병

• 답 : 8병

상세해설

(1) 이산화탄소소화약제의 양[kg]

$Q=K_1V+K_2A$	소화약제의 저장량(전역방출방식)
Q : 소화약제의 저장량[kg]	→ $Q=K_1V+K_2A$
K_1 : 방호구역 1m^3당 소요약제량[kg/m^3]	→ 2.7kg/m^3 (집진설비, 전역방출방식)
V : 방호구역의 체적[m^3]	→ $5\text{m}\times6\text{m}\times4\text{m}$
K_2 : 개구부가산량[kg/m^2]	→ 개구부에 대한 언급이 없으므로 개구부 가산량 무시
A : 개구부의 면적[m^2]	

→ 이산화탄소소화약제의 양 : $Q=K_1V+K_2A=2.7\text{kg/m}^3\times(5\text{m}\times6\text{m}\times4\text{m})=\mathbf{324kg}$

이산화탄소소화설비 – 전역방출방식의 심부화재

소방대상물	방호구역의 1m^3에 대한 소화약제의 양(K_1)	설계농도[%]	개구부가산량(K_2)
• 유압기기를 제외한 전기설비, 케이블실	1.3kg/m^3	50	10kg/m^2
• 전기설비(체적 55m^3 미만)	1.6kg/m^3	50	
• 목재가공품창고, 박물관, 서고, 전자제품창고, 암기법 재물이(2.0) 고자	2.0kg/m^3	65	
• 고무류, 모피창고, 집진설비, 석탄 창고, 면화류창고 암기법 고모집 석면	2.7kg/m^3	75	

(2) 저장용기실에 저장하여야 할 용기의 개수[병]

$$\text{소화약제 저장용기의 개수[병]}=\frac{\text{소화약제의 저장량[kg]}}{\text{저장용기 1병당 저장량[kg/병]}}$$

→ 소화약제 저장용기의 개수 $=\frac{324\text{kg}}{45\text{kg/병}}=7.2$병 ≒ **8병**

14 이산화탄소소화설비를 고압식으로 설치하였다. 조건을 참조하여 각 물음에 답하시오. 배점 : 15 [03년]

[조건]

① 약제방출방식은 전역방출방식이며, 약제방사시간은 7분을 기준으로 한다.
② 면화창고와 전기실의 크기는 가로 8m, 세로 6m이다.
③ 면화창고와 전기실에는 가로 1m, 세로 2m의 개구부가 1개씩 있으며 자동폐쇄장치가 없다.
④ 서고와 케이블실의 크기는 가로 6m, 세로 5m이다.
⑤ 서고와 케이블실에는 가로 1m, 세로 2m의 개구부가 1개씩 설치되어 있으며 자동폐쇄장치가 있다.
⑥ 각 실의 층고는 3m이다.

(1) 면화창고의 약제소요량 [kg]를 구하시오.
(2) 약제저장용기 1병에 대한 약제량 [kg]을 구하시오. (단, 저장용기의 충전비는 1.51이고 내용적은 68l이다.)
(3) 선택밸브의 필요한 개수 [개]를 구하시오.
(4) 필요한 가스저장용기의 개수 [병]를 구하시오.
(5) 면화창고 및 서고의 선택밸브 직후의 유량 [kg/min]을 구하시오. (단, 실제 저장하는 약제량을 전량 방사하는 것으로 한다.)
(6) 약제저장용기의 설치장소의 설치기준을 5가지만 쓰시오.

• **실전모범답안**

(1) $Q=K_1V+K_2A=2.7\times(8\times6\times3)+10\times1\times2=408.8\text{kg}$

• **답 :** 408.8kg

(2) $G=\dfrac{V}{C}=\dfrac{68}{1.51}=45.033\text{kg}$

• **답 :** 45.03kg

(3) 4개

(4) ① 면화창고

→ $\text{병수}=\dfrac{408.8}{45.03}=9.078 \fallingdotseq 10\text{병}$

② 전기실 : $Q=K_1V+K_2A=1.3\times(8\times6\times3)+10\times1\times2=207.2\text{kg}$

→ $\text{병수}=\dfrac{207.2}{45.03}=4.601 \fallingdotseq 5\text{병}$

③ 서고 : $Q=K_1V+K_2A=2.0\times(6\times5\times3)=180\text{kg}$

→ $\text{병수}=\dfrac{180}{45.03}=3.997 \fallingdotseq 4\text{병}$

④ 케이블실 : $Q=K_1V+K_2A=1.3\times(6\times5\times3)=117\text{kg}$

→ $\text{병수}=\dfrac{117}{45.03}=2.598 \fallingdotseq 3\text{병}$

• **답 :** 10병

(5) ① 면화창고 : $\dfrac{45.03\times10}{7}=64.328\text{kg/min}$

② 서고 : $\dfrac{45.03\times4}{7}=25.731\text{kg/min}$

• **답 :** ① 64.33kg/min ② 25.73kg/min

(6) ① 온도가 40℃ 이하이고, 온도변화가 적은 곳에 설치할 것
② 직사광선 및 빗물이 모두 침투할 우려가 없는 곳에 설치할 것
③ 방화문으로 구획된 실에 설치할 것
④ 용기간 간격은 점검에 지장이 없도록 3cm 이상의 간격을 유지할 것
⑤ 용기의 설치장소에는 해당 용기가 설치된 곳임을 표시하는 표지를 할 것

상세해설

이산화탄소소화설비 – 전역방출방식의 심부화재

소방대상물	방호구역의 $1m^3$에 대한 소화약제의 양(K_1)	설계농도[%]	개구부가산량(K_2)
• 유압기기를 제외한 전기설비, 케이블실	$1.3kg/m^3$	50	$10kg/m^2$
• 전기설비(체적 $55m^3$ 미만)	$1.6kg/m^3$	50	
• 목재가공품창고, 박물관, 서고, 전자제품창고, 암기법 재물이(2.0) 고자	$2.0kg/m^3$	65	
• 고무류, 모피창고, 집진설비, 석탄 창고, 면화류창고 암기법 고모집 석면	$2.7kg/m^3$	75	

(1) 면화창고의 약제소요량[kg]

$Q=K_1V+K_2A$	소화약제의 저장량(전역방출방식)
Q : 소화약제의 저장량[kg]	→ $Q=K_1V+K_2A$
K_1 : 방호구역 $1m^3$당 소요약제량[kg/m^3]	→ $2.7kg/m^3$ (면화류창고, 전역방출방식)
V : 방호구역의 체적[m^3]	→ $8m\times6m\times3m$
K_2 : 개구부가산량[kg/m^2]	→ $10kg/m^2$ (전역방출방식, 심부화재)
A : 개구부의 면적[m^2]	→ $1m\times2m$

→ 이산화탄소소화약제의 양 : $Q=K_1V+K_2A$

$$=2.7kg/m^3\times(8m\times6m\times3m)+10kg/m^2\times(1m\times2m)=408.8kg$$

(2) 약제저장용기 1병에 대한 약제량[kg]

$C=\frac{V}{G}$	충전비
C : 충전비[l/kg]	→ $1.51l/kg$ (단서조건)
V : 내용적[l]	→ $68l$ (단서조건)
G : 저장용기 1병당 저장량[kg]	→ $G=\frac{V}{C}$

→ 저장용기 1병당 저장량 : $G=\frac{V}{C}=\frac{68l}{1.51l/kg}=45.033kg≒45.03kg$

(3) 필요한 선택밸브의 개수[개]

→ 선택밸브는 각 방호구역(면화창고, 전기실, 서고, 케이블실)마다 1개씩 설치하여야 하므로 총 **4개**를 설치하여야 한다.

(4) 필요한 가스저장용기의 개수[병]

$$소화약제\ 저장용기의\ 개수[병] = \frac{소화약제의\ 저장량[kg]}{저장용기\ 1병당\ 저장량[kg/병]}$$

① **면화창고**

㉠ 소화약제의 저장량[kg]=**408.8kg**

㉡ 가스저장용기의 개수[병] $= \frac{408.8kg}{45.03kg/병} = 9.078$병≒**10병**

② **전기실**

㉠ 소화약제의 저장량[kg]

$Q = K_1 V + K_2 A$	소화약제의 저장량(전역방출방식)
Q : 소화약제의 저장량[kg]	→ $Q = K_1 V + K_2 A$
K_1 : 방호구역 $1m^3$당 소요약제량[kg/m^3]	→ $1.3kg/m^3$ **(전기실, 전역방출방식)**
V : 방호구역의 체적[m^3]	→ $8m \times 6m \times 3m$
K_2 : 개구부가산량[kg/m^2]	→ $10kg/m^2$ **(전역방출방식, 심부화재)**
A : 개구부의 면적[m^2]	→ $1m \times 2m$

→ **이산화탄소소화약제의 양 :** $Q = K_1 V + K_2 A$

$= 1.3kg/m^3 \times (8m \times 6m \times 3m) + 10kg/m^2 \times (1m \times 2m)$

$=$ **207.2kg**

㉡ 가스저장용기의 개수[병] $= \frac{207.2kg}{45.03kg/병} = 4.601$병≒**5병**

③ **서고**

㉠ 소화약제의 저장량[kg]

$Q = K_1 V + K_2 A$	소화약제의 저장량(전역방출방식)
Q : 소화약제의 저장량[kg]	→ $Q = K_1 V + K_2 A$
K_1 : 방호구역 $1m^3$당 소요약제량[kg/m^3]	→ $2.0kg/m^3$ **(서고, 전역방출방식)**
V : 방호구역의 체적[m^3]	→ $6m \times 5m \times 3m$
K_2 : 개구부가산량[kg/m^2]	→ **개구부 자동폐쇄장치 설치(조건⑤)**
A : 개구부의 면적[m^2]	

→ **이산화탄소소화약제의 양 :** $Q = K_1 V + K_2 A = 2.0kg/m^3 \times (6m \times 5m \times 3m) =$ **180kg**

㉡ 가스저장용기의 개수[병] $= \frac{180kg}{45.03kg/병} = 3.997$병≒**4병**

④ **케이블실**

㉠ 소화약제의 저장량[kg]

$Q=K_1V+K_2A$	**소화약제의 저장량(전역방출방식)**
Q : 소화약제의 저장량[kg]	➜ $Q=K_1V+K_2A$
K_1 : 방호구역 $1m^3$당 소요약제량[kg/m^3]	➜ $1.3kg/m^3$ **(케이블실, 전역방출방식)**
V : 방호구역의 체적[m^3]	➜ $6m \times 5m \times 3m$
K_2 : 개구부가산량[kg/m^2]	➜ **개구부 자동폐쇄장치 설치(조건⑤)**
A : 개구부의 면적[m^2]	

➜ **이산화탄소소화약제의 양 :** $Q=K_1V+K_2A=1.3kg/m^3\times(6m\times5m\times3m)=$ **117kg**

㉡ 가스저장용기의 개수[병] $=\dfrac{117kg}{45.03kg/병}=2.598병≒$**3병**

∴ 필요한 가스저장용기의 개수[병]=**10병** (병수가 가장 많은 면화창고를 기준으로 함)

(5) 면화창고 및 서고의 선택밸브 직후의 유량[kg/min]

$$선택밸브\ 직후의\ 유량[kg/min]=\frac{저장용기\ 1병의\ 저장량[kg]\times 병수[병]}{방출시간[min]}$$

⊕ 가스계 소화설비별 특정소방대상물의 소화약제 방사시간

구 분	할로겐화합물 및 불활성기체 소화설비			할론 소화설비	분말 소화설비	이산화탄소소화설비	
	할로겐화합물	불활성기체				표면화재	심부화재
전역방출방식	10초 이내	A·C급 화재	2분 이내	10초 이내	30초 이내	1분 이내	7분 이내 (설계농도가 2분 이내 30% 도달)
		B급 화재	1분 이내				
	➜ 설계농도의 95% 이상 방사						
국소방출방식	–	–		10초 이내	30초 이내	30초 이내	30초 이내

① **면화창고의 선택밸브 직후의 유량[kg/min]** $=\dfrac{45.03kg/병\times10병}{7min}=64.328kg/min≒$**64.33kg/min**

② **서고의 선택밸브 직후의 유량[kg/min]** $=\dfrac{45.03kg/병\times4병}{7min}=25.731kg/min≒$**25.73kg/min**

(6) 약제저장용기의 설치장소의 설치기준 5가지

① 온도가 **40℃** 이하이고, 온도변화가 적은 곳에 설치할 것

② **직사광선** 및 **빗물**이 모두 침투할 우려가 없는 곳에 설치할 것

③ **방화문**으로 구획된 실에 설치할 것

④ 용기간 간격은 점검에 지장이 없도록 **3cm 이상**의 간격을 유지할 것

⑤ 용기의 설치장소에는 해당 용기가 설치된 곳임을 표시하는 **표지**를 할 것

⑥ 방호구역 **외**의 장소에 설치할 것. 다만, 방호구역 내에 설치할 경우에는 피난 및 조작이 용이하도록 피난구 부근에 설치할 것

⑦ 저장용기와 집합관을 연결하는 연결배관에는 **체크밸브**를 설치할 것. 다만, 저장용기가 하나의 방호구역만을 담당하는 경우에는 그렇지 않음

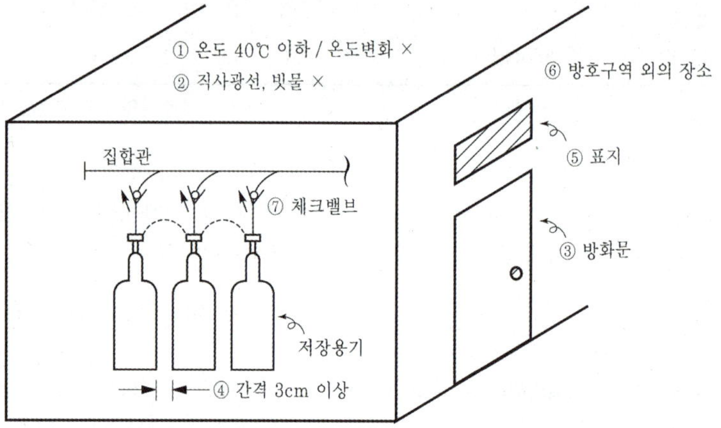

→ **가스계 소화설비의 저장용기 설치장소의 온도**

CO_2, 할론, 분말소화설비	40℃
할로겐화합물 및 불활성기체 소화설비	55℃

15 다음 조건을 기준으로 이산화탄소소화설비에 대한 물음에 답하시오.

배점 : 15 [09년] [10년] [12년] [15년] [21년]

[조건]

① 특정소방대상물의 천장까지의 높이는 3m이고, 방호구역의 크기와 용도는 다음과 같다.

통신기기실 가로 12m×세로 10m 자동폐쇄장치 설치	서고 가로 20m×세로 10m 개구부 2m×1m(자동폐쇄장치 미설치)
면화류창고 가로 32m×세로 10m 자동폐쇄장치 설치	

② 소화약제는 고압저장방식으로 하고, 충전량은 45kg이다.
③ 약제방출방식은 전역방출방식이다.
④ 개구부가산량은 10kg/m^{2}이다.
⑤ 주어진 조건 외에는 소방관련법규 및 화재안전기술기준을 따른다.
⑥ 통신기기실과 서고는 약제가 동시에 방출된다고 가정한다.

(1) 각 방호구역에 대한 약제저장량 [kg]을 구하시오.
(2) 각 방호구역별 약제저장용기의 개수 [병]을 구하시오.
(3) 집합관의 용기수 [병]를 구하시오.
(4) 기동용기의 개수 [병]를 구하시오.
(5) 통신기기실 헤드의 방사압력 [MPa] 이상이어야 하는지 쓰시오.
(6) 음향경보장치는 약제방출 후 몇 분 동안 경보를 계속할 수 있어야 하는지 쓰시오.
(7) 약제의 유량속도 [kg/s]를 쓰시오.

• **실전모범답안**

(1) ① 통신기기실 : $Q=K_1V+K_2A$=1.3×(12×10×3)=468kg

② 서고 : $Q=K_1V+K_2A$=2.0×(20×10×3)+10×(1×2)=1,220kg

③ 면화류창고 : $Q=K_1V+K_2A$=2.7×(32×10×3)=2,592kg

• **답 :** ① 468kg ② 1,220kg ③ 2,592kg

(2) ① 통신기기실 : $\frac{468}{45}$=10.4≒11병

② 서고 : $\frac{1,220}{45}$=27.111≒28병

③ 면화류창고 : $\frac{2,592}{45}$=57.6≒58병

• **답 :** ① 11병 ② 28병 ③ 58병

(3) 58병

(4) 2병

(5) 2.1MPa 이상

(6) 1분 이상

(7) ① 통신기기실, 서고(동시방출) : $\frac{45\times(11+28)}{7\times60}$=4.178kg/s

② 면화류창고 : $\frac{45\times58}{7\times60}$=6.214kg/s

• **답 :** ① 4.18kg/s ② 6.21kg/s

상세해설

(1) 각 방호구역에 대한 약제저장량[kg]

① **통신기기실**

$Q=K_1V+K_2A$	소화약제의 저장량(전역방출방식)
Q : 소화약제의 저장량[kg]	→ $Q=K_1V+K_2A$
K_1 : 방호구역 1m³당 소요약제량[kg/m³]	→ 1.3kg/m^3 (통신기기실, 방호구역의 체적 55m³ 이상인 전기설비)
V : 방호구역의 체적[m³]	→ $12\text{m}\times10\text{m}\times3\text{m}=360\text{m}^3$
K_2 : 개구부가산량[kg/m²]	→ 개구부 자동폐쇄장치 설치(조건①)
A : 개구부의 면적[m²]	

→ **통신기기실의 약제저장량 :** $Q=K_1V+K_2A=1.3\text{kg/m}^3\times(12\text{m}\times10\text{m}\times3\text{m})=468\text{kg}$

CHAPTER 03

② 서고

$Q=K_1V+K_2A$	소화약제의 저장량(전역방출방식)
Q : 소화약제의 저장량[kg]	➜ $Q=K_1V+K_2A$
K_1 : 방호구역 $1m^3$당 소요약제량[kg/m^3]	➜ $2.0kg/m^3$ (서고, 전역방출방식)
V : 방호구역의 체적[m^3]	➜ $20m \times 10m \times 3m$
K_2 : 개구부가산량[kg/m^2]	➜ $10kg/m^2$ (전역방출방식, 심부화재)
A : 개구부의 면적[m^2]	➜ $2m \times 1m$

➜ **서고의 약제저장량 :** $Q=K_1V+K_2A$

$$=2.0kg/m^3 \times (20m \times 10m \times 3m)+10kg/m^2 \times (2m \times 1m)$$

$$=\mathbf{1,220kg}$$

③ 면화류창고

$Q=K_1V+K_2A$	소화약제의 저장량(전역방출방식)
Q : 소화약제의 저장량[kg]	➜ $Q=K_1V+K_2A$
K_1 : 방호구역 $1m^3$당 소요약제량[kg/m^3]	➜ $2.7kg/m^3$ (면화류창고, 전역방출방식)
V : 방호구역의 체적[m^3]	➜ $32m \times 10m \times 3m$
K_2 : 개구부가산량[kg/m^2]	➜ 개구부 자동폐쇄장치 설치(조건①)
A : 개구부의 면적[m^2]	

➜ **면화류창고의 약제저장량 :** $Q=K_1V+K_2A=2.7kg/m^3 \times (32m \times 10m \times 3m)=\mathbf{2,592kg}$

이산화탄소소화설비 – 전역방출방식의 심부화재

소방대상물	방호구역의 $1m^3$에 대한 소화약제의 양(K_1)	설계농도[%]	개구부가산량(K_2)
• 유압기기를 제외한 전기설비, 케이블실	$1.3kg/m^3$	50	$10kg/m^2$
• 전기설비(체적 $55m^3$ 미만)	$1.6kg/m^3$	50	
• 목재가공품창고, 박물관, 서고, 전자제품창고, 암기법 재물이(2.0) 고자	$2.0kg/m^3$	65	
• 고무류, 모피창고, 집진설비, 석탄 창고, 면화류창고 암기법 고모집 석면	$2.7kg/m^3$	75	

(2) 각 방호구역별 약제저장용기의 개수[병]

$$\text{소화약제 저장용기의 개수[병]}=\frac{\text{소화약제의 저장량[kg]}}{\text{저장용기 1병당 저장량[kg/병]}}$$

조건②에 따라 저장용기 1개의 저장량은 45kg이며, 문제(1)에 의해 산출된 각 방호구역별 소화약제의 양[kg]를 적용한다.

방호구역	계산과정	각 실에 필요한 소화약제의 용기수[병]
① 통신기기실	$\frac{468\text{kg}}{45\text{kg/병}}=10.4$병	**11병**
② 서고	$\frac{1,220\text{kg}}{45\text{kg/병}}=27.111$병	**28병**
③ 면화류창고	$\frac{2,592\text{kg}}{45\text{kg/병}}=57.6$병	**58병**

(3) 집합관의 용기수[병]

각 방호구역의 가스용기의 병수 중 **가장 많은 병수**를 집합관에 필요한 가스용기의 병수로 선정한다.

➜ **집합관의 필요한 용기수[병]=58병** (면화류창고)

(4) 기동용기의 개수[병]

기동용기는 각 방호구역마다 1개씩 설치하지만, 조건⑥에 따라 통신기기실과 서고는 **동시에 약제가 방출**되므로 기동용기를 1개로 사용한다.

➜ **기동용기의 개수[병]**=1병(통신기기실과 서고)+1병(면화류창고)=**2병**

(5) 통신기기실 헤드의 방사압력[MPa]

구 분	고압식	저압식
분사헤드의 방사압력	2.1MPa 이상	1.05MPa 이상

(6) 음향경보장치의 약제방사 개시 후 경보 유지시간[분]

➜ 이산화탄소, 할론, 할로겐화합물 및 불활성기체, 분말소화설비의 음향경보장치
=소화약제의 방사개시 후 **1분 이상** 경보를 계속할 수 있는 것으로 할 것

(7) 약제의 유량속도[kg/s]

$$\text{약제의 유량속도[kg/s]} = \frac{\text{저장용기 1병의 저장량[kg]} \times \text{병수[병]}}{\text{방출시간[s]}}$$

방호구역	소화약제의 용기수[병]	계산과정	약제의 유량속도[kg/s]
① 통신기기실, 서고(동시 방출)	39병	$\frac{45\text{kg/병}\times 39\text{병}}{7\text{min}\times 60\text{s/min}}=4.178\text{kg/s}$	**4.18kg/s**
② 면화류창고	58병	$\frac{45\text{kg/병}\times 58\text{병}}{7\text{min}\times 60\text{s/min}}=6.214\text{kg/s}$	**6.21kg/s**

16 다음 그림은 어느 실에 대한 이산화탄소소화설비의 평면도이다. 이 도면과 주어진 조건을 이용하여 다음의 물음에 답하시오. (단, 모터사이렌은 약제의 방출 사전예고 시에는 파상음으로, 약제방출 시는 연속음을 발한다.)

배점 : 15 [03년] [07년] [11년]

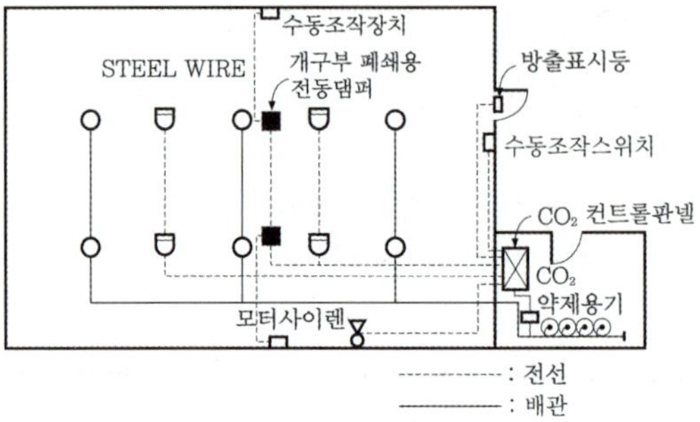

(1) 화재가 발생하여 화재감지기가 작동되었을 경우 이 설비의 작동연계성(operation sequence)을 순서대로 설명하시오. (단, 구성장치의 기능이 모두 정상이다.)

(2) 화재감지기 작동 이전에 실내거주자가 화재를 먼저 발견하였을 경우 이 설비의 작동과 관련된 조치방법을 설명하시오.

(3) 화재가 실내거주자에게 발견되었으나 상용 및 비상전원이 고장일 경우 이 설비의 작동과 관련된 조치방법을 설명하시오.

• **실전모범답안**

(1) 이산화탄소소화설비의 작동연계성

① 화재발생
② 화재감지기의 작동
③ 이산화탄소소화설비의 컨트롤판넬에 신호
④ 모터사이렌 파상음 경보발령 및 지연장치의 작동
⑤ 전자개방밸브(솔레노이드밸브) 작동
⑥ 기동용 가스용기의 개방
⑦ 선택밸브 개방 및 이산화탄소소화약제용기 개방
⑧ 압력스위치 작동
⑨ 이산화탄소소화설비 컨트롤판넬에 신호
⑩ 모터사이렌 연속음 경보발령, 방출표시등 점등 및 개구부 폐쇄용 전동댐퍼 작동
⑪ 헤드로부터 이산화탄소소화약제 방출
⑫ 소화

(2) 이산화탄소소화설비의 수동작동방법

해당 방호구역 내 거주인명의 대피상황을 확인하고 출입문 부근에 설치된 수동조작스위치를 작동시켜 이산화탄소소화설비를 작동시킨다.

(3) 이산화탄소소화설비의 수동작동방법(전기적 흐름의 차단상태)

① 해당 방호구역의 거주인명에게 화재발생을 알리고 대피시킨다.
② 수동작동장치로 개구부를 수동으로 폐쇄시킨다.
③ 저장용기실의 기동용 가스용기 또는 이산화탄소 약제용기를 수동으로 개방시킨다.
④ 헤드로부터 이산화탄소소화약제가 방출되어 소화된다.

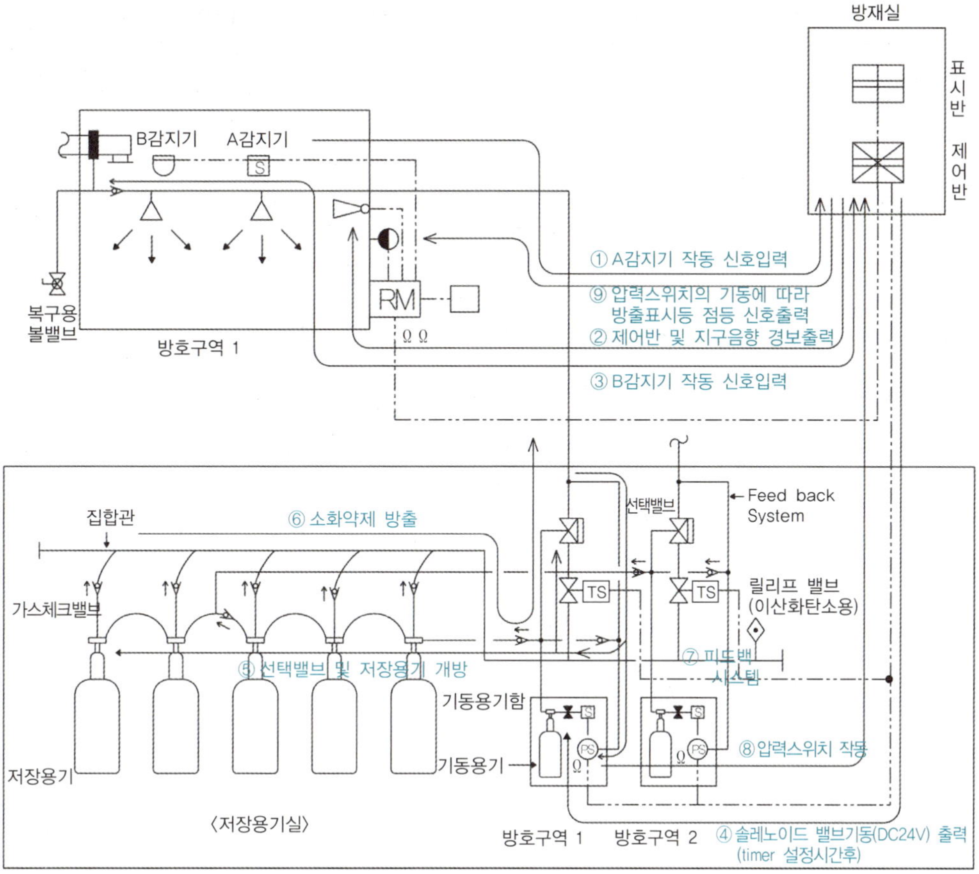

※ 이산화탄소소화설비의 경우 선택밸브 1차측에 수동잠금밸브 설치

| 연동 개념도 |

17 다음 그림은 이산화탄소소화설비의 소화약제 저장용기 주위의 배관 계통도이다. 방호구역은 A, B 두 부분으로 나누어지고, 각 구역의 소요약제량은 A구역은 2B/T, B구역은 5B/T이라 할 때 그림을 보고 다음 물음에 답하시오.

배점 : 7 [05년] [12년] [17년]

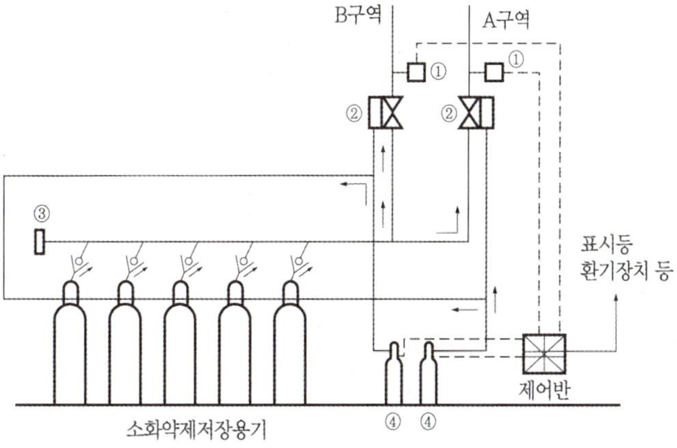

(1) 각 방호구역에 소요약제량을 방출할 수 있도록 동관에 설치할 체크밸브의 위치를 표시하시오. (단, 도시기호는 "체크밸브(그림)"와 같이 나타낸다.)

(2) 그림에서 ①, ②, ③, ④ 기구의 명칭을 쓰시오.

• **실전모범답안**

(1) 체크밸브의 위치

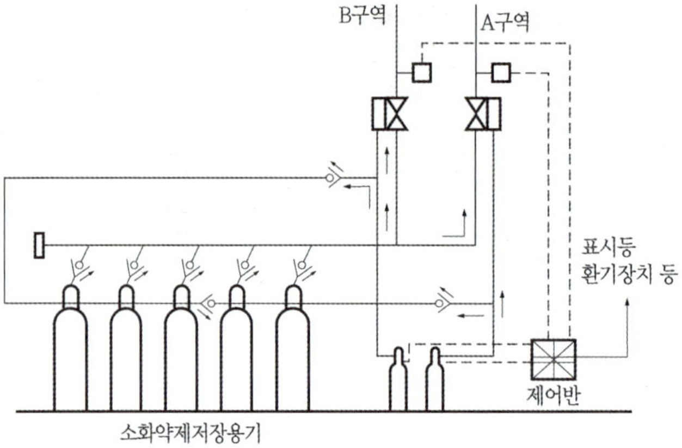

(2) 기구의 명칭

① **압력스위치** : 소화약제 방출 시 가스압력에 의해 작동되어 제어반에 신호를 보내 방출표시등이 점등된다.

② **선택밸브** : 화재가 발생한 방호구역에만 소화약제가 방출될 수 있도록 하는 밸브

③ **안전밸브** : 집합관에 설치되어 내압시험압력의 0.8배에서 작동하는 밸브로 배관 및 밸브류 등이 이상고압에 의해 파손되는 것을 방지하는 밸브

④ **기동용 가스용기** : 전자개방밸브(솔레노이드밸브)에 의해 개방되어 선택밸브 및 소화약제 저장용기를 개방시킨다.

| 압력스위치 |

| 선택밸브 |

| 안전밸브 |

| 기동용 가스용기 |

⊕ 가스계 소화설비-밸브의 기능

구 분	선택밸브	가스체크밸브	릴리프밸브	
			이산화탄소	기타 가스계
도시 기호		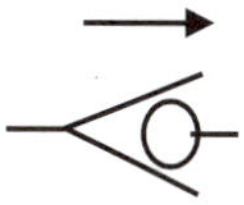		
정의	화재가 발생한 방호구역에만 소화약제가 방출되도록 설치하는 밸브	소화약제의 역류방지기능	배관 및 밸브류 등이 이상고압에 의해 파손되는 것을 방지하는 기능의 밸브	
설치 위치	각 방호구역마다 1개씩 설치	• 저장용기~집합관마다 1개씩 설치 • 저장용기~저장용기 • 기동용기~저장용기 • 기타 소화약제의 역류를 방지해야 하는 부분	집합관에 설치	

18 이산화탄소소화설비의 작동시험 시 가스압력 시 기동장치의 저장용기 전자개방밸브 작동방법 4가지를 쓰시오.
배점 : 4 [14년]

• 실전모범답안

(1) A, B회로가 다른 2개의 감지기를 동시에 작동
(2) 수동조작함(RM)에서 기동스위치 작동
(3) 감시제어반에서 솔레노이드밸브 기동스위치 작동
(4) 감시제어반에서 동작시험으로 2개 회로 작동

19 이산화탄소소화설비의 자동식 기동장치 중 자동·수동 절환장치 기능의 정상여부를 확인할 때 점검항목을 자동(3가지), 수동(2가지)으로 구분하여 쓰시오.
배점 : 5 [15년]

• 실전모범답안

(1) 자동
① A, B회로가 다른 2개의 감지기를 동시에 작동하여 기동되는지 여부
② 수신기의 자동기동스위치 조작으로 기동되는지 여부
③ 수신기에서 교차회로방식의 2개 회로를 조작하여 기동되는지 여부

(2) 수동
① 수동조작함(RM)에서 기동스위치를 조작하여 기동되는지 여부
② 솔레노이드밸브의 안전핀 제거 후 푸쉬버튼을 눌러 기동되는지 여부

20 다음은 저압식 이산화탄소소화설비의 계통도이다. 상시 폐쇄되어 있는 밸브와 개방되어 있는 밸브의 번호를 열거하시오.

배점 : 5 [08년] [16년]

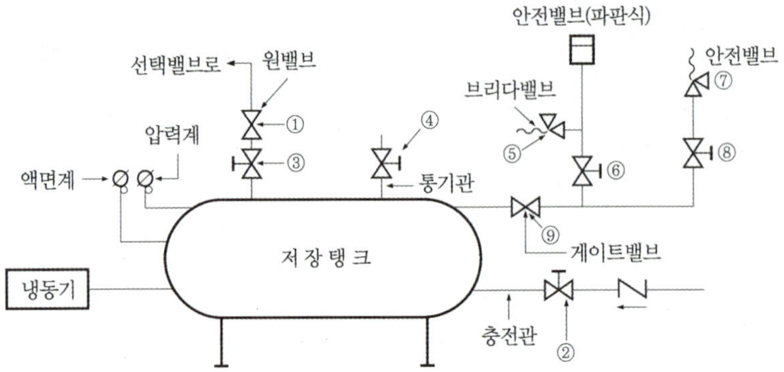

(1) 상시 폐쇄되어 있는 밸브 :

(2) 상시 개방되어 있는 밸브 :

• 실전모범답안

(1) 상시 폐쇄되어 있는 밸브

①	원밸브(주밸브)	평상시 폐쇄	기동용 가스압력에 의해 개방
②	개폐밸브(충전밸브)	평상시 폐쇄	이산화탄소소화약제를 충전할 경우 개방
④	개폐밸브	평상시 폐쇄	저장탱크 내 이산화탄소소화약제를 배출시켜 공기의 유통을 원활하게 할 경우 개방
⑤	브리다밸브	평상시 폐쇄	저장탱크 내부압력이 설정압력 이상일 경우 개방
⑦	안전밸브	평상시 폐쇄	저장탱크 내부압력이 설정압력 이상일 경우 개방

(2) 상시 개방되어 있는 밸브

③	개폐밸브	평상시 개방	원밸브(주밸브) 점검, 배관보수 및 헤드 교체 등의 경우 폐쇄
⑥	개폐밸브	평상시 개방	브리다밸브, 안전밸브(파판식) 점검 및 교체 등의 경우 폐쇄
⑧	개폐밸브	평상시 개방	안전밸브 점검 및 교체 등의 경우 폐쇄
⑨	게이트밸브	평상시 개방	개폐밸브, 브리다밸브, 안전밸브(파판식), 안전밸브 점검 및 교체 등의 경우 폐쇄

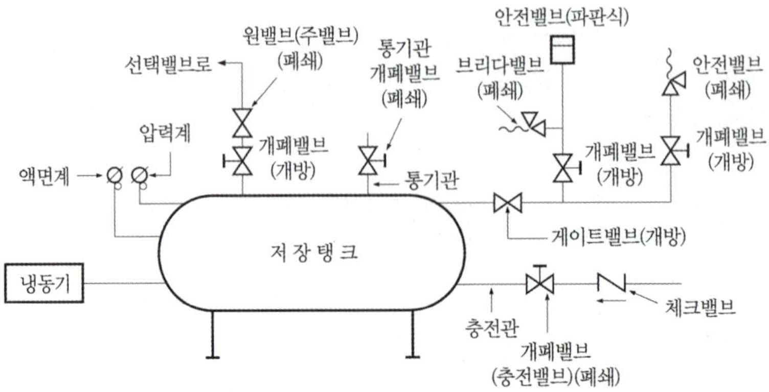

| 저압식 이산화탄소소화설비-상시 밸브상태 |

21 **토너먼트 배관방식으로 배관 및 헤드 설치 관계를 완성하시오.** 배점 : 5 [08년] [16년]

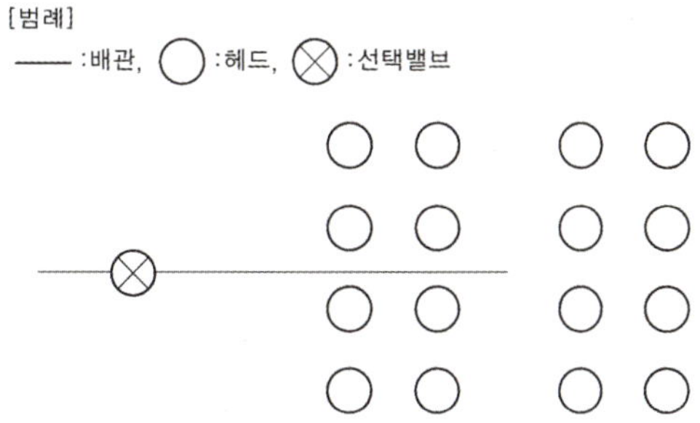

• **실전모범답안**

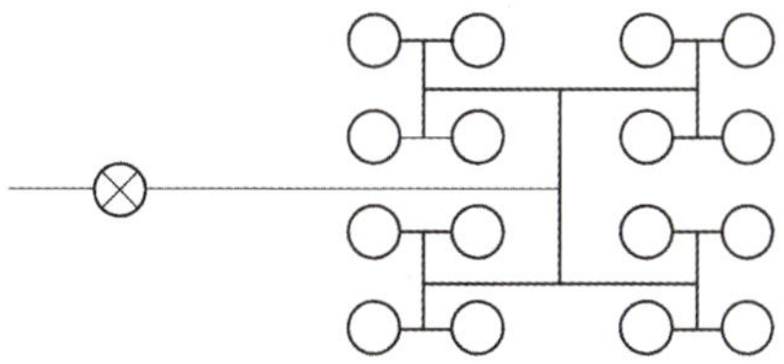

참고 **토너먼트방식**

(1) **토너먼트방식**
① 소화약제 방출 시 배관 내 마찰손실을 일정하게 유지하기 위한 방식
② 각 분사헤드까지의 배관경로가 대칭적임
③ 마찰손실이 크기 때문에 수계소화설비에는 사용이 금지됨

(2) **토너먼트 배관방식의 적용이 유리한 설비**
① 이산화탄소소화설비
② 할론소화설비
③ 할로겐화합물 및 불활성기체 소화설비
④ 분말소화설비
⑤ 압축공기포소화설비

22 **다음 (   ) 안에 답을 쓰시오.** 배점 : 5 [05년]

CO_2는 대기압 상온에서 (①) 상태로 존재하고 증기 비중은 (②)이다. 그리고 (③)과 (④) 과정에서 쉽게 액화하며 고체, 액체, 기체가 공존하는 (⑤)을 가진다.

• **실전모범답안**
① 기체 ② 1.5 ③ 냉각 ④ 압축 ⑤ 삼중점

23 이산화탄소소화설비의 설치부품 중 피스톤릴리져의 기능을 간단히 쓰시오. 배점 : 5 [06년] [13년]

• 실전모범답안

소화가스 방출 시 소화가스가 누설될 수 있는 급·배기 댐퍼, 환기팬 등에 설치하여 소화가스의 압력을 이용하여 개구부를 자동적으로 폐쇄시키기 위한 장치

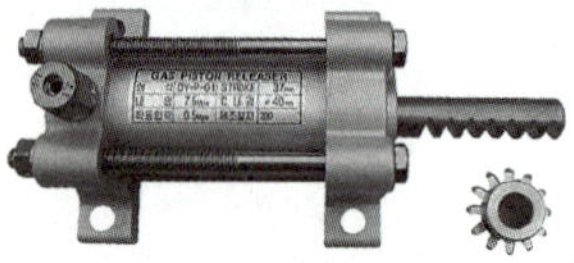

| 피스톤릴리져 |

24 이산화탄소소화설비의 과압배출구 설치기준을 쓰시오. 배점 : 4 [18년]

• 실전모범답안

이산화탄소소화설비의 방호구역에는 소화약제 방출 시 발생하는 과(부)압으로 인한 구조물 등의 손상을 방지하기 위해 ① **방호구역 누설면적**, ② **방호구역의 최대허용압력**, ③ **소화약제 방출 시의 최고압력**, ④ **소화농도 유지시간**까지의 내용을 검토하여 과압배출구를 설치해야 한다. 다만, 과(부)압이 발생해도 구조물 등에 손상이 생길 우려가 없음을 시험 또는 공학적인 자료로 입증하는 경우 설치하지 않을 수 있다.

| 과압배출구 |

25 이산화탄소소화설비의 소화농도는 이론소화농도와 설계소화농도로 구분된다. 이를 간략하게 구별하여 설명하시오. 배점 : 4 [03년]

• 실전모범답안

(1) 이론소화농도

규정된 실험조건의 화재를 소화하는데 필요한 소화약제의 농도

(2) 설계소화농도

방호대상물 또는 방호구역의 소화약제 저장량을 산출하기 위한 농도로서 소화농도에 안전율을 고려하여 설정한 농도(설계농도＝소화농도×안전율)

3 국소방출방식

(1) 국소방출방식–소화약제량

① 소화약제량 산출 공식

이산화탄소 소화설비		윗면이 개방된 용기에 저장하는 경우, 연소면이 한정되고 가연물이 비산할 우려가 없는 경우	기타의 경우
소화약제량[kg] 산출 공식		방호대상물의 표면적[m^2]$\times 13kg/m^2 \times K$	방호공간의 체적[m^3]$\times \left(8-6\times\dfrac{a}{A}\right)\times K$ a : 방호대상물 주위에 설치된 벽면적의 합계[m^2] A : 방호공간의 벽면적의 합계[m^2] (벽이 없는 경우 벽이 있는 것으로 가정한 부분의 면적 합계)
할증 K	저압식	1.1	1.1
	고압식	1.4	1.4

② 소화약제의 방사시간 : 30초 이내

참고 윗면이 개방된 용기에 저장, 연소면이 한정되고 가연물이 비산할 우려가 없는 경우

- 방호대상물의 표면적$=A$[m]$\times B$[m] (높이는 고려할 필요 없음)

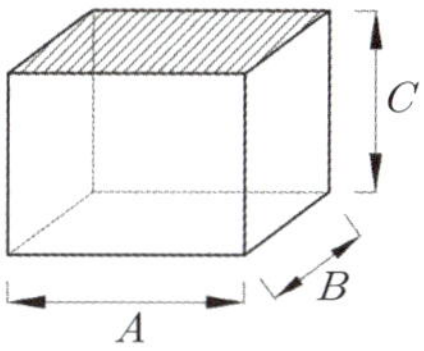

(2) a vs A

① 방호공간 : 방호대상물의 각 부분으로부터 0.6m의 거리에 둘러싸인 공간

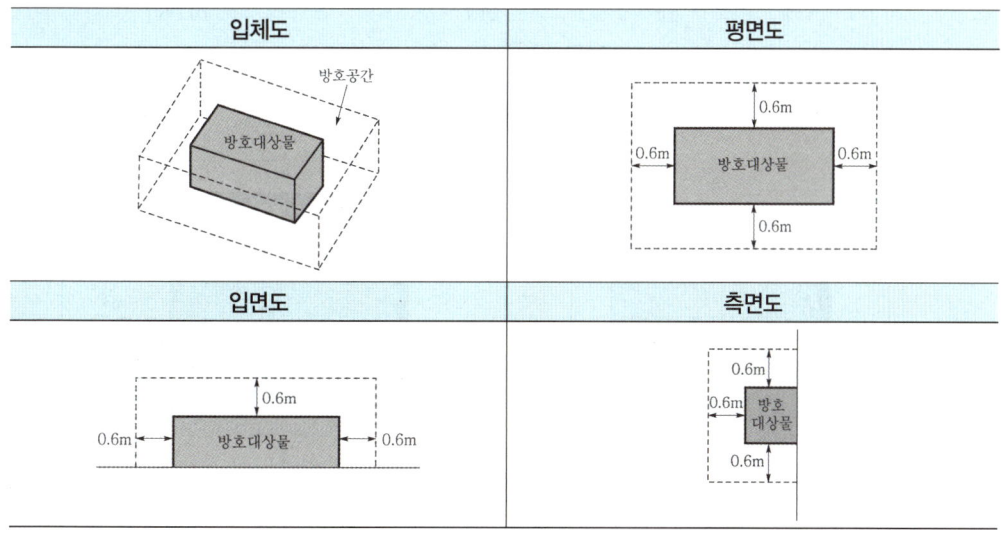

입체도	평면도
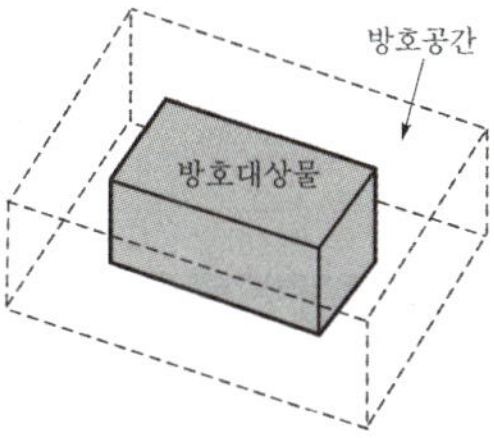	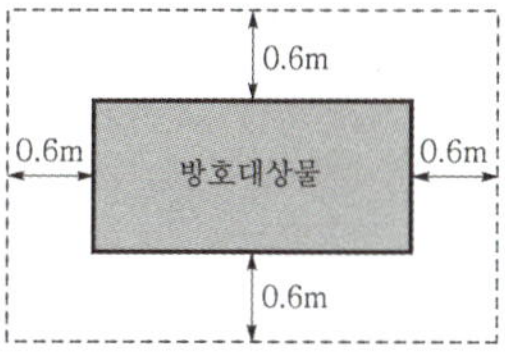
입면도	**측면도**
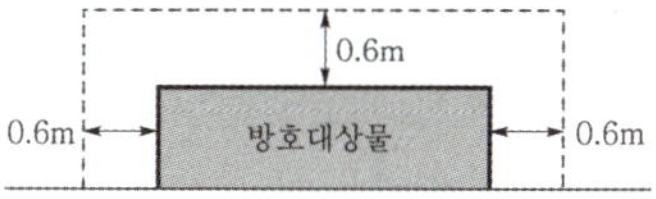	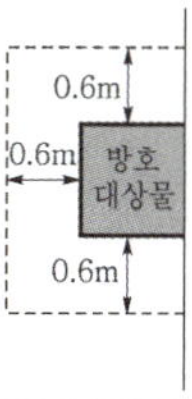

② **방호공간 및 방호대상물 예시도**

[공통사항]

1. 방호대상물의 크기는 가로 1m×세로 1m×높이 1m이다.
2. 방호대상물 주위에 벽이 설치된 경우 벽의 크기는 방호대상물의 크기와 동일한 크기로 가정한다.
3. 고압식이라고 가정한다.

㉠ **방호대상물 주위 0.6m 이내 벽이 없는 경우**

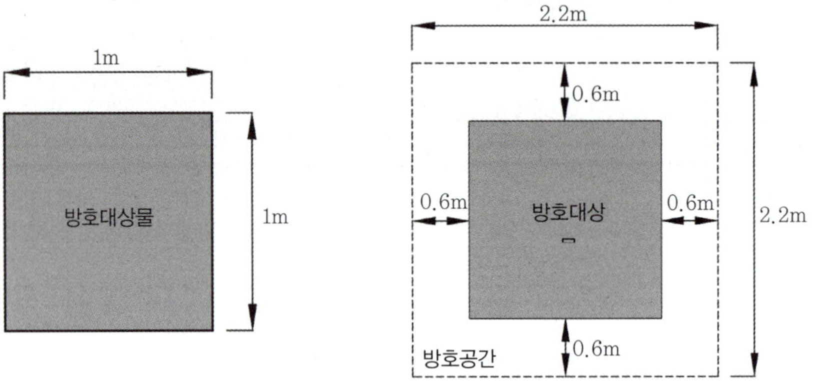

방호공간(V)	가로(양쪽+0.6m)×세로(양쪽+0.6m)×높이(위쪽+0.6m) $=(1m+0.6m+0.6m)\times(1m+0.6m+0.6m)\times(1m+0.6m)$ $=2.2m\times2.2m\times1.6m=7.744\fallingdotseq7.74m^3$
방호대상물 주위에 설치된 벽면적의 합계(a)	방호대상물 주위 0.6m 이내 벽이 없으므로 $a=0$이다.
방호공간 주위에 설치된 벽면적의 합계(A)	가로(양쪽+0.6m)×높이(위쪽+0.6m)×2면+세로(양쪽+0.6m)×높이(위쪽+0.6m)×2면 $=(1m+0.6m+0.6m)\times(1m+0.6m)\times2$ $+(1m+0.6m+0.6m)\times(1m+0.6m)\times2=14.08m^2$

→ **소화약제의 저장량 :** $Q=V\times\left(8-6\times\frac{a}{A}\right)\times K=7.74m^3\times\left(8-6\times\frac{0}{14.08}\right)\times1.4=86.688$

$\fallingdotseq 86.69kg$

㉡ **방호대상물 주위 2면에 벽이 있는 경우** [23회]

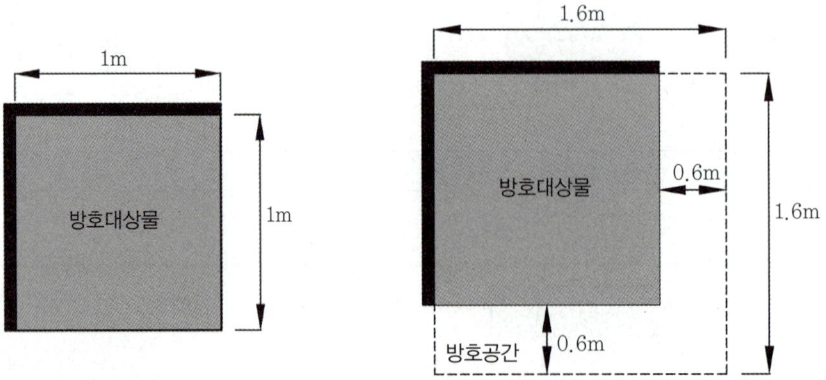

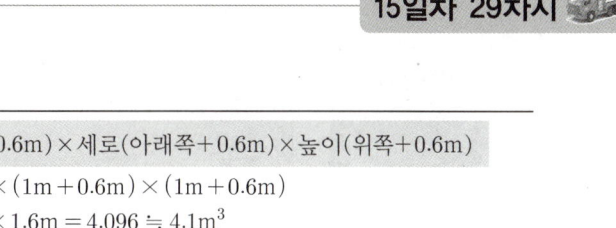

방호공간(V)	가로(오른쪽+0.6m)×세로(아래쪽+0.6m)×높이(위쪽+0.6m) $=(1\text{m}+0.6\text{m})\times(1\text{m}+0.6\text{m})\times(1\text{m}+0.6\text{m})$ $=1.6\text{m}\times1.6\text{m}\times1.6\text{m}=4.096 ≒ 4.1\text{m}^3$
방호대상물 주위에 설치된 벽면적의 합계(a)	가로×높이×1면+세로×높이×1면 $=1\text{m}\times1\text{m}\times1+1\text{m}\times1\text{m}\times1=2\text{m}^2$
방호공간 주위에 설치된 벽면적의 합계(A)	가로(오른쪽+0.6m)×높이(위쪽+0.6m)×2면 +세로(아래쪽 +0.6m)×높이(위쪽+0.6m)×2면 $=(1\text{m}+0.6\text{m})\times(1\text{m}+0.6\text{m})\times2+(1\text{m}+0.6\text{m})\times(1\text{m}+0.6\text{m})\times2$ $=10.24\text{m}^2$

→ **소화약제의 저장량 :** $Q=V\times\left(8-6\times\dfrac{a}{A}\right)\times K=4.1\text{m}^3\times\left(8-6\times\dfrac{2}{10.24}\right)\times1.4=39.193$

$≒$ **39.19kg**

㉢ 방호대상물 주위 4면에 벽이 있는 경우

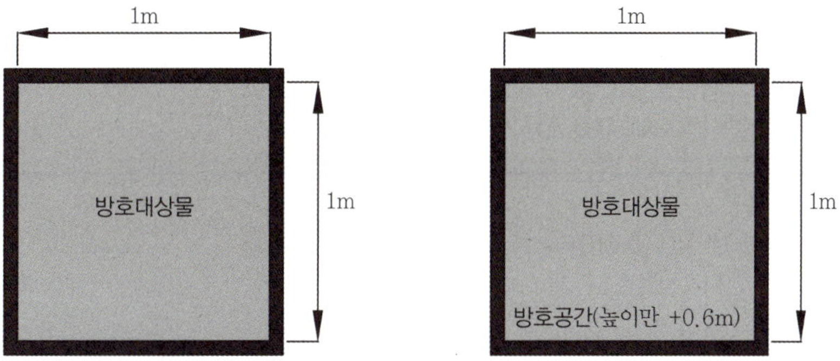

방호공간(V)	가로×세로×높이(위쪽+0.6m) $=1\text{m}\times1\text{m}\times(1\text{m}+0.6\text{m})=1.6\text{m}^3$
방호대상물 주위에 설치된 벽면적의 합계(a)	가로×높이×2면+세로×높이×2면 $=1\text{m}\times1\text{m}\times2+1\text{m}\times1\text{m}\times2=4\text{m}^2$
방호공간 주위에 설치된 벽면적의 합계(A)	가로×높이(위쪽+0.6m)×2면+세로×높이(위쪽+0.6m)×2면 $=1\text{m}\times(1\text{m}+0.6\text{m})\times2+1\text{m}\times(1\text{m}+0.6\text{m})\times2=6.4\text{m}^2$

→ **소화약제의 저장량 :** $Q=V\times\left(8-6\times\dfrac{a}{A}\right)\times K=1.6\text{m}^3\times\left(8-6\times\dfrac{4}{6.4}\right)\times1.4=$ **9.52kg**

빈번한 기출문제

01 **그림과 같은 위험물탱크에 국소방출방식으로 이산화탄소소화설비를 설치하려고 한다. 다음 물음에 답하시오. (단, 고압식으로 설치하며, 방호대상물 주위에는 설치된 벽이 없다.)**

배점 : 7 [08년] [12년] [18년] [19년] [22년]

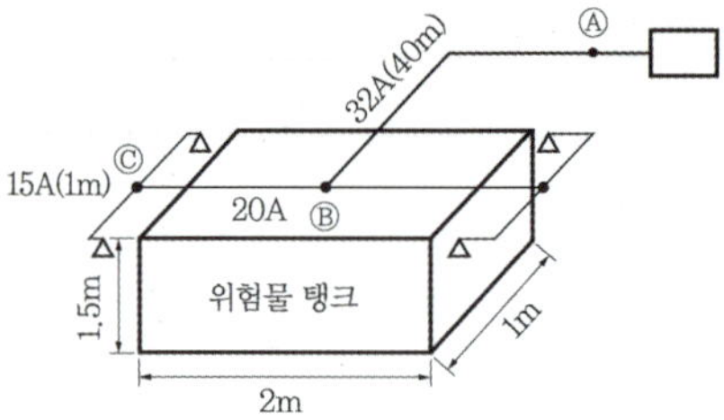

(1) 방호공간의 체적 [m^3]을 구하시오.
(2) 소화약제 저장량 [kg]을 구하시오.
(3) 하나의 분사헤드에 대한 방사량 [kg/s]을 구하시오.

• **실전모범답안**

(1) $V=(2+0.6+0.6)\times(1+0.6+0.6)\times(1.5+0.6)=14.784\text{m}^3$

• **답 :** 14.78m^3

(2) $W=V\times\left(8-6\times\frac{a}{A}\right)\times K$

$$=14.78\times\left(8-6\times\frac{0}{(3.2\times2.1\times2)+(2.2\times2.1\times2)}\right)\times1.4=165.536\text{kg}$$

• **답 :** 165.54kg

(3) $Q=\frac{165.54}{30\times4}=1.379\text{kg/s}$

• **답 :** 1.38kg/s

상세해설

(1) 방호공간의 체적[m^3]

① **방호공간** : 방호대상물의 각 부분으로부터 0.6m의 거리에 둘러싸인 공간

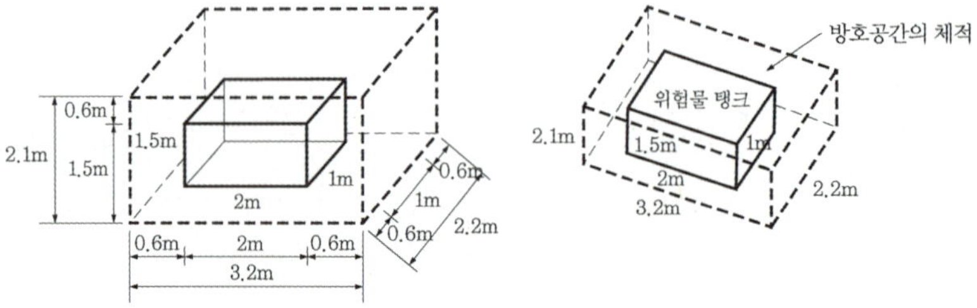

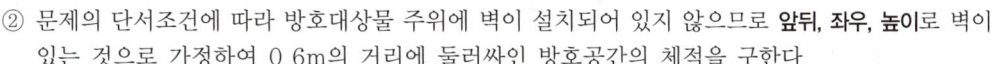

② 문제의 단서조건에 따라 방호대상물 주위에 벽이 설치되어 있지 않으므로 **앞뒤, 좌우, 높이**로 벽이 있는 것으로 가정하여 0.6m의 거리에 둘러싸인 방호공간의 체적을 구한다.

㉠ 가로=2m+0.6m+0.6m=3.2m

㉡ 세로=1m+0.6m+0.6m=2.2m

㉢ 높이=1.5m+0.6m=2.1m **(높이는 위로만 0.6m 적용)**

➜ **방호공간의 체적 :** $V=(2m+0.6m+0.6m)\times(1m+0.6m+0.6m)\times(1.5m+0.6m)$

$=14.784m^3 ≒ \mathbf{14.78m^3}$

(2) 소화약제의 저장량[kg]

$W=V\times\left(8-6\times\frac{a}{A}\right)\times K$	소화약제의 저장량(국소방출방식)
W : 소화약제의 저장량[kg]	➜ $W=V\times(8-6\times a/A)\times K$
V : 방호공간의 체적[m^3]	➜ $14.78m^3$ **(문제(1))**
a : 방호대상물 주위에 설치된 벽면적의 합계[m^2]	➜ 0m **(방호대상물 주위의 벽 없음)**
A : 방호공간의 벽면적의 합계[m^2] (벽이 없는 경우에는 벽이 있는 것으로 가정한 부분의 면적 합계)	➜ **(앞면+뒷면)+(좌측면+우측면)** $=3.2m\times2.1m\times2+2.2m\times2.1m\times2$
K : 할증[저압식 : 1.1, 고압식 : 1.4]	➜ 1.4 **(고압식)**

➜ **소화약제의 저장량 :** $W=V\times\left(8-6\times\frac{a}{A}\right)\times K$

$=14.78m^3\times\left(8-6\times\frac{0}{(3.2m\times2.1m\times2)+(2.2m\times2.1m\times2)}\right)\times1.4$

$=165.536kg ≒ \mathbf{165.54kg}$

(3) 하나의 분사헤드에 대한 방사량[kg/s]

$$\text{하나의 분사헤드에 대한 방사량[kg/s]}=\frac{\text{소화약제의 저장량[kg]}}{\text{방출시간[s]}\times\text{분사헤드의 개수}}$$

가스계 소화설비별 특정소방대상물의 소화약제 방사시간

구 분	할로겐화합물 및 불활성기체 소화설비			할론 소화설비	분말 소화설비	이산화탄소소화설비	
	할로겐화합물	불활성기체				표면화재	심부화재
전역방출방식	10초 이내	A·C급 화재	2분 이내	10초 이내	30초 이내	1분 이내	7분 이내 (설계농도가 2분 이내 30% 도달)
		B급 화재	1분 이내				
	➜ 설계농도의 95% 이상 방사						
국소방출방식	–	–		10초 이내	30초 이내	30초 이내	30초 이내

① 소화약제의 저장량[kg]=165.54kg

② 방출시간[s]=30s (국소방출방식의 이산화탄소소화설비)

③ 헤드의 개수=4개 (그림참고)

➜ **하나의 분사헤드에 대한 방사량[kg/s]**$=\frac{165.54kg}{30s\times4개}=1.379kg/s ≒ \mathbf{1.38kg/s}$

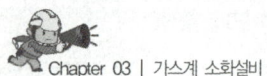

02 **그림과 같은 위험물탱크에 국소방출방식으로 이산화탄소소화설비를 설치하려고 한다. 다음 물음에 답하시오. (단, 고압식으로 설치하며, 방호대상물 주위에는 방호대상물과 동일한 크기의 벽이 설치되어 있다.)** 배점 : 6 [10년]

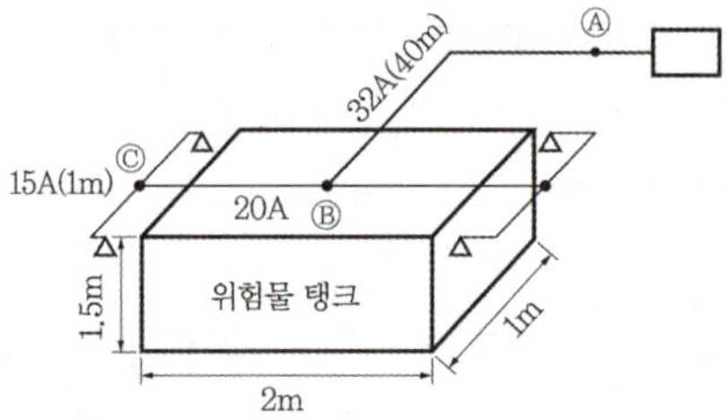

(1) 방호공간의 체적 [m^3]을 구하시오.
(2) 소화약제 저장량 [kg]을 구하시오.
(3) 하나의 분사헤드에 대한 방사량 [kg/s]을 구하시오.

• **실전모범답안**

(1) $V=2\times1\times(1.5+0.6)=4.2m^3$

• **답** : $4.2m^3$

(2) $W=V\times\left(8-6\times\frac{a}{A}\right)\times K=4.2\times\left(8-6\times\frac{(2\times1.5\times2)+(1\times1.5\times2)}{(2\times2.1\times2)+(1\times2.1\times2)}\right)\times1.4=21.84kg$

• **답** : 21.84kg

(3) $Q=\frac{21.84}{30\times4}=0.182kg/s$

• **답** : 0.18kg/s

상세해설

(1) 방호공간의 체적[m^3]

① **방호공간** : 방호대상물의 각 부분으로부터 0.6m의 거리에 둘러싸인 공간

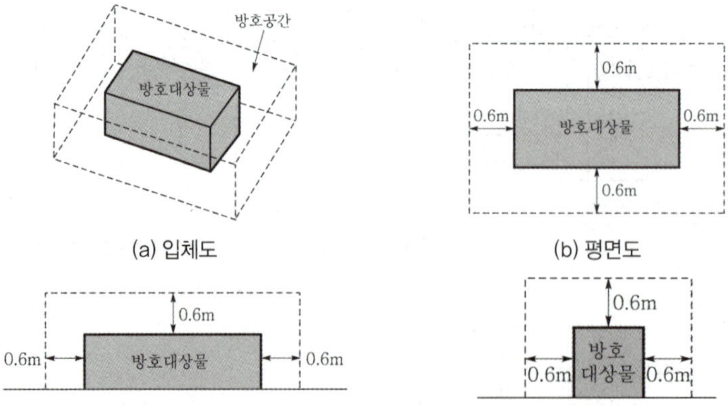

(a) 입체도 (b) 평면도 (c) 입면도 (d) 측면도

| 방호공간 |

② 문제의 단서조건에 따라 방호대상물 주위에는 방호대상물과 동일한 크기의 벽이 설치되어 있으므로 **높이**로 벽이 있는 것으로 가정하여 0.6m의 거리에 둘러싸인 방호공간의 체적을 구한다.

㉠ 가로=2m (벽으로 둘러싸임)

㉡ 세로=1m (벽으로 둘러싸임)

㉢ 높이=1.5m+0.6m=2.1m **(높이는 위로만 0.6m 적용)**

➜ **방호공간의 체적** : $V = 2\text{m} \times 1\text{m} \times (1.5\text{m} + 0.6\text{m}) = \mathbf{4.2m^3}$

(2) 소화약제의 저장량[kg]

$W = V \times \left(8 - 6 \times \frac{a}{A}\right) \times K$	소화약제의 저장량(국소방출방식)
W : 소화약제의 저장량[kg]	➜ $W = V \times (8 - 6 \times a/A) \times K$
V : 방호공간의 체적[m^3]	➜ $4.2m^3$ **(문제(1))**
a : 방호대상물 주위에 설치된 벽면적의 합계[m^2]	➜ $2m \times 1.5m \times 2 + 1m \times 1.5m \times 2$ **(실제 벽면)**
A : 방호공간의 벽면적의 합계[m^2] (벽이 없는 경우에는 벽이 있는 것으로 가정한 부분의 면적 합계)	➜ $2m \times 2.1m \times 2 + 1m \times 2.1m \times 2$ **(방호공간)**
K : 할증[저압식 : 1.1, 고압식 : 1.4]	➜ 1.4 **(고압식)**

➜ **소화약제의 저장량** : $W = V \times \left(8 - 6 \times \frac{a}{A}\right) \times K$

$$= 4.2m^3 \times \left(8 - 6 \times \frac{(2m \times 1.5m \times 2) + (1m \times 1.5m \times 2)}{(2m \times 2.1m \times 2) + (1m \times 2.1m \times 2)}\right) \times 1.4 = \mathbf{21.84kg}$$

(3) 하나의 분사헤드에 대한 방사량[kg/s]

$$\text{하나의 분사헤드에 대한 방사량[kg/s]} = \frac{\text{소화약제의 저장량[kg]}}{\text{방출시간[s]} \times \text{분사헤드의 개수}}$$

가스계 소화설비별 특정소방대상물의 소화약제 방사시간

구 분	할로겐화합물 및 불활성기체 소화설비			할론 소화설비	분말 소화설비	이산화탄소소화설비	
	할로겐화합물	불활성기체				표면화재	심부화재
전역방출방식	10초 이내	A·C급 화재	2분 이내	10초 이내	30초 이내	1분 이내	7분 이내 (설계농도가 2분 이내 30% 도달)
		B급 화재	1분 이내				
	➜ 설계농도의 95% 이상 방사						
국소방출방식	–	–		10초 이내	30초 이내	30초 이내	30초 이내

① 소화약제의 저장량[kg]=21.84kg

② 방출시간[s]=30s (국소방출방식의 이산화탄소소화설비)

③ 헤드의 개수=4개 (그림참고)

➜ **하나의 분사헤드에 대한 방사량[kg/s]** $= \frac{21.84\text{kg}}{30\text{s} \times 4\text{개}} = 0.182\text{kg/s} \fallingdotseq \mathbf{0.18kg/s}$

Tip 문제 01번과 문제 02를 비교하여 방호대상물 주위에 벽이 있을 경우와 없을 경우의 풀이방법을 명확히 구분하자.

CHAPTER 03

03 다음 조건을 기준으로 이산화탄소소화설비에 대한 물음에 답하시오.

배점 : 24 [07년] [12년] [19년]

[조건]

① 특정소방대상물의 천장까지의 높이는 3m이고 방호구역의 크기와 용도는 다음과 같다.

통신기기실 가로 12m×세로 10m 자동폐쇄장치 설치	전자제품창고 가로 20m×세로 10m 개구부 2m×2m(자동폐쇄장치 미설치)
위험물저장창고 가로 32m×세로 10m 자동폐쇄장치 설치	

② 소화약제는 고압저장방식으로 하고, 충전량은 45kg이다.

③ 통신기기실과 전자제품창고는 전역방출방식으로 설치하고, 위험물저장창고에는 국소방출방식을 적용한다.

④ 개구부가산량은 10kg/m^2, 사용하는 CO_2는 순도 99.5%, 헤드의 방사율은 1.3kg/mm^2·분·개이다.

⑤ 위험물저장창고에는 가로, 세로가 각각 5m, 높이가 2m인 윗면이 개방된 용기에 제4류 위험물을 저장한다.

⑥ 주어진 조건 외에는 소방관련법규 및 화재안전기준을 따른다.

(1) 각 방호구역에 대한 약제저장량 [kg]을 구하시오.
(2) 각 방호구역별 약제저장용기의 개수 [병]을 구하시오.
(3) 통신기기실 헤드의 방사압력 [MPa]이어야 하는지 쓰시오.
(4) 음향경보장치는 약제방사 개시 후 몇 분 동안 경보를 계속할 수 있어야 하는지 쓰시오.
(5) 전자제품창고의 헤드수를 14개로 할 때 헤드의 분구면적 [mm^2]을 구하시오.
(6) 약제저장용기의 저장온도가 20℃일 때 저장압력 [MPa]은 얼마인지 쓰시오.
(7) 약제저장용기의 내압시험압력 [MPa]은 얼마인지 쓰시오.
(8) 전자제품창고에 방출하여야 하는 이산화탄소의 체적 [m^3]을 구하시오. (단, 전자제품창고는 25℃의 표준대기압상태이다.)
(9) 배관의 설치기준에 관한 (　　) 안을 완성하시오.

강관을 사용하는 경우의 배관의 압력배관용 탄소강관(KS D 3562) 중 스케줄 (①)(저압식은 스케줄 (②) 이상의 것 또는 이와 동등 이상의 강도를 가진 것으로 (③) 등으로 방식처리된 것을 사용할 것. 다만, 배관의 호칭구경이 20mm 이하인 경우에는 스케줄 (④) 이상인 것을 사용할 수 있다.

• **실전모범답안**

(1) ① 통신기기실 : $Q=K_1V+K_2A=1.3\times(12\times10\times3)=468$kg

→ 순도 고려 $=\dfrac{468}{0.995}=470.351$kg

② 전자제품창고 : $Q=K_1V+K_2A=2.0\times(20\times10\times3)+10\times(2\times2)=1{,}240$kg

→ 순도 고려 $=\dfrac{1{,}240}{0.995}=1{,}246.231$kg

③ 위험물저장창고 : $W=S\times13\times K=(5\times5)\times13\times1.4=455$kg

→ 순도 고려 $=\dfrac{455}{0.995}=457.286$kg

• **답 :** ① 470.35kg ② 1,246.23kg ③ 457.29kg

(2) ① 통신기기실 : $\frac{470.35}{45}$ =10.452병

② 전자제품창고 : $\frac{1,246.23}{45}$ =27.694병

③ 위험물저장창고 : $\frac{457.29}{45}$ =10.162병

• **답 :** ① 11병 ② 28병 ③ 11병

(3) 2.1MPa 이상

(4) 1분 이상

(5) 헤드의 분구면적 : $\frac{45\times 28}{1.3\times 7\times 14}$ =9.89mm²

• **답 :** 9.89mm²

(6) 6MPa 이상

(7) 25MPa 이상

(8) $V=\frac{WRT}{PM}=\frac{(45\times 28)\times 8.314\times 298}{101.325\times 44}$ =700.208m³

➜ 순도고려=700.208×0.995=696.706m³

• **답 :** 696.71m³

(9) ① 80 ② 40 ③ 아연도금 ④ 40

상세해설

(1) 각 방호구역에 대한 약제저장량[kg]

소방대상물	방호구역의 1m³에 대한 소화약제의 양(K_1)	설계농도[%]	개구부가산량(K_2)
• 유압기기를 제외한 전기설비, 케이블실	1.3kg/m³	50	10kg/m²
• 전기설비(체적 55m³ 미만)	1.6kg/m³	50	
• 목재가공품창고, 박물관, 서고, 전자제품창고, 암기법 재물이(2.0) 고자	2.0kg/m³	65	
• 고무류, 모피창고, 집진설비, 석탄 창고, 면화류창고 암기법 고모집 석면	2.7kg/m³	75	

① **통신기기실 – 전역방출방식**

$Q=K_1V+K_2A$	소화약제의 저장량(전역방출방식)
Q : 소화약제의 저장량[kg]	➜ $Q=K_1V+K_2A$
K_1 : 방호구역 1m³당 소요약제량[kg/m³]	➜ 1.3kg/m³ (통신기기실, 방호구역의 체적 55m³ 이상인 전기설비)
V : 방호구역의 체적[m³]	➜ 12m × 10m × 3m
K_2 : 개구부가산량[kg/m²]	➜ 개구부 자동폐쇄장치 설치(조건①)
A : 개구부의 면적[m²]	

∴ 통신기기실의 약제저장량 : $Q=K_1V+K_2A=1.3\text{kg/m}^3\times(12\text{m}\times10\text{m}\times3\text{m})=$**468kg**

➜ **이산화탄소의 순도 99.5%(조건④)를 고려한 통신기기실의 소화약제 저장량[kg]**

$=\frac{468\text{kg}}{0.995}=470.351\text{kg}\fallingdotseq$**470.35kg**

② **전자제품창고 – 전역방출방식**

$Q=K_1V+K_2A$	소화약제의 저장량(전역방출방식)
Q : 소화약제의 저장량[kg]	➜ $Q=K_1V+K_2A$
K_1 : 방호구역 1m^3당 소요약제량[kg/m^3]	➜ 2.0kg/m^3 **(전자제품창고, 전역방출방식)**
V : 방호구역의 체적[m^3]	➜ $20\text{m}\times10\text{m}\times3\text{m}$
K_2 : 개구부가산량[kg/m^2]	➜ 10kg/m^2 **(전역방출방식, 심부화재)**
A : 개구부의 면적[m^2]	➜ $2\text{m}\times2\text{m}$

∴ 전자제품창고의 약제저장량 : $Q=K_1V+K_2A$

$=2.0\text{kg/m}^3\times(20\text{m}\times10\text{m}\times3\text{m})+10\text{kg/m}^2\times(2\text{m}\times2\text{m})$

$=$**1,240kg**

➜ **이산화탄소의 순도 99.5%(조건④)를 고려한 전자제품창고의 소화약제 저장량[kg]**

$=\frac{1{,}240\text{kg}}{0.995}=1{,}246.231\text{kg}\fallingdotseq$**1,246.23kg**

③ **위험물저장창고 – 국소방출방식(윗면이 개방된 용기에 저장하는 경우)**

$W=S\times13\text{kg/m}^2\times K$	소화약제의 저장량(국소방출방식)
W : 소화약제의 저장량[kg]	➜ $W=S\times13\text{kg/m}^2\times\text{K}$
S : 방호대상물의 표면적[m^2]	➜ $5\text{m}\times5\text{m}$ **(조건⑤)**
K : 할증[저압식 : 1.1, 고압식 : 1.4]	➜ 1.4 **(조건②, 고압식)**

∴ 위험물저장창고의 약제저장량 : $W=S\times13\text{kg/m}^2\times K$

$=(5\text{m}\times5\text{m})\times13\text{kg/m}^2\times1.4=$**455kg**

➜ **이산화탄소의 순도 99.5%(조건④)를 고려한 위험물저장창고의 소화약제 저장량[kg]**

$=\frac{455\text{kg}}{0.995}=457.286\text{kg}\fallingdotseq$**457.29kg**

참고

(1) 순도를 고려한 소화약제의 양 [kg]$=\frac{\text{소화약제의 양[kg]}}{\text{소화약제의 순도[\%]}}$

(2) 순도를 고려한 소화약제의 부피 [m^3]= 소화약제의 부피[m^3]× 소화약제의 순도[%]

(2) 각 방호구역별 약제저장용기의 개수[병]

$$\text{소화약제 저장용기의 개수[병]}=\frac{\text{소화약제의 저장량[kg]}}{\text{저장용기 1병의 저장량[kg/병]}}$$

조건②에 따라 저장용기 1개의 저장량은 45kg이며, 문제(1)에 의해 산출된 각 방호구역별 소화약제의 양[kg]를 적용한다.

방호구역	계산과정	각 실에 필요한 소화약제의 용기수[병]
① 통신기기실	$\frac{470.35\text{kg}}{45\text{kg/병}}=10.452$병	11병
② 전자제품창고	$\frac{1,246.23\text{kg}}{45\text{kg/병}}=27.694$병	28병
③ 위험물저장창고	$\frac{457.29\text{kg}}{45\text{kg/병}}=10.162$병	11병

(3) 통신기기실 헤드의 방사압력[MPa]

구 분	고압식	저압식
분사헤드의 방사압력	2.1MPa 이상	1.05MPa 이상

(4) 음향경보장치의 약제방사 개시 후 경보 유지시간[분]

➜ 이산화탄소, 할론, 할로겐화합물 및 불활성기체, 분말소화설비의 음향경보장치
=소화약제의 방사개시 후 **1분 이상** 경보를 계속할 수 있는 것으로 할 것

(5) 전자제품창고의 헤드의 분구면적[mm²]

$$\text{분사헤드의 분출구 면적}[\text{mm}^2]=\frac{\text{저장용기 1병의 저장량}[\text{kg/병}]\times\text{병수}[\text{병}]}{\text{방사율}[\text{kg/mm}^2\cdot\text{min}]\times\text{방출시간}[\text{min}]\times\text{헤드의 개수}[\text{개}]}$$

① 저장용기 1병의 저장량=45kg/병 **(조건②)**
② 전자제품창고의 저장용기의 개수=28병
③ 방사율=1.3kg/mm²·min·개 **(조건④)**
④ 방출시간=7min (전역방출방식-심부화재)
⑤ 전자제품창고 헤드의 개수=14개 **(문제조건)**

➜ **전자제품창고에 설치된 헤드의 분구면적[mm²]** $=\frac{45\text{kg/병}\times 28\text{병}}{1.3\text{kg/mm}^2\cdot\text{min}\cdot\text{개}\times 7\text{min}\times 14\text{개}}=9.89\text{mm}^2$

(6) 약제저장용기의 저장압력[MPa], (7) 약제저장용기의 내압시험압력[MPa]

이산화탄소소화설비의 저장용기에 대한 수치암기

저장용기	충전비	저장압력	내압시험 압력(A)	저장용기와 선택밸브 또는 개폐밸브 사이의 안전장치 작동압력	저압식 저장용기의 특이사항
고압식	1.5 이상 1.9 이하	6MPa (상온)	25MPa 이상	A의 0.8배 (20MPa)	-
저압식	1.1 이상 1.4 이하	2.1MPa (-18℃ 이하)	3.5MPa 이상	A의 0.8배 (2.8MPa)	① 안전밸브=A의 0.64~0.8배 ② 봉판=A의 0.8~1배 ③ 압력경보장치 =2.3MPa 이상 1.9MPa 이하

CHAPTER 03

(8) 전자제품창고에 방출하여야 하는 이산화탄소의 체적[m³]

$PV=\frac{W}{M}RT$	이상기체상태방정식
P : 절대압=대기압+계기압[Pa=N/m²]	➜ 101,325Pa = 101.325kPa
V : 부피[m³]	➜ $V=WRT/PM$
W : 실제질량[kg]	➜ 45kg × 28병
M : 분자량[kg]	➜ 44kg
R : 기체상수[8,313.85N·m/kmol·K =8,313.85J/kmol·K]	➜ 8,313.85N·m/kmol·K = 8.314kN·m/kmol·K
T : 절대온도[K=273+℃]	➜ (273+25)K

∴ 이산화탄소의 부피 : $V=\frac{WRT}{PM}$

$$=\frac{(45\text{kg}\times 28\text{병})\times 8.314\text{kN}\cdot\text{m/kmol}\cdot\text{K}\times(25+273)\text{K}}{101.325\text{kPa}\times 44\text{kg}}=700.208\text{m}^3$$

$\fallingdotseq$ **700.21m³**

➜ 순도를 고려한 이산화탄소의 체적[m³]=700.208m³×0.995=696.706m³≒**696.71m³**

(9) 배관의 설치기준

강관을 사용하는 경우의 배관의 압력배관용 탄소강관(KS D 3562) 중 스케줄 (① 80)(저압식은 스케줄 (② 40) 이상의 것 또는 이와 동등 이상의 강도를 가진 것으로 (③ 아연도금) 등으로 방식처리된 것을 사용할 것. 다만, 배관의 호칭구경이 20mm 이하인 경우에는 스케줄 (④ 40) 이상인 것을 사용할 수 있다.

CO_2의 배관	강관 (압력배관용 탄소강관)	동관 (이음이 없는 동 및 동합금관)	개폐밸브 또는 선택밸브 배관부속의 호칭압력	
고압식	스케줄 80 이상 (호칭구경 20mm 이하 : 스케줄 40 이상)	16.5MPa 이상	1차측	9MPa 이상
			2차측	4.5MPa 이상
저압식	스케줄 40 이상	3.75MPa 이상	4.5MPa 이상	

Mind - Control

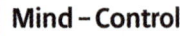

남보다 더 일찍 더 부지런히 노력해야 성공을 맛볼 수 있다.

- 작자 미상 -

2 할론소화설비

1 할론 1301의 증기비중

(1) 할론소화설비

높은 부촉매효과로 소화력이 우수한 할론소화약제를 방출하여 소화하는 설비로서 현재는 CFC 계열의 오존층 파괴물질로 사용에 제한이 있는 소화설비

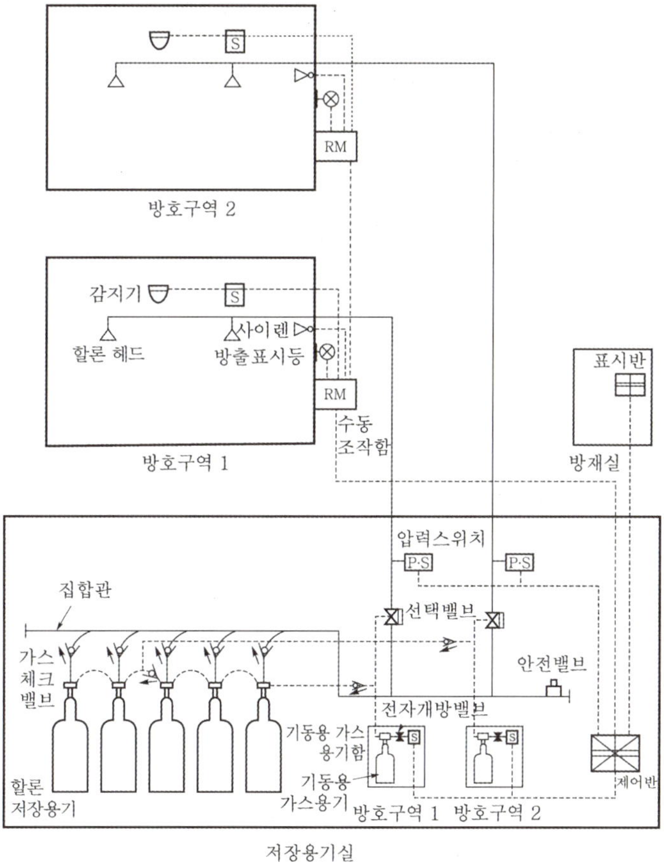

| 할론소화설비 계통도(가스압력식) |

(2) 할론소화약제의 종류 – 할론 1301, 할론 1211, 할론 2402

구 분		할론 1301	할론 1211	할론 2402
화학식		CF_3Br	CF_2ClBr	$C_2F_4Br_2$
대기압 및 상온에서의 상태		기체	기체	액체
방사압력		0.9MPa 이상	0.2MPa 이상	0.1MPa 이상
충전비	가압식	0.9~1.6 이하	0.7~1.4 이하	0.51~0.67 미만
	축압식			0.67~2.75 이하

참고 **할론 1301 vs 이산화탄소**

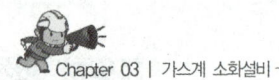

구 분	할론 1301	이산화탄소
화학식	CF_3Br	CO_2
대기압 및 상온에서의 상태	기체	기체
분자량	C(12)+F(19)×3+Br(80) =**149kg**	C(12)+O(16)×2=**44kg**
증기밀도 $\left(\frac{\text{어떤 물질의 분자량}}{\text{공기의 평균 분자량}}\right)$	$\frac{149kg}{(32kg \times 0.21)+(28kg \times 0.79)}$ =**5.17** ➜ 공기보다 **약 5배** 무겁다	$\frac{44kg}{(32kg \times 0.21)+(28kg \times 0.79)}$ =**1.52** ➜ 공기보다 **약 1.5배** 무겁다
임계온도	67℃	31.35℃
임계압력	39.1atm	72.75atm
주된 소화효과	부촉매효과	질식효과

- 임계온도=압력에 관계없이 기체상태로 존재하는 최저온도
- 임계압력=임계온도에서 액화하는데 필요한 최소압력

(3) 할론소화설비의 종류

① **전역방출방식** : 고정식 할론 공급장치에 배관 및 분사헤드를 고정설치하여 밀폐방호구역 내에 할론을 방출하는 설비

② **국소방출방식** : 고정식 할론 공급장치에 배관 및 분사헤드를 설치하여 직접 화점에 할론을 방출하는 설비로 화재발생부분에만 집중적으로 소화약제를 방출하도록 설치하는 방식

③ **호스릴방식** : 분사헤드가 배관에 고정되어 있지 않고 소화약제 저장용기에 호스를 연결하여 사람이 직접 화점에 소화약제를 방출하는 이동식 소화설비

Mind - Control

'의미없는 시간'은 없을 것입니다.
당신이 결국 그 시간들을 의미있게 만들테니까요.

\- 달밑 -

빈번한 기출문제

01 할론 1301 소화약제의 증기비중을 계산하시오. (단, 할론 1301의 분자량은 149이고, 공기의 부피[%]로 산소가 21%, 질소가 79%로 구성되어 있다고 가정한다.) 배점 : 3 [05년]

• 실전모범답안

$$S=\frac{149}{(32\times0.21)+(28\times0.79)}=5.166$$

• 답 : 5.17

상세해설

$$\text{할론 1301 소화약제의 증기비중 } S=\frac{\text{할론 1301의 분자량}}{\text{공기 평균분자량}}$$

→ 할론 1301 소화약제의 증기비중 : $S=\frac{149\text{kg}}{(32\text{kg}\times0.21)+(28\text{kg}\times0.79)}=5.166 \fallingdotseq \mathbf{5.17}$

02 다음 (　) 안에 답을 쓰시오. 배점 : 5 [05년] [07년]

할론 1301은 대기압 및 상온에서 (①) 상태로만 존재하는 물질로서 무색, 무취하고 21℃에서 공기보다 약 (②)배 무겁다. 할론 1301은 21℃ 상온에서 약 (③)MPa의 압력으로 가압하면 액화된다. 할론 1301은 약 (④)℃ 이상의 온도에서, CO_2는 약 (⑤)℃ 이상의 온도에서는 아무리 큰 압력으로 압축하여도 결코 액화하지 않는데 이 온도를 (⑥)라고 부른다. CO_2는 불에 대해 산소의 농도를 낮추어 주는 이른바 (⑦)효과에 의하여 소화하지만, 할론 1301은 불꽃의 연쇄반응에 대한 (⑧)로서 소화의 기능을 보여준다.

• 실전모범답안

① 기체
② 5
③ 1.4
④ 67
⑤ 31.35
⑥ 임계온도
⑦ 질식
⑧ 부촉매효과

03 할론소화설비에서 그림의 방출방식에 대한 종류(명칭)을 쓰고, 해당 방식에 대하여 설명하시오.

배점 : 4 [09년] [11년] [15년] [21년] [23년]

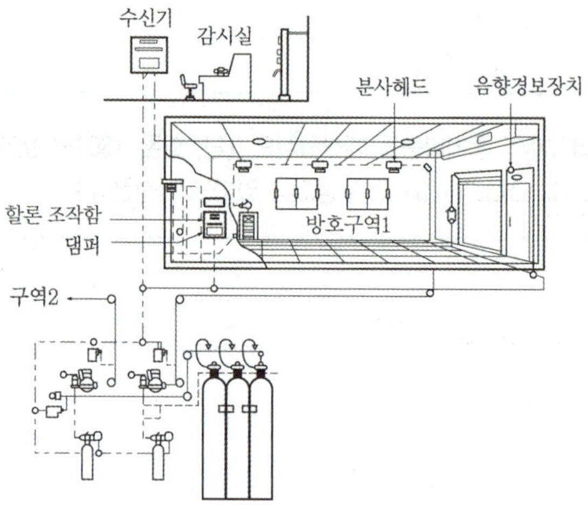

• **실전모범답안**

전역방출방식, 고정식 할론공급장치에 배관 및 분사헤드를 고정 설치하여 밀폐 방호구역 내에 할론을 방출하는 설비

04 할론소화설비에서 쇼킹타임(soaking time)에 대하여 간단히 설명하시오.

배점 : 5 [13년] [21년]

• **실전모범답안**

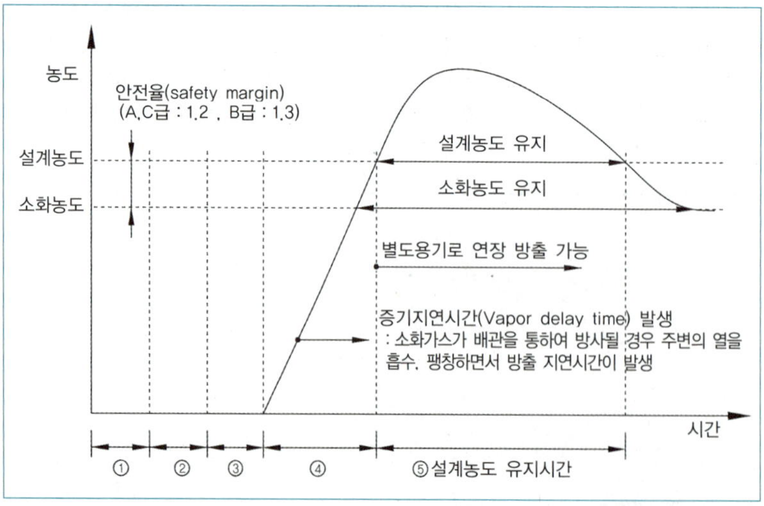

① 감지기 작동(입력)
② 음향경보(출력)에 따른 피난
③ 피난완료 후 개구부 폐쇄
④ 소화약제 방사시간
⑤ 설계농도 유지시간 (Soaking time= Holding time= Retention time)

(1) **쇼킹타임(Soaking Time=Retention Time=Holding Time, 설계농도 유지시간)**

가스계 소화설비의 소화약제를 방사한 후 일정시간(20~30분) 동안 설계농도를 유지하여야 화재가 진압되는데 일정 농도를 유지하는데 소요되는 시간을 "쇼킹타임(설계농도 유지시간)"이라고 한다.

2 할론소화설비의 약제량 및 용기수

(1) 할론소화설비 전역방출방식의 소화약제 저장량[kg]

$$Q = K_1 V + K_2 A$$

여기서, Q : 소화약제의 저장량[kg]

K_1 : 방호구역 $1m^3$당 소요약제량[kg/m^3]

V : 방호구역의 체적[m^3]

K_2 : 개구부가산량[kg/m^2]

A : 개구부의 면적[m^2]

소방대상물	소요약제량		개구부가산량
	설계농도 5%	설계농도 10%	
차고, 주차장, 전기실, 통신기기실, 전산실, 합성수지류 암기법 차고 주차 전통전 합성	$0.32kg/m^3$	$0.64kg/m^3$	$2.4kg/m^2$
사류, 면화류, 볏짚류, 목재가공품, 대팻밥, 나무부스러기 등	$0.52kg/m^3$	$0.64kg/m^3$	$3.9kg/m^2$

(2) 할론소화설비 국소방출방식의 소화약제 저장량[kg]

① 윗면이 개방된 용기 및 연소면이 1면에 한정되고 가연물이 비산할 우려가 없는 경우

소화약제의 종별	소화약제의 저장량[kg]
할론 1301	방호대상물 표면적[m^2]×$6.8kg/m^2$×1.25
할론 1211	방호대상물 표면적[m^2]×$7.6kg/m^2$×1.1
할론 2402	방호대상물 표면적[m^2]×$8.8kg/m^2$×1.1

② 기타

$$Q = \left(X - Y \times \frac{a}{A}\right) \times K$$

여기서, Q : 단위체적당 소화약제의 양[kg/m^3]

X, Y : 수치

a : 방호대상물의 주변에 설치된 벽면적의 합계[m^2]

A : 방호공간의 벽면적의 합계[m^2]

K : 할증 (할론 1301의 경우 1.25, 할론 1211 및 할론 2402의 경우 1.1)

◉ X, Y의 수치

소화약제의 종별	X	Y
할론 1301	4.0	3.0
할론 1211	4.4	3.3
할론 2402	5.2	3.9

[참고] $X \times 0.75 = Y$

(3) 할론소화설비의 별도독립방식

(별도독립방식으로 하여야 하는 경우)

→ $\dfrac{\text{저장용기 1병당 저장량[kg/병]} \times \text{병수[병]}}{\text{소화약제의 밀도 } \rho\text{[kg/m}^3\text{]}} \times 1.5 \leq \text{배관의 내용적[m}^3\text{](집합관 포함)}$

할론소화설비의 화재안전기준에 따라 하나의 구역을 담당하는 소화약제저장용기의 소화약제량의 체적합계보다 그 소화약제 방출 시 방출경로가 되는 배관(집합관 포함)의 내용적이 **1.5배 이상**일 경우에는 해당 방호구역에 대한 설비는 **별도독립방식**으로 하여야 한다.

(4) 할론소화설비의 소화약제 방사시간 - 전역 및 국소방출방식 모두 10초 이내

<table>
<tr><th rowspan="2">구 분</th><th colspan="3">할로겐화합물 및 불활성기체 소화설비</th><th rowspan="2">할론
소화설비</th><th rowspan="2">분말
소화설비</th><th colspan="2">이산화탄소소화설비</th></tr>
<tr><th>할로겐화합물</th><th colspan="2">불활성기체</th><th>표면화재</th><th>심부화재</th></tr>
<tr><td rowspan="3">전역방출방식</td><td rowspan="2">10초 이내</td><td>A·C급 화재</td><td>2분 이내</td><td rowspan="3">10초 이내</td><td rowspan="3">30초 이내</td><td rowspan="3">1분 이내</td><td rowspan="3">7분 이내
(설계농도가 2분 이내 30% 도달)</td></tr>
<tr><td>B급 화재</td><td>1분 이내</td></tr>
<tr><td colspan="3">→ 설계농도의 95% 이상 방사</td></tr>
<tr><td>국소방출방식</td><td>-</td><td colspan="2">-</td><td>10초 이내</td><td>30초 이내</td><td>30초 이내</td><td>30초 이내</td></tr>
</table>

Mind - Control

노력은 수단이 아니라 그 자체가 목적이다.
노력하는 것 자체에 보람을 느낀다면
누구든지 인생의 마지막 시점에서
미소를 지을 수 있을 것이다.

\- 톨스토이 -

빈번한 기출문제

01 체적이 600m³인 밀폐된 통신기기실에 설계농도 5%의 할론 1301 소화설비를 전역방출방식으로 적용하였다. 68l 내용적을 가진 축압식 저장용기수를 3병으로 할 경우 저장용기의 충전비 [l/kg]를 구하시오.

배점 : 5 [05년] [15년] [22년]

• 실전모범답안

$Q=K_1V+K_2A=0.32\times600=192\text{kg}$

1병당 소화약제량$=\dfrac{192}{3}=64\text{kg/병}$

→ $C=\dfrac{V}{G}=\dfrac{68}{64}=1.062l/\text{kg}$

• 답 : 1.06l/kg

상세해설

(1) 할론 1301 소화약제의 저장량[kg]

$Q=K_1V+K_2A$	소화약제의 저장량(전역방출방식)
Q : 소화약제의 저장량[kg]	→ $Q=K_1V+K_2A$
K_1 : 방호구역 1m³당 소요약제량[kg/m³]	→ 0.32kg/m^3
V : 방호구역의 체적[m³]	→ 600m^3
K_2 : 개구부가산량[kg/m²]	→ 개구부에 대한 언급이 없으므로 무시
A : 개구부의 면적[m²]	

→ 할론 1301 소화약제의 양 : $Q=K_1V+K_2A=0.32\text{kg/m}^3\times600\text{m}^3=192\text{kg}$

할론소화설비 – 전역방출방식

소방대상물	소요약제량		개구부가산량
	설계농도 5%	설계농도 10%	
차고, 주차장, 전기실, 통신기기실, 전산실, 합성수지류 암기법 차고 주차 전통전 합성	0.32kg/m³	0.64kg/m³	2.4kg/m²
사류, 면화류, 볏짚류, 목재가공품, 대팻밥, 나무부스러기 등	0.52kg/m³	0.64kg/m³	3.9kg/m²

(2) 1병당 소화약제의 저장량[kg]

→ 1병당 소화약제의 저장량[kg]$=\dfrac{192\text{kg}}{3\text{병}}=64\text{kg/병}$

CHAPTER 03

(3) 충전비[l/kg]

$C = \dfrac{V}{G}$	충전비
C : 충전비[l/kg]	➜ $C = V/G$
V : 내용적[l]	➜ $68l$
G : 저장용기 1병당 저장량[kg]	➜ 64kg/병

➜ 충전비 : $C = \dfrac{V}{G} = \dfrac{68\,l}{64\text{kg/병}} = 1.062l/\text{kg} \fallingdotseq \mathbf{1.06}l/\mathbf{kg}$

02 할론소화설비의 헤드 1개당 분구면적이 1cm², 헤드방출량 2kg/s·cm², 설치 헤드개수 5개, 소화약제 방사시간은 10초 이내일 때 약제소요량 [kg]을 구하시오. 배점 : 5 [03년] [05년]

• 실전모범답안
➜ $Q = 2 \times 1 \times 5 \times 10 = 100\text{kg}$
• 답 : 100kg

상세해설

약제소요량[kg]=방출률[kg/cm²·s]×헤드 1개당 분구면적[cm²/개]×노즐개수[개]×방사시간[s]

➜ 할론소화약제의 약제소요량[kg] $= 2\text{kg/s}\cdot\text{cm}^2 \times 1\text{cm}^2/\text{개} \times 5\text{개} \times 10\text{s} = \mathbf{100kg}$

03 바닥면적이 1,000m², 높이가 6m인 전기실에 할론 1301 소화설비를 설치하고자 한다. 본 실에는 자동폐쇄장치가 설치되지 않은 개구부의 면적이 15m²일 때 필요한 약제량 [kg]을 구하시오. (단, 방호구역 1m³당 최소소화약제량은 0.32kg이고, 개구부의 가산량은 1m²당 2.4kg이다.) 배점 : 5 [03년]

• 실전모범답안
➜ $Q = K_1 V + K_2 A = 0.32 \times (1{,}000 \times 6) + (2.4 \times 15) = 1{,}956\text{kg}$
• 답 : 1,956kg

상세해설

$Q=K_1V+K_2A$	소화약제의 저장량(전역방출방식)
Q : 소화약제의 저장량[kg]	→ $Q=K_1V+K_2A$
K_1 : 방호구역 $1m^3$당 소요약제량[kg/m^3]	→ $0.32kg/m^3$ (단서조건)
V : 방호구역의 체적[m^3]	→ $1,000m^2 \times 6m$
K_2 : 개구부가산량[kg/m^2]	→ $2.4kg/m^2$ (단서조건)
A : 개구부의 면적[m^2]	→ $15m^2$

→ 할론 1301 소화약제의 양 : $Q=K_1V+K_2A=0.32kg/m^3\times(1,000m^2\times6m)+(2.4kg/m^2\times15m^2)$
$=1,956kg$

04 어떤 소방대상물에 할론 1301 소화설비를 설치하였다. 조건을 참조하여 각 물음에 답하시오.

배점 : 6 [04년]

[조건]
① 약제소요량은 500kg이다.
② 전역방출방식으로 약제의 헤드 방사률은 $1.3kg/s\cdot cm^2$이라고 한다.
③ 설치된 헤드수는 14개이다.

(1) 헤드 1개의 방출유량 [kg/s]을 구하시오.
(2) 헤드 1개의 등가분구면적 [cm^2]을 구하시오.
(3) 헤드의 직경 [cm]을 구하시오.

• 실전모범답안

(1) $Q=\dfrac{500}{10\times14}=3.571kg/s$

• 답 : 3.57kg/s

(2) $A=\dfrac{3.57}{1.3}=2.746cm^2$/개

• 답 : $2.75cm^2$/개

(3) $D=\sqrt{\dfrac{4A}{\pi}}=\sqrt{\dfrac{4\times2.75}{\pi}}=1.871cm$

• 답 : 1.87cm

상세해설

(1) 헤드 1개의 방출유량[kg/s]

$$\text{헤드 1개의 방출유량[kg/s]}=\frac{\text{약제소요량[kg]}}{\text{방출시간[s]}\times\text{헤드의 개수[개]}}$$

◉ 가스계 소화설비별 특정소방대상물의 소화약제 방사시간

구 분	할로겐화합물 및 불활성기체 소화설비			할론 소화설비	분말 소화설비	이산화탄소소화설비	
	할로겐화합물	불활성기체				표면화재	심부화재
전역방출방식	10초 이내	A·C급 화재	2분 이내	10초 이내	30초 이내	1분 이내	7분 이내 (설계농도가 2분 이내 30% 도달)
		B급 화재	1분 이내				
	→ 설계농도의 95% 이상 방사						
국소방출방식	−	−		10초 이내	30초 이내	30초 이내	30초 이내

① 약제소요량[kg]=500kg **(조건①)**

② 방출시간[s]=10s (할론소화설비)

③ 헤드의 개수=14개 **(조건③)**

→ **헤드 1개의 방출유량** : $Q=\dfrac{500\text{kg}}{10\text{s}\times 14\text{개}}=3.571\text{kg/s}=\mathbf{3.57kg/s}$

(2) 헤드 1개의 등가분구면적[cm^2]

$$\text{헤드 1개의 등가분구면적}[\text{cm}^2/\text{개}]=\frac{\text{헤드 1개의 방출유량}[\text{kg/s}\cdot\text{개}]}{\text{헤드의 방사율}[\text{kg/s}\cdot\text{cm}^2]}$$

→ **헤드 1개의 등가분구면적[cm^2/개]**$=\dfrac{3.57\text{kg/s}\cdot\text{개}}{1.3\text{kg/s}\cdot\text{cm}^2}=2.746\text{cm}^2/\text{개}=\mathbf{2.75cm^2/개}$

(3) 헤드의 직경[cm]

$D=\sqrt{\dfrac{4A}{\pi}}$	헤드의 직경
D : 헤드의 직경[cm]	→ $D=\sqrt{4A/\pi}$
A : 헤드의 단면적[cm^2]	→ $2.75cm^2$ **[문제(2)]**

→ **헤드의 직경** : $D=\sqrt{\dfrac{4A}{\pi}}=\sqrt{\dfrac{4\times 2.75\text{cm}^2}{\pi}}=1.871\text{cm}=\mathbf{1.87cm}$

05 다음 도면과 같은 방호대상물에 할론 1301 소화설비를 설계하려고 한다. 설계 조건을 참조하여 각 물음에 답하시오.

배점 : 13 [04년] [23년]

[조건]

① 건물의 층고(높이)는 5m이며, 각 실의 크기는 다음과 같다.

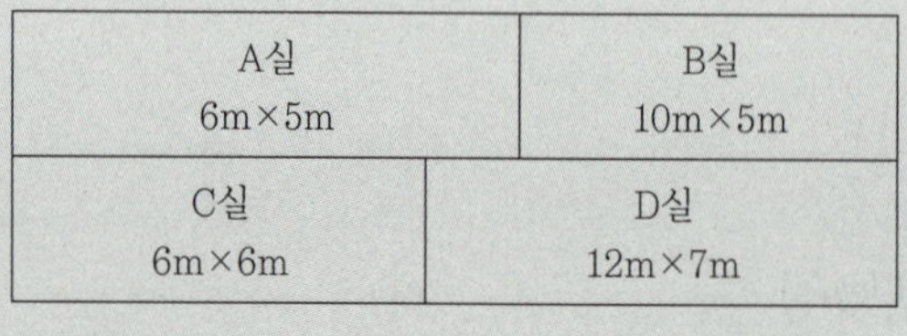

② 약제방출방식은 전역방출방식이며, 개구부는 자동폐쇄장치가 설치되어 있다.

③ 약제저장용기는 50kg/병이다.

④ A, C실의 기본약제량은 $0.33kg/m^3$, B, D실의 기본약제량은 $0.52kg/m^3$이다.

(1) 각 실의 약제소요량 [kg]과 용기수 [병]를 구하시오.
(2) 할론 1301 소화설비의 구조도를 설계하시오.

(단. 도시기호는 저장용기 : , 선택밸브 : , 기동용기 : ,

동관 : ········(점선), 가스체크밸브 : , 배관 : ———(실선)으로 한다.)

• **실전모범답안**

(1) ① A실 : $Q=K_1 V+K_2 A=0.33\times(6\times5\times5)=49.5$kg

➜ 병수$=\dfrac{49.5}{50}=0.99 ≒ 1$병

② B실 : $Q=K_1 V+K_2 A=0.52\times(10\times5\times5)=130$kg

➜ 병수$=\dfrac{130}{50}=2.6 ≒ 3$병

③ C실 : $Q=K_1 V+K_2 A=0.33\times(6\times6\times5)=59.4$kg

➜ 병수$=\dfrac{59.4}{50}=1.18 ≒ 2$병

④ D실 : $Q=K_1 V+K_2 A=0.52\times(12\times7\times5)=218.4$kg

➜ 병수$=\dfrac{218.4}{50}=4.36 ≒ 5$병

• **답 :** ① 1병 ② 3병 ③ 2병 ④ 5병

(2)

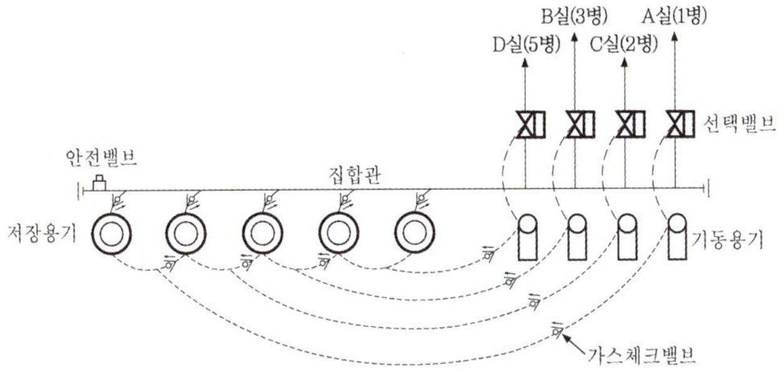

상세해설

(1) 각 실의 소화약제 저장량[kg]과 용기수[병]

① **소화약제의 저장량[kg]**

$Q=K_1 V+K_2 A$	소화약제의 저장량(전역방출방식)
Q : 소화약제의 저장량[kg]	➜ $Q=K_1 V+K_2 A$
K_1 : 방호구역 1m^3당 소요약제량[kg/m^3]	➜ $A=C=0.33\text{kg/m}^3$ **(조건④)** $B=D=0.52\text{kg/m}^3$ **(조건④)**
V : 방호구역의 체적[m^3]	➜ $A=6\text{m}\times5\text{m}\times5\text{m}$, $B=10\text{m}\times5\text{m}\times5\text{m}$ $C=6\text{m}\times6\text{m}\times5\text{m}$, $D=12\text{m}\times7\text{m}\times5\text{m}$
K_2 : 개구부가산량[kg/m^2]	➜ **개구부의 가산량은 고려하지 않음(조건②)**
A : 개구부의 면적[m^2]	

② **소화약제 저장용기의 개수[병]**

$$소화약제\ 저장용기의\ 개수[병] = \frac{소화약제의\ 저장량[kg]}{저장용기\ 1병당\ 저장량[kg/병]}$$

구분	방호구역 1m³당 소요약제량(K_1)	방호구역의 체적 V[m³]		소화약제의 저장량 Q[kg]		저장용기의 개수[병]	
		계산과정	답	계산과정	답	계산과정	답
A실	0.33kg/m³	6m×5m×5m	150m³	0.33kg/m³×150m³	**49.5kg**	$\frac{49.5kg}{50kg/병}$ =0.99병	**1병**
B실	0.52kg/m³	10m×5m×5m	250m³	0.52kg/m³×250m³	**130kg**	$\frac{130kg}{50kg/병}$ =2.6병	**3병**
C실	0.33kg/m³	6m×6m×5m	180m³	0.33kg/m³×180m³	**59.4kg**	$\frac{59.4kg}{50kg/병}$ =1.18병	**2병**
D실	0.52kg/m³	12m×7m×5m	420m³	0.52kg/m³×420m³	**218.4kg**	$\frac{218.4kg}{50kg/병}$ =4.36병	**5병**
참고	조건④	조건①		조건②에 따라 개구부가산량 고려×		조건③에 따라 50kg/병	

(2) 할론 1301 소화설비의 구조도

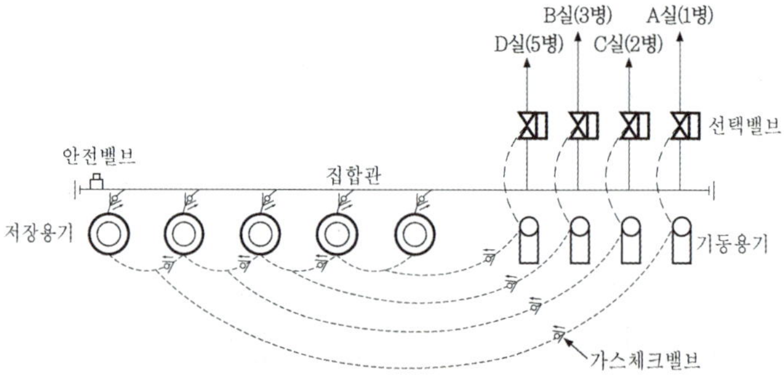

주의사항	① 저장용기실에 설치하여야 할 저장용기의 개수=**5병** (용기수가 가장 많은 D실) ② **각 저장용기와 집합관을 연결하는 배관**에는 반드시 가스체크밸브를 설치한다. ③ 각 실에 따라 방출되어야 하는 용기수에 적합하도록 **저장용기와 저장용기 사이를 연결하는 배관**에 가스체크밸브를 적절하게 배치한다.

가스계 소화설비－밸브의 기능

구 분	선택밸브	가스체크밸브	릴리프밸브(안전밸브)	
			이산화탄소	기타 가스계
도시기호		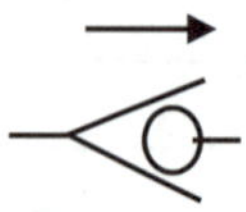		
정의	화재가 발생한 방호구역에만 소화약제가 방출되도록 설치하는 밸브	소화약제의 역류방지기능	배관 및 밸브류 등이 이상고압에 의해 파손되는 것을 방지하는 기능의 밸브	
설치위치	각 방호구역마다 1개씩 설치	• 저장용기~집합관마다 1개씩 설치 • 저장용기~저장용기 • 기동용기~저장용기 • 기타 소화약제의 역류를 방지해야 하는 부분	집합관에 설치	

06 다음은 할론소화설비의 배치도이다. 그림의 조건에 적합하도록 체크밸브를 도시하시오.

배점 : 5 [08년] [23년]

[조건]

① 가스체크밸브 5개를 사용하며 도시기호는 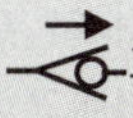과 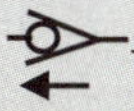를 사용하여 도시한다.

② 저장용기와 집합관 사이의 연결배관에는 체크밸브가 설치되어 있다.

[범례]

할론저장용기	해정장치	기동용기	전자밸브

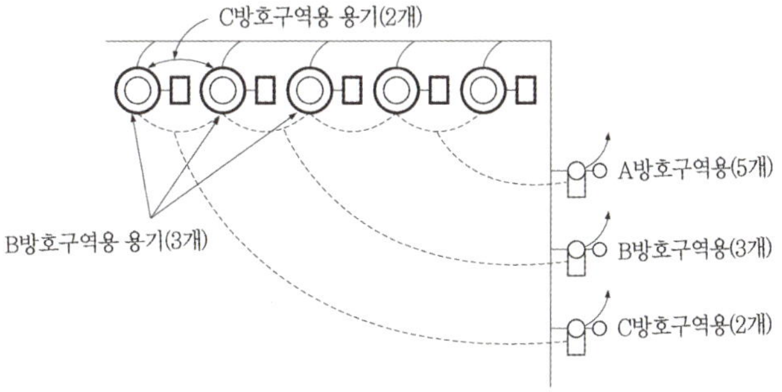

• 실전모범답안

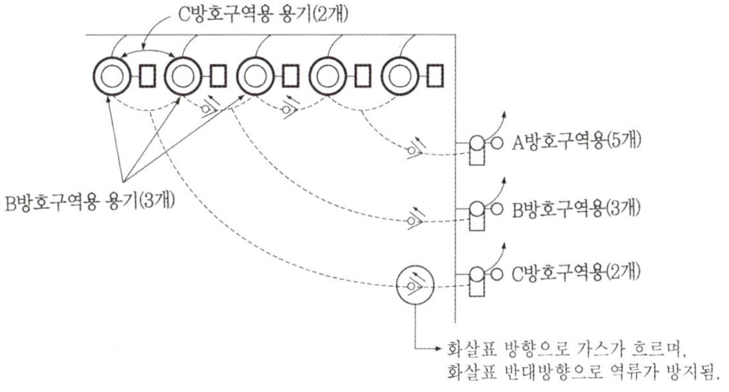

07 **다음 주어진 평면도와 설계조건을 기준으로 방호대상구역별로 소요되는 전역방출방식의 할론소화설비에서 각 실의 방출노즐당 설계방출량 [kg/s]을 구하시오.** 배점 : 8 [11년] [16년] [20년]

[조건]

① 할론저장용기는 고압식 용기로서 각 용기의 약제량은 50kg이다.
② 용기밸브의 작동방식은 가스압력식으로 한다.
③ 방호구역은 4개 구역으로서 각 구역마다 개구부는 무시한다.
④ 각 방호대상구역에서 체적[m^3]당 약제소요량 기준은 다음과 같다.

A실	B실	C실	D실
$0.33kg/m^3$	$0.52kg/m^3$	$0.33kg/m^3$	$0.52kg/m^3$

⑤ 각 실의 바닥으로부터 천장까지의 높이는 모두 5m이다.
⑥ 분사헤드의 수량은 도면수량을 기준으로 한다.
⑦ 설계방출량[kg/s] 계산 시 약제용량은 적용되는 용기의 용량기준으로 한다.

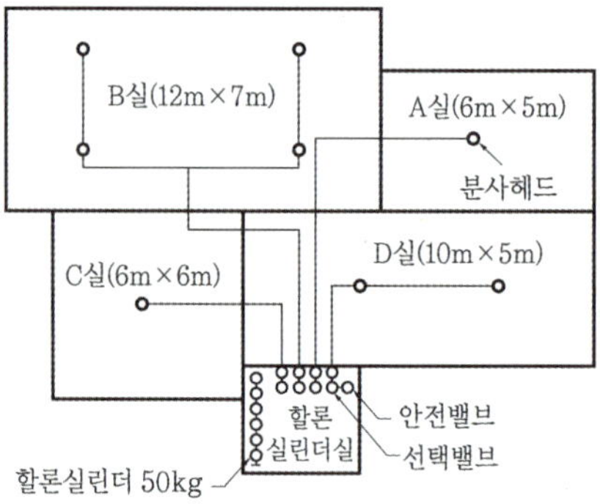

(1) A실의 방출노즐당 설계방출량 [kg/s]를 구하시오.
(2) B실의 방출노즐당 설계방출량 [kg/s]를 구하시오.
(3) C실의 방출노즐당 설계방출량 [kg/s]를 구하시오.
(4) D실의 방출노즐당 설계방출량 [kg/s]를 구하시오.

• **실전모범답안**

(1) A실 : $Q=K_1V+K_2A=0.33\times(6\times5\times5)=49.5$kg

→ 병수$=\frac{49.5}{50}=0.99≒1$병 → $Q=\frac{50\times1}{10\times1}=5$kg/s

• **답 :** 5kg/s

(2) B실 : $Q=K_1V+K_2A=0.52\times(12\times7\times5)=218.4$kg

→ 병수$=\frac{218.4}{50}=4.36≒5$병 → $Q=\frac{50\times5}{10\times4}=6.25$kg/s

• **답 :** 6.25kg/s

(3) C실 : $Q=K_1V+K_2A=0.33\times(6\times6\times5)=59.4$kg

→ 병수$=\frac{59.4}{50}=1.18≒2$병 → $Q=\frac{50\times2}{10\times1}=10$kg/s

• **답 :** 10kg/s

(4) D실 : $Q=K_1V+K_2A=0.52\times(10\times5\times5)=130$kg

→ 병수$=\frac{130}{50}=2.6≒3$병 → $Q=\frac{50\times3}{10\times2}=7.5$kg/s

• 답 : 7.5kg/s

상세해설

(1)~(4) A, B, C, D실의 소화약제의 저장량[kg] 및 저장용기의 개수[병]

① 소화약제 저장량[kg]

$Q=K_1V+K_2A$	소화약제의 저장량(전역방출방식)
Q : 소화약제의 저장량[kg]	→ $Q=K_1V+K_2A$
K_1 : 방호구역 1m³당 소요약제량[kg/m³]	→ $A=C=0.33\text{kg/m}^3$ (조건④) $B=D=0.52\text{kg/m}^3$ (조건④)
V : 방호구역의 체적[m³]	→ $A=6\text{m}\times5\text{m}\times5\text{m}$, $B=12\text{m}\times7\text{m}\times5\text{m}$ $C=6\text{m}\times6\text{m}\times5\text{m}$, $D=10\text{m}\times5\text{m}\times5\text{m}$
K_2 : 개구부가산량[kg/m²]	→ 개구부의 가산량은 고려하지 않음(조건③)
A : 개구부의 면적[m²]	

② 소화약제 저장용기의 개수[병]

$$\text{소화약제 저장용기의 개수[병]}=\frac{\text{소화약제의 저장량[kg]}}{\text{저장용기 1병당 저장량[kg/병]}}$$

구분	방호구역 1m³당 소요약제량(K_1)	방호구역의 체적 V[m³]		소화약제의 저장량 Q[kg]		저장용기의 개수[병]	
		계산과정	결과	계산과정	결과	계산과정	결과
A실	0.33kg/m³	6m×5m×5m	150m³	0.33kg/m³×150m³	49.5kg	$\frac{49.5\text{kg}}{50\text{kg/병}}=0.99$병	1병
B실	0.52kg/m³	12m×7m×5m	420m³	0.52kg/m³×420m³	218.4kg	$\frac{218.4\text{kg}}{50\text{kg/병}}=4.36$병	5병
C실	0.33kg/m³	6m×6m×5m	180m³	0.33kg/m³×180m³	59.4kg	$\frac{59.4\text{kg}}{50\text{kg/병}}=1.18$병	2병
D실	0.52kg/m³	10m×5m×5m	250m³	0.52kg/m³×250m³	130kg	$\frac{130\text{kg}}{50\text{kg/병}}=2.6$병	3병
참고	조건④	조건⑤ 및 도면		조건③에 따라 개구부가산량 고려 ×		조건①에 따라 50kg/병	

(1)~(4) A, B, C, D실의 방출노즐당 설계방출량[kg/s]

$$\text{방출노즐당 설계방출량[kg/s]}=\frac{\text{저장용기 1병의 저장량[kg/병]}\times\text{병수[병]}}{\text{방출시간[s]}\times\text{방출노즐의 개수[개]}}$$

◉ 가스계 소화설비별 특정소방대상물의 소화약제 방사시간

구 분	할로겐화합물 및 불활성기체 소화설비				할론 소화설비	분말 소화설비	이산화탄소소화설비	
	할로겐화합물	불활성기체					표면화재	심부화재
전역방출방식	10초 이내	A·C급 화재	2분 이내		10초 이내	30초 이내	1분 이내	7분 이내 (설계농도가 2분 이내 30% 도달)
		B급 화재	1분 이내					
	→ 설계농도의 95% 이상 방사							
국소방출방식	–	–			10초 이내	30초 이내	30초 이내	30초 이내

구분	저장용기 1병의 저장량[kg/병]	저장용기의 개수[병]	방출시간[s]	방출노즐의 개수[개]	방출노즐당 설계방출량[kg/s]	
					계산과정	답
A실	50kg/병	1병	10s	1개	$\frac{50\text{kg/병} \times 1\text{병}}{10\text{s} \times 1\text{개}}$	5kg/s
B실	50kg/병	5병	10s	4개	$\frac{50\text{kg/병} \times 5\text{병}}{10\text{s} \times 4\text{개}}$	6.25kg/s
C실	50kg/병	2병	10s	1개	$\frac{50\text{kg/병} \times 2\text{병}}{10\text{s} \times 1\text{개}}$	10kg/s
D실	50kg/병	3병	10s	2개	$\frac{50\text{kg/병} \times 3\text{병}}{10\text{s} \times 2\text{개}}$	7.5kg/s
참고	조건①	–	할론소화설비	도면		

08 도면은 어느 전기실, 발전기실, 방재반실 및 배터리실을 방호하기 위한 할론 1301설비의 배관평면도이다. 도면과 주어진 조건을 참고하여 각 실의 할론소화약제의 최소용기개수 [병]와 저장용기실에 설치하여야 할 소화약제의 최소저장용기수 [병]를 구하시오.

배점 : 15 [11년] [14년] [18년] [22년]

[조건]

① 약제용기는 고압식이다.
② 용기의 내용적은 68l, 약제충전량은 50kg이다.
③ 용기실 내의 수직배관을 포함한 각 실에 대한 배관 내용적은 다음과 같다.

A실(전기실)	B실(발전기실)	C실(방재반실)	D실(배터리실)
198l	78l	28l	10l

④ 할론 집합관의 내용적은 88l이다.
⑤ 할론저장용기와 집합관 사이의 연결배관에 대한 내용적은 무시한다.
⑥ 설계기준온도는 20℃이다.
⑦ 20℃에서의 액화 할론 1301의 비중은 1.6이다.
⑧ 각 실의 개구부는 없다고 가정한다.
⑨ 소요약제량 산출 시 각실 내부의 기둥과 내용물의 체적은 무시한다.
⑩ 각 실의 바닥으로부터 천장까지의 높이는 다음과 같다.
- A실 및 B실 : 5m
- C실 및 D실 : 3m

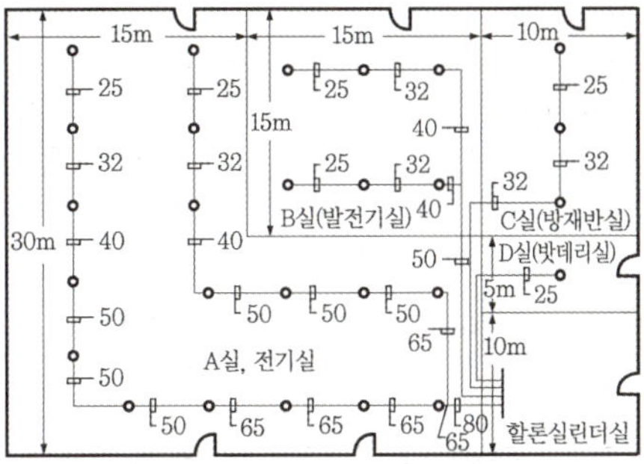

- **실전모범답안**

(1) [약제량]

A실 : $Q=K_1V+K_2A=0.32\times\{(30\times15\times5)+(15\times15\times5)\}=1{,}080\text{kg}$ → 병수 $=\dfrac{1{,}080}{50}=21.6≒22$병

B실 : $Q=K_1V+K_2A=0.32\times(15\times15\times5)=360\text{kg}$ → 병수 $=\dfrac{360}{50}=7.2≒8$병

C실 : $Q=K_1V+K_2A=0.32\times(10\times15\times3)=144\text{kg}$ → 병수 $=\dfrac{144}{50}=2.88≒3$병

D실 : $Q=K_1V+K_2A=0.32\times(10\times5\times3)=48\text{kg}$ → 병수 $=\dfrac{48}{50}=0.96≒1$병

- **답 :** A실 : 22병　B실 : 8병　C실 : 3병　D실 : 1병

(2) [별도독립방식]

A실 : $\dfrac{50\times22}{1{,}000\times1.6}\times1.5>0.198+0.088$　∴ 별도독립 X

B실 : $\dfrac{50\times8}{1{,}000\times1.6}\times1.5>0.078+0.088$　∴ 별도독립 X

C실 : $\dfrac{50\times3}{1{,}000\times1.6}\times1.5>0.028+0.088$　∴ 별도독립 X

D실 : $\dfrac{50\times1}{1{,}000\times1.6}\times1.5<0.01+0.088$　∴ 별도독립 O

→ 최종저장용기 22+1=23병

- **답 :** 23병

상세해설

(1) A, B, C, D실의 소화약제의 저장량[kg]

$Q=K_1V+K_2A$	소화약제의 저장량(전역방출방식)
Q : 소화약제의 저장량[kg]	→ $Q=K_1V+K_2A$
K_1 : 방호구역 1m^3당 소요약제량[kg/m^3]	→ 0.32kg/m^3 **(최소용기의 개수, 설계농도 5% 적용)**
V : 방호구역의 체적[m^3]	→ $A=30\text{m}\times15\text{m}\times5\text{m}+15\text{m}\times15\text{m}\times5\text{m}$ $B=15\text{m}\times15\text{m}\times5\text{m}$ $C=10\text{m}\times15\text{m}\times3\text{m}$, $D=10\text{m}\times5\text{m}\times3\text{m}$
K_2 : 개구부가산량[kg/m^2]	→ **개구부는 존재하지 않음(조건⑧)**
A : 개구부의 면적[m^2]	

할론소화설비 – 전역방출방식

소방대상물	소요약제량		개구부가산량
	설계농도 5%	설계농도 10%	
차고, 주차장, 전기실, 통신기기실, 전산실, 합성수지류 **암기법** 차고 주차 전통전 합성	0.32kg/m^3	0.64kg/m^3	2.4kg/m^2
사류, 면화류, 볏짚류, 목재가공품, 대팻밥, 나무부스러기 등	0.52kg/m^3	0.64kg/m^3	3.9kg/m^2

구분	방호구역 1m^3당 소요약제량 (K_1)	방호구역의 체적(V) [m^3]		소화약제의 저장량(Q) [kg]		저장용기의 개수[병]	
		계산과정	결과	계산과정	결과	계산과정	결과
A실	0.32kg/m^3	30m×15m×5m +15m×15m×5m	3,375m^3	0.32kg/m^3×3,375m^3	1,080kg	$\frac{1,080\text{kg}}{50\text{kg/병}}$=21.6병	22병
B실	0.32kg/m^3	15m×15m×5m	1,125m^3	0.32kg/m^3×1,125m^3	360kg	$\frac{360\text{kg}}{50\text{kg/병}}$=7.2병	8병
C실	0.32kg/m^3	10m×15m×3m	450m^3	0.32kg/m^3×450m^3	144kg	$\frac{144\text{kg}}{50\text{kg/병}}$=2.88병	3병
D실	0.32kg/m^3	10m×5m×3m	150m^3	0.32kg/m^3×150m^3	48kg	$\frac{48\text{kg}}{50\text{kg/병}}$=0.96병	1병
참고	표	조건⑩의 높이 및 도면의 가로·세로		조건⑧에 따라 개구부가산량 고려 ×		조건②에 따라 50kg/병	

(2) A, B, C, D실의 별도독립방식 여부확인

(별도독립방식으로 하여야 하는 경우)

→ $\frac{\text{저장용기 1병당 저장량[kg/병]} \times \text{병수[병]}}{\text{소화약제의 밀도 } \rho\text{[kg/m}^3\text{]}} \times 1.5 \leq$ 배관의 내용적[m^3](집합관 포함)

할론소화설비의 화재안전기술기준에 따라 하나의 구역을 담당하는 소화약제저장용기의 소화약제량의 체적합계보다 그 소화약제 방출 시 방출경로가 되는 배관(집합관 포함)의 내용적이 **1.5배 이상**일 경우에는 해당 방호구역에 대한 설비는 별도독립방식으로 하여야 한다.

① **할론소화약제의 밀도(ρ)**

$S=\frac{\rho}{\rho_w}$	비중과 밀도의 관계식
S : 비중[무차원 단위]	→ 1.6 **(조건⑦)**
ρ : 물질의 밀도[kg/m^3]	→ $\rho=\rho_w \times S$
ρ_w : 4℃ 물의 밀도[1,000kg/m^3]	→ 1,000kg/m^3

→ **할론소화약제의 밀도 :** $\rho=\rho_w \times S=1.6 \times 1,000\text{kg/m}^3=$ **1,600kg/m^3**

② 별도독립방식 여부확인

구분	저장용기의 개수[병]	소화약제량의 체적합계[m^3](A)		A×1.5	배관의 내용적(집합관 포함)(B)		별도독립방식 적용여부
		계산과정	결과		계산과정	결과	
A실	22병	$\frac{50\text{kg/병} \times 22\text{병}}{1{,}600\text{kg/m}^3}$	$0.687m^3$	$1.03m^3$	$(0.198+0.088)m^3$	$0.286m^3$	미적용 ($A \times 1.5 > B$)
B실	8병	$\frac{50\text{kg/병} \times 8\text{병}}{1{,}600\text{kg/m}^3}$	$0.25m^3$	$0.375m^3$	$(0.078+0.088)m^3$	$0.166m^3$	미적용 ($A \times 1.5 > B$)
C실	3병	$\frac{50\text{kg/병} \times 3\text{병}}{1{,}600\text{kg/m}^3}$	$0.093m^3$	$0.139m^3$	$(0.028+0.088)m^3$	$0.116m^3$	미적용 ($A \times 1.5 > B$)
D실	1병	$\frac{50\text{kg/병} \times 1\text{병}}{1{,}600\text{kg/m}^3}$	$0.031m^3$	$0.046m^3$	$(0.01+0.088)m^3$	$0.098m^3$	적용 ($A \times 1.5 < B$)
참고		• 50kg/병(조건②) • 할론소화약제의 밀도 $\rho = 1{,}600\text{kg/m}^3$			배관의 내용적(조건③) + 집합관의 내용적(조건④)		

(3) 저장용기실에 설치하여야 할 소화약제의 최소저장용기수[병]

A실(전기실), B실(발전기실), C실(방재방실)의 방호구역에 필요한 저장용기의 개수 중 가장 많은 **A실(전기실)의 저장용기의 개수 22병**을 적용하고, **D실(배터리실)**의 경우 **별도독립방식**으로 설치하여야 하므로 별도의 저장용기 1병을 합산한다.

➜ **저장용기실에 설치하여야 할 소화약제의 최소저장용기수[병]** = 22병 + 1병 = **23병**

09 다음과 같은 조건이 주어질 때 할론 1301의 소화설비를 설계하는데 필요한 다음 각 물음에 답하시오.

배점 : 10 [05년] [07년] [15년] [23년]

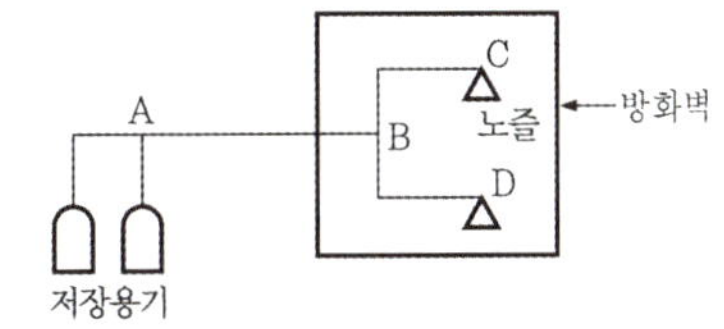

[조건]

① 약제소요량은 130kg(출입구 자동폐쇄장치 설치)이다.
② 초기압력강하는 1.5MPa이다.
③ 고저에 따른 압력손실은 0.06MPa이다.
④ A, B간의 마찰저항에 따른 압력손실은 0.06MPa이다.
⑤ B-C, B-D 간의 각 압력손실은 0.03MPa이다.
⑥ 저장용기 내 소화약제 저장압력은 4.2MPa이다.
⑦ 작동 30초 이내에 약제 전량이 방출된다.

(1) 소화설비가 작동하였을 때 A-B사이의 배관 내를 흐르는 유량 [kg/s]을 구하시오.
(2) B-C사이의 소화약제의 유량 [kg/s]을 구하시오.(단, B-D간 약제의 유량과 같다.)
(3) C점 노즐에서 방출되는 약제의 압력 [kg/cm^2]을 구하시오. (단, D점의 방사압력과 같다.)
(4) 노즐 1개의 방사량 [kg/s·개]을 구하시오.
(5) C점 노즐에서의 방출량이 2.5kg/s·cm^2일 때, 헤드의 등가분구면적 [cm^2]을 구하시오.

• **실전모범답안**

(1) $Q_{A-B} = \frac{130\text{kg}}{30\text{s}} = 4.333\text{kg/s}$

• **답 :** 4.33kg/s

(2) $Q_{B-C} = \frac{Q_{A-B}}{2} = \frac{4.33}{2} = 2.165\text{kg/s}$

• **답 :** 2.17kg/s

(3) $P_C = 4.2 - 1.5 - 0.06 - 0.06 - 0.03 = \frac{2.55}{0.101325} \times 1.0332 = 26.002\text{kg/cm}^2$

• **답 :** 26kg/cm²

(4) $Q = \frac{130}{30 \times 2} = 2.166\text{kg/s} \cdot \text{개}$

• **답 :** 2.17kg/s·개

(5) $A = \frac{2.17}{2.5 \times 1} = 0.868\text{cm}^2$

• **답 :** 0.87cm²

상세해설

(1) A–B 사이의 배관 내 유량[kg/s]

$$\text{유량[kg/s]} = \frac{\text{약제소요량[kg]}}{\text{방사시간[s]}}$$

① 약제소요량[kg]=130kg **(조건①)**
② 방사시간[s]=30s **(조건⑦)**

➜ **A–B 사이의 배관 내 유량 :** $Q_{A-B} = \frac{130\text{kg}}{30\text{s}} = 4.333\text{kg/s} \fallingdotseq \mathbf{4.33kg/s}$

(2) B–C 사이의 배관 내 유량[kg/s]

도면에 따라 $Q_{A-B} = Q_{B-C} + Q_{B-D}$이고, 문제의 단서조건에 따라 $Q_{B-C} = Q_{B-D}$이므로 "$Q_{A-B} = 2Q_{B-C} = 2Q_{B-D}$"임을 알 수 있다.

➜ **B–C 사이의 배관 내 유량 :** $Q_{B-C} = \frac{Q_{A-B}}{2} = \frac{4.33\text{kg/s}}{2} = 2.165\text{kg/s} \fallingdotseq \mathbf{2.17kg/s}$

(3) C점 노즐의 방출압력[kg/cm²]

C점 노즐의 방출압력=약제저장압력−모든 압력손실

① 약제저장압력[MPa]=4.2MPa **(조건⑤)**
② 초기압력강하[MPa]=1.5MPa **(조건②)**
③ 고저에 의한 압력손실[MPa]=0.06MPa **(조건③)**
④ A–B 사이의 압력손실[MPa]=0.06MPa **(조건④)**
⑤ B–C 사이의 압력손실[MPa]=0.03MPa **(조건⑤)**

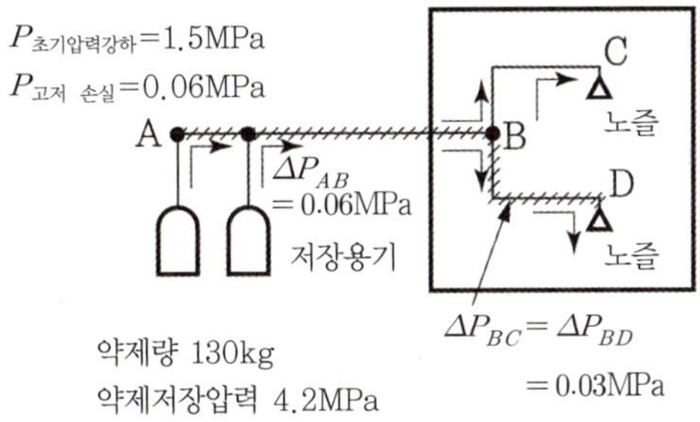

➜ **C점 노즐의 방출압력 :** $P_C = (4.2-1.5-0.06-0.06-0.03)\text{MPa}$

$$= \frac{2.55\text{MPa}}{0.101325\text{MPa}} \times 1.0332\text{kg/cm}^2$$

$$= 26.002\text{kg/cm}^2 ≒ \mathbf{26kg/cm^2}$$

(4) 노즐 1개의 방사량[kg/s · 개]

$$\text{노즐 1개의 방사량[kg/s·개]} = \frac{\text{약제소요량[kg]}}{\text{방사시간[s]} \times \text{노즐의 개수[개]}}$$

① 약제소요량[kg]=130kg **(조건①)**
② 방사시간[s]=30s **(조건⑦)**
③ 노즐의 개수[개]=2개 (도면참고)

➜ **노즐 1개의 방사량 :** $Q = \frac{130\text{kg}}{30\text{s} \times 2\text{개}} = 2.166\text{kg/s·개} ≒ \mathbf{2.17kg/s·개}$

(5) C점 헤드의 등가분구면적[cm²]

$$\text{헤드의 등가분구면적[cm}^2\text{]} = \frac{\text{방출유량[kg/s]}}{\text{헤드의 방사율[kg/s·cm}^2\text{]} \times \text{헤드의 개수[개]}}$$

① B-C 사이의 방출유량[kg/s]=2.17kg/s **(문제(2))**
② C점 헤드의 방사율[kg/s·cm²]=2.5kg/s·cm² (문제의 단서조건)
③ 노즐의 개수[개]=1개 (C점 헤드)

➜ **헤드 1개의 등가분구면적 :** $A = \frac{2.17\text{kg/s}}{2.5\text{kg/s·cm}^2 \times 1\text{개}} = 0.868\text{cm}^2 = \mathbf{0.87cm^2}$

Mind - Control

사람의 의지는 크게 4가지 요소로 이루어집니다.
바로 신념과 믿음, 꾸준함, 그리고 인내심이죠.

\- 하버드 새벽 4시 반 -

3 할로겐화합물 및 불활성기체 소화설비

1 저장용기 및 배관의 설치기준

(1) 할로겐화합물 및 불활성기체 소화설비

지구오존층 보호를 위하여 할론소화약제의 사용 규제를 대체하기 위한 설비로서 할로겐화합물 및 불활성기체 소화약제를 방출하여 소화하는 설비

참고 할로겐화합물 및 불활성기체 소화약제

(1) 할로겐화합물 및 불활성기체 소화약제

할로겐화합물(할론 1301, 할론 2402, 할론 1211 제외) 및 불활성기체로서 전기적으로 비전도성이며 휘발성이 있거나 증발 후 잔여물을 남기지 않는 소화약제

(2) 할로겐화합물소화약제

플루오르(=불소, F), 염소(Cl), 브롬(Br), 아이오딘(=요오드, I) 중 하나 이상의 원소를 포함하고 있는 유기화합물을 기본성분으로 하는 소화약제로서, 대표적인 할로겐화합물소화약제는 9가지가 존재한다.
(HCFC BLEND A, HFC-23, FC-3-1-10 등)

(3) 불활성기체소화약제

헬륨(He), 네온(Ne), 아르곤(Ar) 또는 질소가스(N_2) 중 하나 이상의 원소를 기본성분으로 하는 소화약제로서, 대표적인 불활성기체소화약제는 4가지가 존재한다. (IG-01, IG-100, IG-541, IG-55)

(4) 할로겐화합물 및 불활성기체 소화약제의 구비조건 5가지

① 소화성능이 우수할 것
② 인체에 독성이 낮을 것
③ 오존파괴지수(ODP)가 낮을 것
④ 지구온난화지수(GWP)가 낮을 것
⑤ 저장안정성이 좋을 것

(2) 오존파괴지수(ODP), 지구온난화지수(GWP)

구 분	정 의	식
오존파괴지수(ODP) **O**zone **D**epletion **P**otential	오존층 파괴에 영향을 미치는 정도로서 CFC 11 1kg에 대한 해당 물질 1kg의 오존파괴 정도	$\text{ODP} = \dfrac{\text{해당 물질 1kg에 대한 오존파괴정도}}{\text{CFC 11 1kg에 대한 오존파괴정도}}$
지구온난화지수(GWP) **G**lobal **W**arming **P**otential	지구온난화에 영향을 미치는 정도로서 CO_2 1kg에 대한 해당 물질 1kg의 온난화 정도	$\text{GWP} = \dfrac{\text{해당 물질 1kg에 대한 지구온난화 정도}}{CO_2\ \text{1kg에 대한 지구온난화 정도}}$

(3) 저장용기의 설치기준

① 저장용기의 충전밀도 및 충전압력은 별도의 기준에 따를 것

② 저장용기는 약제명, 저장용기의 자체중량과 총중량, 충전일시, 충전압력 및 약제의 체적을 표시할 것

③ 동일 집합관에 접속되는 저장용기는 동일한 내용적을 가진 것으로 충전량 및 충전압력이 같도록 할 것

④ 저장용기에 충전량 및 충전압력을 확인할 수 있는 장치를 하는 경우에는 해당 소화약제에 적합한 구조로 할 것

⑤ 저장용기의 **약제량 손실**이 **5%를 초과**하거나 **압력손실**이 **10%를 초과**할 경우에는 재충전하거나 저장용기를 교체할 것. 단, **불활성기체소화약제**의 저장용기의 경우에는 **압력손실**이 **5%를 초과**할 경우 재충전하거나 저장용기를 교체하여야 한다.

| 저장용기 |

| 선택밸브 및 기동용 가스용기 |

(4) 배관의 설치기준

① 배관의 두께는 다음 계산식에서 구한 값(t) 이상일 것. 다만, 방출헤드 설치부는 제외한다.

$$t = \frac{PD}{2SE} + A$$

여기서, t : 관의 두께[mm]

P : 최대허용압력[kPa]

D : 배관의 바깥지름[mm]

SE : 최대허용응력[kPa]

A : 허용값[mm](헤드 설치부분 제외)

※ **최대허용응력(SE)**

$$SE = MIN\left(\text{인장강도의 } \frac{1}{4},\ \text{항복점의 } \frac{2}{3}\right) \times \text{배관이음효율} \times 1.2$$

◈ 배관의 이음효율

이음매 없는 배관	1.0
전기저항 용접배관	0.85
가열맞대기 용접배관	0.60

◈ 허용값 A[mm]

나사이음	나사의 높이
절단홈이음	홈의 깊이
용접이음	0

② 배관과 배관, 배관과 배관부속 및 밸브류의 접속은 **나사**접합, **용접**접합, **압축**접합 또는 **플랜지**접합 등의 방법을 사용하여야 한다.

참고 강관이음(접합)과 신축이음(접합)의 종류

(1) **강관이음(접합)**

나사이음(접합)	용접이음(접합)	플랜지이음(접합)
• 관에 나사를 내어 연결 • 주로 호칭경 50A 이하의 배관에 적용	• 전기·가스 용접을 이용하여 연결 • 주로 호칭경 65A 이상의 배관에 적용	• 용접·나사접합을 이용하여 플랜지로 연결 • 주로 용접접합을 사용
	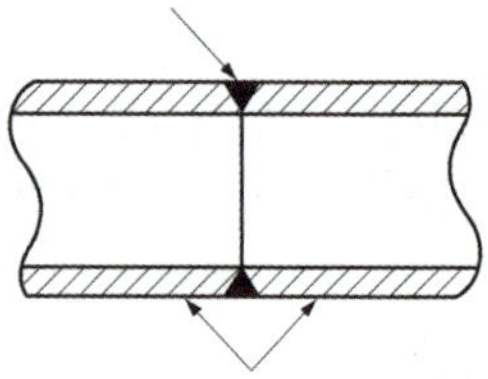	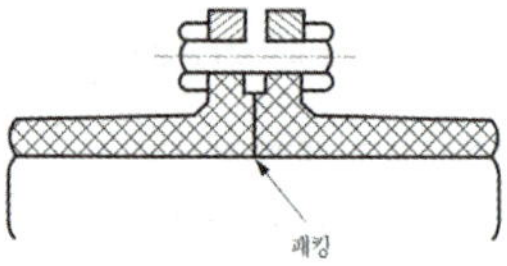

(2) **신축이음(접합)** : 온도변화에 따른 배관의 팽창, 수축으로 배관이 파손되는 방지하기 위한 이음(접합)

① 슬리브형(Sleeve type)	② 볼조인트형(Ball joint type)
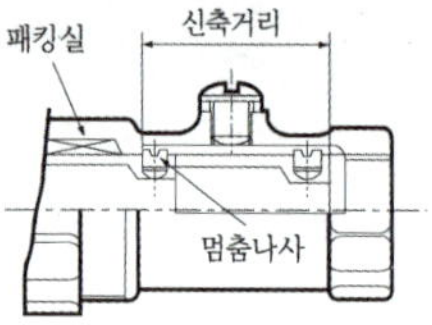	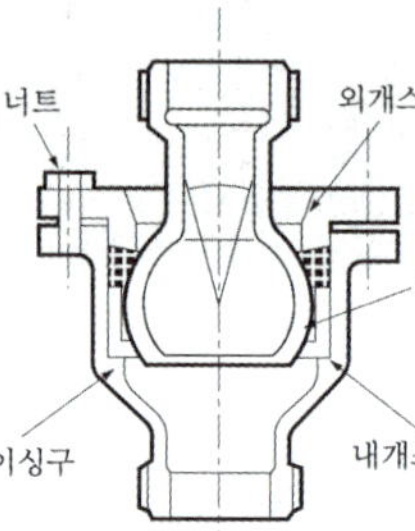

③ 벨로스형(Bellows type)	④ 루프형(Loop type)	⑤ 스위블형(Swivel type)
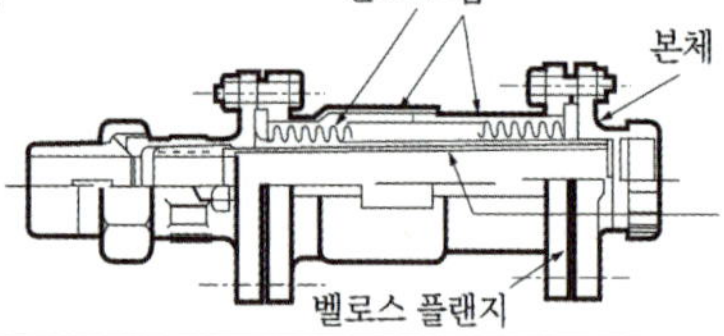	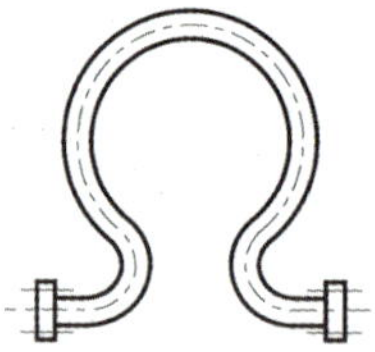	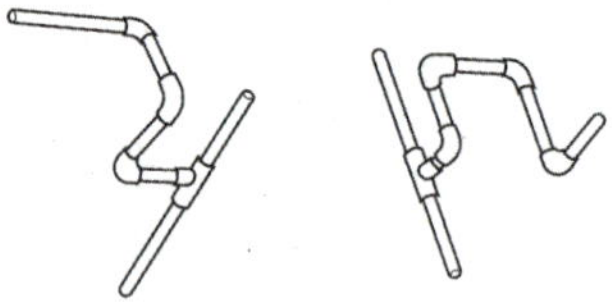

암기법 슬리브 볼벨루스

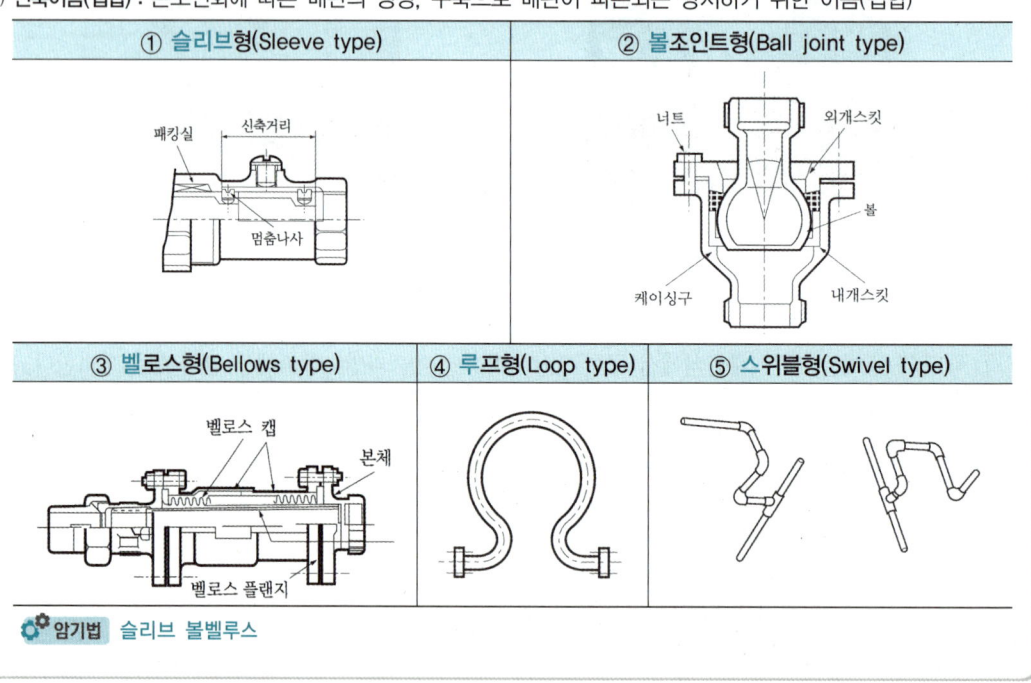

③ 배관의 구경은 해당 방호구역에 **할로겐화합물**소화약제는 **10초 이내**에, **불활성기체**소화약제는 A·C급 **화재 2분, B급 화재 1분 이내**에 방호구역 각 부분에 **최소설계농도의 95% 이상** 해당하는 약제량이 방출되도록 한다.

참고 할로겐화합물 및 불활성기체 소화약제를 10초 이내에 95%를 방사하여야 하는 이유

할로겐화합물 및 불활성기체 소화약제 방사 시 발생하는 **독성물질을 감소**시켜 실내의 **인명안전**을 도모하기 위함이다.

빈번한 기출문제

01 할로겐화합물 및 불활성기체 소화설비에 대한 다음 각 물음에 답하시오. 배점 : 5 [07년] [08년] [14년]

(1) 할로겐화합물 및 불활성기체 소화약제에 비해 할로겐화합물이 지구에 미치는 영향 2가지를 쓰시오.

(2) 할로겐화합물 및 불활성기체 소화약제를 10초 이내에 95% 이상을 방사해야 하는 이유를 쓰시오.

• 실전모범답안

(1) 할로겐화합물이 지구에 미치는 영향

① 오존층 파괴

② 지구온난화

(2) 할로겐화합물 및 불활성기체 소화약제를 10초 이내에 95% 이상 방사해야 하는 이유

할로겐화합물 및 불활성기체 소화약제 방사 시 발생하는 독성물질을 감소시켜 실내의 인명안전을 도모하기 위하여

02 할로겐화합물 및 불활성기체 소화설비의 배관과 배관, 배관과 배관부속 및 밸브류의 접속방법을 3가지만 나열하시오. 배점 : 3 [13년] [16년]

• 실전모범답안

(1) 나사이음(접합)

(2) 용접이음(접합)

(3) 플랜지이음(접합)

(4) 압축이음(접합)

03 할로겐화합물 및 불활성기체 소화설비에서 할로겐화합물 및 불활성기체 소화약제의 저장용기의 기준에 관한 설명이다. ( ) 안에 적합한 수치를 쓰시오. 배점 : 3 [13년] [16년] [23년]

저장용기의 (①)을(를) 초과하거나 (②)을(를) 초과할 경우에는 재충전하거나 저장용기를 교체하여야 한다. 다만, 불활성기체소화약제 저장용기의 경우에는 (③)을(를) 초과할 경우 재충전하거나 저장용기를 교체하여야 한다.

• 실전모범답안

① 약제량손실이 5%

② 압력손실이 10%

③ 압력손실이 5%

04 할로겐화합물 및 불활성기체 소화설비에 다음 조건과 같은 압력배관용 탄소강관(SPPS 420, Sch 40)을 사용할 때 최대허용압력 [MPa]을 구하시오. 배점 : 6 [12년] [16년] [20년] [22년]

[조건]

① 압력배관용 탄소강관(SPPS 420)의 인장강도는 420MPa, 항복점은 250MPa이다.
② 용접이음에 따른 허용값[mm]은 무시한다.
③ 배관이음효율은 0.85로 한다.
④ 배관의 최대허용응력(SE)은 배관재질 인장강도의 1/4과 항복점의 2/3 중 작은값(σ_t)을 기준으로 다음의 식을 적용한다.
$SE=\sigma_t\times$배관이음효율$\times 1.2$
⑤ 적용되는 배관 바깥지름은 114.3mm이고, 두께는 6.0mm이다.
⑥ 헤드 설치부분은 제외한다.

- **실전모범답안**

$SE=MIN\left(\text{인장강도의 }\frac{1}{4},\ \text{항복점의 }\frac{2}{3}\right)\times\text{배관이음효율}\times 1.2=105\times 0.85\times 1.2=107.1\text{MPa}$

→ $P=\frac{2SE\times(t-A)}{D}=\frac{2\times 107.1\times 6}{114.3}=11.244\text{MPa}$

- **답 :** 11.24MPa

상세해설

$t=\frac{PD}{2SE}+A$	배관의 두께
t : 관의 두께[mm]	→ 6mm **(조건⑤)**
P : 최대허용압력[kPa]	→ $P=\frac{2SE\times(t-A)}{D}$ **[풀이(2)]**
D : 배관의 바깥지름[mm]	→ 114.3mm **(조건⑤)**
SE : 최대허용응력[kPa]	→ $SE=MIN\left(\text{인장강도의 }\frac{1}{4},\ \text{항복점의 }\frac{2}{3}\right)\times$배관이음효율$\times 1.2$ **[풀이(1)]**
A : 허용값[mm](헤드 설치부분 제외)	→ 0 **(조건②, 용접이음에 따른 허용값 무시)**

(1) 최대허용응력(SE)

$$SE=MIN\left(\text{인장강도의 }\frac{1}{4},\ \text{항복점의 }\frac{2}{3}\right)\times\text{배관이음효율}\times 1.2$$

① $MIN(420\text{MPa}\times\frac{1}{4},\ 250\text{MPa}\times\frac{2}{3})=MIN(105\text{MPa},\ 166.67\text{MPa})=105\text{MPa}$

② 배관이음효율$=0.85$ (조건③, 전기저항 용접배관)

→ **최대허용응력** : $SE=MIN\left(\text{인장강도의 }\frac{1}{4},\ \text{항복점의 }\frac{2}{3}\right)\times\text{배관이음효율}\times 1.2$

$=105\text{MPa}\times 0.85\times 1.2=\mathbf{107.1MPa}$

(2) 최대허용압력(P)

→ 최대허용압력 : $P=\dfrac{2SE\times(t-A)}{D}=\dfrac{2\times 107.1\text{MPa}\times 6\text{mm}}{114.3\text{mm}}=11.244\text{MPa}\fallingdotseq\mathbf{11.24MPa}$

05 **내경이 2m이고 길이 1.5m인 원통형 내압용기가 두께 3mm의 연강판으로 제작되었다. 용접에 의한 허용응력 감소를 무시할 때 이 용기 내부에 최고허용압력 [MPa]을 구하시오. (단, 내압용기 재료의 허용응력은 σ_w=250MPa이다.)**

배점 : 3 [10년] [16년]

• 실전모범답안

→ $P=\dfrac{2SE\times(t-A)}{D}=\dfrac{2\times 250\times 3}{2{,}006}=0.747\text{MPa}\fallingdotseq 0.75\text{MPa}$

• 답 : 0.75MPa

상세해설

$t=\dfrac{PD}{2SE}+A$	배관의 두께
t : 관의 두께[mm]	→ 3mm
P : 최대허용압력[kPa]	→ $P=\dfrac{2SE\times(t-A)}{D}$
D : 배관의 바깥지름[mm]	→ 2m+3mm+3mm=2,006mm
SE : 최대허용응력[kPa]	→ 250MPa (단서조건, 재료의 허용응력)
A : 허용값[mm](헤드 설치부분 제외)	→ 0 (용접이음에 따른 허용값 무시)

→ 최대허용압력 : $P=\dfrac{2SE\times(t-A)}{D}=\dfrac{2\times 250\text{MPa}\times 3\text{mm}}{2{,}006\text{mm}}=0.747\text{MPa}\fallingdotseq\mathbf{0.75MPa}$

06 **어느 방호대상물에 할로겐화합물 및 불활성기체 소화설비를 설치하고자 한다. 조건을 참고하여 다음 각 물음에 답하시오.**

배점 : 8 [14년]

[조건]
① 방출헤드 1개의 유량이 29.4kg/s이다.
② 노즐방사압력에서의 방출률은 14.7kg/s·cm^{2}이다.
③ 분사헤드에 접속되는 배관의 구경은 65A이다.
④ 배관의 인장강도는 420MPa, 항복점은 250MPa이다.
⑤ 배관이음방법은 이음매 없는 배관으로 나사이음, 홈이음 등의 허용값[mm]은 무시한다.
⑥ 적용되는 배관의 바깥지름은 114.3mm이고 두께는 6.0mm이다.
⑦ 배관의 두께계산 시에는 방출헤드 설치부는 제외한다.

(1) 방출헤드의 오리피스 구경 [mm]을 다음 표에서 정하시오.

오리피스 구경	10mm	15mm	20mm	25mm	30mm	35mm	40mm

(2) 배관의 최대허용압력 [MPa]을 구하시오.

• **실전모범답안**

(1) $D=\sqrt{\dfrac{4A}{\pi}}=\sqrt{\dfrac{4\times\dfrac{29.4}{14.7}}{\pi}}$ =1.595cm=15.95mm

• **답 :** 20mm 선정

(2) $P=\dfrac{2SE\times(t-A)}{D}=\dfrac{2\times126\times6}{114.3}$ =13.228MPa

→ $SE=MIN\left(\text{인장강도의 }\dfrac{1}{4},\ \text{항복점의 }\dfrac{2}{3}\right)\times\text{배관이음효율}\times1.2$=105×1.0×1.2=126MPa

• **답 :** 13.23MPa

상세해설

(1) 방출헤드의 오리피스 구경[mm]

① **방출헤드의 분구면적[cm^2]**

$$\text{분사헤드의 분출구 면적}[cm^2]=\frac{\text{방출헤드 1개의 유량}[kg/s]}{\text{방사율}[kg/s\cdot cm^2]}$$

㉠ 방출헤드 1개의 유량[kg/s]=29.4kg/s **(조건①)**

㉡ 방출률=$14.7kg/s\cdot cm^2$ **(조건②)**

→ **오리피스의 분구면적[cm^2]**=$\dfrac{29.4kg/s}{14.7kg/s\cdot cm^2}=2cm^2$

② **방출헤드의 오리피스 구경[mm]**

$$A=\frac{\pi}{4}D^2$$

→ **방출헤드의 오리피스 구경 :** $D=\sqrt{\dfrac{4A}{\pi}}=\sqrt{\dfrac{4\times2cm^2}{\pi}}=1.595cm$

=**15.95mm** (오리피스의 구경 **20mm** 선정)

(2) 배관의 최대허용압력

$t=\dfrac{PD}{2SE}+A$	배관의 두께
t : 관의 두께[mm]	→ 6mm **(조건⑥)**
P : 최대허용압력[kPa]	→ $P=\dfrac{2SE\times(t-A)}{D}$ **[풀이②]**
D : 배관의 바깥지름[mm]	→ 114.3mm **(조건⑥)**
SE : 최대허용응력[kPa]	→ $SE=MIN\left(\text{인장강도의 }\dfrac{1}{4},\ \text{항복점의 }\dfrac{2}{3}\right)\times\text{배관이음효율}\times1.2$ **[풀이①]**
A : 허용값[mm](헤드 설치부분 제외)	→ 0 **(조건⑤, 용접이음에 따른 허용값 무시)**

① **최대허용응력(SE)**

$$SE = MIN\left(\text{인장강도의 } \frac{1}{4},\ \text{항복점의 } \frac{2}{3}\right) \times \text{배관이음효율} \times 1.2$$

㉠ $MIN(420\text{MPa} \times \frac{1}{4},\ 250\text{MPa} \times \frac{2}{3}) = MIN(105\text{MPa},\ 166.67\text{MPa}) = 105\text{MPa}$

㉡ 배관이음효율=1.0 **(조건⑤, 이음매 없는 배관)**

➜ **최대허용응력** $SE = MIN\left(\text{인장강도의 } \frac{1}{4},\ \text{항복점의 } \frac{2}{3}\right) \times \text{배관이음효율} \times 1.2$

$= 105\text{MPa} \times 1.0 \times 1.2 = \mathbf{126MPa}$

② **최대허용압력(P)**

➜ **최대허용압력 :** $P = \frac{2SE \times (t - A)}{D} = \frac{2 \times 126\text{MPa} \times 6\text{mm}}{114.3\text{mm}} = 13.228\text{MPa} \fallingdotseq \mathbf{13.23MPa}$

CHAPTER 03

07 다음 [표]를 참조하여 화재안전기술기준에 따라 할로겐화합물 및 불활성기체 소화설비를 설치하려고 할 때 다음을 구하시오. 배점 : 8 [21년]

압력배관용 탄소강관 SPPS 380[KS D 3562(Sch 40)]의 규격

호칭지름[A]	DN 25	DN 32	DN 40	DN 50	DN 65	DN 100
바깥지름[mm]	34.0	42.7	48.6	60.5	76.3	114.3
관두께[mm]	3.4	3.6	3.7	3.9	5.2	6.0

(1) 호칭지름이 32A인 압력배관용 탄소강관(Sch 40)에 분사헤드가 접속되어 있다. 이때, 분사헤드 오리피스의 최대구경[mm]을 구하시오.

(2) 호칭구경이 65A인 압력배관용 탄소강관(Sch 40)을 사용하여 용접이음으로 배관을 접합할 경우 배관에 적용할 수 있는 최대허용압력[MPa]을 구하시오. (단, 인장강도는 380MPa, 항복점은 220MPa이며, 이 배관에 전기저항 용접배관을 함에 따라 배관이음효율은 0.85이다.)

• **실전모범답안**

(1) $D_{\text{오리피스}} = \sqrt{\frac{4A}{\pi}} = \sqrt{\frac{4 \times 692.858}{\pi}} = 29.701 \fallingdotseq \mathbf{29.7mm}$

• **답 :** 29.7mm

(2) $P = \frac{2\text{SE} \times (t - A)}{D} = \frac{2 \times 96.9 \times 5.2}{76.3} = 13.207 \fallingdotseq \mathbf{13.21MPa}$

• **답 :** 13.21MPa

상세해설

(1) 오리피스의 최대구경[mm]

분사헤드가 연결되는 배관구경면적[m²]×70%=오리피스의 최대면적[m²]

① **분사헤드가 연결되는 배관구경면적 :** $A_{\text{배관}}$

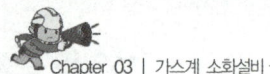

㉠ 배관의 내경: D=배관의 바깥지름−(배관의 두께×2)

$$=42.7\text{mm}-(3.6\text{mm}\times 2)=35.5\text{mm}$$

㉡ 배관구경면적: $A_{배관}=\frac{\pi}{4}D^2=\frac{\pi}{4}\times(35.5\text{mm})^2=\mathbf{989.798mm^2}$

압력배관용 탄소강관 SPPS 380[KS D 3562(Sch 40)]의 규격

호칭지름[A]	DN 25	DN 32	DN 40	DN 50	DN 65	DN 100
바깥지름[mm]	34.0	42.7	48.6	60.5	76.3	114.3
관두께[mm]	3.4	3.6	3.7	3.9	5.2	6.0

② **오리피스의 최대면적 :** $A_{오리피스}$

㉠ 오리피스의 최대면적 : $A_{오리피스}$=분사헤드가 연결되는 배관구경면적[m²]×70%

$$=989.798\,\text{mm}^2\times 0.7=\mathbf{692.858mm^2}$$

㉡ 오리피스의 최대구경 : $D_{오리피스}=\sqrt{\frac{4A}{\pi}}=\sqrt{\frac{4\times 692.858\text{mm}^2}{\pi}}=29.701\text{mm}≒\mathbf{29.7mm}$

참고 **분사헤드의 설치기준**

「할로겐화합물 및 불활성기체 소화설비의 화재안전기술기준」

분사헤드의 오리피스 면적은 분사헤드가 연결되는 배관구경면적의 70%를 초과하여서는 아니 된다.

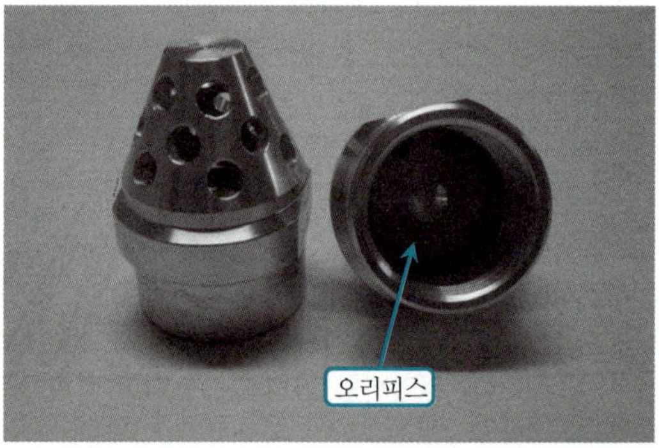

(2) 최대허용압력[MPa]

$t=\frac{PD}{2SE}+A$	배관의 두께
t : 관의 두께[mm]	→ 5.2mm **(조건 표)**
P : 최대허용압력[kPa]	→ $P=\frac{2SE\times(t-A)}{D}$ **[풀이②]**
D : 배관의 바깥지름[mm]	→ 76.3mm (조건 표)
SE : 최대허용응력[kPa]	→ $SE=\text{MIN}\left(인장강도의\ \frac{1}{4},\ 항복점의\ \frac{2}{3}\right)$×배관이음효율 ×1.2 **[풀이①]**
A : 허용값[mm](헤드 설치부분 제외)	→ 0 **(용접이음에 따른 허용값 무시)**

◈ 압력배관용 탄소강관 SPPS 380[KS D 3562(Sch 40)]의 규격

호칭지름[A]	DN 25	DN 32	DN 40	DN 50	DN 65	DN 100
바깥지름[mm]	34.0	42.7	48.6	60.5	76.3	114.3
관두께[mm]	3.4	3.6	3.7	3.9	5.2	6.0

① 최대허용응력(SE)

$$SE=\text{MIN}\left(\text{인장강도의 }\frac{1}{4},\ \text{항복점의 }\frac{2}{3}\right)\times\text{배관이음효율}\times 1.2$$

㉠ $\text{MIN}(380\text{MPa}\times\frac{1}{4},\ 220\text{MPa}\times\frac{2}{3})=\text{MIN}(95\text{MPa},\ 146.666\text{MPa})=95\text{MPa}$

㉡ 배관이음효율=0.85 (조건)

→ **최대허용응력 :** $SE=\text{MIN}\left(\text{인장강도의 }\frac{1}{4},\ \text{항복점의 }\frac{2}{3}\right)\times\text{배관이음효율}\times 1.2$

$=95\text{MPa}\times 0.85\times 1.2=\mathbf{96.9MPa}$

② 최대허용압력(P)

→ **최대허용압력 :** $P=\frac{2SE\times(t-A)}{D}=\frac{2\times 96.9\text{MPa}\times 5.2\text{mm}}{76.3\text{mm}}=13.207\text{MPa}\fallingdotseq\mathbf{13.21MPa}$

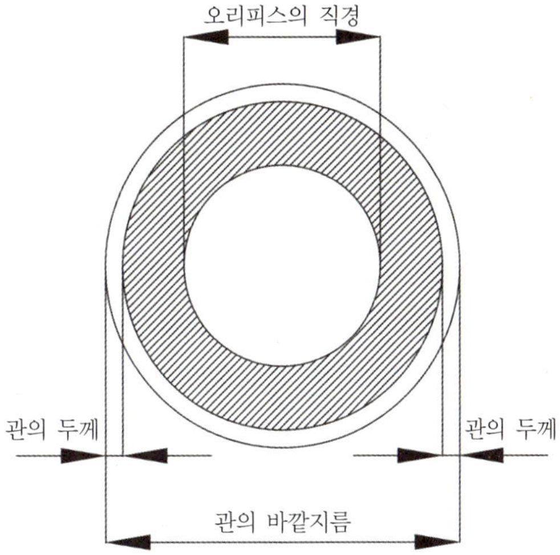

Mind - Control

매사에 최선을 다하는 것은 완벽한 결과를 얻기 위해서가 아니라
지난 날들을 되돌아 볼 때 모든 것을 쏟지 못한 게 후회될까봐
스스로에게 떳떳하고 싶어서다.

\- 작자 미상 -

2 할로겐화합물 및 불활성기체 소화설비의 약제량 및 용기수

(1) 할로겐화합물소화약제의 저장량 : HFC-23, HCFC BLEND A 등

$$W = \frac{V}{S} \times \left(\frac{C}{100 - C}\right)$$

여기서, W : 소화약제의 질량[kg]

V : 방호구역의 체적[m^3]

S : 소화약제별 선형상수$\left(K_1 + K_2 t = K_1 + K_1 \times \frac{t}{273}\right)$[$m^3$/kg]

C : 체적에 따른 소화약제의 설계농도
(=소화농도×안전계수(A급 화재 1.2, B급 화재 1.3, C급 화재 1.35))[%]

t : 방호구역의 최소예상온도[℃] **(단위주의)**

K_1, K_2 : 선형상수

(2) 불활성기체소화약제의 저장량 : IG-01, IG-100, IG-541, IG-55

$$X = 2.303 \times \left(\frac{V_s}{S}\right) \times \log\left(\frac{100}{100 - C}\right)$$

여기서, X : 공간체적당 더해진 소화약제의 부피[m^3/m^3]

S : 소화약제별 선형상수$\left(K_1 + K_2 t = K_1 + K_1 \times \frac{t}{273}\right)$[$m^3$/kg]

C : 체적에 따른 소화약제의 설계농도**(=소화농도×안전계수(A급 화재 1.2, B급 화재 1.3, C급 화재 1.35))**[%]

V_s : 20℃에서 소화약제의 비체적[m^3/kg]

t : 방호구역의 최소예상온도[℃] **(단위주의)**

(3) 할로겐화합물 및 불활성기체 소화설비의 소화약제 방사시간

<table>
<tr><th rowspan="2">구 분</th><th colspan="3">할로겐화합물 및 불활성기체 소화설비</th><th rowspan="2">할론 소화설비</th><th rowspan="2">분말 소화설비</th><th colspan="2">이산화탄소소화설비</th></tr>
<tr><th>할로겐화합물</th><th colspan="2">불활성기체</th><th>표면화재</th><th>심부화재</th></tr>
<tr><td rowspan="3">전역방출방식</td><td rowspan="2">10초 이내</td><td>A·C급 화재</td><td>2분 이내</td><td rowspan="3">10초 이내</td><td rowspan="3">30초 이내</td><td rowspan="3">1분 이내</td><td rowspan="3">7분 이내
(설계농도가 2분 이내 30% 도달)</td></tr>
<tr><td>B급 화재</td><td>1분 이내</td></tr>
<tr><td colspan="3">→ 설계농도의 95% 이상 방사</td></tr>
<tr><td>국소방출방식</td><td>-</td><td colspan="2">-</td><td>10초 이내</td><td>30초 이내</td><td>30초 이내</td><td>30초 이내</td></tr>
</table>

참고

(1) A급 화재=일반화재
(2) B급 화재=유류화재(발전기실, 유류저장고 등)
(3) C급 화재=전기화재(전기실, 케이블실 등)

빈번한 기출문제

01 다음 조건을 이용하여 컴퓨터실에 설치하는 할로겐화합물 및 불활성기체 소화설비의 할로겐화합물소화약제의 저장량 [kg]을 구하시오.

배점 : 7 [14년]

[조건]
① 10초 동안 약제가 방사될 경우 설계농도의 95%에 해당하는 약제가 방출된다.
② 방호구역은 가로 4m, 세로 5m, 높이 4m이다.
③ 선형상수 K_1=0.2413, K_2=0.00088, 온도는 20℃이다.
④ A급, C급 화재가 발생가능한 장소로서 소화농도는 8.5%이다.

- **실전모범답안**

➜ $W=\frac{V}{S}\times\left(\frac{C}{100-C}\right)=\frac{4\times5\times4}{0.2413+(0.00088\times20)}\times\left(\frac{8.5\times1.35}{100-(8.5\times1.35)}\right)$=328.432kg

- **답 :** 328.43kg

상세해설

$W=\frac{V}{S}\times\left(\frac{C}{100-C}\right)$	할로겐화합물 및 불활성기체 소화설비의 약제량 (할로겐화합물소화약제)
W : 소화약제의 질량[kg]	➜ $W=\frac{V}{S}\times\left(\frac{C}{100-C}\right)$
V : 방호구역의 체적[m³]	➜ $4\text{m}\times5\text{m}\times4\text{m}$ **(조건②)**
S : 소화약제별 선형상수[m³/kg] $\left(K_1+K_2t=K_1+K_1\times\frac{t}{273}\right)$	➜ $0.2413+(0.00088\times20℃)$ **(조건③)**
C : 체적에 따른 소화약제의 설계농도[%] **(=소화농도×안전계수)**	➜ 소화농도×안전계수(A급 화재 1.2, B급 화재 1.3, C급 화재 1.35) $=8.5\%\times1.35$ **(조건④)**

➜ **소화약제의 질량 :** $W=\frac{V}{S}\times\left(\frac{C}{100-C}\right)=\frac{4\text{m}\times5\text{m}\times4\text{m}}{0.2413+(0.00088\times20℃)}\times\left(\frac{8.5\%\times1.35}{100-(8.5\%\times1.35)}\right)$

$=328.432\text{kg}\fallingdotseq$ **328.43kg**

참고 | 할로겐화합물 및 불활성기체 소화설비 배관의 구경

화재안전기준에 따라 할로겐화합물 및 불활성기체 소화설비 배관의 구경은 해당 방호구역에 할로겐화합물소화약제는 **10초 이내에**, 불활성기체소화약제는 **A·C급 화재 2분, B급 화재 1분** 이내에 방호구역 각 부분에 최소설계농도의 **95% 이상** 해당하는 약제량이 방출되도록 하여야 한다.

02 다음의 조건을 이용하여 전산실에 설치하는 할로겐화합물 및 불활성기체 소화설비의 FK-I-12의 최소약제용기 개수 [병]을 구하시오. 배점 : 5 [19년]

[조건]
① 할로겐화합물 FK-I-12의 설계농도는 12%이다.
② 방호구역은 가로 8m, 세로 10m, 높이 4m이다.
③ 선형상수 K_1=0.0664, K_2=0.002741, 온도는 21℃이다.
④ FK-I-12의 용기는 80l용 1,441kg/m³를 적용한다.

• **실전모범답안**

$$W=\frac{V}{S}\times\left(\frac{C}{100-C}\right)=\frac{8\times10\times4}{0.0664+(0.002741\times21)}\times\left(\frac{12}{100-12}\right)=353.016\text{kg}$$

w=0.08×1,441=115.28kg

→ 약제병수$=\frac{353.016}{115.28}$=3.053≒4병

• **답 : 4병**

상세해설

$W=\frac{V}{S}\times\left(\frac{C}{100-C}\right)$	**할로겐화합물 및 불활성기체 소화설비의 약제량 (할로겐화합물소화약제)**
W : 소화약제의 질량[kg]	→ $W=\frac{V}{S}\times\left(\frac{C}{100-C}\right)$
V : 방호구역의 체적[m³]	→ $8\text{m}\times10\text{m}\times4\text{m}$ **(조건②)**
S : 소화약제별 선형상수[m³/kg] $\left(K_1+K_2t = K_1+K_1\times\frac{t}{273}\right)$	→ $0.0664+(0.002741\times21℃)$ **(조건③)**
C : 체적에 따른 소화약제의 설계농도[%] **(=소화농도×안전계수)**	→ 12% **(조건①)**

① 소화약제의 질량 : $W=\frac{V}{S}\times\left(\frac{C}{100-C}\right)=\frac{8\times10\times4}{0.0664+(0.002741\times21)}\times\left(\frac{12}{100-12}\right)=353.016\text{kg}$

② 저장용기 1병당 저장량$=0.08\text{m}^3\times1{,}441\text{kg/m}^3=115.28\text{kg}$

→ **약제용기수**$=\frac{\text{소화약제의 질량[kg]}}{\text{저장용기 1병당 저장량[kg]}}=\frac{353.016\text{kg}}{115.28\text{kg}}=3.053≒$**4병**

03 7m×9m×6m의 경유를 연료로 사용하는 발전기실에 다음의 할로겐화합물 및 불활성기체 소화설비를 설치하고자 한다. 다음의 조건과 화재안전기술기준을 참고하여 다음 물음에 답하시오.

배점 : 8 [14년] [18년] [20년]

[조건]

① 방호구역의 온도는 상온 20℃이다.

② IG-541 용기는 80l용 12.5m^3를 적용한다.

③ 불활성기체 소화약제의 소화농도

약 제	상품명	소화농도[%]	
		B급 화재	C급 화재
IG-541	Inergen	31.25	31.25

④ K_1과 K_2 값

약 제	K_1	K_2
IG-541	0.65799	0.00239

⑤ 식은 다음과 같다.

$$X = 2.303 \times \left(\frac{V_s}{S}\right) \times \log\left(\frac{100}{100-C}\right)$$

여기서, X : 공간체적당 더해진 소화약제의 부피[m^3/m^3]

S : 소화약제별 선형상수($K_1 + K_2 t$)[m^3/kg]

C : 체적에 따른 소화약제의 설계농도[%]

V_s : 20℃에서 소화약제의 비체적[m^3/kg]

t : 방호구역의 최소예상온도[℃]

(1) IG-541의 최소약제용기의 개수 [병]를 구하시오.

(2) 할로겐화합물 및 불활성기체 소화약제의 구비조건 5가지를 쓰시오.

• 실전모범답안

(1) $X = 2.303 \times \left(\frac{V_s}{S}\right) \times \log\left(\frac{100}{100-C}\right) \times V$

$= 2.303 \times \frac{0.65799 + (0.00239 \times 20)}{0.65799 + (0.00239 \times 20)} \times \log\left(\frac{100}{100 - 31.25 \times 1.35}\right) \times (7 \times 9 \times 6) = 207.168$

≒207.17m^3

→ 병수 $= \frac{207.17}{12.5}$ 16.573병

• 답 : 17병

(2) ① 소화성능이 우수할 것

② 인체에 독성이 낮을 것

③ 오존파괴지수(ODP)가 낮을 것

④ 지구온난화지수(GWP)가 낮을 것

⑤ 저장안정성이 좋을 것

상세해설

(1) IG-541의 최소약제용기의 개수[병]

① IG-541 소화약제의 저장량[m^3]

$X=2.303\times\left(\frac{V_s}{S}\right)\times\log\left(\frac{100}{100-C}\right)\times V$	**할로겐화합물 및 불활성기체 소화설비의 약제량 (불활성기체 소화약제)**
X : 불활성기체 소화약제의 저장량[m^3]	➜ $X=2.303\times\left(\frac{V_s}{S}\right)\times\log\left(\frac{100}{100-C}\right)\times V$
S : 소화약제별 선형상수[m^3/kg] $\left(K_1+K_2t=K_1+K_1\times\frac{t}{273}\right)$	➜ $0.65799+(0.00239\times20℃)$ **(조건④)**
C : 체적에 따른 소화약제의 설계농도[%]	➜ 소화농도×안전계수(A급 화재 1.2, B급 화재 1.3, C급 화재 1.35) $=31.25\%\times1.3$ **(반전기실 - C급 화재)**
V_s : 20℃에서 소화약제의 비체적[m^3/kg]	➜ $0.65799+(0.00239\times20℃)$ **(조건④)**
t : 방호구역의 최소예상온도[℃]	➜ 20℃
V : 방호구역의 체적[m^3]	➜ $7m\times9m\times6m$

➜ **IG-541 소화약제의 저장량[m^3]**

$$=2.303\times\left(\frac{V_s}{S}\right)\times\log\left(\frac{100}{100-C}\right)\times V$$

$$=2.303\times\frac{0.65799+(0.00239\times20℃)}{0.65799+(0.00239\times20℃)}\times\log\left(\frac{100}{100-31.25\%\times1.35}\right)\times(7m\times9m\times6m)$$

$$=207.168m^3 \fallingdotseq \mathbf{207.17m^3}$$

② IG-541의 최소약제용기의 개수[병]

$$\text{약제용기의 개수}=\frac{\text{소화약제의 부피}[m^3]}{\text{1병당 저장량}[m^3]}$$

㉠ 소화약제의 부피[m^3]$=207.17m^3$

㉡ 1병당 저장량[m^3]$=12.5m^3$/병 **(조건②)**

➜ **IG-541 최소약제용기의 개수[병]**$=\frac{207.17m^3}{12.5m^3/\text{병}}=16.573\text{병}\fallingdotseq$**17병**

(2) 할로겐화합물 및 불활성기체 소화약제의 구비조건 5가지

① 소화성능이 우수할 것
② 인체에 독성이 낮을 것
③ 오존파괴지수(ODP)가 낮을 것
④ 지구온난화지수(GWP)가 낮을 것
⑤ 저장안정성이 좋을 것

04 15m×20m×5m의 경유를 연료로 사용하는 발전기실에 2가지의 할로겐화합물 및 불활성기체 소화설비를 설치하고자 한다. 다음 조건과 화재안전기술기준을 참고하여 다음 물음에 답하시오.

배점 : 10 [13년] [16년] [21년] [23년]

[조건]

① 방사 시 발전기실의 최소예상온도는 상온 20℃이다.
② HCFC BLEND A 용기는 68l용 58kg, IG-541 용기는 80l용 12.4m^3를 적용한다.
③ 할로겐화합물 및 불활성기체 소화약제의 소화농도는 다음과 같으며, 최대허용설계농도는 무시한다.

소화약제	상품명	소화농도[%]	
		B급 화재	C급 화재
HCFC BLEND A	NAFS-Ⅲ	7.2	10
IG-541	Inergen	31.25	31.25

④ 각 할로겐화합물 및 불활성기체 소화약제에 대한 선형상수를 구하기 위한 요소는 다음과 같다.

소화약제	K_1	K_2
HCFC BLEND A	0.2413	0.00088
IG-541	0.65799	0.00239

(1) 발전기실에 필요한 HCFC BLEND A의 최소약제량 [kg]을 구하시오.
(2) 발전기실에 필요한 HCFC BLEND A의 최소약제용기의 개수 [병]을 구하시오.
(3) 발전기실에 필요한 IG-541의 최소약제량 [m^3]을 구하시오. (단, 발전기실 온도는 20℃이므로 소화약제의 비체적은 소화약제의 선형상수와 같다고 한다.)
(4) 발전기실에 필요한 IG-541의 최소약제용기의 개수 [병]을 구하시오.

• **실전모범답안**

(1) $W=\dfrac{V}{S}\times\left(\dfrac{C}{100-C}\right)$

$=\dfrac{15\times20\times5}{0.2413+(0.00088\times20)}\times\left(\dfrac{10\times1.35}{100-(10\times1.35)}\right)=904.225\text{kg}$

• **답 :** 904.23kg

(2) 병수$=\dfrac{904.23}{58}=15.59$병

• **답 :** 16병

(3) $X=2.303\times\left(\dfrac{V_s}{S}\right)\times\log\left(\dfrac{100}{100-C}\right)\times V$

$=2.303\times\dfrac{0.65799+(0.00239\times20)}{0.65799+(0.00239\times20)}\times\log\left(\dfrac{100}{100-31.25\times1.35}\right)\times1{,}500=822.09\text{m}^3$

• **답 :** 822.1m^3

(4) 병수$=\dfrac{822.1}{12.4}=66.298$병

• **답 :** 67병

상세해설

(1) HCFC BLEND A(할로겐화합물소화약제)의 최소약제량[kg]

$W=\frac{V}{S}\times\left(\frac{C}{100-C}\right)$	할로겐화합물 및 불활성기체 소화설비의 약제량 (할로겐화합물소화약제)
W : 소화약제의 질량[kg]	→ $W=\frac{V}{S}\times\left(\frac{C}{100-C}\right)$
V : 방호구역의 체적[m³]	→ $15\text{m}\times20\text{m}\times5\text{m}$ **(조건②)**
S : 소화약제별 선형상수[m³/kg] $\left(K_1+K_2t=K_1+K_1\times\frac{t}{273}\right)$	→ $0.2413+(0.00088\times20℃)$ **(조건②, 조건④)**
C : 체적에 따른 소화약제의 설계농도[%] **(=소화농도×안전계수)**	→ 소화농도×안전계수(A급 화재 1.2, B급 화재 1.3, C급 1.35) $=10\%\times1.35$ **(조건③, 발전기실 – C급 화재)**

→ **소화약제의 질량 :** $W=\frac{V}{S}\times\left(\frac{C}{100-C}\right)=\frac{15\text{m}\times20\text{m}\times5\text{m}}{0.2413+(0.00088\times20℃)}\times\left(\frac{10\%\times1.35}{100-(10\%\times1.35)}\right)$

$=904.225\text{kg}≒\mathbf{904.23kg}$

(2) HCFC BLEND A의 최소약제용기의 개수[병]

$$\text{약제용기의 개수}=\frac{\text{소화약제의 질량[kg]}}{\text{1병당 저장량[kg]}}$$

① 소화약제의 질량[kg] = 865.73kg

② 1병당 저장량[kg] = 58kg/병 **(조건②)**

→ **HCFC BLEND A 최소약제용기의 개수[병]** $=\frac{904.23\text{kg}}{58\text{kg/병}}=15.59\text{병}≒\mathbf{16병}$

(3) IG-541(불활성기체소화약제)의 최소약제량[m³]

$X=2.303\times\left(\frac{V_s}{S}\right)\times\log\left(\frac{100}{100-C}\right)\times V$	할로겐화합물 및 불활성기체 소화설비의 약제량 (불활성기체 소화약제)
X : 불활성기체 소화약제의 저장량[m³]	→ $X=2.303\times\left(\frac{V_s}{S}\right)\times\log\left(\frac{100}{100-C}\right)\times V$
S : 소화약제별 선형상수[m³/kg] $\left(K_1+K_2t=K_1+K_1\times\frac{t}{273}\right)$	→ $0.65799+(0.00239\times20℃)$ **(조건④)**
C : 체적에 따른 소화약제의 설계농도[%]	→ 소화농도×안전계수(A급 화재 1.2, B급 화재 1.3, C급 1.35) $=31.25\%\times1.35$ **(발전기실 – C급 화재)**
V_s : 20℃에서 소화약제의 비체적[m³/kg]	→ $0.65799+(0.00239\times20℃)$ **(조건④)**
V : 방호구역의 체적[m³]	→ $15\text{m}\times20\text{m}\times5\text{m}$

→ **IG-541 소화약제의 저장량**

$=2.303\times\left(\frac{V_s}{S}\right)\times\log\left(\frac{100}{100-C}\right)\times V$

$=2.303\times\frac{0.65799+(0.00239\times20℃)}{0.65799+(0.00239\times20℃)}\times\log\left(\frac{100}{100-31.25\%\times1.35}\right)\times(15\text{m}\times20\text{m}\times5\text{m})$

$=822.095\text{m}^3≒\mathbf{822.1m^3}$

(4) IG-541의 최소약제용기의 개수[병]

$$약제용기의\ 개수 = \frac{소화약제의\ 부피[m^3]}{1병당\ 저장량[m^3]}$$

① 소화약제의 질량$[m^3] = 822.1m^3$

② 1병당 저장량$[m^3] = 12.4m^3$/병 (조건②)

→ IG-541 최소약제용기의 개수[병] $= \frac{822.1m^3}{12.4m^3/병} = 66.298병 ≒ \mathbf{67병}$

🔥🔥🔥

05 가로 15m, 세로 14m, 높이 3.5m인 전산실에 할로겐화합물 및 불활성기체 소화약제 중 HFC-23과 IG-541을 사용할 경우 조건을 참고하여 다음 각 물음에 답하시오. 배점 : 12 [13년] [17년] [23년]

[조건]

① HFC-23의 소화농도는 A, C급 화재는 38%, B급 화재는 35%이다.
② HFC-23의 저장용기는 68l이며 충전밀도는 720.8kg/m^{3}이다.
③ IG-541의 소화농도는 33%이다.
④ IG-541의 저장용기는 80l용 15.8m^3/병을 적용하며, 충전압력은 19.996MPa이다.
⑤ 소화약제량 산정 시 다음의 선형상수를 이용하도록 하며 방사 시 기준온도는 30℃이다.

소화약제	K_1	K_2
HFC-23	0.3164	0.0012
IG-541	0.65799	0.00239

(1) HFC-23의 저장량 [kg]을 구하시오.
(2) HFC-23의 저장용기수 [병]를 구하시오.
(3) 배관구경 산정조건에 따라 HFC-23의 약제량 방사 시 유량 [kg/s]을 구하시오.
(4) IG-541의 저장량 [m^3]을 구하시오.
(5) IG-541의 저장용기수 [병]를 구하시오.
(6) 배관구경 산정조건에 따라 IG-541의 약제량 방사 시 유량 [m^3/s]을 구하시오.

• 실전모범답안

(1) $W = \frac{V}{S} \times \left(\frac{C}{100-C}\right) = \frac{15 \times 14 \times 3.5}{0.3164 + (0.0012 \times 30)} \times \left(\frac{38 \times 1.35}{100 - (38 \times 1.35)}\right) = 2{,}097.91\text{kg}$

• 답 : 2,097.91kg

(2) 병수$= \frac{2{,}097.91}{0.068 \times 720.8} = 42.802$병

• 답 : 43병

(3) $W_{95\%} = \frac{15 \times 14 \times 3.5}{0.3164 + (0.0012 \times 30)} \times \left(\frac{0.95 \times 38 \times 1.35}{100 - (0.95 \times 38 \times 1.35)}\right) = 1{,}982.765\text{kg}$

$Q = \frac{1{,}982.765\text{kg}}{10} = 198.276\text{kg/s}$

• 답 : 198.28kg/s

(4) $X = 2.303 \times \left(\frac{V_s}{S}\right) \times \log\left(\frac{100}{100-C}\right) \times V$

$= 2.303 \times \frac{0.65799 + (0.00239 \times 20)}{0.65799 + (0.00239 \times 30)} \times \log\left(\frac{100}{100 - 33 \times 1.35}\right) \times (15 \times 14 \times 3.5) = 419.3\text{m}^3$

• **답 :** 419.3m³

(5) 병수 $= \frac{419.3}{15.8} = 26.537$병

• **답 :** 27병

(6) $X_{95\%} = 2.303 \times \frac{0.65799 + (0.00239 \times 20)}{0.65799 + (0.00239 \times 30)} \times \log\left(\frac{100}{100 - 0.95 \times 33 \times 1.2}\right) \times (15 \times 14 \times 3.5)$

$= 391.295\text{m}^3$

$Q = \frac{391.295}{120} = 3.26\text{m}^3/\text{s}$

• **답 :** 3.3m³/s

상세해설

(1) HFC-23(할로겐화합물소화약제)의 저장량[kg]

$W = \frac{V}{S} \times \left(\frac{C}{100-C}\right)$	할로겐화합물 및 불활성기체 소화설비의 약제량 (할로겐화합물소화약제)
W : 소화약제의 질량[kg]	➜ $W = \frac{V}{S} \times \left(\frac{C}{100-C}\right)$
V : 방호구역의 체적[m³]	➜ $15\text{m} \times 14\text{m} \times 3.5\text{m}$
S : 소화약제별 선형상수[m³/kg] $\left(K_1 + K_2 t = K_1 + K_1 \times \frac{t}{273}\right)$	➜ $0.3164 + (0.0012 \times 30℃)$ **(조건⑤)**
C : 체적에 따른 소화약제의 설계농도[%] **(=소화농도×안전계수)**	➜ 소화농도×안전계수(A급 화재 1.2, B급 화재 1.3, C급 화재 1.35) $= 38\% \times 1.35$ **(조건①, 전산실 – C급 화재)**

➜ **소화약제의 질량 :** $W = \frac{V}{S} \times \left(\frac{C}{100-C}\right)$

$= \frac{15\text{m} \times 14\text{m} \times 3.5\text{m}}{0.3164 + (0.0012 \times 30℃)} \times \left(\frac{38\% \times 1.35}{100 - (38\% \times 1.35)}\right) = 2{,}097.91\text{kg}$

(2) HFC-23의 저장용기수[병]

약제용기의 개수 $= \frac{\text{소화약제의 질량[kg]}}{\text{1병당 저장량[kg]}}$

① 소화약제의 질량[kg] = 2,097.91kg

② 1병당 저장량[kg] $= 68l \times 720.8\text{kg/m}^3$ **(조건②)**

$= 0.068\text{m}^3 \times 720.8\text{kg/m}^3 = 49.014\text{kg}$

➜ HFC-23 최소약제용기의 개수[병] $= \frac{2{,}097.91\text{kg}}{49.014\text{kg/병}} = 42.802$병 ≒ **43병**

(3) HFC-23의 방사유량[kg/s]

$$\text{할로겐화합물소화약제의 방사유량[kg/s]} = \frac{\text{최소설계농도 95\%에 해당하는 소화약제량[kg]}}{10\text{s}}$$

◉ 가스계 소화설비별 특정소방대상물의 소화약제 방사시간

구 분	할로겐화합물 및 불활성기체 소화설비				할론 소화설비	분말 소화설비	이산화탄소소화설비	
	할로겐화합물	불활성기체					표면화재	심부화재
전역방출방식	10초 이내	A·C급 화재	2분 이내		10초 이내	30초 이내	1분 이내	7분 이내 (설계농도가 2분 이내 30% 도달)
		B급 화재	1분 이내					
	➜ 설계농도의 95% 이상 방사							
국소방출방식	–	–			10초 이내	30초 이내	30초 이내	30초 이내

① **최소설계농도 95%에 해당하는 소화약제량[kg]**

$$W_{95\%} = \frac{V}{S} \times \frac{0.95C}{100 - 0.95C}$$

$$= \frac{15\text{m} \times 14\text{m} \times 3.5\text{m}}{0.3164 + (0.0012 \times 30℃)} \times \left(\frac{0.95 \times 38\% \times 1.35}{100 - (0.95 \times 38\% \times 1.35)} \right)$$

$$= 1{,}982.765\text{kg}$$

➜ HFC-23의 방사유량[kg/s] $= \dfrac{1{,}982.765\text{kg}}{10\text{s}} = 198.276\text{kg/s} ≒ \mathbf{198.28kg/s}$

(4) IG-541(불활성기체소화약제)의 저장량[m³]

$X = 2.303 \times \left(\frac{V_s}{S}\right) \times \log\left(\frac{100}{100-C}\right) \times V$	**할로겐화합물 및 불활성기체 소화설비의 약제량 (불활성기체 소화약제)**
X : 불활성기체 소화약제의 저장량[m³]	➜ $X = 2.303 \times \left(\frac{V_s}{S}\right) \times \log\left(\frac{100}{100-C}\right) \times V$
S : 소화약제별 선형상수[m³/kg] $\left(K_1 + K_2 t = K_1 + K_1 \times \frac{t}{273}\right)$	➜ $0.65799 + (0.00239 \times 30℃)$ **(조건⑤)**
C : 체적에 따른 소화약제의 설계농도[%]	➜ 소화농도×안전계수(A급 화재 1.2, B급 화재 1.3, C급 화재 1.35) $= 33\% \times 1.35$ **(조건③, 전산실 – C급 화재)**
V_s : 20℃에서 소화약제의 비체적[m³/kg]	➜ $0.65799 + (0.00239 \times 20℃)$
V : 방호구역의 체적[m³]	➜ $15\text{m} \times 14\text{m} \times 3.5\text{m}$

➜ IG-541 소화약제의 저장량[m³]

$$= 2.303 \times \left(\frac{V_s}{S}\right) \times \log\left(\frac{100}{100-C}\right) \times V$$

$$= 2.303 \times \frac{0.65799 + (0.00239 \times 20℃)}{0.65799 + (0.00239 \times 30℃)} \times \log\left(\frac{100}{100 - 33\% \times 1.35}\right) \times (15\text{m} \times 14\text{m} \times 3.5\text{m})$$

$$= \mathbf{419.3m^3}$$

CHAPTER 03

(5) IG-541의 저장용기수[병]

$$\text{약제용기의 개수} = \frac{\text{소화약제의 부피}[m^3]}{\text{1병당 저장량}[m^3]}$$

① 소화약제의 체적$[m^3] = 419.3m^3$
② 1병당 저장량$[m^3] = 15.8m^3/\text{병}$ **(조건④)**

→ **IG-541 최소약제용기의 개수[병]** $= \dfrac{419.3m^3}{15.8m^3/\text{병}} = 26.537\text{병} \fallingdotseq \mathbf{27\text{병}}$

(6) IG-541의 방사유량$[m^3/s]$

$$\text{불활성기체 소화약제의 방사유량}[m^3/s] = \frac{\text{최소설계농도 95\%에 해당하는 소화약제량}[m^3]}{\text{방사시간}[s](\text{A, C급 화재 120s, B급 화재 60s})}$$

가스계 소화설비별 특정소방대상물의 소화약제 방사시간

<table>
<tr><th rowspan="2">구 분</th><th colspan="3">할로겐화합물 및 불활성기체 소화설비</th><th rowspan="2">할론 소화설비</th><th rowspan="2">분말 소화설비</th><th colspan="2">이산화탄소소화설비</th></tr>
<tr><th>할로겐화합물</th><th colspan="2">불활성기체</th><th>표면화재</th><th>심부화재</th></tr>
<tr><td rowspan="3">전역방출방식</td><td rowspan="2">10초 이내</td><td>A·C급 화재</td><td>2분 이내</td><td rowspan="3">10초 이내</td><td rowspan="3">30초 이내</td><td rowspan="3">1분 이내</td><td rowspan="3">7분 이내 (설계농도가 2분 이내 30% 도달)</td></tr>
<tr><td>B급 화재</td><td>1분 이내</td></tr>
<tr><td colspan="3">→ 설계농도의 95% 이상 방사</td></tr>
<tr><td>국소방출방식</td><td>–</td><td colspan="2">–</td><td>10초 이내</td><td>30초 이내</td><td>30초 이내</td><td>30초 이내</td></tr>
</table>

① **최소설계농도 95%에 해당하는 소화약제량$[m^3]$**

$$X_{95\%} = 2.303 \times \frac{V_s}{S} \times \log\left(\frac{100}{100 - 0.95C}\right) \times V$$

$$= 2.303 \times \frac{0.65799 + (0.00239 \times 20)}{0.65799 + (0.00239 \times 30)} \times \log\left(\frac{100}{100 - 0.95 \times 33 \times 1.35}\right) \times (15 \times 14 \times 3.5)$$

$$= 391.295m^3$$

② 전산실은 C급 화재이므로 방사시간은 2분(120초)를 적용하여 계산한다.

→ **IG-541의 방사유량$[m^3/s]$** $= \dfrac{391.295m^3}{120s} = 3.26m^3/s \fallingdotseq \mathbf{3.3m^3/s}$

Mind - Control

과거는 상관없어,
아프기는 하겠지,
하지만 둘 중 하나야
도망치든가, 극복하든가!

- 라이온킹 중 -

4 분말소화설비

1 분말소화약제의 저장량

(1) 분말소화설비의 정의

분말소화약제 저장탱크에 분말소화약제를 충전하고 가압용 가스용기에 충전된 가압용 가스압력으로 분말소화약제를 방출하여 소화하는 설비

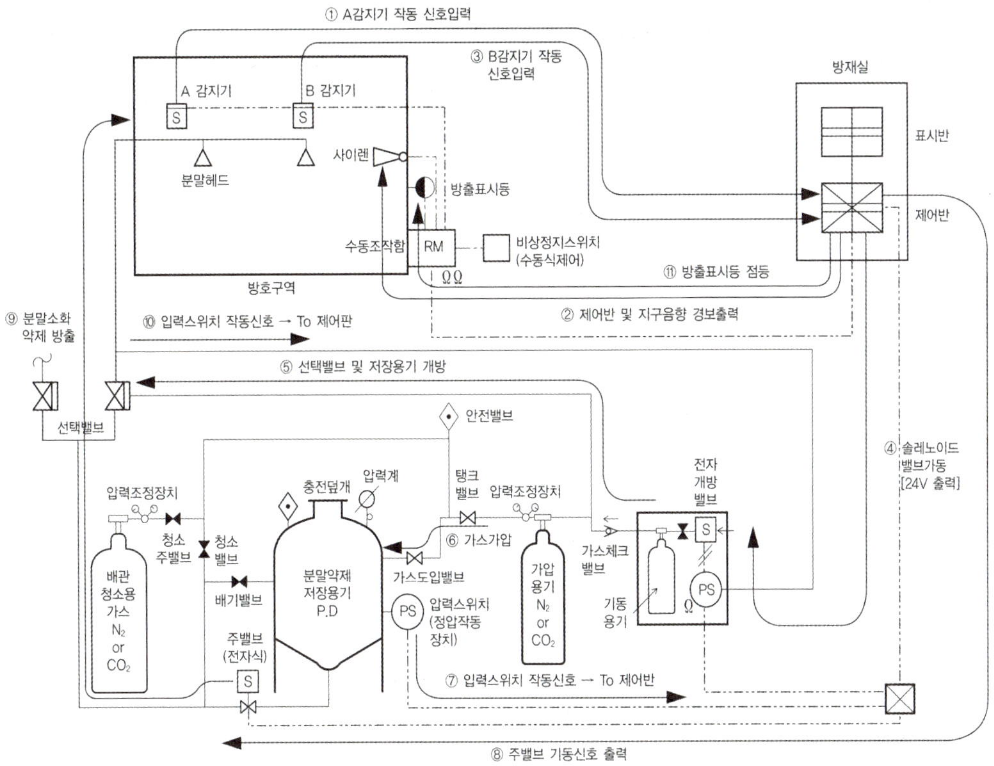

| 연동 개념도 |

(2) 분말소화약제의 종류 및 적응화재

소화약제의 종별	주성분	화학식	적응화재	색 상
제1종 분말	탄산수소나트륨	$NaHCO_3$	BC급 화재, 식용유화재	백색
제2종 분말	탄산수소칼륨	$KHCO_3$	BC급 화재	담자색
제3종 분말	인산암모늄	$NH_4H_2PO_4$	ABC급 화재, 차고·주차장	담홍색
제4종 분말	탄산수소칼륨+요소	$KHCO_3+(NH_2)_2CO$	BC급 화재	회색

(3) 분말소화설비 – 전역방출방식

$$Q = K_1 V + K_2 A$$

여기서, Q : 소화약제의 저장량[kg]

K_1 : 방호구역 $1m^3$당 소요약제량[kg/m^3]

V : 방호구역의 체적[m^3]

K_2 : 개구부가산량[kg/m^2]

A : 개구부의 면적[m^2]

분말소화설비의 전역방출방식

소화약제의 종별	방호구역 $1m^3$당 소요약제량 K_1 [kg/m^3]	개구부가산량 K_2 [kg/m^2]	저장용기의 내용적 [l/kg]
제1종 분말	$0.6kg/m^3$	$4.5kg/m^2$	$0.8l$/kg
제2종·제3종 분말	$0.36kg/m^3$	$2.7kg/m^2$	$1l$/kg
제4종 분말	$0.24kg/m^3$	$1.8kg/m^2$	$1.25l$/kg

(4) 분말소화설비 – 국소방출방식

$$Q = \left(X - Y \times \frac{a}{A}\right) \times 1.1$$

여기서, Q : 단위체적당 소화약제의 양[kg/m^3]

X, Y : 수치

a : 방호대상물의 주변에 설치된 벽면적의 합계[m^2]

A : 방호공간의 벽면적의 합계[m^2]

X, Y의 수치

소화약제의 종별	X	Y
제1종 분말	5.2	3.9
제2종·제3종 분말	3.2	2.4
제4종 분말	2.0	1.5

[참고] $X \times 0.75 = Y$

(5) 분말소화설비의 방사시간

전역방출방식 및 국소방출방식 모두 **30초 이내**

(6) 저장용기의 설치기준

① 저장용기의 내용적은 다음 표에 따를 것

소화약제의 종별	주성분	화학식	내용적
제1종 분말	탄산수소나트륨	$NaHCO_3$	$0.8l$/kg
제2종 분말	탄산수소칼륨	$KHCO_3$	$1l$/kg
제3종 분말	인산암모늄	$NH_4H_2PO_4$	$1l$/kg
제4종 분말	탄산수소칼륨+요소	$KHCO_3+(NH_2)_2CO$	$1.25l$/kg

② 저장용기에는 다음의 압력에서 작동하는 **안전밸브**를 설치할 것

구 분	안전밸브의 최대작동압력
가압식	최고사용압력의 1.8배 이하
축압식	내압시험압력의 0.8배 이하

③ 저장용기의 충전비는 **0.8 이상**으로 할 것

④ 저장용기에는 저장용기의 내부압력이 설정압력으로 되었을 때 주밸브를 개방하는 **정압작동장치**를 설치할 것

⑤ 저장용기 및 배관에는 잔류 소화약제를 처리할 수 있는 **청소장치**를 설치할 것

⑥ **축압식**의 분말소화설비는 사용압력의 범위를 표시한 **지시압력계**를 설치할 것

(7) 정압작동장치

분말소화약제 저장용기의 내부압력이 설정압력으로 되었을 때 주밸브를 개방시키는 장치

① 봉판식	② 기계식	③ 스프링식
약제탱크의 가압가스가 유입되어 적정압력에 이르면 **봉판을 파괴**하고 주밸브를 개방하는 방식	저장탱크에 가압가스가 유입되어 적정압력에 이르면 **밸브의 레버를 당겨서** 주밸브를 개방하는 방식	약제탱크에 가압가스가 유입되어 적정압력에 이르면 **스프링이 밸브를 밀어올려** 주밸브를 개방하는 방식
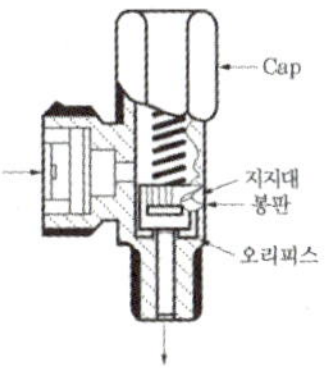	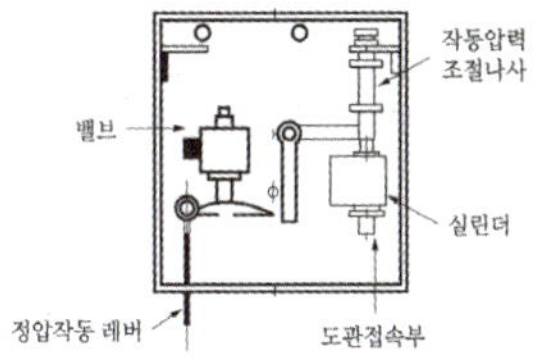	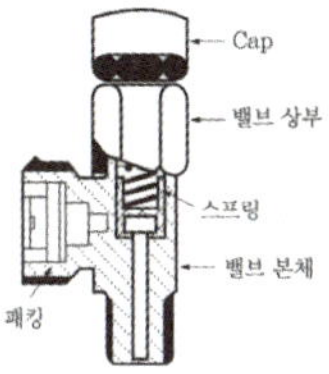

④ 압력스위치식(가스압력식)	⑤ 시한릴레이식(전기식)
약제탱크에 가압가스가 유입되어 적정압력에 이르면 스위치가 **솔레노이드밸브를 개방**하여 주밸브를 개방하는 방식	설비의 기동과 동시에 시한릴레이가 작동하여 **설정시간**이 지나면 **전자밸브를 작동**시켜 주밸브를 개방하는 방식
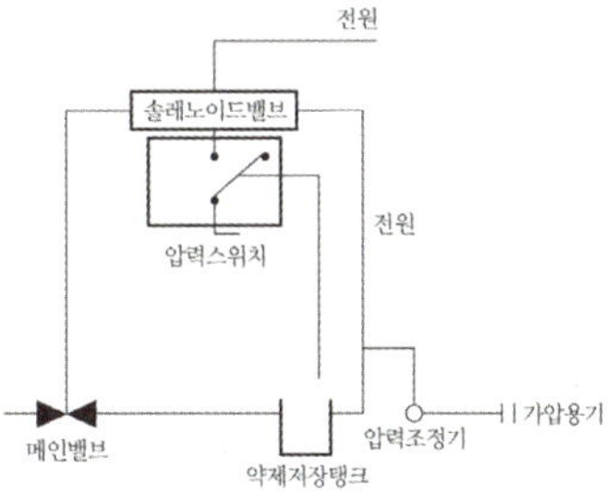	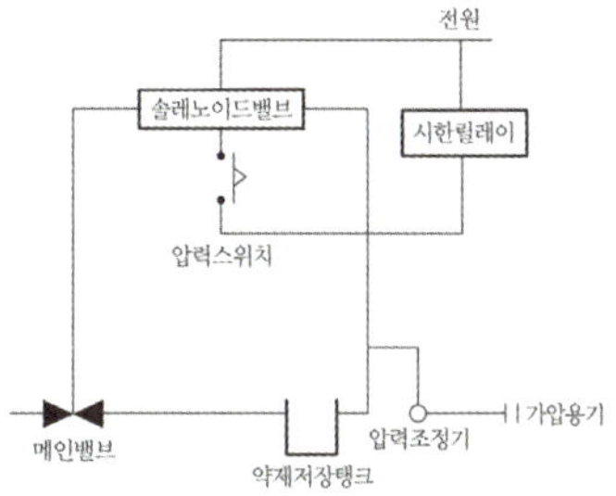

CHAPTER 03

빈번한 기출문제

01 다음은 분말소화설비에 관한 사항이다. 빈 칸에 알맞은 답을 쓰시오. 배점 : 8 [06년] [08년] [21년]

소화약제 주성분		기타사항		
제1종 분말		안전밸브 작동압력	가압식	
제2종 분말			축압식	
제3종 분말		제3종 분말소화약제의 저장용기 내용적		
제4종 분말		가압용 가스용기를 3병 이상 설치한 경우의 전자개방밸브수		

• 실전모범답안

소화약제 주성분		기타사항		
제1종 분말	탄산수소나트륨 ($NaHCO_3$)	안전밸브 작동압력	가압식	최고사용압력의 1.8배 이하
제2종 분말	탄산수소칼륨 ($KHCO_3$)		축압식	내압시험압력의 0.8배 이하
제3종 분말	인산암모늄 ($NH_4H_2PO_4$)	제3종 분말소화약제의 저장용기 내용적	1l/kg	
제4종 분말	탄산수소칼륨+요소 ($KHCO_3+(NH_2)_2CO$)	가압용 가스용기를 3병 이상 설치한 경우의 전자개방밸브수	2병 이상	

02 다음 소화약제의 명칭을 화학식으로 쓰시오. 배점 : 3 [07년]

(1) 분말소화약제로 자동차나 일반화재에 대응성이 있는 소화약제
(2) 할론소화약제로 이용되며, 상온에서 기체이고 염소계통의 유독가스를 발생하지 않는 소화약제
(3) 약제가 방출되면서 운무현상을 일으키고 임계온도가 31.35℃인 가스계 소화약제

• 실전모범답안

(1) 인산암모늄($NH_4H_2PO_4$)
(2) 할론 1301(CF_3Br)
(3) 이산화탄소(CO_2)

03 분말소화설비에서 분말약제 저장용기와 연결설치되는 정압작동장치에 대한 다음 물음에 답하시오.

배점 : 10 [03년] [07년] [10년] [17년] [18년] [20년] [23년]

(1) 설치목적은 무엇인지 쓰시오.

(2) 종류 3가지를 쓰고 간단히 설명하시오.

• **실전모범답안**

(1) **정압작동장치의 설치목적**

분말소화약제 저장용기의 내부압력이 설정압력으로 되었을 때 주밸브를 개방시키는 장치

(2) **정압작동장치의 종류 3가지**

① 봉판식	② 기계식	③ 스프링식
약제탱크의 가압가스가 유입되어 적정압력에 이르면 **봉판을 파괴**하고 주밸브를 개방하는 방식	저장탱크에 가압가스가 유입되어 적정압력에 이르면 **밸브의 레버를 당겨서** 주밸브를 개방하는 방식	약제탱크에 가압가스가 유입되어 적정압력에 이르면 **스프링이 밸브를 밀어올려** 주밸브를 개방하는 방식

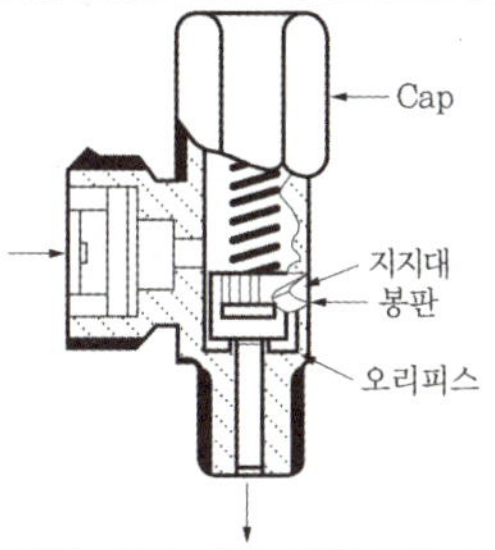

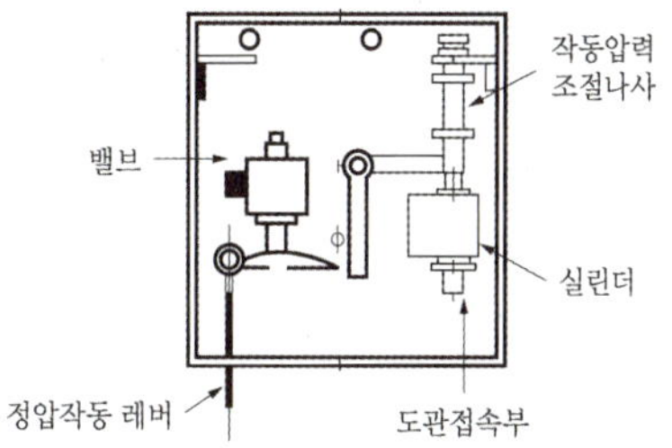

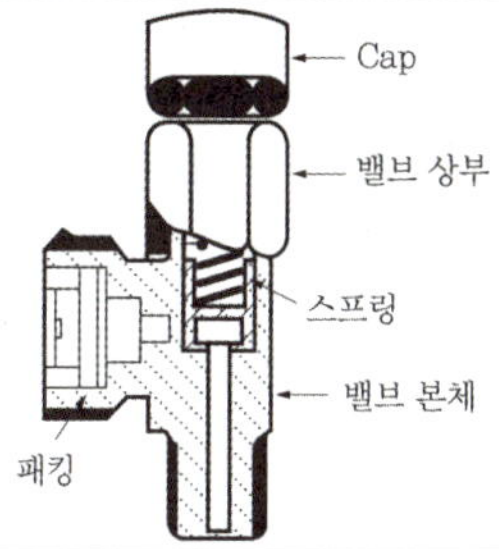

④ 압력스위치식(가스압력식)	⑤ 시한릴레이식(전기식)
약제탱크에 가압가스가 유입되어 적정압력에 이르면 스위치가 **솔레노이드밸브를 개방**하여 주밸브를 개방하는 방식	설비의 기동과 동시에 시한릴레이가 작동하여 **설정시간**이 지나면 **전자밸브를 작동**시켜 주밸브를 개방하는 방식

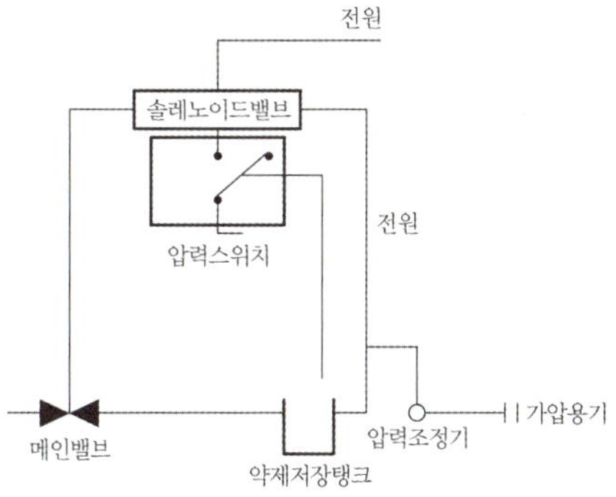

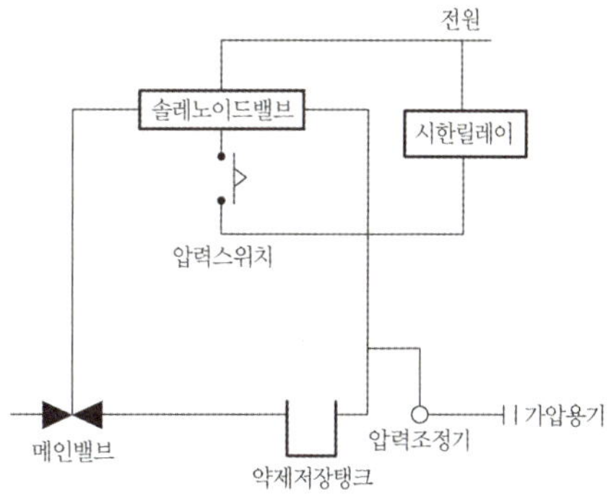

CHAPTER 03

04 분말소화설비의 구성부품인 청소(Cleaning) 장치에 대하여 간단히 설명하시오. 배점 : 6 [13년]

• 실전모범답안

(1) 배관 내의 잔류 소화약제가 수분을 흡수하면 굳어져 배관이 막히므로 약제분사 후 저장용기 및 배관 내의 **잔류 소화약제를 청소하는 장치**

(2) 배관의 청소에 필요한 양의 가스는 **별도의 용기**에 저장

05 위험물을 저장하는 옥내저장소에 전역방출방식의 분말소화설비를 설치하고자 한다. 방호대상이 되는 옥내저장소의 용적은 3,000m^{3}이며, 자동폐쇄장치가 설치되는 개구부의 면적은 20m^{2}이고 방호구역 내에 설치되어 있는 불연성 물체의 용적은 500m^{3}이다. 제2종 분말소화약제 소요량 [kg]을 구하시오. (단, ① 방호구역의 체적 1m^{3}에 대한 소화약제의 양은 0.36kg으로 계산, ② 개구부의 면적 1m^{2}에 대한 소화약제의 가스량은 2.7kg으로 계산) 배점 : 5 [08년] [12년]

• 실전모범답안

→ $Q = K_1 V + K_2 A = 0.36 \times (3{,}000 - 500) = 900\text{kg}$

• 답 : 900kg

상세해설

$Q = K_1 V + K_2 A$	분말소화설비의 전역방출방식
Q : 소화약제의 저장량[kg]	→ $Q = K_1 V + K_2 A$
K_1 : 방호구역 1m^{3}당 소요약제량[kg/m^3]	→ 0.36kg/m^3
V : 방호구역의 체적[m^3]	→ 3,000m^3 − 500m^3 (불연성 물체가 설치된 용적은 제외)
K_2 : 개구부가산량[kg/m^2]	→ 자동폐쇄장치가 설치된 개구부는 개구부가산량을 고려하지 않음
A : 개구부의 면적[m^2]	

→ 제2종 분말소화약제 소요량 : $Q = K_1 V + K_2 A = 0.36\text{kg/m}^3 \times (3{,}000 - 500)\text{m}^3 =$ **900kg**

분말소화설비의 전역방출방식

소화약제의 종별	방호구역 1m^{3}당 소요약제량 K_1 [kg/m^3]	개구부가산량 K_2 [kg/m^2]	저장용기의 내용적 [l/kg]
제1종 분말	0.6kg/m^3	4.5kg/m^2	0.8l/kg
제2종·제3종 분말	0.36kg/m^3	2.7kg/m^2	1l/kg
제4종 분말	0.24kg/m^3	1.8kg/m^2	1.25l/kg

06 **전역방출방식 분말소화설비 10m(W)×10m(L)×10m(H) 크기를 갖는 방호대상물에 제3종 분말소화약제를 적용 시 소화약제량을 구하시오. (단, 모든 출입구는 자동폐쇄장치가 설치되어 있다.)**

배점 : 3 [10년]

- 실전모범답안
  → $Q = K_1 V + K_2 A = 0.36 \times (10 \times 10 \times 10) = 360\text{kg}$
- 답 : 360kg

상세해설

$Q = K_1 V + K_2 A$	분말소화설비의 전역방출방식
Q : 소화약제의 저장량[kg]	→ $Q = K_1 V + K_2 A$
K_1 : 방호구역 1m^3당 소요약제량[kg/m^3]	→ 0.36kg/m^3 (제3종 분말소화약제)
V : 방호구역의 체적[m^3]	→ $10\text{m} \times 10\text{m} \times 10\text{m}$
K_2 : 개구부가산량[kg/m^2]	→ 자동폐쇄장치가 설치된 개구부는 개구부가산량을 고려하지 않음
A : 개구부의 면적[m^2]	

→ 제3종 분말소화약제 소요량 : $Q = K_1 V + K_2 A = 0.36\text{kg/m}^3 \times (10\text{m} \times 10\text{m} \times 10\text{m}) = 360\text{kg}$

분말소화설비의 전역방출방식

소화약제의 종별	방호구역 1m^3당 소요약제량 K_1 [kg/m^3]	개구부가산량 K_2 [kg/m^2]	저장용기의 내용적 [l/kg]
제1종 분말	0.6kg/m^3	4.5kg/m^2	$0.8l$/kg
제2종·제3종 분말	0.36kg/m^3	2.7kg/m^2	$1l$/kg
제4종 분말	0.24kg/m^3	1.8kg/m^2	$1.25l$/kg

07 **분말소화설비의 전역방출방식에 있어서 방호구역의 체적이 400m^3일 때 설치되는 최소분사헤드의 개수를 구하시오. (단, 분말은 제3종이며, 분사헤드 1개의 방사량은 10kg/min이다.)**

배점 : 5 [13년] [21년]

- 실전모범답안
  $Q = K_1 V + K_2 A = 0.36 \times 400 = 144\text{kg}$
  → 헤드의 개수 $= \dfrac{144}{10 \times 30 \times \dfrac{1}{60}} = 28.8 = 29$개
- 답 : 29개

상세해설

(1) 제3종 분말소화약제 소요량 Q

$Q=K_1V+K_2A$	분말소화설비의 전역방출방식
Q : 소화약제의 저장량[kg]	➜ $Q=K_1V+K_2A$
K_1 : 방호구역 $1m^3$당 소요약제량[kg/m^3]	➜ $0.36kg/m^3$ **(제3종 분말소화약제)**
V : 방호구역의 체적[m^3]	➜ $400m^3$
K_2 : 개구부가산량[kg/m^2]	➜ **개구부에 대한 언급이 없으므로 개구부가산량을 고려하지 않음**
A : 개구부의 면적[m^2]	

➜ 제3종 분말소화약제 소요량 : $Q=K_1V+K_2A=0.36kg/m^3\times 400m^3=$ **144kg**

(2) 분사헤드의 최소개수

$$\text{분사헤드의 개수}=\frac{\text{소화약제의 양[kg]}}{\text{헤드 1개의 방사량[kg/s]}\times\text{방사시간[s]}}$$

가스계 소화설비별 특정소방대상물의 소화약제 방사시간

구 분	할로겐화합물 및 불활성기체 소화설비			할론 소화설비	분말 소화설비	이산화탄소소화설비	
	할로겐화합물	불활성기체				표면화재	심부화재
전역방출방식	10초 이내	A·C급 화재	2분 이내	10초 이내	30초 이내	1분 이내	7분 이내 (설계농도가 2분 이내 30% 도달)
		B급 화재	1분 이내				
	➜ 설계농도의 95% 이상 방사						
국소방출방식	–	–		10초 이내	30초 이내	30초 이내	30초 이내

전역방출방식의 분말소화설비 소화약제 방사시간은 **"30초 이내"**이고, 헤드 1개의 방사량은 조건에 따라 10kg/min이다.

➜ **분사헤드의 개수**$=\dfrac{144kg}{10kg/min\times 30s\times\dfrac{1min}{60s}}=28.8≒$**29개**(소수점 이하 절상)

08 **전기실에 제1종 분말소화약제를 사용한 분말소화설비를 가압식의 전역방출방식으로 설치하려고 한다. 다음 조건을 참조하여 각 물음에 답하시오.** 배점 : 6 [11년] [16년] [23년]

[조건]

① 소방대상물의 크기는 가로 11m, 세로 9m, 높이 4.5m인 내화구조로 되어 있다.
② 소방대상물의 중앙에 가로 1m, 세로 1m의 기둥이 있고, 기둥을 중심으로 가로, 세로 보가 교차되어 있으며, 보는 천장으로부터 0.6m, 너비 0.4m의 크기이고, 보와 기둥은 내열성 재료이다.
③ 전기실에는 0.7m×1.0m, 1.2m×0.8m인 개구부가 각각 1개씩 설치되어 있으며, 1.2m×0.8m인 개구부에는 자동폐쇄장치가 설치되어 있다.
④ 방호공간에 내화구조 또는 내열성 밀폐재료가 설치된 경우에는 방호공간에서 제외할 수 있다.
⑤ 방사헤드의 방출률은 $7.8 kg/mm^2 \cdot min \cdot$개이다.
⑥ 약제저장용기 1개의 내용적은 $50l$이다.
⑦ 방사헤드 1개의 오리피스(방출구)면적은 $0.45cm^2$이다.
⑧ 소화약제 산정기준 및 기타 필요한 사항은 국가화재안전기준에 준한다.

(1) 최소 소화약제량 [kg]을 구하시오.
(2) 소화약제 저장용기의 개수 [병]를 구하시오.
(3) 방사헤드의 최소설치개수 [개]를 구하시오. (단, 소화약제의 양은 (2)에서 구한 저장용기수의 소화약제량으로 한다.)
(4) 전체 방사헤드의 오리피스 면적 [mm^2]을 구하시오.
(5) 방사헤드 1개의 방사량 [kg/min]을 구하시오.
(6) 문항 (2)에서 산출한 저장용기수의 소화약제가 방출되어 모두 열분해 시 발생한 CO_2의 양 [kg]과 CO_2의 부피 [m^3]을 구하시오. (단, 방호구역 내의 압력은 100kPa, 주위의 온도는 500℃이고, 제1종 분말소화약제 주성분에 대한 각 원소의 원자량은 다음과 같으며, 이상기체상태방정식을 따른다고 한다.)

원소기호	Na	H	C	O
원자량	23	1	12	16

• **실전모범답안**

(1) $Q=K_1V+K_2A=0.6\times436.68+4.5\times0.7\times1=265.158$kg

→ $V=(11\times9\times4.5)-(1\times1\times4.5)-(0.6\times0.4\times5\times2)-(0.6\times0.4\times4\times2)=436.68m^3$

• **답 :** 265.16kg

(2) 병수$=\dfrac{265.16}{62.5}=4.242$병

→ $G=\dfrac{V}{C}=\dfrac{50}{0.8}=62.5$kg

• **답 :** 5병

(3) 헤드의 개수$=\dfrac{62.5\times5}{7.8\times0.5\times45}=1.78$개

• **답 :** 2개

(4) $A=2\times45=90mm^2$

• **답 :** $90mm^2$

CHAPTER 03

(5) $Q = \frac{62.5 \times 5}{0.5 \times 2} = 312.5\text{kg/min}$

• **답 :** 312.5kg/min

(6) ① CO_2의 질량$= \frac{312.5 \times 44}{2 \times \{23+1+12+(16 \times 3)\}} = 81.845\text{kg}$

② CO_2의 부피$= \frac{WRT}{PM} = \frac{81.85 \times 8.314 \times (500+273)}{100 \times 44} = 119.551\text{m}^3$

• **답 :** ① 81.85kg ② 119.55m³

상세해설

(1) 최소소화약제량[kg]

$Q = K_1 V + K_2 A$	분말소화설비의 전역방출방식
Q : 소화약제의 저장량[kg]	➜ $Q = K_1 V + K_2 A$
K_1 : 방호구역 1m³당 소요약제량[kg/m³]	➜ 0.6kg/m^3 **(제1종 분말소화약제)**
V : 방호구역의 체적[m³]	➜ $V_{전체} - V_{내열성물체}$ **[풀이①]**
K_2 : 개구부가산량[kg/m²]	➜ 4.5kg/m^2 **(제1종 분말소화약제)**
A : 개구부의 면적[m²]	➜ $0.7\text{m} \times 1\text{m}$ **(조건③, 자동폐쇄장치가 설치된 개구부는 고려하지 않음)**

① 방호구역의 체적(V)

방호구역의 체적=방호구역의 전체 체적(①)−내열성 물체의 체적(②)

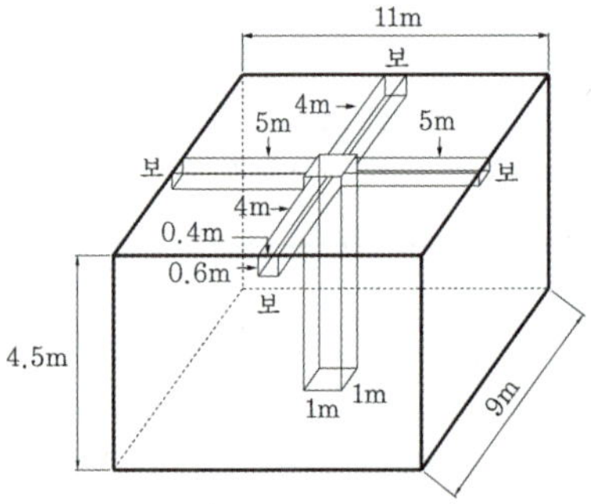

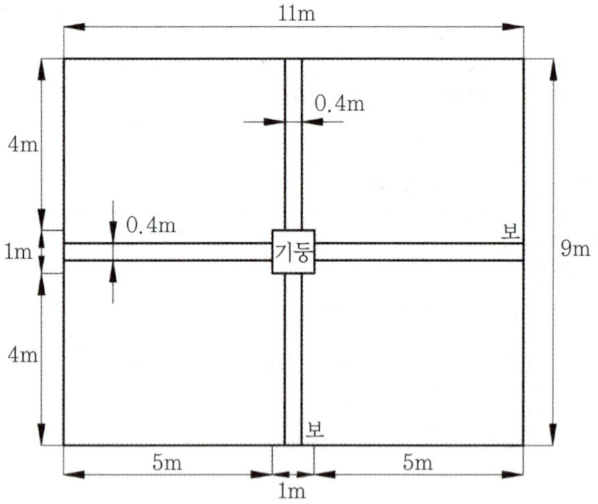

㉠ 방호구역의 전체 체적 : $V_{①} = 11\text{m} \times 9\text{m} \times 4.5\text{m} = 445.5\text{m}^3$ **[조건①]**

㉡ 내열성 물체의 체적 **[조건②]**

- 기둥 1개$= 1\text{m} \times 1\text{m} \times 4.5\text{m} = 4.5\text{m}^3$
- 보 4개$= \{(0.6\text{m} \times 0.4\text{m} \times 5\text{m}) \times 2\text{개소}\} + \{(0.6\text{m} \times 0.4\text{m} \times 4\text{m}) \times 2\text{개소}\} = 4.32\text{m}^3$

➜ **방호구역의 체적** $V = 445.5\text{m}^3 - 4.5\text{m}^3 - 4.32\text{m}^3 = 436.68\text{m}^3$

② 소화약제의 저장량(Q)

→ 소화약제 소요량 $Q = K_1 V + K_2 A$

$= (0.6\text{kg/m}^3 \times 436.68\text{m}^3) + (4.5\text{kg/m}^2 \times (0.7\text{m} \times 1\text{m})) = 265.158\text{kg}$

$\fallingdotseq 265.16\text{kg}$

분말소화설비의 전역방출방식

소화약제의 종별	방호구역 1m³당 소요약제량 K_1 [kg/m³]	개구부가산량 K_2 [kg/m²]	저장용기의 내용적 [l/kg]
제1종 분말	0.6kg/m³	4.5kg/m²	0.8l/kg
제2종·제3종 분말	0.36kg/m³	2.7kg/m²	1l/kg
제4종 분말	0.24kg/m³	1.8kg/m²	1.25l/kg

(2) 소화약제 저장용기의 개수[병]

$$\text{저장용기의 개수} = \frac{\text{소화약제의 저장량[kg]}}{\text{저장용기 1병의 저장량[kg/병]}}$$

① 소화약제의 저장량 : $Q = 265.16\text{kg}$ **(문제(1))**

② 저장용기 1병의 저장량(G)

$C = \frac{V}{G}$	충전비
C : 충전비[l/kg]	→ 0.8l/kg **(제1종 분말소화설비)**
V : 내용적[l]	→ 50l **(조건⑥)**
G : 저장용기 1병의 저장량[kg]	→ $G = V/C$

∴ 저장용기 1병의 저장량 : $G = \frac{V}{C} = \frac{50l}{0.8l/\text{kg}} = 62.5\text{kg}$

→ **저장용기의 개수**$= \frac{265.16\text{kg}}{62.5\text{kg/병}} = 4.242\text{병} \fallingdotseq$ **5병**(소수점 이하 절상)

(3) 방사헤드의 최소설치개수[개]

$$\text{헤드의 개수} = \frac{\text{저장량(충전량)[kg]} \times \text{병수}}{\text{방사율[kg/mm}^2 \cdot \text{s} \cdot \text{개]} \times \text{방출시간[s]} \times \text{분구면적[mm}^2]}$$

① 저장량(충전량) : $G = 62.5\text{kg}$ **(문제(2))**

② 병수 = 5병 (단서조건에 따라 문제(2)에서 산출된 저장용기의 개수를 적용한다.)

③ 방사율 = $7.8\text{kg/mm}^2 \cdot \text{min} \cdot \text{개}$ **(조건⑤)**

④ 방출시간 = 30s = 0.5min (전역방출방식의 분말소화설비)

⑤ 분구면적 = $0.45\text{cm}^2 = 45\text{mm}^2$ **(조건⑦)**

→ **방사헤드의 최소설치개수**$= \frac{62.5\text{kg} \times 5\text{병}}{7.8\text{kg/mm}^2 \cdot \text{min} \cdot \text{개} \times 0.5\text{min} \times 45\text{mm}^2} = 1.78 \fallingdotseq$ **2개** (소수점 이하 절상)

(4) 전체 방사헤드의 오리피스 면적[mm²]

전체 방사헤드의 오리피스 면적[mm²] = 방사헤드의 개수 × 방사헤드 1개의 오리피스 면적[mm²]

문제(3)에 따라 방사헤드의 최소설치개수는 **2개**이므로, 전체 방사헤드의 오리피스 면적[mm²]은,

→ **전체 방사헤드의 오리피스 면적[mm²]** $= 2\text{개} \times 45\text{mm}^2 =$ **90mm²**

(5) 방사헤드 1개의 방사량[kg/min]

$$방사헤드\ 1개의\ 방사량[kg/min] = \frac{저장량(충전량)[kg] \times 병수}{방출시간[min] \times 분사헤드의\ 개수[개]}$$

① 저장량(충전량) : G=62.5kg **(문제(2))**
② 병수=5병 **(문제(2))**
③ 방출시간=30s=0.5min (전역방출방식의 분말소화설비)
④ 분사헤드의 개수=2개 **(문제(3))**

➜ **방사헤드 1개의 방사량[kg/min]**$=\dfrac{62.5kg \times 5병}{0.5min \times 2개}=$**312.5kg/min**

Tip 방사헤드 1개의 방사량[kg/min]이므로 반드시 문제 (3)에서 산출된 분사헤드의 개수로 나누어주어야 함에 주의한다.

(6) 열분해 시 발생한 CO_2의 양[kg], CO_2의 부피[m³]

① 열분해 시 발생한 CO_2의 양[kg]

제1종 분말소화약제(탄산수소나트륨)의 열분해 반응식 : $2NaHCO_3 \rightarrow Na_2CO_3 + H_2O + CO_2$ 이므로, 각 물질의 분자량과 반응식의 관계를 이용하여 해당 소화약제가 반응하였을 경우 발생한 CO_2의 양[kg]을 계산한다.

㉠ $2NaHCO_3 = 2 \times \{23+1+12+(16\times3)\} = 168kg$

㉡ $CO_2 = 12 + (16\times2) = 44kg$

	[제1종 분말소화약제]				[생성물질]		
	$2NaHCO_3$	➜	Na_2CO_3	+	H_2O	+	CO_2
반응식	168kg						44kg
문제조건	62.5kg/병×5병 =312.5kg						x

168kg : 44kg = 312.5kg : x

➜ **열분해 시 발생한 CO_2의 양 :** $x = \dfrac{312.5kg \times 44kg}{168kg} = 81.845kg ≒$ **81.85kg**

② 열분해 시 발생한 CO_2의 부피[m³]

$PV=\dfrac{W}{M}RT$	이상기체상태방정식
P : 절대압=대기압+계기압[Pa=N/m²]	➜ 100kPa **(단서조건)**
V : 부피[m³]	➜ $V=WRT/PM$
W : 실제질량[kg]	➜ 81.85kg **[문제(6)의 ①]**
M : 분자량[kg]	➜ 44kg
R : 기체상수 [8,313.85N·m/kmol·K =8,313.85J/kmol·K]	➜ 8,313.85N·m/kmol·K=8.314kN·m/kmol·K
T : 절대온도[K=273+℃]	➜ (273+500)K

➜ **열분해 시 발생한 CO_2의 부피 :** $V=\dfrac{WRT}{PM}=\dfrac{81.85kg \times 8.314kN\cdot m/kmol\cdot K \times (500+273)K}{100kPa \times 44kg}$

$=119.551m^3 ≒$ **119.55m³**

2 가압용 가스용기

(1) 가압용 가스용기의 설치기준

① 분말소화약제의 가스용기는 분말소화약제의 저장용기에 접속하여 설치할 것
② 분말소화약제의 가압용 가스용기를 **3병 이상** 설치한 경우에는 **2개 이상**의 용기에 **전자개방밸브**를 부착할 것
③ 분말소화약제의 가압용 가스용기에는 **2.5MPa 이하**의 압력에서 조정이 가능한 **압력조정기**를 설치할 것
④ 가압용 가스 또는 축압용 가스는 질소가스(N_2) 또는 이산화탄소(CO_2)로 하며, 다음의 설치기준에 따를 것

가압용 가스 또는 축압용 가스의 설치기준

구 분	질소(N_2) [35℃, 1기압]	이산화탄소(CO_2)
가압용 가스	$40l$/kg 이상	20g/kg+배관의 청소에 필요한 양 이상
축압용 가스	$10l$/kg 이상	

※ 배관의 청소에 필요한 양의 가스는 별도의 용기에 저장할 것.

암기법 가축 421

참고 이산화탄소소화설비, 할론소화설비의 자동식 기동장치

※ 이산화탄소소화설비, 할론소화설비의 자동식 기동장치 중 전기식 기동장치
전기식 기동장치로서 **7병 이상**의 저장용기를 동시에 개방하는 설비는 **2병 이상**의 저장용기를 **전자개방밸브**를 부착할 것

(2) 청소장치(=클리닝장치)

① 배관 내의 잔류 소화약제가 수분을 흡수하면 굳어져 배관이 막히므로 약제분사 후 저장용기 및 배관 내의 **잔류 소화약제를 청소하는 장치**
② 배관의 청소에 필요한 양의 가스는 **별도의 용기**에 저장

Mind-Control

정확한 목표 없이 성공의 여행을 떠나는 자는 실패한다.
목표 없이 일을 진행하는 사람은 기회가 와도
그 기회를 모르고 준비가 안 되어 있어 실행할 수 없다.

\- 노만 V. 필 -

빈번한 기출문제

01 건축물 내부에 설치된 주차장에 전역방출방식의 분말소화설비를 설치하고자 한다. 조건을 참조하여 다음 각 물음에 답하시오.

배점 : 6 [15년] [18년] [20년]

[조건]

① 방호구역의 바닥면적은 $600m^2$이고 높이는 4m이다.
② 방호구역에는 자동폐쇄장치가 설치되지 아니한 개구부가 있으며 그 면적은 $10m^2$이다.
③ 소화약제는 제1인산암모늄이 주성분인 분말소화약제를 사용한다.
④ 축압용 가스는 질소가스를 사용한다.

(1) 최소소화약제량 [kg]을 구하시오.
(2) 필요한 축압용 가스의 최소량 $[m^3]$을 구하시오.

• **실전모범답안**

(1) $Q=K_1V+K_2A=0.36\times600\times4+2.7\times10=891$kg

• **답 :** 891kg

(2) $V=891\times10=8{,}910l=8.91m^3$

• **답 :** $8.91m^3$

상세해설

(1) 최소 소화약제량[kg]

$Q=K_1V+K_2A$	분말소화설비의 전역방출방식
Q : 소화약제의 저장량[kg]	→ $Q=K_1V+K_2A$
K_1 : 방호구역 $1m^3$당 소요약제량$[kg/m^3]$	→ $0.36kg/m^3$ (제3종 분말소화약제)
V : 방호구역의 체적$[m^3]$	→ $600m^2\times4m$ (조건①)
K_2 : 개구부가산량$[kg/m^2]$	→ $2.7kg/m^2$ (제3종 분말소화약제)
A : 개구부의 면적$[m^2]$	→ $10m^2$ (조건②, 자동폐쇄장치가 설치되지 않은 개구부만 적용)

→ **최소소화약제량 :** $Q=K_1V+K_2A=(0.36kg/m^3\times600m^2\times4m)+(2.7kg/m^2\times10m^2)=$ **891kg**

분말소화설비의 전역방출방식

소화약제의 종별	방호구역 $1m^3$당 소요약제량 K_1 $[kg/m^3]$	개구부가산량 K_2 $[kg/m^2]$	저장용기의 내용적 $[l/kg]$
제1종 분말	$0.6kg/m^3$	$4.5kg/m^2$	$0.8l/kg$
제2종·제3종 분말	$0.36kg/m^3$	$2.7kg/m^2$	$1l/kg$
제4종 분말	$0.24kg/m^3$	$1.8kg/m^2$	$1.25l/kg$

(2) 필요한 축압용 가스의 최소량[m^3]

축압용 질소가스의 양[l]=소화약제의 저장량[kg]×10l/kg

가압용 가스 또는 축압용 가스의 설치기준

구 분	질소(N_2) [35℃, 1기압]	이산화탄소(CO_2)
가압용 가스	40l/kg 이상	20g/kg+배관의 청소에 필요한 양 이상
축압용 가스	10l/kg 이상	

※ 배관의 청소에 필요한 양의 가스는 별도의 용기에 저장할 것

암기법 가축 421

→ 필요한 축압용 가스의 최소량[m^3]=891kg×10l/kg=8,910l=**8.91m^3**

CHAPTER 03

02 전기실에 제1종 분말소화약제를 사용한 분말소화설비를 전역방출방식의 가압식으로 설치하려고 한다. 다음 조건을 참조하여 각 물음에 답하시오. 배점 : 12 [13년] [14년] [16년] [22년]

[조건]
① 특정소방대상물의 크기는 가로 20m, 세로 10m, 높이 3m이다.
② 전기실에는 개구부가 설치되어 있지 않다.
③ 배관은 토너먼트방식이며 상부 중앙에서 분기한다.
④ 방사헤드 1개의 방출률은 1.5kg/초이고, 방사시간은 30초이다.
⑤ 분사헤드는 정방형으로 배치하고 헤드와 벽과의 간격은 헤드 간격의 1/2 이하로 한다.

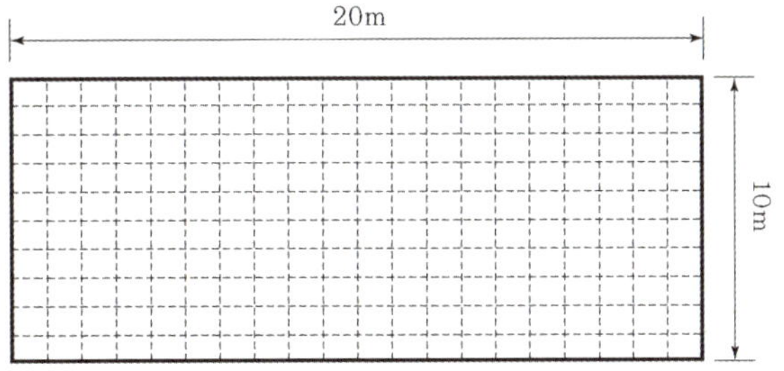

(1) 소화약제량 [kg]을 구하시오.
(2) 가압용 가스에 질소가스를 사용하는 경우 가압용 가스(N_2)의 양(35℃, 1기압) [l]을 구하시오.
(3) 분사헤드의 최소개수 [개]를 구하시오.
(4) 도면에 배관도를 간략하게 그려서 표현하고 헤드와 헤드간의 간격과 헤드와 벽과의 간격을 표시하시오.

• **실전모범답안**

(1) $Q=K_1V+K_2A=0.6\times20\times10\times3=360$kg

• **답 :** 360kg

(2) $V=360\times40=14,400$

• **답 :** 14,400l

(3) 헤드의 개수$=\dfrac{360}{1.5\times30}=8$개

• **답 :** 8개

(4) 도면작도

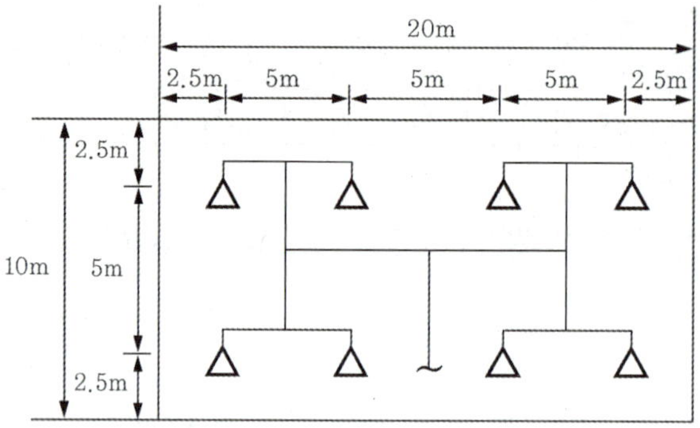

※ △ : 분말·탄산가스·할로겐헤드

상세해설

(1) 소화약제량[kg]

$Q=K_1V+K_2A$	분말소화설비의 전역방출방식
Q : 소화약제의 저장량[kg]	→ $Q=K_1V+K_2A$
K_1 : 방호구역 $1m^3$당 소요약제량[kg/m^3]	→ $0.6kg/m^3$ **(제1종 분말소화약제)**
V : 방호구역의 체적[m^3]	→ $20m\times10m\times3m$ **(조건①)**
K_2 : 개구부가산량[kg/m^2]	→ **개구부가 설치되어 있지 않으므로 개구부가산량은 고려하지 않음(조건②)**
A : 개구부의 면적[m^2]	

→ **최소소화약제량 :** $Q=K_1V+K_2A=0.6kg/m^3\times(20m\times10m\times3m)=\mathbf{360kg}$

(2) 가압용 가스(질소)의 양[l]

가압용 질소가스의 양[l]=소화약제의 저장량[kg]×40l/kg

가압용 가스 또는 축압용 가스의 설치기준]

구분	질소(N_2) [35℃, 1기압]	이산화탄소(CO_2)
가압용 가스	40l/kg 이상	20g/kg+배관의 청소에 필요한 양 이상
축압용 가스	10l/kg 이상	

※ 배관의 청소에 필요한 양의 가스는 별도의 용기에 저장할 것

암기법 가축 421

→ **필요한 축압용 가스의 최소량**[l]$=360kg\times40l/kg=\mathbf{14,400}l$

(3) 분사헤드의 최소개수

$$분사헤드의\ 개수 = \frac{소화약제의\ 저장량[kg]}{방사헤드\ 1개의\ 방출률[kg/s] \times 방사시간[s]}$$

가스계 소화설비별 특정소방대상물의 소화약제 방사시간

구 분	할로겐화합물 및 불활성기체 소화설비			할론 소화설비	분말 소화설비	이산화탄소소화설비	
	할로겐화합물	불활성기체				표면화재	심부화재
전역방출방식	10초 이내	A·C급 화재	2분 이내	10초 이내	30초 이내	1분 이내	7분 이내 (설계농도가 2분 이내 30% 도달)
		B급 화재	1분 이내				
	→ 설계농도의 95% 이상 방사						
국소방출방식	–	–		10초 이내	30초 이내	30초 이내	30초 이내

→ $분사헤드의\ 개수 = \frac{360kg}{1.5kg/s \times 30s} = 8개$

(4) 도면작도

[도면작도 시 주의사항]
- 분말소화설비이므로 배관은 **토너먼트방식**으로 배치하여야 한다.
- 조건③ : 배관은 **상부 중앙**에서 분기한다.
- 조건⑤ : **정방형** 배치이므로 정사각형으로 헤드를 배치하며, 헤드와 벽과의 간격은 **헤드간격의 1/2 이하**로 한다.
- 문제 (3)에서 산출된 **8개의 헤드**를 조건에 적합하도록 배치한다.

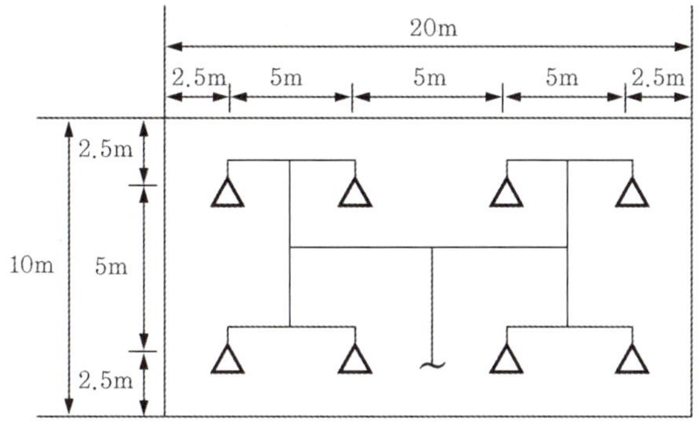

※ △ : 분말·탄산가스·할로겐헤드

03 화재 시 분말소화설비를 작동시켰더니 넉다운효과(knock-down effect)가 일어나지 않았다. 넉다운효과를 간단하게 설명하고 넉다운효과가 일어나지 않은 이유 5가지를 쓰시오. 배점 : 5 [12년]

• 실전모범답안

(1) 넉다운효과(Knock-down Effect)

분말소화약제의 소화특성 중 하나로서 소화약제를 방사하여 10~20초 이내에 가연물을 덮어 부촉매소화 및 질식소화를 하는 것

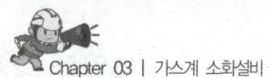

(2) 넉다운효과가 일어나지 않은 이유

① 분말소화약제의 적응성이 맞지 않을 경우 —**(분말소화약제 종류의 오류)**

② 분말소화약제의 소화약제량이 부족할 경우
③ 배관 내부에 소화약제가 완전히 배출되지 않을 경우 —**(분말소화약제량의 부족)**

④ 화재감지기의 작동이 늦어져 시스템의 작동이 늦어진 경우
⑤ 정압작동장치의 고장 및 작동지연으로 주밸브가 열리지 않거나 늦게 열린 경우 —**(분말소화설비의 작동지연)**

참고 **분말소화설비의 소화약제 방사시간**

분말소화설비의 소화약제 방사시간은 화재안전기준에 따라 30초 이내이므로 30초 이내에 소화되지 않으면 더 이상 방출될 분말소화약제가 없으므로 소화가 불가능하게 된다.

04 제1종 분말소화약제의 비누화 현상의 발생원리 및 열분해 반응식에 대해서 설명하시오.

배점 : 4 [13년] [21년]

• 실전모범답안

(1) 비누화현상
식용유화재 시에 제1종 분말소화약제(탄산수소나트륨)을 사용할 경우 흰색고체의 금속비누(Na_2O)를 형성하게 되는데 이 비누가 거품에 의해 질식소화 및 부촉매소화 효과를 갖는 현상

(2) 열분해 반응식
$2NaHCO_3 \rightarrow Na_2CO_3+CO_2+H_2O$ (270℃)
$2NaHCO_3 \rightarrow Na_2O+2CO_2+H_2O$ (850℃)

Mind - Control

꿈, 목표는 누구나 가질 수 있다.
그러나 그것을 실현하기 위해 걸어야 할 어려운 과정을 밟을 용기를 지닌 사람은 드물다.

- 작자 미상 -

가스계 소화약제의 계산에서 주의하여야 할 사항

(1) 이산화탄소소화설비

① 전역방출방식

㉠ 표면화재(약제방사시간 : 1분) : 방호구역의 체적에 따른 소화약제량 암기必, 개구부가산량 $5kg/m^2$

㉡ 심부화재(약제방사시간 : 7분) : 2분 이내 설계농도 30% 도달 확인, 소방대상물에 따른 소화약제량 암기必, 개구부가산량 $10kg/m^2$

② 국소방출방식(약제방사시간 : 30초)

㉠ 면적식(윗면 개방 용기, 연소면 한정&가연물 비산 우려)과 체적식을 구분하여 약제량 산정(방호공간 산정 시 주의必)

㉡ 할증 : 고압식 1.4, 저압식 1.1

(2) 할론소화설비

① 소방대상물의 종류에 따른 할론 1301의 소요약제량에 주의하여 계산!
(차고, 주차장 등 $0.32 \sim 0.64kg/m^3$, 사류, 면화류 등 $0.52 \sim 0.64kg/m^3$)

② 약제방사시간 : 전역방출방식 10초, 국소방출방식 10초

③ 별도독립배관방식 여부 확인 [23년]

$$\frac{\text{저장용기 1병당 저장량[kg/병]} \times \text{병수[병]}}{\text{소화약제의 밀도 } \rho\text{[kg/m}^3\text{]}} \times 1.5 \leq \text{배관의 내용적[m}^3\text{](집합관 포함)}$$

(3) 할로겐화합물 및 불활성기체 소화설비

① 할로겐화합물 계열(약제방사시간 : 10초) : $W = \frac{V}{S} \times \left(\frac{C}{100-C}\right)$

② 불활성기체 계열(약제방사시간 : A, C급 화재 2분, B급 화재 1분)

$$X = 2.303 \times \left(\frac{V_s}{S}\right) \times \log\left(\frac{100}{100-C}\right)$$

③ 설계농도 = 소화농도 × 안전계수(A급 화재 1.2, B급 화재 1.3, C급 화재 1.35)

(4) 분말소화설비

① 약제방사시간 : 전역방출방식 30초, 국소방출방식 30초

② 가압용 가스 산정 시 질소, 이산화탄소 구분하여 계산!

(5) 가스계 소화설비 공통사항

① 순도 X[%]를 고려한 가스계 소화약제

- 소화약제의 양 : $w = \frac{W[kg]}{X[\%]}$
- 소화약제의 부피 : $v = V[m^3] \times X[\%]$

② 방호구역의 체적 : 방호구역 내의 불연성 물질은 그 체적에서 제외한다.

$$V_{\text{방호구역}} = V_{\text{전체}} - V_{\text{불연성물질}}$$

③ 집합관에 필요한 가스용기의 병수 : 가장 많은 병수로 선정!! (단, 별도독립배관방식 적용 시 "가장 많은 병수+별도독립방식의 병수"로 선정!!)

CHAPTER 03

④ 방사된 소화가스량 V[m³]을 구할 경우 : 소화약제량 W[kg], 절대압력 P[Pa], 절대온도 T[K]가 주어질 경우 이상기체상태방정식 적용!

- 이상기체상태방정식 : $PV = \frac{W}{M}RT$
- 이상기체상수 : $R = 8{,}313.85\text{N}\cdot\text{m/kmol}\cdot\text{K} = 8.314\text{kN}\cdot\text{m/kmol}\cdot\text{K}$

⑤ 선택밸브의 통과유량

- 최소약제량 기준인지, 저장용기 기준인지에 따라 통과유량은 달라지므로 유의하여 계산하다.
- 할로겐화합물 및 불활성기체 소화설비의 경우 최소설계농도의 95%에 해당하는 약제량을 방사시간 내에 방사해야 하므로 주의한다.

⑥ 가스계 소화설비의 각종 밸브의 위치
(소화약제량 계산 후 구조도에 설계 시 다음의 사항에 주의!)

- 선택밸브 : 각 방호구역마다 1개씩 설치
- 가스체크밸브 : 저장용기~집합관, 저장용기~저장용기, 저장용기~기동용기마다 1개씩 설치
- 릴리프밸브(안전밸브) : 집합관에 1개 설치

⑦ 기타 가스량 및 가스농도의 공식

- $$\text{소화가스 농도[\%]} = \frac{21 - O_2[\%]}{21} \times 100 = \frac{\text{방출가스량}[\text{m}^3]}{\text{방호구역의 체적}[\text{m}^3] + \text{방출가스량}[\text{m}^3]} \times 100$$

- $$\text{방사된 소화가스량}[\text{m}^3] = \frac{21 - O_2[\%]}{O_2[\%]} \times V[\text{m}^3]$$

제18회 소방시설관리사 심민우 합격수기

소방이란 분야를 한평생 걸어오신 많은 분들 앞에서, 이제 막 걸음마를 땐 제가 제 이야기를 한다는게 여간 부끄러운 일이 아니지만 그래도 저와 비슷한 케이스의 분들에게나마 도움이 되기를 바라며 글을 시작해 봅니다.

제가 처음부터 소방에 뜻을 품고 발을 들여놓은 건 아닙니다. 진로를 정하지 못한 저에게 고3 담임 선생님은 부경대학교 안전공학부(당시에는 안전공학부 안에 소방공학과와 안전공학과가 함께 있었습니다.)를 추천해 주셨고, 전역 후에는 친한 친구가 소방공학과에 있다는 이유로 소방공학과를 선택했습니다. 그렇게 참 특별할 것 없이 소방에 발을 들여놓게 되었습니다. 그런 후에도 소방을 해야겠다고 마음먹은 건 한참의 시간이 지난 후인 것 같습니다. 4학년이 되어서야 '그래, 앞으로 평생 소방밥 먹고 살아보자'라는 결심을 하게 되었고, 소방전기가 먼저냐 소방기계가 먼저냐 고민할 때 시간 많은 학생 때 무조건 기계를 따야 된다는 친구의 말에 소방기계기사를 먼저 취득하기로 마음먹었습니다.

학생이다보니 그 당시에는 공부할 시간도 넘쳐났고 학교에서 배운 과목이 기계분야의 문제 성격과 유사하여 독학으로도 합격할 수 있었습니다. 물론 쉬웠다는 말은 아닙니다. 하루 최소 3시간 이상씩 한 달간 공부했고, 10년치 문제를 최소 8~9번은 본 것 같았습니다. 시험치고 났을 때 느낌은, 이제와서야 말씀드리지만 적어도 80점 정도는 예상했습니다. 하지만 시험발표 당일, 점수는 62점. 정말 아슬아슬 했었죠. 물론 그 당시 시험이 합격률 10%대의 시험이긴 했지만'정말 만만히 생각해선 안되겠구나.'하고 생각했습니다.

그렇게 딴 소방기계기사로 4학년 2학기 때 취업계로 공사업체에 취업을 하게 되었고, 소방전기기사 자격증까지 원했던 회사 분위기 덕분에 일을 하면서도 소방전기기사 공부를 부담 없이 시작할 수 있었습니다. 하지만, 기계와 다르게 전기분야는 제가 학교에서 배웠던 것과는 너무도 달랐기에 개념을 정리할 필요가 있음을 절실히 느꼈고, 그렇게 처음 에듀파이어와 인연을 맺었습니다. 결과는 대단히 만족스러웠습니다. 개념정리를 통해 손조차 댈 수 없었던 가닥수 문제들을 풀 수 있었고, 결과 역시 일을 다니면서도 70점대로 넉넉하게 합격 했습니다. 공부기간은 역시 한달 쯤 되었고, 평일엔 2시간 쯤, 주말엔 도서관에서 꽤 많은 시간을 보냈습니다.

쌍기사 취득 후 제 소방인생에서 커다란 목표라고 생각했던 소방시설관리사를 취득하기 위해 점검 업체로 이직을 했습니다. 공부를 하더라도 실무를 아는 것이 많은 도움이 될 거라 생각했기 때문에 열의를 가지고 일을 시작했습니다.

하지만 그것도 잠시, 생각보다 제 스스로의 의지가 약하더군요. 쌍기사를 가진 덕분에 같은 직종에 있는 동년배들보다는 연봉이 높았고, 일 역시 적응되고 나니 당시의 생활에 안주하게 되었습니다. 관리사를 따야겠다고 막연히 생각은 했지만 그 목표가 은연중에 제 인생 마지막 목표가 되었습니다. 그렇게 시간을 흘려보내던 중, 제 친한 친구의 얘기를 듣게 되었습니다. 평소 매주 주간, 야간 출근이 바뀌는 패턴 속에서도 열심히 일하던 친구인데, 그런 와중에 개인사업을 내어 밤새 일한 후 집에 와 깨끗이 몸을 씻고 다시 자기 사업을 위해 나간다더군요. 담담히 웃으며 말하는 친구를 보며 참 많은걸 느꼈습니다. 저보다 나이어린 친구들보다 고작 월에 10~20만원 더 받으면서, 거기에 위안을 삼고 현실에 안주했던 제가 너무나도 부끄러웠습니다.

CHAPTER 03

2017년 5월, 그렇게 다시 펜을 들었습니다. 소방시설관리사가 제 인생 마지막 목표가 아닌, 다음 목표를 위해 거쳐 가야하는 과정이 되었습니다. 엄살일지 모르겠지만 일하면서 공부 한다는게 생각보다 쉽지 않았습니다. 처음 한 달은 매일 책상에 앉는 걸 목표로 잡았습니다. 그 다음 달은 공부시간을 1시간 늘리고, 다음 달은 또 한 시간. 주말에는 학원 정규수업을 꾸준히 들으며 조금이라도 더 공부시간을 늘리려 노력했습니다. 9월 달이 되어 소방시설관리사에 응시할 자격이 되어 더 열의를 내어 해봤지만, 일을 하면서는 도저히 5시간 이상은 힘들더군요. 열심히 하는 것도 중요하지만 소방시설관리사라는 시험의 특성상 물리적으로 절대적인 시간이 필요함을 느꼈습니다. 그렇게 이듬해 3월 달 부턴 공부에 좀 더 집중할 수 있는 여건이 되는 곳으로 이직을 했고, 덕분에 많은 시간을 확보 할 수 있었습니다.

그 후로는 다른 모든 수험생 분들도 그렇겠지만, 자기 자신과의 싸움이었습니다.

공부하고, 좌절하고, 다시 마음을 다잡아 책상에 앉아 책을 펴고. 일요일 오전 9시부터 오후 9시까지라는 타이트한 학원 스케줄이였지만, 같은 싸움을 하는 사람들과 얘기할 수 있는 그 시간이 가장 즐거운 시간일 정도였습니다. 그렇게 시간이 흘러 2018년 10월 제18회 소방시설관리사 시험을 보았고, 감격스럽게도 합격소식을 듣게 되었습니다. 많은 분들의 축하를 받고, 일도 시작하였습니다. 뭣 모르고 들어섰던 소방의 길에, 이렇게 한 발짝 내딛게 되었습니다.

지금 생각해보면, 참 식상하고 상투적이지만(그렇지만 진심으로) 제가 여기까지 올 수 있었던 건 주위 분들 덕분이였던 것 같습니다. 제게 부경대학교 안전공학과 진학을 추천해준 선생님이 그러했고, 소방공학과로 꼬드긴(?) 친구가 그러했고, 소방기계기사를 먼저 따라고 조언도 해주고 2번이나 취업을 도와준 친구가 그러했고, 일상에 안주하려 했던 저를 반성하게 해준 친구가 그러했고, 처음 공부하는 저를 옆에서 도와줬던 후배들이 그러했고, 한결같은 모습으로 부담주지 않으려 했던 가족들이 그러했고, 공부를 위한 잠수에 별말 없이 기다려 준 친구들이 그러했고, 자신의 인생에서 가장 힘든 시기였음에도 묵묵함으로 기다려준 친구가 그러했고, 학원에 오는게 행복하게 해줬던 학원 관계자분들이 그러했으며, 포기하고 싶을 때마다 따뜻한 격려와 단호한 조언으로 저를 이끌어 주셨던 이항준 원장님이 그러했습니다.

많은 분들의 격려와 축복 속에 제 소방인생의 제 1막이 내렸고, 이제 다시 2막이 시작되려 합니다.

주위 몇몇 분들이 걱정 어린 마음에 말씀하십니다. 그 정도면 된거 아니냐고, 왜 그렇게 자기 시간도 없이 아등바등 하냐고. 그럴 때면 그저 멋쩍은 미소로 답했지만 이번 기회에 제가 좋아하는 글귀로 대답을 대신 할까 합니다.

'살아 있다면 노력하라!'

제가 공부할 때 늘 책상 앞에 붙어있던 글귀이고, 앞으로도 그럴 글귀입니다.

현재에 안주하여 더 이상 노력하지 않으면, 현재의 좋은 것도 잃게 된다더군요. 아직 갈 길이 멀고도 멀지만, 앞으로는 뭣 모르고 내디뎠던 불안한 첫걸음이 아닌, 늦더라도 끝까지 포기하지 않는 우직한 걸음으로 나아가겠습니다.

감사합니다.

Chapter 04

피난구조설비

1 피난구조설비

1 피난기구 및 인명구조기구

(1) 인간의 피난특성

① **추종본능** : 최초로 행동을 개시하는 사람을 따라 전체가 움직이는 경향
② **귀소본능** : 평소 자주 사용하는 통로 등을 사용하는 경향
③ **퇴피본능** : 화염, 연기 등 위험한 장소의 반대방향으로 이동하려는 경향
④ **좌회본능** : 신체의 오른쪽이 발달하여 피난 시 좌회전을 하려는 경향
⑤ **지광본능** : 밝은 곳을 향하여 피난하려는 경향

(2) 피난기구의 종류

<table>
<tr><th colspan="3">미끄럼대</th><th colspan="3">구조대</th></tr>
<tr><td colspan="3"></td><td colspan="3"></td></tr>
<tr><th colspan="2">피난사다리</th><th colspan="2">피난용트랩</th><th colspan="2">피난교</th></tr>
<tr><td colspan="2">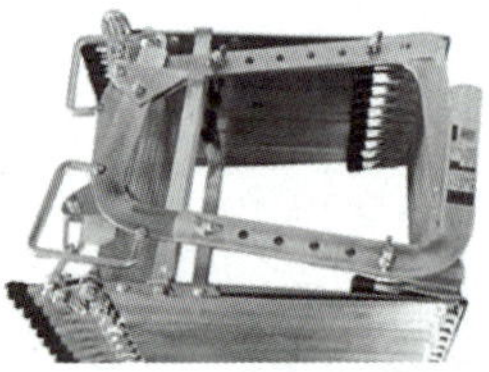</td><td colspan="2">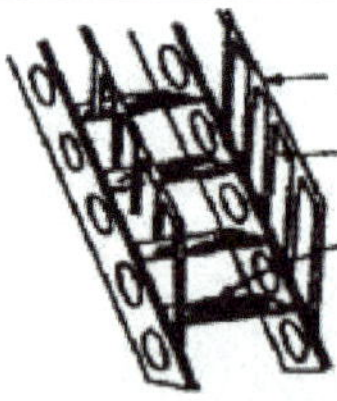
</td><td colspan="2">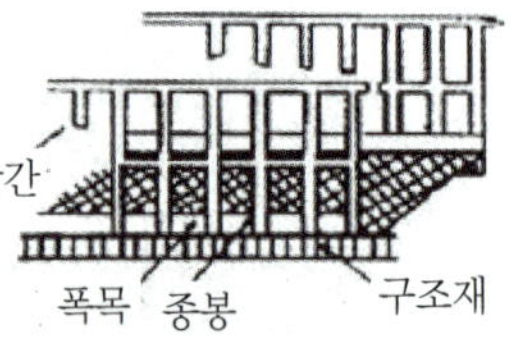
</td></tr>
<tr><th colspan="3">다수인피난장비</th><th colspan="3">승강식 피난기</th></tr>
<tr><td colspan="3">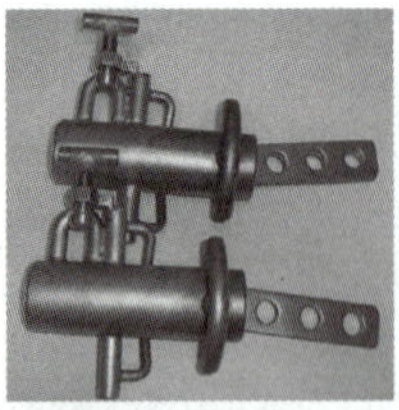</td><td colspan="3">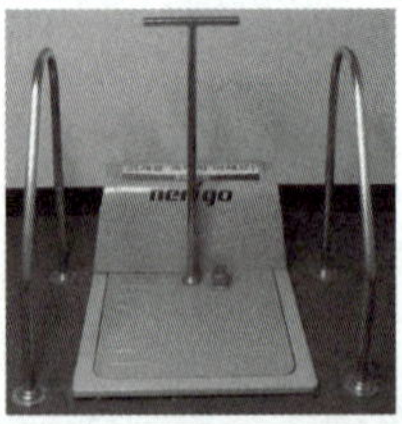</td></tr>
<tr><th colspan="2">완강기</th><th colspan="2">간이완강기</th><th colspan="2">공기안전매트</th></tr>
<tr><td colspan="2">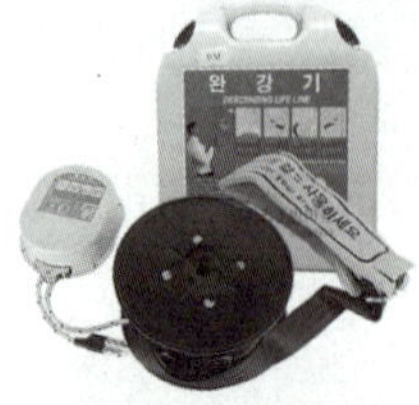</td><td colspan="2"></td><td colspan="2">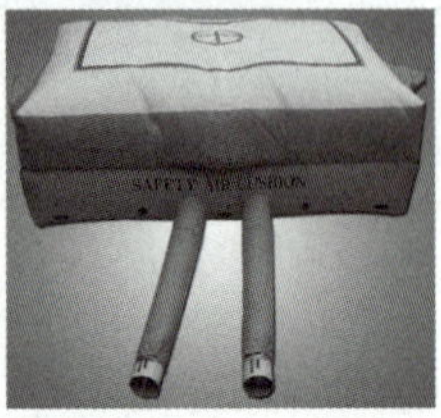</td></tr>
</table>

(3) 피난기구를 설치하는 개구부 🔥🔥🔥

① 피난·소화 활동상 유효한 개구부 : 다음의 조건을 모두 만족하는 개구부를 말함

㉠ 가로 **0.5m** 이상 세로 **1m** 이상일 것

㉡ 개구부 하단이 바닥에서 **1.2m 이상**이면 발판 등을 설치할 것

㉢ 밀폐된 창문은 쉽게 파괴할 수 있는 파괴장치를 비치할 것

② 피난기구를 설치하는 개구부는 서로 동일 직선상이 아닌 위치에 있을 것. 다만, **간이**완강기·**피난교**·**피**난용트랩·**아**파트에 설치되는 피난기구(다수인피난장비 제외) 기타 피난 상 지장이 없는 것에 있어서는 그러하지 아니함.

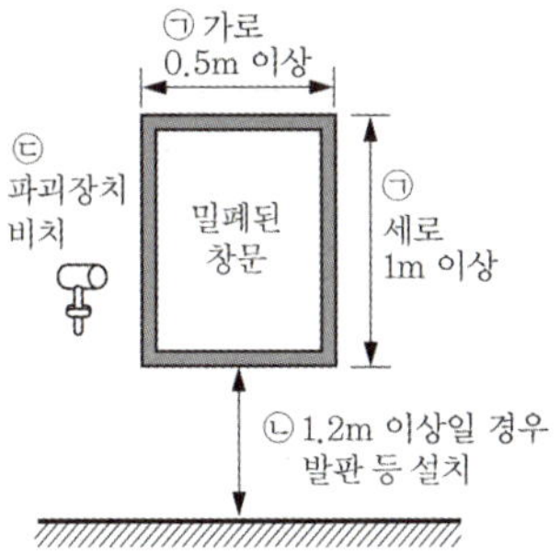

| 피난·소화 활동상 유효한 개구부 |

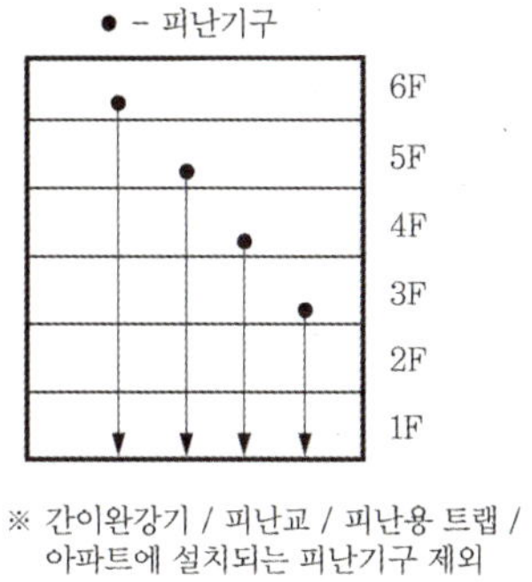

| 서로 동일 직선상 X |

(4) 소방대상물의 설치장소별 피난기구의 적응성

구 분	1층	2층	3층	4층 이상 10층 이하
노유자시설	미끄럼대, 구조대, 피난교, 다수인피난장비, 승강식 피난기			구조대[1], 피난교, 다수인피난장비, 승강식 피난기
의료시설, 근린생활시설 중 입원실이 있는 의원, 조산소, 접골원	-	-	미끄럼대, 구조대, 피난용트랩, 피난교, 다수인피난장비, 승강식 피난기	구조대, 피난용트랩, 피난교, 다수인피난장비, 승강식 피난기
그 밖의 것	-	-	미끄럼대, 구조대, 피난사다리, 피난용트랩, 피난교, 다수인피난장비, 승강식 피난기, 완강기, 간이완강기[2], 공기안전매트[3]	구조대, 피난사다리, 피난교, 다수인피난장비, 승강식 피난기, 완강기, 간이완강기[2], 공기안전매트[3]
영업장의 위치가 4층 이하인 다중이용업소	-	미끄럼대, 구조대, 피난사다리, 다수인피난장비, 승강식 피난기, 완강기		

비고 1) 구조대의 적응성은 장애인 관련 시설로서 주된 사용자 중 스스로 피난이 불가한 자가 있는 경우 추가로 설치하는 경우에 한한다.

2), 3) 간이완강기의 적응성은 숙박시설의 3층 이상에 있는 객실에 공기안전매트의 적응성은 공동주택에 추가로 설치하는 경우에 한한다.

→ 갓복도식 공동주택 또는 수평 또는 수직 방향의 인접세대로 피난할 수 있는 아파트는 피난기구를 설치하지 않을 수 있다.

(5) 피난기구의 설치개수

① 층마다 설치할 것

② **피난기구의 설치대상에 따른 설치개수**

설치대상	설치개수
• 노유자시설, 숙박시설, 의료시설 암기법 오(5)~ 노숙의	그 층의 바닥면적 500m^2마다 1개 이상
• 위락시설, 문화집회 및 운동시설, 판매시설로 사용되는 층 • 복합용도의 층	그 층의 바닥면적 800m^2마다 1개 이상
• 계단실형 아파트	각 세대마다 1개 이상
• 그 밖의 용도의 층	그 층의 바닥면적 1,000m^2마다 1개 이상

③ **숙박시설(휴양콘도미니엄 제외)의 경우** : 추가로 객실마다 완강기 또는 2 이상의 간이완강기 설치할 것

④ **공동주택의 경우**

하나의 관리주체가 관리하는 "의무관리대상 공동주택" 구역마다 공기안전매트 1개 이상 설치할 것. 다음의 경우 추가 설치 제외

㉠ 옥상으로 피난이 가능한 경우

㉡ 수평 또는 수직 방향의 인접세대로 피난할 수 있는 구조인 경우

참고 승강식피난기 및 하향식 피난구용 내림식 사다리

1. 하향식 피난구용 내림식 사다리

하향식 피난구 해치에 격납하여 보관하고 사용 시에는 사다리 등이 소방대상물과 접촉되지 아니하는 내림식 사다리

2. 승강식피난기 및 하향식 피난구용 내림식 사다리의 설치기준 : 공동주택에 방화구획된 장소에 세대 내부에 설치될 경우에는 해당 방화구획된 장소를 대피실의 면적규정과 외기에 접하는 구조의 규정 적용 제외 가능

구조	• 설치경로가 설치층에서 피난층까지 연계될 수 있는 구조로 설치 (제외 : 건축물의 구조 및 설치 여건상 불가피한 경우) • 사용 시 기울거나 흔들리지 않도록 설치할 것
대피실	• 면적 2m^2(2세대 이상인 경우 3m^2) 이상(외기에 개방된 경우 면적 무관) • 출입문 : 60+ 방화문 또는 60분 방화문 설치 • **비상조명등** 설치 • 피난방향에서 식별할 수 있는 위치에 **"대피실"** 표지판 부착(외기 개방 시 제외) • 층의 위치표시, 피난기구 사용설명서, 주의사항 표지판 부착 • 대피실 출입문이 개방되거나, 피난기구 작동 시 해당층 및 직하층 거실에 설치된 **표시등** 및 **경보장치**가 작동되고, 감시제어반에서는 **피난기구의 작동을 확인**할 수 있어야 할 것
하강구	• 하강구의 규격 : 직경 60cm 이상 • 착지점과 하강구의 간격 : 상호수평거리 15cm 이상 • 하강구 내측에는 기구의 연결금속구 등이 없어야 하며 전개된 피난기구는 하강구 수평투영면적 공간 내의 범위를 침범하지 않는 구조일 것(직경 60cm 크기의 범위를 벗어난 경우이거나 직하층의 바닥면으로부터 50cm 이하 범위 제외)
성능 기준	• **한국소방산업기술원** 또는 성능시험기관으로 지정받은 기관에서 그 성능을 검증받은 것으로 설치할 것

(6) 인명구조기구의 종류

① **방화복** : 화재진압 등의 소방활동을 수행할 수 있는 피복
② **방열복** : 고온의 복사열에 가까이 접근하여 소방활동을 수행할 수 있는 내열피복
③ **공기호흡기** : 소화활동 시에 화재로 인하여 발생하는 각종 유독가스 중에서 일정시간을 사용할 수 있도록 제조된 압축공기식 개인호흡장비
④ **인공소생기** : 호흡부전상태인 사람에게 인공호흡을 시켜 환자를 보호하거나 구급하는 기구

| 방열복 |

| 방화복 |

| 공기호흡기 |

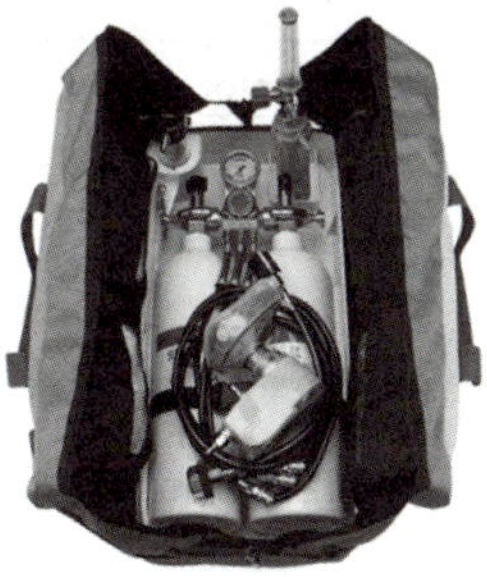
| 인공소생기 |

(7) 인명구조기구의 설치대상

특정소방대상물	인명구조기구의 종류	설치수량
• 층수가 7층 이상인 관광호텔 (지하층 포함) • 층수가 5층 이상인 병원 (지하층 포함)	• 방열복 또는 방화복(헬멧, 보호장갑 및 안전화 포함) • 공기호흡기 • 인공소생기	**각 2개 이상** 비치 단, **병원**의 경우 **인공소생기**를 설치하지 아니할 수 있음
• 수용인원이 100명 이상인 영화상영관 • 판매시설 중 대규모점포 • 운수시설 중 지하역사 • 지하가 중 지하상가	• 공기호흡기	**층마다 2개 이상** 비치 단, 각 층마다 갖추어 두어야 할 공기호흡기 중 일부를 직원이 상주하는 인근 **사무실**에 갖추어 둘 수 있음
• 물분무등소화설비 및 이산화탄소소화설비를 설치하여야 하는 특정소방대상물	• 공기호흡기	이산화탄소소화설비가 설치된 장소의 출입구 외부 인근에 **1대 이상** 비치

Mind - Control

별은 밤에 빛났다
해는 낮에 빛났고
낮과 밤으로 노력한 너는 이제 빛날 차례다.

- 글배우 -

빈번한 기출문제

01 인간의 피난특성 중 지광본능에 대하여 설명하시오. 배점 : 3 [07년]

- **실전모범답안**

"지광본능"이란, 밝은 곳을 향하여 피난하려는 경향을 말한다.

02 피난설비 중 실제 화재 시 사용할 수 있는 피난기구 7가지를 쓰시오. 배점 : 4 [07년]

- **실전모범답안**

① 미끄럼대
② 구조대
③ 피난사다리
④ 피난용트랩
⑤ 피난교
⑥ 다수인피난장비
⑦ 승강식 피난기
⑧ 완강기
⑨ 간이완강기
⑩ 공기안전매트

참고 **완강기 vs 간이완강기**

① 완강기 : 사용자의 몸무게에 따라 자동적으로 내려올 수 있는 기구 중 **교대하여 연속적으로** 사용할 수 있는 것
② 간이완강기 : 사용자의 몸무게에 따라 자동적으로 내려올 수 있는 기구 중 사용자가 연속적으로 **사용할 수 없는 것**
→ 즉, 사용자가 연속적으로 사용가능할 경우 "**완강기**"이고, 연속적으로 사용하지 못할 경우 "**간이완강기**"로 구분한다.

03 피난설비 중 인명구조기구의 종류를 모두 쓰시오. 배점 : 4 [11년] [17년] [18년]

- **실전모범답안**

① 방열복 또는 방화복(안전헬멧, 보호장갑, 안전화 포함)
② 공기호흡기
③ 인공소생기

04 피난기구에 대한 다음 각 물음에 답하시오.

배점 : 8 [13년] [19년] [20년]

(1) 3층 및 4층 이상 10층 이하의 의료시설에 설치하여야 할 피난기구를 쓰시오.

(2) 피난기구를 설치하는 개구부의 기준에 대한 (　　) 안을 완성하시오.

- 가로 (①)m 이상 세로 (②)m 이상인 것을 말한다. 이 경우 개구부 하단이 바닥에서 (③)m 이상이면 발판 등을 설치하여야 하고, 밀폐된 창문은 쉽게 파괴할 수 있는 파괴장치를 비치하여야 한다.
- 피난기구를 설치하는 개구부는 서로 (④)이 아닌 위치에 있을 것. 다만, 피난교·피난용트랩·간이완강기·아파트에 설치된 피난기구(다수인피난장비는 제외한다) 기타 피난 상 지장이 없는 것에 있어서는 그러하지 아니하다.

• 실전모범답안

(1) 의료시설에 설치하여야 할 피난기구

구 분	1층	2층	3층	4층 이상 10층 이하
의료시설, 근린생활시설 중 입원실이 있는 의원, 조산소, 접골원	–	–	미끄럼대, 구조대, 피난용트랩, 피난교, 다수인피난장비, 승강식 피난기	구조대, 피난용트랩, 피난교, 다수인피난장비, 승강식 피난기
암기법 은(의)근의 조접			미구 피피 다승교	구 피피 다승교

(2) 피난기구를 설치하는 개구부

① 0.5　　② 1　　③ 1.2　　④ 동일 직선상

05 다음의 각 특정소방대상물에 피난기구를 설치하고자 한다. 다음 물음에 답하시오.

배점 : 6 [21년]

[조건]

① 각 특정소방대상물의 용도 및 구조는 다음과 같다.
  Ⓐ 바닥면적은 1,200m²이며, 주요구조부가 내화구조이고 거실의 각 부분으로 직접 복도로 이어진 4층의 학교(강의실 용도)
  Ⓑ 바닥면적은 800m²이며, 옥상층으로서 5층의 객실수 6개인 숙박시설
  Ⓒ 바닥면적은 1,000m²이며, 주요구조부가 내화구조이고 피난계단이 2개소 설치된 8층의 병원
② 피난기구는 완강기를 설치하며, 간이완강기는 설치하지 않는 것으로 가정한다.
③ 만약 피난기구를 설치하지 않아도 되는 경우에는 계산과정을 적지 아니하고 답란에 0을 적는다.
④ 기타 조건 이외의 감소되거나 면제되는 조건은 없다.

(1) Ⓐ, Ⓑ, Ⓒ의 특정소방대상물에 설치하여야 할 피난기구의 개수를 각각 구하시오.
Ⓐ :
Ⓑ :
Ⓒ :

(2) Ⓑ의 경우 적응성 있는 피난기구 3가지를 쓰시오. (단, 완강기와 간이완강기는 제외하고 답할 것)

CHAPTER 04

• **실전모범답안**

(1) Ⓐ : 설치개수=0개

Ⓑ : 설치개수=2개+6개=8개

Ⓒ : 설치개수=1개

(2) 피난사다리, 구조대, 피난교, 다수인피난장비, 승강식 피난기

상세해설

(1) **피난기구의 설치개수**

Ⓐ 바닥면적은 1,200m^2이며, 주요구조부가 내화구조이고 거실의 각 부분으로 직접 복도로 이어진 4층의 학교(강의실 용도)

> **「피난기구의 화재안전기술기준」 2.2 설치 제외**
> 2.2.1.5 주요구조부가 내화구조로서 거실의 각 부분으로 직접 복도로 피난할 수 있는 학교(강의실 용도로 사용되는 층에 한한다)

→ 설치개수=0개

Ⓑ 바닥면적은 800m^2이며, 옥상층으로서 5층의 객실수 6개인 숙박시설

설치대상	설치개수
• 노유자시설, 숙박시설, 의료시설 암기법 오(5)~ 노숙의	그 층의 바닥면적 500m^2마다 1개 이상
• 위락시설, 문화집회 및 운동시설, 판매시설로 사용되는 층 • 복합용도의 층	그 층의 바닥면적 800m^2마다 1개 이상
• 계단실형 아파트	각 세대마다 1개 이상
• 그 밖의 용도의 층	그 층의 바닥면적 1,000m^2마다 1개 이상

※ 숙박시설(휴양콘도미니엄 제외)의 경우 : 추가로 객실마다 완강기 또는 2 이상의 간이완강기를 설치할 것

∴ 총 설치개수=기본 설치개수(㉠)+객실마다 추가 완강기(㉡)

㉠ 기본 설치개수$=\dfrac{\text{바닥면적}[m^2]}{500m^2/\text{개}}=\dfrac{800[m^2]}{500m^2/\text{개}}=1.6 \fallingdotseq 2\text{개}$

㉡ 객실마다 추가 완강기=6개(객실수 6개, 간이완강기 설치불가[조건②])

→ 설치개수=2개+6개=8개

Ⓒ 바닥면적은 1,000m^2이며, 주요구조부가 내화구조이고 피난계단이 2개소 설치된 8층의 병원

설치대상	설치개수
• 노유자시설, 숙박시설, 의료시설 암기법 오(5)~ 노숙의	그 층의 바닥면적 500m^2마다 1개 이상
• 위락시설, 문화집회 및 운동시설, 판매시설로 사용되는 층 • 복합용도의 층	그 층의 바닥면적 800m^2마다 1개 이상
• 계단실형 아파트	각 세대마다 1개 이상
• 그 밖의 용도의 층	그 층의 바닥면적 1,000m^2마다 1개 이상

㉠ 설치개수$=\dfrac{\text{바닥면적}[m^2]}{500m^2/\text{개}}=\dfrac{1{,}000[m^2]}{500m^2/\text{개}}=2\text{개}$

㉡ 피난기구의 설치감소

「피난기구의 화재안전기술기준」 2.3.1 피난기구를 설치하여야 할 소방대상물 중 다음의 기준에 적합한 층에는 피난기구의 2분의 1을 감소할 수 있다. 이 경우 설치하여야 할 피난기구의 수에 있어서 소수점 이하의 수는 1로 한다. 2.3.1.1 주요구조부가 내화구조로 되어 있을 것 2.3.1.2 직통계단인 피난계단 또는 특별피난계단이 2 이상 설치되어 있을 것

∴ 설치감소 조건에 적합하므로 2개$\times\frac{1}{2}$=1개를 설치한다.

→ 설치개수=1개

(2) Ⓑ의 경우 적응성 있는 피난기구(완강기, 간이완강기 제외) : "[별표 1]의 그 밖의 것, 4층 이상 10층 이하 해당"

→ 피난사다리, 구조대, 피난교, 다수인피난장비, 승강식 피난기 이 중 3가지만 작성!

06 다음은 인명구조기구의 설치대상이다. 괄호 안에 알맞은 내용을 쓰시오. 배점 : 6 [21년]

특정소방대상물	인명구조기구의 종류	설치수량
• 지하층을 포함한 층수가 7층 이상인 (㉠) • 지하층을 포함한 층수가 5층 이상인 병원	• 방열복 또는 방화복 (안전헬멧, 보호장갑 및 안전화 포함) • (㉡) • (㉢)	각 (㉣) 이상 비치 단, 병원의 경우 (㉢)를 설치하지 아니할 수 있음
• 수용인원이 (㉤) 이상인 영화상영관 • 판매시설 중 대규모점포 • 운수시설 중 지하역사 • 지하가 중 지하상가	• (㉡)	층마다 (㉥) 이상 비치 단, 각 층마다 갖추어 두어야 할 (㉡) 중 일부를 직원이 상주하는 인근 사무실에 갖추어 둘 수 있음

• 실전모범답안

㉠ : 관광호텔 ㉡ : 공기호흡기 ㉢ : 인공소생기 ㉣ : 2개, ㉤ : 100명, ㉥ : 2개

Mind-Control

혼을 담은 노력은 배신하지 않는다.
평범한 노력은 노력이 아니라,
운을 얻으려면 공을 들여라.

\- 이승엽 선수 -

M·e·m·o

Chapter 05

소화용수설비 및 소화활동설비

1 제연설비, 특별피난계단의 계단실 및 부속실 제연설비

1 제연설비

(1) 소화활동설비

화재를 진압하거나 인명구조활동을 위하여 사용하는 설비
① 제연설비
② 연결송수관설비
③ 연결살수설비
④ 연소방지설비
⑤ 비상콘센트설비
⑥ 무선통신보조설비

(2) 제연방식의 분류

① **자연제연방식** : 개구부를 통하여 자연적으로 연기를 배출하는 방식

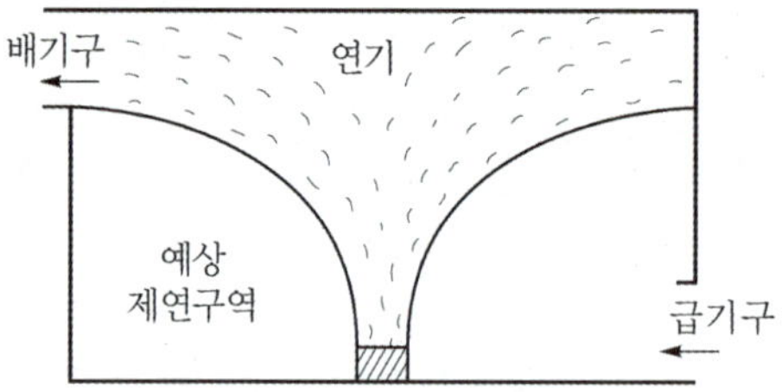

② **스모크타워제연방식** : 고층건축물에 주로 사용하는 제연방식으로서 연돌효과(굴뚝효과)를 이용하여 창살 또는 유리창이 달린 지붕 위의 원형구조물인 루프모니터를 설치하여 제연하는 방식

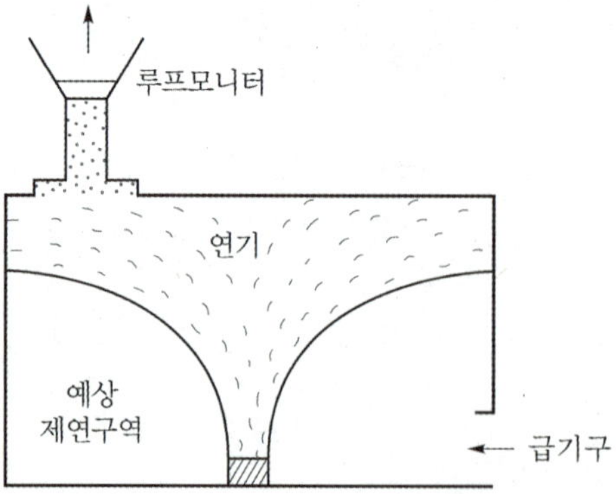

③ 기계제연방식

제1종 기계제연방식	제2종 기계제연방식	제3종 기계제연방식
송풍기와 **배연기**를 설치하여 급·배기를 하는 방식	**송풍기**만 설치하여 급·배기를 하는 방식	**배연기**만 설치하여 급·배기를 하는 방식
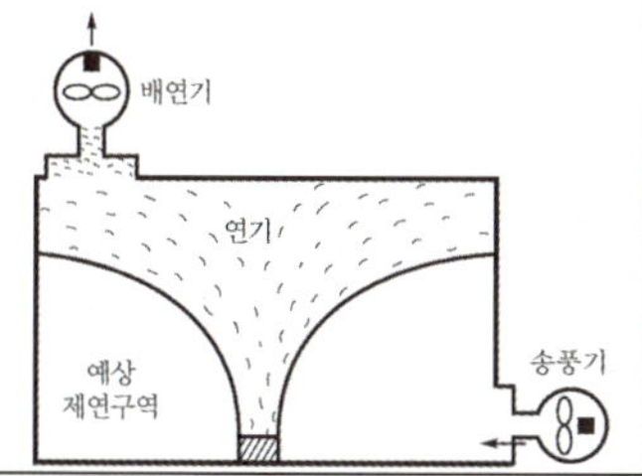	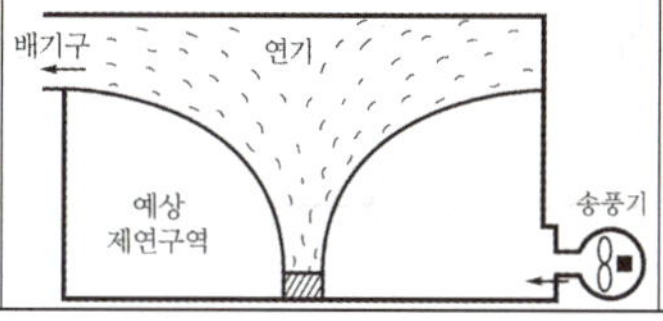	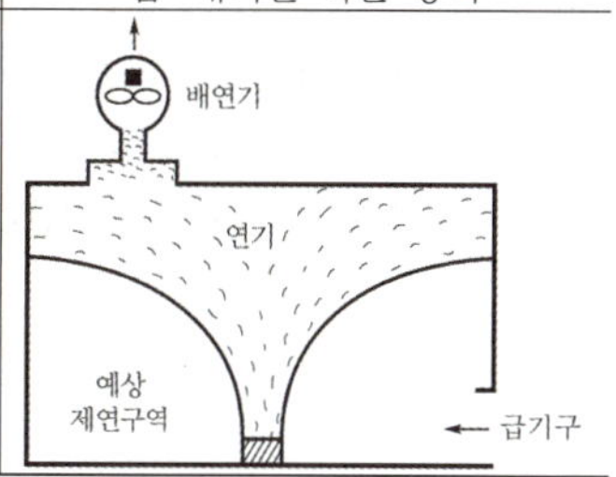

암기법 자스기 123(송배송배)

(3) 제연구역의 화재안전기준

① 하나의 제연구역의 면적은 **1,000m² 이내**로 할 것.
② 거실과 통로(복도를 포함)는 **각각 제연구획**할 것.
③ 통로상의 제연구역은 **보행중심선**의 길이가 **60m를 초과**하지 않을 것.
④ 하나의 제연구역은 직경 **60m 원 내**에 들어갈 수 할 것.
⑤ 하나의 제연구역은 **2개 이상 층**에 미치지 아니하도록 할 것.
다만, 층의 구분이 **불분명**한 부분은 그 부분을 다른 부분과 **별도**로 제연구획해야 한다.

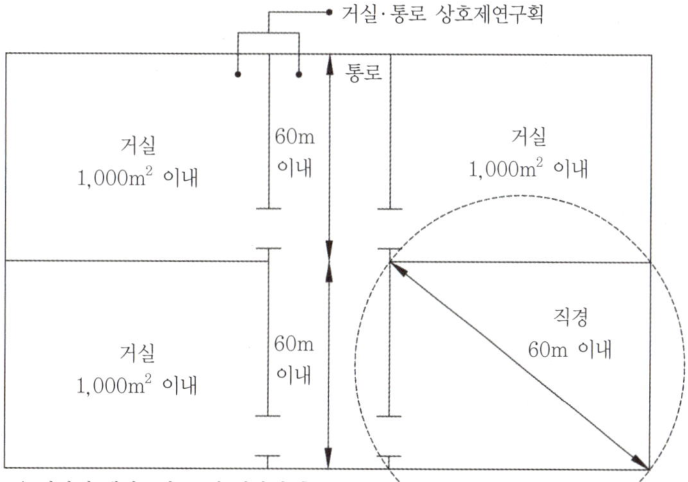

* 하나의 제연구역=2개 이상의 층 (×)

(4) 제연구역의 구획

① **제연구역의 구획의 종류**
㉠ 보
㉡ 제연경계벽
㉢ 벽(가동벽, 셔터, 방화문 포함)

② **제연구역의 구획의 설치기준**

㉠ 재질은 내화재료, 불연재료 또는 제연경계벽으로 성능을 인정받은 것으로서 화재 시 쉽게 변형·파괴되지 아니하고 연기가 누설되지 않는 기밀성 있는 재료로 할 것

㉡ 제연경계는 제연경계의 폭이 **0.6m 이상**이고, 수직거리는 **2m 이내**이어야 한다. 다만, 구조상 불가피한 경우는 2m를 초과할 수 있다.

㉢ 제연경계벽은 배연 시 기류에 따라 그 하단이 쉽게 흔들리지 아니하여야 하며, 또한 가동식의 경우에는 급속히 하강하여 인명에 위해를 주지 아니하는 구조일 것

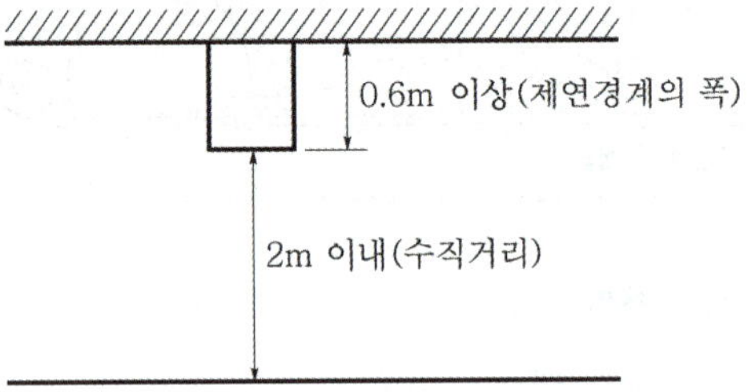

| 제연경계의 폭 및 수직거리 |

(5) 배출량 및 배출방식

① **통로인 경우** : 45,000m^3/h 이상일 것

② **거실의 바닥면적이 400m^2 미만일 경우**

일반적인 경우	배출량[m^3/min]=바닥면적[m^2]×1m^3/min·m^2	최저 5,000m^3/h 이상

③ **거실의 바닥면적이 400m^2 이상일 경우(예상제연구역이 제연경계로 구획된 경우)**

수직거리	직경 40m 이하	직경 40m 초과 60m 이하
2m 이하	40,000m^3/h 이상	45,000m^3/h 이상
2m 초과 2.5m 이하	45,000m^3/h 이상	50,000m^3/h 이상
2.5m 초과 3m 이하	50,000m^3/h 이상	55,000m^3/h 이상
3m 초과	60,000m^3/h 이상	65,000m^3/h 이상

④ **공동예상제연구역의 배출량**

공동제연구역	공동예상제연구역 안의 예상제연구역이 각각 **벽**으로 구획된 경우	각 예상제연구역의 배출량을 **합한 것** 이상(공동예상 제연구역 전체 배출량 5,000m^3/hr 이상)
독립제연구역	공동예상제연구역 안의 예상제연구역이 각각 **제연경계**로 구획된 경우	각 예상제연구역의 배출량 중 **최대의 것** 이상

(6) 댐퍼의 설치기준

① 제연설비의 풍도에 댐퍼를 설치하는 경우 댐퍼를 확인, 정비할 수 있는 점검구를 풍도에 설치할 것. 이 경우 댐퍼가 반자 내부에 설치되는 때에는 댐퍼 직근의 반자에도 점검구(지름 60cm 이상의 원이 내접할 수 있는 크기)를 설치하고 제연설비용 점검구임을 표시해야 한다.
② 제연설비 댐퍼의 설정된 개방 및 폐쇄 상태를 제어반에서 상시 확인할 수 있도록 할 것
③ 제연설비가 공기조화설비와 겸용으로 설치되는 경우 풍량조절댐퍼는 각 설비별 기능에 따른 작동 시 각각의 풍량을 충족하는 개구율로 자동 조절될 수 있는 기능이 있어야 할 것

(7) 제연설비 성능확인

① 제연설비는 설계목적에 적합한지 검토하고 제연설비의 성능과 관련된 건물의 모든 부분(건축설비를 포함한다)이 완성되는 시점에 맞추어 시험·측정 및 조정(이하 "시험 등"이라 한다)을 해야 한다.
② 제연설비의 시험 등은 다음의 기준에 따라 실시해야 한다.
  ㉠ 송풍기 풍량 및 송풍기 모터의 전류, 전압을 측정할 것
  ㉡ 제연설비 시험시에는 제연구역에 설치된 화재감지기(수동기동장치를 포함한다)를 동작시켜 해당 제연설비가 정상적으로 작동되는지 확인할 것
  ㉢ 제연구역의 공기유입량 및 유입풍속, 배출량은 모든 유입구 및 배출구에서 측정할 것
  ㉣ 제연구역의 출입문, 방화셔터, 공기조화설비 등이 제연설비와 연동된 상태에서 측정할 것

(8) 제연설비 시험 등의 평가는 이 기준에서 정하는 성능 및 다음의 기준에 따른다.

① 배출구별 배출량은 배출구별 설계 배출량의 60% 이상이어야 하며, 제연구역별 배출구의 배출량 합계는 2.3(배출량 및 배출방식)에 따른 설계배출량 이상일 것
② 유입구별 공기유입량은 유입구별 설계 유입량의 60% 이상이어야 하며, 제연구역별 유입구의 공기유입량 합계는 2.5.7(예상제연구역에 대한 공기유입량은 배출량의 배출에 지장이 없는 양)에 따른 설계유입량을 충족할 것
③ 제연구역의 구획이 설계조건과 동일한 조건에서 2.10.3.1(①)에 따라 측정한 배출량이 설계배출량 이상인 경우에는 2.10.3.2(②)에 따라 측정한 공기유입량이 설계유입량에 일부 미달되더라도 적합한 성능으로 볼 것

빈번한 기출문제

01 제연설비에서 제연구역을 구획하는 기준을 나열한 것이다. ①~⑤까지의 빈 칸을 채우시오.

배점 : 6 [10년] [17년] [18년]

(1) 하나의 제연구역의 면적은 (①) 이내로 한다.
(2) 거실과 통로는 (②)한다.
(3) 통로상의 제연구역은 보행중심선의 길이가 (③)를 초과하지 않아야 한다.
(4) 하나의 제연구역은 직경 (④) 원 내에 들어갈 수 있도록 한다.
(5) 하나의 제연구역은 (⑤) 이상의 층에 미치지 않도록 한다.
(단, 층의 구분이 불분명한 부분은 그 부분을 다른 부분과 별도로 제연구획할 것)

• **실전모범답안**

(1) 하나의 제연구역의 면적은 (**① 1,000m^2**) 이내로 한다.

(2) 거실과 통로(복도 포함)는 (**② 각각 제연구획**)한다.

(3) 통로상의 제연구역은 보행중심선의 길이가 (**③ 60m**)를 초과하지 않아야 한다.

(4) 하나의 제연구역은 직경 (**④ 60m**) 원 내에 들어갈 수 있도록 한다.

(5) 하나의 제연구역은 (**⑤ 2개**) 이상의 층에 미치지 않도록 한다.
(단, 층의 구분이 불분명한 부분은 그 부분을 다른 부분과 별도로 제연구획 할 것)

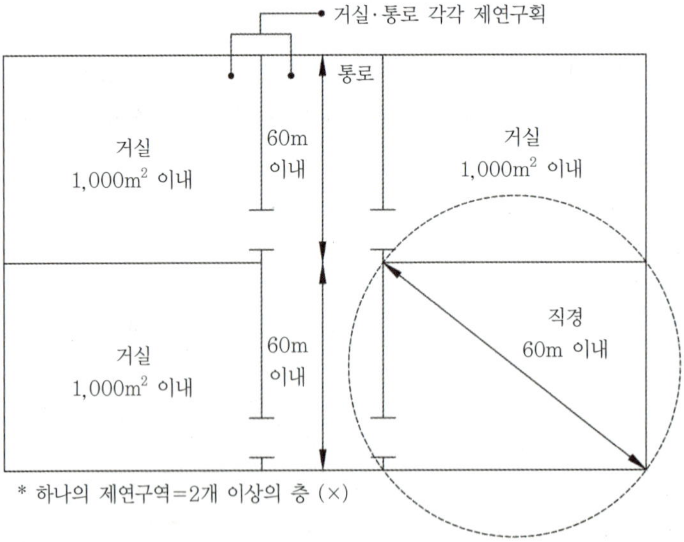

* 하나의 제연구역=2개 이상의 층 (×)

02 바닥면적이 $60m^2$인 어느 실내에 제연설비를 설치하고자 할 때 최저소요배출량 $[m^3/h]$을 구하시오. (단, 거실의 바닥면적이 $400m^2$ 미만으로 구획되고, 피난을 위하여 경유하는 거실은 없다.)

배점 : 5 [07년]

• 실전모범답안

→ $Q=60\times1=60m^3/min=60\times60=3{,}600m^3/h$

• 답 : 최저 $5{,}000m^3/h$

상세해설

$$\text{배출량}[m^3/min]=\text{바닥면적}[m^2]\times1m^3/min\cdot m^2$$

거실의 바닥면적($60m^2$)은 $400m^2$ 미만이므로 위의 식을 이용하여 배출량 $[m^3/h]$을 산정한다.

→ 배출량 $=60m^2\times1m^3/min\cdot m^2=60m^3/min\times\frac{60min}{1h}=\mathbf{3{,}600m^3/h}$ (최저 $5{,}000m^3/h$ 이상 배출)

Mind-Control

요행을 바라지 마라,
행운을 기대치 마라,
노력이 그나마 낫다,

- 작자 미상 -

CHAPTER 05

2 팬의 동력

(1) 대표적인 원심식 송풍기의 종류 및 특징

팬의 종류	특 징
터보형 팬	• 효율이 높고 고속에서도 비교적 정숙한 운전가능 • 고속덕트용으로 사용
다익형 팬	• 임펠러는 깃폭이 좁고 날개익수가 많음 • 낮은 속도에서 운전되며 낮은 압력에서 많은 공기량이 요구될 때 사용됨 • 주로 건물의 공기조화 및 환기용으로 사용
익형 팬	• 고속회전 가능 • 소음이 작음

암기법 터보다익

(2) 제연설비 댐퍼의 종류

구 분	솔레노이드댐퍼	모터댐퍼	퓨즈댐퍼
기능	• **솔레노이드**가 누르게 핀을 이동시켜 작동 • 개구부 면적이 작은 곳에 설치	• **모터**가 누르게 핀을 이동시켜 작동 • 개구부 면적이 넓은 곳에 설치	덕트 내부가 **일정 온도 이상이 되면 퓨즈가 용융**되어 댐퍼에 설치한 폐쇄용 스프링에 의해 자동적으로 폐쇄되는 댐퍼

| 솔레노이드댐퍼 |

| 모터댐퍼 |

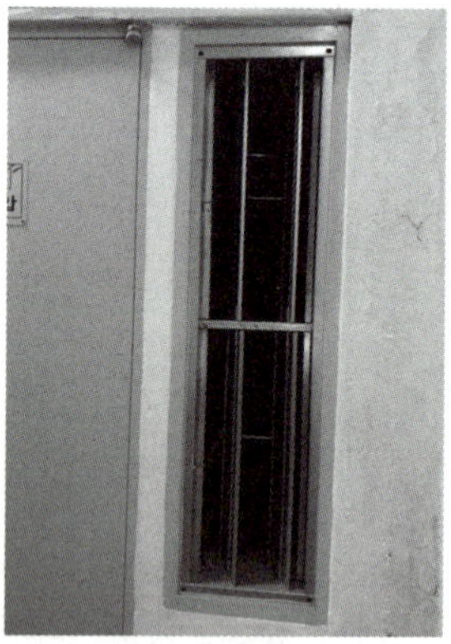

| 퓨즈댐퍼 |

(3) 팬의 동력

$$P = \frac{P_T \times Q}{102 \times 60 \times \eta} \times K = \frac{P_T \times Q}{6{,}120 \times \eta} \times K$$

여기서, P : 팬의 동력[kW] **(단위주의)**

P_T : 전압[$mmAq = mmH_2O$] **(단위주의)**

Q : 풍량[m^3/min] **(단위주의)**
K : 전달계수(여유율)
η : 전효율

(4) 팬의 동력 산출하기

전압 [mmAq], 배출량 [m^3/min]

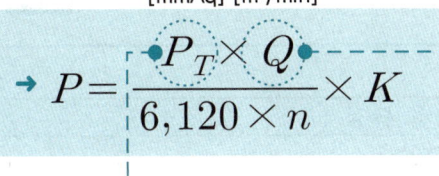

$$P = \frac{P_T \times Q}{6,120 \times \eta} \times K$$

전압(P_T)

① 문제에서 주어진 경우
② 누설손실압력이 주어진 경우 = **풍압 + 누설손실압력**
③ 각종 저항값이 주어진 경우 = **덕트저항 + 배기구저항 + 부속류저항 + 그릴저항**

배출량(Q)

① 문제에서 주어진 경우
② 누설손실량이 주어진 경우 = **풍량 + 누설량**
③ 제연구역이 통로인 경우 = **배출량 45,000m^3/h 이상**
④ 제연구역 거실의 바닥면적이 400m^2 미만인 경우 = 바닥면적[m^2] × 1m^3/min·m^2
⑤ 제연구역 거실의 바닥면적이 400m^2 이상인 경우
= 수직거리 및 직경에 따른 배출량 **표**에서 배출량 찾기
⑥ 공동 예상제연구역인 경우 = **벽**으로 구획(**합**) / **제연구획**으로 구획(**최대**)

참고 **풍량의 단위**

① CMS(초당 풍량)=m^3/s
② CMM(분당 풍량)=m^3/min
③ CMH(시간당 풍량)=m^3/h

Mind - Control

불가능은 노력하지 않는 자의 변명이다.

- 한 줄 명언 -

CHAPTER 05

빈번한 기출문제

01 제연설비에 이용되는 원심식 송풍기는 깃의 경사에 따라 팬(Fan)을 분류하는데 팬(Fan)의 종류 3가지만 쓰시오.

배점 : 3 [06년]

• 실전모범답안

팬의 종류	특 징
터보형 팬	• 효율이 높고 고속에서도 비교적 정숙한 운전가능 • 고속덕트용으로 사용
다익형 팬	• 임펠러는 깃폭이 좁고 날개익수가 많음 • 낮은 속도에서 운전되며 낮은 압력에서 많은 공기량이 요구될 때 사용됨 • 주로 건물의 공기조화 및 환기용으로 사용
익형 팬	• 고속회전 가능 • 소음이 작음

암기법 터보다익

02 제연설비에서 많이 사용하는 솔레노이드댐퍼, 모터댐퍼 및 퓨즈댐퍼의 기능을 비교하여 설명하시오.

배점 : 6 [04년] [05년] [15년] [21년]

• 실전모범답안

구 분	솔레노이드댐퍼	모터댐퍼	퓨즈댐퍼
기능	• **솔레노이드**가 누르게 핀을 이동시켜 작동 • 개구부 면적이 작은 곳에 설치	• **모터**가 누르게 핀을 이동시켜 작동 • 개구부 면적이 넓은 곳에 설치	덕트 내부가 **일정 온도 이상이 되면 퓨즈가 용융**되어 댐퍼에 설치한 폐쇄용 스프링에 의해 자동적으로 폐쇄되는 댐퍼

03 어떤 제연설비에서 풍량이 800m³/min이고, 소요전압이 2mmHg일 때 배출기는 사일런트팬을 사용하려고 한다. 이때 배출기의 이론소요동력 [kW]을 구하시오. (단, 효율은 60%이고, 여유율은 없는 것으로 한다.)

배점 : 5 [09년]

• 실전모범답안

$$\rightarrow P = \frac{P_T \times Q}{6{,}120 \times \eta} \times K = \frac{\left(\frac{2}{760} \times 10{,}332\right) \times 800}{6{,}120 \times 0.6} = 5.923\text{kW}$$

• 답 : 5.92kW

상세해설

$P=\frac{P_T\times Q}{102\times60\times\eta}\times K=\frac{P_T\times Q}{6{,}120\times\eta}\times K$	배연기의 동력
P : 팬의 동력[kW]	➜ $P=\frac{P_T\times Q}{6{,}120\times\eta}\times K$
P_T : 전압[mmAq=mmH$_2$O]	➜ $\frac{2\text{mmHg}}{760\text{mmHg}}\times10{,}332\text{mmAq}$
Q : 풍량[m^3/min]	➜ 800m^3/min
K : 전달계수(여유율)	➜ 여유율 무시 (단서조건)
η : 전효율	➜ 0.6

➜ 배출기의 이론소요동력 : $P=\frac{P_T\times Q}{6{,}120\times\eta}\times K=\frac{\left(\frac{2\text{mmHg}}{760\text{mmHg}}\times10{,}332\text{mmAq}\right)\times800\text{m}^3/\text{min}}{6{,}120\times0.6}=5.923\text{kW}$

$≒5.92\text{kW}$

04 제연설비에서 배출기의 배출풍량이 800m^3/min 전압이 10mmAq이고, 효율이 50%, 전압력 손실과 배연량 누설도 고려한 여유율을 10% 증가시킨 것으로 할 때 배연기의 동력 [kW]을 구하시오.

배점 : 5 [11년] [14년]

• 실전모범답안

➜ $P=\frac{P_T\times Q}{6{,}120\times\eta}\times K=\frac{10\times800}{6{,}120\times0.5}\times1.1=2.875\text{kW}$

• 답 : 2.88kW

상세해설

$P=\frac{P_T\times Q}{102\times60\times\eta}\times K=\frac{P_T\times Q}{6{,}120\times\eta}\times K$	배연기의 동력
P : 팬의 동력[kW]	➜ $P=\frac{P_T\times Q}{6{,}120\times\eta}\times K$
P_T : 전압[mmAq=mmH$_2$O]	➜ 10mmAq
Q : 풍량[m^3/min]	➜ 800m^3/min
K : 전달계수(여유율)	➜ 1.1 (여유율 10% 증가)
η : 전효율	➜ 0.5

➜ 배출기의 이론소요동력 : $P=\frac{P_T\times Q}{6{,}120\times\eta}\times K=\frac{10\text{mmAq}\times800\text{m}^3/\text{min}}{6{,}120\times0.5}\times1.1=2.875\text{kW}≒2.88\text{kW}$

05 **제연설비의 요구되는 이론적 풍량이 600m³/min이고 이때의 풍압이 2.5mmHg로 하려면 전동기의 용량 [kW]을 구하시오.(단, 누설량은 0.5m³/s이며, 누설 손실압력은 0.02mmHg이고 전동기의 효율은 60%, 전달계수는 1.1이다.)** 배점 : 5 [03년]

• 실전모범답안

$Q = 600 + \left(0.5 \times \frac{60}{1}\right) = 630\text{m}^3/\text{min}$

→ $P = \frac{P_T \times Q}{6,120 \times \eta} \times K = \frac{\left(\frac{(2.5+0.02)}{760} \times 10,332\right) \times 630}{6,120 \times 0.6} \times 1.1 = 6.465\text{kW}$

• 답 : 6.47kW

상세해설

$P = \frac{P_T \times Q}{102 \times 60 \times \eta} \times K = \frac{P_T \times Q}{6,120 \times \eta} \times K$	배연기의 동력
P : 팬의 동력[kW]	→ $P = \frac{P_T \times Q}{6,120 \times \eta} \times K$
P_T : 전압[mmAq=mmH₂O] (=풍압+누설손실압력)	→ $\frac{(2.5+0.02)\text{mmHg}}{760\text{mmHg}} \times 10,332\text{mmAq}$
Q : 풍량[m³/min] (=이론적 풍량+누설량)	→ $600\text{m}^3/\text{min} + \left(0.5\text{m}^3/\text{s} \times \frac{60\text{s}}{1\text{min}}\right) = 630\text{m}^3/\text{min}$
K : 전달계수(여유율)	→ 1.1
η : 전효율	→ 0.6

→ **배출기의 이론소요동력 :** $P = \frac{P_T \times Q}{6,120 \times \eta} \times K$

$= \frac{\left(\frac{(2.5+0.02)\text{mmHg}}{760\text{mmHg}} \times 10,332\text{mmAq}\right) \times 630\text{m}^3/\text{min}}{6,120 \times 0.6} \times 1.1$

$= 6.465\text{kW} \fallingdotseq \mathbf{6.47kW}$

06 **다음 제연설비에 관한 물음에 답하시오.** 배점 : 6 [15년]

(1) 배연구에서 측정한 평균풍속이 200cm/s, 배연구의 유효면적이 2m²이고, 실내온도가 20℃일 때 풍량 [m³/min]을 구하시오.

(2) 전압이 30mmAq이고, 효율이 60%, 전압력손실과 배연량 누수를 고려한 여유율을 10% 증가시킨 것으로 할 때 (1)의 풍량을 송풍할 수 있는 배연기의 동력 [kW]을 구하시오.

• 실전모범답안

(1) $Q=AV=200\times\frac{1}{100}\times2=4\times\frac{60}{1}=240m^3/min$

• 답 : $240m^3/min$

(2) $P=\frac{P_T\times Q}{6,120\times\eta}\times K=\frac{30\times240}{6,120\times0.6}\times1.1=2.156kW$

• 답 : 2.16kW

상세해설

(1) 배연기의 풍량[m^3/min]

$Q=AV$	체적유량(연속의 방정식)
Q : 풍량[m^3/s]	→ $Q=AV$
A : 단면적$\left(\frac{\pi}{4}D^2[m^2]\right)$	→ $2m^2$
V : 풍속[m/s]	→ $200cm/s\times\frac{1m}{100cm}$

→ **배출기의 풍량 : $Q=AV=200cm/s\times\frac{1m}{100cm}\times2m^2=4m^3/s\times\frac{60s}{1min}=\mathbf{240m^3/min}$**

(2) 배연기의 동력[kW]

$P=\frac{P_T\times Q}{102\times60\times\eta}\times K=\frac{P_T\times Q}{6,120\times\eta}\times K$	배연기의 동력
P : 팬의 동력[kW]	→ $P=\frac{P_T\times Q}{6,120\times\eta}\times K$
P_T : 전압[$mmAq=mmH_2O$]	→ 30mmAq
Q : 풍량[m^3/min]	→ $240m^3/min$
K : 전달계수(여유율)	→ 1.1
η : 전효율	→ 0.6

→ **배출기의 동력** $P=\frac{P_T\times Q}{6,120\times\eta}\times K=\frac{30mmAq\times240m^3/min}{6,120\times0.6}\times1.1=2.156kW\fallingdotseq\mathbf{2.16kW}$

07 판매장에 제연설비를 다음 조건과 같이 설치할 때 전동기의 출력 [kW]은 최소 얼마이어야 하는지 구하시오.

배점 : 5 [10년] [17년]

[조건]

① 팬의 풍량은 50,000CMH이다.

② 덕트의 길이는 120m, 단위길이당 덕트저항은 0.2mmAq/m로 한다.

③ 배기구저항은 8mmAq, 그릴저항은 4mmAq, 부속류저항은 덕트저항의 40%로 한다. 송풍기효율은 50%로 하고, 전달계수 K는 1.1로 한다.

CHAPTER 05

• **실전모범답안**

P_T=(120×0.2)+8+4+(120×0.2×0.4)=45.6mmAq

→ $P=\frac{P_T \times Q}{6,120 \times \eta} \times K = \frac{45.6 \times \frac{50,000}{60}}{6,120 \times 0.5} \times 1.1$=13.660kW

• **답 :** 13.66kW

상세해설

$P=\frac{P_T \times Q}{102 \times 60 \times \eta} \times K = \frac{P_T \times Q}{6,120 \times \eta} \times K$	배연기의 동력
P : 팬의 동력[kW]	→ $P=\frac{P_T \times Q}{6,120 \times \eta} \times K$
P_T : 전압[mmAq=mmH₂O] (=각종 저항의 합계)	→ 덕트저항+배기구저항+그릴저항+부속류저항 $=(120\text{m} \times 0.2\text{mmAq/m})+8\text{mmAq}+4\text{mmAq}$ $+(120\text{m} \times 0.2\text{mmAq} \times 0.4)=45.6\text{mmAq}$
Q : 풍량[m³/min]	→ $50,000\text{m}^3/\text{h}=\frac{50,000}{60}\text{m}^3/\text{min}$
K : 전달계수(여유율)	→ 1.1
η : 전효율	→ 0.5

→ 제연설비 전동기의 출력 : $P=\frac{P_T \times Q}{6,120 \times \eta} \times K = \frac{45.6\text{mmAq} \times \frac{50,000}{60}\text{m}^3/\text{min}}{6,120 \times 0.5} \times 1.1 = 13.660\text{kW}$

$\fallingdotseq 13.66\text{kW}$

참고 | 풍량의 단위

① CMS(초당 풍량)=m³/s
② CMM(분당 풍량)=m³/min
③ CMH(시간당 풍량)=m³/h

08 다음은 거실제연설비를 설치한 어느 건물의 도면을 나타낸 것이다. 제연구획된 A구역 및 B구역의 소요풍량합계 [m³/min]와 축동력 [kW]을 구하시오. (단, 송풍기전압은 100mmAq, 전압효율은 50%이다.)

배점 : 7 [10년] [16년]

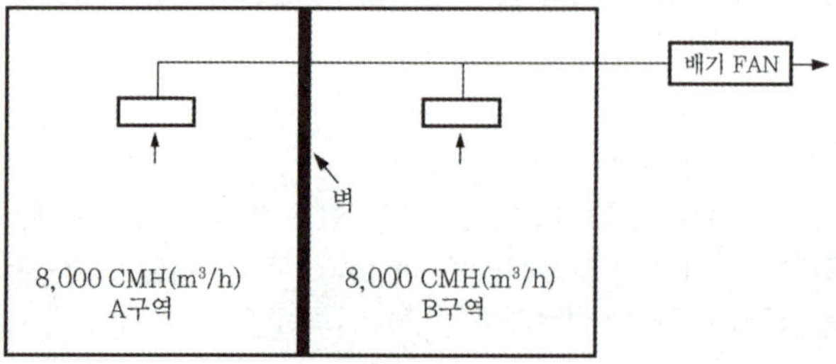

• 실전모범답안

$Q = Q_A + Q_B = 8{,}000 + 8{,}000 = 16{,}000 \times \frac{1}{60} = 266.666 ≒ 266.67 m^3/min$

➜ $P = \frac{P_T \times Q}{6{,}120 \times \eta} = \frac{100 \times 266.67}{6{,}120 \times 0.5} = 8.714 kW$

• 답 : 8.71kW

상세해설

(1) 소요풍량의 합계[m^3/min]

◈ 공동 예상제연구역의 배출량

공동 예상제연구역 안의 예상제연구역이 각각 벽으로 구획된 경우	각 예상제연구역의 배출량을 **합한 것** 이상
공동 예상제연구역 안의 예상제연구역이 각각 제연경계로 구획된 경우	각 예상제연구역의 배출량 중 **최대의 것** 이상

➜ **소요풍량의 합계 : Q** = A구역의 풍량 + B구역의 풍량

$= 8{,}000CMH + 8{,}000CMH$

$= 16{,}000CMH \times \frac{1h}{60min}$

$= 266.666 m^3/min ≒ \mathbf{266.67 m^3/min}$

(2) 축동력[kW]

$P = \frac{P_T \times Q}{102 \times 60 \times \eta} = \frac{P_T \times Q}{6{,}120 \times \eta}$	배연기의 축동력
P : 팬의 동력[kW]	➜ $P = \frac{P_T \times Q}{6{,}120 \times \eta} \times K$
P_T : 전압[$mmAq = mmH_2O$]	➜ 100mmAq
Q : 풍량[m^3/min]	➜ $266.67 m^3/min$ [풀이(1)]
η : 전효율	➜ 0.5

➜ **축동력 : P** $= \frac{P_T \times Q}{6{,}120 \times \eta} = \frac{100mmAq \times 266.67 m^3/min}{6{,}120 \times 0.5} = 8.714kW ≒ \mathbf{8.71kW}$

CHAPTER 05

09 제연설비에 사용되는 송풍기를 설계하고자 한다. 조건을 참고하여 다음 각 물음에 답하시오.

배점 : 6 [12년]

[조건]

① 덕트의 소요전압은 80mmAq이다.
② 송풍기효율 60%, 여유율 15%, 풍량 24,000m^3/h이다.

(1) 전동기의 동력 [kW]을 구하시오.

(2) 상기 송풍기를 시운전한 결과 600rpm에 풍량 18,000m^3/h로 용량이 부족하였다. 이 송풍기의 풍량은 설계조건의 풍량으로 맞추기 위해 회전수를 몇 [rpm]으로 변경하여야 하는지 구하시오.

(3) 제연설비에서 사용되는 송풍기 중 원심식 송풍기의 종류 2가지를 쓰시오.

• **실전모범답안**

(1) $P = \dfrac{P_T \times Q}{6{,}120 \times \eta} \times K = \dfrac{80 \times \dfrac{24{,}000}{60}}{6{,}120 \times 0.6} \times 1.15 = 10.021\text{kW}$

• **답 :** 10.02kW

(2) $N_2 = N_1 \times \dfrac{Q_2}{Q_1} = 600 \times \dfrac{24{,}000}{18{,}000} = 800\text{rpm}$

• **답 :** 800rpm

(3) 터보형 팬, 다익형 팬

상세해설

(1) 전동기의 동력[kW]

$P = \dfrac{P_T \times Q}{102 \times 60 \times \eta} \times K = \dfrac{P_T \times Q}{6{,}120 \times \eta} \times K$	전동기의 동력
P : 팬의 동력[kW]	→ $P = \dfrac{P_T \times Q}{6{,}120 \times \eta} \times K$
P_T : 전압[mmAq=mmH$_2$O]	→ 80mmAq (조건①)
Q : 풍량[m^3/min]	→ $24{,}000\text{m}^3/\text{h} = \dfrac{24{,}000}{60}\text{m}^3/\text{min}$ (조건②)
K : 전달계수(여유율)	→ 1.15 (조건②)
η : 전효율	→ 0.6 (조건②)

→ **제연설비 전동기의 동력 :** $P = \dfrac{P_T \times Q}{6{,}120 \times \eta} \times K = \dfrac{80\text{mmAq} \times \dfrac{24{,}000}{60}\text{m}^3/\text{min}}{6{,}120 \times 0.6} \times 1.15 = 10.021\text{kW}$

$\fallingdotseq 10.02\text{kW}$

(2) 펌프의 상사 법칙(풍량)

$\frac{Q_2}{Q_1} = \frac{N_2}{N_1} \times \left(\frac{D_2}{D_1}\right)^3$	상사의 법칙(풍량)
Q_1, Q_2 : 변경 전, 후의 풍량[m^3/min]	→ $Q_1 = 18{,}000m^3/h$, $Q_2 = 24{,}000m^3/h$
N_1, N_2 : 변경 전, 후의 회전수[rpm]	→ $N_1 = 600rpm$, $N_2 = N_1 \times \frac{Q_2}{Q_1}$
D_1, D_2 : 변경 전, 후의 내경[m]	→ $D_1 = D_2$

→ **변경 후의 회전수** : $N_2 = N_1 \times \frac{Q_2}{Q_1} = 600rpm \times \frac{24{,}000m^3/h}{18{,}000m^3/h} = 800rpm$

(3) 원심식 송풍기의 종류 2가지

대표적인 원심식 송풍기의 종류 및 특징

팬의 종류	특 징
터보형 팬	• 효율이 높고 고속에서도 비교적 정숙한 운전가능 • 고속덕트용으로 사용
다익형 팬	• 임펠러는 깃폭이 좁고 날개익수가 많음 • 낮은 속도에서 운전되며 낮은 압력에서 많은 공기량이 요구될 때 사용됨 • 주로 건물의 공기조화 및 환기용으로 사용
익형 팬	• 고속회전 가능 • 소음이 작음

암기법 터보다익

10 다음 조건을 참고하여 제연설비에 대한 다음 각 물음에 답하시오. 배점 : 15 [07년] [19년]

[조건]
① 바닥면적이 $350m^2$인 거실이다.
② 제연덕트의 길이는 총 80m이고, 덕트저항은 0.2mmAq/m로 한다.
③ 배기구저항은 8mmAq, 그릴저항은 3mmAq, 부속류저항은 덕트저항의 50%로 한다.
④ 송풍기는 Sirocco FAN을 선정하고 효율은 50%로 한다.

(1) 예상제연구역에 필요한 배출량 [m^3/h]을 구하시오.
(2) 송풍기에 필요한 전압 [mmAq]을 구하시오.
(3) 송풍기의 전동기동력 [kW]은 얼마인지 구하시오.(단, K=1.1이다.)
(4) 바닥면적이 $400m^2$ 미만의 거실에서 최저배출량은 $5{,}000m^3/h$ 이상으로 규정하고 있다. 그 이유를 설명하시오.
(5) 다익형 팬의 특징 2가지만 쓰시오.
(6) 회전수가 1,750rpm일 때 이 송풍기의 정압을 1.2배로 높이려면 회전수는 얼마로 증가시켜야 하는지 구하시오.

• **실전모범답안**

(1) $Q=350\times1=350\times\frac{60}{1}=21{,}000\text{m}^3/\text{h}$

• **답 :** 21,000m³/h

(2) $P_T=(80\times0.2)+8+3+(80\times0.2\times0.5)=35\text{mmAq}$

• **답 :** 35mmAq

(3) $P=\frac{P_T\times Q}{6{,}120\times\eta}\times K=\frac{35\times\frac{21{,}000}{60}}{6{,}120\times0.5}\times1.1=4.403\text{kW}$

• **답 :** 4.4kW

(4) 거실에서 최소한의 청정상태를 유지하기 위함

(5) ① 임펠러는 깃폭이 좁고 날개익수가 많음.

② 낮은 속도에서 운전되며 낮은 압력에서 많은 공기량이 요구될 때 사용됨

(6) $N_2=N_1\times\frac{H_2}{H_1}=1{,}750\times\sqrt{\frac{1.2H_1}{H_1}}=1{,}917.028\text{rpm}$

• **답 :** 1,917.03rpm

상세해설

(1) 필요한 배출량[m³/h]

> 배출량[m³/min]=바닥면적[m²]×1m³/min·m²

거실의 바닥면적(350m²)은 400m² 미만이므로 위의 식을 이용하여 배출량[m³/h]을 산정한다.

→ **배출량** : $Q=350\text{m}^2\times1\text{m}^3/\text{min}\cdot\text{m}^2=350\text{m}^3/\text{min}\times\frac{60\text{min}}{1\text{h}}=\mathbf{21{,}000m^3/h}$

(2) 전압[mmAq]

→ **전압** : P_T= 덕트저항+배기구저항+그릴저항+부속류저항

$=(80\text{m}\times0.2\text{mmAq/m})+8\text{mmAq}+3\text{mmAq}+(80\text{m}\times0.2\text{mmAq/m}\times0.5)$

$=\mathbf{35mmAq}$

(3) 전동기의 동력[kW]

$P=\frac{P_T\times Q}{102\times60\times\eta}\times K=\frac{P_T\times Q}{6{,}120\times\eta}\times K$	전동기의 동력
P : 팬의 동력[kW]	→ $P=\frac{P_T\times Q}{6{,}120\times\eta}\times K$
P_T : 전압[mmAq=mmH₂O] (=각종 저항의 합계)	→ 35mmAq [문제(2)]
Q : 풍량[m³/min]	→ $21{,}000\text{m}^3/\text{h}=\frac{21{,}000}{60}\text{m}^3/\text{min}$ [문제(1)]
K : 전달계수(여유율)	→ 1.1 (문제의 단서조건)
η : 전효율	→ 0.5 (조건④)

→ **제연설비 전동기의 동력** : $P=\frac{P_T\times Q}{6{,}120\times\eta}\times K=\frac{35\text{mmAq}\times\frac{21{,}000}{60}\text{m}^3/\text{min}}{6{,}120\times0.5}\times1.1=4.403\text{kW}$

$\fallingdotseq\mathbf{4.4kW}$

(4) 최저배출량의 규정이유

제연설비의 거실에서 최저배출량을 규정하고 있는 이유는 **거실에서 최소한의 청정상태를 유지**하기 위함이다.

(5) 다익형 팬의 특징 2가지

팬의 종류	특 징
다익형 팬	• 임펠러는 깃폭이 좁고 날개익수가 많음 • 낮은 속도에서 운전되며 낮은 압력에서 많은 공기량이 요구될 때 사용됨 • 주로 건물의 공기조화 및 환기용으로 사용

(6) 송풍기의 상사 법칙(양정)

$\frac{H_2}{H_1}=\left(\frac{N_2}{N_1}\right)^2\times\left(\frac{D_2}{D_1}\right)^2$	상사의 법칙(양정)
H_1, H_2 : 변경 전, 후의 양정[m]	→ $1.2H_1 = H_2$
N_1, N_2 : 변경 전, 후의 회전수[rpm]	→ $N_1 = 1{,}750\text{rpm}$, $N_2 = N_1 \times \sqrt{\frac{H_2}{H_1}}$
D_1, D_2 : 변경 전, 후의 내경[m]	→ $D_1 = D_2$

→ **변경 후의 회전수 :** $N_2 = N_1 \times \frac{H_2}{H_1} = 1{,}750\text{rpm} \times \sqrt{\frac{1.2H_1}{H_1}} = 1{,}917.028\text{rpm} \fallingdotseq \mathbf{1{,}917.03rpm}$

11 **다음은 각종 제연방식 중 자연제연방식에 대한 내용이다. 주어진 조건을 참조하여 각 물음에 답하시오.**

배점 : 14 [08년] [10년] [15년] [20년]

[조건]

① 연기층과 공기층의 높이차는 3m이다.
② 외부온도는 27℃, 화재실의 온도는 707℃이다.
③ 공기 평균분자량은 28이고, 연기 평균분자량은 29라고 가정한다.
④ 화재실 및 실외의 기압은 1기압이다.

(1) 연기의 유출속도 [m/s]을 구하시오.
(2) 외부풍속 [m/s]을 구하시오.
(3) 현재 일반적으로 많이 사용하고 있는 제연방식의 종류 3가지만 쓰시오.
(4) 상기 자연제연방식을 변경하여 화재실 상부에 배연기를 설치하여 배출한다면 그 방식은 무엇인지 쓰시오.
(5) 화재실의 바닥면적 300m^2, FAN 효율 0.6, 전압이 70mmHg일 때, 필요한 동력 [kW]을 구하시오. (단, 동력의 여유율은 10%로 한다.)

• **실전모범답안**

(1) $V=\sqrt{2gh\left(\frac{\rho_o-\rho_s}{\rho_s}\right)}=\sqrt{2\times9.8\times3\times\left(\frac{1.137-0.36}{0.36}\right)}$=11.265m/s

→ $\rho_o=\frac{PM}{RT}=\frac{101.325\times28}{8.314\times(273+27)}$=1.137kg/m³

→ $\rho_s=\frac{PM}{RT}=\frac{101.325\times29}{8.314\times(273+707)}$=0.36kg/m³

• **답 :** 11.27m/s

(2) $V_o=\sqrt{\frac{\rho_s}{\rho_o}}\,V_s=\sqrt{\frac{0.36}{1.137}}\times11.27$=6.341m/s

• **답 :** 6.34m/s

(3) 자연제연방식, 스모크타워제연방식, 기계제연방식

(4) 제3종 기계제연방식

(5) $P=\frac{P_T\times Q}{6{,}120\times\eta}\times K=\frac{\left(\frac{70}{760}\times10{,}332\right)\times300}{6{,}120\times0.6}\times1.1$=85.522kW

• **답 :** 85.52kW

상세해설

(1) 연기의 유출속도[m/s]

$V_s=\sqrt{2gh\left(\frac{\rho_o-\rho_s}{\rho_s}\right)}$	토리첼리의 정리
V_s : 연기의 유출속도[m/s]	→ $V_s=\sqrt{2gh(\rho_o-\rho_s/\rho_s)}$ **[풀이②]**
g : 중력가속도[m/s²]	→ 9.8m/s²
h : 연기층과 공기층과의 높이차[m]	→ 3m **(조건①)**
ρ_o : 화재실 외부의 공기밀도[kg/m³]	→ $\rho_o=PM/RT$ **[풀이①]**
ρ_s : 화재실 연기밀도[kg/m³]	→ $\rho_s=PM/RT$ **[풀이①]**

① **외부의 공기밀도(ρ_o), 화재실의 연기밀도(ρ_s)**

$\rho=\frac{PM}{RT}$	이상기체상태방정식(밀도)
ρ : 밀도[kg/m³]	→ $\rho=PM/RT$
P : 절대압=대기압+계기압[Pa=N/m²]	→ 101,325Pa=101.325kPa **(조건④)**
M : 분자량[kg]	→ $M_{air}=28$kg, $M_{smoke}=29$kg **(조건③)**
R : 기체상수[8,313.85N·m/kmol·K =8,313.85J/kmol·K]	→ 8,313.85N·m/kmol·K =8.314kN·m/kmol·K
T : 절대온도[K=273+℃]	→ $T_{air}=(273+27)$K, $T_{smoke}=(273+707)$K **(조건②)**

∴ **외부의 공기밀도 :** $\rho_o=\frac{PM}{RT}=\frac{101.325\text{kPa}\times28\text{kg}}{8.314\text{kN}\cdot\text{m/kmol}\cdot\text{K}\times(273+27)\text{K}}$=**1.137kg/m³**

∴ **화재실 연기밀도 :** $\rho_s=\frac{PM}{RT}=\frac{101.325\text{kPa}\times29\text{kg}}{8.314\text{kN}\cdot\text{m/kmol}\cdot\text{K}\times(273+707)\text{K}}$=**0.36kg/m³**

② **연기의 유출속도** : $V_s = \sqrt{2gh\left(\dfrac{\rho_o - \rho_s}{\rho_s}\right)}$

$$= \sqrt{2 \times 9.8\text{m/s}^2 \times 3\text{m} \times \left(\frac{1.137\text{kg/m}^3 - 0.36\text{kg/m}^3}{0.36\text{kg/m}^3}\right)} = 11.265\text{m/s}$$

$\fallingdotseq$ **11.27m/s**

(2) 외부풍속[m/s]

$V_o = \sqrt{\dfrac{\rho_s}{\rho_o}} \times V_s$	그레이엄의 확산속도 법칙
V_o : 외부풍속[m/s]	➜ $V_o = \sqrt{\rho_s/\rho_o} \times V_s$
V_s : 연기의 유출속도[m/s]	➜ 11.27m/s **[문제(1)]**
ρ_o : 화재실 외부의 공기밀도[kg/m³]	➜ 1.137kg/m³ **[문제(1)]**
ρ_s : 화재실의 연기밀도[kg/m³]	➜ 0.36kg/m³ **[문제(1)]**

➜ **외부풍속** : $V_o = \sqrt{\dfrac{\rho_s}{\rho_o}} \times V_s = \sqrt{\dfrac{0.36\text{kg/m}^3}{1.137\text{kg/m}^3}} \times 11.27\text{m/s} = 6.341\text{m/s} \fallingdotseq \mathbf{6.34m/s}$

(3), (4) 제연방식의 분류

제연방식의 분류

① 자연제연방식	② 스모크타워제연방식	③ 기계제연방식		
		㉠ 제1종 기계제연방식 (송풍기+배연기)	㉡ 제2종 기계제연방식 (송풍기)	㉢ 제3종 기계제연방식 (배연기)
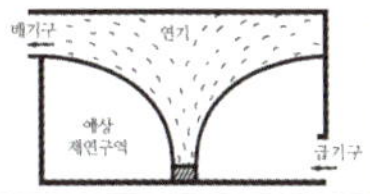	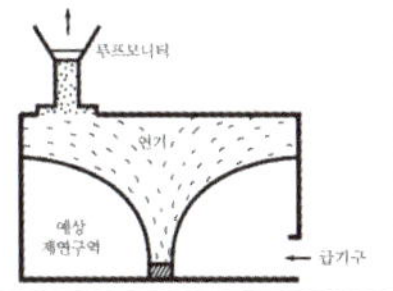	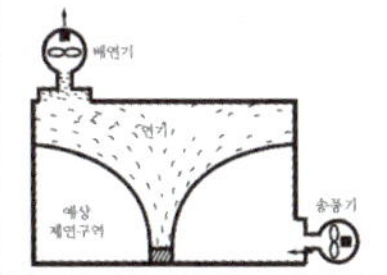	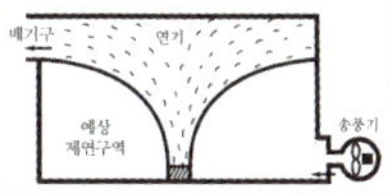	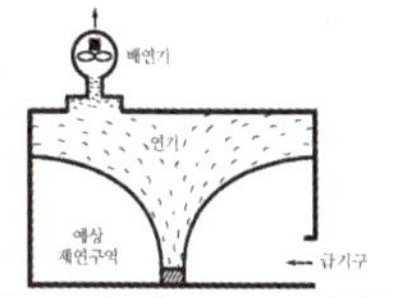

(5) 팬의 동력[kW]

$P = \dfrac{P_T \times Q}{102 \times 60 \times \eta} \times K = \dfrac{P_T \times Q}{6{,}120 \times \eta} \times K$	전동기의 동력
P : 팬의 동력[kW]	➜ $P = \dfrac{P_T \times Q}{6{,}120 \times \eta} \times K$
P_T : 전압[mmAq=mmH₂O]	➜ $\dfrac{70\text{mmHg}}{760\text{mmHg}} \times 10{,}332\text{mmAq}$
Q : 풍량[m³/min]	➜ $300\text{m}^2 \times 1\text{m}^3/\text{min} \cdot \text{m}^2 = 300\text{m}^3/\text{min}$
K : 전달계수(여유율)	➜ 1.1
η : 전효율	➜ 0.6

➜ **팬의 동력** : $P = \dfrac{P_T \times Q}{6{,}120 \times \eta} \times K$

$$= \frac{\left(\dfrac{70\text{mmHg}}{760\text{mmHg}} \times 10{,}332\text{mmAq}\right) \times 300\text{m}^3/\text{min}}{6{,}120 \times 0.6} \times 1.1 = 85.522\text{kW} \fallingdotseq \mathbf{85.52kW}$$

3 주덕트의 최소폭

(1) 배출구

예상제연구역의 각 부분으로부터 하나의 **배출구**까지의 수평거리는 **10m 이내**가 되도록 하여야 한다.

(2) 공기유입구

① **공기가 유입되는 순간의 풍속** : **5m/s** 이하
② **공기유입구의 구조** : 유입공기를 **상향**으로 분출하지 않도록 설치
③ **공기유입구의 크기** : 배출량 $1m^3/min$에 대하여 **$35cm^2$ 이상**
④ **공기유입구의 공기유입량** : 규정에 따른 **배출량**의 배출에 지장이 없는 양

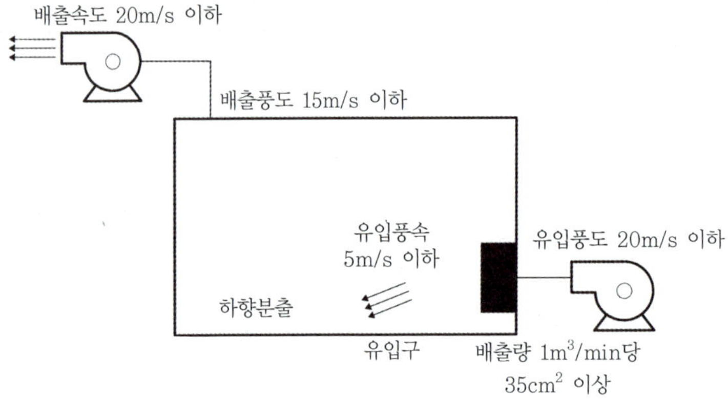

| 거실제연설비 유입구와 배출풍도 |

(3) 배출풍도 및 유입풍도 안의 풍속 🔥🔥🔥

구 분		풍속 V [m/s]	주덕트의 최소폭 산출하기
배출기	흡입측 풍도 안의 풍속	15m/s 이하	$$폭\ W[m] \times 높이\ h[m] = \frac{풍량\ Q[m^3/s]}{풍속\ V[m/s]}$$
	배출측 풍도 안의 풍속	20m/s 이하	
유입풍도 안의 풍속		20m/s 이하	

Mind-Control

최선을 다하지 않으면서
최고를 바라지마라.

- 작자 미상 -

빈번한 기출문제

01 제연설비의 화재안전기술기준에서 다음 각 물음에 답하시오. 배점 : 6 [13년] [22년]

(1) 하나의 제연구역의 면적은 몇 [m^2] 이내로 하여야 하는지 쓰시오.

(2) 예상제연구역의 각 부분으로부터 하나의 배출구까지의 수평거리는 몇 [m] 이내로 하여야 하는지 쓰시오.

(3) 유입풍도 안의 풍속은 몇 [m/s] 이하로 하여야 하는지 쓰시오.

• **실전모범답안**

(1) 하나의 제연구역의 면적기준[m^2]

1,000m^2 이내

(2) 예상제연구역의 각 부분으로부터 하나의 배출구까지의 수평거리[m]

수평거리 10m

(3) 유입풍도 안의 풍속[m/s]

20m/s 이하

02 어떤 지하상가에 제연설비를 화재안전기술기준과 다음 조건에 따라 설치하려고 한다. 다음 각 물음에 답하시오. 배점 : 14 [05년-1회] [05년 - 4회] [07년] [11년] [13년] [15년] [20년]

[조건]

① 주덕트의 높이제한은 600mm이다. (강판두께, 덕트플랜지 및 보온두께는 고려하지 않는다.)

② 배출기는 원심다익형이다.

③ 각종 효율은 무시한다.

④ 예상제연구역의 설계배출량은 45,000CMH이다.

⑤ 공기의 밀도는 일정하다.

(1) 배출기의 흡입측 주덕트의 최소폭 [m]을 계산하시오.

(2) 배출기의 배출측 주덕트의 최소폭 [m]을 계산하시오.

(3) 준공 후 풍량시험을 한 결과 풍량은 36,000CMH, 회전수는 800rpm, 축동력은 7.5kW로 측정되었다. 배출량 45,000CMH를 만족시키기 위한 배출기 회전수 [rpm]를 계산하시오.

(4) 풍량이 36,000CMH일 때 전압이 50mmH_2O이다. 풍량을 45,000CMH으로 변경할 때 전압 [mmH_2O]을 구하시오.

(5) 회전수를 높여서 배출량을 만족시킬 경우의 예상 축동력 [kW]을 계산하시오.

• **실전모범답안**

(1) $W=\dfrac{Q}{V\times h}=\dfrac{45,000\times\dfrac{1}{3,600}}{15\times0.6}=1.388\text{m}$

• **답 :** 1.39m

(2) $W=\dfrac{Q}{V\times h}=\dfrac{45,000\times\dfrac{1}{3,600}}{20\times0.6}=1.041\text{m}$

• **답 :** 1.04m

(3) $N_2=N_1\times\dfrac{Q_2}{Q_1}=800\times\dfrac{45,000}{36,000}=1,000\text{rpm}$

• **답 :** 1,000rpm

(4) $H_2=H_1\times\left(\dfrac{N_2}{N_1}\right)^2=H_1\times\left(\dfrac{Q_2}{Q_1}\right)^2=50\times\left(\dfrac{45,000}{36,000}\right)^2=78.125\text{mmH}_2\text{O}$

• **답 :** 78.13mmH₂O

(5) $P_2=P_1\times\left(\dfrac{N_2}{N_1}\right)^3=P_1\times\left(\dfrac{Q_2}{Q_1}\right)^3=7.5\times\left(\dfrac{45,000}{36,000}\right)^3=14.648\text{kW}$

• **답 :** 14.65kW

상세해설

(1) 배출기의 흡입측 주덕트의 최소폭[m]

구 분		풍속 V [m/s]	주덕트의 최소폭 산출하기
배출기	흡입측 풍도 안의 풍속	15m/s 이하	폭 W[m] × 높이 h [m] = $\dfrac{\text{풍량 }Q[\text{m}^3/\text{s}]}{\text{풍속 }V[\text{m/s}]}$
	배출측 풍도 안의 풍속	20m/s 이하	
유입풍도 안의 풍속		20m/s 이하	

$W=\dfrac{Q}{V\times h}$	주덕트의 최소 폭
W : 주덕트의 최소폭[m]	➜ $W=Q/V\times h$
Q : 풍량[m³/s]	➜ $45,000\text{CMH}\times\dfrac{1\text{h}}{3,600\text{s}}$ **(조건④)**
V : 풍속[m/s]	➜ 15m/s **(배출기의 흡입측 풍도 안의 풍속)**
h : 높이[m]	➜ 600mm = 0.6m **(조건①)**

➜ **배출기의 흡입측 주덕트의 최소폭 :** $W=\dfrac{Q}{V\times h}=\dfrac{45,000\text{CMH}\times\dfrac{1\text{h}}{3,600\text{s}}}{15\text{m/s}\times0.6\text{m}}=1.388\text{m}\fallingdotseq\mathbf{1.39m}$

(2) 배출기의 배출측 주덕트의 최소폭[m]

$W=\frac{Q}{V\times h}$	주덕트의 최소 폭
W : 주덕트의 최소폭[m]	→ $W=Q/V\times h$
Q : 풍량[m^3/s]	→ $45,000\text{CMH}\times\frac{1\text{h}}{3,600\text{s}}$ (조건④)
V : 풍속[m/s]	→ 20m/s (배출기의 배출측 풍도 안의 풍속)
h : 높이[m]	→ 600mm = 0.6m (조건①)

→ **배출기의 배출측 주덕트의 최소폭 :** $W=\frac{Q}{V\times h}=\frac{45,000\text{CMH}\times\frac{1\text{h}}{3,600\text{s}}}{20\text{m/s}\times 0.6\text{m}}=1.041\text{m}\fallingdotseq\mathbf{1.04m}$

(3) 송풍기의 상사 법칙(풍량)

$\frac{Q_2}{Q_1}=\frac{N_2}{N_1}\times\left(\frac{D_2}{D_1}\right)^3$	상사의 법칙(풍량)
Q_1, Q_2 : 변경 전, 후의 풍량[m^3/min]	→ $Q_1=36,000\text{m}^3/\text{h}$, $Q_2=45,000\text{m}^3/\text{h}$
N_1, N_2 : 변경 전, 후의 회전수[rpm]	→ $N_1=800\text{rpm}$, $N_2=N_1\times\frac{Q_2}{Q_1}$
D_1, D_2 : 변경 전, 후의 내경[m]	→ $D_1=D_2$

→ **변경 후의 회전수 :** $N_2=N_1\times\frac{Q_2}{Q_1}=800\text{rpm}\times\frac{45,000\text{m}^3/\text{h}}{36,000\text{m}^3/\text{h}}=\mathbf{1,000rpm}$

(4) 송풍기의 상사 법칙(양정)

$\frac{H_2}{H_1}=\left(\frac{N_2}{N_1}\right)^2\times\left(\frac{D_2}{D_1}\right)^2$	상사의 법칙(양정)
H_1, H_2 : 변경 전, 후의 양정[m]	→ $H_1=50\text{mmH}_2\text{O}$, $H_2=H_1\times\left(\frac{N_2}{N_1}\right)^2=H_1\times\left(\frac{Q_2}{Q_1}\right)^2$
N_1, N_2 : 변경 전, 후의 회전수[rpm]	→ $\frac{N_2}{N_1}=\frac{Q_2}{Q_1}=\frac{45,000\text{m}^3/\text{h}}{36,000\text{m}^3/\text{h}}$
D_1, D_2 : 변경 전, 후의 내경[m]	→ $D_1=D_2$

→ **변경 후의 양정 :** $H_2=H_1\times\left(\frac{N_2}{N_1}\right)^2=H_1\times\left(\frac{Q_2}{Q_1}\right)^2$

$$=50\text{mmH}_2\text{O}\times\left(\frac{45,000\text{CMH}}{36,000\text{CMH}}\right)^2=78.125\text{mmH}_2\text{O}\fallingdotseq\mathbf{78.13mmH_2O}$$

(5) 송풍기의 상사 법칙(축동력)

$\dfrac{P_2}{P_1}=\left(\dfrac{N_2}{N_1}\right)^3\times\left(\dfrac{D_2}{D_1}\right)^5$	상사의 법칙(축동력)
P_1, P_2 : 변경 전, 후의 축동력[kW]	➜ $P_1=7.5\text{kW},\ P_2=P_1\times\left(\dfrac{N_2}{N_1}\right)^3=P_1\times\left(\dfrac{Q_2}{Q_1}\right)^3$
N_1, N_2 : 변경 전, 후의 회전수[rpm]	➜ $\dfrac{N_2}{N_1}=\dfrac{Q_2}{Q_1}=\dfrac{45{,}000\text{m}^3/\text{h}}{36{,}000\text{m}^3/\text{h}}$
D_1, D_2 : 변경 전, 후의 내경[m]	➜ $D_1=D_2$

➜ **변경 후의 축동력**: $P_2=P_1\times\left(\dfrac{N_2}{N_1}\right)^3=P_1\times\left(\dfrac{Q_2}{Q_1}\right)^3=7.5\text{kW}\times\left(\dfrac{45{,}000\text{CMH}}{36{,}000\text{CMH}}\right)^3=14.648\text{kW}$

$\fallingdotseq 14.65\text{kW}$

03 바닥면적이 380m²인 다른 거실의 제연설비에 대해 다음 물음에 답하시오. 배점 : 12 [16년]

(1) 소요배출량 [m³/h]을 구하시오.
(2) 배출기의 흡입측 풍도의 높이를 600mm로 할 때 풍도의 최소폭 [mm]을 구하시오.
(3) 송풍기의 전압이 50mmAq, 회전수는 1,200rpm이고, 효율이 55%인 다익송풍기 사용 시 전동기동력 [kW]을 구하시오. (단, 송풍기의 여유율은 20%이다.)
(4) 송풍기의 회전차 크기를 변경하지 않고 배출량을 20% 증가시키고자 할 때 회전수 [rpm]를 구하시오.
(5) (4)의 계산결과 회전수로 운전할 경우 송풍기의 전압 [mmAq]을 구하시오.
(6) (5)에서의 계산결과를 근거로 15kW 전동기를 설치한 후 풍량의 20%를 증가시켰을 경우 전동기의 사용가능 여부를 설명하시오.(단, 전달계수는 1.1이다.)

• **실전모범답안**

(1) $Q=380\times1\times\dfrac{60}{1}=22{,}800\text{m}^3/\text{h}$

• **답** : 22,800m³/h

(2) $W=\dfrac{Q}{V\times h}=\dfrac{22{,}800\times\dfrac{1}{3{,}600}}{15\times0.6}=0.703\text{m}=703\text{mm}$

• **답** : 703mm

(3) $P=\dfrac{P_T\times Q}{6{,}120\times\eta}\times K=\dfrac{50\times\dfrac{22{,}800}{60}}{6{,}120\times0.55}\times1.2=6.773\text{kW}$

• **답** : 6.77kW

(4) $N_2=N_1\times\dfrac{Q_2}{Q_1}=1{,}200\times\dfrac{1.2\times22{,}800}{22{,}800}=1{,}440\text{rpm}$

• **답** : 1,440rpm

(5) $H_2 = H_1 \times \left(\frac{N_2}{N_1}\right)^2 = 50 \times \left(\frac{1,440}{1,200}\right)^2 = 72\text{mmH}_2\text{O}$

• **답 :** 72mmH_2O

(6) $P = \frac{P_T \times Q}{6,120 \times \eta} \times K = \frac{72 \times \frac{22,800}{60} \times 1.2}{6,120 \times 0.55} \times 1.1 = 10.729\text{kW}$

• **답 :** 15kW 전동기 사용가능

상세해설

(1) 소요배출량[m³/h]

배출량$[\text{m}^3/\text{min}]$=바닥면적$[\text{m}^2] \times 1\text{m}^3/\text{min} \cdot \text{m}^2 \times 1.5$

경유거실의 바닥면적(380m²)은 400m² 미만이므로 위의 식을 이용하여 배출량[m³/h]을 산정한다.

➜ **배출량 :** $Q = 380\text{m}^2 \times 1\text{m}^3/\text{min} \cdot \text{m}^2 \times \frac{60\text{min}}{1\text{h}} = \mathbf{22,800m^3/h}$

(2) 배출기의 흡입측 풍도의 최소폭[mm]

구 분		풍속 V [m/s]	주덕트의 최소 폭 산출하기
배출기	흡입측 풍도 안의 풍속	15m/s 이하	폭 $W[\text{m}] \times$ 높이 $h[\text{m}] = \frac{\text{풍량 } Q[\text{m}^3/\text{s}]}{\text{풍속 } V[\text{m/s}]}$
	배출측 풍도 안의 풍속	20m/s 이하	
유입풍도 안의 풍속		20m/s 이하	

$W = \frac{Q}{V \times h}$	주덕트의 최소 폭
W : 주덕트의 최소폭[m]	➜ $W = Q/V \times h$
Q : 풍량[m³/s]	➜ $22,800\text{CMH} \times \frac{1\text{h}}{3,600\text{s}}$ [문제(1)]
V : 풍속[m/s]	➜ 15m/s (배출기의 흡입측 풍도 안의 풍속)
h : 높이[m]	➜ 600mm = 0.6m

➜ **배출기의 흡입측 주덕트의 최소폭 :** $W = \frac{Q}{V \times h} = \frac{22,800\text{CMH} \times \frac{1\text{h}}{3,600\text{s}}}{15\text{m/s} \times 0.6\text{m}} = 0.703\text{m} \fallingdotseq \mathbf{703mm}$

Tip 풍도의 최소 폭의 단위가 [mm]임에 주의하자!

(3) 전동기의 동력[kW]

$P = \frac{P_T \times Q}{102 \times 60 \times \eta} \times K = \frac{P_T \times Q}{6,120 \times \eta} \times K$	전동기의 동력
P : 팬의 동력[kW]	➜ $P = \frac{P_T \times Q}{6,120 \times \eta} \times K$
P_T : 전압[mmAq=mmH_2O]	➜ 50mmAq
Q : 풍량[m³/min]	➜ $22,800\text{CMH} \times \frac{1\text{h}}{60\text{min}}$ [문제(1)]
K : 전달계수(여유율)	➜ 1.2 (여유율 20%)
η : 전효율	➜ 0.55

➜ **전동기의 동력 :** $P = \frac{P_T \times Q}{6,120 \times \eta} \times K = \frac{50\text{mmAq} \times \frac{22,800}{60}\text{m}^3/\text{min}}{6,120 \times 0.55} \times 1.2 = 6.773\text{kW} \fallingdotseq \mathbf{6.77kW}$

(4) 송풍기의 상사 법칙(풍량)

$\frac{Q_2}{Q_1} = \frac{N_2}{N_1} \times \left(\frac{D_2}{D_1}\right)^3$	상사의 법칙(풍량)
Q_1, Q_2 : 변경 전, 후의 풍량[m^3/min]	➜ $Q_1 = 22,800\text{m}^3/\text{h}$, $Q_2 = 1.2 \times 22,800\text{m}^3/\text{h}$ **(배출량 20% 증가)**
N_1, N_2 : 변경 전, 후의 회전수[rpm]	➜ $N_1 = 1,200\text{rpm}$, $N_2 = N_1 \times \frac{Q_2}{Q_1}$
D_1, D_2 : 변경 전, 후의 내경[m]	➜ $D_1 = D_2$

➜ **변경 후의 회전수 :** $N_2 = N_1 \times \frac{Q_2}{Q_1} = 1,200\text{rpm} \times \frac{1.2 \times 22,800\text{m}^3/\text{h}}{22,800\text{m}^3/\text{h}} = \mathbf{1,440rpm}$

(5) 송풍기의 상사 법칙(양정) (문제(4)의 회전수로 운전할 경우)

$\frac{H_2}{H_1} = \left(\frac{N_2}{N_1}\right)^2 \times \left(\frac{D_2}{D_1}\right)^2$	상사의 법칙(양정)
H_1, H_2 : 변경 전, 후의 양정[m]	➜ $H_1 = 50\text{mmH}_2\text{O}$, $H_2 = H_1 \times \left(\frac{N_2}{N_1}\right)^2$
N_1, N_2 : 변경 전, 후의 회전수[rpm]	➜ $N_1 = 1,200\text{rpm}$, $N_2 = 1,440\text{rpm}$
D_1, D_2 : 변경 전, 후의 내경[m]	➜ $D_1 = D_2$

➜ **변경 후의 양정 :** $H_2 = H_1 \times \left(\frac{N_2}{N_1}\right)^2 = 50\text{mmH}_2\text{O} \times \left(\frac{1,440\text{rpm}}{1,200\text{rpm}}\right)^2 = \mathbf{72mmH_2O}$

(6) 풍량 20% 증가 시 전동기의 사용가능 여부(문제(5)의 계산결과 근거)

$P = \frac{P_T \times Q}{102 \times 60 \times \eta} \times K = \frac{P_T \times Q}{6,120 \times \eta} \times K$	전동기의 동력
P : 팬의 동력[kW]	➜ $P = \frac{P_T \times Q}{6,120 \times \eta} \times K$
P_T : 전압[$\text{mmAq} = \text{mmH}_2\text{O}$]	➜ 72mmAq **[문제(5)]**
Q : 풍량[m^3/min]	➜ $22,800\text{CMH} \times \frac{1\text{h}}{60\text{min}} \times 1.2$ **[문제(1)]**
K : 전달계수(여유율)	➜ 1.1
η : 전효율	➜ 0.55

➜ **제연설비 전동기의 동력 :** $P = \frac{P_T \times Q}{6,120 \times \eta} \times K = \frac{72\text{mmAq} \times \frac{22,800}{60} \times 1.2\text{m}^3/\text{min}}{6,120 \times 0.55} \times 1.1$

$= 10.729\text{kW} \fallingdotseq \mathbf{10.73kW}$ **(15kW의 전동기 사용 가능)**

※ **주의 :** 공식을 문제 조건에 따라 전동기동력(전달계수)을 적용해야 하므로 상사법칙에 따른 축동력 관련 공식을 적용하지 않는다.

04 다음의 도면, 조건 및 덕트 설계도를 참고로 하여 제연설비의 설계과정 중의 공란을 채우고 배출기의 소요동력 [kW]을 구하시오.

배점 : 15 [03년] [21년]

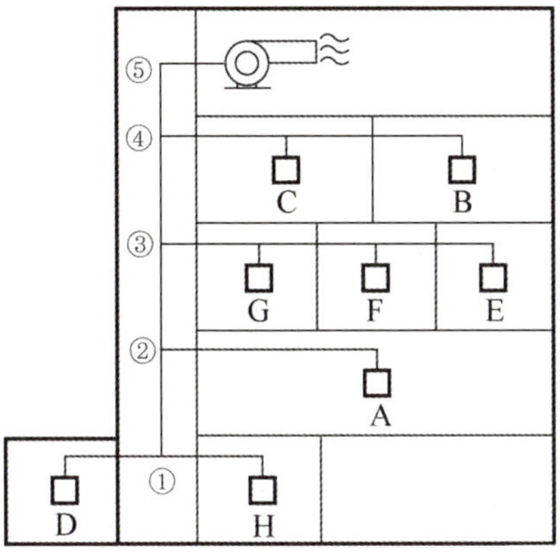

[조건]

① A~H는 각 거실의 명칭(제연구획)이다.
② ①~④지점은 메인덕트와 분기덕트의 분기지점이다.
③ A_Q~H_Q는 각 거실의 설계 배연풍량 [m^3/min]이다.
④ 배출풍도 계통 중 한 부분의 통과 풍량은 같은 분기덕트에 속하는 말단에 있는 배연구의 해당 풍량가운데 최대풍량의 2배가 통과할 수 있게 한다.
⑤ 각 제연구역의 용적의 크기는 A>B>C>D>E>F>G>H이다.
⑥ 메인덕트 내의 풍속 15m/s, 분기덕트의 풍속은 10m/s로 가정한다.
⑦ 덕트의 관경[cm]은 32, 40, 50, 65, 80, 100, 125, 150으로 한다.
⑧ 각 거실의 설계 배출풍량은 다음 표와 같다.

구 분	배출풍량[m^3/min]	구 분	배출풍량[m^3/min]
A_Q	400	E_Q	180
B_Q	300	F_Q	150
C_Q	250	G_Q	100
D_Q	200	H_Q	80

(1) 다음 ㉠~㉥을 구하시오.

배출풍도의 부분	통과풍량[m^3/min]	담당제연구역	덕트의 직경[cm]
D~①	D_Q (200)	D	80
H~①	H_Q (80)	H	50
①~②	$2D_Q$ (400)	D,H	㉤
A~②	A_Q (400)	A	100
②~③	$2A_Q$ (800)	A, D, H	125
E~F	E_Q (180)	E	㉥
F~G	$2E_Q$ (360)	E, F	100

배출풍도의 부분	통과풍량[m³/min]	담당제연구역	덕트의 직경[cm]
G~③	㉠	E, F, G	㉦
③~④	㉡	A, D, E, G, F, H	125
B~C	B_Q (300)	B	80
C~④	㉢	B, C	㉧
④~⑤	㉣	A–H	125

(2) 이 덕트의 소요전압이 14.7mmHg이고, 배출기는 터보형 원심송풍기를 사용하려 한다. 이 배출기의 이론소요동력 [kW]을 구하시오. (단, 송풍기의 효율은 50%이며, 여유율은 고려하지 않는다.)

• **실전모범답안**

(1) ㉠ $2E_Q$(360) ㉡ $2A_Q$(800) ㉢ $2B_Q$(600) ㉣ $2A_Q$(800)

㉤ $D_{①-②}=\sqrt{\dfrac{4\times400}{\pi\times900}}$ =0.75225m=75.225cm

㉥ $D_{E-F}=\sqrt{\dfrac{4\times180}{\pi\times600}}$ =0.61803m=61.803cm

㉦ $D_{G-③}=\sqrt{\dfrac{4\times360}{\pi\times600}}$ =0.87403m=87.403cm

㉧ $D_{C-④}=\sqrt{\dfrac{4\times600}{\pi\times600}}$ =1.12837m=112.837cm

• **답 :** ㉠ $2E_Q$(360), ㉡ $2A_Q$(800), ㉢ $2B_Q$(600), ㉣ $2A_Q$(800), ㉤ 80cm 선정, ㉥ 65cm 선정, ㉦ 100cm 선정, ㉧ 125cm 선정

(2) $P=\dfrac{P_T\times Q}{6,120\times\eta}\times K=\dfrac{\left(\dfrac{14.7}{760}\times10,332\right)\times800}{6,120\times0.5}$ =52.246kW

• **답 :** 52.25kW

상세해설

(1) 통과풍량[m³/min] 및 덕트의 직경[cm]

① 통과풍량[m³/min]

배출풍도의 부분	담당제연구역								통과풍량[m³/min]
	A_Q(400)	B_Q(300)	C_Q(250)	D_Q(200)	E_Q(180)	F_Q(150)	G_Q(100)	H_Q(80)	
D~①				●					D_Q (200)
H~①								●	H_Q (80)
①~②				●				○	$2D_Q$ (400)
A~②	●								A_Q (400)
②~③	●			○				○	$2A_Q$ (800)
E~F					●				E_Q (180)
F~G					●	○			$2E_Q$ (360)
G~③					●	○	○		㉠ $2E_Q$ (360)

배출풍도의 부분	담당제연구역								통과풍량 [m³/min]
	A_Q(400)	B_Q(300)	C_Q(250)	D_Q(200)	E_Q(180)	F_Q(150)	G_Q(100)	H_Q(80)	
③~④	●			○	○	○	○	○	㉡ $2A_Q$ (800)
B~C		●							B_Q (300)
C~④		●	○						㉢ $2B_Q$ (600)
④~⑤	●	○	○	○	○	○	○	○	㉣ $2A_Q$ (800)

➜ 조건④에 따라 담당제연구역이 2개 이상인 경우에는 해당 계통에 흐르는 제연구역의 풍량 중 **최대풍량[●]의 2배를 적용한다.**

② **덕트의 직경[cm]**

$Q=AV=\frac{\pi}{4}D^2V$	**연속의 방정식(체적유량)**
Q : 유량[m³/s]	➜ **각 덕트관에서의 풍량 적용**
A : 배관단면적$\left(\frac{\pi}{4}D^2[m^2]\right)$	➜ $D=\sqrt{\frac{4Q}{\pi V}}$
V : 유속[m/s]	➜ ㉠ 메인덕트 내 풍속 : $V_{main}=15m/s\times\frac{60s}{1min}=900m/min$ **(조건⑥)** ㉡ 분기덕트 내 풍속 : $V=10m/s\times\frac{60s}{1min}=600m/min$ **(조건⑥)**

배출풍도의 부분			덕트의 직경[cm] $\left(D=\sqrt{\frac{4Q}{\pi V}}\right)$	직경선정 (조건⑦)
D~① (분기덕트)	유량 Q	200m³/min	$D_{D-①}=\sqrt{\frac{4\times 20m^3/min}{\pi\times 600m/min}}$ =0.65147m=65.147cm	80cm 선정
	유속 V	600m/min		
H~① (분기덕트)	유량 Q	80m³/min	$D_{H-①}=\sqrt{\frac{4\times 80m^3/min}{\pi\times 600m/min}}$ =0.41202m=41.202cm	50cm 선정
	유속 V	600m/min		
①~② (메인덕트)	유량 Q	400m³/min	$D_{①-②}=\sqrt{\frac{4\times 400m^3/min}{\pi\times 900m/min}}$ =0.75225m=75.225cm	**㉤ 80cm 선정**
	유속 V	900m/min		
A~② (분기덕트)	유량 Q	400m³/min	$D_{A-②}=\sqrt{\frac{4\times 400m^3/min}{\pi\times 600m/min}}$ =0.92131m=92.131cm	100cm 선정
	유속 V	600m/min		
②~③ (메인덕트)	유량 Q	800m³/min	$D_{②-③}=\sqrt{\frac{4\times 800m^3/min}{\pi\times 900m/min}}$ =1.06384m=106.384cm	125cm 선정
	유속 V	900m/min		
E~F (분기덕트)	유량 Q	180m³/min	$D_{E-F}=\sqrt{\frac{4\times 180m^3/min}{\pi\times 600m/min}}$ =0.61803m=61.803cm	**㉥ 65cm 선정**
	유속 V	600m/min		
F~G (분기덕트)	유량 Q	360m³/min	$D_{F-G}=\sqrt{\frac{4\times 360m^3/min}{\pi\times 600m/min}}$ =0.87403m=87.403cm	100cm 선정
	유속 V	600m/min		
G~③ (분기덕트)	유량 Q	360m³/min	$D_{G-③}=\sqrt{\frac{4\times 360m^3/min}{\pi\times 600m/min}}$ =0.87403m=87.403cm	㉦ 100cm 선정
	유속 V	600m/min		
③~④ (메인덕트)	유량 Q	800m³/min	$D_{③-④}=\sqrt{\frac{4\times 800m^3/min}{\pi\times 900m/min}}$ =1.06384m=106.384cm	125cm 선정
	유속 V	900m/min		

배출풍도의 부분	덕트의 직경[cm] $\left(D=\sqrt{\frac{4Q}{\pi V}}\right)$			직경선정 (조건⑦)
B~C (분기덕트)	유량 Q	$300m^3/min$	$D_{B-C}=\sqrt{\frac{4\times 300m^3/min}{\pi\times 600m/min}}=0.79788m=79.788cm$	80cm 선정
	유속 V	$600m/min$		
C~④ (분기덕트)	유량 Q	$600m^3/min$	$D_{C-④}=\sqrt{\frac{4\times 600m^3/min}{\pi\times 600m/min}}=1.12837m=112.837cm$	◎ **125cm 선정**
	유속 V	$600m/min$		
④~⑤ (메인덕트)	유량 Q	$800m^3/min$	$D_{④-⑤}=\sqrt{\frac{4\times 800m^3/min}{\pi\times 900m/min}}=1.06384m=106.384cm$	125cm 선정
	유속 V	$900m/min$		

(2) **전동기의 동력[kW]**

$P=\frac{P_T\times Q}{102\times 60\times\eta}\times K=\frac{P_T\times Q}{6{,}120\times\eta}\times K$	전동기의 동력
P : 팬의 동력[kW]	→ $P=\frac{P_T\times Q}{6{,}120\times\eta}\times K$
P_T : 전압[mmAq=mmH$_2$O]	→ $\frac{14.7mmHg}{760mmHg}\times 10{,}332mmAq$
Q : 풍량[m^3/min]	→ $2A_Q=800m^3/min$ **(문제(1) 중 최대풍량 적용)**
K : 전달계수(여유율)	→ **여유율은 고려하지 않음**
η : 전효율	→ 0.5

→ **전동기의 동력** : $P=\frac{P_T\times Q}{6{,}120\times\eta}\times K=\frac{\left(\frac{14.7mmHg}{760mmHg}\times 10{,}332mmAq\right)\times 800m^3/min}{6{,}120\times 0.5}=52.246kW$

$\fallingdotseq 52.25kW$

Mind-Control

순간을 미루면 인생마저 미루게 된다.

\- 마틴 베레가드 -

4 특별피난계단의 계단실 및 부속실 제연설비(차압제연설비)

(1) 특별피난계단의 계단실 및 부속실 제연설비

특별피난계단의 계단실 및 부속실에 급기 가압하여 화재실 또는 계단실 및 비상용 승강기의 수직관통부로의 연기유입을 차단하는 설비

(2) 제연구역의 선정

① 계단실 및 그 부속실을 동시에 제연하는 것
② 부속실만을 단독으로 제연하는 것
③ 계단실만을 단독으로 제연하는 것

(3) 차압 및 개방력

① 제연구역과 옥내와의 사이에 유지하여야 하는 최소차압은 **40Pa(옥내에 스프링클러설비가 설치된 경우에는 12.5Pa) 이상**으로 할 것
② 제연설비가 가동되었을 경우 출입문의 개방에 필요한 힘은 **110N 이하**로 할 것
③ 출입문이 일시적으로 개방되는 경우 개방되지 아니하는 제연구역과 옥내와의 차압은 40Pa(옥내에 스프링클러설비가 설치된 경우에는 12.5Pa)의 **70% 미만**이 되어서는 아니됨
④ 계단실과 부속실을 동시에 제연하는 경우 부속실의 기압은 계단실과 같게 하거나 기압보다 낮게 할 경우에는 부속실과 계단실의 압력차이는 **5Pa 이하**가 되도록 할 것

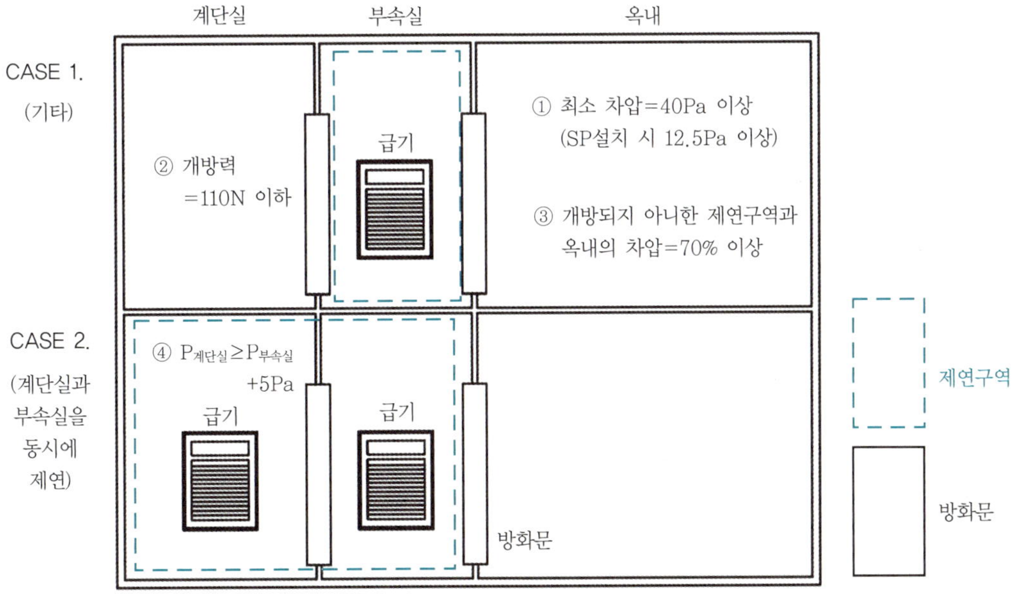

| 특별피난계단의 계단실 및 부속실 제연설비 – 차압 및 개방력 |

CHAPTER 05

참고 | 개방력

① **개방력(F)** : 화재발생 시 제연설비가 기동된 상태에서 거실과 부속실 출입문 개방에 필요한 힘(110N 이하)

$$F = F_{dc} + F_P$$

여기서, F : 개방력[N]

F_{dc} : 도어체크의 저항력(방화문에 설치된 자동폐쇄장치를 저항할 수 있는 힘, 평상 시 제연설비가 기동되기 전 방화문에 작용하는 힘)[N]

F_P : 차압에 의해 방화문에 미치는 힘(제연설비가 기동에 의해 추가된 힘)[N]

② **차압에 의해 방화문에 미치는 힘(F_P)**

$$F_P = \frac{K_d \cdot W \cdot A \cdot \Delta P}{2(W-d)}$$

여기서, K_d : 상수, W : 방화문의 폭[m], A : 방화문의 면적[m²], ΔP : 비제연구역과의 차압[Pa]

d : 문의 손잡이에서 문의 가장자리까지의 거리[m]

(4) 급기량=누설량 + 보충량

$$Q_{급기} = Q_{누설} + Q_{보충}$$

① **급기량** : 제연구역에 공급하여야 할 공기의 양
② **누설량** : 틈새를 통하여 제연구역으로부터 흘러나가는 공기의 양
③ **보충량** : 방연풍속을 유지하기 위하여 제연구역에 보충하여야 할 공기의 양

(5) 방연풍속

① **정의** : 옥내로부터 제연구역 내로 연기의 유입을 유효하게 방지할 수 있는 풍속
② **제연구역의 선정방식에 따른 방연풍속**

제연구역		방연풍속
계단실 및 그 부속실을 동시에 제연하는 것 / 계단실만 단독으로 제연하는 것		0.5m/s 이상
부속실만 단독으로 제연하는 것	부속실 또는 승강장이 면하는 옥내가 거실인 경우	0.7m/s 이상
	부속실이 면하는 옥내가 복도로서 그 구조가 방화구조(내화시간이 30분 이상인 구조 포함)인 것	0.5m/s 이상

Mind - Control

성공하기 위해 지녀야 할 자질이 있는데,
이는 명확한 목표, 목표에 대한 지식, 성취하고자 하는 불타는 열망이다.

- 나폴레옹 힐 -

빈번한 기출문제

01 특별피난계단의 계단실 및 부속실 제연설비에서 제연구역의 선정기준 3가지를 쓰시오.

배점 : 4 [11년] [14년]

• 실전모범답안

(1) 계단실 및 그 부속실을 동시에 제연하는 것
(2) 부속실만을 단독으로 제연하는 것
(3) 계단실을 단독으로 제연하는 것

02 특별피난계단의 계단실 및 부속실 제연설비의 화재안전기준에서 차압에 대하여 다음 물음에 ( ) 안에 적당한 숫자로 답하시오.

배점 : 4 [11년] [14년]

(1) 제연구역과 옥내와의 사이에 유지하여야 하는 최소차압은 ( )Pa[옥내에 스프링클러설비가 설치된 경우에는 ( )Pa] 이상으로 하여야 한다.
(2) 제연설비가 가동되었을 경우 출입문의 개방에 필요한 힘은 ( )N 이하로 하여야 한다.
(3) 출입문이 일시적으로 개방되는 경우 개방되지 아니하는 제연구역과 옥내와의 차압은 (1)의 기준에 불구하고 제(1)의 기준에 따른 차압의 ( )% 미만이 되어서는 아니 된다.
(4) 계단실과 부속실을 동시에 제연하는 경우 부속실의 기압은 계단실과 같게 하거나 계단실의 기압보다 낮게 할 경우에는 부속실과 계단실의 압력 차이는 ( )Pa 이하가 되도록 하여야 한다.

• 실전모범답안

(1) 제연구역과 옥내와의 사이에 유지하여야 하는 최소차압은 (40)Pa[옥내에 스프링클러설비가 설치된 경우에는 (12.5)Pa] 이상으로 하여야 한다.

(2) 제연설비가 가동되었을 경우 출입문의 개방에 필요한 힘은 (110)N 이하로 하여야 한다.

(3) 출입문이 일시적으로 개방되는 경우 개방되지 아니하는 제연구역과 옥내와의 차압은 (1)의 기준에 불구하고 제연구역와 옥내와의 차압은 40Pa(스프링클러설비 설치 시 12.5Pa 차압의 (70)% 미만이 되어서는 아니 된다.

(4) 계단실과 부속실을 동시에 제연하는 경우 부속실의 기압은 계단실과 같게 하거나 계단실의 기압보다 낮게 할 경우에는 부속실과 계단실의 압력 차이는 (5)Pa 이하가 되도록 하여야 한다.

참고 2003년 2회 기출

※ 다음과 같이 문제가 출제된 적이 있다!

| 문 | 특별피난계단 및 비상용 승강기의 승강장에 설치하는 급기가압방식인 제연설비의 제연구역과 옥내 사이의 압력차 [Pa]는 얼마이어야 하는지 쓰시오. (단, 옥내에 스프링클러설비가 설치되어 있다.) [배점 : 3점]

| 답 | 옥내에 스프링클러설비가 설치되어 있으므로 제연구역과 옥내 사이의 압력차는 **12.5Pa 이상**이어야 한다.

03 특별피난계단의 계단실 및 부속실 제연설비에 대하여 주어진 조건을 참고하여 다음 각 물음에 답하시오.

배점 : 6 [15년] [19년] [20년] [21년]

[조건]

① 거실과 부속실의 출입문 개방에 필요한 힘 F_1=60N이다.
② 화재 시 거실과 부속실의 출입문 개방에 필요한 힘 F_2=110N이다.
③ 출입문 폭(W)은 1m이고, 높이(H)은 2.1m이다.
④ 손잡이는 출입문 끝에 있다고 가정한다.
⑤ 스프링클러설비는 설치되어 있지 않다.

(1) 제연구역 선정기준 3가지만 쓰시오.
(2) 제시된 조건을 이용하여 부속실과 거실 사이의 차압 [Pa]을 구하고, 국가화재안전기준에 따른 최소차압기준과 비교하여 적합여부를 설명하시오.

• **실전모범답안**

(1) ① 계단실 및 그 부속실을 동시에 제연하는 것
② 부속실만을 단독으로 제연하는 것
③ 계단실을 단독으로 제연하는 것

(2) $\Delta P = \dfrac{F_P \cdot 2(W-d)}{K_d \cdot W \cdot A} = \dfrac{50\times2\times(1-0)}{1\times1\times2.1}$ =47.619Pa

• **답 :** 47.62Pa, 화재안전기준에서 규정하는 차압 40Pa 이상이므로 적합하다.

상세해설

(1) 제연구역 선정기준
① 계단실 및 그 부속실을 동시에 제연하는 것
② 부속실만을 단독으로 제연하는 것
③ 계단실을 단독으로 제연하는 것

(2) 특별피난계단의 계단실 및 부속실 제연설비의 최소차압 기준 비교

$F=F_{dc}+F_P=F_{dc}+\dfrac{K_d W\cdot A\cdot \Delta P}{2(W-d)}$	개방력
F : 문의 개방에 필요한 힘[N]	→ 110N
F_{dc} : 도어체크의 저항력[N]	→ 60N
F_P : 차압에 의해 방화문에 미치는 힘[N]	→ $F_P=F-F_{dc}=F_2-F_1=110\text{N}-60\text{N}=50\text{N}$
K_d : 상수 (=1)	→ 1
W : 방화문의 폭[m]	→ 1m
A : 방화문의 면적[m²]	→ $1\text{m}\times 2.1\text{m}$
ΔP : 비제연구역과의 차압[Pa]	→ $\Delta P=\dfrac{F_P\cdot 2(W-d)}{K_d\cdot W\cdot A}$
d : 문의 손잡이에서 문의 가장자리까지의 거리[m]	→ 0m **(조건④)**

→ **비제연구역과의 차압 :** $\Delta P=\dfrac{F_P\cdot 2(W-d)}{K_d\cdot W\cdot A}=\dfrac{50\text{N}\times 2\times(1\text{m}-0\text{m})}{1\times 1\text{m}\times 2.1\text{m}^2}=47.617\text{Pa}\fallingdotseq \mathbf{47.62Pa}$

∴ 산출된 차압은 **47.62Pa**로 화재안전기준에서 정하는 최소차압 기준 **40Pa 이상**이므로 적합하다.

04 특별피난계단의 부속실에 설치하는 제연설비에 관한 다음 물음에 답하시오. 배점 : 6 [16년] [23년]

(1) 옥내의 압력이 750mmHg일 때 화재 시 부속실에 유지하여야 할 최소압력은 절대압력으로 몇 [kPa]인지를 구하시오. (단, 옥내의 스프링클러설비가 설치되지 아니한 경우이다.)

(2) 부속실만 단독으로 제연하는 방식이며 부속실이 면하는 옥내가 복도로서 그 구조가 방화구조이다. 제연구역에는 옥내와 면하는 2개의 출입문이 있으며 각 출입문의 크기는 가로 1m, 세로 2m이다. 이때 유입공기의 배출은 배출구에 따른 배출방식으로 할 경우 개폐기의 최소개구면적 [m²]를 구하시오.

• **실전모범답안**

(1) $P=\left(\dfrac{750}{760}\times 101{,}325\right)+40=100{,}031.776\text{Pa}=100.031\text{kPa}$

• **답 :** 100.03kPa

(2) $A_o=\dfrac{Q}{2.5}=\dfrac{(1\times 2)\times 0.5}{2.5}=0.4\text{m}^2$

• **답 :** 0.4m²

상세해설

(1) 특별피난계단의 부속실에 유지되어야 할 최소압력[kPa]

화재안전기준에서 정하는 최소차압 기준은 40Pa(옥내에 스프링클러설비가 설치된 경우 12.5Pa)이며, 해당 문제조건에 따라 옥내에는 스프링클러설비가 설치되어 있지 않으므로 **최소차압 기준은 40Pa**이다.

→ 특별피난계단의 부속실에 유지되어야 할 최소압력=옥내의 압력+최소차압 기준

$$=\left(\frac{750\text{mmHg}}{760\text{mmHg}}\times 101{,}325\text{Pa}\right)+40\text{Pa}$$
$$=100{,}031.776\text{Pa}=100.031\text{kPa}$$
$$\fallingdotseq 100.03\text{kPa}$$

(2) **개폐기의 최소개구면적(A_o)**

$A_o=\dfrac{Q_N}{2.5}$	개폐기의 개구면적
A_o : 개폐기의 개구면적[m²]	→ $A_o=Q_N/2.5$
Q_N : 수직풍도가 담당하는 1개 층의 제연구역의 출입문(옥내와 면하는 출입문) 1개의 면적[m²]과 방연풍속[m/s]을 곱한 값[m³/s]	→ **옥내와 면하는 출입문 1개의 면적[m²]×방연풍속[m/s]** $=(1\text{m}\times 2\text{m})\times 0.5\text{m/s}$ **(부속실 단독 제연, 복도)**

→ **개폐기의 개구면적 :** $A_o=\dfrac{Q_N}{2.5}=\dfrac{(1\text{m}\times 2\text{m})\times 0.5\text{m/s}}{2.5}=0.4\text{m}^2$

방연풍속의 기준

제연구역		방연풍속
계단실 및 그 부속실을 동시에 제연하는 것 / 계단실만 단독으로 제연하는 것		0.5m/s 이상
부속실만 단독으로 제연하는 것	부속실 또는 승강장이 면하는 옥내가 거실인 경우	0.7m/s 이상
	부속실이 면하는 옥내가 복도로서 그 구조가 방화구조(내화시간이 30분 이상인 구조 포함)인 것	0.5m/s 이상

참고 | 유입공기의 배출

1. **수직풍도에 따른 배출**
   - ㉠ 자연배출($A_p=\dfrac{Q_N}{2\text{m/s}}$)
   - ㉡ 기계배출
2. **배출구에 따른 배출**($A_o=\dfrac{Q_N}{2.5\text{m/s}}$)
3. **제연설비에 따른 배출**

Tip "유입공기"란 제연구역으로부터 옥내로 유입하는 공기로서 차압에 따라 누설하는 것과 출입문의 개방에 따라 유입하는 것을 말한다.

Mind-Control

밤이 깊어졌다는 것은 곧 새벽이 다가오고 해가 뜰거란 의미이듯
우리 인생에도 반드시 해뜰날이 온다. 힘내자!!

- 전대진 -

5 차압제연설비의 누설틈새면적

(1) 누설량(Q)

$$Q=0.827AP^{\frac{1}{n}}$$

여기서, Q : 누설량[m^3/s]
A : 누설틈새면적의 합[m^2]
P : 차압[Pa]
n : 방화문의 경우 2, 창문의 경우 1.6

(2) 누설틈새면적(A)

① **틈새면적의 직렬연결 및 병렬연결**

직렬연결	병렬연결
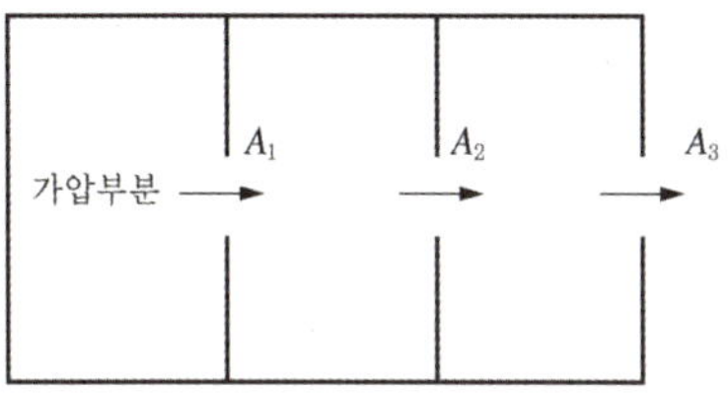	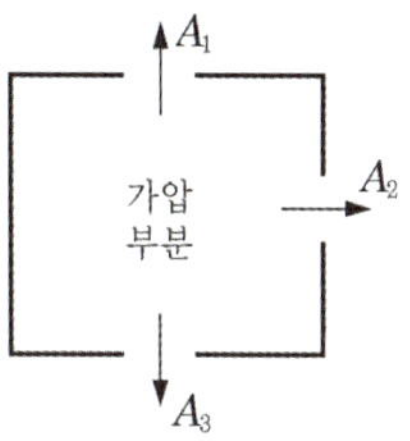
$A=\dfrac{1}{\sqrt{\dfrac{1}{A_1^2}+\dfrac{1}{A_2^2}+\dfrac{1}{A_3^2}+\cdots}}$ 여기서, A : 누설틈새면적의 합[m^2] A_1, A_2, A_3 : 각 실의 누설틈새면적[m^2]	$A=A_1+A_2+A_3+\cdots$ 여기서, A : 누설틈새면적의 합[m^2] A_1, A_2, A_3 : 각 실의 누설틈새면적[m^2]

② **누설틈새면적의 간소화**

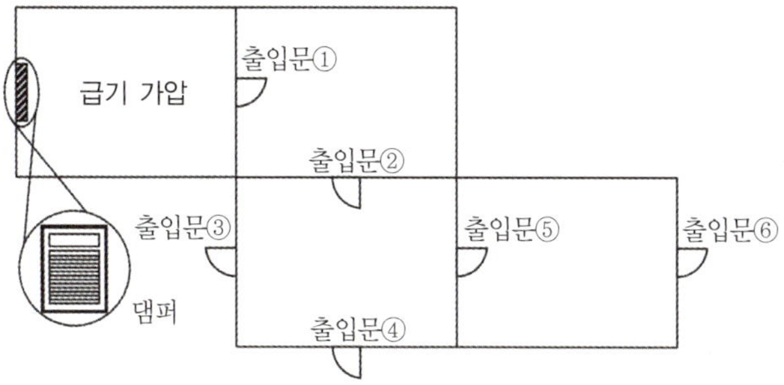

- 가압하는 실에서 **가장 멀리 있는 실의 출입문**에서부터 계산한다. (각 출입문의 틈새면적은 $0.01m^2$로 가정한다.)

↓ ↓

CHAPTER 05

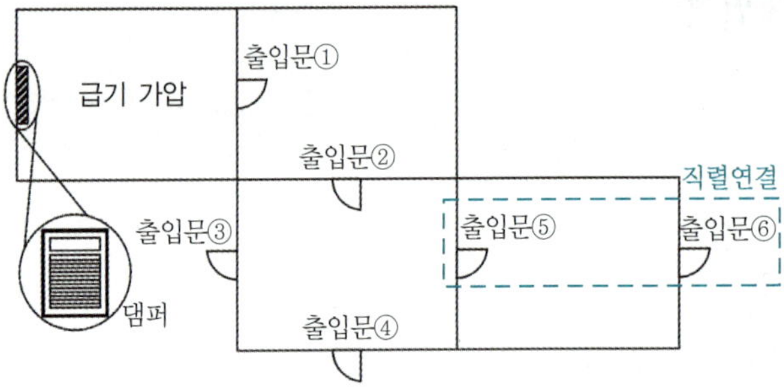

• A⑤~A⑥ 직렬연결

$$= \frac{1}{\sqrt{\frac{1}{A⑤^2}+\frac{1}{A⑥^2}}}$$

$$= \frac{1}{\sqrt{\frac{1}{0.01^2 m^2}+\frac{1}{0.01^2 m^2}}}$$

$= 0.007 m^2$

↓

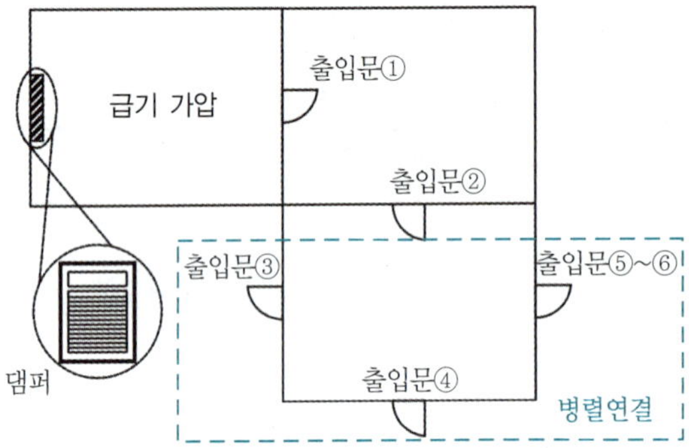

• A③~A⑥ 병렬연결

$=$

$A③ + A④ + (A⑤ - A⑥)$

$= 0.01 m^2 + 0.01 m^2 + 0.007 m^2$

$= 0.027 m^2$

↓

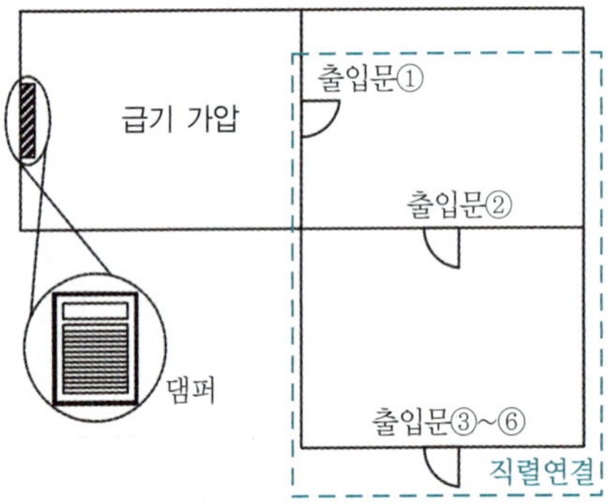

• A①~A⑥ 직렬연결

$$= \frac{1}{\sqrt{\frac{1}{A①^2}+\frac{1}{A②^2}+\frac{1}{(A③-A⑥)^2}}}$$

$$= \frac{1}{\sqrt{\frac{1}{0.01^2 m^2}+\frac{1}{0.01^2 m^2}+\frac{1}{0.027^2 m^2}}}$$

$= 0.0068 m^2$

↓

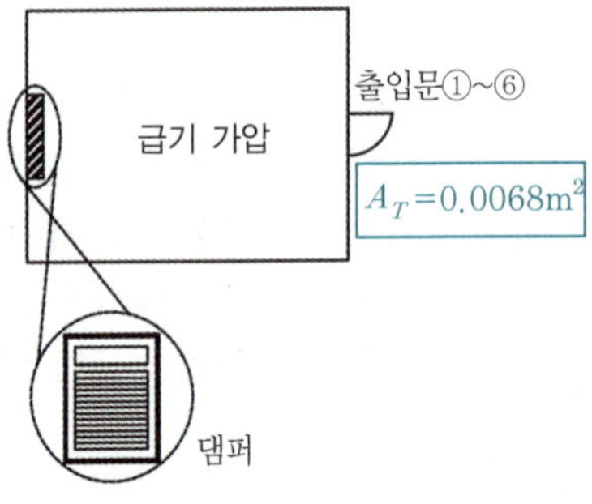

• A①~ A⑥의 총 틈새면적을 정리하면 다음과 같다.
(총 틈새면적 $A_T = 0.0068 m^2$)

(3) 차압(P)

① 최소차압 기준 : **40Pa 이상**

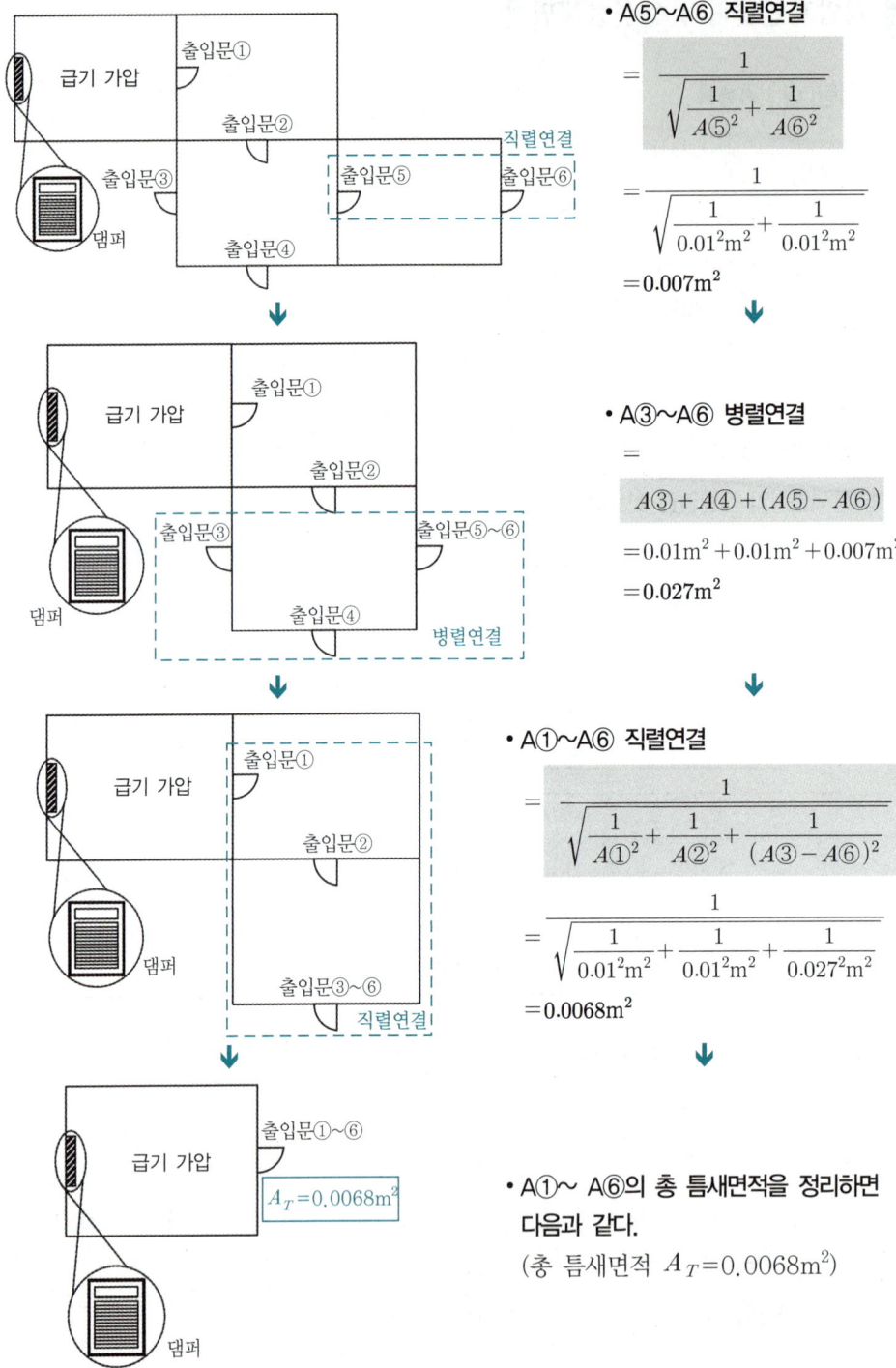

② 옥내에 스프링클러설비가 설치된 경우 최소차압 기준 : **12.5Pa 이상**

빈번한 기출문제

01 그림은 어느 실의 평면도로서 A_1, A_2는 출입문이며 출입문 외의 틈새가 없다고 한다. 출입문이 닫힌 상태에서 실을 가압하여 실과 외부 간에 50Pa의 기압차를 얻기 위하여 실에 급기하여야 할 풍량 [m³/s]을 구하시오. (단, 닫힌 문 A_1, A_2에 의해 공기가 유통될 수 있는 틈새면적은 각각 0.01m²이다.)

배점 : 5 [04년] [15년]

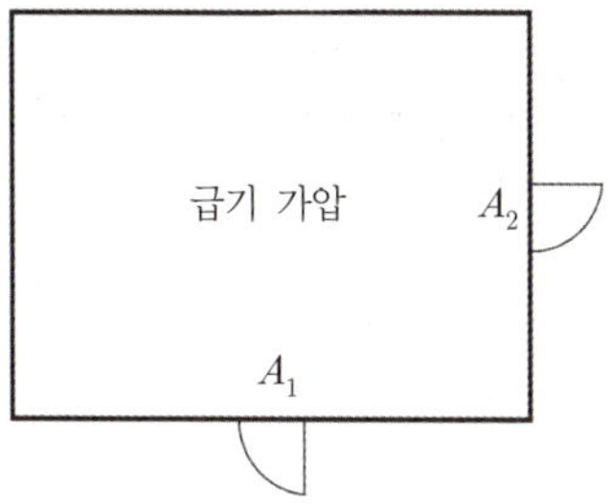

• **실전모범답안**

→ $Q=0.827A\sqrt{P}=0.827\times(0.01+0.01)\times\sqrt{50}=0.116\text{m}^3/\text{s}$

• **답 :** $0.12\text{m}^3/\text{s}$

상세해설

$Q=0.827A\sqrt{P}$	누설량
Q : 누설량[m³/s]	→ $Q=0.827A\sqrt{P}$
A : 누설틈새면적의 합[m²]	→ $0.01\text{m}^2+0.01\text{m}^2$ **(병렬연결)**
P : 차압[Pa]	→ 50Pa

→ **누설량 :** $Q=0.827A\sqrt{P}=0.827\times(0.01\text{m}^2+0.01\text{m}^2)\times\sqrt{50\text{Pa}}=0.116\text{m}^3/\text{s}\fallingdotseq\mathbf{0.12m^3/s}$

참고 | **풍량의 단위**

※ 해당 문제와 구하는 값이 동일하나, 다음과 같이 물으며 그림이 주어지지 않고 출제될 수 있다.

[문] 구획된 1개의 실에 틈새면적이 0.01m²인 출입문 2개가 있다. 실은 출입문 이외의 틈새가 없다고 한다. 출입문이 닫혀진 상태에서 실을 급기·가압하여 실과 외부간의 50Pa의 기압차를 얻기 위하여 실에 급기하여야 할 풍량 [m³/s]을 구하시오. (단, 소수점은 넷째자리에서 반올림하여 셋째자리까지 구할 것.)

| 답 | **누설량** $Q=0.827\times(0.01\text{m}^2+0.01\text{m}^2)\times\sqrt{50\text{Pa}}=0.1169\text{m}^3/\text{s}\fallingdotseq\mathbf{0.117m^3/s}$ (조건에 따라 소수점에 주의하여 답안작성)

02 그림은 서로 직렬연결된 2개의 실 Ⅰ·Ⅱ의 평면도로서 A_1, A_2는 출입문이며, 각 실은 출입문 이외의 틈새가 없다고 한다. 출입문이 닫혀진 상태에서 실Ⅰ을 급기·가압하여 실Ⅰ과 외부 간의 50Pa의 기압차를 얻기 위하여 실Ⅰ에 급기시켜야 할 풍량 [m³/s]을 구하시오. (단, 닫힌 문 A_1, A_2에 의해 공기가 유동될 수 있는 면적은 각각 0.02m²이며, 임의의 어느 실에 대한 급기량 Q[m³/s]와 얻고자 하는 기압차 P(파스칼)의 관계식은 $Q=0.827\times A\times\sqrt{P}$이다.)

배점 : 4 [08년] [17년]

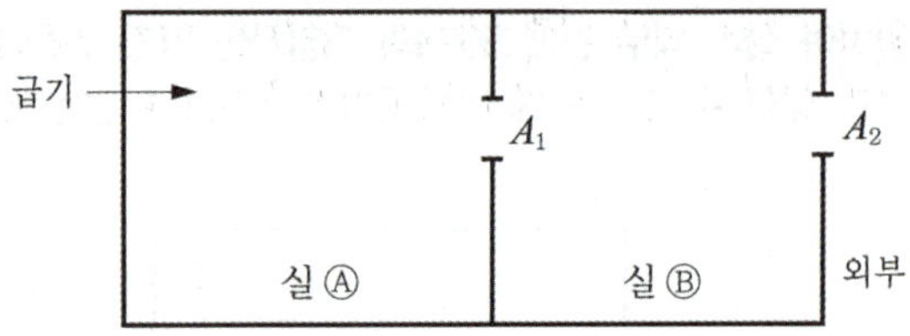

• **실전모범답안**

$$A=\frac{1}{\sqrt{\frac{1}{A_1^2}+\frac{1}{A_2^2}}}=\frac{1}{\sqrt{\frac{1}{0.02^2}+\frac{1}{0.02^2}}}=0.014\text{m}^2$$

→ $Q=0.827A\sqrt{P}=0.827\times0.014\times\sqrt{50}=0.081\text{m}^3/\text{s}$

• **답 :** 0.08m³/s

상세해설

$Q=0.827A\sqrt{P}$	누설량
Q : 누설량[m³/s]	→ $Q=0.827A\sqrt{P}$
A : 누설틈새면적의 합[m²]	→ $\frac{1}{\sqrt{\frac{1}{0.02^2\text{m}^2}+\frac{1}{0.02^2\text{m}^2}}}=0.014\text{m}^2$ **(직렬연결)**
P : 차압[Pa]	→ 50Pa

→ **누설량 :** $Q=0.827A\sqrt{P}=0.827\times0.014\text{m}^2\times\sqrt{50\text{Pa}}=0.081\text{m}^3/\text{s}\fallingdotseq\mathbf{0.08m^3/s}$

03 어느 건축물의 평면도이다. 이 실들 중 A실에 급기가압을 하고 창문 A_4, A_5, A_6은 외기와 접해 있을 경우 A실을 기준으로 외기와의 유효 개구틈새면적을 구하시오. (단, 모든 개구부의 틈새면적은 0.01m²로 동일하다.)

배점 : 5 [03년] [08년] [16년] [22년 1,4회] [23년 1,2회]

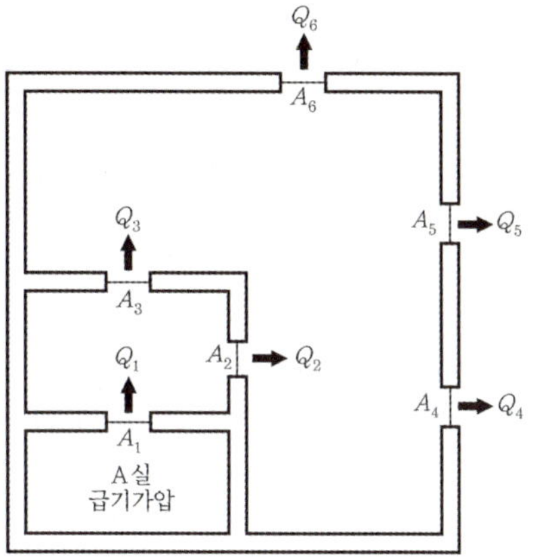

• **실전모범답안**

$A_4 \sim A_6$=0.01+0.01+0.01=0.03 (병렬)

$A_2 \sim A_3$=0.01+0.01=0.02 (병렬)

$$\rightarrow A = \frac{1}{\sqrt{\frac{1}{A_1^2}+\frac{1}{A_2^2}+\frac{1}{A_3^2}}} = \frac{1}{\sqrt{\frac{1}{0.01^2}+\frac{1}{0.02^2}+\frac{1}{0.03^2}}} = 0.008\text{m}^2$$

• **답** : 0.01m²

상세해설

(1) 병렬연결 계산

① $A_4 \sim A_6 = 0.01\text{m}^2 + 0.01\text{m}^2 + 0.01\text{m}^2 = 0.03\text{m}^2$

② $A_2 \sim A_3 = 0.01\text{m}^2 + 0.01\text{m}^2 = 0.02\text{m}^2$

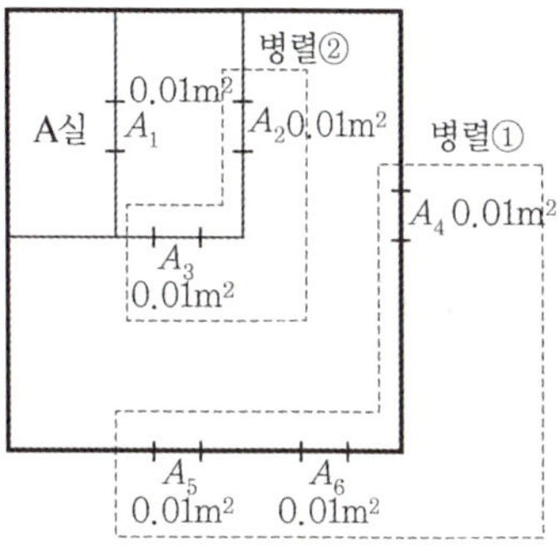

| 틈새면적의 병렬연결 |

(2) 직렬연결 계산

문제의 그림을 간소화하면 다음과 같다.

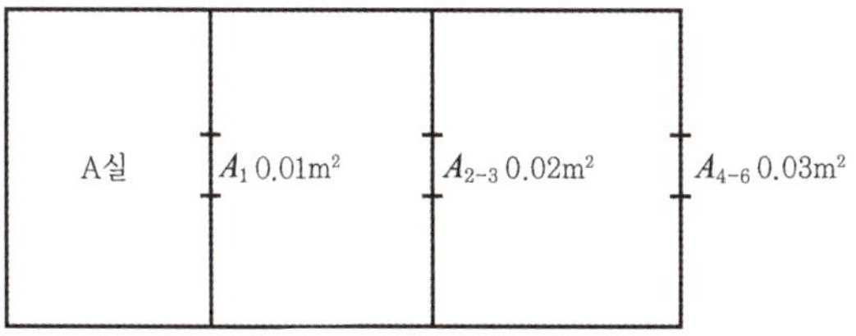

$$\rightarrow \text{누설틈새면적의 합계} : A = \frac{1}{\sqrt{\frac{1}{A_1^2}+\frac{1}{A_2^2}+\frac{1}{A_3^2}}} = \frac{1}{\sqrt{\frac{1}{0.01^2\text{m}^2}+\frac{1}{0.02^2\text{m}^2}+\frac{1}{0.03^2\text{m}^2}}} = 0.008\text{m}^2$$

$$\fallingdotseq 0.01\text{m}^2$$

04 그림에서 A실을 급기가압하며 옥외와의 압력차가 50Pa이 유지되도록 하려고 한다. 급기량 [m³/min]을 구하시오.

배점 : 5 [07년] [12년] [16년] [21년]

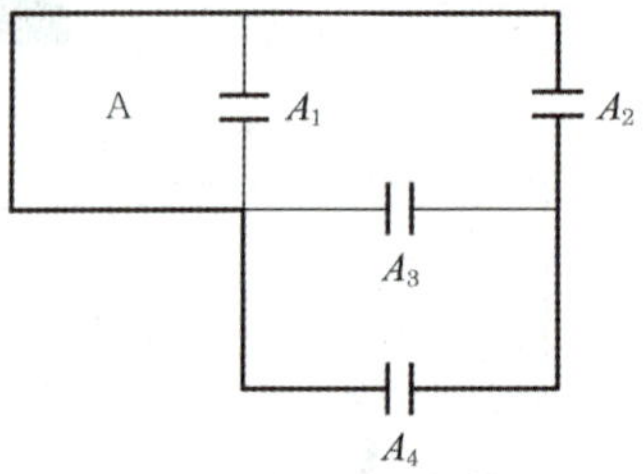

[조건]

① 급기량(Q)은 $Q = 0.827 \times A \times \sqrt{P_1 - P_2}$로 구한다.

② 그림에서 A_1, A_2, A_3, A_4는 닫힌 출입문으로 공기누설 틈새면적은 모두 0.01m²로 한다. (여기서, Q : 급기량[m³/s], A : 틈새면적[m²], P_1, P_2 : 급기가압실 내·외의 기압[Pa])

• **실전모범답안**

$$A_3 \sim A_4 = \frac{1}{\sqrt{\frac{1}{0.01^2} + \frac{1}{0.01^2}}} = 0.007 \text{ (직렬)}$$

$$A_2 \sim (A_3 \sim A_4) = 0.01 + 0.007 = 0.017 \text{ (병렬)}$$

$$A_1 \sim (A_2 \sim A_4) = \frac{1}{\sqrt{\frac{1}{0.01^2} + \frac{1}{0.017^2}}} = 0.008 \text{ (직렬)}$$

→ $Q = 0.827A\sqrt{P} = 0.827 \times 0.008 \times \sqrt{50} = 0.0467 \times \frac{60}{1} = 2.802\text{m}^3/\text{min}$

• **답** : 2.8m³/min

상세해설

$Q = 0.827A\sqrt{P}$	누설량
Q : 누설량[m³/s]	→ $Q = 0.827A\sqrt{P}$ **[풀이(2)]**
A : 누설틈새면적의 합[m²]	→ $A = A_1 \sim A_4$ **[풀이(1)]**
P : 차압[Pa]	→ 50Pa

(1) 누설틈새면적 A

① $A_1 = A_2 = A_3 = A_4 = 0.01\text{m}^2$ **(조건②)**

② $A_3 \sim A_4 = \dfrac{1}{\sqrt{\dfrac{1}{0.01^2\text{m}^2} + \dfrac{1}{0.01^2\text{m}^2}}} = 0.007\text{m}^2$ **(직렬연결)**

③ A_2와 $A_3 \sim A_4 = 0.01\text{m}^2 + 0.007\text{m}^2 = 0.017\text{m}^2$ **(병렬연결)**

④ A_1과 $A_2 \sim A_4 = \dfrac{1}{\sqrt{\dfrac{1}{0.01^2\text{m}^2}+\dfrac{1}{0.017^2\text{m}^2}}}$ =0.008m² (직렬연결)

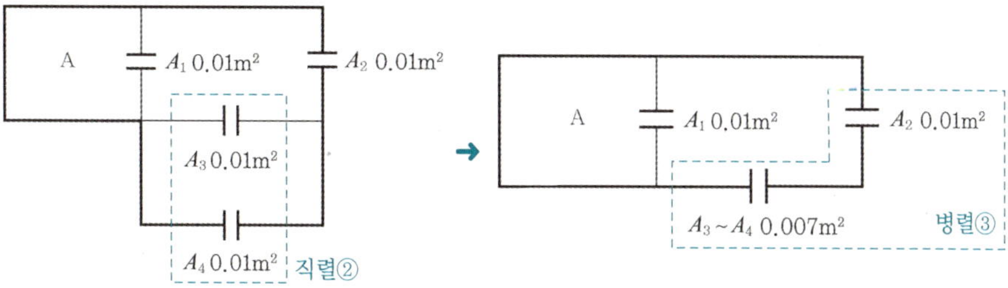

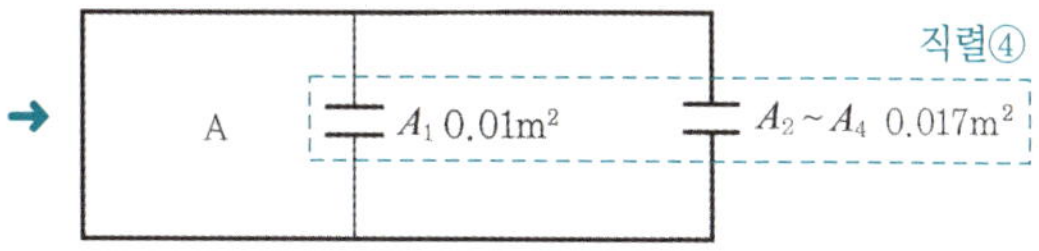

(2) 누설량 : $Q = 0.827A\sqrt{P} = 0.827 \times 0.008\text{m}^2 \times \sqrt{50\text{Pa}} = 0.0467\text{m}^3/\text{s} \times \dfrac{60\text{s}}{1\text{min}} = 2.802\text{m}^3/\text{min}$

$\fallingdotseq 2.8\text{m}^3/\text{min}$

05 다음 그림은 어느 실들의 평면도이다. 이 실들 중 A실을 급기가압하고자 할 때 주어진 조건을 이용하여 다음을 구하시오. 배점 : 9 [05년] [09년] [11년] [12년] [15년] [17년] [18년] [20년] [21년] [23년]

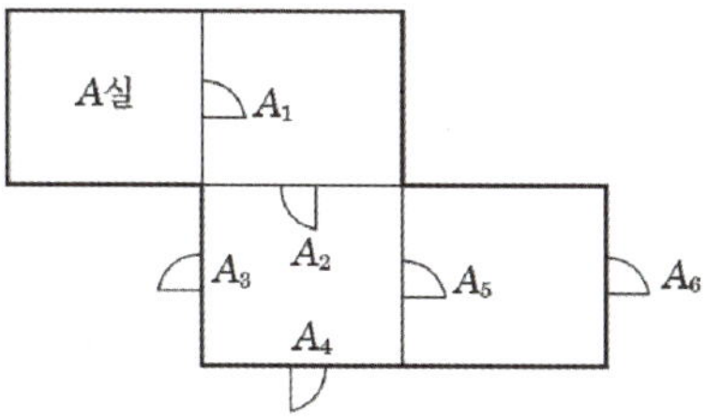

[조건]
① 실외부 대기의 기압은 절대압력으로 101,300Pa로서 일정하다.
② A실에 유지하고자 하는 기압은 절대압력으로 101,400Pa이다.
③ 각 실의 문들의 틈새면적은 0.01m²이다.

(1) A실의 전체 누설틈새면적 A [m²]를 구하시오. (단, 소수점 아래 6째자리에서 반올림하여 소수점 아래 5째자리까지 나타내시오.)
(2) A실에 유입해야 할 풍량 [l/s]을 구하시오.

• 실전모범답안

(1) $A_5 \sim A_6 = \dfrac{1}{\sqrt{\dfrac{1}{0.01^2}+\dfrac{1}{0.01^2}}}$ =0.007071≒0.00707m² (직렬)

$(A_3) \sim (A_4) \sim (A_5 \sim A_6)$=0.01+0.01+0.00707=0.02707m² (병렬)

$$(A_1)\sim(A_2)\sim(A_3\sim A_6)=\frac{1}{\sqrt{\frac{1}{0.01^2}+\frac{1}{0.01^2}+\frac{1}{0.02707^2}}}=0.00684\text{m}^2 \text{ (직렬)}$$

- **답 :** 0.00684m^2

(2) $Q=0.827A\sqrt{P}=0.827\times0.00684\times\sqrt{101,400-101,300}=0.056566\text{m}^3/\text{s}=56.566l/\text{s}$

- **답 :** $56.57l/\text{s}$

상세해설

(1) 누설틈새면적(A)

① $A_1=A_2=A_3=A_4=A_5=0.01\text{m}^2$ **(조건③)**

② $A_5\sim A_6=\frac{1}{\sqrt{\frac{1}{0.01^2\text{m}^2}+\frac{1}{0.01^2\text{m}^2}}}=0.007071\text{m}^2=0.00707\text{m}^2$ **(직렬연결)**

③ $A_3,\ A_4,\ A_5\sim A_6=0.01\text{m}^2+0.01\text{m}^2+0.00707\text{m}^2=0.02707\text{m}^2$ **(병렬연결)**

④ $A_1,\ A_2,\ A_3\sim A_6=\frac{1}{\sqrt{\frac{1}{0.01^2\text{m}^2}+\frac{1}{0.01^2\text{m}^2}+\frac{1}{0.02707^2\text{m}^2}}}=0.006841\text{m}^2=0.00684\text{m}^2$ **(직렬연결)**

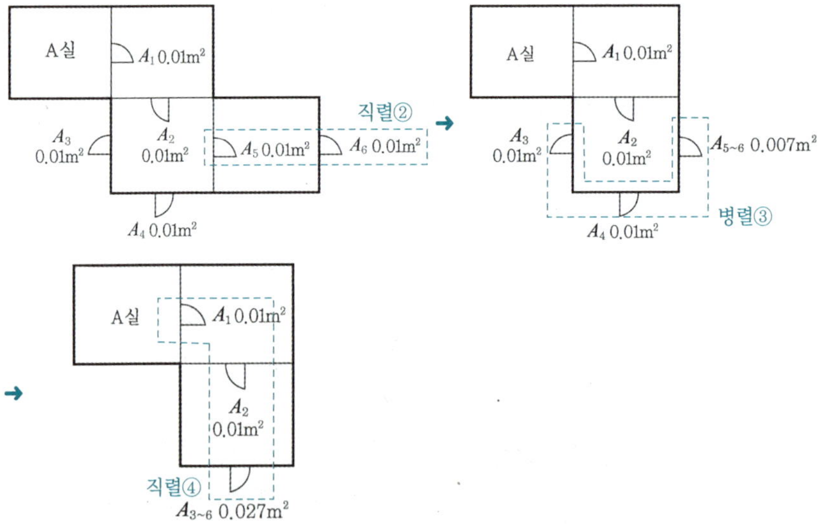

(2) 누설량(Q)

$Q=0.827A\sqrt{P}$	누설량
Q : 누설량[m³/s]	➜ $Q=0.827A\sqrt{P}$
A : 누설틈새면적의 합[m²]	➜ 0.00684m^2 **[문제(1)]**
P : 차압[Pa]	➜ $101,400\text{Pa}-101,300\text{Pa}$

➜ **누설량 :** $Q=0.827A\sqrt{P}=0.827\times0.00684\text{m}^2\times\sqrt{101,400\text{Pa}-101,300\text{Pa}}$
$=0.056566\text{m}^3/\text{s}=56.566l/\text{s}\fallingdotseq\mathbf{56.57}l/\text{s}$

6 거실제연설비의 제연방식 및 배출량

01 그림은 어느 판매장의 무창층에 대한 제연설비 중 연기배출풍도와 배출 FAN을 나타내고 있는 평면도이다. 주어진 조건을 이용하여 풍도에 설치되어야 할 제어댐퍼를 가장 적합한 지점에 표기한 다음 물음에 답하시오. (단, 댐퍼의 표기는 ⊘의 모양으로 할 것) 배점 : 10 [09년] [14년] [22년] [23년]

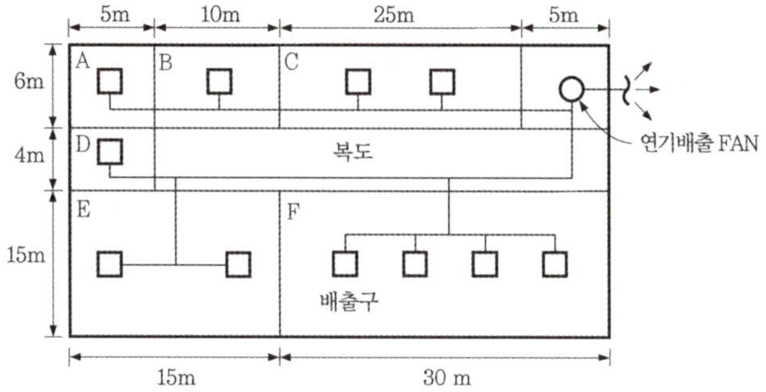

[조건]

① 건물의 주요구조부는 모두 내화구조이다.
② 각 실은 불연성 구조물로 구획되어 있다.
③ 복도의 내부는 모두 불연재이고, 복도 내에 가연물은 없다.
④ 각 실에 대한 연기배출방식에서 공동 배출구역방식은 없다.
⑤ 이 판매장에는 음식점은 없다.

(1) 그림에 제어댐퍼의 설치위치를 표시하시오.
(2) 각 실(A, B, C, D, E, F)의 최소소요배출량 [m^3/h]을 구하시오.
(3) 배출 FAN의 최소소요배출량 [m^3/h]을 구하시오.
(4) C실에 화재가 발생했을 경우 제어댐퍼의 작동상황(개폐여부)이 어떻게 되어야 하는지 설명하시오.

• **실전모범답안**

(1) 설치도면

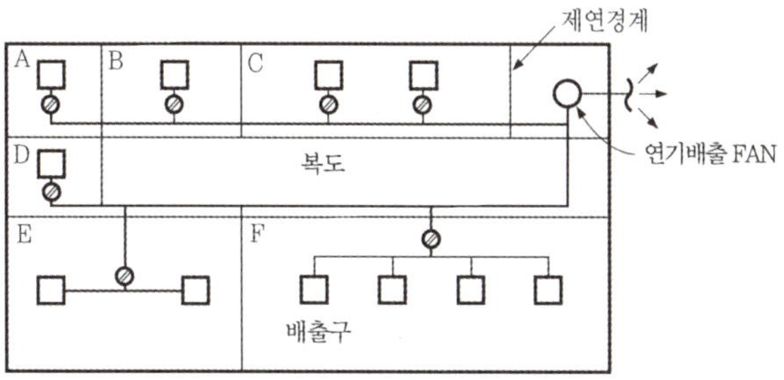

(2) ① $Q_A=(5\times6)\times1\times60=1{,}800m^3/h$
② $Q_B=(10\times6)\times1\times60=3{,}600m^3/h$
③ $Q_C=(25\times6)\times1\times60=9{,}000m^3/h$
④ $Q_D=(5\times4)\times1\times60=1{,}200m^3/h$
⑤ $Q_E=(15\times15)\times1\times60=13{,}500m^3/h$

⑥ $Q_F=15\times30=450$, 직경 40m 원 내

• **답 :** ① 최저 배출량 5,000m^3/h 선정 ② 최저 배출량 5,000m^3/h 선정 ③ 9,000m^3/h 선정
④ 최저 배출량 5,000m^3/h 선정 ⑤ 13,500m^3/h 선정 ⑥ 최저 배출량 40,000m^3/h 선정

(3) 40,000m^3/h 선정

(4) A, B, D, E, F실(비화재실) 댐퍼 폐쇄, C실(화재실) 댐퍼 개방

상세해설

(1) 제어댐퍼의 설치위치 표시

조건④에 따라 공동 배출구역방식은 없으므로 댐퍼는 다음과 같이 설치하여야 한다.

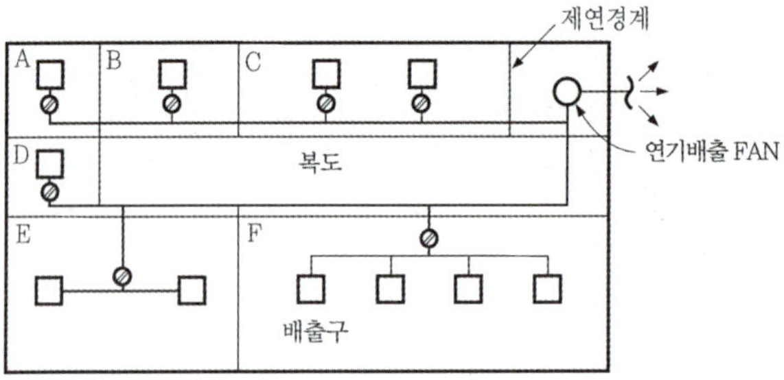

Tip 문제의 단서조건에 따라 댐퍼의 표기는 ⊘로 표시한다.

(2) 각 실의 최소소요배출량[m^3/h]

① 거실의 바닥면적이 400m^2 미만일 경우

일반적인 경우	배출량[m^3/min]=바닥면적[m^2]×1m^3/min·m^2	최저 5,000m^3/h 이상

② 거실의 바닥면적이 400m^2 이상일 경우(예상제연구역이 제연경계로 구획된 경우)

수직거리	직경 40m 이하	직경 40m 초과 60m 이하
2m 이하	40,000m^3/h 이상	45,000m^3/h 이상
2m 초과 2.5m 이하	45,000m^3/h 이상	50,000m^3/h 이상
2.5m 초과 3m 이하	50,000m^3/h 이상	55,000m^3/h 이상
3m 초과	60,000m^3/h 이상	65,000m^3/h 이상

참고 F실의 배출량

1. 수직거리=2m 이하 (화재안전기술기준)
2. 직경 $D=\sqrt{가로^2+세로^2}=\sqrt{(30m)^2+(15m)^2}=33.541m$
   → 직경 40m 원 내
3. 배출량 선정=40,000m^3/h 이상

③ 각 실의 최소소요배출량[m^3/h]

구분	바닥면적	배출량	배출량 선정
A실	$5m \times 6m = 30m^2$	$Q_A = 30m^2 \times 1m^3/min \cdot m^2 \times 60min/h = 1,800m^3/h$	최저배출량 $5,000m^3/h$ 선정
B실	$10m \times 6m = 60m^2$	$Q_B = 60m^2 \times 1m^3/min \cdot m^2 \times 60min/h = 3,600m^3/h$	최저배출량 $5,000m^3/h$ 선정
C실	$25m \times 6m = 150m^2$	$Q_C = 150m^2 \times 1m^3/min \cdot m^2 \times 60min/h = 9,000m^3/h$	$9,000m^3/h$ 선정
D실	$5m \times 4m = 20m^2$	$Q_D = 20m^2 \times 1m^3/min \cdot m^2 \times 60min/h = 1,200m^3/h$	최저배출량 $5,000m^3/h$ 선정
E실	$15m \times 15m = 225m^2$	$Q_E = 225m^2 \times 1m^3/min \cdot m^2 \times 60min/h = 13,500m^3/h$	$13,500m^3/h$ 선정
F실	$30m \times 15m = 450m^2$	바닥면적 $400m^2$ 이상, 직경 40m 원의 범위 내	최저배출량 $40,000m^3/h$ 선정

(3) 배출팬의 최소소요배출량[m^3/h]

공동 예상제연구역의 배출량

공동배연구역	공동 예상제연구역 안의 예상제연구역이 각각 **벽**으로 구획된 경우	각 예상제연구역의 배출량을 **합한 것** 이상
독립배연구역	공동 예상제연구역 안의 예상제연구역이 각각 **제연경계**로 구획된 경우	각 예상제연구역의 배출량 중 **최대의 것** 이상

→ 조건④에 따라 공동 배출구역은 없으므로 배출팬의 최소소요배출량은 각 예상제연구역의 배출량 중 **최대**의 것(**F실의 배출량** 40,000m^3/h)으로 선정한다.

(4) 제어댐퍼의 작동상황(C실 화재발생)

→ 각 C실에 화재가 발생할 경우 **화재실의 2개의 댐퍼는 개방**되고, 그 외의 A, B, D, E, **F실의 댐퍼**는 모두 **폐쇄**시켜 화재실에서 발생한 연기를 외부로 배출시킨다.

참고 조건 ①, ②, ③, ⑤ 이해하기

→ 조건 ①, ②, ③, ⑤는 다음의 화재안전기술기준에 따라 **통로를 예상제연구역으로 간주하지 않기 위해** 제시된 조건이다.

「**제연설비의 화재안전기술기준**」

2.2.3 통로의 주요구조부가 내화구조이며 마감이 불연재료 또는 난연재료로 처리되고 가연성 내용물이 없는 경우에는 그 통로를 예상제연구역으로 간주하지 아니할 수 있다. 다만, 화재발생 시 연기의 유입이 우려되는 통로를 그렇지 않다.

02 제연설비에 대하여 다음 도면을 보고 다음 각 물음에 답하시오. (단, 각 실은 독립배연방식이다.)

배점 : 10 [08년] [09년] [21년]

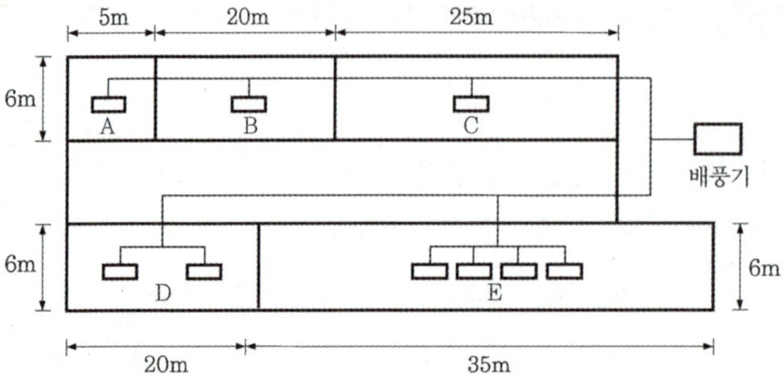

(1) 댐퍼의 설치위치를 본문 그림에 표기하시오. (단, 댐퍼 표시기호는 ⊘로 한다.)

(2) 각 실의 소요배출량 [m^3/h]을 계산하시오.

① A실(계산과정 및 답)

② B실(계산과정 및 답)

③ C실(계산과정 및 답)

④ D실(계산과정 및 답)

⑤ E실(계산과정 및 답)

(3) 배연기의 배출량 [m^3/h]을 구하시오.

• **실전모범답안**

(1) 설치도면

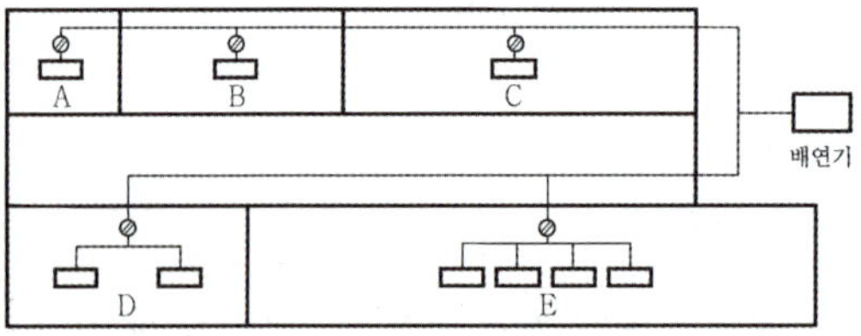

(2) ① $Q_A=(5\times6)\times1\times60=1{,}800m^3/h$

② $Q_B=(20\times6)\times1\times60=7{,}200m^3/h$

③ $Q_C=(25\times6)\times1\times60=9{,}000m^3/h$

④ $Q_D=(20\times6)\times1\times60=7{,}200m^3/h$

⑤ $Q_E=(35\times6)\times1\times60=12{,}600m^3/h$

• **답 :** ① 최저 배출량 5,000m^3/h 선정 ② 7,200m^3/h 선정 ③ 9,000m^3/h 선정 ④ 7,200m^3/h 선정 ⑤ 12,600m^3/h 선정

(3) 12,600m^3/h 선정

상세해설

(1) 댐퍼의 설치위치 표시

댐퍼는 **각 실마다 1개씩 설치**하므로 다음과 같이 설치한다.

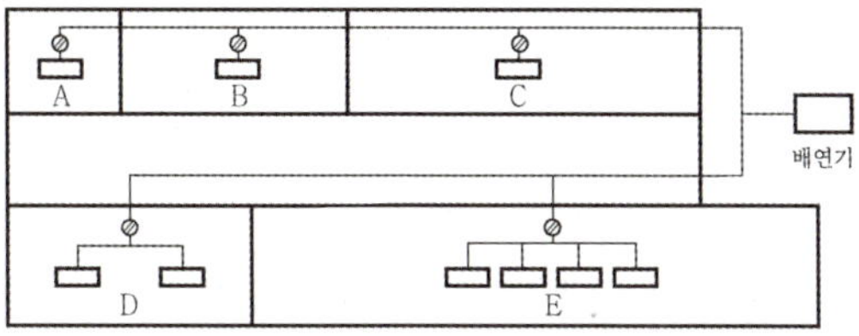

Tip 문제의 조건에 따라 댐퍼의 표기는 ⊘로 표시한다.

(2) 각 실의 소요배출량[m^3/h]

① 거실의 바닥면적이 $400m^2$ 미만일 경우

일반적인 경우	배출량[m^3/min]=바닥면적[m^2]$\times 1m^3/min \cdot m^2$	최저 $5,000m^3/h$ 이상

② 거실의 바닥면적이 $400m^2$ 이상일 경우(예상제연구역이 제연경계로 구획된 경우)

수직거리	직경 40m 이하	직경 40m 초과 60m 이하
2m 이하	$40,000m^3/h$ 이상	$45,000m^3/h$ 이상
2m 초과 2.5m 이하	$45,000m^3/h$ 이상	$50,000m^3/h$ 이상
2.5m 초과 3m 이하	$50,000m^3/h$ 이상	$55,000m^3/h$ 이상
3m 초과	$60,000m^3/h$ 이상	$65,000m^3/h$ 이상

③ 각 실의 소요배출량[m^3/h]

구 분	바닥면적	배출량	배출량 선정
A실	$5m \times 6m = 30m^2$	$Q_A = 30m^2 \times 1m^3/min \cdot m^2 \times 60min/h = 1,800m^3/h$	최저배출량 $5,000m^3/h$ 선정
B실	$20m \times 6m = 120m^2$	$Q_B = 120m^2 \times 1m^3/min \cdot m^2 \times 60min/h = 7,200m^3/h$	$7,200m^3/h$ 선정
C실	$25m \times 6m = 150m^2$	$Q_C = 150m^2 \times 1m^3/min \cdot m^2 \times 60min/h = 9,000m^3/h$	$9,000m^3/h$ 선정
D실	$20m \times 6m = 120m^2$	$Q_D = 120m^2 \times 1m^3/min \cdot m^2 \times 60min/h = 7,200m^3/h$	$7,200m^3/h$ 선정
E실	$35m \times 6m = 210m^2$	$Q_E = 210m^2 \times 1m^3/min \cdot m^2 \times 60min/h = 12,600m^3/h$	$12,600m^3/h$ 선정

(3) 배연기의 배출량[m^3/h]

공동 예상제연구역의 배출량

공동배연구역	공동 예상제연구역 안의 예상제연구역이 각각 **벽**으로 구획된 경우	각 예상제연구역의 배출량을 **합한 것** 이상
독립배연구역	공동 예상제연구역 안의 예상제연구역이 각각 **제연경계**로 구획된 경우	각 예상제연구역의 배출량 중 **최대의 것** 이상

문제의 단서조건에 따라 **독립배연방식**이므로 각 예상제연구역의 배출량 중 **최대**의 것(E실의 $12,600m^3/h$)을 선정하여야 한다.

03 5개의 제연구역(A, B, C, D, E구역)으로 구성된 어느 지하실에 각 제연구역의 소요배출풍량을 계산해보니 각각 A=5,000m³/h, B=7,000m³/h, C=5,000m³/h, D=10,000m³/h, E=15,000m³/h 이었다. A, B, C구역은 공동 제연구역으로, D, E구역은 각각 독립제연구역으로 할 때 배출 FAN의 최소소요풍량 [m³/h]을 구하시오.

배점 : 3 [09년]

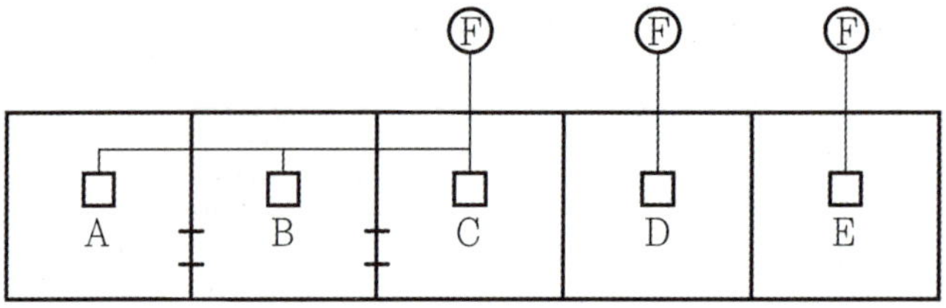

• 실전모범답안

A, B, C구역(공동)=5,000+7,000+5,000=17,000m³/h

D구역(독립)=10,000m³/h

E구역(독립)=15,000m³/h

• 답 : A, B, C구역(17,000m³/h), D구역(10,000m³/h), E구역(15,000m³/h)

상세해설

구 분	A, B, C 구역	D구역	E구역
A, B, C구역의 공동제연구역 (각각 벽으로 구획된 경우)	배출량의 합 5,000+7,000+5,000=17,000m³/h	10,000m³/h	15,000m³/h
A, B, C구역의 독립제연구역 (각각 제연경계로 구획된 경우)	배출량 중 최대의 것 7,000m³/h (C구역)	10,000m³/h	15,000m³/h

04 그림과 같이 제연설비를 설계하고자 한다. 조건을 참조하여 각 물음에 답하시오.

배점 : 16 [11년] [14년] [18년] [19년]

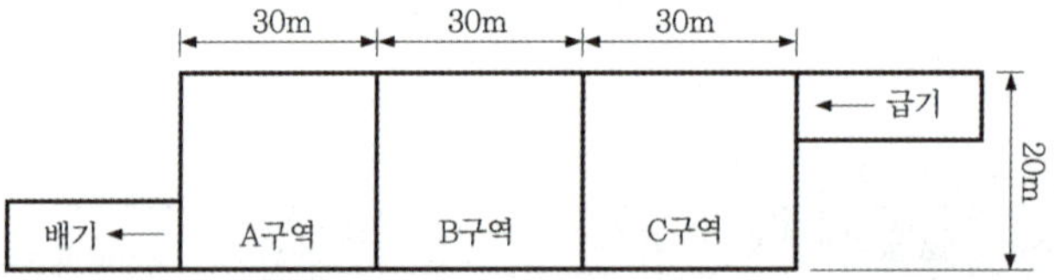

[조건]

① 덕트는 단선으로 표시한다.
② 급기풍도의 풍속은 15m/s, 배기풍도의 풍속은 20m/s이다.
③ FAN의 전압은 40mmAq이다.
④ 천장의 높이는 2.5m이다.
⑤ 제연방식은 상호제연방식으로 공동예상제연구역이 각각 제연경계로 구획되어 있다.

(1) 예상제연구역의 배출기의 배출량 [m³/h]은 얼마 이상으로 하여야 하는지 구하시오.
(2) FAN의 동력 [kW]을 구하시오. (단, 효율은 0.65이며, 여유율은 10%이다.)

(3) 그림과 같이 급기구와 배기구를 설치할 경우 각 설계조건 및 물음에 따라 도면을 참조하여 설계하시오.

[조건]

① 덕트의 크기=각형 덕트로 하며, 높이는 400mm로 한다.
② 급기구, 배기구의 크기(정사각형)
=구역당 배기구 4개소, 급기구 3개소로 하고, 크기는 급기배기량 $1m^3/min$당 $35cm^2$ 이상으로 한다.
③ 댐퍼는 ⊘로 표기한다.
④ 덕트는 단선으로 표시한다.
⑤ 설계도면은 다음 그림을 기반으로 그 위에 나타낸다.

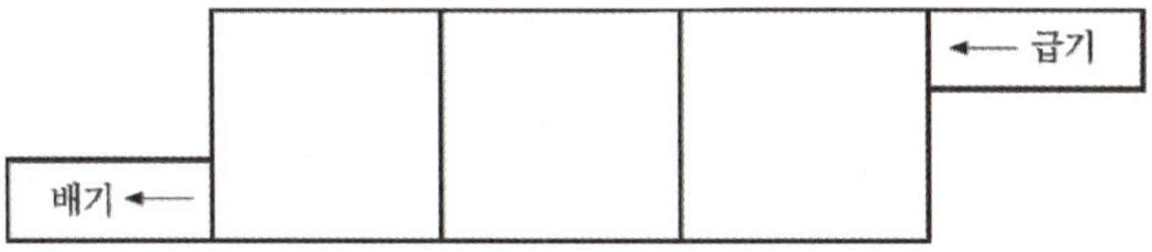

(4) 급기구와 배기구로 구분하여 필요한 개소별 풍량, 덕트단면적, 덕트크기를 설계하시오. (단, 풍량, 덕트단면적, 덕트크기는 소수점 이하 첫째자리에서 반올림하여 정수로 나타내시오.)

덕트의 구분		풍량[CMH]	덕트단면적[mm^2]	덕트크기 (가로[mm]×높이[mm])
배기덕트	A	①	⑦	⑬
배기덕트	B	②	⑧	⑭
배기덕트	C	③	⑨	⑮
급기덕트	A	④	⑩	⑯
급기덕트	B	⑤	⑪	⑰
급기덕트	C	⑥	⑫	⑱

(5) 급기구와 배기구의 크기[mm]를 구하고, 각 구역의 화재가 발생할 경우 댐퍼의 작동상황을 표시하시오. (단, 급기구와 배기구의 크기는 소수점 이하 첫째자리에서 반올림하여 정수로 나타내시오.)

① 급기구 크기[mm] :
② 배기구 크기[mm] :
③ 댐퍼의 작동여부(○: open, ●: close)

구 분	배기댐퍼			급기댐퍼		
	A구역	B구역	C구역	A구역	B구역	C구역
A구역 화재 시						
B구역 화재 시						
C구역 화재 시						

• **실전모범답안**

(1) $A=30\times20=600$ (거실의 바닥면적 $400m^2$ 이상)

$D=\sqrt{30^2+20^2}=36.055m$ (직경 40m 이하)

$H=2.5-0.6=1.9m$ (수직거리 2m 이하)

• **답 :** $40{,}000m^3/h$ 이상

(2) $P=\frac{P_T \times Q}{6,120 \times \eta} \times K = \frac{40 \times \frac{40,000}{60}}{6,120 \times 0.65} \times 1.1 = 7.373\text{kW}$

• **답 :** 7.37kW

(3) 도면설계

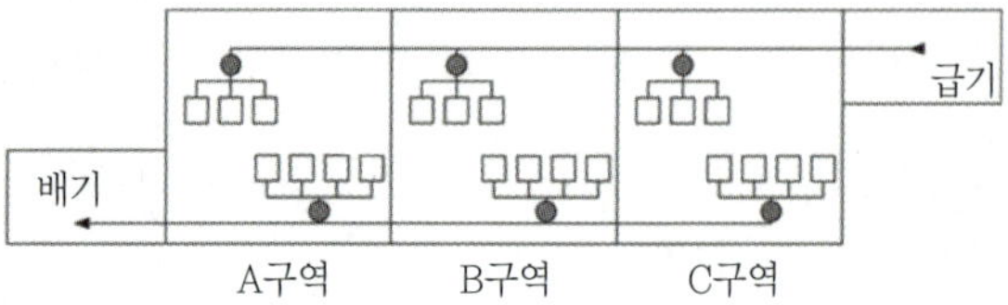

(4) ①~③ : 40,000m³/h, ④~⑥ : 20,000m³/h

⑦~⑨ : $A=\frac{Q}{V}=\frac{40,000 \times \frac{1}{3,600}}{20}=0.5555555\text{m}^2=555,555.5 \fallingdotseq 555,556\text{mm}^2$

⑩~⑫ : $A=\frac{Q}{V}=\frac{20,000 \times \frac{1}{3,600}}{15}=0.3703703\text{m}^2=370,370.3 \fallingdotseq 370,370\text{mm}^2$

⑬~⑮ : $W=\frac{555,556}{400}=1,388.89\text{mm}$ ∴ 가로×세로=1,389mm×400mm

⑯~⑱ : $W=\frac{370,370}{400}=925.92\text{mm}$ ∴ 가로×세로=926mm×400mm

(5) ① 급기구의 크기 $=\sqrt{\frac{20,000 \times \frac{1}{60}}{3} \times 35}=62.360\text{cm}=623.6 \fallingdotseq 624\text{mm}$

② 배기구의 크기 $=\sqrt{\frac{40,000 \times \frac{1}{60}}{4} \times 35}=76.376\text{cm}=763.76 \fallingdotseq 764\text{mm}$

• **답 :** ① 가로 624mm×세로 624mm ② 가로 764mm×세로 764mm

③ 댐퍼의 작동여부

구 분	배기댐퍼			급기댐퍼		
	A구역	B구역	C구역	A구역	B구역	C구역
A구역 화재 시	○	●	●	●	○	○
B구역 화재 시	●	○	●	○	●	○
C구역 화재 시	●	●	○	○	○	●

상세해설

(1) 예상제연구역의 배출기의 배출량[m³/h]

거실의 바닥면적이 400m² 이상일 경우(예상제연구역이 제연경계로 구획된 경우)

수직거리	직경 40m 이하	직경 40m 초과 60m 이하
2m 이하	40,000m³/h 이상	45,000m³/h 이상
2m 초과 2.5m 이하	45,000m³/h 이상	50,000m³/h 이상
2.5m 초과 3m 이하	50,000m³/h 이상	55,000m³/h 이상
3m 초과	60,000m³/h 이상	65,000m³/h 이상

① 바닥면적 : $A=30\text{m}\times20\text{m}=600\text{m}^2$ (거실의 바닥면적 400m^2 이상)

② 직경 : D (대각선의 길이) $=\sqrt{(30\text{m})^2+(20\text{m})^2}=36.055\text{m}$ (직경 40m 이하)

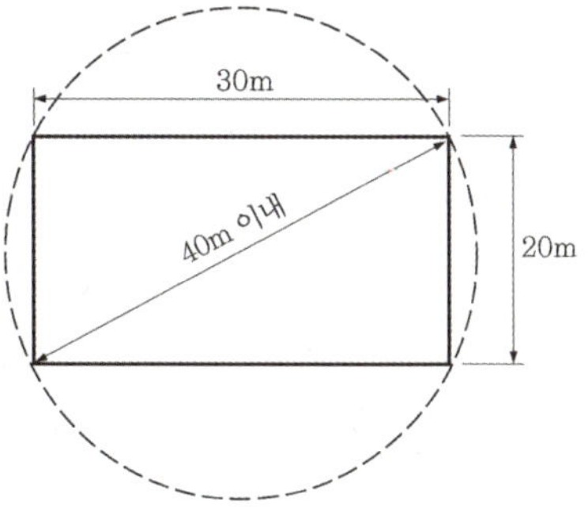

③ 수직거리 : H=천장의 높이－제연경계의 폭(0.6m)

=2.5m(조건④)－0.6m

=1.9m **(수직거리 2m 이하)**

➜ **예상제연구역의 배출기의 배출량 : Q=40,000m³/h 이상** 해당

(2) 배연기의 동력[kW]

$P=\dfrac{P_T\times Q}{102\times60\times\eta}\times K=\dfrac{P_T\times Q}{6{,}120\times\eta}\times K$	배연기의 동력
P : 배연기의 동력[kW] **(단위주의)**	➜ $P=\dfrac{P_T\times Q}{6{,}120\times\eta}\times K$
P_T : 전압[mmAq=mmH₂O] **(단위주의)**	➜ 40mmAq **(조건③)**
Q : 풍량[m³/min] **(단위주의)**	➜ $40{,}000\text{m}^3/\text{h}\times\dfrac{1\text{h}}{60\text{min}}$ **[문제(1)]**
K : 전달계수(여유율)	➜ 1.1 **(여유율 10%)**
η : 전효율	➜ 0.65

➜ **배출기의 이론소요동력 :** $P=\dfrac{P_T\times Q}{6{,}120\times\eta}\times K=\dfrac{40\text{mmAq}\times\dfrac{40{,}000}{60}\text{m}^3/\text{min}}{6{,}120\times0.65}\times1.1=7.373\text{kW}$

$\fallingdotseq$ **7.37kW**

(3) 도면의 설계

조건②에 따라 예상제연구역마다 **급기구 3개소, 배기구 4개소**를 그리고, 댐퍼는 각 구역마다 급기, 배기 **각 1개씩** 설치하여 다음과 같이 설계한다.

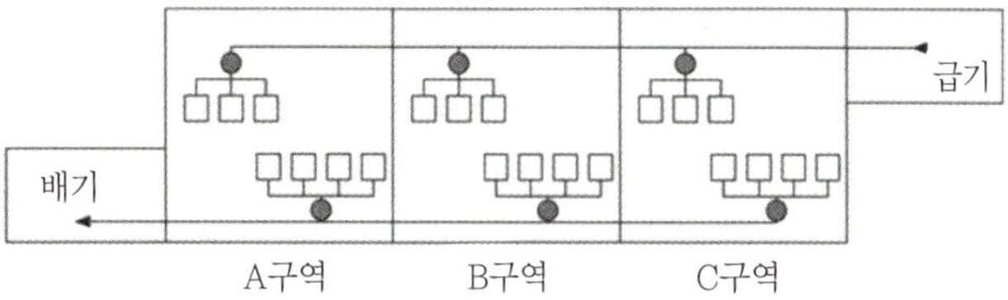

(4) 급기구 및 배기구의 풍량[CMH], 덕트의 단면적[mm²], 급기구의 크기[mm]

① **풍량[CMH]**=40,000m³/h (문제(1)에서 구한 값)

② **배기구의 덕트단면적[mm²]**

$Q=AV$	연속의 방정식(체적유량)
Q : 풍량[m³/s]	→ $40,000m^3/h \times \dfrac{1h}{3,600s}$ [문제(1)]
A : 단면적[m²]	→ $A=Q/V$
V : 풍속[m/s]	→ 20m/s (조건②)

→ **배출기의 덕트단면적 :** $A=\dfrac{Q}{V}=\dfrac{40,000m^3/h \times \dfrac{1h}{3,600s}}{20m/s}=0.5555555m^2=555,555.5mm^2$

$\fallingdotseq$ **555,556mm²**

Tip 문제의 단서조건에 따라 소수점 이하 첫째자리에서 반올림하여 정수로 표기한다.

③ **급기구의 덕트단면적[mm²]**

$Q=AV$	연속의 방정식(체적유량)
Q : 풍량[m³/s]	→ $\dfrac{40,000m^3/h}{2개\ 구역} \times \dfrac{1h}{3,600s}$ [문제(1), 조건⑤]
A : 단면적[m²]	→ $A=Q/V$
V : 풍속[m/s]	→ 15m/s (조건②)

→ **급기구의 덕트단면적 :** $A=\dfrac{Q}{V}=\dfrac{\dfrac{40,000m^3/h}{2개\ 구역} \times \dfrac{1h}{3,600s}}{15m/s}=0.3703703m^2=370,370.3mm^2$

$\fallingdotseq$ **370,370mm²**

Tip 조건⑤에 따라 상호제연방식이므로 급기구역 2개소로 나누어 산출한다.

④ **덕트의 크기[mm]**

덕트단면적[mm²]=가로[mm]×높이[mm]

㉠ 덕트의 높이[mm]=400mm (조건①)

㉡ 배기구 덕트의 가로길이[mm]$=\dfrac{555,556mm^2}{400mm}=1,388.89mm \fallingdotseq$ **1,389mm**

㉢ 급기구 덕트의 가로길이[mm]$=\dfrac{370,370mm^2}{400mm}=925.92mm \fallingdotseq$ **926mm**

덕트의 구분		풍량 [CMH]	덕트단면적 [mm²]	덕트크기 (가로[mm]×높이[mm])
배기덕트	A	① 40,000CMH	⑦ 555,556mm²	⑬ 가로 1,389mm×세로 400mm
배기덕트	B	② 40,000CMH	⑧ 555,556mm²	⑭ 가로 1,389mm×세로 400mm
배기덕트	C	③ 40,000CMH	⑨ 555,556mm²	⑮ 가로 1,389mm×세로 400mm
급기덕트	A	④ $\dfrac{40,000CMH}{2개\ 구역}=20,000CMH$	⑩ 370,370mm²	⑯ 가로 926mm×세로 400mm
급기덕트	B	⑤ $\dfrac{40,000CMH}{2개\ 구역}=20,000CMH$	⑪ 370,370mm²	⑰ 가로 926mm×세로 400mm
급기덕트	C	⑥ $\dfrac{40,000CMH}{2개\ 구역}=20,000CMH$	⑫ 370,370mm²	⑱ 가로 926mm×세로 400mm

(5) 급기구 및 배기구의 크기[mm], 댐퍼의 작동상황

① 급기구 및 배기구의 크기[mm]

$$급기구(배기구)의\ 단면적[cm^2] = \frac{배출량[m^3/min]}{급기구(배기구)의수} \times 35cm^2 \cdot min/m^3$$

㉠ 급기구의 크기[mm]

• 급기구의 단면적$[cm^2] = \dfrac{20,000m^3/h \times \dfrac{1h}{60min}}{3개} \times 35cm^2 \cdot min/m^3 = 3,888.88cm^2$

• 급기구의 크기[cm]

조건②에 따라 급기구는 **정사각형**이므로 급기구의 한 변의 길이[mm]는 다음과 같이 계산된다.

$$급기구의\ 한\ 변의\ 길이[cm] = \sqrt{급기구의\ 단면적[cm^2]}$$

$$= \sqrt{3,888.88cm^2} = 62.360cm = 623.6mm ≒ 624mm$$

➜ 급기구의 크기[mm]＝가로 624mm×세로 624mm

㉡ 배기구의 크기[mm]

• 배기구의 단면적$[cm^2] = \dfrac{40,000m^3/h \times \dfrac{1h}{60min}}{4개} \times 35cm^2 \cdot min/m^3 = 5,833.333cm^2$

• 배기구의 크기[cm]

조건②에 따라 급기구는 **정사각형**이므로 급기구의 한 변의 길이[mm]는 다음과 같이 계산된다.

$$배기구의\ 한\ 변의\ 길이[cm] = \sqrt{배기구의\ 단면적[cm^2]}$$

$$= \sqrt{5,833.333cm^2} = 76.376cm = 763.76mm ≒ 764mm$$

➜ 배기구의 크기[mm]＝가로 764mm×세로 764mm

② 댐퍼의 작동상황

㉠ 조건⑤에 따라 제연방식은 상호제연방식이므로 **화재구역에서 배기**를 하고, **인접구역에서 급기**를 실시하여야 한다.

㉡ 각 구역의 화재 시 댐퍼의 작동상황

구 분		배기댐퍼			급기댐퍼		
		A구역	B구역	C구역	A구역	B구역	C구역
A 구역 화재 시	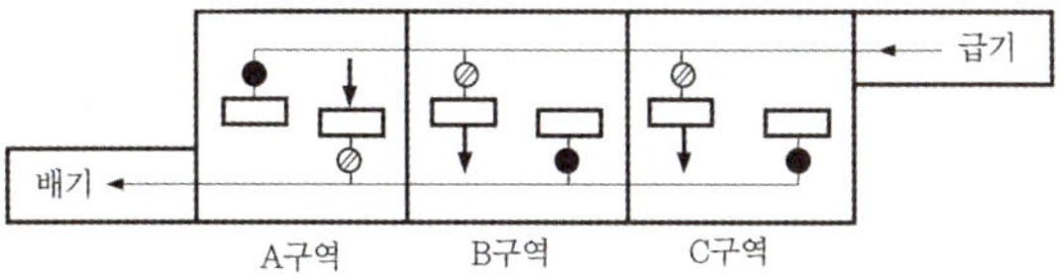	○	●	●	●	○	○
B 구역 화재 시	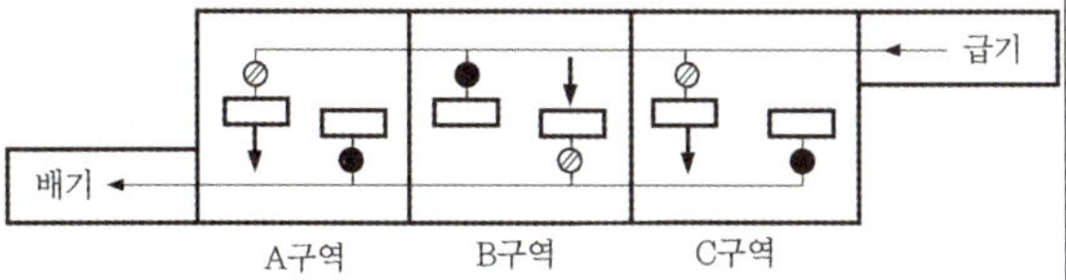	●	○	●	○	●	○

CHAPTER 05

구 분		배기댐퍼			급기댐퍼		
		A구역	B구역	C구역	A구역	B구역	C구역
C 구역 화재 시	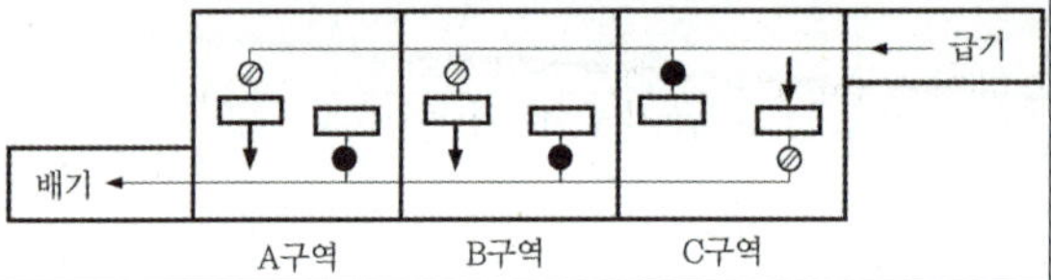	●	●	○	○	○	●

05 **다음 그림은 어느 거실에 대한 급기 및 배출풍도와 급기 및 배출 FAN을 나타내고 있는 평면도이다. 각 물음에 답하시오.**

배점 : 18 [04년] [06년] [08년] [14년] [16년]

[조건]

① 그림에서 MD_1~MD_4는 모터로 구동되는 댐퍼를 표시한다.
② 그림의 왼쪽은 급기, 오른쪽은 배기설비를 나타낸다.

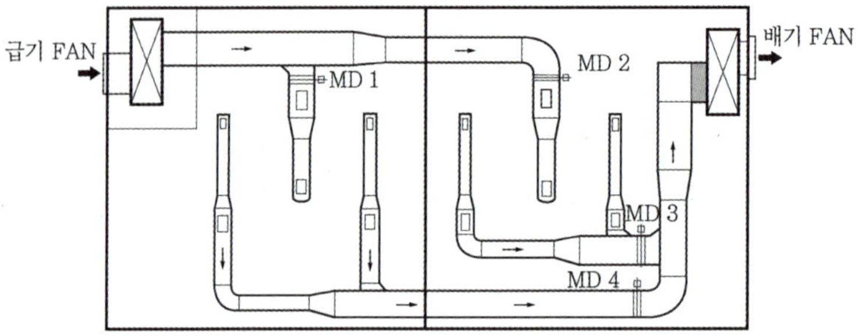

(1) 동일실 제연방식에 대해 설명하시오.
(2) 동일실 제연방식에 따를 경우 다음의 상황에 따른 댐퍼의 Open 또는 Close 상태를 나타내시오.

제연구역	급 기	배 기
A구역 화재 시	MD_1(　　)	MD_3(　　)
	MD_2(　　)	MD_4(　　)
B구역 화재 시	MD_1(　　)	MD_3(　　)
	MD_2(　　)	MD_4(　　)

(3) 인접구역 상호제연방식에 대해 설명하시오.
(4) 인접구역 상호제연방식에 따를 경우 다음의 상황에 따른 댐퍼의 Open 또는 Close 상태를 나타내시오.

제연구역	급 기	배 기
A구역 화재 시	MD_1(　　)	MD_3(　　)
	MD_2(　　)	MD_4(　　)
B구역 화재 시	MD_1(　　)	MD_3(　　)
	MD_2(　　)	MD_4(　　)

• **실전모범답안**

(1) 화재구역에서 급기 및 배기를 동시에 실시하는 방식

(2) 댐퍼상태

제연구역	급 기	배 기
A구역 화재 시	MD_1(Open)	MD_3(Close)
	MD_2(Close)	MD_4(Open)
B구역 화재 시	MD_1(Close)	MD_3(Open)
	MD_2(Open)	MD_4(Close)

(3) 화재구역에서 배기를 하고, 인접구역에서 급기를 실시하는 방식

(4) 댐퍼상태

제연구역	급 기	배 기
A구역 화재 시	MD_1(Close)	MD_3(Close)
	MD_2(Open)	MD_4(Open)
B구역 화재 시	MD_1(Open)	MD_3(Open)
	MD_2(Close)	MD_4(Close)

상세해설

(1) **동일실 제연방식의 정의**

화재구역에서 급기 및 배기를 동시에 실시하는 방식

(2) **동일실 제연방식의 댐퍼상태**

<table>
<tr><th>제연구역</th><th>댐퍼의 상태</th><th>급 기</th><th>배 기</th></tr>
<tr><td rowspan="2">A구역 화재 시</td><td rowspan="2">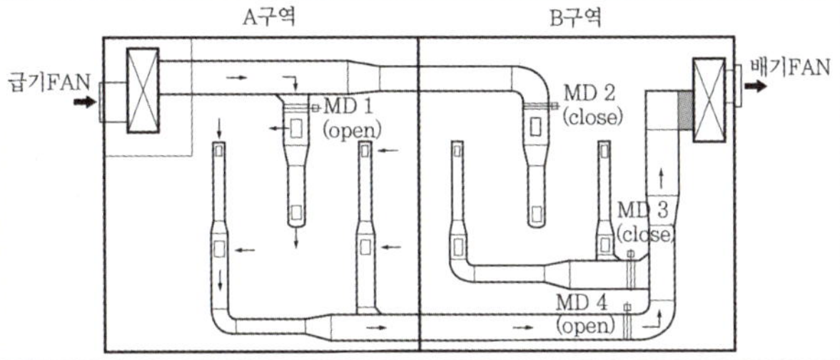
</td><td>MD_1(Open)</td><td>MD_3(Close)</td></tr>
<tr><td>MD_2(Close)</td><td>MD_4(Open)</td></tr>
<tr><td rowspan="2">B구역 화재 시</td><td rowspan="2">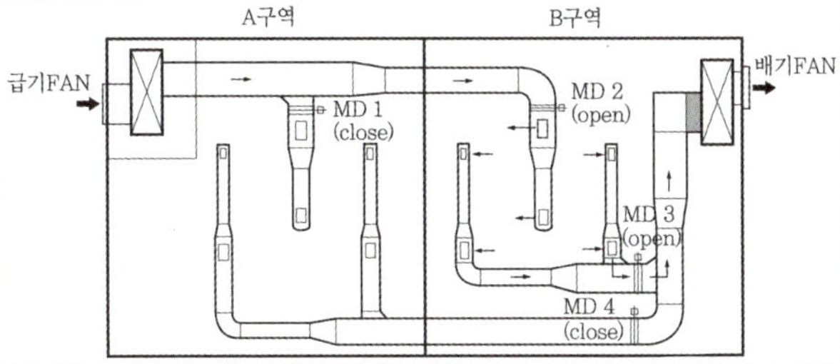
</td><td>MD_1(Close)</td><td>MD_3(Open)</td></tr>
<tr><td>MD_2(Open)</td><td>MD_4(Close)</td></tr>
</table>

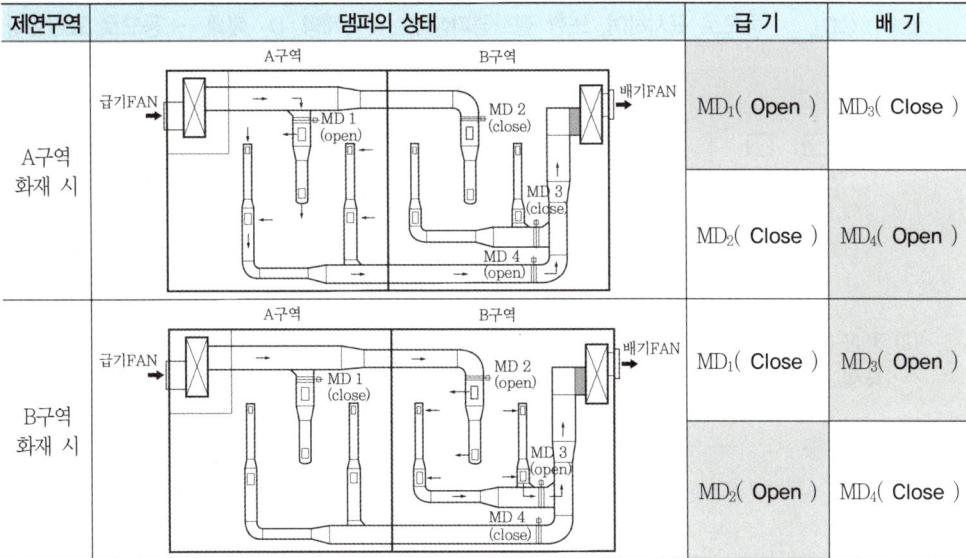

(3) **인접구역 상호제연방식의 정의**

화재구역에서 배기를 하고, 인접구역에서 급기를 실시하는 방식

(4) **인접구역 상호제연방식의 댐퍼상태**

제연구역	댐퍼의 상태	급 기	배 기
A구역 화재 시	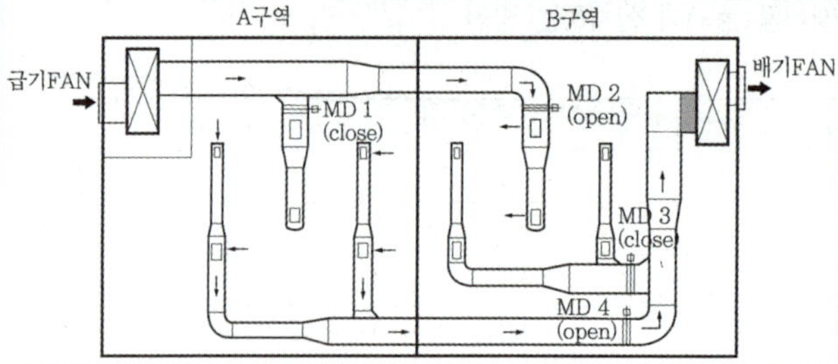	MD₁(Close)	MD₃(Close)
		MD₂(Open)	MD₄(Open)
B구역 화재 시	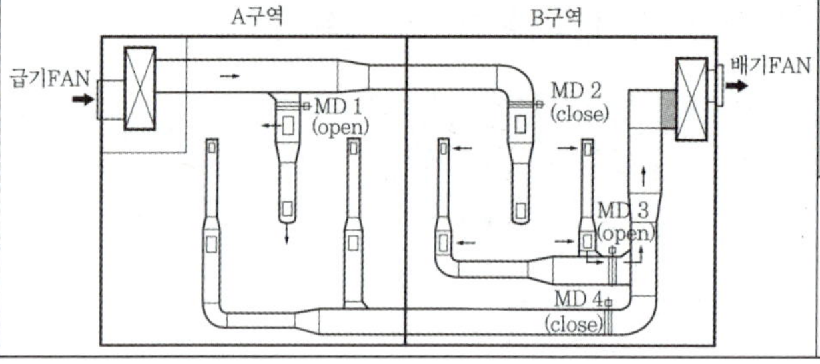	MD₁(Open)	MD₃(Open)
		MD₂(Close)	MD₄(Close)

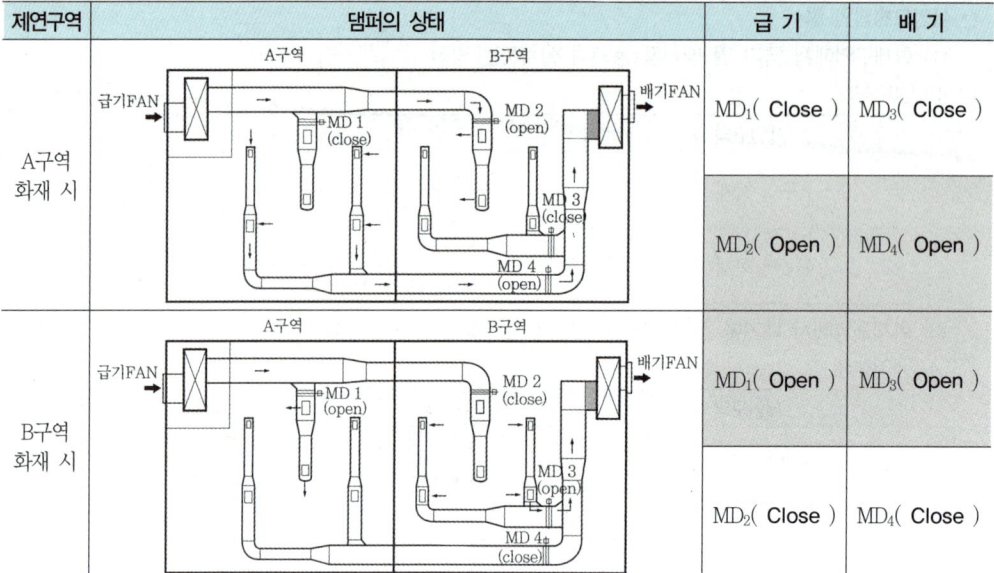

06 평상 시에는 공조설비의 급기로 사용하고 화재 시에만 제연에 이용하는 배출기가 다음의 도면과 같이 설치되어 있다. 화재시 유효하게 배연할 수 있도록 도면의 필요한 곳에 절환댐퍼를 표시하고, 평상 시와 화재 시를 구분하여 각 절환댐퍼의 상태를 기술하시오. (단, 절환댐퍼는 4개로 설치하고, 댐퍼는 ⌀D_1, ⌀D_2, … 등으로 표시하며, 또한 절화댐퍼상태는 D_1 개방, D_2 폐쇄 … 등으로 표현한다.)

배점 : 5 [07년] [11년] [21년]

(1)

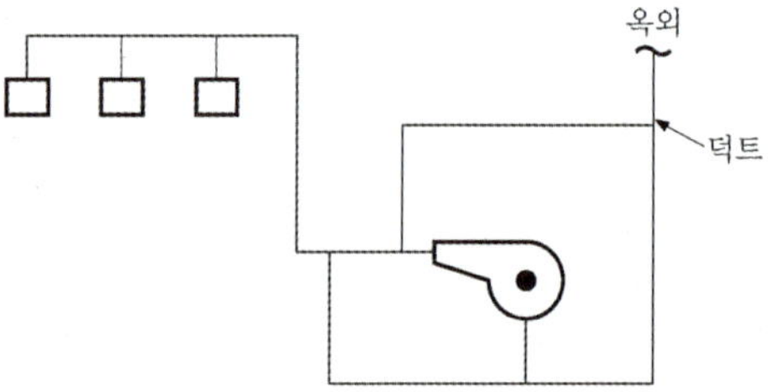

(2) 평상 시 :

화재 시 :

• 실전모범답안

(1) 도면

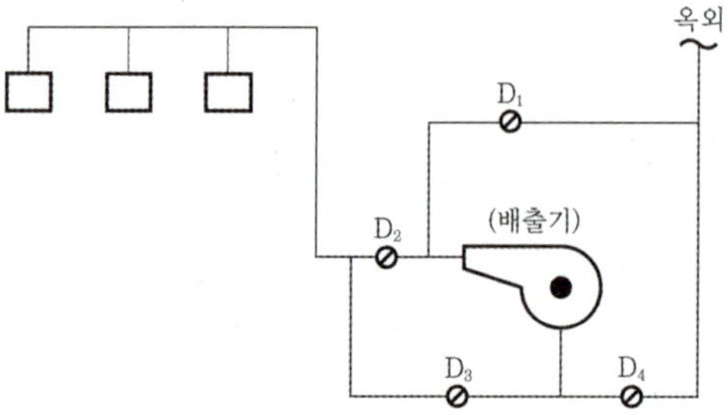

(2) 평상 시 : D_1 폐쇄, D_2 개방, D_3 폐쇄, D_4 개방
화재 시 : D_1 개방, D_2 폐쇄, D_3 개방, D_4 폐쇄

상세해설

(1) 평상 시 댐퍼의 동작상태(공조설비), (2) 화재 시 댐퍼의 동작상태(제연설비)

제연구역	댐퍼의 상태	⊘D_1	⊘D_2	⊘D_3	⊘D_4
평상 시	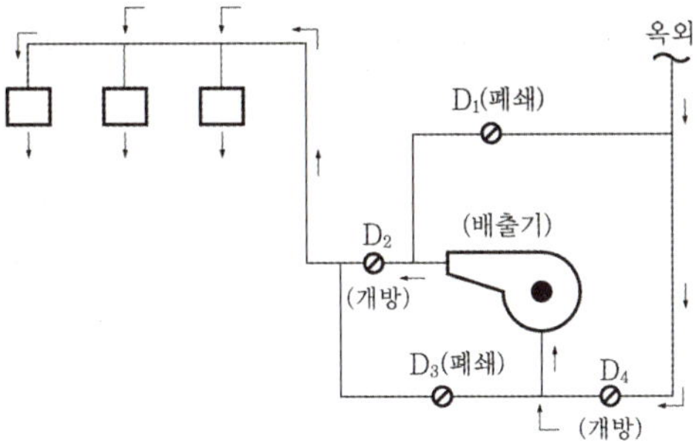	폐쇄	개방	폐쇄	개방
화재 시	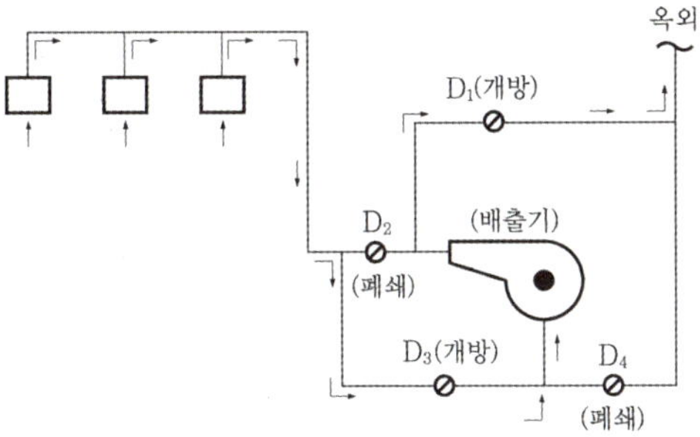	개방	폐쇄	개방	폐쇄

Tip 문제의 단서조건에 따라 댐퍼는 ⊘D_1, ⊘D_2, … 등으로 표시한다.

Mind - Control

늦게 시작하는 것을 두려워 말고,
하다 중단하는 것을 두려워하라.

\- 중국속담 -

CHAPTER 05

7 제연설비 기타사항

01 연돌효과(stack effect)란 무엇인지 간단하게 설명하시오. 배점 : 5 [11년] [20년]

• 실전모범답안

(1) 연돌효과(굴뚝효과, Stack Effect)의 정의

고층빌딩 내부의 **수직공간에서 내부와 외부의 온도차**에 따라 건물 내부와 외부에 대류현상이 발생하는 것을 "연돌효과"라고 한다. 즉, 외부에 비하여 내부의 온도가 높으면 내부의 수직공간에서 대기의 흐름은 상승하고, 반대로 외부에 비하여 내부의 온도가 낮으면 하강한다.

(2) 연돌효과에 의한 압력차 공식

$$\Delta P = 3,460h\left(\frac{1}{T_{\text{out}}} - \frac{1}{T_{\text{in}}}\right)$$

여기서, ΔP : 연돌효과에 의한 압력차[Pa=N/m^2]
h : 중성대로부터의 높이[m]
T_{out} : 건물 외부의 절대온도[K]
T_{in} : 건물 내부의 절대온도[K]

참고 연돌효과가 제연설비에 미치는 영향

→ 화재발생 시 실의 내부와 외부공기의 온도차이가 더욱 커지게 되어 **피난구의 개방장애, 연기의 빠른 이동·확산** 등의 문제를 발생시킬 수 있다. 일반적으로 연돌효과의 방지는 외기의 침입을 막는 형태로서 방풍실 등을 설치하는 것이 보편적이다.

02 지상 200m 높이의 고층건축물에서 1층 부분에 발생하는 압력차 [Pa]를 구하시오. (단, 겨울철의 외기온도는 0℃, 실내온도는 20℃이다. 중성대는 건물의 높이 중앙에 있다.) 배점 : 10 [08년] [15년]

• 실전모범답안

→ $\Delta P = 3460 \times \left(\frac{1}{T_o} - \frac{1}{T_i}\right) \times h = 3460 \times \left(\frac{1}{(273+0)} - \frac{1}{(273+20)}\right) \times \frac{200}{2} = 86.511\text{Pa}$

• 답 : 86.51Pa

상세해설

$\Delta P = 3460 \times \left(\frac{1}{T_o} - \frac{1}{T_i}\right) \times h$	연돌효과(굴뚝효과)에 따른 압력차
ΔP : 굴뚝효과에 따른 압력차[Pa]	➜ $\Delta P = 3460 \times \left(\frac{1}{T_o} - \frac{1}{T_i}\right) \times h$
T_o : 외부공기의 절대온도[K=273+℃]	➜ $(273+0)\mathrm{K}$
T_i : 실내공기의 절대온도[K=273+℃]	➜ $(273+20)\mathrm{K}$
h : 중성대의 높이[m]	➜ $\frac{200\mathrm{m}}{2}$ (중성대=건물의 높이 중앙위치)

➜ **굴뚝효과에 따른 압력차:** $\Delta P = 3{,}460 \times \left(\frac{1}{T_o} - \frac{1}{T_i}\right) \times h$

$$= 3{,}460 \times \left(\frac{1}{(0+273)\mathrm{K}} - \frac{1}{(20+273)\mathrm{K}}\right) \times \frac{200\mathrm{m}}{2} = 86.511\mathrm{Pa}$$

$\fallingdotseq 86.51\mathrm{Pa}$

03 실의 크기가 가로 20m×세로 15m×높이 5m인 공간에서 큰 화염의 화재가 발생하여 t초 시간 후의 청결층 높이 y[m]의 값이 1.8m가 되었다. 화염 둘레길이가 큰 화염일 경우 다음 조건을 이용하여 각 물음에 답하시오. 배점 : 7 [11년] [14년] [18년] [21년]

[조건]

① $Q = \frac{A(H-y)}{t}$

여기서, Q : 연기발생량[m³/s]

A : 화재실의 면적[m²]

H : 화재실의 높이[m]

② 위 식에서 시간 t초는 다음의 Hinkley식을 만족한다.

$t = \frac{20A}{P \times \sqrt{g}} \times \left(\frac{1}{\sqrt{y}} - \frac{1}{\sqrt{H}}\right)$

(단, g는 중력가속도로 9.81m/s²이고, P는 화재경계의 길이[m]로서 큰화염의 경우에는 12m, 중간화염의 경우에는 6m, 작은 화염의 경우에는 4m이다.)

③ 연기생성률(M[kg/s])에 관한 식은 다음과 같다.

$M = 0.188 \times P \times y^{1.5}$

(1) 상부의 배연구로부터 몇 [m³/min]의 연기를 배출하여야 청결층의 높이가 유지되는지 구하시오.

(2) 연기생성률 [kg/s]을 구하시오.

CHAPTER 05

• **실전모범답안**

(1) $Q=\frac{A(H-y)}{t}=\frac{20\times15\times(5-1.8)}{47.594}=20.17\times\frac{60}{1}=1{,}210.2\text{m}^3/\text{min}$

→ $t=\frac{20A}{P\times\sqrt{g}}\times\left(\frac{1}{\sqrt{y}}-\frac{1}{\sqrt{H}}\right)=\frac{20\times(20\times15)}{12\times\sqrt{9.81}}\times\left(\frac{1}{\sqrt{1.8}}-\frac{1}{\sqrt{5}}\right)=47.594\text{s}$

• **답 :** $1{,}210.2\text{m}^3/\text{min}$

(2) $M=0.188\times P\times y^{1.5}=0.188\times12\times1.8^{1.5}=5.448\text{kg/s}$

• **답 :** 5.45kg/s

상세해설

(1) 청결층 유지를 위해 필요한 배연량(Q)

① **연기층 하강시간(t)**

$t=\frac{20A}{P\times\sqrt{g}}\times\left(\frac{1}{\sqrt{y}}-\frac{1}{\sqrt{H}}\right)$	연기하강시간
t : 연기하강시간[s]	→ $t=\frac{20A}{P\times\sqrt{g}}\times\left(\frac{1}{\sqrt{y}}-\frac{1}{\sqrt{H}}\right)$
A : 화재실의 바닥면적[m²]	→ 20m × 15m
P : 화염둘레길이 [큰 화염 12m, 중형 화염 6m, 소형 화염 4m]	→ 12m **(큰 화염)**
g : 중력가속도[9.8m/s²]	→ 9.81m/s^2 **(조건② 단서)**
y : 청결층의 높이[m]	→ 1.8m
H : 화재실의 높이[m]	→ 5m

→ **연기하강시간 :** $t=\frac{20A}{P\times\sqrt{g}}\times\left(\frac{1}{\sqrt{y}}-\frac{1}{\sqrt{H}}\right)=\frac{20\times(20\text{m}\times15\text{m})}{12\text{m}\times\sqrt{9.81\text{m/s}^2}}\times\left(\frac{1}{\sqrt{1.8\text{m}}}-\frac{1}{\sqrt{5\text{m}}}\right)$

$=\mathbf{47.594s}$

② **연기발생량[m³/min]**

$$Q=\frac{A(H-y)}{t}$$

→ **연기발생량 :** $Q=\frac{A(H-y)}{t}=\frac{20\text{m}\times15\text{m}\times(5\text{m}-1.8\text{m})}{47.594\text{s}}=20.17\text{m}^3/\text{s}\times\frac{60\text{s}}{1\text{min}}$

$=\mathbf{1{,}210.2m^3/min}$

(2) 연기생성률[kg/s]

$M=0.188\times P\times y^{1.5}$	발연량
M : 발연량[kg/s]	→ $M=0.188\times P\times y^{1.5}$
P : 화염둘레길이 [큰 화염 12m, 중형 화염 6m, 소형 화염 4m]	→ 12m **(큰 화염)**
y : 청결층의 높이[m]	→ 1.8m

→ **연기생성률 :** $M=0.188\times P\times y^{1.5}=0.188\times12\text{m}\times(1.8\text{m})^{1.5}=5.448\text{kg/s}\fallingdotseq\mathbf{5.45kg/s}$

제연설비의 계산에서 주의하여야 할 사항

(1) 거실제연설비

① 배출량 및 배출방식

㉠ 거실 바닥면적 $400m^2$ 미만(최저배출량 $5,000m^3/h$)

- 배출량$[m^3/min]$=바닥면적$[m^2]\times 1m^3/min\cdot m^2$

㉡ 거실 바닥면적 $400m^2$ 이상(기준표에 따라 배출량 선정!!, 수직거리 확인 → 직경 확인)

㉢ 통로 : $45,000m^3/h$

㉣ 공동 예상제연구역 (벽 구획 : 합산, 제연경계 구획 : 최대의 것)

② 배연기의 동력 : $P=\dfrac{P_T\times Q}{102\times 60\times \eta}\times K=\dfrac{P_T\times Q}{6,120\times \eta}\times K$

㉠ P : 팬의 동력[kW] (단위주의!)

㉡ P_T : 전압[$mmAq=mmH_2O$] (단위주의!)

- 문제에서 주어진 경우
- 누설손실압력이 주어진 경우=풍압+누설손실압력
- 각종 저항값이 주어진 경우=덕트저항+배기구저항+부속류저항+그릴저항

㉢ Q : 풍량$[m^3/min]$ (단위주의!)

- 문제에서 주어진 경우
- 제연구역이 통로인 경우 : 배출량 $45,000m^3/h$
- 제연구역이 거실인 경우 : $400m^2$ 미만(바닥면적$[m^2]\times 1m^3/min\cdot m^2$) / $400m^2$ 이상(기준표에 따라 배출량 선정!!, 수직거리 확인 → 직경 확인)

㉣ 상사의 법칙 활용가능! (유양축 123 325)

③ 덕트의 최소 폭 : $W=\dfrac{Q}{V\times h}$ (풍속 V : 배출기 흡입측 15m/s, 배출기 배출측 20m/s, 유입풍도 20m/s)

(2) 특별피난계단의 계단실 및 부속실 제연설비

① 급기량=누설량(틈새면적 연관)+보충량(방연풍속 연관)

② 누설량 : $Q=0.827A\sqrt{P}$

㉠ Q : 누설량$[m^3/s]$

㉡ A : 누설틈새면적의 합$[m^2]$ (급기가압하는 실에서 가장 먼 틈새면적부터 합산하면서 줄여나간다!!)

- 직렬 : $A_T=\dfrac{1}{\sqrt{\dfrac{1}{A_1^2}+\dfrac{1}{A_2^2}+\dfrac{1}{A_3^2}+\cdots}}$
- 병렬 : $A_T=A_1+A_2+A_3+\cdots$

㉢ P : 차압[Pa](최소 40Pa 이상, 옥내에 스프링클러설비 설치 시 12.5Pa 이상)

③ 개방력 : $F=F_{dc}+F_P=F_{dc}+\dfrac{K_d W\cdot A\cdot \triangle P}{2(W-d)}$ (110N 이하)

2 소화용수설비

1 소화용수설비의 구성 등

(1) 소화용수설비

화재를 진압하는데 필요한 물을 공급하거나 저장하는 설비

① **상수도소화용수설비** : 수도관에 직접 연결하고 지상식 또는 지하식 소화전을 설치하여 소방대에 필요한 물을 공급받을 수 있도록 한 설비

② **소화수조·저수조** : 상수도소화용수설비를 설치할 수 없을 경우에 설치하여 소방대에 필요한 물을 공급받을 수 있도록 한 설비

(2) 상수도소화용수설비의 설치기준

① 호칭지름 **75mm 이상**의 수도배관에 호칭지름 **100mm 이상**의 소화전을 접속하여야 한다.

② 소화전은 소방자동차 등의 진입이 쉬운 도로변 또는 공지에 설치하여야 한다.

③ 소화전은 특정소방대상물의 수평투영면의 각 부분으로부터 **140m 이하**가 되도록 설치하여야 한다.

(3) 소화수조 또는 저수조의 저수량

특정소방대상물의 구분	기준면적
창고시설	$5,000m^2$
1층 및 2층의 바닥면적의 합계가 $15,000m^2$ 이상인 특정소방대상물	$7,500m^2$
그 밖의 특정소방대상물	$12,500m^2$

$$\text{저수량}[m^3] = \frac{\text{연면적}[m^2]}{\text{기준면적}[m^2]}(\text{소수점 이하는 1로 봄}) \times 20m^3$$

(4) 흡수관 투입구, 채수구의 설치기준

① 지하에 설치하는 소화용수설비의 **흡수관투입구**는 그 한 변이 **0.6m 이상**이거나 직경이 0.6m 이상인 것으로 하고, 소요수량이 $80m^3$ 미만인 것에 있어서는 1개 이상, $80m^3$ 이상인 것에 있어서는 2개 이상을 설치하여야 하며, “흡수관투입구”라고 표시한 표지를 설치할 것

소요수량	$80m^3$ 미만	$80m^3$ 이상
흡수관투입구의 수[개]	1개 이상	2개 이상

② **채수구**는 다음 표에 따라 소방용 호스 또는 소방용 흡수관에 사용하는 구경 65mm 이상의 나사식 결합금속구를 설치할 것

소요수량	$20m^3$ 이상 $40m^3$ 미만	$40m^3$ 이상 $100m^3$ 미만	$100m^3$ 이상
채수구의 수[개]	1개	2개	3개

③ 채수구는 지면으로부터 높이가 **0.5m 이상 1m 이하**의 위치에 설치하고 "채수구"라고 표시한 표지를 할 것

④ 소화용수설비를 설치하여야 할 특정소방대상물에 있어서 유수의 양이 **0.8m³/min 이상**인 유수를 사용할 수 있는 경우에는 소화수조를 설치하지 아니할 수 있다.

(5) 가압송수장치의 설치기준

① 소화수조 또는 저수조가 지표면으로부터의 깊이(수조 내부바닥까지의 길이)가 **4.5m 이상**인 지하에 있는 경우에는 다음 표에 따라 가압송수장치를 설치하여야 한다.

소화수조의 소요수량	$20m^3$ 이상 $40m^3$ 미만	$40m^3$ 이상 $100m^3$ 미만	$100m^3$ 이상
토출량	1,100l/min 이상	2,200l/min 이상	3,300l/min 이상

② 소화수조가 옥상 또는 옥탑의 부분에 설치된 경우에는 지상에 설치된 채수구에서의 압력이 **0.15MPa 이상**이 되도록 하여야 한다.

참고 **4.5m 이상 가압송수장치 설치이유**

소화수조 또는 저수조가 지표면으로부터 깊이가 4.5m 이상이면 소방차에서 소화용수를 흡입할 때 **흡입능력이 떨어지거나 흡입이 불가능한 상태**가 되므로 가압송수장치를 설치하여야 한다.

| 상수도소화전 |

| 채수구 |

| 소방용수설비 표지 |

Mind-Control

시간은 돈으로도 권력으로도 살 수 없다
누구에게나 평등하게 주어진 시간을 부지런히 이용한 사람이 승자가 된다.

- 필립 -

빈번한 기출문제

01 지상 1층 및 2층의 바닥면적의 합계가 20,000m²인 공장에 소화수조 또는 저수조를 설치하고자 한다. 다음 각 물음에 답하시오. 배점 : 6 [13년] [22년]

(1) 소화수조 또는 저수조를 설치 시 저수조에 확보하여야 할 저수량 [m³]을 구하시오.

(2) 저수조에 설치하여야 할 채수구의 최소설치수량 [개]을 구하시오.

• **실전모범답안**

(1) $V=\frac{20,000}{7,500}\times 20=2.666(\text{절상})\times 20=3\times 20=60\text{m}^3$

• **답 :** 60m³

(2) 2개

상세해설

(1) 저수조에 확보하여야 할 저수량[m³]

$$\text{저수량}[\text{m}^3]=\frac{\text{연면적}[\text{m}^2]}{\text{기준면적}[\text{m}^2]}(\text{소수점 이하는 1로 봄})\times 20\text{m}^3$$

특정소방대상물의 구분	기준면적
창고시설	5,000m²
1층 및 2층의 바닥면적의 합계가 15,000m² 이상인 특정소방대상물	7,500m²
그 밖의 특정소방대상물	12,500m²

① 연면적[m²]=20,000m²

② 기준면적[m²]=7,500m² (지상 1층 및 2층의 바닥면적의 합계가 20,000m²으로 15,000m² 이상인 특정소방대상물에 해당)

➜ **저수조에 확보하여야 할 저수량[m³]** $=\frac{20,000\text{m}^2}{7,500\text{m}^2}(\text{소수점 이하는 1로 봄})\times 20\text{m}^3$

$=2.666(\fallingdotseq 3,\ \text{소수점 이하는 1로 봄})\times 20\text{m}^3$

$=\mathbf{60m^3}$

(2) 채수구의 설치수량[개]

소요수량	20m³ 이상 40m³ 미만	40m³ 이상 100m³ 미만	100m³ 이상
채수구의 수	1개	2개	3개

➜ 저수조에 확보하여야 할 저수량이 60m³으로 40m³ 이상 100m³ 미만에 해당되므로 채수구의 개수는 **2개**이다.

02 소화용수설비를 설치하는 지하 2층, 지상 3층의 특정소방대상물의 연면적 32,500m²이고, 각 층의 바닥면적이 다음과 같을 때 물음에 답하시오.

배점 : 6 [13년] [18년] [22년]

층 수	지하 2층	지하 1층	지상 1층	지상 2층	지상 3층
바닥면적	2,500m^2	2,500m^2	13,500m^2	13,500m^2	500m^2

(1) 소화수조의 저수량 [m^3]을 구하시오.
(2) 저수조에 설치하여야 할 흡수관투입구, 채수구의 최소설치수량 [개]을 구하시오.
(3) 저수조에 설치하는 가압송수장치의 송수량 [l/min]을 구하시오.

• 실전모범답안

(1) $V=\frac{32{,}500}{7{,}500}\times 20=4.333\times20=5\times20=100m^3$

➜ 연면적=2,500×2+13,500×2+500=32,500

• 답 : 100m^3

(2) 흡수관 투입구 : 2개 이상, 채수구 : 3개

(3) 3,300l/min 이상

상세해설

(1) 소화수조의 저수량[m^3]

$$저수량[m^3]=\frac{연면적[m^2]}{기준면적[m^2]}(소수점\ 이하는\ 1로\ 봄)\times 20m^3$$

특정소방대상물의 구분	기준면적
창고시설	5,000m^2
1층 및 2층의 바닥면적의 합계가 15,000m^2 이상인 특정소방대상물	7,500m^2
그 밖의 특정소방대상물	12,500m^2

① 연면적[m^2]=(2,500m^2×2)+(13,500m^2×2)+500m^2=32,500m^2

② 기준면적[m^2]=7,500m^2(지상 1층 및 2층의 바닥면적의 합계가 27,000m^2이므로 15,000m^2 이상인 특정소방대상물에 해당)

➜ 저수조에 확보하여야 할 저수량[m^3]$=\frac{32{,}500m^2}{7{,}500m^2}$(소수점 이하는 1로 봄)×20$m^3$

=4.33(≒5, 소수점 이하는 1로 봄)×20m^3=100m^3

(2) 흡수관투입구, 채수구의 최소설치수량[개], (3) 저수조에 설치하여야 하는 가압송수장치의 송수량[l/min]

소요수량	80m^3 미만		80m^3 이상
흡수관투입구의 수[개]	1개 이상		2개 이상
소요수량	20m^3 이상 40m^3 미만	40m^3 이상 100m^3 미만	100m^3 이상
채수구의 수[개]	1개	2개	3개
가압송수장치의 토출량[l/min]	1,100l/min 이상	2,200l/min 이상	3,300l/min 이상

저수조에 확보하여야 할 저수량[m^3]이 100m^3이므로 흡수관투입구, 채수구의 개수 및 가압송수장치의 송수량은 다음과 같다.

① 흡수관투입구=2개 이상
② 채수구=3개
③ 가압송수장치의 토출량=3,300l/min 이상

3 연결송수관설비

1 연결송수관설비의 구성 등

(1) 연결송수관설비

고층건축물 등에 설치하여 소방대가 건물 내 소화작업 시 외부의 송수구에서 물을 공급하여 방수구에서 물을 사용하여 소화할 수 있도록 하는 소화활동설비

(2) 연결송수관설비의 송수구 설치기준

① 소방차가 쉽게 접근할 수 있고 잘 보이는 장소에 설치할 것(공동주택의 경우 송수구는 동별로 설치)
② 지면으로부터 높이가 **0.5m 이상 1m 이하**의 위치에 설치할 것
③ 송수구는 화재층으로부터 지면으로 떨어지는 유리창 등이 송수 및 그밖의 소화작업에 지장을 주지 아니하는 장소에 설치할 것
④ **구경 65mm의 쌍구형**으로 할 것
⑤ 송수구에는 그 가까운 곳의 보기쉬운 곳에 **송수압력범위**를 표시한 표지를 할 것
⑥ 송수구는 연결송수관의 수직배관마다 **1개 이상**을 설치할 것. 다만, 하나의 건축물에 설치된 각 수직배관이 중간에 **개폐밸브**가 설치되지 아니한 배관으로 상호연결되어 있는 경우에는 건축물마다 1개씩 설치할 수 있다.
⑦ 송수구의 부근에는 **자동배수밸브 및 체크밸브**를 다음 각 목의 기준에 따라 설치할 것. 이 경우 자동배수밸브는 배관 안의 물이 잘 빠질 수 있는 위치에 설치하되, 배수로 인하여 다른 물건이나 장소에 피해를 주지 아니하여야 한다.
   ㉠ **습식**의 경우에는 송수구·자동배수밸브·체크밸브의 순으로 설치할 것
   ㉡ **건식**의 경우에는 송수구·자동배수밸브·체크밸브·자동배수밸브의 순으로 설치할 것
⑧ 송수구로부터 연결송수관설비의 주배관에 이르는 연결배관에 개폐밸브를 설치한 때에는 그 개폐상태를 확인할 수 있도록 **급수개폐밸브 작동표시스위치**를 다음의 기준에 따라 설치할 것
   ㉠ 급수개폐밸브가 잠길 경우 탬퍼스위치의 동작으로 인하여 감시제어반 또는 수신기에 표시되어야 하며 경보음을 발할 것
   ㉡ 탬퍼스위치는 감시제어반 또는 수신기에서 동작의 유무확인과 동작시험, 도통시험을 할 수 있을 것
   ㉢ 급수개폐밸브의 작동표시스위치에 사용되는 전기배선은 내화전선 또는 내열전선으로 설치할 것
⑨ 송수구에는 가까운 곳의 보기쉬운 곳에 **"연결송수관설비 송수구"**라고 표시한 표지를 설치할 것
⑩ 송수구에는 이물질을 막기 위한 **마개**를 씌울 것

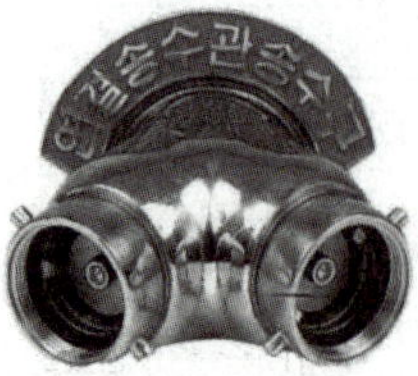

| 연결송수관 송수구 |

| 자동배수밸브 |

| 각종 소화설비의 송수구 |

(3) 연결송수관설비의 가압송수장치

① **가압송수장치의 설치**

㉠ **지표면에서 최상층 방수구의 높이 70m 이상**

㉡ 설치이유 : 특정소방대상물의 높이가 70m 이상인 경우 소방차에서 공급되는 수압만으로는 규정 방사압력을 유지하기 어려우므로 가압송수장치를 설치한다.

② **연결송수관설비 펌프의 방수량 및 방수압력**

구 분	계단식 아파트	기 타
방수량	• 1,200l/min 이상 • 해당 층에 설치된 방수구가 3개 초과(최대 5개) 시 방수구 1개마다 400l/min 가산	• 2,400l/min 이상 • 해당 층에 설치된 방수구가 3개 초과(최대 5개) 시 방수구 1개마다 800l/min 가산
	$Q_1 = 1{,}200 + 400(N-3)$ (N : 방수구의 개수, **최대 5개**)	$Q_2 = 2{,}400 + 800(N-3)$ (N : 방수구의 개수, **최대 5개**)
방수압력	0.35MPa 이상	

(4) 배관의 설치기준

① 주배관의 구경은 100mm 이상의 것으로 할 것

② 습식설비로 해야 하는 경우

㉠ 지면으로부터 높이가 31m 이상인 특정소방대상물

㉡ 지상 11층 이상인 특정소방대상물

암기법 습식 31 11

(5) 방수구의 설치기준

① 층마다 설치할 것. 다만, 다음에 해당하는 층은 제외

㉠ 아파트등의 1층과 2층(또는 피난층과 그 직상층)에는 설치하지 않을 수 있다.

㉡ 소방차의 접근이 가능하고 소방대원이 소방차로부터 각 부분에 쉽게 도달할 수 있는 피난층

㉢ 송수구가 부설된 옥내소화전을 설치한 특정소방대상물로서 다음 어느 하나에 해당하는 층

- 4층 이하(지하층 제외)이고 연면적 6,000m^2 미만인 특정소방대상물의 지상층
- 지하층의 층수가 2 이하인 특정소방대상물의 지하층

② 11층 이상의 부분에 설치하는 방수구는 쌍구형으로 할 것. 다만, 다음에 해당하는 층에는 단구형으로 설치할 것

㉠ 아파트의 용도로 사용되는 층

㉡ 스프링클러설비가 유효하게 설치되어 있고 방수구가 2개소 이상 설치된 층

암기법 단아한 스방이(2)

③ 방수구의 호스접결구는 바닥으로부터 높이 0.5m 이상 1m 이하의 위치에 설치할 것

→ 아파트등의 경우 계단실 출입구(계단부속실을 포함하며 계단이 2 이상 있는 경우에는 그 중 1개의 계단을 말한다)로부터 5m 이내에 방수구를 설치 및 해당 층 각 부분으로부터 수평거리가 50m 초과 시 추가 설치

(6) 방수기구함의 설치기준

① 피난층과 가장 가까운 층을 기준으로 **3개층마다** 설치하되, 그 층의 방수구마다 **보행거리 5m 이내**에 설치할 것

② 방수기구함에는 **길이 15m의 호스**와 **방사형 관창**을 다음 기준에 따라 비치할 것

㉠ 호스는 방수구에 연결하였을 때 그 방수구가 담당하는 구역의 각 부분에 유효하게 물이 뿌려질 수 있는 개수 이상을 비치할 것. 이 경우 쌍구형 방수구는 단구형 방수구의 2배 이상의 개수를 설치할 것

㉡ 방사형 관창은 단구형 방수구의 경우에는 1개, 쌍구형 방수구의 경우에는 2개 이상 비치할 것

③ 방수기구함에는 "방수기구함"이라고 표시한 **축광식 표지**를 할 것. 이 경우 축광식 표지는 소방청장이 고시한 기준에 적합한 것으로 설치할 것

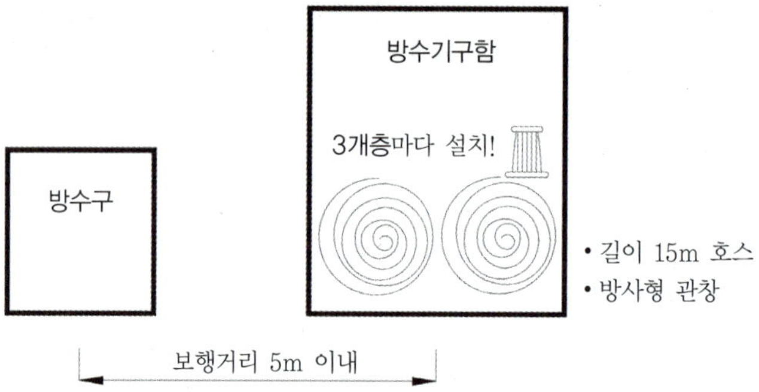

| 방수기구함의 설치기준 |

Mind-Control

성공이란 노력에 딸려오는 고가의 옵션이다.
노력이 없으면 장착할 수 없다.

- 작자 미상 -

빈번한 기출문제

01 그림과 같이 소방대 연결송수구와 체크밸브 사이에 자동배수장치(auto drip)를 설치하는 이유를 간단히 설명하시오.

배점 : 8 [09년] [13년] [15년] [23년]

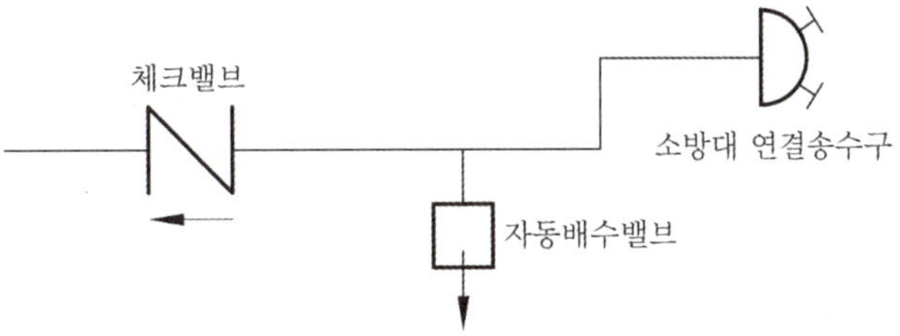

• 실전모범답안

연결송수구 부분은 노출되어 있으므로 배관에 물이 고여있을 경우 **배관의 동파 및 부식의 우려**가 있으므로 **자동배수장치를 설치**하여 연결송수관설비를 사용한 후에는 배관 내에 고인 물을 자동으로 배수시키도록 되어 있다.

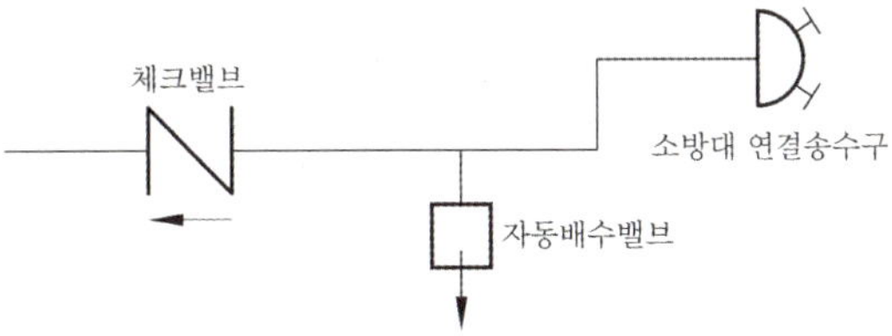

| 송수구 주위배관도 |

02 연결송수관설비에 대한 각 물음에 답하시오.

배점 : 6 [05년] [11년] [20년]

(1) 가압송수장치의 설치이유를 간단히 설명하시오.
(2) 펌프의 분당 토출량 [l/min]은 얼마 이상인지 쓰시오.
(3) 최상층 노즐선단의 방수압 [MPa]은 얼마 이상인지 쓰시오.

• 실전모범답안

(1) 가압송수장치의 설치

① 지표면에서 최상층 방수구의 높이 : 70m 이상

② 설치이유 : 특정소방대상물의 높이가 70m 이상인 경우 소방차에서 공급되는 수압만으로는 규정 방사압력을 유지하기 어려우므로 가압송수장치를 설치한다.

(2) 연결송수관설비 펌프의 방수량 및 방수압력

구 분	계단식 아파트	기 타
방수량	• 1,200l/min 이상 • 해당 층에 설치된 방수구가 3개 초과(최대 5개) 시 방수구 1개마다 400l/min 가산	• 2,400l/min 이상 • 해당 층에 설치된 방수구가 3개 초과(최대 5개) 시 방수구 1개마다 800l/min 가산
	$Q_1 = 1{,}200 + 400(N-3)$ (N : 방수구의 개수, **최대 5개**)	$Q_2 = 2{,}400 + 800(N-3)$ (N : 방수구의 개수, **최대 5개**)
방수압력	0.35MPa 이상	

03 다음은 연결송수관설비 송수구의 설치기준이다. (　　　) 안에 알맞은 말을 쓰시오. 배점 : 10 [17년]

(1) 소방차가 쉽게 접근할 수 있고 잘 보이는 장소에 설치할 것

(2) 지면으로부터 높이가 (①) 이상 (②) 이하의 위치에 설치할 것

(3) 송수구는 화재층으로부터 지면으로 떨어지는 유리창 등이 송수 및 그밖의 소화작업에 지장을 주지 아니하는 장소에 설치할 것

(4) 구경 (③)의 (④)으로 할 것

(5) 송수구에는 그 가까운 곳의 보기쉬운 곳에 송수압력범위를 표시한 표지를 할 것

(6) 송수구는 연결송수관의 수직배관마다 (⑤) 이상을 설치할 것. 다만, 하나의 건축물에 설치된 각 수직배관이 중간에 (⑥)밸브가 설치되지 아니한 배관으로 상호연결되어 있는 경우에는 건축물마다 (⑦)씩 설치할 수 있다.

(7) 송수구의 부근에는 자동배수밸브 및 체크밸브를 다음 각 목의 기준에 따라 설치할 것. 이 경우 자동배수밸브는 배관 안의 물이 잘 빠질 수 있는 위치에 설치하되, 배수로 인하여 다른 물건이나 장소에 피해를 주지 아니하여야 한다.

㉮ 습식의 경우에는 송수구·자동배수밸브·체크밸브의 순으로 설치할 것

㉯ 건식의 경우에는 송수구·(⑧)·(⑨)·(⑩)의 순으로 설치할 것

• **실전모범답안**

① 0.5m　　② 1m

③ 65mm　　④ 쌍구형

⑤ 1개　　⑥ 개폐

⑦ 1개　　⑧ 자동배수밸브

⑨ 체크밸브　　⑩ 자동배수밸브

4 연결살수설비

1 연결살수설비의 구성 등

(1) 연결살수설비

화재발생 시 소방대의 진입이 어려운 지하가 또는 지하층 등에 설치하며, 지상의 송수구를 통하여 물을 공급하여 살수헤드로 물을 방사하여 소화하는 소화활동설비

(2) 연결살수설비의 송수구 설치기준

① 소방차가 쉽게 접근할 수 있고 노출된 장소에 설치할 것. 이 경우, 가연성가스의 저장·취급시설에 설치하는 연결살수설비의 송수구는 그 방호대상물로부터 **20m 이상**의 거리를 두거나 방호대상물에 면하는 부분이 **높이 1.5m 이상 폭 2.5m 이상**의 철근콘크리트 벽으로 가려진 장소에 설치하여야 한다.

② 지면으로부터 높이가 **0.5m 이상 1m 이하**의 위치에 설치할 것

③ **구경 65mm의 쌍구형**으로 할 것. 다만, 하나의 송수구역에 부착하는 살수헤드의 수가 **10개 이하**인 것은 단구형의 것으로 할 수 있다.

④ 개방형 헤드를 사용하는 송수구의 호스접결구는 각 송수구역마다 설치할 것. 다만, 송수구역을 선택할 수 있는 선택밸브가 설치되어 있고 각 송수구역의 주요구조부가 내화구조로 되어 있는 경우에는 그러하지 아니함

⑤ 송수구로부터 주배관에 이르는 연결배관에는 개폐밸브를 설치하지 아니할 것. 다만, 스프링클러설비·물분무소화설비·포소화설비 또는 연결송수관설비의 배관과 겸용하는 경우에는 그러하지 아니함

⑥ 송수구의 부근에는 "**연결살수설비 송수구**"라고 표시한 표지와 **송수구역 일람표**를 설치할 것. 다만, ④에 따른 선택밸브를 설치한 경우에는 그러하지 아니함

⑦ 송수구에는 이물질을 막기 위한 마개를 씌울 것

(3) 연결살수설비의 헤드

① **연결살수설비 전용헤드를 사용하는 경우 배관의 구경**

하나의 배관에 부착하는 살수헤드의 개수	1개	2개	3개	4개 또는 5개	6개 이상 10개 이하
배관의 구경[mm]	32	40	50	65	80

② **헤드의 설치기준**

㉠ 천장 또는 반자의 실내에 면하는 부분에 설치할 것

㉡ 천장 또는 반자의 각 부분으로부터 하나의 살수헤드까지의 수평거리가 연결살수설비 전용헤드의 경우 **3.7m 이하**, 스프링클러헤드의 경우 **2.3m 이하**로 할 것. 다만, 살수헤드의 부착면과 바닥과의 높이가 **2.1m 이하**인 부분은 살수헤드의 살수분포에 따른 거리로 할 수 있다.

| 연결살수설비 전용헤드 |

| 연결살수설비 송수구 |

Mind - Control

순간을 미루면 인생마저 미루게 된다.

- 마틴 베레가드 -

빈번한 기출문제

01 연결살수설비의 종합점검에서 송수구의 점검항목을 쓰시오. 배점 : 5 [18년]

• 실전모범답안

① 설치장소 적정 여부
② 송수구 구경(65mm) 및 형태(쌍구형) 적정 여부
③ 송수구역별 호스접결구 설치 여부(개방형 헤드의 경우)
④ 설치높이 적정 여부
⑤ 송수구에서 주배관상 연결배관 개폐밸브 설치 여부
⑥ "연결살수설비 송수구" 표지 및 송수구역 일람표 설치 여부
⑦ 송수구 마개 설치 여부
⑧ 송수구의 변형 또는 손상 여부
⑨ 자동배수밸브 및 체크밸브 설치순서 적정 여부
⑩ 자동배수밸브 설치상태 적정 여부
⑪ 1개 송수구역 설치 살수헤드 수량 적정 여부(개방형 헤드의 경우)

Mind - Control

지금 잠을 자면 꿈을 꾸지만,
노력하면 꿈을 이룹니다.

- 워렌 버핏 -

5 지하구

1 지하구의 화재안전기술기준

(1) 연소방지설비

지하구의 연소방지를 위하여 연소방지설비 전용헤드나 스프링클러헤드를 천장 또는 벽면에 설치하여 지하구의 화재를 방지하는 설비

참고 | 지하구의 정의

전력·통신용의 전선이나 가스·냉난방용의 배관 또는 이와 비슷한 것을 집합수용하기 위하여 설치한 지하 인공구조물로서 사람이 점검 또는 보수를 위하여 출입이 가능한 것 중 다음의 어느 하나에 해당하는 것
① 전력 또는 통신사업용 지하 인공구조물로서 전력구(케이블 접속부가 없는 경우 제외) 또는 통신구 방식으로 설치된 것
② "①" 외의 지하 인공구조물로서 폭이 1.8m 이상이고 높이가 2m 이상이며, 길이가 50m 이상인 것

(2) 연소방지설비 배관의 설치기준

① 급수배관은 전용으로 할 것
② 배관의 구경
㉠ 연소방지설비 전용헤드를 사용하는 경우

하나의 배관에 부착하는 살수헤드의 개수	1개	2개	3개	4개 또는 5개	6개 이상
급수관의 구경[mm]	32	40	50	65	80

㉡ 개방형 스프링클러헤드를 사용하는 경우

하나의 배관에 부착하는 폐쇄형 헤드의 개수	1개	2개	5개	8개	15개	27개	40개	55개	90개	91개 이상
급수관의 구경[mm]	25	32	40	50	65	80	90	100	125	150

(3) 연소방지설비 헤드의 설치기준

① 천장 또는 벽면에 설치할 것
② 헤드 간의 수평거리는 연소방지설비 전용헤드의 경우에는 **2m 이하**, 스프링클러헤드의 경우에는 **1.5m 이하**로 할 것
③ 소방대원의 출입이 가능한 **환기구·작업구마다** 지하구의 **양쪽방향**으로 살수헤드를 설치하되, **한쪽방향**의 살수구역의 길이는 **3m 이상**으로 할 것.(다만, 환기구 사이의 간격이 700m를 초과할 경우에는 **700m 이내**마다 살수구역을 설정하되, 지하구의 구조를 고려하여 방화벽을 설치한 경우에는 그러하지 아니함)
④ 연소방지설비 전용헤드를 설치할 경우에는 「소화설비용 헤드의 성능인증 및 제품검사의 기술기준」에 적합한 살수헤드를 설치할 것

(4) 연소방지재의 설치기준

지하구 내에 설치하는 케이블·전선 등에는 다음의 기준에 따라 연소방지재를 설치해야 한다. 다만, 케이블·전선 등을 다음 ①의 난연성능 이상을 충족하는 것으로 설치한 경우에는 연소방지재를 설치하지 않을 수 있다.

① 연소방지재는 한국산업표준(KS C IEC 60332-3-24)에서 정한 난연성능 이상의 제품을 사용하되 다음의 기준을 충족할 것
  ㉠ 시험에 사용되는 연소방지재는 시료(케이블 등)의 아래쪽(점화원으로부터 가까운 쪽)으로부터 30cm 지점부터 부착 또는 설치할 것
  ㉡ 시험에 사용되는 시료(케이블 등)의 단면적은 $325mm^2$로 할 것
  ㉢ 시험성적서의 유효기간은 발급 후 3년으로 할 것

② 연소방지재는 다음의 기준에 해당하는 부분에 2.5.1.1과 관련된 시험성적서에 명시된 방식으로 시험성적서에 명시된 길이 이상으로 설치하되, 연소방지재 간의 설치간격은 350m를 넘지 않도록 해야 한다.
  ㉠ 분기구
  ㉡ 지하구의 인입부 또는 인출부
  ㉢ 절연유 순환펌프 등이 설치된 부분
  ㉣ 기타 화재발생 위험이 우려되는 부분

Mind - Control

아무리 죽을 것 같이 힘이 들어도 1미터는 더 갈 수 있지 않을까
우리가 정말 포기하는 이유는
불가능해서가 아니라 불가능할 것 같아서라고…

- 지금 꿈꾸라, 사랑하라, 행복하라 -

빈번한 기출문제

01 다음은 연소방지설비에 관한 화재안전기준이다. (　) 안에 알맞은 답을 쓰시오.

배점 : 8 [06년] [11년] [14년] [17년] [18년] [19년] [20년]

(1) 연소방지설비의 헤드는 천장 또는 벽면에 설치하되, 헤드간의 수평거리는 연소방지설비 전용헤드의 경우에는 (①)[m] 이하, (②)의 경우에는 (③)[m] 이하로 할 것

(2) 헤드는 소방대원의 출입이 가능한 (④)마다 지하구의 양쪽방향으로 살수헤드를 설치하되, 한쪽방향의 살수구역의 길이는 (⑤)[m] 이상으로 할 것. 다만, (⑥) 사이의 간격이 (⑦)[m]를 초과할 경우에는 (⑦)[m] 이내마다 살수구역을 설정하되, 지하구의 구조를 고려하여 (⑧)을 설치한 경우에는 그러하지 아니함

• **실전모범답안**

(1) ① 2　② 스프링클러헤드　③ 1.5

(2) ④ 환기구, 작업구　⑤ 3　⑥ 환기구

⑦ 700　⑧ 방화벽

02 길이가 1,000m인 지하구에 연소방지설비를 설치하고자 한다. 해당 지하구에는 400m, 800m 지점에 환기구가 설치되어 있으며, 헤드는 연소방지설비 전용헤드를 설치하려고 한다. 다음 각 물음에 답하시오.

배점 : 9 [14년] [19년]

(1) 최소살수구역의 개수를 구하시오.

(2) 지하구의 폭이 4m, 높이 3m인 경우 최소소요 살수헤드의 개수를 구하시오. (단, 살수구역의 길이는 화재안전기술기준에서 정한 최소길이를 적용한다.)

(3) 송수구로부터 급수배관의 호칭구경[mm]을 쓰시오. (단, 1개의 살수구역의 한쪽 방향 기준으로 한다.)

• **실전모범답안**

(1) 환기구 위치 : 400m 지점, 800m 지점

• **답 :** 2개

(2) 지하구 폭 $=\frac{4}{2}=$2개, 살수구역의 길이 $=\frac{3}{2}=$2개

∴ 한쪽 방향 살수구역의 헤드개수 = 2×2 = 4개

→ 양쪽 방향 살수구역의 총 헤드개수 = 4×2 = 8개

→ 지하구에 설치하는 살수헤드의 개수 = 8개×2개 구역 = 16개

• **답 :** 16개

(3) 65mm

상세해설

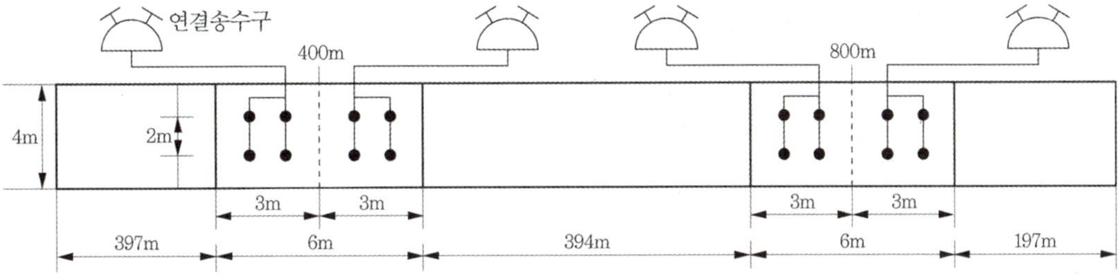

(1) **최소살수구역의 개수**

소방대원의 출입이 가능한 **환기구 · 작업구마다** 지하구의 **양쪽방향**으로 살수헤드를 설치하여야 하므로, 환기구가 설치된 400m 지점(살수구역 1), 800m 지점(살수구역 2)에 살수헤드를 설치하여야 한다.

➜ **살수구역의 개수=2개**

(2) **최소살수헤드의 개수**

① 살수구역 1, 살수구역 2

㉠ 가로(폭) 설치 헤드의 개수= $\frac{4m}{2m}$ =**2개** (연소방지설비 전용헤드의 수평거리 $r=2m$)

㉡ 세로(살수구역의 길이) 설치 헤드의 개수= $\frac{3m}{2m}$ =**1.5 ≒ 2개**

(한쪽방향의 살수구역의 최소길이=3m)

➜ 한쪽 방향 살수구역의 헤드개수=2개×2개=4개

➜ 양쪽 방향 살수구역의 헤드개수=4개×2개=8개

② 전체살수구역의 헤드의 개수= $\frac{8개}{1개\ 살수구역}$ ×2개 살수구역=**16개**

(3) **급수배관의 호칭구경(1개 살수구역의 한쪽 방향 기준)**

하나의 배관에 부착하는 살수헤드의 개수	1개	2개	3개	4개 또는 5개	6개 이상
급수관의 구경[mm]	32	40	50	65	80

1개 살수구역의 한쪽 방향에 설치하는 살수헤드(연소방지설비 전용헤드)의 개수는 4개이므로, 송수구로부터 급수배관의 호칭구경은 65mm로 하여야 한다.

Mind - Control

모든 기회에는 어려움이 있으며
모든 어려움에는 기회가 있다.

- 작자 미상 -

CHAPTER 05

제18회 소방시설관리사 백소나 합격수기

안녕하세요. 저는 2018년도에 소방시설관리사 자격을 취득한 백소나입니다. 수험생 시절 다른 선배님들의 합격수기를 읽으며 마음을 위로했던 그 순간을 기억하며, 조금이나마 도움이 되었으면 하는 마음에 부끄럽지만 저의 이야기를 몇 자 적어볼까 합니다.

1. 소방의 입문

제 이야기의 소방은 처음 대학교를 진학하면서 시작되었습니다. 대학교 진학 당시, 진로에 대해 굉장히 고민을 많이 하였습니다. 제 고향이 제주도라, 지리적 특성상 대부분의 친구들은 제주도에 있는 대학교에서 각자 원하는 학과를 골라 진로를 결정하였습니다. 그런데 당시 저는 원하는 전공을 수시로 지원했던 것들이 다 낙방을 하여 대학교 진학을 망설이고 있었습니다. 그때, 저를 잘 알고 있던 담임선생님께서 저에게 소방관이 어울릴 것 같다며 부산에 있는 부경대학교 소방공학과를 추천해주었습니다. 그렇게 저의 소방은 소방관이 되기 위한 꿈을 안고 제주도에서 부산으로 옮기며 시작되었습니다.

부경대학교 소방공학과에 진학하며 저의 대학생활은 정말 노력으로 가득 채워나갔습니다. 소방공학을 전공으로 학부과정을 진행하던 중 교수님의 권유로 5년 안에 학사, 석사학위를 취득할 수 있는 학·석사연계과정(3.5년 학사 + 1.5년 석사)을 시작하게 되었고, 그렇게 저는 처음 소방관이 되기 위한 꿈을 갖고 있던 것과 달리, 23살에 소방공학을 전공으로 학사, 석사학위를 취득하게 되었습니다. 이 과정을 글로 적으니 한 줄의 문장으로 완성되지만, 이 과정을 해내는 동안 저는 한 순간, 한 시기도 놓치고 싶지 않아 정말 아등바등 달렸습니다. 학부과정 동안에는 학·석사 연계과정을 진학하기 위해서 필요한 기준 성적을 맞추기 위해 정말 열심히 노력한 결과 졸업당시 4.41/4.5점이라는 좋은 점수를 만들 수 있었고, 석사과정 동안에는 세미나, 논문준비, 발표 등으로 정말 바쁘게 지내왔습니다. 그렇게 학위를 취득하고 나니, 무엇을 해야 할지 정말 고민이 많이 되었습니다. 박사과정을 이어가기에는 너무 겁이 났고, 취업을 하자니 어떤 준비를 해야 할지 막막하였습니다. 그러던 중 제가 학위를 취득하던 해, 2017년을 기점으로 소방공학과 석사학위를 취득한 자에게 소방시설관리사 응시자격이 주어진다는 것을 알았습니다. 그렇게 타이밍 좋게 17년도, 18년도 시험에 응시할 수 있게 되었고 17년도에는 낙방을 하였지만, 2018년 12월 12일 9시 정각에 "백소나님의 소방시설관리사 2차시험 합격을 축하드립니다."라는 문자를 받을 수 있었습니다.

2. 소방설비기사(기계분야, 전기분야)

대학교 3학년이 끝나고 2015년에 처음 소방설비기사(기계분야)를 취득하기 위해 공부를 시작하였습니다. 학과의 특성상 커리큘럼이 소방설비기사(기계분야)와 많이 겹쳐서 독학으로 공부하였습니다. 자격을 취득하기 위해 저는 매번 저만의 노트를 만들어 정리하였습니다. 지금 와서 생각해보니 저에게 가장 잘 맞는 공부방법이 "저만의 암기노트"였던 것 같습니다. 저는 학과 수업을 들을 때도, 2학년이 끝나고 취득한 위험물산업기사도, 소방설비기사 기계, 전기도, 화재감식평가기사도, 소방시설관리사를 준비하면서도 매번 다른 노트들을 만들었습니다. 이 노트 안에는 저만의 이해방법,

암기법, 그림 등 제 글씨로 한자, 한자 써내려간 내용들로 가득 했습니다. 물론 이 안에는 제가 자주 실수하는 부분, 계산문제는 함정들에 빠지기 쉬운 내용들을 정리해 두고 두 번의 실수를 반복하지 않기 위해 꼼꼼히 정리하고, 이 노트 안의 내용만큼은 제가 완벽히 암기 및 이해하였습니다.

기계분야를 준비하면서 10년치 과년도 기출문제를 기준으로 반복해서 풀어나갔습니다. 기계분야의 경우 전기분야와 달리 계산의 비중이 굉장히 많이 차지하기 때문에 계산문제를 집중적으로 준비하였습니다. 유체역학을 풀면서는 글로 표현되어 있는 문제의 내용들이 이해가 안 되는 경우가 많아서 항상 문제를 읽고 그림으로 표현하며 조건들을 하나씩 정리하고 나니, 문제에 적용해야 할 공식들이 하나씩 떠올랐습니다. 그렇게 필기를 준비하며 유체역학을 꼼꼼히 공부한 결과 유체역학은 20문제 중 19문제를 맞출 수 있었고, 실기를 준비하는 과정에도 많은 도움이 되었습니다. 그리고 제가 실기 공부를 하면서 가장 주의했던 부분은 "단위"였습니다. 실기는 객관식 필기와 달리 서술형으로 답해야 하므로 실수를 하지 않기 위해 풀이과정을 깔끔하게 정리하고 마지막에 단위를 꼭!! 다시 한번 확인하고, 계산기를 몇 번이고 다시 두드려 보았습니다. 그 결과 좋은 결과물을 얻을 수 있었습니다.

소방설비기사 기계분야를 취득한 후 석사과정을 밟으면서 소방설비기사 전기분야를 준비하였습니다. 기계분야를 독학으로 준비하였던 터라 자신감이 붙어 전기분야도 혼자 공부하기로 마음먹고 기출문제만 있는 책을 사서 공부를 시작하였습니다. 그런데 1주일, 2주일이 지나도 전선가닥수, 시퀀스 등을 이해할 수 없었습니다. 그래서 주변에 다른 학교 선배들에게 물어보니 "에듀파이어" 인강을 소개해주었고, 처음 에듀파이어 인강을 수강하게 되었습니다. 인강을 들으며 이해할 수 없었던 부분들이 하나씩 해결되기 시작했고, 문제를 풀어나갈 수 있었습니다.

부산에서 혼자 생활을 하다 보니 공부할 시간은 충분하였습니다. 기숙사에 혼자 앉아 있는 것보다는 사람이 많은 도서관에 앉아 열심히 생활하는 다른 사람들을 보며 매일 제 생활에 대해 반성하며 대학생활을 보냈습니다. 그 중 자격증을 공부하고 취득하는 과정은 제가 노력한 만큼 가장 빠르게 보여주는 결과물이었고, 한 해 한 해를 기록해 주는 사건들이었습니다.

3. 소방시설관리사

① 17회 소방시설관리사 시험

2017년 4월, 소방시설관리사 1차시험은 기사자격을 취득한 지 오래되지 않았던 터라 기사를 공부했던 방식으로 독학으로 과년도 기출문제를 반복해서 풀고 시험장에 갔습니다. 그런데 시험장에 가서 "125분에 125문제 풀이"는 시간이 너무 촉박하였습니다. 실제 시험을 치는 것처럼 시간을 재고 문제를 풀어 본적이 없어 시험시간 125분은 정말 저에게 피가 말리는 시간이었습니다. 시험을 치고 나오고 학교선배를 만나 맥주 한잔을 하며 가답안이 나오는 2시만을 기다렸다가 채점한 결과, 정말 운이 좋게도 아슬아슬하게 합격하였습니다.

그 해 5월, 제대로 마음을 잡고 2차시험을 준비하기 위해 에듀파이어 학원으로 향하였습니다. 그때는 학원에서 모의고사반을 개강하던 시기였는데 저는 설계 및 시공, 점검실무행정을 1독도 하지 못한 터라 학원에서 시험을 칠 때마다 너무 힘이 들었습니다. 시험지를 받고 한 글자도 적지 못하였습니다. 그래서 저는 매주 일요일 오전 9시부터 오후9시까지 수업을 듣고 매주 월요일, 일요일에 쳤던 모의고사 문제를 노트에 적어가며 암기하고 그 문제만큼은 제 것으로 만들었습니다. 그 해 9월의

CHAPTER 05

시험을 준비하기에는 시간이 촉박하였지만, 저는 시험공부를 하며 단 한번도 2017년도 9월의 시험이 연습시험이라고 생각한 적은 없었습니다. 물론 낙방할 수도 있겠지만, 정말 최선을 다해 준비하고 최선을 다해 시험에 응시하기 위해 노력하였습니다. 그 결과 학원 모의고사에서 10점대였던 제 점수가 시험날짜에 가까워질수록 합격선인 60점대로 올라오기 시작하였습니다. 2017년도 시험은 결과적으로는 58점으로 관리사 자격을 취득하지는 못했지만 그 다음 해의 시험을 준비하기 위한 좋은 발판이 되었습니다.

② 18회 소방시설관리사 시험

시험결과가 나오기 전에 저는 시험결과와 상관없이 화재안전기준을 정확하게 다시 정리할 필요가 있다는 생각이 들어 학원에서 개강하는 화재안전기준 강의를 수강하게 되었습니다. 이 강의수강 중 2017년도 시험 낙방을 알게 되었고 마음을 잡기란 정말 쉽지 않았습니다. 흔들리는 마음을 다시 잡고 18회 시험을 준비하던 때에는 17회 시험을 준비할 때와는 달리 옆에 같은 학과를 졸업한 선배, 후배, 그리고 언니가 있어 더욱 열심히 공부할 수 있었습니다. 하루종일 학원 모의고사를 치느라 바쁜 일요일을 피해 매주 월요일 학원으로 모여 같이 시험을 치기 바로 전주까지도 스터디를 하며 서로 경쟁하고, 응원해주었던 것이 정말 도움이 많이 되었습니다. 스터디를 하며 일주일동안 공부하며 궁금했던 점들, 잘 외워지지 않는 부분들을 해결하고, 학원에서 내는 모의고사와는 별개로 저희끼리 돌아가며 문제를 출제하고 시험을 치기를 반복하였습니다. 특히, 이번 18회 시험을 응시하는 동안에는 설날, 추석에도 모두 공부만 하였는데, 혼자 공부한다는 마음보다는 나와 같은 처지에 있는 분들과 함께 공부하고 있다는 느낌이 들어서 더욱 힘이 났습니다.

18회 시험을 준비하는 동안에는 17회보다 더욱 간절하였습니다. 2017년도에는 시험에 떨어져도 다음번에 한 번 더 기회가 있으니 괜찮아 라는 마음이었다면, 2018년도에는 시험에 떨어지면 정말 제 인생이 끝나버릴지도(?!) 모른다는 생각이 들 정도로 너무나도 간절하였습니다. 그래서 저는 공부시간을 계속해서 늘려나갔습니다. 출근하는 날은 부족한 공부시간을 채우기 위해 새벽 4시에 일어나 공부를 하며 8시간을 반드시 채워나갔고, 회사를 가지 않는 날에는 도서관에 딱 앉아서 2~3시쯤 먹는 점심을 제외하고는 13~15시간을 공부를 했습니다. 많은 시간을 써보고 수정하고를 반복하다보니 오른손에는 팔목보호대와 여자손이라고 보여주지 민망할 정도로 굳은 살로 가득하였습니다. 이렇게 공부를 하고나면 항상 저만의 SNS에 공부시간, 공부한 내용, 간단한 일기정도를 기록해 두고, 마음이 불안할 때마다 제가 기록해 두었던 SNS의 내용들을 읽어가며 '지금까지 이렇게 열심히 공부해왔잖아. 조금만 더 참고 하면 꼭 좋은 결과가 있을거야.'라고 마음을 다독였습니다.

시험을 준비하는 동안에는 기사를 준비할 때와 마찬가지로 저만의 암기노트를 17회 시험을 준비하며 4권, 18회 시험을 준비하며 5권, 총 9권의 암기노트를 만들었습니다. 저는 암기노트를 만들 때 그림을 그려 암기할 수 있는 내용은 그림을 그리거나 도식화를 해서 큰 틀을 잡고, 세부적인 사항은 옆에 따로 정리하였습니다. 암기노트에 정리해 놓은 내용만큼은 무조건 내 것으로 만들기 위해, 암기노트는 출퇴근하는 지하철 안 등 짜투리시간을 이용하여 반복해서 보았습니다. 그렇게 암기노트를 작성해 나가다 보니, 18회 시험 당시에는 책의 90% 이상이 암기노트에 적힌 내용들이었습니다. 그렇게 학원교재를 기준으로 암기노트를 완성해가고, 서점에 가서 책을 둘러보고 학원교재에 없는 문제 혹은 법제처를 읽어보다가 추가하고 싶은 문제, 시험을 준비하는 시기에 이슈가 되는 사항 등을 노트에 추가해 넣었습니다.

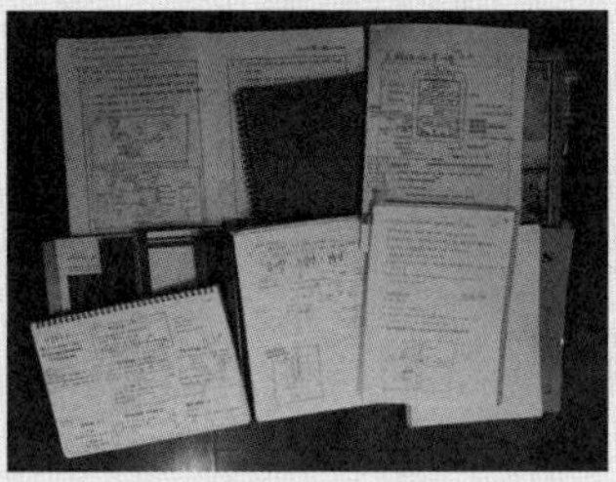

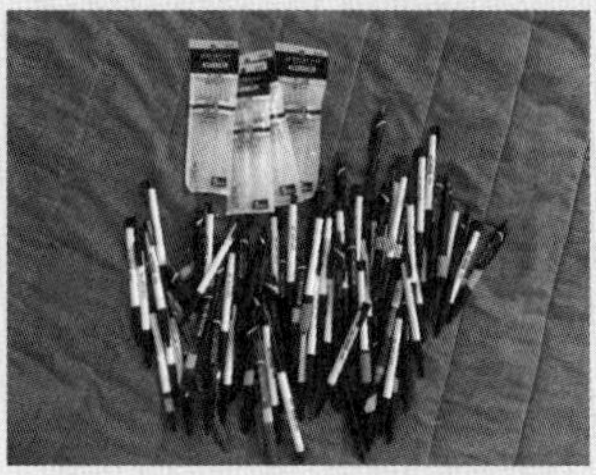

③ 18회 소방시설관리사 시험 한 달 전

매주 학원에서 치는 모의고사에서는 점수가 꽤 나왔지만, 저는 시험을 치기 한 달 전까지도 너무 불안하였습니다. 이 때 이항준 원장님의 도움을 많이 받았습니다. 한 번은 원장님께서 열심히 노력하고 있는거 다 알고 있

다고, 딱 지금처럼만 조금만 더 힘내라고, 나중에 그 노력들이 모여서 주변 친구들하고 차이를 만들 거라고 말씀해 주시는데, 그 날 집에 돌아가 펑펑 운 적이 있습니다. 정말 힘들어서 더 이상 한발을 못 내밀겠는데, 누군가 제 노력을 알아준다고 하니 힘이 났습니다. 그렇게 매주 반복해서 보던 책과 노트가 너덜너덜해지던 때, 일주일계획표에 색칠하고 지우고를 반복해 구멍이 났을 때, 대량 구매했던 펜들이 다 사라졌을 때 드디어 18회 소방시설관리사 시험에 합격할 수 있었습니다.

4. 글을 마치며

소방시설관리사 공부를 하는 동안 정말 많은 분들의 도움을 받았습니다. 아무것도 모르던 저를 소방시설관리사가 되기까지 잘 이끌어주신 이항준원장님, 타지 생활하는 딸이 걱정될 텐데 끝까지 믿어줬던 부모님, 그리고 8년째 가장 옆에서 너무나도 든든하게 힘이 되어주고 항상 나를 응원해주었던, 이제는 멋진 소방관이 된 남자친구에게 진심으로 감사드립니다.

"간절히 원하면 이루어진다!" 흔히들 하는 말이죠. 제가 가장 좋아하는 글귀이기도 합니다. 그리고 저는 이 글귀에는 아주 중요한 단서조건, '간절한 만큼의 노력'이 있다고 생각합니다. 목표를 세우고 그 목표를 향해 또다시 노력하는 것, 제가 갖고 있는 인생의 모토입니다. 소방시설관리사를 취득한 현재, 저에게는 또 다른 목표가 생겼고 그 목표를 향해 다시 저만의 노력들로 채워나가 볼까합니다.

지금까지 저의 두서없는 긴 글 읽어주셔서 감사합니다.

M·e·m·o

Chapter 06

기타 화재안전기준 등

1 기타 화재안전기준 등

1 소방시설의 내진설계기준

(1) 내진설계를 하여야 하는 소방시설(「소방시설 설치 및 관리에 관한 법률」)

① 옥내소화전설비
② 스프링클러설비
③ 물분무등소화설비

암기법 옥스물등

참고 내진설계 제외 배관

1. 성능시험배관
2. 지중매설배관
3. 배수배관

(2) 내진, 면진, 제진의 정의

① **내진** : 면진, 제진을 포함한 지진으로부터 소방시설의 피해를 줄일 수 있는 구조를 의미하는 포괄적인 개념
② **면진** : 건축물과 소방시설을 분리시켜 지반진동으로 인한 지진력이 직접 구조물로 전달되는 양을 감소시킴으로써, 내진성을 확보하는 **수동적**인 지진제어기술
③ **제진** : 별도의 장치를 이용하여 지진력에 사용하는 힘을 구조물 내에서 발생시키거나 지진력을 흡수하여, 구조물이 부담해야 하는 지진력을 감소시키는 **능동적** 지진제어기술

| 가지배관 고정장치(Zonever–Multi) |

| 입상배관 흔들림방지 버팀대(Zonever–VL type) |

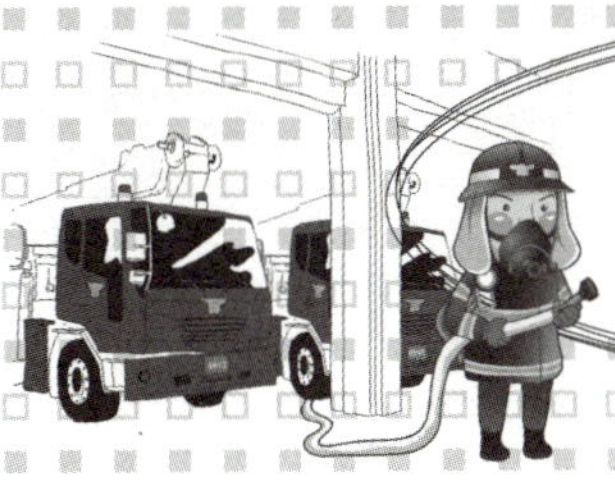

빈번한 기출문제

05 「소방시설 설치 및 관리에 관한 법률」에 따라 내진설계기준에 맞게 설치하여야 하는 소방시설의 종류 3가지를 쓰시오.

배점 : 8 [15년]

- 실전모범답안
  ① 옥내소화전설비
  ② 스프링클러설비
  ③ 물분무등소화설비

상세해설

Zonever 내진 시스템은 재난안전신기술(NET)로 지정받은 기술로 "이항준 소방기술사"와 "기술사업부"에서 함께 개발하였다.

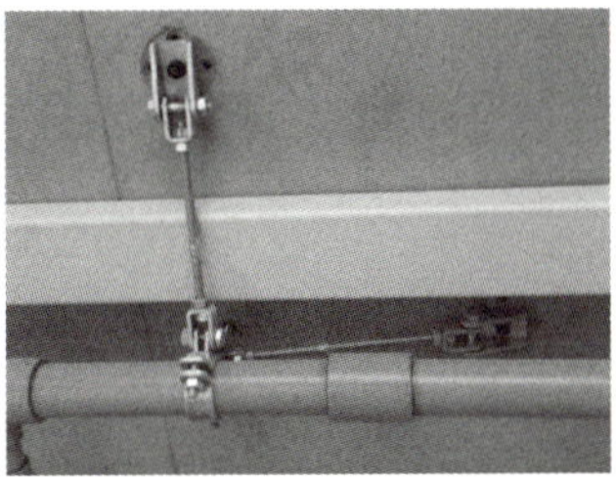

| 4방향 흔들림방지 버팀대 |
(Zonever-S4 type)

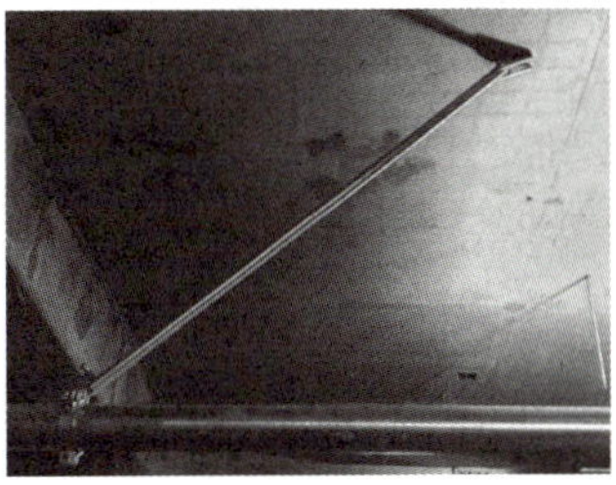

| 종방향 흔들림방지 버팀대 |
(Zonever-L type)

| 횡방향 흔들림방지 버팀대 |
(Zonever-L type)

Mind - Control

노력 없는 꿈은 망상일 뿐이다.

- 작자 미상 -

2 공동주택의 화재안전기술기준(NFTC 608)

(1) 소방시설법 시행령 별표 1 특정소방대상물 중 공동주택의 종류

① **아파트등** : 주택으로 쓰는 층수가 5층 이상인 주택

② **연립주택** : 주택으로 쓰는 1개 동의 바닥면적(2개 이상의 동을 지하주차장으로 연결하는 경우에는 각각의 동으로 본다) 합계가 660m²를 초과하고, 층수가 4개 층 이하인 주택

③ **다세대주택** : 주택으로 쓰는 1개 동의 바닥면적(2개 이상의 동을 지하주차장으로 연결하는 경우에는 각각의 동으로 본다) 합계가 660m² 이하이고, 층수가 4개 층 이하인 주택

④ **기숙사** : 학교 또는 공장 등의 학생 또는 종업원 등을 위하여 쓰는 것으로서 1개 동의 공동취사시설 이용 세대 수가 전체의 50퍼센트 이상인 것(학생복지주택 및 공공매입임대주택 중 독립된 주거의 형태를 갖추지 않은 것을 포함한다)

(2) 소화기구 및 자동소화장치

① 소화기구

㉠ 바닥면적 100m²마다 1단위 이상의 능력단위를 기준으로 설치할 것

㉡ **아파트등의 경우 각 세대 및 공용부(승강장, 복도 등)마다 설치할 것**

㉢ 아파트등의 세대 내에 설치된 보일러실이 방화구획되거나, 스프링클러설비·간이스프링클러설비·물분무등소화설비 중 하나가 설치된 경우에는 부속용도별로 사용되는 부분에 추가되는 자동소화장치를 설치하지 않을 수 있다.

㉣ 아파트등의 경우 「소화기구 및 자동소화장치의 화재안전성능기준(NFPC 101)」 제5조의 기준에 따른 소화기의 감소 규정을 적용하지 않을 것

② **자동소화장치**

주거용 주방자동소화장치는 아파트등의 주방에 열원(가스 또는 전기)의 종류에 적합한 것으로 설치하고, 열원을 차단할 수 있는 차단장치를 설치해야 한다.

(3) 옥내소화전설비

① **호스릴(hose reel) 방식으로 설치할 것**

② **복층형 구조인 경우에는 출입구가 없는 층에 방수구를 설치하지 아니할 수 있다.**

③ 감시제어반 전용실은 **피난층 또는 지하 1층에 설치할 것. 다만, 상시 사람이 근무하는 장소 또는 관계인이 쉽게 접근할 수 있고 관리가 용이한 장소에 감시제어반 전용실을 설치할 경우에는 지상 2층 또는 지하 2층에 설치할 수 있다.**

(4) 스프링클러설비

① 폐쇄형스프링클러헤드를 사용하는 아파트등은 기준개수 10개(스프링클러헤드의 설치개수가 가장 많은 세대에 설치된 스프링클러헤드의 개수가 기준개수보다 작은 경우에는 그 설치개수를 말한다)에 $1.6m^3$를 곱한 양 이상의 수원이 확보되도록 할 것. **다만, 아파트등의 각 동이 주차장으로 서로 연결된 구조인 경우 해당 주차장 부분의 기준개수는 30개로 할 것**

② 아파트등의 경우 화장실 반자 내부에는 소방용 합성수지배관으로 배관을 설치할 수 있다. 다만, 소방용 합성수지배관 내부에 항상 소화수가 채워진 상태를 유지할 것

③ 하나의 방호구역은 2개 층에 미치지 아니하도록 할 것. 다만, 복층형 구조의 공동주택에는 3개 층 이내로 할 수 있다.

④ 아파트등의 세대 내 스프링클러헤드를 설치하는 경우 천장·반자·천장과 반자사이·덕트·선반등의 각 부분으로부터 하나의 스프링클러헤드까지의 수평거리는 2.6m 이하로 할 것

⑤ **외벽에 설치된 창문에서 0.6m 이내에 스프링클러헤드를 배치하고, 배치된 헤드의 수평거리 이내에 창문이 모두 포함되도록 할 것. 다만, 다음의 어느 하나에 해당하는 경우에는 그렇지 않다.**

㉠ **창문에 드렌처설비가 설치된 경우**

㉡ **창문과 창문 사이의 수직부분이 내화구조로 90cm 이상 이격되어 있거나, 방화판 또는 방화유리창을 설치한 경우**

㉢ **발코니가 설치된 부분**

⑥ 거실에는 조기반응형 스프링클러헤드를 설치할 것

⑦ 감시제어반 전용실은 피난층 또는 지하 1층에 설치할 것. 다만, 상시 사람이 근무하는 장소 또는 관계인이 쉽게 접근할 수 있고 관리가 용이한 장소에 감시제어반 전용실을 설치할 경우에는 **지상 2층 또는 지하 2층에 설치**할 수 있다.

⑧ **대피공간에는 헤드를 설치하지 않을 수 있다.**

⑨ **세대 내 실외기실 등 소규모 공간에서 해당 공간 여건상 헤드와 장애물 사이에 60cm 반경을 확보하지 못하거나 장애물 폭의 3배를 확보하지 못하는 경우에는 살수방해가 최소화 되는 위치에 설치할 수 있다.**

(5) 포소화설비

포소화설비의 감시제어반 전용실은 피난층 또는 지하 1층에 설치해야 한다. 다만, 상시 사람이 근무하는 장소 또는 관계인이 쉽게 접근할 수 있고 관리가 용이한 장소에 감시제어반 전용실을 설치할 경우에는 **지상 2층 또는 지하 2층에 설치**할 수 있다.

(6) 옥외소화전설비

① 기동장치는 기동용수압개폐장치 또는 이와 동등 이상의 성능이 있는 것을 설치할 것

② 감시제어반 전용실은 피난층 또는 지하 1층에 설치할 것. 다만, 상시 사람이 근무하는 장소 또는 관계인이 쉽게 접근할 수 있고 관리가 용이한 장소에 감시제어반 전용실을 설치할 경우에는 **지상 2층 또는 지하 2층에 설치**할 수 있다.

(7) 피난기구

① 피난기구는 다음 각 호의 기준에 따라 설치해야 한다.
  ㉠ 아파트등의 경우 각 세대마다 설치할 것
  ㉡ 피난장애가 발생하지 않도록 하기 위하여 피난기구를 설치하는 개구부는 동일 직선상이 아닌 위치에 있을 것. 다만, 수직 피난방향으로 동일 직선상인 세대별 개구부에 피난기구를 엇갈리게 설치하여 피난장애가 발생하지 않는 경우에는 그렇지 않다.
  ㉢ "의무관리대상 공동주택"의 경우에는 하나의 관리주체가 관리하는 공동주택 구역마다 공기안전매트 1개 이상을 추가로 설치할 것. 다만, 옥상으로 피난이 가능하거나 수평 또는 수직 방향의 인접세대로 피난할 수 있는 구조인 경우에는 추가로 설치하지 않을 수 있다.
  ㉣ 갓복도식 공동주택 또는 수평 또는 수직 방향의 인접세대로 피난할 수 있는 아파트는 피난기구를 설치하지 않을 수 있다.
  ㉤ 승강식 피난기 및 하향식 피난구용 내림식사다리가 방화구획된 장소(세대 내부)에 설치될 경우에는 해당 방화구획된 장소를 대피실로 간주하고, 대피실의 면적규정과 외기에 접하는 구조로 대피실을 설치하는 규정을 적용하지 않을 수 있다.

(8) 특별피난계단의 계단실 및 부속실 제연설비

특별피난계단의 계단실 및 부속실 제연설비는 성능확인을 해야 한다. 다만, 부속실을 단독으로 제연하는 경우에는 부속실과 면하는 옥내 출입문만 개방한 상태로 방연풍속을 측정할 수 있다.

(9) 연결송수관설비

① 방수구 설치
  ㉠ 층마다 설치할 것. 다만, 아파트등의 1층과 2층(또는 피난층과 그 직상층)에는 설치하지 않을 수 있다.
  ㉡ 아파트등의 경우 계단의 출입구(계단의 부속실을 포함하며 계단이 2 이상 있는 경우에는 그 중 1개의 계단을 말한다)로부터 5m 이내에 방수구를 설치하되, 그 방수구로부터 해당 층의 각 부분까지의 수평거리가 50m를 초과하는 경우에는 방수구를 추가로 설치할 것
  ㉢ 쌍구형으로 할 것. 다만, 아파트등의 용도로 사용되는 층에는 단구형으로 설치할 수 있다.
  ㉣ 송수구는 동별로 설치하되, 소방차량의 접근 및 통행이 용이하고 잘 보이는 장소에 설치할 것
② 펌프의 토출량은 분당 2,400l 이상(계단식 아파트의 경우에는 분당 1,200l 이상)으로 하고, 방수구 개수가 3개를 초과(방수구가 5개 이상인 경우에는 5개)하는 경우에는 1개 마다 분당 800l(계단식 아파트의 경우에는 분당 400l 이상)를 가산해야 한다.

3 고체에어로졸소화설비의 화재안전기술기준(NFTC 110)

(1) 정의

① **고체에어로졸소화설비** : 설계밀도 이상의 고체에어로졸을 방호구역 전체에 균일하게 방출하는 설비(분산(Dispersed)방식이 아닌 압축(Condensed)방식을 말함)

② **고체에어로졸화합물** : 과산화물질, 가연성물질 등의 혼합물로서 화재를 소화하는 비전도성의 미세입자인 에어로졸을 만드는 고체화합물을 말한다.

③ **고체에어로졸** : 고체에어로졸화합물의 연소과정에 의해 생성된 직경 (10㎛ 이하)의 고체입자와 기체상태의 물질로 구성된 혼합물을 말한다.

④ **고체에어로졸발생기** : 고체에어로졸화합물, 냉각장치, 작동장치, 방출구, 저장용기로 구성되어 에어로졸을 발생시키는 장치를 말한다.

⑤ **상주장소** : 일반적으로 사람들이 거주하는 장소 또는 공간을 말한다.

⑥ **비상주장소** : 짧은 기간 동안 간헐적으로 사람들이 출입할 수는 있으나 일반적으로 사람들이 거주하지 않는 장소 또는 공간을 말한다.

⑦ **방호체적** : 벽 등의 건물구조 요소들로 구획된 방호구역의 체적에서 기둥 등 고정적인 구조물의 체적을 제외한 체적을 말한다.

⑧ **열 안전이격거리** : 고체에어로졸 방출 시 발생하는 온도에 영향을 받을 수 있는 모든 구조·구성요소와 고체에어로졸발생기 사이에 안전확보를 위해 필요한 이격거리를 말한다.

(2) 고체에어로졸소화설비 일반조건

① 고체에어로졸은 전기전도성이 없을 것

② 약제 방출 후 해당 화재의 재발화 방지를 위하여 최소 10분간 소화밀도를 유지할 것

③ 고체에어로졸소화설비에 사용되는 주요 구성품은 소방청장이 정하여 고시한 「고체에어로졸자동소화장치의 형식승인 및 제품검사의 기술기준」에 적합한 것일 것

④ 고체에어로졸소화설비는 비상주장소에 한하여 설치할 것. 다만, 고체에어로졸소화설비 약제의 성분이 인체에 무해함을 국내·외 국가 공인시험기관에서 인증받고, 과학적으로 입증된 최대허용설계밀도를 초과하지 않는 양으로 설계하는 경우 상주장소에 설치할 수 있다.

⑤ 고체에어로졸소화설비의 소화성능이 발휘될 수 있도록 방호구역 내부의 밀폐성을 확보할 것

⑥ 방호구역 출입구 인근에 고체에어로졸 방출 시 주의사항에 관한 내용의 표지를 설치할 것

⑦ 이 기준에서 규정하지 않은 사항은 형식승인 받은 제조업체의 설계 매뉴얼에 따를 것

(3) 설치제외

고체에어로졸소화설비는 다음의 물질을 포함한 화재 또는 장소에는 사용할 수 없다. 다만, 그 사용에 대한 국가 공인시험기관의 인증이 있는 경우에는 그렇지 않다.

① 니트로셀룰로오스, 화약 등의 산화성 물질

② 리튬, 나트륨, 칼륨, 마그네슘, 티타늄, 지르코늄, 우라늄 및 플루토늄과 같은 자기반응성 금속

③ 금속수소화물

④ 유기과산화수소, 히드라진 등 자동 열분해를 하는 화학물질
⑤ 가연성 증기 또는 분진 등 폭발성 물질이 대기에 존재할 가능성이 있는 장소

(4) 고체에어로졸발생기

① 밀폐성이 보장된 방호구역 내에 설치하거나, 밀폐성능을 인정할 수 있는 별도의 조치를 취할 것
② 천장이나 벽면 상부에 설치하되 고체에어로졸화합물이 균일하게 방출되도록 설치할 것
③ 직사광선 및 빗물이 침투할 우려가 없는 곳에 설치할 것
④ 고체에어로졸발생기 열 안전이격거리
㉠ 인체와의 최소 이격거리는 고체에어로졸 방출 시 75℃를 초과하는 온도가 인체에 영향을 미치지 않는 거리
㉡ 가연물과의 최소 이격거리는 고체에어로졸 방출 시 200℃를 초과하는 온도가 가연물에 영향을 미치지 않는 거리
⑤ 하나의 방호구역에는 동일 제품군 및 동일한 크기의 고체에어로졸발생기를 설치할 것
⑥ 방호구역의 높이는 형식승인 받은 고체에어로졸발생기의 최대설치높이 이하로 할 것

(5) 고체에어로졸화합물 양

$$m = d \times V$$

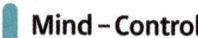

여기서, m : 필수소화약제량[g]
d : 설계밀도[g/m³]=소화밀도[g/m³]×1.3(안전계수)
소화밀도 : 형식승인 받은 제조사의 설계 매뉴얼에 제시된 소화밀도
V : 방호체적[m³]

Mind-Control

명석한 두뇌도,
뛰어난 체력도,
타고난 재능도,
끝없는 노력을 이길 순 없다.

- 한 줄 명언 -

4 전기저장시설의 화재안전기술기준(NFTC 607)

(1) 정의

① **전기저장장치** : 생산된 전기를 전력 계통에 저장했다가 전기가 가장 필요한 시기에 공급해 에너지 효율을 높이는 것으로 배터리(이차전지에 한정한다. 이하 같다), 배터리 관리시스템, 전력변환 장치 및 에너지 관리 시스템 등으로 구성되어 발전·송배전·일반 건축물에서 목적에 따라 단계별 저장이 가능한 장치를 말한다.

② **옥외형 전기저장장치 설비** : 컨테이너, 패널 등 전기저장장치 설비 전용 건축물의 형태로 옥외의 구획된 실에 설치된 전기저장장치를 말한다.

③ **옥내형 전기저장장치 설비** : 전기저장장치 설비 전용 건축물이 아닌 건축물의 내부에 설치되는 전기저장장치로 '옥외형 전기저장장치설비'가 아닌 설비를 말한다.

④ **배터리실** : 전기저장장치 중 배터리를 보관하기 위해 별도로 구획된 실을 말한다.

⑤ **더블인터락(Double-Interlock) 방식** : 준비작동식스프링클러설비의 작동방식 중 화재감지기와 스프링클러헤드가 모두 작동되는 경우 준비작동식유수검지장치가 개방되는 방식을 말한다.

(2) 스프링클러설비

① 스프링클러설비는 습식스프링클러설비 또는 준비작동식스프링클러설비(신속한 작동을 위해 '더블인터락' 방식은 제외한다)로 설치할 것

② 전기저장장치가 설치된 실의 바닥면적(바닥면적이 230m^2 이상인 경우에는 230m^2) 1m^{2}에 분당 12.2l/min 이상의 수량을 균일하게 30분 이상 방수할 수 있도록 할 것

③ 스프링클러헤드의 방수로 인해 인접 헤드에 미치는 영향을 최소화하기 위하여 스프링클러헤드 사이의 간격을 1.8m 이상 유지할 것. 이 경우 헤드 사이의 최대 간격은 스프링클러설비의 소화성능에 영향을 미치지 않는 간격 이내로 해야 한다.

④ 준비작동식스프링클러설비를 설치할 경우 공기흡입형 감지기 또는 아날로그식 연기감지기 또는 중앙소방기술심의위원회의 심의를 통해 전기저장장치 화재에 적응성이 있다고 인정된 감지기를 설치할 것

⑤ 스프링클러설비를 30분 이상 작동할 수 있는 비상전원을 갖출 것

⑥ 준비작동식스프링클러설비의 경우 전기저장장치의 출입구 부근에 수동식기동장치를 설치할 것

⑦ 소방자동차로부터 전기저장장치 설비에 송수할 수 있는 송수구를 「스프링클러설비의 화재안전기술기준(NFTC 103)」 2.8(송수구)에 따라 설치할 것

(3) 배터리용 소화장치

다음에 해당하는 경우에는 스프링클러설비에도 불구하고 중앙소방기술심의위원회의 심의를 거쳐 소방청장이 인정하는 시험방법으로 화재안전성능에 따른 시험기관에서 전기저장장치에 대한 소화성능을 인정받은 배터리용 소화장치를 설치할 수 있다.

① 옥외형 전기저장장치 설비가 컨테이너 내부에 설치된 경우

② 옥외형 전기저장장치 설비가 다른 건축물, 주차장, 공용도로, 적재된 가연물, 위험물 등으로부터 30m 이상 떨어진 지역에 설치된 경우

(4) 배출설비

① 배풍기·배출덕트·후드 등을 이용하여 강제적으로 배출할 것
② 바닥면적 $1m^2$에 시간당 $18m^3$ 이상의 용량을 배출할 것
③ 화재감지기의 감지에 따라 작동할 것
④ 옥외와 면하는 벽체에 설치

(5) 설치장소

전기저장장치는 관할 소방대의 원활한 소방활동을 위해 지면으로부터 지상 22m(전기저장장치가 설치된 전용 건축물의 최상부 끝단까지의 높이) 이내, 지하 9m(전기저장장치가 설치된 바닥면까지의 깊이) 이내로 설치해야 한다.

(6) 방화구획

전기저장장치 설치장소의 벽체, 바닥 및 천장은 「건축물의 피난·방화구조 등의 기준에 관한 규칙」에 따라 건축물의 다른 부분과 방화구획 해야 한다. 다만, 배터리실 외의 장소와 옥외형 전기저장장치 설비는 방화구획 하지 않을 수 있다.

(7) 화재안전성능

① 소방본부장 또는 소방서장은 중앙소방기술심의위원회의 심의를 거쳐 소방청장이 인정하는 시험방법에 따라 화재안전성능에 따른 시험기관(②에 해당하는 기관)에서 화재안전성능을 인정받은 경우에는 인정받은 성능 범위 안에서 스프링클러설비 및 배터리용 소화장치를 적용하지 않을 수 있다.
② 전기저장시설의 화재안전성능과 관련된 시험은 다음의 시험기관에서 수행할 수 있다.
㉠ 한국소방산업기술원
㉡ 한국화재보험협회 부설 방재시험연구원
㉢ '①'에 따라 소방청장이 인정하는 시험방법으로 화재안전성능을 시험할 수 있는 비영리 국가공인시험기관에 따라 한국인정기구로부터 시험기관으로 인정받은 기관을 말한다)

Mind - Control

열정이 없는 사람은, 꼼짝하지 않고 바람을 기다리는 배와 같다.

- 아르센 우세 -

5 창고시설의 화재안전기술기준(NFTC 609)

참고

- "창고시설"이란 영 별표2 제16호에서 규정한 창고시설을 말한다.
- "한국산업표준규격(KS)"이란 「산업표준화법」 제12조에 따라 산업통상자원부장관이 고시한 산업표준을 말한다.
- "랙식 창고"란 한국산업표준규격(KS)의 랙(rack) 용어(KS T 2023)에서 정하고 있는 물품 보관용 랙을 설치하는 창고시설을 말한다.
- "적층식 랙"이란 한국산업표준규격(KS)의 랙 용어(KS T 2023)에서 정하고 있는 선반을 다층식으로 겹쳐 쌓는 랙을 말한다.
- "라지드롭형(large-drop type) 스프링클러헤드"란 동일 조건의 수압력에서 큰 물방울을 방출하여 화염의 전파속도가 빠르고 발열량이 큰 저장창고 등에서 발생하는 대형화재를 진압할 수 있는 헤드를 말한다.
- "송기공간"이란 랙을 일렬로 나란하게 맞대어 설치하는 경우 랙 사이에 형성되는 공간(사람이나 장비가 이동하는 통로는 제외한다.)을 말한다.

(1) 소화기구 및 자동소화장치

① 창고시설 내 배전반 및 분전반마다 가스자동소화장치·분말자동소화장치·고체에어로졸자동소화장치 또는 소공간용 소화용구를 설치해야 한다.

(2) 옥내소화전설비

① 수원의 저수량은 옥내소화전의 설치개수가 가장 **많은 층의 설치개수(2개 이상 설치된 경우에는 2개)에 5.2m^3 (호스릴옥내소화전설비를 포함한다)를 곱한 양 이상**이 되도록 해야 한다.

② 사람이 상시 근무하는 물류창고 등 동결의 우려가 없는 경우에는 「옥내소화전설비의 화재안전기술기준(NFTC 102)」 2.2.1.9의 단서를 적용하지 않는다.

참고 「옥내소화전설비의 화재안전기술기준(NFTC 102)」 2.2.1.9

2.2.1.9 기동장치로는 기동용수압개폐장치 또는 이와 동등 이상의 성능이 있는 것을 설치할 것. 다만, 학교·공장·창고시설(2.1.2에 따라 옥상수조를 설치한 대상은 제외한다)로서 동결의 우려가 있는 장소에 있어서는 기동스위치에 보호판을 부착하여 옥내소화전함 내에 설치할 수 있다.

③ 비상전원은 자가발전설비, 축전지설비(내연기관에 따른 펌프를 사용하는 경우에는 내연기관의 기동 및 제어용 축전지를 말한다) 또는 전기저장장치(외부 전기에너지를 저장해 두었다가 필요한 때 전기를 공급하는 장치)로서 옥내소화전설비를 유효하게 40분 이상 작동할 수 있어야 한다.

(3) 스프링클러설비

① 스프링클러설비 설치방식

㉠ 창고시설에 설치하는 스프링클러설비는 **라지드롭형 스프링클러헤드를 습식으로 설치**할 것. 다만, 다음 어느 하나에 해당하는 경우에는 **건식스프링클러설비로 설치**할 수 있다.

- **냉동창고 또는 영하의 온도로 저장하는 냉장창고**
- **창고시설 내에 상시 근무자가 없어 난방을 하지 않는 창고시설**

㉡ 랙식 창고의 경우에는 ㉠에 따라 설치하는 것 외에 **라지드롭형 스프링클러헤드를 랙 높이 3m 이하마다 설치할 것. 이 경우 수평거리 15cm 이상의 송기공간이 있는 랙식 창고에는 랙 높이 3m 이하마다 설치하는 스프링클러헤드를 송기공간에 설치**할 수 있다.

㉢ 창고시설에 적층식 랙을 설치하는 경우 적층식 랙의 각 단 바닥면적을 방호구역 면적으로 포함할 것

㉣ ㉠ 내지 ㉢도 불구하고 **천장 높이가 13.7m 이하인 랙식 창고**에는 「화재조기진압용 스프링클러설비의 화재안전기술기준(NFTC 103B)」에 따른 화재조기진압용 스프링클러설비를 설치할 수 있다.

㉤ **높이가 4 m 이상인 창고**(랙식 창고를 포함한다)에 설치하는 폐쇄형 스프링클러 헤드는 그 설치장소의 평상시 최고 주위온도에 관계 없이 **표시온도 121℃ 이상의 것**으로 할 수 있다.

② 수원의 저수량

㉠ 라지드롭형 스프링클러헤드의 설치개수가 가장 많은 **방호구역의 설치개수(30개 이상 설치된 경우에는 30개)에 3.2m³(랙식 창고의 경우에는 9.6m³)를 곱한 양 이상**이 되도록 할 것

㉡ ①의 ㉡에 따라 화재조기진압용 스프링클러설비를 설치하는 경우 「화재조기진압용 스프링클러설비의 화재안전기술기준(NFTC 103B)」 2.2.1에 따를 것

참고 「화재조기진압용 스프링클러설비의 화재안전기술기준(NFTC 103B)」 2.2.1

2.2.1 화재조기진압용 스프링클러설비의 수원은 수리학적으로 가장 먼 가지배관 3개에 각각 4개의 스프링클러헤드가 동시에 개방되었을 때 헤드선단의 압력이 표 2.2.1에 따른 값 이상으로 60분간 방수할 수 있는 양 이상으로 계산식은 식 (2.2.1)과 같다.

$$Q = 12 \times 60 \times K\sqrt{10p} \cdots (2.2.1)$$

여기에서 Q : 수원의 양(l)

K : 상수(l/min·MPa$^{1/2}$)

p : 헤드선단의 압력(MPa)

표 2.2.1 화재조기진압용 스프링클러헤드의 최소방사압력(MPa)

최대층고 (m)	최대저장높이 (m)	화재조기진압용 스프링클러헤드의 최소방사압력(MPa)				
		K=360 하향식	K=320 하향식	K=240 하향식	K=240 상향식	K=200 하향식
13.7	12.2	0.28	0.28	–	–	–
13.7	10.7	0.28	0.28	–	–	–
12.2	10.7	0.17	0.28	0.36	0.36	0.52
10.7	9.1	0.14	0.24	0.36	0.36	0.52
9.1	7.6	0.10	0.17	0.24	0.24	0.34

③ 가압송수장치의 송수량

㉠ 가압송수장치의 송수량은 **0.1MPa의 방수압력 기준으로 160l/min 이상의 방수성능**을 가진 기준개수의 모든 헤드로부터의 방수량을 충족시킬 수 있는 양 이상인 것으로 할 것. 이 경우 속도수두는 계산에 포함하지 않을 수 있다.

㉡ ①의 ㉡에 따라 화재조기진압용 스프링클러설비를 설치하는 경우「화재조기진압용 스프링클러설비의 화재안전기술기준(NFTC 103B)」2.3.1.10에 따를 것

참고 「화재조기진압용 스프링클러설비의 화재안전기술기준(NFTC 103B)」2.3.1.10

2.3.1.10 2.2.1(앞서 기술된 참고 내용)의 방수량 및 헤드선단의 압력을 충족할 것

④ 가지배관 설치 헤드 개수 : 교차배관에서 분기되는 지점을 기점으로 한쪽 가지배관에 설치되는 헤드의 개수(반자 아래와 반자속의 **헤드를 하나의 가지배관 상에 병설하는 경우에는 반자 아래에 설치하는 헤드의 개수)는 4개 이하**로 해야 한다. 다만, ①의 ㉡에 따라 화재조기진압용 스프링클러설비를 설치하는 경우에는 그렇지 않다.

⑤ 스프링클러헤드

㉠ 라지드롭형 스프링클러헤드를 설치하는 천장·반자·천장과 반자사이·덕트·선반 등의 각 부분으로부터 하나의 스프링클러헤드까지의 수평거리는「화재의 예방 및 안전관리에 관한 법률 시행령」**별표2의 특수가연물을 저장 또는 취급하는 창고는 1.7m 이하, 그 외의 창고는 2.1m(내화구조로 된 경우에는 2.3m를 말한다) 이하**로 할 것

㉡ 화재조기진압용 스프링클러헤드는「화재조기진압용 스프링클러설비의 화재안전기술기준(NFTC 103B)」2.7.1에 따라 설치할 것

⑥ 연소할우려가 있는 개구부 : 물품의 운반 등에 필요한 고정식 대형기기 설비의 설치를 위해「건축법 시행령」제46조제2항에 따라 방화구획이 적용되지 아니하거나 완화 적용되어 연소할 우려가 있는 개구부에는「스프링클러설비의 화재안전기술기준(NFTC 103)」2.7.7.6에 따른 방법으로 **드렌처설비를 설치**해야 한다.

참고 「스프링클러설비의 화재안전기술기준(NFTC 103)」 2.7.7.

2.7.7.6 연소할 우려가 있는 개구부에는 그 상하좌우에 2.5 m 간격으로(개구부의 폭이 2.5 m 이하인 경우에는 그 중앙에) 스프링클러헤드를 설치하되, 스프링클러헤드와 개구부의 내측 면으로부터 직선거리는 15 cm 이하가 되도록 할 것. 이 경우 사람이 상시 출입하는 개구부로서 통행에 지장이 있는 때에는 개구부의 상부 또는 측면(개구부의 폭이 9 m 이하인 경우에 한한다)에 설치하되, 헤드 상호간의 간격은 1.2 m 이하로 설치해야 한다.

⑦ 소화수조 및 저수조 : **소화수조 또는 저수조의 저수량은 특정소방대상물의 연면적을 5,000m^{2}로 나누어 얻은 수(소수점 이하의 수는 1로 본다)에 20m^{3}를 곱한 양 이상**이 되도록 해야 한다.

6 배관 및 관부속류

(1) 관부속품의 종류

① **90° 엘보** : 90° 로 각진 부분의 배관 연결용 관이음쇠
② **게이트밸브** : 배관 도중에 설치하여 유체의 흐름을 완전히 차단 또는 조정하는 밸브
③ **체크밸브** : 유량이 흐름 반대로 흐를 수 있는 것을 방지하기 위해서 설치하는 밸브
④ **후드밸브** : 원심펌프의 흡입관 아래에 설치하여 펌프가 기동할 때 흡입관을 만수상태로 만들어주기 위한 밸브
⑤ **앵글밸브** : 관 내 유체의 흐름방향을 변경시킬 때 사용되는 밸브
⑥ **릴리프밸브** : 물올림장치의 순환배관에 설치하는 안전밸브
⑦ **연성계** : 대기압 이상의 압력과 이하의 압력을 측정할 수 있는 압력계
⑧ **레듀셔** : 직경이 서로 다른 관과 관을 접속하는데 사용하는 관이음쇠
⑨ **Y형 스트레이너** : 배관 내의 이물질을 제거하기 위한 기기로서 여과망이 달린 둥근통이 45° 경사지게 부착되어 있는 관부속품

(2) 소방시설의 도시기호

분 류	명 칭	도시기호	분 류	명 칭	도시기호
배관	일반배관	———	관이음쇠	후렌지	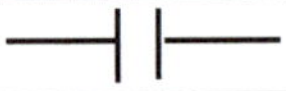
배관	옥내·외 소화전	— H —	관이음쇠	유니온 [06년][09년][14년]	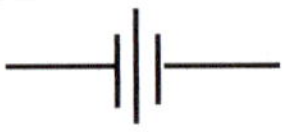
배관	스프링클러	— SP —	관이음쇠	플러그[22년]	
배관	물분무[22년]	— WS —	관이음쇠	90° 엘보	
배관	포소화	— F —	관이음쇠	45° 엘보	
배관	배수관	— D —	관이음쇠	티	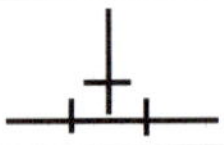
배관	전선관 입상		관이음쇠	크로스	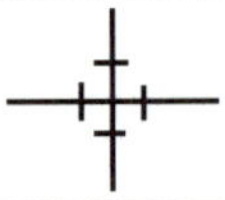
배관	전선관 입하		관이음쇠	맹후렌지 [12년][14년][20년]	
배관	전선관 통과		관이음쇠	캡	
헤드류	감지헤드(입면도)		계기류	압력계 [06년][12년]	
헤드류	청정소화약제방출 헤드(평면도)		계기류	연성계 [06년][12년]	
헤드류	청정소화약제방출 헤드(입면도)		계기류	유량계	

분 류	명 칭	도시기호	분 류	명 칭	도시기호
밸브류	체크밸브		헤드류	스프링클러헤드폐쇄형 상향식(평면도)	
	가스체크밸브 [06년][09년][14년][22년]	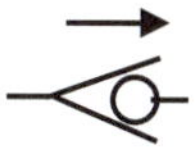		스프링클러헤드폐쇄형 하향식(평면도)	
	게이트밸브(상시 개방)			스프링클러헤드개방형 상향식(평면도)	
	게이트밸브(상시 폐쇄)			스프링클러헤드개방형 하향식(평면도)	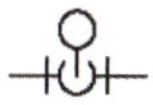
	선택밸브 [12년][20년]			스프링클러헤드폐쇄형 상향식(계통도)	
	조작밸브(일반)			스프링클러헤드폐쇄형 하향식(입면도)	
	조작밸브(전자식)	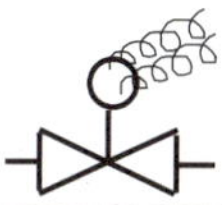		스프링클러헤드폐쇄형 상·하향식(입면도)	
	조작밸브(가스식)			스프링클러헤드 상향형(입면도)	
	경보밸브(습식) [22년]			스프링클러헤드 하향형(입면도)	
	경보밸브(건식)			분말·탄산가스·할로겐헤드 [12년][14년][20년]	
	프리액션밸브			연결살수헤드	
	경보델류지밸브			물분무헤드(평면도)	
	프리액션밸브 수동조작함			물분무헤드(입면도)	
	플렉시블조인트			드랜쳐헤드(평면도)	
	솔레노이드밸브			드랜쳐헤드(입면도)	
	모터밸브			포헤드(입면도) [22년]	
	릴리프밸브(이산화탄소용)			포헤드(평면도)	
	릴리프밸브(일반)			감지헤드(평면도)	

CHAPTER 06

분 류	명 칭	도시기호	분 류	명 칭	도시기호
밸브류	동체크밸브		밸브류	자동배수밸브 [23년]	
	앵글밸브	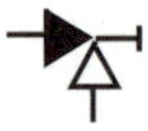		여과망	
	FOOT밸브			자동밸브	
	볼밸브			감압밸브	
	배수밸브			공기조절밸브	
소화전	옥내소화전함		경보설비기기류	차동식스포트형 감지기	
	옥내소화전 방수용기구병설			보상식스포트형 감지기	
	옥외소화전 [06년][09년][14년] [22년]			정온식스포트형 감지기	
	포말소화전			연기감지기	
	송수구			감지선 [06년][09년]	
	방수구			공기관	
스트레이너	Y형 [12년][20년]			열전대	
	U형			열반도체	
저장탱크류	고가수조 (물올림장치)			차동식분포형 감지기의 검출기	
	압력챔버			발신기세트 단독형	
	포말원액탱크	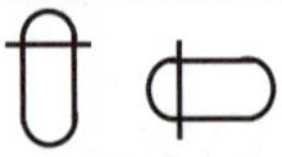 (수직) (수평)		발신기세트 옥내소화전내장형	
레듀셔	편심레듀셔	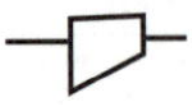		경계구역번호	
	원심레듀셔	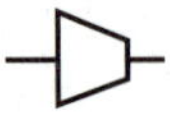		비상용 누름버튼	

분 류	명 칭	도시기호
혼합장치류	프레져푸로포셔너	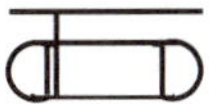
	라인푸로포셔너 [06년][09년][14년]	
	프레져사이드 푸로포셔너	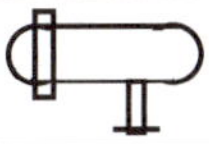
	기타	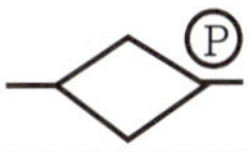
펌프류	일반펌프	
	펌프모터(수평)	
	펌프모터(수직)	
저장용기류	분말약제 저장용기	
	저장용기	
경보설비기기류	기동누름버튼	Ⓔ
	이온화식감지기 (스포트형)	
	광전식연기감지기 (아날로그)	
	광전식연기감지기 (스포트형)	
	경보부저	(BZ)
	제어반	
	표시반	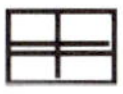
	회로시험기	

분 류	명 칭	도시기호
경보설비기기류	비상전화기	(ET)
	비상벨	(B)
	사이렌	
	모터사이렌	
	전자사이렌	
	조작장치	[E P]
	증폭기	[AMP]
	감지기간선, HIV 1.2mm×4(22C)	— F ‐////
	감지기간선, HIV 1.2mm×8(22C)	— F ‐////‐////
	유도등간선 HIV 2.0mm×3(22C)	— EX —
제연설비	수동식제어	
	천장용 배풍기	
	벽부착용 배풍기	
	배풍기 - 일반배풍기	
	배풍기 - 관로배풍기	
	댐퍼 - 화재댐퍼	
	댐퍼 - 연기댐퍼	
	댐퍼 - 화재/연기 댐퍼	

분 류	명 칭	도시기호
경보설비기기류	화재경보벨	B
	시각경보기(스트로브)	
	수신기	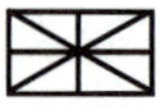
	부수신기	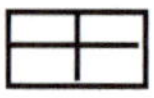
	중계기	
	표시등	
	피난구유도등	
	통로유도등	
	표시판	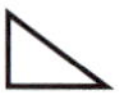
	종단저항	Ω
스위치류	압력스위치	PS
	탬퍼스위치	TS
소화기류	ABC 소화기	소
	자동확산 소화기	자
	자동식소화기	
	이산화탄소 소화기	C
기타	비상분전반	
	가스계소화설비의 수동조작함	RM
	전동기구동	M
	엔진구동	E
	배관행거	

분 류	명 칭	도시기호
방연·방화문	연기감지기(전용)	S
	열감지기(전용)	
	자동폐쇄장치	ER
	연동제어기	
	배연창기동 모터	M
	배연창수동조작함	
피뢰침	피뢰부(평면도) [06년][09년]	
	피뢰부(입면도)	
	피뢰도선 및 지붕위 도체	
제연설비	접지	
	접지저항 측정용단자	
기타	안테나	
	스피커	
	연기방연벽	
	화재방화벽	
	화재 및 연기방벽	
	비상콘센트	
기타	기압계	
	배기구	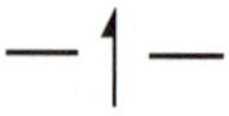
	바닥은폐선	
	노출배선	
	소화가스 패키지	PAC

빈번한 기출문제

01 다음은 각 부속품에 대한 설명이다. ( ) 안에 알맞은 명칭을 쓰시오. 배점 : 6 [11년]

(1) (   ) : 배관 내의 이물질을 제거하기 위한 기기로서 여과망이 달린 둥근통이 45° 경사지게 부착되어 있다.
(2) (   ) : 배관 도중에 설치하여 유체의 흐름을 완전히 차단 또는 조정하는 밸브
(3) (   ) : 90°로 각진 부분의 배관 연결용 관이음쇠
(4) (   ) : 직경이 서로 다른 관과 관을 접속하는데 사용하는 관이음쇠
(5) (   ) : 원심펌프의 흡입관 아래에 설치하여 펌프가 기도할 때 흡입관을 만수상태로 만들어주기 위한 밸브
(6) (   ) : 대기압 이상의 압력과 이하의 압력을 측정할 수 있는 압력계

• **실전모범답안**

(1) Y형 스트레이너
(2) 게이트밸브
(3) 90° 엘보
(4) 레듀셔
(5) 후드밸브
(6) 연성계

02 다음 관부속품에 대한 각 물음에 답하시오. 배점 : 5 [16년]

(1) 설비된 배관 내의 이물질 제거(여과)기능을 하는 것을 쓰시오.
(2) 관 내 유체의 흐름방향을 변경시킬 때 사용되는 밸브를 쓰시오.
(3) 순환배관에 설치하는 안전밸브를 쓰시오.
(4) 관경이 서로 다른 두 관을 연결하는 경우에 사용되는 관부속품을 쓰시오.
(5) 유량이 흐름 반대로 흐를 수 있는 것을 방지하기 위해서 설치하는 밸브를 쓰시오.

• **실전모범답안**

(1) 스트레이너
(2) 앵글밸브
(3) 릴리프밸브
(4) 레듀셔
(5) 체크밸브

03 관부속류에 대한 다음 소방시설 도시기호의 명칭을 쓰시오. 배점 : 4 [12년] [20년]

(1) 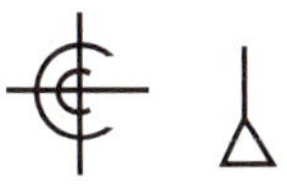

(2) 

(3) 

(4) 

CHAPTER 06

• **실전모범답안**

(1) 분말, 탄산가스, 할로겐헤드
(2) 선택밸브
(3) Y형 스트레이너
(4) 맹후렌지

04 관부속류 또는 배관방식 등에 관한 다음 소방시설 도시기호 명칭을 쓰시오. 배점 : 5 [14년]

(1) 
(2) 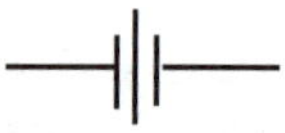
(3) 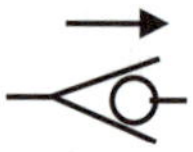
(4) 
(5) 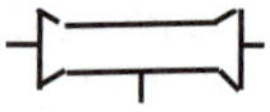
(6) 

• **실전모범답안**

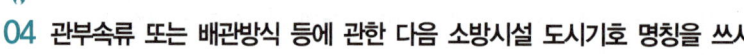

(1) 분말, 탄산가스, 할로겐헤드
(2) 유니온
(3) 가스체크밸브
(4) 맹후렌지
(5) 라인프로포셔녀
(6) 옥외소화전

05 다음 소방시설의 도시기호 명칭을 쓰시오. 배점 : 6 [06년] [09년]

(1) 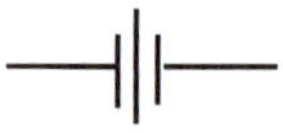
(2) 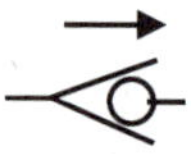
(3) 
(4) 
(5) 

(6) 

• **실전모범답안**

(1) 유니온
(2) 가스체크밸브
(3) 피뢰부(평면도)
(4) 라인프로포셔너
(5) 옥외소화전
(6) 감지선

06 소화설비의 배관상에 설치하는 계기류 중 압력계, 진공계, 연성계의 설치위치와 측정범위를 쓰시오. 배점 : 5 [06년] [12년]

2025 한방에 끝내는 소방설비기사 · 산업기사 실기합격노트(기계편)

초 판 발 행 일	2020년 2월 17일
2025년 개정판 발 행 일	2025년 1월 3일
편 저 자	이항준 · 심민우
발 행 인	김 미 란
발 행 처	(주)메이크 순(make soon)
전 화 번 호	070-4416-1190
F A X	051-817-5118
주 소	부산광역시 부산진구 부전로 75-5, 3층(부전동)
정 가	**36,000**원

※ 본 책자의 부분 혹은 전체를 허락없이 복사, 복제하는 것은 저작권법에 저촉됩니다.

ISBN 979-11-88029-95-2 (13530)

• 실전모범답안

구 분	압력계	연성계	진공계
설치위치	펌프의 토출측 배관	펌프의 흡입측 배관	펌프의 흡입측 배관
측정범위	대기압 이상의 압력측정	대기압 이상, 이하의 압력측정	대기압 이하의 압력측정
도시기호			

07 다음 밸브의 정확한 명칭 및 (가)의 용도를 쓰시오. 배점 : 4 [13년]

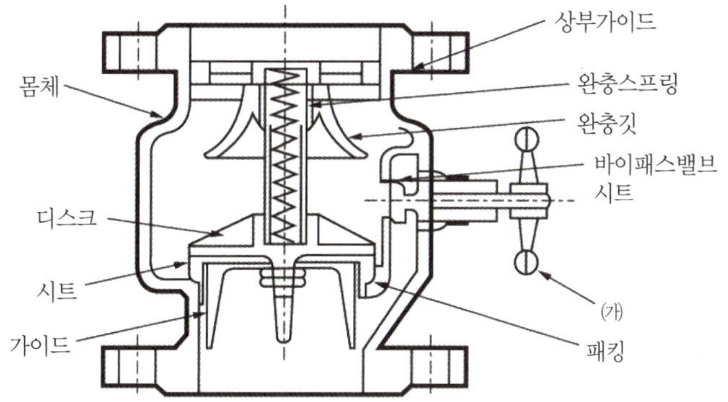

• 실전모범답안

(1) 밸브의 명칭=스모렌스키 체크밸브

(2) (가)의 용도=밸브 2차측의 물을 1차측으로 배수시키는 바이패스 기능

습식유수검지장치의 기능	건식유수검지장치의 기능	후드밸브의 기능	스모렌스키체크밸브의 기능
• 자동경보기능 • 오동작방지기능 • 체크밸브기능	• 자동경보기능 • 체크밸브기능	• 여과기능 • 체크밸브기능	• 역류방지기능 • 수격방지기능 • 바이패스기능 (밸브 2차측의 물을 1차측으로 배수)

08 체크밸브의 종류를 크게 2가지로 분류하여 설명하고 각각의 단면구조를 간단히 그려보시오. 배점 : 6 [05년] [12년] [21년]

• 실전모범답안

(1) 체크밸브

유체의 흐름이 **한쪽 방향으로 흐르도록 설치하는 밸브**로서 유체가 역류하면 자동적으로 닫혀지는 구조의 밸브

(2) 스윙형 체크밸브 vs 리프트형 체크밸브

구 분	스윙형 체크밸브	리프트형 체크밸브
동작 과정	핀을 축으로 회전하며 개폐동작	유체의 압력에 따라 밸브가 수직으로 상승 및 하강하며 개폐동작
특징	• 유체에 대한 마찰저항이 리프트형보다 작음 • 수평배관, 수직배관	• 유체에 대한 마찰저항이 큼 • 수평배관 주로 사용
단면 구조	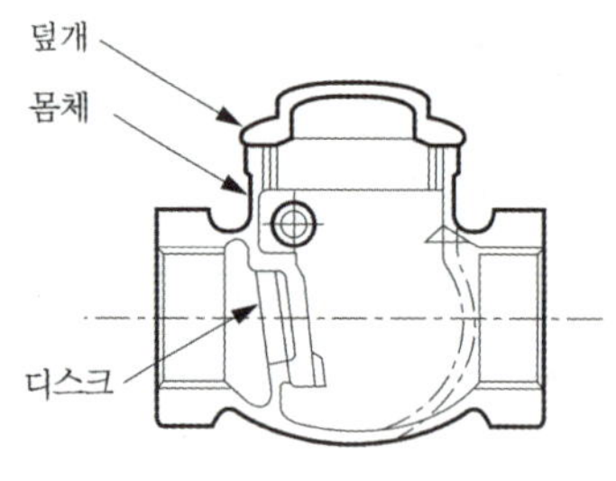	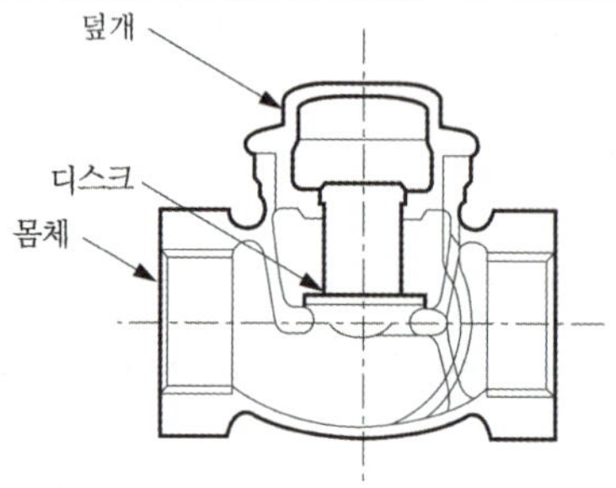

09 수계소화설비에서 앵글밸브를 설치하는 곳 3가지를 쓰시오. 배점 : 6 [17년]

• **실전모범답안**

(1) 옥내소화전설비의 방수구

(2) 스프링클러설비 유수검지장치의 배수밸브

(3) 스프링클러설비의 교차배관의 끝에 설치하는 청소구

| 옥내소화전설비의 방수구 |

| 유수검지장치의 배수밸브 |

| 교차배관의 끝 청소구 |

저자약력

이항준

• 동명대학교 기계과 졸업
• 소방기술사, 소방시설관리사, 소방설비기사, 소방설비산업기사
• 소방실무(설계 / 공사 / 감리 / 점검) 24년
• 저서) 한방에 끝내는 소방설비기사 / 산업기사 합격노트 필기 / 실기 [(주)메이크 순]
한방에 끝내는 소방시설관리사 필기 / 실기[(주)메이크 순]
한방에 끝내는 화재안전기준 [(주)메이크 순]
• 이력) edu-Fire 기술학원 원장(소방시설관리사 필기 / 실기, 소방설비기사 / 산업기사 강의)
소방청 중앙소방기술심의 위원 / 지방소방기술심의 위원
소방청 소방산업 진흥정책 심의위원
소방청 성능위주소방설계확인 평가위원
국립소방연구원 화재안전기술기준 전문
위원회 부위원장
중앙 소방학교 외래 교수
LH 주거안전 닥터스 자문위원
한국소방안전원 외래교수
부산시 안전관리자문단 위원
부산시 건설본부 외부전문가
한국기술사회 소방분회장
한국소방기술사회 부산지회장

심민우

• 부경대학교 소방공학과 학사
• 소방시설관리사 / 소방설비기사 / 위험물산업기사
• 소방실무(공사 / 점검 / 시설관리) 경력 9년
• 저) 한방에 끝내는 소방설비기사 / 산업기사(전기분야) 필기 / 실기 [(주)메이크 순]
한방에 끝내는 소방시설관리사 필기 [(주)메이크 순]
• 현) edu-Fire 기술학원 대표강사(소방시설관리사)
(주)한국전기소방 점검팀 부장
한국소방안전원 외래교수
소방학교 외래교수

• 실전모범답안

구 분	압력계	연성계	진공계
설치위치	펌프의 토출측 배관	펌프의 흡입측 배관	펌프의 흡입측 배관
측정범위	대기압 이상의 압력측정	대기압 이상, 이하의 압력측정	대기압 이하의 압력측정
도시기호			

07 다음 밸브의 정확한 명칭 및 (가)의 용도를 쓰시오. 배점 : 4 [13년]

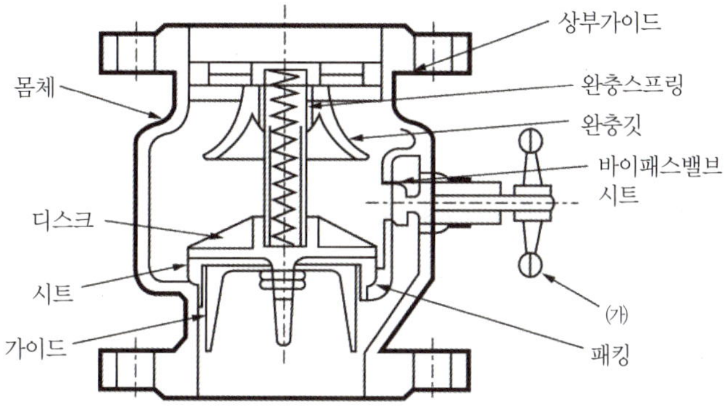

• 실전모범답안

(1) 밸브의 명칭=스모렌스키 체크밸브

(2) ㈎의 용도=밸브 2차측의 물을 1차측으로 배수시키는 바이패스 기능

습식유수검지장치의 기능	건식유수검지장치의 기능	후드밸브의 기능	스모렌스키체크밸브의 기능
• 자동경보기능 • 오동작방지기능 • 체크밸브기능	• 자동경보기능 • 체크밸브기능	• 여과기능 • 체크밸브기능	• 역류방지기능 • 수격방지기능 • 바이패스기능 (밸브 2차측의 물을 1차측으로 배수)

08 체크밸브의 종류를 크게 2가지로 분류하여 설명하고 각각의 단면구조를 간단히 그려보시오.
배점 : 6 [05년] [12년] [21년]

• 실전모범답안

(1) 체크밸브

유체의 흐름이 **한쪽 방향으로 흐르도록 설치하는 밸브**로서 유체가 역류하면 자동적으로 닫혀지는 구조의 밸브

(2) 스윙형 체크밸브 vs 리프트형 체크밸브

구 분	스윙형 체크밸브	리프트형 체크밸브
동작 과정	핀을 축으로 회전하며 개폐동작	유체의 압력에 따라 밸브가 수직으로 상승 및 하강하며 개폐동작
특징	• 유체에 대한 마찰저항이 리프트형보다 작음 • 수평배관, 수직배관	• 유체에 대한 마찰저항이 큼 • 수평배관 주로 사용
단면 구조	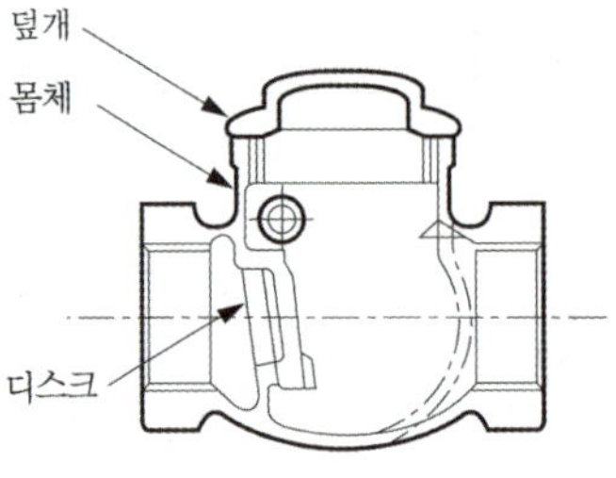	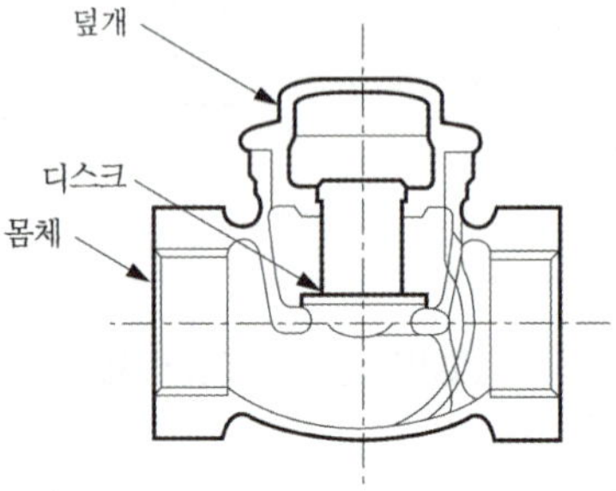

09 수계소화설비에서 앵글밸브를 설치하는 곳 3가지를 쓰시오.

배점 : 6 [17년]

• 실전모범답안

(1) 옥내소화전설비의 방수구

(2) 스프링클러설비 유수검지장치의 배수밸브

(3) 스프링클러설비의 교차배관의 끝에 설치하는 청소구

| 옥내소화전설비의 방수구 |

| 유수검지장치의 배수밸브 |

| 교차배관의 끝 청소구 |

저자약력

이항준

- 동명대학교 기계과 졸업
- 소방기술사, 소방시설관리사, 소방설비기사, 소방설비산업기사
- 소방실무(설계 / 공사 / 감리 / 점검) 24년
- 저서) 한방에 끝내는 소방설비기사 / 산업기사 합격노트 필기 / 실기 [(주)메이크 순]
  한방에 끝내는 소방시설관리사 필기 / 실기[(주)메이크 순]
  한방에 끝내는 화재안전기준 [(주)메이크 순]
- 이력) edu-Fire 기술학원 원장(소방시설관리사 필기 / 실기, 소방설비기사 / 산업기사 강의)
  소방청 중앙소방기술심의 위원 / 지방소방기술심의 위원
  소방청 소방산업 진흥정책 심의위원
  소방청 성능위주소방설계확인 평가위원
  국립소방연구원 화재안전기술기준 전문
  위원회 부위원장
  중앙 소방학교 외래 교수
  LH 주거안전 닥터스 자문위원
  한국소방안전원 외래교수
  부산시 안전관리자문단 위원
  부산시 건설본부 외부전문가
  한국기술사회 소방분회장
  한국소방기술사회 부산지회장

심민우

- 부경대학교 소방공학과 학사
- 소방시설관리사 / 소방설비기사 / 위험물산업기사
- 소방실무(공사 / 점검 / 시설관리) 경력 9년
- 저) 한방에 끝내는 소방설비기사 / 산업기사(전기분야) 필기 / 실기 [(주)메이크 순]
  한방에 끝내는 소방시설관리사 필기 [(주)메이크 순]
- 현) edu-Fire 기술학원 대표강사(소방시설관리사)
  (주)한국전기소방 점검팀 부장
  한국소방안전원 외래교수
  소방학교 외래교수

2025 한방에 끝내는 소방설비기사 · 산업기사 실기합격노트(기계편)

초판 발행일	2020년 2월 17일
2025년 개정판 발행일	2025년 1월 3일
편 저 자	이항준 · 심민우
발 행 인	김 미 란
발 행 처	(주)메이크 순(make soon)
전 화 번 호	070-4416-1190
F A X	051-817-5118
주 소	부산광역시 부산진구 부전로 75-5, 3층(부전동)
정 가	**36,000**원

※ 본 책자의 부분 혹은 전체를 허락없이 복사, 복제하는 것은 저작권법에 저촉됩니다.

ISBN 979-11-88029-95-2 (13530)